第8届全国建筑环境与能源应用技术交流大会文集

中国勘察设计协会建筑环境与能源应用分会　主编

U0210104

中国建筑工业出版社

图书在版编目(CIP)数据

第8届全国建筑环境与能源应用技术交流大会文集/中国勘察设计协会建筑环境与能源应用分会主编.—北京：中国建筑工业出版社，2019.10
ISBN 978-7-112-24022-7

Ⅰ.①第… Ⅱ.①中… Ⅲ.①建筑-关系-环境-学术会议-文集②建筑-关系-能源-学术会议-文集 Ⅳ.①TU-023

中国版本图书馆CIP数据核字(2019)第155306号

责任编辑：张文胜
责任校对：李欣慰

第8届全国建筑环境与能源应用技术交流大会文集
中国勘察设计协会建筑环境与能源应用分会 主编

*

中国建筑工业出版社出版、发行（北京海淀三里河路9号）
各地新华书店、建筑书店经销
北京科地亚盟排版公司制版
北京市密东印刷有限公司印刷

*

开本：880×1230毫米 1/16 印张：27¼ 字数：1134千字
2019年10月第一版 2019年10月第一次印刷
定价：**92.00**元
ISBN 978-7-112-24022-7
（34525）

版权所有 翻印必究
如有印装质量问题，可寄本社退换
（邮政编码 100037）

本书编审委员会

主　任： 罗继杰

副主任： 方国昌　杨爱丽　潘云钢　戎向阳　伍小亭
寿炜炜　张　杰　朱建章　于晓明　屈国伦
熊衍仁　金久炘

成　员： 马伟骏　徐稳龙　张铁辉　姚国梁　杨　毅
夏卓平　吴祥生　李先庭　龙惟定　刘　鸣
廖坚卫　周　敏　赵士怀　李国繁　袁建新
张　旭　黄　翔　石文星　李向东　褚　毅
朱宝仁　吴大农　李兆坚　黄世山　秦学礼
李著萱　单世勇　车轮飞　吴延奎　冀兆良
胡松涛　杜震宇　丁力行　满孝新　廉学军
傅江南　张建中　陈焰华　张小松　尚武强
龚　雪　訾冬毅

前　言

一年一度秋风劲。

“东西南北中，暖通一家亲”，来自祖国各地的暖通人喜气洋洋，齐聚西安，举行第8届全国建筑环境与能源应用技术交流大会。大会，为十三朝古都平添了盛秋丰收的气息；大会文集，散发着油墨的清香，以累累果实迎接大家的到来。

本文集共编入文章89篇。论文记录了在新时代中国特色社会主义建设中，暖通空调行业以满足不断提高的人民美好生活要求为重任，以蓝天保卫战、提高能源应用水平为担当，在全国工程建设战线中，勇于创新、不断突破，圆满完成的重要工程和最新科技成果。篇篇论文犹如自然原野中的茵茵绿草，锦簇花团，各具丽色，生机盎然，令人赏心悦目，彰显了行业科技的发展、对社会经济建设的贡献。文集的论文作者遍布全国四方，来自暖通空调领域的设计、科教一线，其中既有青年才俊、后起之秀，又有资深专家、领军人物。广泛的参与，使文集具有广泛性、实用性、参考性。

当今进入信息化时代，在我国经济持续健康发展中，大量现代工业建筑、民用建筑拔地而起，尤其是“现代范”的公共建筑的功能要求、结构形式、规模体量对行业提出高难要求；环境保护、能源条件制约对行业提出全新要求。因此每一项课题、每一项工程都在挑战暖通人的智慧，向暖通人提供了创新、实践、提高的机会。对于工作者个人而言，工程或课题的完成只是本人在工作道路中的前行一步。撰写论文、总结实践，整理所悟所得，钻研探索，则是设计者在技术征途上新的攀登，是比前者更为可贵的自我提高和自我超越。对于具有应用特征的暖通空调行业来说，技术是在不断实践、检验、提高、再实践的循环中，得到逐渐丰富和提升。共享这些成果、互相学习、互相借鉴，则可在更大范围内进行新的实践、检验、提高、再实践的新循环，从而产生更大影响、发挥更大作用，更有利于从整体上推广应用，促进行业科技进步。由此，将体现出更高的行业价值与社会意义。这正是中国勘察设计协会建筑环境与能源应用分会高度重视、认真推动论文撰写与编辑出版的深意所在。

在此，真诚感谢向大会投稿的所有暖通人！感谢组织征稿的分会各工作部！感谢稿件的评审委员们！感谢编辑、审校、出版本文集的中国建筑工业出版社的同仁们！

心系天下冷暖是暖通人的朴素情怀；节能低碳，融入生态文明建设是暖通人的崇高担当；把工作中的收获领悟与大家分享，是暖通人的无私奉献！正是这样的情怀、担当和奉献，使本文集内容丰富深厚，智慧熠熠生辉；也正是这样的情怀、担当和奉献，构成了行业发展的鲜亮的底色，在分会技术交流大会的时间节点上更为耀眼，必将引领我们在新长征路上续写新篇章，创造新辉煌！

中国勘察设计协会建筑环境与能源应用分会
2019年10月

目　　录

供暖供热

空调制冷

通风、防排烟、净化技术

计算机模拟

节能

其他

供暖供热

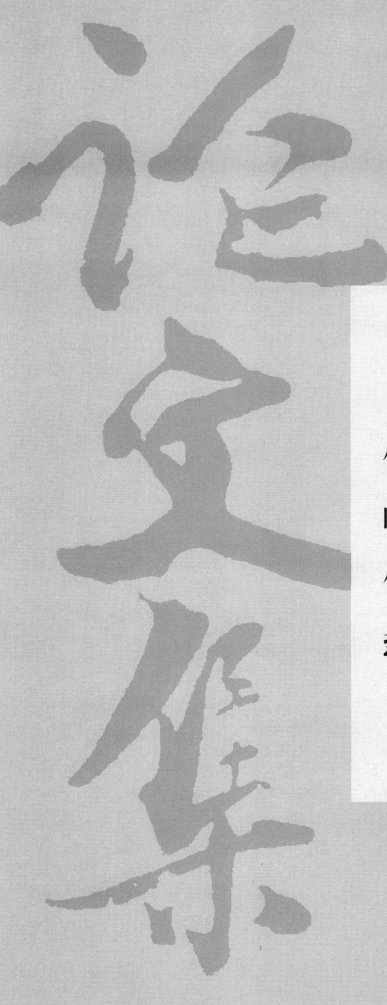

生物质颗粒燃料锅炉在厂房供热系统中的应用

中信建筑设计研究总院有限公司　吴伯谦☆　王　凡
湖北积禾技能技术工程有限公司　张洪山

摘　要　生物质颗粒燃料是一种可再生能源，是利用农作物秸秆、林业废弃物等经过特殊工艺成型的新型燃料，燃用生物质颗粒燃料的锅炉运行成本低，供热温度高，适用于工业园区、郊区厂房供热。本文通过某工业园生物质颗粒燃料锅炉的运行实例，阐述了锅炉设计选型方法，分析其运行特点及经济效益、环保效益，对推广生物质燃料应用、促进社会经济发展、保护生态环境有一定现实意义。

关键词　可再生能源　厂房热负荷特性　生物质颗粒锅炉　环保效益

0　引言

进入21世纪以来，我国选择了绿色化的发展道路。因此，以化石能源为基础的工业文明必将过渡到以可再生能源为主的生态文明阶段。在众多的可再生能源中，生物质颗粒燃料以其原料分布广泛、使用方便、经济实惠的优点，逐渐成为替代燃煤和柴油的优质燃料，在工业和农业生产中得到越来越多的应用。

生物质能属再生能源，是自然界中有生命的植物提供的能量。植物以生物质作为媒介储存太阳能。人类历史上最早使用的能源是生物质能。由于未加工的生物质密度低、分散不成型、低热值的特性，加上燃烧投料方式粗放，且多为人工投料方式，炉膛漏风严重，存在安全隐患，早期的生物质锅炉总体效率不高，烟尘排放不达标，不能规模化应用。根据统计，当前的世界能源结构中，生物质能占比非常小[1]，大部分生物质被零散焚烧或者丢弃任其腐烂。2014年，国家能源局、环境保护部下发《关于加强生物质成型燃料锅炉供热示范项目建设管理工作有关要求的通知》提到："生物质成型燃料锅炉供热是绿色低碳环保经济的分布式可再生能源，是替代化石能源供热、防治大气污染的重要措施。"这既肯定了生物质燃料的环保特性，又为生物质成型燃料锅炉的推广提供了政策支持。

目前，生物质燃料在全国各地应用比较广。山东省平阴县利用当地当地的秸秆、稻壳、树枝、树根等生物质资源，为发电厂提供燃料，发电厂的余热又成了居民供暖的热源。山东平均供暖价格在每平方米20多元，而平阴县的居民取暖费只要17元/m²，既经济又环保。在黑龙江省尚志市，冬季6个月的供暖期，市区400万m²面积全部由生物质能源进行供热，不但节约能源，还减少了对环境的污染。

1　生物质颗粒燃料锅炉的特点及应用

1.1　生物质颗粒燃料

生产生物质颗粒燃料的原料须为农林剩余物，包括农作物秸秆、农产品加工剩余物及林业"三剩物"。生物质成型燃料直径一般为6～10mm，破碎率不超过5%，水分不超过18%，灰分不超过8%，硫含量不超过0.1%，氮含量不超过0.5%。根据欧盟的标准，生物质颗粒的直径一般为6～8mm，长度为其直径的4～5倍，破碎率小于1.5%～2.0%，干基含水量小于10%～15%，灰分含量小于1.5%，硫含量和氯含量均小于0.07%，氮含量小于0.5%。

生物质颗粒燃料的热值与原料有关，以稻壳、花生壳为原材料制作的颗粒热值在3600～3900kcal/kg，以竹、木、刨花等为原材料的颗粒热值普遍在4000～4500kcal/kg，价格也比前者要高出20%～30%。生物质颗粒燃料纯度高，不含其他不产生热量的杂物，其含碳量75%～85%，灰分3%～6%，含水量1%～3%，绝对不含煤矸石、石头等不发热反而耗热的杂质。

1.2　生物质颗粒燃料锅炉特点

生物质颗粒热值和泥煤的热值较接近，生物质颗粒燃料锅炉与燃煤锅炉炉膛结构及受热面积相差不大，两者都比燃气锅炉要大。但是由于生物质颗粒灰分比较少，不结焦，若使用链条炉排，尾端炉排没有灰层保护，很容易烧穿，所以一般不使用链条炉排。

生物质颗粒燃料锅炉的配套辅机较多，占地较大，特别是除尘设备高度较高，机房面积及层高要考虑充分，炉前炉后的操作间距一定要留足，否则后期运营维护极不方便。

2　案例介绍

某项目位于钟祥市郊区工业园内，为电气设备装配工厂，目前供暖的厂房面积1.4万m²，附属食堂、办公楼、宿舍约0.9万m²；二期拟建厂房面积约1.6万m²，厂房均为单层框架结构，高度8m，无吊顶，屋顶和墙体为夹芯彩钢板，厂房内机器及发热设备较少，主要为人员操作，两班制，每天2：00～7：00休息。项目周边无市政热源和天然气管道，电力资源丰富。

☆　吴伯谦，男。通讯地址：湖北省武汉市江岸区四唯路8号，Email：4992890@qq.com。

由于厂房采用大跨度、高空间的钢结构形式，屋顶难以放置大型设备。屋顶和外墙采用轻质结构围合，围护结构保温较差，密闭性差，冬季冷风渗透严重，热负荷大。厂房内为开敞结构，内部隔断较少，空间高度较高，采用全空气系统，冬季供暖供水温度不宜低于 50℃。

根据各种燃料热值及价格，综合考虑当地能源供应状况，提出四种可行的供热方案，各种燃料热值及四种供热方案比较如表 1 和表 2 所示。

各种燃料热值　　表 1

种类	热值（kcal）	单位	单价（元）	单位热值价格（元/10^3kcal）	效率	单位热量价格（元/10^3kcal）
电	860	kWh	0.98	1.14	3.0	0.3800
柴油	10200	L	6.2	0.608	0.85	0.7158
天然气	8400	m^3	3.5	0.416	0.91	0.4580
生物质	3900	kg	0.9	0.23	0.82	0.2810

四种供热方案比较　　表 2

参数 \ 供热方案	风冷热泵	燃油锅炉	燃气锅炉	生物质锅炉
供水温度	低	高	高	较高
占用机房	不需要	需要	需要	需要
附件设备	无	埋地油罐	调压站	燃料堆场及辅机
经济性	好	较差	一般	较好
寿命（年）	10～15	15～20	15～20	15～20

经过经济性分析，本项目采用生物质颗粒燃料常压热水锅炉供热，选取额定发热量为 2.1MW 的生物质颗粒燃料常压热水锅炉两台（一期只运行一台），并配置相应的板式换热器、循环水泵、烟气热回收、旋风除尘器等辅机和附件。设备安装就位后，经过调试，锅炉进/出水温度 80℃/60℃，锅炉排烟温度 160℃，达到预期设计参数。锅炉房设计平面图如图 1 所示。

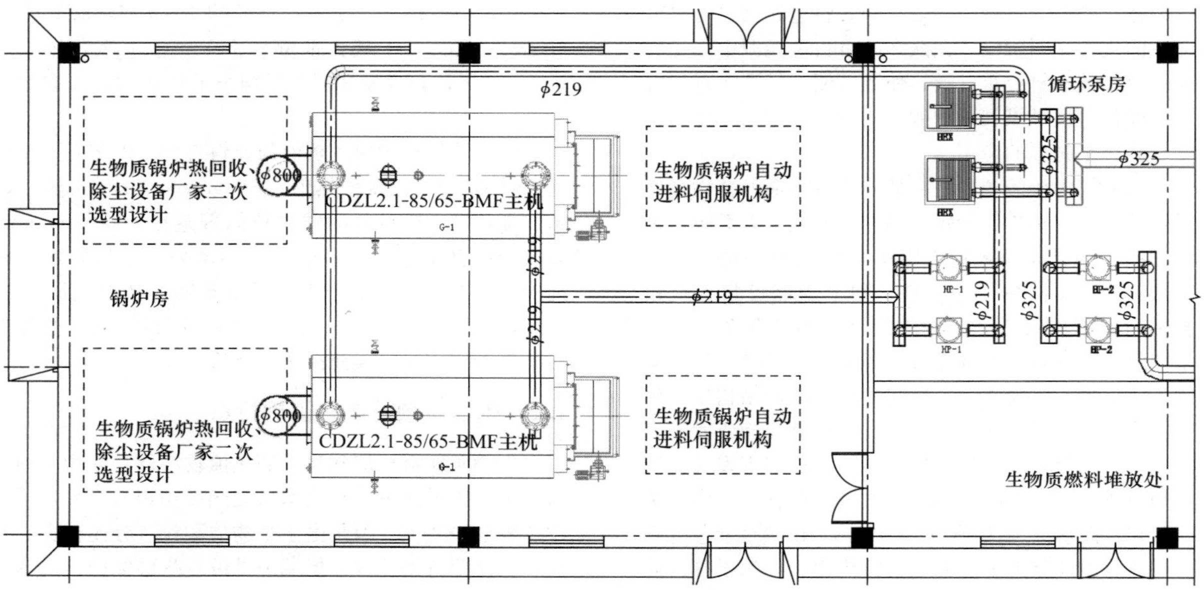

图 1　锅炉房平面图

本项目为分期建设，一期仅安装了一台锅炉为厂区供热。设计时已经考虑了烟气净化除尘设备和生物质颗粒燃料伺服机构的安装空间，但实际施工时，除尘设备尺寸较大，部分设备不得不安装在室外。竣工现场实物图如图 2 所示。

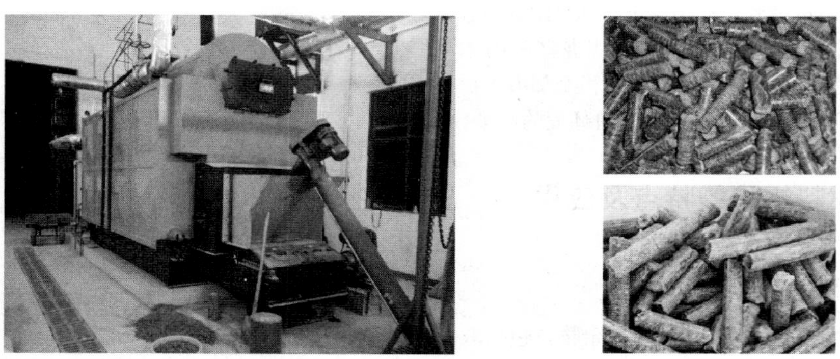

图 2　竣工现场实物图（一）

图 2 竣工现场实物图（二）

3 节能环保效益分析

3.1 经济效益

根据本项目实际运行数据，对比同等发热量的燃气锅炉，预计采用生物质颗粒燃料锅炉年可节约运行费用 22.5 万元。由于生物质燃料颗粒锅炉自动化程度较低，体力劳动量偏大，司炉工人数比燃气锅炉供热系统多。实际项目中，人工工资的增加导致能节约的运行费用略低于预计值。

两种锅炉年运行费用计算如表 3 所示。

两种锅炉年运行费用 **表 3**

钟祥 DHC 项目供暖季燃料消耗估算表										
生物质锅炉	锅炉额定燃料（kg）	锅炉及辅机耗电（kW）	锅炉台数（台）	锅炉满负荷系数	年供暖天数（d）	每天供暖小时数（h）	年消耗燃料（t）	年运行燃料费（元）	年运行电费（元）	年运行费用（元）
	575	60	1	0.75	85	15	550	522351	76500	598850
	电按 1.0 元/kWh，生物质燃料按 950 元/t 计算。									
燃气锅炉	锅炉额定燃气（m^3）	锅炉及辅机耗电（kW）	锅炉台数（台）	锅炉满负荷系数	年供暖天数（d）	每天供暖小时数（h）	年消耗燃气量（m^3）	年运行燃气费（元）	年运行电费（元）	年运行费用（元）
	225	31.5	1	0.75	85	15	215156	785320	40162	825482
	电按 1.0 元/kWh，天然气按 3.65 元/m^3。									

3.2 环境效益

生物质的生长和燃烧不增加大气中的 CO_2 量，且含硫量极低，仅为 0.1%～0.3%。发展生物质发电，替代煤炭，可显著减少 CO_2 等温室气体和 SO_2 的排放，有巨大的环境效益[2]。本项目采用生物质颗粒作为燃料，每个供暖季可替代标准煤约 250t，减少 CO_2 排放约 260t，减少 CO_2 排放约 2.0t。

3.3 社会效益

（1）生物质燃料经过收集归类可直接带来经济效益，随意丢弃、露天焚烧生物质的现象将大大减少。单纯在生物质收购这一方面，每年可为当地农民带来直接收入。

（2）围绕燃料的收购、破碎、储存、运输等产业链条，能够直接吸纳当地及周边县市农村的劳动力就业。

3.4 性能比较

生物质颗粒燃料锅炉优点很明显：（1）清灰简单，灰分少，且可作为有机肥还田。（2）生物质颗粒燃料硫磷含量极低，燃烧时几乎不产生氮氧化合物，不污染大气，烟气经过旋风除尘加布袋除尘二级除尘装置过滤，不污染环境。（3）单价为 800～1050 元/t，农村区域可就地取材，价格更优惠。（4）节能减排效果显著。每燃烧 1 万 t 生物质燃料可替代标准煤 0.6 万 t，减少 SO_2 排放 120t，减少烟尘排放 60t，减少 CO_2 排放 0.96 万 t。

生物质颗粒燃料锅炉房与与燃气锅炉房相比，需要考虑以下几个问题：（1）生物质颗粒热值偏低[3]，为 3600～4200kcal/kg，生物质原料不同，热值有一定的差异，由于密度低，堆料场较大，需防火、防潮，规划机房时需预留足够的面积。（2）按照国能新能［2014］295 号文件要求，生物质颗粒锅炉的烟尘、SO_2、NOx 排放浓度在分别小于 30mg/m^3、50mg/m^3、200mg/m^3，因此需要配套除尘设备等辅机。（3）生物质颗粒燃料锅炉的自动化程度较低，建议燃料库房宜与锅炉房贴邻，用防火墙隔开，以满足防火要求，燃料库和锅炉房之间设置滑轨，使用小型葫芦吊运送整包燃料。

4 小节

进入 21 世纪以来，全世界生物质颗粒燃料产业发展很快，生产和应用主要集中在欧美和北美地区，用途主要是供暖和发电。目前，国外生物质颗粒燃料技术及设备已经成熟，也建立了比较完整的标准化体系，形成了储存、加工、配送和应用的整个产业链，基本实现了产业化。

我国是个农业大国，农业用地、林地和适宜林地总面积约 600 万 km^2，生物质能源非常丰富，采用生物质颗粒燃料取代化石能源有一定的优势。从区域上分析，生物质颗粒燃料锅炉比较适合在山东、河南等地发展，不太适合在东北及南方地区大规模使用。东北冬天雪量大、南方降雨量大，生物质燃料存储运输成本增加，且潮湿环境下生物质燃料的含水率高，锅炉燃烧效率大幅度降低。此外，生物质颗粒锅炉体积较大，需要一定的堆场。适用于土地开阔、临近农村、有供暖需求的企业使用，其经济性略优于燃气锅炉，能有效减少大气污染，值得在无天然气供应区域的厂房供暖领域推广。

我国生物质颗粒燃料的研究和应用起步较晚，相关扶持政策还不健全[4]，但是经过十多年的发展，已经取得了一定的阶段性成果[5]，目前国内有不少生物质燃料发电及利用生物质燃料烘烤农产品的成功案例，也有不少科研院所对生物质颗粒燃料锅炉的构造进行改进和分析。随着人们环保意识的增强，生物质颗粒燃料必将成为一种普遍使用的优质燃料。

参考文献

[1] 何盛明. 财经大辞典 [M]. 北京：中国财政经济出版社，1990.

[2] 魏延军，秦德帅，常永平. 30MW 生物质直燃发电项目及其效益分析 [J]. 节能技术，2012，3：27.

[3] 中国标准化研究院等. 综合能耗计算通则. GB/T 2589—2008 [S]. 北京：中国标准出版社，2008.

[4] 郑得林，钱园凤，周为，等. 生物质颗粒燃料在松阳香茶加工中的推广应用前景分析 [J]. 中国茶加工，2015，6：49-51.

[5] 苏衍坤. 生物质颗粒锅炉取代燃煤工业锅炉的节能性分析 [J]. 质量技术监督研究，2015，5：37-39.

空气源热泵辅热的复合地源热泵系统研究

北京市勘察设计研究院有限公司　高　朋☆　刘启明　魏俊辉　刘　嘉　张伟东

摘　要　本文针对严寒及部分寒冷地区的地源热泵系统存在冷热失衡问题，提出基于空气源热泵辅热的复合地源热泵系统。该系统在供暖季室外温度较高时，运行空气源热泵机组来满足建筑热负荷需求；而室外温度较低时，运行地源热泵机组，以此空气源热泵机组承担部分建筑热负荷，减少地源热泵系统取热量。在过渡季，空气源热泵作为辅助热源对土壤进行蓄热，进一步降低地源热泵系统冷热不平衡率。本文以北京某项目为例进行分析，其结果为：相比于单一地源热泵系统，空气源热泵辅热的复合地源热泵系统通过空气源热泵机组合理、优化的运行，可有效减少地源热泵系统取热量，降低地源热泵系统冷热不平衡。空气源热泵在冬季运行时，应考虑不同室外温度下其制热能力的变化，并且空气源热泵机组宜在供暖前对土壤进行蓄热。

关键词　地源热泵　空气源热泵　土壤蓄热　供冷　供暖

0　引言

地源热泵是一种利用可再生能源用于供暖制冷的节能技术，近年逐步推广应用。而我国严寒及部分寒冷地区冬季寒冷、夏季凉爽，大多数建筑物冬季供暖时间长于夏季制冷时间，且供暖负荷需求也大于制冷负荷需求，故地源热泵系统在长期运行时存在取热量大于排热量，造成地源热泵系统排、取热量失衡，产生“冷堆积”现象，进而导致地源热泵系统性能逐渐下降乃至不能使用[1]。为解决地源热泵系统排、取热量不平衡问题，可在常规地源热泵系统上增设辅助热源。根据辅助热源的用途，可将其分为两种形式：一种形式的辅助热源用于承担部分建筑负荷，从而可减小热泵容量，如采用锅炉作为辅助热源，承担冬季部分建筑热负荷；另一种形式的辅助热源用于季节性蓄热，如采用太阳能、空气源热泵对土壤进行补热[2-4]。相比其他辅助热源形式，空气源热泵设备简单、投资和维护费较低，但相关研究较少[5]，故本文以北京某工程为例，对空气源热泵辅助热源的复合地源热泵系统进行研究，进而探究地源热泵系统冷热不平衡的解决方案。

1　工程概况

本项目位于北京地区，建筑面积为 2022.7m²，房间功能主要有办公室和宿舍。建筑冷负荷为 277.41kW，热负荷为 200.15kW，其建筑冷源拟采用地源热泵系统，同时根据所在地的地质条件，本项目共设计地埋孔数 96 个，设计井深为 100m。

根据本项目所在地区的气候特征，对建筑逐时冷热负荷进行模拟，其中，夏季制冷季按 7 月 15 日～8 月 15 日计算，共计 30 天；冬季供暖季按 11 月 1 日～4 月 1 日计算，共计 150 天，如图 1 和图 2 所示。由于本项目冬季空调运行时长远大于夏季，冬季累计负荷远大于夏季累计负荷，故本项目的地源热泵系统采用空气源热泵作为辅助热源。

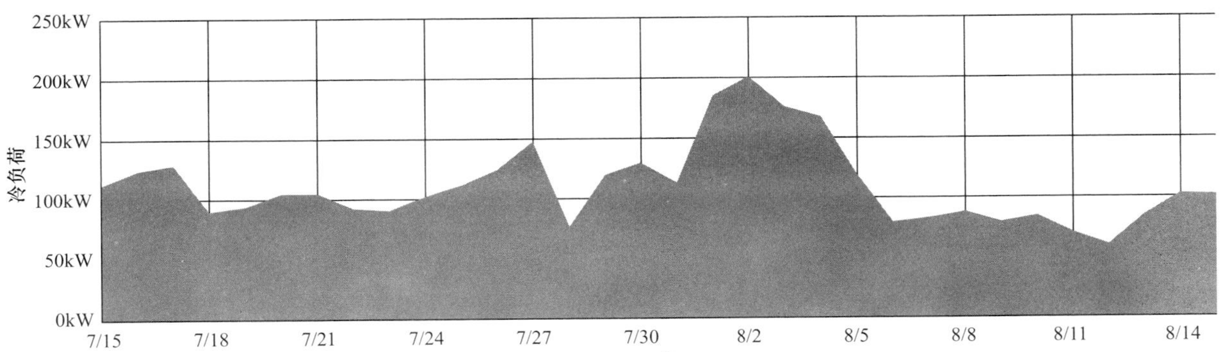

图 1　制冷季逐时冷负荷分布曲线

☆　高朋，男，工学硕士，工程师。通讯地址：北京市海淀区羊坊店路 15 号，Email：penggao91@163.com

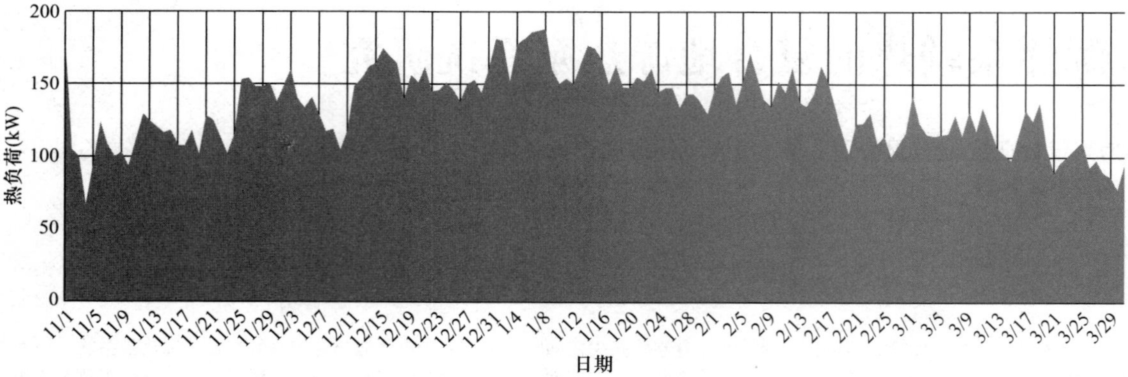

图 2　供暖季逐时热负荷分布曲线

2　系统形式

2.1　系统原理

空气源热泵辅热的复合地源热泵系统如图 3 所示，其系统主要包括地源热泵子系统和空气源热泵子系统，地源热泵子系统由地源热泵机组、地埋侧循环水泵、空调侧循环水泵、地埋管换热器以及相应的管道阀门组成；空气源热泵子系统由空气源热泵机组、空气源循环泵及相应的管道阀门组成。空气源热泵子系统的供回水管路分别与地源热泵子系统中地埋管换热器和空调侧供回水管道连通。

2.2　系统运行策略

根据空气源热泵辅热的复合地源热泵系统形式，其运行策略如下。

（1）夏季制冷系统运行策略

夏季制冷工况下，开启地源热泵机组，阀门 V2、V3、V6、V7、V9、V10 开启，其他阀门关闭，地埋侧循环水泵和空调侧循环水泵开启，地源热泵机组向用户供冷。

（2）冬季供暖系统运行流程

1）当室外气温偏高时，开启空气源热泵机组，阀门 V11、V12 开启，其他阀门关闭，空气源循环水泵开启，由空气源热泵机组向建筑供暖。

2）当室外气温偏低时，开启地源热泵机组，阀门 V1、V5、V4、V8、V9、V10 开启，其他阀门关闭，地埋侧循环水泵和空调侧循环水泵开启，由地源热泵机组向建筑供暖。

（3）过渡季补热系统运行流程

在春、秋过渡季节时，开启空气源热泵机组，阀门 V13、V14 开启，其他阀门关闭，空气源循环水泵开启，空气源热泵机组对地埋管换热系统进行补热。

本工程的冬夏季累计冷热负荷相差较大，空气源热泵作为辅热热源，一方面可承担部分建筑冬季负荷，另一方面可进行季节性蓄热，进而解决地源热泵系统冷热不平衡问题，同时，地埋管换热器分为 A、B、C 三区，分区运行，以缓解地源热泵系统累计的冷热不平衡。

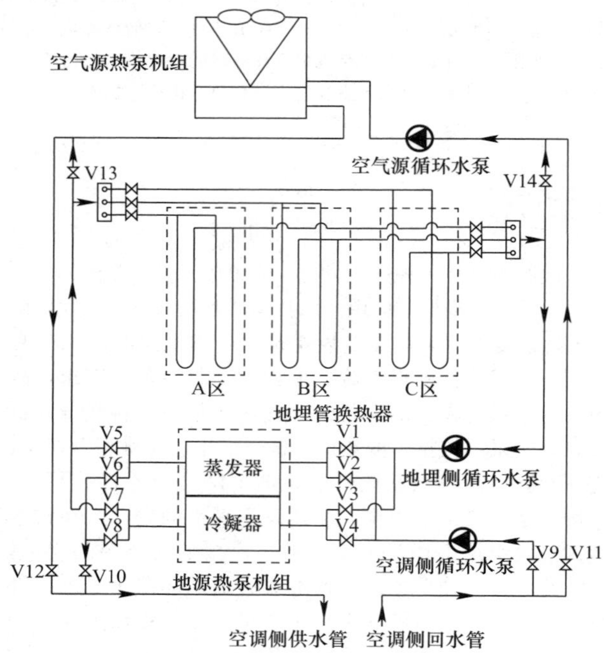

图 3　空气源热泵辅热的地源热泵系统

3　结果与讨论

根据本项目选取两台涡旋式地源热泵机组，其机组性能参数如表 1 所示，地源热泵系统累计排取热量计算公式如下：

（1）地源热泵系统累积排热量为

$$Q_{排} = 全年累计冷负荷 \times (1 + 1/EER)$$

（2）地源热泵系统累积取热量为

$$Q_{取} = 全年累计热负荷 \times (1 - 1/COP)$$

（3）地源热泵系统全年累排取热量不平衡率为

$$\Delta Q\% = (Q_{取} - Q_{排})/Q_{取} \times 100\%$$

地源热泵机组性能参数表　　表 1

项目	技术参数
制冷量（kW）	133
制冷输入功率（kW）	24.7
EER	5.38
制热量（kW）	142

续表

项目	技术参数
制热输入功率（kW）	33.1
COP	4.29

3.1 单一地源热泵系统累计排取热量分析

本项目若采用单一地源热泵系统，冬夏季均采用地源热泵系统满足建筑冷热负荷需求，其地源热泵系统累计排取热量如图4所示。地源热泵系统累计取热量为317875kWh，累计排热量为57354kWh。地源热泵系统累计取热量远大于累计排热量，二值相差5.5倍，冷热不平衡率为81.9%。若地源热泵系统长期运行，会造成土壤冷堆积，土壤温度逐年下降，循环介质温度也会逐年下降，导致热泵机组的*COP*值越来越低，最终无法运行。

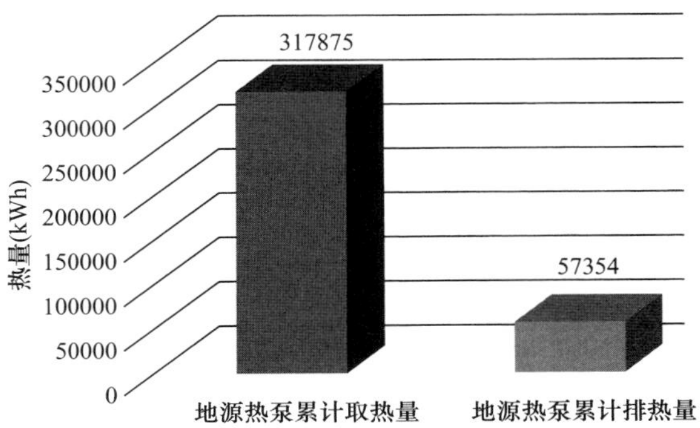

图4 单一地源热泵系统累计排取热量

3.2 空气源辅热的复合地源热泵系统累计排取热量分析

本项目选用两台涡旋式空气源热泵机组作为辅热，其制热量为69kW，制热功率为19.1kW，在不同室外温度下，空气源热泵制热能力变化如表2所示。

根据不同室外温度下建筑逐时热负荷和空气源热泵制热能力，经计算，在室外温度高于−2.4℃时，空气源热泵机组的制热量可满足此时建筑热负荷需求，当室外温度低于−2.4℃时，需开启地源热泵机组以满足建筑热负荷需求，如图5所示。

空气源热泵制热能力变化表　　表2

室外温度（℃）	制热能力变化系数	制热功率变化系数
−6	0.718	0.967
−4	0.759	0.971
−2	0.801	0.976
0	0.844	0.981
2	0.888	0.986
4	0.932	0.99
7	1	1
10	1.071	1.01
12	1.119	1.014
14	1.169	1.019
16	1.218	1.029
18	1.269	1.033
20	1.321	1.043

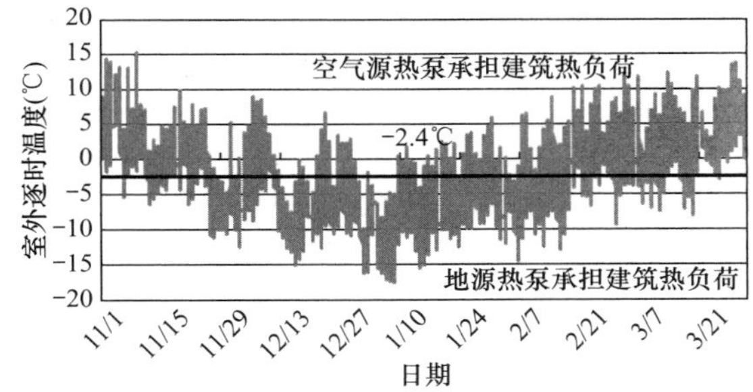

图5 复合地源热泵系统运行策略

经计算分析，本项目整个供暖季空气源热泵机组运行时间为1696h，可承担34.36%的建筑累计热负荷，从而65.64%的建筑累计热负荷由地源热泵系统承担，如图6所示。

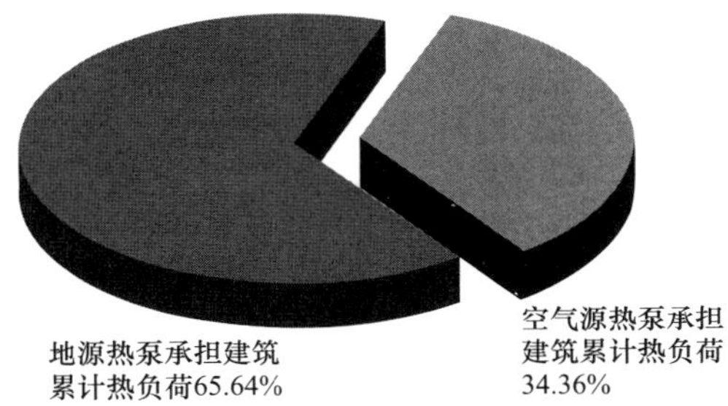

图6 复合地源热泵系统中建筑热负荷分布图

复合地源热泵系统累计排取热量如图7所示，地源热泵系统累计取热量为208660kWh，累计排热量为57354 kWh，地源热泵冷热不平衡率降低为72%。

供暖季通过优先运行空气源热泵机组可有效降低地源热泵取热量（109215kWh），由此可见，空气源热泵机组作为辅热热源，可有效降低地源热泵系统冷热不平衡率。

进一步分析，空气源热泵作为辅热热源，虽然冬季承担部分建筑热负荷，减小地源热泵系统取热量，但地源热泵系统排取热量仍相差很大，冷热不平衡很大，因此，空气源热泵作为辅助热源在过渡季对土壤进行蓄热。经计算，空气源热泵需以36d×24h的运行时间对土壤进行蓄热，此时地源热泵系统冷热不平衡率可降低至15%以下。

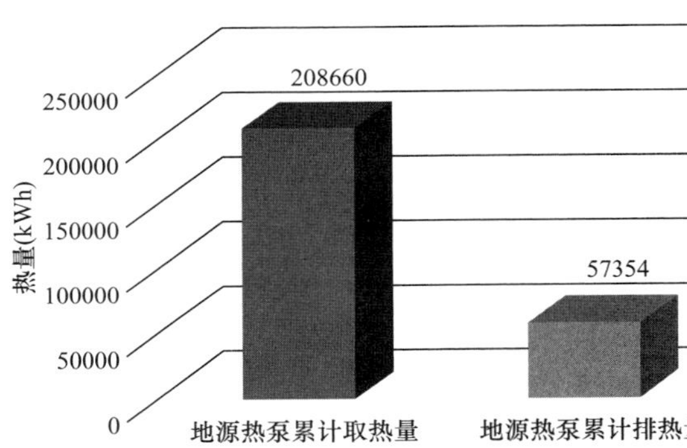

图7 复合地源热泵系统累计排取热量

4 结论

本文提出基于空气源热泵为辅助热源的复合地源热泵系统，空气源热泵作为辅助热源，不仅可承担部分建筑热负荷，同时可进行季节蓄热。本文以北京某工程空气源热泵辅热的地源热泵系统为例进行分析，结论如下：

（1）相比于单一地源热泵系统，空气源热泵辅热的地源热泵系统通过优先运行空气源热泵机组，可有效减少地源热泵系统取热量，降低地源热泵系统冷热不平衡率。

（2）空气源热泵在冬季运行时，应考虑不同室外温度下其制热能力的变化，空气源热泵制热能力与建筑逐时热负荷相匹配。

（3）为了保证地源热泵系统冷热平衡，空气源热泵还需在过渡季对土壤进行蓄热，空气源热泵系统蓄热运行时间宜为供热前。

参考文献

[1] 马林军，周旭，王志杰. 地源热泵复合系统介绍及运行状况研究［J］. 建筑节能，2018，46（02）：17-21.

[2] 张姝. 严寒地区空气源土壤蓄热式热泵系统及运行特性研究［D］. 哈尔滨：哈尔滨工业大学，2013.

[3] 王宏伟，尹翠，李刚. 严寒地区空气-土壤双热源热泵运行性能分析［J］. 建筑技术，2016，47（10）：886-889.

[4] 白天. 严寒地区土壤源热泵系统地埋管运行特性研究［D］. 哈尔滨：哈尔滨工业大学，2010.

[5] 张姝，郑茂余，王潇，等. 严寒地区跨季节空气-U形地埋管土壤蓄热特性模拟与实验验证［J］. 暖通空调，2012，42（03）：97-102.

空气源热泵供热系统在末端散热器系统中的应用技术初探

中国市政工程西北设计研究院有限公司　张丽蓉☆　姜慧琴　王国斌

摘　要　能源与环境问题是当今世界面临的重大社会问题之一，未来能源利用的发展将面临重大挑战，需要调整能源结构，发展节能和清洁能源技术，开发利用再生能源技术，改进能源环境状态，这种挑战也为推动热泵技术的发展提供了很好的机遇。本文提出了空气源热泵及辅助热源系统联合供热方式耗能方面的影响因素，通过分析末端工况，尽可能使空气源热泵供热参数与末端用户供热参数匹配，发挥空气源热泵的最大供热效果。

关键词　空气源热泵　辅助热源　经济最大合理流量　末端系统　供热

0　引言

空气源热泵[1]是将室外环境空气蕴含的热量通过电能驱动，利用制冷工质热力循环，把空气中低位热能转换成高位热能，作为热源进行供热，满足建筑物供热需求。空气源热泵具有成本低、易操作、安全、干净等多方面的优势，可直接放置于屋顶或室外，因此在我国中小型建筑中有着广泛的应用。

空气源热泵[2-5]常用于我国夏热冬冷地区，常规的单级压缩空气源热泵在寒冷地区使用时，会出现蒸发压力过低、压缩机压缩比增大的现象，造成供热量降低、压缩机频繁启停、结霜等，导致传热效果恶化、实际使用效果不佳等问题。且空气源热泵最理想的循环温差为5℃，适合于供暖末端设计为风机盘管和地板辐射形式的系统，而目前占我国绝大部分供暖末端形式的散热器供暖按规范设计循环温差为25℃，与空气源热泵5℃的循环温差不匹配。且在我国目前大力推广"煤改清洁能源"的大环境下，如何解决空气源热泵热源与散热器末端及配套现有管网之间不匹配的问题，尤为重要。

根据以上的问题分析，为了解决空气源热泵供热参数与末端系统不匹配的问题，发挥空气源热泵的最大供热效果，本文提出了可行性措施。

1　分析思路

2017年5月，财政部印发了《关于开展中央财政支持北方地区冬季清洁取暖试点工作的通知》（财建〔2017〕238号），文件中明确：加快热源端清洁化改造，重点围绕解决散煤燃烧问题，按照"集中为主，分散为辅"、"宜气则气，宜电则电"原则，推进燃煤供暖设施清洁化改造，推广热泵、燃气锅炉、电锅炉、分散式电（燃气）等取暖，因地制宜推广地热能、空气热能、太阳能、生物质能等可再生能源分布式、多能互补应用的新型取暖模式。

2017年12月，国家发展改革委、能源局、财政部、环境保护部等10部门联合印发了《北方地区冬季清洁取暖规划（2017-2021年）》，规划中明确：积极推进各种类型电供暖。以"2＋26"城市为重点，在热力管网覆盖不到的区域，推广碳晶、石墨烯发热器件、电热膜、蓄热电暖器等分散式电供暖，鼓励利用低谷电力，有效提升电能占终端能源消费比重。根据气温、水源、土壤等条件特性，结合电网架构能力，因地制宜推广使用空气源、水源、地源热泵供暖，发挥电能品质优势，充分利用低温热源热量，提升电能取暖效率。

根据以上我国目前供热行业热源清洁化改造的政策要求，大量现有小区域燃煤锅炉房（供热面积在1万m^2左右）或土暖炉（供热面积基本在1千m^2以下）等供热热源必须在清洁化改造的范围之内。以兰州市高新区为例，2017年6月兰州市人民政府办公厅印发了《兰州市燃煤小火炉改造工作方案（2017-2019年度）》，明确三年内对高新区9772台燃煤小火炉必须实现清洁改造，实现大气污染物排放"双清零"。

这种小区域供热系统末端基本为散热器供暖形式，故配套的管网及末端散热器设计供回水循环温差为25℃。而空气源热泵单机最佳运行供回水温差为5℃（若采用空气源热泵串联形式、双级压缩空气源热泵形式或其他形式，目的都是最大供回水温差可提高到10℃）[6]，无论何种情况，热源改造后与现有管网及末端不匹配，会造成管网及末端供热量不足，不能满足供热需求。又考虑到已建成室外及户内管道改造难度较大，而适当增加散热器困难相对较小，故改造的重心应从现状已敷设管网最大经济合理的运送能力开始分析，得出现有已敷设管网最大运送能力。然后根据管网最大经济合理的运送能力及末端负荷需求量，确定实际运行供回水温差。继而根据实际运行供回水温差改造或调整末端散热器数量。最后根据以上确定的系统最大流量及供回水温差确定合理的空气源热泵热源运行方案及辅助热源的配套方案。

2　解决办法

2.1　系统热媒及设计参数

空气源热泵单机最佳运行供回水温差为5℃（若采用

☆　张丽蓉，女，工程师。通讯地址：甘肃省兰州市定西路459号，Email：80406082@qq.com。

空气源热泵串联形式或选择双级压缩空气源热泵，则最大供回水温差可提高到10℃)，则空气源热泵供/回水温度由55℃/50℃提高到60℃/50℃，供回水温差由5℃提高到10℃，根据本文2.4节的内容，现状管网最大经济合理运送能力下计算的实际供/回水温度为69.2℃/50℃。

2.2 户内管道系统改造问题分析

《民用建筑供暖通风与空气调节设计规范》GB 50736—2012规定散热器集中供暖系统宜按75℃/50℃连续供暖进行设计，而单机空气源热泵最高进/出水温度为50℃/55℃，这样就会出现空气源热泵进出水温度与末端用户系统供回水温度不匹配现象。以兰州市高新区燃煤锅炉房清洁供热改造工程——某卫生院项目为例，现状供热负荷为292.5kW，末端为散热器系统，原设计系统供/回水温度为75℃/50℃，先对某卫生院内户内管道系统最大经济合理的运送能力进行试算，试算结果如表1所示。

户内管道系统水力计算表格 表1

参数		DN100	DN80	DN70	DN50	DN40	DN32	DN25	DN20
试算现状符合设计要求的经济流量、比摩阻、流速	流量（t/h）	32	15	10	5.2	2.6	1.8	0.85	0.45
	比摩阻（Pa/m）	114.24	110.71	116.65	118.33	116	115.49	115.66	117.33
	流速（m/s）	1.02	0.84	0.78	0.67	0.56	0.51	0.42	0.36
可按较大流量计算现状管网所能承担的比摩阻、流速（假定流量为现状流量的1.3倍）	流量（t/h）	41.6	19.5	13	6.76	3.38	2.34	1.105	0.585
	比摩阻（Pa/m）	192.31	195.76	196.06	198.67	194.47	193.45	193.31	195.68
	流速（m/s）	1.33	1.12	1.01	0.87	0.72	0.66	0.55	0.47
可按较大流量计算现状管网所能承担的比摩阻、流速（假定流量为现状流量的1.5倍）	流量（t/h）	48	22.5	15	7.8	3.9	2.7	1.275	0.675
	比摩阻（Pa/m）	255.57	247.30	260.39	263.72	257.97	256.51	256.07	258.95
	流速（m/s）	1.54	1.26	1.17	1.00	0.83	0.76	0.63	0.54
可按较大流量计算现状管网所能承担的比摩阻、流速（假定流量为现状流量的2倍）	流量（t/h）	64	30	20	10.4	5.2	3.6	1.7	0.9
	比摩阻（Pa/m）	543.03	438.08	461.05	466.56	455.88	452.98	451.46	455.78
	流速（m/s）	2.05	1.68	1.56	1.33	1.11	1.01	0.84	0.72

根据以上计算结果分析，当将管网所能承受的流量扩大为设计计算流量的2倍时，虽然管内流速满足《民用建筑供暖通风与空调设计规范》GB 50736—2012第5.9.13条室内供暖系统管道中一般室内热水管道最大流速要求，但是对于有特殊安静要求的热水管道流速偏大，而且比摩阻太大，对管道磨损较大；而当将管网所能承受的流量扩大为设计计算流量的1.5倍时，管内流速满足《民用建筑供暖通风与空调设计规范》GB 50736—2012第5.9.13条室内供暖系统管道中一般室内热水管道最大流速要求，但是对于有特殊要求的热水管道流速偏大；通过比较，建议将管网所能承受的流量扩大为设计计算流量的1.3倍，既能满足管道流速的要求，比摩阻也在合适的范围内。由此得出结论，现状管网管道所能承受的最大流量为设计流量的1.3倍，故高新区某卫生院项目现状管网系统最大经济合理流量为13.08t/h。

2.3 户外管道系统改造

改造前，户外管道系统是根据实际热负荷在供回水温差为25℃的工况下进行计算选择的，但是根据本文2.1节的计算结果，现状管网的最大循环流量为13.08t/h，供回水温差为10℃，两种情况下户外管道系统水力计算如表2所示。

户外管道系统水力计算表 表2

管径	供回水温差25℃			供回水温差10℃		
	流量（t/h）	比摩阻（Pa/m）	流速（m/s）	流量（t/h）	比摩阻（Pa/m）	流速（m/s）
DN80	10.06	60.95	0.57	13.08	103.00	0.74
DN100	10.06	18.89	0.36	13.08	31.92	0.47
DN125	10.06	5.85	0.23	13.08	9.89	0.30
DN150	10.06	2.25	0.16	13.08	3.80	0.21

对以上计算结果分析可知，在现状管网系统最大经济合理流量下所对应的比摩阻比在供回水温差为25℃所对应的比摩阻偏大，根据《城镇供热管网设计规范》CJJ 34—2010第14.2.4条，用于供暖、通风、空调系统的管网，确定主干线管径时，宜采用经济比摩阻。经济比摩阻数值宜根据工程具体条件计算确定。主干线比摩阻可采用60～100Pa/m；根据第14.2.5条，用于供暖、通风、空调系统的管网，支线管径应按允许压力降确定，比摩阻不宜大于400Pa/m。以上计算结果显示，现状管网比摩阻满足规范要求。

2.4 户内末端系统改造问题分析

根据末端用户管网流量的限制，由管网最大循环流量13.08t/h及供热负荷292.5kW，根据流量计算公式[式(1)]，可以计算出管网的实际供回水温差为19.2℃，回水温度保持50℃不变，则供水温度为69.2℃，由于现状末端散热器的供/回水温度为75℃/50℃，则可以判断末端散热器实际供热量无法满足末端用户供暖需求，故需要通过增加散热器片数。以兰州市高新区连搭镇卫生院一间供热面积为20m^{2}的房间为例，供热负荷为1.3kW，末端散热器为四柱760型（无黏砂型）散热量计算公式为$Q=$

$0.5538\Delta T^{1.316}$，原供/回水温度为 75℃/50℃，散热器单片散热量为 133W/m²，需要散热器为 10 片；根据改造后现状最大经济合理流量下，供/回水温度变为 69.2℃/50℃，现状散热器单片散热量为 75W/m²，比原来设计的散热量要小，故需要通过增加散热器片数来增加散热量或者更换散热器的材质，选择一些散热量较大的散热器，来满足末端用户供暖需求。

$$G = 0.86 \times Q/(t_1 - t_2) \tag{1}$$

式中　Q——供热负荷 kW；

t_1——供水温度℃，

t_2——回水温度℃。

2.5　热源方案

考虑空气源热泵为主热源，热源考虑两台空气源热泵串联运行方式［或者直接通过补气增焓热泵系统、复叠式空气源（CO_2）热泵、喷汽增焓、喷液增焓系统等多种形式］，热泵供/回水温度由 50℃/55℃提高到 50℃/60℃，供回水温差由 5℃提高到 10℃，在供暖初期及末期室外温度高于某一温度范围内时，空气源热泵可独立承担供暖需求，当室外温度低于某一温度范围内时，考虑串联辅助热源继续提温加热系统供水温度，将热源供水温度提高到满足供暖负荷需求温度。以高新区某卫生院为例，当室外温度≥3℃时，空气源热泵可独立承担本项目供暖需求；当室外温度<3℃时，考虑串联辅助热源继续提温加热系统供水温度，将热源供水温度提高到满足本系统供暖负荷需求温度，具体计算详见本文 2.6 节辅助热源方案。

除了通过串联空气源热泵的方式提高热源的供回水温差（一般为 10℃）外，在机组设计方面，目前我国还可以通过补气增焓热泵系统、复叠式空气源（CO_2）热泵、喷汽增焓、喷液增焓系统等多种形式提高热源供回水温差（一般为 10℃）。

2.6　辅助热源方案

本文第 2.1～2.4 节分析结果表明，末端系统的形式限制了管网流量，使得管网所承担的最大供热负荷也受到限制，并且当室外环境在极端恶劣时，空气源热泵主机效率就会下降，再加上热泵主机在低温状态下的除霜也会影响系统的制热量，进而造成室内温度降低，使室内的舒适度下降。为了解决这种问题，在一般的系统设计时，要考虑一定量的辅助热源作为补充。目前，辅助热源的主要形式有电加热器、天然气锅炉和太阳能辅助热源等，采用哪一种辅助热源形式，应当根据每一户的现场条件和用户的使用情况来决定。

高新区某卫生院当前设计供暖负荷为 292.5kW，在供回水温差 25℃时，设计流量为 10.06t/h，考虑到流速满足要求及比摩阻经济的条件下，管网可以承担的最大流量为设计流量的 1.3 倍，即 13.08t/h，在此流量条件下，在热源供回水温差为 10℃时（若采用空气源热泵串联形式或选择双级压缩空气源热泵，则最大供回水温差可提高到 10℃），空气源热泵所能提供的最大供热负荷仅为 152kW。由此可以看出，无论空气源热泵如何选型，由于受到末端用户供暖方式的限制，空气源热泵所能提供的最大供热量是受到限制的。

由于在不同的室外温度下所需的供暖负荷不同，当在室外温度为 4℃时，某卫生院计算供暖负荷为 151.7kW，而空气源热泵所能提供的最大供热负荷为 152kW，空气源热泵系统能够满足末端用户的供热需求；当室外温度为 3℃，某卫生院供暖负荷为 162.5kW，而空气源热泵所能提供的最大供热负荷为 152kW，还有 10.5kW 的热量缺口需要辅助热源提供，才能满足末端用户的供热需求；并且随着室外温度的降低，需要辅助热源提供的热量越来越大；当在室外温度为－9℃时，某卫生院计算供暖负荷为 292.5kW，而空气源热泵所能提供的最大供热负荷只有 152kW，而还有 140.5kW 热量缺口需要辅助热源提供，才能满足末端用户的供热需求，辅助热源需要提供的热量占总热负荷的 48%。

在室外温度为－3℃时，供暖负荷为 227.5kW；在室外温度为－9℃时，供暖负荷达到 292.5kW；而在现有末端为散热器情况下，管网的流量受到限制，空气源的进出水温度受到限制，因此空气源热泵所能提供的最大供热负荷为一个定值，根据不同的室外温度所对应的负荷不同，室外温度在 4℃以上，空气源热泵所能提供的最大供热负荷完全满足供暖需求，但是当室外温度≤4℃时，空气源热泵所能提供的最大供热负荷不能满足供暖需求。此时就应该有辅助热源进行补热，才能满足用户的供暖需求（见表 3）。

辅助热源所需要提供热量计算表　　表 3

室外温度（℃）	当前管网条件下空气源实际提供最大供热负荷（kW）	供暖负荷（kW）	所需热量（kW）	电辅热配备情况
5	152	140.8	－11.2	空气源满足
4	152	151.7	－0.3	空气源满足
3	152	162.5	10.5	空气源＋辅助热源
2	152	173.3	21.3	空气源＋辅助热源
1	152	184.2	32.2	空气源＋辅助热源
0	152	195.0	43.0	空气源＋辅助热源
－1	152	205.8	53.8	空气源＋辅助热源
－2	152	216.7	64.7	空气源＋辅助热源
－3	152	227.5	75.5	空气源＋辅助热源
－4	152	238.3	86.3	空气源＋辅助热源
－5	152	249.2	97.2	空气源＋辅助热源
－6	152	260.0	108.0	空气源＋辅助热源
－7	152	270.8	118.8	空气源＋辅助热源
－8	152	281.7	129.7	空气源＋辅助热源
－9	152	292.5	140.5	空气源＋辅助热源

根据表 3 的计算结果，当室外温度≤3℃时，辅助热源需要启动，考虑到最不利情况，电锅炉作为辅助热源需要提供 140.5kW 的热量，占总供暖负荷的 48%。

根据《民用建筑供暖通风与空气调节设计规范》GB 50736—2012 第 8.3.1.3 条，冬季寒冷、潮湿的地区，当室外设计温度低于平衡点温度，或对于室内温度稳定性有较高要求的空调系统，应设置辅助热源；空气源热泵的平衡点温度是该机组的有效制热量与建筑物耗热量相等时的室外温度，这个温度比建筑物的冬季室外计算温度高时，就必须设置辅助热源。经计算兰州市榆中县平衡点温度为3.97℃，冬季通风室外计算温度−5.3℃，高于冬季室外计算温度，故必须设计辅助热源，同时考虑最不利工况，电锅炉作为辅助热源需要提供140.5kW的热量，占总供暖负荷的48%。

综上所述，为了保证供热的稳定性，满足末端用户的供热需求，辅助热源需要提供的热量为提供总供暖负荷的48%。

根据兰州市高新区某卫生院的改造项目为例，如果采用空气源热泵为主热源，普通电锅炉为辅助热源，系统总用电功率为284.5kW，供暖的平均负荷系数为0.72，供暖天数为130天，则年耗电量为639100kWh，全年运行费用为27.86万元；如果采用空气源热泵为主热源，蓄热式电锅炉为辅助热源，系统总用电功率为284.5kW，供暖的平均负荷系数为0.72，供暖天数为130天，则年耗电量为453761kWh，全年运行费用为20.13万元。

辅助热源也可以采用蓄热式电锅炉，并且利用在低谷8h满负荷运行外，通过蓄热的方式满足白天平峰段的热负荷需求。这种方式既减少了电锅炉的一次性设备投资，又降低了运行费用，是电锅炉最经济合理的运行方式。通过计算，如果采用空气源热泵加蓄热式电锅炉联合运行进行供热，在一些无法接入市政供热大网及天然气无法满足供热需要的地方，是一个比较可行的经济供热方式。

3 结论

通过推广“煤改清洁能源”工程，可以很好地实现供暖和节能减排效果，如果末端系统可以改造，可以使空气源热泵系统发挥更大的作用；为了更好地推广和应用空气源热泵在我国寒冷地区的使用，除了在机组内部进行优化设计外，着眼于包括机组、输配系统、末端等在内的整个空气源热泵系统的优化创新同样非常有意义。

参考文献

[1] 马一太，代宝民，等. 空气源热泵热水机（器）的出水温度及能效标准讨论[J]. 制冷与空调，2014，14(8)：123-127.

[2] 王沣浩，王志华，郑煜鑫，等. 低温环境下空气源热泵的研究现状及展望[J]. 制冷学报，2013，34(5)：47-54.

[3] 艾淞卉，吴成斌，石文星，等. 低环境温度空气源热泵在北京冬季运行的性能[J]. 暖通空调，2015，45(3)：52-58.

[4] 闫丽红，王景刚，鲍玲玲，等. 低温空气源热泵研究新进展[J]. 建筑节能，2016，44(8)：22-24.

[5] 马最良，姚杨，姜益强. 暖通空调热泵技术[M]. 北京：中国建筑工业出版社，2008.

[6] 刘志强. 空气源热泵机组动态特性及性能改进研究[D]. 长沙：湖南大学，2003.

空气源能源塔与空气源热泵机组在寒冷地区供暖的应用与适应性分析

烟台市建筑设计研究股份有限公司　魏代晓☆　王志刚　张积太

摘　要　空气源热泵供暖系统在推广应用中遇到了本身结霜和低温适应性的技术问题，也遇到了供给侧与使用侧之间的适应性问题；目前市场上出现了开式能源塔和闭式能源塔以及模块机组三种形式，尽管都属于空气源热泵，但其性能和适应对象有明显的不同，做法也有不同。本文针对这三种形式的机型，分析各自特点，使其运用得当，各得其所。

关键词　空气源能源塔　空气源热泵机组　寒冷地区　冬季供暖

0　引言

随着“煤改电”及清洁能源替代行动的进行，空气源热泵在北方寒冷地区的应用受到了前所未有的关注，特别是城市热源不能达到的区域、城乡接合部、农村及一些特殊用户，迫切希望充分的认识这种技术、利用好这项技术、普及好这项技术。随着技术的进步，能源塔热泵也进入了使用市场，特别是开式能源塔，不仅有效地解决空气源热泵在制热工况运行时面临的结霜除霜问题，且近几年能源塔热泵使用地区从长江以南到寒冷地区的延伸，给冬季供暖提供了新的选择。为了促进空气源热泵系统在更大范围内的推广，本文通过对寒冷地区空气源热泵特别是能源塔热泵应用案例进行数据测量检测与分析，并结合测试数据及既有的应用案例对空气源热泵系统在寒冷地区不同场所、不同建筑类别、不同环境下的供暖适用性进行了分析。

1　空气源能源塔与空气源热泵机组工作原理简介

能源塔热泵技术是利用水和空气的接触，通过能源塔的热交换和热泵作用，实现供暖、制冷以及提供生活热水的技术。冬季利用低于0℃的载冷剂溶液从空气中取热，解决空气源热泵在制热工况运行时面临的结霜除霜问题，并通过能源塔热泵机组输入少量高品位能源，实现冰点以下低温热能向高温位转移，对建筑物供热以及提供生活热水。夏季，能源塔通过蒸发作用将热量排到大气，实现制冷。

1.1　空气源热泵机组

基本型空气源热泵在我国已经应用多年，在寒冷地区应用也有二十余年；近几年通过技术引进消化吸收和创新，该技术在装备规模等方面都得到了很大的提升，产业链的发展也日趋完整。图1是它的基本原理图。

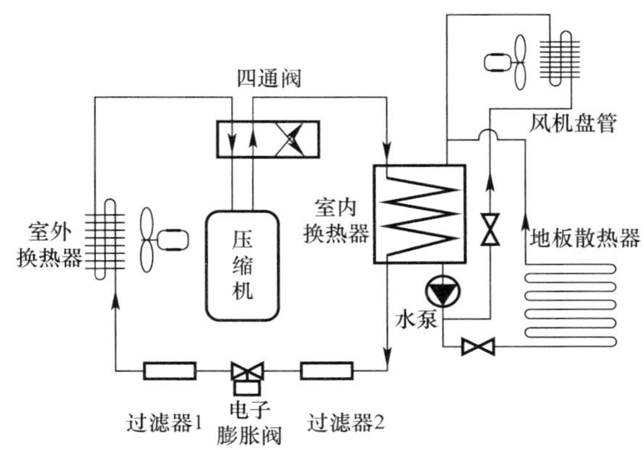

图1　空气源热泵冬季供热流程图

1.2　空气源能源塔热泵

能源塔热泵系统以空气为冷热源，介质通过能源塔和空气的充分接触进行热量的交换，实现热泵机组冬季供暖、夏季制冷以及提供全年生活热水的需求。这种机型目前市场上有开式能源塔和闭式能源塔两种（见图2）。

开式能源塔冬季制热，利用冰点低于0℃的载体介质（如氯化钙溶液）提取空气中的低品位热源，通过向能源塔热泵机组输入少量电能，得到大量的高品位热能，可以供热及提供热水。

闭式能源塔由闭式冷却塔改造而得，独特之处在于采用了低温宽带换热盘管，一是增加了铝箔肋片的间距，可抑制冬季运行时的结霜现象；二是增加了铝箔肋片的单片宽度，可维持铝箔的换热面积基本不变。

夏季制冷时，能源塔相当于高效冷却塔，可为机组冷凝器提供冷却水，散去空调系统中产生的废热。

这两种能源塔的结构如图2所示，其流程见图3，主要优缺点如表1所示。

☆　魏代晓，男，工程师，专业副总工。通讯地址：烟台市莱山区港城东大街1295号百伟国际大厦A座，Email：wdx1012@163.com。

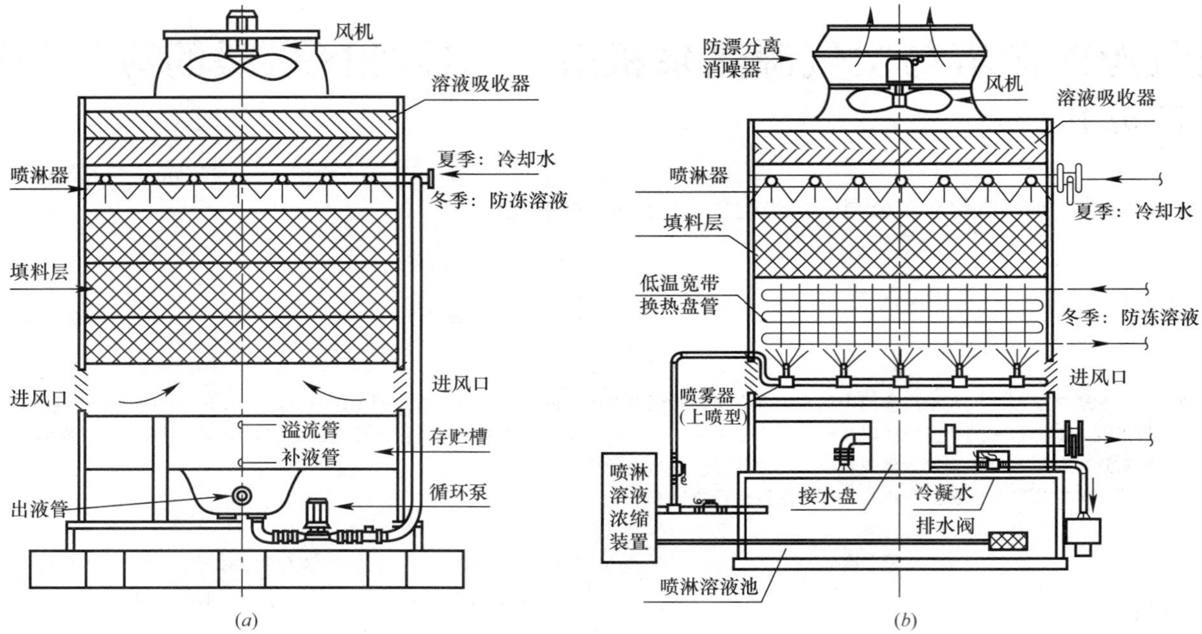

图 2　能源塔结构示意图

(*a*) 开式能源塔；(*b*) 闭式能源塔

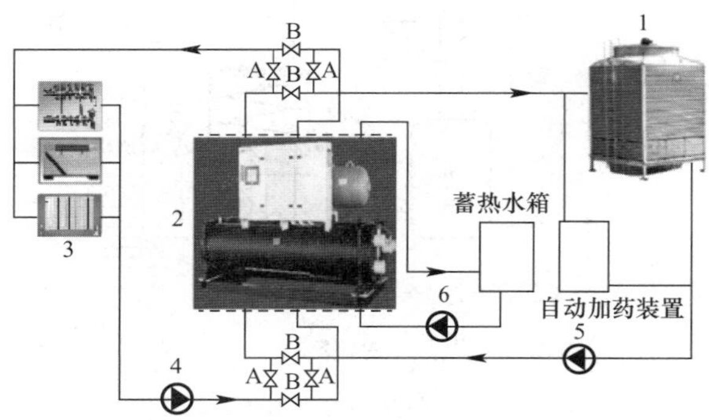

图 3　能源塔系统工作流程图

1—能源塔；2—能源塔热泵机组；3—供暖末端；4—空调冷热水循环泵；5—载冷剂循环泵；6—生活热水循环泵

开式能源塔和闭式能源塔主要优缺点　表 1

	开式能源塔	闭式能源塔
优点	冷却水及防冻溶液与空气直接接触换热效率较高，结构简单，造价低	防冻溶液走管内不会漂失，冰点温度稳定，换热盘管上方设置填料层，夏季利于散热，冬季可减少溶液飘逸损失

续表

	开式能源塔	闭式能源塔
缺点	冷却水及防冻溶液飘逸损失较闭式塔大，冬季防冻溶液冰点温度不稳定，溶液浓缩装置配置大，管理较复杂	冬季仅用于防止结霜的喷淋溶液容易漂失，防冻溶液与空气间接传热，换热效率较开式塔低

2　空气源能源塔热泵与空气源热泵机组的应用案例分析

2.1　空气源热泵机组的应用案例

本工程为烟台市某办公楼裙房部分区域，总建筑面积约为 3000m²，上下两层，主要功能为一层商务洽谈，二层展览展示。项目采用超低温空气源热泵机组四台，标准工况单台制冷量为 130kW，制热量为 142kW，低温工况（−12℃）名义制热量为 95kW，空气源热泵机组、水泵及定压补水装置等均设置在裙房屋顶，室内系统为风机盘管＋吊顶式新风换气机系统。对本项目机组运行数据进行测试，测试结果如图 4、图 5 所示。

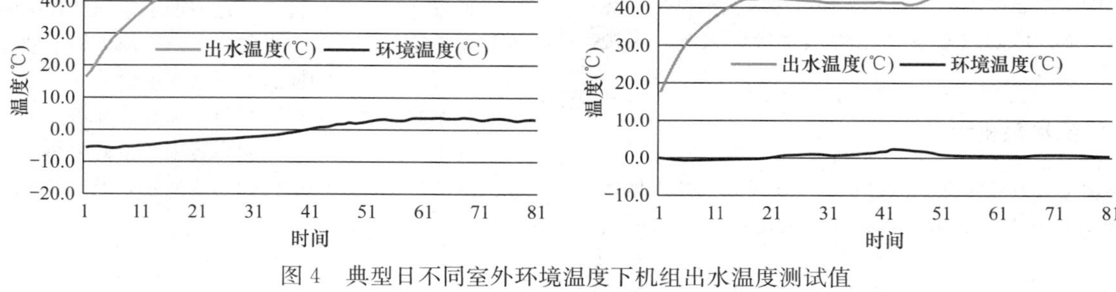

图 4　典型日不同室外环境温度下机组出水温度测试值

注：图中 1 个时间刻度为 5min。

从以上测试结果可以看出，在不同的室外环境温度下，空气源热泵机组运行稳定时的供水温度基本都能达到机组设定温度（设定温度为 45℃）。室外环境温度较低的情况下，机组达到设定温度的时间大于室外空气温度较高的情况，如图 4 所示。室外环境空气相对湿度对空气源热泵机组出水温度的影响较大，在相同室外环境温度下，相对湿度较大时机组的出水温度低于相对湿度较小时，温度降低幅度为 2～3℃，如图 5 所示。这主要是因为在高湿度环境下，空气源机组结霜严重，机组循环除霜降低了系统的换热量。

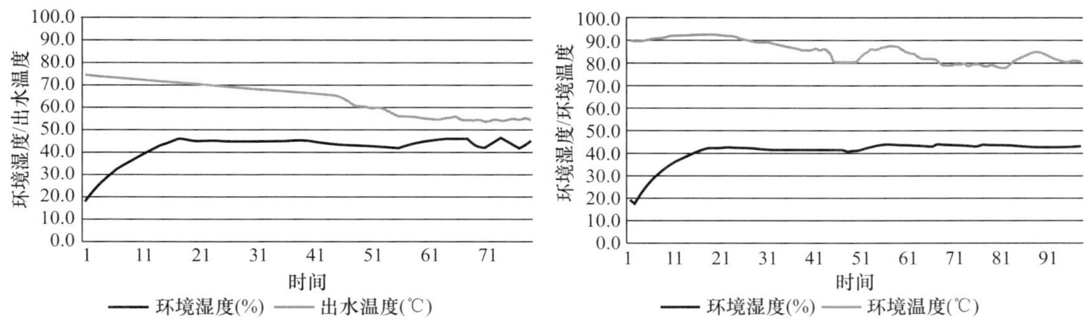

图 5　典型日不同室外环境相对湿度条件下机组出水温度测试值

注：图中 1 个时间刻度为 5min。

2.2　闭式能源塔热泵机组的应用案例

本项目为某地区清洁能源供暖改造项目，项目总供暖面积约为 50 万 m²，共设供热泵站 16 个。本项目典型日泵站运行数据测试结果如图 6 所示。

从以上测试结果可以看出在典型室外环境工作状态下不同供热泵站供水平均温度约为 40℃，平均供热温差约为 4.2℃，基本满足新建小区地板辐射采暖系统的要求，但是对于老旧建筑室内散热器系统来说由于供水温度低，供回水温差小，即使部分建筑增大了室内末端的配置，也不能很好地满足室内热舒适环境要求。

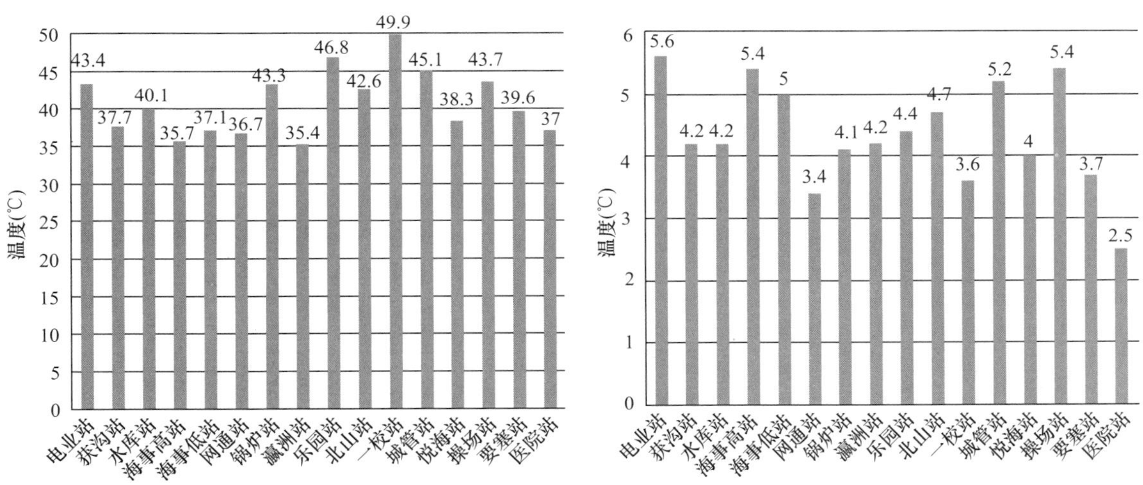

图 6　典型日供热泵站出水温度及供回水温差测试值

2.3　开式能源塔热泵的应用案例分析

本工程为烟台市郊区某办公楼，供暖面积为 4000m²，室内末端采用风机盘管，工作日白天运行。本工程 2017 年 12 月 8 日至 2018 年 3 月 24 日共累计运行 412h，运行时环境温度平均为 3.3℃，其中最低为−7.8℃，最高为 18℃，平均相对湿度为 58.4%。整个供暖季热泵主机平均能效为 3.70，系统平均能效为 3.10。典型日机组测试数据如图 7、图 8 所示：

从以上测试结果可以看出，在不同的室外环境温度下，空气源热泵机组运行稳定时的供水温度基本都能达到机组设定温度（设定温度为 45℃）。对于能源塔热泵机组来说，在室外环境温度较低的情况下，机组达到设定温度的时间大于室外空气温度较高的情况，如图 8 所示。室外环境空气相对湿度对空气源热泵机组出水温度的影响较大，在相同室外环境温度下，相对湿度较大时，机组的出水温度要高于相对湿度较小时，温度升高幅度约为 2～3℃，如图 9 所示，这主要是因为在高湿度环境下，能源塔热泵机组能够吸收空气中的潜热，增加系统的换热量。

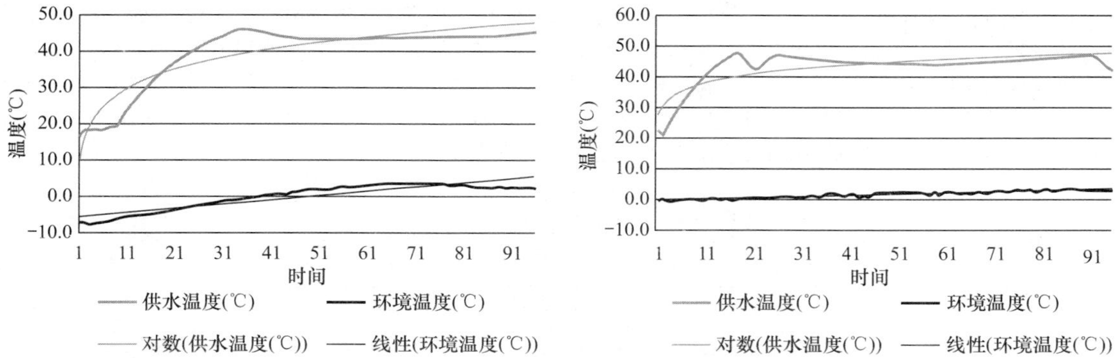

图 7　典型日不同室外环境温度下机组出水温度测试值

注：图中 1 个时间刻度为 5min。

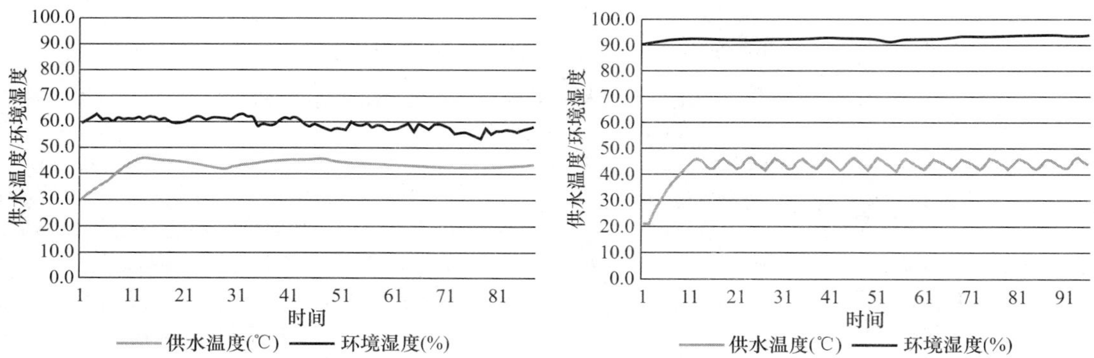

图 8　典型日不同室外环境相对湿度条件下机组出水温度测试值

注：图中 1 个时间刻度为 5min。

3　空气源能源塔热泵冬季供热的应用分析

结合以上应用案例及空气源和能源塔热泵在寒冷地区的应用案例，综合分析后总结出空气源和能源塔热泵的适用性及使用要点。

（1）实际应用案例表明，空气源和能源塔热泵在寒冷地区冬季室外干球温度为−10℃左右时的出水温度均能达到设定温度（机组设定温度为 45℃），即使出现极端情况，实际出水温度与机组设定温度的差值一般不超过 2℃。根据测试结果计算此时机组的制热性能系数 *COP* 值约为 2.8～3.3，能效比较高（如图 9 所示）。

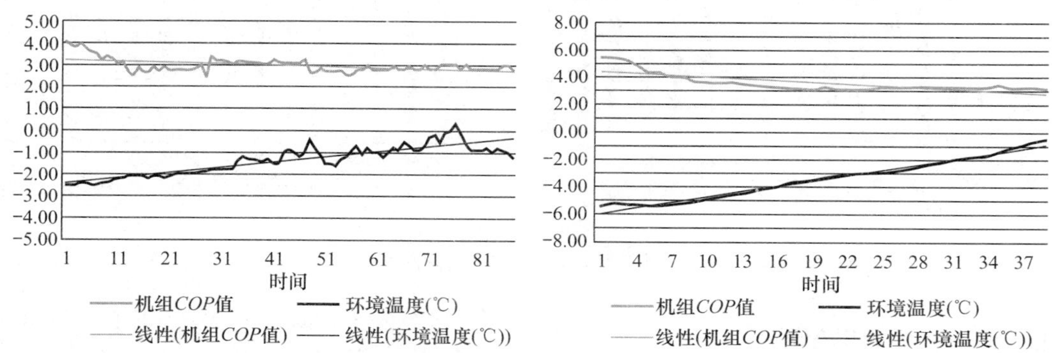

图 9　典型日机组制热性能系数 *COP* 值测试值

注：图中 1 个时间刻度为 5min。

由图 10 可以看出，无论是空气源热泵还是能源塔热泵，在寒冷地区的冬季都能在较高的能效下稳定地提供室内地面辐射供暖系统的热水（GB 50736 推荐供水温度为 35～45℃）。在无集中热源的城郊、乡镇及其他具有区域供热站建设场地的场所具有较高的适用性。

另外，在一些老旧建筑冬季供暖为散热器系统的场所，建议应更多采用改善建筑围护结构的保温性能、减少冷热损失的节能措施，或者通过增加室内末端系统来满足室内环境的热舒适度，而不应采用提高供热系统供水温度的高能耗办法。虽然空气源和能源塔热泵机组冬季可以提供 55℃甚至 60℃的热水，但是系统能效已经降低到很低的水平，如图 10 所示，在出水温度 60℃时，机组 *COP* 值约为 1.6～1.8。此时建议采用设置辅助热源补充冬季供热的方式来满足系统冬季供热的热源需求。

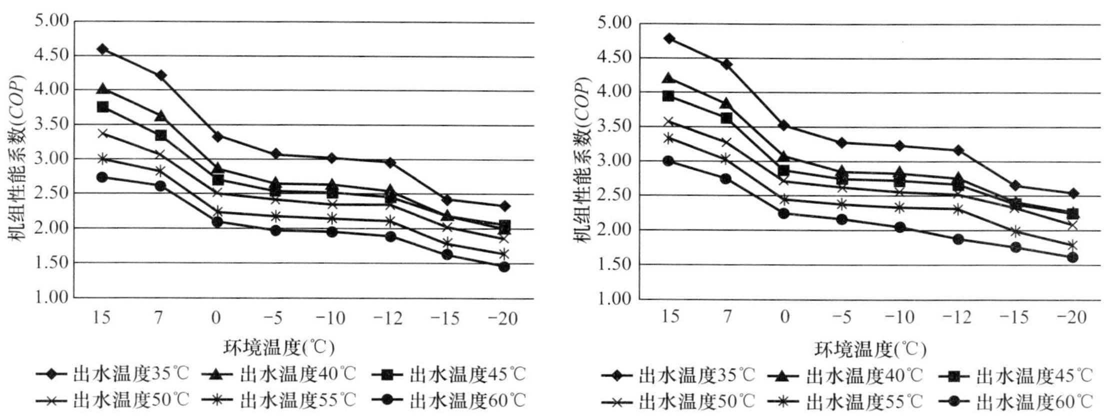

(a)　　　　(b)

图 10　不同出水温度下空气源和能源塔热泵机组制热性能系数 *COP* 测试值

(*a*) 空气源热泵机组性能系数 *COP* 值；(*b*) 能源塔热泵机组性能系数 *COP* 值

(2) 在噪声要求较高或是建筑本身无法提供室外机场所的区域，可采用能源塔热泵机组，将能源塔热泵机组室外机建立在距建筑物有一定距离的区域，能源塔热泵机组主机可安装在地下室机房内，降低热泵系统对室外景观和声环境的影响。此种情况下，建议在小区或是建筑群规划初期即将冬季区域供热能源站纳入规划设计当中，避免出现后期无场地可用的局面。

(3) 通过对比可知室外空气相对湿度对空气源热泵和能源塔热泵的不同影响，在冬季湿度较大的地区，能源塔热泵机组较空气源热泵机组更有优势。因在低温高湿环境下空气源热泵机组更容易结霜，阻塞空气流通，导致换热性能下降，需要周期性除霜增加了系统能耗；而能源塔热泵机组能吸收高湿空气中的相变潜热，增强系统的换热性能。根据相关研究文献，在高湿地区相变潜热约占系统总换热量的 35%。

4　空气源和能源塔热泵冬季供热存在的问题与解决方案

(1) 在进行空气源热泵机组冬季供热应用机组选型时，应根据项目所在地冬季室外计算温度修正机组的实际供热量，严禁按照产品样本标准状况的参数选型，尤其是冬夏两用的系统，更应该校核机组冬季供热量，严禁按照夏季空调参数选择机组。冬季环境特别恶劣，机组冬季供热量不满足要求，并且考虑到前期投资问题，可以设置辅助系统，但要事先给业主分析利弊，更重要的是辅助系统品质要过关。

(2) 空气的露点温度与空气的含水量有很大关系，当空气中的含水量较低，即使室外空气干球温度高于 0℃时，空气露点温度也可能低于 0℃。当室外空气与换热器表面接触时，由于换热器内循环溶液温度低，空气会马上结露析出水分，并发生冻结。当室外空气相对湿度较小时，应密切关注空气的露点温度，根据空气露点温度控制喷淋防冻液的浓度与装置的启停。

(3) 开式能源塔具有结构简单、换热效率高、造价低等优点。传统观点认为，开式能源塔防冻液与空气直接接触传热，会不断凝结吸收空气中的水分，使防冻液浓度降低，冰点上升，加大了溶液浓缩装置的配置；另一方面，防冻溶液具有飘逸损失，不仅增加了系统运行费用，对周围环境及附近金属设备具有严重的腐蚀性。但是随着能源塔工艺布局的改进与控制措施的加强，根据某长期从事开式能源塔热泵空调公司的最新研究成果，开式能源塔的飘逸损失和腐蚀问题已基本得到解决。

(4) 闭式能源塔冬季制热防冻溶液走管内不会产生飘逸损失，冰点温度稳定，QIUKE 技术研究所的研发成果及实际应用案例证明了闭式热源塔在恶劣环境下可为供热系统持续的提供稳定热源。但闭式能源塔传热系数较开式能源塔低，冬季传热温差较开式能源塔大 2～3℃，需要更低的冰点温度；且闭式能源塔防冻溶液多为乙二醇溶液，单价较高，能源塔距主机越远，需要的溶液充注量越大，初投资也随之增大。虽然也有机构对不同溶质对闭式能源塔热泵系统性能的影响开展了研究，但目前也仅处于实验研究阶段，尚未有新研究成果进入市场。

(5) 不管是空气源热泵机组还是能源塔热泵机组，在开机初期系统水温提升到设定温度都需要一个较长的时间段，而且随着室外空气温度的降低，达到机组设定温度的时间越长，如图 11 所示。此种情况下，在实际应用中如供热系统仅在工作日白天运行使用，应根据室外环境温度的变化制定合理的运行策略，减小系统升温慢带来的弊端。

虽然空气源热泵和能源塔热泵机组在使用中仍存在空气源热泵机组低温下结霜严重，开式能源塔具有飘逸损失、冰点稳定性差、控制复杂，闭式能源塔防冻液研究不深入、初投资较高等问题，但是这些问题都可通过改进工艺、系统耦合及后续研究解决或是弱化，并不能阻碍空气源能源塔和空气源热泵机组在节能环保大趋势下的推广应用。

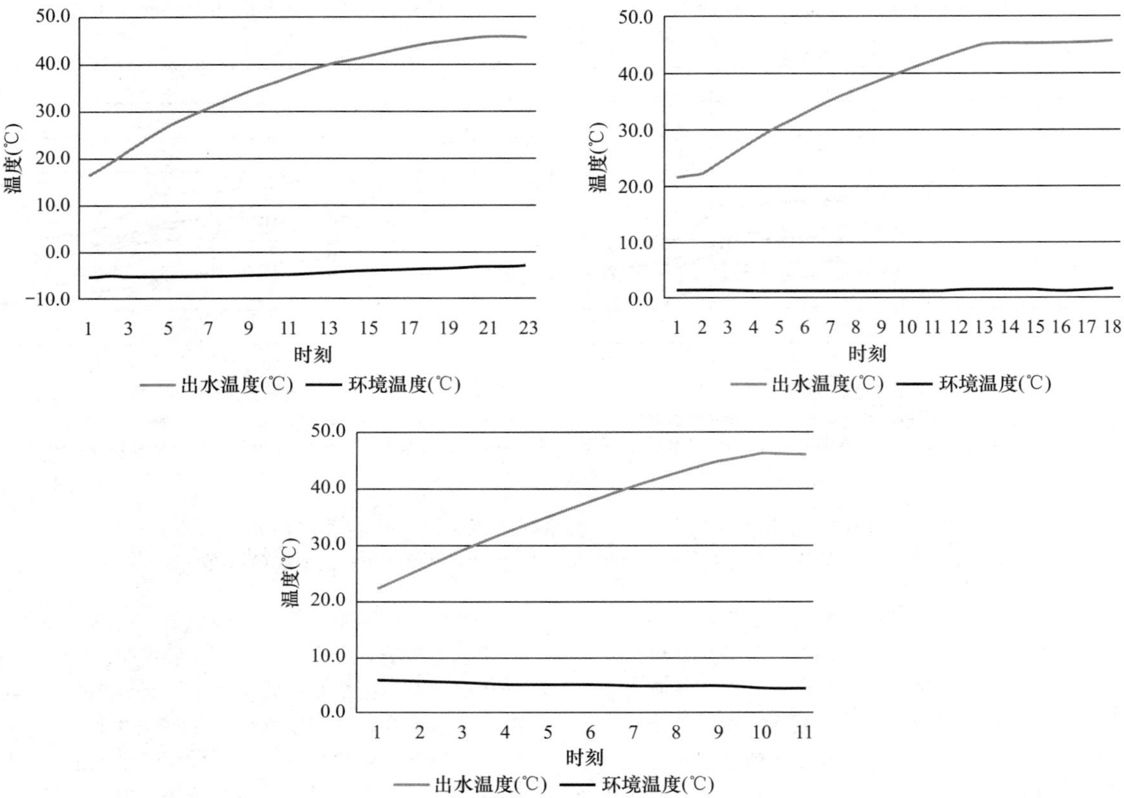

图 11　不同室外温度下机组达到设定温度所需时间示意图（图中 1 时刻为 3min）

5　关于适应性的建议

（1）根据调研数据及机组性能分析，建议在高湿度地区和可以集中建供热站的区域首选开式能源塔方案；在非高湿区域且不宜集中建站的场合可选用空气源热泵机组；闭式塔方案由于站内与站外均相对集中，且存在空气源热泵机组的固有特点，在使用时应进行谨慎分析。

（2）为保证供热公司合理的经济效益，以上各种形式的空气源设备冬季供水温度均不宜超过 45℃，（一般都在 40℃以下），为此“使用侧”建议应为低温地板辐射供暖方式。

参考文献

[1]　戚飞，张新力，于江，等. 能源塔热泵系统及其应用简介[J]. 智能建筑与城市信息，2011，176（7）：83-86.
[2]　郜骅. 热源塔热泵系统性能与优化运行研究[D]. 南京：东南大学，2015.
[3]　葛宇磊. 能源塔热泵系统在不同地区的供暖适用性研究[D]. 天津：天津大学，2016.
[4]　王千元. 冀南地区能源塔热泵系统适用性研究[D]. 石家庄：河北工程大学，2018.
[5]　宋应乾，马宏权，龙惟定. 能源塔热泵技术在空调工程中的应用与分析[J]. 暖通空调，2011，41（4）：20-23.
[6]　禹翔天，袁信国. 能源塔热泵技术现状及其应用分析[J]. 山东工业技术，2017，22：63.
[7]　陈丽英，邢广冰. 浅谈能源塔热泵技术在空调中的应用[J]. 中国高新区，2018，04：10.
[8]　崔明辉，张晓东，支鹏羽. 石家庄某小区空气源热泵集中供热改造的运行经济分析[J]. 供热制冷，2019，02：40-44.
[9]　吴丹萍. 不同溶质对闭式能源塔热泵系统性能的影响研究[D]. 长沙：湖南大学，2013.
[10]　烟台蓝德空调工业有限公司技术资料.

清洁能源供热技术应用探讨
——以某污水源热泵供热项目为例

邯郸市规划设计院　李洪斌☆　梁　磊　徐乐云

摘　要　本文结合某住宅小区供热工程实例，对污水源热泵与燃气锅炉供热两种方式，在技术经济、节能、环保等方面进行对比，得出使用可再生能源供热更优越的结论。

关键词　清洁能源　污水源热泵　经济性　污染物排放

近几年来全国很多城市频繁出现雾霾，尤其是京津冀地区许多城市被严重的污染所笼罩，构成严重雾霾天气的主要污染物是汽车尾气，燃煤、燃气等排放的燃烧产物。目前，我国城市集中供热的主要热源形成了以锅炉房、热电联产为主，其他热源方式为补充的格局。锅炉房、热电厂主要的原料就是煤炭和天然气。

为推进大气污染防治，提高能源利用效率，解决我国冬季供暖期燃煤所造成的能源浪费和环境污染已成为紧迫的课题。为此，国家颁布的《中华人民共和国大气污染防治法》等多项解决污染问题的法律法规，把集中供热和热电联产作为改善大气环境和节能减排的重要措施；另外，国家发展改革委、国家能源局印发的《能源发展“十三五”规划》（发改能源〔2016〕2744号）明确指出：严控煤炭消费总量，京津冀等区域实施减煤量替代，全面实施散煤综合治理，逐步推行天然气、电力、洁净型煤及可再生能源等洁净能源替代民用散煤。

市政污水中蕴含着大量余热，而且水量稳定，作为水源热泵的低温热源，可有效提高热泵机组的制热性能[1]。下面结合工程实例，分别对污水源热泵和燃气锅炉房供热系统进行技术经济、节能、环保效益分析，得出更节能环保的供热形式，以便进一步推广应用。

1　系统设计

1.1　工艺流程

河北省某区域尚无集中供热，该小区建筑面积为50万m^2。该区域北侧紧邻污水处理厂，污水处理能力为6.6×10^4 t/d。根据实测，水流量满足需要，考虑采用污水源热泵为该区域供热。

污水源热泵机组工艺流程图见图1。由图1可知，该系统采用间接式污水源热泵系统，污水采用经过处理的再

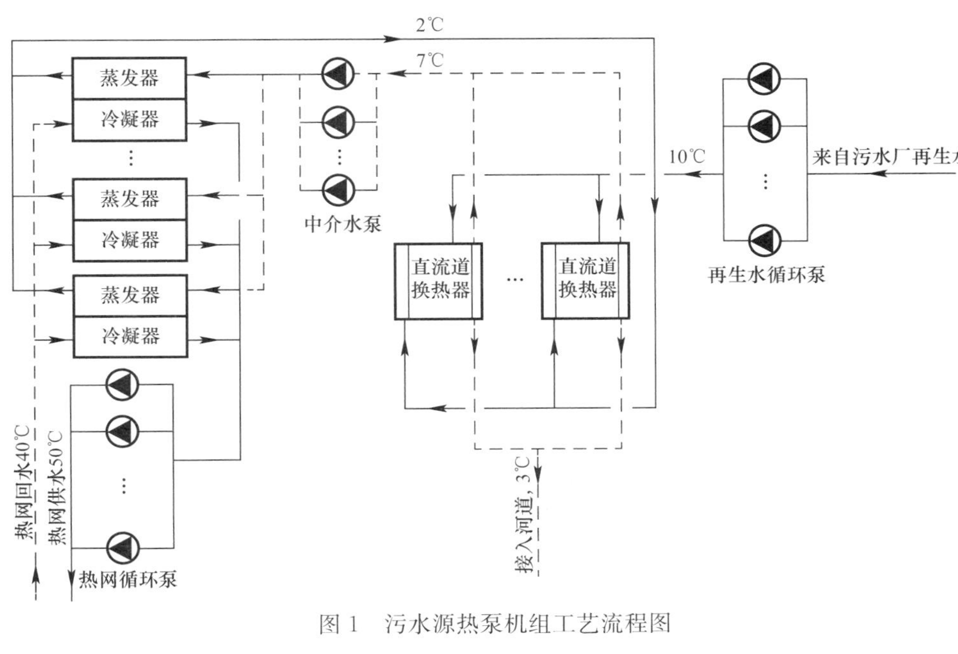

图1　污水源热泵机组工艺流程图

☆　李洪斌，男，高级工程师，从事供热工程规划设计工作。通讯地址：河北省邯郸市滏河北大街56号邯郸市规划科研大厦，Email：448751993@qq.com。

生水，再生水（10℃）通过潜水泵加压送至宽流道换热器，并将热量传递给中介水，换热后温度降至3℃排至河中。中介水供/回水温度为7℃/2℃，中介水热量由热泵机组提取出来用于加热供热管网循环水。设计工况下，热网回水温度为40℃，经热泵机组冷凝器升温至50℃。为确保供热质量，极端天气条件下热泵机组出水温度可达到60℃。

1.2 设备选型

建筑热指标取40W/m^2[3]，计算得到该区域供热负荷20MW。根据供热负荷选取热泵机组的制热能力，单台污水源热泵机组设计参数见表1，单台宽流道换热器设计参数见表2。

单台污水源热泵机组设计参数　　表1

热泵制热量（kW）		2599.5
系统水	温度（℃）	40～50
	流量（m^3/h）	223.5
中介水	温度（℃）	7/2
	流量（m^3/h）	334.7
输入功率（kW）		652.8
制热性能系数		3.92

单台宽流道换热器设计参数　　表2

换热量（kW）		973	
中介水	进出口温度（℃）	2/7	20%乙二醇溶液
	流量（m^3/h）	167	
	压力损失（kPa）	100	
污水	进出口温度（℃）	10/3	污水处理厂再生水
	流量（m^3/h）	120	
	压力损失（kPa）	60	

根据供热负荷及单台热泵机组的性能参数，选取8台热泵机组，16台宽流道换热器，设8台再生水循环泵，单台流量为240m^3/h，扬程18m，电功率22kW。设8台中介水泵，单台流量374m^3/h，扬程28m，电功率45kW。设8台热网循环水泵，单台流量224m^3/h，扬程44m，电功率55kW。热泵机组、宽流道换热器、中介水泵、热网循环水泵等均布置在独立建造的能源站内，再生水循环泵布置在调节池内。

2 经济性分析

将燃气锅炉房和污水源热泵作为比较对象，对污水源热泵供热方案和燃气锅炉房供热方案的经济性进行对比。

污水源热泵机组造价分别由工艺系统、土建、电气、控制4部分组成，其中热泵机组、宽流道换热器、循环水泵、管道等工艺部分造价为2300万元，土建部分造价为450万元，电气、控制部分造价为800万元。由以上数据可计算得到，污水源热泵机组供热系统的造价为3550万元。根据《城镇供热厂工程项目建设标准》（建标112-2008），燃气锅炉房单位造价为45万元/MW，按照热负荷20MW计算，可得燃气锅炉房方案的造价为900万元。

根据文献［1，2］提供的计算方法，计算供暖期折算设计热负荷时间。供热系统年供暖时间为120d，每日运行24h，供暖室内设计温度取18℃，供暖室外计算平均温度选取为0.7℃，供暖室外计算温度选取为－5.5℃。可计算得到供暖期折算设计热负荷时间为1680h。

由热泵机组、再生水循环泵、中介水泵、热网循环泵输入电功率可计算得到污水源热泵机组方案的年耗电量为1.04×10^4MWh。污水源热泵电价按照0.40元/kWh计算，可得到污水源热泵机组方案年运行费用为416.5万元。天然气低热值取36MJ/m^3，锅炉效率取90%，气价按4元/m^3计算，风机功率为194kW，热网循环水泵功率同污水源热泵方案，燃气锅炉房电价按照0.56元/kWh计算，可计算得到燃气锅炉房方案的年运行费用为1552.9万元（含风机、热网循环水泵电耗）。

由以上分析可知，污水源热泵机组方案的造价比燃气锅炉房方案高2650万元，年运行费用低1136.4万元，增量投资回收期为2.33年。

3 节能分析

依据本文第2节供暖期折算设计热负荷时间，可计算冬季累计热负荷为3.36×10^7kWh。与燃气锅炉供暖所消耗的一次能源总量（标准煤）作对比，详见表3。

由表3可看出，污水源热泵系统与燃气锅炉房方式相比，每年可节约1386.9t标准煤。

节煤量计算表　　表3

系统形式	累计热负荷（kWh）	耗煤量（t）	节约标准煤量（t）	备注
污水源热泵	3.36×10^7	3640	1386.9	热泵系统耗煤量为热泵机组、各循环水泵之和；锅炉耗煤量为耗气量、热网循环水泵、风机之和；天然气低热值取36MJ/m^3，锅炉效率取90%，1kWh＝0.35kg标准煤
燃气锅炉	3.36×10^7	5026.9		

4 环境效益分析

依据表3，采用污水源热泵系统供热每年可节约标准煤1386.9t，即4.06×10^7MJ热量，节约能源的同时带来显著的环境效益。根据文献［1，4］，相当于全年节约天然气用量$1.13\times10^6m^3$，燃烧1m^3天然气产生的实际烟气量为12.99m^3/m^3，总烟气量为$1.47\times10^7m^3$。

《锅炉大气污染物排放标准》GB 13271—2014规定，新建燃气锅炉烟尘、SO_2，NO_2排放质量浓度限制分别为20mg/m^3、50mg/m^3、200mg/m^3。

根据上述数据，可计算污水源热泵系统相比于燃气锅炉房污染物减排量，详见表4。

与燃气锅炉房相比污水源热泵系统污染物减排量

表 4

污染物	粉尘	SO_2	NO_X
减排量（kg/a）	294	735	2940

5 结论与建议

（1）将燃气锅炉房方案作为比较对象，对污水源热泵机组方案的经济性进行分析。污水源热泵机组方案的造价比燃气锅炉房高 2650 万元，年运行费用节省 1136.4 万元，增量投资回收期为 2.33a。

（2）污水源热泵系统与燃气锅炉供热方式相比，每年可节约标准煤 1386.9t，相当于天然气 $1.13\times10^6m^3$，粉尘减排量 294kg/a，SO_2 减排量 735kg/a，NO_X 减排量 2940kg/a，具有显著的环境效益。

（3）污水处理厂附近的建筑，在水源稳定、充分，能满足供热需求时，采用污水源热泵是一种经济、节能、环保的供热方式，符合国家环保政策，值得深入研究与推广。

参考文献

[1] 唐亮. 污水源热泵满足新增热负荷方案的技术经济性 [J]. 煤气与热力，2018，38（3）：A16-A18.

[2] 李程萌，李持佳，闫一莹，等. 北京农村住宅清洁供暖方案经济性分析 [J]. 煤气与热力，2017，37（1）：A19-A23.

[3] 北京市煤气热力工程院有限公司. 城镇供热管网设计规范. CJJ 34—2010 [S]. 北京：中国建筑工业出版社，2010.

[4] 张凤霞，田贯三，魏景源. 不同能源类型供热方式环保与经济性比较 [J]. 煤气与热力，2016，36（10）：A01-A05.

陕西关中地区农村居住建筑供暖及热舒适性现状调研①

中国建筑西北设计研究院有限公司　赵　民☆　李　杨　康维斌　俞超男

摘　要　针对我国农村建筑的舒适性要求及供暖设计缺乏相应标准的现状，本文通过实地走访、问卷调查和现场测试等方式，对陕西关中地区的典型农村居住建筑进行了调研。通过对农村居住建筑围护结构以及农村居民对新建建筑的期望、能源利用和冷热感觉指标等信息的调研，分析了当地农村居住建筑能耗水平高、热舒适性差的原因及室内热环境。本调研为推进农村建筑节能提供了一定的参考。

关键词　关中地区　农村居住建筑　低能耗　围护结构　热舒适性

0　引言

随着农村生活水平日益提高，农村居住建筑的更新速度不断加快，农村建筑能源消费总量也在持续升高。在当下能源供应紧张与大气污染严重的双重压力下，建筑节能成为我国当前和未来长期的重要任务，住房和城乡建设部印发的《建筑节能与绿色建筑发展“十三五”规划》已明确将“积极推进农村建筑节能”作为“十三五”期间的主要任务之一。目前，实施乡村振兴战略是建设美丽中国的关键举措，而乡村振兴道路之一就是“必须坚持人与自然和谐共生，走乡村绿色发展之路”。

许多学者针对我国农村居住建筑的室内热湿环境、热舒适性及建筑能耗展开了相关研究。曹珍荣等[1]和徐长全等[2]分别测试了夏热冬冷地区和东北严寒地区的农村住宅室内热湿环境。葛翠玉等[3,4]分别调查了潍坊和吐鲁番农村居住建筑的热舒适度，结果表明潍坊地区80%的居民可接受的温度范围为9.9～17.5℃，吐鲁番地区80%居民可接受的温度范围为15.2～27.4℃。刘艳峰等[5]调查了海南中部地区农村住宅夏季热舒适性，发现当地居民可接受温度上限为30.2℃。闫海燕等[6]调查发现豫北地区农村受试者比城市受试者具有更强的热适应能力。丁勇等[7]调研了重庆地区农村建筑围护结构热工性能现状。

2016年开展的第三次全国农业普查结果显示，陕西省共有1017个乡镇和2.1万个行政村。关中地区位于陕西省中部，包括西安、宝鸡、咸阳、渭南、铜川、杨凌五市一区，是陕西省大力开展乡村振兴战略和新型城镇化的重要区域。该地区面积广阔、农业人口众多，地区内分布着大量村庄。现有文献中，针对关中地区农村居住建筑现状及节能研究鲜见报道。而关中地区属于寒冷地区，农村居住建筑的设计及施工缺乏专业指导，围护结构热工性能较差，建筑用能粗放，供暖措施低效，导致农村居住建筑的热舒适性也较差，亟需开展适宜关中地区农村居住建筑的低能耗技术应用研究。本文采用实地走访、问卷调查及现场测试的形式对关中地区典型农村居住建筑进行调研，总结建筑特征，分析测试数据，挖掘农村居住建筑节能潜力，基于调研结果设计农村居住建筑方案，构建建筑模型，以实现低能耗农房为目标，结合能耗模拟研究确定农村居住建筑的围护结构保温做法。

1　调研方法及对象

本研究于2018年12月至2019年2月的冬季供暖期，对关中地区的咸阳市礼泉县白村及白村新型社区、西安市蓝田县郑家疙瘩村、渭南市白水县郝家村和渭南市临渭区故寨村等村庄进行了实地调研。调查内容包括建筑结构、建筑用能、室内热舒适性等，共完成有效调研样本总数32户，其中，3户为农村新型社区集中规划建筑（后简称“新型社区农房”），29户为分布最为广泛的传统自建农房（围护结构主要为砖混结构，其中3户农房中含有早期建造的窑洞，1户农房采用了装配式建筑结构）。实地走访及测试的关中地区典型农村居住建筑如图1所示。

(a)

图1　典型农村居住建筑（一）

(a) 自建农房

☆　赵民，男，工学博士，教授级高级工程师。通讯地址：西安市文景路98号中国建筑西北设计研究院有限公司，Email：13519195028@163.com。

①　住房和城乡建设部2018年建筑节能与绿色建筑专项经费委托课题（第二批）：汾渭平原低能耗农房建设技术路径与标准研究。

(b)

图 1 典型农村居住建筑（二）

(b) 新型社区农房

2 调查结果统计

2.1 建筑结构

新型社区农房由于集中规划，住宅户型分为 260m² 和 300m² 两种类型；对于自建农房，占样本总数 42% 的农房建筑面积在 100～200m² 之间，45% 的农房建筑面积在 200～300m² 之间；约 58% 的被调研对象期望新建农房的建筑面积在 200～300m² 之间，占比最大。

新型社区农房的两种户型分别有 4 个卧室和 5 个卧室；对于自建农房，80% 的农房有 3 个以上卧室，每户 3 个或 4 个卧室最为普遍；75% 的被调研对象期望新建农房的卧室数量为 4 间或者 5 间。

2.2 围护结构

（1）外墙主体材料。自建农房采用了 240mm 实心黏土砖，而实心黏土砖的保温性能较差，并且大量使用会造成资源浪费；新型社区农房采用了保温性能稍好的 240mm 空心黏土砖，但二者外墙均无保温隔热措施。

（2）屋面和地面类型。农房屋面类型主要有瓦片坡屋面、预制混凝土板屋面和现浇混凝土屋面，前两种类型使用最多，地面类型主要为素混凝土找平或铺设地砖，屋面和地面均无保温措施。

（3）门窗类型。自建农房外窗均采用单层玻璃，窗框材质主要为铝合金和木质两种类型，冬季冷风渗透现象较为严重，无外遮阳措施；户门采用单层木质门为主。新型社区农房外窗为塑钢中空玻璃窗，保温和密封性能良好。

2.3 供暖及用能情况

（1）新型社区农房接通天然气，采用燃气灶炊事和壁挂炉供暖；自建农房未接通天然气，建筑用能以电、燃煤和薪柴为主；部分农村家庭使用太阳能热水器，但对于其他可再生能源的应用方式和设备技术均不掌握。

（2）自建农房的冬季供暖以火炉搭配电热毯或者火炕为主，多数农村家庭在最冷的 1 月份时才会启用火炉供暖，平常无供暖措施。供暖房间为 1～2 间，采用火炉供暖时，一般都是连续使用，夜间维持火不熄灭，白天火炉上可以烧水，室内平均温度可达 15℃。少数农房在天气恶劣时使用壁挂式分体空调间歇供暖，但使用率不高，并表示分体空调供暖效果不好。

（3）夏季降温以风扇和空调为主，对功率较大的空调使用率较低，对功率较小的电风扇使用率较高，因此用于改善室内环境的能源消耗较低。此外，部分家庭采用给农房覆盖遮阳网的形式减少太阳直晒，降低农房得热量。

2.4 热舒适性

（1）调研期间的室外平均温度为－2.3℃，调研样本总体的室内平均温度为 7.2℃，新型社区农房由于建筑体形系数小，围护结构保温性能优于自建农房，在均未启用供暖措施的条件下，室内温度总体高于自建农房。

（2）受试者穿着以"羽绒服/厚外套＋毛衣"为主，室内没有脱外套的习惯，依据《中等热环境 PMV 和 PPD 指数的测定及热舒适条件的规定》GB/T 18049—2000 计算服装平均热阻为 2.09clo，约 60% 的被调研对象的冬季室内冷热感为稍冷，其余为正常。冬季房间温度达到 14℃时表示满意。

（3）农村家庭在夏季白天和夜间均有开窗通风的习惯，白天均为全开状态，夜间约 50% 的被调研对象选择全开，其余选择半开，受试者穿着以"短袖或衬衣"为主，计算服装平均热阻为 0.24clo，约 60% 的被调研对象的夏季室内冷热感为稍热或者很热，其余为正常。夏季房间温度达到 28℃时表示满意。

3 现场测试

现场测试于 2018 年 12 月 7 日至 2018 年 12 月 11 日在陕西咸阳市白村进行，现场测试参数包括太阳辐射照度、室外风速、室内外温湿度、墙体热工参数等。室外环境采用 TH22R 温湿度记录仪、TES-132 太阳辐射照度测试仪和风速记录仪进行测试，室内热湿环境采用 TH22R 温湿度记录仪进行测试，墙体热工性能采用 Y-BOAT-WALL 墙体热工测试系统进行测试，并避免室外侧热流及温度测点被太阳直晒。测试仪器或者传感器距离地面约 1.5 处，每 5min 记录一次数据。选取中间三天（2018 年 12 月 9 日 00：00 至 12 月 11 日 00：00）的测试数据。测试仪器参数见表 1。

测试仪器参数 表 1

名称	型号	测试内容	量程	测试精度
温湿度记录仪	TH22R	温度	－40～85℃	±0.1℃
		相对湿度	0～100%	±1.5%
墙体热工测试系统	Y-BOAT-WALL	温度	－200～200℃	±0.3℃
		热流	－215～215W/m²	±0.43W/m²

续表

名称	型号	测试内容	量程	测试精度
太阳辐射照度记录仪	TES-132	辐射照度	0～2000W/m²	±10W/m²
热线风速仪	testo425	风速	0～20m/s	±(0.03m+5%测量值)
		温度	−20～70℃	±0.5℃

3.1 室外环境参数

测试期间的室外温度和相对湿度变化曲线及室外太阳辐射强度和风速变化曲线分别见图 2 和图 3。室外环境参数统计见表 2。可以看到，陕西关中地区农村冬季寒冷，全天气温较低，夜间最低温度达−5.9℃，室外风速较大，最大风速为 2.8m/s，太阳能资源较丰富，太阳辐射照度最大值达 412.2W/m²，且白天的太阳辐照时间较长。

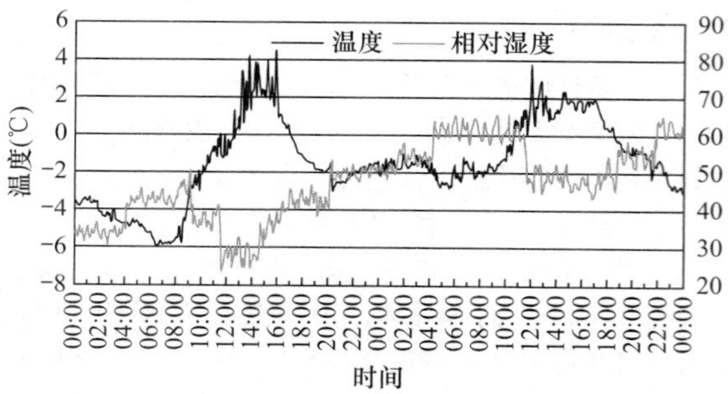

图 2 室外温度和相对湿度变化曲线
（2018 年 12 月 9～11 日）

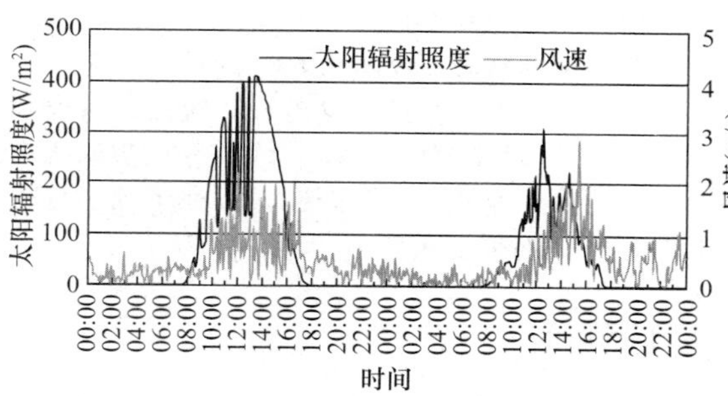

图 3 室外太阳辐射照度和风速变化曲线
（2018 年 12 月 9～11 日）

室外环境参数统计（2018 年 12 月 9～11 日） 表 2

参数	最大值	最小值	平均值
温度（℃）	4.5	−5.9	−1.4
相对湿度（%）	65.5	23.9	47.5
太阳辐射照度（W/m²）	412.2	0	—
风速（m/s）	2.8	0	0.5

3.2 墙体热工理论计算及测试

根据调研，汇总传统自建农房及新型社区农房的墙体材料及热工参数分别如表 3 和表 4 所示。材料的热工性能参数依据《民用建筑热工设计规范》GB 50176—2016。经理论计算可得，传统自建农房墙体热阻为 0.34m²·K/W，传热系数为 2.04W/(m²·K)，热惰性指标为 3.57；新型社区农房墙体热阻为 0.51m²·K/W，传热系数为 1.52W/(m²·K)，热惰性指标为 3.44。

传统自建农房墙体材料及热工参数表 表 3

材料名称	厚度(mm)	导热系数[W/(m·K)]	热阻(m²·K/W)	热惰性指标 D
水泥砂浆	20	0.93	0.022	0.23
实心黏土砖	240	0.81	0.296	3.12
石灰砂浆	20	0.81	0.025	0.22

新型社区农房墙体构造及热工参数 表 4

材料名称	厚度(mm)	导热系数[W/(m·K)]	热阻(m²·K/W)	热惰性指标 D
水泥砂浆	20	0.93	0.022	0.23
空心黏土砖	240	0.52	0.462	2.99
石灰砂浆	20	0.81	0.025	0.22

为获得准确的墙体传热系数，采用双面热流计法测试了墙体的热工性能。图 4 为墙体热工性能测试的传感器测点布置图，通过对测试采样数据进行统计处理可获得墙体热阻，计算公式如下：

$$R=\frac{\sum_{j=1}^{n}(t_{Ij}-t_{Fj})}{\frac{1}{2}\sum_{j=1}^{n}(q_{Ij}+q_{Fj})} \tag{1}$$

式中 R——墙体热阻，m²·K/W；

t_{Ij}——围护结构内表面温度的第 j 次检测值,℃；

t_{Fj}——围护结构外表面温度的第 j 次检测值,℃；

q_{Ij}——围护结构内表面热流密度的第 j 次检测值,℃；

q_{Fj}——围护结构外表面热流密度的第 j 次检测值,℃。

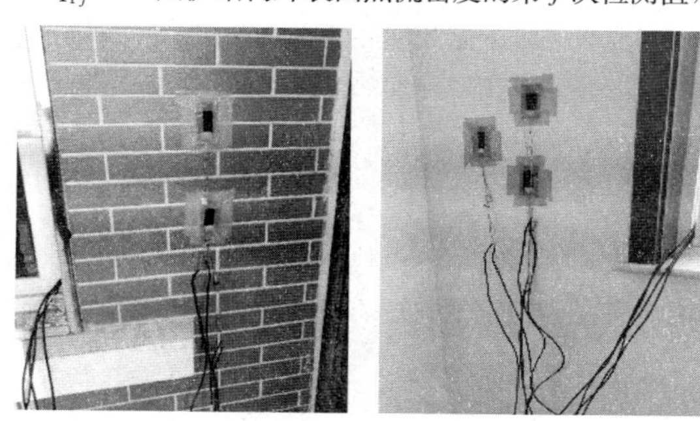

(a) (b)

图 4 传感器测点布置图
（a）室外侧；（b）室内侧

经测试计算可得，传统自建农房测试墙体的热阻为 0.36m²·K/W，传热系数为 1.96W/(m²·K)，与理论计算值相差 3.9%；新型社区农房测试墙体的热阻为 0.47m²·K/W，与理论计算值相差 7.8%，传热系数为 1.61W/(m²·

K)，与理论计算值相差 5.9%。在无保温措施的情况下，二者外墙的传热系数均较高，围护结构保温性能较差。

3.3 传统自建农房室内环境测试

图 5 为调研的传统自建农房测点布置图，图 6 和图 7 分别为室内温度和相对湿度变化曲线，表 5 为其室内温湿度统计表。可以看到，无供暖设施的房间全天温度最低 2.4℃，最高温度仅 5.0℃，没有火炉供暖的房间全天室内温度可以维持在 9.3℃以上，最高温度达 17.9℃，平均温度 13.0℃。

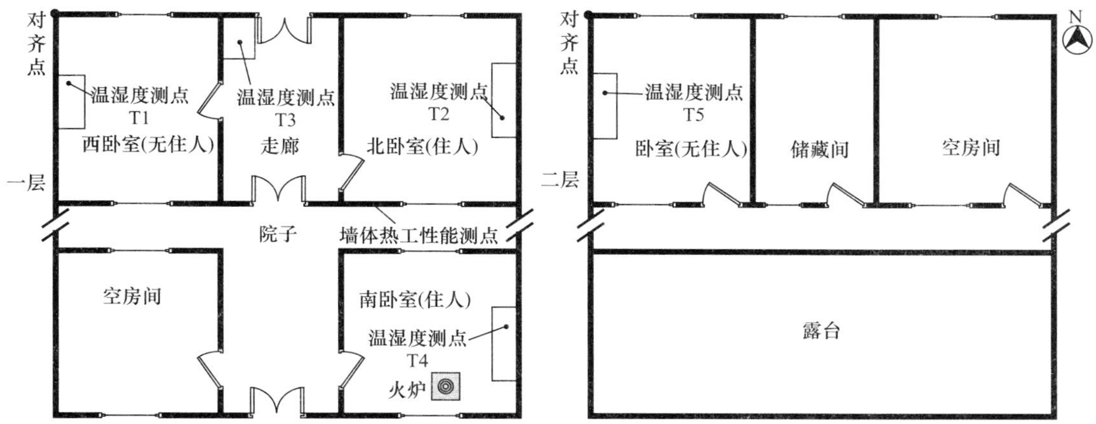

图 5　1 号传统自建农房测点布置图

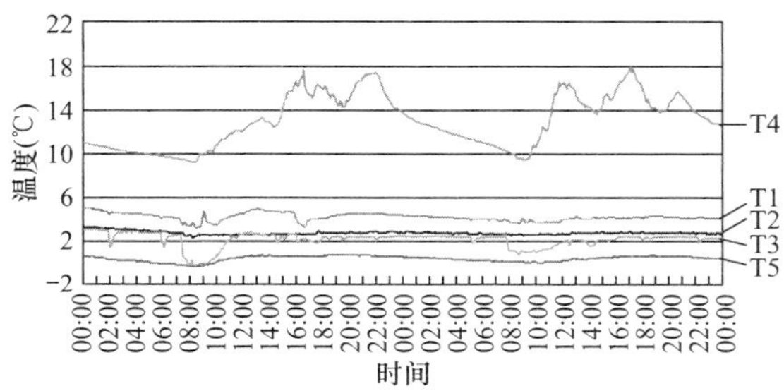

图 6　传统自建农房室内温度变化曲线（2018 年 12 月 9～11 日）

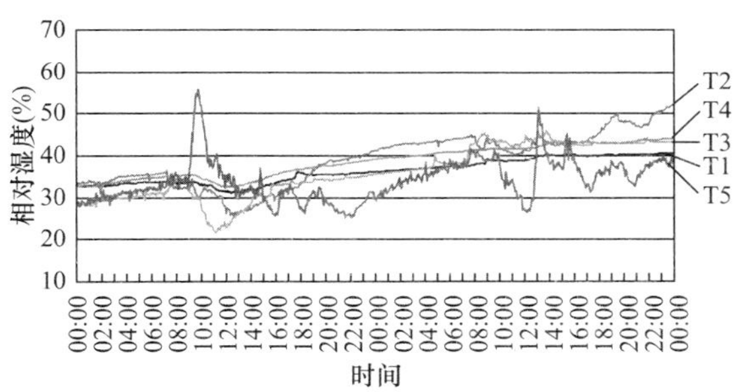

图 7　传统自建农房室内相对湿度变化曲线（2018 年 12 月 9～11 日）

传统自建农房室内温湿度统计表（2018 年 12 月 9～11 日）　　表 5

测点	位置（是否居住）	供暖措施	参数	最大值	最小值	平均值
T1	一层西卧室（无住人）	无	温度（℃）	3.4	2.4	2.8
			相对湿度（%）	40.6	31.1	36.4
T2	一层北卧室（住人）	无	温度（℃）	5.0	3.2	4.2
			相对湿度（%）	52.3	25.8	39.0
T3	一层走廊	无	温度（℃）	3.1	−0.1	2.2
			相对湿度（%）	45.9	21.6	36.1
T4	一层南卧室（住人）	火炉	温度（℃）	17.9	9.3	13.0
			相对湿度（%）	44.2	32.4	38.6
T5	二层西卧室（无住人）	无	温度（℃）	0.8	−0.2	0.5
			相对湿度（%）	55.8	25.5	34.2

3.4 新型社区农房室内环境测试

图 8 为调研的新型社区农房测点布置图，图 9 和图 10 分别为室内温度和相对湿度变化曲线图，表 6 为其室内温湿度统计表。可以看到，无人居住的房间全天最低温度为 4.7℃，最高温度为 8.6℃；采用电暖器夜间供暖的

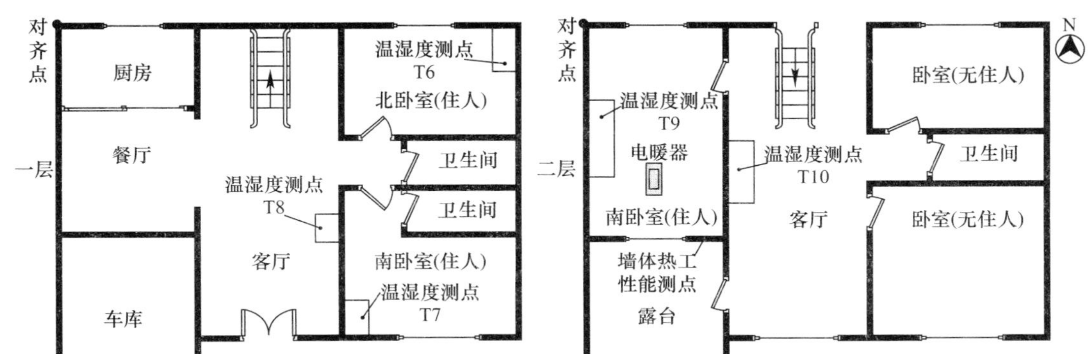

图 8　新型社区农房测点布置图

居住房间全天最低温度为 5.4℃，最高温度为 13.4℃。无供暖设施的居住房间全天最低温度为 8.7℃，最高温度为 11.1℃。

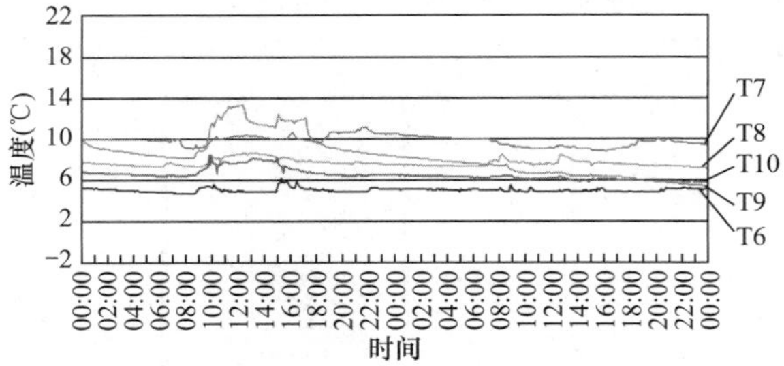

图 9　新型社区农房室内温度变化曲线图
（2018 年 12 月 9～11 日）

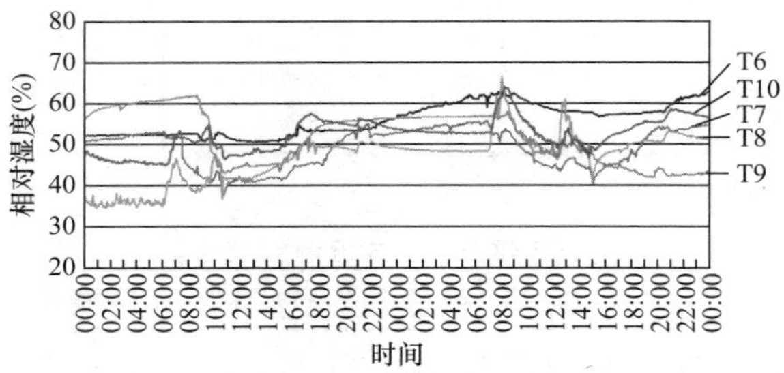

图 10　新型社区农房室内相对湿度变化曲线图
（2018 年 12 月 9～11 日）

新型社区农房温湿度统计表（2018 年 12 月 9～11 日）

表 6

测点	位置（是否居住）	供暖措施	参数	最大值	最小值	平均值
T6	一层北卧室（无住人）	无	温度（℃）	6.2	4.7	5.0
			相对湿度（%）	62.8	50.6	55.9
T7	一层南卧室（住人）	无	温度（℃）	11.1	8.7	9.8
			相对湿度（%）	55.7	36.7	49.1
T8	一层客厅	无	温度（℃）	8.6	7.1	7.6
			相对湿度（%）	66.6	34.6	46.8
T9	二层南卧室（住人）	电暖器	温度（℃）	13.4	5.4	8.2
			相对湿度（%）	61.9	42.0	52.0
T10	二层客厅	无	温度（℃）	8.4	5.8	6.5
			相对湿度（%）	64.0	44.9	52.2

4　改造措施

针对陕西关中地区农村居住建筑室内温度低、热舒适差的现状，当地政府对既有农宅提出了几种改造方案，但由于农村改造经费较少，目前各村镇根据自己的实际情况，部分或全部采用。

（1）不拆除原有外窗，对漏风较大的外窗洞口用发泡聚氨酯填缝，并增加一层单层塑钢窗或挂保温窗帘，以减少冷风渗透。

（2）外墙刷 20～30mm 的玻化微珠，以提高外墙保温性能。

（3）屋面增加 30mm 的挤塑板保温。

5　结语

（1）本研究通过实地走访、问卷调查的方式，总结了当地农村居住建筑结构及农村居民对新建建筑的期望、围护结构、能源利用和冷热感觉指标等信息特征，分析了当地农村居住建筑能耗水平高、热舒适性差的原因。

（2）通过对室外环境进行现场测试，了解了农村地区室外气象情况，说明陕西关中地区农村冬季寒冷，全天气温较低，室外风速较大，但太阳能资源较丰富，具有较高的利用价值。

（3）通过对传统自建农房和新型社区农房的室内环境测试，表明新型社区农房的室内温度环境比传统自建农房有较大的改善，但室内温度没有达到农民满意的舒适度要求。

（4）通过本调研，说明陕西关中地区农村节能具有很大潜力，本研究为推进农村建筑节能、加快乡村振兴提供了参考和依据。

参考文献

[1]　曹珍荣，龚光彩，徐春雯. 夏热冬冷地区农村居住建筑冬季室内热环境测试 [J]. 暖通空调，2013，(s1)：279-282.

[2]　徐长全，赵金玲. 东北严寒地区农村供暖住宅热湿环境实测研究 [J]. 暖通空调，2013，43 (11)：75-79.

[3]　葛翠玉，熊东旭，王珺. 潍坊地区农村住宅冬季室内热舒适调查 [J]. 暖通空调，2013，43 (10)：100-105.

[4]　葛翠玉，杨柳. 吐鲁番农村住宅冬季室内热舒适调查研究 [J]. 暖通空调，2014，44 (11)：94-99.

[5]　刘艳峰，刘露露，宋聪 等. 海南中部地区农村住宅夏季热舒适调查研究 [J]. 暖通空调，2018，48 (5)：90-94.

[6]　闫海燕，李洪瑞，李道一，等. 豫北高温天气下城市与农村人群热适应差异研究 [J]. 暖通空调，2018，48 (11)：114-119.

[7]　丁勇，沈舒伟，谢源源，等. 重庆地区农村建筑热工性能现状与节能潜力分析 [J]. 暖通空调，2018，48 (1)：60-65.

燃气型常压冷凝热水锅炉在“煤改气”热源改造项目中的应用

大连大学　郭　明[☆]

摘　要　论述燃气型常压冷凝热水锅炉在北方供暖系统中的设计和应用，重点介绍了燃气型冷凝热水锅炉的特点、燃气型锅炉房的选址、燃气型常压热水锅炉的系统配置、天然气气源的配置方案等几方面的内容。

关键词　燃气型常压冷凝热水锅炉　泄爆口　全预混燃烧　分布式热源　天然气气源站　CNG　LNG

0　引言

近几年来，我国北方特别是京津冀地区冬季大气污染形势严峻，以可吸入颗粒物（PM10）、细颗粒物（PM2.5）为特征污染物的区域性大气环境问题日益突出，伤害人民群众身体健康，影响社会和谐稳定。同时，随着我国工业化、城镇化的深入推进，能源资源消耗持续增加，大气污染防治压力继续加大。

为切实改善空气质量，国务院在2013年提出了《大气污染防治行动计划》。总体目标是经过五年努力，全国空气质量总体改善，重污染天气较大幅度减少；京津冀、长三角、珠三角等区域空气质量明显好转。力争再用五年或更长时间，逐步消除重污染天气，全国空气质量明显改善。

自2013年以来，我国北方地区加快推进供暖和生产用热源的“煤改气”“煤改清洁能源”工程建设，到2017年，基本完成燃煤锅炉、工业窑炉、自备燃煤电站的天然气替代改造任务，稳妥推进“煤改气”“煤改清洁能源”。2018年中央又提出坚持“宜电则电、宜气则气”的指导方针，以供定改，先立后破。加快清洁能源替代利用，鼓励发展天然气分布式能源等高效利用项目，推进天然气价格形成机制改革，理顺天然气与可替代能源的比价关系。

1　燃气型冷凝热水锅炉的介绍及在市场上的应用

随着清洁能源使用的持续增长，热源改造项目这几年在北方地区井喷式增多，出现了大量的热源改造项目，这些热源改造工程中，“煤改气”几乎占有一半的市场。燃气型热水或蒸汽锅炉是“煤改气”项目的的主要设备，随着这几年“煤改气”市政的持续升温和国家的环保政策的要求和扶持，众多有实力的燃气型锅炉制造厂家都取得了很好的销售业绩，全年的生产订单十分饱和，公司都顺势发展壮大。许多燃煤锅炉制造厂家及时转型、转产，但也有相当一部分燃煤锅炉的制造企业转型失败，没有跟上形势的变化而被淘汰。

燃气型冷凝热水锅炉这几年在市场上所占的市场份额持续增长，目前市场上的冷凝热水锅炉按锅炉本体是否承压可分为常压式冷凝热水锅炉和承压式冷凝热水锅炉两类，其中，常压式冷凝热水锅炉的承压一般为0.09MPa，承压式冷凝热水锅炉的承压能力常见的为1.0MPa。若按照冷凝热水锅炉的换热体的材质则可分为铸铝类和不锈钢类两大种类。铸铝类的冷凝热水锅炉在冷凝锅炉的市场占很大的比重，全国这类制造厂家很多；而不锈钢材质的冷凝热水锅炉还可细分为304不锈钢材质和316L不锈钢材质两种，目前市场上这类不锈钢材质的冷凝热水锅炉较少，不超过10个品牌，且多为进口品牌或中外合资品牌。

目前市场上使用的冷凝式热水锅炉的燃烧器工作原理基本相同，都为全预混式低氮燃烧方式，采用全预混金属纤维燃烧器（图1）。一般都采用天然气和空气前预混，即二者在进入燃烧器前需通过文丘里管，由文丘里管将空气和天然气按照最优于充分燃烧的比例来混合，混合后的空气和天然气再进入燃烧器充分的燃烧。由于采用了全预混表面燃烧技术，炉膛内的温度一般在800℃左右，这个温度不利于NO_x的合成，可达到低氮排放的目的，烟气中NO_x的排放浓度一般低于16～27mg/m^3，满足环保要求，为目前的市场所接受并推广。普通的燃气型热水或蒸汽锅炉由于没有采用全预混燃烧技术，炉膛的温度可达到1500℃左右，这个温度正是产生NO_x最合适的温度，所有普通的燃气型锅炉的烟气中的NO_x的排放浓度一般在150～200mg/m^3，随着各地环保部门对锅炉排放烟气中的NO_x的浓度值要求逐年提高，普通的燃气锅炉也很难在市场上生存。

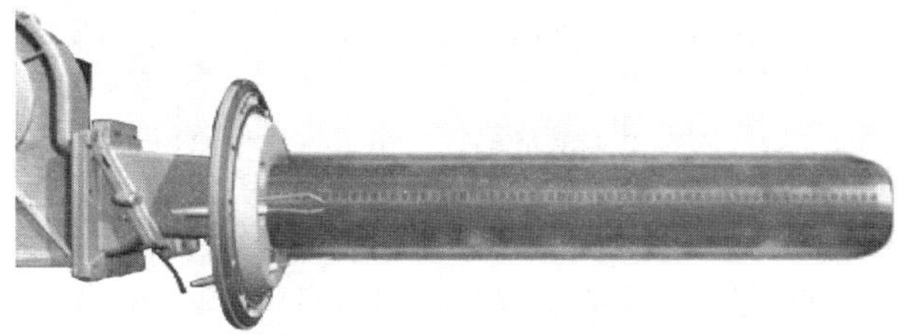

图1　全预混金属纤维燃烧器（贝卡尔特，荷兰）

图1所示的燃烧器采用了金属纤维材质，由于纤维之间是很小的网孔状，这就要求天然气和空气有一定的洁净

☆　郭明，女，硕士研究生，教授级高级工程师。通讯地址：大连市经济技术开发区学府大街10号大连大学，Email：1006448411@qq.com。

度，避免因积尘堵塞网孔而降低锅炉的燃烧效率，也容易出现燃烧器积碳的现象。京津冀地区最初应用这种冷凝热水锅炉时出现过这种现象，后来都在每台锅炉的空气入口处加装空气过滤器、清洗燃气器来解决。

燃气型冷凝热水锅炉的另一个特点是热效率高，而且随着排烟温度的降低，热效率逐步升高（见图 2），随着锅炉回水温度的降低，热效率逐步升高（见图 3）。

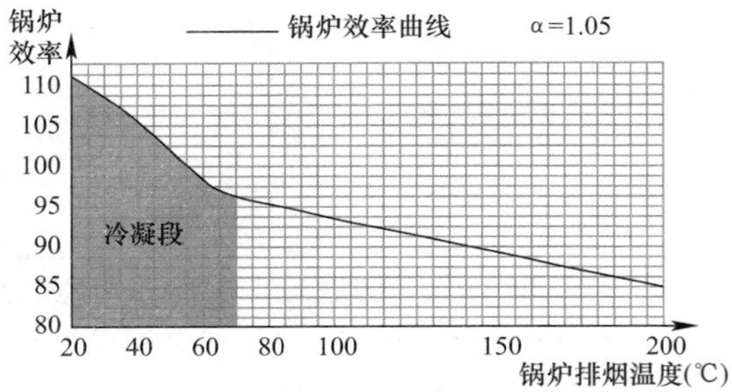

图 2　冷凝热水锅炉的排烟温度和锅炉效率的曲线图

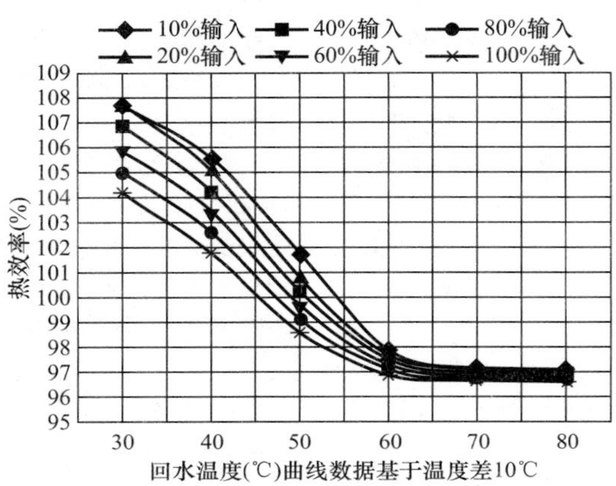

图 3　冷凝热水锅炉的回水温度和锅炉效率的对应曲线图

目前，几乎所有的冷凝热水锅炉的品牌都声称热效率可达到 108%，回水温度 50℃时，热效率一般在 98%。其实效率的高低有很多影响因素，如天然气的热值、室外的气温、末端用户的入住率、保温情况、锅炉进出水设定温度等，锅炉的运行是一个系统，不是独立的单体。另外，冷凝锅炉的热效率达到 108%也是对效率计算方式的理解不同。

冷凝热水锅炉的炉体设计与构造体现了节能的理念，能源的利用更充分。市场上常见的冷凝热水锅炉的炉体一般由一级换热体和二级换热体组成，烟气和水逆向流动。由于采用了全预混表面燃烧技术，降低了空气的需求量，提高了烟气的露点，使得烟气尽早进入冷凝阶段，冷凝放热。烟气在一级换热体内生产并和水换热，再经过二级换热体时和锅炉的回水继续换热后排出室外，这样，经过二级换热体被充分换热后的烟气，释放出烟气中的潜热，烟气凝结出大量的凝结水，此时烟气的温度一般在 50～60℃，可采用 PVC 管作为烟囱，或采用不锈钢烟囱排烟，这也是冷凝热水锅炉节能高效的原因。而普通燃气型热水锅炉的排烟温度在 150℃左右，排烟温度高，烟气带走了大量的热量。冷凝锅炉的回水在二级换热体内吸收烟气的热量被加热后，再进入到一级换热体内继续被加热，常压冷凝锅炉的出水温度最高在 90℃，一般设定冷凝锅炉的出水温度在 80～85℃之间。

目前，市场上有在普通的燃气型热水锅炉的排烟管道上配置一个节能器的锅炉应用形式，锅炉和节能器打包销售，有时也把这种锅炉称为冷凝式锅炉，其实这是一种“假的”冷凝锅炉，由于没有采用全预混的燃烧方式，且没有二级换热体换热、回收热量，只是通过在烟管上配置一个节能器的方式回收的热量，需配置节能器循环泵，系统复杂，回收热量少，效率一般在 94%左右。

根据目前全预混燃烧器的发展水平，市场上流行的燃气型冷凝热水锅炉的最大单体的额定制热量为 1050kW，常见的有 180kW、293kW、350kW、439kW、586kW、700kW 这几种小的规格序列。为迎合客户需求，有些制造厂家将两台额定制热量为 1050kW 的冷凝锅炉拼装组合在一个箱体内，这样就是额定制热量为 2100kW 的冷凝热水锅炉，以此类推，两台 700kW 的单体锅炉可组合成 1400kW 的冷凝热水锅炉，其实就是两台冷凝热水锅炉的简单组合而已，内部的燃气器也是两个。

2　燃气型冷凝热水锅炉房的系统设计

这几年随着清洁能源推广使用，北方地区出现了大量的“煤改气”类热源改造项目，对于这一类的热源改造总的原则是：采用分布式热源，让热源跟着负荷走。取消传统的集中大型热源的长距离输送方式，改为热源就近供应，加大燃气管道的输送距离，这样可以减少热量在长距离输送过程中的损失，节能、省电。

对于改建或新建的采用天然气锅炉作为热源的项目，燃气锅炉房的位置选择就是一个很关键的问题。根据《锅炉房设计规范》GB 50041—2008 第 4.1.3 条的规定：“当锅炉房和其他建筑物相连或设置在其内部时，严禁设置在人员密集场所和重要部分的上一层、下一层、贴邻位置以及主要通道、疏散口的两旁，并应设置在首层或地下一层靠建筑物外墙部位”。在热源改造时应该因地制宜，积极和当地的消防部门、安监部门、环评部门和锅检所沟通，选定燃气型锅炉房的位置。笔者这几年所参与研究的众多“煤改气”类的热源改造项目，一般在地上一层新建一个轻钢结构的彩钢板房作为锅炉房，也有许多项目的燃气锅炉房设置在地下一层的车库内，顶板或侧墙设置泄爆口或泄爆井，锅炉间的上方要求为库房类的非人员密集场所。也有很多项目利用原来的燃煤锅炉房作为燃气锅炉房，此时，需拆除旧的燃煤锅炉及其附属设备。对于仍保留燃煤锅炉的改造锅炉房，改造成燃气锅炉房后，消防部门要求用户保证燃煤锅炉房不再运行使用，因为燃煤锅炉和燃气锅炉不能在一个锅炉间内同时运行。

锅炉房烟囱的选择也很关键，可以直接决定锅炉房位置的选择是否合适。燃气型锅炉房的烟气温度低、排烟量小，且不含粉尘、二氧化碳、二氧化硫等燃煤锅炉烟气的成分，燃气型冷凝热锅炉的烟气的主要成分是水气和 NO_x，基本上是白色的烟气。上述原因造成燃气型锅炉的烟囱一般不用配置太高，具体的高度需要根据锅炉房所处的环境，由业主委托当地的环评部门做环评后确定。规范要求烟囱的高度比周围200m范围内的最高建筑物高2～3m，但在实际项目操作中，燃气型锅炉的烟囱高度一般都为十几米高，对于大吨位的锅炉房，其烟囱高度一般在24m左右，不同的项目情况不同，以环评报告的结果为准。笔者这几年所参与研究的燃气锅炉房工程，其烟囱大部分都设置成自立式烟囱，自立式烟囱的基础需和结构专业配合，充分考虑烟囱的重量和风荷载的影响。对于普通的非冷凝的燃气型锅炉，烟囱的材质为碳钢即可，对于冷凝类的燃气锅炉，由于烟气的凝结水为弱酸性，腐蚀性强，烟囱应采用不锈钢材质。

目前市场上使用的燃气型冷凝热水锅炉大部分都为常压式，且由于燃气型冷凝热水锅炉单台的制热量小，对于供暖负荷较大的项目，需配置的冷凝热水锅炉的台数较多。对于燃气型冷凝热水锅炉的系统设置一般都采用常压热水锅炉＋板式换热器的形式，热源和末端采用间接连接的方式，一次侧热源部分采用膨胀水箱定压，二次侧采用补水泵变频定压的方式。由于冷凝锅炉的台数较多，一次侧的水系统干管需要设计为同程式，这样可以保证每台锅炉的水系统阻力平衡，每天锅炉出力均匀。笔者这几年所参与研究处理过把一次侧的多台冷凝热水锅炉的水系统设计成异程式的情况，造成锅炉的出力不均，系统远端几台锅炉的热量带不出去，出现高温报警，自动停机的情况；但由于一次侧热源的出力不够，造成二次侧的供暖效果差，用户室内的供暖温度上不去。

正是由于冷凝热水锅炉的吨位小，配置的台数较多，锅炉本体自带的群控系统就显得十分重要。目前，各生产厂家都研发出自己的群控系统，控制原理基本一致，一个群控系统可以控制8～12台锅炉，将任一台锅炉为主机，其他的锅炉设为辅机，主控锅炉可根据一次侧回水干管上的温度传感器的温度信号来控制锅炉的开启台数，控制运行着的锅炉的负荷率。另外，还可根据管路系统中气候补偿器提供的室外温度信号，根据室外温度自动调整锅炉的运行情况，节能运行。

由于天然气的价格较燃煤要高，为降低燃气型热水锅炉房的运行费用，节约能源，就要对供暖系统做精准的控制。燃气型热水锅炉房一般都需要配置一台弱电PLC控制系统，在一次侧的供、回水干管上设置温度传感器、压力传感器，在二次侧的高、中、低区供暖系统的供回水干管上分别设置温度、压力传感器，由PLC控制系统根据各采暖系统分区的回水温度信号来调整锅炉的运行情况以及循环水泵的变频情况等，最大限度地节能。

对于供暖面积较小的项目，有些工程项目采用燃气型冷凝热水锅炉＋回水管快速启闭阀的系统，不采用板式换热器换热，常压冷凝热水锅炉直供末端供暖系统。对于这种采用快速启闭阀的供暖系统，除了对启闭阀的质量要求高且有保证外，系统热水循环泵的扬程要比闭式系统的高，不利于节能，不建议采用。

3 天然气气源的常用解决方案

随着清洁能源使用的持续增长，“煤改气”这种热源改造方式占有很大的市场份额，这也造成天然气市场的同样火爆，2017冬季甚至出现了气源紧张、气价高的现象，2018年国家加强了天然气LNG的进口量，全国五大燃气集团也加紧储气，天然气供应十分稳定，气源充足，一段时间内还出现了LNG降价的情况。2018年中央提出了“宜电则电、宜气则气”的指导方针，以供定改，先立后破。这就要求在采用“煤改气”这种热源改造方案时，要先了解清楚改造项目所在地的能源结构情况，是否有天然气气源供应、气量是否充足、天然气的价格如何、能否保供等影响因素。

对于有天然气供应的地区，若有管道气，则应优先选用管道气，不但能保障供应，而且管道气的价格便宜。若改造项目的附近没有管道气，气源站距离本项目较远，则可采用以下三种方式解决气源的供应问题。

第一种是采用瓶组（也称为杜瓦瓶）的方式供气，对于每天的用气量较小的项目，可考虑采用这种方式供气，每个瓶组可储存50m^3的天然气，一般可根据用气量将10个杜瓦瓶组成一个较小的集装箱来运输天然气，瓶组运抵现场后和锅炉的燃气管道连接即可使用。这样一个集装箱式的瓶组可一次性供应500m^3的天然气，项目现场可一次性多储存几个这样的箱式瓶组，减少运输的次数。

第二种方式是采用撬车的方式运输天然气，撬车运输的是压缩天然气，一般一个撬车一次可运输5000m^3的天然气，这种方式可解决较大用气量的项目供应。撬车抵达现场后，连接现场的减压装置减压后即可使用。

第三种供气方式是建设固定式的天然气气站，这种建站方式可用于天然气用量很大的项目。这种固定式气站一般储存即液化天然气，根据天然气的用量配置一定容积的储罐，满足用户一定天数内的天然气用量。液化天然气是将天然气压缩成液体后在－162℃的温度下保温储存，使用时需要对液化天然气加热使其气化方可使用，固定式液化天然气气站都需配置加热气化装置，加热的方式各异，1t的液化天然气气化后可提供1400m^3的天然气。

4 结语

近几年笔者参与了很多“煤改气”的热源改造项目，很多项目都采用燃气型常压冷凝热水锅炉作为改造的热源，都取得了成功，供暖效果好，节能明显。由于冷凝热水锅炉单体的体积小，可并排安装，十分节省空间，适合改造类的项目。在目前要求节能、环保的大环境下，这种冷凝热水锅炉应用前景广阔。

参考文献

[1] 江亿. 北方采暖地区既有建筑节能改造问题研究[J]. 中国能源，2011，34（9）：6-35.

[2] 中国联合工程公司. 锅炉房设计规范. GB 50041—2008[S]. 北京：中国计划出版社，2008.

[3] 中国建筑标准设计研究院. 全国民用建筑工程设计技术措施暖通空调·动力[M]. 北京：中国计划出版社，2009.

[4] 刘兰斌，付林，肖常磊，等. 天然气锅炉供暖系统若干常见问题分析[J]. 暖通空调，2008，38（12）：129-133.

空气源热泵辅助太阳能光伏集热器户式农宅供暖系统

兰州交通大学　李世诚☆　周文和　丁世文　李生彬

摘　要　我国北方农宅量大面广，供暖需求刚性，如何减少由此加剧的环境污染问题亟待解决，而我国西北地区丰富的太阳能资源和太阳能光伏集热器为问题的解决提供了思路。本文首先对空气源热泵辅助太阳能光伏集热器户式农宅供暖系统进行了介绍，然后对试点于兰州榆中县的农宅供暖系统进行了测试及分析。结果表明：利用空气源热泵辅助太阳能光伏集热器系统，一方面克服了太阳能供暖时天气因素的制约，另一方面提高了能源利用效率。在测试期内，试点地区室外最低温度介于－14.5～10℃，农宅室内卧室温度介于14.3～16.1℃，基本满足舒适性供暖标准。光伏集热器太阳能瞬时转换效率为0.4～0.7。按照该地区峰谷电价政策核算，测试期内供暖系统运行费用为552.12元/月。空气源热泵辅助太阳能光伏集热器户式农宅供暖系统为中国现行的清洁供暖计划提供了模式参考。

关键词　太阳能光伏集热器　空气源热泵　清洁供暖　北方农宅　供暖

0　引言

我国北方地区农村住宅建筑主要为单体建筑，建筑供暖燃料主要为薪柴、秸秆和煤炭等，供暖模式多为传统的火炕供暖、煤炉供暖、土暖气供暖等，室内温度普遍较低，一般不超过12℃，且室内温度分布不均匀，热环境质量较差。同时，直接燃烧煤炭和秸秆的方式，热效率低、污染物排放量大，不但严重污染室内外空气质量，而且造成了能源浪费。随着社会经济的发展和人们生活水平的提高，人们对清洁能源利用和环境舒适性的要求越来越高。因此，探索农村住宅经济有效的户式独立清洁供暖模式是北方新农村建设及其清洁供暖面临的紧迫问题。

虽然农村住宅量大面广，但是相对独立分散，市政公共设施极不完善，因此，集中供热和燃气供热模式不易实现。同时：(1) 由于电价和电热转化效率不高，电暖器、发热电缆等电供暖模式相对农村供暖不切实际；(2) 空气源热泵设置灵活便利，但其供热性能和效率严重依赖室外温度，严寒时段通常出现供暖不足的现象，在没有政策电价支持条件下，供暖电费依然超过农民负担能力；(3) 我国西北大部分地区太阳能资源丰富，年日照时数在3000h以上，太阳能年辐射总量在5852MJ/m² 以上[1]，但是，因受制于阴雨天气等随机因素和季节、昼夜温差、海拔等自然因素，太阳能供暖需考虑辅助热源，以保证供暖系统运行的持续与稳定。

太阳能光伏集热器是一种新型高效的太阳能利用装置，主要由集成一体的半透光薄膜光伏板和板下集热冷却水槽组成，其中，表面光伏板发电首先满足用户，余电上网；集热冷却水槽利用富余太阳能生产热水，同时冷却光伏板以提高光电转化效率。太阳能光伏集热器依然不能避免天气的制约，如与空气源热泵结合供暖，不但可弥补太阳能供暖的不稳定性，也可大大降低空气源热泵的运行能耗和农民负担。

基于兰州地区清洁供暖的峰谷电价政策及丰富的太阳能资源，并考虑农村供暖需求的特点，课题组对一户试点农宅建筑进行了供暖系统安装和测试，以期得到空气源热泵辅助太阳能光伏集热器为热源的新型供暖系统适用于兰州地区农宅建筑的特性，为兰州相似农村地区的清洁供暖发展提供借鉴。

1　农宅及供暖系统

1.1　气象条件

本文试点农宅位于兰州市榆中县，年均气温6.7℃，降水量400mm，无霜期120天，具体气象条件如表1所示[2]。

兰州市榆中县气象参数　　表1

榆中	经度104°11′		纬度35°84′		海拔1982m	
H_{ha}	H_{La}	H_{ht}	H_{Lt}	T_h	S_y	S_d
14.322	15.135	7.326	10.696	－0.6	6.9	5.1

注：表中 H_{ha} 为水平面年平均日辐照量，MJ/(m²·d)；H_{La} 为当地纬度倾角平面年平均日辐照量，MJ/(m²·d)；H_{ht} 为水平面12月的月平均日辐照量，MJ/(m²·d)；H_{Lt} 为当地纬度倾角平面12月的月平均日辐照量，MJ/(m²·d)；T_h 为计算供暖期平均环境温度，℃；S_y 为年平均每日的日照小时数，h；S_d 为12月的月平均每日的日照小时数，h。

1.2　农宅概况

试点农宅房屋结构为砖混加土坯结构（无保温措施），建筑面积为100m²，平面结构如图1所示，房屋朝向正南，南外墙为土坯墙厚400mm，热阻为0.34m²·K/W，其余三面外墙为240mm厚砌筑黏土砖，热阻为0.32m²·K/W，各外墙热阻均低于规范要求（0.54m²·K/W）[3]。内外窗均为内嵌铝合金框架玻璃窗，内墙厚度为240mm。东西

☆　李世诚，男，在读硕士研究生。甘肃省兰州市安宁区安宁西路88号兰州交通大学，Email：674910597@qq.com。

各一间卧室，中厅前有走廊。

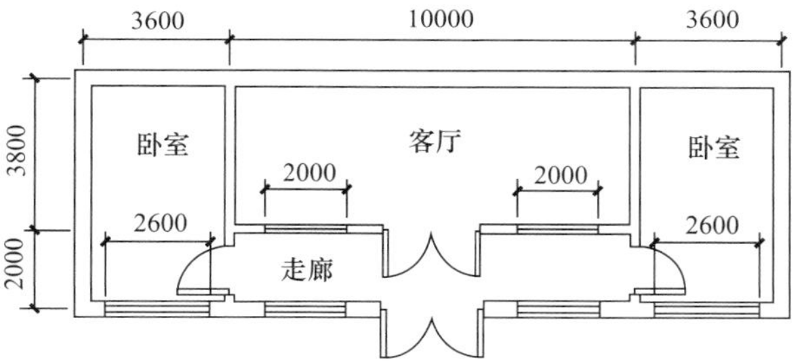

图1 农宅平面图

1.3 供暖系统

供暖系统如图2所示。其中，太阳能光伏集热器设于农宅屋顶，室内供暖设备为风机盘管，辅助热源选用空气源热泵。

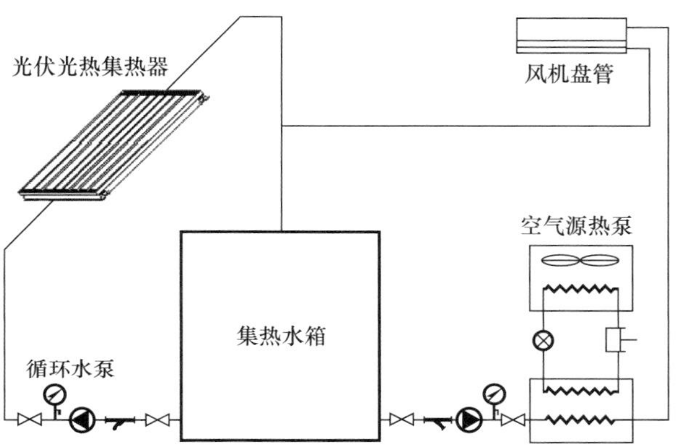

图2 系统设备流程图

(1) 供暖热负荷

$$Q_n = Aq_0 \tag{1}$$

式中 A——农宅建筑面积；

q_0——供暖热指标，因试点农宅未采取外墙保温措施，本文取100W/m²。

(2) 太阳能光伏集热器面积

$$A_c = \frac{86400Q_n f}{J_T \eta_{cd}(1-\eta_L)} \tag{2}$$

式中 f——太阳能保证率，30%[2]；

J_T——当地集热器采光面平均日太阳辐照量，15.135MJ/(m²·d)[2]；

η_{cd}——集热器年平均集热效率，0.495[2]；

η_L——管路及储水箱热损失率，0.10[2]。

供暖计算热负荷 Q_n 为10kW，考虑太阳能保证率为30%，故选取制热量范围5.0～12.0kW、额定功率为3kW的空气源热泵机组为辅助热源。所需集热器面积为38.4m²，由于本试点项目为政府补助项目，考虑补助金额及试点农宅屋顶面积情况，选取太阳能光伏集热器26块，单块集热面积为0.79m²，太阳能光伏集热器面积共计为20.54m²。太阳光伏集热器表面为非晶硅薄膜光伏板，单块发电功率120W，下部为集热水管，单块集热水量50L；选用蓄水容积为1500L的蓄热水箱作为短期蓄热设备。

(3) 安装倾角

因系统兼顾全年发电与冬季供暖，故选取光伏集热器安装角度为35°[4]。系统各设备具体配置如表2所示。

设备配置表　　表2

序号	设备名称	性能参数	数量	单位
1	太阳能集热循环泵	Q=1.75m³/h，H=12m	1	台
2	供暖供水循环泵	Q=2.5m³/h，H=17m	1	台
3	太阳能光伏集热板	单块面积0.79m²，非晶硅薄膜太阳能板，转换效率约为8%	26	块
4	变频空气源热泵机组	制热量范围5.0～12.0kW，制热输入功率范围1.3～5.0kW	1	台
5	蓄热水箱	1000mm×1000mm×1500mm	1	台

2 供暖系统测试

通过对空气源热泵辅助太阳能光伏集热器供暖系统进行测试，分析得到系统的运行效果。测试时间为2018年2～3月，测试内容主要包括：太阳能辐射照度、太阳能集热器发电量、太阳能集热器集热量、空气源热泵-风机盘管系统供热量、空气源热泵-风机盘管系统耗电量、室外空气温度、供暖室内空气温度。

测试过程中，太阳能辐射照度采用太阳能辐射仪测量采集；太阳能集热侧及供暖侧循环水流量均采用超声波流量测量采集；太阳能集热侧供、回水温度和空气源热泵-风机盘管系统供回水温度均采用贴片热电偶温度传感器进行测量采集；太阳能板发电量和空气源热泵机组耗电量利用多功能电表进行数据采集，以上数据都传输于计算机系统存储；室内外空气温度均采用自记式温度记录仪进行连续测量。各仪器具体参数见表3。

测试仪器及参数　　表3

测试物理量	测试仪器	量程	测量精度	数量
供水温度	超声波流量热量检测表	温度范围－30～160℃	1%	2
回水温度	超声波流量热量检测表	DN15～DN100	1%	2
流量	超声波流量热量检测表	测量口径DN15～DN100	1%	2
室外温度	温度传感器	－40～100℃，0～100%	±0.5℃	1
机组耗电	多功能电表	380V(220V)，40～60Hz	0.1Hz	4
室内温度	自记式温度记录仪	－40～60℃	±0.5℃	2
太阳辐射照度	太阳能辐射仪	工作环境－40～60℃		1

2.1 测试数据处理

分别对试点用户的供暖情况、空气源热泵机组的COP、光伏集热板的转换效率进行计算、分析和评价，主要依据公式如下[5-7]：

（1）冬季用户侧的供热量

$$Q_1 = \rho V c_p (t_{out} - t_{in}) \tag{3}$$

式中 Q_1——实测户内供热量，kW；

ρ——水的密度，kg/m^3；

V——供暖侧水的体积流量，m^3/s；

c_p——水的比热容，kJ/(kg・℃)；

t_{in}，t_{out}——热泵机组末端进、出口水温，℃。

（2）热泵机组的性能系数

$$COP = \frac{Q_1}{P_1} \tag{4}$$

式中 COP——热泵机组的性能系数；

P_1——热泵机组的输入功率，kW。

（3）光伏集热板的转换效率

$$\eta = \frac{P_2 + Q_2}{EA_1} \times 100\% \tag{5}$$

$$Q_2 = \rho V_1 c_p (t_2 - t_1) \tag{6}$$

式（5），（6）中 η——太阳能板转换效率；

Q_2——太阳能板热量，kW；

t_1，t_2——太阳能集热板回水与供水水温，℃；

V——太阳能集热板内水的体积流量，m^3/s；

A_1——单块太阳能光伏集热板面积，m^2；

P_2——薄膜太阳能光伏板发电功率，kW。

2.2 空气源热泵 COP 分析

图3为供暖测试期空气源热泵的性能系数COP及室外日平均温度的变化曲线图。在测试期内，性能系数COP最大值为2.16，最小值为1.20，平均值为1.63；平均值为室外日平均温度最大值为16.8℃，对应COP为1.94，最小值为−10℃，对应COP为1.20，平均值为3.9℃。由变化曲线可知，性能系数在测试期内受室外温度影响较大，当室外温度较低时，空气源热泵能耗加大，故性能系数COP较低。

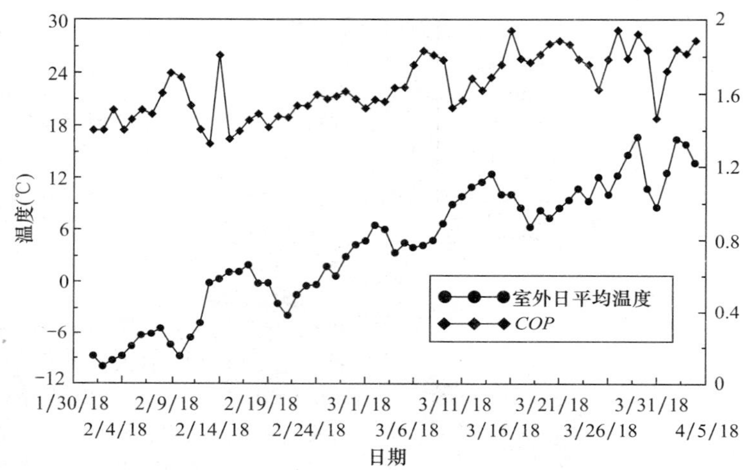

图3 COP与室外日平均温度

2.3 太阳能光伏集热板转换效率分析

根据式（5）可得光伏集热器的转换效率 η，结果如图4所示。

由图4可知，测试期内太阳能光伏集热器的转换效率 η 主要在0.3～0.7之间，最大值为0.72，最小值为0.32，

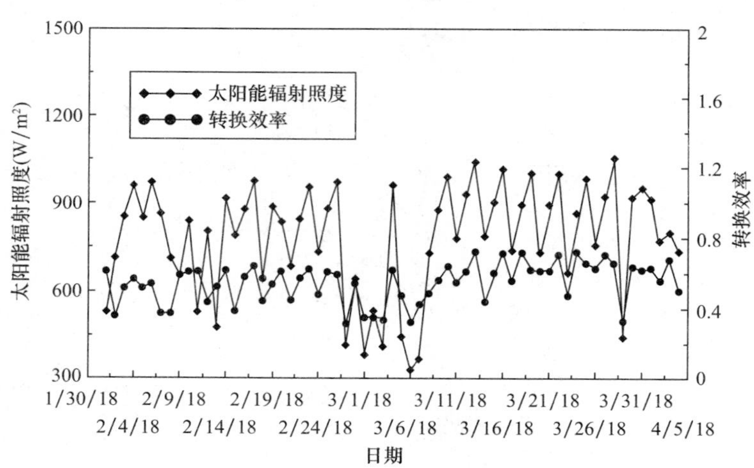

图4 太阳能集热器转换效率

平均值为 0.55；其中，光电转换占比 20%，光热转换占比 80%，能源利用率较高。测试期内太阳辐射照度最大值为 1055W/m^2，对应 η 为 0.66；最小值为 329.8W/m^2，对应 η 为 0.32，平均值为 782.36W/m^2。

2.4 能耗效益分析

根据电表测试得供暖系统 2，3 月份耗电量、发电量如表 4 所示。

机组耗电量与发电量　　表 4

时间	耗电量（kWh）	发电量（kWh）
2 月	1473.5	248.9
3 月	916	283
总计	2389.5	531.9

由超声波流量热量表得测试期内试点农宅耗热量为 9GJ，折算整个供暖季耗热量为 24GJ，每平方米耗热量为 $Q=0.24$GJ/m^2；由多功能电表得测试期内系统耗电量 2389.5kWh，折算整个供暖季耗电量为 6252.5kWh，供暖季折算耗电指标为 62.525kWh/m^2。

此外，将试点清洁能源供暖系统能耗量折合成标准煤进行能源耗量的比较，以此分析该方案的节能效益及环保效益。按照国家统计局标准，每度电折 0.404kg。该方案所需消耗燃料量为：

$$B=\frac{Q}{Q_{dw}^{y}\eta_y} \quad (7)$$

式中　Q_{dw}^{y}——燃料的低热值，标准煤为 29308kJ/kg；

η_y——燃煤炉燃烧的效率，家用燃煤炉效率较低，此处取 60%[8]。

能耗对比结果如表 5 所示。

供暖季每平方米供暖折合标准煤耗量　表 5

方案类型	试点系统	燃煤炉
燃料耗量 B[kg/(m^2·a)]	25.26	13.65

2.5 经济效益分析

本项目为政府扶持的清洁供暖试点模式，平均每户补助 6.5 万元（包括空气源热泵机组、太阳能光伏集热板、蓄热水箱、循环水泵、光伏逆变器与控制器），户内供暖末端采用风机盘管，改造成本约为 1.0 万元（住户自筹），故试点用户住宅建筑每 m^2 投资成本为 750 元。若系统使用寿命按 15 年核算，则投资成本为 50 元/(m^2·a)。若供暖季落实政策电价（每日 22：00 至次日 8：00，用电价格在对应居民生活用电平段目录电价标准基础上降低 0.2 元/kWh；其他时段在原平段目录电价基础上提高 0.03 元/kWh），平均每月折算电费为 276 元，故供暖季供暖系统折算运行费用为 13.8 元/(m^2·a)（供暖季为 11 月～3 月）。低于兰州市集中供暖热收费标准 25 元/(m^2·a)。因此，按照 15 年系统设备寿命和静态计算法，试点项目供暖系统单位面积费用年值约 63.8 元/(m^2·a)。

通过以上分析及比较可知：目前技术手段下，由于煤的价格较低，传统的户式燃煤炉供暖方式经济性最优，但考虑其污染物排放量过大，且无有害物净化措施，致使生态环境遭到破坏，须被摒弃。

2.6 环保效益分析

根据表 6[9] 提供的数据，可得各种燃料燃烧产生的污染物量。

消耗单位燃料污染物的排放量　　表 6

污染物	标准煤（t）
NO_x	7.4
SO_2	8.5
CO_2	2620

根据表 5 计算所得，本试点系统供暖季每 m^2 折算标准煤耗量为 25.26kg/(m^2·a)，普通用户如采用燃煤炉供暖季每 m^2 折算标准煤耗量为 13.65kg/(m^2·a)，通过计算可得两者每平方米有害气体排放量，如表 7 所示。

各方案有害气体的计算排放量（单位：kg/m^2）　表 7

项目	试点系统	燃煤炉
NO_x	0.187	0.101
SO_2	0.215	0.116
CO_2	66.18	35.76

从表 7 可以看出，试点用户如果采用户式燃煤炉进行供暖，供暖季每 m^2 折算污染物排放量为 35.76 kg/m^2 CO_2，0.116kg/m^2 SO_2，0.101kg/m^2 NO_x。虽然试点系统供暖折合标准煤耗量及污染物排放量大于户式燃煤供暖方式，但考虑集中热力发电均采取完善的烟气除尘和净化措施，以及试点系统现场主要采用电力驱动，供暖系统运行过程中现场基本无污染物排放，针对现场来说，属于清洁环保的供暖方式。

3 结论

本文通过对空气源热泵辅助太阳能光伏集热器供暖系统进行了方案配比与运行测试，得出以下结论：

（1）空气源热泵辅助太阳能光伏集热器供暖系统在农村地区具有较大的应用潜力，较以往农村的燃煤供暖方式，大大降低了污染物的排放。

（2）试点农宅墙体热阻较低，保温性能较差，可采取保温措施提高围护结构蓄热能力，降低空气源热泵辅助太阳能光伏集热器供暖系统运行能耗。

（3）空气源热泵制热性能受制于环境温度，当室外温度过低时，*COP* 值下降，室内供暖效果不佳。

参考文献

[1] 陈少勇，郭俊庭，尚俊武. 白银市太阳能资源评估 [J]. 甘肃科学学报，2012，24（4）：36-40.

[2] 中国建筑科学研究院. 太阳能供热采暖工程技术规范. GB 50495—2009 [S]. 北京：中国建筑工业出版社，2009.

[3] 李庆繁，高连玉.《民用建筑热工设计规范》GB 50176—2016热工设计参数及有关规定在蒸压加气混凝土节能建筑热工设计中应用的探讨（上）[J]. 墙材革新与建筑节能，2018（3）：56-64.

[4] 中国建筑科学研究院. 太阳能集热系统设计与安装图集. 06K503 [S]. 北京：中国计划出版社，2006.

[5] 彦启森，石文星. 空气调节用制冷技术 [M]. 第4版. 北京：中国建筑工业出版社，2010.

[6] 贾英洲. 太阳能供暖系统设计与安装 [M]. 北京：人民邮电出版社，2011.

[7] 杨彦武. 地源热泵系统运行监测及综合评估 [D]. 上海：东华大学，2014.

[8] 李志芳. 住宅供暖方式综合性能比较研究 [D]. 西安：长安大学，2006. 5：29-30.

[9] 李振华. 兰州地区空气源热泵联合太阳能供暖系统的仿真研究及其性能分 [D]. 兰州：兰州理工大学，2017.

严寒地区建筑中庭供暖方式分析

中元国际（长春）高新建筑设计院有限公司　毛靖宇☆
吉林建筑大学　朱　林

摘　要　建筑中庭内热环境复杂、能耗大，越来越多地受到人们的关注。本文以严寒地区建筑中庭为研究对象，对该类型建筑中庭冬季不同供暖方式下热舒适环境展开分析，通过数值模拟结合实测的方法分析得出合理的供暖方式，实现气流组织设计方案的优化和节能。

关键词　建筑中庭　热舒适环境　数值模拟　供暖方式　节能

0　引言

随着城市化进程的加快、人民生活水平的提高，人们对高大空间建筑功能合理、质量上乘、环境舒适的需求越来越明显，中庭这种建筑形式也得到了越来越多的关注。建筑中庭，由于引入了阳光、植物、流水等自然要素以及中庭空间的巨大体量，使得这类建筑室内热环境较一般建筑复杂得多。因此，有必要对这类大空间建筑室内空气环境进行分析，实现气流组织设计方案的优化和节能。

本文以严寒地区建筑中庭为研究对象，对该类型建筑冬季不同供暖方式下热舒适环境展开分析，通过数值模拟温度场结合实测的方法分析多种供暖方式下室内热环境的优缺点，对实际工程具有现实指导意义。

1　冬季建筑中庭方案数值模拟与比较分析

1.1　数值计算模型的建立

本文数值计算主要由 Airpak 软件完成。该软件面向 HAVC 专业领域的数值模拟计算，可以准确地模拟室内的空气流动、空气品质、传热、辐射、污染和舒适度等问题[1]。

1.1.1　模型物理条件的设定

（1）中庭内空气是连续介质；

（2）中庭内空气是不可压缩的，其密度不变；

（3）中庭内空气流场视为定常流；

（4）假设中庭内围护结构为等温壁面，冬季为 16℃；

（5）冬季气候条件：长春室外空气计算参数[4]：供暖室外计算温度－21.1℃，空气调节室外计算温度－24.3℃，室外大气压力 997.4Pa，室外平均风速 3.7m/s；

（6）中庭内部物体的相关参数设定：水景温度：冬季为 16℃；模型内部物体发热量：电脑为 108W/台；人员 75W/人。

1.1.2　中庭模型建立

中庭模型简化为图 1 所示，x，y，z 坐标原点设在模拟区域的（0，0，0）点处。实验模型主要由围护结构、人员、计算机、桌子、水景组成。表 1 为中庭模型及其内部物体的尺寸。

中庭模型及其内部物体的尺寸　　表 1

名称	长度（半径）$\Delta x(r)$	高度 $\Delta y(h)$	宽度 Δz	起始位置		
				x	y	z
房间	84.6m	56.3m	30.6m	0m	0	0
电脑	0.4m	0.4m	0.4m	55m	0.7	51.8
桌子	1.5m		0.8m	54.8m	0.6	51.8
人员 1	0.4m	1.8m	0.3m	5m	0	25.8
人员 2	0.4m	1.8m	0.3m	10m	0	7.8
人员 3	0.4m	1.8m	0.3m	16m	0	47.8
人员 4	0.4m	1.8m	0.3m	30m	0	20.8m
人员 5	0.4m	1.8m	0.3m	30m	0	20.8m
人员 6	0.4m	1.8m	0.3m	46m	0	37.8m
人员 7	0.4m	1.8m	0.3m	46m	0	37.8m
人员 8	0.4m	1.8m	0.3m	53m	0	12.8m
人员 9	0.4m	1.8m	0.3	55m	0	52.6m
人员 10	0.4m	1.8m	0.3m	64.6m	0	37.8m
水景 1	10m	－0.5m		25m	0	32m
水景 2	15m	－0.5m	5m	50m	0	30m
玻璃幕 1	10m		18m	3m	30.6m	6m
玻璃幕 2	10m		18m	16m	30.6m	6m
玻璃幕 3	10m		18m	29m	30.6m	6m
玻璃幕 4	10m		18m	42m	30.6m	6m
玻璃幕 5	10m		18m	55m	30.6m	6m
玻璃幕 6	10m		18m	3m	30.6m	30m
玻璃幕 7	10m		18m	16m	30.6m	30m
玻璃幕 8	10m		18m	29m	30.6m	30m
玻璃幕 9	10m		18m	42m	30.6m	30m
玻璃幕 10	10m		18m	55m	30.6m	30m
外门	14m	3.8m		31m	0	0
内门	8m	6.4m		48m	0	56.3m

☆　毛靖宇，男，硕士研究生，水总工程师，高级工程师。通讯地址：吉林省长春市宽城区北远达大街中元国际（长春）高新建筑设计院有限公司，Email：47590891@qq.com。

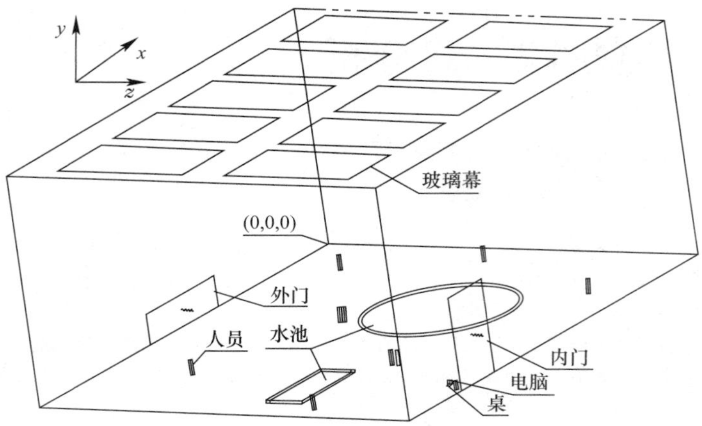

图 1　中庭物理模型

1.2　冬季中庭多种设计方案数值模拟与比较分析

本文选用严寒地区冬季常用的几种供暖方式进行室内热环境的数值模拟，分析温度场、*PMV* 特征，为严寒地区这类建筑的供暖方式的优化设计提供参考。

1.2.1　冬季中庭热环境控制方案

方案Ⅰ：人员活动区采用分层空调供暖。

方案Ⅱ：中庭采用散热器对流供暖。

方案Ⅲ：中庭采用低温热水地板辐射供暖。

1.2.2　模拟结果及分析

本文从中庭室内温度场、*PMV* 值对模拟结果进行分析：

（1）温度：冬季中庭温度 16～18℃[2]。以此温度区间为依据，作为衡量模拟结果是否达到舒适性的标准。

（2）*PMV* 值：是室内热舒适性的评价指标（见表 2），可以适用于各种环境，是目前应用最广泛并得到最普遍认同的一种室内热舒适性评价方法[3]。

PMV 指标值　　　　表 2

PMV	+3	+2	+1	0	−1	−2	−3
热感觉	热	暖	微热	舒适	微凉	凉	冷

（1）方案Ⅰ数值模拟结果

具体参数：经计算得出，中庭单位耗能热指标为 27.3W/m^2。设定送风温度为 27℃，送风速度为 11.2m/s，且下倾 30°，排风口冬季不开启。

1）温度场分布

图 2 和图 3 是中庭 y=1.6m、x=10m 时的温度场分布图，人员活动区平均温度很低，为 10℃左右，远远低于严寒地区冬季供暖室内温度标准，但均匀性较好。竖直方向温度梯度小。大部分热气流自送风口送出后直接上升，不能起到很好的分层供暖效果，非空调区局部温度略低于空调区温度。

图 2　方案Ⅰ　y=1.6m 平面温度场分布图

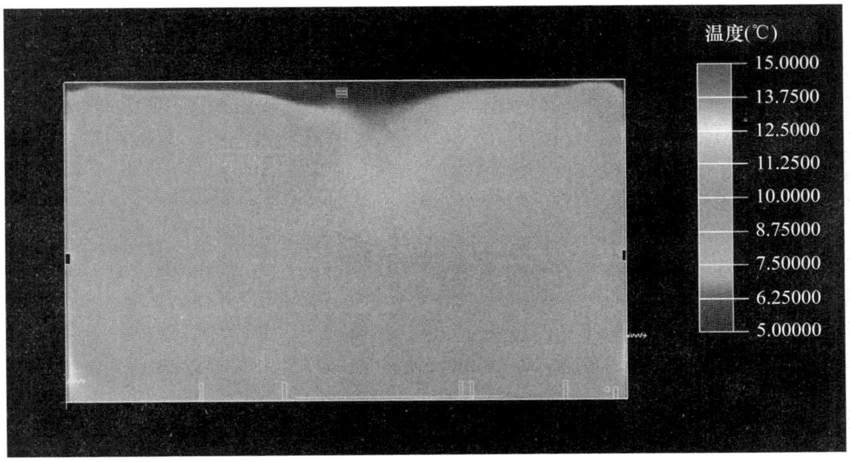

图 3　方案Ⅰ　x=10m 平面温度场分布图

2）*PMV* 值分析

PMV 的计算结果如图 4 所示，整个中庭内 *PMV* 值分布在−2～−3 之间，大部分人都会有寒冷的感觉，舒适性极差，此方式不合适用于严寒地区大空间中庭冬季供暖。

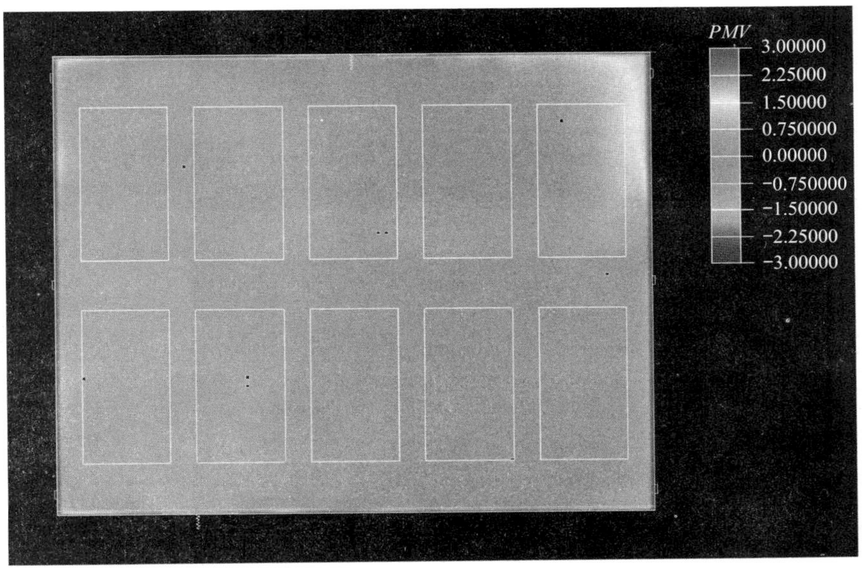

图 4　方案Ⅰ　y=1.6m 平面 *PMV* 分布图

（2）方案Ⅱ数值模拟结果

具体参数：中庭单位耗能热指标同方案Ⅰ，散热器沿中庭内部围护结构均匀安装，分一层布置，高 0.8m；外门处经热风幕加热进入中庭室内的冷空气温度设定为 5℃，引起的负荷为 7436.4W；内门附近的温度设定为 14℃。

1）温度场分布

从图 5 可以清晰看出，散热器附近温度高，其他区域温度比较均匀，在 12℃左右。水平方向上热流密度的不均匀，也是散热器供暖自然对流强的主要原因。在散流器对流供暖的环境中，室内空气温度存在梯度。图 6 是 x=10m 处散热器对流供暖情况下温度场分布情况，图中纵向温度梯度明显，约为 3℃，在靠近壁面附近有较大的温度梯度。

2）*PMV* 值分析

如图 7 所示，散热器对流供暖不能满足中庭活动区人员舒适性要求。大部分区域 *PMV* 值在−1～−2 之间，温度比较低，人员会感觉有点冷。而在散热器附近人员又会感觉有点热，这一点在图中表现也很明显。

（3）方案Ⅲ数值模拟结果

具体参数：中庭单位耗能热指标同方案Ⅰ，辐射板铺设于地面上，厚 0.3m，水景附近不铺设辐射板；外门处经热风幕加热进入中庭室内的冷空气温度设定为 5℃，引起的负荷设定为 7436.4W；内门附近的温度设定为 14℃。

1）温度场分布

模拟结果显示（见图 8），应用低温热水地板辐射供暖系统能够满足中庭温度要求，在 17℃左右，但温度分布均匀性较差。由于受门缝冷风渗透影响，外门附近温度略低。中庭中部区域温度高，局部区域在 20℃。图 9 所示为辐射供暖管上方的纵向温度分布。从图中可以看到，和前两种供暖方式不同，地板辐射供暖人员区局部区域温度较高，随着高度的增加，竖直方向上温度逐渐均匀，屋顶下又出现局部区域的温度降低，纵向平均温度约为 17℃。

2）*PMV* 值分析

如图 10 所示，地板辐射供暖大部分区域 *PMV* 值在−0.5～0.5 之间，局部区域在 1～2 之间，人员会感觉到微热。在相同供暖负荷条件下，地板辐射供暖效果好，能　　　到达舒适性要求。

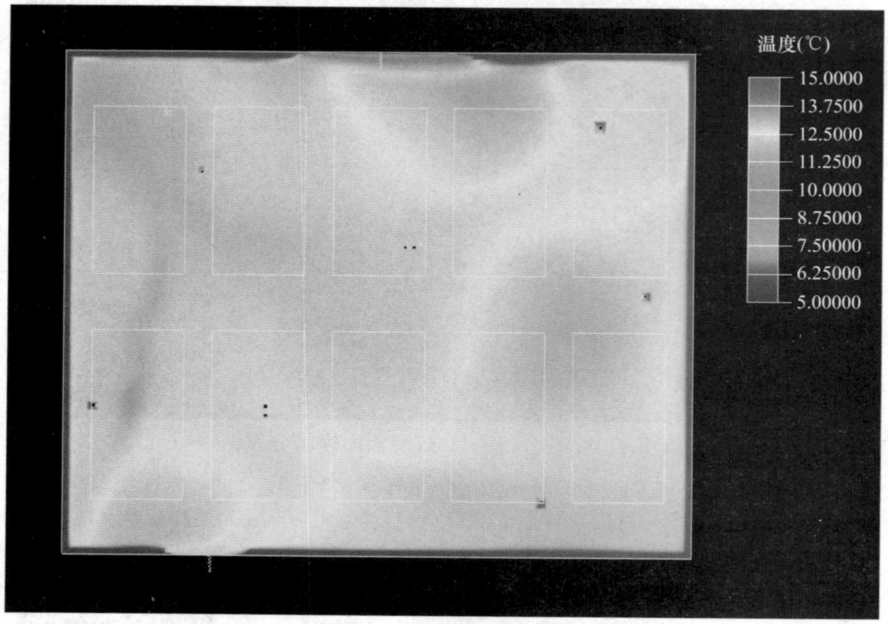

图 5　方案Ⅱ　y=1.6m 平面温度场分布图

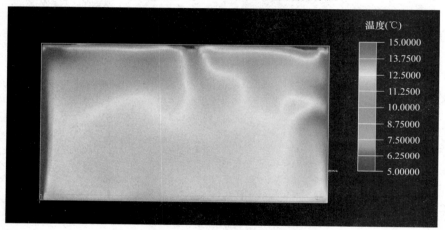

图 6　方案Ⅱ　x=10m 平面温度场分布图

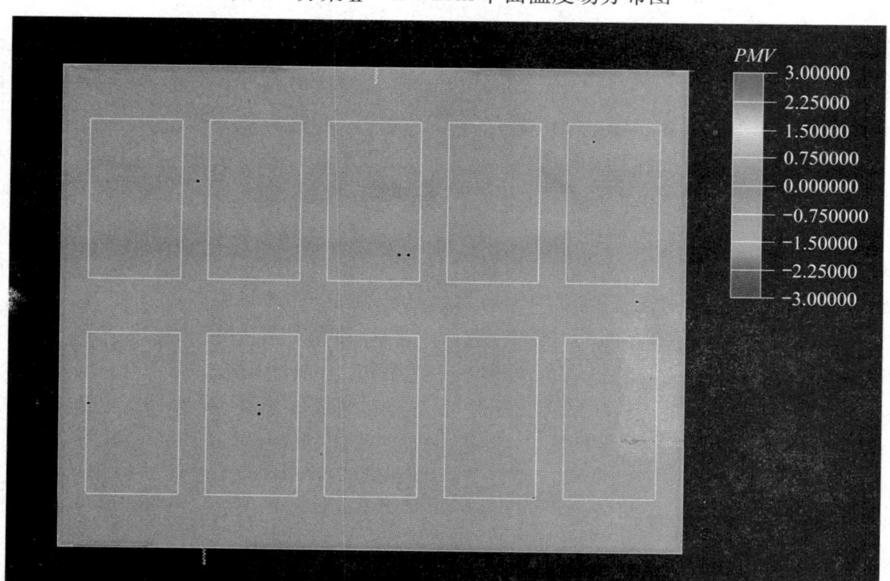

图 7　方案Ⅱ　y=1.6m 平面 *PMV* 分布图

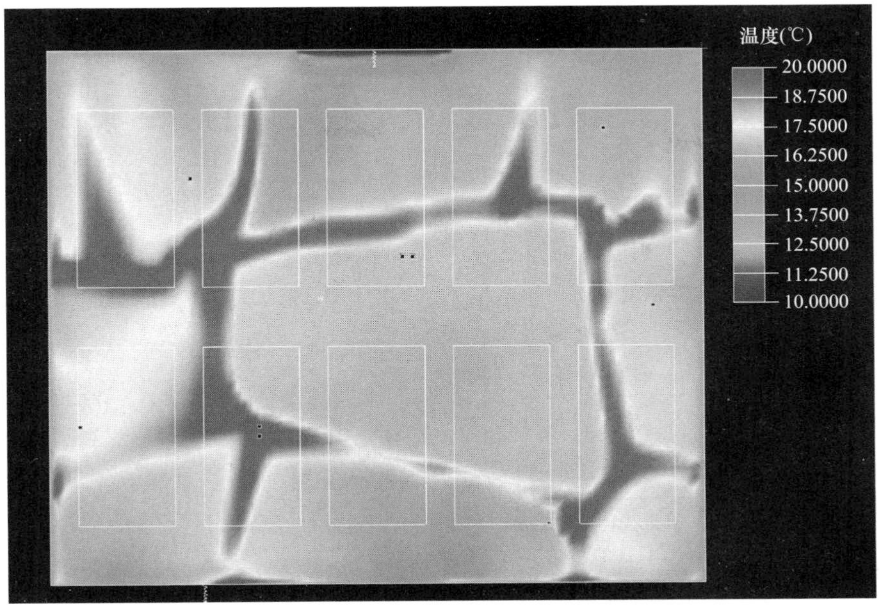

图 8　方案Ⅲ　$y=1.6$m 平面温度场分布图

图 9　方案Ⅲ　$x=10$m 平面温度场分布图

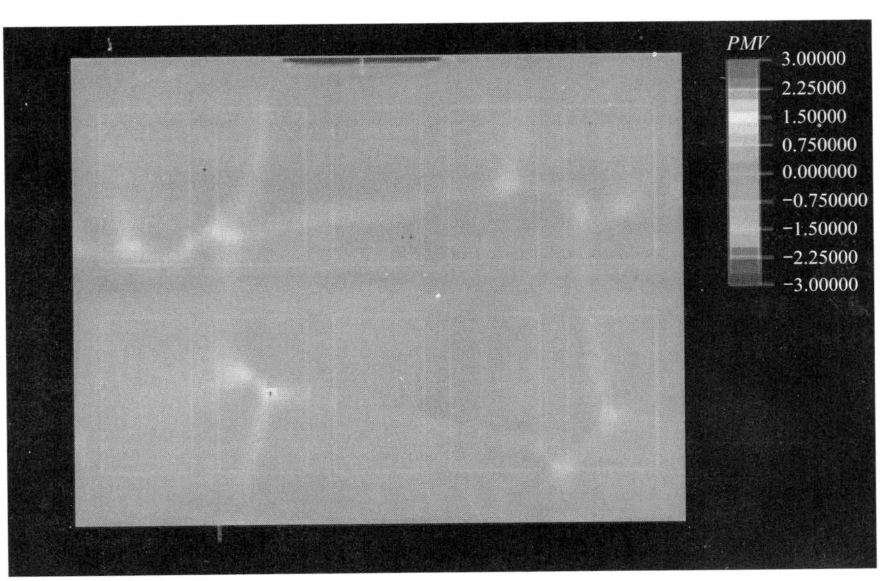

图 10　方案Ⅲ　$y=1.6$m 平面 *PMV* 分布图

2 中庭实测研究

为了充分确认数值模拟结果的可靠性，选取类似酒店中庭建筑在冬季进行实际温度测试。

2.1 工程概况

以吉林省某酒店中庭为研究对象。中庭长 117m、宽 61m、高 32m。中庭采用低温热水地板辐射供暖系统，布管间距为 200mm，供水平均温度为 55℃，24h 连续供暖。

2.2 测试仪器

温湿度计种类：TES 温湿度计（见图 11）。解析度：相对湿度 0.1%，温度 0.1℃；温度±0.5℃，相对湿度±3%（在 25℃时，30%～95%）；测量范围：相对湿度 10%～95%，温度−20～+60℃。

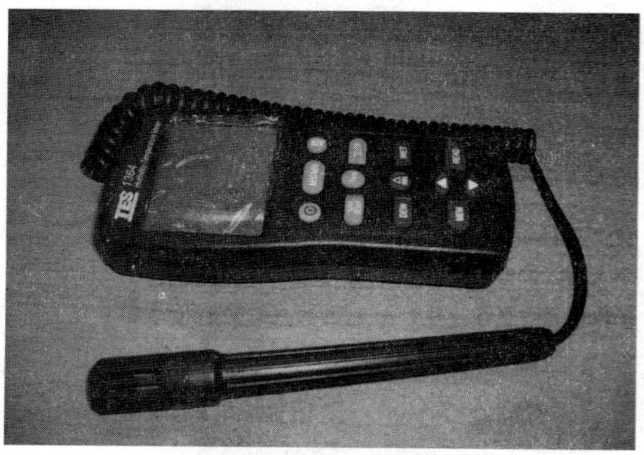

图 11 TES 温湿度计

感测器种类：湿度-精密电容式感测器以及温度-快速反应型热敏电阻感测器。取样频率：2 次/s；手动资料储存数：99 组；操作温湿度：温度 0～60℃，相对湿度−95%以下；储存温湿度：温度−10～60℃，相对湿度−70%以下。

本测试所用温湿度计的精度，在测试前用标准水银温度计进行核对。

2.3 测点布置

冬季测试时间选择在 2017 年 12 月 17～23 日的上午 9 时、中午 12 时、下午 15 时这三个时间段进行测量。测试参数：(1) 室外空气温度；(2) 中庭人员活动区空气温度；(3) 中庭竖直温度；(4) 屋顶温度；(5) 景观内水表面温度。

测量室外空气温度和中庭屋顶温度时各布置了 2 个测点，测点均安放在背阴处，以防止太阳辐射所造成的误差；测量中庭人员活动区空气温度时布置了 12 个测点，测点距地 1.0m，测点尽量避开室内树木等遮挡物，选择空旷的位置均匀布点，对于温湿度波动敏感的局部区域，可适当增加测点数；测量中庭竖直温度，布置了 4 个测点，初始点选择在距地面 13m 处，每隔 10m 增加一个测点，测点远离外围护结构；测量景观内水表面温度时布置了 2 个测点，测点距水面 0.05m 高。图 12 是人员活动区测点布置情况。

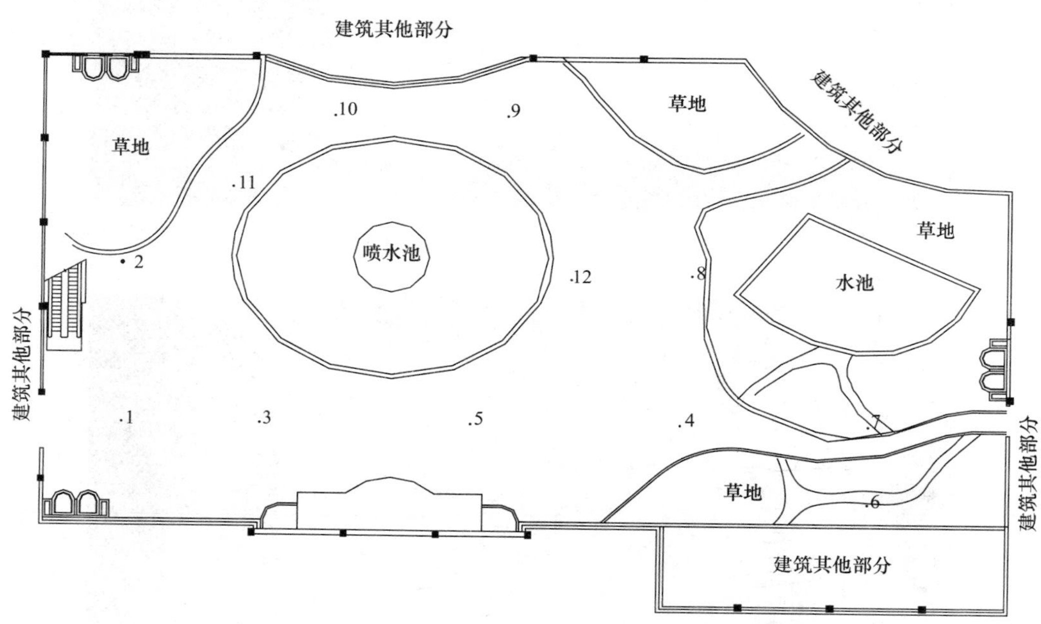

图 12 室内测点水平分布图

2.4 实测结果分析

对实际测量出的中庭人员区温度和纵向温度数据求平均值，绘制出各测量参数变化曲线，并对其进行分析。

从实验测试和数值模拟计算人员活动区温度、竖直温度梯度（见图 13、图 14）比较可以看出，数值模拟计算结果和现场测试有很高的吻合度。冬季人员活动区温度基本能满足人舒适性要求和模拟结果相同。由于实际工程屋顶玻璃幕之间的密封性差，存在着较严重的漏风，使得冬季中庭竖直温度和模拟结果略有不同。通过实验测试结果证明了计算机数值模拟的有效性。

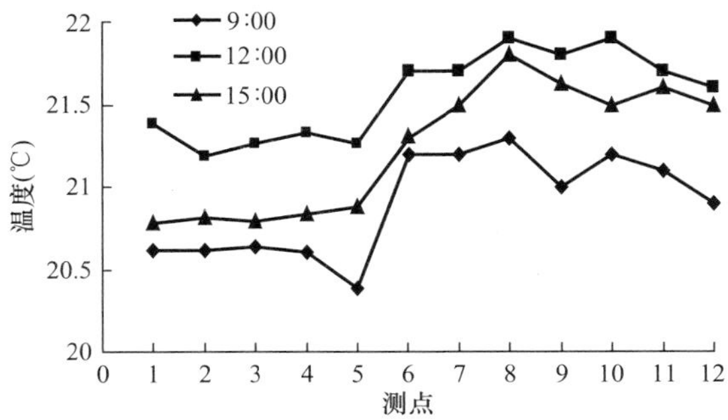

图 13　冬季人员活动区平均温度变化曲线

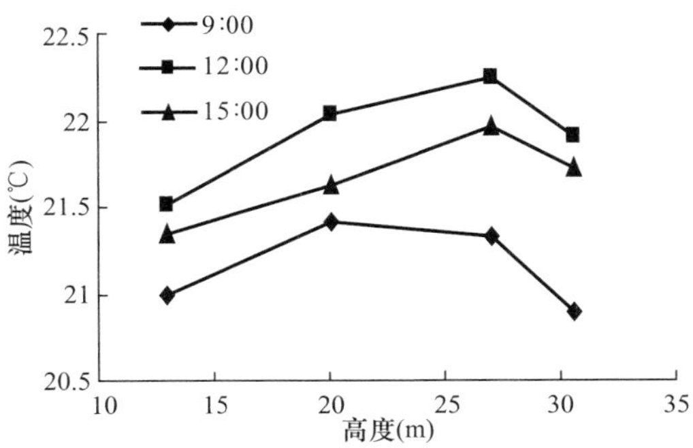

图 14　冬季纵向平均温度梯度变化曲线

3　结论

本文利用数值模拟的实验方法，从温度场及 *PMV* 值两方面，计算了高大空间建筑中庭较有代表性几种供暖方式下的室内热环境，通过对结果的分析得出：严寒地区大空间中庭冬季室内合理的供暖方式为：低温热水地板辐射供暖。这种供暖方式在舒适性的基础上更有利于节约能源。

参考文献

[1]　帕坦卡. 传热与流体流动的数值计算［M］. 北京：科学出版社，1984.

[2]　中国建筑标准设计研究院. 全国民用建筑工程设计技术措施：暖通空调. 动力［M］. 北京：中国计划出版社，2009.

[3]　FABBRI，Kristian. Thermal comfort evaluation in kindergarten：PMV and PPD measurement through datalogger and questionnaire［J］. Building & Environment，2013，68(10)：202-214.

[4]　中国建筑科学研究院. 民用建筑供暖通风与空气调节设计规范. GB 50736—2012［S］. 北京：中国建筑工业出版社，2012.

浅谈严寒地区冬季新风热回收与一次回风耦合系统的应用

天津大学建筑设计研究院　刘小林☆

摘　要　本文主要针对阶梯式大空间严寒地区冬季全空气空调供暖系统，提出显热回收新风系统与一次回风系统耦合系统对于该类空间的可行性。本文以吉林省长春市气象参数为例，通过某特定面积、特定功能房间进行计算分析，对比分析该类房间的常用系统形式，分析该系统对该类房间的适用性和经济性。

关键词　阶梯式大空间　新风热回收　一次回风系统　严寒地区　耦合　冬季供暖

1　严寒地区阶梯式大空间供暖现状

笔者将阶梯式大空间定义为冬季不适宜采用地面辐射供暖以及散热器供暖系统而只能局部布置供暖设备且地面为阶梯式升高的大空间房间。

对于该类房间，多采用全空气空调系统进行夏季供冷、冬季供暖。同时冬季辅以局部地暖或散热器进行值班供暖。对于严寒地区，因冬季室内外温差较大（30～40℃），房间热负荷较大，且由于该类房间布置供暖设备的位置有限，如图1所示，只有报告厅前部区域可局部敷设地暖，侧向及后方均无布置供暖设备的可能性。因此只靠地暖无法达到房间的正常供暖要求。而该类场所往往人员密集、人数较多，这样就对室内空气品质也有了一定的要求，需设置新风以改善室内空气品质，而严寒地区对新风的处理往往因室内外温差太大需要较多的能耗。同时，该类功能房间通常都具有不常使用性，平时经常处于闲置状态，满负荷热水供暖会在一定程度上造成能源浪费，若分时调节供暖，因水的热惰性较大，室内温度上升较为缓慢，而加热的空气直接送入室内，可以很好地解决这个问题。因此，综合以上问题，笔者认为全空气系统辅以局部供暖（值班供暖）用于该类房间的冬季供暖既可满足实用性，又可满足经济性和舒适性要求。

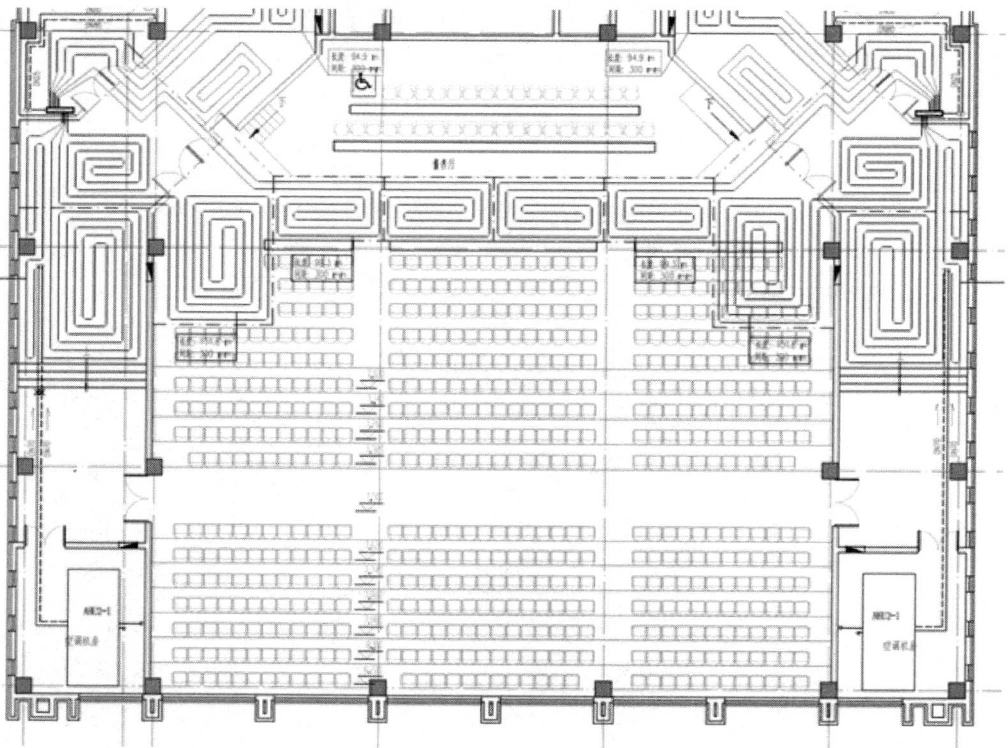

图1　报告厅局部供暖平面图

☆　刘小林，男，大学本科，工程师。通讯地址：天津市南开区鞍山西道192号天津大学建筑设计研究院，Email：297015250@qq.com。

2 系统形式

对于该类空间全空气空调系统，笔者认为主要有以下几种形式。

2.1 一次回风全空气系统＋过渡季排风（系统 1）

该系统形式比较简单，冬季供暖模式下需对新风进行预热（电预热或者水盘管预热），同时过渡季节全新风运行时，需开启排风机进行排风，以保证系统正常运行，如图 2 所示。

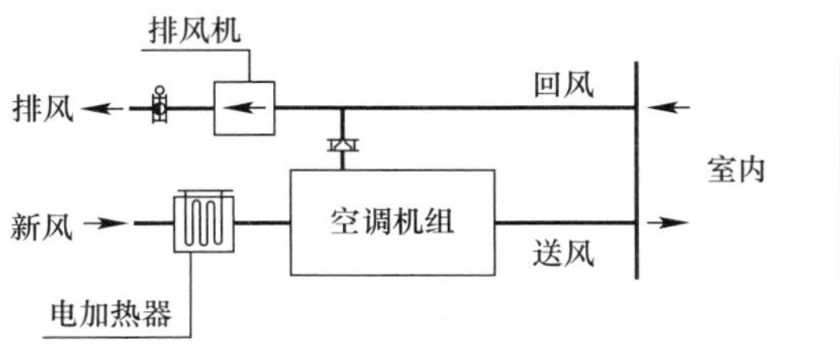

图 2 一次回风全空气系统＋过渡季排风系统示意图

2.2 全新风热回收式空气系统（系统 2）

该系统机组自带排风风机，通过机组热回收装置对排风进行热回收，机组处理风量为系统维持正压情况下的系统排风量，同样，等量的新风亦须进行预热处理。该系统存在两种运行工况：一种是全新风运行，另一种是排风旁通的方式，该系统不论过渡季还是空调季，送排风机均处于开启状态，如图 3 所示。

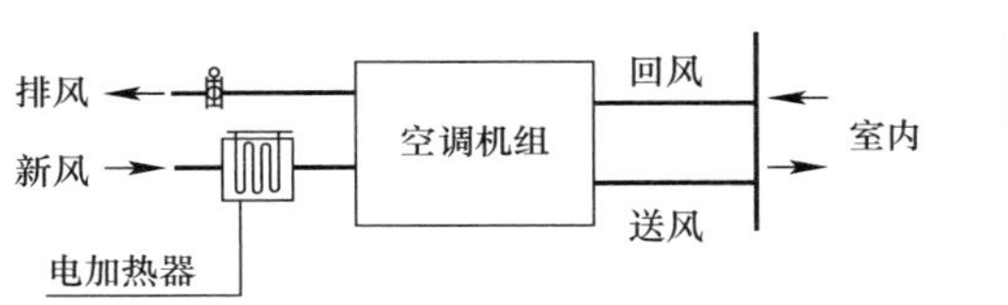

图 3 全新风热回收式全空气系统示意图

2.3 热回收新风耦合一次回风全空气系统（系统 3）

该系统形式相当于前两种系统的耦合，根据计算所得空间所需新风量通过全热式热回收新风机组进行单独处理后送至全空气机组回风箱后与系统回风进行混合，经机组盘管处理后送入室内。冬季供暖状态下，只需对该部分新风量进行预热处理至保证排风出口不结露即可，然后经热交换处理至某状态点后与回风进行混合。同时，过渡季节可只开启热回收新风机组进行该空间的制冷或者制热，如图 4 所示。

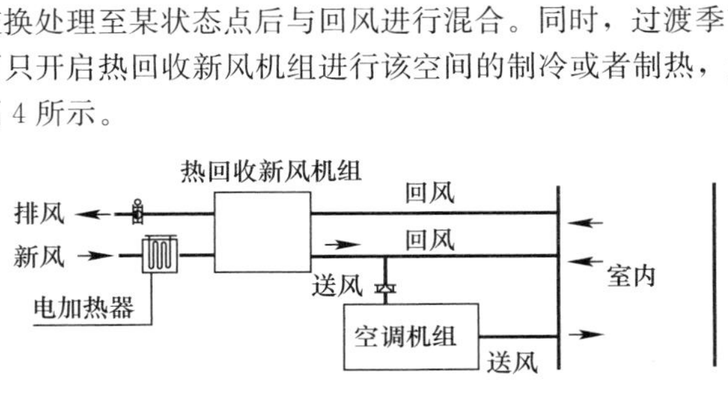

图 4 热回收新风耦合一次回风全空气系统示意图

对于严寒地区，能量回收装置新风取风口与排风口的结露意味着该处存在结冰的可能，进而导致能量回收装置通道堵死，造成系统无法使用。因此需对以上各系统进行相应的理论计算分析，最后找出一个理论的预热状态点，该点状态下，系统既节能又经济。

3 系统计算分析

对于能量回收装置的效率问题，热交换效率即是气流在热回收装置中实际获得的工况变量与理论上最大可能改变量的比值。ARI 标准中热回收效率 η 可通过下式确定：

$$\eta=\frac{G_s(X_1-X_2)}{G_{min}(X_1-X_3)} \tag{1}$$

式中 G——质量流量；

X——干球温度（显热效率），绝对湿度比（潜热效率），或比焓；

min——排风与送风的最小值；

s——送风；

1、2、3——所处位置的编号。

假设新风量与排风量相等，根据图 5 中对应的进排风工况点，热交换效率的三种表达方式为：

（1）显热（温度）效率 η_t(%)：

$$\eta_t=\frac{t_{22}-t_{21}}{t_{11}-t_{21}}\times100\%=\frac{t_{11}-t_{12}}{t_{11}-t_{21}}\times100\% \tag{2}$$

（2）潜热（温度）效率 η_d(%)：

$$\eta_d=\frac{d_{22}-d_{21}}{d_{11}-d_{21}}\times100\%=\frac{d_{11}-d_{12}}{d_{11}-d_{21}}\times100\% \tag{3}$$

（3）全热（焓）效率 η_h(%)：

$$\eta_h=\frac{h_{22}-h_{21}}{h_{11}-h_{21}}\times100\%=\frac{h_{11}-h_{12}}{h_{11}-h_{21}}\times100\% \tag{4}$$

（4）在已知新风量 G_x 的情况下，根据热回收装置前后新风的焓差，可按下式求出回收的热量 Q_r：

$$Q_r=G_x(h_{22}-h_{21}) \tag{5}$$

其中，11 为能量回收装置进口处排风进风的工况；12 为能量回收装置出口处排风出风的工况；21 为能量回收装置进口处新风进风的工况；22 为能量回收装置出口处新风出风的工况。

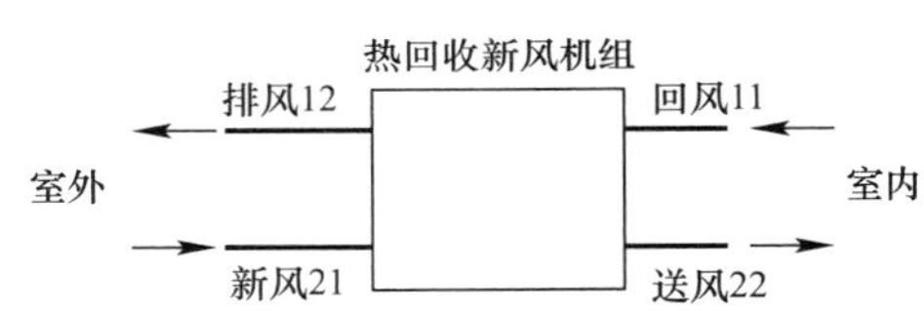

图 5 进排风工况点

因严寒地区室外新风温度较低，因此通常需要预热到一定温度后再经过能量回收装置或者盘管，以免冻裂设备。根据《实用供热空调设计手册》[1]中相关规定，当室外空气温度为−5℃时，不会产生结露或者结霜的现象。根据现有设计案例以及搜集的一些设计案例，目前的主要做法为加热到 5℃后再送入，但加热温度太高，能量回收装置回风与进风焓差将降低，热回收量将会下降，因此需经过计算，找出一个合适的预热温度，以期在获得最大的能量热回收量的前提下，保证能量回收装置不发生冻结的危险。

本文以长春市室外气象参数为算例，查《民用建筑供暖通风与空气调节设计规范》GB 50736—2012 中设计相关参数，长春市冬季空调计算温度 $t_{21}=-24.3$℃，相对湿度

66%，查焓湿图得，d_{21}=0.271g/kg，h_{11}=−23.876kJ/kg。

以一 600m² 阶梯式报告厅为例，人数约 550 人，新风量根据规范以及维持室内正压要求经计算得出为 12000m³/h，通过计算该系统总送风量为 46000m³/h。冬季能量回收装置回收效率以规范规定的最小值 60%进行计算，冬季室内设计温度 t_{11}=18℃，相对湿度为 30%。查焓湿图得 d_{11}=3.941g/kg，h_{11}=28.168kJ/kg；先设定将室外空气预热到−5℃，即 t_{21}'=−5℃，d_{21}'=0.271g/kg；经计算得，t_{12}=4.2℃，d_{12}=1.739g/kg，查焓湿图得出，排风露点温度为−8.8℃，低于室外新风预热温度，因此能量回收装置不会发生结霜或者结露的现象。因此本文首先针对长春市气象参数，对室外新风预热温度进行试算，以找到一个合适的预热温度，保证能量回收装置不发生结露的同时得到最大热回收量，当室外新风预热到−8.8℃时，排风露点温度为−8.8℃，为结露临界点，实际设计与使用中排风温度应高于此临界温度，本文仅将临界露点温度作为计算分析参考。此时 t_{21}=−8.8℃，d_{21}=0.271g/kg，h_{21}=−8.215kJ/kg。此时排风温度 t_{12}=1.92℃，d_{12}=1.739g/kg；h_{12}=6.274kJ/kg；空气密度按 1.293kg/m³ 计算。

本文中提及的新风预热均以热水预热为例，仅从能量消耗角度去分析比较各系统中热量的消耗情况。

3.1 系统 1 能耗计算

对于系统 1，新风预热至−8.8℃，新风需预热量为 G_d=12000×1.293/1000×[−8.215−(−23.876)]=243.0kW，室内热负荷为 39kW，新风与室内空气进行混风（混风状态点 t_c=11℃，h_c=18.677kJ/kg 露点温度−2.5℃）后，经盘管后的机组的加热量经计算为 197.9kW，总热量为 440.9kW。具体处理过程如图 6 所示。

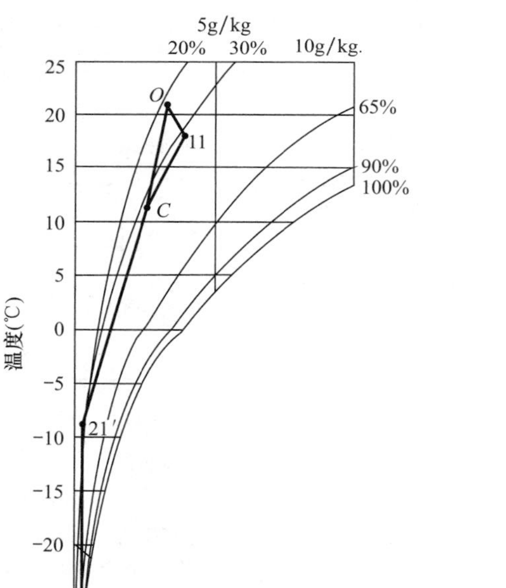

图 6　系统 1 冬季空气处理过程

O—送风状态点；C—混风状态点；21—室外空气状态点/能量回收装置进口处新风进风状态点；21′—新风预热后状态点；11—能量回收装置进口处排风进风状态点/室内状态点

3.2 系统 2 能耗计算

对于系统 2，可分为两种工况：(1) 全新风运行，新风预热至−8.8℃，新风需预热量为 G_d=46000×1.293/1000×[−8.215−(−23.876)]=931kW，经能量回收装置后，处理到状态点 t_{22}=7.28℃ h_{22}=13.6148kJ/kg。再经热水盘管处理到室内送风状态点 t_o=20.6℃，h_o=29.303kJ/kg。经计算得盘管加热量为 953kW，总热量为 1884kW。(2) 部分新风运行，即满足正压及人员新风的前提下，开启机组自带混风阀门，只需预热 12000m³/h 的新风至−8.8℃，此方案与系统 3 的计算方法相同，具体见本文第 3.3 节计算。从焓湿图中可以看出，系统 1 和系统 2 主要在于需要预热的新风量的区别，系统 2 是以总送风量为预热基数，故预热量较大，能耗较高。具体处理过程如图 7 所示。

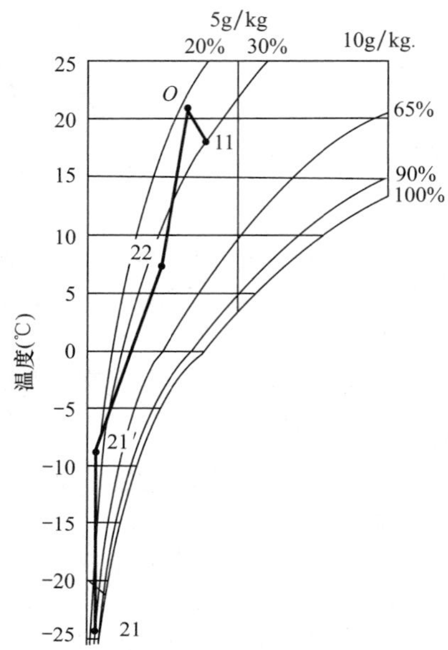

图 7　系统 2 冬季空气处理过程

O—送风状态点；22—能量回收装置出口处新风出风状态点；21—室外空气状态点/能量回收装置进口处新风进风状态点；21′—新风预热后状态点；11—能量回收装置进口处排风进风状态点/室内状态点

3.3 系统 3 能耗计算

对于系统 3，新风预热至−8.8℃，新风需预热量为 G_d=12000×1.293/1000×[−8.215−(−23.876)]=243.0kW，经能量回收装置后，处理到状态点 t_{22}=7.28℃ h_{22}=13.6148kJ/kg，再与室内空气进行混合后，经盘管后机组的加热量经计算为 98.8kW，总热量为 341.8kW。对比系统 1、系统 3，机组对新风的预热量是相同的，不同之处在于系统 3 中新风增加了热回收的处理过程，即焓湿图中 21′状态点到 22 状态点的过程，进而降低机组的处理热量。具体处理过程如图 8 所示。

以上分析计算均在能量回收装置换热效率不发生衰减的前提下进行，由于污垢、表面腐蚀、间歇运行以及微生物等因素，能量回收装置在长期使用中会造成换热效率衰减。本文在计算分析时不考虑此因素带来的影响，但在实际工程设计中，应予以考虑。

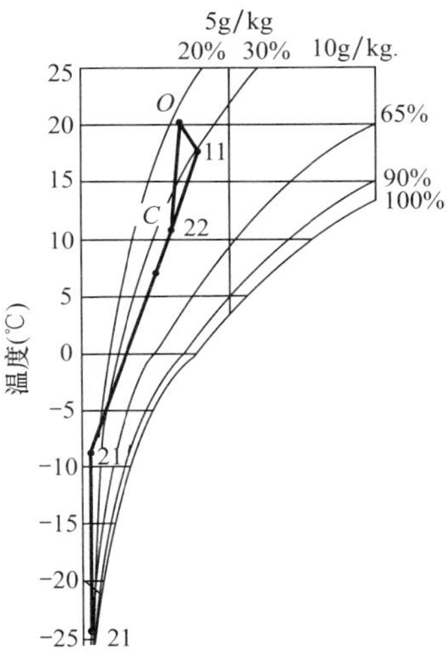

图 8　系统 3 冬季空气处理过程

O—送风状态点；C—混风状态点；22—能量回收装置出口处新风出风状态点；21—室外空气状态点/能量回收装置进口处新风进风状态点；21′—新风预热后状态点；11—能量回收装置进口处排风进风状态点/室内空气状态点

4　结论

（1）系统 1 为目前比较常规的设计方式，从计算中可以看出，混风点露点温度为－2.5℃，高于预热后的新风温度（－8.8℃），混风后的空气状态还是会发生雾化现象，通过过滤器后此部分水汽会被中效过滤器捕获，可能会缩短过滤器的使用寿命，且因机箱内环境密闭还可能会滋生霉菌等，影响室内人员健康。另外，机组过渡季节运行时，需同时开启排风机以保证室内压力平衡。以本工程为例，选用 2 台空调机组，机组余压为 500Pa，风机耗电为 11kW，若再配以 2 台排风风机作为过渡季节使用，耗电为每台 7.5kW，则每小时耗电为 2×11＋2×7.5＝37kW，运行成本较高。考虑业主管理上为节省运行费用，只开 1 台机组 1 台风机运行，则每小时耗电 18.5kW。

（2）系统 2 中工况（1）预热量和加热量都很大，远高于其他几种方案的能量消耗，且设备投资较高。严寒地区以至寒冷地区多以工况（2）模式运行，虽然工况（2）预热量和加热量均较低，与系统 3 相同，但考虑严寒地区夏季空调室内外温差较小，通常为 4～5℃，夏季运行时热回收冷量较少，投资回收期较长且有可能造成无法回收的结果。该机组因内部设置了能量回收装置，占用机房空间较大，设备初投资较大。机组过渡季节运行时，送排风机需同时开启，因空调机组本身的集成性，机组开启时排风机自动开启，由于能量回收装置的存在，系统阻力损失增加，与系统 1 同等条件下，风机耗电要高于系统 1，运行成本较高，经济适用性较低。

（3）系统 3 中只需在系统 1 的基础上增加 1 台热回收式新风机组，系统初投资较低，投资回收期较短，比较适合用于严寒地区。对于本案例，可选择 2 台吊顶式热回收新风机组，安装位置较为灵活，可吊装于机房也可以吊装于空调房间内或者吊装于走道内，且可满足严寒地区过渡季节的通风需求，只需经过简单的阀门切换，空调机组可停机不运行。本工程选用了 2 台 6000m^3/h 的热回收新风机组，运行电耗为 6kW，即使 2 台同时开启，总运行电耗也仅为 12kW，与系统 1、2 相比，运行费用较低，室内空气品质也能得到很好的保障。

以上三种系统的对比如表 1 所示。

三种系统的对比　　　　表 1

类别＼系统	系统 1	系统 2		系统 3
		工况（1）	工况（2）	
系统加热量	适中	较高	较低	较低
初投资	较低	较高	较高	较低
运行费用	较低	较高	较高	较低
机房面积	较小	较大	较大	较小

综合以上分析，笔者认为热回收新风耦合一次回风全空气系统较适合用于严寒地区冬季有供暖需求且无法布置散热器或者地面敷设供暖设备的阶梯式大空间房间，节能效果明显，设备布置灵活，机房占用面积较小，且投资运行费用均较低。既能满足空调季舒适性要求，又能很好地解决全空气系统过渡季节运行能耗较高的问题。另外，还可以根据建设方或使用方需求，在新风机组上增加空气净化装置，因处理风量较小，净化装置的投资也会明显低于直接加在空调机组的投资。

参考文献

[1]　陆耀庆. 实用供热空调设计手册 [M]. 2 版. 北京：中国建筑工业出版社，2008.

[2]　中国建筑科学研究院. 民用建筑供暖通风与空气调节设计规范. GB 50736—2012 [S]. 北京：中国建筑工业出版社，2012.

[3]　赵丽. 严寒地区新风系统冬季热回收方案比较 [J]. 暖通空调，2013，43 (12)：117-120.

[4]　詹飞龙，丁国良，赵天峰，等. 空调换热器长效性能衰减的研究 [J]. 制冷学报，2015，36 (3)：17-22.

论文集

空调制冷

冷水一、二级泵均设变流量控制的探讨

上海建筑设计研究院有限公司　胡　洪☆　乐照林　何　焰　寿炜炜

摘　要　本文介绍了冷水二级泵系统中一级泵变流量控制的逻辑，并对一级泵定流量及变流量两种控制策略下的一级泵和二级泵流量控制要求和控制方法进行了分析，通过一个项目案例对比了两种控制策略下的一级泵水泵能耗差异。

关键词　一级泵　二级泵　变流量　控制　空调水系统

0　引言

我国建筑用能约占全国能源消费总量的27.5%，并将随着人民生活水平的提高逐步增加到30%以上。而在公共建筑的全年能耗中，供暖空调系统的能耗约占40%～50%[1]。由此可见，供暖空调系统在我国能源消费总量中占比明显，降低供暖空调系统能耗对我国整体降低能源消耗意义重大。而要降低供暖空调系统能耗，首先需要了解空调系统内部对能源消耗的情况。由此，笔者统计了自己近两年来已完成设计的部分项目设备耗电，如表1所示。

部分项目夏季空调设备装机功率（kW）及占比　　表1

	主机	冷却塔	空调水泵	空气末端
上海某医院	1047	88	368	558
	50.8%	4.3%	17.9%	27.1%
上海某妇幼保健院	1492	111	520	770
	51.6%	3.8%	18.0%	26.6%
山西某市民服务中心	1390	111	505	750
	50.4%	4.0%	18.3%	27.2%
上海某体育馆	1285	88	440	623
	52.8%	3.6%	18.1%	25.6%
海口某剧场	628	44	220	315
	52.0%	3.6%	18.2%	26.1%

随着国家对节能相关政策、规范等的逐步推进，主机、水泵、风机等产品本身已经是高能效设备了，再依靠产品自身提高能效来实现节能的余地也不多了；相反，从优化系统设计、优化系统控制的角度来实现运行节能是有一定空间的。从表1的统计结果来看，主机耗电约50%～53%，而主机、冷却塔耗电是产品本身的耗电，本文在此不做讨论；而空调水泵＋空气末端的能耗总和接近一半，此两项耗电不仅关系到设备，关联到系统设计，即不同的系统设计将影响水泵、空气末端的耗电量。从统计结果来看，空调水泵的耗电量约占18%，故从优化空调水系统设计及控制降低空调水泵的能耗具有明显意义。

1　变流量系统的发展

以往，冷水机组不可变流量运行，故早期采用的一级泵变流量系统的水泵是长期定频运行（主机、水泵定流量，末端变流量）；后来，为了降低用户侧变流量时水泵的输送能耗，以及更适应不同单体用户之间的阻力差异等，出现了二级泵系统（主机及一级泵定流量，用户侧二级泵变流量）。再后来，冷水机组可接受一定范围的变流量运行，又出现了一级泵变频变流量系统（主机、水泵均变流量）。对于一个独立单体的建筑，往往一级泵变频变流量系统比二级泵系统更节能。但是，当多单体建筑共用能源中心，且各单体输配距离差异较大时，再采用一级泵系统就不合适了，因一级泵系统需要按阻力最大的环路去配置水泵扬程，对于近端单体资用压头富余太多，只能靠阀门去消耗多余压头，造成输配能耗大量浪费。多级泵系统尤其适合于一个能源站应对于多单体建筑群，且各单体输送距离差异较大的情况；若单体群较多、布局复杂，或末端有不同水温需求等，有时甚至会用到三级泵、四级泵

☆　胡洪，男，高级工程师。通讯地址：上海市石门二路258号18楼，Email：huhong128@126.com。

系统[2]。

常规二级泵水系统，因考虑主机定流量运行，故一级泵往往定频运行，仅二级泵采用变频调节方式。二级泵的频率通过末端压差、系统温差等控制，已基本实现了按末端需求来输配。而现阶段，大多数厂家生产的冷水机组都可以接受一定范围内的变流量运行，控制变流量底限为满流量的60%以上可以确保冷水机组安全运行[3]。故为了减少一级泵的输送能耗，本文结合项目实例，在设计时对一级泵也采用了变频控制方式。

文献［4］提出了二级泵中一级泵变流量控制时的一种加减机和泵的控制方式，需要盈亏管“亏”流量达到单台水泵50%以上流量才加机，造成大量回水长时间进入供水，非常不合适；而对于减机，也要“盈”流量达到单台泵50%以上才减机，这个过程长时间造成一级泵超流量，未体现一级泵变频控制优势。同时文章未交待在正常运行时（非加减机时）一、二级泵的匹配运行。

文献［5］详细介绍了冷水机组加减机控制以及一二级泵的控制。但是，介绍的二级泵系统中对一级泵的控制是采用定流量模式的，未对变流量模式做介绍。

为解决用户侧（二级泵）和冷源侧（一级泵）的流量不匹配问题，故在二级泵系统中设盈亏管，以平衡两侧不同流量需求。当用户侧流量小于冷源侧时，盈亏管中出现“盈”流量，即盈亏管中流向为从供水流向回水；反之，“亏”流量时，从回水流向供水。当出现“盈”时，系统回水混合了供水，导致进入主机的回水温度降低，使得主机效率出现一定的下降，同时冷源侧也处于大流量小温差的情况，造成一级泵输配能耗损失，故从控制的角度，“盈”流量不能太多，即冷源侧一级泵总流量不宜超过用户侧二级泵的总流量太多，差值越小，对主机效率影响越小，同时一级泵输配的能耗损失也越小；当出现“亏”流量时，用户侧回水和主机供水一起混合流向用户侧，导致用户侧供水温度升高，不仅造成能源品位上的损失，且对末端用侧非常不利，容易形成恶性循环：“供水温度升高→末端设备冷量下降→房间温度升高→末端水阀开大→系统阻力变小→末端压差减小→二级泵频率升高→用户侧流量再增加→更多的回水流向供水→供水温度继续升高……”，故对于二级泵系统来说，应尽量避免用户侧的流量大于冷源侧，即尽量避免盈亏管出现“亏”流量。

2　一、二级泵均变流量系统中对一级泵的变频控制策略

综上分析，减小“盈”、避免“亏”是对冷源侧一级泵控制的核心思想。同时还要注意，受主机变流量下限制约，一级泵的最小流量不得小于主机额定流量的下限。对于常规二级泵系统冷源侧一级泵定流量运行，一级泵的启停只需要匹配主机的启停，无其他控制变量输入；而对于冷源侧一级泵变流量，结合上述“盈”“亏”分析后，本文提出一级泵总流量控制法，即冷源侧一级泵总流量按用户侧二级泵总流量的105%为基准，即当一级泵总流量大于二级泵总流量的5%时，一级泵频率调小；反之，当一级泵总流量小于二级泵总流量的5%时，一级泵频率增加。

目前，对于二级泵系统主机加减机控制，各冷水机组厂家做的机房群控方案不尽相同，有的采用出水温度与设定温度比较，有的采用压缩机电流与额定电流比较，有的又采用盈亏管流量与单台主机的额定流量比较等。为了便于比较，本文统一采用文献［5］介绍的主机加减机的控制策略，就两种系统控制策略探讨。

根据文献［5］总结的控制策略，以及结合本文提出的一级泵变频控制策略，两种控制策略详见表2。

二级泵系统两种控制策略比较　　**表2**

	一级泵定流量运行的二级泵系统控制	一级泵变流量运行的二级泵系统控制
主机加机控制	压缩机电流90%以上，持续10～15min	压缩机电流90%以上，持续10～15min
主机减机控制	盈亏管内“盈”流量达到单台冷机额定流量的110%～120%，且持续10～15min	每台压缩机的运行电流与额定电流的百分比之和除以运行机组台数减1，如果得到的商小于设定值（如80%），则减去一台主机
一级泵控制	恒定流量运行，跟主机配套按时序启停	在设定的底限频率以上变流量运行，按一级泵总流量为二级泵总流量的105%为基准
二级泵控制	按不利环路压差控制	按不利环路压差控制

根据表2的控制策略，分别示意两种控制策略的控制逻辑图，如图1、图2所示。

从图1、图2对比可以看出，对于一、二级泵均变频的系统控制，其复杂程度略高于一级泵定频控制。因为一级泵定频控制时，水泵台数和主机一一对应，水泵只有启停控制，且启停控制逻辑就是匹配主机的加减机；而对于一级泵变频的控制时，水泵启停不仅要跟主机加减机有关联，而且跟一、二级泵实时总流量差额有关联，根据差额的百分比控制一级泵的运行频率。

3　两种控制策略过程特性

为了更直观地表达两种控制策的控制过程，在此以某个项目为例，计算其具体控制过程。

该项目有3个独立的办公单体，设一个集中冷冻机房。机房内设置3台规格相同的冷水机组，冷水供回水设计温差为6℃。3个单体设计日的逐时负荷数据如表3所示。

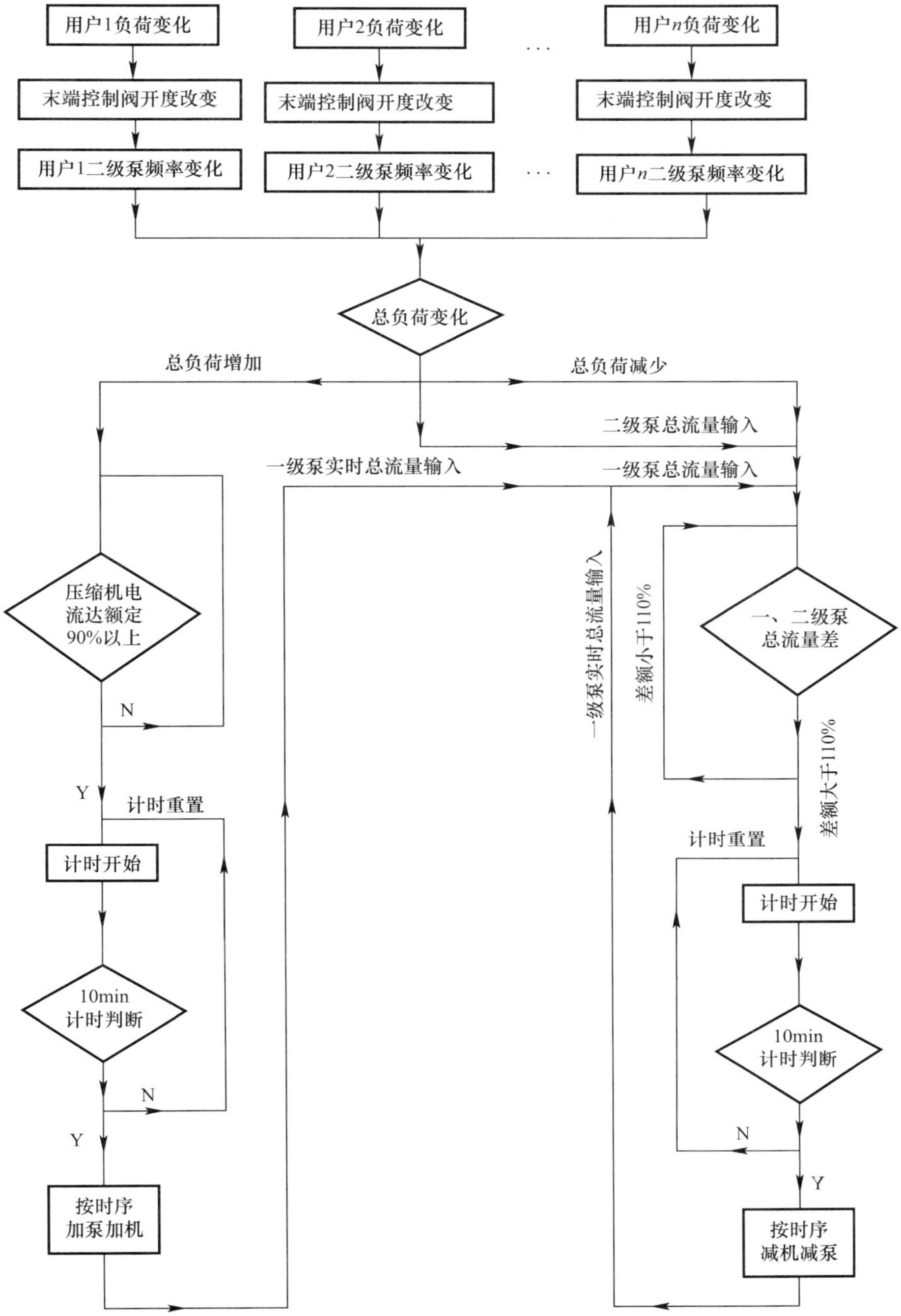

图1　常规二级泵系统控制逻辑图

项目总冷负荷为8929kW，考虑0.95的同时使用系数，设置2814kW(800RT）的冷水机组3台。根据前述控制逻辑，对两种控制逻辑下一、二级泵总流量匹配情况进行过程分析。

根据公式：$L=Q\times0.86/\Delta t$　　(1)

式中，L——流量，m^3/h；

Q——负荷，kW；

Δt——温差，℃。

本项目设计供回水温差为6℃，代入式（1）中有：

$$L=0.143Q \qquad (2)$$

显然流量和负荷为线性关系。对于用户侧来说，假定用户侧水系统按设计的温差运行，则各单体二级泵的实时输配流量和该单体的实时负荷也满足式（2）的线性关系。而对于一级泵的控制，两种控制策略的显著区别是一级泵是否变频，即一个仅有启停控制，另一个是变频控制。根据上述分析，绘制两种控制策略下一、二级泵随末端负荷变化的流量变化曲线，如图3～图6所示。

图3、图4反映了一级泵定流量控制策略下，随着末端负荷增/减及加/减机全过程的一、二级泵流量变化曲线；图5、图6反映了一级泵变流量控制策略下，随着末端负荷增加（减少）及加机（减机）全过程的一、二级泵流量变化曲线。

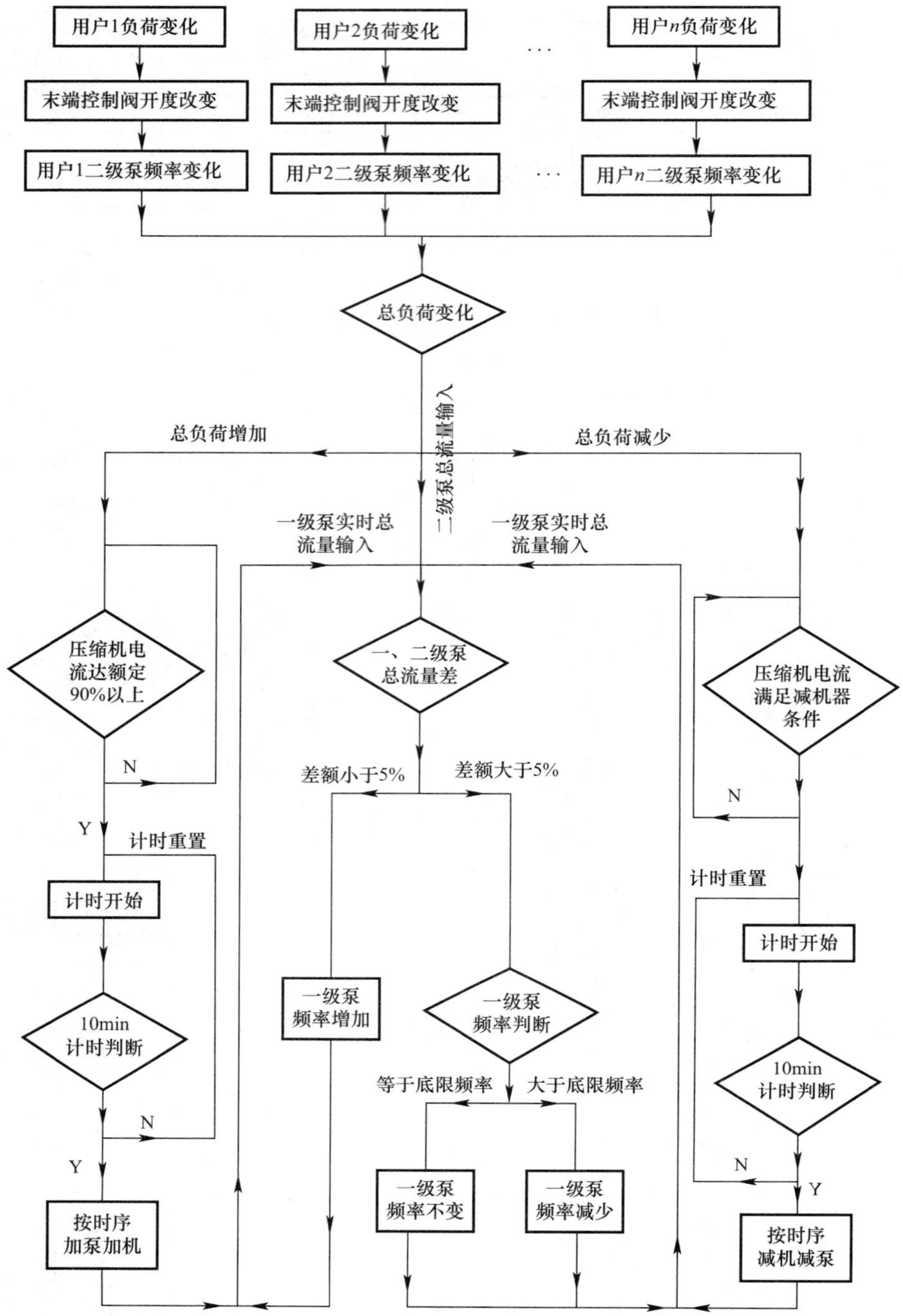

图 2　一、二级泵均变频系统控制逻辑图

3 个单体逐时冷负荷（kW）　　　　**表 3**

时刻	08：00	09：00	10：00	11：00	12：00	13：00
单体 1	1403	1498	1550	1575	1587	1605
单体 2	2228	2393	2469	2479	2471	2480
单体 3	3818	4219	4446	4506	4492	4552
时刻	14：00	15：00	16：00	17：00	18：00	—
单体 1	1617	1610	1599	1581	912	—
单体 2	2495	2503	2515	2508	1597	—
单体 3	4671	4738	4809	4840	3372	

图 3～图 6 中的阴影填充区域为全控制过程一、二级泵的流量差异，二级泵的流量是根据末端的需求来控制

的，是真实需求所在；而按理想的控制，盈亏管应为零流量，即一级泵总流量应和二级泵总流量相等；阴影区的大小，反映了一级泵输配流量的浪费量，也是一级泵输配能耗的损失量。图 5、图 6 的阴影区域明显少于图 3、图 4，显然对一级泵实施变流量控制对于减少一级泵的输配能耗较为明显。

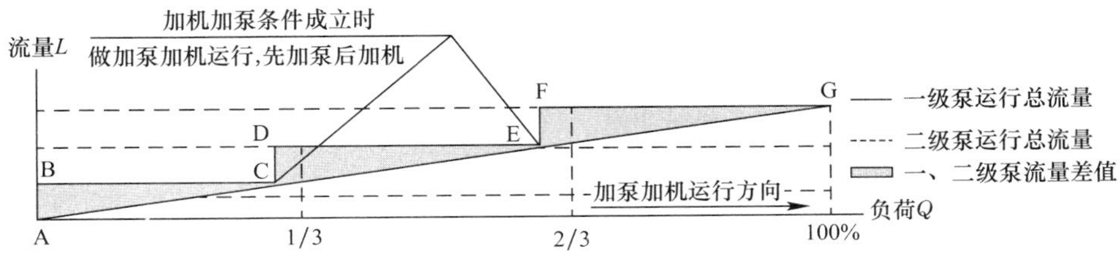

图 3　一级泵定流量控制一、二级泵流量匹配特性（加机）

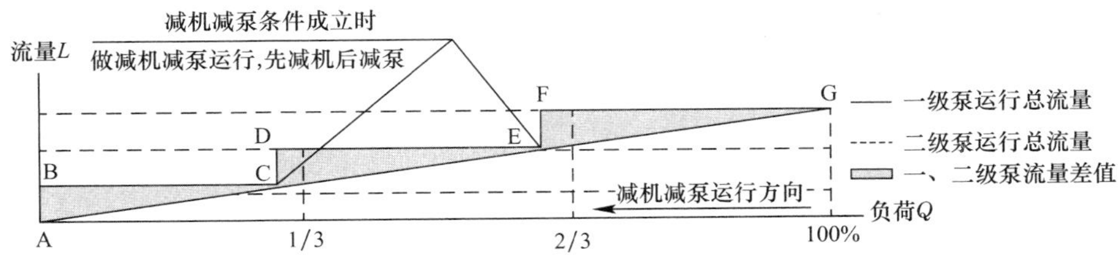

图 4　一级泵定流量控制一、二级泵流量匹配特性（减机）

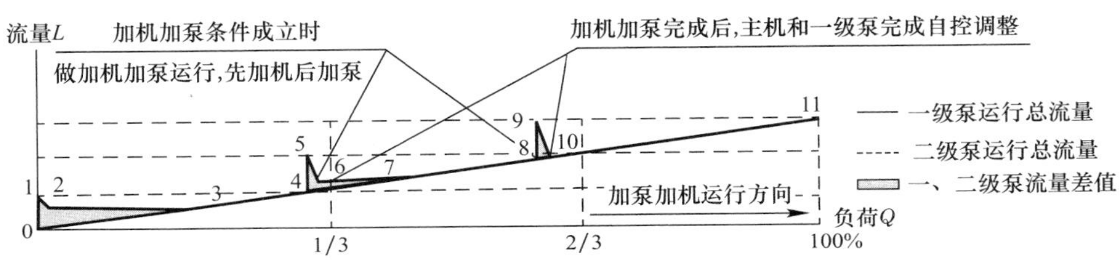

图 5　一级泵变流量控制一、二级泵流量匹配特性（加机）

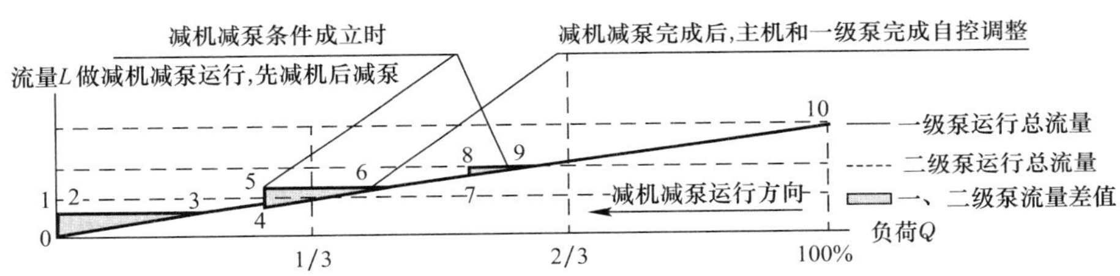

图 6　一级泵变流量控制一、二级泵流量匹配特性（减机）

4　两种控制策略实例对比

上述从定性的角度分析了两种控制方式对一级泵输配能耗的影响，为了获得更为具体的能耗数值。根据前述项目的逐时负荷数据，按两种策略分别计算了一级泵各时刻的输配能耗，如表 4 所示。

两种控制策略下一级泵的逐时耗电（kW）

表 4

时刻	08：00	09：00	10：00	11：00	12：00	13：00
定频	111	111	111	111	111	111
变频	64	83	95	97	98	100
时刻	14：00	15：00	16：00	17：00	18：00	—
定频	111	111	111	111	74	—
变频	106	108	111	111	32	—

表 4 列出了定频、变频两种控制策略下的一级泵耗电，两种控制策略下设计日全天一级泵总耗电差额为 1184kW－1005kW＝179kW。变频控制比定频控制可减少电耗 15.1%。同时，由表 2 数据可以作出两种控制策略下水泵能耗随时刻的变化曲线，如图 7 所示。

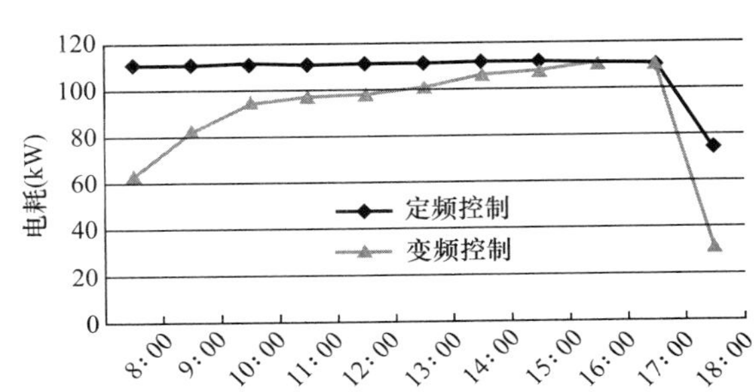

图 7　两种控制策略下一级泵逐时电耗曲线

图 7 更为直观地展现了变频控制策略下一级泵耗电量随着负荷的变化而变化；而定频控制时一级泵耗电量不能很好地跟随负荷变化，仅与主机运行台数相关联。

5 结语

（1）本文介绍了冷水二级泵系统中一种对一级泵变流量控制的策略，并比较了两种控制策略下一级泵对用户侧变流量的过程匹配。

（2）通过项目案例对比了两种控制策略，采用变频控制策略节能优势明显，在设计状态下可比定频控制减少 15.1%输送能耗。

（3）本文仅提出一种控制策略，抛砖引玉，希望同仁们进一步研究，为暖通空调系统节能作出贡献。

参考文献

[1] 中国建筑科学研究院. 公共建筑节能设计标准 . GB 50189—2015 [S] . 北京：中国建筑工业出版社，2015.

[2] 寿炜炜，宋静，朱学锦. 多级调速泵水系统设计应用 [J]. 暖通空调，2008，38 (6)：3-7.

[3] 张谋雄. 冷水机组变流量的性能 [J]. 暖通空调，2000，30 (6)：56-58.

[4] 黄章星. 变频一二次泵设计问题四则 [J]. 暖通空调，2007，37 (7)：83-85.

[5] 陆耀庆. 实用供热空调设计手册 [M]. 2 版. 北京：中国建筑工业出版社，2008.

某酒店集中空调冷源系统节能诊断分析

福建省建筑科学研究院有限责任公司　陆观立☆

摘　要　本文通过对空调系统运行记录的查阅以及现场调查检测，对某酒店集中空调冷源系统进行节能诊断分析，针对存在的问题提出相应的改造建议。

关键词　冷源系统　节能诊断　冷水出水温度　制冷性能系数　酒店　集中空调

0　引言

随着我国经济的持续发展，人民对室内舒适度及空气品质要求的不断提高，集中空调系统得到非常广泛的运用，但随之而来建筑能耗也大幅增加。统计资料显示，建筑能耗已从目前占社会总能耗的25%水平逐步向33%发展[1]。结合福州市公共建筑节能改造示范项目统计情况，公共建筑中空调系统的能耗一般占建筑总能耗的40%～60%，空调系统能耗是公共建筑的最大用能分项。而另一方面，我院对福州市20多项公共建筑节能诊断结果显示，集中空调系统在实际运行过程中普遍存在着空调系统控制不合理、水系统大流量小温差、设备选型过大等现象，集中空调系统具有较大的节能改造空间。本文通过对某酒店集中空调冷源系统运行情况进行节能诊断分析，为相关节能改造项目提供参考。

1　项目概况

该酒店总建筑面积约35000m²，地上14层，地下1层，建筑高度52m，建筑主要功能为住宿、会议等，建筑于2001年竣工并投入使用。酒店主要通过水冷集中空调系统进行空调供冷。水冷集中空调系统共配置2台制冷量为2134kW的离心式冷水机组；冷水系统为一级泵系统，共配置3台冷水泵（两用一备），设计供/回水温度为7℃/12℃。冷却水系统配置3台冷却水泵（两用一备），并配置4台冷却塔，设计进/回水温度为32℃/37℃。空调末端根据建筑开间情况设置如下：会议室、宴会厅以及门厅等大开间区域采用全空气定风量系统，气流组织方式采用上送上回；客房等小开间区域采用风机盘管加新风系统，气流组织方式主要为侧送上回。水冷集中空调系统主要采用人工控制方式，根据操作经验进行相关设备启停控制。水冷集中空调系统流程如图1所示，空调冷源系统设备清单详见表1～表2。

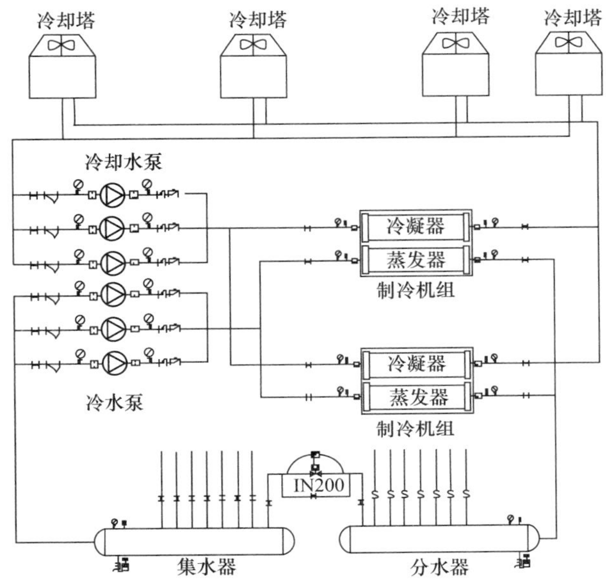

图1　空调系统流程图

冷水机组及冷却塔设备清单　　表1

序号	设备名称	型号/编号	制冷量（kW）	输入功率（kW）	数量（台）	安装区域
1	离心式冷水机组	YTJ1C1E35CPJ	2134	407	2	地下室机房
2	冷却塔	联丰	—	11	4	群楼屋面

空调循环水泵设备清单　　表2

序号	设备名称	型号/品牌	流量（m³/h）	扬程（m）	功率（kW）	数量（台）	安装区域
1	冷水泵	HYF W(C)200	370	38	37	3(2用1备)	地下室机房
2	冷却水泵	HYF W(H)200	440	32	45	3(2用1备)	地下室机房

☆　陆观立，男，高级工程师。通讯地址：福建省福州市创业路8号万福中心，Email：30303941@qq.com。

2 冷水机组诊断

通过查阅空调系统运行记录和现场调查检测，对集中空调系统冷水机组的调节控制方法、运行状况以及实际制冷性能系数等项目进行诊断，发现冷水机组存在运行控制方式落后、冷凝器换热效果差、机组实际制冷性能系数偏低等一系列问题。本文只对冷水机组主要存在的问题进行分析。

2.1 冷水出水温度设置不合理

通过查阅空调系统运行记录以及现场调查，发现该项目冷水机组采用人工控制方式，冷水出水温度常年设置为7℃，未根据室外气候条件进行合理调节。提高冷水出水温度，可以提高冷水机组性能系数。而空调设计中冷水出水温度设计为7℃，主要是为了满足空调系统的除湿需求。但是根据工程经验，当室外露点温度小于14℃时，新风可以带走室内的湿负荷，冷水只负责降温即可，此时冷出水温度可设为9～12℃；当室外露点温度为14～17℃时，空调系统的湿负荷主要来自室内，冷水既要降温也要除湿，此时冷水出水温度可设为7～9℃；当室外露点温度大于17℃时，系统的湿负荷来自室内和新风，此时冷水出水温度需设为7℃。根据福州市标准气象年气象数据，约有50%的时间室外露点温度在14℃以下，约有60%的时间室外露点温度在17℃以下。因此，建议根据室外气象条件，合理地设定冷水出水温度，从而达到冷水机组节能运行的目的。

2.2 冷凝器换热效果差

根据制冷原理可知，冷水机组冷却水侧有4个代表性温度，分别为冷凝器温度、冷凝器出口水温、冷凝器进口水温和室外湿球温度，其中冷凝器温度和冷凝器出口水温的差值，代表着冷凝器换热能力；冷凝器出口水温和冷凝器进口水温的差值，代表着冷却水的流量负荷情况；冷凝器进口水温和室外湿球温度的差值，代表着冷却塔的换热能力。通过查阅空调运行记录，统计冷水机组冷却水出水温度和冷凝器温度，并将2018年7月冷却水出水温度和冷凝器温度绘制成图2。由图2可知，冷凝器温度与冷却水出水温度平均温差大于3.5℃，同时通过检测得知，机组冷却水流量大于设计流量，这说明冷水机组冷凝器的换热效果不佳。再结合空调水系统长时间未进行清洗维护的情况，判断冷水机组冷凝器换热热阻偏大，建议对冷凝器进行清洗维护。

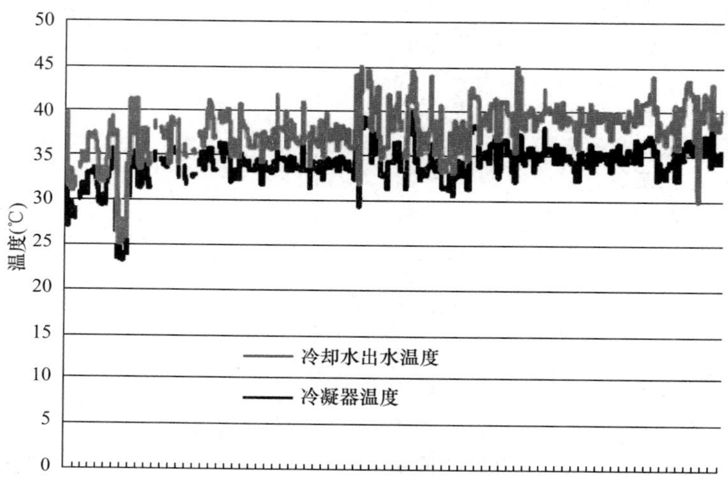

图2 空调冷却水出水温度和冷凝器温度曲线

2.3 冷水机组实际制冷性能系数偏低

依据《公共建筑节能检测标准》JGJ/T 177—2009，笔者对1号冷水机组的实际制冷性能系数进行检测；检测工况为室外干球温度34.2℃，空调系统运行2台冷水机组、2台冷水泵、2台冷却水泵以及4台冷却塔，相关检测数据如表3所示。

冷水机组实际运行参数 表3

检测时间	1号冷水机组冷水侧			1号冷水机组冷却水侧			1号冷水机组输入功率（kW）
	进口温度（℃）	出口温度（℃）	流量（m^3/h）	进口温度（℃）	出口温度（℃）	流量（m^3/h）	
13：10	10.4	7.1	410.2	33.4	36.7	486.2	406.4
13：20	10.5	7.0	415.6	33.5	36.8	486.2	405.9
13：30	10.4	7.1	414.1	33.5	36.9	486.2	405.3
13：40	10.4	7.1	413.7	33.5	36.8	486.2	406.7
13：50	10.5	7.1	413.2	33.5	36.7	486.2	405.4

续表

检测时间	1号冷水机组冷水侧			1号冷水机组冷却水侧			1号冷水机组输入功率（kW）
	进口温度（℃）	出口温度（℃）	流量（m^3/h）	进口温度（℃）	出口温度（℃）	流量（m^3/h）	
14：00	10.6	7.2	415.7	33.5	36.8	486.2	406.8
平均值	10.5	7.1	413.8	33.5	36.8	486.2	406.1
数据计算	制冷量 $Q=\rho_c V_i(T_i-T_o)/3600=1000\times4.18\times413.8\times(10.5-7.1)/3600=1617.4$kW； 性能系数 $COP=Q/N=1617.4/406.1=4.0$						

通过现场检测可知，冷水机组的实际制冷性能系数仅为4.0，相比铭牌额定制冷性能系数5.2，冷水机组制冷性能系数下降幅度较大，且低于《福建省既有公共建筑节能改造技术规程》DBJ/T 13-159—2012的要求，建议对冷水机组进行必要的维护或改造。

3 水系统诊断

3.1 冷水系统大流量、小温差现象严重

根据空调系统运行记录数据，对2018年4～10月的冷水系统进出水温差进行统计分析，发现进出水温差在1.0～1.5℃之间的比例为11%；进出水温差在1.5～2.0℃之间的比例为26%；进出水温差在2.0～2.5℃之间的比例为33%；进出水温差在2.5～3.0℃之间的比例为22%；进出水温差在3.5～4.0℃之间的比例为8%（见图3）。由此可见，该酒店空调系统冷水系统进出水温差严重偏离设计温差（设计值为5℃），冷水系统大流量、小温差现象严重，冷水泵存在不必要的能耗浪费。结合经验判断，造成这种现象主要有以下三个方面的原因：第一，空调负荷计算不准确，导致冷水机组和冷水泵选型偏大，造成冷水系统大流量、小温差现象，详见下文检测分析。第二，由于酒店功能原因，空调系统从4月一直使用到11月且日使用时间较长，但是酒店入住率很不稳定，这造成空调系统整体负荷率不高，从而导致冷水系统大流量、小温差现象严重。对此笔者建议对冷水泵进行变频改造，以改善冷水泵在部分负荷时的调节性能，提高冷水泵的节能性。第三，空调末端水力不平衡，造成冷水系统大流量小温差现象，详见下文分析。

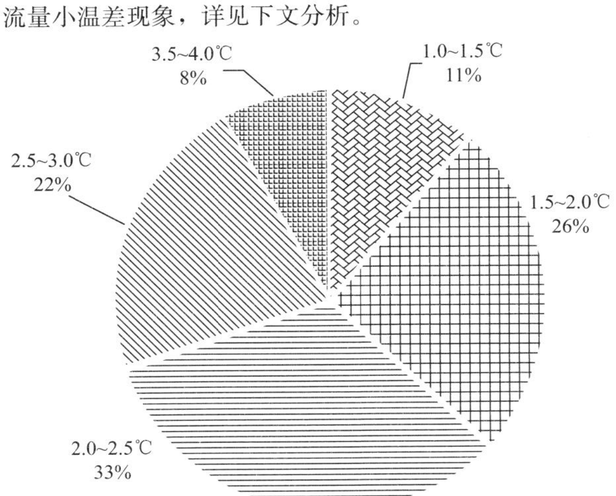

图3 冷水系统进出水温差分布图

3.2 水泵选型偏大

在进行1号冷水机组实际制冷性能系数检测时，对空调系统冷水总流量、冷却水总流量、冷水泵前后压差以及冷却泵前后压差也进行了检测，检测数据详见表4。由表4可知，在空调负荷基本达到设计负荷时，酒店空调系统冷水总流量和冷却水总流量均比设计值大，而冷水泵和冷却水泵扬程均小于设计值。以冷水系统为例进行分析，这是由于冷水系统实际管网阻力系数 S_2 小于设计管网阻力系数 S_1，造成空调冷水泵不在设计工况点（A 点）工作，而是在实际运行工况点（B 点）上工作。而实际上为达到设计所需要的冷水总流量，冷水泵扬程只需要 H_c 就可以满足要求，如图4所示。这说明冷水泵选型偏大，建议根据B点检测数据和公式 $H=SQ^2$，重新计算水泵实际所需扬程 H_c，更换水泵。

水系统检测参数　　表4

分项	冷水总流量（m^3/h）	冷却水总流量（m^3/h）	冷水泵前后压差（kPa）	冷却泵前后压差（kPa）
设计值	740	880	380	320
实测值	803	965	330	270
备注	检测时室外干球温度为34.2℃，空调系统运行2台冷水机组、2台冷水泵、2台冷却水泵以及4台冷却塔			

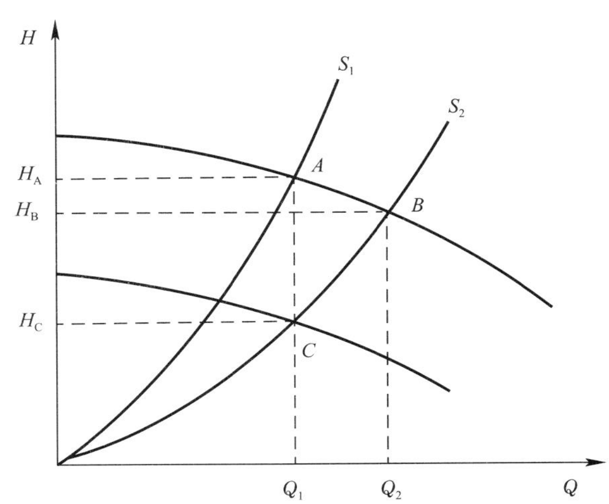

图4 水泵运行工况分析

3.3 末端水力不平衡

按照设计图纸，冷水泵和冷水机组运行台数按照1：1的比例模式运行。但查阅空调系统运行记录，却显示空调

系统在实际运行过程中开启1台冷水机组，需开启2台冷水泵。对于这种运行模式，现场运维人员反映主要是由于若不开启2台冷水泵，部分末端区域存在制冷效果差的现象。笔者判断出现这种情况的主要原因是由于冷水系统末端支路阻力不平衡，造成在设计模式下部分末端设备冷水流量偏小，无法满足制冷要求。只能通过增加冷水泵运行数量，加大冷水系统总流量，来满足这部分末端设备的流量要求。最终，造成冷水系统大流量、小温差现象。对于末端水力不平衡现象，建议对冷水系统水力平衡进行重新调试。

3.4 其他问题

通过现场空调机房调查，发现冷水机组冷却水管道和冷水管道均未安装电动调节阀，而只安装手动调节阀；现场运维人员在减少运行机组数量时，未关闭相应冷水机组的冷水管和冷却水管调节阀，导致冷却水管道和冷水管道冷媒旁通，这直接影响到空调冷源系统的能效。另外，调查发现4台冷却塔进水管上均未安装电动阀门；在空调系统运行过程中，不论冷却塔风机是否运行，冷却塔均进行布水，冷却水旁通现象严重。因此，建议为空调水系统增设电动阀门，实现远程连锁控制，以提高空调系统运行管理水平。

4 结论

通过对酒店集中空调冷源系统的节能诊断，本文分析指出冷水机组存在冷水出水温度设置不合理、冷凝器换热效果差以及实际制冷性能系数偏低等问题，提出解决方法；同时分析指出水系统出现大流量、小温差现象，是由于酒店空调负荷率特点、水泵选型过大以及空调末端水利不平衡造成，并提出相应的解决方法。

参考文献

[1] 汪训昌. 合理用能——空调冷、热源之能源利用的分析[C] //全国空调技术交流会，2004.

厦门建发国际大厦空调系统设计

上海建筑设计研究院有限公司　朱　喆☆　何　焰
建发房地产集团有限公司　林成凯

摘　要　简要介绍了厦门建发国际大厦项目的工程概况，阐述了该项目空调冷热源形式、水系统划分、空调末端等方面的设计。归纳总结了该工程在的冷热源设置、夏热冬暖地区的冬季供热、标准层噪声控制等方面的特点。通过运行数据分析，展示系统良好的节能效果。

关键词　冷热源　冬季供热　噪声控制　空调末端　高层建筑

1　项目概况

厦门建发国际大厦项目是由厦门建发国际有限公司投资兴建的集高档办公楼及商业餐饮为一体的大型综合类高层建筑群，平面布局如图1所示。项目总建筑面积约为180000m²，由四个部分组成，功能区块详见表1。厦门建发国际大厦项目荣获2017年度上海市优秀工程设计二等奖、2017年度全国优秀工程勘察设计行业奖之优秀建筑工程设计二等奖、2017～2018年度中国建筑学会建筑设计奖暖通空调专业奖一等奖。图2为大厦外观。

建发国际大厦的区块介绍　　表1

楼号	面积（m²）	建筑高度（m）	层数
1号楼——办公楼	80000	219.85	地上49层，地下3层；分为低、中、高和超高四个区，15层和31层为设备层
2号楼——商场	25000	35.85	地上7层，地下3层
3号楼——主力店	6896	28.85	地上5层
4号楼——餐饮楼	5403	42.45	地上7层
地下室——车库/机电用房	42000	－14.75	地下3层

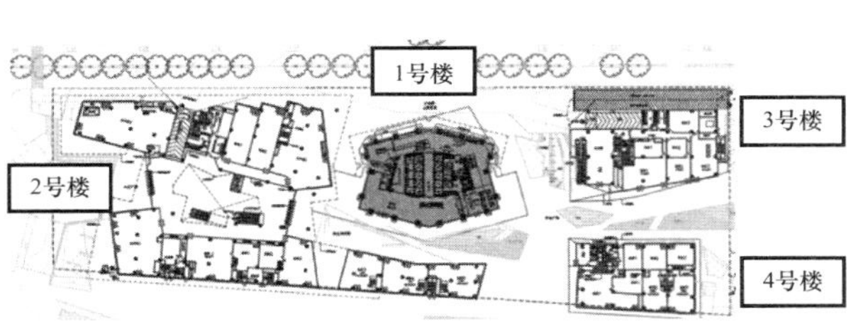

图1　建发国际大厦的总体布局

图2　建发国际大厦的外观

2　设计参数

2.1　室外设计参数（见表2）

厦门室外空气计算参数　　表2

参数	夏季	冬季
室外干球温度（空调）（℃）	33.4	
室外干球温度（通风）（℃）	31	6
室外湿球温度（℃）	27.6	
室外计算相对湿度（%）		73
大气压力（kPa）	100650	99450

☆　朱喆，女，高级工程师。通讯地址：上海市石门二路258号19楼，Email：zhuzhe@siadr.com.cn。

2.2 室内设计参数（表3）

室内空气设计参数　　表3

区域	夏季设计温度（℃）	夏季设计相对湿度（%）	冬季设计温度（℃）	冬季设计相对湿度（%）	新风量（m^3/h）	噪声标准［dB（A）］
办公	25	≤60	16	—	30	NC40
商场、餐厅	26	≤65	—	—	20	NC45
商业门厅	27	≤65			20	NC45
董事层	25	≤60	20	—	30	NC35

3 空调通风系统设计

3.1 空调冷源及水系统

本项目在总体布局上，楼与楼之间比较分散，3号楼和4号楼独立于主楼外，相距60～70m，商业和办公楼分别为自用办公和出租商业，分两个运营管理团队，因此，本项目采用分散冷源，使得不同区块的系统划分明确，运维管理范围清晰，便于计量，减少水泵输送能耗。

业主计划3号楼和4号楼商业提前完成精装投入运营。因此，3号楼和4号楼分别采用了自带水力模块的风冷冷水机组作为冷源，使得项目可分阶段投入使用，提高经济效益。商业和塔楼均采用电制冷离心式冷水机组＋变流量一级泵空调冷水系统，在办公楼的43～49层采用了多联机系统。本项目的冷热源设置详见表4。

空调冷热源系统　　表4

	冷源配置	冷源供回水温度（℃）	冷却水供回水温度（℃）	热源配置	热源供回水温度（℃）
1号楼——办公楼（低、中、高区）	2台制冷量为3520kW(1000rt）和1台制冷量为1760kW(500rt）的离心式冷水机组	6℃/13℃	32℃/37℃	风冷热泵机组	45℃/40℃
1号楼——办公楼（超高区）	热泵型变制冷剂流量多联系统				
2号楼——商场	2台制冷量为1760kW(500rt）的离心式冷水机组和1台1055kW(300rt）的螺杆式冷水机组	6℃/13℃	32℃/37℃		
3号楼——主力店	3台制冷量为460kW(130rt）的风冷冷水机组	7℃/12℃			
4号楼——餐饮楼	3台制冷量为403kW(115rt）的风冷冷水机组	7℃/12℃			

水冷型冷水机组、水泵均设置在地下3层冷冻机房内，冷却塔设置在通风良好的2号楼屋面上；风冷水机组分别设置在3号楼和4号楼的屋顶；热泵型变制冷剂流量多联系统室外机设置在1号楼45层屋顶。

各空调水管路均为二管制、一级泵、闭式机械循环系统。1号楼的空调水系统竖向分为高低2个区。在15层避难层设置设备机房，采用水-水板式换热器来降低水系统的压力，低层区与高层区空调水系统工作压力分别为1.0MPa和1.5MPa。1号楼——办公楼的空调冷热源及水系统图详见图3。

3.2 空调末端形式

（1）1号楼——办公楼（低、中、高区）

每层标准办公层的建筑面积约为1800m^2，办公区面积约为1400m^2。建筑平面见图4。标准层采用单风道变风量空调系统。标准层除核心筒外，办公区的净深为13m，围护结构均为玻璃幕墙，因此，以离幕墙5m为界划分内外区，分别计算内外区负荷，确定变风量末端的最大风量，空调箱风量则按照整层使用面积计算确定。末端的形式为单风道变风量末端，系统采用定静压控制，压力传感器探测送风管内的静压点传输至BA系统，BA系统控制空调箱变频电机的运行状态。每层设置一个空调箱，风量为42000m^3/h，空调机房位于各楼层核心筒内。办公区的气流组织为上送上回，回风直接进入吊顶，由风管从吊顶吸入空调箱。空调箱的新风由集中新风机组提供，新风机组分别设置在15层和31层避难层的设备区，每台空调箱的新风支管上设置定风量阀。

（2）1号楼——办公楼（超高区）

超高区设置热泵型变制冷剂流量多联系统＋独立新风系统。每层设置1～2套多联机系统，室外机集中设置在45层屋顶，室内机为薄型风管连接式室内机，采用顶送顶回。每层配置1套直膨式的新风机组，室内机设置在空调机房内，室外机集中设置在45层屋顶。

（3）2号楼——商场、3号楼——主力店、4号楼——餐饮楼

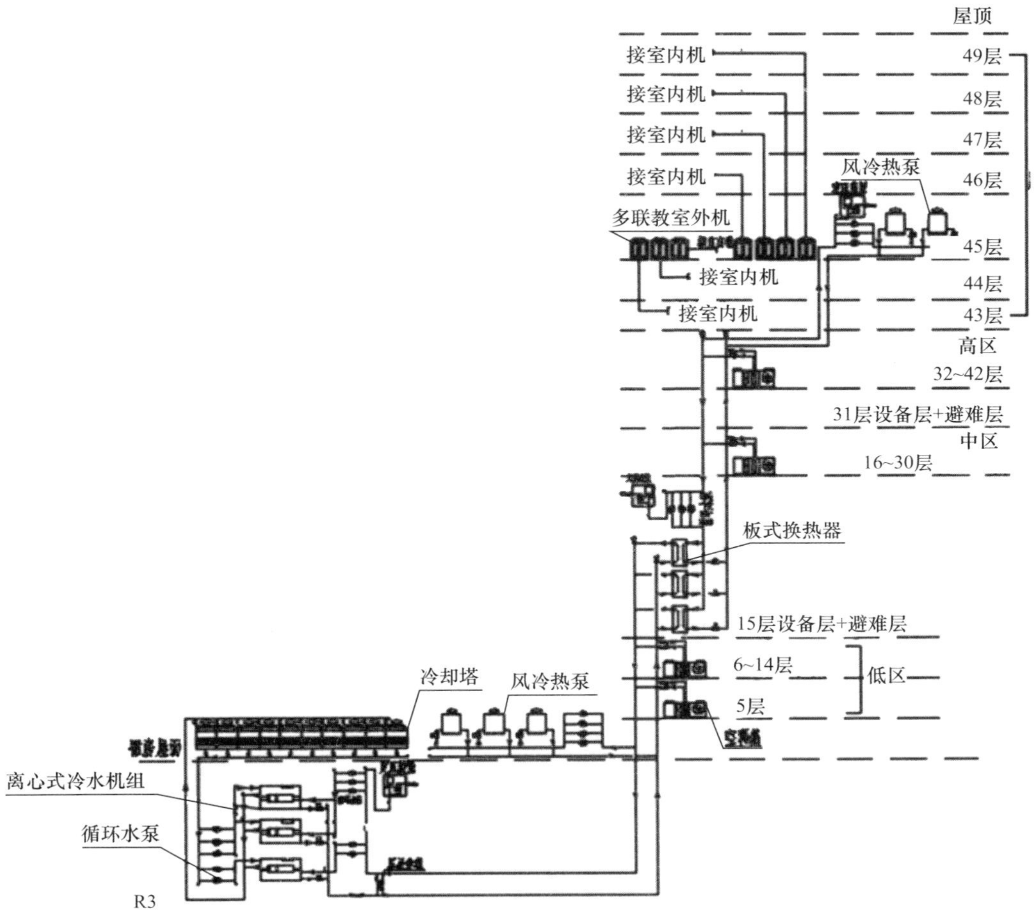

图 3　建发国际大厦 1 号楼——办公楼的空调冷热源及水系统图

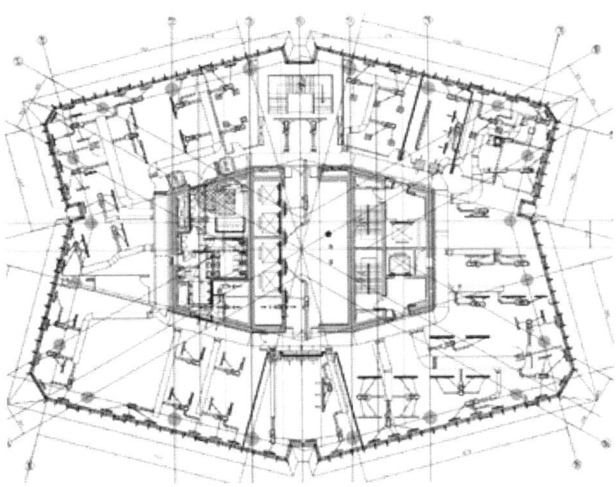

图 4　1 号楼——办公楼标准层平面图

商铺和商业的公共区域均采用单风管定风量一次回风式全空气低速空调系统，气流组织为上送下回、上送上回或侧送下回方式。在商铺中预留空调水管供租户根据自身需求增设风机盘管。

（4）其他

1 号楼 6 层网络中心服务器机房和档案室采用 $N+1$ 的直接蒸发风冷式精密空调机组。室外机放置在裙房 6 层的屋面上。档案室采用上送下回的气流形式，网络中心的服务器机房采用下送上回的气流形式。

4　工程的设计特点

4.1　夏热冬暖地区办公建筑冬季供热

厦门属亚热带海洋性季风气候，年平均气温为 22.4℃，在建筑热工分区中属于夏热冬暖地区，该地区的空调系统以往均采用单冷形式。随着人民生活水平的提高，对办公环境也有了更高的舒适性要求。经了解，厦门地区冬季一般约有半个月至一个月的时间办公室内人员会感到湿冷，舒适度不高，特别是在 2008 年的冬季，南方地区冬季极端天气时设置集中空调的办公楼内人员觉得冷但又无供热措施。为了提高项目的冬季室内的舒适性，符合超甲级写字楼的项目定位，决定在 1 号楼——办公楼设置冬季供热热源。

夏热冬暖地区办公建筑冬季供热的特点是：供热时间短、设置系统的目的是改善办公环境而非民生保障。因此，系统的经济性是要重点关注的问题，设计中既要考虑满足舒适性，也要通过合理计算控制热源规模、选择适宜的系统形式，以减少初投资并降低运行费用。

（1）冬季热负荷计算

1）选取室内外设计温度。厦门冬季空气调节室外计算温度根据《工业建筑供暖通风与空气调节设计规范》GB 50019—2003 中的规定为 6℃。根据国内外有关研究结果，人体衣着适宜、保暖量充分且处于安静状态时，室内温度达到15℃是产生明显冷感的界限[1]，结合厦门地区人们衣着习惯，室内设计温度设定在16℃，按此温度计算热源容量。实际运行时，办公建筑的使用时间为9：00～18：00，避开了一天内气温最低的时间段，根据厦门全年的气象资料发现，12月至2月时间段内，90%的室外温度大于10℃，厦门12月至次年2月的室外气温详见图5，因此，所选用的热源可使得冬季90%的时间办公室内设计温度达到20℃，满足办公室内的舒适性。

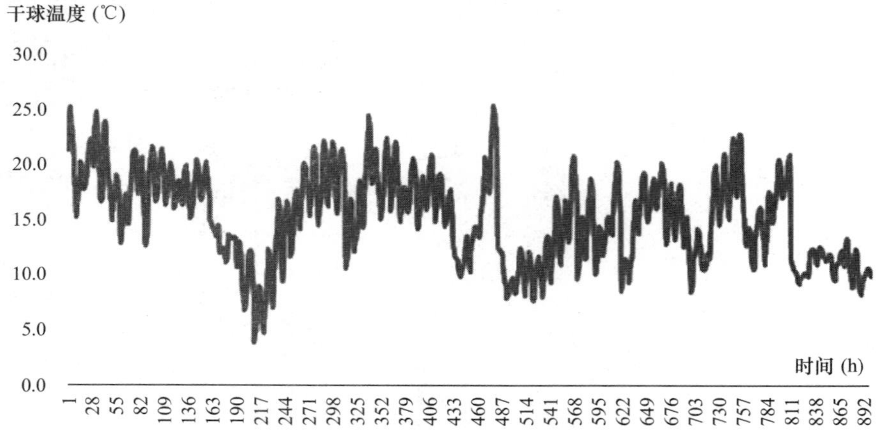

图5　厦门12月至次年2月的室外气温

2）大空间的办公建筑，有稳定的室内热源（计算机、灯光、人员等），此部分散热应予以考虑并做相应的扣除。室内热源和办公人员数量直接相关，建发大厦在2012年投入使用时人员数量未达到设计值，约为可容纳人员数量的50%，随着集团发展，人员数量逐年增长。此外，随着照明和电子产品的更新，设备发热量会降低，因此，设计时考虑50%的室内散热量可抵消冬季热负荷。

3）经空调负荷计算软件计算，办公区域冬季单层的空调负荷为48kW。中、高区空调热负荷为1248kW，低区空调热负荷为576kW。

（2）系统选择

冬季供热的热源形式可为热泵型变制冷剂流量多联机系统、燃气热水锅炉、电蓄热锅炉、风冷热泵机组。

热泵型变制冷剂流量多联机系统需要在办公区的变风量系统外增设冷媒空调末端、管道和冷凝水管道，增加了吊顶内管线综合和精装综合天花的复杂性。由于受到冷媒管长度的限制，需要在本层或者避难层设置设备阳台和高通风率的格栅布置室外机，影响了建筑的立面，因此，未采用多联机系统作为热源。

燃气热水锅炉房的设置限制较多，按照规范要求，锅炉房严禁设置在人员密集场所和重要部门的上一层、下一层、贴邻位置以及主要通道与疏散口的两旁，并应设置在首层或地下一层靠外墙部位，且需对外设置泄爆口。项目场地内无合适的位置。

电蓄热锅炉＋蓄热水罐系统需要400m^{2}左右的机房面积，会占用车库面积，减少车位数，而且，厦门地区电蓄热的峰谷电价比为3：1，使得其运行费用会高于风冷热泵系统。因此，燃气热水锅炉和电蓄热锅炉均不是本项目热源的首选。

与前三者相比，风冷热泵机组供热的方式有以下优势：

1）风冷热泵机组的制热效率高，运行费用低；

2）风冷热泵机组放置在裙房和塔楼的屋顶，无需机房，可避免减少车位数，对周边环境限制少，对建筑立面没有影响；

3）能源输入仍为电力，不增加项目的市政配套内容，减少配套工程的工作量；

4）可与供冷系统合用板换、二级水泵、水系统和空调末端，减少初投资、降低系统复杂性和运行管理难度。

（3）系统设计

中、高区16～42层与低区1～15层分设风冷热泵机组，使得设备的承压均小于1.6MPa。中、高区的机组设置在45层屋面，水管直接与管井中的水管立管连接；低区的机组设置在2号楼屋面，水管在5层进入1号楼，与低区的立管连接。

为了便于检修时用货梯搬运，风冷热泵机组采用模块化机组拼接的形式，单台机组的尺寸为900mm×2000mm。中、高区采用制热量为390kW的机组3台，每台机组由1个主模块机和5个从模块机组成。低区采用制热量为260kW的机组2台，每台机组由1个主模块机和3个从模块机组成。

（4）用户反馈

根据业主的反馈，从2014年开始运行至今，当室外环境温度≤10℃时，冬季会开启风冷机组供暖，低区有8台，正常情况下会先开4～6台，然后再根据实际情况增减，如果有会议或者天气太冷会8台全开，再根据情况增减；高区18台，正常会先开10～14台，再根据情况增减，如果天气太冷会18台全开；很多情况太阳出来后都会减机。在冬季也出现过第一天开供暖、第二天开制冷（也是开风冷机）的情况。在空调供热模式下，室内温度可以达到20～22℃，业主普遍反映办公环境舒适度大幅度提高，对这套冬季供热系统很满意。风冷热泵也作为加班时的空调冷源。

4.2　办公楼层空调系统噪声控制措施、实测效果

本项目办公区的房间内最大允许背景噪声值为40dB(A)。主楼为钢混结构，低区和避难层的空调机房设置在混凝土核心筒外的钢结构梁和楼板上，风机的振动易通过楼板传递给下层空间，中、高区的空调机房贴邻办公区，空调设备运行的噪声也容易传入办公区。为了消除机房的

土建位置不利的影响，设计从控制噪声源、振动源和阻断噪声传播两方面开展工作。

设计中首先考虑采取把声源和振源控制在局部范围内的一系列措施：空调机房墙体采用实心墙，计权隔声量要求达到45dB（A）；防火隔声门的最小计权隔声量要求达到40dB（A）；穿越空调机房墙体的管线均应采取封堵措施；空调机房内的空调箱采用弹簧减振器，减振效率在95%以上。其次，标准层空调系统主风管尺寸满足风速≤7.5m/s，次风管尺寸满足风速6.0m/s。最后，经过计算本项目标准层空调系统的送风管和回风管上各需设置一节1400mm×600mm×1600mm(L)ZP100阻性片式消声器方可满足噪声标准。

项目调试时，办公区的实测背景噪声高于40dB（A）。经现场勘察后发现主要是实际运行的风机风量偏大，运行的工况点风机的效率下降，噪声增加。风机风量过大、风速过高造成气流噪声也是系统噪声增加的因素。此外，现场的各项封堵不到位等、机房墙体材料密实度不够，也削弱了墙体的隔声能力。此后，采取了更换电机皮带轮调整风机风量、现场严格落实各项封堵和隔声要求等措施，解决办公区噪声的问题。

在项目正式投入运行后，对办公区、走廊和机房测试了噪声值，除了就近办公点的噪声略超过标准值，其余三点的值均满足了设计标准，测试值详见表5。测试数据显示，当风机频率降低时，机房内的噪声减小。在机房外，办公室的环境噪声影响力增加，测点噪声与风机频率的关系不明显，例如，测试点2设在有电脑在运行的办公桌上，测试值比测试点1更大。可见当机房内落实了上述各项减振降噪措施后，通过降低风机频率来降低人员活动区域测点噪声值的效果不明显。

34层的噪声实测值 表5

序号	风机频率(Hz)	电流（A）	机房内噪声［dB(A)］	机房走道噪声［dB(A)］	就近办公点噪声［dB(A)］	3m噪声［dB(A)］	10m噪声［dB(A)
1	46	26	62	39	40	39	38
2	35.5	20	61	40	41	39.5	39
3	50	28	64	40	41	39.5	39

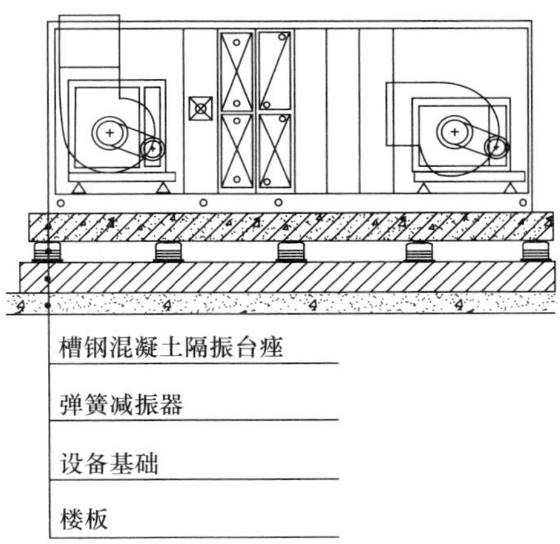

图6 空调箱减振措施示意图

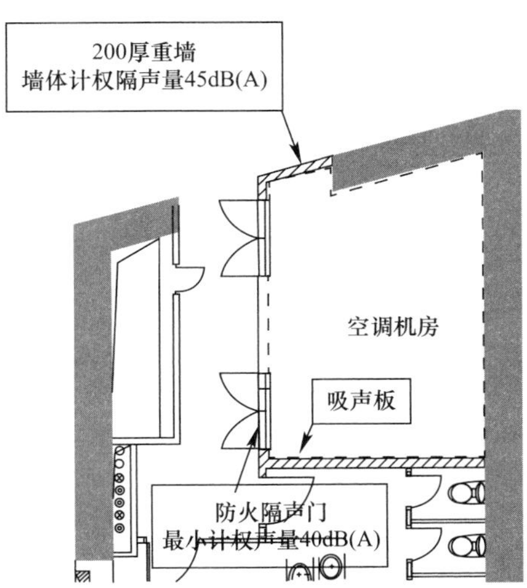

图7 空调机房隔声措施示意图

5 运行数据

1）厦门市建设局2017年颁布的《福建省公共建筑用电量标准》中规定的商业办公建筑单位面积综合电耗及单位面积综合能耗指标约束值规定“大于20000m² 的单位面积电耗限额≤140kWh/(m²·a)；商业办公建筑单位面积综合电耗及单位面积综合能耗指标引导值规定“大于20000m² 的单位面积电耗限额≤130kWh/(m²·a)。本项目2014～2017年的1号楼主楼（办公）的单位面积电耗见表6。

2014～2017年1号楼主楼单位面积电耗 表6

时间	总用电量（万kWh）	单位面积电耗［kWh/(m²·a)］
2014年	1055.33	124.7
2015年	1013.09	119.7
2016年	1013.25	119.7
2017年	887.74	104.8

注：计算建筑面积为84643.61m²。

2）厦门市建设局2017年颁布的《福建省公共建筑用电量标准》中规定的购物中心单位面积综合电耗约束值规定≤310kWh/(m²·a)；购物中心单位面积综合电耗引导值规定≤290kWh/(m²·a)。本项目2015～2017年的2～4号楼商业的单位面积电耗见表7。

2015～2017年2～4号楼商业单位面积电耗 表7

时间	总用电量（万kWh）	单位面积电耗［kWh/(m²·a)］
2015年	717.8	174
2016年	785.3	190

续表

时间	总用电量（万 kWh）	单位面积电耗［kWh/(m^2 · a)］
2017 年	851.1	206

注：计算建筑面积为 41339.53m^2。

从上述数据中可知，本项目的单位面积电耗均小于指标引导值的规定，可见在实现建筑使用功能的前提下，为了实现更好的建筑节能效果，空调系统的合理运用和配置对节能运行起到了很大的作用。

6 设计总结

厦门建发大厦项目是一个超高层办公＋商业的综合性项目，在设计阶段经过资料收集、调查咨询、分析计算，着重解决了夏热冬暖地区空调系统冬季供热的问题，并合理地确定了热源规模。设计从控制噪声源、振动源和阻断噪声传播两方面开展工作，确保室内的噪声值达到超甲级写字楼的标准。此外，项目还采用了一系列措施确保室内的舒适性和系统的节能运行，从实际运行数据来看均取得了良好的效果。

新型蒸发冷却空调系统在新疆某数据中心机房的应用研究①

西安工程大学　黄　翔☆　郭志成　田振武　宣静雯　严锦程

摘　要　本文系统介绍了新疆某数据中心机房采用的以蒸发冷却冷水机组为主要冷源，蒸发冷却新风机组为辅助和备用冷源的蒸发冷却空气-水系统的原理、特点、运行模式及性能测试结果等。该系统利用当地干空气能干燥空气及低温空气为自然冷源，基于直接蒸发冷却技术、间接蒸发冷却技术、乙二醇自然冷却技术实现全年100%自然冷却，根据不同的气象条件可实现水侧蒸发冷、水侧和风侧复合蒸发冷、乙二醇自然冷三种运行模式，充分保证了系统在气象变化时的可靠性。该系统是蒸发冷却空气-水系统在数据中心机房空调系统领域应用的探索，解决了新疆等夏热冬冷干燥地区采用传统风冷空调系统高温宕机和传统水冷空调系统冷却塔冬季结冰等问题。夏季实测表明，该系统运行稳定，空调系统制冷性能系数为6.65，空调系统综合制冷性能系数为16.64，对降低数据中心能耗效果显著。

关键词　数据中心　自然冷却　蒸发冷却冷水机组　蒸发冷却新风机组　乙二醇自然冷却

0　引言

伴随着互联网信息时代的高速发展，带动了数据中心井喷式的发展，不可避免地带来了高成本、高能耗等问题。目前全球数据中心数量减体增量，我国数据中心能耗约占社会总能耗的2%、占建筑能耗的10%，其空调系统能耗约占数据中心总能耗的40%[1-3]，由此可见，制冷空调行业任重而道远。在数据中心的冷负荷构成中，显热负荷占绝大部分，且全年需要降温，因此，蒸发冷却空调技术在数据中心冷却方面大有可为[4-5]。

目前，国内外数据中心空调系统应用蒸发冷却空调的技术形式单一，且运行时间较短，未能充分发挥出蒸发冷却空调技术的节能优势。技术形式一般为空气侧蒸发冷却[6-7]，应用方式一般为两种：第一种是与建筑物土建结构密切结合，空调系统与建筑物融为一体，在合适工况下空调系统运行空气侧蒸发冷却模式[8]；第二种是作为空调机组的某个功能段，空调机组一般放置在数据中心建筑物的周围、屋面或空调机房内，通过架设风管，将空调机组制取的冷风送入数据中心机房内[9-10]。

新疆某数据中心机房新型蒸发冷却空调系统充分利用当地干空气能、低温空气等自然冷源，基于直接蒸发冷却技术、间接蒸发冷却技术及乙二醇自然冷却技术，创新出以蒸发冷却冷水机组为主要冷源，蒸发冷却新风机组为辅助和备用冷源的蒸发冷却空气-水系统，不仅拓宽了蒸发冷却空气-水系统的应用领域，挖掘了蒸发冷却空调技术在数据中心冷却方面的节能潜力，还能够有效解决新疆等夏热冬冷干燥地区采用传统风冷空调系统高温宕机和传统水冷空调系统冷却塔冬季结冰的问题。本文介绍了该系统的原理、特点及运行模式，并对其夏季应用效果进行了实测分析。

1　新型蒸发冷却空调系统原理

1.1　系统定义

新疆某数据中心机房新型蒸发冷却空调系统是国内外首例集中式蒸发冷却空调系统在数据中心机房领域的实际应用，并且是蒸发冷却空气-水系统在数据中心机房领域的实际应用和全新风系统的耦合。它以复合乙二醇自然冷的立管式间接蒸发冷却冷水机组为全年主导冷源、外冷式间接-直接蒸发冷却新风机组为辅助和备份冷源、外冷式间接-直接蒸发冷却新风机组与机房专用高温冷水空调机组相结合的新型末端单元为显热末端的集中式蒸发冷却空调系统，根据不同的工况条件切换相应的运行模式，即可实现蒸发冷却空气-水系统和全新风系统的耦合。相比其他数据中心用自然冷却系统而言，该系统也是国内外首例完全以“干空气能干燥低温空气”为自然冷源，基于蒸发冷却技术实现干燥地区数据中心机房全年采用100%自然冷却的集中式蒸发冷却空调系统；低温季节，通过在蒸发冷却冷水机组功能段中集成乙二醇自然冷却用表冷器代替常规干冷器用以制冷，实现蒸发冷却冷水机组全年制冷，从而满足该数据中心机房新型蒸发冷却空调系统全年制冷的需求。

1.2　换热器工作原理

蒸发冷却冷水机组所采用的换热器为立管式间接蒸发冷却器，其中，二次空气从下至上走管内，管束上方设置布水器进行管内贴壁喷淋布水，使管内侧形成均匀水膜，二次空气在管内发生直接蒸发冷却处理过程，一次空气从左至右走管外，从而将热量通过管壁传递给管内侧水膜，

☆　黄翔，男，教授。通讯地址：陕西省西安市金花南路19号西安工程大学城市规划与市政工程学院，Email：huangx@xpu.edu.cn。

①　“十三五”国家重点研发计划项目课题（编号：2016YFC0700404）。

一次空气在管外发生间接蒸发冷却处理过程，主要是降低一次空气的湿球温度，而二次空气吸收热量和湿量从上侧排出。该换热器独特的换热原理与流道设计可以保证一次空气侧不易堵塞（流道顺畅）、二次流道侧不易结垢（水膜冲刷），因此保证了该换热器应用于沙尘及水质较硬地区的可靠性。立管间接蒸发冷却器结构原理如图1所示，实物如图2所示。

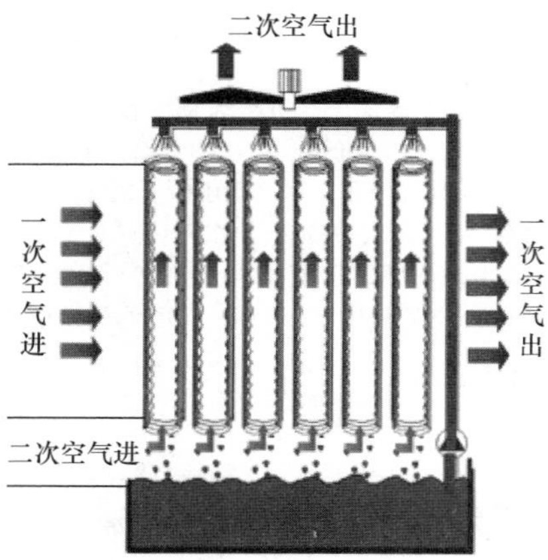

图1　立管间接蒸发冷却器结构原理图

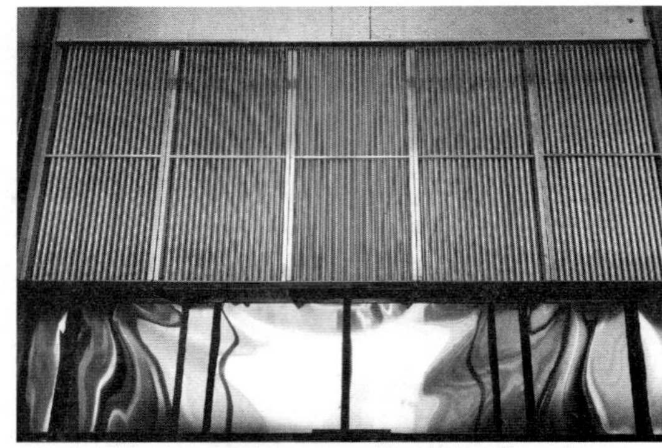

图2　立管间接蒸发冷却器实物图

1.3　蒸发冷却冷水机组工作原理

新疆地区夏季炎热干燥，空气中蕴含丰富的高品质干空气能，是蒸发冷却技术的高适用区，冬季寒冷而漫长，空气中蕴含丰富的冷量，非常适合应用乙二醇自然冷却技术，结合以上自然条件与技术条件，创新出一种复合乙二醇自然冷却的立管式间接蒸发冷却冷水机组为数据中心机房空调系统提供全年主导冷源。该冷水机组采用双面进风的方式，并且各功能段对称布置，由蒸发冷却段和乙二醇自然冷却段组成，蒸发冷却冷水机组结构原理如图3所示、实物如图4所示。

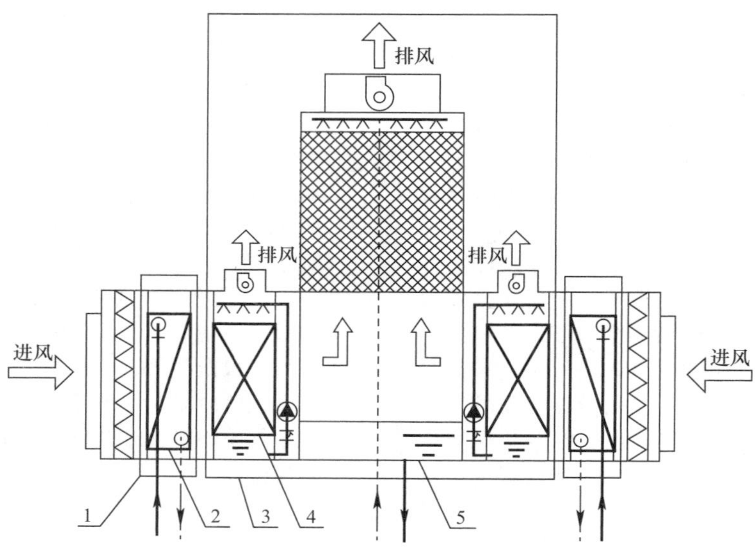

图3　蒸发冷却冷水机组结构原理图

1—乙二醇自然冷却段；2—表冷器；3—蒸发冷却段；4—立管式间接蒸发冷却冷却器；5—填料塔

图4　蒸发冷却冷水机组实物图

蒸发冷却段主要负责数据中心机房过渡季节和夏季的制冷需求，这部分相当于一个蒸发冷却冷水机组，由表冷器、单级立管间接蒸发冷却器和填料塔组成，以蒸发冷却冷水机组的制冷原理制取冷水供入数据中心机房空调末端。夏季时，蒸发冷却段能够实现对进入填料塔空气的内、外冷两级预冷（开启表冷器和立管式间接蒸发冷却器）；过渡季节环境湿球温度较低时能够实现对进入填料塔空气的一级预冷（开启表冷器，关闭立管间接蒸发冷却器），在保证冷水机组出水温度满足要求的前提下，实现节能运行。蒸发冷却段工作原理如图5所示。

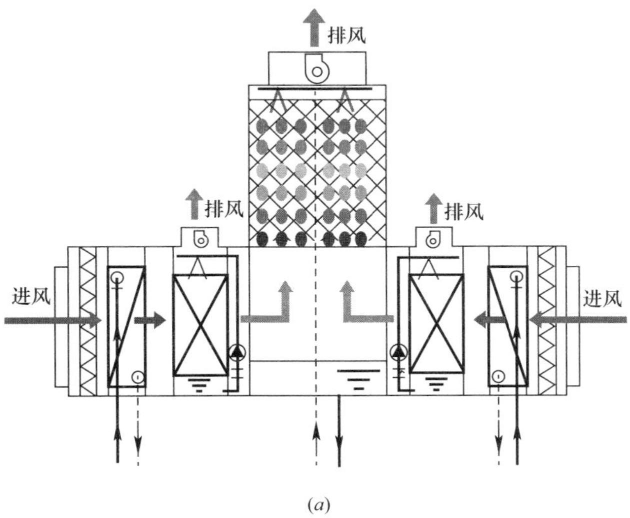

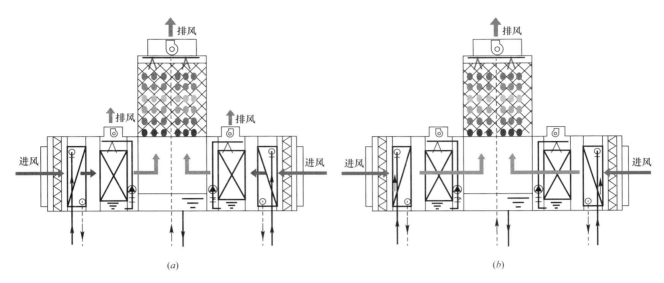

图 5　蒸发冷却冷水机组蒸发冷却段工作原理图
(a) 蒸发冷却段工作原理（两级预冷）；(b) 蒸发冷却段工作原理（一级预冷）

乙二醇自然冷却段主要负责数据中心机房低温季节的制冷需求，以两个表冷器为主要换热器，低温季节室外寒冷的新风进入乙二醇自然冷却段内的表冷器，冷却盘管内的乙二醇水溶液，被冷却的乙二醇水溶液供入数据中心机房空调末端，而吸收热量温度升高的新风则通过立管间接蒸发冷却器和填料塔上方排走。乙二醇自然冷却段工作原理如图 6 所示。

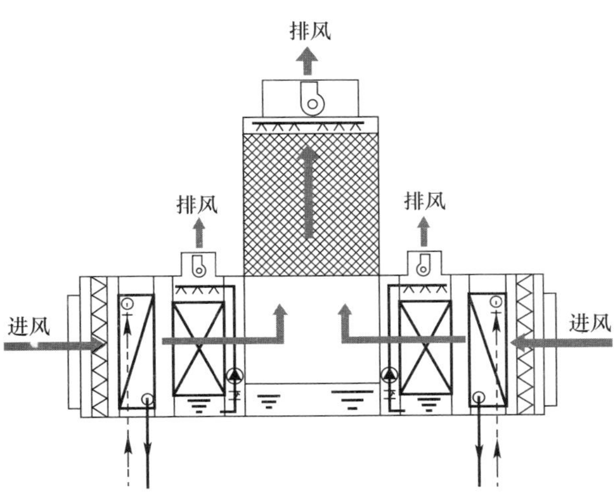

图 6　蒸发冷却冷水机组乙二醇自然冷却段工作原理图

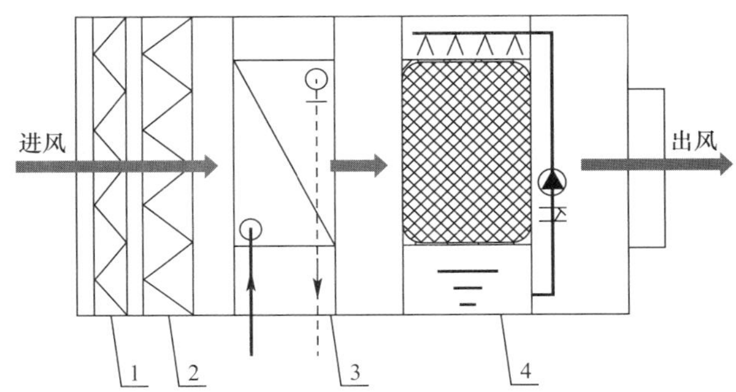

图 7　蒸发冷却新风机组工作原理图
1—粗效过滤器；2—中效过滤器；3—表冷器；4—滴水填料式直接蒸发冷却器

图 8　蒸发冷却新风机组实物图

1.4　蒸发冷却新风机组工作原理

该系统采用外冷式间接-直接蒸发冷却新风机组为极端工况下的辅助和备份冷源，可依次实现室外新风两级干式过滤、一级等湿冷却、一级等焓冷却及一级湿式过滤，最终通过机房专用高温冷水空调机组的 EC 风机将经过两级冷却和三级过滤后的冷风送入机房内，其新风机组表冷器内通入冷水机组制取的冷水。蒸发冷却新风机组工作原理如图 7 所示、实物如图 8 所示。

1.5　新型机房显热末端单元工作原理

该系统新型机房显热末端单元由蒸发冷却新风机组与机房专用高温冷水空调机组相结合而成，设备、水系统、气流组织的切换运行将形成不同的运行模式，充分保证了该系统显热末端侧应对工况变化时运行的安全可靠性。机房专用高温冷水空调机组放置室内，蒸发冷却新风机组放置室外，二者通过外墙开洞连接。

该机房新型末端单元有两种运行模式：当环境湿球温度为 0～18.2℃或环境干球温度≤3℃时，冷源侧制取的冷水或乙二醇水溶液供入机房专用高温冷水空调机组的表冷器内冷却机房内回风，机房内气流组织为内循环，其工作原理如图 9 所示；极端工况时（环境湿球温度＞18.2℃），冷源侧制取的冷水供入蒸发冷却新风机组的表冷器内，新风机组将经过两级冷却和三级过滤后的冷风送入机房内，机房气流组织为外循环，其工作原理如图 10 所示。

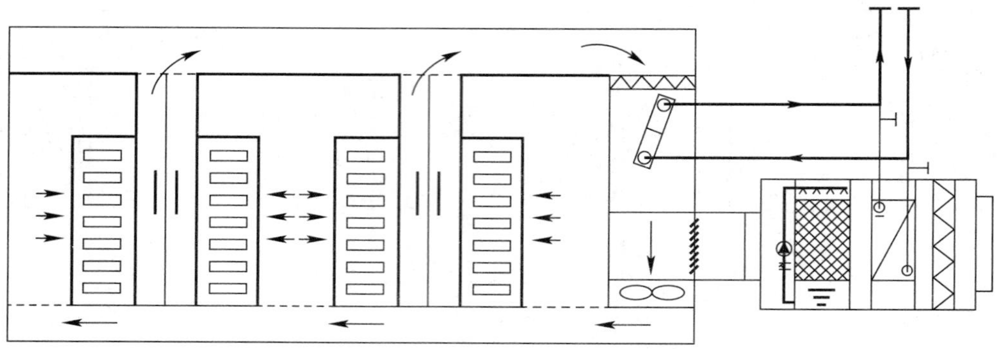

图 9　机房新型末端单元工作原理 1

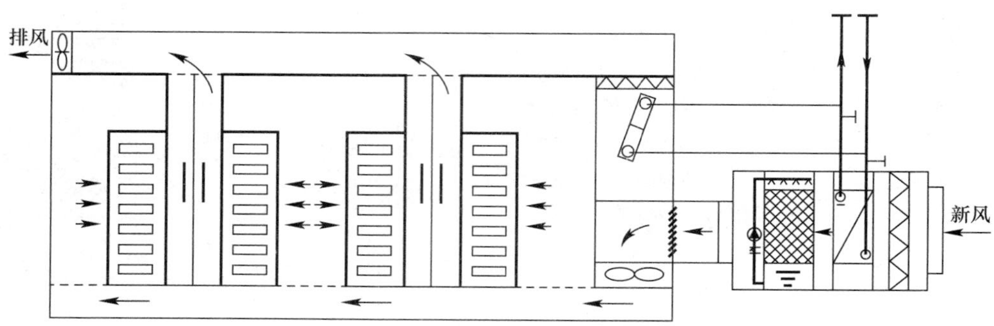

图 10　机房新型末端单元工作原理 2

2　新型蒸发冷却空调系统运行模式

该数据中心机房新型蒸发冷却空调系统为集中式蒸发冷却空调系统，并且是空气-水蒸发冷却空调系统（闭式系统）和全新风蒸发冷却空调系统的耦合，不仅能够实现温湿度独立控制，而且在不同室外气象条件和系统运行故障下可实现三种运行模式间的切换，从而在安全可靠的前提条件下，充分挖掘水侧蒸发冷却技术、风侧蒸发冷却技术、乙二醇自然冷却技术各自的优势，并且实现互补，从而提高整个系统的可靠性与节能减排性，三种运行模式如表 1 所示，实际工程中该空调水系统各管路节点处均设置有阀门进行调节与旁通，以下各运行模式的工作原理图仅表示工作原理。

新型蒸发冷却空调系统 3 种运行模式　表 1

序号	运行模式	工作模式	气流组织
1	水侧蒸发冷运行模式	冷源：蒸发冷却冷水机组 末端：机房专用高温冷冻水空调机组	内循环
2	水侧、风侧复合蒸发冷运行模式	冷源：蒸发冷却冷水机组 末端：蒸发冷却新风机组	外循环
3	乙二醇自然冷运行模式	冷源：蒸发冷却冷水机组 末端：机房专用高温冷冻水空调机组	内循环

2.1　水侧蒸发冷运行模式

室外环境空气湿球温度为 0～18.2℃且干球温度＞3℃时切换为水侧蒸发冷运行模式。

空调水系统流程为蒸发冷却冷水机组运行蒸发冷却段为板换一次侧提供冷水，用以冷却板换二次侧循环水，之后温度升高的回水流入蒸发冷却段的填料塔内喷淋，从而继续被冷却，由此构成一次水系统；板换另一侧换取出冷水供给机房专用高温冷水空调机组，吸收热量后温度升高的回水一部分流入蒸发冷却段内的表冷器内预冷进入冷水机组的室外新风，之后温度再次升高的回水与另一部分末端回水混合后共同流入板换二次侧继续被板换一次侧冷却，由此构成二次水系统。

机房内气流组织为内循环，水侧蒸发冷运行模式工作原理如图 11 所示，机房内空气处理焓湿图及空气处理流程如图 12 所示。

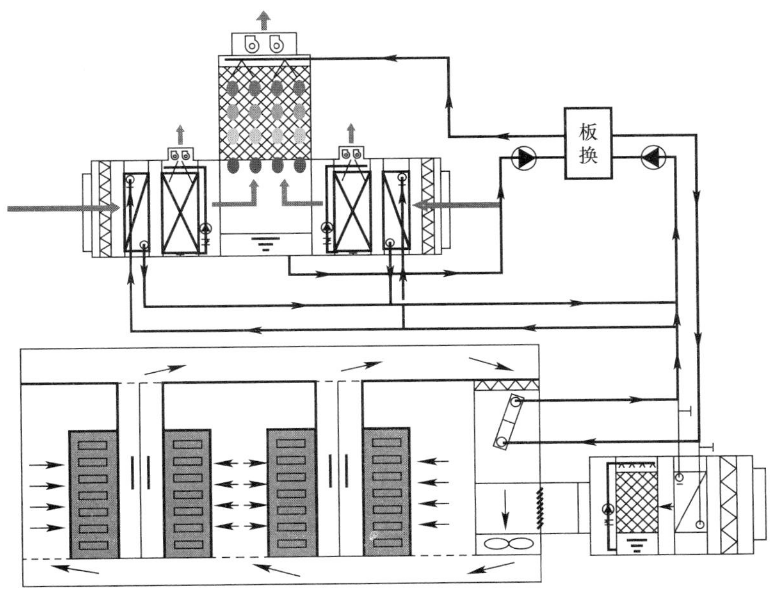

图 11　水侧蒸发冷运行模式工作原理图

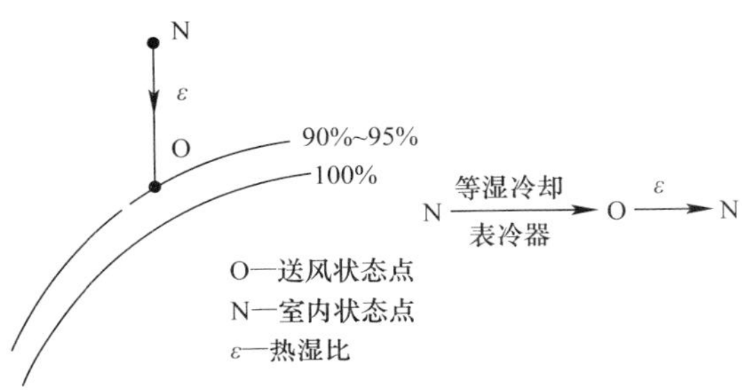

图 12　机房内空气处理焓湿图及空气处理流程图

2.2　水侧、风侧复合蒸发冷运行模式

极端工况室外环境空气湿球温度＞18.2℃切换为水侧、风侧复合蒸发冷运行模式。

空调水系统流程的一次水系统与水侧蒸发冷运行模式流程为：蒸发冷却冷水机组运行蒸发冷却段为板换一次侧提供冷水，用以冷却板换二次侧，之后温度升高的回水流入蒸发冷却冷水机组的蒸发冷却段的填料塔内喷淋，从而继续被冷却，由此构成一次水系统；板换另一侧换取出冷水供给蒸发冷却新风机组的表冷器，吸收热量后温度升高的回水一部分流入蒸发冷却冷水机组蒸发冷却段内的表冷器预冷进入冷水机组的室外新风，之后温度再次升高的回水与另一部分末端回水混合后共同流入板换二次侧继续被板换一次侧冷却，由此构成二次水系统。

空调风系统流程为：室外新风通过蒸发冷却新风机组的三级过滤及两级冷却器后实现两级干式过滤，之后进入表冷器实现等湿冷却，进入滴水填料式直接蒸发冷却器实现等焓冷却及湿式过滤后，通过机房专用高温冷水空调机组的 EC 风机送入机房。

机房内气流组织为外循环，水侧、风侧复合蒸发冷运行模式工作原理如图 13 所示，机房内空气处理焓湿图及空气处理流程如图 14 所示。

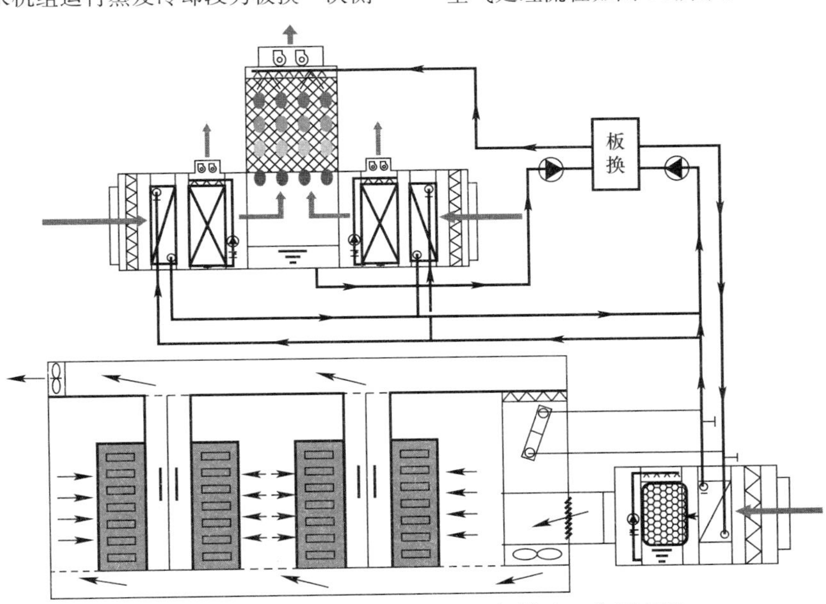

图 13　水侧、风侧复合蒸发冷运行模式工作原理图

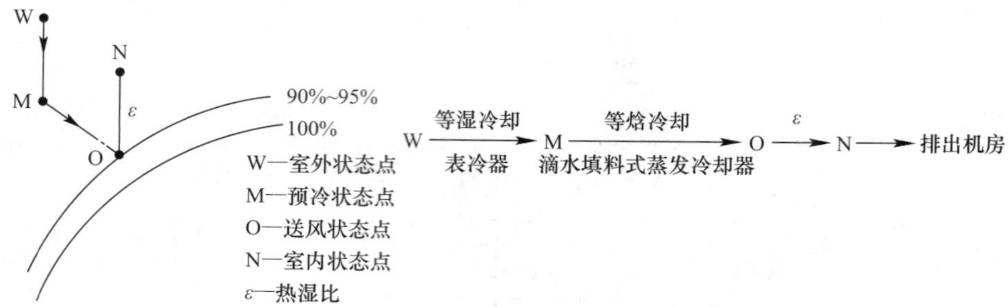

图 14　机房内空气处理焓湿图及空气处理流程图

2.3　乙二醇自然冷运行模式

室外环境干球温度在 3℃以下切换为乙二醇自然冷运行模式，该模式下蒸发冷却冷水机组的蒸发冷却段停止工作。

空调水系统流程为：蒸发冷却冷水机组运行乙二醇自然冷却段，为机房专用高温冷水空调机组提供混合 45% 乙二醇浓度的冷水，吸收热量后温度升高的乙二醇水溶液流回蒸发冷却冷水机组乙二醇自然冷却段内的表冷器中继续被室外低温新风冷却，由此构成水系统循环。

蒸发冷却冷水机组乙二醇自然冷却段表冷器与机房专用高温冷水空调机组的选型是根据当室外环境空气干球温度等于 3℃时，全部蒸发冷却冷水机组乙二醇自然冷却段制冷量与机房专用高温冷水空调机组的制冷量和空调系统冷负荷相等为基准选取的，因此能够满足制冷需求，并且当室外环境干球温度小于 3℃时，自动控制系统会自动调节冷水机组风机的开启数量，从而在满足制冷量的前提下实现节能运行。

机房内气流组织为内循环，乙二醇自然冷运行模式工作原理如图 15 所示，机房空气处理焓湿图及空气处理流程如图 16 所示。

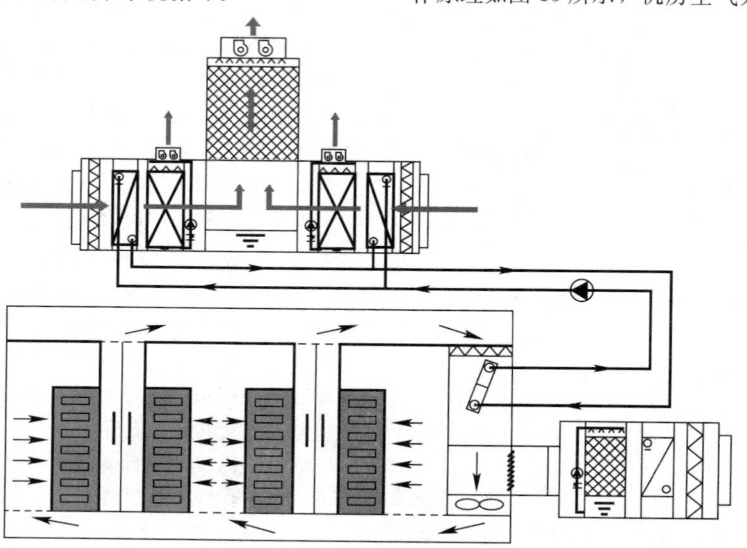

图 15　乙二醇自然冷运行模式工作原理图

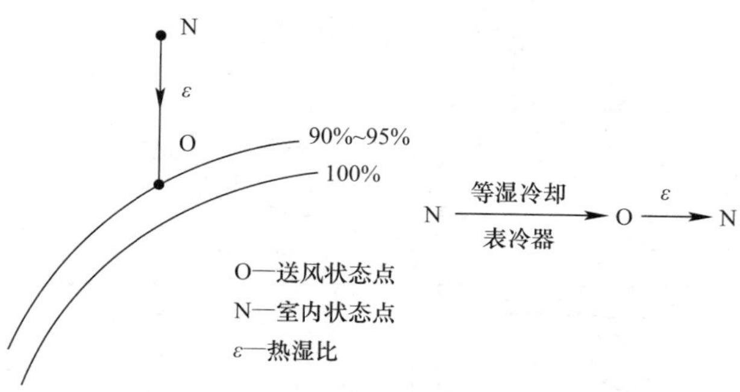

图 16　机房内空气处理焓湿图及空气处理流程图

3　新型蒸发冷却空调系统夏季实测

3.1　项目概况

项目建设地点位于乌鲁木齐市，建筑总面积为 10738.2 m²，地上 5 层，建筑高度为 23.3m，本次空调系统设计范围是 2 层的通信机房、传输机房以及四层的 IDC 机房，总冷负荷 2767kW，共配置 16 台蒸发冷却冷水机组、44 台蒸发冷却新风机组、22 台机房专用高温冷水空调机组。

3.2　测试概况

该系统的实际工程现场测试包括蒸发冷却冷水机组、蒸发冷新风机组单台设备的性能测试以及系统应用效果测试，其空调系统的应用效果测试为该新型蒸发冷却空调系统在水侧蒸发冷却运行模式下的应用效果测试。其中蒸发冷却冷水机组、新风机组的额定性能参数分别如表 2 和表 3 所示。

蒸发冷却冷水机额定组性能参数　　表 2

设备名称	制冷量(kW)	循环水量(m^3/h)	出水温度(℃)	温差(℃)	装机功率(kW)	蒸发量(m^3/h)	噪声[dB(A)]
蒸发冷却冷水机组	232	40	16	5	19	0.4	≤72

蒸发冷却新风机额定组性能参数　　表 3

设备名称	显热制冷量（kW）	风量（m^3/h）	装机功率（kW）	蒸发量（m^3/h）	噪声[dB(A)]
蒸发冷却新风机组	80	16000	4.7	0.08	≤70

3.3　蒸发冷却冷水机组性能测试

由上述章节内容可知，该系统的核心设备是蒸发冷却冷水机组，其各项性能指标是否满足设计要求是该系统能否可靠运行的关键，此次测试项目主要为在环境参数近似达到乌鲁木齐市夏季空气调节室外计算参数[11-12]以及冷水机组循环水量近似为 40m^3/h 时，其出水温度值、制冷量、蒸发量、噪声是否满足设计要求。测试期间共抓取 10 组数据，每组数据之间间隔 20min。环境空气干球温度、相对湿度、湿球温度以及冷水机组出水温度、进水温度的实测值如图 17 所示。

由图 17 可知，环境平均干球温度为 33.5℃、环境平均相对湿度为 22.3%，环境平均湿球温度为 17.9℃，满足环境参数近似达到乌鲁木齐市夏季空气调节室外计算参数的要求；冷水机组平均出水温度为 15.2℃、冷水机组平均进水温度为 20.2℃，满足冷水机组温差为 5℃、出水温度≤16℃的要求，并且实测冷水机组平均出水温度比环境空气湿球温度低 2℃以上。在上述测试工况下，冷水机组制冷消耗电功率、能效比、耗水量以及噪声实测平均值如表 4 所示。

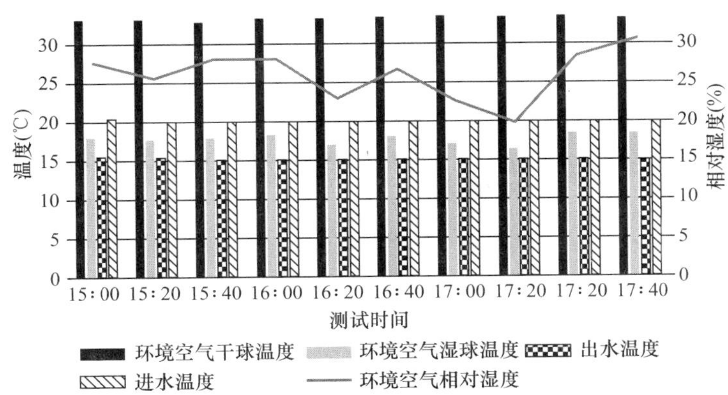

图 17　环境空气参数和冷水机组性能参数实测值

蒸发冷却冷水机组性能参数实测值　　表 4

设备名称	制冷消耗电功率（kW）	能效比	蒸发量（m^3/h）	噪声[(dB(A)]
蒸发冷却冷水机组	14.8	15.7	0.37	69.9

3.4　蒸发冷却新风机组性能测试

蒸发冷却新风机组作为该系统的辅助和备份冷源，承担系统在极端工况下的制冷需求，因此新风机组的性能是否满足设计要求是该系统安全可靠运行的保障。此次测试项目主要为在环境参数近似达到乌鲁木齐市夏季空气调节室外计算参数时，其出风温度值、显热制冷量、蒸发量、噪声是否满足设计要求。测试期间共抓取 7 组数据，每组数据之间间隔 20min。环境空气干球温度、相对湿度、湿球温度以及新风机组出风干球温度的实测值如图 18 所示。

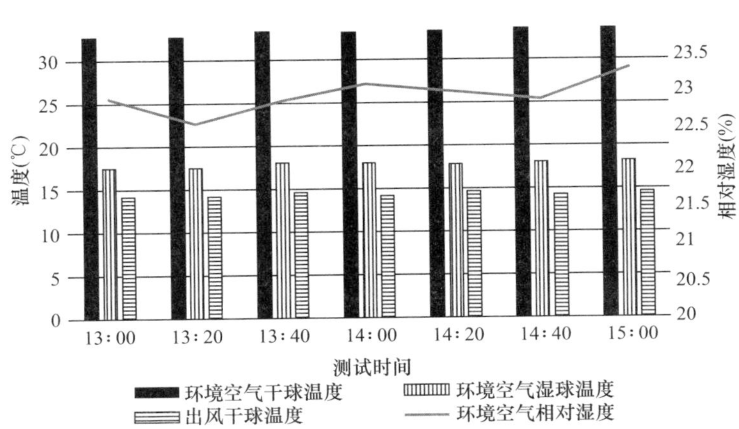

图 18　环境空气参数和新风机组性能参数实测值

由图 18 可知，环境平均干球温度为 33.3℃、环境平均相对湿度为 23%，环境平均湿球温度为 18℃，满足环境参数近似达到乌鲁木齐市夏季空气调节室外计算参数的要求；新风机组平均出风干球温度为 14.6℃，且比环境空气湿球温度低 3℃以上。在上述测试工况下，新风机组进风量、出风空气粒子数、耗水量、制冷消耗电功率、噪声、表冷器水阻力实测平均值如表 5 所示。

蒸发冷却新风机组性能参数实测值　　表 5

设备名称	进风量 (m^3/h)	出风空气粒子数 (≥0.5μm)	耗水量 (m^3/h)	制冷消耗电功率 (kW)	噪声 [dB(A)]	水阻力 (kPa)
蒸发冷却老师机组	16038	5247714	0.06	5.3	68.6	15.0

3.5　系统应用效果与能效测试

3.5.1　系统运行概况

系统在水侧蒸发冷却运行模式下，且夏季实测期间该系统冷负荷为总冷负荷的 25%左右，冷源侧开启 3 台冷水机组、输配侧一/二次系统各开启 1 台循环水泵、显热末端侧开 5 台机房专用高温冷水空调机组的条件下测试。

3.5.2　系统应用效果测试

机房环境测试项目主要为柜进风区域的温度、相对湿度及露点温度是否满足《数据中心设计规范》GB 50174—2017 的相关规定。被测机房（热通道封闭）测点布置在机柜进风区域的中心位置（3～9m 或 4 个机架位置）处按高度方向均匀布置测试点位（一般离地面高度 0.5m 处开始布置测点，高度方向的每个测点之间的间距一般为 0.5m），通道内按高度方向布置的测试点位一般≥4 个（可根据实际情况进行调整），其测试点位布置情况如图 19 所示。

图 19　机柜进风区域参数测试点位布置实物图

由表 6 可知，柜进风中心区域沿地板高度 4 个测试点的温度和相对湿度平均值分别为 23℃和 44.7%，如图 20 所示，在同一通道的不同高度空间内，温度随着高度的增加逐渐缓慢升高升温幅度不大，机房内环境要求均满足规范要求[13]。

机房内冷通道或机柜进风区域温湿度实测值　　表 6

离地高度（m）	温度（℃）	相对湿度（%）
0.5	21.7	47.6
1	22.9	45.2
1.5	23.5	43.8
2	23.7	42.3

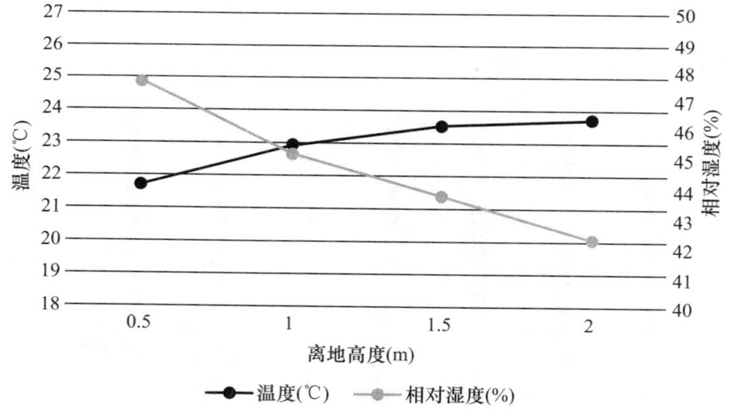

图 20　机柜进风区域沿地板高度方向温湿度分布

3.5.3　系统能效测试

根据 3.5.1 节所述系统运行工况下对系统一次供水温度、系统制冷量、冷源侧制冷消耗电功率、系统制冷消耗电功率进行实测，其测试期间平稳数据如表 7 所示。

一次系统供水温度及系统能效参数实测值　表 7

一次系统供水温度（℃）	系统制冷量（kW）	冷源侧制冷消耗电功率（kW）	系统制冷消耗电功率（kW）
15.94	745.3	44.8	112

由表 7 可知，一次系统供水温度平均值为 15.94℃，满足工程设计和规范要求，且通过系统制冷量、冷源侧制冷消耗电功率和系统制冷消耗电功率实测值可以计算出该系统制冷性能系数（*COP*）为 6.65、综合制冷性能系数（*SCOP*）为 16.64。

4 结论

（1）基于直接蒸发冷却技术、间接蒸发冷却技术、乙二醇自然冷却技术集成的蒸发冷却空气-水系统能够在干燥地区数据中心机房实现水侧蒸发冷、水侧和风侧复合蒸发冷及乙二醇自然冷 3 种运行模式，并实现全年 100% 自然冷却。

（2）正因为采用内外冷强化复合换热技术，蒸发冷却冷水机组出水温度低于环境湿球温度 2℃以上；蒸发冷却新风机组出风温度低于进口空气湿球温度 3℃以上、进出风干球温降接近 20℃，从技术上保证了系统的安全可靠性。

（3）该空调系统综合制冷性能系数为 16.64、制冷性能系数为 6.65，蒸发冷却冷水机组、新风机组蒸发量（耗水量）分别为 $0.37m^3/h$、$0.06m^3/h$，保证了该系统的节能、节水性，并能够有效降低数据中心能源消耗。

参考文献

[1] 李婷婷，黄翔，罗绒，等. 西北五省小型数据中心空调系统测试分析 [J]. 暖通空调，2018，48 (06)：8-12.

[2] 殷平. 数据中心研究（1）：现状与问题分析 [J]. 暖通空调，2016，46 (08)：42-53.

[3] 牛晓然，夏春华，孙国林，等. 千岛湖某数据中心采用湖水冷却技术的空调系统设计 [J]. 暖通空调，2016，46 (10)：14-17.

[4] 黄翔，范坤，宋姣姣. 蒸发冷却技术在数据中心的应用探讨 [J]. 制冷与空调，2013，13 (08)：16-22.

[5] 黄翔，韩正林，宋姣姣，等. 蒸发冷却通风空调技术在国内外数据中心的应用 [J]. 制冷技术，2015，35 (02)：47-53.

[6] 张海南，邵双全，田长青. 数据中心自然冷却技术研究进展 [J]. 制冷学报，2016，37 (04)：46-57.

[7] 殷平. 数据中心研究（7）：自然冷却 [J]. 暖通空调，2017，47 (11)：49-60+124.

[8] 穆正浩，王颖. 宁夏中卫云计算数据中心空调设计 [J]. 暖通空调，2016，46 (10)：23-26.

[9] 刘凯磊，黄翔，杨立然，等. 蒸发冷却空调系统在数据中心的应用实验 [J]. 暖通空调，2017，47 (12)：124-130.

[10] 中国建筑科学研究院. 民用建筑供暖通风与空气调节设计规范. GB 50736—2012 [S]. 北京：中国建筑工业出版社，2012.

[11] 中国建筑科学研究院. 工业建筑供暖通风与空气调节设计规范. GB 50019—2015 [S]. 北京：中国建筑工业出版社，2015.

[12] 中国电子工程设计研究院. 数据中心设计规范. GB 50174—2017 [S]. 北京：中国计划出版社，2017.

[13] 中国建筑科学研究院. 公共建筑节能设计标准. GB 50189—2015. [S]. 北京：中国建筑工业出版社，2015.

一种蒸发冷却空调系统设计方法探索

浙江省城乡规划设计研究院 王高锋☆ 潘李丹 谢晋晓 李 钰

摘 要 蒸发冷却空调系统的应用受到当地干、湿球温度的限制。有些城市仅采用蒸发冷却系统无法满足室内设计温湿度要求，从而被设计师放弃。本文试图探索一种分析设计方法，在单一蒸发冷却空调系统无法满足室内要求的温湿度时，利用蒸发冷却空调承担基础空调负荷，而制冷能力不足部分，采用机械压缩制冷补充。本文试图以新疆阿克苏博物馆的设计实践为例，说明具体分析设计方法。

关键词 直接蒸发 间接蒸发 湿球温度 蒸发冷却与机械制冷联合供冷 机械制冷

1 背景资料

1.1 阿克苏地理位置及气候

阿克苏市境南北最长 213km，东西最宽 199km，位于新疆维吾尔自治区西南部，塔里木盆地的西北边缘，天山南麓，阿克苏河冲积扇上。总面积为 1.445 万 km^2。北靠温宿县，南邻阿瓦提县，西与乌什、柯坪两县相毗连，东与新和、沙雅两县接壤，东南部伸入塔克拉玛干沙漠与和田地区的洛浦、策勒两县交界。阿克苏市地处欧亚大陆深处，远离海洋，具有典型的暖温带大陆性干旱气候特征。降水稀少，蒸发量大，气候干燥，无霜期较长。阿克苏市空气干燥，云量少，晴天多。阿克苏市年平均气温在 10.8℃，极端最高气温达 40.7℃，极端最低气温为－27.6℃。日平均温度大于 10℃的天数有 197 天。

1.2 室外计算参数

夏季空调室外计算干球温度： 32.7℃
冬季空调室外计算干球温度： －16.2℃
冬季供暖室外计算干球温度： －12.5℃
夏季空调室外计算湿球温度： 21.2℃
夏季空调室外计算相对湿度： 39%
冬季空调室外计算相对湿度： 69%
夏季通风计算温度： 28.4℃
冬季通风计算温度： －7.8℃
夏季平均风速： 1.7m/s
冬季平均风速： 1.2m/s
夏季大气压力： 884.3hPa
冬季大气压力： 897.3hPa

1.3 项目概况

项目为阿克苏地区博物馆、美术馆项目。项目地上总建筑面积约为 18000m^2，地上 4 层，主要为博物馆、美术馆展出用房；地下 1 层，主要为博物馆珍品库房及设备用房。

1.4 存在问题

阿克苏地区的夏季空调室外计算湿球温度为 21.2℃，采用直接、间接二级蒸发冷却（间接蒸发冷却效率按 54%，直接蒸发效率按 92%），无法达到室内空调设计温度湿度要求（26℃，60%）。详见图 1、表 1、表 2。室外计算状态工况时，大部分房间室内温度偏离到 28～29℃之间，相对湿度偏高。

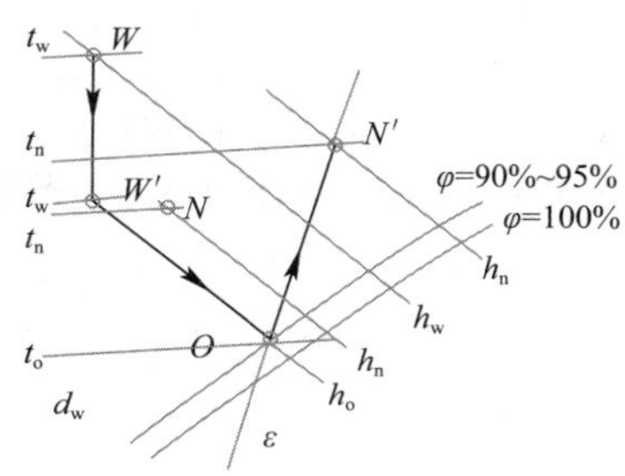

全空气系统室内偏离点焓湿图

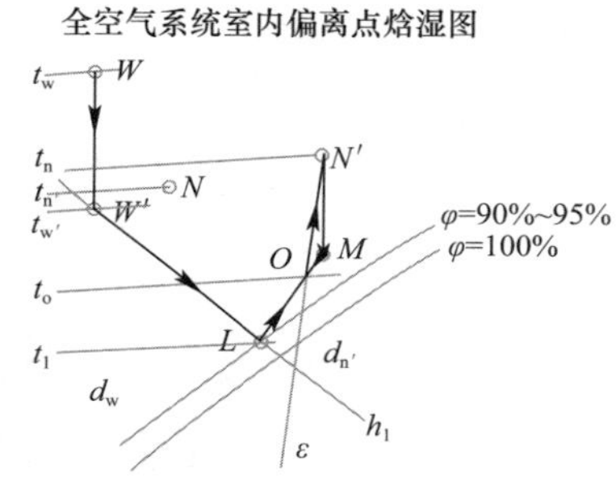

风机盘管加新风系统室内偏离点焓湿图

图 1 室内参数偏离焓湿图

全空气系统室内点偏离情况 表 1

状态点	干球温度（℃）	湿球温度（℃）	相对湿度（%）	含湿量（g/kg）	比焓（kJ/kg）
W	32.7	21.2	38.2	13.6	67.8
N	26.0	20.1	60.0	14.5	63.3
W'	26.5	19.6	54.5	13.6	61.4
O	20.1	19.6	95.0	16.2	61.4
偏离后室内点 N'	28.2	22.4	62.3	17.2	72.3

☆ 王高锋，男，高级工程师。通讯地址：杭州市余杭塘路 828 号。

风机盘管加新风室内点偏离情况　　表 2

状态点	干球温度(℃)	湿球温度(℃)	相对湿度(%)	含湿量(g/kg)	比焓(kJ/kg)
W	32.7	21.2	38.2	13.6	67.8
N	26.0	20.1	60.0	14.5	63.3
W'	25.8	19.4	56.9	13.6	60.7
L	20.6	19.4	90.0	15.7	60.7
M	24.4	21.1	75.5	16.7	67.0
0	23.3	20.6	79.4	16.4	65.2
偏离后室内点 N'	28.9	22.2	57.9	16.7	71.9

2　解决方案

2.1　方案的提出及设计分析

根据图 1 的焓湿图分析，实际室内点的偏离并不严重，如果是普通办公类建筑可以接受。但博物馆、图书馆是公众活动的重要场所，为确保全天候达到规范设定的室内温度和湿度，对当地气候条件进行了梳理，试图找出一种完全满足要求的解决方案。主要思路是根据室内设计参数及设备能够达到的直接、间接蒸发效率，推算出一个室外状态点 W_1。焓湿图见图 2。

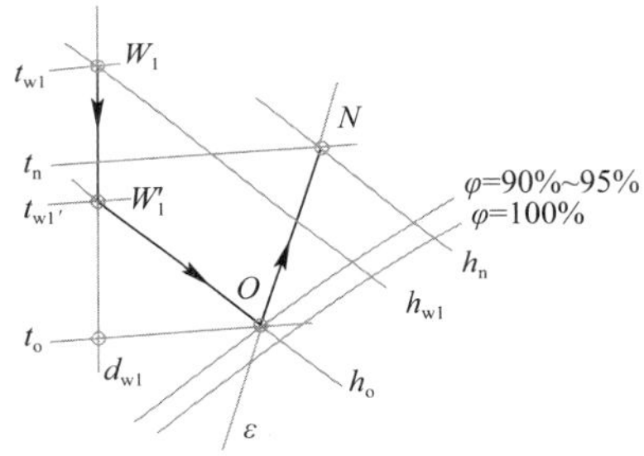

图 2　W_1 状态点下全空气系统焓湿图

首先，根据计算的热湿比线和室内状态点，确定送风状态点 O(90%相对湿度点)，$t_o=17.5$℃。W_1'到 O 为直接蒸发制冷过程，由此可确定 W_1'点。

根据：$\eta_{DEC}=\dfrac{(t_{w_1'}-t_o)}{(t_{w_1'}-t_{w_{1s}'})}=\dfrac{(t_{w_1'}-17.5)}{(t_{w_1'}-t_{w_{1s}'})}=89\%$

$$t_{w_1'}-17.5=0.89(t_{w_1'}-t_{w_{1s}'})$$

$$t_{w_{1s}'}=t_{o_s}=17.0℃$$

$t_{w_1'}=21.54℃\quad h_{w_1'}=52.3\text{kJ/kg}\quad d_{w_1'}=12.0\text{g/kg}$

W_1 到 W_1'为间接蒸发，要求蒸发效率不大于 77%，试算确定 W_1。

$$\eta_{IEC}=\frac{(t_{w_1}-t_{w_1'})}{(t_{w_1}-t_{w_{1s}})}=\frac{(t_{w_1}-21.54)}{(t_{w_1}-t_{w_{1s}})}d_{w_1}=12.0\text{g/kg}$$

希望间接换热器效率不大于 77%，根据试算确定 W_1。

$$(t_{w_1}=29.1℃;d_{w_1}=12.0\text{g/kg};t_{w_{1s}}=19.2℃)$$

式中，η_{IEC}——间接蒸发效率，%；

η_{DEC}——直接蒸发效率，%；

$t_{w_1'}$——W_1'点的干球温度，℃；

$t_{w_{1s}'}$——W_1'点的湿球温度，℃；

t_o——送风点 O 点的干球温度，℃。取 $\eta_{IEC}=89\%$；$\eta_{IEC}=77\%$。

W_1 点（$t_{w_1}=29.1$℃；$d_{w_1}=12.0$g/kg；$t_{w_{1s}}=19.2$℃）是根据设计室内状态点计算出的一个虚拟室外状态点，在这个虚拟室外状态点下，本项目采用两级蒸发冷却空调系统，可以基本达到设计室内温度 26℃、相对湿度 60%的要求。本文中出现的 W 点（$t_w=32.7$℃；$d_w=13.6$g/kg；$t_{w_s}=21.2$℃）指阿克苏地区夏季室外空调计算干球温度和夏季室外空调计算湿球温度确定室外状态点。那么有多少时间，仅仅采用两级蒸发冷却空调系统，无法保证设定的室内温湿度效果呢？

翻阅蒸发冷却空调系统的手册和资料，有很多对蒸发冷却空调系统的地域适应性介绍，文献［8］中，对湿球温度大于 22℃的城市，基本不建议使用。对于室内温湿度要求比较高的场所，要求的湿球温度为小于等于 18℃。这些都是基本原则。本文结合工程项目设计，给出的原则是：湿球温度小于等于计算得出的 $t_{w_{1s}}$，且绝对含湿量小于等于 d_{W1}的条件下，两级蒸发冷却系统能完全满足空调效果。其他时间不能保证，需要机械冷源辅助制冷。当然这个条件界定非常严格，完全可以保证工程建设意义上的空调效果。那么湿球温度大于 $t_{w_{1s}}$，或者绝对含湿量大于 d_{W1}，这些时间段，有多少呢？

根据《中国建筑热环境分析专用气象数据集》的参数进行了筛选。湿球温度大于 $t_{w_{1s}}$的时间，有 138h，绝对含湿量大于 d_{W1}的时间段，有 167h，剔除重叠时间，272h 不满足设计要求。项目空调开启时间从上午 10：00 到晚上 8：00 计算，6 月份到 9 月份，空调开启总时间约为 1200h，不满足时间占总时间的 16.7%左右，在这些时间段，要严格按室内设计温湿度要求，必须开启机械制冷机组。以下为机械制冷与蒸发冷却联合制冷系统的焓湿图分析，见图 3 及表 3、表 4。

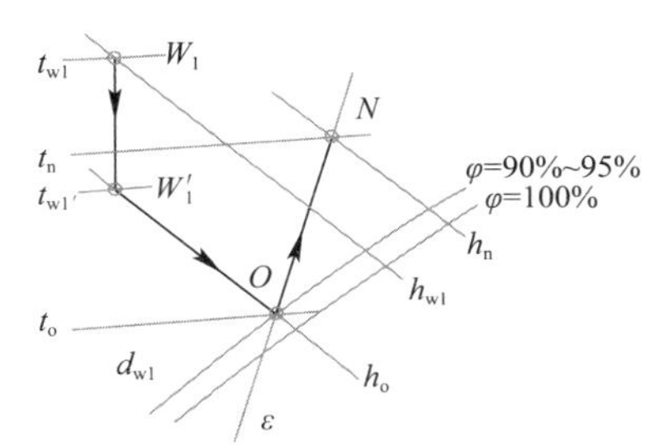

W_1状态点下全空气系统焓湿图

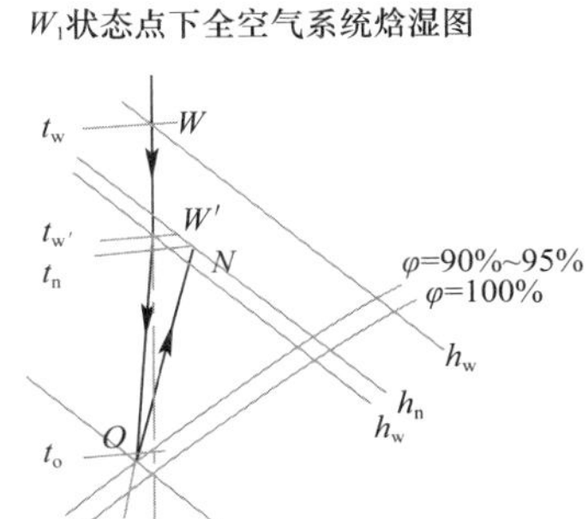

W状态点下全空气系统焓湿图

图 3　全空气系统蒸发冷却加冷源方案焓湿图

全空气系统 W_1 状态点空气处理过程参数

表 3

状态点	干球温度（℃）	湿球温度（℃）	相对湿度（%）	含湿量（g/kg）	比焓（kJ/kg）
W_1	29.1	19.2	41.6	12.0	60.0
N	26.0	20.1	60.0	14.5	63.3
W_1'	22.9	17.4	60.0	12.0	53.6
O	17.9	17.4	95.0	14.0	53.6

注：该工况下间接蒸发冷却效率为 63%，直接蒸发冷却效率为 91%，间接蒸发冷却显热量为 49.99kW。

全空气系统 W 状态点空气处理过程参数　表 4

状态点	干球温度（℃）	湿球温度（℃）	相对湿度（%）	含湿量（g/kg）	比焓（kJ/kg）
W	32.7	21.2	38.2	13.6	67.8
N	26.0	20.1	60.0	14.5	63.3
W'	26.5	19.6	54.5	13.6	61.4
O	17.2	16.7	95.0	13.4	51.3

注：该工况下间接蒸发冷却效率为 54%，间接蒸发冷却显热量为 47.35kW，冷水机组制冷量为 77.42kW。

对于风机盘管系统，W_1 状态点，可以不开启冷源，采用二级蒸发冷却的高温冷水（供水温度为 18℃，回水温度为 23℃），经过高温冷水除湿后的新风，可以满足室内设计参数要求，其他不满足的时间，开启冷水机组，对新风进行深度冷却，而风机盘管系统依然采用高温冷水，联合处理，可以满足室内设计点要求，具体参数分析见图 4 及表 5、表 6。

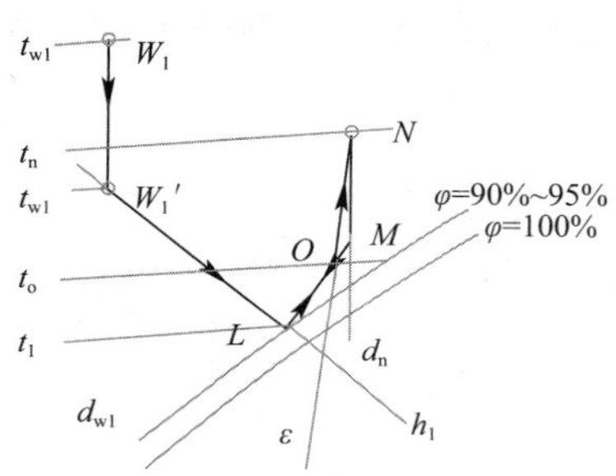

W_1状态点下风机盘管加新风焓湿图

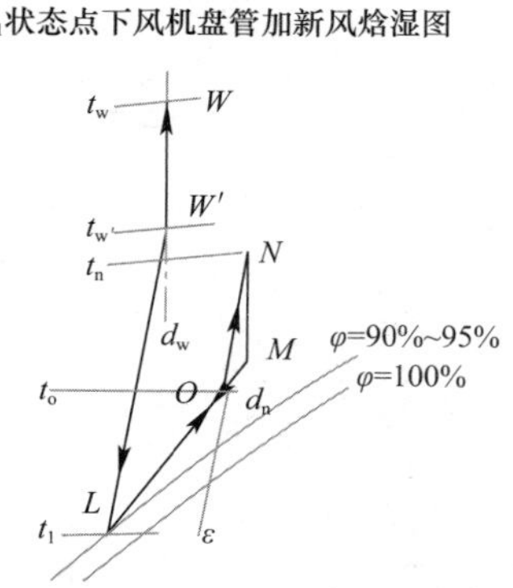

W状态点下风机盘管加新风焓湿图

图 4　风机盘管蒸发冷却加冷源联合供冷焓湿图

风机盘管系统 W_1 状态点空气处理过程参数

表 5

状态点	干球温度（℃）	湿球温度（℃）	相对湿度（%）	含湿量（g/kg）	比焓（kJ/kg）
W	29.1	19.2	41.6	12.0	60.0
N	26.0	20.1	60.0	14.5	63.3
W'	22.2	17.2	62.6	12.0	52.9
L	18.3	17.2	90.0	13.6	52.9
M	22.1	19.0	75.8	14.5	59.2
O	21.0	18.5	79.6	14.3	57.4

注：该工况下间接蒸发冷却效率为 70%，直接蒸发冷却效率为 78%，间接蒸发冷却显热量为 1.49kW。

风机盘管系统 W 状态点空气处理过程参数

表 6

状态点	干球温度（℃）	湿球温度（℃）	相对湿度（%）	含湿量（g/kg）	比焓（kJ/kg）
W	32.7	21.2	38.2	13.6	67.8
N	26.0	20.1	60.0	14.5	63.3
W'	25.8	19.4	56.9	13.6	60.7
L	18.3	17.2	90.0	13.6	52.9
M	22.1	19.0	75.8	14.5	59.2
O	21.0	18.5	79.6	14.3	57.4

注：该工况下间接蒸发冷却效率为 70%，间接蒸发冷却显热量为 1.49kW，冷水机组制冷量为 3.15kW，风机盘管制冷量为 1.96kW。

2.2　空调系统设计

根据以上分析计算，本项目采用两级蒸发冷却加机械制冷联合系统形式。蒸发冷却空调处理机组，增加一个表冷器，用于机械制冷机组冷水降温。因为在夏季室外空调计算湿球温度时，直接蒸发基本无效，无法将空气处理到需要的热湿比线上，所以，当机械制冷系统开启时，空气处理机组仅经过间接蒸发段、机械制冷表冷段。

另外，本项目部分房间采用风机盘管加新风系统，风机盘管的高温冷水由蒸发冷却冷水机组提供，所以，利用蒸发冷却冷水机组产生的高温冷水，作为全空气系统间接蒸发的循环冷水，可减少空气处理机组的体积，有利于更灵活布置空气处理机组。

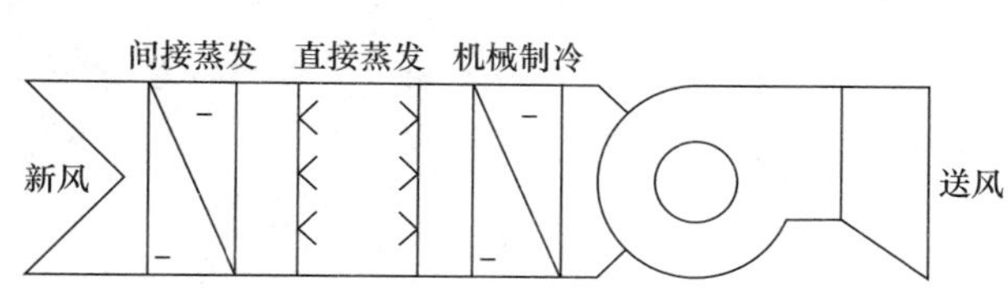

图 5　空气处理机组原理图

2.3　系统特点

项目方案设计之初，夏天空调考虑过水冷机组和空气源热泵的方案，但经过初步的系统比较，发现蒸发冷却节能潜力巨大，以下是一些主要分析数据（见表 7）。

空调系统方案比较　　表 7

参数	蒸发冷却系统	蒸发冷却加水冷联合供冷	空气源热泵
地上建筑面积（m^2）	18000	18000	18000
计算冷负荷（kW）	660	1800	1800
机组装机功率（kW）	26	186	600
配套水泵功率（kW）	22	52	30
SCOP(W/W)	14.3	7.56	2.86

从以上分析得出，采用蒸发冷却加风冷热泵冷源的联合供冷方式，其系统 *SCOP* 可达到 7.56，节能效果较明显。如果适当降低室内温湿度要求，如室内干球温度为 29℃，相对湿度为 65%，则可完全采用两级蒸发冷却实现夏季供冷，其 *SCOP* 达到 14.3。但在阿克苏地区，计算制冷负荷比较小，冷源的装机功率在空调系统总功率中的比重相比夏热冬冷或者夏热冬暖地区明显降低，而全空气系统末端的装机功率比例明显上升，本项目的装机功率统计见表 8。

蒸发冷却系统中设备装机功率统计　　表 8

用电设备	蒸发冷却机组	水泵	空调箱
蒸发冷却加冷源联合供冷设备功率统计（kW）	186	52	208

可以看出，水系统输送功率与空气处理机组的功率基本相当，尚未包括风机盘管的功率。当然，由于采用蒸发冷却技术，在设计计算过程中，空调的送风量比传统机械制冷系统大，这也是空气输送系统装机功率上升的主要原因。因此，在蒸发冷却系统中，空气输送系统的设计就更加重要。

2.4　调试运行

空调系统于 2018 夏季开机调试，基本达到设计的供水、送风温度要求。高温冷水供水温度基本稳定在 18℃左右，机械制冷机组不开启时，室内温度基本稳定在 27℃左右。2018 年整个夏季，基本未开启机械制冷系统，通过两级蒸发冷却空调系统，基本满足要求。

本项目的办公室等小空间房间，采用了风机盘管加新风的形式，风机盘管常年采用高温冷水供水，干工况运行。新风系统承担部分室内负荷，但由于房间送风末端的送风口未完全按设计要求风量逐一调试，造成个别房间新风量偏少，温度偏高。故新风承担室内负荷时，应特别重视准确分配新风量。不仅在设计文件中需要采用合适的技术，同时需在施工过程中监督落实，以确保空调效果。

3　总结

（1）在阿克苏地区应用，蒸发冷却技术具有较好的节能效果，但需要根据建筑物负荷特性及室内温湿度要求，分析确定具体的系统形式。

（2）蒸发冷却空调系统采用全新风时，大大提高了室内空气品质，既大幅度提高了新风量，直接蒸发过程又对空气进行了喷淋除尘，大大提高了室内的洁净度。

（3）对于湿球温度偏高不适合采用单纯蒸发冷却空调系统的城市，可通过本文方法计算分析，利用合适的辅助制冷措施，增加蒸发冷却空调系统的适应性。

（4）西北地区冬季温度低，空调系统冬季要做好防冻的设计。室外设备及管道冬季能彻底放空，应是较好选择。

（5）蒸发冷却空调系统末端空气输送设备的能耗比例增加，需要特别重视气流组织设计，保证空调效果，减少能耗。

（6）在本项目采用的两级蒸发冷却系统中，风机盘管系统夏季所有工况均采用高温冷水而不是机械制冷的冷水，机械制冷冷水只用于冷却新风，所以新风承担了室内很大部分的冷负荷。因此，必须做好新风的平衡设计。本项目为控制造价，在主要支管设置有定风量控制阀。建议有条件时，所有末端支管设置定风量阀，以准确分配新风量，更好控制室内温湿度。

（7）在项目 2019 年运行过程中，计划跟踪测试一些运行参数，主要包括蒸发冷水机组出水温度、室内温度、室内相对湿度、空气处理机组出风温度以及在不同温度下的人员舒适度满意度调查，将满意度与蒸发冷却系统的温湿度对应，可作为日后系统设计的优化依据。

参考文献

[1]　中国建筑科学研究院，等. GB 50189—2015 公共建筑节能设计标准［S］. 北京：中国建筑工业出版社，2015.

[2]　黄翔. 国内外蒸发冷却空调技术研究进展（1）［J］. 暖通空调，2007，37（2）：24-30.

[3]　黄翔. 国内外蒸发冷却空调技术研究进展（2）［J］. 暖通空调，2007，37（3）：32-37.

[4]　黄翔. 国内外蒸发冷却空调技术研究进展（3）［J］. 暖通空调，2007，37（4）：24-29.

[5]　陆耀庆. 实用供热空调设计手册［M］. 第 2 版. 北京：中国建筑工业出版社，2008.

[6]　赵荣义. 简明空调设计手册［M］. 北京：中国建筑工业出版社，2009.

[7]　黄翔. 蒸发冷却空调理论与应用［M］. 北京：中国建筑工业出版社，2010.

[8]　张丹，黄翔，刘舰，等. 蒸发冷却空调系统的设计原则与设计方法的研究［J］. 制冷与空调，2008，8（2）：18-24.

武汉某基地项目区域能源规划

中信建筑设计研究总院有限公司　张再鹏☆　雷建平　陈焰华

摘　要　本文研究了武汉某基地项目的冷、热负荷及生活热水负荷需求，分析了工程周边可利用的资源条件，提出了以冷却塔、河水为冷源，以余热、燃气、河水为热源，多能互补综合利用的能源利用方案，并就能源站选址、余热利用、生活热水制备等诸多技术要点问题进行了讨论分析。

关键词　余热利用　水源热泵　能源站　多能互补

1　项目概况

本文的研究对象为武汉某基地项目，建筑功能主要包括培训、教学、研究、商业、展示、发布、数据中心等。基地总平面图如图1所示，综合经济指标详见表1，总建筑面积约为150万 m^2。

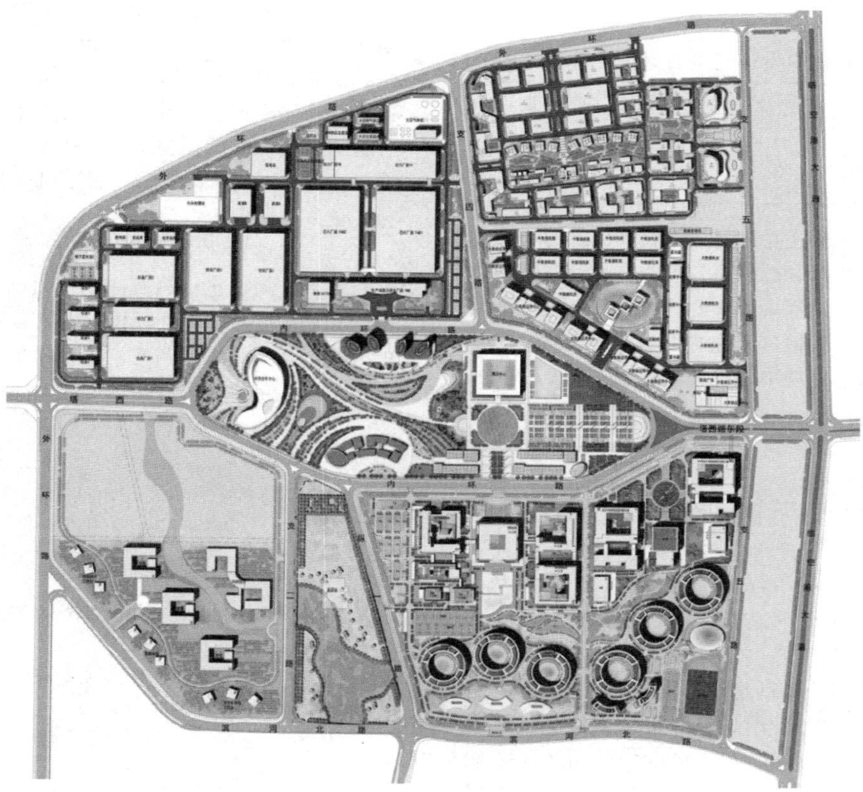

图1　总平面图

基地综合经济技术指标　　表1

区块编号	区块功能	建筑面积（m^2）
A3-1	培训区	215600
A3-2	教学区	231080
A3-3a	研究区	165794
A3-3b	研究院	160000
A2-1	展示中心	24057
A2-2	共享发布中心	42840

续表

区块编号	区块功能	建筑面积（m^2）
A2-3	商业设施	11778
A2-4	商业设施	29025
A2-5	商业设施	26534
M1-1	数据中心	589792
合计		1496500
其中	A区（不含展示中心）	882651

☆　张再鹏，男，硕士，院副总工程师，高级工程师。通讯地址：武汉市汉口四唯路8号，Email：550217660@qq.com。

本次能源规划的范围：A 区，不含 M 区，不含展示中心。

本次能源规划的主要内容：A 区的空调冷热源系统、A 区的生活热水系统。

2 能源需求侧分析

2.1 冷、热负荷分析

基地各区域的冷、热负荷详见表 2，其中年冷负荷指标和年热负荷指标参考《武汉市民用建筑能耗限额指南》（2014 版）的相关数据。考虑到学校寒暑假及宿舍使用时间主要是夜间，对其负荷指标需要进行适当的修正。月份修正系数：武汉地区夏季空气调节室外计算干球温度为 35.2℃，根据 DeST 相关数据，武汉地区 6 月份的逐时干球温度最高为 33.7℃，不保证 10h 的干球温度为 32.6℃，据此计算，学校 6 月份的月份修正系数为 0.7。宿舍白天同时使用修正系数：考虑宿舍主要是夜间使用，白天使用频率较少，同时使用修正系数取值 0.2。

冷、热负荷汇总表 **表 2**

区块编号	区块功能	建筑面积（m^2）	冷负荷（kW）	热负荷（kW）	年冷负荷（万 kWh）	年热负荷（万 kWh）
A3-1	培训区	215600	14900	9440	902.70	466.82
A3-2	教学区	231080	10918	7029	1035.67	520.86
A3-3a	研究区	165794	17915	11884	977.60	377.16
A3-3b	研究院	160000	16000	9600	570.72	327.52
A2-2	共享发布中心	42840	7283	2570	293.84	158.98
A2-3	商业设施	11778	2002	707	163.40	22.39
A2-4	商业设施	29025	4934	1742	402.66	55.18
A2-5	商业设施	26534	4511	1592	368.11	50.44
合计		882651	78463	44563	4714.71	1979.35

考虑各地块的同时使用因素，高峰负荷出现的时间不同，按 75%的同时使用系数计算，最终确定基地空调总冷负荷为 58.8MW，空调总热负荷为 33.4MW。

2.2 生活热水热负荷分析

基地的生活热水热负荷汇总结果详见表 3。供冷、供热 *COP* 值按 5 计算，供生活热水 *COP* 按 4 计算，夏季散热需求 70.6MW，冬季热需求 34.8MW。

生活热水热负荷估算表 **表 3**

区块编号	区块功能	建筑面积（m^2）	热水量（L/s）	设计小时耗热量（kW）	小时变化系数 K_h	使用时数（h）
A3-1、2	培训区	215600	34.5	7109	3	9
	教学区	231080	54	8128	2.58	9
A3-3	研究区	165794	18.57	3825	3.3	9
	研究院	160000	19.92	3690	3.3	9
A2	共享发布中心	42840	42.8m^3/d	174	1.5	16
	商业设施	67337	67.3m^3/d	366	1.5	12
合计		882651		13135		

3 能源供给侧分析

3.1 热源分析

基地北面的 M1-1 地块规划建设数据中心，数据中心总建筑面积为 589792m^2，分两期开发。其中一期建设 3 栋大型数据中心和 4 栋中型数据中心。每个大型数据中心设有 5000 台机柜，每个中型数据中心设有 1500 台机柜，一期合计 21000 台机柜。二期建设规模待定，建设时间待定。其中一期工程，一栋大型数据中心计划 2019 年底投入使用，初期投入使用的机柜数量为 2000 台，以后逐年增加，初步估计每年增加约 3000 台机柜。7～8 年以后所有机柜投入运行，同时进行二期开发。

根据数据中心提供的数据，2019 年年底 2000 台机柜投产，可供应约 4.8MW 的余热，以后每年新增约 3000 台机柜，每年可新增约 7.2MW 的余热。待一期 21000 台机柜全部投产，各机柜的发热量达到峰值后，最大可供余热达到 100MW。数据中心的余热，首先需要满足自身需求，一期合计办公面积按 15 万 m^2 计算，余热自用峰值为 10.5MW，按 8 年建设周期计算，每年增量规模为 1.31MW。

由于数据中心的余热量大，供应稳定，热源品位高，是空调和生活热水系统优质的热源来源，因此规划基地的热源主要由数据中心的余热提供，通过热泵机组提升热源温度后，为基地供热。同时基地可以为数据中心提供 12℃的中温冷水，作为数据中心的免费冷源。该合作方式是一种双赢的能源利用方式。

3.2 冷源分析

基地三面环水，河流夏季水深 5～6m，3m 以下水温低于 30℃，冬季水深 2～3m，最低水温 3～5℃。河流水面宽度约 200m。河流水流向和流量均不稳定，主要满足生活、生产用水需求。

利用河水作为空调冷源的方案有两种：

方案一：利用水面蒸发进行散热。图2中两处排水点之间的水域面积约34万m^2，武汉地区水深5～6m的水面散热能力，夏季约为24W/m^2，计算得水面散热能力为8.16MW，冷却水量为1003m^3/h（按7℃温差计算）。利用水面散热时的冷源满足率为11.6%，需要增加冷却塔作为补充。

方案二：利用流动的河水进行散热。经过计算，需要河水流量不小于8680m^3/h（按7℃温差计算）。考虑到河流水流量、流向不稳定，且要优先满足生活、生产用水需求，因此不宜采用方案二。

同时，基地规划绿化用水量为575m^3/h，A区冷却塔补水量为95m^3/h，合计用水量为670m^3/h。绿化用水和空调冷却用水可以合用一套取水系统，河水先冷却空调系统后再进行灌溉，从而减少投资，提高水资源的利用率。

取、排水管网规划示意图如图2所示，规划取水量为1800m^3/h，取水先作为冷却水冷却空调系统后，一部分通过室外排水管网排放到河流，另一部分作为绿化和冷却塔补水用水。取水口位于基地东南角，排水利用室外排水管网排水，排水点分设两处：一处位于基地西北角排水口，另一处位于基地东南角排水口。每处排水口的排水量均按1800m^3/h计算，取水管管径*DN*600，根据河流水流方向选择排水口排放，避免取水、排水短路。

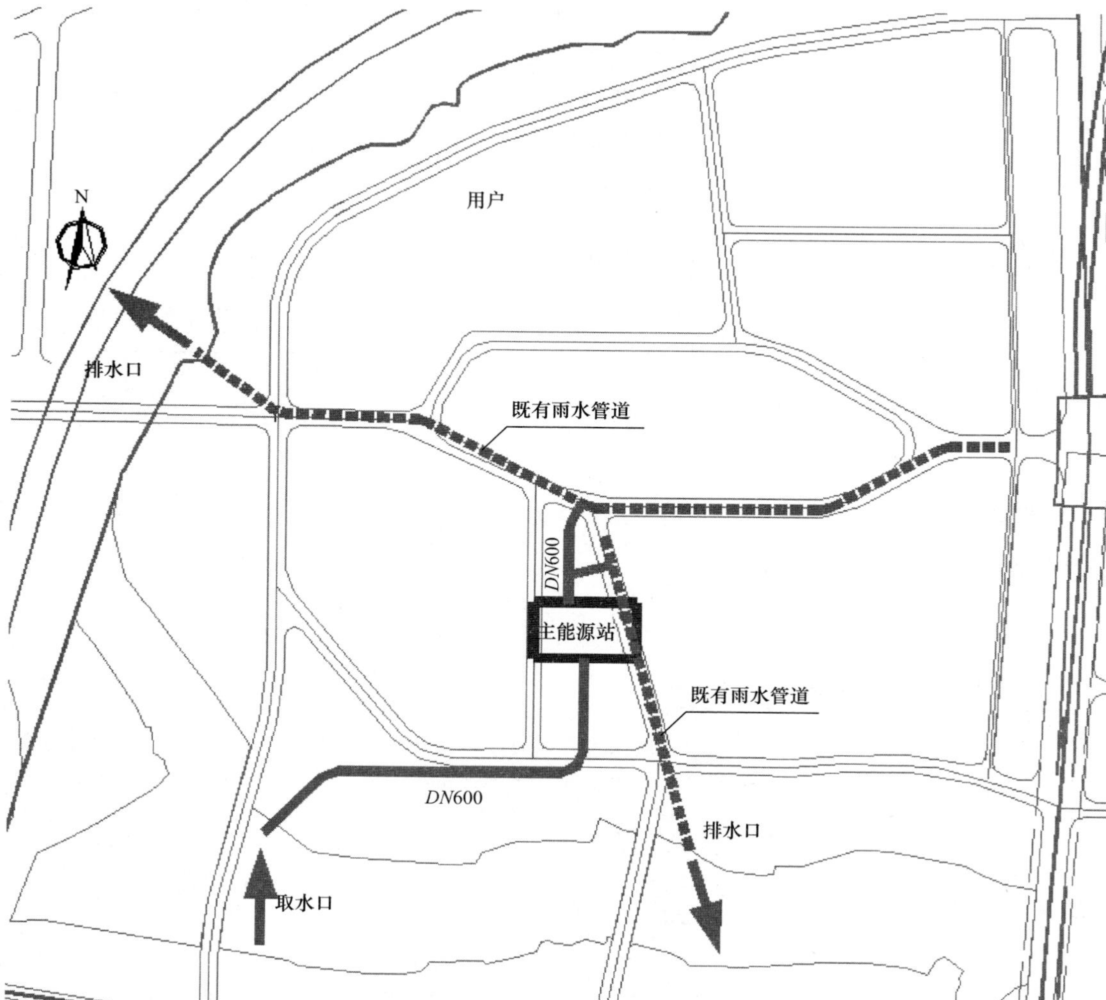

图2　取、排水管网规划示意图

4　能源规划

4.1　冷热源方案

夏季利用冷却塔作为主要冷源，同时利用河水作为辅助冷源，通过热泵机组降温后为基地供冷。

冬季利用数据中心18℃的余热作为热源，通过热泵机组升温后为基地供应空调热水和生活热水。同时热泵机组为数据中心提供12℃的中温冷水，作为数据中心的免费冷源。

过渡季节利用数据中心18℃的余热作为热源，通过热泵机组升温后为基地供应生活热水。同时热泵机组为数据中心提供12℃的中温冷水，作为数据中心的免费冷源。

冷、热源系统示意图如图3所示，通过阀门切换实现多种运行模式。

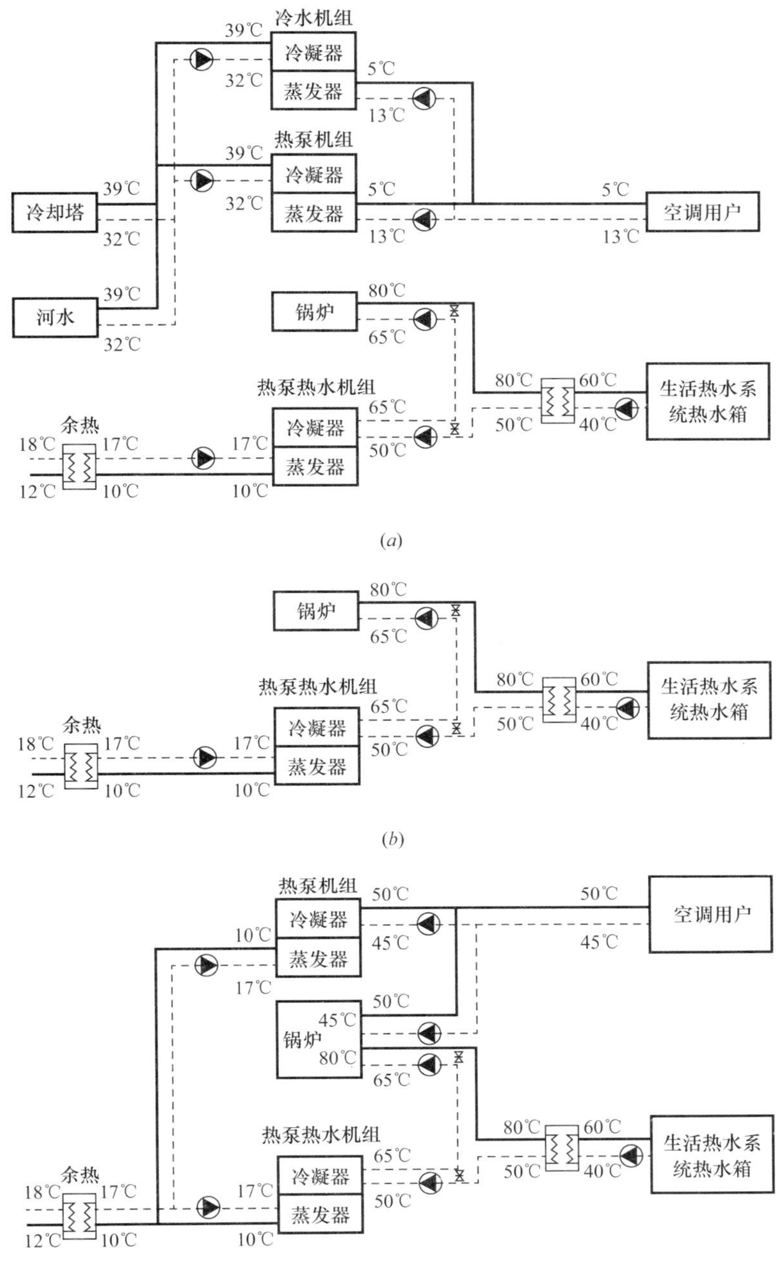

图 3　冷、热源系统示意图

(*a*) 夏季供冷、供生活热水工况；(*b*) 过渡季节供生活热水工况；(*c*) 冬季供热、供生活热水工况

4.2　可靠性分析及运行措施

(1) 冬季受到数据中心工艺或招商情况的影响，余热供应量可能不稳定。

解决措施：

1) 加大生活热水蓄热水箱，夜间空调热负荷低谷时段对生活热水系统蓄热，白天停止生活热水主机制热。

2) 锅炉作为补充。

运行策略：

1) 优先利用热泵热水机组供应生活热水，并适当降低生活热水供热温度。当用户对生活热水热源温度要求较高时，利用锅炉补热。

2) 当数据中心的余热不足时，错峰运行，热泵热水机组应夜间运行；其次利用锅炉作为补充。

(2) 受场地限制，夏季集中设置的冷却塔散热效果可能不佳，冷量供应可能不足。

解决措施：夏季河水温度较低且有一定的稳定流量时，利用河水散热，减少冷却塔散热量。

运行策略：

1) 夏季河水温度较低且有一定的稳定流量时，即时比较冷却塔散热和河水散热的制冷成本，并运行成本较低的系统。

2）夏季冷负荷高峰时段，同时利用河水和冷却塔散热，保证供冷量。

（3）过渡季节受到数据中心工艺或招商情况的影响，余热供应量可能不稳定。

解决措施：

1）加大生活热水蓄热水箱，夜间空调热负荷低谷时段对生活热水系统蓄热，白天停止生活热水主机制热。

2）锅炉作为补充。

设计过程中，以上解决措施均设计到位，建设及运行过程中，根据实际情况，依次采取以上措施。

4.3 能源站选址

能源站选址原则：

（1）能源站宜靠近负荷中心。

（2）能源站宜方便利用周边资源条件。

规划在中心绿地内设置集中能源站，并在培训区与教学区中间地带设置热水机房，能源站位置如图 4 所示。

集中能源站位于基地中心地带，为整个基地供应空调冷水和空调热水，有利于降低空调冷热水系统输送能耗。同时集中能源站位于数据中心与河流取水口的中间位置，有利于降低余热利用和河水利用的输送能耗。集中能源站同时设置集中热水供应系统，为西侧的研究区和北侧的共享地块供应生活热水。

考虑到生活热水热负荷主要集中在培训区与教学区南边的宿舍部分，因此规划在培训区与教学区中间地带靠近宿舍的位置集中设置热水机房。热水机房位于宿舍区的中间位置，有利于降低热水系统输送能耗。同时热水机房位于数据中心和集中能源站的中间位置，有利于同时利用数据中心的余热和集中能源站的锅炉为宿舍供生活热水。

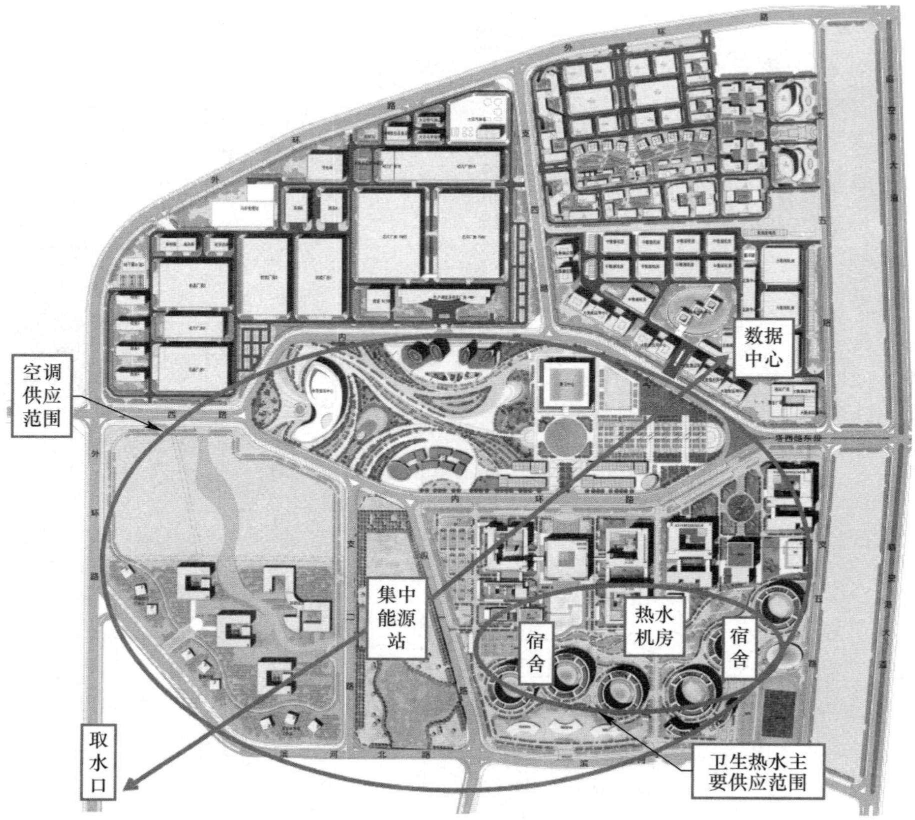

图 4 能源站位置示意图

4.4 余热利用方案

数据中心余热取热方案如图 5 所示，利用数据中心 18℃冷水回水作为热源，通过热泵机组提升温度后为基地供热和供生活热水；同时利用基地 10℃的低温水作为数据中心的免费冷源，为数据中心供应 12℃的中温冷水。

优点：

（1）数据中心可以常年提供 18℃的中温冷水，水温和水量稳定，是理想的空调和生活热水热源。同时，数据中心还可以得到 12℃的免费冷源，对双方是一个双赢的能源利用方式。数据中心还可以适当提高冷水供回水温度，不仅可以减小数据中心的运行费用，也有利于降低基地的热泵机组运行费用。

（2）数据中心中温冷水水温稳定，可适当减小热泵机组蒸发器侧的温度波动范围，有利于提高热泵机组的制热效率。

（3）利用 18℃/12℃的中温冷水作为热泵机组的热源，有利于提高热泵机组的出水温度。离心式热泵机组的热水出水温度能达到 50℃，螺杆式热泵机组的热水出水温度能达到 65℃。

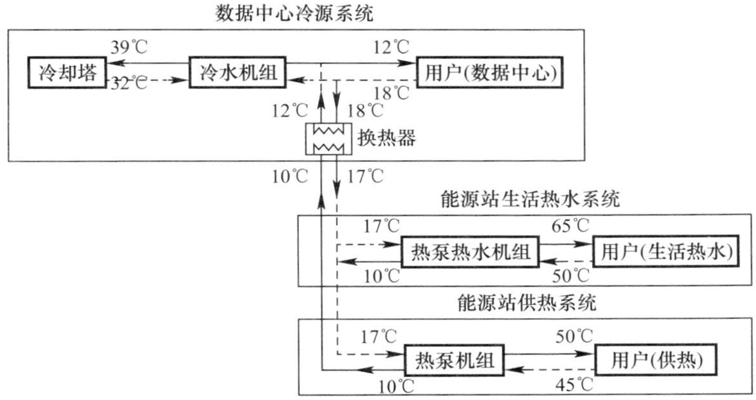

图 5　余热利用示意图

4.5　生活热水制备方案

生活热水制备原理图如图 6 所示。热源主要有三种运行模式，即热泵热水机组和锅炉串联运行模式，并可通过阀门的切换实现热泵热水机组和锅炉独立运行模式（见表 4）。

生活热水制备方案　　表 4

序号	运行模式	阀门切换	使用场合
1	锅炉独立运行	阀门 1 关，阀门 2 开	前期无余热可以时，利用锅炉供生活热水
2	热泵独立运行	阀门 2 关，阀门 1 开	主要运行方式，并通过适当降低热泵出水温度，降低运行费用
3	串联运行	阀门均关闭	对生活热水水温要求较高场合，或后期生活热水负荷增加场合

生活热水热源采用集中布置方式，分两处布置热源设备。集中能源站内设置一套集中热水热源，主要为西侧的研究区和北侧的共享地块供应生活热水。培训区与教学区中间地带靠近宿舍位置的热水机房内设置一套集中热源设备，为东侧的培训区与教学区供应生活热水。

生活热水使用侧采用分散布置方式，相关设备（包括热水箱、板式换热器、热水输配管网）分散布置到各个单体或部分单体内。

优点：室外输配管网为热媒管网，有利于降低成本。

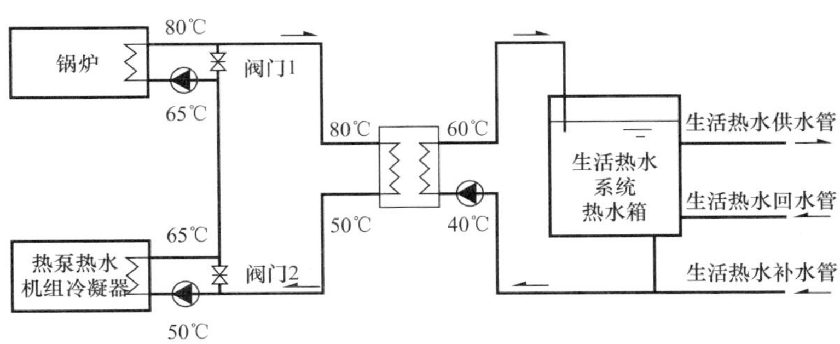

图 6　生活热水系统原理图

5　结论

（1）该基地外部资源丰富，数据中心余热可以满足整个基地的供热和供生活热水需求，河水满足部分供冷散热需求。基地取水条件优越，又紧邻数据中心地块，因此基地利用外部资源的技术难度、投资成本均很低。

（2）余热利用方案是互赢的能源利用方式。数据中心的余热作为基地的热源，可进行免费供热和供生活热水，基地的余冷作为数据中心的冷源，可进行免费供冷。该能源利用方式相比地源热泵等各类节能技术，具有更高的节能性。基地如能实现与数据中心的能源互赢利用，将是首次实现数据中心与其他单位的能源互赢利用，具有一定的示范意义。

（3）余热利用和水源热泵的互补性很强。水源热泵受到水文条件的影响，其冬季供热的效果往往较差，有余热可以利用时，可以只按供冷工况选择水源热泵，供热需求完全由余热承担。武汉夏季水资源丰富，可充分利用水源热泵进行供冷，增加可再生能源的利用比重。

（4）河水用于浇灌的同时，还可以作为空调的冷却水源，水资源综合利用效率高。

（5）本规划以冷却塔、河水为冷源，以余热、燃气、河水为热源，实现多能互补，有利于提高系统的可靠性。

参考文献

[1]　王登云，许文发. 低碳城市建设与建筑区域能源规划 [J]. 暖通空调，2011，41 (4)：17-19.

[2]　王路兵，傅强，石海洋，等. 北京新机场区域能源规划案例分析 [J]. 暖通空调，2017，47 (9)：96-98.

海南某办公建筑水-水热泵多联空调系统设计反思

海口市建设工程施工图设计文件审查服务中心　乐立琴☆

摘　要　本文介绍了海南某办公建筑水—水热泵多联空调系统设计概况，投入运行使用7年后重新评价系统设计存在的一些问题，为水源热泵多联机空调系统在海南地区办公建筑中的设计提供经验和教训。

关键词　超高层建筑　水-水热泵多联空调　节能

1　工程概况

本工程为超高层公共建筑，位于海南省海口市滨海大道，总建筑面积72857m²，建筑高度139.10m，地下3层，地上39层，建筑主要功能为办公。本工程为续建项目，建筑主体已基本完成，考虑到结构安全等因素，部分管道井及核心筒洞口尽量利用原有条件，其外观见图1。

图1　证大五道口金融中心外观

2　空调冷源及系统设置

考虑系统分区、机房面积受限、分户计量等综合因素，经与业主充分沟通，将空调冷源分为低、中、高三部分：低区首层至四层裙房采用传统的水冷式空调系统，选用2台螺杆式冷水机组；主机设置在地下二层冷冻机房内，供/回水温度为7℃/12℃。冷水泵、冷却水泵分别采用卧式变频空调水泵，冷却水塔设置于五层裙房屋面。中区五～二十层、高区二十一～三十九层分别设置独立的水—水热泵多联空调系统，用户侧进/出水温度为12℃/7℃；水源侧名义制冷工况下水源侧进/出水温度为30℃/35℃。主机设置于每层设备间内，占地面积小，配置灵活，设备自带水力模块，内含水泵及膨胀水箱。用户侧采用顶棚暗藏式风机盘管加新风系统，新风机设置于电梯厅吊顶内。水源侧通过冷却水泵、板式换热器、开式冷却塔与室外空气交换热量，中区冷却塔设置于五层裙房屋面，高区冷却塔设置于三十九层屋面，冷却水进/出水温度37℃/32℃。其中十三层、二十八层为避难层，高区的板式换热器、冷却水泵、定压补水装置设置于二十八层设备房内。中、高区水—水热泵多联空调系统图见图2。

3　通风空调防排烟系统

考虑结构主体安全、综合管线布置、层高限制等因素，在标准层平面布置时，将新风系统与内走道排烟系统合用风管，利用消防电动防火阀控制平时与火灾时的切换。消防电梯的独立前室内无法增设加压送风井道，不得已将加压送风竖井设置于室外，并联设置两条室外加压送风竖井，通过风管连接送风口送至消防前室。根据建筑功能划分，每层6个办公单元分别独立设置水—水热泵多联空调系统，可实现独立控制、计量的要求。标准层风管、水管平面布置见图3。

4　运行状况

本工程投入使用以来，空调系统运行状况良好，地下室两台制冷主机平时只开1台，主要依靠人工开关机，冷水供水温度设定为7℃，查阅制冷机组运行记录表（见图4），供、回水温差在1～11℃之间波动，温差值远超出设计要求的5℃温差，理想与现实的差距比较大，原因是在不同时间段空调区最大冷负荷值的波动大，系统没有实现自动控制调节，无论季节如何变化，空调负荷如何变化，设备的运行模式不变。在空调末端方面，设计图纸中要求的过渡季节全新风运行的工况，在运行过程中基本上没有实施。

中、高区的水—水热泵多联空调系统原设计中，每层6户办公单元分别设置1台主机，加上新风机单独设置1

☆　乐立琴，女，高级工程师。通讯地址：海口市美兰区海甸岛五四路建安大厦8楼，Email：9672961@qq.com。

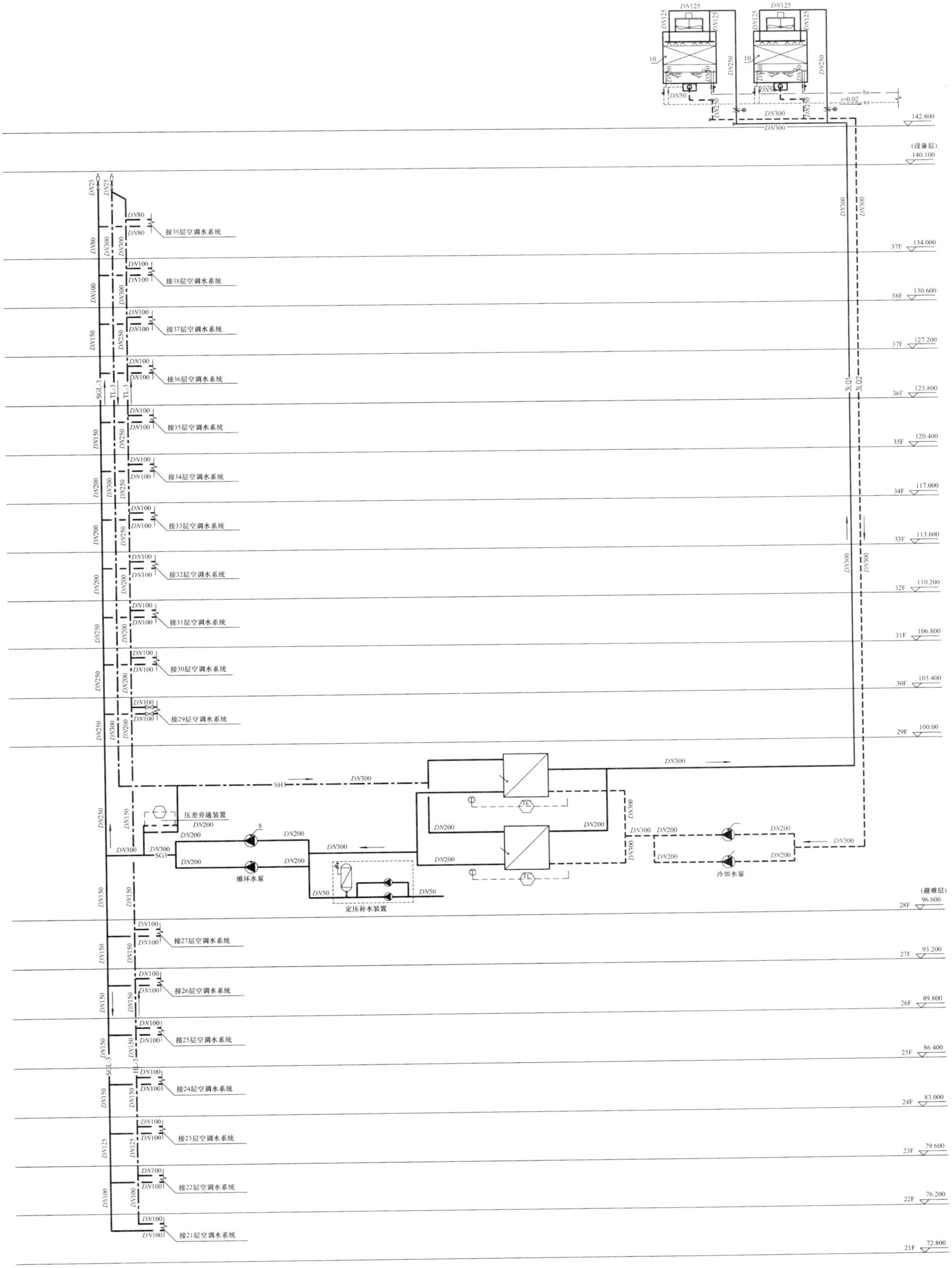

高区空调水系统原理图

图2　中、高区水—水热泵多联空调系统图（一）

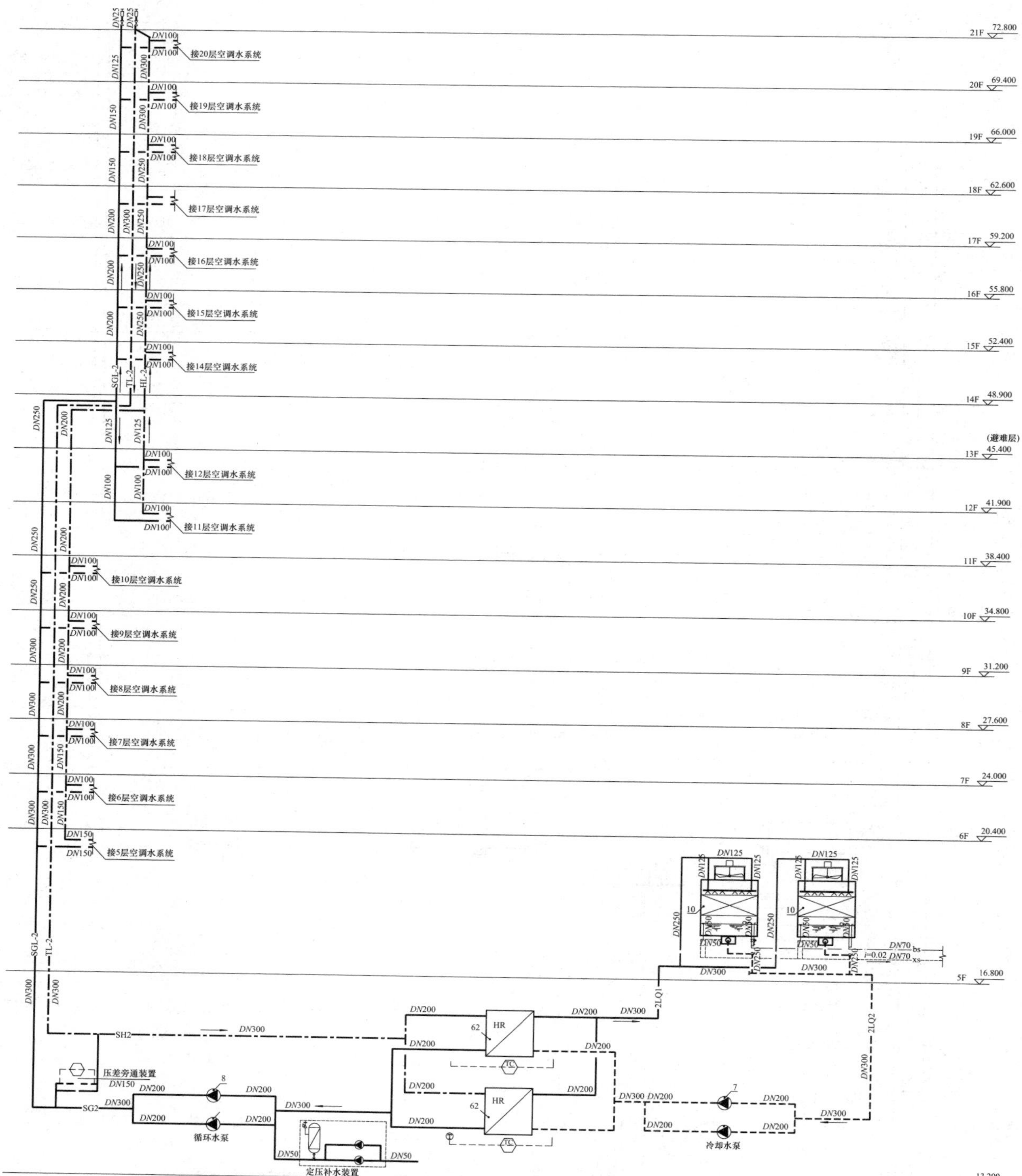

中区空调水系统原理图

图 2　中、高区水—水热泵多联空调系统图（二）

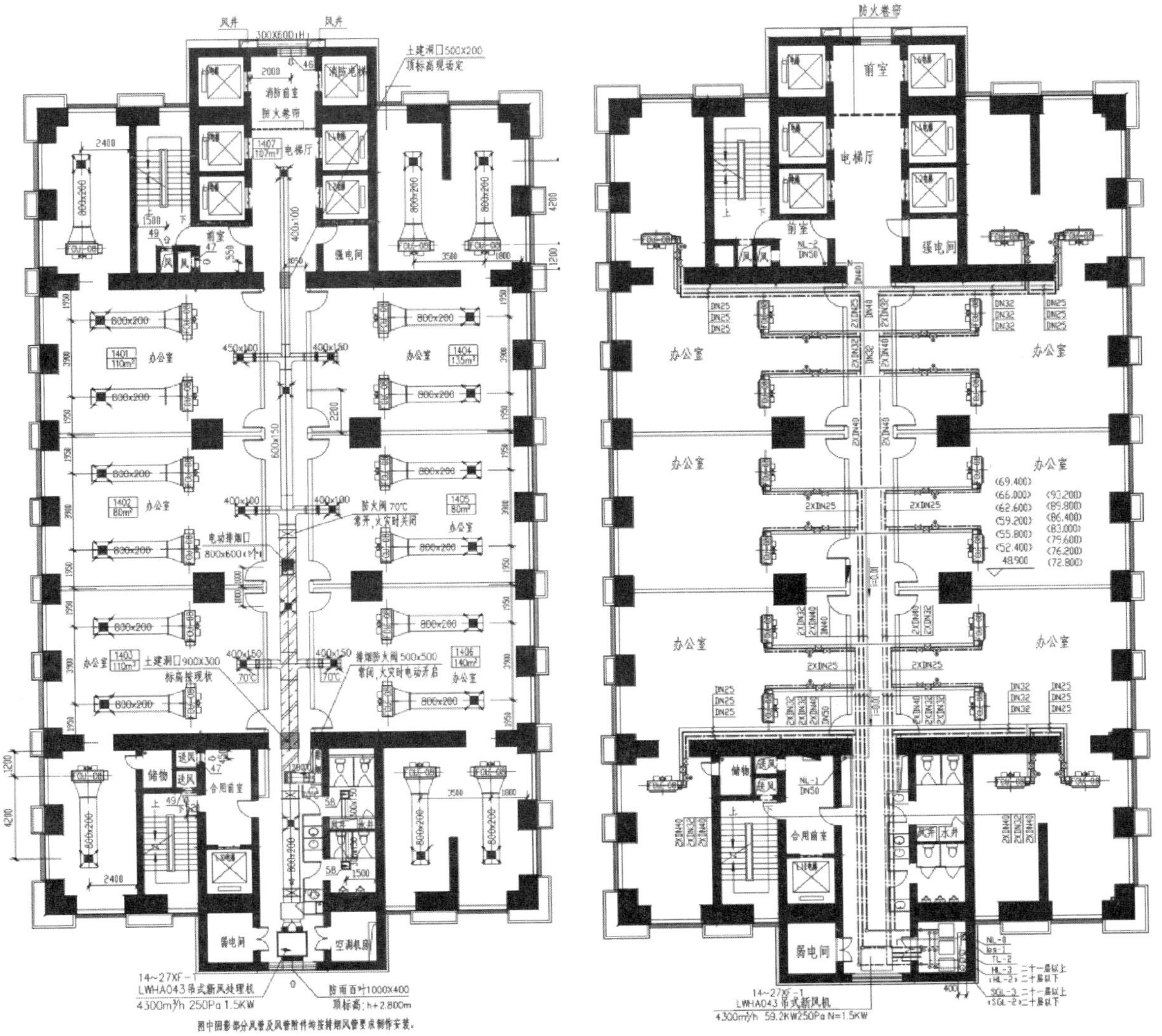

图 3　标准层通风空调防排烟平面图

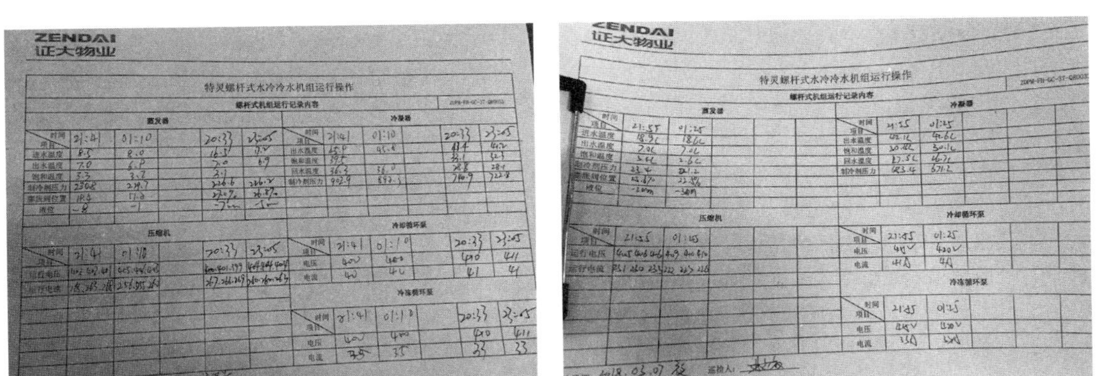

图 4　水冷冷水机组运行记录表

台主机，7 台主机均设置在电梯厅附近的设备间内。设备间为原土建电梯井，净面积仅 6m²，难以满足水平安装要求，只能将 7 台主机分为 3 列并列垂直立式安装，其中两列安装 2 台，另一列安装 3 台。补水管、凝结立管及冷却水供、回水立管也均设置于设备间内，安装完毕后，基本没有检修的空间。主要原因是原设计预留的设备房面积、高度不足，实际设备、管道、阀门、水流开关、过滤器、配电箱、控制箱、电线等较多，安装完毕后可操作的检修面不满足实际需求。特别是部分设备较大的楼层，更是无容身之地。造成主机设备散热不良，部分主机不得不打开面板，或直接把面板拆除，以便设备散热（见图 5）。另外，部分楼梯层设备间有少量积水，主要原因是地面找坡不足，地漏堵塞杂质未能及时清理。据物业管理人员反映，在使用过程中，维修更换频率最高的零部件是阀门，基本上每个月都有阀门更换。用户侧的风机盘管加新风系统运行正常，风机盘管噪声较小，基本可以满足办公要求。在分户计量方面，由于每户单独自成一套系统，只需要分摊少量的冷却塔及冷却水泵的运行电费，在各户主机的配电箱安装电表可基本实现分户计量电费的要求。

图 5　水—水热泵多联空调主机房

5　设计反思与总结

本工程于 2011 年竣工投入使用以来，空调系统基本达到设计要求。笔者对于水—水热泵多联空调系统在海南地区超高层办公建筑的设计优缺点提出看法，并反思了原设计中的不足之处，为目前技术成熟的产品水源热泵多联空调系统在海南地区的应用提供参考。

（1）冷源系统的优缺点：低区传统的水冷式空调系统满足裙房娱乐城、大堂、宴会餐饮等大空间的功能要求。中、高区的水—水热泵多联空调系统主机可分层放置，占地面积小，节省机房空间。相比风冷多联机空调系统，由于采用冷却水作为换热介质，换热效率更高，特别是针对海边建筑，可减少空气中海水雾气对风冷肋片的腐蚀；主机无需风机，减少了噪声的产生。水—水热泵多联空调系统也存在一些缺点，用户侧冷水供、回水管较多影响吊顶标高；管道上阀门多，控制要求高，且阀门质量参差不齐，运行维修保养过程中更换率高，造成系统使用过程中的稳定性下降。因为端末室内机产品的风量、风压较小，不能满足高大空间的气流组织要求，多用于办公室、客房、别墅等功能房间。整个系统的初投资比风冷多联机系统要高，故适用于高端写字楼、办公楼等场合。

（2）水—水热泵多联空调系统设置灵活，可实现分户计量，有利于建筑节能及行为节能。与传统冷水式空调系统相比，该系统设置灵活，可以实现独立启停，每户可在主机配电箱单独设置电表计量，加上分摊少量的冷却塔及冷却水泵的电费，即可基本实现分户计量电费的要求。分户计量不仅可以有效帮助物业管理公司收取用户电费，还可以帮用户养成节约用电的行为习惯。

（3）自动控制系统弱化与节能意识淡薄。整个空调系统的自动控制系统基本没有实现，日常制冷主机靠人工启停，过渡季节中全空气系统未能自动调节新风口风量调节阀开度，未实现全新风工况运行。对于公共空间空调温度的设定未能根据季节变化调节，整个空调系统的运行模式处于开或关的一刀切状态。

（4）设计中的不足之处较多，低区传统的水冷式冷水机组的配置偏大，其中 1 台冷水主机基本处于闲置状态。不仅是本工程，据笔者多年设计及现场调研发现，90%的工程中冷水机组的配置均远远大于实际运行中冷负荷的需求，尽管规范明确要求设计选型必须经过冷负荷逐时逐项计算，但建设、施工单位在采购过程中加大冷水机组制冷量的情况比比皆是。不仅造成初投资的浪费，而且冷水机组常年在低负荷工况下运行，不符合节能要求。中、高区的水—水热泵多联空调系统的主机设备间安装空间预留不足，造成设备散热不良，检修困难。设计人员应经常去工地现场调研，了解不同产品的安装要求，熟悉施工安装过程，对设计与实际安装中存在的差异有直观的感受，便于创新设计思路，提高设计水平。

参考文献

[1]　陆耀庆. 实用供热空调设计手册 [M]. 2 版 . 北京：中国建筑工业出版社，2008.

地埋管地源热泵复合水蓄能系统应用分析

北京市勘察设计研究院有限公司　褚　赛☆　魏俊辉　刘启明　樊宏图　李永祥

摘　要　本文结合工程实例介绍了地埋管地源热泵复合水蓄能系统的应用设计，通过100%设计负荷日逐时负荷计算分析提出了地埋管地源热泵复合水蓄能系统设计思路及运行策略，并对比了无蓄能的常规地埋管地源热泵系统经济性。结果表明，该系统较无蓄能的常规地埋管地源热泵系统初投资节省约15%，年运行费用节省约38%，设备装机容量降低30%～35%，钻孔数量降低34%，地埋换热孔布置面积节省8500m²，经济效益显著。该研究指出了蓄能技术的应用前景，并为同类工程提供了参考和借鉴。

关键词　地埋管地源热泵　水蓄能　运行策略　经济性分析

0　引言

近年来，空调系统的大量使用使得我国电力高峰时段紧缺而低谷时段过剩的情况愈加严重，建筑节能的呼声也越来越高。地源热泵系统利用地下岩土体中的地热能为建筑提供冷热源，该系统制冷/供热运行工况好于常规冷热源系统，可提高热泵性能系数并降低运行费用。水蓄能技术利用夜间低谷电将冷/热量存储起来，在白天电力负荷较高时将储存的能量释放以满足建筑空调需求，该技术通过提高热泵机组满负荷率及利用分时电价，大大降低了用电费用，同时，对平衡电网峰谷电力差距，实现科学用电、高效用电具有不可忽视的作用。综上所述，将地源热泵系统与水蓄能空调系统复合具有较好的经济性和可行性。

国内外很多学者对地源热泵复合水蓄能技术进行了研究。齐月松等[1]结合工程案例介绍了常规冷水机组、地源热泵机组与水蓄冷/热系统的结合应用，通过初投资及运行费用的分析指出了地源热泵与水蓄能系统的应用前景。钱堃等[2]介绍了水蓄能与地源热泵系统的结合在某工程项目的应用设计，通过分析设计日逐时负荷，提出了系统运行策略，对同类工程有借鉴意义。王明国等[3]利用CFD软件模拟了利用消防水池蓄冷蓄热的地源热泵空调系统中蓄水池的温度分层变化情况，结果表明，蓄水池水体有明显的分层现象，证实了消防水池与地源热泵联合运行的可行性。张君美等[4]分析了地源热泵—水蓄能复合空调系统的运行原理及优势，结合工程实例探讨了系统运行方案、设备配置和节能分析。王琰[5]分析了工程桩桩基埋管的地源热泵与蓄能空调结合产生的社会效益和经济效益，并与常规冷热源空调系统进行了比较。

本文以北京市朝阳区孙河乡某办公商业综合建筑群空调系统为研究对象，通过浅层地热地质条件评估确定地源热泵系统建造适宜性，在分析设计日逐时负荷的基础上，提出地埋管地源热泵复合水蓄冷空调系统设计方案及运行策略，并与无蓄能的常规地埋管地源热泵系统对比，进行经济性分析。

1　项目概况

该项目总建筑面积为83086.26m²，地上办公建筑面积为74412.26m²，地下商业超市建筑面积为8674m²。依据项目场地2km内的深井资料显示，该区域第四系埋深厚度大于156m，为黏性土、粉土、砂土、卵砾石交互沉积地层，地埋管换热器施工可钻性较好。地下水子系统属于永定河地下水系统（Ⅱ）的第四系松散孔隙水地下水子系统（$Ⅱ_3$）的永定河地下水子系统（$Ⅱ_{3-1}$）的冲洪积扇子区（$Ⅱ_{3-1-1}$），富水性较好。此外，项目所在地市政燃气、热力等能源条件贫乏，因此选用地埋管地源热泵系统作为冷热源。

依据北京市发改委“京发改［2018］1877号”文件，项目所在地执行表1所示非居民峰谷分时电价政策，尖峰电价为低谷电价的4.6倍左右，因此考虑采用水蓄能调峰。综上所述，该项目选用地埋管地源热泵复合水蓄能系统作为冷热源，在绿色环保的基础上降低运行费用。

峰谷电价价格表　　表1

时段	电价（元/kWh）	时段	电价（元/kWh）	时段	电价（元/kWh）
00：00～01：00	0.3206	04：00～05：00	0.3206	08：00～09：00	0.8203
01：00～02：00	0.3206	05：00～06：00	0.3206	09：00～10：00	0.8203
02：00～03：00	0.3206	06：00～07：00	0.3206	10：00～11：00	1.3460
03：00～04：00	0.3206	07：00～08：00	0.8203	11：00～12：00	1.3460（1.4753）

☆　褚赛，女，工学硕士，工程师。通讯地址：北京市海淀区羊坊店路15号，Email：644588049@qq.com。

续表

时段	电价（元/kWh）	时段	电价（元/kWh）	时段	电价（元/kWh）
12：00～13：00	1.3460（1.4753）	16：00～17：00	0.8203（1.4753）	20：00～21：00	1.3460
13：00～14：00	1.3460	17：00～18：00	0.8203	21：00～22：00	0.8203
14：00～15：00	1.3460	18：00～19：00	1.3460	22：00～23：00	0.8203
15：00～16：00	0.8203	19：00～20：00	1.3460	23：00～24：00	0.3206

注：括号内为尖峰时段电价，仅为夏季7、8月的11：00～13：00以及16：00～17：00。

2 负荷估算

该项目供暖季自当年11月15日起，至次年的3月15日止，按121天计算；制冷季为5月15日至9月15日4个月，按124天计算。夏季空调系统运行时间为7：00～22：00，冬季空调系统除在7：00～22：00运行外，其余时段仍需运行以达到夜间保温防冻的目的。夏季建筑峰值冷负荷为10821.38kW，冬季建筑峰值热负荷为8153.20 kW，设计日逐时冷热负荷如图1所示。

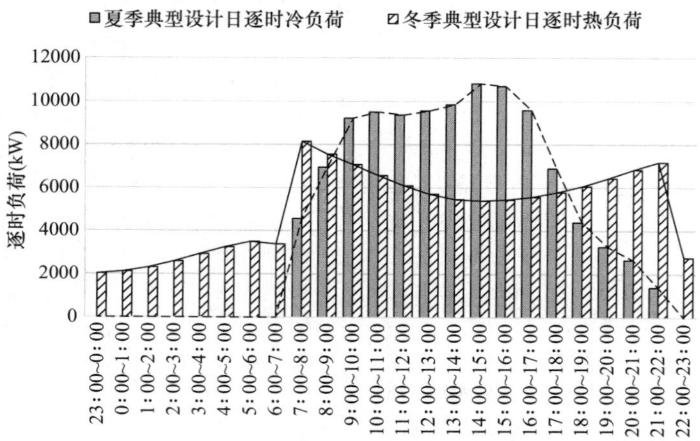

图1 冬夏季典型设计日逐时负荷分布图

3 系统设计

3.1 设计思路

采用地埋管地源热泵＋水蓄能复合能源系统作为冷热源，为降低项目初投资，水蓄能模式为部分负荷蓄能[6]，即蓄能装置的蓄能量仅满足部分空调负荷，不足部分由基载机组提供。夜间，系统充分利用低谷电价，机组满负荷运行蓄能；白天，在释能量基本等于夜间蓄能量的基础上（考虑蓄能及释能损失），通过调整运行策略在高/尖峰电价时段优先采用水池释能，降低运行费用。图2为该复合能源系统原理图，设定蓄能水池夏季一次侧供回水温度为4℃/12℃，二次侧供回水温度为6℃/13℃；冬季一次侧供回水温度为55℃/45℃，二次侧供回水温度为45℃/38℃；热泵机组与蓄能水池联合运行供冷/热时，二次侧供回水温度也为6℃/13℃（夏季）、45℃/38℃（冬季）。依据典型设计日负荷需求及设定供回水温度等技术条件，选择4台地源热泵机组，名义单机制冷量为1791kW，名义单机制热量为1948kW。地埋管采用双U形（SDR11）HDPE换热管，换热孔设计深度为150m，钻孔间距为5.0m，钻孔直径为150～180mm，工程场区单位孔换热量按散热58 W/m、取热35W/m取值，经计算，为保证夏季排热和冬季换热都能良好进行，地埋管设计换热孔数至少为1091个，为保证系统长期运行时的换热效果，钻孔长度考虑5%左右的余量，则设计换热孔数至少为1146个。综合考虑初投资及占地面积，确定蓄能水池体积为6600m^3[7]。

3.2 运行策略

依据峰谷电价及时段，以充分利用夜间谷电蓄能，节省系统运行费用为前提制定冬、夏季运行策略。

图3为夏季100%设计负荷日系统运行策略。夜间：电价低谷时段，开启4台地源热泵机组低温运行蓄冷，将冷量储存在蓄能水池中，蓄冷量为54446.40kWh，考虑95%左右的蓄能损失，蓄冷量为51724.08kWh。白天：保证尖峰/高峰电价时段优先采用水池供冷、夜间蓄冷量与白天释冷量相平衡两个前提下，根据平、谷、峰、尖峰电价精确调整每一时段基载机组开启台数，随冷负荷需求的增加开启蓄能水池释冷，使系统运行费用最低。

图4为冬季100%设计负荷日系统运行策略。夜间：电价低谷时段，开启2台热泵机组高温运行蓄热，将热量储存在蓄能水池中，蓄热量为29968.00kWh，考虑95%左右的蓄能损失，蓄热量为28469.60kWh；剩余2台地源热泵机组维持夜间低温防冻基础负荷。白天：保证高峰电价时段及系统初启动时优先采用水池供暖、夜间蓄热量与白天释热量相平衡两个前提下，根据平、谷、峰电价精确调整每一时段基载机组开启台数，随热负荷需求的增加开启蓄能水池释热，使系统运行费用最低。

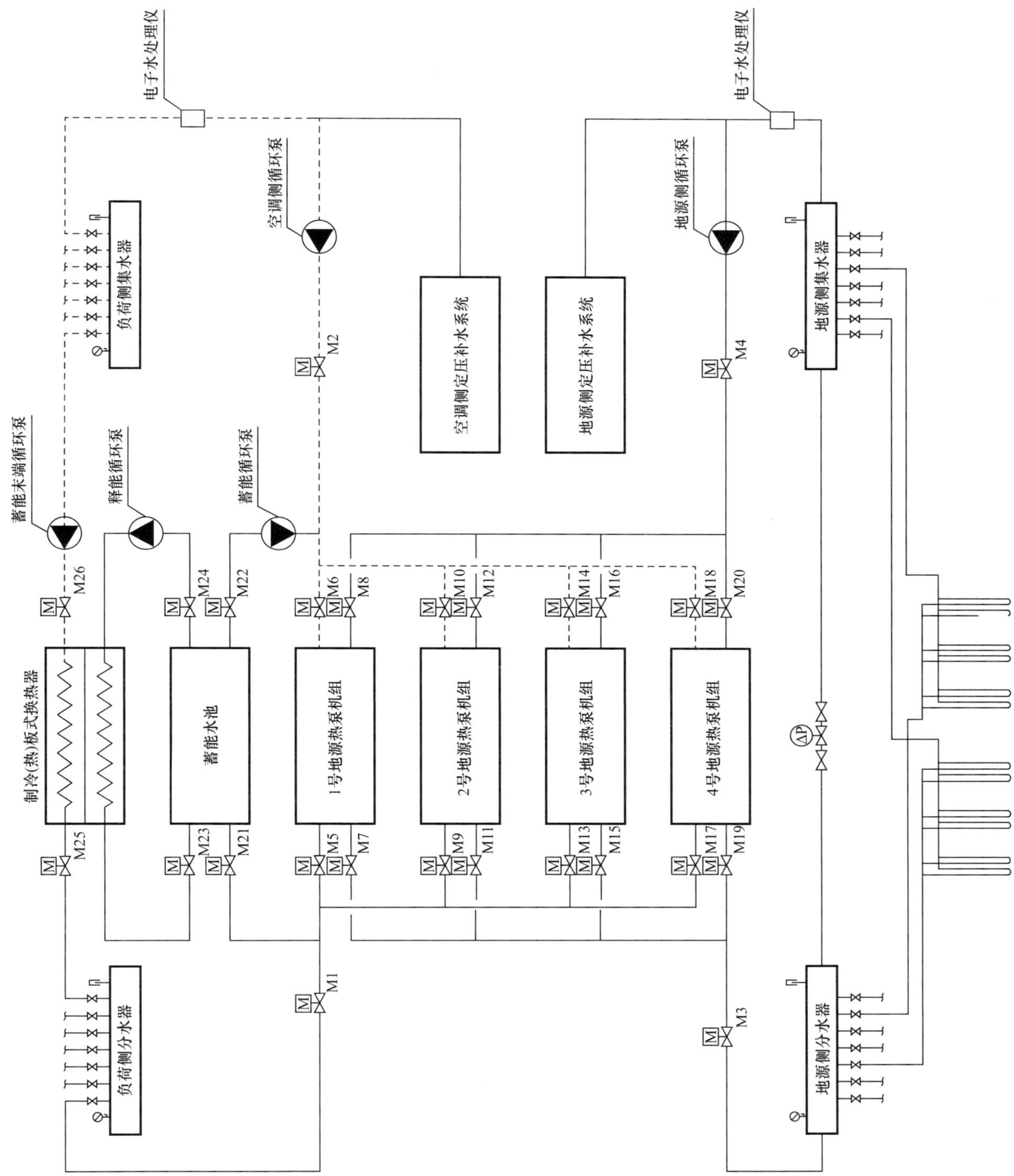

图2 地埋管地源热泵复合水蓄能系统原理图

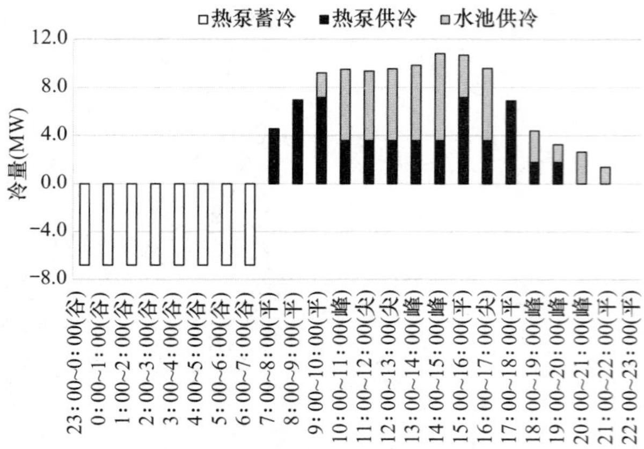

图 3　夏季 100%设计负荷日系统运行策略柱状图

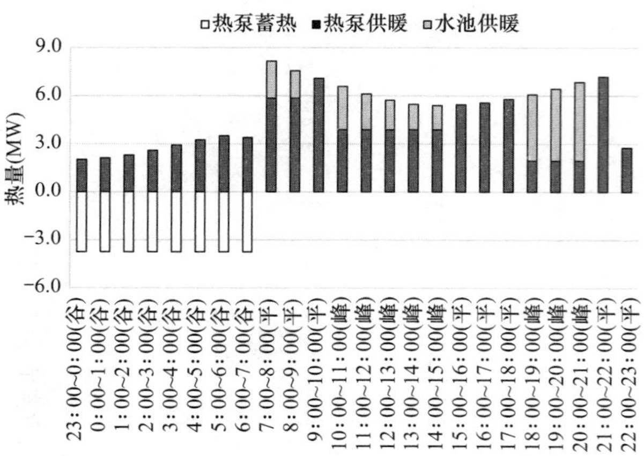

图 4　冬季 100%设计负荷日系统运行策略柱状图

4　经济性分析

该项目除采用地埋管地源热泵复合水蓄能系统的冷热源方案外，还可采用不带蓄能的常规地埋管地源热泵系统能源方案。以下对两种方案从初投资及运行费用角度做经济性比较分析。

4.1　设备配置及初投资

地埋管地源热泵复合水蓄能系统设备配置及初投资情况如表 2 所示。该系统合计初投资 3619.10 万元，折合单位面积初投资约 435.58 元/m²。如采用不带蓄能的常规地埋管地源热泵系统，为满足建筑冷热负荷需求，地埋管设计换热孔数至少为 1533 个（同比增加 33.80%），地埋孔占地面积增加约 8500m²，只地埋换热孔施工一项初投资增加约 465 万元，合计初投资增加约 15%。

4.2　运行费用

根据冬、夏季 100%设计负荷日系统运行策略确定一天不同时段设备启停及变频运行工况，结合分时电价计算总运行电耗及总电费；根据制冷及供暖季冷热负荷分布计算全年总电耗及总电费，并评估系统经济性。复合蓄能系统及无蓄能系统运行费用汇总如图 5 所示，经计算，地埋管地源热泵复合水蓄能系统制冷季单位面积运行费用为 12.14 元/m²，供暖季单位面积运行费用为 27.01 元/m²，全年单位面积运行费用为 39.15 元/m²。

设备配置及初投资估算表　　表 2

设备名称	技术参数	功率（kW）	数量	单价（万元）	备注
地源热泵机组	名义制冷量 1791kW	304.00	4 台	175.30	
	低温制冷量 1701kW	340.00			
	名义制热量 1948kW	393.00			
	高温制热量 1873kW	525.00			
地源侧循环泵	Q=440m³/h，H=41.1m	75.00	5 台	2.50	四用一备
地源侧定压补水泵	Q=30m³/h，H=28m	4.00	2 台	4.00	一用一备
地源侧定压罐	V=1000L	—	1 台		
地源侧软化水箱	V=25m³	—	1 台	5.00	
地源侧软化水装置	水处理量 18m³/h	—	1 台	3.80	
空调侧循环泵	Q=350m³/h，H=37.8m	75.00	5 台	3.50	四用一备
空调侧定压补水	Q=6m³/h，H=28m	2.20	2 台	2.00	一用一备
空调侧定压罐	V=1500L	—	1 台		
空调侧软化水箱	V=15m³	—	1 台	3.50	
空调侧软化水装置	水处理量 5m³/h	—	1 台	1.30	
蓄能水池	V=6600m³	—	1 项	198.00	
蓄能循环泵	Q=220m³/h，H=19.8m	18.50	5 台	2.00	四用一备
释能循环泵	Q=240m³/h，H=9.2m	11.00	5 台	2.00	变频泵四用一备
板式换热器	换热量 3700kW；换热面积 100m²	—	2 台	21.00	
释能末端循环泵	Q=255m³/h，H=31.3m	37.00	5 台	2.50	四用一备
蓄能补水循环泵	Q=30m³/h，H=28m	4.00	2 台	0.30	一用一备
地埋换热孔	150m/口双 U	—	1146 个	1.20	

续表

设备名称	技术参数	功率（kW）	数量	单价（万元）	备注
水平管施工	—	—	1项	385.00	
机房系统	—	—	1项	590.00	
配电系统	—	—	1项	245.00	

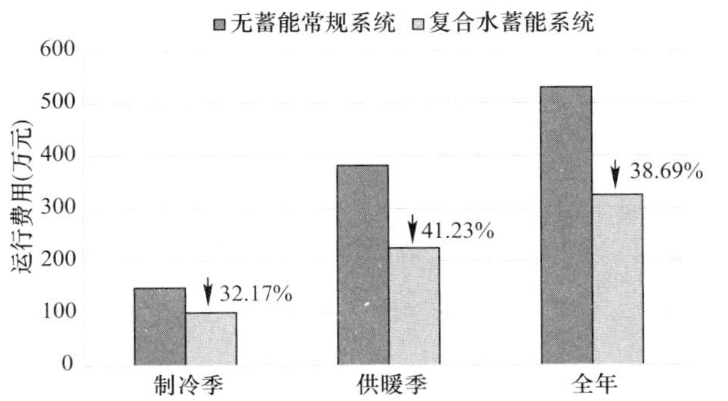

图5　运行费用对比

5　结论

蓄能技术作为一项运行可靠、绿色环保的先进技术，具有削峰填谷、均衡用电负荷、提高电力建设投资效益等诸多优点。本项目综合考虑业主要求、场地条件、负荷特点、投资造价等多种因素，选用地埋管地源热泵复合水蓄能系统作为冷热源，在保证系统稳定的基础上制定冬夏季运行策略，降低运行费用。此外，该系统与无蓄能的常规地埋管地源热泵系统相比，初投资节省约15%，年运行费用节省约38%，设备装机容量降低30%～35%，钻孔数量降低34%，节省地埋换热孔布置面积8500m^2，经济效益显著。在提倡节能减排的社会形势下，若项目具备条件，可推广使用地埋管地源热泵复合蓄冷蓄热技术。

参考文献

[1]　齐月松，岳玉亮，刘天一，等．地源热泵结合水蓄能系统应用分析［J］．暖通空调，2010，40（5）：94-97.

[2]　钱堃，张钦．结合水蓄能的地源热泵系统经济性分析［J］．制冷与空调，2013，13（7）：96-99.

[3]　王明国，付钊祥，王勇，等．消防水池在地源热泵系统运行特性的数值分析［J］．制冷与空调，2008，22（6）：102-108.

[4]　张君美，刘伟，于芳，等．地源热泵—水蓄能复合空调系统探讨［J］．煤气与热力，2013，33（12）：15-18.

[5]　王琰．南京某办公综合楼地源热泵＋蓄能空调系统的设计研究［J］．建筑科学，2010，26（10）：266-273.

[6]　住房和城乡建设部工程质量安全监管司．全国民用建筑工程设计技术措施 暖通空调·动力［M］．北京：中国计划出版社，2009.

[7]　彦启森，赵庆珠．冰蓄冷系统设计［R］．北京：清华大学，2001.

某被动式住宅空气处理机组的设计研发

山东华科规划建筑设计有限公司　田彦法☆

摘　要　被动式住宅主要依赖多功能空调器实现以极低的能耗投入来提供和维持建筑居住的舒适度需求。为使被动式住宅能同时达到最高的能量效益和最好的生活品质，笔者设计研发了一种新型多功能空气处理机组，本文对该机组的设计构造、工作机理及技术特点进行了详细叙述和定性分析，该多功能空调器已获得国家发明专利授权，专利号为 ZL 2016 2 1483008.9，该机组具备应用在被动式住宅的优越性能。

关键词　被动式住宅　多功能空调器　分质热回收　过冷再热　冷凝水利用

0　引言

被动式住宅在经济合理的前提下，能同时达到最好的能量效益和生活品质，以极低的能耗投入来提供和维持建筑居住的舒适度。健康舒适度由室内空气质量决定，而热力学舒适度依靠对新鲜空气流的加热或制冷得以实现。被动式住宅应用的多功能空气处理机组的性能和作用举足轻重：一是其处理的室内环境参数应满足规范要求；二是其运行数据应符合超低能耗的标准规定；三是应便于调节控制。

鉴于此，笔者设计研发了一种适用于被动式住宅的分质热回收冷剂过热多功能组合式空调处理机组，本文对该机组的设计构造、热泵的工作原理、空气处理过程及其技术特点等进行详细的定性分析。

1　多功能空调器的设计与构造

1.1　多功能空调器的设计理念

因室内排风（或回风）的受污染程度的差异，对其分层次进行排除、净化处理及热回收利用，以满足空气处理过程中的不同需求，避免交叉污染，且最大限度地节约能源，并有效控制室内气压；利用制冷剂的过冷放热对夏季低温干燥送风进行再热，可有效提高和调节送风温度；采用不同的空气过滤器，可有效净化处理室内外空气污染物；与热泵组合一体，可实现对室内空气环境的温湿度有效调节；利用室内机的冷凝水为室外机换热器冷却降温，有利于提高热泵的制冷效率。

1.2　多功能空调器的的详细构造

本文介绍的分质热回收冷剂过冷再热多功能空调器，包括室内机模块和室外机模块以及组合一体的热泵机组。室内机模块又分为一个新风（送风）通道和三个排风（回风）通道：新风（送风）通道内，在进风方向上依次设置有新风粗效过滤器、静电除尘器、热管式热交换器、板翅式全热空气热交换器、第一室内机换热器、第二室内机换热器、加湿器、混合空气高效过滤器及送风机，第二室内机换热器旁通有调节风阀；室内排风（或回风）又分为三个通道：一是重度污浊空气排风通道，排风方向上依次设置有重度污浊空气排风过滤器、热管式热交换器、重度污浊空气排风机；二是轻度污浊空气排风通道，排风方向上依次设置有轻度污浊空气排风过滤器、板翅式全热空气热交换器、轻度污浊空气排风机；三是清洁回风通道，回风方向上设置有清洁空气回风过滤器，然后与经两次热回收的新风混合；室内机模块的轻度污浊空气排风机通过风管排风至室外机模块的进风口处。室外机模块进风方向上，新风与轻度污浊空气排风混合后，依次经过室外机换热器、室外机排气扇。热泵机组室内机换热器与室外机换热器之间通过两路制冷剂管道连通，包括依次连接的压缩机、四通换向阀、室外机换热器、电动三通调节阀，电动三通调节阀有两个输出端，一路经第二室内机换热器、电磁阀后与电动三通调节阀旁通出口连接；另一路由电动三通调节阀旁通出口，经第一室内机换热器、四通换向阀，再连接至压缩机。室内机冷凝水管接至室外机内的穿孔滴水管，室外机的冷凝水直接排放。图 1 为分质热回收冷剂过冷再热多功能空调器的构造详图。

2　多功能空调器的工作机理

分别对夏季工况和冬季工况，介绍空调器热泵的工作原理和空气处理过程。

2.1　夏季工况

夏季，先调节热管式热交换器的角度：新风通道侧为低端，重度污浊空气排风通道侧为高端，新风的热量传递给排风，即新风对排风“冷量”进行回收。

（1）热泵的工作原理

调节四通换向阀内冷剂流向，使得室外机换热器为冷凝器，第一室内机换热器为蒸发器，第二室内机换热器为过冷冷凝器，将室内机混合风的热量转移至室外空气，实

☆　田彦法，总工程师，工程技术应用研究员。通讯地址：聊城市光岳南路 8 号，Email：tianyf@lcadi.com。

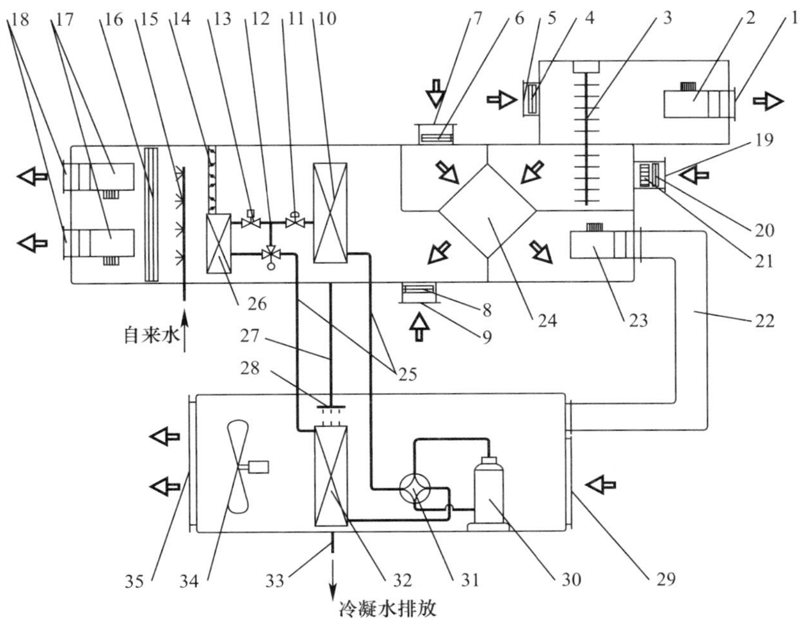

图 1　分质热回收冷剂过冷再热多功能空调器构造详图

1—重度污浊空气排风出口；2—重度污浊空气排风机；3—热管式热交换器；4—重度污浊排风过滤器；5—重度污浊空气排风进口；6—轻度污浊空气排风过滤器；7—轻度污浊空气排风进口；8—清洁空气回风过滤器；9—清洁空气回风进风口；10—第一室内机换热器；11—电子膨胀阀；12—电动三通调节阀；13—电磁阀；14—调节风阀；15—加湿器；16—混合空气高效过滤器；17—送风机；18—送风口；19—室内机新风进风口；20—新风粗效过滤器；21—静电除尘器；22—排风管；23—轻度污浊空气排风机；24—板翅式全热空气热交换器；25—制冷剂管线；26—第二室内机换热器；27—室内机冷凝水管；28—穿孔滴水管；29—室外机新风进风口；30—压缩机；31—四通换向阀；32—室外机换热器；33—室外机冷凝水管；34—室外机排气扇；35—室外机排风口

现制冷的目的。电磁阀为打开状态，从冷凝器冷凝后的高温高压液态制冷剂流经电子三通调节阀，一部分冷剂流经过冷冷凝器，为经蒸发器冷却除湿后的低温干燥空气再加热，以提高和调节送风温度。流经过冷冷凝器的部分低温液态冷剂与电子三通调节阀旁通的部分高温液态冷剂混合，经电子膨胀阀节流，之后流入蒸发器，吸收混合空气的热量后，蒸发为低压低温气态制冷剂，再经四通转向阀流入压缩机，低压低温制冷剂被压缩升压后，再通过四通换向阀流至冷凝器内，高压高温气态制冷剂向流经的室外空气放热，制冷剂同时冷凝为液态。然后经电子三通调节阀，部分制冷剂通过过冷冷凝器，部分直接旁通后与过冷后的制冷剂混合，再到蒸发器……，如此循环往复，实现热量的转移。过冷冷凝器旁通的调节风阀为关闭状态。

室内机冷凝水管接至室外机内的穿孔滴水管，利用室内机的低温冷凝水为室外机换热器冷却降温，有利于提高热泵的制冷效率，是之为多重“热回收”，室外机的冷凝水通过室外机冷凝水管直接排放。

（2）空气处理过程

室外高温高湿新风先经新风粗效过滤器截留新风中的灰尘、飞虫等，再经静电除尘器去除可吸入颗粒物等粉尘—经热管式热交换器将部分热量传递给重度污浊空气排风—经板翅式全热空气热交换器将部分热量再传递给轻度污浊空气排风—与清洁回风混合—经第一室内机换热器（蒸发器）冷却除湿处理—经第二室内机换热器（过冷冷凝器）再热—经混合空气高效过滤器处理，达到期望送风状态点后通过送风机送至室内置换式送风口。送风口处设有送风温度传感器，通过利用电动三通调节阀调节流过过冷冷凝器的制冷剂流量，而改变混合空气的再热量实现送风温度的自动控制。

室内重度污浊空气（主要是卫生间内的）排风经重度污浊空气排风过滤器处理后，经热管式热交换器吸收新风中的热量，通过重度污浊空气排风机直接排至室外。室内轻度污浊空气（主要是卧室内的）排风经轻度污浊空气排风过滤器处理后，经板翅式全热空气热交换器吸收新风中的热量后，通过轻度污浊空气排风机排至室外机采风口处。室内清洁空气（主要是客厅内的）回风经清洁空气回风过滤器净化处理后与经板翅式全热空气热交换器冷却后的新风混合。

室外机新风采风口处，室外新风混合轻度污浊空气排风为室外换热器（冷凝器）冷却，对轻度污浊空气排风继续进行二次“热回收”，提高热泵效率。室外机排气扇将被冷凝器加热的室外新风与轻度污浊空气排风混合空气排至室外。

2.2　冬季工况

冬季，再调节热管式热交换器的角度：新风通道侧为高端，重度污浊空气排风通道侧为低端，排风的热量传递给新风，即新风对排风“热量”进行回收。

（1）热泵的工作原理

调节四通转向阀内冷剂流向，使得室外机换热器为蒸发器，第一室内机换热器为冷凝器，第二室内机换热器停止工作，将室外空气的热量转移至室内机混合风，实现制热的目的。第一室内机换热器（冷凝器）内的高压气态制冷剂向混合空气放热后，冷凝为液态，然后经电子膨胀阀节流降压，此时，电磁阀为关闭状态，制冷剂全部经电子三通调节阀旁通流至室外机换热器（蒸发器）内，再吸收外界热量后蒸发为气态，经四通转向阀，被压缩机升压后流回至冷凝器内……如此循环往复，实现热量的转移。同时，第二室内机换热器旁通的调节风阀为开启状态。

（2）空气处理过程

室外低温低湿新风先经新风粗效过滤器截留新风中的灰尘、飞虫等—经静电除尘器去除可吸入颗粒物等粉尘—经热管式热交换器吸收重度污浊空气排风的部分热量—经板翅式全热空气热交换器吸收轻度污浊空气排风的部分热量—与清洁回风混合—经第一室内机换热器（冷凝器）加热处理，通过调节风阀的旁通通道—经加湿器加湿处理—经混合空气高效过滤器处理，达到期望送风状态点后通过送风机送至室内置换式送风口。

室内重度污浊空气（主要是卫生间内的）排风经重度污浊空气排风过滤器处理后，经热管式热交换器传递给新风部分热量，通过重度污浊空气排风机直接排至室外。室内轻度污浊空气（主要是卧室内的）排风经轻度污浊空气排风过滤器处理后，经板翅式全热空气热交换器传递给新风热量后，通过轻度污浊空气排风机排至室外机采风口处。室内清洁空气（主要是客厅内的）回风先经清洁空气回风过滤器净化处理，然后与经板翅式全热空气热交换器加热后的新风混合。

室外机新风采风口处，室外新风混合轻度污浊空气排风被室外换热器（蒸发器）吸热，对轻度污浊空气排风继续进行二次“热回收”，提高热泵效率。室外机排气扇将被蒸发器吸热冷却后的室外新风与轻度污浊空气排风混合空气排至室外。

（3）通风系统控制

重度污浊空气排风机的风量调节为手动，可由住户根据卫生间异味程度控制其风速、风量。室内设有二氧化碳传感器，当室内二氧化碳超过一定值时，则加大送风机以及轻度污浊空气排风机的风速、风量；反之，则降低两风机通风量。室内设有温度传感器，当夏季室温高于设定值（或冬季室温低于设定值）时，压缩机高频运行，加大制冷（制热）量；反之，则压缩机低频运行。

3　多功能空调器的技术特点

本次设计研发的多功能空调器主要有以下三个方面的技术特点。

3.1　分质热回收

室内空气污染物包括物理、化学、生物和放射性污染，来源于室内和室外两部分。而室内不同场所，如住宅内的卫生间、厨房、卧室及客餐厅等，空气污染物的性质、浓度有较大区别。本次研发的新型多功能空调器，是将室内不同污浊程度的空气，分层次进行排除、净化处理及热回收利用，满足空气处理过程中的不同需求：对污染严重的空气（卫生间排风）利用热管式热交换器进行显热回收，既可节约能源，又避免了交叉污染；对轻度污染的空气（卧室排风）利用板翅式热交换器进行全热回收，回收效率高；清洁回风（客厅回风）和经两次热回收热处理后的新风混合后，经冷却除湿或加热加湿后送回至室内。轻度污染的空气再排风至室外机采风口处，进行二次热回收，最大限度节能。

现以典型单元式住宅为例，进行分质热回收的经济性分析：该套住宅户型平面如图2所示，布局为三室两厅，建筑面积为 $122m^2$，层高为3.2m；套内使用面积为 $98m^2$，室内净高为3m。两个卫生间的总使用面积约为 $8m^2$，三个卧室的总使用面积约为 $42m^2$，客（餐）厅的总使用面积约为 $27m^2$。规范规定，住宅的设计新风换气次数 $\leqslant 0.6h^{-1}$，而卫生间的全面通风换气次数 $\geqslant 3h^{-1}$。经计算，该住宅总体所需新风量为 $195m^3/h$，其中，卫生间的新风量为 $72m^3/h$，占总新风量的37%；卧室的新风量为 $75m^3/h$，占总新风量的38%；客（餐）厅的新风量为 $48m^3/h$，占总新风量的25%。规范规定，卫生间排风宜直接排至室外，因该部分风量的占比较大，如不对其进行热回收，会有较大的热能浪费；而利用板翅式热回收又会存在漏风和交叉污染的问题。有试验研究表明，热管式热交换器的显热回收率最高可达63%～70%。其余排风均通过全热回收效率更高的板翅式换热器进行回收，且允许一定的漏风。而客（餐）厅内的回风全部参与内循环，实现100%的全部热回收。因此，该机组分质热回收的经济性是显而易见的，且一定程度上保证了室内空气品质。

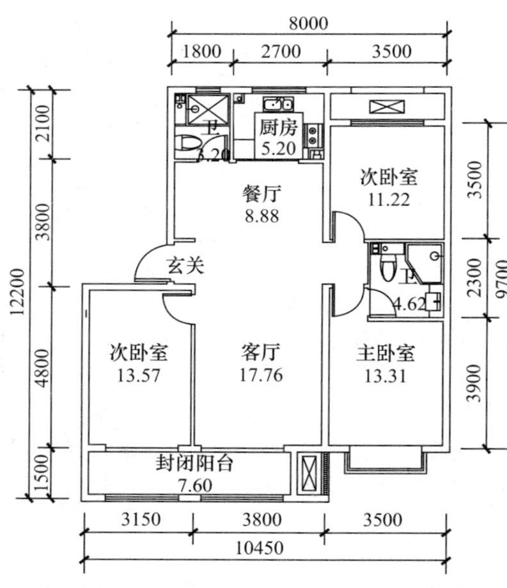

图2　住宅户型平面图

以本住宅为例，可将该机组室内机吊在次卧室北侧的阳台上，室外机在其下部室外挂装，因化整为零，各分支管的管径相对较小，通过对送风、回风和排风管路的合理布置，可以做到风管只在厨房内有交叉，其他场所均可平行敷设，小管径的风管穿梁敷设，可以提升室内吊顶标高。而将部分排风近距离引至室外机内，可降低冷凝器的散热环境，提高机组运行效率，少量的风管投资可以有效降低能量消耗。

3.2 制冷剂过冷再热

利用电磁阀的启闭以及电动三通调节阀的旁通作用，可实现夏季利用制冷剂过冷放热对干燥低温空气进行再热。制冷剂过冷提高制冷剂单位质量制冷量或制热量，在所需制冷量或制热量不变时，降低压缩机能耗，提高机组性能；有利于节流装置的稳定工作，提高热泵运行的可靠性；减少制冷剂节流后闪蒸蒸气，提高机组换热效率。根据送风口处设置的干球温度传感器有效调节送风温度，以改善室内环境温度场。

夏季，热泵机组蒸发器处理后的送风温度为17℃，送风温差为9℃。经计算，利用制冷剂的过冷再热后的送风温度可达19.5℃，送风温差缩小为6.5℃，缩小了室内空气环境的温度梯度，提高了舒适度。而因制冷剂的流量减小，压缩机功耗降低，机组性能可提高11.5%。

3.3 冷凝水再利用

室内机冷凝水管接至室外机内的穿孔滴水管，利用室内机的冷凝水为室外机换热器冷却降温，有利于提高热泵的制冷效率。因室外机与室内机距离较小，将冷凝水引至室外机表冷器处的管线较少，增加的投资极小。而将17℃左右的冷凝水引至冷凝器处，则可降低冷凝温度，提高机组效率，有效降低能源消耗。

4 结语

本次研发的多功能空调器是将室内外不同污浊程度的空气分质进行排除、净化处理及热回收利用，满足空气处理过程中的不同需求，既避免了交叉污染，又最大限度的降低能源消耗。与热泵组合一体，可实现对室内空气环境的温湿度有效调节。充分利用制冷剂过冷所放热量对低温干燥空气进行再热，既可实现理想的送风温度，又不必消耗额外能源，且可提高热泵的工作稳定性及能效比。采用不同的空气过滤器，可有效净化处理室内外空气污染物。充分收集利用室内机的低温冷凝水为冷凝器降温，多重“热回收”实现最大限度控制能源消耗。年供暖（冷）需求指标是超低能耗居住建筑的核心技术指标，提高该新型空调器的综合功能技术措施，可大大降低空调能耗。综上所述，该空气处理机组适宜应用在被动式住宅建筑中。

该多功能空调器已获得国家发明专利授权，专利号为ZL 2016 2 1483008.9。希望本次对多功能组合式空气处理机组的设计探索和创新实践，会对我国被动房的推广和发展产生积极的影响和意义。

参考文献

[1] 中国建筑科学研究院. 民用建筑供暖通风与空气调节设计规范. GB 50736—2012[S]. 北京：中国建筑工业出版社，2012.

[2] 陆耀庆. 实用供热空调设计手册 [M]. 2版. 北京：中国建筑工业出版社，2008.

[3] 刘云祥. 排风热回收系统应用的探讨 [J]. 暖通空调，2012，42（7）：72-77.

[4] 周根明，赵忠梁，唐春丽，等. 冷凝热回收再热空气的空调系统的研究 [J]. 建筑热能通风空调，2013，32（2）：9-11.

[5] 李洪欣，沈晋明. 空调系统再热方法分析 [J]. 制冷与空调，2008，8（3）：16-19.

太阳能烟囱与蒸发冷却风塔相结合的复合被动蒸发冷却通风降温系统的研究与应用①

西安工程大学　黄　翔☆　贾　曼　严锦程　田振武　康雅雄

摘　要　基于被动冷却理论，总结了被动冷却技术的分类及典型应用形式，并对其中被动蒸发冷却技术的原理及应用进行整理与分析，针对单独使用被动式蒸发冷却风塔存在的不足进行实验模型的优化与改进，提出一种将太阳能烟囱与被动式蒸发冷却风塔相结合的太阳能烟囱复合被动蒸发冷却通风降温系统，对该系统进行实验台的设计与搭建，并对其进行测试分析。数据显示，该系统平均温差为6.9℃，最大降温高达13.6℃，直接蒸发冷却效果显著。除了可以解决室内通风降温的问题之外，该系统还可以对室外空气中的灰尘及PM2.5等颗粒物进行过滤，提高室内空气品质，且可节省初投资和运行费用，达到节能环保的目的，对推动干空气能可再生能源的利用及绿色建筑的发展等方面均发挥积极的作用。

关键词　被动冷却　太阳能烟囱　被动式蒸发冷却风塔　绿色建筑

0　引言

建筑能耗是能源消耗的主要方式之一，它极大地影响了全球能耗量[1]。就我国而言，以现阶段的发展情况看，在这些建筑能耗中，由暖通空调系统所引起的能源消耗不容小觑[2]。随着人们对生活、工作质量及环境要求的不断提高，加之暖通空调技术的迅猛发展，空调能耗也以惊人的速度增加，但是，在这种能源大量消耗的背后，存在着能源大量浪费、不合理化利用等问题。于是人们开始不断寻求空调节能的途径，力求在保证室内环境舒适性的同时，采取有效手段降低空调能耗，甚至寻找出可以替代常规空调的新型降温模式。在帮助创造建筑物内舒适的热力学环境方面，古建筑学就包含了许多被动特色。但是在现代建筑设计中，人们渐渐忽略了被动方式而用机械系统来给建筑物供冷。然而，在能源危机之后，人们开始重新对利用被动方式给建筑物供冷产生兴趣。

1　被动冷却技术

1.1　定义

被动冷却可以被定义为利用自然的方法从建筑物中移走热量，通过对流、蒸发和辐射或者是通过相邻部分传导和对流的方式防止从大气中吸热[3]。被动技术利用太阳能、风、水等无污染的能源对建筑物进行冷却或加温，避免了机械系统使用氟利昂等制冷剂对臭氧层的破坏，与机械系统相比具有节能、环保等优点[4]。

1.2　分类

被动冷却技术在建筑中的应用方式可按照作用对象的不同分为四类：第一类主要是对建筑物屋顶进行冷却（设置蓄水屋顶、含湿材料、加盖隔热板、设置空气层等）；第二类主要是对建筑物墙体进行冷却（在墙体中间设置空间层）；第三类主要是对建筑物的窗、玻璃幕、阳台等透光部分进行冷却（设置遮阳、水帘等）；第四类主要是对建筑物室内地板进行冷却（建地下室等）[5]。

1.3　被动蒸发冷却技术

被动蒸发冷却技术隶属于被动冷却的范畴。被动蒸发冷却方式种类繁多，根据被动蒸发冷却提供冷量介质形式的不同，可将被动蒸发冷却分为被动冷雾式、被动冷风式和被动冷水式蒸发冷却三类。从应用范围以及应用时间来看，被动冷风式蒸发冷却技术是目前应用较普遍的一种方式。

被动冷风式蒸发冷却是指以冷风为冷却介质，从需要降温的空间中移走热量，多应用在住宅建筑或户外局部空间的降温。其主要利用水的直接蒸发冷却对空气进行降温，根据热力学原理，密度大的冷空气下沉，密度小的热空气上升，从而利用冷空气的重力自然下沉对室内空间降温，实现了不使用风机驱动气流的高效率被动式降温[6]，因此多被称为“被动式蒸发冷却下向通风降温技术（PDEC）”。

早在几百年前，在中东和中亚的传统建筑的风塔中，空气常常通过潮湿的表面或掠过塔底的浅水池蒸发降温后通过塔上部的迎风开口向下进入室内空间，然后将室内热空气通过负压区排出[7]。这些风塔（见图1）就是现代应用被动式蒸发冷却下向通风技术的冷风塔的原型。

☆　黄翔，男，教授。通讯地址：西安市金花南路19号西安工程大学，Email：huangx@xpu.edu.cn。

①　“十三五”国家重点研发计划项目课题（编号：2016YFC0700404）。

图 1　伊朗捕风塔降温

2　被动式蒸发冷却风塔试验模型测试及分析

为了探究被动式蒸发冷却风塔的应用效果，笔者对其实验模型进行了搭建与测试，测试结果表明（见表 1），在自然通风工况下的被动式蒸发冷却风塔与主动降温形式相对比，存在风量相对较小且不可控的缺点，导致其冷却效果略逊色于主动降温形式，而且就具体的建筑规模而言，这种形式更适合于大进深、舒适度要求不高的非居住建筑。

被动、主动降温工况下的降温、增湿效果对比情况[8]

表 1

	直接蒸发冷却效率（%）	填料两侧直接蒸发冷却段的进出风干球温差（℃）	送风温度（℃）	送风相对湿度（%）	送风降温幅度（℃）	送风相对湿度增加量（%）
被动降温	77	8.2	32.4	81.9	6.3	36.3
主动降温	83	7.6	29.2	91.5	9.4	39.6

基于以上研究及测试背景，为了使被动式蒸发冷却风塔更好地发挥效果，针对其风量较小的缺点，考虑为其加设装置，以达到为被动式蒸发冷却风塔强化通风的目的。通常会考虑的形式是加设排风装置来增大通风量，但这种方法增加了建筑能耗，与节能减排的初衷相违背。而有研究表明，太阳能烟囱可以有效提高自然通风效率并改善空气品质。

3　太阳能烟囱的原理及研究背景

太阳能烟囱（solar chimney）是一种利用太阳能强化自然通风的有效手段，它利用太阳辐射来提高烟囱通道内热压，诱导气流流动[9]。它具有强化室内通风、改善室内空气品质的优点。Preeda 等人对由两块透明材料组成的太阳能烟囱进行实验研究，该太阳能烟囱安装在一个体积为 2.8m^3 的房间模型上，通过对比测试认为安装太阳能烟囱后该房间比普通单层玻璃房间有更好的通风效果；Sompop 等人分别搭建了两种不同安装形式的太阳能烟囱建筑模型与一个普通建筑模型来模拟太阳能烟囱在多层建筑中的通风效果，研究结果表明有太阳能烟囱的多层建筑内部温度低于普通建筑；Kumar 等人通过对比分析室内生物气溶胶（微生物）、可吸入颗粒物、气态污染物及液态污染物 4 个方面的指标来说明太阳能烟囱技术对绿色建筑室内空气质量的提高有所帮助[10-12]。

可见太阳能烟囱技术在强化自然通风、改善室内空气品质方面有其独特的优势，该技术已经被广泛应用于国外许多地区，其应用对于推动新能源与生态建筑一体化具有积极的意义。因此，基于以上考虑及研究背景，拟加设太阳能烟囱对实验进行改进，将两种装置进行结合，具有非常可观的研究及应用价值，故提出太阳能烟囱与蒸发冷却风塔相结合的复合被动蒸发冷却通风降温系统。

4　太阳能烟囱与蒸发冷却风塔相结合的复合被动蒸发冷却通风降温系统

4.1　系统实验台模型搭建

搭建太阳能烟囱与蒸发冷却风塔相结合的复合被动蒸发冷却通风降温系统实验台，图 2 为该系统实验台原理图，图 3 为实验台实物图。

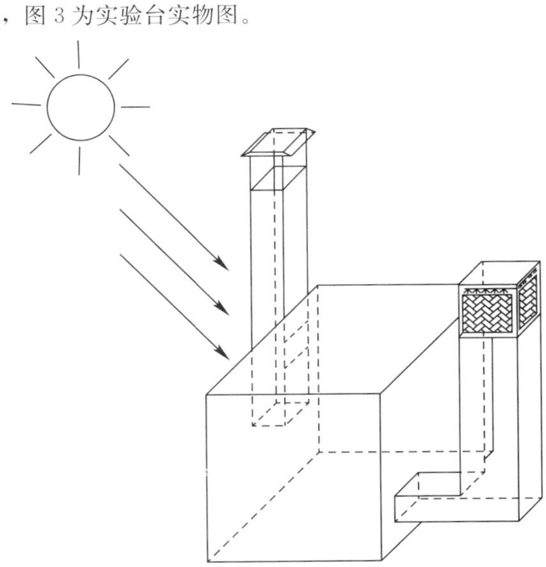

图 2　实验台原理图

图 3　实验台实物图

搭建实验台的原材料主要有：彩钢板、酚醛板、瓦楞板、角钢和蒸发式冷气机。

该系统涉及的太阳能烟囱及被动式蒸发冷却风塔设计为模块化安装，以方便在测试期间对其结构尺寸进行调整。该系统的工作过程为：通过太阳辐射加热太阳能烟囱内的空气，由于内外空气存在温差，因此利用密度差驱动内部空气由下而上运动，使室内空气不断地经过太阳能烟囱向外排出，从而驱动室外空气经被动式蒸发冷却风塔送入室内。于是室内空气不断排出，室外新风不断送入，如此循环往复。

该系统相比于现有独立应用太阳能烟囱技术和被动式蒸发冷却技术的系统，不仅解决了建筑的夏季室内通风问题，而且在减少室内污染物的同时，又降低了室内温度；利用太阳能烟囱的“拔风”作用和被动蒸发冷却冷风塔的“压风”作用，促进室内通风降温，无需风机，减少初投资和运行及管理费用，节能环保。

4.2　对实验台进行实验测试

选取新疆乌鲁木齐作为实验地点进行实验台实际测试，测试时间为 8 月 9 日 14：00～18：00，分别对系统内各点的温湿度、风口风速、建筑外部表面温度、室内外颗粒物浓度进行测试。

测试仪器如表 2 所示。

实验测试仪器表　　表 2

序号	测试对象	测试仪器
1	空气温湿度	testo 温湿度自计议
2	系统表面温度	红热成像仪
3	风速	多功能测量仪
4	室内外颗粒物浓度	空气质量检测仪

图 4～图 6 为系统内各测点布置情况，各测点测试内容如表 3 所示。

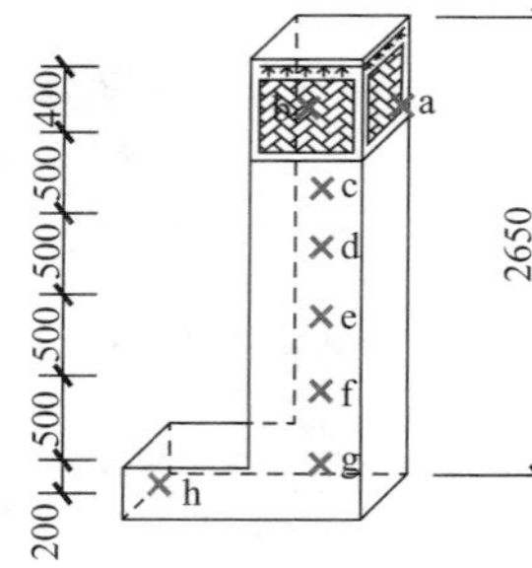

图 4　被动式蒸发冷却风塔内测点布置

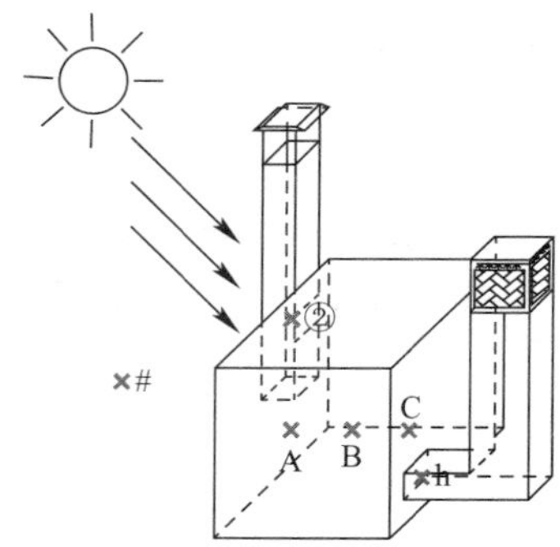

图 5　房间内测点布置

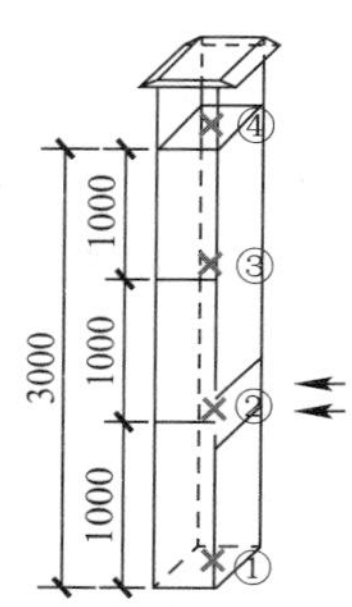

图 6　太阳能烟囱内测点布置

测试中各测点的测试内容　　表 3

测点名称	测试内容
a、#	室外环境空气温度、相对湿度
b	填料后空气温度、相对湿度
c～g	竖向通风腔体内垂直方向上各点空气温度、相对湿度
h	送风口空气温度、相对湿度
A～C	室内环境空气温度、相对湿度
②	排风口空气温度、相对湿度
①、③、④	太阳能烟囱内垂直方向上各点空气温度、相对湿度

4.3　对测试数据进行分析

实验台搭建完成后，对“太阳能烟囱与蒸发冷却风塔相结合的复合被动蒸发冷却通风降温系统”实验台的效果进行测试。

图 7 为测试时间段内被动式蒸发冷却风塔内各测点温湿度分布情况。可以看出在 16：30 时冷风塔进出风口温降范围最大，为 13.6℃，该时段风塔腔体内平均温度下降 12.1℃，降温效果明显；相对湿度平均增加 58.5%，被等焓降温加湿后的空气送入室内，与室内干燥空气相混合，可使室内相对湿度达到 50%～60%。

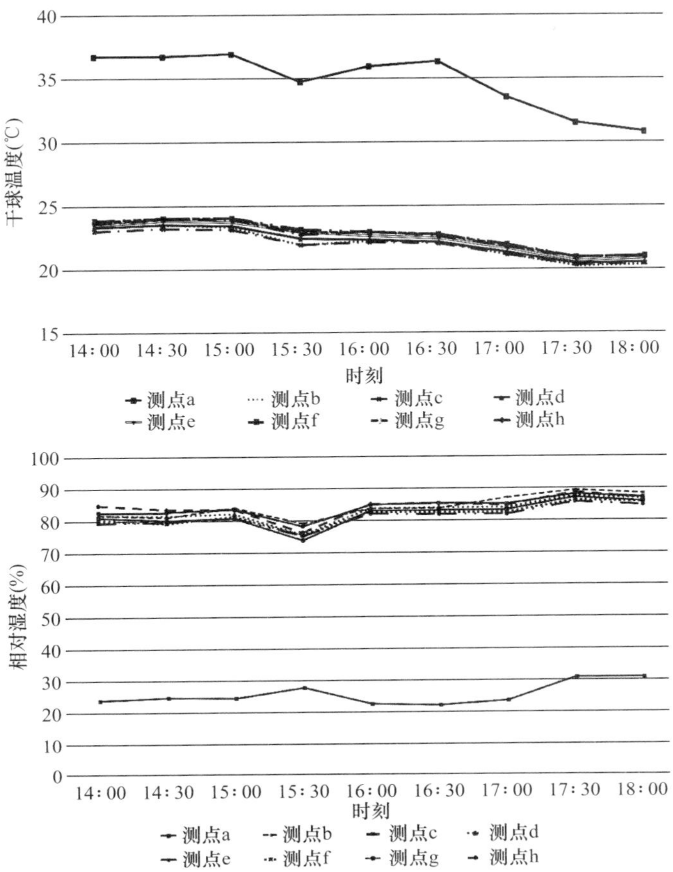

图 7　被动式蒸发冷却风塔内温湿度分布情况

图 8 为测试时间段内被动式蒸发冷却风塔腔体内垂直方向测点各时间点温度变化情况。在测试时段内，测点 c、d、e、f 的干球温度值随着与填料之间距离的增加而升高，经计算可知，在 14：00～18：00 时段内整点时被动式冷却塔腔体内垂直方向温度梯度的变化值分别为 0.11℃/m、0.36℃/m、0.26℃/m、0.22℃/m、0.26℃/m，测试时间段内平均温度梯度为 0.24℃/m。

图 9 为测试时间段内太阳能烟囱内各测点温湿度分布情况。太阳能烟囱通过吸收太阳辐射来提高烟囱通道内热压，诱导气流流动。排风口与室内干球温度最大温差出现在 15：30，为 11℃，测试时间段内平均温升为 9.4℃，平均湿度降低 37%。强化通风效果明显。

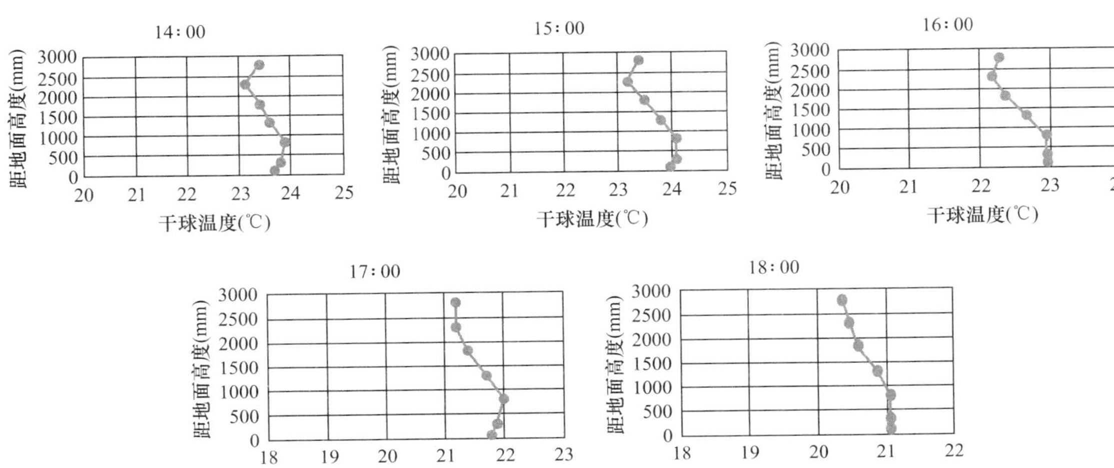

图 8　被动式蒸发冷却风塔腔体内垂直方向测点各时间点温度变化情况

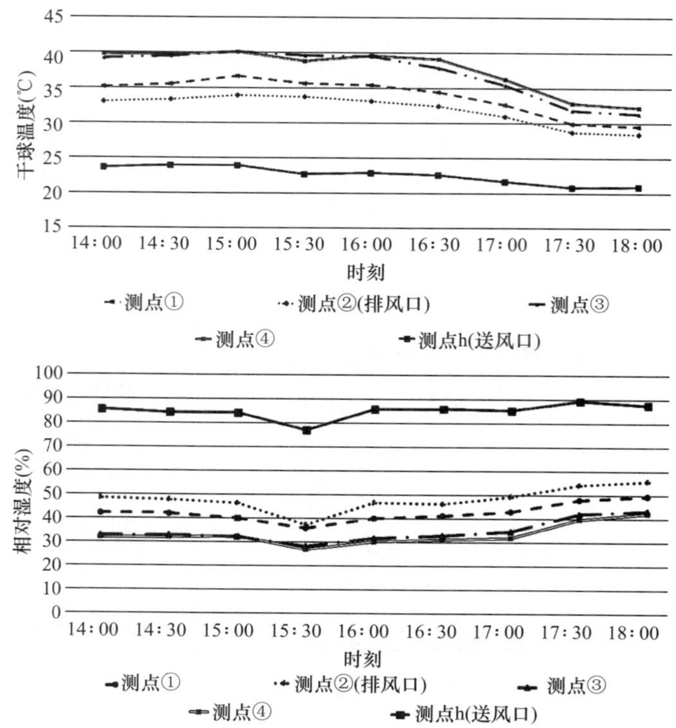

图 9　太阳能烟囱内温湿度分布情况

图 10 为测试时间段内系统整体温湿度分布情况。可以看出被动式蒸发冷却风塔送风口空气干球温度与室外湿球温度间温差较小，最大温差出现在 17：00，为 2.9℃，测试时间段内平均温差仅为 2.3℃。二者之间的趋近程度反映了直接蒸发冷却效率的大小，计算出测试时间段内平均直接蒸发冷却效率为 81.5%，蒸发冷却效果明显。测试时间段内，室外平均温度为 35.7℃，室内平均温度为 28.8℃，室内外平均温差为 6.9℃，室内平均相对湿度为 58.1%，满足人体舒适度要求。

通过对送风口与排风口风速的测试，整理得出测试时间段内进排风口平均风速，并进一步换算出进排风口的风量情况，如表 4 和表 5 所示。

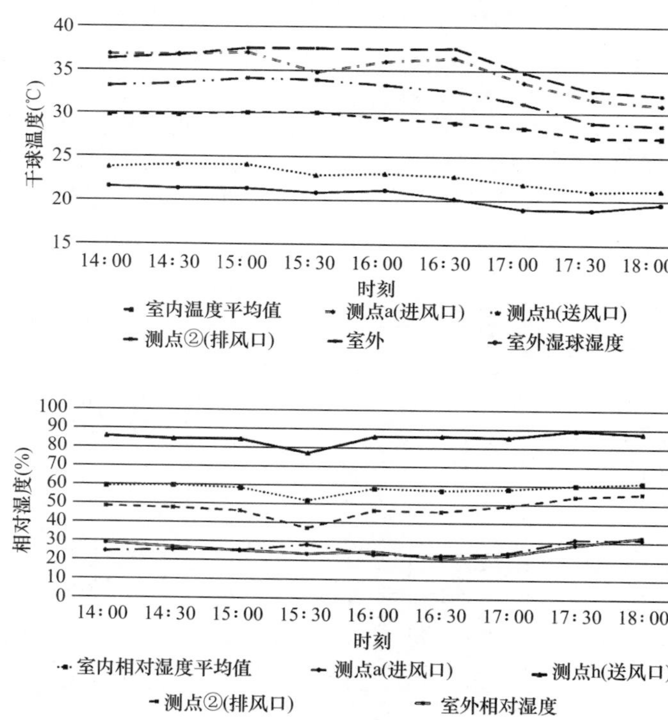

图 10　室内温湿度分布情况

测试时间段内进排风口风速　　表 4

设备名称	时段	最大风速（m/s）	最小风速（m/s）	平均风速（m/s）
被动式蒸发冷却风塔（进风口）	14：00～18：00	0.95	0.76	0.85
太阳能烟囱（排风口）	14：00～18：00	0.6	0.47	0.54

测试时间段内进排风口风量　　表 5

设备名称	风口尺寸（m）	风口面积（m^2）	平均风速（m/s）	风量（m^3/h）
被动式蒸发冷却风塔（进风口）	0.6×0.3	0.18	0.85	550.8
太阳能烟囱（排风口）	0.6×0.3	0.18	0.54	349.9

通过以上测试数据，采用单位面积负荷法进行换算，房间的长宽高均为 2.8m，若单位面积冷负荷取 120 W/m^2，则

$$Q_L = 2.8 \times 2.8 \times 120 = 940.1\text{W} = 0.94\text{kW}$$

所以，房间所需送风量为：

$$Q_{房} = \frac{Q_L}{c_p(t_n - t_o)\rho} = \frac{Q_L}{c_p \Delta t \rho} = \frac{0.94}{1.01 \times 6.9 \times 1.29} = 0.105\text{m}^3/\text{s}$$

而冷风塔送风量为 $G_{塔}=0.15\text{m}^3/\text{s}$，太阳能烟囱通风量 $G_{太}=0.1\text{m}^3/\text{s}$，满足要求。

此时冷风塔制冷量为：

$$Q_{塔} = 0.15 \times 1.01 \times 12.1 \times 1.29 = 1.35\text{kW}$$

实际制冷量可满足的房间面积为：

$$A_{实际} = \frac{1.35 \times 1000}{120} = 11.25\text{m}^2$$

室内通风换气次数：

$$n = \frac{G_{太}}{V} = \frac{0.1 \times 3600}{1.29 \times 2.8 \times 2.8 \times 2.8} = 12.7\text{h}^{-1}$$

完全满足要求。

图 11 为对室内颗粒物浓度进行测试后各颗粒物在室内浓度的折线图，可以看出在测试时间段内，各类颗粒物浓度均呈下降趋势，说明直接蒸发冷却除了对室内降温加湿之外，还起到一定的过滤作用。

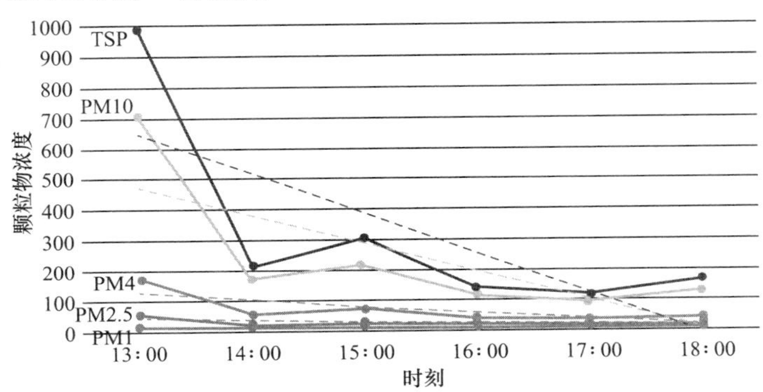

图 11　室内颗粒物浓度含量

图 12 和图 13 分别为被动式蒸发冷却风塔和太阳能烟囱侧表面温度红外热成像图，将其测试数据与系统各测点温度进行对比分析，可以看出 15：00 被动式蒸发冷却风塔侧表面温度在 40℃左右时，腔体内部平均温度为 24℃左右，虽存在风道温升，但总体来说被动式蒸发冷却风塔腔体内部保温效果较好；同一时刻太阳能烟囱侧表面温度约为 51.1℃，此时室外干球温度为 36.9℃，太阳能烟囱内部平均温度约为 40℃，可见通过太阳辐射使太阳能烟囱内部温度升高，从而利用“烟囱”效应将室内热空气排出室外的可行性，且室内通风降温效果显著。

图 12　被动式蒸发冷却风塔侧表面热成像图

图 13　太阳能烟囱侧表面热成像图

5 结论

若将本文提出的太阳能烟囱复合蒸发冷却通风降温系统在我国西北和“一带一路”沿线地区等干空气能、太阳能资源丰富的地区应用，具有现实可行性，且市场前景巨大。不仅如此，除了可以解决室内通风降温的问题之外，该系统还可以对室外空气中的灰尘及 PM2.5 等颗粒物进行过滤，提高室内空气品质。若将该系统应用于生态建筑，将大大节省初投资费用和运行费用，尤其是将该系统应用于超低能耗或零能耗等绿色建筑，可有效缓解建筑耗能带来的能源危机，提高经济性，具有促进人与自然协调发展的社会意义。

参考文献

[1] 司小雷. 我国的建筑能耗现状及解决对策 [J]. 建筑节能，2008，(02)：71-75.

[2] 刘富伟. 论述暖通空调系统的节能措施 [J]. 建材与装饰，2018，(05)：210-21

[3] N. M. Nahar，P. Sharma，M. M. Purohit. performance of different passive techniques for cooling of building in arid regions [J]. Building and Environment，2003，38：109-116.

[4] 范影，黄翔，狄育慧. 被动冷却技术在我国建筑节能中的应用展望 [J]. 建筑热能通风空调，2005，24 (05)：29-32+55.

[5] 范影. 应用于被动蒸发冷却的复合型高分子多孔调湿材料的理论及实验研究 [D]. 西安：西安工程大学，2006

[6] 邱静，李保峰. 被动式蒸发冷却下向通风降温技术的研究与应用 [J]. 建筑学报，2011 (09)：29-33.

[7] 邱静. 被动复合式下向通风降温技术在建筑中应用的可行性研究 [D]. 武汉：华中科技大学，2012.

[8] 康雅雄. 应用被动蒸发冷却技术的冷却风塔在干燥地区的应用研究 [D]. 西安：西安工程大学，2018.

[9] 薛宇峰，苏亚欣. 太阳能烟囱结构对通风效果影响的数值研究 [J]. 暖通空调，2011，41 (10)：79-83.

[10] Preeda Chantawong，Jongjit Hirunlabh，Belkacem Zeghmati，et al. Investigation on thermal performance of glazed solar chimney walls [J]. Solar Energy，2006，80 (3)：288-297.

[11] Sompop Punyasompun，Jongjit Hirunlabh，Joseph Khedari，et al. Investigation on the application of solarchimney for multi-storey buildings [J]. RenewableEnergy，2009，34 (12)：2545 -2561.

[12] KumariS，Sinha S，Kumar N. Experimental investigation of solar chimney assisted bioclimatic architecture [J]. Energy Conversion and Management，1998，39 (5/6)：441-444.

空调水系统冷水温差选择的探讨

浙江省建筑设计研究院　金华飞☆　姚国梁

摘　要　本文介绍了常规空调水系统温度确定的来由，并对大温差空调水系统的不同冷水供回水温差、冷冻机组及冷水循环水泵的能耗进行定量分析，得出空调水系统中冷水循环水泵输送能耗与冷机能耗之比达到某一数值时，大温差水系统的节能性才能得以体现，为工程设计中空调水系统温差选择提供可行的方法。

关键词　空调水系统　大温差　水泵　输送能耗

0　引言

《民用建筑供暖通风与空调设计规范》GB 50736—2012 第 8.5.1 条规定：采用冷水机组直接供冷时，空调冷水供水温度不宜低于 5℃，空调冷水供回水温差不应小于 5℃；有条件时，宜适当增大供回水温差。常规的空调供回水温度为 7℃/12℃，温差为 5℃。在大型和特大型工程项目中，由于空调水系统的管线较长，水泵的耗电功率较大，为了降低水泵的耗能，大温差空调水系统应用越来越多。增大空调冷水进出水温差可以大幅减少空调系统水流量，从而减少循环水泵输送功耗，实现系统节能运行。

目前，采用大温差水系统的做法，通常是降低空调冷水的供水温度，同时提高回水温度。如采用 5℃或 6℃供水，13℃或 14℃回水。但大温差水系统有诸多值得探讨的地方：如 5℃或 6℃供水温度的大温差水系统中，由于出水温度降低致使冷水机组的蒸发温度降低，机组的制冷量减少，冷水机组制冷性能也就降低；而回水温度的提高，有利于增加冷水机组的制冷量，提高制冷机的能效比，但同时也影响了空调末端机组的供冷量及除湿性能。此外，大温差水系统水流量减少对空调水系统的水力平衡会产生影响，故大温差空调水系统供回水温度和温差的确定需要进行综合分析。

在空调冷水系统的设计中采用常规 5℃温差还是采用大温差、采用多大温差、供回水温度取多少对空调系统的节能最为有利？工程设计中选择时较为随意，设计规范中也没有特别明确，本文拟就此进行探讨。

1　常规空调水系统水温确定的来由

夏季人体舒适区温湿度范围在干球温度 $T=25$℃、相对湿度 $\phi=60\%$左右，此时空气的露点温度约为 16.6℃。常规空调系统一般是通过对空气进行冷却冷凝来除湿的。要通过冷凝除去空气中的水分，表冷器的表面温度需要低于室内空气的露点温度，考虑 5℃的传热温差和 5℃的介质输送温差，实现 16.6℃的露点温度则需要 6.6℃的冷源温度，这是常规空调水系统采用 7℃冷水出水温度的原因。目前，工程设计中常见大温差的供回水温度有 6℃/12℃、5℃/13℃、7℃/14℃等。下文针对这些大温差冷机与常规温差冷机作定量分析比较。

2　不同出水温度对冷机性能系数的影响

2.1　不同供回水温度下冷水机组的 *COP* 值及 *IPLV* (*NPLV*) 值

名义制冷量为 1163kW 不同品牌冷水机组的 *COP*、*IPLV*(冷却水 30℃/35℃，污垢系数参照国家标准）见表 1。

不同品牌冷水机组的 *COP*、*IPLV*(名义制冷量为 1163kW)　　表 1

品牌 供回水温度	A(H)	B(T)	C(Y)	D(C)
7℃/12℃	*COP*=6.30 *IPLV*=7.8	*COP*=5.63 *IPLV*=6.94	*COP*=5.891 *NPLV*=7.759	*COP*=5.94 *NPLV*=7.41
6℃/12℃	*COP*=6.18 *IPLV*=7.73	*COP*=5.92 *IPLV*=7.46	*COP*=5.733 *NPLV*=7.595	*COP*=5.75 *NPLV*=7.10
5℃/13℃	*COP*=6.06 *IPLV*=7.58	*COP*=5.96 *IPLV*=7.69	*COP*=5.564 *NPLV*=7.373	*COP*=5.61 *NPLV*=6.85
7℃/14℃	*COP*=6.30 *IPLV*=7.8	*COP*=5.65 *IPLV*=6.94	*COP*=5.930 *NPLV*=7.783	*COP*=5.98 *NPLV*=7.43

☆　金华飞，男，教授级高级工程师。通讯地址：杭州市安吉路 18 号，Email：136330198@qq.com。

名义制冷量为 2110kW 不同品牌冷水机组的 *COP*、*IPLV*(冷却水 30℃/35℃，污垢系数参照国家标准）见表 2。

不同品牌冷水机组的 *COP*、*IPLV*(名义制冷量为 2110kW) **表 2**

品牌 / 供回水温度	A(H)	B(T)	C(Y)	D(C)
7℃/12℃	*COP*=6.80 *IPLV*=7.87	*COP*=6.34 *IPLV*=7.20	*COP*=5.824 *NPLV*=6.66	*COP*=5.787 *IPLV*=6.29
6℃/12℃	*COP*=6.58 *IPLV*=7.72	*COP*=6.10 *IPLV*=7.00	*COP*=5.318 *NPLV*=6.565	*COP*=5.622 *IPLV*=6.14
5℃/13℃	*COP*=6.38 *IPLV*=7.49	*COP*=5.90 *IPLV*=6.77	*COP*=5.225 *NPLV*=6.392	*COP*=5.16 *IPLV*=5.24
7℃/14℃	*COP*=6.89 *IPLV*=8.13	*COP*=6.12 *IPLV*=6.89	*COP*=5.838 *NPLV*=6.667	*COP*=5.79 *IPLV*=6.25

由表 1、表 2 可以看出，冷水供水温度的降低对机组的能效有较大的影响，而回水温度的提高对机组能效影响不大。

根据表 1、表 2 数据生成柱状图（见图 1～图 4）。

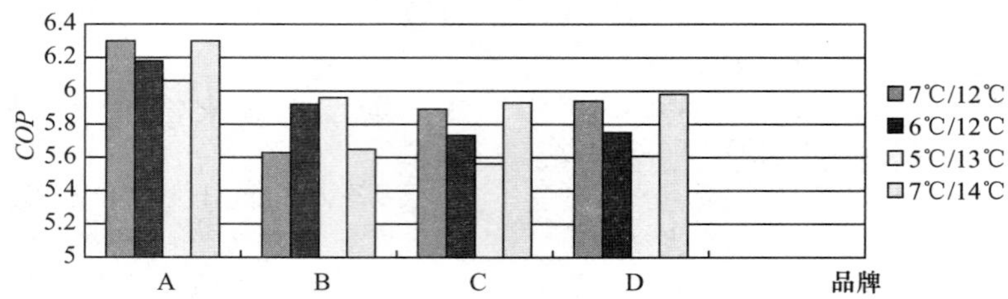

图 1　1163kW 冷机不同供水温度时的 *COP*

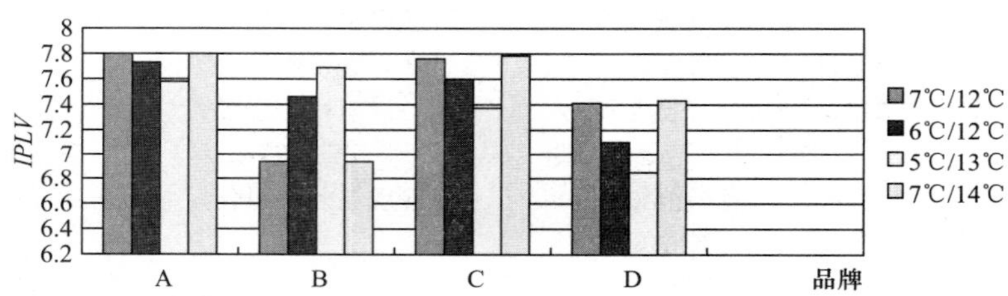

图 2　1163kW 冷机不同供水温度时的 *IPLV*

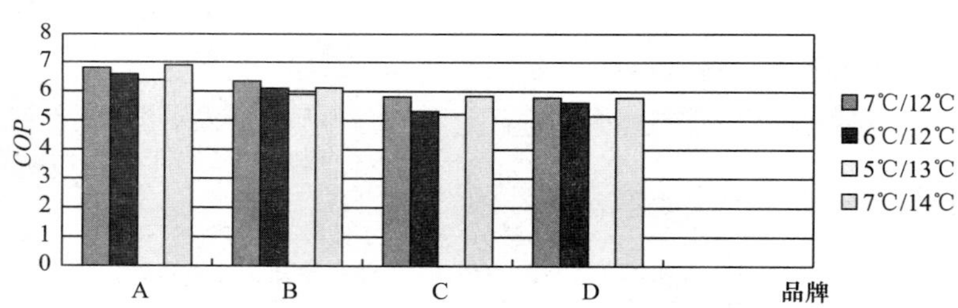

图 3　2110kW 冷机不同供水温度时 *COP*

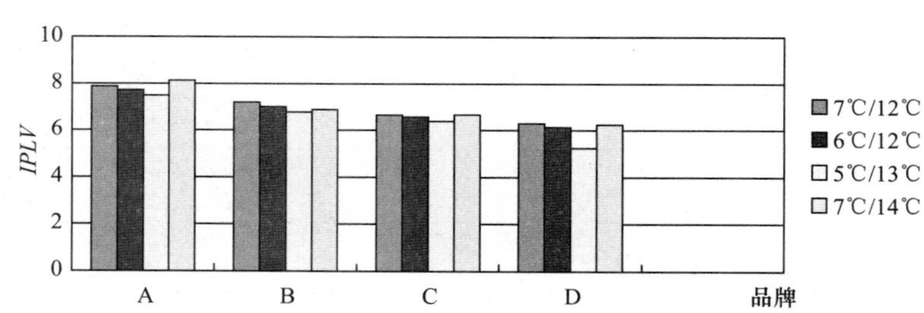

图 4　2110kW 冷机不同供水温度时 *IPLV*

由上述柱状图示可以初步得出以下结果：

（1）大多数品牌冷水机组在出水温度下降时，*COP* 值及 *IPLV* 值均呈下降趋势。

（2）个别品牌的个别型号冷机因其特殊结构，在大温差时冷机 *COP* 及 *IPLV* 表现优异。

（3）相同出水温度时，不同供回水温差的冷水机组的 *COP* 值及 *IPLV* 值较为接近甚至相同。如果不考虑末端空调设备的换热性能下降，7℃/14℃的大温差水系统冷机 *COP* 值较常规温差时几乎相同，同时循环水泵能耗下降较多，无疑系统具有较高的能效比。需要指出的是，大温差水系统工况下，水流量减少降低了末端盘管管内换热系数，制冷量相应减少，采用适当降低进水温度可以补偿下降的制冷量。相同进水温度时，大温差水系统往往需要放大盘管型号来保证末端盘管制冷量。仲华等研究表明，进水温度为7℃时，随着冷水温差的增大，制冷量的下降幅度较进水温度为5℃及6℃时更大。此时，空调冷水系统总能耗尚需考虑放大末端盘管型号后增加的风机功耗。

《公共建筑节能设计标准》GB 50189—2015 对空调系统的电冷源综合制冷性能系数 *SCOP* 做出规定，目的是要有效提升整个冷源侧空调水系统的能效。但 *SCOP* 值中不含冷水泵能耗，与本文分析尚有区别。

2.2 不同供回水温度下冷水系统的功耗比较

空调冷水系统总能效计算应包含冷水主机、空调冷水泵、空调末端设备、冷却水泵及冷却塔组成的冷水系统各部分的耗电功率。本文假定冷水主机在常规供回水温度和温差下的功耗为 N_C，空调冷水泵功耗为 N_P，空调末端设备功耗为 N_f(下面分析中假设空调末端功耗不变），冷却水泵及冷却塔泵功耗均不变。

为便于比较，假设不同温差系统水泵扬程 H 不变，水泵效率 η 不变。

$$N_P = QH/360\eta;$$
$$L = C_P Q \Delta t$$

冷量 L 不变，仅 Δt 变化，得出不同温差下流量变化，进而得出水泵功耗。冷水机组功耗 N_C 取某温差下表1及表2数据的算术平均值。

冷水机组功耗取值 表3

供/回水温度	7℃/12℃	6℃/12℃	7℃/14℃	5℃/13℃
供回水温差	5℃	6℃	7℃	8℃
冷水主机功耗	Nc	$1.027Nc$	$1.001Nc$	$1.048Nc$
冷水泵功耗	Np	$0.833Np$	$0.714Np$	$0.625Np$
两项合并功耗	$Nc+Np$	$1.027Nc+0.833Np$	$1.001Nc+0.714Np$	$1.048Nc+0.625Np$

采用大温差主要目的是减少系统总能耗，要小于常规温差系统能耗。基于表3有下列不等式。

当供回水温差为6℃时的能耗：

$$1.027N_C + 0.833N_P < N_c + N_p$$

则 $N_p/Nc > 0.16$ 时才比常规温差节能。

当供回水温差为7℃时的能耗：

$$1.001N_c + 0.714N_p < N_c + N_p$$

则 $N_p/N_c > 0.0035$ 时才比常规温差节能。

当供回水温差为8℃时的能耗：

$$1.048N_c + 0.625N_p < N_c + N_p$$

则 $N_p/N_c > 0.13$ 时才比常规温差节能。

由此可以看出，采用不同大温差水系统时，冷水泵功耗与冷水机组功耗之比大于某一数值时，才比常规温差水系统更节能。实际工程中，应根据冷水系统的总能效确定空调水系统冷水设计温差，可根据本文方法作定量分析，以保证空调冷水系统达到最优综合能效。

3 结论

在空调水系统温差选择时，应对空调冷水系统的输送能耗及主机能耗等作定量分析，选择合适的水系统温差，以达到空调系统的整体节能。

参考文献

[1] 中国建筑科学研究院. GB 50736—2012 民用建筑供暖通风与空气调节设计规范 [S]. 北京：中国建筑工业出版社，2012：70-71.

[2] 陆耀庆. 实用供热空调设计手册 [M]. 2版. 北京：中国建筑工业出版社，2008.

[3] 仲华，张青，朱平，等. 常水温差风机盘管机组应用于大水温差工况下的性能研究 [J]. 暖通空调，2008，38（4），83-86.

干燥地区普通办公建筑冷却塔供冷可行性分析及系统选择方法

深圳市建筑设计研究总院有限公司　朱树园☆　吴延奎

摘　要　以普通办公楼为例进行了计算分析，得出对于干燥地区的普通办公楼，采用冷却塔供冷是可行的；采用原冷却水系统供冷，投资回报期最短，但从整个设备寿命周期看，采用新增冷却设备供冷节能节费更显著；采用闭式冷却塔直接供冷与采用开式冷却塔间接供冷相比，节能节费相当，但初投资高，投资回报期长，经济性差。对于冷却塔供冷系统，采用直接供冷还是间接供冷、采用原冷却水系统还是新增冷却水设备，不能简单比较确定，需要综合考虑冷却塔供冷时间、冷却塔供冷量、空调系统形式、节能率、节费率、投资回收期等相关因素，经过详细计算确定。

关键词　冷却塔供冷　经济性　系统选择方法　动态负荷计算

0　引言

随着国家节能政策的推行和人们节能意识的增强，冷却塔供冷技术得到了越来越多的运用和推广[1~10]。冷却塔供冷系统分为直接供冷系统和间接供冷系统，文献［1］采用了直接供冷系统，文献［2～10］采用了间接供冷系统。关于冷却塔供冷系统选择说法不一，文献［11～13］认为直接供冷系统节能，文献［14］认为采用间接供冷系统更合理。文献［15］认为独立设置冷却水泵和冷水泵更节能，其他文献认为采用原系统的水泵和冷却塔更合理。这些都是针对供冷时间长、供冷量大的建筑，如电信机房、数据中心、工业厂房、商业及酒店建筑。对于供冷时间短供冷量不大的干燥地区的普通办公建筑，采用冷却塔供冷是否可行，应采用直接供冷还是间接供冷系统，单独设置冷却水系统还是采用原系统中的冷却设备，这正是本文旨在解决的问题。

笔者采用文献［16，17］中的计算方法，利用鸿业全年负荷计算及能耗分析软件 HY-EP5.0 和中国标准年（CSWD）室外气象数据，选取兰州某一办公建筑，采用不同的冷却塔供冷方案，通过计算全年的非供暖季空调系统能耗和投资回报期，分析节能节费情况，确定冷却塔供冷的可行性，并选出合理的冷却塔供冷系统方案。

1　计算模型

以兰州某办公楼为例，地下 2 层，局部地下 3 层，地上 23 层，总建筑面积为 40707m²。地下 3 层为设备房，地下 1，2 层为汽车库，地上 1，2 层为门厅、餐厅、厨房、商场；3，4 层为展览厅；5～22 层为办公室；23 层为多功能厅、西餐厅和厨房。标准层的建筑图见图 1。

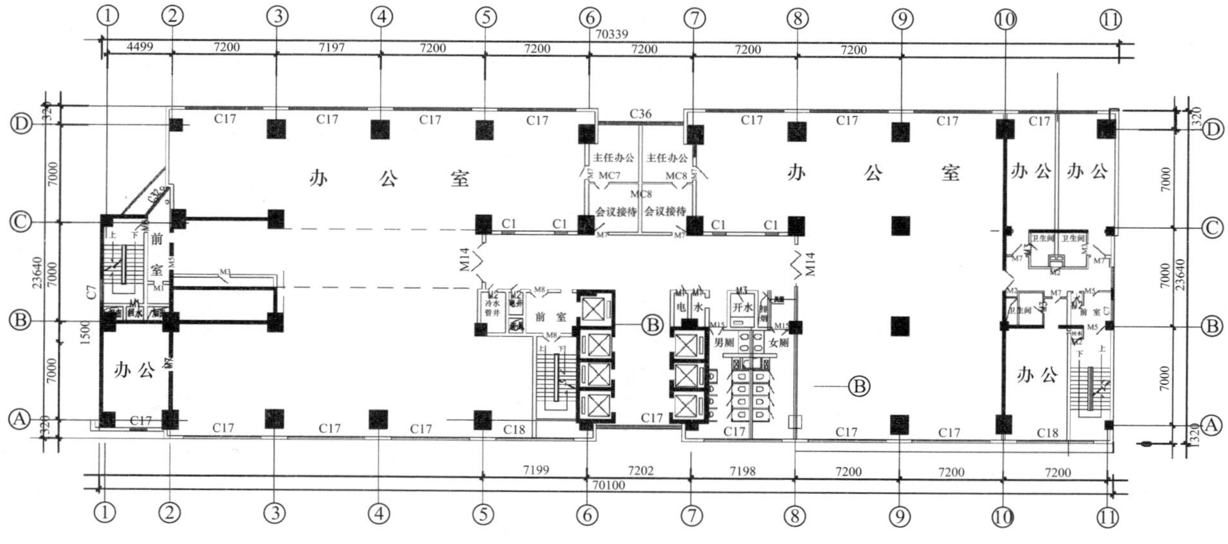

图 1　标准层建筑图

☆　朱树园，男，高级工程师。通讯地址：广东省深圳市福田区振华路 8 号设计大厦 1226 室，Email:345259744@qq.com。

2 输入条件

2.1 计算时间

办公的计算时间为 8：00～17：00，周末及节假日不计算。

2.2 围护结构参数

围护结构参数详见表 1。

2.3 室外气象参数

全年负荷计算的室外气象参数采用中国标准年（CSWD）兰州地区室外气象数据进行计算。

2.4 室内参数

室内气象参数、人员密度、设备功率、照明密度及新风量的取值详见表 2。

围护结构参数 表 1

区域		体型系数	窗墙比	传热系数 K[W/(m^2·K)]							
				屋面 D>2.5	外墙 D>2.5	楼板	内墙	外窗	外门	内门	内窗
夏热冬暖	兰州	0.25	0.24	0.45	0.5	1.46	2.31	2.7	3.02	4.21	5.7

室内参数 表 2

建筑类型	室内设计温度（℃）	相对湿度（%）	人员密度（m^2/人）	照明密度（W/m^2）	设备功率密度（W/m^2）	新风量[m^3（人·h）]
商场展厅	25	60	1.7	11	13	20
餐厅	25	60	1.5	15	20	30
办公室	25	55	5	11	13	30
会议室	25	60	1.2	20	5	15
多功能厅	25	60	1.7	11	13	15

3 空调系统形式

采用风机盘管＋新风的空调系统，冷源采用电制冷主机供冷，空调供回水温度为 7℃/12℃，空调系统原理图见图 2。

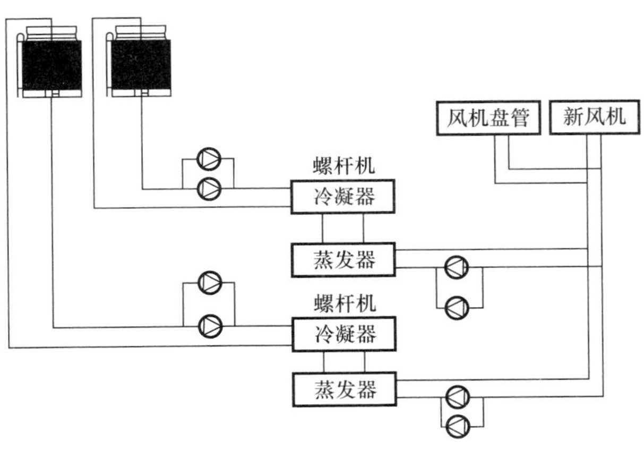

图 2 空调系统原理示意图

4 逐时负荷计算及设备选型

采用鸿业负荷计算软件 V7.0 对该建筑进行逐时负荷计算，空调总冷负荷为 2046.4kW，制冷及输送设备选型见表 3。

制冷及输送设备选型表 表 3

系统	序号	设备名称	制冷量（kW）/流量（m^3/h）	功率（kW）	单位	数量
主机系统	1	螺杆冷水机组	1300(370RT)	207.1	台	1
	2	螺杆冷水机组	752(214RT)	124	台	1
水输送系统	1	冷水泵	250m^3/h(扬程 35m 水柱)	30	台	2(一用 1 备)
	2	冷水泵	142m^3/h(扬程 35m 水柱)	22	台	2(一用一备)
	3	冷却水泵	310m^3/h(扬程 30m 水柱)	37	台	2(一用一备)
	4	冷却水泵	180m^3/h(扬程 30m 水柱)	30	台	2(一用一备)
	5	冷却塔	350m^3/h	9.9	台	1
	6	冷却塔	200m^3/h	4.95	台	1

注：经济比较只比较冷源及水输送系统，末端选型不再阐述。

5 全年空调负荷计算结果及分析

采用鸿业全年负荷计算及能耗分析软件 HY-EP5.0 进行全年空调负荷计算，输入条件与逐时计算相同。全年空调冷负荷为 675546.2kW，全年需要供冷的时间为 1402h，每月空调冷负荷统计值见图 3。

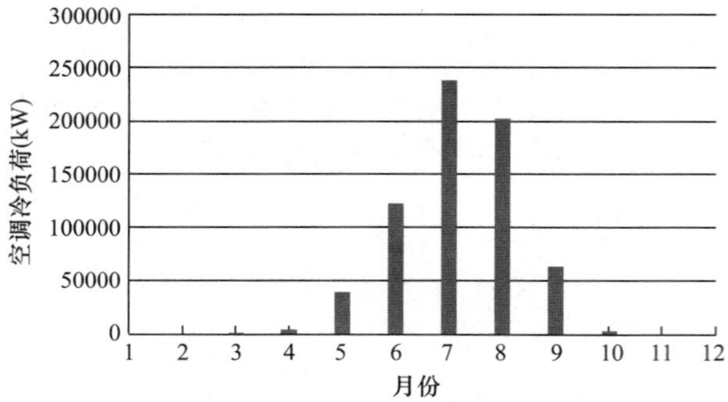

图 3　各月空调冷负荷

从图 3 中可以看出，空调冷负荷主要集中在 5～9 月，冷负荷在 7 月份最大，4、10 月份冷负荷较小。

6　冷却塔供冷时间及供冷量分析

6.1　冷却塔供冷时间分析

采用文献［16］的结论，冷却塔冷幅取 4℃，板换温升取 1℃，冷却塔供水温度取 16℃，回水温度取 19℃，冷却塔切换温度取 11℃。计算得出冷却塔总供冷时间为 306h，每月冷却塔供冷时间见图 4。

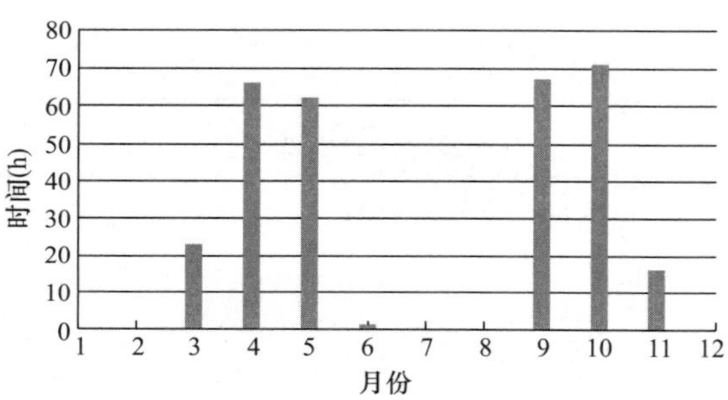

图 4　各月冷却塔供冷时间

从图 4 中可以看出，冷却塔供冷时间主要集中在 4、5、9、10 月份，10 月份冷却塔供冷时间最长，冷却塔供冷时间占空调系统总供冷时间的 21.8%，可供冷时间相对较长。从冷却塔供冷时间看，冷却塔供冷可行性高。

6.2　冷却塔供冷量对比

计算得全年冷却塔总供冷量为 14002kW，每月供冷量分布见图 5，从图 5 中可以看出，冷却塔供冷量主要集

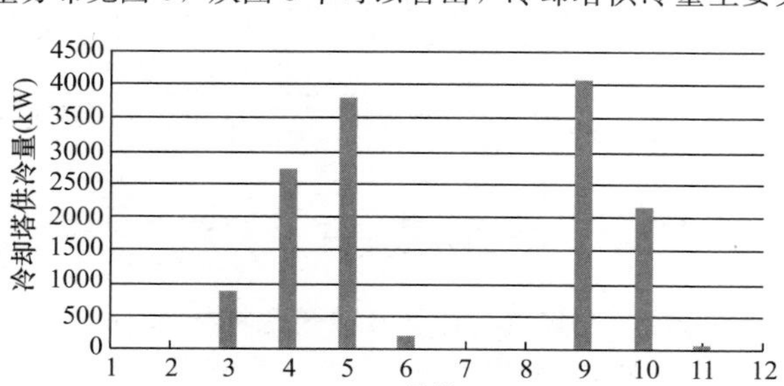

图 5　各月冷却塔供冷量

中在 4、5、9、10 月份，9 月份冷却塔供冷量最大，但冷却塔供冷量仅占空调系统总供冷量的 2.1%，供冷量少。从冷却塔供冷量看，冷却塔供冷可行性需进一步分析确定。

7　冷却塔供冷节能及经济分析

7.1　采用原冷却水系统与新增冷却设备对比

采用原冷却塔和水泵的间接供冷系统（以下简称系统 1）供冷时，仅新增板式换热器。过渡季节，冷水机组停机，开启原冷水主机对应的冷却塔和冷水泵为空调末端供冷，原理示意图见图 6。

采用新增冷却塔和水泵的间接供冷系统（以下简称系统 2）供冷时，新增冷却塔和水泵及板式换热器与原系统并联运行，过渡季节，冷水机组及对应的水泵和冷却塔停机，仅开启新增的冷却塔和水泵为空调末端供冷，原理示意图见图 7。

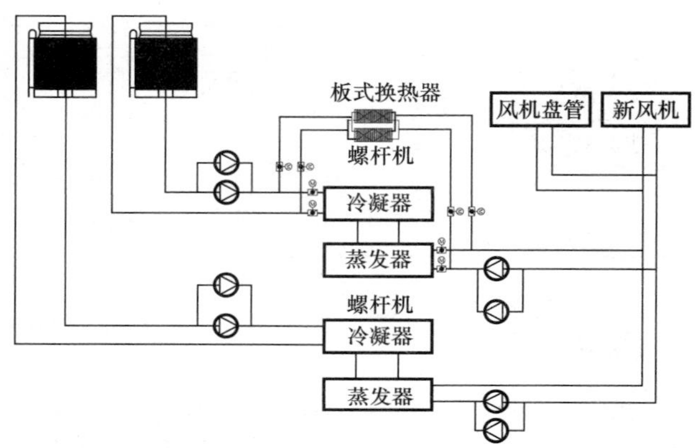

图 6　系统 1 供冷原理示意图

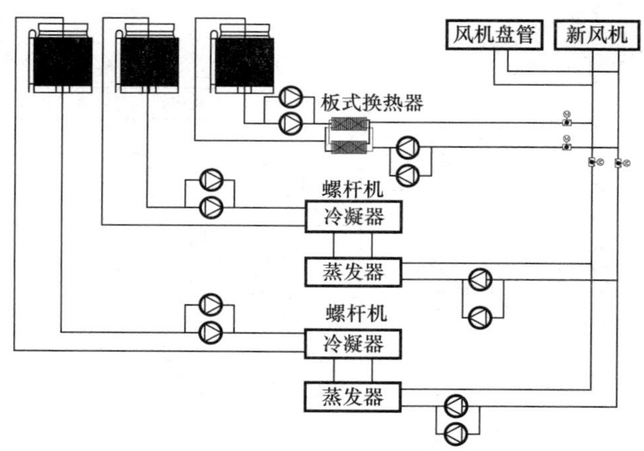

图 7　系统 2 供冷原理示意图

（1）冷却塔供冷节能对比

采用系统 1 时，仅增设板式换热器（换热量为 215kW），其他设备选型与原空调系统相同。

采用系统 2 时，新增冷却塔、水泵和板式换热器设备，其设备选型见表 4。

系统 2 新增冷却设备选型表　　　　表 4

系统	序号	设备名称	制冷量（kW）/流量（m³/h）	功率（kW）	单位	数量
新增水输送系统	1	冷水泵	66(扬程 28m)	7.5	台	2(一用一备)
	2	冷却水泵	66(扬程 22m)	5.5	台	2(一用一备)
	3	冷却塔	80	1.98	台	1
	4	板式换热器	215	0	台	1

采用文献［1］、文献［2］的能耗计算方法，计算原空调系统、系统 1、系统 2 的制冷能耗和水系统输送能耗值之和（以下简称机房能耗），具体见表 5，每月能耗分布见图 8。

空调系统机房能耗　　　　表 5

系统	原系统	系统 1	系统 2
能耗（kW）	302834.7	264890.7	254495.8
节能率（%）	0	12.5	16.0

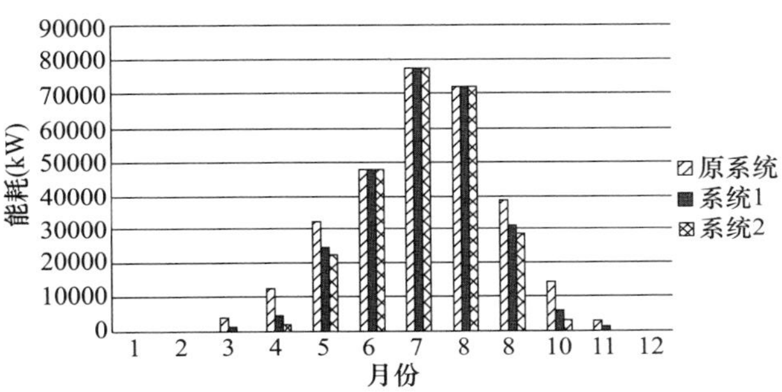

图 8　各月空调系统机房能耗

从表 5 中可以看出，冷却塔供冷系统节能率均在 10% 以上，系统 2 比系统 1 节能，节能能力为系统 1 的 1.3 倍。

从图 8 中可以看出，冷却塔供冷集中在 3～5 月及 9～11 月，在冷却塔供冷时间内，每月系统 2 均比系统 1 节能。

从节能性看，冷却塔供冷节能优势明显，系统 2 比系统 1 更节能。

（2）冷却塔供冷经济性对比

兰州电费取 0.8 元/kWh，计算 3 个系统的制冷及水输送系统运行费用（以下简称机房运行费），具体见表 6。系统 1 和系统 2 增加的初投资和投资回报期详见表 7。

空调系统机房运行费　　　　表 6

系统	原系统	系统 1	系统 2
费用（万元）	24.2	21.2	20.4
节能率（%）	0	12.5	16.0

初投资及投资回报期　　　　表 7

系统	系统 1	系统 2
增加初投资（万元）	0.75	7.59
投资回报期（年）	0.25	1.96

从表 7 中可以看出，两种冷却塔供冷系统初投资回报期均小于 2 年，经济合理；系统 1 比系统 2 初投资少，投资回报期短，但系统 2 的投资回报期仅为 1.96 年，在设备生命周期内，系统 2 的节能节费总量比系统 1 更为可观。

综上所述，从经济性看，两种冷却塔供冷系统均在合理范围；从设备寿命周期内看，选择新增冷却设备独立供冷比采用原冷却水系统供冷节能节费总量更大。

7.2　采用间接供冷系统与直接供冷系统对比

采用新增闭式冷却塔直接供冷系统（以下简称系统 3）供冷时，新增闭式冷却塔和水泵与原系统并联运行，过渡季节，冷水机组停机，仅开启新增的冷却塔和水泵为空调末端供冷，原理示意图见图 9。新增的冷却塔和冷却水泵设备选型见表 8。

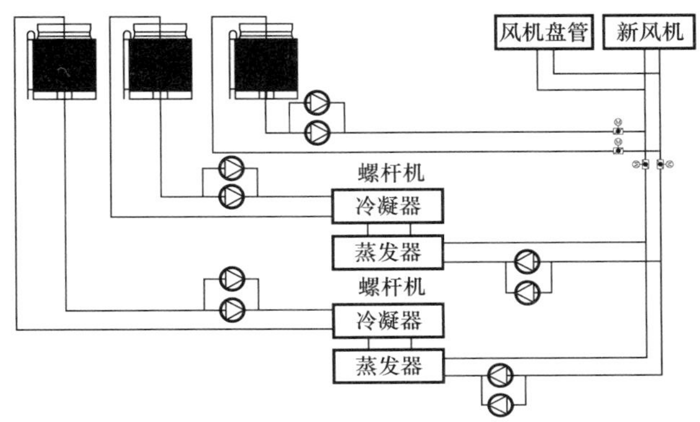

图 9　系统 3 供冷原理示意图

新增冷却设备选型表　　　　表 8

系统	序号	设备名称	制冷量（kW）/流量（m³/h）	功率（kW）	单位	数量
新增水输送系统	1	冷却水泵	66(扬程 35m)	11	台	2(1 用 1 备)
	2	冷却塔	80	8.5	台	1

采用闭式冷却塔时，水不与空气直接接触，换热能力略差，所以冷幅取 5℃，冷却塔供水温度取 16℃，冷却塔切换温度取 11℃。此时，系统 2 和系统 3 冷却塔供冷的时间和供冷量相同，但节能性和经济性不同。以下从这两方面进行对比分析。

（1）冷却塔供冷节能性对比

计算得系统 3 的机房能耗为 255879kW，与原空调系统和系统 2 的对比见表 9，每月能耗分布对比见图 10。

空调系统机房能耗　　　　表 9

系统	原系统	系统 2	系统 3
能耗（kW）	302834.7	254495.8	255879
节能率（%）	0	16.0	15.5

从表 9 中可以看出，系统 2 与系统 3 节能率相当，均比原系统节能 15% 左右以上。

从图 10 中可以看出，冷却塔供冷集中在 3～5 月、

9～11 月，各月的节能率系统 2 和系统 3 差别较小。

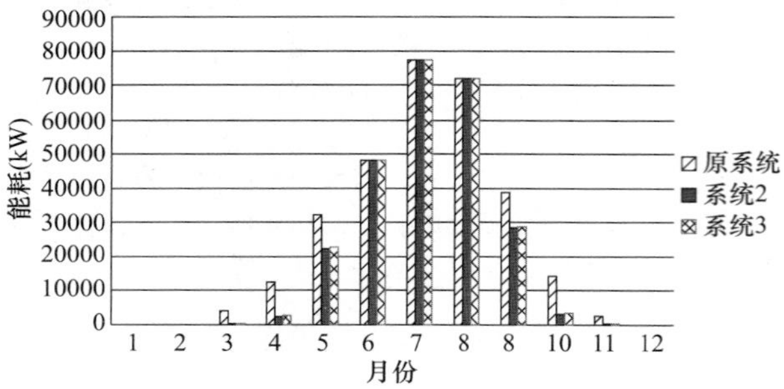

图 10　各月空调系统机房能耗

从节能性看，冷却塔供冷节能优势明显，系统 2 和系统 3 差别较小。

（2）冷却塔供冷经济性对比

计算得系统 3 的机房运行费为 20.47 万元，与原空调系统及系统 2 的对比见表 10。系统 3 新增初投资 16.03 万元，投资回报期为 4.27 年，与系统 2 的对比见表 11。

空调系统机房运行费　　表 10

系统	原系统	系统 2	系统 3
费用（万元）	24.2	20.4	20.47
节能率（%）	0	16.0	15.5

初投资及投资回报期　　表 11

系统	系统 2	系统 3
增加初投资（万元）	7.59	16.03
投资回报期（年）	1.96	4.27

从表 11 中可以看出，系统 2 初投资比系统 3 少，投资回报期仅为系统 3 的 46%，系统 3 的投资回报期过长，经济性差。从冷却塔供冷经济性看，系统 2 比系统 3 更合理。

综上所述，从节能性看，两种冷却塔供冷系统均是合理的；从经济性看，选择间接供冷系统比直接供冷系统更合理。

8　结语

对于干燥地区的普通办公建筑：

（1）采用冷却塔供冷虽然供冷量小，但从供冷时间、节能性、经济性看，是可行的。

（2）采用原冷却水系统供冷，投资回报期最短，但从整个设备寿命周期看，采用新增冷却设备供冷节能节费总量更显著。

（3）采用闭式冷却塔直接供冷与采用开式冷却塔间接供冷相比，节能节费相当，但初投资高，投资回报期长，经济性差。

上述结论是在假定全年室内参数不变化、冷却塔供冷考虑了供水温度为 16℃时对空调末端设备进行修正的前提下得出的，对于实际工程运用中冷却塔供冷系统，采用何种形式更合理，应综合考虑冷却塔供冷时间、冷却塔供冷量、空调系统形式、节能率、节费率、投资回收期等相关因素，经过详细计算确定，而不是简单对比系统的优缺点来选择。

参考文献

[1]　许青．宝钢电厂主厂房空调改造［J］．中国建设信息（供热制冷），2008，1：34-36．
[2]　樊荔，宋召波．冷却塔供冷的节能分析［J］．成都纺织高等专科学校学报，2009，4：29-31，41．
[3]　严卫东，马骞．冷却塔供冷在汽车涂装车间油漆降温系统中的应用［J］．建筑节能，2009，10：38-39．
[4]　陈华平，邵征宇．卷烟厂生产车间冷却塔冬季供冷节能技术研究［J］．设备与仪器，2010，2：11-14，38．
[5]　任世琛．电信机房冷却塔供冷系统节能研究［D］．南京：南京航空航天大学，2012．
[6]　张宝建．冷却塔供冷系统在电子厂空调系统节能改造中的应用研究［D］．上海：东华大学，2016．
[7]　朱涛，李程萌．风扇控制策略在冷却塔供冷中的应用研究［J］．区域供热，2017，5：92-98．
[8]　李帷，顾平道．冷却塔供冷系统在某空调系统中的节能改造［J］．建筑热能通风空调，2017，12：66-69，27．
[9]　张瑞合．龙德广场利用冷却塔为内区供冷的做法浅析［J］．工程建设与设计，2017，12：60-62．
[10]　胡桂霞，张伟．长沙某酒店冷却塔供冷系统节能性分析［J］．暖通空调，2017，47（7）：64-67．
[11]　李永安，常静，徐广利，等．封闭式冷却塔供冷系统气象条件分析［J］．暖通空调，2005，35（6）：107-108．
[12]　朱冬生，涂爱民．闭式冷却塔直接供冷及其经济性分析［J］．暖通空调，2008，4：100-103．
[13]　季阿敏，谷智，刘玮，等．冷却塔供冷技术的实验研究［J］哈尔滨商业大学学报（自然科学版），2010，1：90-102．
[14]　王翔．冷却塔供冷系统设计方法［J］．暖通空调，2009，39（7）：99-104．
[15]　徐健．某商场冷却塔供冷系统设计［J］．建筑热能通风空调，2017，12：101-104．
[16]　吴延奎，朱树园．非供暖季不同末端空调系统综合能耗的计算分析方法浅析［J］．建筑节能，2018，46（2）：7-10．
[17]　吴延奎，朱树园．深圳地区办公建筑供冷季空调系统综合能耗分析［J］．建筑节能，2018，46（8）：98-102．

蓄冷空调系统评价方法研究及应用

中国建筑西北设计研究院有限公司　周　敏☆　杨春方
西部机场集团有限公司　汪道先

摘　要　蓄冷技术作为电力削峰填谷的重要手段之一，近年来在国家政策的引导下，蓄冷技术在国内得到了广泛应用。针对应用的项目测试中发现，蓄冷空调系统评价存在经济性良好、能效较低的情况以及如何正确得出评价的问题。本文通过对现有蓄冷空调系统评价方法学习研究，提出了一种综合考虑蓄冷系统能效和经济性的评价方法，并通过某一工程案例，验证了该评价方法的可用性，完善了蓄冷空调系统评价体系，推动蓄冷空调系统发展。

关键词　蓄冷空调系统　评价方法　优化　综合能效经济性

0　引言

蓄冷空调系统已在中国使用了 40 多年，投入使用项目已达 1000 多项[1]。2003 年，国家颁布了国家标准《蓄冷空调系统的测试和评价方法》GB/T 19412—2003，此标准的评价方法主要是针对蓄冷系统的经济性；2011 年，国家发布了《蓄冷系统性能测试方法》GB/T 26194—2010，此标准以美国国家标准《蓄冷系统性能测试方法》ANSI/ASHRAE Standard 150-2000 为基础，对其结构和技术内容作了修改，该标准主要介绍了蓄冷系统的能效和性能的测试内容、测试方法[2]。2018 年，住房和城乡建设部针对此前发布的《蓄冷空调工程技术规程》进行修订，将修订后的《蓄能空调工程技术标准》JGJ 158—2018 确定为行业标准。国家对于蓄冷空调系统的测试、评价等方面给出了相应的规定及指导意见，但是针对蓄冷空调系统的"经济性良好、能效较低"的情况，该如何正确评价，业内还有争议。因此，本文从经济性和能效性两方面考虑，提出一种综合能效经济性评价方法，对蓄冷空调系统进行评价，为合理选取蓄冷空调系统方式提供参考。

1　现有评价方法研究

通过对蓄冷空调系统现有评价方法研究学习，将其分为三类评价，分别为系统能效评价方法、用户经济效益评价、社会经济效益评价。

1.1　系统能效评价方法

蓄冷系统与常规系统的主要区别是增加了一套蓄能装置，因此其评价指标主要包括了针对部分常规系统的设备以及蓄冷系统蓄能装置的能效评价。针对系统能效评价的指标[3,4,5]有单位面积空调能耗 ECA、单位空调面积耗冷量 CCA 和空调系统能效比 EERs；针对冷源整体评价的指标是制冷系统能效比 EERr，冷源各设备能效指标有冷水机组运行效率 COP、制冷机组性能系数降低率 ε、机组部分负荷的综合平均性能系数 $IPLV$、冷却水输送系数 WTFcw、冷却塔能效比 WTFct、乙二醇溶液泵输送系数 WTFegp；针对输配系统能效评价的指标是冷水泵输送系数 WTF_{chw}；针对空调末端系统能效评价的指标是空调末端能效比 EERt，针对蓄能装置效率评价指标有蓄冷率、蓄冷效率、释冷效率。

现有蓄冷系统能效评价方法主要是借助于常规系统的评价方法，而冰蓄冷空调系统在蓄冰模式下，机组蒸发温度较低，一般为−7～−5℃，导致主机 COP 偏低，常规系统中制冷机组性能系数普遍高于冰蓄冷系统双工况冷水机组，使用常规系统能效标尺评价蓄冷系统的能效是不公平的，因此不能简单地将常规系统的能效评价方法应用于蓄冷空调系统中。

1.2　用户经济效益评价方法

用户经济效益评价方法有静态投资回收期法、动态投资回收期法、寿命周期投资分析法、年度费用指标法和动态建筑寿命周期内总费用五种方法[6,7]，动态投资回收期法与静态投资回收期法相比，前者考虑了投资的时间价值所给出的标准折现率，最终得出的结果为动态回收年限；全寿命周期投资分析法是指将项目全寿命周期内所有的投资费用（包括设备购置、安装、维修、材料更换等费用）、系统能耗费用，及与投资有关的各种费用，按一定折现率折算成初始投资现值，也称为净现值法；年度费用法是对各方案在投资和运行费用不同时进行比较，将初投资按时间价值分散到各使用年限中去，其中年度费用最小者为最经济方案；动态建筑寿命周期内总费用法是考虑了蓄冷空调系统的建设初投资、系统年运行费用和年维护费用，其中年运行费用和年维护费用考虑了资金的时间价值，系统方案的寿命周期内总费用最少即为最优。

上述评价方法以"经济效益"为主导，主要是指蓄冷空调系统实际运行中节省的运行费；但如果系统运行水平状况不好，有可能比常规系统运行的经济性都差。因此，对于蓄冷空调系统经济性评价应该更加关注其运行中的经济性水平。

☆　周敏，男，教授级高级工程师。通讯地址：陕西省西安市未央区文景路中段 98 号，Email：zhoumin1963@163.com。

1.3 社会经济效益评价方法

蓄冷空调系统社会经济效益评价指标[8,9]主要有年转移峰电量、电力移峰量、年谷电利用率、转移单位电力峰荷成本及电力设施投资节省额等。其评价指标主要侧重于蓄冷空调系统转移了多少季节性高峰电力负荷、节约了多少高峰电量和对地区电力供需平衡起到了怎样的作用。而系统所产生的社会经济效益是否良好与系统的运行水平息息相关，系统运行水平越好，所产生的社会经济效益就越好。因此，客观、公正、科学、合理的评价系统是至关重要的。

1.4 蓄冷空调系统评价指标的思考

对于常规系统来说，系统能效高经济性就好，能效低经济性就差，相对于蓄冷系统来说，由于系统能效和经济性受到电价政策的影响，则可能存在系统能效高经济性好、能效高经济性差、能效低经济性好、能效低经济性差四种情况。

2 评价方法改进

2.1 系统能效经济系数

对于冰蓄冷系统夜间蓄冷时，系统 EER 较低，经济性好；白天供冷时，系统 EER 较高，经济性较差，导致出现系统评价结果不一的现象，故而考虑如何将蓄冷系统的能效和经济性结合。对于冰蓄冷系统能效评价的核心是单位耗电量的制冷量（系统 EER），蓄冷系统的经济性评价的核心是制备单位冷量所花费的钱（单位冷量运行费用 $CPOC$）；影响蓄冷系统运行费用的重要因素是分时电价，而分时电价与电价分时段和电价峰谷比有关，考虑将电价分时段、电价峰谷比和设备能效指标进行结合，将蓄冷系统经济性的优势与能效的劣势进行结合，提出一项综合考虑系统能效经济性的评价方法，从而避免出现评价结果不一的现象。

将系统一个蓄释冷周期时间段内，系统 EER 分为谷价 EER、平价 EER 和峰价 EER，与分时电价中峰、平、谷电价时间段相对应；将分时电价中以峰电价为基准值，提出峰谷电价比、峰平电价比、峰峰电价比。利用峰谷电价比、峰平电价比、峰峰电价比对系统谷时 EER、平时 EER、峰时 EER 进行修正；将冷机在峰、平、谷电价时间段内的运行时间数统计出来，对各时段修正后的系统 EER 进行求和，得出在一个蓄释冷周期内系统 EER 的平均值。

本文从系统能效和经济性综合考虑的角度出发，提出系统综合能效经济系数 CEC，其计算公式如下：

$$CEC=\frac{m\times\sum_{i=1}^{a}EER_i+n\times\sum_{j=1}^{b}EER_j+t\times\sum_{k=1}^{c}EER_k}{a+b+c} \tag{1}$$

式中 CEC——系统综合能效经济系数；

a、b、c——分别表示冷机在谷时段、平时段、峰时段开机小时数；

m、n、t——分别表示峰谷电价比、峰平电价比、峰峰电价比；

EER_i——谷电价时间段系统逐时能效比；

EER_j——平电价时间段系统逐时能效比；

EER_k——峰电价时间段系统逐时能效比。

上式反映了综合考虑蓄冷系统的逐时能效和电价因素对系统性能的影响，其值越大，表明系统综合能效经济性能越好。

2.2 系统综合部分负荷能效经济系数

对于蓄冷系统来说，一个供冷季在不同的负荷率下，其运行策略是不一样的，那么系统的能效经济性也就不同；在满负荷时段内，冷机承担的冷量占据设计日总冷负荷的比例很大，优先冷机供冷，蓄冷供冷则满足负荷高峰时间的供冷量，这样冷机开启时间长且基本满负荷运行，使得冷机效率达到最优。但是，蓄冷供冷削减的高峰负荷却不在高峰电价时间段内，导致系统经济性稍差；在部分负荷时间内，由于冷负荷减小，蓄冷量可以满足电价高峰时间段内的冷负荷，这样可以避免冷机长时间开启，使得系统经济性提高。

不同负荷率下的运行策略是不同的，同时也对蓄冷系统能效经济性影响很大；将系统供冷季的负荷率分为100%负荷率、75%负荷率、50%负荷率、25%负荷率，对于系统不同的负荷率，利用式（1）计算不同负荷率下蓄冷系统的综合能效经济系数，再通过供冷季负荷率占比进行修正，然后求和，计算得出综合部分负荷能效经济系数 $LPEC$，其计算公式如下：

$$LPEC=A\times CEC_1+B\times CEC_2+C\times CEC_3+D\times CEC_4 \tag{2}$$

式中 $LPEC$——系统综合部分负荷能效经济系数；

CEC_1、CEC_2、CEC_3、CEC_4——分别表示100%、75%、50%、25%负荷率下系统综合能效经济系数；

A、B、C、D——分别表示100%、75%、50%、25%负荷率下时间占比系数。

综合部分负荷能效经济系数 $LPEC$ 反映了系统在满负荷及部分负荷下综合影响后的系统能效经济性，其值越大，系统综合部分负荷能效经济性越好。

2.3 设备综合能效经济系数

蓄冷系统主要设备包括双工况冷机、基载冷机、冷水泵、溶液泵、冷却泵、冷却塔主要的耗电设备，通过对蓄冷系统冷站中主要的耗电设备的综合性能评价，有利于对蓄冷空调系统各个设备运行状况的掌握，以便运行管理人员有针对性了解系统情况。

（1）冷机综合能效经济系数

$$CEC_C=\frac{m\times\sum_{i=1}^{a}COP_i+n\times\sum_{j=1}^{b}COP_j+t\times\sum_{k=1}^{c}COP_k}{a+b+c} \tag{3}$$

式中 CEC_C——冷机综合能效经济系数；

a、b、c——分别表示冷机在谷时段、平时段、峰时段开机小时数；

COP_i——谷电价时段冷机逐时能效比；

COP_j——平电价时段冷机逐时能效比；

COP_k——峰电价时段冷机逐时能效比。

（2）冷水泵综合能效经济系数

$$CEC_{\mathrm{CHWP}}=\frac{m\times\sum_{i=1}^{a}WTF_{\mathrm{CHWP}i}+n\times\sum_{j=1}^{b}WTF_{\mathrm{CHWP}j}+t\times\sum_{k=1}^{c}WTF_{\mathrm{CHWP}k}}{a+b+c}\tag{4}$$

式中 CEC_{CHWP}——冷水泵综合能效经济系数；

a、b、c——分别表示冷水泵在谷时段、平时段、峰时段开机小时数；

$WTF_{\mathrm{CHWP}i}$——谷电价时段冷水泵逐时输配系数；

$WTF_{\mathrm{CHWP}j}$——平电价时段冷水泵逐时输配系数；

$WTF_{\mathrm{CHWP}k}$——峰电价时段冷水泵逐时输配系数。

（3）冷却泵综合能效经济系数

$$CEC_{\mathrm{CWP}}=\frac{m\times\sum_{i=1}^{a}WTF_{\mathrm{CWP}i}+n\times\sum_{j=1}^{b}WTF_{\mathrm{CWP}j}+t\times\sum_{k=1}^{c}WTF_{\mathrm{CWP}k}}{a+b+c}\tag{5}$$

式中 CEC_{CWP}——冷却泵综合能效经济系数；

a、b、c——分别表示冷却泵在谷时段、平时段、峰时段开机小时数；

$WTF_{\mathrm{CWP}i}$——谷电价时段冷却泵逐时输配系数；

$WTF_{\mathrm{CWP}j}$——平电价时段冷却泵逐时输配系数；

$WTF_{\mathrm{CWP}k}$——峰电价时段冷却泵逐时输配系数。

（4）溶液泵综合能效经济系数

$$CEC_{\mathrm{EGP}}=\frac{m\times\sum_{i=1}^{a}WTF_{\mathrm{EGP}i}+n\times\sum_{j=1}^{b}WTF_{\mathrm{EGP}j}+t\times\sum_{k=1}^{c}WTF_{\mathrm{EGP}k}}{a+b+c}\tag{6}$$

式中 CEC_{EGP}——溶液泵综合能效经济系数；

a、b、c——分别表示溶液泵在谷时段、平时段、峰时段开机小时数；

$WTF_{\mathrm{EGP}i}$——谷电价时段溶液泵逐时输配系数；

$WTF_{\mathrm{EGP}j}$——平电价时段溶液泵逐时输配系数；

$WTF_{\mathrm{EGP}k}$——峰电价时段溶液泵逐时输配系数。

（5）冷却塔综合能效经济系数

$$CEC_{\mathrm{CT}}=\frac{m\times\sum_{i=1}^{a}WTF_{\mathrm{CT}i}+n\times\sum_{j=1}^{b}WTF_{\mathrm{CT}j}+t\times\sum_{k=1}^{c}WTF_{\mathrm{CT}k}}{a+b+c}\tag{7}$$

式中 CEC_{CT}——冷却塔综合能效经济系数；

a、b、c——分别表示冷却塔在谷时段、平时段、峰时段开机小时数；

$WTF_{\mathrm{CT}i}$——谷电价时段冷却塔逐时输配系数；

$WTF_{\mathrm{CT}j}$——平电价时段冷却塔逐时输配系数；

$WTF_{\mathrm{CT}k}$——峰电价时段冷却塔逐时输配系数。

系统综合部分负荷能效经济系数 $LPEC$ 作为评价蓄冷系统供冷季整体能效经济性评价指标，系统综合能效经济系数 CEC、各设备综合能效经济系数作为评价蓄冷系统一个蓄释冷周期或一天的能效经济性评价指标。上述评价方法适用于冰蓄冷和水蓄冷系统评价。文中对冰蓄冷系统主要设备评价指标给出了计算方法，对于水蓄冷系统的各设备评价指标参照上文中各设备评价指标的计算方法。

本文提出的系统综合能效经济性评价方法，避免了原有评价方法从系统能效和经济性两方面进行评价而出现评价结果不一致，或者不能够公平比较的问题。该评价方法建立在原有评价方法的基础上，综合考虑了系统能效和经济性，可以简单直观地进行不同系统之间横向对比。

3 评价方法优化后的应用

为了验证优化后评价方法的可行性，下文选取一座商业建筑，根据建筑物设计日负荷，分别设计选型常规空调系统、冰蓄冷空调系统和水蓄冷空调系统冷站的主要设备配置，并制定出100%设计日负荷、75%设计日负荷、50%设计日负荷、25%设计日负荷下的系统运行策略，根据系统设计运行策略，计算出三种空调系统的综合部分负荷能效经济系数和综合能效经济系数，并进行对比分析。

3.1 工程概况

3.1.1 建筑物负荷特性

该建筑是一座综合性大楼，其建筑面积约为18万m^2，尖峰冷负荷为20463kW，设计日总冷负荷为234004kWh，该建筑设计日逐时冷负荷如图1所示。

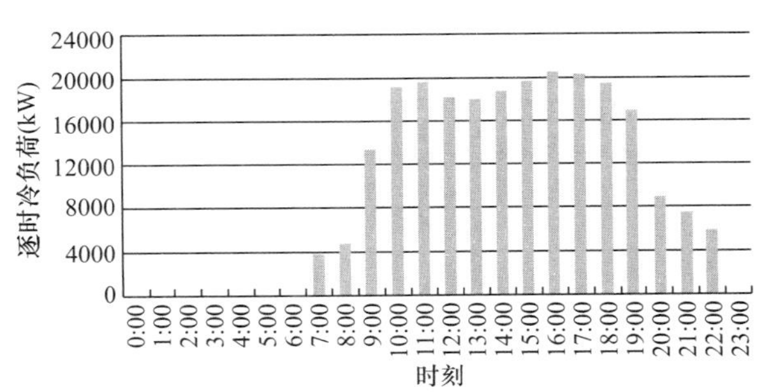

图1 建筑物设计日逐时冷负荷分布图

3.1.2 电价政策

该建筑地处在西安，西安分时电价情况如表1所示。

当地电价政策　　　　表 1

时段类别	划分时间段	实行电价（元/kWh）
峰时段	8：00～12：00、 20：00～24：00	0.9858
平时段	12：00～20：00	0.6730
谷时段	00：00～8：00	0.3603

3.2　不同空调系统主要设备选型

该建筑物夏季空调设计日最大冷负荷为 20463kW，夏季空调设计日总冷负荷为 234004kWh，确定出常规空调系统、冰蓄冷系统和水蓄冷系统主要设备配置及技术参数如表 2、表 3、表 4 所示。

常规系统主要设备配置及技术参数　表 2

名称	技术参数	功率	数量
离心式冷水机组	制冷量：5276kW，*COP*：5.82	907kW	4 台
冷水泵	流量：1050m³/h，扬程：38m，转速：1480r/min	160kW	4 台
冷却水泵	流量：1200m³/h，扬程：32m，转速：1480r/min	160kW	4 台
冷却塔	流量：733m³/h	22kW×2	4 组

冰蓄冷系统主要设备配置及技术参数　表 3

设备	技术参数	单位	数量
双工况离心式冷水机组	空调工况：制冷量 4430kW，输入功率：846kW；制冰工况：制冷量 2775kW，输入功率：620kW	台	3
冷水泵	流量：950m³/h，扬程：38m，功率 160kW	台	3
冷却泵	流量：930m³/h，扬程：30m，功率 110kW	台	3
溶液泵	流量：950m³/h，扬程：40m，功率 160kW	台	3
冷却塔	流量：650m³/h，功率：22kW×2	组	3
蓄冰槽	蓄冷量：4572kWh	台	16

水蓄冷系统主要设备配置及技术参数　表 4

设备	技术参数	单位	数量
双工况离心式冷水机组	制冷量：4572kW，输入功率：799kW，空调工况：7℃/12℃ 蓄冷工况：4℃/11℃	台	2
基载冷机	制冷量：4572kW，输入功率：799kW，空调工况：7℃/12℃	台	1
冷水泵	流量：820m³/h，扬程：38m，功率 132kW	台	3
冷却泵	流量：960m³/h，扬程：32m，功率 132kW	台	3
蓄冷泵	流量：550m³/h，扬程：23m，功率 55kW	台	2
释冷泵	流量：400m³/h，扬程：20m，功率 30kW	台	2
冷却塔	流量：575m³/h，功率：22kW×2	组	3
蓄冷设备	蓄冷量：18431kWh，蓄冷体体积 9932m³	个	1

3.3　系统在不同负荷率下综合能效经济评价指标的应用

3.3.1　常规空调系统中的应用

根据系统在 100%、75%、50%、25%设计日负荷率下，制定出系统在不同负荷率下的运行策略，并理论计算出系统在不同负荷率下逐时制冷量及耗电量，计算结果图 2～图 5 所示。

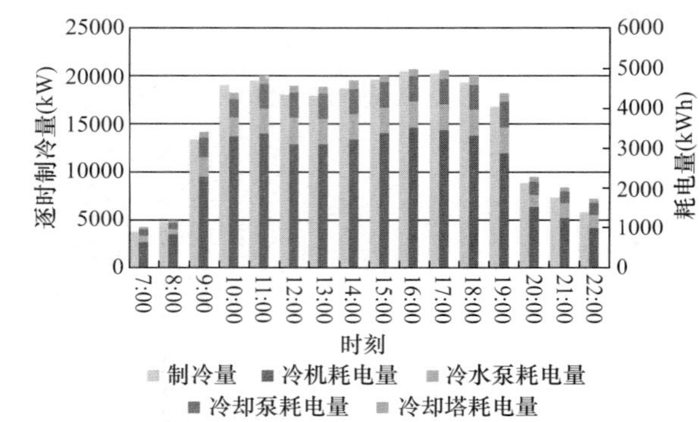

图 2　100%负荷率系统逐时制冷量与耗电量

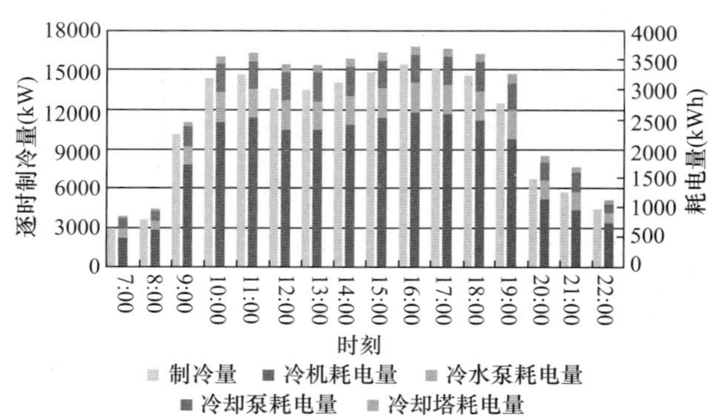

图 3　75%负荷率系统逐时制冷量与耗电量

通过计算可以得出常规空调系统的逐时 *EER*，将计算出的结果代入式（1），得出系统在 100%、75%、50%、25%设计日负荷率下系统综合能效经济系数分别为 $CEC_1=4.96$、$CEC_2=4.89$、$CEC_3=4.80$、$CEC_4=4.49$。通过式（2）可计算出常规系统综合部分负荷能效经济系数 $LPEC=4.81$。

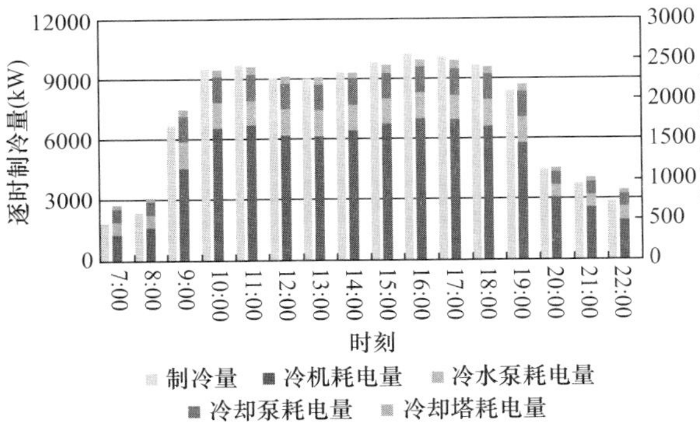

图 4　50%负荷率系统逐时制冷量与耗电量

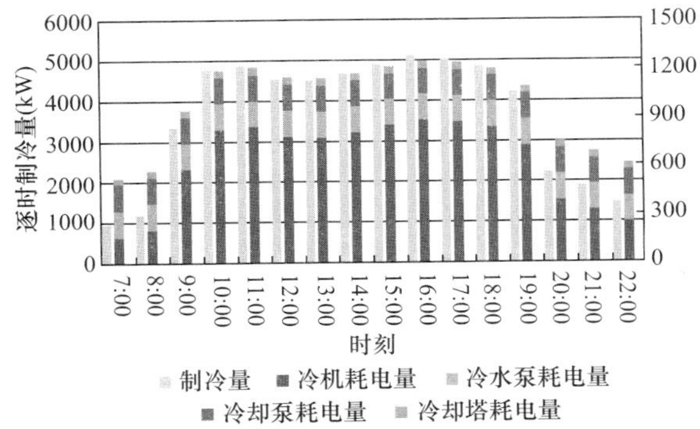

图 5　25%负荷率系统逐时制冷量与耗电量

3.3.2　冰蓄冷空调系统中的应用

根据系统在 100%、75%、50%、25%设计日负荷率下，制定出系统在不同负荷率下的运行策略，并理论计算出系统在不同负荷率下逐时制冷量及耗电量，计算结果如图 6～图 9 所示。

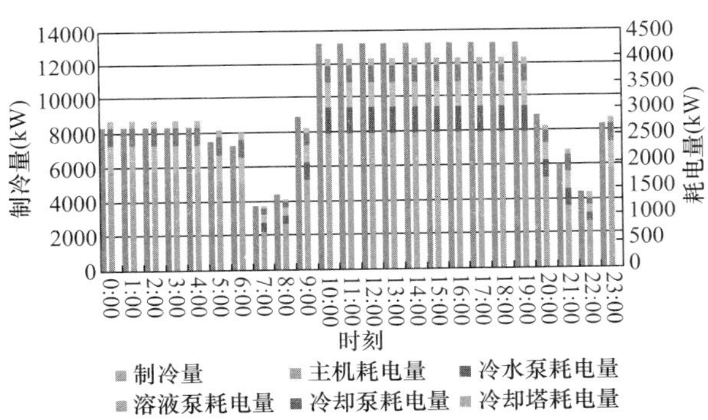

图 6　100%负荷率系统逐时制冷量与耗电量

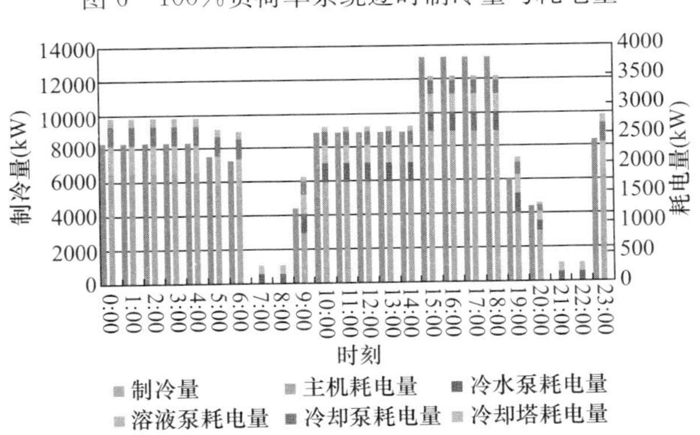

图 7　75%负荷率系统逐时制冷量与耗电量

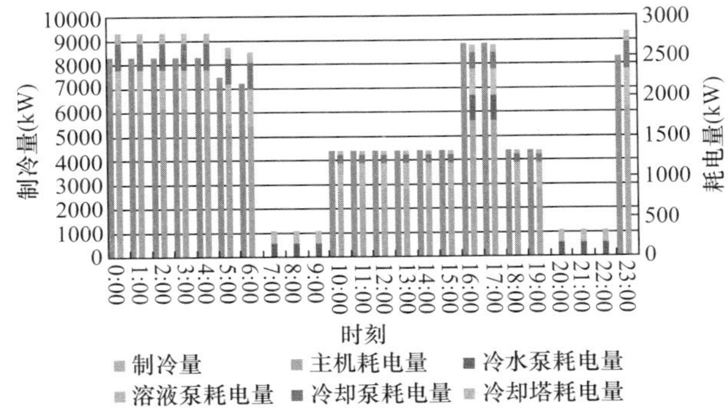

图 8　50%负荷率系统逐时制冷量与耗电量

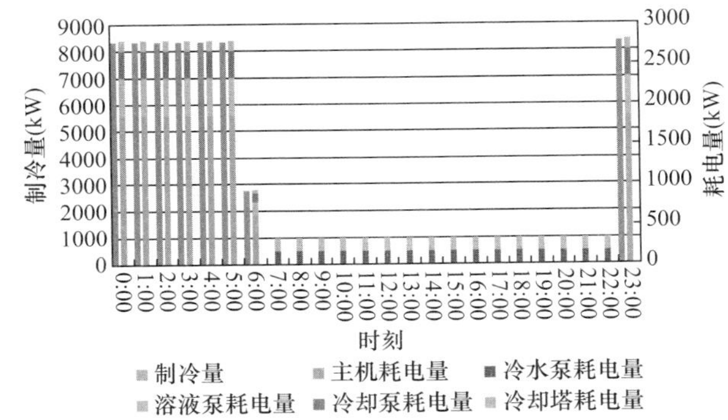

图 9　25%负荷率系统逐时制冷量与耗电量

通过计算可以得出冰蓄冷空调系统的逐时 *EER*，将计算出的结果代入式（1）中，得出系统在 100%、75%、50%、25%设计日负荷率下系统综合能效经济系数分别为 $CEC_1=5.51$、$CEC_2=5.93$、$CEC_3=6.29$、$CEC_4=8.43$。通过式（2）可计算出冰蓄冷系统综合部分负荷能效经济系数 $LPEC=6.39$。

3.3.3　水蓄冷空调系统中的应用

根据系统在 100%、75%、50%、25%设计日负荷率下，制定出系统在不同负荷率下的运行策略，并理论计算出系统在 100%、75%、50%、25%设计日负荷率下逐时制冷量及耗电量，计算结果如图 10～图 13 所示。

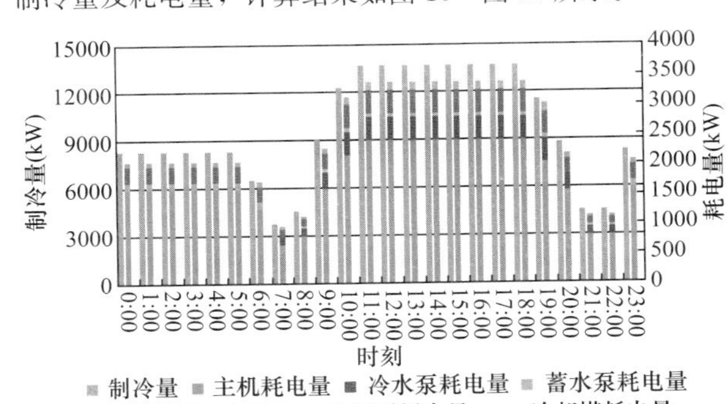

图 10　100%负荷率系统逐时制冷量与耗电量

通过计算得出水蓄冷空调系统的逐时 *EER*，将计算出的结果代入式（1）中，可以计算出系统在不同负荷率下系统综合能效经济系数分别为 $CEC_1=7.12$、$CEC_2=7.72$、$CEC_3=8.06$、$CEC_4=11.39$。通过式（2）可计算出冰蓄冷系统综合部分负荷能效经济系数 $LPEC=8.26$。

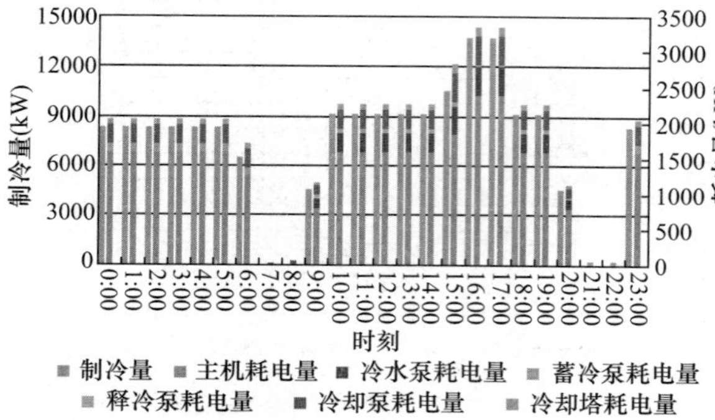

图 11　75%负荷率系统逐时制冷量与耗电量

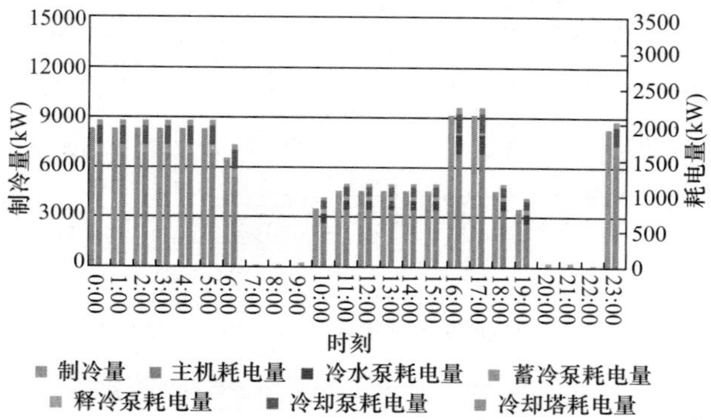

图 12　50%负荷率系统逐时制冷量与耗电量

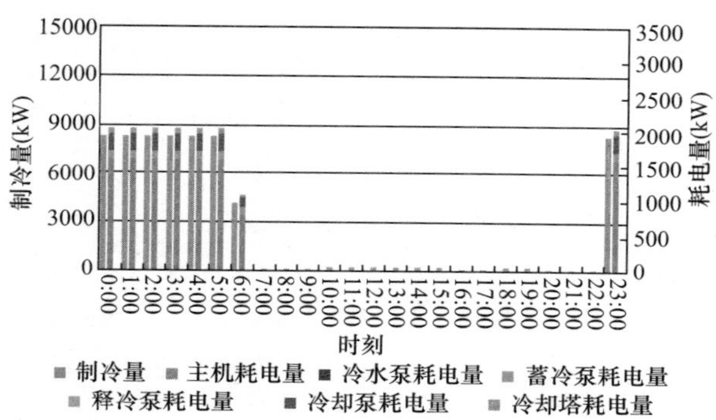

图 13　25%负荷率系统逐时制冷量与耗电量

3.4　三种空调系统综合能效经济性对比

基于西安峰平谷电价政策，计算出常规系统、冰蓄冷系统和水蓄冷系统的综合能效经济系数和系统综合部分负荷能效经济系数，计算结果如表 5 所示。

三种空调系统的综合能效经济系数对比 表 5

系统形式	系统综合部分负荷能效经济系数 *LPEC*	系统综合能效经济系数 *CEC*			
		100%负荷率	75%负荷率	50%负荷率	25%负荷率
常规系统	4.81	4.96	4.89	4.80	4.49
冰蓄冷系统	6.39	5.51	5.93	6.29	8.43
水蓄冷系统	8.26	7.12	7.72	8.06	11.39

续表

从表 5 中可以看出，水蓄冷系统的能效经济性优于冰蓄冷系统的能效经济性，冰蓄冷系统的能效经济性优于常规系统的能效经济性。对于常规系统来说，随着系统负荷率的降低，系统综合能效经济系数降低，呈正相关关系；对于水蓄冷系统和冰蓄冷系统来说，随着系统负荷率的降低，系统综合能效经济系数升高，呈负相关关系。

4　结论

（1）通过对现有评价指标的分析研究，综合考虑蓄冷系统的能效和经济性，提出了系统综合部分负荷能效经济系数和系统综合能效经济系数评价指标，弥补了原有评价指标从系统能效和经济性进行评价，出现两者评价结果不一的问题。

（2）以某工程案例出发，设计了常规系统、冰蓄冷系统、水蓄冷系统主要设备配置，理论计算三种系统在不同负荷率下的制冷量和耗电量，采用优化后的评价方法进行评价。基于西安电价政策，得出水蓄冷系统综合部分负荷能效经济性优于冰蓄冷系统综合部分负荷能效经济性，冰蓄冷系统综合部分负荷能效经济性优于常规系统综合部分负荷能效经济性；冰蓄冷系统和水蓄冷系统综合能效经济性随着系统负荷率的降低而升高，常规系统综合能效经济性随着系统负荷率的降低而降低。

参考文献

[1]　徐伟，等. 中国蓄冷空调工程应用调查分析研究［J］. 暖通空调，2016. 46（7）：75-80.

[2]　罗东磊. 冰蓄冷与水蓄冷空调系统应用分析研究［D］. 西安：西安建筑科技大学，2018.

[3]　中国标准化研究院. 空气调节系统经济运行. GB/T 17981—2007［S］. 北京：中国标准出版社，2007.

[4]　张华，王宜义. 冰蓄冷空调系统的评价方法［J］. 节能技术，1997（4）：44-46.

[5]　刘冬华，等. 冰蓄冷空调系统的评价方法及其应用［J］. 暖通空调，2009，39（3）：102-106.

[6]　叶英兰. 冰蓄冷低温送风空调系统技术经济性分析［D］. 衡阳：南华大学，2012.

[7]　吴若飒. 公共建筑中蓄冷空调系统能效经济性评价与保障体系研究［D］. 北京：清华大学，2015.

[8]　陈江华. 电蓄冷蓄热技术及技术经济评估［M］. 北京：中国电力出版社，2012.

[9]　樊瑛，龙惟定. 冰蓄冷系统的碳减排分析［J］. 同济大学学报，2011，39（1）：105-108.

一体化自适应空调系统在轨道交通中的应用研究

中铁第四勘察设计院集团有限公司　冯　腾☆

摘　要　在整个空调季，地铁车站空调系统满负荷运行时间约占35%，大部分时间段处于部分负荷运行状态，传统末端阀门控制方式增大了运输能耗。研制一体化末端装置及一体化自适应控制系统，采用以泵代阀的方式减小运输损耗，应用PI智能化控制策略降低系统运行能耗，同时研究一体化自适应空调系统、室内环境、水力特性等，研究结果表明，一体化自适应系统中水泵能耗可降低28.3%，且具有抗干扰性强、控制效果好、室内舒适性得到显著提高等优势。

关键词　一体化自适应控制　PI控制策略　以泵代阀　水泵能耗　室内舒适性　轨道交通

0　引言

地铁环控系统是地铁的用能大户，其能耗约为地铁总能耗的30%～40%[1]，同时，地铁空调季有超过一半的时间为部分运行状态，空调冷水大流量低温差的运行状态将直接导致冷水机组不能实现在低负荷时减少运行数量的目的，增大了空调系统能耗。

国内地铁环控系统广泛采用变频技术等，但仍旧存在空调系统运输能耗大、智能控制系统不能有效反馈的问题，地铁空调负荷居高不下。本文从利用末端设置水泵的方式减少运输能耗以及制定有效运行策略等方面，研究了一体化自适应控制系统的控制效果和该系统的节能潜力。

1　一体化末端装置的介绍

一体化末端装置依靠末端水泵代替阀门的策略，进而控制调节冷水流量，控制示意如图1所示，其由以下设备组成：空调末端装置（即风机盘管或空气处理机组）、阀门组件（包括电动阀门）、水泵、温度传感器、控制柜（见图2）等。控制柜采用可控硅变电压装置接收PLC的控制信号，将220V交流电转化为较低电压的交流电（对应实际工程中的频率调节），用以控制风机、水泵的转速，进而调节流量大小。

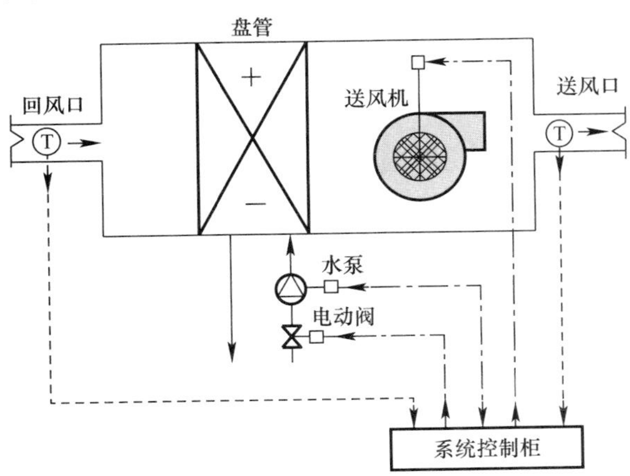

图1　一体化末端装置控制示意图

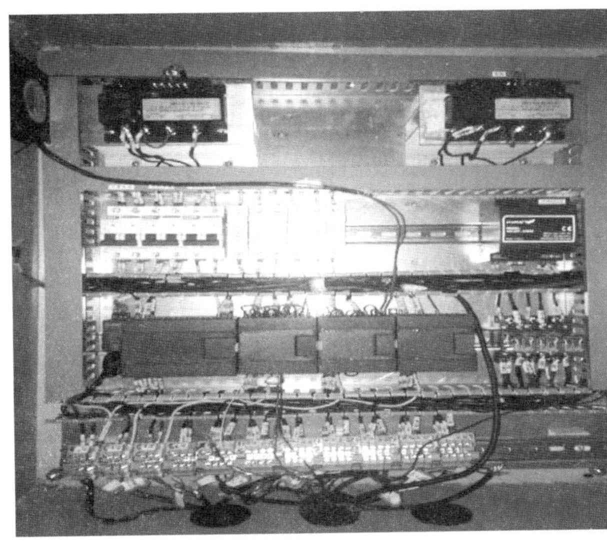

图2　控制柜示意图

一体化空调末端空气处理装置采用PI控制[2]，PI控制原理如图3和图4所示。PI控制应用于追踪设定的送风温度以及回风温度，控制方程见式（1）、式（2）。式中，k为当前时刻；u为PI控制器的输出变量；Δu为输出变量的增量；e为输入变量与设定值的偏差值；K_p和

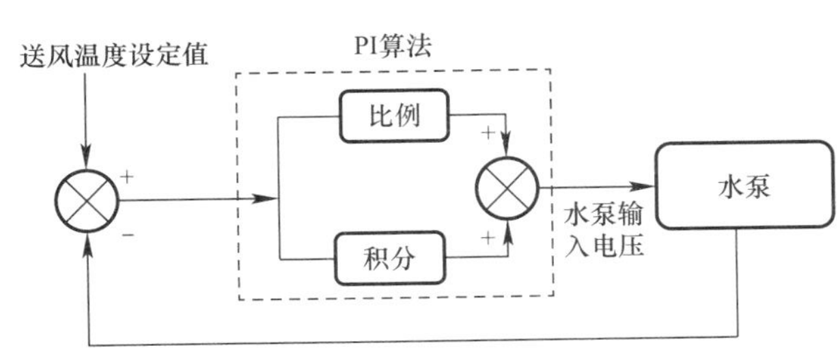

图3　送风温度PI控制原理图

☆　冯腾，助理工程师。通讯地址：武汉武昌和平大道745号，Email：1534633850@qq.com。

T_i 为 PI 控制器的比例系数和积分时间常数；t_s 为 PI 控制的采样周期。一体化末端装置控制示意图如图 4 所示。

$$\Delta u(k)=K_P(e(k)-e(k-1)+\frac{t_s}{T_i}e(k)) \tag{1}$$

$$u(k)=\Delta u(k)+u(k-1) \tag{2}$$

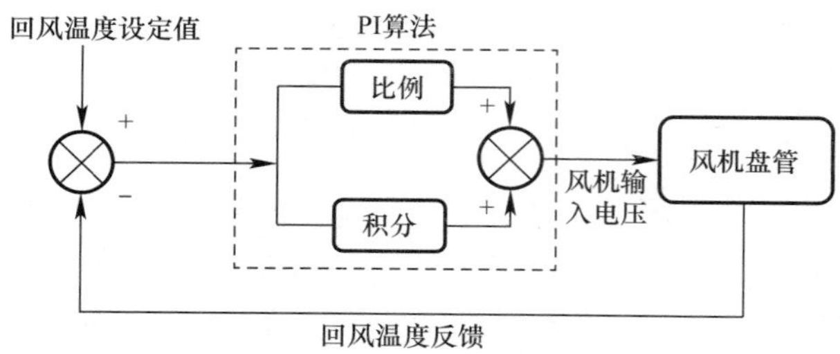

图 4　回风温度 PI 控制原理图

2　一体化末端装置实验分析

2.1　实验平台

为验证一体化自适应空调系统的控制效果，搭建空调系统实验平台并开展实验研究。实验台示意如图 5 所示。

以体积为 26.6m³ 的房间（长 3.2m，宽 3.2m，高 2.6m）作为实验对象，实验台主体设备如下：风机盘管一台、末端水泵一台、干管水泵一台、电动调节阀一个、控制柜（内含风机盘管、末端水泵的电力供给、开关及运行控制）一台、冷水机组一台、保温水箱一台、加热器一个、可编程电源一台。测量装置如图 6 所示。

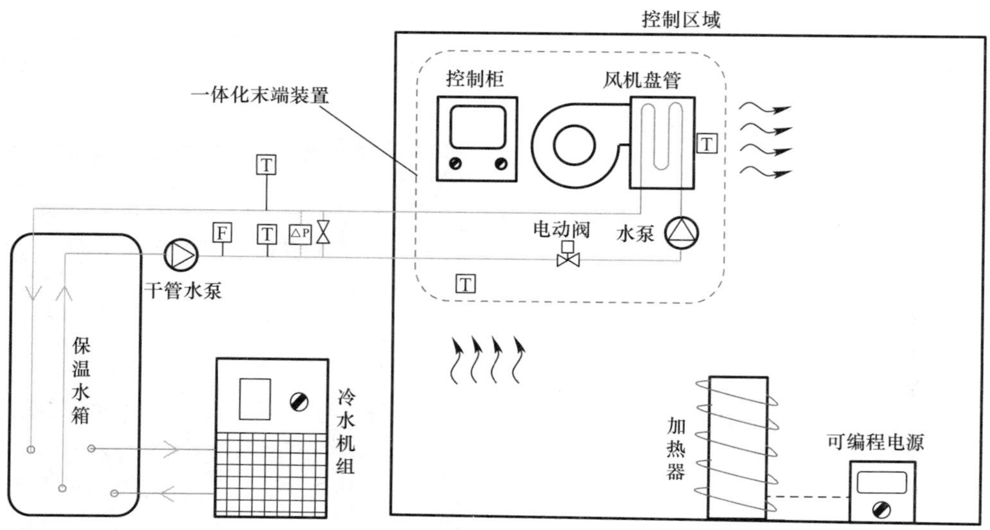

图 5　一体化末端装置实验台示意图

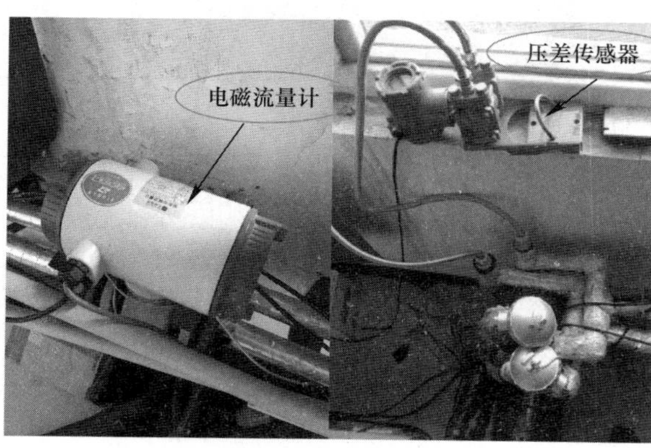

图 6　测量装置

2.2　实验边界条件与实验工况

本次实验分别测试一体化自适应系统（模式 1）与常规阀门控制系统（模式 2）的控制效果。两种模式下，相关控制参数设定值如表 1 所示。实验采用可调电阻丝作为室内负荷，通过编程调节输入电压，进而调节负荷大小。不同时段负荷百分比如图 7 所示。

一体化控制相关参数设定值　　表 1

工况	送风温度（℃）	回风温度（℃）	室内最高负荷（W）	回风死区温度（℃）
模式 1	18.5	25	1400	—
模式 2	18.5	25	1400	0.5

注：回风温度死区值是指当回风温度低于设定温度 0.5℃或者高于设定温度 0.5℃时，阀门不动作。

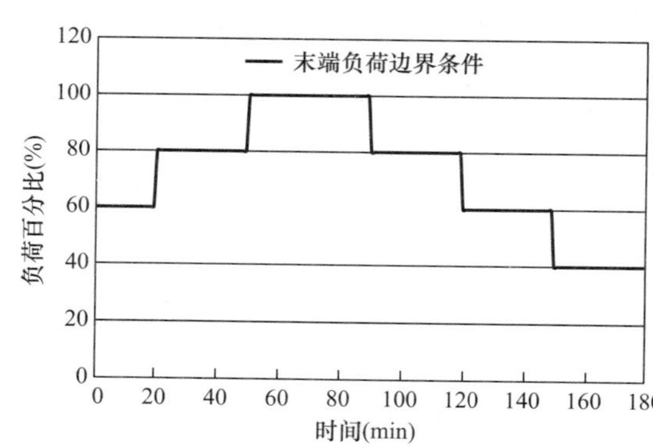

图 7　末端负荷边界条件

2.3 实验结果分析

实验过程中，测定模式 1、模式 2 送回风温度与水泵流量，并比较两种模式下送回风温度值。图 8 所示模式 1 在负荷不断变化的过程中，送风温度在实验初期经历短时间波动后趋于室内温度设定值，而水泵流量在变频装置的控制下，实现变流量运行。在图 9 中，在相同的末端负荷边界条件下，模式 1 能够较好地维持室温在设定值，而模式 2，室温波动较大，无法维持室温在设定值，回风温度在设定值上下波动，波动范围为 24.2～26.5℃。由此可以得出，一体化自适应控制系统能够对负荷的变化进行及时有效的反馈，将室内温度维持在适宜范围。

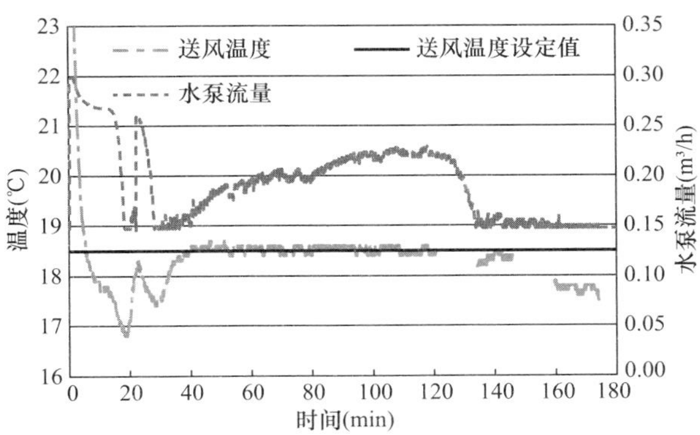

图 8 模式 1 实验送风温度与水泵水量变化

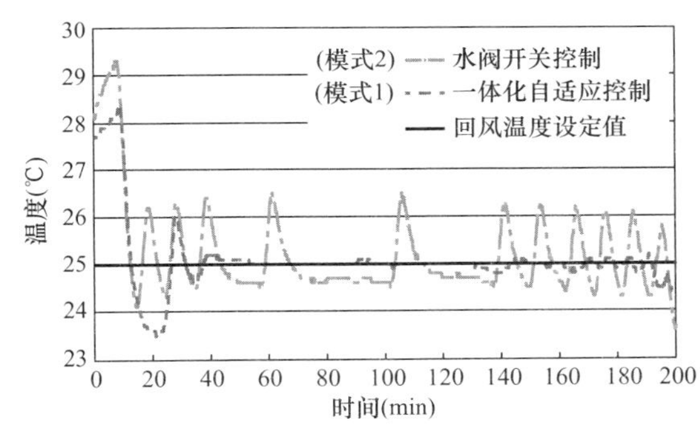

图 9 不同控制模式下回风温度比较

3 地铁空调系统水力特性模拟研究

目前地铁空调系统末端主要为空气处理机组或组合式空调器。这种传统的空调末端装置需要通过调节水系统管道阀门的阻力以实现整个系统的阻力平衡，进而保证空调末端内的水流量，从而满足末端房间的热舒适性要求。由于水系统形式的复杂性，在利用管道阀门进行阻力平衡时会形成较大能量浪费，增加系统能耗。

3.1 模拟平台和边界条件

通过对武汉街道口站的测试，根据冷水系统的总流量，以冷水供回水干管温差可以计算得到空调系统的总冷负荷，在整个空调季（5 月 15 日～10 月 15 日）中，选取夏季满负荷日进行负荷特性分析，典型日的逐时负荷如图 10 所示。

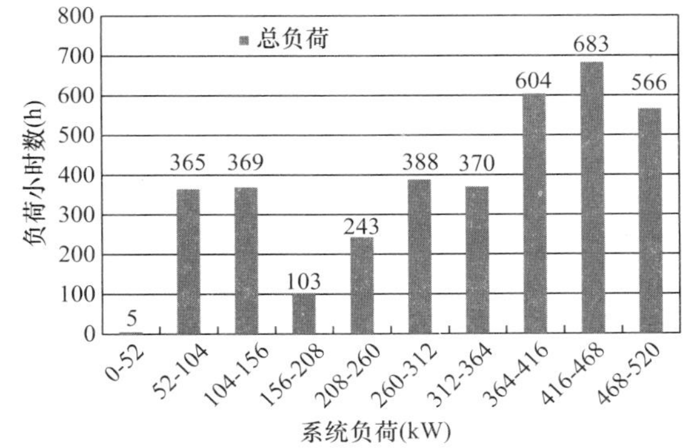

图 10 车站总冷负荷小时数分布

研究采用 TRNSYS 建立空调系统的热特性模拟平台，依据典型日逐时负荷确定末端实际所需冷冻水流量。在 TRNSYS 平台中，末端水流量会根据室内冷热负荷变化自动调节，由此得到变水量空调系统末端的实际运行流量，以该流量作为 Flowmaster 平台中系统各个支路的末端输入流量[4]，保证末端流量与实际负荷变化相匹配，以维持室内热舒适性。

3.2 空调水泵水力特性分析及结果

以 6 月份为例，分析比较系统在高负荷月采用一体化末端及一体化自适应控制与传统末端及末端阀门开度控制方法下的水泵流量及其能耗。

如图 11 所示，6 月的前几个白天系统负荷较低，一体化自适应控制模式下系统流量要高于传统控制模式。但随着负荷的增加，两种控制模式下白天的系统流量基本一致，均能满足末端的流量需求。

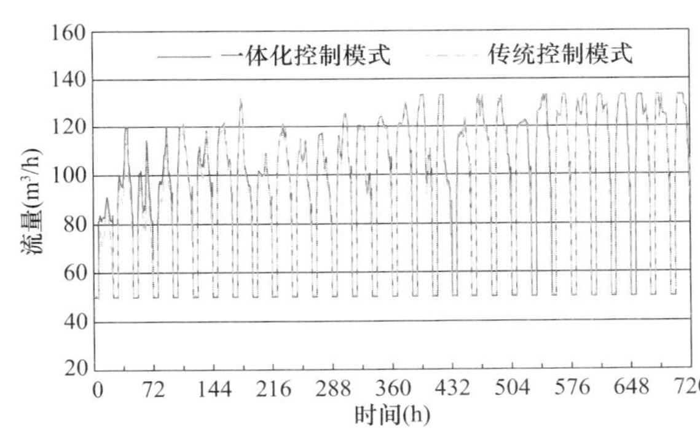

图 11 空调季 6 月不同控制模式下系统流量

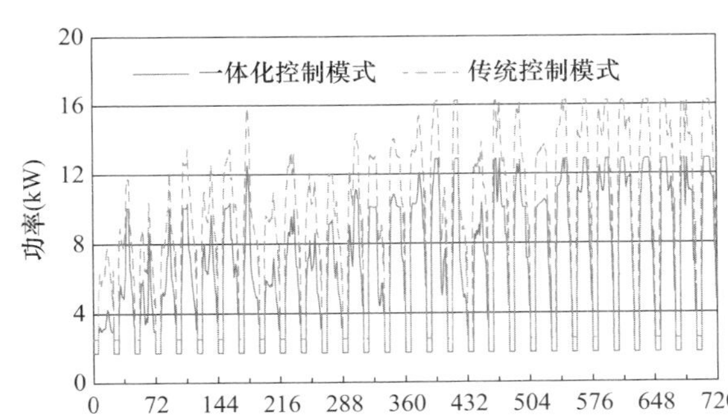

图 12 空调季 6 月不同控制模式下水泵功耗

6月不同控制模式下的水泵能耗如图12所示。结果显示，一体化自适应控制模式下的水泵能耗要明显低于末端阀门控制下的水泵能耗。计算得到两种控制方式下水泵6月能耗分别为4813kWh、6714kWh，末端一体化自适应控制6月能节约能耗1901kWh，节能率为28%。同时可以得到整个空调季水泵能耗数据，如表2所示。

基于以上结论，可以知道通过末端水泵替换阀门，一方面可减小水泵选型（扬程减小），另一方面减少了冷水运输损耗，因此，即使两种控制模式下系统流量一致，一体化自适应水泵所需扬程较小，最终其运行功率和能耗也相对较低，可达到节能的效果。

不同控制模式下空调节水泵能耗对比　表2

月份	运行小时数（h）	常规控制水泵能耗（kWh）	一体化控制水泵能耗（kWh）
5	408	1875	1238
6	720	6714	4813
7	748	8027	6000
8	748	7862	5816
9	720	5444	3755
10	360	1561	1055
总能耗（kWh）		31482	22676
节能率（%）		28.3	

4　地铁空调系统室内环境模拟

4.1　模型及边界条件

为验证一体化自适应控制系统对室内环境的影响，采用Airpak[5]对地铁车站房间建模，模型如图13所示。该模型采用全空气末端系统，长为15m，宽为3.9m，高为4.5m。室内设置10人，坐姿状态；工况时将照明负荷为$11W/m^2$、设备负荷为$13W/m^2$；房间送风形式为上送下回，送风口为8个散流器，尺寸为240mm×240mm，回风口尺寸设为1000mm×300mm。送风口设置为简单开口，并根据一体化自适应系统控制送风速度和送风温湿度。回风口设置为自由出口。

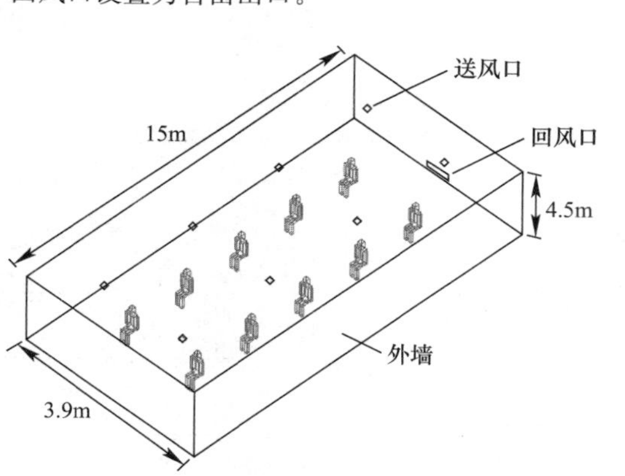

图13　Airpak三维模型

为测定人员舒适度PMV值，房间人员新陈代谢率为1.2met，夏季服装热阻为0.2clo。

4.2　模拟结果分析

对该工况截取1.1m高度平面，对其温度场、速度场、PMV分布情况逐一进行分析。

在图14（*a*）中，平面最高温度为29.9℃，最低温度为23.8℃，平均温度为26.21℃。风口下方温度较低，靠近外墙区域温度较高，人员四周区域温度分布均匀，在26℃左右。在图14（*b*）中，平面平均风速为0.14m/s，符合夏季气流组织设计要求。除送风口下方风速较大外，其余区域风速较低。平面PMV分布图如图14（*c*）所示，该平面PMV值为0.15，回风口下方区域风速较大，温度较低，故该区域PMV值较低，其余区域PMV值基本处于−0.5～0.5之间，人员舒适性很好。

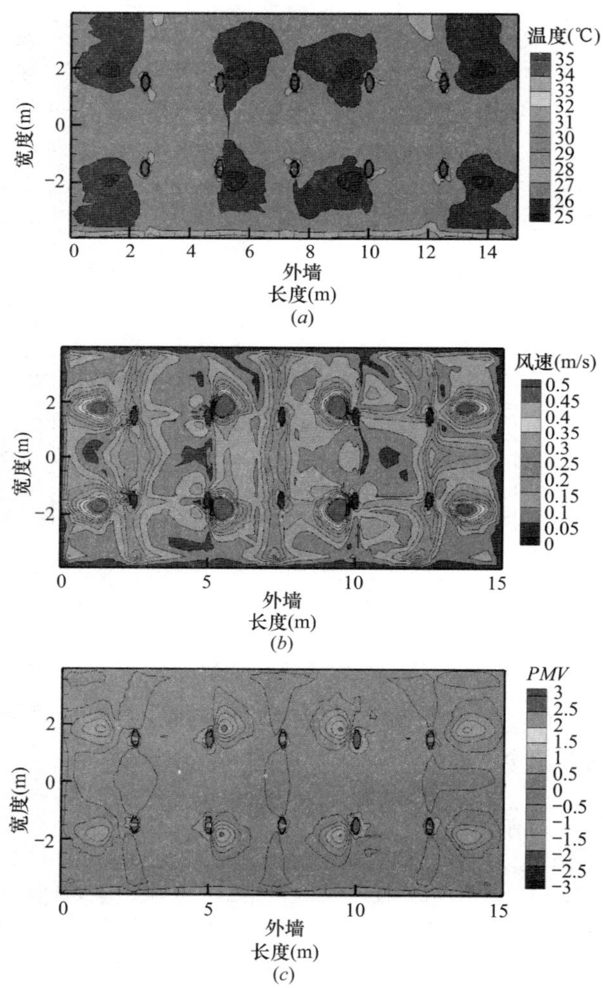

图14　1.1m高度平面各参数分布云图

满负荷状态下一体化系统室内参数　表3

距地面高度（m）	温度（℃）	风速（m/s）	PMV
0.6	26.2	0.14	0.15
1.1	26.1	0.15	0.07

5 结论

(1) 实验结果表明，一体化自适应空调系统使室内温度维持在设定值（25℃），保证控制区域内热舒适性。而传统水阀开度控制模式难以使控制区域内温度维持在设定值（25℃）。与传统控制模式相比，一体化空调系统控制模式抗干扰能力强，稳定性好，控制效果更好。

(2) 在整个空调季，常规末端及末端阀门开度控制方法下水泵整个空调季能耗为31482kWh，一体化末端及一体化自适应控制方法下水泵能耗为22676kWh，采用一体化末端及一体化自适应控制方法系统能节能8806kWh，节能率为28.3%。

(3) 夏季工况下，全空气系统室内温度在26.1℃左右，与设计值相符。风速在0.1m/s左右，满足夏季气流组织要求。*PMV*值在0.1左右，人员舒适性好。可见，典型空间的气流组织能够在一体化自适应系统下得到有效控制，满足人员的热舒适性要求。

参考文献

[1] 张华廷，田雪刚，向灵均．地铁站空调系统节能潜力分析[J]．暖通空调，2016，46（04）：7-11.

[2] 白建波，张小松，刘庆君．模糊自适应PI控制在空调系统中的研究[J]．化工学报，2010，61（S2）：99-106.

[3] 金国建，李亚芬，高学金，等．地铁空调水系统节能控制研究[J]．自动化仪表，2016，37（03）：85-89，94.

[4] 张光鹏，许诺，张武平．FLOWMASTER在暖通空调中的应用[J]．制冷与空调（四川），2006（03）：34-36，8，48.

[5] 杨惠，张欢，由世俊．基于Airpak的办公室热环境CFD模拟研究[J]．山东建筑工程学院学报，2004（04）：41-44，53.

室内泳池热泵设计问题探讨

中国建筑设计研究院有限公司　徐　征☆

摘　要　本文介绍了常用的两类泳池热泵的区别，以北京和深圳两地的冬夏季泳池为例分析了空气处理过程，通过对池区散湿量、泳池加热量、制冷量、再热量的计算，说明如何选用泳池热泵及配套热源，既满足池水加热和池区室内温湿度要求，又能合理节约能源。可为同类型游泳馆设计提供参考。

关键词　泳池热泵　池水散湿量　池水加热　除湿量　制冷量　供热量

0　引言

泳池热泵根据规范的名词解释有以下两种解释，按《室内泳池热泵系统技术规程》T/CBDA 6—2016 的定义："室内泳池热泵系统是以热泵机组为冷、热源，实现室内泳池除湿、调节室内温度、通风换气、池水加热等全部或一部分功能的系统"；按《游泳池除湿热回收热泵》CJ/T 528—2018 的定义：游泳池除湿热回收热泵是"由电动机驱动，蒸气压缩制冷循环，将室内游泳池水表面蒸发到空气中的湿热蒸气的潜热，及所消耗的热能回收并转移到池水和空气中，弥补池水和空气的热损失，以实现空调、除湿和池水加热等系统于一体综合利用能量的设备，亦称三集一体热泵、多功能除湿热泵。"这两本规范所解释的是同一种系统或设备，以下简称"泳池热泵"。

1　泳池热泵的相关介绍

1.1　泳池热泵的工作流程

图 1 来自给排水专业国家标准图集《游泳池设计及附件安装》10S605，很清楚地显示了泳池热泵工作流程，利用压缩机制冷除湿原理，即肋片蒸发器从泳池的回（排）风中取热，向冷凝器放热。冷凝器按使用功能可分为肋片冷凝器（空气再热器）、钛管冷凝器或铜镍合金冷凝器（池水加热器）和户外风冷（或水冷）冷凝器，三个支路上均设有单向阀、球阀及和电磁阀，通过阀门的切换，实现三种功能的切换关系，这三种功能之间存在逻辑关系中"或"的关系。

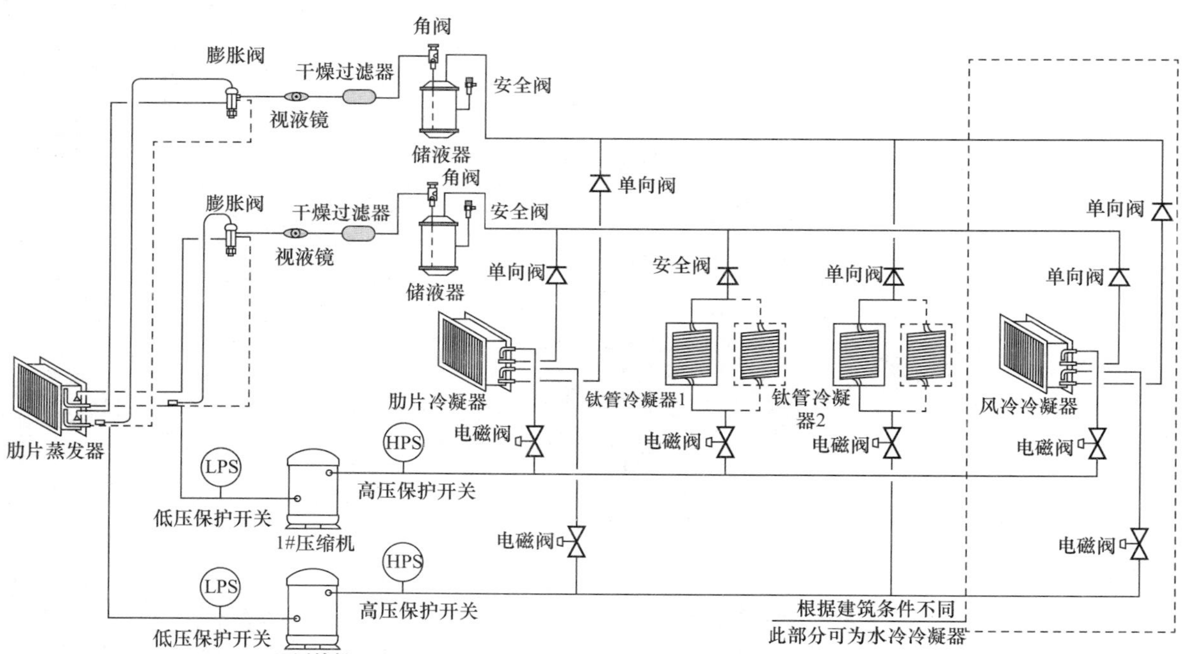

图 1　泳池热泵系统流程图

☆　徐征，男，副总工程师，教授级高级工程师。通讯地址：北京市车公庄大街 19 号，Email：xuz@cadg.cn。

1.2 泳池热泵的功能

给排水专业的设计目标是保证池水的温度，如图1所示，若不设肋片冷凝器（空气再热器），仅有钛管冷凝器或铜镍合金冷凝器（池水加热器）和户外风冷（或水冷）冷凝器的话，泳池热泵是一台排风热回收热泵。由于泳池排风温度是由室内温度决定的，《体育建筑设计规范》要求池区温度不低于26℃，因此排风热泵的工况远好于一般风冷热泵（风冷热泵标准室外工况7℃），节能效果明显；更重要的是，在池水加热时不受室外环境影响，即使在严寒地区由于经过蒸发器的排风温度稳定，制热量也不会衰减。

暖通空调专业的设计目标是保证池区的温度及湿度，如图1所示，若泳池热泵不设钛管冷凝器或铜镍合金冷凝器（池水加热器），即为常规的调温型除湿机，若再不设户外风冷（或水冷）冷凝器，则是常规的升温型除湿机。

1.3 泳池热泵分类

市场上各种泳池热泵，大体可分为两类：

第一类是游泳池全部排风经过蒸发器降温除湿后一部分排出室外，另一部分作为回风与室外新风混合后再加热送入室内（见图2）。第一类泳池热泵不管是在夏季还是在冬季均要对排风降温除湿，因此在这两个季节均可以为池水或空气加热提供热水。

第二类是游泳池排风的一部分排出室外，另一部分作为回风先与室外新风混合后经过蒸发器降温除湿后再热后送入泳池（见图3）；两类泳池热泵的区别在于蒸发器的位置不同，即蒸发器的位置是在新回风混合之前还是之后。

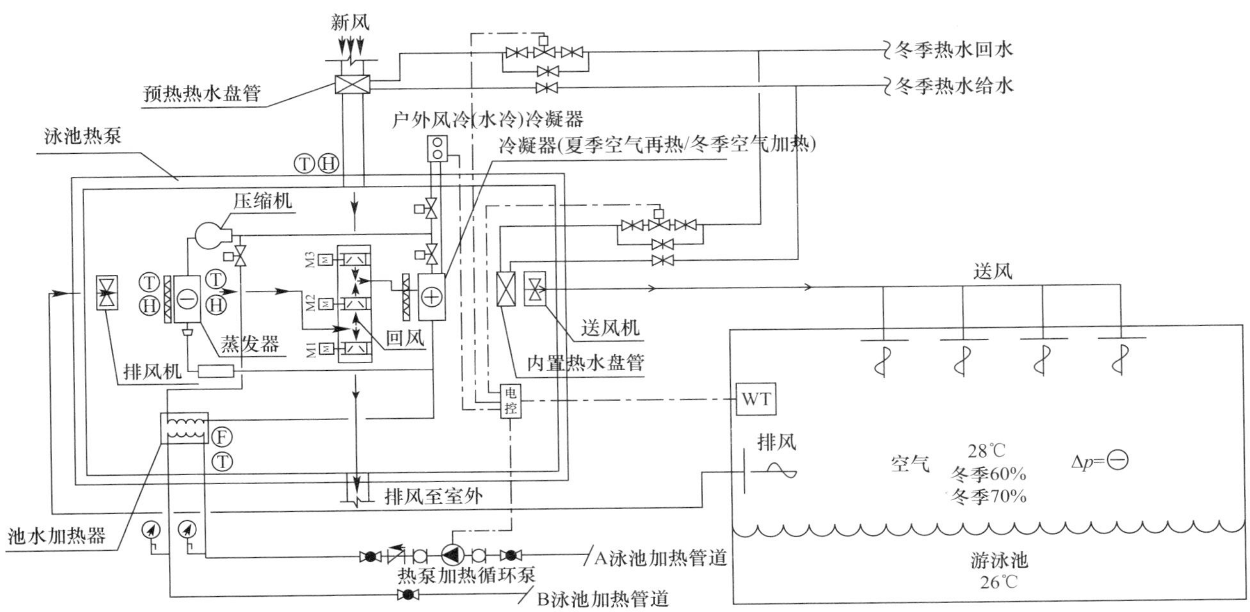

图2　第一类泳池热泵系统原理图

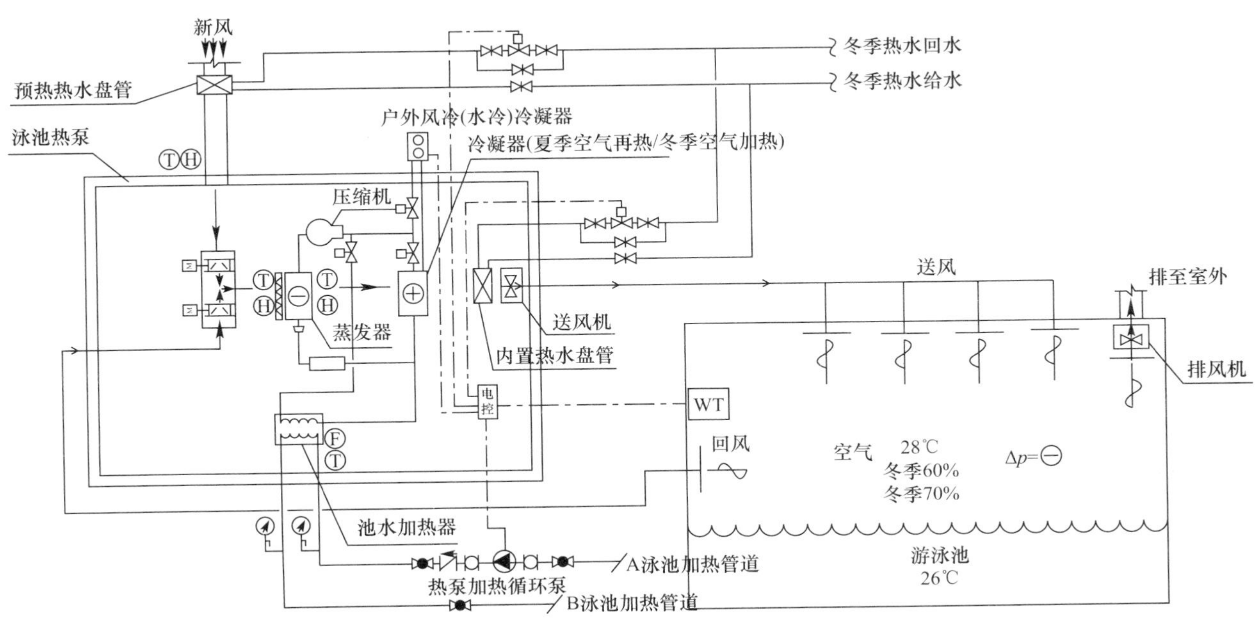

图3　第二类泳池热泵系统原理图

从图 3 可以看出，第二类泳池热泵如果不配池水加热器，则与除湿机相同。这类泳池热泵只有在夏季蒸发器对送风降温除湿时才能提供泳池池水加热需要的热水，在冬季主要依靠新风除湿，不开启热泵系统除湿，因此不能提供泳池池水加热需要的热水。

2 泳池的负荷计算

2.1 泳池散湿量的计算

以《体育建筑设计规范》中 50m×25m×2m 的泳池为例，池水温度为 26℃，室内冬夏季温度均为 28℃，相对湿度冬季为 60%，夏季为 70%，地点分别选在北京和深圳。

泳池热泵的主要工作是除去游泳池区的散湿量。不管是给排水专业计算泳池池水加热量，还是暖通专业计算空调冷热量，首先要计算池水散湿量。

池水散湿量的计算公式有很多种，本文按照《室内泳池热泵系统技术规程》T/CBDA 6—2016 中的公式计算池水散湿量（此公式与《建筑给水排水设计手册（第三版）》的相同）、池边散湿量和室内人员散湿量。北京和深圳两地的泳池总散湿量的计算结果见表 1。

泳池总散湿量　　　　表 1

	北京		深圳	
	冬季	夏季	冬季	夏季
泳池总散湿量（kg/h）	349	242	350	241

2.2 泳池池水加热量计算

本文按照《室内泳池热泵系统技术规程》T/CBDA 6—2016 计算池水水面蒸发损失的热量，泳池的池底、池壁、管道和设备等传热损失的热量、补充水的加热量，从而得到泳池的平时总加热量。泳池池水初次加热量按加热全部池水到设计参数量时间不超过 48h 计算。北京和深圳两地的计算结果见表 2。

泳池池水加热量　　　　表 2

	北京		深圳	
	冬季	夏季	冬季	夏季
池水水面蒸发损失的热量（kW）	184	96	184	96
泳池损失的总热量（kW）	221	115	221	115
补充水的加热量（kW）	194	194	73	73
泳池池水平时加热量（kW）	414	309	294	188
泳池池水初次加热量（kW）	969	969	363	363

北京和深圳两地的池水水面蒸发损失的热量相同，补充水的加热量和泳池池水初次加热量的差距较大，这是因为北京和深圳两地补充水加热前的水温相差较大（北京冬季最不利的地下水取 10℃，深圳的取 20℃）。

3 同一地区的泳池空调设计分析

3.1 同一地区的泳池热泵夏季工况分析（以北京为例）

第二类泳池热泵泳池空调夏季工况的空气处理过程如图 4 所示，这是常规除湿方式，即室内的潮湿空气的一部分直接排出室外，另一部分作为回风（N）与室外新风（W）混合至 C 点，经过蒸发器降温除湿到机器露点（L），由于泳池湿负荷较大，热湿比线较平坦，与机器露点 90%的等相对湿度线无交点，需要从 L 点再热到送风点（O），从蒸发器吸收的热量可以用来空气再热和池水加热，多余的热量通过户外风冷（或水冷）冷凝器支路排至室外。

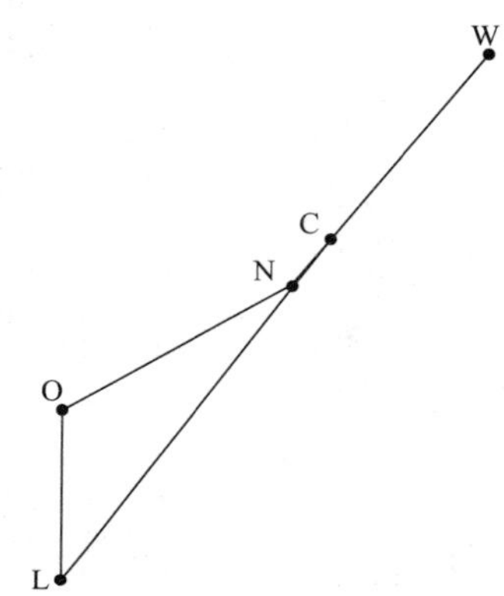

图 4　第二类泳池热泵的北京夏季空气处理过程

第一类泳池热泵夏季工况的处理过程就不同了，如图 5 所示，室内的全部排风（N）先经过蒸发器降温除湿到机器露点（L）后一部分排出室外，另一部分作为回风与室外新风（W）混合至 C 点，再从 C 点再热到送风点（O）。

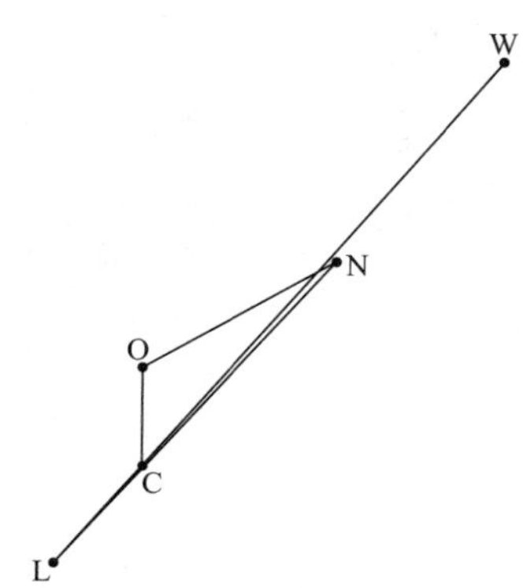

图 5　第一类泳池热泵的北京夏季空气处理过程

经过焓湿图夏季工况分析，将北京地区两类泳池热泵的制冷量、供热量等参数列出进行比较，见表 3。

两类泳池热泵夏季工况比较（北京） 表 3

	北京	
	第一类	第二类
送风量（m^3/h）	76725	76725
排风量（m^3/h）	84400	84400
新风量（m^3/h）	15000	15000
除湿量（kg/h）	242	242
制冷量（kW）	508	404
再热量（kW）	70	102
供热量（kW）	660	525

从表 3 中总结两类泳池热泵夏季工况应注意的几点：

（1）泳池夏季送风量为泳池热泵送入泳池的风量，可按没有观众的泳池换气次数为 4～6h^{-1}、有观众的为 6～8h^{-1}选取，不宜过小或过大。

（2）泳池室内一般为负压，排风量大于送风量，以避免潮湿的含余氯的空气外溢。

（3）泳池新风量一般根据消除余湿、消除余氯和人员呼吸所需新鲜空气的要求比较取大值，由于夏季大多数时间的室外空气含湿量高于室内，不能用来除湿，人员所需的新风量也比较少，因此本文按消除余氯的要求确定最小新风量，按不小于 1h^{-1}换气量选取。

（4）第一类泳池热泵的新风比不宜过大，建议控制在 20%以内，否则会使 L 点的温度过低，泳池热泵不易处理到，导致除湿量不够，还需另加冷水盘管辅助除湿。

（5）表 3 中泳池热泵的制冷量即为蒸发器中吸收的热量，除湿量即为表 1 中的泳池总散湿量。供热量即为池水加热器、机组内冷凝器（夏季再热器/冬季加热器）和户外风冷（或水冷）冷凝器的总散热量之和。

（6）第一类泳池热泵在蒸发器侧一般不设旁通，全部排风都要经过蒸发器降温除湿，一部分排出室外，另一部分作为回风与新风混合。第二类泳池热泵仅是送风经过蒸发器降温除湿。泳池的排风量大于送风量，从蒸发器中吸收的热量（制冷量）多于第二类的，因此第一类泳池热泵供热量较大，所配的压缩机及配套设备也比第二类的大。

（7）表 3 中的供热量低于表 2 中北京的泳池池水初次加热量需求，高于本表中的再热量和表 2 中泳池平时热水加热量之和，表明泳池热泵在北京不能满足规范要求的泳池初次加热到设计参数不超过 48h 的初次加热量，但可以满足平时运行的加热量。

3.2 同一地区的泳池热泵冬季工况分析（以北京为例）

在北京，第二类泳池热泵冬季工况的空气处理过程如图 6 所示，室内的潮湿空气（N）一部分直接排至室外，另一部分作为回风与室外新风（W）混合，由于室内外状态点的连线穿过雾区，新风需要预热至（W1）点再与回风混合至 C 点，经过内置热水盘管加热到送风点（O）。

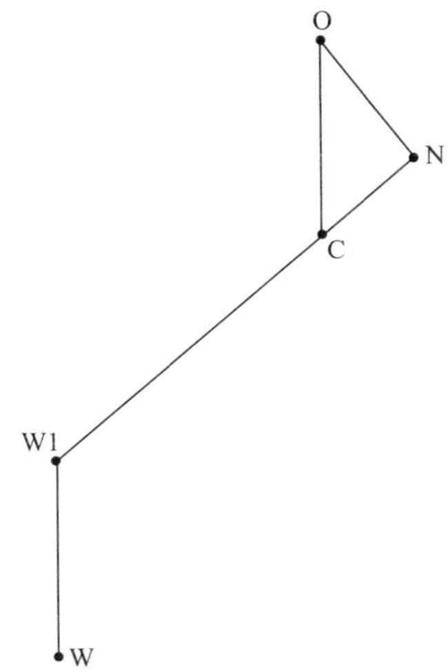

图 6　第二类泳池热泵的北京冬季空气处理过程

在北京，第一类泳池热泵冬季工况的空气处理过程如图 7 所示，室内的全部潮湿空气（N）经过蒸发器降温除湿到机器露点（L），一部分排至室外，另一部分作为回风与经过预热的室外新风（W1）混合至 C 点，经空气加热器加热到送风点（O），如果加热量不足再用内置热水盘管加热。

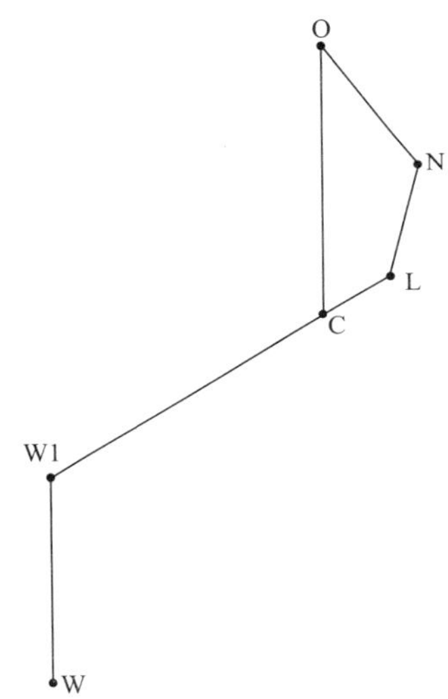

图 7　第一类泳池热泵的北京冬季空气处理过程

经过焓湿图冬季工况分析，将北京地区两类泳池热泵的制冷量、供热量等参数列出进行比较，结果见表 4。

两类泳池热泵冬季工况比较（北京） 表 4

	北京	
	第一类	第二类
送风量（m^3/h）	76725	76725
排风量（m^3/h）	84400	84400
新风量（m^3/h）	15000	20050
除湿量（kg/h）	349	349
新风预热量（kW）	80	107
加热量（kW）	554	413

续表

	北京	
	第一类	第二类
总加热量（kW）	634	520
制冷量（kW）	335	
供热量（kW）	435	

从表 4 中总结两类泳池热泵冬季工况应注意的几点：

（1）本文泳池冬季送风量和排风量取值与夏季相同，冬季也可适当减少，以降低风机能耗。

（2）表 4 中除湿量即为表 1 中北京冬季的泳池总散湿量；第一类泳池热泵的制冷量即为蒸发器中吸收的热量，供热量即为冬季池水加热器、机组内冷凝器（夏季再热器/冬季加热器）和户外风冷（或水冷）冷凝器的总散热量之和；新风预热量是按图 6 和图 7 所示的冬季空气处理过程将新风加热到 W1 点（5℃）的热量。

（3）冬季新风量确定仍是根据消除余湿、消除余氯和人员呼吸所需新鲜空气的要求比较取大值。北京的冬季室外含湿量低于室内设计参数，可以用室外新风消除余湿。

（4）第二类泳池热泵采用通风除湿，冬季按除湿要求计算的新风量是三者中最大的。应当注意的是如果冬季仅采用通风除湿，按冬季最不利室外气象参数计算的新风量随着室外空气含湿量增加反显不足，泳池热泵新风比应能随室内外含湿量差的变化而调节，否则会出现因新风除湿不够而结露的情况。

（5）第一类泳池热泵的排风全部经过蒸发器降温除湿，一部分排出室外，另一部分作为回风与室外新风混合。泳池热泵按夏季工况选择的蒸发器除湿能力可以满足冬季除湿要求，不需要新风除湿，但是泳池不能没有新风，因此提供最小新风量即可。

第一类泳池热泵的最小新风量的取值方法与夏季相同，按消除余氯的要求确定。由于冬季新风含湿量较室内低，因此消除了泳池一部分余湿，冬季泳池热泵的降温除湿量要少于夏季的，供热量也相应减少。由于冬季新风量比第二类泳池热泵系统减少，冬季新风加热量也相应地减少。

（6）由于第二类泳池热泵在冬季主要依靠新风除湿，不开启热泵系统除湿，因此不能提供泳池池水加热需要的热水。

（7）表 4 中第一类泳池热泵的供热量大于表 2 中冬季池水平时加热量需求，但不能满足池水初次加热的需求，相比空气加热的需求也略显不足。一般情况下在北京冬季，泳池热泵为池水平时加热提供热源，泳池热水的初次加热、泳池的新风预热和空气加热均需要使用其他热源。

4 不同地区的泳池空调设计分析

4.1 不同地区的泳池热泵夏季工况分析

表 5 与表 2 中数据比较，在深圳夏季这两类泳池热泵的供热量可以同时满足池水初次加热（包括平时加热）和空调再热的要求。

两类泳池热泵夏季工况比较（深圳） 表 5

	深圳	
	第一类	第二类
送风量（m^3/h）	76695	76695
排风量（m^3/h）	84365	84365
新风量（m^3/h）	15000	15000
除湿量（kg/h）	241	241
制冷量（kW）	554	428
再热量（kW）	80	102
供热量（kW）	720	556

4.2 不同地区的泳池热泵冬季工况分析

与北京不同，深圳冬季室外温度较高，不需要新风预热。与北京相同，深圳冬季室外空气含湿量低于室内，可以采用通风除湿。

表 6 与表 4 中数据比较，深圳的室外空气含湿量高于北京，第二类泳池热泵的新风量需求高于北京，同样为保证室内湿度要求，新风比也要随着室内外含湿量差的变化而变化，以防止出现因新风除湿不够而结露的情况。

第二类泳池热泵在深圳冬季同样不开启热泵系统除湿，因此不能提供泳池池水加热需要的热水。

表 5 与表 2 中数据比较，在深圳第一类泳池热泵的供热量能满足池水初次加热（包括平时加热）的冬季需求，或基本能满足空气加热的需求，池水加热和空气加热二者选一，未选上的要使用其他热源。

两类泳池热泵冬季工况比较（深圳） 表 6

	深圳	
	第一类	第二类
送风量（m^3/h）	76695	76695
排风量（m^3/h）	84365	84365
新风量（m^3/h）	15000	27200
除湿量（kg/h）	350	350
加热量（kW）	571	462
总加热量（kW）	571	462
制冷量（kW）	432	
供热量（kW）	562	

5 泳池热泵过渡季空调设计分析

泳池热泵在过渡季如何工作呢？泳池空调可否不用一次回风空调系统而用直流通风系统呢？

笔者认为，既不需要供冷也不需要供热的季节可以称为过渡季，泳池热泵的制冷系统在这个季节可以不工作，只为泳池直流通风。过渡季的通风量可以按室内外含湿量差计算，也可以按泳池的通风换气次数要求确定，前者风量较小可以减少风机能耗。

如果在过渡季池水还需要加热，可以利用热泵从排风中获取热量。冬季若采用直流通风系统，好处是能降低室内相对湿度，防止结露，但会增加新风加热量和池水加热量；在夏季除了当室外空气含湿量低于室内的设定值或对室内温湿度没有要求的情况外，一般不采用直流通风系统。

6 结论

（1）在夏季，这两类泳池热泵在两地均能满足空调除湿要求，在深圳能满足池水初次加热（包括平时加热）的需求，在北京只能满足池水平时加热要求。

（2）在冬季，北京第一类泳池热泵一般只能保证池水平时加热，新风预热、空气加热和池水初次加热均要使用其他热源；在深圳只能满足池水加热（包括平时加热）或空气加热中的一项，另一项要使用其他热源。

（3）在冬季，两地第二类泳池热泵均依靠新风除湿，不开启热泵系统除湿，池水加热和空调加热均需要其他热源。应注意为防止泳池结露，泳池热泵的新风比要随着室内外含湿量差的变化而调节。

（4）应明确的是泳池热泵的供热量是热回收来的，在泳池室内温湿度和池水温度未达到设计值前，泳池热泵是不能完全提供设计供热量的。

（5）本文认为若经济许可，第一类泳池热泵是比较好的选择，可以提高能源利用率，降低运行费用；若不需要为池水加热提供“辅助热源”，在北京选除湿机带热水加热盘管即可，在深圳选第一类泳池热泵，冬季空调可不设其他热源。

参考文献

［1］马最良，姚杨．民用建筑空调设计［M］．2版．北京：化学工业出版社，2009.

［2］邹月琴，贺绮华．体育建筑空调设计［M］．北京：中国建筑工业出版社，1991.

［3］李娥飞，张力，沙玉兰，等．康体休闲设施的室内环境与通风［M］．北京：中国建筑工业出版社，2009.

［4］中国建筑设计研究院有限公司．建筑给水排水设计手册［M］．3版．北京：中国建筑工业出版社，2018.

［5］魏文宇，丁高，张力．游泳馆空调设计［M］．北京：机械工业出版社，2004.

［6］赵文成．中央空调节能及自控系统设计［M］．北京：中国建筑工业出版社，2018.

某建筑冷热源方案设计及分析

大连建发建筑设计院　车国平☆　陈国平　彭　鹏　聂洪光　郑晓楠

摘　要　本文对某建筑的冷热源方案进行了技术可行、节能减排、初投资及运行费用等方面的分析比较后，确定采用空气源热泵供冷、供热、制取生活热水的设计方案。并选用热泵机组设置热回收器的形式，利用冷凝热制取生活热水；同时收集具有一定温度的洗浴等优质杂排水对自来水进行加热，以减少热泵制取生活热水的能耗。

关键词　空气源热泵　节能减排　性能系数

1　项目背景

大连外国语大学拟建设的国际交流中心及科创基地，位于旅顺的旅游风景区。建筑内设置了中华文化体验、传播、网络互动及多媒体等多功能厅（室）；及外籍专家留学生餐厅、酒店（宿舍）等生活设施。设计将遵循建筑与环境融和、环保与节能并重的理念，力争使之成为生态平衡、环保节能、突出中华文化特点的经典之作。

对建筑主要能耗的空调冷热源、生活热水热源的设计从技术先进、经济合理、节能环保、安全可靠等诸方面综合考虑，进行方案设计和分析。

2　建筑概况及设计参数

2.1　建筑概况

（1）交流中心：地上 6 层，建筑面积 13870m^2，高 25.2m，平均层高 4.2m。

（2）科创基地：地上 5 层，建筑面积 9986m^2，高 22.5m，平均层高 4.5m。

（3）总建筑面积 23856m^2

2.2　室内外主要设计参数

（1）冬季空调室外计算温度：－13.1℃；

（2）夏季空调室外计算干球温度：29℃；

（3）室内设计温度 18～20℃。

2.3　冷热负荷计算

（1）冷负荷：交流中心 Q_{L1}＝1040kW；科创基地 Q_{L2}＝898kW。合计为 Q_L＝1938kW；

（2）热负荷：交流中心：Q_{R1}＝763kW；科创基地：Q_{R2}＝599kW。合计为 Q_R＝1362kW；

（3）生活热水负荷：最大小时耗热 Q_h＝311kWh，日耗热量 Q_r＝2.8×10^{3}kWh。

3　冷热源方案技术分析

3.1　太阳能供热方案

该项目位于太阳辐照量较丰富的Ⅱ类地区，作为典型的可再生清洁能源，应作为优先考虑的设计方案。但因建筑单体耗热量较大，太阳能集热器需要占用较大的面积，又由于建筑风格和坡屋面的限制，无法满足布置太阳能集热器所需要的面积。

3.2　地源热泵方案

地源热泵系统可供热、供冷并同时供生活热水，由于该建筑单体设置位置依山就势，室外地形高差较大，且室外茂密的植被树木不允许被毁坏，可供打井埋管的面积极少。如在建筑基础下打井埋管，将存在各专业穿插施工困难、成品（或半成品）不易保护以及存在不确定因素等问题。

3.3　冷水机组与天然气锅炉组合方案

由冷水机组供冷，燃气锅炉房供热及全年供生活热水。该系统简单，技术可行，但需消耗大量不可再生能源。

天然气似乎为清洁能源，但有学者和文献对于其燃烧排放物、对空气污染的影响程度则有不同见解。另由于整个区域内无燃气管网，建设天然气站要求的建筑物安全距离规划红线内也无法保证。

3.4　空气源热泵方案

由空气源热泵冬季供热夏季供冷，并在热泵机组中设置热回收器，利用供冷时产生的冷凝热量制取生活热水，其余季节热泵独立制取生活热水。同时利用洗浴等优质杂排水具有的较高温度，通过管壳式换热器对生活热水进行加（预）热。

（1）技术性：因热泵系统技术成熟、简单可靠，可仅设置一个系统便可满足供冷、供热、生活热水等多种功能需要。近 20 年来，我国在热泵的理论研究、产品创新等方面取得了突破性进展，特别是低温热泵的应用效果，颠覆了热泵冬季低温时不能启动或能效比低的原有认知，使得空气源热泵冬季（在寒冷地区）供热也有了可靠保证。

☆　车国平，男，高级工程师，设备总工。通讯地址：大连市沙河口区中山路 572 号星海旺座 7F，Email：che-gp@163.com。

同时该系统在过渡季节也可根据需要供热或供冷。

（2）节能性：尽管风冷热泵机组性能系数 *COP* 低于水冷机组，但由于其容量较小可组合设置，使单个机组更易达到或接近额定负荷时的 *COP* 值，避免了较大容量机组低负荷运行时性能系数降低的弊端。因空气源热泵为风冷系统，不仅无水资源的浪费，也无冷却水输送的能耗，因而提高了整个系统的综合性能系数。又由于在空气源热泵机组中设置了热回收器，在制冷工况的同时可回收冷凝热制热水；实现了能量（电力）单向输入双向输出（冷量和热量）的过程。

由于客房淋浴等每天排放的优质杂排水可达 50t，进入排污管道的水温在冬季可达 16℃左右，与（冬季）自来水的温差可达到 10℃以上，将此部分排水收集至污水箱内，通过管壳式换热器对自来水进行初次加热，将减少热泵制取卫生热水所需的能耗。

除夏季热泵运行的同时制取卫生热水外，在其余季节热泵可在夜间低谷电价时运行，不仅可节省 50%左右的运行费用，而且对转移整个电网峰值平衡电力供应、提高发电机组效率，具有一定的积极意义。

（3）环保性：因空气源热泵所获取得的能量主要源之于空气，为典型的清洁能源，机组本身可实现零排放。对当前的“煤改清洁能源”及消除空气雾霾也具有重要意义，其已成为国家积极倡导和扶持的清洁能源项目。

（4）经济性：由于空气源热泵具有的供冷供热等多种功能，使得系统设施简单，不仅初投资较低，运行费用也较低；其机房面积仅为传统形式的 40%左右，故总体经济性能较突出。

3.5 冷水机组与市政热网系统组合方案

设置冷水机组夏季供冷，冬季由区域锅炉房的市政热网通过换热站供热。由于市政热网供水温度、供热时间随室外温度的波动而变化，以及其固有的季节性，即使供热期也很难满足生活热水供热时间和温度的要求，需另设置源热泵制备生活热水。该方案优点为系统经典，技术可行，安全可靠；缺点为消耗大量不可再生化石能源，初投资及运行费用也较高。

3.6 初步确定设计方案

尽管太阳能、地源热泵等方案节能减排性能突出，但其系统繁杂、初投资较高的弱点也同样突出；与“冷水机组与天然气锅炉组合”的方案均存在不易解决的客观问题，导致实施较困难。因上述空气源热泵方案（简称为方案 1）、冷水机组与市政热网系统组合方案（简称为方案 2）在技术、经济、节能等方面各具有一定的优势，且具有可行性，故将其作为初选方案作进一步定量分析。

4 初选方案系统

4.1 方案 1

4.1.1 主要设备选择

（1）热泵：选择超低温（部分）热回收热泵 3 台，标准工况制冷量 $Q_L=687$kW；制热量 $Q_R=723$kW；回收冷凝热量 $Q_{RH}=365$kW，功率 $N=255$kW。对运行环境温度（−13℃时）和除霜修正后，冬季实际供热量 $Q_{Rg}=3\times723\text{kW}\times0.957\times0.9=1868\text{kW}>$设计热负荷 1362kW，此时 *COP* 值为 2.4，大于《公共建筑节能设计标准》GB 50189—2015 的限定值 2.0。制冷、生活热水负荷均大于设计负荷。

（2）水泵：选择 3 台冷热水循环水泵 $G=205\text{m}^3/\text{h}$，$H=0.24$MPa，$N=22$kW；2 台生活热水加热泵 $G=70\text{m}^3/\text{h}$，$H=0.20$MPa，$N=5.5$kW；2 台污水热泵 $G=10\text{m}^3/\text{h}$，$H=0.10$MPa，$N=0.75$kW。

（3）卫生热水系统：加热不锈钢水箱体积 $V=10\text{m}^3$，蓄热不锈钢水箱体积 $V=80\text{m}^3$，废水蓄水箱体积 $V=20\text{m}^3$。管壳换热器 1 台换热量 $Q=150$kW。

4.1.2 主要设备管线流程

主要设备管线流程如图 1 所示。

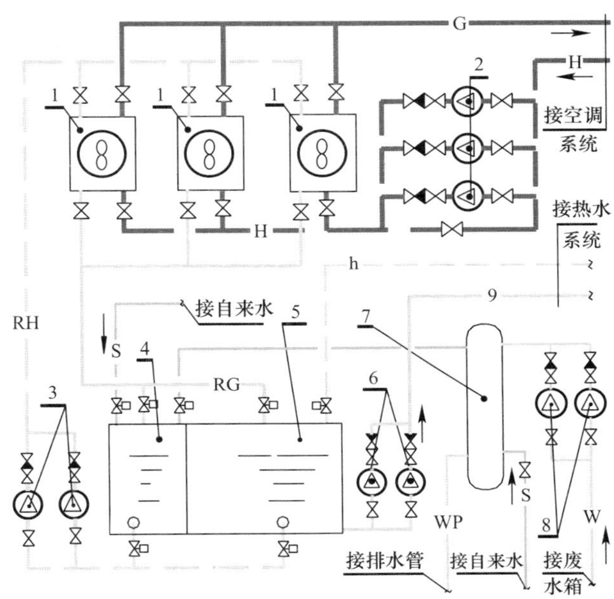

图 1 制冷制热主要系统流程

1—热泵；2—冷热水泵；3—热水加热泵；4—加热水箱；5—蓄热水箱；6—热水供水泵；7—换热器；8—污（废）水加压泵

4.1.3 运行策略

（1）供冷、供热：低负荷时首先启动 1 台热泵，随着负荷增加到接近单台热泵满负荷时依次启动其余热泵；冷热水泵启动方式随热泵调整，并根据负调整变频泵转数。过渡季启动 1 台热泵，根据冷热负荷调整运行时间。

（2）制取生活热水：在冬季，应首先选择在室外气温较高的时段（11：00～14：00）启动 3 台机组满负荷运行，制取每日生活热水。夏季制冷的同时制取生活热水，达到每天需要的热水量为止。其他季节，应在每天的 23：00～5：00 电价低谷时段启动 1 台热泵或 2 台机组满负荷运行制取每天需要的生活热水。

（3）系统控制：根据季节、冷热负荷的变化，对供热

(冷）时间、功能不同的房间，调节或关闭各个（按照功能划分的）独立区域水系统。

4.2 方案2

4.2.1 主要设备选择

（1）制冷机：2台螺杆机 $Q_L=1013kW$；功率 $N=195kW$。

（2）冷却塔：2台250t，功率 $N=7.5kW$。

（3）水泵：冷热水循环水泵3台，$G=210m^3/h$，$H=0.28Pa$，$N=30kW$；冷却水泵3台，$G=230m^3/h$，$H=0.25Pa$，$N=30kW$。

（4）制热水热泵：超低温热泵2台，制热量 $Q_R=246kW$；功率 $N=95kW$。

（5）换热器：板式换热器2台，换热量 $Q=1000kW$。

（6）其他设备：蓄热不锈钢水箱体积 $V=30m^3$，2台生活热水加热泵，$G=70m^3/h$，$H=0.20MPa$，$N=5.5kW$。

5 冷热源方案初投资分析

5.1 方案1

5.1.1 供冷热系统

（1）设备购置费：热泵约260万元，冷热水循环泵、补水泵约12万元，水箱、管道、阀门等材料约50万元；电缆、配电柜、控制系统等约40万元；合计362万元。

（2）人工费、利税：约120万元。

（3）以上总计：$\sum(1)+(2)=482$ 万元。

5.1.2 生活热水系统

（1）设备及材料购置费：不锈钢水箱约8万元；污水换热器、污水水箱、热水泵等约3万元，管道、电磁阀等材料费约25万元；电缆、配电柜、控制系统等约8万元；合计44万元。

（2）人工费、利税：约18万元。

（3）合计：$\sum(1)+(2)=62$ 万元。

5.1.3 初投资总计

482＋62＝544万元。

5.2 方案2

5.2.1 供冷系统

（1）设备及材料购置费：螺杆式制冷机组约150万元，冷却塔约15万元；冷水泵、冷却水泵、补水泵约20万元；水箱、管道、阀门等材料费约70万元；电缆、配电柜、控制系统等约65万元；合计320万元。

（2）人工费、利税：约130万元。

（3）合计：$\sum(1)+(2)=450$ 万元。

5.2.2 供热系统

（1）设备及材料购置费：供热系统换热器、循环水泵约10万元；管道、阀门等材料费3万元；电缆、配电柜动力、控制系统等3万元；合计16万元。

（2）人工费、利税等：约8万元。

（3）供热入网费：计为 $23856m^2\times60$ 元/$m^2=143$ 万元。

（4）合计：$\sum(1)+(2)+(3)=167$ 万元。

5.2.3 生活热水系统

（1）设备及材料购置费：热泵约50万元；不锈钢水箱、水泵、管道、阀门等材料费约15万元；电缆、配电柜动力、控制系统等8万元；合计73万元。

（2）人工费、利税等：约25万元。

（3）$\sum(1)+(2)=73+25=98$ 万元。

5.2.4 初投资总计

450＋167＋98＝715万元。

6 冷热源方案运行费用

6.1 方案1

6.1.1 供热能耗及电费

6.1.1.1 基础数据

（1）供暖期为11月5日至次年4月5日，供热天数为151天，其中工作日约83天，公休日约28天，假期约为40天。

（2）大连供暖期室外平均温度为0.1℃。

（3）设计室内温度：工作日昼间18℃，夜间平均10℃；公休日昼夜平均10℃，假期昼夜平均5℃。

6.1.1.2 累计能耗

（1）工作日：

1）昼间：供暖热负荷系数 K 值：$K=Q_{Rp}/Q_R=(T_n-T_P)/(T_n-T_w)$

式中 Q_{Rp}——供暖期平均热负荷，kW；

Q_R——供暖期最大热负荷，kW；

T_n——供暖室内计算温度，取20℃；

T_w——供暖室外计算温度，为−13.1℃；

T_P——供暖期室外平均温度0.1℃。

即：$K=(T_n-T_P)/(T_n-T_w)=(20-0.1)/(20+13.1)=17.9/31.1=0.60$

累计耗热量：$Q_{g1}=Q_{Rp}\times N\times T=K\times Q_R\times N\times T$

式中 N——供暖天数，取83；

T——每天供热时间，h，此取10。

即：$Q_g=K\times Q_R\times N\times T=0.60\times1362\times83\times10=6.78\times10^5kWh$。

2）夜间：$Q_{g2}=2.72\times10^5kWh$（此处及以下过程同上恕不详述）。

合计为：$Q_{g1}=Q_{g1}+Q_{g2}=6.78\times+2.72\times10^5=9.5\times10^5kWh$。

空调制冷

(2) 公休日：$Q_x=1.3\times10^5$ kWh。

(3) 假期：$Q_j=1.8\times10^5$ kWh。

(4) 总耗热量 $Q_{Z1}=Q_g+Q_x+Q_f=9.5\times10^5+1.3\times10^5+1.8\times10^5=1.26\times10^6$ kWh。

6.1.1.3 电费

(1) 总耗电量：热泵在供暖期平均温度下的平均性能系数 COP 为 2.97；耗电量 $N_{Z1}=\sum Q_{Z1}/COP=12.6\times10^5/2.97=4.2\times10^5$ kWh（供冷供热循环水输送及定压系统方案 A、B 基本相同不做比较）。

(2) 电费：电费平均价格为 1.0 元/kWh，即：$\sum ¥_{Z1}=4.2\times10^5$ kWh×1.0 元/kWh=42 万元。

6.1.2 制冷累计能耗及电费

(1) 累计冷量：制冷按 50 天计，总冷量 $Q_{Z2}=$ 1938kW×50 天×6h=5.8×10^5 kWh。

(2) 耗电量：$N_{Z2}=Q_1/COP=5.8\times10^5$ kWh/3.2=1.8×10^5 kWh。

(3) 电费：$¥_{Z2}=N_1\times1.0$ 元/kWh=1.8×10^5 kWh×1.0 元/kWh=18 万元。

6.1.3 生活热水累计耗热量及电费

(1) 冬季：每天废水加热自来水的热量为 $Q_j=C\cdot M\cdot\Delta t=4200\times50000\times(15-5)=583$kWh，冬季按照 130 天计，热泵耗热量 $Q_{R1}=130(Q_r-Q_j)=130\times(2.8\times10^3-583)=2.88\times10^5$ kWh。

耗电量 $N_{R1}=Q_{R1}/COP=2.88\times10^5$ kWh/2.97=9.7×10^4 kWh；电费 $¥_{R1}=1.0$ 元/kWh $N_{R1}=9.7$ 万元。

(2) 其余季节：扣除制冷（无需独立制热）及暑假日，制热水按 160 天计。废水加量为 $Q_j=583$kWh，耗热量 $Q_{R2}=160\times(Q_r-Q_j)=160\times(2.8\times10^3-583)=3.9\times10^5$ kWh；耗电量 $N_{R2}=Q_{R2}/COP=3.9\times10^5$ kWh/3.2=1.22×10^5 kWh。低谷电价时 0.45 元/kWh，电费 $¥_{R2}=1.22\times10^5$ kWh×0.45 元/kWh=5.5 万元。

(3) 累计耗电量：$N_{Z3}=N_{R1}+N_{R2}=9.7\times10^4+1.22\times10^5=2.19\times10^5$ kWh；

电费：$\sum ¥_{Z3}=¥_{R1}+¥_{R2}=9.7+5.5=15.2$ 万元。

6.1.4 全年累计耗电量

(1) 总耗电量为：$N_Z=N_{Z1}+N_{Z2}+N_{Z3}=4.2\times10^5+1.8\times10^5+2.19\times10^5=8.19\times10^5$ kWh；

(2) 总费用为：$¥_Z=¥_{Z1}+¥_{Z2}+¥_{Z3}=42+18+15.2=75.2$ 万元。

6.2 方案 B

6.2.1 供热累计耗热量及费用

(1) 耗热量：因市政热网供热无针对性，也仅仅根据室外温度予以粗放式调节，故耗热量为：$\sum Q_{总}=1362\times151\times11\times(20-0.1)/(20+13.1)=1.4\times10^6$ kWh；锅炉效率按 80%，市政管网热损失按 2%计，折合折标准煤为 225t。

(2) 供暖费用：市政热源供暖费标准：基准费 31 元/m²，基准高度为 3.3m，交流中心为 39.4 元/m²，科创基地为 42 元/m²；供暖费 $¥_{CN}=13870$m²×39.4 元/m²+9986m²×42 元/m²≈96.6 万元。

6.2.2 全年制生活热水累计耗热量及费用

(1) 冬季：冬季按照 130 天计，耗热量 $Q_{R1}=130Q_r=130\times2.8\times10^3$ kWh=3.64×10^5 kWh，耗电量 $N_{R1}=Q_{R1}/COP=3.64\times10^5$ kWh/2.97=1.23×10^5 kWh，电费 $¥_1=1.0$ 元/kWh$N_{R1}=12.3$ 万元。

(2) 其余季节：按照 180 天计，耗热量 $Q_{R2}=180Q_r=180\times2.8\times10^3=5.0\times10^5$ kWh，耗电量 $N_{R2}=Q_{R2}/COP=5.0\times10^5$ kWh/3.2=1.57×10^5 kWh，电费 $¥_2=1.0$ 元/kWh×$N_{R2}=1.57\times10^5\times1.0$ 元/kWh=15.7 万元。

(3) 全年累计耗电量 $N_{Z1}=1.23\times10^5+1.57\times10^5=2.8\times10^5$ kWh。

(4) 全年电费：$\sum ¥_{Z1}=¥_1+¥_2=12.3+15.7=28$ 万元。

6.2.3 制冷运行累计能耗及电费

(1) 能耗：同方案 1 总冷量 $Q_L=5.8\times10^5$ kWh。

(2) 耗电量：螺杆机 COP 取平均值 5.0，耗电量 $N_1=Q_1/COP=5.8\times10^5$ kWh/5.0=1.16×10^5 kWh；冷却塔风机、冷却水泵功率为 75kW，耗电量 $N_2=75\times50\times6=0.22\times10^5$ kWh，合计 $N_{Z2}=N_1+N_2=1.16\times10^5+0.22\times10^5=1.38\times10^5$ kWh。

(3) 电费 $¥_{Z2}=N\times1.0$ 元/kWh=1.38×10^5 kWh×1.0 元/kWh=13.8 万元。

6.2.4 全年累计耗电量及费用

(1) 总耗电量为：$N_Z=N_{Z1}+N_{Z2}=2.8\times10^5+1.38\times10^5=4.16\times10^5$ kWh；

(2) 总费用为：$¥_Z=¥_{Z1}+¥_{Z2}=28+13.8=41.6$ 万元。

7 冷热源方案经济和减排效益结果

7.1 初投资结果（见表 1）

初投资费用表　　表 1

系统形式	方案 1	方案 2
供热	482 万元	167 万元
供冷		450 万元
生活热水	62 万元	98 万元
合计	514 万元	715 万元

7.2 运行费用分析（见表 2）

能源消耗量及费用表　　表 2

运行方式	方案 1	方案 2
	耗电量（kWh）	耗电量（kWh）
供热	1.26×10^6	—

续表

运行方式	方案 1	方案 2
	耗电量（kWh）	耗电量（kWh）
供冷	1.8×10^5	1.38×10^5
生活水	2.19×10^5	2.8×10^5
合计	8.19×10^5	4.16×10^5
电费	75.2 万元	41.6 万元
供暖费	—	96.6 万元
合计	75.2 万元	138.2 万元

7.3 节能减排效益

（1）节能效益：方案 1 耗电 8.36×10^5kWh，折合标准煤 301t；方案 2 耗电 4.36×10^5kWh，折合标准煤 156t，供热量 225t 标准煤，合计为 381t，方案 1 每年节省 80t 标准煤。

（2）减排效益：由于每年节省 80tce，预计减少 CO_2 排放量为 220t，SO_2 排放量为 2t，NO_x 排放量为 0.52t。

8 结论

根据上述的技术先进性、可实施性、节能环保性、经济合理性等方面综合分析，选择空气源热泵系统为该项目冷热源设计方案。

变流量空调水系统水泵变频控制策略的选择及其能耗分析

奥意建筑工程设计有限公司　曾　伟☆

摘　要　分析了变流量空调水系统循环水泵在 4 种不同控制策略（定温差、干管定压差、最不利环路定压差、中间环路定压差）下对水系统水力稳定性的影响、控制阀门的选择及节能效果。结果表明：定温差和最不利环路定压差控制策略，系统各环路处于欠流状态；干管定压差控制策略，系统各环路处于过流状态；中间位置定压差控制策略，定压点前端环路处于欠流状态，定压点后端环路处于过流状态。各控制策略中，定温差控制策略的水泵能耗最低，最不利环路定压差控制策略的能耗次之，干管定压差控制策略水泵的能耗最高。

关键词　变流量　空调水系统　控制策略　变频

0　引言

建筑物空调负荷随季节和时间的不同而变化，空调系统设计时，冷水主机容量、管网及循环水泵等设备一般按各项逐时逐项冷负荷的综合最大值设置[1]。据相关资料显示，空调系统一年中绝大部分时间是在 40%～80%负荷范围内运行，满负荷运行的时间非常少[2]。冷水循环泵作为空调系统冷水输送的核心环节，其运行能耗约占空调系统总能耗的 15%～20%[3]。因此，研究循环水泵的运行控制策略，对空调系统的节能具有重要意义。

变流量空调水系统是相对于定流量空调水系统而言，变流量空调水系统分为两种不同的形式：第一种为空调末端设备变流量，主机定流量运行，循环水泵工频运行；第二种为空调末端设备及主机均变流量运行，循环水泵变频运行。本文讨论的变流量为第二种，根据末端空调负荷的变化，调节冷水循环水泵的运行频率，达到减少水泵运行能耗的目的。变流量空调水系统相对于定流量空调水系统，控制较复杂，但节能效果明显。循环水泵的控制策略的合理性，直接影响到水系统的稳定性及水泵的运行能耗。

1　变流量空调系统水泵变频控制策略

1.1　定温差控制策略

定温差控制策略是指以系统供回水温差作为循环水泵变频控制的反馈信号，通过控制水泵的运行频率来维持供回水干管上的温差为定值。定温差的控制策略简化模型详见图 1。

1.2　定压差控制策略

定压差控制策略是指以系统某处的压差值作为循环水泵变频控制的反馈信号，通过控制循环水泵的运转频率维持系统中该处的压差为定值。根据选取维持压差值为定值的位置不同可分为干管定压差控制策略、最不利环路定压差控制策略及中间环路定压差控制策略。定压差控制策略简化模型详见图 2。其中，干管定压差控制策略是通过控制水泵的运行频率来维持图 2 中 2 点和 2′点间的压差值为定值；最不利环路定压差控制策略是通过控制水泵的运行频率维持图 2 中 3 点和 3′点间的压差值为定值；维持 4 点和 4′点之间的压差值为定值的控制策略为中间环路定压差控制策略。

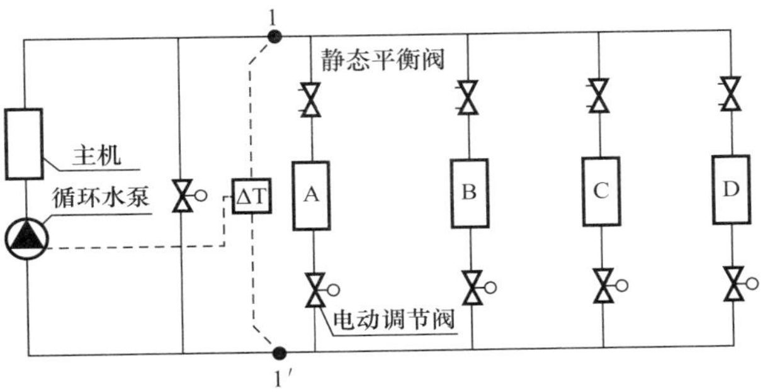

图 1　定温差策略简化模型

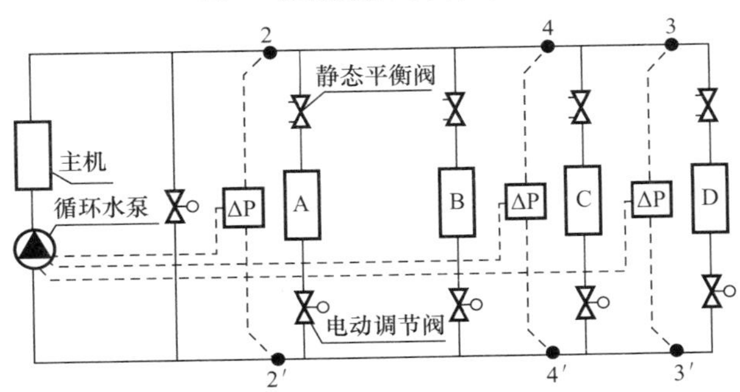

图 2　定压差控制策略简化模型

2　水泵变频控制策略对系统稳定性的影响

经过设备的水流量与作用在末端的资用压头成正比，水流量与资用压头之间的关系详见式（1）。

$$\Delta p = SV^2 \tag{1}$$

式中　Δp——设备管段的资用压头，Pa；

S——计算管段的阻力数，$Pa/(m^3/h)^2$；

☆　曾伟，男，工程师。通讯地址：深圳市福田区华发北路 30 号，Email：zengwei@ae-design.cn。

V——经过设备的水流量，m^3/h。

水力稳定性是指环路中各设备在其他环路设备流量改变时保持自身流量不变的能力。通常用设备的设计流量和工况变化后能达到的实际流量的比值来衡量系统的水力稳定性，即

$$y=\frac{V_g}{V_m} \tag{2}$$

式中 y——水力稳定性系数；

V_g——设备的实际流量，m^3/h；

V_m——设备的设计流量，m^3/h。

当 $y<1$ 时，设备的实际流量小于设计流量，设备处于欠流状态；当 $y>1$ 时，设备的实际流量大于设计流量，设备处于过流状态；当 $y=1$，实际流量与设计流量保持一致。

2.1 定温差控制策略对水系统稳定性的影响

定温差控制策略的水力工况曲线详见图 3，其中实线表示设计工况，虚线表示部分负荷时的水力工况。从图 3 中可看出，当部分负荷时，各环路的资用压头变小，实际流量 V_g 变小，设备的实际流量小于设计流量，$y<1$，设备处于欠流状态。

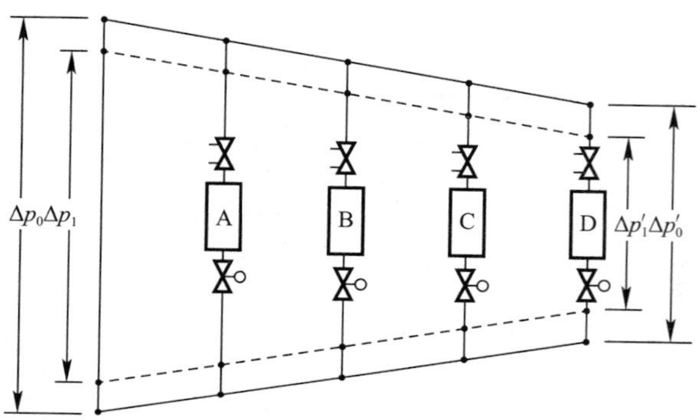

图 3 定温差控制策略水力工况曲线

2.2 干管定压差控制策略对水系统稳定性的影响

干管定压差控制策略的水力工况曲线详见图 4，其中实线表示设计工况，虚线表示部分负荷时的水力工况。从图 4 中可看出，当系统负荷降低时，系统的总流量减少，干管内水流速降低，干管的阻力损失减少。干管的资用压头 Δp_0 和 Δp_2 保持一致，最不利末端的资用压头 $\Delta p_0'$ 小于 $\Delta p_2'$。各环路的资用压头均变大，实际流量 V_g 变大，设备的实际流量大于设计流量，$y>1$，设备处于过流状态。

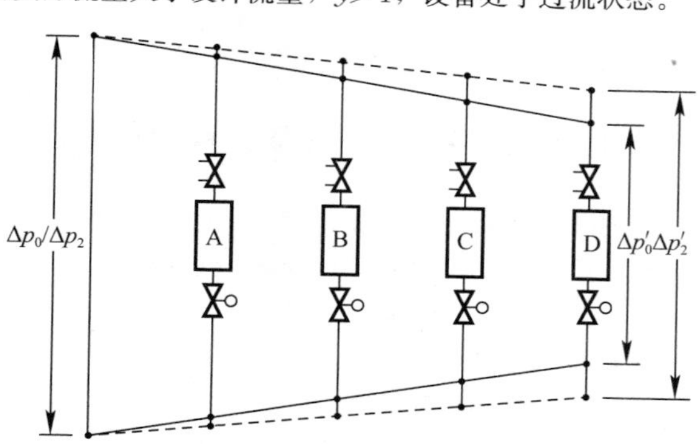

图 4 干管定压差控制策略水力工况曲线

2.3 最不利环路定压差控制策略对水系统稳定性的影响

最不利管环路定压差控制策略的水力工况曲线详见图 5。图中实线表示设计工况、虚线表示部分负荷时的水力工况。从图 5 中可看出，干管的资用压头 Δp_0 大于 Δp_3，最不利末端的资用压头 $\Delta p_0'$ 与 $\Delta p_3'$ 保持一致。当系统处于部分负荷时，最不利环路流量能满足实际需求，其余各环路的资用压头均变小，实际流量 V_g 变小，设备的实际流量小于设计流量，$y<1$，系统处于欠流状态。

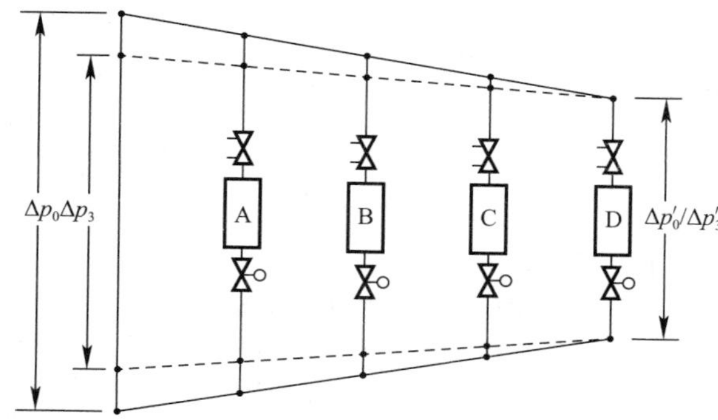

图 5 最不利环路定压差控制策略水力工况曲线

2.4 中间环路定压差控制策略对水系统稳定性的影响

中间环路定压差控制策略的水力工况曲线详见图 6。图中实线表示设计工况，虚线表示部分负荷时的水力工况。从图 6 中可看出，当系统处于部分负荷时，干管的资用压头 Δp_0 大于 Δp_4，最不利末端的资用压头 $\Delta p_0'$ 小于 $\Delta p_4'$。定压点前端的环路资用压头变小，实际流量 V_g 变小，设备的实际流量小于设计流量，$y<1$，环路处于欠流状态。定压点后端的资用压头变大，实际流量 V_g 变大，设备的实际流量大于设计流量，$y>1$，环路处于过流状态。

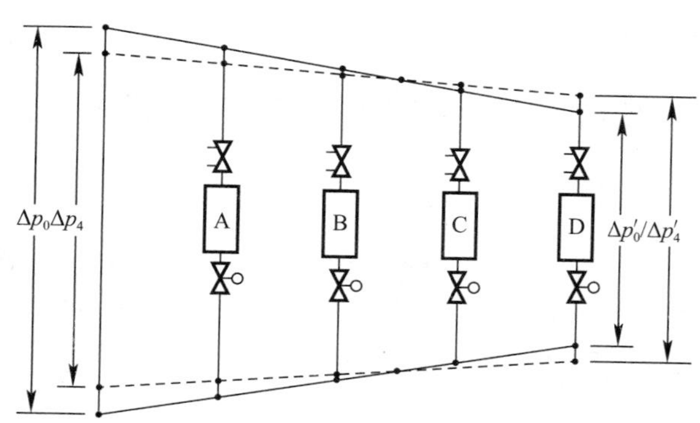

图 6 中间位置定压差控制策略水力工况曲线

3 不同控制策略对环路控制阀门选择的影响

为保证各环路的水力稳定性，使各支路设备不出现欠流和过流，需在各环路上设置控制阀，控制各设备的流量

满足设计要求。在选择各支路控制阀门时，需考虑不同控制策略下各支路压头的变化对控制阀阀权度的影响，阀门阀权度的定义详见式（3）。

$$S=\frac{\Delta p_{\min}}{\Delta p_{\max}} \tag{3}$$

式中　S——阀门的阀权度；

$\Delta p_{\min}$——控制阀全开时的压力损失；

$\Delta p_{\max}$——控制阀所在串联环路的总压力损失。

干管定压差控制策略，各环路资用压头变大，即 $\Delta p_{\max}$ 变大，$\Delta p_{\min}$ 不变，各环路上控制阀的实际阀权度变小。阀权度变小，控制阀的调节性能减弱。为保证阀门控制的精确性，干管定压差控制策略，需采用阀权度大的控制阀门才能达到好的调节效果。

最不利环路定压差控制策略，各环路的资用压头变小，即 $\Delta p_{\max}$ 变小，$\Delta p_{\min}$ 不变，各环路上的控制阀的实际阀权度变大。最不利环路定压差控制策略：采用阀权度较小的控制阀门，降低阀门阻力对循环水泵的能耗。

中间环路定压差控制策略，定压点前端环路的资用压头变小，即 $\Delta p_{\max}$ 变小，定压点前端各环路上的控制阀的实际阀权度变大；定压点后端环路的资用压头变大，即 $\Delta p_{\max}$ 变大，定压点后端各环路上的控制阀的阀权度变小。实施中间环路定压差控制策略时，定压点前端环路，采用阀权度小的控制阀，降低阀门阻力对循环水泵能耗。定压点后端环路，采用阀权度大的控制阀，防止部分负荷时阀权度变小，降低阀门调节的精确性。

4　变流量系统水泵变频控制策略的选择

定温差控制策略是一种被动控制策略，从第2节控制策略对系统水力稳定性影响的分析中可看出，采用定温差控制策略要求各环路的负荷按相同的规律同步变化（负荷成相同比例增加或减少），若变化规律不同，可能会出现管网水力失衡，且负荷变化引起的温度变化有明显的滞后性，延迟时间较长。当末端负荷发生变化时，系统的水温至少要经过半个循环周期才能反馈到传感器中，不能精确地根据系统的需求控制水泵的运行频率，可能造成系统较大的波动性和较差的可靠性。因此，当系统各环路的负荷变化规律相同，且对负担区域的温度变化要求不严格时，才可采用定温差控制策略。

定压差控制策略相比于定温差控制策略，能对系统的实际需求及时反馈，不会出现时间滞后。为保证系统的可靠性及精确性，变流量系统建议采用定压差控制策略。

5　变流量系统不同控制策略的能耗分析

不同控制策略下水泵的运行状态点详见图7，其中0点为设计工况下的水泵的运行状态点，1点为采用定温差控制策略时的水泵运行状态点，2点为采用干管定压差控制策略时的水泵运行状态点，3点为采用最不利环路定压差控制策略时的水泵运行状态点，4点为采用中间环路定压差控制策略时的水泵运行状态点。

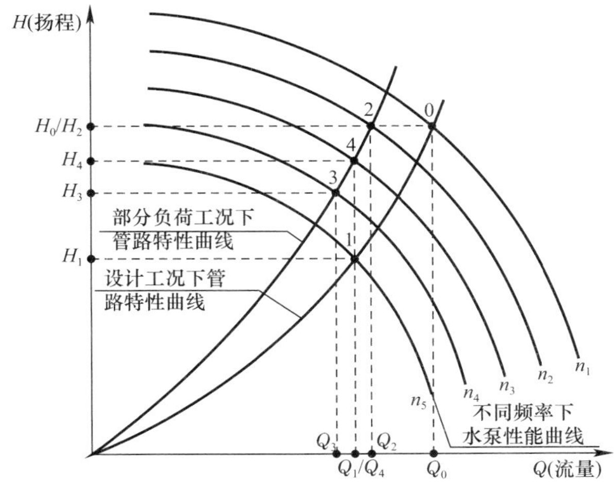

图7　不同控制策略下的水泵运行状态点

水泵的能耗和水泵的扬程和流量成正比，从图7中可以看出，采用定温差控制策略时，水泵的能耗最低。因为采用定温差控制策略，没有改变系统的管路特性，使水系统始终维持在相似变换的状态下，当水泵频率发生改变时，水泵的输送能耗同频率的三次幂成正比，因而能够最大限度地节能。定压差控制策略中，干管定压差控制策略的能耗最高，中间环路定压差控制策略的能耗次之，最不利环路定压差控制策略的能耗最小。

6　结论

（1）采用定温差控制策略和最不利环路定压差控制策略，系统各环路设备处于欠流状态；采用干管定压差控制策略，系统各环路设备处于过流状态；采用中间环路定压差控制策略，定压点前端环路设备处于欠流状态，定压点后端环路处于过流状态。

（2）干管定压差控制策略，各环路需选择阀权度较大的控制阀门；最不利环路定压差控制策略，各环路需选择阀权度较小的控制阀门；中间定压差控制策略，定压点前端环路选用阀权度较小的控制阀门，定压点后端环路选用阀权度较大的控制阀门。

（3）各控制策略中，定温差控制策略的能耗最小，最不利环路控制策略的能耗次之，干管定压差控制策略的能耗最大。

（4）当系统负荷变化规律一致，且对控制精确度要求不高的变流量系统，建议选择定温差控制策略；对控制精确度及可靠性要求高的变流量系统，建议采用定压差控制策略，其中优先选择最不利环路定压差控制策略。

参考文献

[1]　李彬，肖勇全，李德英，等. 变流量空调水系统的节能探讨［J］. 暖通空调，2006，36（1）：132-136.

[2]　陆耀庆. 实用供热空调设计手册［M］. 2版. 北京：中国建筑工业出版社，2008.

[3]　孙一坚. 空调水系统变流量节能控制［J］. 暖通空调，2001，31（6）：5-7.

横琴南光大厦暖通设计要点

深圳华森建筑与工程设计顾问有限公司　李爱雪☆　钟　玮

摘　要　本项目是珠海市区域供冷的项目，本文主要介绍了项目的空调系统设计情况，办公部分的高区、中区、低区采用了三种空调末端形式。简述了绿色建筑的设计要点，达到国家绿色建筑三星级标准，并对首层办公大堂进行了声学模拟。

关键词　区域供冷　空调系统　多样化　声学模拟　绿色建筑

0　引言

随着建筑行业的发展，区域供冷项目越来越多，本项目为广东省珠海市的区域供冷项目。因业主对办公部分不同区域（高区、中区、低区）的定位不同，故末端空调采用三种不同形式的系统，有常规的风机盘管加新风系统、变风量系统、舒适度较高的冷梁系统。经声学模拟计算软件分析，大堂满足噪声要求。本项目的目标是打造出绿色建筑三星级标准的综合性甲级办公大楼。

1　工程概况

横琴南光大厦位于珠海市横琴口岸服务区内。用地面积为1万m^2，总建筑面积为8.7万m^2，功能主要为商业办公及相关配套，地下3层、地上35层。其中地下2，3层为停车库和设备用房，地下1层为商业和设备用房，地上1～6层为商业，7～35层塔楼为办公，其中7，18，29层为避难层。

本项目建筑高度为159.5m，为超高层商业办公综合体建筑，将打造成符合绿色建筑三星级标准的综合性甲级办公大楼。

2　空调冷源设计

根据横琴新区供冷供热技术导则要求，本项目的冷源由区域能源站提供，区域能源站提供冷源供回水温度为12℃/4℃。本项目设有一个换热机房，位于地下1层。

图1为项目鸟瞰图，本项目地下1层商业、裙房配套商业、餐厅及塔楼办公等处，均采用集中空调系统，其中塔楼考虑冬季对新风供热，塔楼中、高区考虑冬季供暖。

本工程集中空调面积49094m^2，夏季逐项逐时计算冷负荷综合最大值为9126kW，冷负荷指标为186W/m^2，此冷负荷指标是项目办公、商业、餐厅及厨房（新风）等所有空调及新风系统冷负荷指标的平均值。

考虑运营管理及计量方便，本项目供冷系统按裙房商业及塔楼办公分别设置两组互相独立的换热系统。

裙房商业供冷换热系统设置2台板式换热器，每台换热量为2500kW，一次侧供回水温度为4℃/12℃，用户侧供回水温度为7℃/13℃。办公供冷换热系统设置2台板式换热器，每台换热量为4000kW，一次侧供回水温度为4℃/12℃，用户侧供回水温度为7℃/13℃。

图1　项目鸟瞰图

3　空调热源设计

由于本项目功能主要为办公及商业，非区域能源站的供暖对象，本项目热源由设于塔楼屋面的风冷热泵机组提供。

根据实际的使用效果及需求，本工程塔楼高区酒店办公设置冬季供暖，塔楼中区自用办公设置冬季供暖，塔楼低区考虑采用新风供暖，将新风加热至室内空气的等温点，送入室内。本工程其他区域不设供暖。塔楼供暖计算总负荷为1365kW。热源拟选用3台常规型变频空气源热泵机组。

过渡季节及冬季根据空调冷热负荷决定投入热泵机组数量，每台热泵机组的冷热供回水接口均单独接驳冷热水主管，满足四管制空调水系统要求。热泵机组与水泵均一对一连接，水泵均采用变频控制。

4　末端空调系统设计

因业主对办公部分不同区域（高区、中区、低区）的定位不同，末端空调采用三种不同形式的系统，更具备节能优势，下面将详细分析几种不同的空调系统形式。

☆　李爱雪，女，研究生，工程师。liaixue2006@126.com。

4.1 裙房空调系统设计

裙房1～4层中庭设有全空气系统，组合式空调机组设于避难层，新风由避难层百叶引入，室内回风经回风管井接至避难层空调机房与新风混合，经冷却盘管降温除湿后送入室内。裙房商铺采用新风加风机盘管系统，首层办公大堂采用全空气系统。

4.2 塔楼低区区空调系统设计

塔楼低区办公设有风机盘管及新风系统，新风机组分别设于避难层，室外百叶从避难层引入通过新风机组冷却除湿后通过新风管送入室内。塔楼电梯厅及高区活动室设有风机盘管加新风系统。

4.3 塔楼中区空调系统设计

中区采用VAV空调系统，采用变定静压控制方式，根据各房间内的VAV BOX开度变化引起的系统压力变化，控制空调机组频率，达到舒适节能的效果。

所有VAV空调系统均考虑过渡季加大新风量运行，过渡季新风量大于总送风量的50%，同时设计相应的过渡季排风系统，利用室外新风直接供冷，减少大量供冷能耗。

4.4 塔楼高区空调系统设计

塔楼高区功能为酒店办公，因业主对舒适性的要求较高，经与业主沟通，高区设计为舒适性高的冷梁空调系统。为保障室内卫生环境及舒适度要求，塔楼高区室内处理设备均采用干式空气处理末端。各办公室的室内显热负荷主要由设于房间顶棚的主动式冷梁承担；根据负荷计算及分析结果，由外围护结构引起的显热负荷量较大，因此针对性的在外墙玻璃幕附近设置被动式冷梁，起到阻断高温空气的作用，承担主动式冷梁不能满足的显热负荷，并能保障室内天花布置效果。

塔楼四个角部房间，由于具有两个方向的外围护结构，室内显热负荷大，虽然有主动式冷梁和被动式冷梁共同承担，仍然难以确保负荷峰值时的室内环境。经综合考虑噪声、顶棚布置、卫生、舒适等运行使用要求，根据负荷组成情况，设置干式风机盘管作为峰值时段的保障措施，确保室内温湿度及室内干工况，满足卫生要求。

新风系统承担所有新风负荷及所有室内湿负荷，并能承担少量室内显热负荷。

经对室内空气做CFD模拟，室内空气流速小于0.25m/s，气流覆盖整个房间区域，无空调死角，室内温度场均匀。

5 声学设计要点

根据建筑声学顾问报告，声学模拟计算软件采用德国西门子公司出品的RAYNOISE 3.1，该软件主要基于几何声学和统计声学的方法，核心程序采用虚声源法和声线跟踪法相结合的算法，能精确模拟声学传递的物理过程和结果。在建筑领域的应用中，可以根据建筑形状和表面特性，计算建筑的声学特性，并进行各种后处理显示。

首层办公大堂平面呈矩形，平面面积为500m^2，两层通高，总高度为11.5m，房间容积约为5700m^3。大堂除西侧实体墙外，其余三侧均为玻璃幕墙。

模拟按照大堂中有人停留、交谈的状态，声源采用无指向性的点声源，声源位置随机分布（共设23点），距地面高度为1.5～1.8m。图2为首层办公大堂模型图。

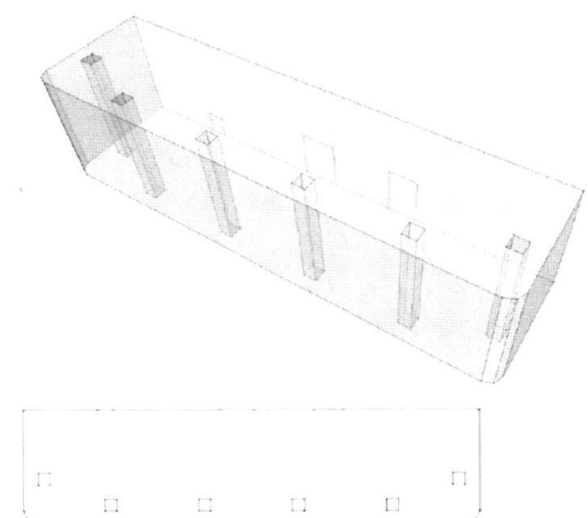

图2　首层办公大堂模型

根据首层办公大堂的室内声学布置方案及建筑图纸建立声学模型，通过计算机模拟，对首层办公大堂的混响时间T60、声压级SPL、语言传输指数STI等主要声学指标进行预测分析。图3为首层办公大堂模型结果。

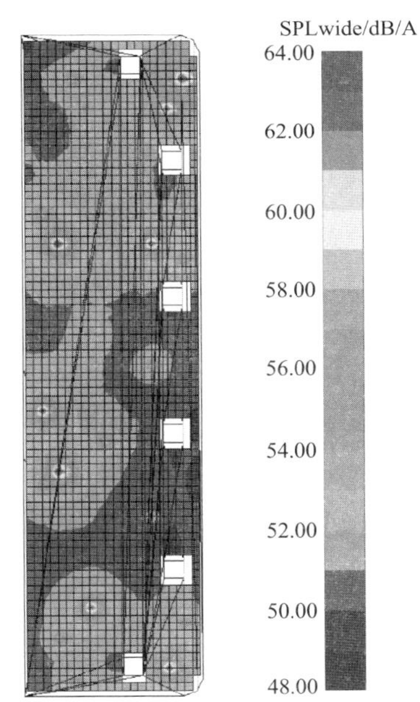

图3　首层办公大堂模型结果

从模拟分析结果可知，首层办公大堂的中频混响时间约为1.4s，满足≤2.0s的设计要求；当大堂中有20多个人交谈时，室内声场分布在50～56dB(A)之间，大部分区域的语言传输指数STI大于0.5，满足一般语言交谈的需求。

6 绿色建筑设计要点

本项目绿色建筑目标定位为：按照国家《绿色建筑评价标准》GB/T 50378—2019的要求，达到国家绿色建筑三星级标准（设计标识）。

暖通空调设计中采取了若干措施，在必须满足控制项的前提下，结合其他专业要求，满足标准要求的控制项和一般项（得分项）要求。下面将简单介绍几条绿色建筑设计要点。

对于地下车库，应设置一氧化碳浓度探头，并与地下室通风设备联动控制，保证地下室一氧化碳浓度满足《室内空气质量标准》GB/T 18883—2002的有关要求，即≤$10mg/m^3$。项目办公室等人员活动密集的房间应设置室内二氧化碳监控设施，实现与新风联动，并具备苯、TVOC、甲醛浓度报警功能，保证室内二氧化碳浓度满足《室内空气质量标准》GB/T 18883—2002的有关要求，即≤0.1%。

7 结语

目前，我国空调能源损耗占比较大，许多建筑由于空调设计不科学而导致能源损耗较大。区域能源站也是将来发展的趋势，将在一定程度上大幅度减少能耗。

声学模拟软件的应用，能够准确核实项目大堂的噪声是否在可接受范围内，绿色建筑方面通过控制项和一般项（得分项）的把控，将本项目打造成符合绿色建筑三星级标准的综合性甲级办公大楼。

参考文献

[1] 叶大法，杨国荣. 变风量空调系统设计 [M]. 北京：中国建筑工业出版社，2007.

[2] 唐静. 干工况风机盘管系统适用性探讨 [J]. 暖通空调，2008，38（6）：115-117.

某星级酒店新风系统节能设计与经济性分析

福建省集泰建筑设计有限公司　王晨曦☆

摘　要　本文主要针对北方某星级酒店的供暖空调及通风系统，从冷热源形式、新风系统分区、新风系统形式、节能设备选型（热回收）等方面论述该类型建筑新风系统的节能措施。合理的新风系统，需要在保证高品质室内空气质量的前提下达到节能的目的。该酒店通过新风系统设计优化，最终达到比较好的节能效果。

关键词　地源热泵　新风系统　热回收装置　节能设计

0　引言

在空气品质越来越受关注的今天，空调系统已从舒适性空调层面逐步向健康空调层面发展。从室内空气品质的角度来说，增大新风量是提升空气品质最直接有效的方式，但同时带来的能耗的增大。如何减少新风系统的能耗，成为集中空调系统节能的关键因素。本文从某星级酒店的新风系统设计角度出发，对其新风系统的节能方式做简要分析。

1　工程概况

工程位于河北省泊头市，为星级酒店，地上7层，建筑面积25492.47m²，地下1层，建筑面积10567.20m²，地上部分由客房部及综合部组成，综合部5层，客房部7层。客房部1层及对应的地下1层部分为洗浴中心，含健身房及泳池；2～6层为普通客房，7层为总统套房；综合部1，2层为宴会厅、中/西餐厅及餐厅包厢，3层为KTV，4层为会议室，5层为会议室上空及闷顶（见图1）。

图1　酒店效果图

2　项目设计参数

2.1　室外设计参数

夏季空调干球温度34.3℃；夏季空调湿球温度26.7℃；夏季通风室外计算温度：30.1℃；夏季主导风向SW（西南）；风速2.9m/s；夏季大气压1004hPa；冬季空调室外计算温度－7.10℃；冬季空调计算相对湿度57%；冬季通风室外计算温度：－3.00℃；冬季主导风向SW（西南），风速2.6m/s，冬季大气压：1027hPa。

2.2　室内设计参数（见表1）

室内设计参数　　表1

房间名称	夏季室内干球温度（℃）	冬季室内干球温度（℃）	夏季室内相对湿度（%）	新风量[m³/(h·p)]
大堂	25	18	45～55	10
会议室，办公室，KTV	25	18	45～55	30

☆　王晨曦，女，工程师。通讯地址：福建省福州市晋安区珠宝路2号珠宝城口楼，Email：516585402@qq.com。

续表

房间名称	夏季室内干球温度（℃）	冬季室内干球温度（℃）	夏季室内相对湿度（%）	新风量 [m³/(h·p)]
宴会厅，全日制餐厅	26	18	45～55	30
更衣室	25	20	45～55	20
客房	25	20	45～55	50

3 新风节能设计梗概

项目地处河北省，空气污染物排放量大、地理条件不利于扩散，又因其以煤烟型、颗粒物为特征的大气污染严重。在这样的空气环境中，空气品质也越发被重视，于是，项目的新风系统就成为改善酒店空气品质的关键因素。

从项目的室内外设计参数分析可知，项目室内外设计温差较大，尤其是冬季，室内外温差高达25.1℃，如图2所示，大温差就意味着高能耗，新风系统作为风系统的能耗大户，成为节能的关键因素。

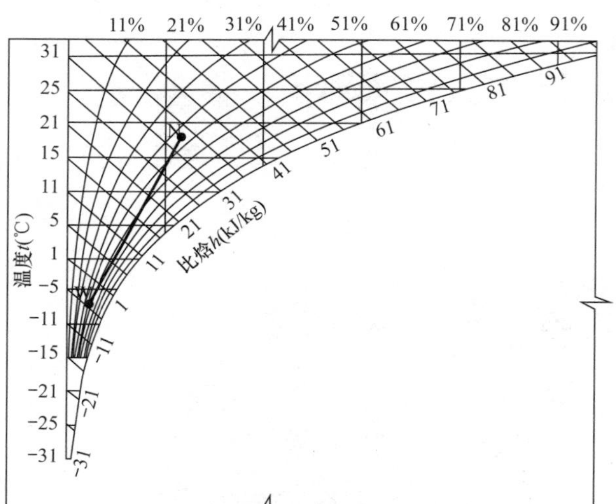

图2　冬季室内外状态点焓湿图

经过对项目的整体分析，要实现新风系统节能减排的措施主要有以下几个方面：(1) 利用优质的能源，若具备可再生能源，便可从冷热源的选取上节约整个项目的能耗；(2) 合理划分新风系统；(3) 采用节能的新风设备；(4) 增加能量回收处理；(5) 加强新风系统的运维管理。项目综合考虑冷热源形式、风系统形式、末端设备选型等，对新风系统的各个方面进行节能把控。本文将结合项目实际情况和特征，通过以上几个方面对项目新风系统进行节能优化和分析。

3.1 可再生能源利用

通过工程场地状况调查和对浅层地能资源的勘察，确定项目场地具备地埋管换热系统实施的可行性与经济性条件。因此，本工程除总统套房部位外，其余部分冷热源均采用地埋管地源热泵系统。地源热泵主机设置在地下室制冷机房内，冷水供水温度7℃，回水温度12℃。空调热水供水温度50℃，回水温度40℃。因总统套房层对温湿度独立控制及冷热源稳定性要求较高，故采用变制冷剂流量多联机系统。项目客房部冬季供暖采用低温热水地板辐射供暖系统，其余部位均采用风机盘管供暖。

据资料显示[1]，从能耗、经济性的角度综合考虑，变制冷剂流量地源热泵系统相对于风冷变制冷剂流量多联机空调系统、螺杆式冷水机组/锅炉房＋风机盘管系统、风冷热泵＋风机盘管系统而言，其一次能耗分别减少19%、45%、47%。由此可见，采用地源热泵作为系统的冷热源，节能效果显著。

3.2 合理划分新风系统

人需因材施教，设计也要因地制宜，根据项目的地理特征，不同功能区域，设计采用不同的新风系统。首先，根据建筑的功能、平面和使用要求，综合技术、经济、管理等因素，先明确项目的空调系统：客房采用风机盘管加独立新风系统；大堂、宴会厅，大会议室采用低速单风管带热回收的全空气系统。总统套房部分采用冷暖型可变制冷剂流量多联机加独立新风系统。在明确的空调系统基础上，进一步划分新风系统。

项目地处繁华地段，人流量相对较多，预计酒店入住率较高，且客房部功能较为单一，设集中新风系统，采用竖井与水平风管相结合的方式，竖向送排风风管均采用保温风管，外设管井，机组送排风管道与室外连接处均设置电动保温调节阀，以降低室内外温差造成的能量损耗。

大堂、宴会厅及400人会议室均为大空间的功能用房，在过渡季节甚至秋冬较暖的时候都需要制冷，当室外空气焓值低于室内时，便可采取全新风制冷，减少了机组运行时间。因此，这些区域均采用全空气系统。该系统明显的优势就在于过渡季节可全新风运行或采用可调新风比的方式运行，同样成为项目重要的节能措施之一。

西餐厅、餐厅包厢、KTV、洗浴中心等区域，根据使用需求，各楼层就近设置独立的新风机组。新风量较小的区域，新风机就近设置在库房、布草间或者备用房内，尽量不占用机房空间。就近设置新风系统的主要优势在于系统小，风管短，可尽量减少冷热量在管路上的损失，半集中系统相对独立，增加了控制的灵活性。

4层独立中型会议室，顶部紧邻闷顶，因使用时间的独立性较高，其新风系统根据房间特性设置了全热交换器。全热交换器设置在闷顶层，便于维护，且减少了设备对会议室的噪声影响，可更好地为会议活动提供安静舒适的环境。

总统套房的空调及新风系统均采用变制冷剂流量多联机系统，同样秉承了控制灵活的特征，空调末端设备均带有自动温控装置，可根据空调负荷变化，自动调节供冷量，并维持室内温度满足使用要求。多联机系统还可通过"不空调"方式节能，简单便捷。

3.3 因地制宜匹配新风末端

由新风系统划分可知，项目新风系统末端可以概括为：集中区域集中回收，分散区域独立控制，即：（1）项目的客房部、大堂、宴会厅等功能特征鲜明的区域各自设置集中新风系统，采用带热回收的空调机组；（2）综合部餐厅、KTV 按功能分区各自设置半集中的独立新风系统，采用风机最大单位风量耗功率 W_s 均小于 0.2W/(m³/h) 的新风处理机组；（3）总统套房特殊要求的区域设置独立新风系统，采用变制冷剂流量多联机系统的独立新风机。（4）4 层独立中型会议室设置全热交换器，项目全热交换器的焓回收率不小于 65%，温度回收率不小于 70%，大大降低了排风能量损失，进一步实践了节能减排。

新风系统集中设置的主要优势有：（1）新风机组可设置于闷顶层或屋面，减少了设备噪声对顾客的干扰，提升了声环境品质；（2）维护方便，设备集中，便于检修；（3）减少各层独立设置新风机房的数量，最大限度地提高了空间利用率；（4）可集中处理新风，设置中、高效过滤器，提高空气品质，对于北方较严重的雾霾天气来说，无疑为酒店的空气品质加分了。

3.4 采用节能设备，能量回收利用

集中新风系统均采用带热回收的设备，将新风处理至室内焓值后再送往各层，全热回收功能充分利用了冷热交换特征，对新风集中进行预冷/预热，可大幅降低空调系统的冷热负荷，如图 3 所示，项目冬季室外供暖干球温度为−7.1℃，相对湿度 57%，标记点为 W，室内设计温度 18℃，相对湿度 45%，标记点为 N，项目热回收设备的效率不低于 60%，若新风通过热回收装置预热，那么新风被预热后的温度就变成了图中箭头所指的 W′点，这时，机组再将室外新风 W′处理至室内焓值所消耗的能量就大大减少了。而在严寒地区，尤其当室外温度低于 0℃时，可通过排风对新风的预热作为其中一项防冻措施，当然，为了安全起见项目还采取了新风入口增加保温调节阀的措施，防止室外新风温度低于 0℃时出现冻结危险。另外，热回收装置的应用还减少了空调系统对环境的污染，减少温室气体排放，保护环境，为环境的可持续发展做出贡献，可谓一举多得。

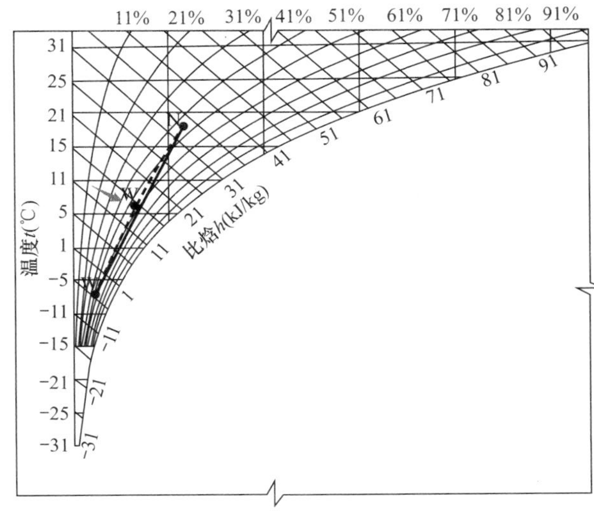

图 3 冬季室内外状态点经热回收装置预热后送风的焓湿图

全空气热回收系统的末端机组除配置变频调速器，除了可根据末端需求自动调节外，还根据实使用情况设置外置排风机，与热回收装置联合使用，在非空调使用期，由排风机旁通排风，确保过渡季节室内的空气品质，同时减少机组运行功率，从而达到节能的目的。

4 热回收系统的经济性分析

《公共建筑节能设计标准》GB 50189—2015 中规定：设有集中排风的建筑物，在新风与排风的温差 $\Delta t \geqslant 8$℃时：新风量 $L_o \geqslant 4000$m³/h 的空调系统，或送风量 $L_s \geqslant 3000$m³/h 的直流式空调系统，以及设有独立新风和排风的系统，宜设置排风热回收装置。并规定排风热回收装置（全热和显热）的额定热回收效率不应低于 60%。能量回收装置性能的优劣最主要的经济技术指标就是热回收效率，它与室内外温差、含湿量差共同决定了节能量的大小，而项目地处北方寒冷地区，夏热冬冷，无论冬季还是夏季，室内外温差都比较大，新风集中热回收效果更是显而易见的。当然，应用不同形式热回收装置时，其节能效率也不尽相同，见表 2[2]。

采用不同形式热回收器时的经济分析　　表 2

热回收装置的类型	初投资（万元/年）	效率（%）	风机电费（万元/年）	年维护费用（万元/年）	年节省费用（万元/年）	回收年限（年）
板翅式	204.00	60	0	0	88.44	2.31
转轮式	331.50	70	12.00	0.8	137.01	2.51
热管式	214.20	65	0	0	95.24	2.25

以客房部新风全热回收（板翅式）机组在冬季工况下运行为例，计算机组的经济性，结果如表 3 所示。

新风机组的经济性　　表 3

新风量（m³/h）	排风量（m³/h）	焓回收率（%）		温度回收率（%）	机组阻力（Pa）
25000	20000	62（夏）	68（冬）	70	520

计算机组冬季新风送风温度为：

$$t_s = (t_n - t_w)\eta + t_w$$

式中 t_s——新风经热回收机组后的送风温度（℃）

t_n——室内干球温度（℃）

t_w——室外干球温度（℃）

η——温度回收率（%），此处取 70%

由项目室内外设计参数可计算得：

$t_s=(20-(-7.1))\times70\%+(-7.1)=11.87℃$

焓回收计算如表 4 所示。

焓回收计算　　　　　　表 4

工况	干球温度（℃）	相对湿度（℃）	焓湿量（g/kg）	焓（kJ/kg）
冬季室外	－7.1	57	1.14	－4.3
冬季室内	20	50	7.4	39.0
全热回收后	11.87	52.24	6.6	34.3

回收能量＝单位时间空气流量×新风经板翅式热回收装置前后的焓差

客房新风机组回收能量＝25000×1.2×[34.3－(－4.3)]/3600＝321.7kW

若新风不采用热回收装置，则新风系统的负荷均需由空调系统负担，项目空调机组能效比按照 3.0 计算，则处理 321.7kW 负荷所消耗的电功率为：321.7/3＝107.2kW。

当然，单纯从空调设计工况下热回收装置效率的高低来判断节能效益是不全面的，安装热回收装置亦会增加风系统阻力，配置独立电机的话，还会带来额外的能耗。项目机组送/排风阻力增加，所消耗的功率可表达为：

送风：25000×520/65%/3600/1000＝5.6kW；

排风：20000×520/65%/3600/1000＝4.4kW。

所以热回收新风系统的净节能效率为：107.2－5.6－4.4＝96.2kW。

酒店客房以每天运行 12h，冬季运行 3 个月，每月按 30 天计算，同时，通过调查，根据酒店的地理位置及运营情况，若考虑酒店的平均入住率为 60%～80%，那么，客房部新风系统冬季所节省的电能约为：96.2×12×30×3×(60%～80%)＝62337.6～83116.8kWh。

由此可见，项目的热回收经济性十分可观。当然设计过程中还需考虑能源费用的地区差异，而本项目基于地源热泵系统的节能基础，增加热回收装置，经济性更加显著。

5　总结

新风系统作为集中空调风系统的重要部分，是节能的关键点之一，结合项目特征，因地制宜地设置新风系统，既能减少投资，又能降低全年能源消耗量。项目节能可以从方方面面着手，在条件允许的情况下，综合利用能源、设备等资源，配合合理的运维管理，就能取得显著的节能效益、经济效益和环境效益。

参考文献

[1]　董丽娟，杨洁. VRV 多联机地源热泵系统的技术经济案例分析 [J]. 制冷学报，2011，32 (4)：14-19.

[2]　赵建成，周哲. 排风热回收系统在工程中的应用 [J]. 建筑科学，2006 (6)：70-72.

[3]　陆耀庆. 实用供热空调设计手册 [M]. 2 版. 北京：中国建筑工业出版社，2008.

[4]　中国建筑科学研究院. 民用建筑供暖通风与空气调节设计规范. GB 50736—2012 [S]. 北京：中国建筑工业出版社，2012.

[5]　中国建筑科学研究院. 公共建筑节能设计标准. GB 50189—2015 [S]. 北京：中国建筑工业出版社，2015.

住宅适老化的暖通空调

福建省建筑设计研究院有限公司　陈晗烨☆　郭筱莹

摘　要　为适应人口老龄化趋势，实施积极应对人口老龄化战略，改善老年人的居住、生活条件，福建省于 2018 年 2 月发布了《福建省住宅适老化设计标准》DBJ/T 13-281-2018。暖通空调设计作为住宅适老化设计中不可或缺的一部分，对老年人的舒适、健康起着至关重要的作用。本文从该标准中的暖通空调章节入手，讨论住宅适老化设计中空调系统的设计思路以及通风、新风系统的设计方案、技术措施等，以求提升设计质量，提高老年人的生活品质。

关键词　住宅适老化　空调　通风　新风

0　引言

随着我国老龄化进入快速发展期，老龄化速度正在进一步加快。老年人本身就是社会的弱势群体，随着年龄的不断增长，老年群体自身的免疫功能也会逐渐下降，生理机能开始退化，老年痴呆、心脑血管疾病、风湿病等都是老年群体中常见的疾病，为老年人提供可用、可及、可接受和优质的健康安全服务，维护和促进老年人的健康是社会和谐与稳定的必然要求。在此前提下，为贯彻落实健康中国战略，满足居家养老服务需要，促进住宅建设向适老化方向发展，我院根据《福建省人民政府办公厅关于引发“十三五”社区居家养老服务补短板实施方案的通知》（闽政办【2016】125 号）及《福建省人民政府办公厅关于加快推进居家社区养老服务十条措施的通知》（闽政办【2017】67 号）等文件，主编了《福建省住宅适老化设计标准》DBJ/T 13-281-2018。该标准于 2018 年 4 月 1 日实施。

1　暖通空调在住宅适老化中的应用、措施

在住宅适老化的设计中，暖通空调的设计是否合理、实用，直接影响着老年人的身体健康状况。在设计时，应充分考虑老年人的生理特征、心理需求、生活模式等因素。以下将从空调系统、通风及新风系统、控制噪声、确保安全等方面探讨暖通空调在住宅适老化中的设计应用。

1.1　空调系统设计

据华侨大学 2015 年闽南地区养老设施卧室空间舒适性研究的问卷调查表显示，对 157 名 60 岁以上的老年人进行调研，计算出老年人冬、夏季的中性温度分别为 23.2℃和 25.2℃，舒适温度范围分别为 20.5～25.9℃和 23.2～26.8℃。由此可知，老年人的舒适温度值与正常成年人的舒适区间有所不同，尤其在冬天，通常情况下，老年人冬季喜欢室温高一些。因此在编制《福建省住宅适老化设计标准》时，考虑上述原因并参考《老年人居住建筑设计规范》，将舒适性空调的供热工况温度定义在 22～24℃，供冷工况温度定义在 24～26℃，以达到满足老年人的生理特征及舒适度的目的。

同时，由于老年人的身体素质相对较弱，空调出风长时间直接吹向人体，易引起不适，甚至引发疾病，故在设计空调时，应注意出风口不应直接吹向床头、沙发等人员经常停留的位置。合理设置空调位置，保证良好的气流组织，能进一步提升老年人在室内的舒适度。同时考虑到老年人行动不便等因素，建议空调配置遥控器。

另外，老年人对外界环境温度变化的适应能力较弱，对于住宅内剧烈的温度变化，未必能够较好地进行体温调节，因此在住宅内部，各房间之间不宜出现温差过大的情况。故而在该标准中推荐住宅内的空调供暖采取分室温度控制措施，保证各个房间之间的温差不会太大；并且在冬季，卫浴空间等房间宜采取有效的供暖措施，如地暖、散热器等。

1.2　通风及新风系统设计

1.2.1　机械排风系统

卫生间、厨房均是住宅内部主要污染源的产生处，为了改善老年人的生活环境，除利用自然通风排出污染物外，还应安装机械通风装置或预留机械通风条件。

1.2.2　开窗自然通风

建筑专业在住宅适老化的设计时应按标准满足各房间的自然通风要求。自然通风以室内温度差引起的热压以及室外风引起的风压为动力，不需要额外的电力输入，具有零能耗、静音、维护简单等优点，在技术可行的情况下，是所有住宅通风方案的首选。但是开窗通风的缺点是受室外环境的影响大：一方面室外空气污染物会快速、大量地传播到室内，造成室内空气污染；另一方面不能有效降低室外噪声，直接影响室内老年人的生活、休息等。在冬季，开窗通风还会使室外冷空气灌入室内，易引起老年人的不适。而且在开启空调、供暖设备时，为了保证房间新风量需要，频繁开窗、关窗，既不满足国家节能要求又增加了老年人的行动负担。因此在条件允许的情况下，推荐

☆　陈晗烨，男，助理工程师。通讯地址：福建省福州市通湖路 188 号，Email：125567104@qq.com。

设计新风系统。

1.2.3　负压式新风系统

负压式新风系统是指由超静音风机不间断持续地向室外排出室内污浊空气而使室内空气形成负压，室外的新鲜空气通过门（窗）缝直接进入室内，从而满足室内的新风量需求。在住宅适老化的通风设计中，可在卫生间、厨房、餐厅等处设置机械排风系统，房间形成负压后自然吸入室外新鲜空气，但这部分室外空气未经过过滤及热湿处理，在室外污染较严重的地区不建议采用这种方式。采用负压式新风系统的住宅适老化设计，可参考图1。

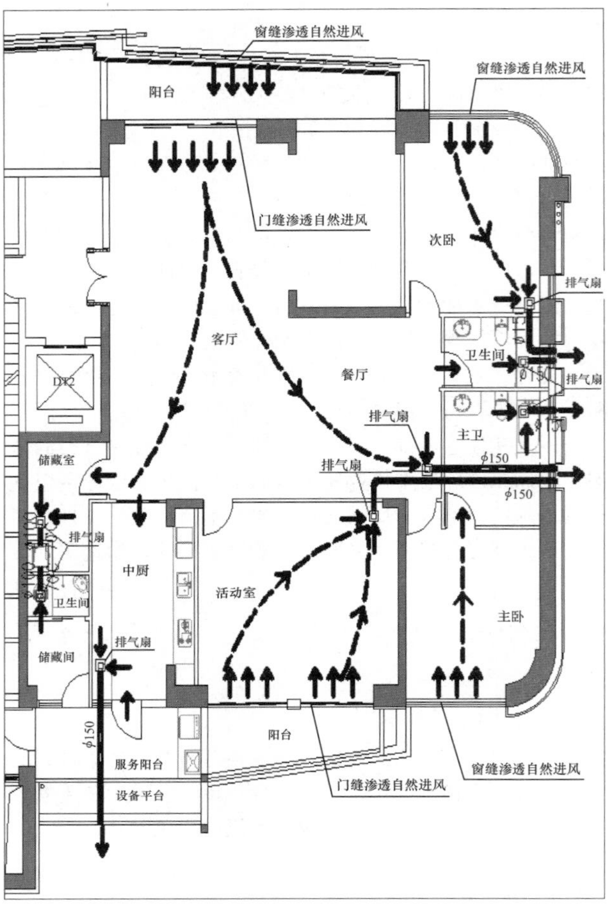

图1　负压式新风系统

1.2.4　正压式新风系统

结合空调系统，设置新风换气机或全热交换器。采用这种正压式新风系统，室外新风经过过滤及热湿处理后送入室内，一方面能够保证室内老年人所需的新风量，另一方面也满足国家节能要求。设置全热交换器的正压式新风系统，可参考图2。

在住宅适老化的正压式新风系统设计时，应注意以下几点：

（1）新风换气机或全热交换器不宜安装在卧室、起居室等位置，建议安装在卫生间、阳台、厨房等区域，并做好消声减振措施，减少对卧室、起居室等的噪声影响。

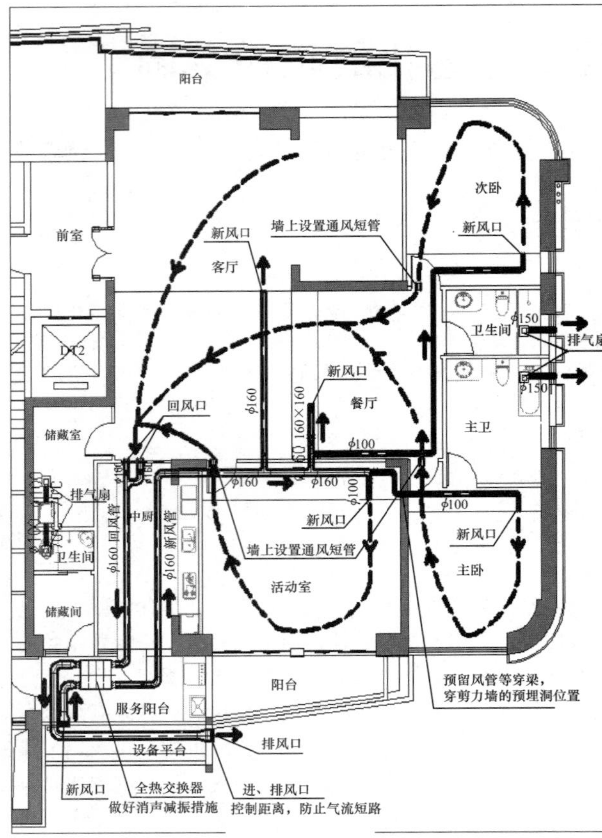

图2　设置全热交换器的正压式新风系统

（2）新风换气机或全热交换器的室外进风口应设置在室外空气较清洁的位置，同时远离卫生间、厨房排气口，避免进风、排风短路。

（3）在设计正压式新风系统时，一般情况下由于住宅层高不高，风管、水管、冷媒管难以在梁下布置，故而在设计时，应与土建专业密切配合，预留风管等穿梁、穿剪力墙的预埋洞位置。

（4）新风换气机或全热交换器系统经过一段时间的使用，滤网等处容易滋生细菌、积攒灰尘，不利于老年人的身体健康，故在设计该系统时，应考虑日后的维修、清洗操作空间。

1.2.5　壁挂式新风系统

壁挂式新风系统是一种挂在墙壁上的新风系统，其原理与正压式新风系统类似，但是与正压式新风系统相比，壁挂式新风机体积较小，又没有送风管路，安装上更为简便，可在房间装修后进行安装，只需要在墙上开1个或2个直径为10～15cm的洞即可安装使用，安装施工简单方便，适用于新建、改造、装修项目。

1.3　控制噪声、安全措施

除了上述空调系统、排风及新风系统的设计，在住宅适老化的设计中，还应注意噪声对老年人产生的影响。

老年人身体素质相对较差，噪声除了影响老年人的正常生活外，还容易引起老年人烦躁的情绪。居室的噪声级不应低于表1中规定的低限值，老年人居室宜达到推荐值。

居室噪声级 表1

房间名称	允许噪声级			
	推荐值［dB(A)］		底限值［dB(A)］	
	昼间	夜间	昼间	夜间
卧室	≤40	≤30	≤45	≤37
起居室（厅）	≤40		≤45	

所以在暖通空调设计时，尤其应做好设备及管道的消声减振措施。例如在设计空调室内机时，不应设计匹数偏大、噪声偏大的室内机；在设计室外机、新风机、全热交换器等设备时，应考虑噪声影响，将机组设置在阳台等不影响卧室、起居室的位置，并做好消声减振措施。

另外，为了保证老年人的安全，对于设置在室外、架空层及屋面的落地风机、空调等设备，应设置防止人员接触的栏杆或其他不影响设备使用的遮挡物，以防止老年人接触风机等设备而受到伤害。

2 总结

综上所述，暖通空调设计在住宅适老化设计中是一个不可忽视的环节。暖通空调设计的合理、实用直接关系到老年人的舒适、健康及安全。设计师们在设计住宅适老化项目时，应按要求设置空调系统，根据实际情况考虑通风、新风措施，设计出既符合国家规范要求，又满足老年人生理、心理需求的暖通空调系统，这也正是编制《福建省住宅适老化设计标准》的意义所在。

参考文献

［1］ 谢永沛. 闽南地区养老设施卧室空间舒适性设计研究［D］. 厦门：华侨大学，2013.

［2］ 史俊. 基于老年人健康差异下的养老院建筑设计研究［D］. 苏州：苏州科技大学，2016.

［3］ 中国建筑设计研究院. 老年人居住建筑设计规范. GB 50340—2016［S］. 北京：中国建筑工业出版社，2016.

遗址博物馆文物高湿保存环境调控实验研究①

西安交通大学 常 彬☆ 罗昔联 李 娟 顾兆林

摘 要 失水干裂是遗址文物常见病害，也是造成遗址文物本体开裂、脱落、返碱破坏的诱因。维持遗址文物保存环境的高相对湿度是缓解遗址失水干裂的重要手段。本文提出一种蒸发冷却与超声波加湿相结合的环境调控系统，对文物保存局部区域进行环境调控，提供接近饱和的高相对湿度保存环境。实验结果表明，此系统可以使坑内达到文物需求的高相对湿度，并能够对文物土体进行补水，可以有效缓解遗址文物干裂病害的发生。

关键词 遗址文物 蒸发冷却 超声波加湿 温湿度 补水

0 引言

我国土遗址文物数量众多，在遗址原址处建造土遗址博物馆是保护土遗址文物的常见做法。比较有名的有西安秦始皇陵兵马俑博物馆、成都金沙遗址博物馆和汉阳陵博物馆，这些博物馆都以封闭式建筑对文物进行保护，其中汉阳陵博物馆对文物进行全封闭式的保护，使坑内区域与游客区域分隔开[1]。即使博物馆使坑内文物与馆外环境隔绝，但坑内文物本体仍存在变干、开裂、返碱等问题。汉阳陵地下遗址目前最主要的问题就是土体的失水，由于土体的持续缓慢蒸发，使土体逐渐失水干化，进而产生裂隙[2]。另外，由于昼夜的温差，导致文物内部和表面体积膨胀与收缩的步调不一致，持续不断进行，便会在表层产生裂缝，甚至表层脱落[3]。这一系列问题与遗址博物馆的文物坑内环境温湿度参数密不可分。

蒸发冷却技术是利用水蒸发达到制冷目的的技术，目前应用广泛，胡磊将蒸发冷却技术应用在调控乌鲁木齐新客站内的空间温湿度，达到了较好的环境温湿参数，并且有较好的节能效果[4]。徐方成将蒸发冷却机组应用在纺织厂，通过研究表明蒸发冷却空调机组不但可以满足车间温湿度要求，还可节约夏季冷水量，减少机械制冷和冷水泵能耗[5]。在温湿度调控方面，蒸发冷却技术不仅能达到空间所需的温湿度参数需求，还可以减少机械能所造成的能源消耗，具有节能的特点。

综上所述，土遗址文物出现干裂、表层脱落的主要原因是文物土体内部的水分蒸发，以及文物土体内部与表层存在温差。本文针对以上问题，结合蒸发冷却技术，提出一种用蒸发冷却技术调控土遗址文物坑内温湿度的方法，并对其进行相应的实验研究。

1 实验台搭建与实验系统

1.1 实验台搭建

实验台搭建于西安交通大学曲江校区的一处空置场地，图 1 是实验台室内外实体，仿照土遗址博物馆封闭式建筑，建造了占地 $100m^2$、高 4m 的平房，室内按照土遗址坑道构造进行复原，坑体长 4m，宽 2.8m，深 2m。为了使实验更具可靠性，坑内土质均与秦始皇陵兵马俑土质近似。实验室坑部安装有送风口、回风口，送风管与送风口之间安装一台方形水箱，内置超声波雾化加湿器。实验室外部安装了一套多级蒸发冷却设备和一台空气源热泵，多级蒸发冷却设备由新风段、风机段、间接蒸发冷却段、表冷段和直接蒸发冷却段组成。为了防止冷量的散失，设备和管路由铝箔纸和保温材料密封保温。

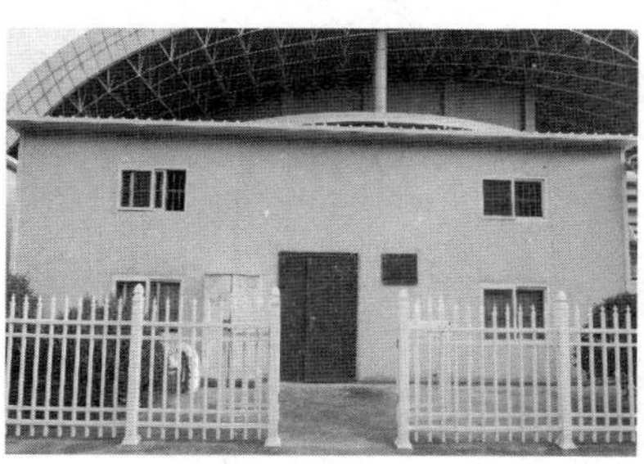
(a)

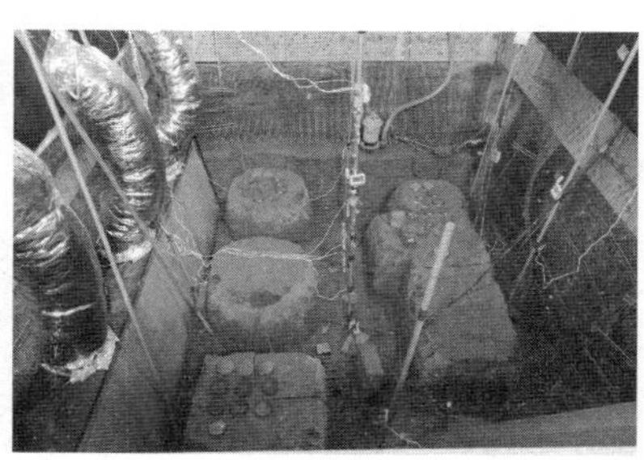
(b)

(c)

图 1 实验台室内外实体

(a) 实验房；(b) 实验坑；(c) 蒸发冷却设备

☆ 常彬，男，硕士。通讯地址：陕西省西安市雁翔路 99 号西安交通大学曲江校区西一楼，Email：649675390@qq.com。

① 基金项目：本项目得到陕西省自然基金项目（2018JM5091）、北京建筑大学未来城市设计高精尖创新中心开放课题（No. 30）、陕西省重点科技创新团队计划项目（No. 2016KCT-14）、中央高校基本科研业务费专项资金资助（zrzd2017003）资助

1.2 实验流程系统

本实验的实验流程如图 2 所示，从新风段开始，可以选择通入新风，或者回风，或者新风与回风的混合风，然后空气通过间接蒸发段、表冷段、直接段进行处理，最后送入到超声波雾化加湿水箱，目的是产生雾化的水滴，最后，液态水滴由送风送入坑内。高湿的环境只能延缓文物土体的水分蒸发，但阻止不了蒸发，因此用超声波雾化加湿器，使送风中含有大量的液态水滴，对文物土体进行适当的补水。

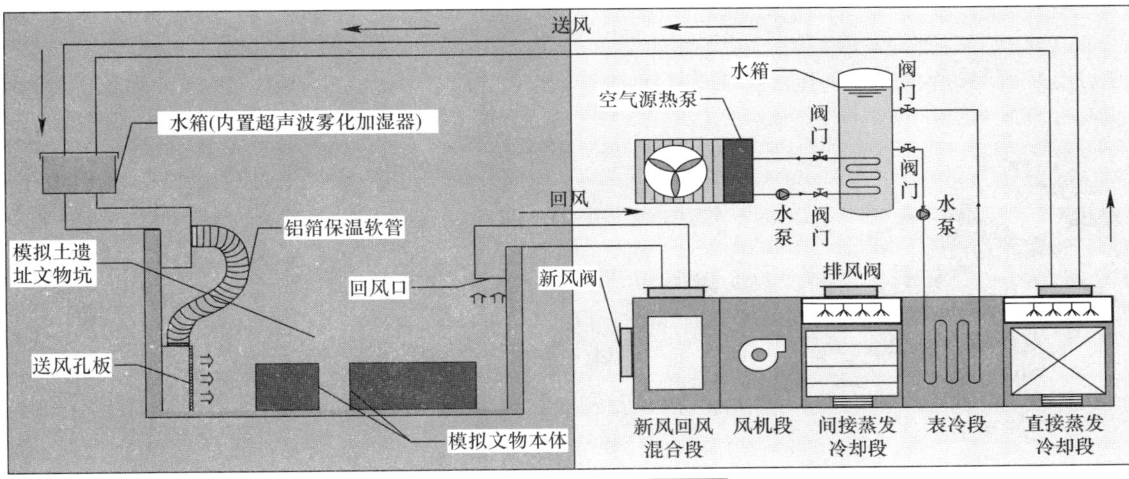

图 2　实验流程系统

设备运行前，可以通过调节风机转速、新风阀阀度、回风阀阀度、排气阀阀度、送风阀阀度来调换不同的工况。设备运行期间，间接蒸发冷却段与直接蒸发冷却段开启，间接蒸发冷却段设置固定喷淋时间为 10s，间隔 240s。表冷段与坑底送风口孔板之间安装了温度控制器，当测得的送风口孔板处温度高于温度控制器设定温度时，表冷段启动，由空气源热泵制得的冷水供入表冷器换热管道，从而使送风温度继续降低，当送风口孔板处温度降低至设定温度时，表冷段停止运行，表冷段开启时间长短受外界自然环境温度影响，一般中午时间段外界环境处于高温，表冷段开启后持续时间较长，其他时间段内以比较均匀的时间间隔启停。

1.3 实验数据采集系统

土遗址文物保护的主要环境影响因素有：温度、湿度、光照、空气污染物、微生物等，其中，温度和湿度两者相互影响、相互作用，是直接影响甚至决定文物一切物理、化学、生物作用的两个最基本条件[6]。基于该实验主要研究土遗址博物馆坑内区域适宜温湿度，需要采集的数据为坑内环境的温湿度、坑内土体温度。图 3（*a*）是坑内传感器东西方向的布置图，C1 至 C7 传感器分布在坑内中央垂直杆子上，距离坑底高度分别为 0.2m、0.5m、0.7m、1.3m、1.7m、2.0m、2.8m。E1、E2 传感器分布在坑内东方向垂直杆子上，距离地面高度分别为 0.7m、1.3m。W1、W2 传感器分布在坑内西方向垂直杆子上，距离地面高度分别为 0.7m、1.3m。图 3（*b*）是坑内传感器南北方向的布置图，坑内中央位置和室内传感器布置与图 2 相同，S 传感器布置在坑内南方向垂直杆子上，N 传感器布置在坑内北方向垂直杆子上，二者距离地面高度均为 0.7m。其中，E1、C3、W1、S、N 位置的传感器高度为 0.7m，与文物土体的高度相同；E2、C4、W2 位置的传感器高度为 1.3m，与送风孔板的高度相同。为了验证系统对文物本体是否补水，在文物本体底部和顶部分别放置了两个土样，对四个土样进行定期称量观测。

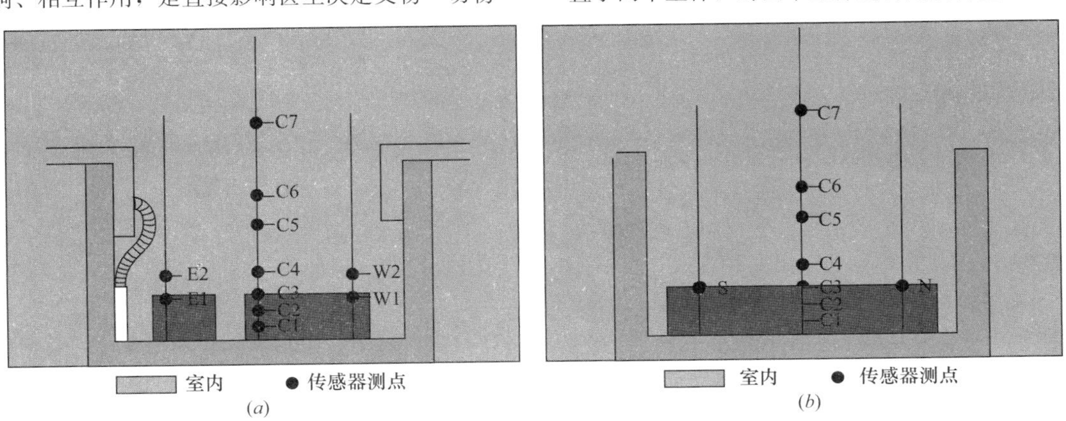

图 3　坑内温湿度数据采集系统

（*a*）坑内传感器东西方向位置图；（*b*）坑内传感器南北方向位置图

2 实验结果分析

本实验选用回风循环系统，这里选取实验工况 2（换气次数 10.5h^{-1}）、实验工况 3（换气次数 13.7h^{-1}）的坑内传感器数据与自然状态工况 1 的坑内传感器数据进行对比，分析蒸发冷却系统开启后对遗址坑内温湿度调控的结果。

土遗址文物坑内需要保持高湿的环境，以此来延缓文物土体内部的水分蒸发。图 4 是坑内中央垂直位置 C1～C7 高度传感器的湿度数据曲线，由图 4（*a*）可以看出，自然状态工况下，每个位置的相对湿度变化幅度都较大，其中 C1、C2、C3 三个位置相对湿度波动范围在 77%～100%之间；由图 4（*b*）、图 4（*c*）可以看出，工况 2 和工况 3 下，每个位置的相对湿度变化幅度都有不同程度的减小，其中 C1、C2、C3 三个位置相对湿度能够稳定在 90%～100%。因为 C1、C2、C3 传感器的测量区域为坑内文物土体存放区域，所以 C1、C2、C3 区域相对湿度稳定在 90%～100%，能够满足文物坑内的高湿度需求。

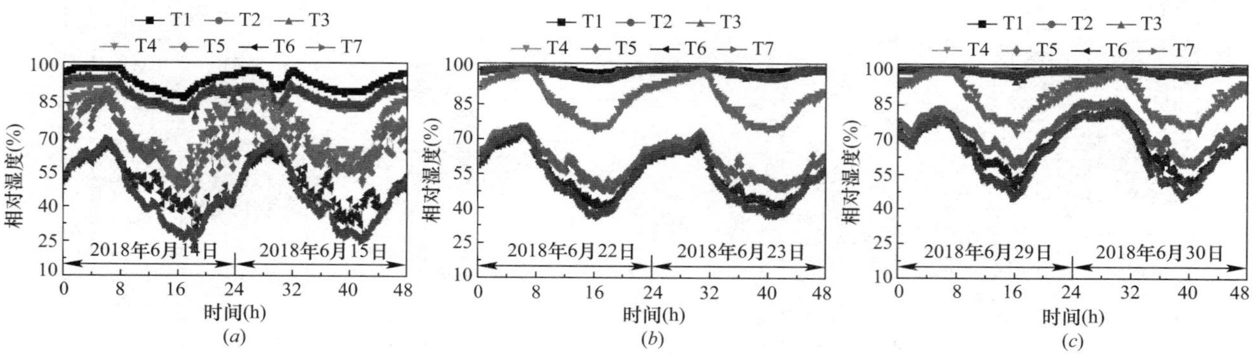

图 4 三种工况下坑内 C1～C7 传感器湿度

（*a*）自然工况；（*b*）工况 2；（*c*）工况 3

图 5 是坑内 0.7m 高度处，同一水平面东（E1）西（W1）南（S）北（N）中（C4）5 个传感器的相对湿度数据曲线，由图 5（*a*）可知，自然状态工况下坑内 5 个位置的相对湿度大小分布不均匀，而且每个位置的相对湿度变化波动较大，波动范围在 16%～26%之间；由图 5（*b*）、图 5（*c*）可知，工况 2 和工况 3 下，坑内 5 个位置的相对湿度大小分布均匀，而且每个位置的相对湿度变化波动大大降低，波动范围在 1.5%～5.5%之间，说明坑内每个位置的相对湿度达到均匀且稳定状态。

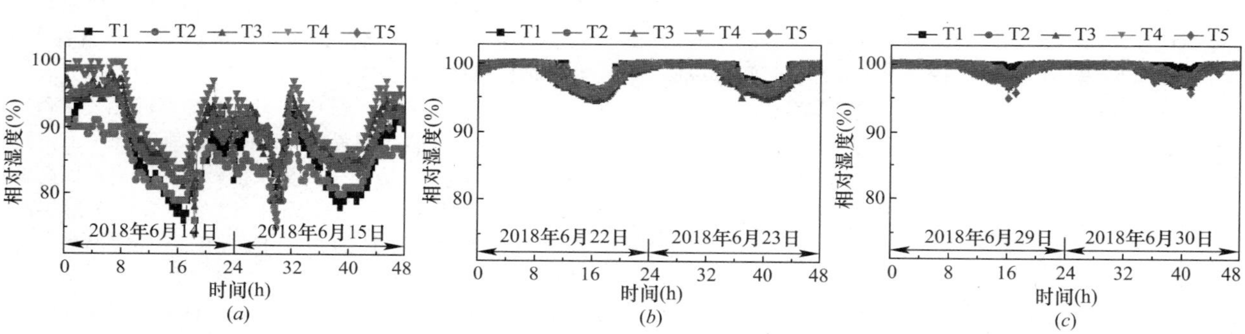

图 5 三种工况下坑内 E1、W1、S、N、C4 传感器湿度

（*a*）自然工况；（*b*）工况 2；（*c*）工况 3

图 6 是坑内中央垂直位置 C1～C7 高度传感器的温度数据曲线，由图 6（*a*）可以看出，在自然状态工况下，坑内垂直温度均匀分层，但是 C1、C2、C3 的温度都高于 20℃，平均温度分别为 22.74℃、23.69℃、24.26℃，由于文物土体的温度是 20℃，所以，自然状态下将产生土体内部与土体外表的温差，不利于文物的保存；由图 6（*b*）、图 6（*c*）可以看出，工况 2 和工况 3 下，坑内垂直温度均匀分层，C1、C2、C3 位置温度都稳定在 20℃左右，工况 2 时，C1、C2、C3 位置的平均温度分别为 20.42℃、20.73℃、20.81℃，工况 3 时，C1、C2、C3 位置的平均温度分别为 20.24℃、20.49℃、20.56℃，由此可知，系统开启后，坑内文物土体区域能够维持一个与文物土体内部温度一致的温度参数。

图 7 是坑内 0.7m 高度处，同一水平面东（E1）西（W1）南（S）北（N）中（C4）5 个传感器的温度数据曲线，由图 7（*a*）可以看出，自然状态工况下，坑内 0.7m 高度处，水平面上 5 个位置的温度分布比较均匀，但是每个位置温度波动幅度较大，且温度平均值在 24℃左右，因为 0.7m 高度处于文物土体高度，所以此温度参数不适宜文物的保存。由图 7（*b*）、图 7（*c*）可知，工况 2、工况 3 下，坑内 0.7m 高度水平面上 5 个位置温度分布均匀，温度波动幅度降低，而且平均温度分别降至 20.8℃和 20.6℃，这满足文物土体保存的温度需求。

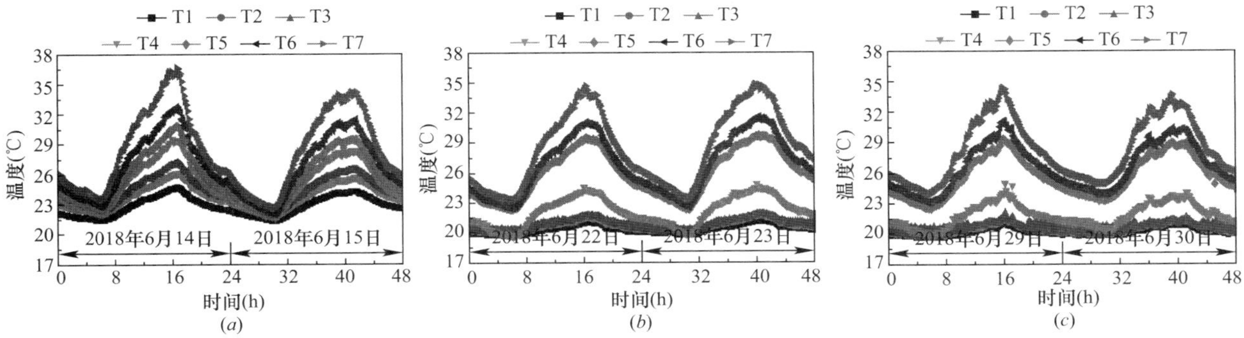

图 6　三种工况下坑内 C1～C7 传感器温度

(*a*) 自然工况；(*b*) 工况 2；(*c*) 工况 3

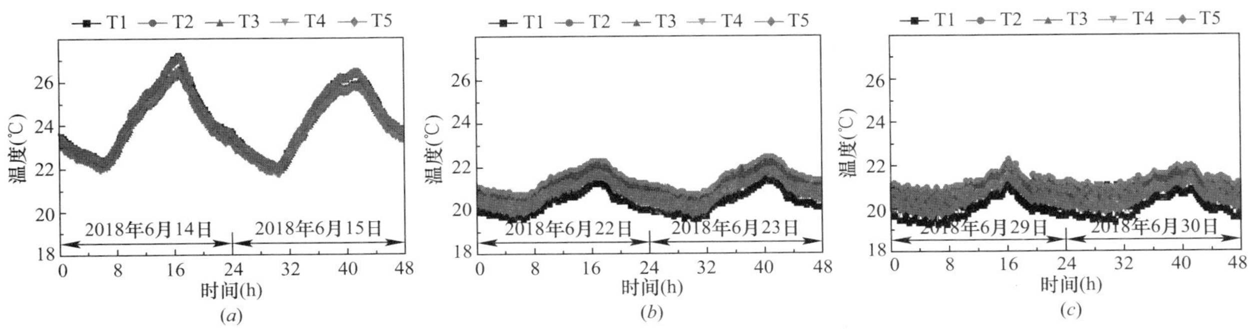

图 7　三种工况下坑内 E1、W1、S、N、C4 传感器温度

(*a*) 自然工况；(*b*) 工况 2；(*c*) 工况 3

土遗址坑内虽然能保持高湿度的环境，但是高湿环境并不能提高文物土体的含水量，其中，汉阳陵博物馆内空气相对湿度平均值控制在 98%左右，但保存文物的原土及回填土土壤含水量测量结果显示仍然偏干燥（含水量 15%）[7]。因此需要验证此系统对文物土体是否有补水的效果。图 8 将坑内的土样称重后得出的蒸发量用散点图表示出来，可以看出自然状态工况下，4 个土样都表现出失水状态，工况 2 和工况 3 下，文物底部的 T1、T2 土样表现出补水状态，质量均有增加，文物顶部的 T2、T3 土样质量有略微减少，表现为轻微的失水状态，相比自然状态下蒸发明显，失水量大的情况下，工况 2、工况 3 表明该系统能够对坑内文物进行补水，并减缓了文物土体水分的蒸发。

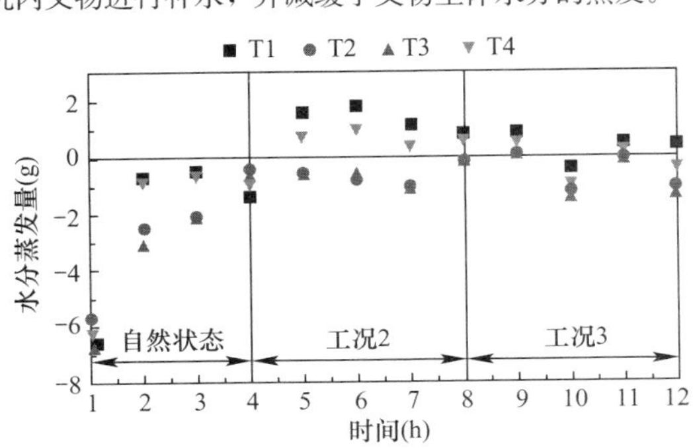

图 8　三种工况下坑内土样水分蒸发量

3　结论

由以上分析可知，蒸发冷却技术能够使土遗址博物馆坑内维持在一个高湿状态，相对湿度范围是 95%～100%，而且能够使土遗址坑内各个位置的湿度保持均匀稳定状态，减小湿度波动幅度，排除湿度分布不均对文物造成的影响。另外，蒸发冷却技术能够使土遗址博物馆坑内维持一个与文物土体内部温度相一致的坑内环境温度，并使坑内文物区域温度分布均匀，减小温度波动幅度，排除因坑内文物土体与坑内环境产生温差导致的文物表层开裂问题。最后，通过对坑内文物土体进行补水，避免了自然状态下文物土体水分蒸发的问题，并对已产生病害的文物进行表层补水修复。

参考文献

[1] 马涛，王展，纪娟，等．南方典型遗址博物馆文物病害与环境的关联研究 [J]．文博，2015 (4)：71-77.
[2] 段晓彤．高湿度条件下土遗址水盐迁移模拟实验研究 [D]．西安：西北大学，2015.
[3] 吴士杰．土遗址博物馆遗址保护厅适宜温湿度参数研究 [D]．西安：西安建筑科技大学，2013.
[4] 胡磊，张从丽，王疆，等．乌鲁木齐新客站蒸发冷却技术应用及空调系统优化 [J]．暖通空调，2016，46 (12)：96-99.
[5] 徐方成，黄翔，武俊梅．管式间接蒸发冷却空调机组在纺织厂的应用 [J]．棉纺织技术，2009，37 (2)：59-61.
[6] 喻李葵，侯华波，陈焕新．博物馆文物保存温湿指标及其实现方式 [J]．建筑热能通风空调，2007，26 (1)：25-28.
[7] 杨雅媚，曹军骥，李库．汉阳陵地下博物馆空气质量状况及其对文物的影响 [C] //海峡两岸气溶胶技术研讨会，2008.

某综合医院地源热泵系统设计及实测数据分析

山东省建筑设计研究院　舒　勤☆

摘　要　随着经济的迅速发展，节能环保新型能源的利用成了主导空调设计的重要因素。近年来地源热泵系统作为一种绿色能源在建筑设计中被越来越广泛的应用，而医院空调设计中如何将绿色建筑与医院空调的稳定性及复杂性要求相结合也是需要考虑的问题。本文以河北某医院新建院区地源热泵系统为研究对象，阐述了地源热泵空调系统的设计，对系统全年的空调工况运行实测数据进行记录，对热泵机组和水泵的耗电量，地源侧及用户侧的进出水温度、流量等进行分析，计算出全年空调运行费用，并与常规空调系统进行对比。

关键词　绿色医院建筑　地源热泵　实测　数据分析

1　工程概况

本工程为河北某医院新建院区项目，地处寒冷地区。总建筑面积为 65000m^2（一期），整个项目包括门诊病房综合楼、综合服务楼、传染楼、二期病房楼，其中，门诊病房综合楼为院区最高建筑，建筑面积为 58624m^2，建筑高度为 81.65m，属一类高层民用建筑。综合服务楼建筑面积为 7022m^2，建筑高度为 17.15m，属于多层公共建筑；传染楼建筑面积为 560m^2，建筑高度为 4.65m，共一层，属于多层公共建筑。该项目空调工程投资概算为 2100 万元，空调系统单方造价为 300 元/m^2。设计时间为 2009～2011 年。工程于 2013 年年底竣工并投入运行。图 1 为院区鸟瞰图。

图 1　院区鸟瞰图

2　空调系统设计

2.1　设计思路

本工程空调范围包括门诊病房综合楼、综合服务楼、传染楼、二期病房楼等，功能各异，空调使用时间不统一，空调系统应根据不同功能及使用习惯设置多形式的复合型空调系统才能更贴合建筑空调需求，同时在与建设单位就空调方案交流时，建设方要求在设计初期就应以建设一个绿色、智慧型医院为主要前提。因此在考虑空调系统时，设置绿色节能环保同时调控性能较好的冷热源方案是非常必要的。

2.2　多种空调形式在建筑中的运用

2.2.1　多元热回收多联机系统

急诊、影像中心、药房、留观病房等区域与周边区域

☆　舒勤，女，教授级高级工程师。通讯地址：山东济南经四小纬四路 4 号，Email：shuqin12@163.com。

的空调使用时间以及温湿度要求不一致，且有些房间（如影像科的设备）不允许房间内有空调水，因此这些区域采用热回收多联机系统，可实现全年24h的空调需求。此外，1～4层建筑功能复杂，科室众多，且内区面积较大，这些区域也采用了热回收型多联机系统。这种空调系统可以随时平衡各房间之间的供冷供热需求，保证各房间同一时间段不同的冷热需求，每个房间均可独立控制，同时，回收房间多余热量或冷量预热或预冷其他不同需求的房间空调，实现了节能和按需灵活调控的双重效果。

2.2.2 集中空调冷热水系统

病房及其余诊区人员密度大，冷热负荷较为集中，采用集中空调冷热水系统可以给这些区域稳定的空调负荷，保证使用需求。

2.2.3 恒温恒湿空调机组

医学影像诊断中心的MR、放射检查及治疗中心（例如直线加速器，回旋加速器）等类似区的检查设备往往对室内温湿度的精度要求较高，在考虑此区域空调时，不能按照常规舒适性空调设置，而应考虑工艺性空调，采用恒温恒湿空调机组。

2.2.4 净化空调冷热水系统

手术室、ICU等净化区域冷热源采用独立风冷热泵冷热水机组（四管制带热回收功能的机组），可以根据要求灵活设定机组出水温度，同时，大楼集中空调系统在净化机房预留接口，作为保障和备用补充，提高手术部空调系统的安全可靠性。

2.2.5 配电室及UPS等电器用房空调设置

地下变配电室、地上UPS机房常年散放大量热量，需要长期降温排湿，在此区域设置排风系统及独立的多联机空调系统，根据温度控制排风或空调方式。

3 集中冷热源的设置方案比较及确定

目前医院类建筑的空调集中冷热源方案主要为：①夏季冷水机组＋冬季城市热网，②夏季冷水机组＋燃气锅炉供热。本项目因地处新区，周边无集中热网及燃气管道，这就使得冬季供热热源成了问题，同时考虑到建设方提出的绿色医院建设要求，在做了土壤热物性试验及技术经济分析比较之后，确定本工程采用地源热泵作为空调系统冷热源。图2、图3及表1为方案初期参考数据。

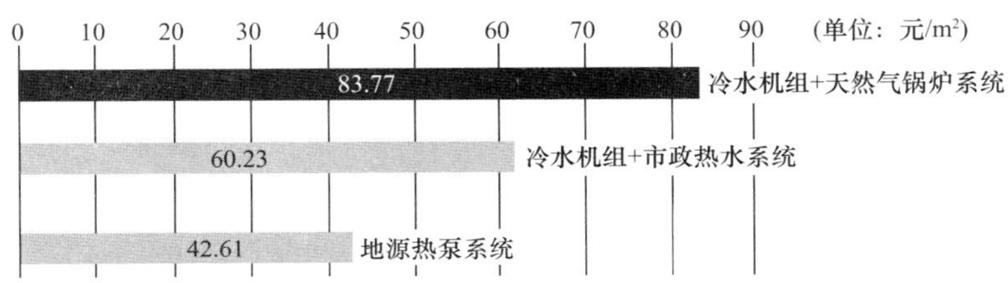

图2 不同空调系统运行费用（未考虑初投资）

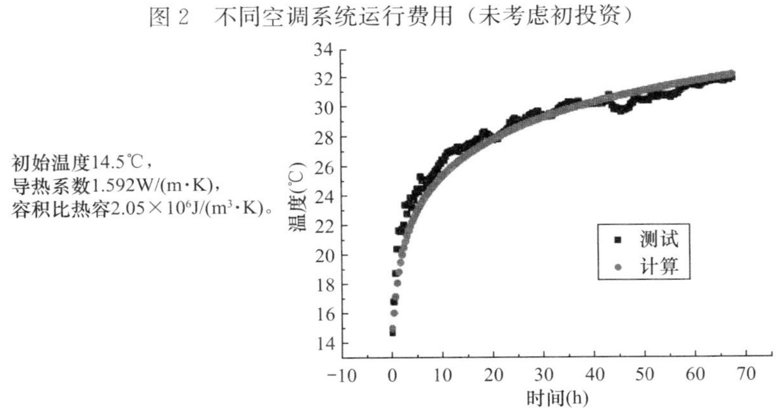

图3 地下岩土导热系数测试曲线（相关专业公司提供数据）

由上图可见，地源热泵系统相对于常规的供冷供热设备来说，每年总能耗要降低至少30%。

地源热泵系统地埋管换热量及安装概算指标　　表1

项目与数值		每米孔深换热量(W/m)			建筑面积与地埋管面积之比		
		土层	岩土层	岩石层	土层	岩土结合	岩石层
竖直埋管	单U	30～40	40～50	50～60	3∶1	4∶1	5∶1
	双U	36～48	48～60	60～72	4∶1	5∶1	6∶1

4 地源热泵系统设计

4.1 机组选型及方案设计

通过对本项目全年动态空调负荷计算分析，夏季蓄热量小于冬季取热量，在机组选型时，由地源热泵机组承担夏季全部空调热负荷，以便充分把夏季空调得热量蓄到地下土壤供冬季使用。冬季取热不足部分由院区原有燃油热水机组提供（因医院为重要公共建筑，为防止地埋管出力不足现象，在设计时也预留了冷却塔作为夏季备用冷却水源，但实际未安装）。

地源热泵机房设在院区综合服务楼地下1层制冷机房内。根据表2院区总冷热负荷值，确定冷热源设备选型为：四台高温型地源热泵机组，夏季提供7/12℃空调冷水，地源水温度为25/30℃（根据土壤热物性试验报告确定），冬季提供45/40℃空调热水，地源水温度为10/5℃（根据土壤热物性试验报告确定）。地源热泵机组单台制冷量为1416kW，单台制热量为1448kW。地源热泵机组采用内部四通换向阀转换机组，在内部进行夏季供冷工况及冬季供热工况的转换。在地源热泵机房集水器处设置各路空调水系统冷热量计量装置，进行总冷热量及各路空调水系统冷热量的计量。原理图见图4。

医院集中空调冷热负荷指标　　表2

项目名称	负荷（kW）		负荷指标（W/m²）	
	夏季	冬季	夏季	冬季
整个院区（包括净化）	5950	6160	85	88

4.2 地埋管换热系统

根据现场可用地表面积、当地土壤类型以及钻孔费用，确定地埋管热交换器采用竖井，由专业单位在项目所在地进行了现场土壤换热能力热响应测试。根据测试结果和环境因素影响，决定采用单U型地下换热器形式，单井埋管有效深度为120m，孔径为180mm，孔间距为2.5m，总钻孔数为1331个，地埋孔间隔5m×5m呈菱形布置。地下埋管系统环路方式为并联，水平管采用同程敷设，水平管埋深为1.8m。

5 热泵机组实际运行记录及运行费用分析

5.1 冷热源运行方案

夏季开始运行时，首先连锁开启一台地源热泵机组及其配套水泵运行；随着空调负荷增加，再投入一台地源热泵机组运行。当两台地源热泵机组满负荷运行时，如果空调负荷继续增加，则继续开启地源热泵机组及其配套的水泵。

冬季开始运行时，首先连锁开启一台地源热泵机组及其配套水泵运行；随着空调热负荷增加，再陆续投入地源热泵机组运行。在冬季室外温度较低的供暖期，随着地埋管所在土壤部分的蓄冷量越来越多，地源侧供水温度持续降低，当低于10℃时，开启板换机组侧热水，利用院区锅炉的热水作为第2个热源补充到系统中。

5.2 热泵机组实际运行记录与设计参数的对比分析

根据表3、表4可知整个2015年度的机组运行情况，夏季基本开启1～2台机组，冬季开启2～3台机组，全年机房平均线电量约50%。

根据对2015年度全年的运行工况分析可知，热泵机组年用电量为2705077kWh，制冷季平均每天用电量约为8420kWh，整个制冷季平均运行费用为12.9元/m²。供暖季平均每天用电15308kWh，整个供暖季平均运行费用为29.4元/m²。

原设计4台地源热泵机组，夏季制冷总配电功率为1184kW，冬季制热总配电功率为1388kW。若全部满负荷运转，制冷季每天用电量为16576kWh（按平均每天运行14h计），现实际平均每天用电量为8420kWh，为设计总配电量的50%；供暖季每天用电量为19432kWh（按每天运行14h计），现实际平均每天用电量为15308kWh，为设计总配电量的78%。现就冬季供暖运行工况进行分析：泊头地区当地电费为1元/kWh，市政供热收费为35元/m²，机房泵组等运行费用约为5元/m²，热力管道开户费为70元/m²，若冬季采用市政热力供暖，1年的运行费用为40×65000＝260万，开户费为70×65000＝455万。采用地源热泵供暖，1年运行费用为29.4×65000＝191万。此外，本项目地源热泵系统获得当地政府补贴40元/m²。分析可知，仅冬季运行费用一项，地源热泵系统每年供暖季可节省69万。地源热泵及常规系统初投资比较分析：地源热泵系统较常规冷水机组＋市政供热系统在机组设备配置初投资减少了冷却塔，板换机组设备，冬夏可兼用机组，比常规系统机组设备节省投资大约10%，但要注意到地埋管费用是增加的初投资，地埋管建设费用又因地质情况、系统不同差异较大。本项目地埋管建设初投资约为780万，但因得到政府补贴260万，同时节省了冬季开户费455万，基本可以抵扣掉初投资较常规系统增加的费用。因此，初投资方面地源热泵系统与常规系统基本相同，但地源热泵系统在后期运行费用上比常规系统运行费用节省30%以上，分析可知采用地源热泵机组经济性是比较明显的。

根据热泵机组的实际运行记录，可以看出在本工程中：

（1）热泵机组从未全部同时满负荷运行；

（2）在建筑部分负荷时，开启的热泵机组平均负荷在50%左右；

（3）截止到目前，备用热源从未启用过。

第（1）种情况是因为热泵机组夏季工况设计参数是根据计算的用户侧逐时冷负荷的综合最大值来确定的，而空调系统冷负荷计算值在实际工况下出现的时间很短。

第（2）种情况是由机组的群控策略决定的。一般来说，单台机组在额定工作点的压缩机效率最高，当偏离额定点时，机组的效率会降低。由于建筑的空调负荷是随时间不断变化的，因此，冷水机组不会总是在额定工作点运行。本工程冷水机组以群控方式运行，群控策略为尽可能避免冷水机组在部分负荷下运行，冷机负荷率均下降至60%时关闭一台机组，当各台机组负荷率均接近100%而供水温度仍有上升趋势时再加开冷机。这样可以保证单台机组尽可能在满负荷状态下运行，从而提高冷水机组的运行效率，节省运行能耗。

第（3）种情况的出现，分析原因可能为整个院区打井面积（近3万m²）及机房配置已满足供热需求，且系统仅运行了3年，作为土壤侧夏季吸热和冬季释热的不平衡问题，未全部凸显出来。

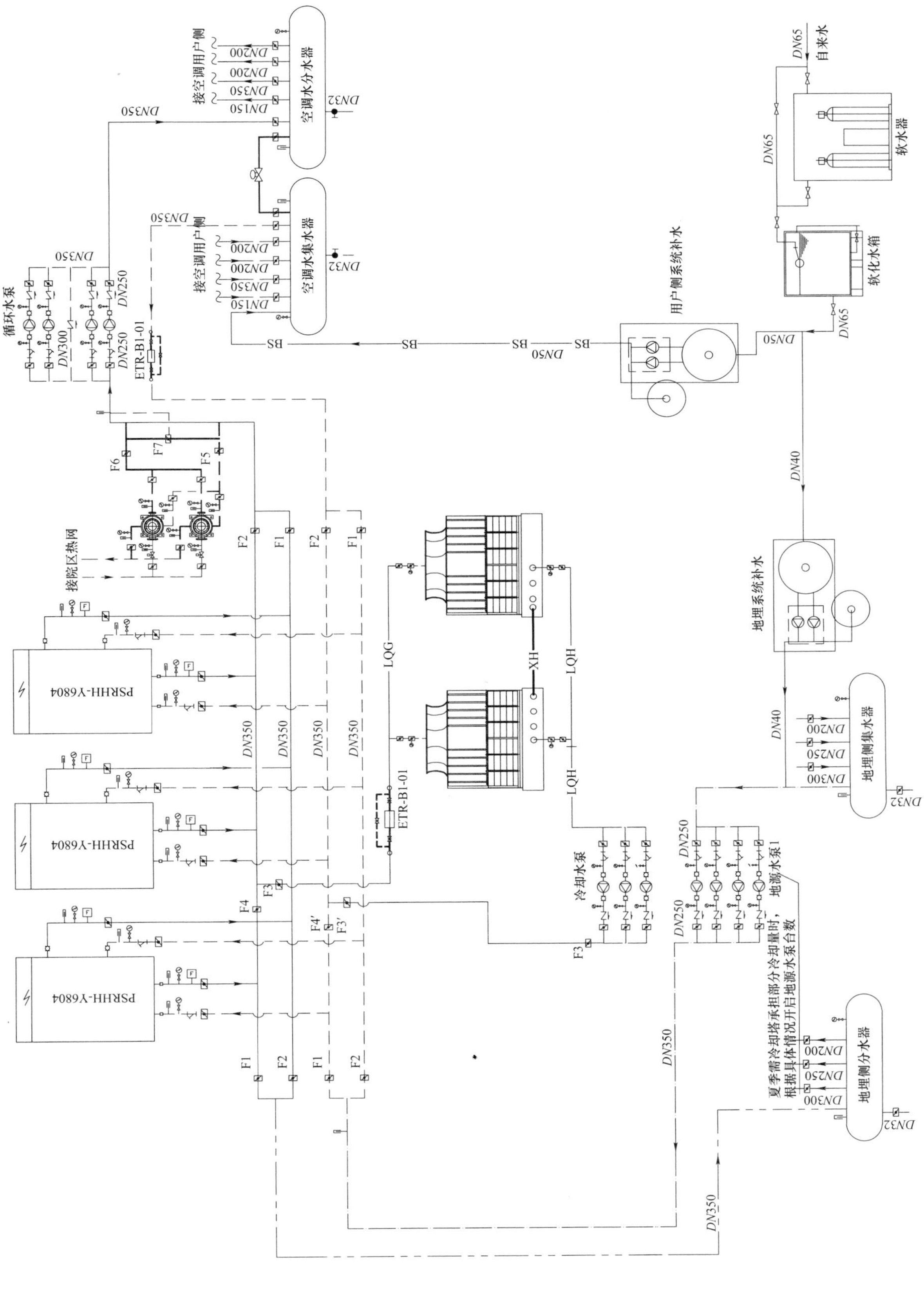
空调水分水器
空调水集水器
接空调用户侧
循环水泵
ETR-B1-01
接院区热网
PSRHH-Y6804
冷却水泵
地源水泵1
夏季需冷却塔承担部分冷却量时，根据具体情况开启地源水泵台数
地埋侧分水器
地埋侧集水器
地埋系统补水
用户侧系统补水
软化水箱
软水器
自来水
LQG
LQH
XH
BS
F1
F2
F3
F4
F5
F6
F7
DN350
DN250
DN300
DN200
DN150
DN65
DN50
DN40
DN32

图4　机房工艺流程图

2015 年度机房内各设备运行记录表（夏）　　表 3

夏季运行管理时开启模式									
序号	设备名称	开启台数	功率 kW	实际电流	每天开启时间（h）	每天用电量 kWh	开启天数	用电量 kWh	开启日期
1	热泵主机	1	186.7	80%	24	3584.64	10	35846.4	6.13～6.22
2	末端水泵	2	45	1	24	2160	10	21600	
3	地源水泵	2	45	1	24	2160	10	21600	
	用电总量					7905			6.13～6.22
4	热泵主机	2	186.7	30%	24	2688.48	18	48392.64	6.23～7.10
5	末端水泵	3	45		24	3240	18	58320	
6	地源水泵	2	45	1	24	2160	18	38880	
	用电总量					8088			6.23～7.10
7	热泵主机	2	186.7	75%	24	6721.2	45	302454	7.11～8.25
8	末端水泵	2	45	1	24	2160	45	97200	
9	地源水泵	2	45	1	24	2160	45	97200	
	用电总量					11041			7.11～8.25
10	热泵主机	2	186.7	43%	24	3853.488	21	80923.25	8.26～9.15
11	末端水泵	2	45	1	24	2160	21	45360	
12	地源水泵	1	45	1	24	1080	21	22680	
	用电总量					7093			8.26～9.15
13	末端补水泵	1	5.5	1	0.2	1.1	94	103.4	
14	地源补水泵	1	0.75	1	0.2	0.15	94	14.1	
15	软水装置	2							
16	小计		平均每天用电量		8420.50			791527.4	94

2015 年度机房内各设备运行记录表（冬）　　表 4

冬季运行管理时开启模式									
序号	设备名称	开启台数	功率 kW	实际电流	每天开启时间（h）	每天用电量 kWh	开启天数	用电量 kWh	开启日期
1	热泵主机	2	262.5	65%	24	8190	10	81900	11.14～11.23
2	末端水泵	2	45	100%	24	2160	10	21600	
3	地源水泵	2	45	100%	24	2160	10	21600	
	用电总量					12510			11.14～11.23
4	热泵主机	2	262.5	75%	24	9450	50	472500	11.24～1.12
5	末端水泵	2	45	100%	24	2160	50	108000	
6	地源水泵	2	45	100%	24	2160	50	108000	
	用电总量					13770			11.24～1.12
7	热泵主机	3	262.5	70%	24	13230	55	727650	1.13～3.8
8	末端水泵	3	45	100%	24	3240	55	178200	
9	地源水泵	2	45	100%	24	2160	55	118800	
	用电总量					18630			1.13～3.8
10	热泵主机	1	262.5	85%	24	5355	10	53550	3.9～3.18
11	末端水泵	1	45	100%	24	1080	10	10800	
12	地源水泵	1	45	100%	24	1080	10	10800	
	用电总量					7515			3.9～3.18
13	末端补水泵	1	5.5	1	0.2	1.1	120	132	
14	地源补水泵	1	0.75	1	0.2	0.15	120	18	
15	软水装置	2						0	
16	小计		平均每天用电量		15308.40			1913550	125

6　总结

在医院建筑空调系统中，因地制宜合理的设计及科学的运行管理是地源热泵充分发挥其环保节能的必要条件。通过对本项目从设计到后期运行分析，笔者对地源热泵系统的设计及存在问题有了更深刻及实际的认知。相信未来在我国医院建筑节能领域中，地源热泵系统会有更广阔的发展前景。

参考文献

[1]　中国建筑科学研究院. 地源热泵系统工程技术规范（2009 版）. GB 50366—2015 [S]. 北京：中国建筑工业出版社，2009.

[2]　中国建筑科学研究院. 民用建筑供暖通风与空气调节设计规范. GB 50736—2012 [S]. 北京：中国建筑工业出版社，2012.

[3]　刘清江，韩学廷. 中央空调运行管理节能 [J]. 能源研究与利用，2006 (3)：29-31.

[4]　龙惟定. 建筑节能管理的重要环节——区域建筑能源规划 [J]. 暖通空调，2008，38 (3)：38-39.

某购物中心的空调设计与反思

深圳市建筑设计研究总院有限公司　林永佳☆

摘　要　介绍了某购物中心空调冷热源配置、空调风系统和空调水系统的设计。结合项目实践，从多个角度反思了购物中心空调设计，总结了一些实用数据与具体做法。

关键词　购物中心　空调设计　具体做法　冷热源

1　工程概况

某购物中心位于江西某城市，是一个汇集超市、影城、精品零售、主题餐饮等于一体的休闲娱乐购物广场。地下1层为车库、设备用房和超市，地上1～4层为购物中心，影院位于3层。建筑最大高度为23.0m，总建筑面积约为7.4万m^2，其中，地下超市建筑面积为1.5万m^2，地上购物中心建筑面积为5.4万m^2，餐饮区域空调面积为4400m^2，影院建筑面积约为3400m^2。

2　设计参数

本工程的超市、购物中心、影院分属3个不同公司的商业品牌，室内设计参数见表1。

超市、购物中心主要功能房间设计参数　　表1

商业功能区与商业业态		人员密度（m^2/人）	新风量［m^3/(h·人)］	夏季 温度（℃）	夏季 相对湿度（%）	冬季 温度（℃）	冬季 相对湿度（%）
超市		4	20	26	60	20	—
公共区域	首层购物廊	2	20	25	60	20	—
	其他层购物廊	3	20	25	60	20	—
主力店		3	20	25	60	20	—
娱乐商铺	电玩	3	20	25	60	20	—
	儿童	4	30	25	60	20	—
餐饮商铺	美食广场	1.5	20	24	60	20	—
	大中小型餐饮店	2	20	24	60	20	—
时尚店		3	35	25	60	20	—
其他商铺	家电、服饰、服务配套等	4	20	25	60	20	—
影院	影院观众厅	按座位	20	26	60	20	—

注：超市营业时间一般为8：00～22：00；餐饮店、影院均存在延时营业可能，其中连锁快餐为24h营业，影院一般延时营业到次日凌晨2：00；商场物管中心24h有人值守；除上述商铺外，购物中心的整体营业时间一般为10：00～22：00。

3　空调冷热源

3.1　空调冷源

（1）超市：采用2台名义工况为1195.4kW（约340RT）的螺杆式水冷冷水机组，设置于超市专属的制冷机房。

（2）购物中心：餐饮区采用1台名义工况为1230kW（约350RT）的螺杆式水冷冷水机组，其他商业区采用2台名义工况为3516kW（约1000RT）的离心式水冷冷水机组，设置于购物中心专属的制冷机房。餐饮区冷源并于商业区冷源，在紧急情况时，将商业区冷源作为应急备用。

（3）影院：采用2台名义工况为347kW（约98.7RT）的风冷热泵冷（热）水机组，设置于屋面层。

3.2　空调热源

（1）超市：采用1台额定功率为1.5MW的常压热水锅炉，供回水温度为90/65℃。配置2台额定换热量为1000kW的换热机组，二次侧空调热水供回水温度为55/45℃。热水锅炉设置于地下1层锅炉房内，换热机组设置在超市专属的制冷机房。

（2）购物中心：采用2台额定功率为2.8MW的常压

☆　林永佳，男，暖通中级工程师。通讯地址：广东省深圳市福田区振华路21号深圳城市学院8楼三院建筑咨询设计中心，Email：86765266@qq.com。

热水锅炉，供回水温度为90℃/65℃。配置2台额定换热量为3500kW的换热机组，二次侧空调热水供回水温度为55℃/45℃。超市热源并于购物中心热源，紧急情况时，将购物中心热源作为应急备用。热水锅炉设置于地下一层锅炉房内，换热机组设置在购物中心专属的制冷机房内。

（3）影院：采用2台名义工况为347kW（约合98.7RT）的风冷热泵冷（热）水机组，设置于屋面层。

4 空调系统设计

4.1 空调风系统

（1）超市：卖场区设置全空气空调系统，卸货及仓储区设置吊装式空气处理机组加新风系统，办公区设置风机盘管加新风系统。

（2）购物中心：公共区域设置全空气空调系统；商铺区设置风机盘管加新风系统，新风机组和组合式全空气机组设置在空调机房内。

（3）影院：大堂、观众厅及走廊均设置全空气系统，每个观众厅均设置独立机械排风、排烟系统；办公区、休息室等区域均设置风机盘管加新风系统。

4.2 空调水系统

（1）超市：空调水系统采用一级泵变频系统，水系统采用水平异程布置。

（2）购物中心：空调水系统采用一级泵变频系统，水系统采用竖向、水平异程布置。冷水泵、冷却泵根据负荷变化自动变频变流量运行。主机采用定频主机，冷水供回水主管上设置压差旁通阀，当末端压差发生变化时，自动开启压差旁通阀，旁通冷水。空调水系统按防火分区并结合商业形态区域变化而设置不同的环路。集水器处设置静态平衡阀，各层供回水支管与竖向分支干管处分别设置静态水力平衡阀和自力式压差控制阀。每台全空气机组或新风机组的回水管上均设置动态水力平衡阀，商铺的总供回水支路上分别设置静态水力平衡阀和自力式压差控制阀。

5 设计思考

5.1 设计指标把控

笔者曾查阅多家国内知名的购物中心投资方下发的机电系统技术标准或机电设计指引文件。结合本工程的设计实践，对购物中心设计中的一些设计指标进行简要的梳理，整理出一些便捷实用的设计数据。具体如下：

（1）制冷机房面积（以10万m^2商业为参考）：商业制冷机房宜控制在700m^2以内，超市制冷机房宜控制在150m^2。

（2）全空气系统，每台机组服务面积宜控制在1000m^2，其机房面积宜控制在$4\times7m^2$/台，按业态布置空调机房，同一业态空调机房不宜布置在其他业态内。

（3）负荷计算：室内步行街公共区域冬季热负荷计算时，冷风渗透量应按1次换气量计算。

（4）制冷主机的安装容量应根据空调逐时负荷计算确定，装机容量指标原则（按空调面积指标）：夏热冬暖地区、温和地区不超过180W/m^2，夏热冬冷地区不超过165W/m^2，严寒地区、寒冷地区不超过145W/m^2。

注：以上数据基于购物中心中餐饮面积比例小于20%的情形。近年来餐饮面积比例不断上升，甚至高达50%，因而当餐饮面积比例较大时，装机容量指标原则需相应提高。

（5）考虑到电影院营业时间不同于其他区域，为了便于院线方的运营管理，宜独立配置冷热源。寒冷地区及以南的地区，宜选用风冷热泵冷（热）水机组，严寒地区影院夏季宜选用风冷式螺杆机组，冬季另行配置热源方式。风冷热泵冷（热）水机组装机容量建议按空调面积指标150～180W/m^2配置。每个影厅单独设置空调机组，负荷密度不低于220W/m^2。

（6）设备末端选型要求（按夏季工况，中档风量选型）：电玩商铺末端负荷配置在250～300W/m^2，服装商铺负荷配置在150～200W/m^2，餐饮商铺负荷配置在300～400W/m^2。

（7）中庭区域，尤其是带天窗的中庭，顶层须做好围护结构的隔热设计，末端冷负荷建议配置到350～400W/m^2。中庭区域用的空调机组宜分散设置于各层的空调机房内，空调风机采用变频控制，由本层回风温度控制变频量，一方面克服中庭区域上热下冷的温度垂直失调现象，另一方面确保在购物节活动时，中庭区人流密度过大时的空调需求。

5.2 冷源配置

（1）在制冷主机的选型与搭配上，笔者认为宜根据模拟计算得出的全年负荷曲线图，按照全年负荷分布特点进行设备选择，在每个负荷段，与之相对应开启运行的制冷主机均宜落在高效区间上。设计单位应明确给出制冷系统在25%、50%、75%及100%负荷下的设备开机建议以及相应综合*COP*设计值，即通过启停机组和机组减载来满足系统负荷要求。在选用制冷主机时，需重点关注单台机组在60%～100%负荷率下的运行效率，再选择最合适的制冷主机，同时尽可能让制冷主机运行在最高效率点附近。保持制冷主机高效运行，才是整个制冷系统节能运行的根本所在。

（2）本项目将餐饮和零售、公共区域分离开来，餐饮区域单独设置独立冷源，来自商业公司的实际运营需求。将餐饮区域单独剥离开来之后，餐饮区空调供冷系统的运行费用由所有餐饮商户按面积均摊，且制冷主机仅在用餐时间段开启，其他时间段主机关机，仅冷水泵驱动冷水继续循环释放冷量，以保障餐饮商铺低负荷状态下的供冷需求。

5.3 空调风系统形式的选择

（1）目前，购物中心的空调风系统通常的做法有三种形式：①集中式系统，即全空气系统；②集中式系统与半集中式系统并存，即部分区域采用全空气系统，部分区域采用吊柜或风机盘管加新风系统；③半集中式系统，即吊柜或风机盘管加新风系统。表 2 对集中式系统与半集中式系统作技术分析。

集中式系统与半集中式系统分析 **表 2**

项目	集中式系统	半集中式系统
原理	将空气处理设备和风机等集中安装在空调机房内，将空气集中于机房内进行处理，通过送风管道、回风管道与空调区域及各空调房间相连，对空气进行集中分配	室内空气处理设备分别设置在各个空调房间内，对新风进行集中处理的新风机组设置在新风机房内
优点	①过渡季节可充分利用室外新风，全新风运行，可减少制冷机运行时间；②可对空调区域的温湿度和空气清洁度进行精细调节；③便于采用有效的消声和隔振措施，设备管理与维修方便	①只需新风机房，且机房面积小，吊柜或风机盘管布置在空调房间内，体积小，占用空间小；②新风系统使用的风管截面小，易于布置；③运行灵活，可满足不同房间不同负荷需求，从管理的角度讲，节能效果较好；④安装投产快
缺点	①机房面积较大，送、回风管截面大，占有较大的建筑空间；②空调机组在现场需要土建配合施工，空调机组各功能的组装工作量大、施工周期较长；③对于湿负荷、冷负荷、热负荷在不同的时段变化较为频繁及变化幅度较大的空调区域，系统运行不经济；④空调房间之间有风管连通，容易相互污染。当发生火灾时，会通过风管蔓延	①室内末端分散布置，风管、水管、空调冷凝水管等管线布置较复杂，水系统易漏水，维护管理较麻烦；②常年使用时，一方面冷却盘管外部因冷凝水而滋生微生物和病菌等，恶化室内空气质量，另一方面盘管易结垢，影响传热效率；③不能满足温度、湿度、清洁度精细调节的要求；④无法实现全年多工况节能运行调节
适用场所	①室内空调新风量需求变化幅度大的建筑；②空调区域及空调房间内温度、湿度、清洁度、噪声、振动要求进行严格控制的情况；③全年随着不同的季节和同一个季节内的不同时间段需多工况节能运行调节的建筑环境	①空调房间较多、房间内人员密度不大，建筑层高较低，各房间温度需单独调节；②室内温湿度控制要求一般的场合

（2）以本项目地上购物中心为例，总空调面积约为 3 万 m^2，若采用全空气系统，则空调机房需占用的建筑面积约为 900m^2。按照 2016 年全国一二三线城市主要商场的租金水平，三线城市商业租金水平为 300～800 元/m^2/月，若同等的商业面积用于租赁用途，每年可以获得的租金收益为：900×(300～800)×12/10000＝(324～864) 万元。本项目中，公共区采用全空气空调系统，商铺采用风机盘管加新风系统，全空气机组和新风机组均设置在空调机房内，空调机房占用的建筑面积为 840m^2，接近采用全空气空调系统的空调机房估算面积。若本项目采用吊柜或风机盘管加新风系统，新风机房均设置在空调机房内，空调机房占用的建筑面积约为 500m^2。因占用空调面积减少，获得的潜在收益为 122.4 万～326.4 万元。

5.4 空调水系统设计

（1）购物中心的空调冷、热水管道应分区竖向设置，且竖向干管应布置在空调机房或水暖管井内。在设置分区竖向干管时，全空气处理机组或新风机组立管，宜与风机盘管的立管分别设置。当条件不具备时，建议在水平支路上将全空气处理机组或新风机组、风机盘管分别归在各自独立的下级分支环路上。

（2）购物中心的空调冷、热水分区竖向干管至其负担区域租户的水平支管的服务半径不宜大于 40m 且不宜穿越中庭，以便于维护管理及减少水平支管敷设对净高的影响。空调水管水平支管、冷凝水管及管道上经常需要检修的阀门等附件应尽可能敷设在后勤走道（即非商业区域）内，并预留必要的检修口。

（3）空调水系统的管径计算原则

① 应避免空调水泵选型过大，优先采用“先定水泵扬程，再算水系统管径”的设计思路，辅以“经济流速”和“经济比摩阻”的简化计算控制策略。

② 分集水器处各分支干管及其下一级的竖向干管按末端负荷计算取值选择管径的流量，管径按照同时满足经济流速（小于 2.0m/s）及经济比摩阻（小于 200Pa/m）计算选型。

③ 综合考虑到后期商铺租赁用途的更改与水系统改造的便利因素，建议适当减少水管变径次数。楼层空调冷冻水水平横管末端管径不小于 *DN*50，接入末端租户的冷冻水管径不宜小于 *DN*32。吊顶内空调末端的冷凝水管设置要求冷凝水管直径不小于 40mm，水平长度不宜超过 50m。

笔者认为，以上设计参考指标，对夏热冬暖及夏热冬暖地区具有一定的参考价值。在实际工程上，仍需通过计算来确定。

6 设计体会

（1）本工程的暖通设计是在室内装饰设计阶段介入的，一次设计仅设计了建筑防排烟及通风系统，对制冷机房、空调机房、空调管井等条件作了必要的预留，暖通设计部分横跨一、二次暖通设计。设计中在满足设计深度的同时，还配合商管招商部的实际平面，作了必要的、有针对性的设计，如餐饮商铺的排油烟及事故排风管井、立面百叶、屋面设备布置都是本次设计中完成，并返提一次设计单位复核通过后再施工。不足之处是一次设计预留的制冷机房和部分空调机房的面积偏小，导致设备安装之后必要的检修空间不够。因此，在规划空调专业的建筑条件时，选择更合理的指标性数据。

（2）本工程于 2017 年 5 月完成设计与深化工作，2018 年 4 月地上商业部分、电影院、地下超市陆续开业。

夏季最热月份的系统运行数据反馈：①地下超市部分仅开启一台螺杆式水冷冷水机组（340RT），制冷主机最大负荷率为85%；②地上商业部分仅开启一台离心式冷水机组（1000RT）和一台螺杆式冷水机组（350RT），制冷主机最大负荷率为85%；③电影院仅开启一台风冷热泵冷（热）水机组（98.7RT），笔者最初的设计方案为3×130kW的模块式风冷热泵冷（热）水机组，但院线方要求加大主机装机容量指标。笔者并不赞同追求极端小的主机配置，制冷主机不需设置备用机组，但需保证任一台制冷主机因故停止工作时，剩余制冷主机仍可负担60%～75%的高峰负荷，寒热和严寒地区取下限值。

（3）购物中心通常包括百货、精品超市、影院、餐饮美食、零售等多种业态。一方面，地段、品牌档次、时段会直接导致购物中心人员密度分布不稳定，而人员密度与人体冷负荷、新风负荷直接关联；另一方面，购物中心各租户照明及设备用电功率密度差别较大。常规的空调设计计算理念下，往往会导致设计总冷负荷严重偏大，主机配置冗余过多，水泵输送效率低下，制冷机房的配电容量过大。因而，针对空调系统总冷负荷及不同区域的空调冷负荷，建议采用不同的冷负荷计算取值的策略，即“总量控制上限，末端控制下限”，末端设备的选型计算参数与主机选型计算参数分开，根据购物中心内不同区域及业态的人员密度、照明设备负荷指标的上限值和下限值，分别用于主机、水泵及末端设备与管道的设计计算与选型。

（4）购物中心的暖通设计还应特别注意冷却塔的安装位置和对周边环境的噪声污染、餐饮排油烟设计、餐饮燃气设计等事项，设计中合理地规划相应的暖通专业返提建筑条件，可减少后期的运营管理风险。

参考文献

[1] 陆耀庆. 实用供热空调设计手册［M］. 2版. 北京：中国建筑工业出版社，2008.

[2] 中国房地产数据研究院. 2016年全国一二三线城市主要商场的租金水平［R］. 2016.

空调冷水系统中不同供回水温度及温差的经济性分析

天津市建筑设计院 赵 斌☆ 赵梓程 杨 红

摘 要 在空调系统设计中不同的空调冷水供回水温度及温差直接影响空调系统初投资及运行费用。为了确定较优的方案，在设定的两种供回水温度的情况下，以一个工程为例，通过采用寿命周期成本分析的方法，从经济性方面入手寻找综合性价比最优的空调供回水温度的方案。

关键词 温度 温差 初投资 运行费用 空调水系统

0 引言

能源是各行各业发展的基础，而社会发展和能源储备减少之间的矛盾日益突出。我国虽物产丰富，但人均资源占有量远远低于世界平均水平，所以发展节约型社会是我国今后的发展方向。对建筑行业来说，空调能耗已占其总能耗的50%以上，可见暖通专业在节能的进程中任重道远。

1 空调能耗的分析

1.1 空调能耗的组成

空调能耗大致分为三部分：冷源制备能耗、冷源输送能耗、末端设备能耗，空调能耗是空调系统运行成本的主体。从经济的角度看，空调节能的实质就是使运行成本最小化。但一味追求运行成本的最小化，往往在经济上是不划算的，合理的方法是兼顾运行成本与初投资的寿命周期成本分析，这样才能有一个合理的、具有操作性的结论，用来指导实际空调工程的设计，特别是空调冷水系统的设计。因为空调冷水系统的输送能耗占空调系统总能耗的15%～25%，而冷水供、回水温度及温差是优化运行成本及初投资最重要的参数之一。

1.2 冷水输送能耗分析

降低空调冷水系统的出水温度，提高供、回水温差，使流量减少，其结果是冷水系统（水泵、管道系统、施工安装等）初投资减少，冷水输送能耗下降。但如使冷水机组的效率不变，其初投资会增加；流量下降使末端设备换热效率下降，热交换能力下降，使末端设备的选型增大，初投资升高。因此降低冷水出水温度的程度，提高供、回水温差的多少，就必须进行全面地分析。以下是通过初投资及运行费用，针对一个工程实例进行分析，供同行参考。特别指出3点：（1）由于在工程实践中关于冷水供水温度及温差的讨论多数是这两种情况：7℃/12℃，6℃/13℃，因此本文也是以这两对参数为研究对象。（2）虽然在两种工况下离心式冷水机组冷水侧会发生变化，但对冷却水系统影响很小，可以忽略不计，所以冷却水系统及水处理系统不在本次讨论范围之内。（3）本次讨论不包括由于冷水温度方案的不同而引起的施工费用及机房面积等的变化。

2 案例分析

2.1 工程概况

建筑功能为酒店，位于天津，已建成使用。总建筑面积80000m²（有空调部分建筑面积75000m²），总高度49m。地上12层，地下1层。地下层为车库、洗浴、食堂及设备用房；1～4层为裙房，主要功能为餐厅、娱乐及办公；5～12层为客房。冷源采用离心式冷水机组3台，单台冷量2847kW，冷水供/回水温度为7℃/12℃。空调水系统形式为二管制。

2.2 基础数据及相关计算

（1）冷水7℃/12℃时系统管道、阀门、配件的平均投资为40元/m²（实际发生）。因为此平均投资与冷水管规模近似呈正比关系，所以知道了温差变化后的管道规模变化，就可以推算出7℃温差时的平均投资；对于较大规模的冷水系统，可以用等流速原则确定不同冷水温差时的管道规模，计算如下：

$$G = Q/(C\rho\Delta t) \tag{1}$$

$$G = v(D/2)^2\pi \tag{2}$$

由以上两式得到：

$$v(D/2)^2\pi = Q/(1.163\Delta t) \tag{3}$$

式中 G——计算管段的水量，m^3/s；

Q——计算管段的空调负荷，kW；

v——计算管段的流速，m/s；

D——计算管段的直径，m；

Δt——供回水温差，℃；

C——水的比热容，可取4.19kJ/(kg·℃)；

ρ——水的密度，kg/m^3，取$998kg/m^3$。

通过上式可得：

☆ 赵斌，男，高级工程师。通讯地址：天津市河西区气象台路95号，Email：13110089479@163.com。

$$D_7 = D_5 \times (5/7)^{0.5} = 0.845 \times D_5 \quad (4)$$

式中 D_5——冷水供回水温差为5℃时的管道直径；

D_7——冷水供回水温差为7℃时的管道直径。

即7℃温差时的管道规模是5℃温差时的0.845倍，所以7℃温差时的冷水系统管道及阀门与配件的平均投资为40×0.845=33.8元/m²。

(2) 冷量为2847kW的离心式冷水机组同品质不同品牌的价格如表1所示。

不同品牌离心式冷水机组的价格（单位：万元）　表1

冷水温度＼品牌	①	②	③	④	平均价格
7℃/12℃	169	178	164	160	168
6℃/13℃	173	179	166	162	170

(3) 末端空调设备平均投资分析

1) 组合式空调机组。

由表2可知，冷水温度为6℃/13℃时组合式空调机组平均投资比7℃/12℃时平均增加了8%；由于新风机组的构造形式与组合式空调机组相近，两种工况下投资增加比例也取8%。

不同品牌组合式空调机组投资　表2

序号＼内容	风量(m³/h)	冷量(kW)	同品质不同品牌单位风量平均价格（元/m³）	
			7℃/12℃	6℃/13℃
①	10000	60	2.58	2.68
②	20000	120	2.14	2.38
③	30000	180	2.01	2.25

2) 风机盘管

由表3可知，冷水供/回水温度为6℃/13℃时风机盘管平均投资比冷水供/回水温度为7℃/12℃时增加了约9%。因为空调机组、新风机组与风机盘管在本工程中投资所占的比例近似相等，所以末端空调设备平均投资6℃/13℃时比7℃/12℃时增加了约0.8×0.5+0.9×0.5=8.5%。

不同品牌风机盘管投资　表3

序号＼内容	中挡风量(m³/h)	冷量（kW）		同品质不同品牌平均价格（元）	
		全热	显热	7℃/12℃	6℃/13℃
①	420	3062	2073	540	590
②	560	4084	2860	700	770
③	690	4533	3360	830	920

3) 7℃/12℃时空调末端设备的为投资50元/m²（实际发生）；7℃/12℃时空调末端设备的投资为50×(1+8.5%)=54元/m²。

(4) 平均负荷系数的确定。

空调负荷率与相应的权重见表4。

空调负荷率与相应的权重　表4

负荷率	25%	50%	75%	100%
权重	26.3%	39.7%	32.8%	1.2%

平均负荷系数：26.3%×25%+39.7%×50%+32.8%×75%+1.2%×100%=0.52。

(5) 基础数据汇总如表5所示。

基础数据　表5

编号	项目	标准	编号	项目	标准
1	电费	0.89元/kWh[2]	9	离心电制冷冷水机组价格（冷量2847kW、7℃/12℃）	168万元/台
2	7℃温差时的管道及阀门与配件平均投资	33.8元/m²	10	离心电制冷冷水机组价格（冷量2847kW、6℃/13℃）	170万元/台
3	5℃温差时的管道及阀门与配件平均投资	40元/m²	11	机房电力设施配套投资（包括配电柜、控制柜等）	800元/kVA
4	冷水循环泵及变频控制柜平均投资	1500元/kW	12	供冷期运行时间	2880h
5	冷水循环泵扬程	32m	13	空调冷负荷	8540kW
6	冷水循环泵总效率	η=0.75	14	空调末端设备投资（7℃/12℃）	50
7	离心冷水机组 *COP* 值	*COP*=6.77	15	空调末端设备投资（6℃/13℃）	54
8	供冷期平均负荷系数	0.52	16	功率因数	0.9

注：1. 离心式冷水机组在不同供回水温度的工况下，通过对机组的调整，机组初投资略有升高，效率值可不发生变化。
2. 由于空调风系统、冷却水系统、末端设备的功率均与冷水供回水温度变化的随动性很小，故计入方案分析的投资包括：离心式冷水机组，冷水循环泵，冷水管及配件，末端设备，制冷站房内冷水系统的运行电费。

2.3 两对冷水参数下空调系统经济技术分析

2.3.1 冷水供水温度7℃、温差5℃时的初投资及运行费用

(1) 设备电力需求计算：

1) 冷水系统流量：

根据公式(1)计算得

$$G=3600\times8540/(4.187\times998\times5)=1471 \ (m^3/h)$$

2) 冷水系统水泵功率：

$$N = \rho GH/(102\times3600) \quad (5)$$

式中 N——水泵功率，kW；

H——水泵扬程，m；

η——水泵效率。

$N=998\times1471\times32/(102\times0.75\times3600)=171\text{kW}$

3）冷水机组功率：

$$N=Q/COP \tag{6}$$

$N=8540/6.77=1261\text{kW}$

（2）投资构成：电制冷冷水机组费用＋配电设施费用＋冷水管及配件费用＋冷水泵及变频控制柜费用＋末端空调设备费用。

1）电制冷机组费用：168×3＝504 万元；

2）配电设施费用：(171＋1261)/0.9×800＝127 万元；

3）冷水管及配件费用：40×75000＝300 万元；

4）冷水循环泵及变频控制柜费用：171×1500＝26 万元；

5）末端空调设备费用：50×75000＝375 万元；

6）初投资总计：504＋127＋300＋26＋375＝1332 万元。

（3）运行费用：

供冷期电费：(171＋1261)×2880×0.52×0.89＝191 万元。

2.3.2 冷水供水温度 6℃、温差 7℃时的初投资及运行费用

此工况与冷水供水温度 7℃，温差 5℃时的计算方法相同，计算结果如下：

（1）初投资总计：510＋123＋253.5＋18＋405＝1309.5 万元；

（2）运行费用：(122＋1261)×2880×0.52×0.89＝184 万元。

2.3.3 初投资及运行费用汇总（见表 6）

初投资及运行费用汇总表 表 6

序号	系统形式	初投资①（万元）	供冷季运行费②（万元）
①	冷水供/回水温度 7℃/12℃，温差 5℃	1332	191
②	冷水供/回水温度 6℃/13℃，温差 7℃	1309.5	184

① 与冷水供水温度及温差选择无关的空调系统初投资未计算。

② 不包括空调风系统的运行电费。

由上述比较结果可知，针对本工程采用冷水供水温度 6℃、温差 7℃的冷水系统大温差方案，在初投资及运行费用方面均具有优势，且理论上机房面积、吊顶空间、土建荷载均可适当减少，施工成本会相应降低；另一方面，由于实际工程中管道系统，特别是调节阀门投资随规格下降的程度比文中采用的正比法下降程度大得多，因此关于初投资分析偏于保守，即：采用冷水供水温度 6℃、温差 7℃的冷水系统，其初投资会比 1309.5 万元更低。

3 结论

（1）冷水系统采用供水温度 6℃、温差 7℃与常规供水温度 7℃、温差 5℃的冷水系统相比在初投资及运行费两方面均具有经济上的优势。

（2）由于大温差空调系统的供水温度仅下降了 1℃，在技术上不会对系统的安装、运行、调节增加任何难度。

（3）采用大温差冷水系统的经济性与冷水系统输送运行费用在冷水系统运行费用中所占比例有关，一般在冷水系统规模较大时（此时冷水循环泵的功率较大），大温差冷水系统更容易显现其经济性。

（4）冷水系统采用供水温度 6℃、温差 7℃与采用供水温度 7℃、温差 5℃的冷水系统相比：冷水机组初投资增加了约 1%；末端设备初投资增加了约 8.5%；冷水系统总初投资减少了 1.7%；运行费用减少了 3.7%。

总之采用供水温度 6℃、温差 7℃的冷水系统，具有经济与节能上的优势，符合国家建设投资厉行节约的要求。同时能源价格上升趋势的不可回避，以及鼓励节能措施的不断出台，势必使其优势越来越明显，但由于具体工程的千差万别，各地能源价格的多种多样，都要求在具体工程中进行具体分析，以确定冷水系统参数，本文的目地就是找出较简便的可用于工程实际的系统分析方法。

参考文献

[1] 中国建筑科学研究院. 公共建筑节能设计标准. GB 50189—2015 [S]. 北京：中国建筑工业出版社，2015.

[2] 天津市发改委. 天津电网销售电价表. 天津：天津市发改委. [R]. 2018.

中温大温差准逆流风机盘管结合水蓄冷系统的应用

深圳市中鼎空调净化有限公司　王春生☆　黄志刚　邱文达

摘　要　在空调末端出风温湿度符合室内环境设计要求的前提下，采用中温大温差水系统可使制冷机效率提高，同时降低冷水的输运能耗；结合水蓄冷系统，用蓄水冷量无级调节联合制冷机高效运行供冷，以满足末端冷量需求，即中温大温差水系统获得比普通空调系统更高的制冷站能效比 *EER*，蓄水冷量调节使制冷站能效比 *EER* 在整个空调运行期始终处于最佳值。实际工程项目表明：除中温大温差逆流风机盘管外均为常用设备、材料、工艺，与普通空调系统相比建造成本持平，制冷站能效比 *EER* 始终保持在 5 以上；全年空调系统高效运行减少的电费极为可观，仅移峰填谷收益达 70 余万元。

关键词　中温大温差　风机盘管　能效比 *EER*　蓄水冷量无级调节　水系统

0　引言

近几年暖通空调的新技术、新产品的研发和应用得到广泛重视，特别是以现有普通产品或生产工艺、少许或不增加建造成本就能使暖通空调系统达到高效率、低能耗的新技术、新产品成为关注的重点。深圳某工程采用中温大温差水系统，提高了制冷机效率、降低了冷水输运泵耗，突破了常规空调制冷站能效比 *EER* 的极限；利用蓄水冷量易于无级调节的特点，联合制冷机高效运行供冷以满足末端需求。上述模式实现了制冷站能效比 *EER* 达到并始终维持在 5 以上（因机房综合效率 *SCOP* 不含冷水泵能耗，而中温大温差水系统大幅度减少了冷水泵的能耗，故本文采用制冷站能效比 *EER* 进行制冷站效率分析，其能耗包括：制冷机组、冷水泵、冷却水泵、冷却塔能耗）。该工程实践表明：制冷机组高效运行载荷之外的负荷变化仅以蓄水冷量调节应对，与制冷机组高效运行再无控制上的关联，这是一种典型的脱耦控制，也为今后暖通空调在高效节能控制方面提供了一个新思路。

此外，冷水高回水温度还使蓄冷量比传统蓄冷量提高 70%以上，移峰填谷的效果明显。本文以该项目为基础，对中温大温差逆流风机盘管与水蓄冷相结合的高效节能技术进行介绍，为空调工程设计及运行提供参考。

1　工程概况

该项目位于深圳市南山区，为办公楼（商务+科研办公），空调面积 30000m^2，建筑总高度 80m，空调设计负荷为 1300Rt，夜间有科研试验人员，需负荷 200Rt。

1.1　室外气象参数

根据《民用建筑供暖通风与空气调节设计规范》GB 50736—2012，深圳地区参数确定如下：

夏季空调室外计算干/湿球温度（℃）：33.7/27.5；

夏季通风室外计算温度（℃）：31.2。

1.2　室内设计参数

室内设计参数如表 1 所列。

室内设计参数　　表 1

房间功能	夏季		人员密度（人/m^2）	新风量［m^3/(h·人)］	噪声标准（dB）
	温度（℃）	相对湿度（%）			
办公室	26	≤65%	0.25	30	45
门厅/电梯厅	26	≤70%	0.2	20	45

2　中温大温差系统

2.1　中温大温差风机盘管出风参数[1-3]

实验显示，在冷水进/回水温度为 9℃/17℃工况下，出风干球温度/湿球温度为 13.70℃/13.23℃，同传统风机盘管在 7℃/12℃工况下的参数相符（见图 1），完全可以满足室内温湿度要求。

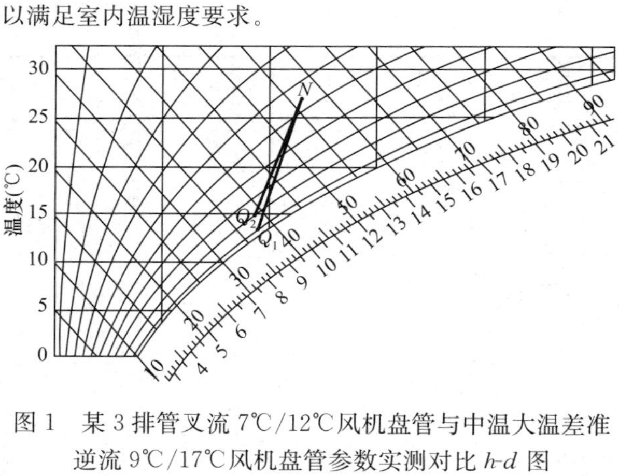

图 1　某 3 排管叉流 7℃/12℃风机盘管与中温大温差准逆流 9℃/17℃风机盘管参数实测对比 *h-d* 图

注：室内空气状态点 *N*：干/湿球温度 27℃/19.5℃；
9℃/17℃工况下风机盘管出风状态点 Q_1：
干/湿球温度 13.7℃/13.23℃；
7℃/12℃工况下风机盘管出风状态点 Q_2：
干/湿球温度 14.9℃/13.53℃。

☆　王春生，男，总经理。通讯地址：深圳市南山区软件产业基地 4 栋 B 座 702 室，Email：2233425519@qq.com。

中温大温差风机盘管之所以能在高于传统水温和大温差的条件下达到传统风机盘管在7℃/12℃工况下的出风效果，主要是由于中温大温差风机盘管冷水水流与风的流向为准逆流，加大了对数传热温差，理论和实践证明逆流布置形式在（冷水与空气）小温差情况下尤为重要；中温大温差风机盘管还通过采取减小换热铜管管径等措施，化解了因逆流流程增多和大温差使流量减少造成管内流速下降的难题，使冷水处于湍流状态，从而保证中温大温差风机盘管的换热强度和效率（见图2）。

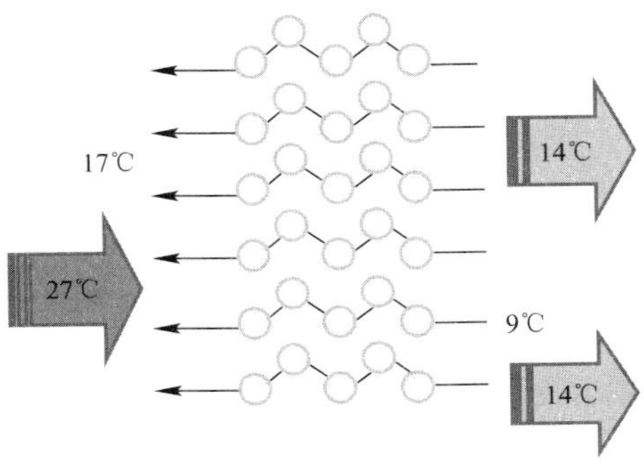

图2　9℃/17℃中温大温差准逆流风机盘管结构示意图

2.2　不同工况下的水泵能耗

依据制冷机厂家提供的制冷机蒸发器、冷凝器参数，并结合建筑物具体情况。按照传统5℃温差及该项目8℃大温差选择冷水泵参数，完成冷水泵选型。

冷水泵扬程28m，进出水温差分别为5℃、8℃时，对应的冷水泵流量分别为255m^3/h、160m^3/h；

冷却水泵扬程23m，进出水温差为5℃，对应流量为288m^3/h。

冷水泵和冷却水泵的选型参数如表2所示。

从表2可见，当冷水进出水温差从5℃提高到8℃后，冷水泵额定能耗明显下降，下降比例达37%（辅助能耗下降比例为16.4%），即采用冷水中温大温差水系统方案后可明显降低冷水运输能耗。

2.3　不同工况负荷对制冷机组的影响

在方案设计时，选择了410Rt单机头螺杆制冷机，提交厂家进行不同工况下制冷机效率的比对[4,5]，并根据制冷站辅助设备（表2）进行制冷站能效比*EER*的比较，其结果如表3所示。

制冷站辅助设备——冷水泵、冷却水泵、冷却塔参数表　　**表2**

	进/出水温度（℃）	流量（m^3/h）	扬程（m）	额定功率（kW）		下降比例	配带功率（kW）
冷水泵	7/12	255	28	24.3	—	37%	30
	9/17	160	28	—	15.3		22.5
冷却水泵	32/37	288	23	22.6			30
冷却塔	—	400	—	8			11
辅助能耗小计				54.9	45.9	16.4%	

中温大温差和传统工况下制冷机、制冷机房能效比*EER*对比表　　**表3**

负荷工况	冷水工况	制冷量（kW）	制冷机功率（kW）	辅助功率（kW）	制冷主机*COP*	*COP*增加率	制冷站*EER*	*EER*增加率
100%（冷却水进/出水温度：32℃/37℃）	冷进/回水温度：7℃/12℃	1447	263.6	54.9	5.49	7.89%	4.54	10.17%
	冷进/回水温度：9℃/17℃	1483	250.4	45.9	5.92		5.01	
90%（冷却水进/出水温度：32℃/36.5℃）	冷水进/回水温度：7℃/12℃	1303	234.9	54.9	5.55	7.44%	4.50	10.01%
	冷水进/回水温度：9℃/17℃	1335	224	45.9	5.96		4.95	
80%（冷却水进/出水温度：32℃/36.0℃）	冷水进/回温度：7℃/12℃	1158	207.8	54.9	5.57	6.95%	4.41	9.86%
	冷水进/回水温度：9℃/17℃	1186	199	45.9	5.96		4.84	
70%（冷却水进/出水温度：32℃/35.5℃）	冷水进/回水温度：7℃/12℃	1013	182.7	54.9	5.54	6.43%	4.26	9.77%
	冷水进/回水温度：9℃/17℃	1038	175.9	45.9	5.90		4.68	

2.3.1　定冷凝温度负荷与制冷机组的*COP*

图3中，在定冷凝温度条件下，单机头冷水机组*COP*的最高值在85%以上区域。

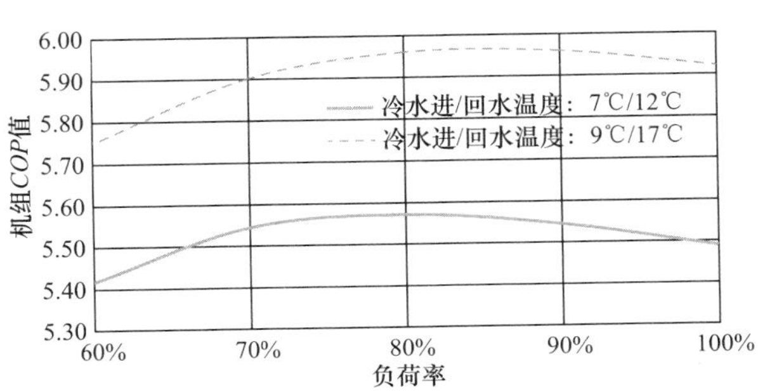

图3　不同负荷率下制冷机*COP*值曲线图

2.3.2　9℃/17℃与7℃/12℃工况的制冷站能效比*EER*对比

由表3可以看出，在相同负荷下，9℃/17℃比7℃/12℃工况的制冷机*COP*均有提高，因辅助能耗的下降，相对应的制冷站能效比*EER*提高更为明显；制冷站能效比*EER*的最佳效率点绝大多数处于额定工况点（至少是在额定工况点附近），该项目在额定制冷量时，制冷站能效比*EER*比传统工况提高10%以上。

由此可见，采用中温大温差准逆流风机盘管系统方案后，各负荷工况的制冷机*COP*及相应的制冷站能效比*EER*明显提高。

3 空调系统高效运行模式

在实际运行时，制冷机的额定冷量总是大于末端冷量需求，这就使普通空调系统的制冷机组常处于部分负荷运行。从图 4 可见，部分负荷运行时制冷站能效比 $EER_{运行}$ 总是低于额定负荷时制冷站能效比 $EER_{100\%}$，在暖通空调领域一直没有很好的办法让制冷机组始终处于高效区域运行。

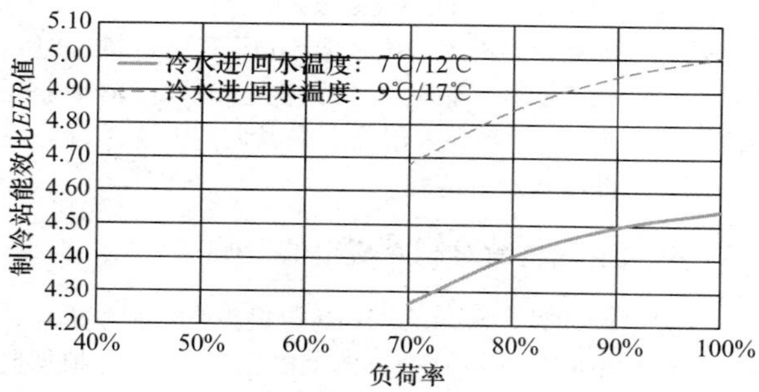

图 4　不同负荷率下制冷站 *EER* 值曲线图

在深圳某中心大厦的项目中，采取了蓄水冷量无级调节联合制冷机高效运行供冷方式，在冷量需求较高的情况下（低负荷时，蓄冷量相对宽裕，可采取全放冷、峰电期放冷等优化方案），开启的制冷机组始终满负荷运行，实现了制冷站能效比 *EER* 保持最佳状态；1 台制冷机额定冷量＜末端负荷＜2 台制冷机额定冷量时，1 台制冷机额定负荷运行＋蓄水池供冷；2 台制冷机额定冷量＜末端负荷＜3 台制冷机额定冷量时，2 台制冷机额定负荷运行＋蓄水池供冷；依此类推……。该项目自 2018 年 6 月运行至 2019 年 5 月以来，总运行 300 余天，实现了制冷站能效比 *EER* 始终处于 5 以上，蓄水池保障了系统稳定高效，移峰填谷效果明显。

4 项目投资及效益分析

该项目属竞标项目，投资额是建设方考虑取舍的重要指标之一。该项目除中温大温差准逆流风机盘管的采购费用增加外，其他工程材料及施工费均为减少，如：冷水管管径、冷水泵、保温、阀门、管件等，减少的费用与风机盘管增加的费用相抵。

项目始终维持全年制冷站能效比 *EER* 在 5 以上，节电效果明显，1200m³ 每天蓄冷 4000Rth 以上，全年移峰填谷收益达 70 余万元，年平均空调耗电仅为 25 元/m²，空调耗电远低于同类水平建筑。

5 结论

中温大温差准逆流风机盘管的成功案例，打破了暖通空调领域长期采用冷水进/回水温度 7℃/12℃ 的应用模式，在出风参数满足传统系统需求的前提下，提高冷水出水温度至 9～17℃，使普通制冷机效率提高 8%以上；增加了冷水进出水温差 $\Delta t=8℃$，相应降低冷水泵能耗 37%。中温大温差水系统的一升一降，使制冷站能效比 *EER* 突破了传统空调系统的极限，结合水蓄冷系统实现了制冷站能效比 *EER* 达 5 并始终维持不变。事实表明以蓄水冷量的无级调节应对末端负荷变化的控制方式简单便捷可靠。除此之外，中温大温差准逆流风机盘管的高回水温度还可以大幅度提高蓄水池的蓄冷容量，移峰填谷效益大幅提高。正是由于中温大温差准逆流风机盘管的制造为通用型材和常规工艺，中温大温差准逆流风机盘管配合水蓄冷系统的整体成本并未增加，更便于该技术和产品的推广应用。

中温大温差准逆流风机盘管结合水蓄冷获得高效的制冷站能效比 *EER* 并在运行中维持不变的效果对暖通空调领域的规划、设计和运行管理以及科学评估制冷站效率提供了重要的参考范例，是一项不可多得的绿建节能技术，具有推广价值和现实意义。

参考文献

[1] No：2014LK1550. 风机盘管检验报告［R］. 合肥：合肥通用机电产品检测院有限公司.

[2] No：1KP2014-0033. 风机盘管检验报告［R］. 深圳：深圳市建筑科学研究院股份有限公司.

[3] 深圳市中鼎空调净化有限公司. 风机盘管机组—大温差系列.

[4] Johnson Contorls. 螺杆式冷水机组（冷冻水 7/12℃ 工况）选型报告.

[5] Johnson Contorls. 螺杆式冷水机组（冷冻水 9/17℃ 工况）选型报告.

新风供冷在南昌剧场建筑中的应用

南昌市城市规划设计研究总院　罗林云☆　胡　强

摘　要　本文介绍了新风供冷及新风供冷的计算方法；在南昌气象条件下，剧场可利用新风免费供冷的时间、相对节能率的分析；提出新风供冷时应尽量提高室内空气标准和全空气系统的最大新风比及全新风运行。

关键词　新风供冷　全空气系统　送风温差　二次回风　焓差

0　引言

新风供冷是指当室外空气比焓（或温度）低于室内空气比焓（或温度）时，室内仍然存在冷负荷，空调部分或全部利用室外新风代替机械制冷向建筑供冷的能力，因此也被称作新风免费制冷。

新风供冷对于建筑节能有着重大意义，相关规范中也已作了相关要求，《公共建筑节能设计标准》GB 50189—2015 第 4.2.20 条提到“对冬季或过渡季存在供冷需求的建筑，应充分利用新风降温”，第 4.3.11 条提到“设计定风量全空气空气调节系统时，宜采取实现全新风运行或可调节新风比的措施，并宜设计相应的排风系统”。《民用建筑供暖通风与空气调节设计规范》GB 50736—2012 第 7.3.20 条也提到“舒适性空调和条件允许的工艺性空调，可用新风作冷源时，应最大限度地使用新风”。

随着我国经济蓬勃发展，城市化进程日益加快，人们物质文化生活也得到相应的提高，各城镇新建的剧场建筑越来越多，很多还成为了标志性建筑。剧场建筑的主要功能房间有观众席、舞台、排练厅等，一般位于建筑内区，具有人员密集、室内冷负荷全年较稳定、新风需求量大的特点，且常年有供冷需求。这些特点让剧场建筑更适合利用新风供冷。

1　项目案例

南昌市老年活动中心演艺中心位于江西省南昌，单体建筑面积 4512m²，演艺厅观众席可容纳 500 个座位，属于小型剧院。观众席处建筑内区，常年需要供冷，表 1 列出了其室内设计参数。

室内设计参数　　表 1

系统区域	干球温度（℃）		相对湿度（%）		人员数（人）	最小新风量标准 [m²/(h·人)]
	夏季	冬季	夏季	冬季		
观众席	26	20	60	45	500	20

观众席的空调系统形式采用全空气系统，全空气系统通常用于空间较大、人员密集、舒适度及噪声控制标准较高的场合，而且该项目采用了座椅下送风的形式，对节能有利，座椅下送风送风温差控制在 4～5℃，为了避免再热，系统采用了二次回风，通过一、二次回风比控制系统的送风温度。表 2 列出了观众席空调系统的配置及参数。

观众席空调系统的配置及参数　　表 2

系统编号	服务区域	数量（台）	风量（m³/h）	制冷量（kW）	最小新风量（m³/h）	进风温度（℃）	出风温度（℃）
KT-3-6	观众席	1	20000	110	5000	34.8	21.5
KT-3-7	观众席	1	20000	110	5000	34.8	21.5

观众席因为处于内区，而且采用的是座椅下送风的形式，空调冷负荷主要考虑人员负荷、部分灯光及设备负荷及新风负荷，围护结构冷负荷可以忽略不计，根据甲方提供的资料，课题组成员利用鸿业空调负荷计算软件（谐波法）对空调冷负荷重新进行模拟计算，如表 3 所示。

空调冷负荷计算结果　　表 3

分类	夏季总冷负荷（含新风/全热）（W）	夏季室内冷负荷（全热）（W）	夏季室内湿负荷（kg/s）	夏季新风冷负荷（W）	夏季新风量（m³/h）	冬季总热负荷（含新风/全热）（W）
1001［观众席］	184103.02	83630.43	13.74	100472.59	10000	40712.4
人体	60822.6					−62184.3
新风［冷］	100472.59					0

☆　罗林云，男，高级工程师。通讯地址：南昌市城市规划设计研究总院建筑分院，Email：1538626406@qq.com。

续表

分类	夏季总冷负荷（含新风/全热）（W）	夏季室内冷负荷（全热）（W）	夏季室内湿负荷（kg/s）	夏季新风冷负荷（W）	夏季新风量（m^3/h）	冬季总热负荷（含新风/全热）（W）
新风［热］	0					117013.9
设备	8000					−8000
灯光	8271.9					−8271.9
架空楼板	6535.9					2154.7

该系统采用二次回风方式，利用焓湿图计算软件对空气处理过程进行分析，得出当送风温差控制为4.5℃时，总送风量为37344.865m^3/h，空调机组承担总耗冷量196.714kW。实际配置的组合式空调柜的总送风量为40000m^3/h，制冷量为220kW，满足设计要求。

2　新风供冷的基本计算原理

在焓湿图上，当室外新风状态点W在室内状态点N等焓线的左侧时，意味着新风的焓值低于室内状态点焓值，可利用新风与室内空气状态点的焓差向室内提供冷量。

新风供冷的全热供冷量可由式（1）计算：

$$Q_W = \frac{G_\rho(h_N - h_W)}{3600} \tag{1}$$

式中　Q_W——新风全热供冷量，kW；

G——新风量，m^3/h；

ρ——空气密度，kg/m^3；

h_N——室内空气的比焓，kJ/kg；

h_W——室外空气的比焓，kJ/kg。

大部分实际工程中，室外仅设置了温度传感器，当室外新风温度t_W低于室内状态点设计温度t_N时，则可以利用室外新风向室内免费供冷，实现节能工况的切换运行。

3　新风供冷量计算

计算新风供冷量时，一般考虑建筑物内区为新风供冷对象。其次室内设计温度有26℃的也有25℃的，但是为了延长新风免费供冷的时间，室内设计温度一般为26℃，这样更经济节能，更能充分使用新风供冷。房间新风供冷量的计算与所采用的空调系统（全空气系统）的控制策略有很大关系，如果是新风量不变的全空气系统，新风量始终保持最小开度，如图1（a）所示，此时新风供冷量只和室外气候条件有关；如果是新风量可变的全空气系统，新风量开度可根据室外气候条件做相应调节，如图1（b）所示，在春季—夏季—秋季过程中，新风量开度从全新风运行到最小开度保持不变再到全新风运行，其中控制策略的参考对象为室外空气比焓h_W。春季室外空气比焓h_W低于室内空气比焓h_N时采用全新风运行，夏季室外空气比焓h_W高于室内空气比焓h_N时采用最小新风量运行，秋季外空气比焓h_W低于室内空气比焓h_N时再采用全新风运行。

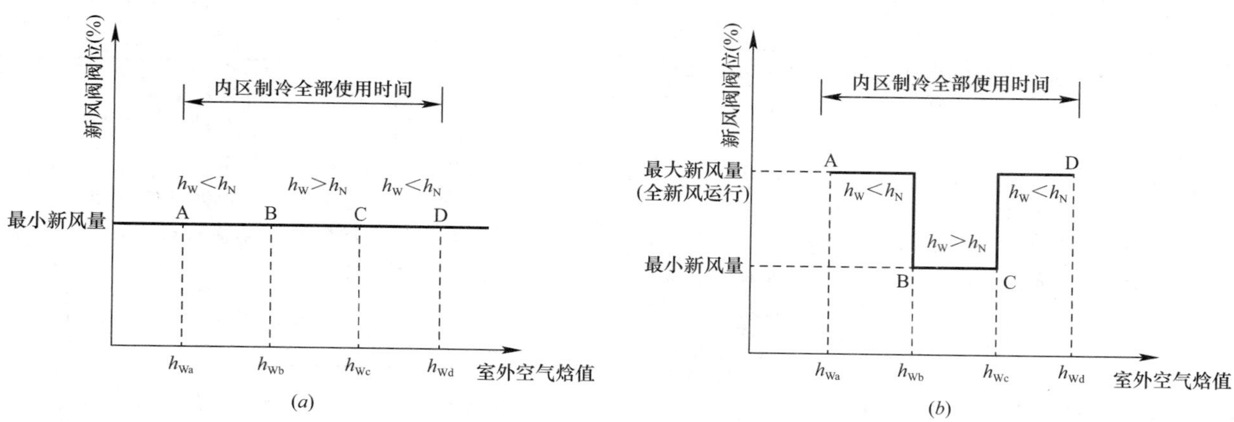

图1　新风阀阀位变化

（a）全空气系统（新风开度不变）；（b）全空气系统（新风开度可变）

一个制冷周期新风免费供冷量，如式（2）所示。

$$C_{or} = \sum_{n=1}^{T_n} G(h_N - h_W)$$

式中　C_{or}——建筑全年新风供冷量，kWh；

T_n——制冷周期内可免费供冷的时间，h。

所得的新风免费供冷量如图2所示。

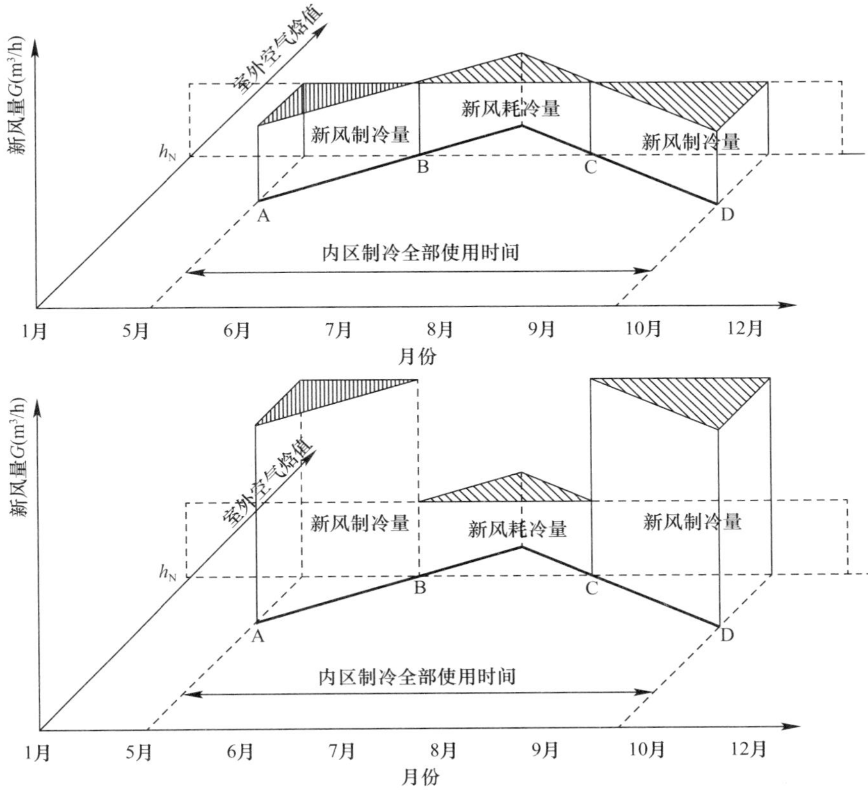

图 2　新风免费制冷量

然而计算新风供冷量务必需要从当地气象数据库提取南昌市全年逐时气象参数。

4　建立模型进行分析

从南昌市 8760h 的室外气象参数进一步经分析计算，剧场建筑利用新风制冷，一个制冷周期内有效利用新风制冷的时间有多长，了解相对节省了多少冷量。

从南昌市 8760h 的室外气象参数中提取了 5 月份至 10 月份 8：00～22：00 的室外气象参数，制冷期内全部使用时间为 2760h，其中室外干球温度低于 26℃的时间为 1213h，占所有制冷使用时间的 44%，空调系统在最小新风开度下制冷季总耗冷量为 1002119.5kWh，而采用新风可调节，充分利用新风制冷的总耗冷量为 704118.6kWh，相对免费制冷量占制冷季总耗冷量的 29.7%。

5　结语

剧场建筑内区房间全年具有室内冷负荷稳定、人员密集、新风量大且常年需要供冷的特点，尽可能利用新风免费供冷技术。本文以南昌地区某剧场建筑为案例，通过研究发现，剧场建筑制冷期全部使用时间为 2760h，其中新风供冷可利用时间达到 1200h，占总运营时间的 40%以上；相对节能率达到 25%以上，减少电制冷的耗电量，具有显著的节能效果。设计中应尽量提高新风供冷时的室内温度以延长新风供冷的时间，同时设计中应提高全空气系统的最大新风比，以达到提高节能率的目的。

剧场（报告厅）送风喷口的设计、调试与相关专利研究

山东省城乡规划设计研究院　顾　皓☆　郭柱道

摘　要　本文从近年来完成的多个剧院（报告厅、大会堂）的设计工作出发，探讨了喷口送风的设计原理，并结合某教育综合体建筑内的剧场工程实例，通过现场数据采集和分析，验证了设计的可靠性和实际效果。最后在总结上述工程经验的基础上，提出了“计算过程可视化”的想法，并获得了一种“加强型空调用矢量喷口”的实用新型专利。
关键词　圆形喷口　气流组织　剧场建筑　计算过程可视化

0　引言

新形势下，国家持续增加针对教育、医疗等领域的建设投入。在此背景下，教育类建筑，尤其是新建校区的设计量和复杂程度都有显著提升。通过我院在山东省鲁西南地区（特别是菏泽和济宁地区）的此类工程可以看出，过去只有在档次较高的大专院校中出现的剧场类建筑（或含剧院功能的报告厅），目前已经成为许多县级新建职业学校或高（初）中的标准配置。而且，此类建筑在实际使用过程中，往往承担着当地教育系统或党政事业单位的会议或演出任务，因此在功能设计和档次定位上并不低。

年轻的工程师在接手此类设计任务时，往往面临经验不足和设计周期短等困难。特别是对喷口的设计选型[1]和数量把握上存在诸多疑虑。本文理论结合实际，总结了相关工程经验，并介绍了一种在此基础上申请成功的实用新型专利。

1　大空间空调（上送风型）的设计要点

1.1　气流组织

本文不讨论座椅送分的情况，所述大空间的空调气流组织形式均为“上送下回”型，送风口采用圆形喷口（辅助个别方形散流器），人员处在回流区。送/回风原理如图1所示，我院完成的鲁西南某地的文化中心大会堂实景照片如图2所示。

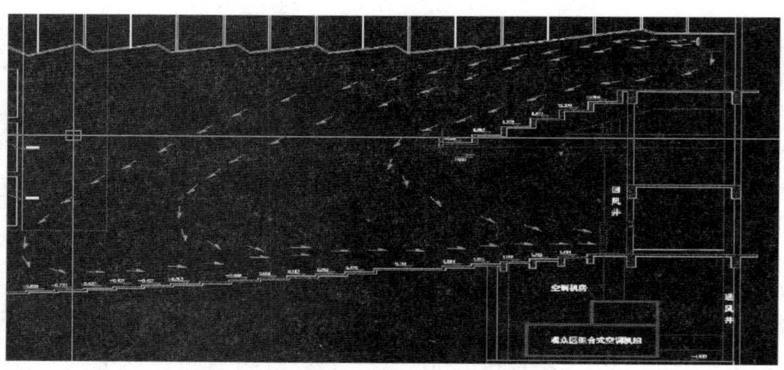

图1　大空间上送下回原理图

图2　大空间上送下回实景照片

☆　顾皓，男，高级工程师。通讯地址：山东省济南市历下区和瑞广场A座，Email：hvac2009@126.com。

1.2 喷口送风的设计计算过程

喷口送风的设计计算分为单股非等温自由射流计算和多股非等温自由射流计算。剧场和报告厅的空调系统送风喷口可以按单股非等温自由射流计算[2]。具体过程如下。

（1）根据式（1）计算总送风量：

$$L_s = \frac{3.6Q_x}{1.2 \times 1.01 \times Vt_s} \tag{1}$$

（2）根据侧向送风射流轴心轨迹式（2）确定阿基米得数 Ar

$$\frac{y}{ds} = \frac{x}{ds}\mathrm{tg}\beta + Ar\left(\frac{x}{ds\cos\beta}\right)^2\left(0.51\frac{\alpha x}{ds\cos\beta} + 0.35\right) \tag{2}$$

其中，当 $\beta=0$ 且送冷风时，

$$Ar = \frac{\frac{y}{ds}}{\left(\frac{x}{ds}\right)^2\left(0.51\frac{\alpha x}{ds} + 0.35\right)} \tag{3}$$

当 β 角向下且送冷风时，

$$Ar = \frac{\frac{y}{ds} - \frac{x}{ds}\mathrm{tg}\beta}{\left(\frac{x}{ds\cos\beta}\right)^2\left(0.51\frac{\alpha x}{ds\cos\beta} + 0.35\right)} \tag{4}$$

当 β 角向下且送热风时，

$$Ar = \frac{\frac{x}{ds} - \frac{y}{ds}\mathrm{tg}\beta}{\left(\frac{x}{ds\cos\beta}\right)^2\left(0.51\frac{\alpha x}{ds\cos\beta} + 0.35\right)} \tag{5}$$

（3）将上述阿基米得数代入式（6）计算喷口送风速度：

$$v_s = \sqrt{\frac{g d_s V t_s}{Ar(t_n + 273)}} \tag{6}$$

（4）根据式（7）计算射流平均速度：

$$v_p = \frac{1}{2}v_s\left(\frac{0.48}{\frac{as}{ds} + 0.145}\right) \tag{7}$$

（5）根据式（8）计算单个喷口的送风量：

$$L_d = \frac{\pi}{4}d_s v_s 3600 \tag{8}$$

（6）则喷口数量可由式（9）计算后，取整数。

$$n = \frac{L_S}{L_d} \tag{9}$$

2 喷口送风的效果与调试

2.1 送风的效果的现场测试

完成1.2节的设计计算后，以上述鲁西南某地的文化中心为例：选择了18个直径300mm的圆形空调喷口布置在2层看台上方，并设置了少量2层看台专用的下送风口（方形散流器），如图3所示。测试仪器为SMART SENSOR数字式温湿度计，温度精度为0.1℃。

从首次（2015年）冬季试运行的情况来看，观众区的1层和2层均达到了设计温度18℃，但2层温度过高，特别是在2层的后排区域近22℃。

图3 喷口安装照片

2.2 现场调试

将仅供2层使用的所有下送风口全部关闭，全力加大喷口的风量。同时，根据大会堂吊顶的装修造型情况，现场调整了圆形喷口的送风角度，使其下倾角度增大。目前，该会堂已经顺利通过县两会的使用检验，效果良好。

3 计算优化与设备升级

3.1 专利研究

在上述调试过程中笔者发现，目前的圆形喷口仅为角度可调型（大多为手动），若其口径可以根据需求现场调整，则能实现风速的调节，这将给整个送风调试工作带来较大的便利。于是经过多轮的修改与申请工作，笔者完成了一种电动“加强型空调用矢量喷口”的设计，并获得实用新型专利。

其原理是：在常规喷口的基础上增设电机与联动装置（包括支架、固定杆、一级和二级调节板、导风板、连接轴），实现喷口直径和喷射角度的多维调节，从而加大空调喷口在安装后的调节灵活度。目前该专利尚未投入实际工程使用中。

3.2 后续软件开发

另外，为了把设计师从1.2节所述的冗繁计算中解放出来，使其有更多的精力投放在系统设计和优化选型的过程中，笔者尝试将计算过程可视化。首先，用MATLAB对1.2节中的式（1）～式（6）进行数学建模，控制变量，并限制校对条件：送风温差≤15℃，喷口送风速度≤10m/s等。第二步，设计中文版软件界面，即C++与MATLAB的混编实现。从而方便设计人员根据各自工程的需求输入相应的物理参数，并得到直观的计算结果。

目前，上述编程工作已经完成，软件的操作界面尚在优化中。

4 结论

综上所述，得到以下结论：

（1）喷口数量与直径的设计计算可多出几个方案，在满足校核条件的前提下选择最优者；

（2）安装后的喷口需要根据吊顶情况作现场调试；

（3）若使用口径与角度均可调节的矢量喷口，现场调试工作将更为灵活。

参考文献

［1］ 陆耀庆. 实用供热空调设计手册［M］. 2版. 北京：中国建筑工业出版社，2008.

［2］ 中国建筑科学研究院. 民用建筑供暖通风与空气调节设计规范 GB 50736—2012.［S］. 北京：中国建筑工业出版社，2012.

浙江地区轨道交通地上车站降温技术探讨

浙江省交通规划设计研究院　鲜少华☆

摘　要　针对轨道交通地上车站的特点及舒适性要求，对通风降温、机械制冷降温和蒸发冷却降温进行了分析，为类似工程的设计提供参考。

关键词　通风系统　空调系统　机械制冷　蒸发冷却　轨道交通　地面车站

0　引言

轨道交通作为一种现代化交通系统，以其速度快、运量大、运行准点等优势成为各大城市客运交通工具的骨干，对缓解城市交通拥挤、促进城市经济快速发展起到重要的作用。

近年来，浙江省轨道交通发展迅猛，目前，已有杭州、宁波、温州、台州、金华、绍兴等城市在兴建城市轨道交通，浙江省都市圈城际铁路也在规划与建设。由于地上线路及地上车站具有建设周期短、投资小、运营成本低等优点，在有条件的区域得到了越来越多的应用。对于设置于地面的地铁车站（即地面站或高架车站），公共区基本为敞开或半敞开的形式，基于降低造价和节省能源考虑，地铁高架车站公共区的通风降温方式通常采用自然通风。浙江属夏热冬冷地区，从工程实践来看，采用自然通风方式，在夏季高温高湿季节环境舒适性较差，难以满足大多数乘客的舒适性需求。相对于地下车站普遍采用空调系统的成熟做法，高架或地面车站采取何种降温方式、怎样使用较简单的空调通风设备达到适宜的温湿度环境，值得探讨。

1　地上车站的特点

（1）地上车站有地面、高架一层、高架多层等多种建筑形式，立面造型对城市环境影响大，景观要求高。

（2）站台多为设有风雨棚的敞开式结构。站厅通过若干个出入口与外界相连通，又通过若干楼梯、自动扶梯与站台层相连通。

（3）大多采用型钢结构及金属、玻璃等轻型建材，简洁明快，开敞空透。

2　规范规定及工程现状

2.1　规范规定

文献［1］第9.10.1条规定：“地上车站宜采用自然通风和天然采光”。

第9.10.2条规定：“地上车站不宜采用中央空调，但站台层宜根据气候条件设置空调候车室”。

第13.3.1条规定：“地上车站的公共区应采用自然通风。必要时，站厅中的公共区可设置机械通风或空调系统”。

第13.3.3条规定：“站厅采用通风系统时，站厅内的夏季计算温度不应超过室外计算温度3℃，且最高不应超过35℃”。

第13.3.4条规定：“站厅层设置空调系统时，夏季计算温度应为29～30℃，相对湿度不应大于70%”。

文献［2］第22.1.2条规定：“车站建筑宜利用自然通风消除余热、余湿”。

2.2　工程现状

从浙江地区已建或在建工程来看，地上车站一般都在站厅设置过渡性空调系统，站台采用自然通风，并设置空调候车室，部分车站加设了风扇加强通风。

杭州至临安城际铁路：站厅公共区设置新风处理机组，预留安装多联空调系统的条件。站台公共区、人员候车区设置壁挂式风扇加强通风，公共区内非开敞部位设置局部空调系统。

宁波至奉化城际铁路：站厅层采用多联新风＋多联机空调（预留）系统，可自然通风；站台层公共区采用自然通风，并设置空调候车室。

杭州至海宁城际铁路：站厅采用多联式空调系统，满足人员新风量及舒适性的要求；站台采用自然通风，并设置空调候车室。

降温技术，就是采用相应的技术措施使室内环境达到人体较为舒适的条件，满足人们生活和工作要求。对于轨道交通地面车站来说，适用的降温技术主要有：通风、机械制冷空调、蒸发冷却空调等。

3　通风系统

通风是消除室内余热余湿、降低空气污染、降低建筑能耗的最有效的手段，当采用通风可以满足要求时，应优先考虑采用通风措施。常见的通风方式有自然通风、机械通风、复合通风等。

3.1　自然通风及其设计要点

自然通风主要通过合理适度地改变建筑形式，利用热

☆　鲜少华，男，高级工程师。通讯地址：杭州市西湖区余杭塘路928号，Email：584807429@qq.com。

压和风压作用形成有组织气流，满足室内要求，减少通风能耗。

（1）根据我国气候区域划分，浙江属于热湿气候区。由于高架车站房间进深较浅，周围遮挡物少，适合采用穿堂风等风压通风设计。

（2）站厅层采用自然通风时，通风开口有效面积不应小于站厅层地板面积的5%。

（3）为了提高自然通风的效果，应采用流量系数较大的进排风口或窗扇，对于不便于人员开关或需要经常调节的进、排风口或窗扇，应考虑设置机械开关装置，该装置应便于维护管理并能防止锈蚀失灵。

（4）通风用的进风口，其下缘距室内地面的高度不宜大于1.2m。

3.2 机械通风与复合通风

虽然规范规定地上车站的公共区应采用自然通风，但单纯的自然通风方式在室外高温气候条件下往往难以满足要求，因此，采用自然通风和机械通风相结合的复合通风方式很有必要。

复合通风系统是指自然通风和机械通风在一天的不同时刻或一年的不同季节里，在满足热舒适和室内空气质量的前提下交替或联合运行的通风系统。其目的是确保自然通风系统可靠运行，并提高机械通风系统的节能率。

复合通风系统与传统通风系统最主要的区别在于其拥有智能控制系统，可根据室内外环境自动对自然通风系统和机械通风系统进行切换以实现节能。

研究表明，复合通风系统通风效率高，通过自然通风与机械通风手段的结合，可减少风机和制冷能耗10%～50%。既带来较高的空气品质，又有利于节能。

复合通风系统应具备工况转换功能，并应符合下列规定：①应优先使用自然通风，②当控制参数不能满足要求时，启用机械通风。

为了充分利用可再生能源，自然通风量宜不低于复合通风联合运行时风量的30%，并根据所需自然通风量确定建筑物的自然通风开口面积。

3.3 电扇

目前，高架车站一般都在公共区设置风扇加强通风。

研究表明，除了温度、湿度，空气流速也是影响人体热舒适感的重要因素，因为空气流速与人体对流和蒸发散热密切相关。

采用风扇并不能改变室内空气的温度、湿度，其作用主要体现在两个方面：一方面，人的皮肤中含有大量水分，风扇转动加快了皮肤表面空气流动的速度，会加快水的蒸发，而水的蒸发会从身体上带走热量，人体就会感到凉快；另一方面，当环境温度低于人的体温时，由于热传递作用，人体附近的空气温度也会比稍远的空气温度高，当风扇转动时带动空气流通，温度较低的空气接近人体时，人体的热量会传向低温的空气，热舒适感也会增加。

3.4 通风系统的局限性

采用通风的方式，可以降低工程造价，节约运营成本。但通风不能使内部空间的温度低于室外温度，而只能接近于室外温度。当室外温度较高时，难以满足要求。另一方面，随着人们生活水平的日益提高，对环境舒适度的要求也越来越高，为了吸引客流，提高服务水平，满足乘客舒适性要求，提高轨道交通的服务水平，在采用通风系统不能满足要求时，需要采取适当的技术手段进行降温。

4 机械制冷空调系统

4.1 设计参数

根据规范，必要时，站厅中的公共区可设置空调系统。设置空调系统时，夏季计算温度应为29～30℃，相对湿度不应大于70%。

4.2 系统形式

可采用的机械制冷空调系统有：

（1）冷水机组（风冷、水冷）+空气处理机组的一次回风全空气系统。

（2）多联式空调系统：系统简单，不需机房，管理灵活，且自动化程度较高，应用比较广泛。

（3）单元式空气调节系统：包括水冷柜机和直接膨胀式空调机组。水冷柜机的制冷性能系数高，运行节能效果较好，但需设置冷却塔冷却水管道系统，运行管理也相对复杂。

实际工程中具体选用哪种空调系统，应经过技术经济比较确定。在满足使用要求的前提下，尽量做到节省投资、运行经济、减少能耗。

当站厅层公共区设置机械制冷空调系统时，应注意以下几点：

（1）围护结构的热工设计应符合现行国家标准《公共建筑节能设计标准》GB 50189的有关规定。既要充分利用天然采光、自然通风，又要通过围护结构的保温隔热和遮阳措施降低冷负荷，减少用能需求。

（2）站厅通向站台的楼梯口、扶梯口处以及出入口处宜设置风幕。

4.3 机械制冷空调系统存在的问题

采用传统的机械制冷空调系统，虽然可以使室内达到良好的热舒适度，但初投资大，而且运行维护费用高，系统能耗大。

使用机械制冷空调系统降温，对建筑物的保温、隔振和密封性要求较高：屋顶要有相当厚的保温层，屋面要覆盖或涂刷高反射率的材料或涂料；外墙隔热性要好；尽量减小窗户面积，窗户应密封良好并有遮阳措施。这些要求往往与地面车站通透性高的建筑属性产生矛盾。

5 蒸发冷却空调系统

5.1 蒸发冷却空调系统的原理与特点

蒸发冷却空调系统是利用室外空气中的干、湿球温度差所具有的“天然冷却能力”，通过水与空气之间的热湿交换，对被处理的空气进行降温处理，以满足室内温、湿度要求的空调系统。

与传统的机械制冷空调系统相比，蒸发冷却空调系统具有以下特点：

（1）初投资低。蒸发冷却空调系统的初投资约为机械空调系统的3/5左右。

（2）耗电量少。蒸发冷却空调系统运行能耗约为机械制冷空调系统的1/5左右，*COP*值约为机械制冷空调系统的2.5～5倍。

（3）全新风运行，空气品质好。

（4）送风量大。

（5）相对湿度高。

蒸发冷却技术作为一种绿色、节能的技术，已经在民用建筑、工业厂房等得到应用。根据调查，在较潮湿的南方地区，使用蒸发冷却空调系统一般能达到5～10℃的降温效果。江苏、浙江、福建和广东沿海地区的一些工业厂房，对空调区域湿度无严格限制，广泛应用蒸发式冷气机进行降温[3]。

限于篇幅，本文仅以采用直接蒸发冷却方式的蒸发式冷气机为例进行论述。

5.2 蒸发式冷气机

蒸发式冷气机是由风机、水循环分布系统、电气控制系统、填料及外壳等部件组成的机组。通过风机与淋水填料层直接接触，把空气的显热传递给水而实现增湿降温[4]。

工作原理：由循环水泵不间断地将设备底部水槽内的循环水抽出，通过水泵及流量调节阀将水送至填料顶部经布水系统均匀的喷洒在填料层上，形成连续的水膜。室外空气通过填料层时与水分子充分进行热湿交换，因水的蒸发吸热而降低温度后，由风机加压送入室内，详见图1。

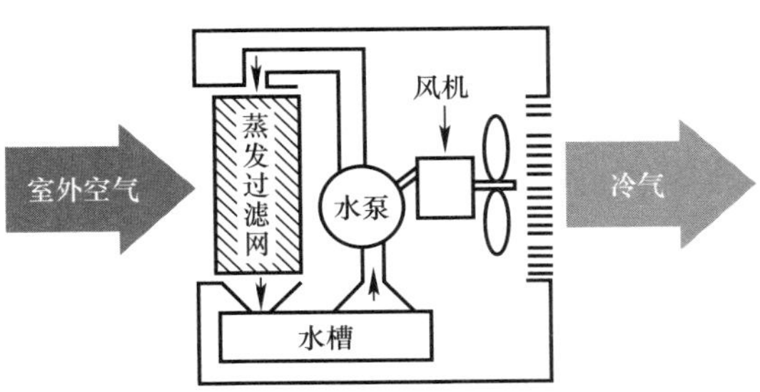

图1 蒸发式冷气机工作原理图

5.3 蒸发冷却空调系统室内设计参数

在地铁车站内，除工作人员外，乘客只是通过和短暂停留。从减少能耗的角度出发，提供一个过渡性的舒适环境，满足“暂时舒适”即可。所谓“暂时舒适”，是指人们从一个环境进入另一个相比较舒适的环境中，得到暂时舒适的感觉。

根据规范，当站厅采用通风系统时，室内温度不应超过35℃；当设置空调系统（主要是指机械制冷空调系统）时，室内温度不超过30℃。

研究表明，温度在28～32℃，相对湿度在70%～90%时，人体感到满意的空气流速在1.0～1.2m/s之间[5]。

蒸发冷却空调系统的送风温度比机械制冷空调系统的送风温度高，在冷负荷相同的条件下，蒸发冷却空调系统送风温差小，送风量大，可以使室内产生较大的气流速度。因此，在不降低人体舒适性的条件下，可适当提高室内温度和相对湿度设计值，也就是通过提高风速来补偿室内的温度升高。

对于蒸发冷却空调系统来说，当室内设定温度较低时易使房间湿度大，故不应将房间温度设定得过低，一般要求室内设定温度与室外湿球温度的差不小于3.5℃。

综合以上因素，采用蒸发冷却空调系统时，站厅层公共区室内设计温度可以取32℃，相对湿度不超过80%，风速为1.2m/s。

5.4 蒸发冷却空调系统的设计计算

（1）送风状态点

从夏季室外空气状态点W作等焓线与90%相对湿度线相交于L点，该点即为送风状态点，通过L点作房间热湿比线与室内设计温度相交于N点，该点即为室内空气状态点，然后检查N点的相对湿度是否满足要求。直接蒸发冷却空气处理过程见图2。

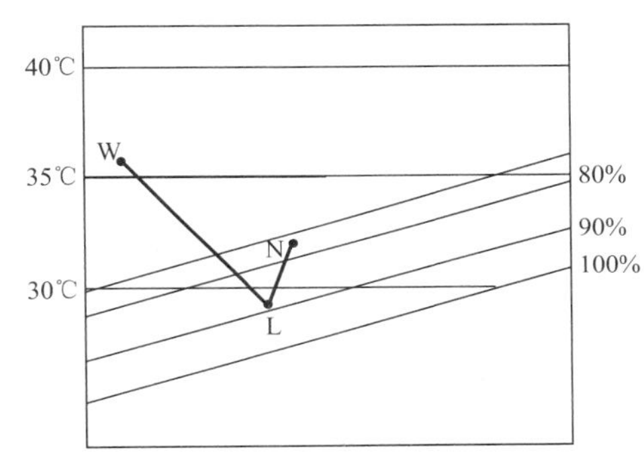

图2 直接蒸发冷却空气处理过程

以杭州为例，在设计工况下，蒸发冷却机组出风温度见表1。

杭州地区蒸发冷却机组设计工况下出风温度　　表1

		夏季通风室外计算参数		夏季空调室外计算参数	
		干球温度（℃）	相对湿度（%）	干球温度（℃）	湿球温度（℃）
		32.3	64	35.6	27.9
出风温度（℃）	η=80%	27.7		29.4	
	η=90%	27.1		28.7	

注：表中η指蒸发冷却效率。

（2）送风量计算

根据冷负荷，由下式计算送风量[6]：

$$L=3600Q/\{\rho c_p[\eta(t_{wg}-t_{ws})+t_{Ng}-t_{Wg}]\}$$

式中：L——送风量，m^3/h；

Q——冷负荷，kW；

ρ——冷气机出风口空气密度；

c_p——空气比热，kJ/(kg·℃)；

η——冷气机蒸发效率，根据厂家的样本或经验数据选取，宜取65%～85%；

t_{wg}——室外空气干球温度，℃；

t_{ws}——室外空气湿球温度，℃；

t_{Ng}——室内设计干球温度，℃。

（3）排风量计算

为保证系统的良好运行，排风量要达到总送风量的80%。车站站厅层公共区一般通过若干个出入口与室外及站台层连通，敞开面积较大，可以利用室内正压自然排风。自然排风口计算风速宜取2～2.5m/s。

5.5 站台层局部送风系统

目前，地面车站站台层一般为半敞开空间，普遍采用自然通风（同时设置空调候车室），当室外温度较高时，舒适性较差。由于列车开门位置是固定的，因此乘客候车区域也是固定的，且人员比较集中，可以考虑采用蒸发冷却与局部送风相结合的空调系统，将经蒸发冷却设备处理后的冷空气送至乘客候车区域，进行局部降温。

参照《工业企业设计卫生标准》GBZ 1—2010 第6.2.1.11条规定，设置局部式送风系统时，岗位风速取1.5～3m/s。根据经验，潮湿地区送风量可取800～2500m³/(p·h)，送风口距离近取低值；反之取高值。

5.6 蒸发冷却空调系统的运行调节

蒸发冷却空调属于直流式空调系统，在运行过程中不能采用关停机的控制方式。从减少能源消耗和降低噪声两方面考虑，采用变风量控制系统相对较为合理。夏季室内温度调节通过送风机频率保证其设定值；室外温度较高时，同时开启蒸发冷却水泵。在运行时不宜将温度设定得过低，否则不但会增加运行费用，还将使室内的相对湿度超过允许范围，这是蒸发冷却空调不同于传统空调的一个重要特点[7]。

6 结语

随着社会的发展与进步，人们对舒适性要求越来越高。从浙江地区的气候特点和工程实际来看，对于轨道交通地上车站公共区，单纯采用通风方式难以完全满足舒适性要求。采用机械制冷空调系统能够创造舒适的室内环境，但初投资及运行费用均较高。采用蒸发冷却空调系统，可以改善站内环境、提高乘客的舒适感，满足人员“暂时舒适”的要求，其室内环境舒适性优于通风系统，初投资及运行费则低于机械制冷空调系统，是一种适用于地面车站的空调方式。

参考文献

[1] 北京市规划委员会. 地铁设计规范. GB 50157—2013. [S]. 北京：中国建筑工业出版社，2013.

[2] 铁道第三勘察设计院集团有限公司. 城际铁路设计规范. TB 10623—2014. [S]. 北京：中国建筑工业出版社，2014.

[3] 中国有色金属工业协会. 工业建筑供暖通风与空气调节设计规范. GB 50019—2015 [S]. 北京：中国计划出版社，2015.

[4] 澳蓝（福建）实业有限公司等. 蒸发式冷气机. GB/T 25860—2010 [S]. 北京：中国标准出版社，2011.

[5] 田元媛，许为全. 热湿环境下人体热反应的实验研究 [J]. 暖通空调，2003，33（4）：27-30.

[6] 黄翔. 蒸发冷却通风空调系统设计指南 [M]. 北京：中国建筑工业出版社，2016.

[7] 辛军哲，周孝清. 直接蒸发冷却式空调系统的适用室外气象条件 [J]. 暖通空调，2008，38（1）：52-53.

广安市某产业园能源站系统设计

中南建筑设计院股份有限公司 徐 峰☆ 刘华斌

摘 要 以广安市某产业园能源站设计为例，分析了建筑群负荷特性及园区供冷供热特点，采用地源热泵为主、冷水机组配冷却塔为辅的形式组成能源站；通过理论分析确定了冷热源方案的优化配置，并对能源站的经济性进行了分析。

关键词 地源热泵 区域供冷 经济性分析 能源站

0 引言

随着我国经济的不断发展，城市化进程的不断加速，国内涌现出许多中央商务区、高新产业园、物流中心等，这类建筑群对能源的要求比以往更高，合理的配置空调系统对建筑节能十分重要。能源站作为一种集中供冷供热系统，为一定范围的建筑群提供空调冷、热水及生活热水，在国内外都有大量的工程实例及研究成果[2~4]。通过集中设置能源站，利用建筑群的负荷特性，可有效降低冷热源设备的容量，降低初投资及系统运行费用，提高系统经济性。地源热泵系统作为一种可再生清洁能源，也已在国内外广泛应用，其中地埋管式地源热泵系统受外界环境影响小，系统具有高效、可持续、可靠、对外界环境影响小等诸多优势，能有效降低园区空调系统及生活热水系统能耗。本文以四川省广安市某产业园区能源站为例，将区域能源站与地埋管地源热泵系统结合应用，通过对建筑群负荷特性进行分析，优化配置冷热源设备及输配系统，既能一定程度降低地埋管式地源热泵初投资，又能实现降低建筑能耗、减少环境污染等目的，为类似项目提供参考。

1 项目概况

本项目位于四川省广安市，主要为企业办公园区，同时设有商业综合体、酒店及公寓等，总建筑面积约为 24 万 m^2，项目总图见图 1。

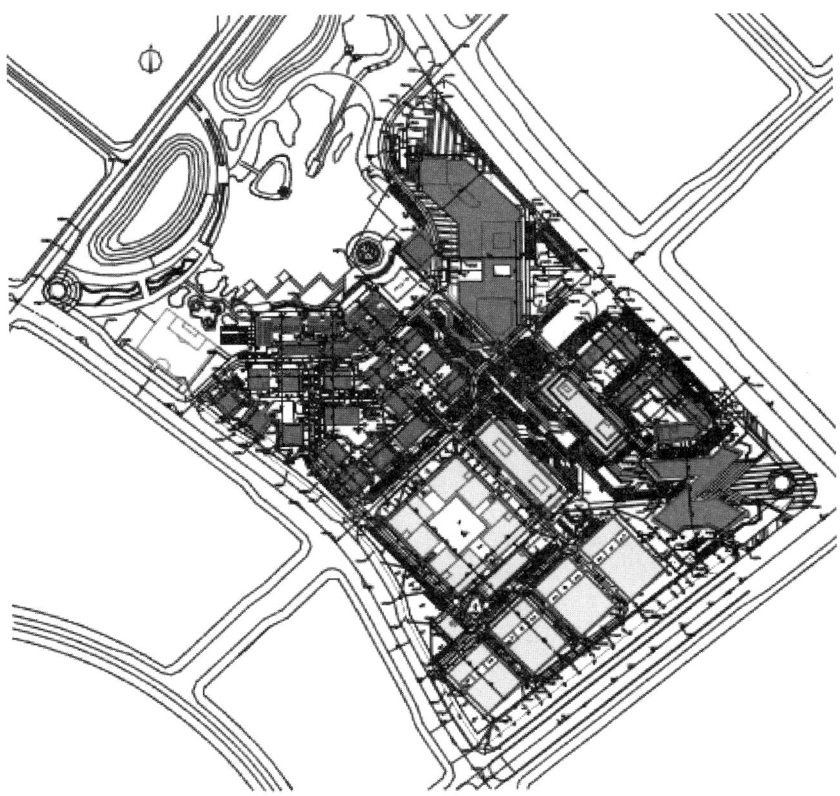

图 1 广安市某产业园总平面图

☆ 徐峰，男，硕士，工程师。通讯地址：湖北省武汉市武昌区中南二路 10 号。Email：phonn2012@163.com

本项目位于规划新区，天然气主管距离较远，故不考虑以天然气作为系统热源。相比分散式风冷热泵型冷热源，设置集中能源站实现小范围内区域供冷供热，不仅能源利用效率更高，园区用能品质也更高。项目园区内建筑容积率较低，设有大型公园、绿地，利于布置地埋管。故设计采取地埋管地源热泵为主、冷水机组配冷却塔为辅的集中能源站，为园区提供空调冷热水、生活热水。下面对本项目能源站系统设计进行介绍。

2　空调负荷分析

2.1　空调负荷估算

园区空调负荷构成及其特性对能源站设备的选择具有决定性作用，是整个系统是否合理的关键。在项目初期资料有限的情况下，根据不同功能及空调负荷指标，同时考虑各业态负荷时间指派的影响（表1～表3），对整体冷负荷进行估算。

园区各业态建筑面积统计（单位：m²）　表1

总面积	大商业	小商业	公寓	办公	餐饮食堂	酒店	影院
249045	18128	11645	43562	160483	2770	9257	3200

空调冷热负荷估算指标　表2

功能业态	夏季冷负荷（W/m²）	冬季热负荷（W/m²）
商业	180	60
公寓	70	50
酒店	85	60
办公	90	55
餐饮	200	80
影院	200	80

空调负荷时间指派　表3

时刻	大商业	小商业	公寓	办公	餐饮食堂	酒店	影院
0：00	0	0	0.9	0	0	0.7	0.5
1：00	0	0	0.9	0	0	0.7	0.5
2：00	0	0	0.9	0	0	0.7	0.2
3：00	0	0	0.9	0	0	0.7	0.2
4：00	0	0	0.9	0	0	0.7	0.2
5：00	0	0	0.9	0	0.1	0.7	0
6：00	0	0	0.9	0	0.3	0.7	0
7：00	0	0	0.9	0.2	0.8	0.7	0
8：00	0.3	0.3	0.9	0.5	0.9	0.5	0.4
9：00	0.5	0.5	0.5	0.7	0.8	0.5	0.5
10：00	0.8	0.8	0.5	0.8	0.3	0.5	0.7
11：00	0.8	0.8	0.5	0.8	0.3	0.5	0.7
12：00	0.9	0.9	0.5	0.5	0.95	0.5	0.7
13：00	0.9	0.9	0.5	0.5	0.95	0.5	0.7
14：00	0.9	0.9	0.5	0.8	0.7	0.5	0.7
15：00	0.9	0.9	0.5	0.8	0.3	0.5	0.7
16：00	0.8	0.8	0.5	0.8	0.3	0.5	0.7
17：00	0.8	0.8	0.5	0.8	0.6	0.5	0.7
18：00	0.8	0.8	0.5	0.5	0.8	0.5	0.7
19：00	0.8	0.8	0.9	0.3	0.8	0.7	0.95
20：00	0.7	0.7	0.9	0	0	0.7	0.95
21：00	0.5	0.5	0.9	0	0	0.7	0.95
22：00	0	0	0.9	0	0	0.7	0.95
23：00	0	0	0.9	0	0	0.7	0.7

按上述统计方法可得到综合最大空调冷负荷为19479kW；综合最大空调热负荷为10343kW。

2.2　空调负荷逐时计算

设计阶段，利用负荷计算软件建模计算得工作日（周一至周五）园区空调冷负荷如图2所示，休息日（周六至周日）园区空调冷负荷如图3所示。计算得到园区综合最大冷负荷为24949kW，最大空调热负荷为13726kW。

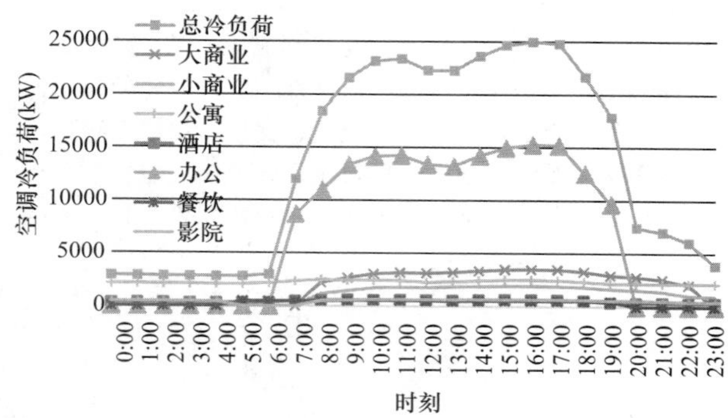

图2　工作日各业态逐时空调冷负荷

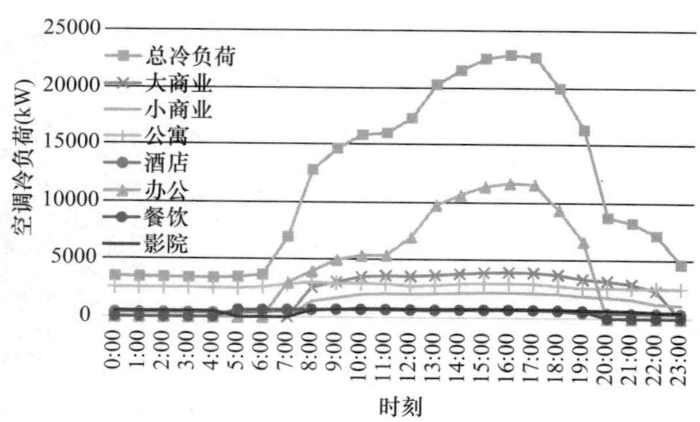

图3　休息日各业态逐时空调冷负荷

从图2和图3中可看出，办公业态空调冷负荷是整个园区的主要负荷，约占总空调冷负荷的65%，办公业态的逐时冷负荷特征也决定了总空调冷负荷的特征，其次是商业、公寓及酒店的空调冷负荷。公寓和酒店是24h需能建筑，能保证园区不会出现空调负荷极低的不利工况。

直接采用上述计算得到的逐时空调负荷结果选择能源站设备，会导致设备容量偏大，造成初投资的浪费。此处根据园区特点，引入同时使用系数，确定综合最大空调负荷。

项目园区主要功能为办公的商务办公区，根据文献中建议，同时使用系数推荐取值范围为0.7～0.77。另有文献提出了基于建筑功能的同时使用系数计算方法，计算得到同时使用系数为0.75，与文献中推荐范围吻合，故取同时使用系数为0.75。得到综合最大空调冷负荷为18460kW，综合最大空调热负荷为10200kW，结果与项目前期的估算空调负荷吻合。

2.3 生活热水需求

项目酒店及公寓有24h生活热水需求。生活热水总热负荷为932kW，其中酒店为377kW，公寓为555kW；额定日用水量为104.3m^3，日耗热量为6301kWh；酒店生活热水流量为5.99m^3/h，公寓生活热水流量为9.74m^3/h。

能源站配全热回收式地源热泵机组1台，夏季利用热回收加热生活热水。独立配置1台地源热泵热水机组（最高出水温度为65℃），在非制冷季节运行加热生活热水。

3 能源站系统设计

3.1 地埋管设计

（1）土壤热物性

根据地质勘查资料，本项目场地地下浅层约20m内为回填土层，20～60m为泥岩层，60～102m以下为砂岩（见图4）。地质条件表明，在该项目所在地钻孔无技术上的障碍。

图4 地勘取芯图

根据项目《岩土热响应试验报告》结果，地下换热能力如图5和图6所示。土壤初始温度为18.48℃，岩土导热系数为2.77W/(m·K)。依据试验报告结果并考虑群集效应及设计工况差异，确定夏季设计工况（供回水温度为30℃/35℃），运行份额为0.5（每天运行12h），延米放热量为60.94W/m；冬季设计工况（供回水温度为10℃/5℃），运行份额为0.5（每天运行12h），延米放热量为43.25W/m。

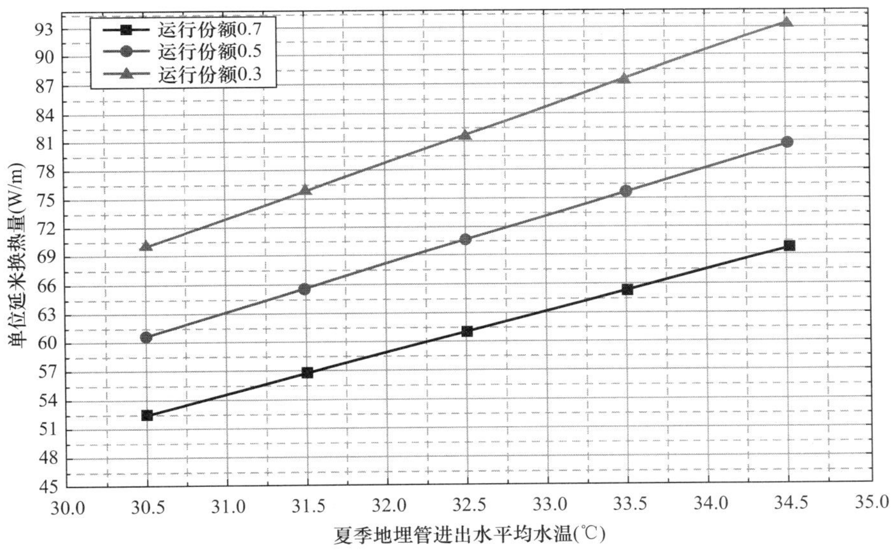

图5 单孔双U地埋管换热器放热量参考查询图

（2）土壤热平衡计算

根据逐时负荷及运行时间，可以计算得到一年运行周期内，空调系统制冷排热量为16139343kWh，空调系统制热取热量为7682560kWh，存在明显的土壤取热/排热不平衡。根据本项目特点，需采用辅助冷源，以保证土壤热平衡。

为保证系统稳定可持续运行，采用地源热泵系统为主，冷水机组配冷却塔系统为辅的方式组成能源站系统，系统配置见表4。计算得到，热泵机组夏季最大份额运行时，地源热泵系统夏季土壤排热量为8886161kWh，冬季土壤取热量为8536178kWh（已考虑节假日及生活热水等因素）。全年地下土壤取热/排热不平衡率约为4.1%，不平衡程度较低，系统可以持续良好运行。

（3）地埋管换热器设计

根据项目地质勘查及《岩土热响应试验报告》结果，设计埋管孔径为150mm，孔间距为5m，埋管深度为100m，采用双U型地埋管换热器，单管管径为De25，总埋管数量为2300口。埋管区域利用园区北侧多层建筑群间的绿化用地及园区北侧人工湖湖底布置，利用建筑的分隔，降低埋管的群集效应，见图7。

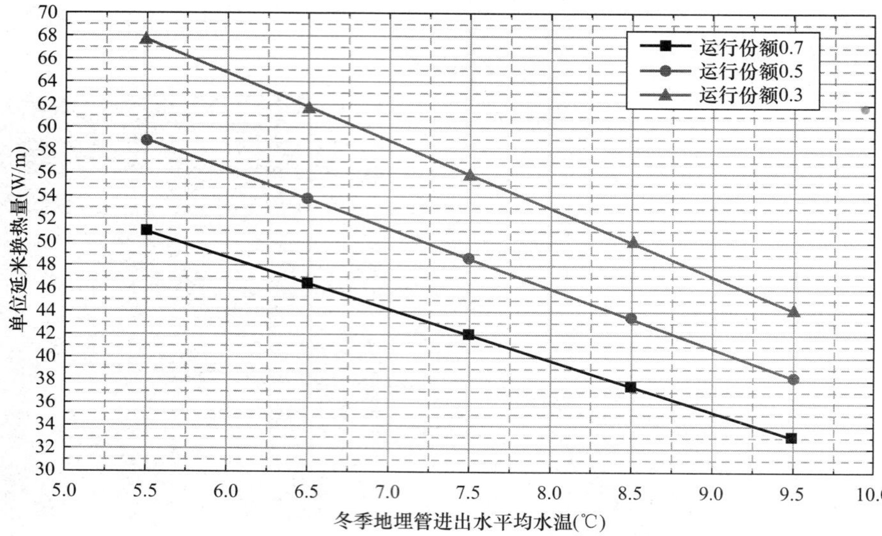

图 6　单孔双 U 地埋管换热器取热量参考查询图

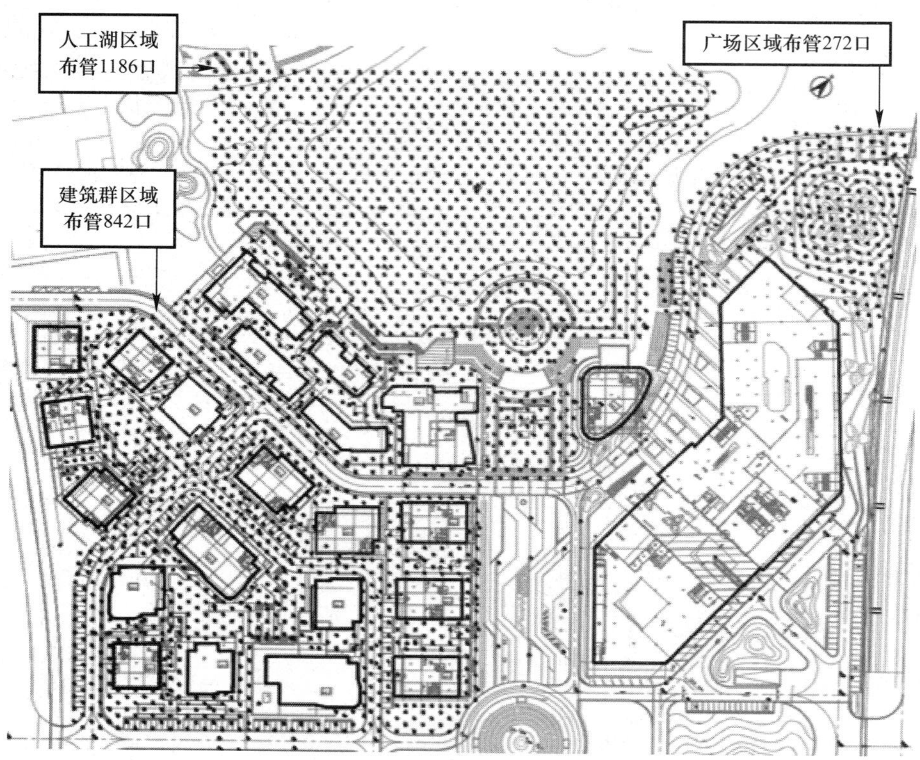

图 7　地埋管换热器布置平面图

3.2　冷热源配置

能源站为园区提供 5℃/13℃ 的空调冷水，45.5℃/40℃的空调热水，50～65℃的生活热水，具体的系统配置见表 4。

系统主要设备配置　　表 4

设备名称	主要参数	数量
地源热泵机组 1	制冷量：2900kW； 制热量：3100kW；	3

续表

设备名称	主要参数	数量
冷水循环水泵 1	Q=380m³/h；H=35m； N=55kW；	三用一备
地源侧循环水泵 1	Q=600m³/h；H=38m； N=90kW；	三用一备
地源热泵机组 2 （全热回收）	制冷量：960kW； 制热量：1020kW；	一
冷水循环水泵 2	Q=120m³/h；H=35m； N=22kW；	一用一备

续表

设备名称	主要参数	数量
地源侧循环水泵 2	$Q=220m^3/h$；$H=38m$；$N=45kW$；	一用一备
热回收循环水泵	$Q=172m^3/h$；$H=13m$；$N=11kW$；	一用一备
地源热泵机组 3	制热量：750kW；（45～60℃出水）	一
生活热水循环水泵	$Q=150m^3/h$；$H=13m$；$N=11kW$；	一用一备
地源侧循环水泵 4	$Q=130m^3/h$；$H=38m$；$N=30kW$；	一用一备
离心式冷水机组	制冷量：2200kW；	四
冷却塔	流量：500m³/h；	四
冷水循环水泵 3	$Q=270m^3/h$；$H=35m$；$N=45kW$；	四
冷却水循环水泵	$Q=500m^3/h$；$H=20m$；$N=55kW$	四

3.3 水系统配置

（1）空调水系统管路设计

空调水系统采用一级泵变流量系统，主机可变流量运行，水泵与主机一一对应。一级分集水器后分 4 路干管，采取异程管路设置，通过一级电动蝶阀和楼栋入户静态平衡阀及手动蝶阀控制干管间及楼栋间水力平衡。管路最远服务半径约为 400m，各楼栋计量间内设置计量阀组进行冷热计量。

（2）地埋管换热系统管路设计

地源侧水系统为一级泵变流量系统，通过供回水温差调整运行流量。一级分集水器后分 6 个环路分别接至地下室制冷机房分集水器。环路一连接 272 口，环路二连接 402 口，环路三连接 440 口，环路四连接 356 口，环路五连接 417 口，环路五连接 413 口，总计 2300 口。6 个环路间为异程连接，保证不平衡率不高于 10%；二级分集水器后各支环路也采用异程连接，保证不平衡不高于 6%，流量不平衡率低于 3%；孔间连接采用同程连接。

4 经济性分析

4.1 初投资

根据表 4 中主要设备配置，可对本项目地源热泵系统的初投资进行估算，见表 5。

地源热泵系统初始投资（单位：万元）**表 5**

能源站机房	地埋管	空调室外管网	电气及控制系统	空调终端及室内管网	合计
1830	2750	520	770	2600	8470

注：1. 地埋管费用包括水平埋管和竖直埋管；
2. 空调终端及室内管网为楼栋空调计量间计量表后的所有空调末端系统。

能源站机房独立设置变配电设备，故电气及控制系统包含能源站设备所需的供配电系统及弱电控制系统。系统采用“无人机房”概念，通过智能控制系统进行节能运行控制，节约人力及运行费用。

4.2 运行费用估算

查阅项目所在地区近 10 年的气象资料，可按夏季制冷 120 天、冬季供热 90 天考虑。每个制冷、供热周期内，均按 25%负荷、50%负荷、75%负荷、100%负荷四种工况来分析运行。每种负荷率所占的运行时间比例参考《公共建筑节能设计标准》GB 50189—2015 中数据编制。当地现行能源价格如表 6 所示。

能源价格 **表 6**

能源	水	电	天然气
单价	4.08 元/m³	0.84 元/kWh	2.89 元/m³

根据上述数据资料，可计算出夏季、冬季空调运行费用（表 7）。

空调系统运行费用计算（单位：万元）**表 7**

	负荷率（%）	制冷时间（h）	冷源站主要设备功耗（kW）	总耗电量（kWh）	电价（元/kWh）	运行费用（万元）
夏季	25	473	1518	718014	0.84	60
	50	715	2890	2109250	0.84	177
	75	590	3819	2253210	0.84	189
	100	22	4543	99946	0.84	8
	合计					435
冬季	25	379	1582	599578	0.84	50
	50	571	2788	1594736	0.84	134
	75	472	3623	1710056	0.84	144
	100	17	5252	89284	0.84	7
	合计					335
总计						770

根据上述结果，可折算得到本项目全年空调系统运行费用为 31.25 元/m²。

5 本项目特色

（1）项目业态构成多元，有利于缩短区域供冷供热系统的投资回收期。本项目功能涵盖酒店、公寓、商业、办公等多种业态，且面向周边产业区的企业，利于缩短前期低负荷率运行时间。

（2）利用建筑群内部绿化空间布管，改善大面积布管的热堆积问题，充分利用项目内低容积率区域绿化空地布置地埋管，将地埋管布置密度降低到 30m²/孔，有利于系统稳定运行。

（3）项目采用了完善的自控系统，根据实际冷热需求，以最经济的方案运行，实现节约人力、节能运行的目的。

6 总结

（1）区域能源站作为集中供冷供热方式，根据区域建筑负荷特性适当的确定系统冷热负荷容量是系统节能的基础。本文根据区域业态分析及空调负荷计算确定了系统冷热空调负荷同时使用系数为 0.75，有效降低了系统机组的容量配置，降低了系统的初投资，提高了系统经济性。

（2）根据岩土热响应试验报告，结合项目埋管布孔，最终确定了夏季设计工况（供回水温度为 30℃/35℃）延米放热量为 60.94W/m（每天运行 12h）；冬季设计工况（供回水温度为 10℃/5℃）延米放热量为 43.25W/m（每天运行 12h）。

（3）项目采用地源热泵搭配冷水机组和冷却塔的复合式系统，设计埋孔数为 2300 孔，制冷工况设计综合能效比为 4.39，制热工况综合能效比为 4.17。

参考文献

[1] 陆耀庆. 实用供热空调设计手册 [M]. 2 版. 北京：中国建筑工业出版社，2008.

[2] 张心刚. 城市街区区域供冷供热系统优化研究 [D]. 上海：同济大学，2007.

[3] 王本栋，张华玲. 重庆江北城 CBD 区域 2 号能源站运行现状及分析 [J]. 重庆建筑，2004，13（6）：63-65.

[4] 邱东. 广州大学城区域供冷系统 [J]. 制冷空调与电力机械，2007，28（4）：76-79.

[5] 杨扬，张洁明，王晓晨，等. 浅析我国地源热泵现状与发展前景 [J]. 区域供热，2017（1）：121-123.

中国航空飞行模拟训练基地飞行训练楼暖通空调设计浅谈

天津大学建筑设计研究院　付　玉☆

摘　要　随着人们生活水平和科技水平的日益提高，以及航空公司规模的不断扩大，我国民航产业得到了飞速发展。为了给旅客提供更加舒适和安全的出行环境，民航业对于航空培训基地的需求日益增大，对培训基地的建设也更加重视。本文以中国航空飞行训练基地二期建设项目——飞行训练楼为例，结合其特点，对其空调系统的设计进行阐述和分析，以期对相关训练基地的暖通设计提供指导。

关键词　空调系统　飞行模拟训练　节能

1　飞行训练楼工程概况

中国国际航空股份有限公司飞行模拟训练基地二期建设项目（南区）位于北京市顺义区，总建筑面积50466m²。南区由飞行训练楼、管理培训楼、星空大讲堂和能源动力楼4个单体组成。由于飞行训练楼的特殊性和重要性，本文仅对飞行训练楼的空调系统设计进行分析，其余单体不再赘述。

飞行训练楼建筑总面积为17941m²，其中地上面积14948m²。地上4层，地下2层，建筑总高度18.75m。地下1层主要为变电站，地下2层主要为设备用房，包括空调机房、UPS室和储藏间等。地上部分分为模拟机大厅、模拟机备品库、周转模拟机备品库等设备用房和讲评室、办公室等办公区。其中模拟机大厅为1层，功能为飞行模拟训练用房及模拟机备品库及控制机房，分为3个岛，每个岛设置4台模拟机机位。办公区共4层，设置办公室、培训室、研讨室、会议室等功能房间。建筑效果图见图1。

图1　飞行训练楼效果图

2　空调冷热源的选择

（1）飞行模拟机冷源：在屋面设置3台高效冷水涡旋机组，全年为模拟机提供7℃/13℃的空调冷水。

（2）办公区和模拟机大厅的空调系统冷源由能源动力楼地下1层的制冷机房提供。夏季空调供/回水温度为7℃/12℃。热源由能源动力楼首层锅炉房内的真空燃气热水锅炉提供，空调热水供/回水温度为60℃/45℃。

（3）UPS室、控制机房分别设置机房专用空调。

3　空调风系统设计

（1）本工程模拟机大厅和办公区首层走廊设置一次回风全空气空调系统。为节约能源，在过渡季节可根据室外空气状态的变化，逐渐增大新风量直至达到全新风运行。

（2）其余办公区的空调房间采用风机盘管加新风系统。新风机组设置袋式粗效过滤器、电子除尘杀菌中效过滤器及PM2.5过滤段，减少可吸入颗粒物、病菌、甲醛等有害污染物对人体的侵害。

（3）模拟机大厅2层的控制机房是为模拟机服务的计算机房。为保证控制机房的温湿度要求，设置了机房专用空调，并采用地板送风、机组顶部回风的气流组织方式。

4　空调水系统设计

（1）本工程由能源动力楼提供空调冷热源，冷热水管由室外管网接入，在地下1层设置一个热力入口。空调水

☆　付玉，硕士研究生，工程师。通讯地址：天津市南开区鞍山西道192号1895创意大厦704室，Email：fuyu19870403@163.com。

系统采用两管制，即冬、夏季合用同一水管路系统，实行季节切换。系统采用双管异程式系统。管线排布方式上考虑按不同区域设置立、干管。

（2）模拟机的空调冷水由屋面高效冷水涡旋机组提供，供/回水温度为7℃/13℃。系统的补水定压均由地下2层水泵房完成。

（3）首层走廊设置地板辐射供暖系统，供/回水温度为60℃/45℃，地热盘管系统中各分配器上设置混水温控中心，将供/回水温度调节为50℃/40℃，供系统使用。

5 控制系统

（1）房间温度控制：风机盘管设带液晶显示功能的温控装置；回水管设置动态平衡电动二通阀，实现分室温控和节能运行。

（2）空调系统采用楼宇自控系统，实现运行节能。

6 设计体会

6.1 关于飞行模拟机

在日趋繁重的飞行员训练任务形势下，保证模拟机高质量、高效率运行和飞行员训练的良好工作环境，是暖通设计的关键。

由于模拟机大厅内飞行员的培训要求全年每天24h不间断运行。模拟机自身需要一定流量的空调冷水，以供给为模拟机舱提供空调冷源的冷却设备。根据厂家要求，模拟机舱的冷却设备一般安装于模拟机附近的地面上。暖通设计的模拟机空调冷水管需要引至该冷却设备附近的墙面处（距地1.5m）以便设备安装。

根据模拟机安装手册可知，空调冷水设计参数如表1所示。

模拟机空调冷水设计参数　　表1

参数	要求
最高进水温度（℃）	7
冷水温升（℃）	6
给水压力（kPa）	170～850
流量（L/min）	75

根据模拟机特殊的使用要求，暖通设计需要提供一种可全年提供空调冷水（7℃/13℃）的稳定冷源。由表1可知，模拟机所需空调冷水流量较小，则对冷源机组的装机容量有了一定的要求，常规冷水机组并不适用于该系统。此外，考虑模拟机使用时间的要求以及管网热损失及温度波动的影响，将此系统接入园区管网并不能达到良好的节能效果。

空气源冷水机组作为一次能源利用率较高的空调设备，具有减少能耗、降低成本的优势。该机组可在环境温度为－17.8～51.7℃范围内正常运行，且当冬季环境温度为－10℃左右时，机组性能系数（*COP*）要高于夏季值30%～40%，节能效果十分明显。另外，考虑到冬季室外空气温度较低，北京地区冬季室外空调计算温度为－9.9℃，在设计中可尝试在风冷热泵机组内增设一组肋片换热器，与冷水机组冷媒系统并联，共用冷水输送水泵及冷却风扇，并通过阀门和气候补偿器进行切换。当冬季室外温度低于一定值时，切换到换热器系统，通过室外低温空气将13℃的空调回水冷却至7℃，以供模拟机使用。在该模式下，系统性能系数（*COP*）可达到10以上。此外，该机组一般置于建筑屋顶，无需设置专门的制冷机房，可节省室内空间；同时该系统简洁，无冷却水系统，减少了日常维护和保养的工作。综上所述，本项目最终选取3台制冷量为199kW的高效风冷涡旋式冷水机组（两用一备）以供模拟机的空调冷水，循环水泵变频控制，系统能够高效运行，稳定可靠。系统原理图如图2所示。

此外，为保证飞行员在机舱内正常的生存需求，模拟机内需提供符合要求的压缩空气。根据模拟机安装手册要求，压缩空气的压力为550～830kPa，每个机舱的空气流量为15L/min。因此，本工程在地下2层设置压缩空气机房。压缩空气系统的主要处理过程为：空气经过入口过滤器后进入风冷螺杆式空压机进行压缩，再经过前置过滤器进入储气罐后，进入风冷冷冻式干燥机进行干燥处理。然后分别通过后置过滤器、精密过滤器、超高效过滤器和活性炭吸附过滤器四级过滤，方可投入使用。

6.2 关于模拟机大厅

模拟机安装手册中详细说明了模拟机大厅室内设计参数的要求，也给出了模拟机大厅自身设备的发热量和室内照明相关参数，如表2所示。在空调系统设计过程中，严格按照安装手册的设计参数进行空调负荷计算。

模拟机大厅室内参数要求　　表2

室内参数	要求
室内温度（℃）	21±4
相对湿度（%）	50±20
模拟机设备散热量（kW）	11.50
照明功率（Lux）	300
最大噪声［dB(A)］	55

由于模拟机安装和维修的需求，每个模拟机大厅的顶部均需设置吊车。所以，该区域的空调风管无法安装于大厅顶部采取顶送的气流组织。根据模拟机厂家提供的信息，模拟机内的余热主要是通过其顶部的设备进行散热的。为了将送风有效地送到模拟机主要散热区域以及大型供电设备附近，本工程采用侧送下回的方式：送风口采用侧送球形喷口，回风口采用单层百叶风口，回风与新风相混合后经空调箱处理，再经送风管道及送风口送入室内。考虑到模拟机的重要性，空调系统设置中效过滤器，以保证大厅内空气品质，确保模拟机的安全稳定运行。图3为模拟机大厅内部空间。

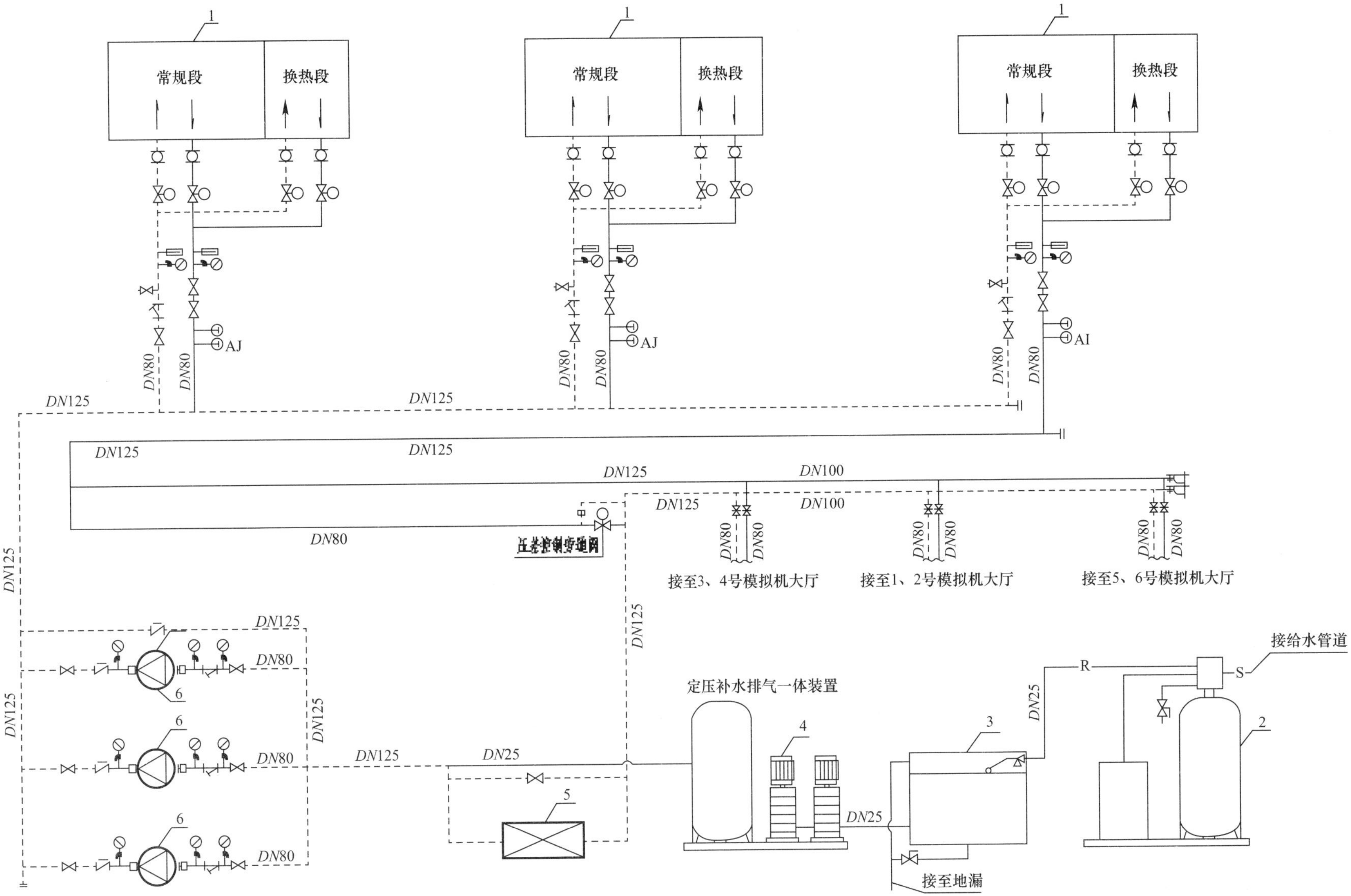

图2　模拟机空调冷水系统原理图

1—风冷涡旋冷水机组；2—全自动软水器；3—软化水箱；4—定压补水排气装置；5—综合水处理器；6—循环水泵（变频）

图 3　模拟机大厅内部空间

6.3　关于空调区的空气压力

对于舒适性空调，为防止室外空气的侵入，使空调区的洁净度和室内热湿参数少受外界的干扰，需保证空调区对室外的相对正压。因此，风量平衡计算必不可少。

针对本工程办公区域的空调系统，每层均进行严格的风量平衡计算，以保证空调季运行过程中各楼层均处于正压状态。现以首层为例进行风量平衡计算说明：

首层走廊全空气空调系统总新风量为 3000m^3/h。各房间的新风采用全热回收型新风机组，新风量为 11000m^3/h，排风量按照新风量的 80%计算。卫生间排风总风量为 2400m^3/h，通过计算，该楼层正压风量为 2800m^3/h。该区域空调区域面积为 1850m^2，吊顶高度为 3.05m，则空调区域的换气次数为 0.5h^{-1}，满足空调区域 5～10Pa 的正压要求。

7　结语

由于飞行模拟机的重要性，在此类空调设计过程中，应仔细阅读设计安装手册，明确输入、输出条件，把握设备对于暖通专业的要求。在方案合理的前提条件下，结合建筑特点，做出舒适、节能、环保的优秀设计。

参考文献

[1]　姜军，何延治，兰品贵. 厦航飞行模拟训练及乘务培训中心空调设计 [J]. 建筑设计管理，2009 (11)：50-54.

[2]　中国建筑科学研究院. 民用建筑供暖通风与空气调节设计规范. GB 50736—2012 [S]. 北京：中国建筑工业出版社，2012.

南极企鹅场馆制冷及空调系统设计

大连理工大学土木建筑设计研究院 谷灵通☆ 李伯军 高 峰

摘 要 本文结合工程实例，介绍目前国内南极企鹅场馆的发展情况及场馆内南极企鹅对生存环境（包括水体温度和空气）的要求，针对南极企鹅的生存需求，阐述南极企鹅维生系统负荷计算、制冷机组选型、维生水体供冷、空调系统形式等方面需要注意的事项，可为以后同类型的企鹅场馆设计提供参考。

关键词 南极企鹅 维生系统 制冷 空调系统 极地场馆

0 概述

近年来，国内极地海洋主题公园蓬勃发展，极地游乐场馆是冰雪旅游在地域上的外延和内涵上的提升。2002年至今，国内已建成运营的有大连老虎滩海洋公园、天津海昌极地海洋世界、青岛海昌极地海洋公园、珠海长隆海洋王国、上海海昌海洋公园等数十家极地海洋相关主题公园，新建、待建的相关主题乐园也有很多。憨态可掬、习性温顺、易于饲养的企鹅是诸多海洋乐园极地场馆展示中不可或缺的一种动物。

全世界的企鹅共有 18 种，以南极大陆为中心，主要分布在大陆沿岸和某些岛屿上。南极企鹅是盛产于南极洲或亚南极区的第二大企鹅，总共有 7 种：帝企鹅、阿德利企鹅、巴布亚企鹅、帽带企鹅、王企鹅、喜石企鹅和浮华企鹅。极地场馆内展示的企鹅多为南极企鹅[1]。

由于南极企鹅生存环境要求水体温度维持在 0℃左右，空气温度维持在−5～0℃，南极企鹅活动空间的暖通设计与常规暖通设计存在诸多不同。本文主要介绍南极企鹅场馆制冷及空调设计在冷负荷计算、制冷机组选型、维生水体供冷方式及空调系统形式、制冰系统等方面的特殊性并结合现有项目分析问题。

1 南极企鹅场馆的设计参数

服务于南极企鹅场馆后场和企鹅展区的空调称为动物维生空调，为满足南极企鹅生活要求，动物维生需要控制包括温湿度、换气次数、水温、噪声等在内的相关参数。南极企鹅场馆一般包含展区、孵化间、训练间、暂养间等场所和为维生系统、饲养运营服务的维生机房、制冰间、饵料间、风淋室、沐浴间等空间，展区包括水区和陆区。与企鹅相关的空间设计参数如表 1 所示[2]。

南极企鹅场馆维生空调设计参数 表 1

空调参数		换气次数 (h^{-1})	噪声 [dB(A)]	水温 (℃)
温度（℃）	相对湿度（%）			
−5～0	<70	10～15	<45	−4～6

2 冷负荷计算

企鹅展区中存在水区和陆区，陆区企鹅活动场所的维生空调冷负荷计算与常规暖通设计的冷负荷计算原理和负荷项大致相同，负荷项包括楼板（或地面）、屋面、窗户或观赏玻璃的传热冷负荷、外窗的太阳辐射冷负荷、企鹅散热冷负荷、灯具冷负荷、设备散热冷负荷、新风冷负荷等[3]。计算冷负荷时室内设计参数参考本文第一部分或由饲养运营部门提供。

根据众多项目的总结，水区的维生水体负荷项包括围护结构冷负荷、太阳辐射形成的冷负荷、设备散热形成的冷负荷、动物散热形成的冷负荷、水表面和空气传热传质形成的冷负荷、维生补水形成的冷负荷、管道及设备温升形成的冷负荷等项。前四项和常规暖通设计负荷项计算方法大致相同，后三项具体计算方法如下。

2.1 水表面和空气传热传质形成的冷负荷

$$Q_s = A_s h_{md} \rho (h_1 - h_2)/3600 \quad (1)$$

式中，Q_s——水表面和空气传热传质形成的冷负荷，kW；

A_s——水表面和空气的接触面积，m^2；

ρ——空气密度，1.2kg/m^3；

h_{md}——传质系数，m/h，取 20m/h；

h_1——空气比焓，kJ/kg；

h_2——与水体温度相同的饱和空气的比焓，kJ/kg。

2.2 补水形成的冷负荷

$$Q_b = cM\Delta t/86400 \quad (2)$$

式中 Q_b——补水形成的冷负荷，kW；

c——水的比热容，4.2kJ/(℃·kg)；

M——日补水量，kg；

Δt——补水与水体的温差，℃。

2.3 管道及设备温升形成的冷负荷

维生设备主要包括：砂缸、蛋白分离器、脱气塔等。水在管道及设备中流动时会吸收环境中的热量，因此造成的温升形成的冷负荷按照下式计算：

☆ 谷灵通，男，助理工程师。通讯地址：辽宁省大连市甘井子区软件园路 80 号，Email：1498255118@qq.com。

$$Q_g = KF\Delta t/1000 \quad (3)$$

式中 Q_g——管道和设备温升形成的负荷，kW；

K——保温后的管道传热系数，W/(m^2·℃)；

F——流动水体与管道环境的接触面积，m^2；

Δt——水体与管道环境的温差,℃。

3 制冷机组选型要求

由于南极企鹅要求的气温和水温较低，常规机组冷水供水温度多为7℃，不能满足制冷要求，故需要选用低温机组（蒸发温度一般在－10℃以下）。常用的低温制冷机组有两种：一种是并联机组，另一种是直膨机组。

3.1 并联机组

并联机组通常是指以氢氯氟烃、氢氟烃类为制冷剂，两台及以上的制冷压缩机集成于一个机架，共用吸气管路、排气管路、储液器、油分离器等部件，服务于多台蒸发器的制冷机组[4]。冷却方式有风冷和水冷两种。

并联机组制冷剂可以不经换热介质直接在末端供冷，也可以经换热器换取要求温度的乙二醇水溶液进行供冷。以下以A工程为例，介绍并联机组在南极企鹅制冷机组方案中的应用。

A工程位于海南省三亚市，极地馆共3层，高约23m，建筑面积约2.4万m^2。企鹅展区位于建筑内2层，外墙传热系数0.012W/(m^2·K)，外窗传热系数0.593W/(m^2·K)，企鹅馆制冷及空调机房位于3层，位置在企鹅展区上方。企鹅馆水体体积约550m^3，展区面积约350m^2，展区净高约5m。冷负荷为1615kW，其中维生水体冷负荷为800kW，维生空调冷负荷为815kW。

企鹅馆空调形式采用冷风机加新风系统。维生水体和新风机组采用－10℃/－5℃的乙二醇水溶液作为冷媒，新风机组送风状态点为干球温度5℃，相对湿度100%，新风送到展区后再由展区内的冷风机进一步降温除湿，冷风机内冷媒蒸发温度为－15℃。

乙二醇制冷系统设7台LCU-1201MPJ（制冷量173.1kW，蒸发温度－15℃，耗电92.5kW）室内型分体式中央机组，每台机组配4台MCF-251NUJ风冷冷凝器（名义排热量34kW）。制冷机组通过管壳式换热器制取－10℃/－5℃的乙二醇水溶液，供应维生系统的板式换热器和新风空调机组（见图1）。

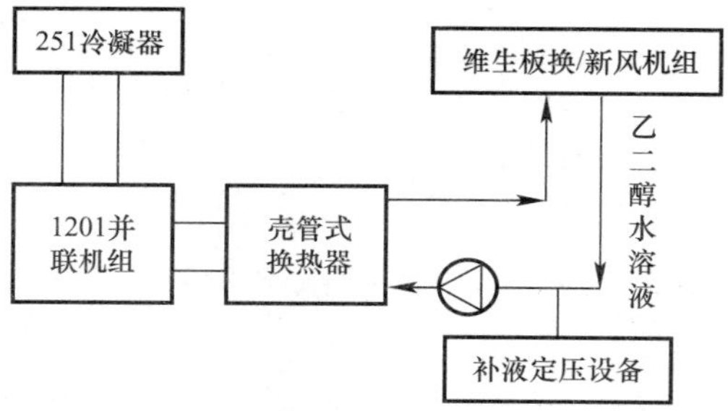

图1 A工程企鹅乙二醇制冷水系统示意图一

冷风机系统选用3台LCU-901MPJ（制冷量133.4kW，蒸发温度－15℃，耗电68.9kW）室内型分体式中央机组，每台机组配3台MCF-251NUJ风冷冷凝器（名义排热量34kW）（见图2）。

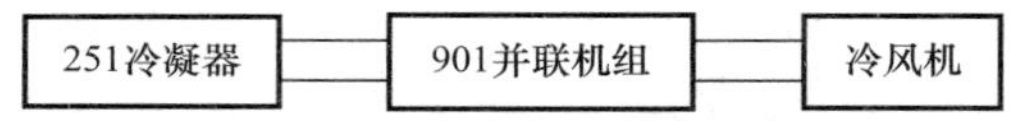

图2 A工程企鹅乙二醇制冷水系统示意图二

鉴于企鹅冷源的特殊性和企鹅制冷的重要性，机组选型时考虑到当一台机组出现故障时，其余机组可以保证在满负荷80%状态下运行。

在A工程中，维生空调冷负荷由冷风机和新风机组承担，新风机组仅承担部分新风负荷，新风经新风机组处理后直接送至展区。维生水体负荷由图1中的维生板换解决。

在A工程中，并联机组、输配水泵和补液定压系统需要布置在制冷机房内，风冷冷凝器布置在室外，需要占用一定机房面积；通过逐台启动压缩机可以减小对电网的冲击；并且可以通过调节压缩机运行台数以获取不同的冷量输出能级，方便匹配瞬时变化的负荷，使运行的机组一直以较高效率运行；易于实现集中管理及远程控制、运行可靠。

3.2 直膨机组

直膨式机组属于“一次冷媒”机组，冷却方式可分为水冷和风冷。

B工程位于海南省海口市，为独栋两层建筑，建筑面积约5800m^2，用途为小型的企鹅暂养及展览中心，外墙传热系数0.015W/(m^2·K)，外窗传热系数0.565W/(m^2·K)。企鹅水体体积约150m^3，企鹅活动区面积约70m^2，冷负荷为187kW。如图3所示，B工程展览中心企鹅制冷采用6台25HP直膨机组（制冷量32kW，蒸发温度－15℃，冷凝温度40℃），空调冷负荷由直膨式新风机组和冷风机承担，维生水体冷负荷由直膨机组加板式换热器承担，直膨机组制冷剂直接在板换一次侧回路内蒸发带走二次侧维生水体热量。箱式压缩冷凝机组置于室外屋面。

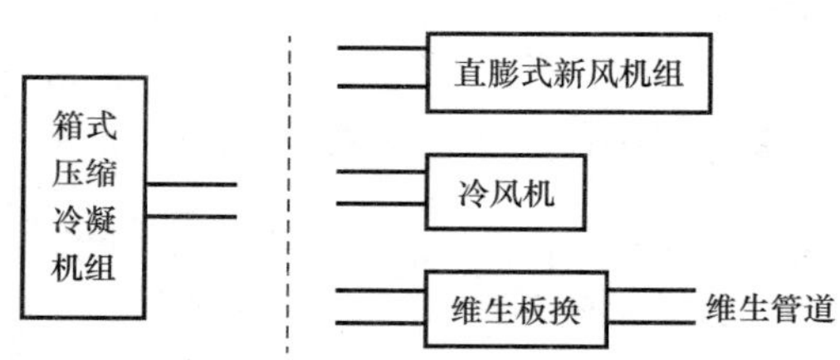

图3 B工程展览中心企鹅空气制冷系统示意图

由B工程可知，直膨机组的制冷剂直接在新风机组的表冷段蒸发供冷，无中间换热介质，传热效率高；制冷设备置于室外屋面，无需冷源机房，节省了建筑面积；室内无噪声和漏水隐患，维修方便；直膨机组多采用一对一形式，即一套压缩冷凝机组对应一套空调末端。

直膨机组工况相对单一，难以适应变化的负荷；变频控制时，低负荷工况时会出现制冷剂流速变慢、系统回油困难等问题；直膨机组系统容量调节范围有限；受压缩机回油的限制，室内外机的距离即制冷剂管的有效长度受到一定限制；当蒸发器蒸发温度低于空气的露点温度时，在处理空气的过程中会产生大量冷凝水，造成结霜问题[5]。因此直膨机组比较适合空调空间较小、负荷波动不大的制冷系统。

不论是采用乙二醇溶液供冷还是采用直膨机组，如果项目中有常规冷源存在，可以在新风机组中增设一组表冷器，由常规冷源供冷，预冷新风，达到减小结霜和节省运行费用的目的。

4 维生水体供冷方式和空调系统形式

由于南极企鹅低温环境的特殊性，维生水体供冷方式、空调形式及末端存在诸多与常规工程不同的地方。

4.1 维生水体供冷方式

南极企鹅维生水体供冷方式有乙二醇换热和制冷剂直接蒸发两种。如图 1 所示，在 A 工程中并联机组通过换热器制取－10℃/－5℃的乙二醇水溶液，供应维生水系统的板式换热器。如图 3 所示，B 工程选用蒸发温度为－10℃的直膨机组，乙二醇水溶液或制冷剂在维生换热器一次侧直接蒸发带走热量，维生换热器二次侧为展池回水，利用水泵抽取回水，回水流经换热器温度降低后回至展池。

4.2 空调系统形式

4.2.1 新风机组＋冷风机

新风机组＋冷风机形式中新风机组由换热后的乙二醇水溶液（乙二醇浓度为 25%～30%）供冷或直膨机组直接供冷，冷风机由并联机组或直膨机组的制冷剂直接蒸发供冷。

这种空调系统形式存在冷损失小、占用空间少、初投资省等优点。由于冷风机多采用不接风管形式（接风管容易产生结霜现象），冷风机对室内装修有限制，对美观有一定影响。

4.2.2 全空气系统

南极企鹅场馆空调末端也可以采用全空气系统，全部冷负荷都由空调机组承担，室内不设冷风机。

由于全空气系统在室内空间上只有风口外露，风管均在吊顶或夹层内，室内空间会比较美观；但有初投资大、风管路长、冷损失大、风管易结霜、风管要有除霜措施、运行费用较高等缺点。

4.3 观赏玻璃防结露措施

由于低温环境的存在，观赏玻璃的游客侧容易产生结露现象。根据现有工程，观赏玻璃防结露主要有以下几种措施：

（1）出现结露时，人工擦抹玻璃，用于擦抹的水中掺入少量玻璃水。

玻璃水能显著降低液体的冰点，从而防止达到露点温度的空气凝结析出水珠，并且能够很快溶解冰霜。但由于其中含有酒精成分，会对玻璃密封橡胶等有腐蚀溶胀作用，会缩短部件寿命；其挥发成分对游览区游客会造成一定的危害；并且需要人工擦拭，增加人力成本。

（2）在玻璃上方设一排无缝搭接的条缝形风口，从上向下吹热空气以提高玻璃表面温度，当游览侧温度高于室内空气的露点温度则可以避免结露现象的出现。

此措施吹出的热风会影响游客的游览体验，而且冷热抵消，会增加室内冷负荷。

（3）游览区玻璃窗上设吊顶式除湿机，结合吊顶设置送风口，自上而下吹向玻璃。除湿机工作时，室内湿空气在表冷器内冷却除湿，降低空气的含湿量，提高空气的露点温度。

吊顶式除湿机运行可靠，可应对较大人流、极端天气等复杂环境，但初投资较高，需要在前期设计时考虑，后期加装困难。

4.4 制冰系统介绍

南极企鹅展区布景需要冰雪元素，因此企鹅展馆内一般有配套的制冰制雪系统。C 工程位于重庆市，本工程为制冰间制冰系统设计，为海洋乐园中企鹅岛展区制取冰雪，企鹅岛水域面积为 30m²，陆域面积为 37m²。图 4 为 C 工程的制冰间布置图。

制冰间位于企鹅岛展区上空，冰雪产量需要根据展区布景要求（冰雪厚度、是否有雪山等）和陆地面积决定，该工程选用 2 台日产冰量为 1.5t 的片冰制冰机组，冰片通过送冰螺旋输送到造雪机上，研磨成的雪粒通过吹雪管吹送到企鹅展区，再经工作人员进行布景。

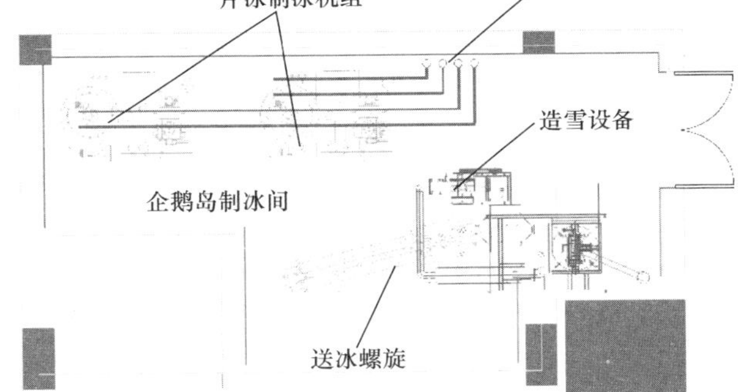

图 4 C 工程制冰间平面图

5 结论

南极企鹅生存环境要求水体温度维持在 0℃左右，空气温度维持在－5～0℃，生活空间换气次数为 10～15h⁻¹。

企鹅展区中的水区和陆区需要分别计算其冷负荷，维生空调冷负荷与常规暖通设计的冷负荷计算原理和负荷项大致相同，维生水体冷负荷项中需要注意水表面和空气传热传质形成的冷负荷的计算方法。

南极企鹅场馆选用的低温机组主要有并联机组和直膨

机组两种。并联机组具有对电网冲击小、易于实现集中管理及远程控制、冷量输出能级多、运行高效可靠等优点，但是需要占用一定机房面积。直膨机组系统换热效率高；组成形式简单；空调末端无噪声和漏水隐患，维修方便；节省建筑空间及初投资。但是室内外机的距离受到一定的限制。

南极企鹅维生水体供冷方式有乙二醇换热和制冷剂直接蒸发两种。企鹅场馆的空调系统形式主要有新风机组+冷风机形式和全空气系统两种，新风机组+冷风机形式有冷损失小、占用空间少，初投资省等优点。但冷风机对装饰效果有一定影响。全空气系统在空间上会更美观，但存在初投资大、风管路长和风管存在结霜风险、运行费用较高等缺点。

南极企鹅场馆的观赏玻璃游客侧容易产生结露现象。防结露措施主要有人工擦抹玻璃水；在玻璃上方设一排无缝搭接的条缝形风口，从上向下吹热空气以提高表面温度；游览区玻璃上设除湿机，结合吊顶设置送风口，自上而下吹向玻璃等措施。三种措施各有优缺点，具体采用何种措施需要根据具体工程分析。

参考文献

[1] https://baike.so.com/doc/6589705-6803482.html.

[2] 潘晖庭. 青岛极地馆通风空调系统设计［J］. 公用工程设计，2008 (9)：49-53.

[3] 陆耀庆. 实用供热空调设计手册［M］. 2版. 北京：中国建筑工业出版社，2008.

[4] 刘群生，等. 制冷并联机组压缩机台数的方案设计［J］. 制冷技术，2006，44 (7)：68-73.

[5] 周赛华. 双极直膨式新风机性能的实验研究［D］. 广州：广州大学，2017.

[6] 刘岩松. 制冷系统节能的优化分析［C］// 山东制冷学会2008年优秀论文选集，2008.

南昌地铁大厦空调冷热源的节能技术分析

江西同济建筑设计咨询有限公司　谭文嘉☆
江西省建筑设计研究总院　史惠英

摘　要　本文详细介绍了夏热冬冷地区南昌地铁大厦的空调冷热源系统的设计。针对地铁大厦的轨道交通指挥控制中心的系统用房，采用高温螺杆式冷水机组和冬季利用冷却塔免费供冷，节约运行能耗。标准层办公主楼采用冰蓄冷＋燃气锅炉的冷热源形式，分析了冰蓄冷系统在不同空调负荷率下的逐时运行策略，并与常规冷水机组进行初投资与运行费用的经济分析。
关键词　螺杆式冷水机组　冷却塔免费供冷　冰蓄冷　逐时运行策略　经济分析

1　工程概况

南昌地铁大厦是一栋包含轨道交通指挥控制中心系统用房、会议及甲级标准办公写字楼的综合建筑，属超高层，建筑总高度为189m，总建筑面积约为13万m^2。整栋建筑地上共计45层（包括避难层及屋顶机房层），地下3层，裙房5层，主楼共40层（计避难层及屋顶机房层），3层地下室均为汽车库和设备用房（地下3层局部战时为人防物资库）；1层西北角设为控制中心的门厅，2～5层部分用房为控制中心用房，地下2层设有控制中心的设备用房，控制中心建筑面积总计20800m^2左右。6～45层塔楼包括标准办公楼、厨房、餐厅。

2　空调系统设计

2.1　室内设计计算参数

本工程室内设计计算参数如表1所示。

室内设计计算参数　　表1

房间名称	夏季		冬季		新风量[m^3/(h·人)]	噪声[dB(A)]
	温度（℃）	相对湿度（%）	温度（℃）	相对湿度（%）		
门厅	27	50～65	18	45～55	10	≤50
办公室、会议室	26	50～65	20	45～55	30	≤45
餐厅	26	55～65	18	40～60	20	≤45
中央控制大厅	24	45～65	20	45～65	30	≤45
综合监控机房	26	45～65	26	45～65	/	≤65
通信机房	26	45～65	26	45～65	/	≤65
清分中心机房	26	45～65	26	45～65	/	≤65

2.2　地铁大厦控制中心系统用房的空调系统

地铁大厦控制中心系统用房位于大楼1～5层，建筑面积约为2万m^2，空调总冷负荷约6200kW。根据地铁大厦控制中心的使用要求，本工程的控制中心设备机房、中央控制大厅与办公用房、管理用房、会议室等分三套系统设置空调。控制中心设备机房需全年供冷，其冷源由地下2层的3台制冷量为1497kW的螺杆式冷水机组提供（冷水供/回水温度10℃/16℃，其中预留1台远期安装）；中央控制大厅和指挥中心门厅夏季供冷冬季供热，采用2台制冷量为518kW、制热量为546kW的螺杆式空气源热泵机组作为其冷热源；办公用房、管理用房、会议室等采用变频多联式集中空调系统，共设11台多联机室外机，多联机室外机设于5层屋面。

考虑到控制中心设备机房冬季的供冷需求，冬季利用设于屋面的3台冷却塔免费供冷（当室外湿球温度低于5℃时开启），地下2层制冷机房内设置3台换热量为1300kW的板式换热器。系统原理图见图1。

2.3　办公主楼的空调系统

标准层办公位于地铁大厦的6～45层，建筑面积约为8万m^2，空调总冷负荷约9500kW，冬季空调总热负荷为7500kW。本工程办公主楼的空调冷源采用冰蓄冷系统。本工程机房按冰蓄冷空调分量蓄冰模式设计，双工况主

☆　谭文嘉，男，硕士研究生，高级工程师。通讯地址：江西省南昌市湖滨东路39号，Email：49002030@qq.com。

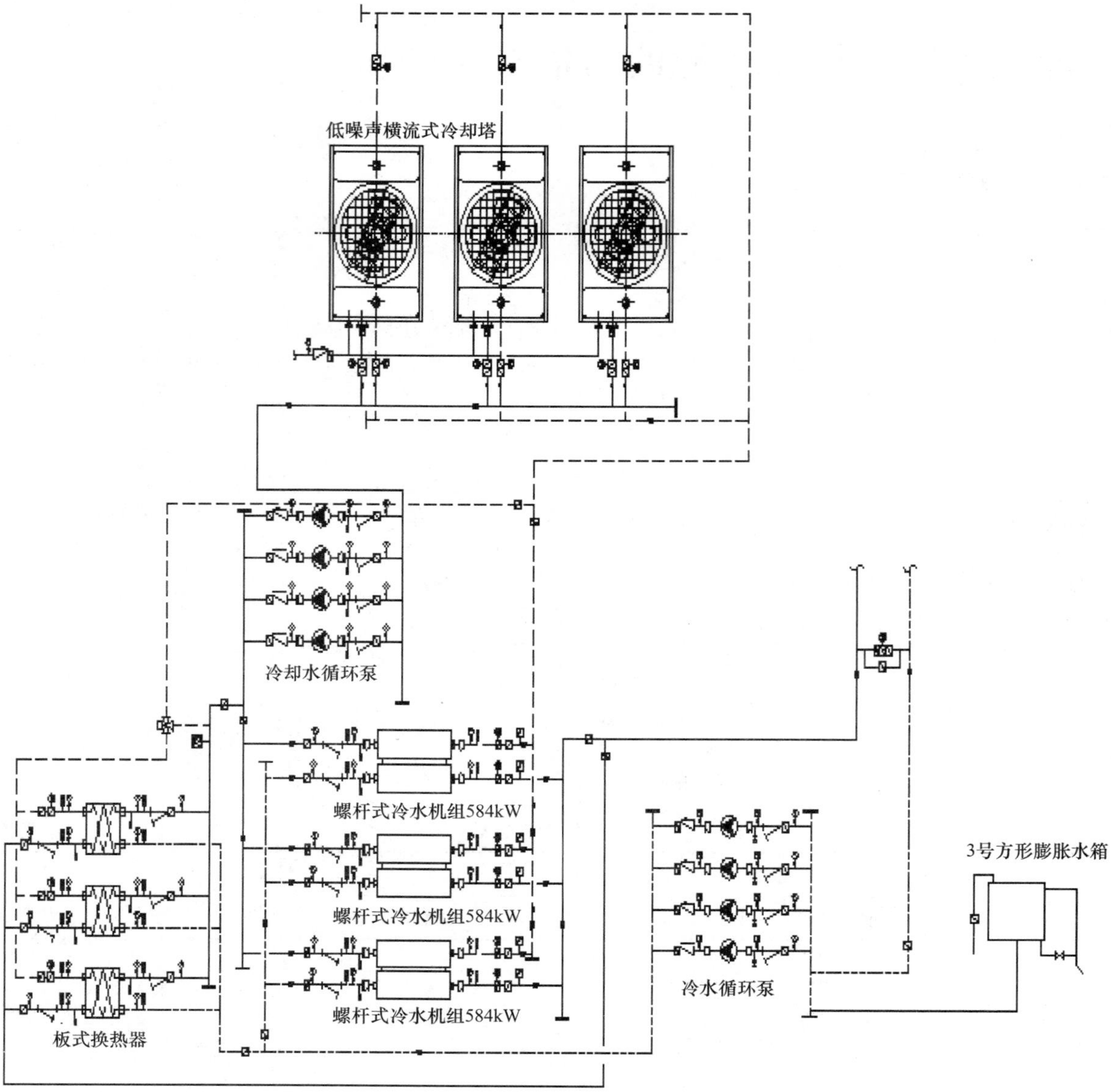

图 1　控制中心冷水机房空调水系统原理图

机和盘管为串联方式，主机位于盘管上游。空调系统需配备额定空调工况制冷量为 3067kW（制冰工况为 2035kW）的双工况冷水机组 2 台，另配备额定空调工况制冷量为 1037kW 的常规螺杆机组 1 台。1 台基载制冷主机与 2 台双工况主机、蓄冰装置、板式换热器、乙二醇泵等设备组成冰蓄冷系统。冰蓄冷系统可以按以下 5 种工作模式进行：（1）双工况主机制冰基载主机供冷模式；（2）双工况主机单独制冰模式；（3）主机与蓄冰装置联合供冷模式；（4）融冰单独供冷模式；（5）主机单独供冷模式。考虑到控制中心空调系统运行的安全可靠性，利用办公主楼的冰蓄冷装置作为备用冷源。系统原理图见图 2。

本工程标准层办公楼的冬季空调总热负荷为 7500kW，选用 3 台燃气真空热水锅炉，每台 2500kW，气源为天然气，天然气用量 $210m^3/h$。真空热水锅炉的进/出水温度为 50℃/60℃。

2.4　标准层办公的空调通风系统

标准层办公区采用变风量系统，每层设置 2 台组合式空气处理机组，内区采用单风道节流型末端，外区采用并联型带热水盘管的风机动力型末端；大会议室、大厅、餐厅等大空间采用定风量全空气系统。

2.5　标准层办公的空调水系统

根据业主使用楼层情况，考虑大楼功能、用户单元划分、计量、管理等综合因素。大楼空调水系统采用四管制异程式系统，分为 3 个区，1～17 层为低区，19～33 层为中区，35～45 层为高区，高、中区的冷热水由板式换热器换热提供，热水换热机房设于 18 层（第二避难层）。冷水换热一次侧供/回水温度 5℃/12℃，二次侧供/回水温度 6.5℃/13.5℃；热水换热一次侧供/回水温度 60℃/50℃，二次侧供/回水温度 58℃/48℃。

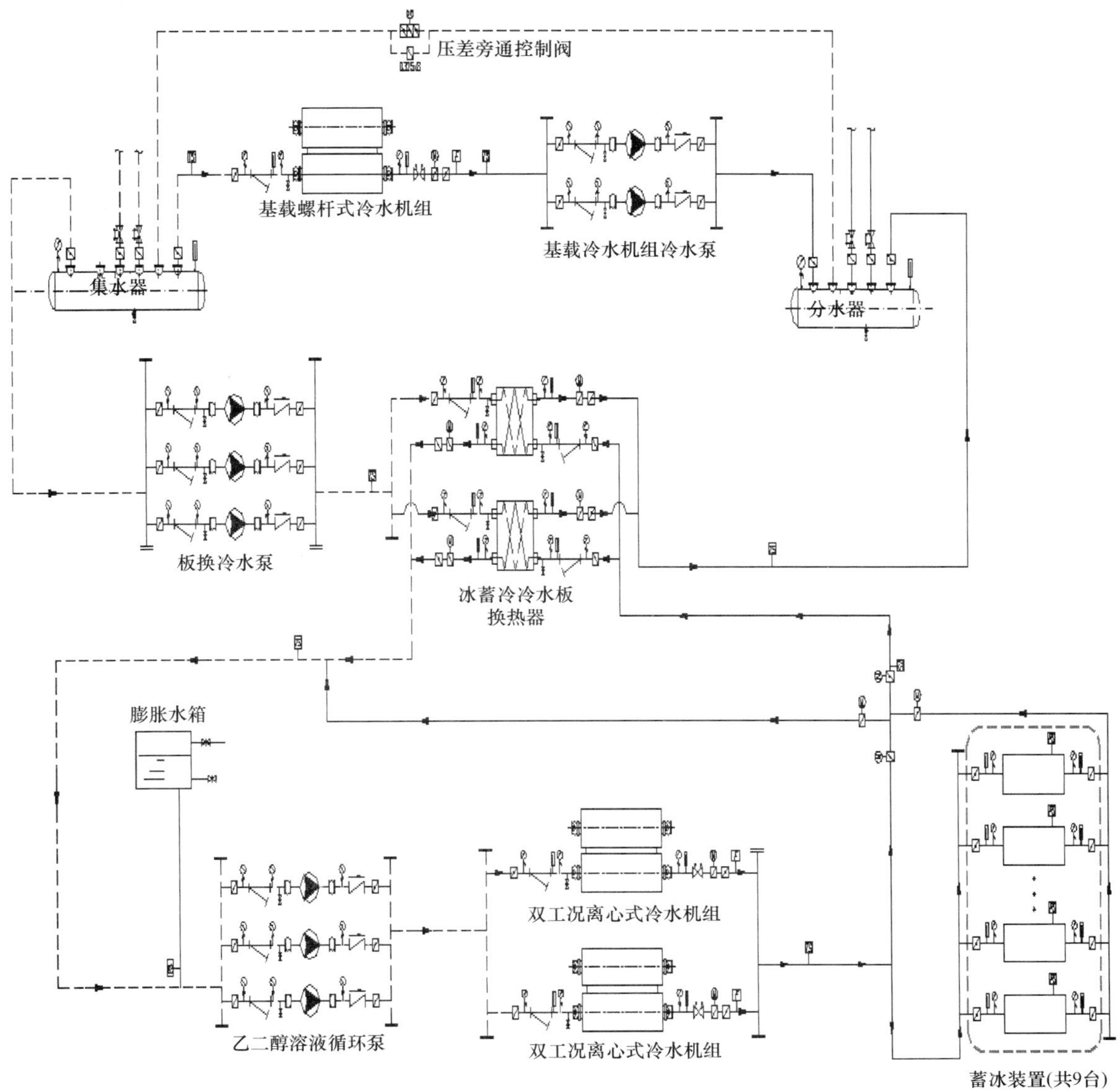

图 2　地铁大厦办公主楼冰蓄冷空调冷水系统原理图

3　地铁大厦控制中心的冷热源系统节能措施的经济性分析

由于控制中心机房的冷负荷主要是显热负荷，在设计中可采用较高的冷水设计温度，其冷水供/回水采用10℃/16℃的高温水。相比供/回水温度7℃/12℃的冷水系统，冷水机组的*COP*值从5.6提高至6.7，减小了输水管径，水泵能耗下降，节约了投资和水泵运行费用。同时提高冷水供回水温度可以延长冷却塔的免费冷源时间，控制中心设备机房冬季利用设于屋面的3台冷却塔免费供冷（当室外湿球温度低于5℃时开启），地下二层制冷机房内设置3台换热量为1300kW的板式换热器。

采用冷水机组供冷或采用冷却塔供冷时，由于负荷侧空调冷水的流量不变，仅需计算冷源侧两种工况的能耗进行比较。冬季冷水机组制冷时开启的冷水机组能耗E_L可按下式计算[2]：

$$E_L = \gamma Q h / 1.1 IPLV \tag{1}$$

式中　Q——冬季内区满负荷时所需供冷量，kW；

γ——负荷小时平均系数，取0.7；

h——冷却塔供冷总小时数，h（根据南昌地区全年湿球温度统计，全年约1525h可进行全部自然冷却[1]）。

*IPLV*为冷水机组综合部分负荷性能系数。冬季冷水机组制冷时开启的冷却水泵能耗E_{b1}可通过下式估算[2]：

$$E_{b1} = N_{b1} c_h = 9.81 G_1 H_1 h/(3600\eta) \tag{2}$$

式中　N_{b1}——冷却水泵轴功率，kW；

G_1——冷却水泵流量，m^3/h；

H_1——冷却水泵扬程，m；

η——水泵效率。

冷却塔供冷时冷源水泵能耗E_{b2}则可以通过下式估算[2]：

$$E_{b2} = 2N_b h = 9.81 G_2 H_2 h/(3600\eta) \quad (3)$$

全年节省能量 ΔE 和全年节能率 ψ[2]：

$$\Delta E = E_L + E_{b1} - E_{b2} \quad (4)$$

经计算，全年节省能 261198kWh。

4 办公主楼的冰蓄冷空调系统的技术经济分析

4.1 空调负荷

标准层办公位于地铁大厦的 6～45 层，建筑面积约为 8 万 m^2，空调总冷负荷约 9500kW，冬季空调总热负荷为 7500kW。夏季空调设计日逐时冷负荷图如图 3 所示。

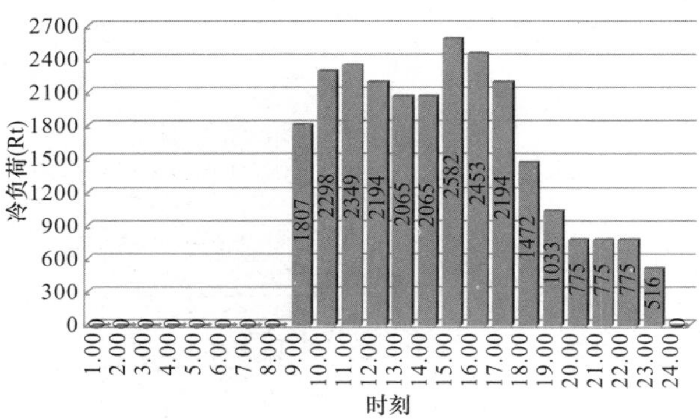

图 3　夏季空调设计日逐时负荷

4.2 冰蓄冷机房的运行策略

根据南昌市峰谷电价政策，低谷时段为 23：00～次日 5：00，电价为 0.4 元/kWh，尖峰时段为 17：00～23：00，电价为 1.2 元/kWh，其余为平段时间，电价为 0.8 元/kWh。尽量利用低谷低价蓄冷，白天融冰供冷，尽量减少白天高峰时期的用电量。蓄能机房在 100%负荷、75%负荷、50%负荷和 25%负荷下的运行策略见图 4～图 7。

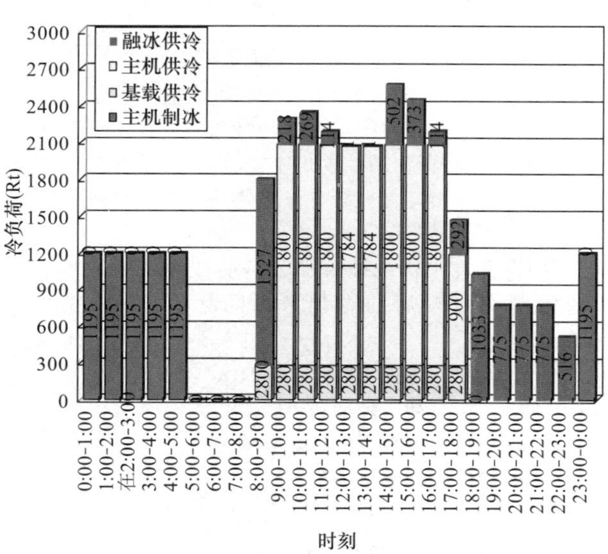

图 4　夏季设计日 100%负荷空调运行策略

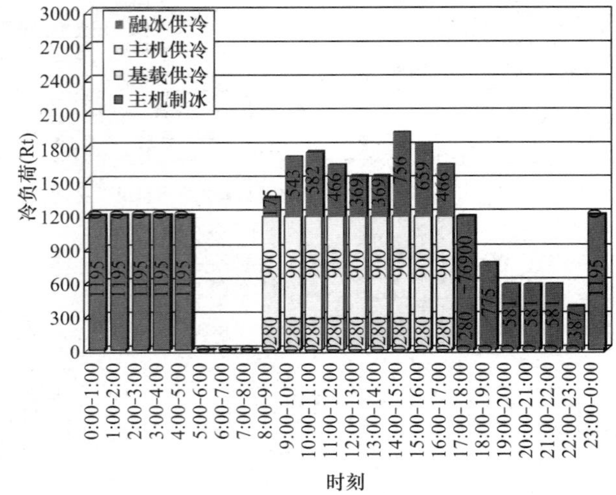

图 5　夏季设计日 75%负荷空调运行策略

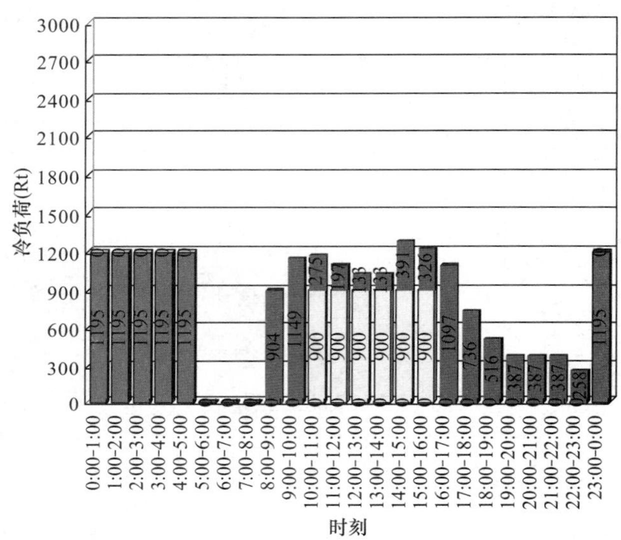

图 6　夏季设计日 50%负荷空调运行策略

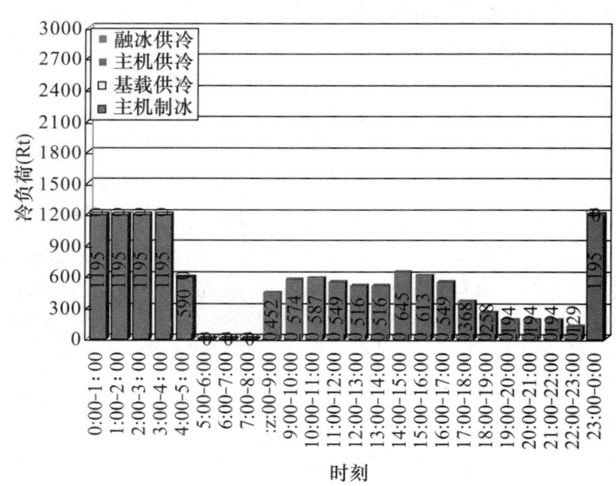

图 7　夏季设计日 25%负荷空调运行策略

4.3 机房初投资比较

4.3.1 冰蓄冷集中空调系统的初投资

冰蓄冷系统采用制冷主机优先运行的部分负荷冰蓄冷策略，设备选型及初期投资费用详见表 2。

4.3.2 常规电制冷冷水机组中央空调系统

常规电制冷冷水机组空调系统设备型号及投资如表 3 所示。

设备选型及初期投资　　表 2

序号	设备名称	规格、型号	数量	功率（kW）	总功率（kW）	单价（万元）	总价（万元）
1	基载主机	制冷量 280Rt	1	186	186	58.27	58.27
2	双工况冷水机组	空调工况制冷量 900Rt 制冰工况制冷量 598Rt	2	656	1312	178.19	356.38
3	蓄冰装置	蓄冰量：828Rth	9	0	0	29.8	268.2
4	板式换热器	换热量 4100kW 一次侧：3.5℃/11℃ 二次侧：5℃/12℃	2	4100	0	26.12	52.24
5	乙二醇泵	流量 665m^3/h，扬程 38m	3	90	180	3.56	10.68
6	基载冷水泵	流量 138m^3/h，扬程 33m	2	18.5	18.5	2.12	4.24
7	板换冷水泵	流量 600m^3/h，扬程 33m	3	75	150	6.65	19.95
8	基载冷却水泵	流量 230m^3/h，扬程 29m	2	30	30	2.13	4.26
9	双工况冷却泵	流量 750m^3/h，扬程 29m	3	75	150	6.56	32.8
10	基载冷却塔	流量 250m^3/h	1	7.5kW	7.5	6.8	6.8
11	冷却塔	流量 850m^3/h	2	11×2kW	44	18.5	37
12	乙二醇膨胀补	1.0m^3	1		0	0.56	0.56
13	乙二醇溶液	100%涤纶级	21		0	1.3	27.3
14	自控系统	估算	1		0	86	86
合计					2084.5		964.68

常规电制冷冷水机组空调系统设备型号及投资　　表 3

序号	设备名称	规格、型号	数量	功率（kW）	总功率（kW）	单价（万元）	总价（万元）
1	离心冷水机组	制冷量 900Rt	3	620	1860	156.5	469.5
2	冷水泵	流量 680m^3/h，扬程 33m	4	90	270	6.65	26.6
3	冷却水泵	流量 750m^3/h，扬程 25m	4	75	225	6.56	26.24
4	冷却塔	流量 850m^3/h	3	22kw	66	18.5	55.5
8	自控系统	估算	1		0	68	68
9	合计				2421		645.84

4.4 空调冷热源运行费用比较

4.4.1 冰蓄冷空调日运行费用计算

（1）100%负荷设计日运行费 16410 元/d：根据冰蓄冷空调系统 100%负荷运行策略计算，计算结果详见表 4。

（2）75%负荷设计日运行费 11307 元/d：根据冰蓄冷空调系统 75%负荷运行策略计算（见表 5）。

（3）50%负荷设计日运行费 9025 元/d：根据冰蓄冷空调系统 50%负荷运行策略计算（见表 5）。

（4）25%负荷设计日运行费 5070 元/d：根据冰蓄冷空调系统 25%负荷运行策略计算（见表 5）。

注：按总供冷天数为 150d 考虑。

4.4.2 常规电制冷日运行费用计算

（1）100%负荷设计日运行费 24870 元/d：具体计算结果详见表 6。

（2）75%负荷设计日运行费 16911 元/d（见表 7）。

（3）50%负荷设计日运行费 11191 元/d（见表 7）。

（4）25%负荷设计日运行费 5086 元/d（见表 7）。

冰蓄冷 100%设计日运行费用计算 **表 4**

时间	逐时冷负荷	双工况主机	基载主机	乙二醇泵	冷水泵	基载冷水泵	双工况冷却泵	基载冷却泵	基载冷却塔	冷却塔	耗电量(kWh)	电价(元)	电费(元)
0:00~1:00	0	1052	0	90	0	0	150	0	0	44	1336	0.4	534.4
1:00~2:00	0	1052	0	90	0	0	150	0	0	44	1336	0.4	534.4
2:00~3:00	0	1052	0	90	0	0	150	0	0	44	1336	0.4	534.4
3:00~4:00	0	1052	0	90	0	0	150	0	0	44	1336	0.4	534.4
4:00~5:00	0	1052	0	90	0	0	150	0	0	44	1336	0.4	534.4
5:00~6:00	0	0	0	0	0	0	0	0	0	0	0	0.8	0
6:00~7:00	0	0	0	0	0	0	0	0	0	0	0	0.8	0
7:00~8:00	0	0	0	0	0	0	0	0	0	0	0	0.8	0
8:00~9:00	1807	600	186	55	90	18.5	75	30	11	22	1087.5	0.8	870
9:00~10:00	2298	1120	186	124	142	18.5	150	30	11	44	1825.5	0.8	1460.4
10:00~11:00	2349	1120	186	124	145	18.5	150	30	11	44	1828.5	0.8	1462.8
11:00~12:00	2194	1120	186	124	140	18.5	150	30	11	44	1823.5	0.8	1458.8
12:00~13:00	2065	1072	186	123	110	18.5	150	30	11	44	1744.5	0.8	1395.6
13:00~14:00	2065	1072	186	123	110	18.5	150	30	11	44	1744.5	0.8	1395.6
14:00~15:00	2600	1120	186	124	159	18.5	150	30	11	44	1842.5	0.8	1474
15:00~16:00	2453	1120	186	124	152	18.5	150	30	11	44	1835.5	0.8	1468.4
16:00~17:00	2194	1120	186	124	140	18.5	150	30	11	44	1823.5	0.8	1458.8
17:00~18:00	1472	0	186	62	78	18.5	0	30	11	0	385.5	1.2	462.6
18:00~19:00	1033	0	0	0	59	0	0	30	11	0	100	1.2	120
19:00~20:00	775	0	0	0	45	0	0	0	0	0	45	1.2	54
20:00~21:00	775	0	0	0	45	0	0	0	0	0	45	1.2	54
21:00~22:00	775	0	0	0	45	0	0	0	0	0	45	1.2	54
22:00~23:00	516	0	0	0	30	0	0	0	0	0	30	1.2	36
23:00~0:00	0	1052	0	90	0	0	150	0	0	44	1336	0.4	534.4
100%负荷日运行费用共计													16410

冰蓄冷空调系统负荷设计日运行费 **表 5**

冰蓄冷系统	100%设计日负荷	75%设计日负荷	50%设计日负荷	25%设计日负荷	一个供冷季运行费用总计
日运行费用(元)	16410	11307	7425	4070	
运行天数(天)	17	55	60	18	150
运行总费用(万元)	27.90	62.19	44.55	7.33	142

常规电制冷 100%设计日运行费用计算 **表 6**

时间	逐时冷负荷	制冷主机	冷水泵	冷却水泵	冷却塔	耗电量(kWh)	电价(元)	电费(元)
0:00~1:00	0	0	0	0	0	0.0	1	0.0
1:00~2:00	0	0	0	0	0	0.0	1	0.0
2:00~3:00	0	0	0	0	0	0.0	1	0.0
3:00~4:00	0	0	0	0	0	0.0	1	0.0
4:00~5:00	0	0	0	0	0	0.0	1	0.0
5:00~6:00	0	0	0	0	0	0.0	1	0.0
6:00~7:00	0	0	0	0	0	0.0	1	0.0
7:00~8:00	0	0	0	0	0	0.0	1	0.0
8:00~9:00	1807	1291	180	150	44	1664.7	1	1673.0
9:00~10:00	2298	1641	270	225	66	2202.4	1	2213.4
10:00~11:00	2349	1678	270	225	66	2238.9	1	2250.1
11:00~12:00	2194	1567	270	225	66	2128.1	1	2138.8
12:00~13:00	2065	1475	270	225	66	2036.0	1	2046.2

续表

时间	逐时冷负荷	制冷主机	冷水泵	冷却水泵	冷却塔	耗电量（kWh）	电价（元）	电费（元）
13：00～14：00	2065	1475	270	225	66	2036.0	1	2046.2
14：00～15：00	2600	1857	270	225	66	2418.1	1	2430.2
15：00～16：00	2453	1752	270	225	66	2313.1	1	2324.7
16：00～17：00	2194	1567	270	225	66	2128.1	1	2138.8
17：00～18：00	1472	1051	180	150	44	1425.4	1	1432.6
18：00～19：00	1033	760	180	150	44	1133.6	1	1139.2
19：00～20：00	775	554	150	75	22	800.6	1	804.6
20：00～21：00	775	554	150	75	22	800.6	1	804.6
21：00～22：00	775	554	150	75	22	800.6	1	804.6
22：00～23：00	516	374	150	75	22	620.9	1	624.0
23：00～0：00	0	0	0	0	0	0.0	1	0.0
100%负荷日运行费用共计								24870

常规电制冷设计日运行费　　表 7

常规电制冷	100%设计日负荷	75%设计日负荷	50%设计日负荷	25%设计日负荷	一个供冷季运行费用总计
日运行费用（元）	24870	16911	11191	5086	
运行天数（天）	17	55	60	18	150
运行总费用（万元）	42.28	93	67.2	9.15	211.6

4.5 两种方案初投资和运行费用比较

两种方案初投资和运行费用比较见表 8。

两种方案初投资和运行费用比较　　表 8

内容		方案一 冰蓄冷空调系统	方案二 常规电制冷冷水机组
冷水机组容量（Rt）		2080	2700
投资估算	机房投资概算（万元）	964.68	645.84
采用冰蓄冷多投资（万元）		318.84	
供冷运行费用（万元）		142	212.8
采用冰蓄冷运行费用节约		69.6 万元	
回收年限		4.6 年	

5 结论

（1）控制中心机房的空调冷源采用 10℃/16℃的高温螺杆式冷水机组，相比常规冷水机组，*COP* 值从 5.6 提高至 6.7。同时提高冷水供回水温度在冬季可以利用冷却塔免费供冷，延长冷却塔的免费冷源时间（当室外湿球温度低于 5℃时开启），全年节能 261198kWh。

（2）采用冰蓄冷空调系统，利用峰谷荷电价差，平衡电网负荷，大大减少空调年运行费，综合初投资比常规冷水机组系统略高，但冰蓄冷机房的年运行费用比常规电制冷冷水机组低 69.6 万元，约 4.6 年即可回收成本，长期的综合效益显著。

参考文献

[1] 中国气象局气象信息中心气象资料室，清华大学建筑技术科学系著. 中国建筑热环境分析专用气象数据集［M］. 北京：中国建筑工业出版社，2005.

[2] 北京市建筑设计研究院主编. 北京地区冷却塔供冷系统设计指南［M］. 北京：中国计划出版社，2011.

[3] 陆耀庆. 实用供热空调设计手册［M］. 2 版. 北京：中国建筑工业出版社，2008.

[4] 王翔. 冷却塔供冷系统设计方法［J］. 暖通空调，2009，39（7）：99-104.

"三集一体"热泵在某游泳馆空调系统设计中的应用及节能分析

烟台市建筑设计研究股份有限公司　刘丽玉☆　于　晓　解荔珍

摘　要　本文以烟台市某运动健身中心内游泳馆为研究对象，通过 HDY-SMAD 模拟计算软件对游泳馆各项供冷供热负荷进行全年动态负荷的模拟计算，介绍了该项目中的空调通风系统配置及运行策略，特别是详细介绍了"三集一体"热泵空调的选型计算与校核计算过程，并对系统的节能性进行定量分析；给后续的游泳馆空调通风设计提供参考。

关键词　游泳馆空调设计　热回收　防结露　节能分析

0　引言

室内游泳池大厅、戏水池大厅等区域由于水体面积较大，往往会产生大量的余湿，若不及时除湿，既会降低人体舒适感，又会导致室内装修严重腐蚀。传统的泳池空调设计模式为：空调＋通风除湿＋池水加热三个相对独立的子系统，该模式一方面补充热量加热池水，另一方面，在排走室内空气带走大量空气潜热的同时，又需要补充热量加热引入的新风，不仅热能损失大、运行费用高，且对操作管理人员的技术要求很高。

近年来，随着国内外除湿热泵技术的发展，已有项目通过设置"三集一体"热泵空调系统来营造良好的室内空气环境，实现空调通风系统的节能运行。"三集一体"热泵的设计理念基于热回收概念，在实现冷却除湿的同时回收泳池水的蒸发潜热，将能量转移到池水和室内，实现能源的再利用。

1　工程概况

该项目位于山东省烟台市，健身馆总建筑面积为 14983.78m^2（见图 1），地下 1 层，地上 4 层（4 层为设备层）。游泳馆位于地上 1 层，层高为 9.5m，馆内泳池水面积为 1050m^2，儿童池水面积为 180m^2，成人池、儿童池共处同一空间，总建筑面积为 2800m^2，室内空间约为 12600m^3。

图 1　健身馆工程场景效果图

2　设计参数及动态负荷模拟计算

2.1　室内外设计参数

本项目位于烟台市，气候分区为寒冷 B 区，依据现行的《民用建筑供暖通风与空气调节设计规范》GB 50736—2012，室内外的设计参数见表 1。另外，烟台地区逐时干球温度和日平均干球温度见图 2、图 3。

室外设计参数　　表 1

	空调设计温度（℃）	通风室外计算温度（℃）	日平均温度（℃）	室外平均风速（m/s）	相对湿度（%）
夏季	31.17	26.9	28	3.1	75%
冬季	−8.1	−1.1		4.4	59%

☆　刘丽玉，女，工程师，专业副总工。通讯地址：烟台市莱山区港城东大街 1295 号百伟国际大厦 A 座，Email：419149930@qq.com。

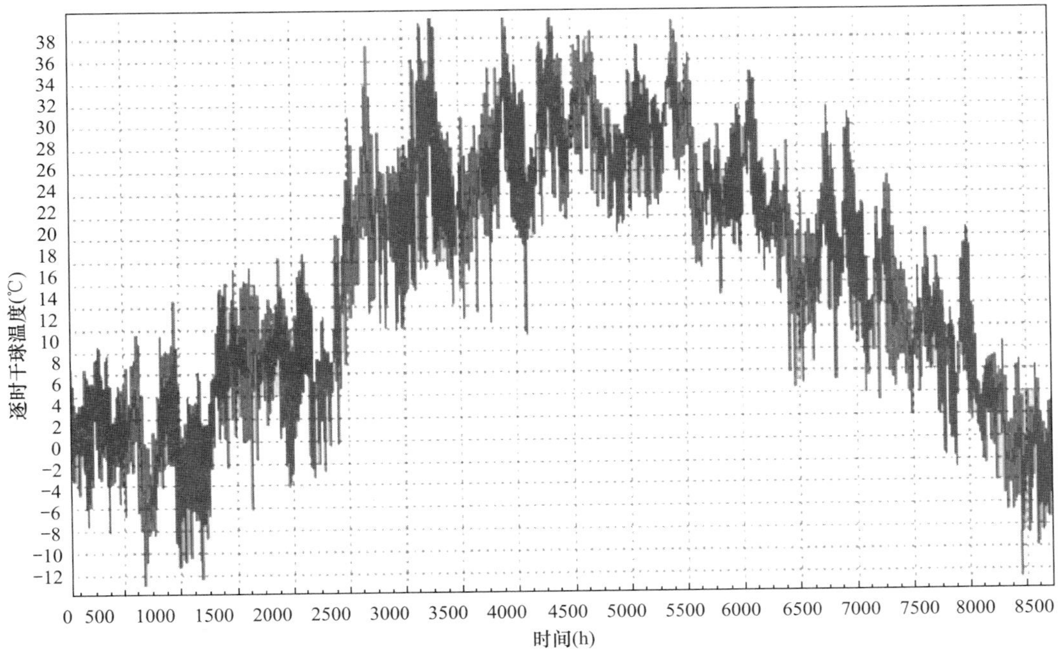

图 2　烟台地区逐时干球温度

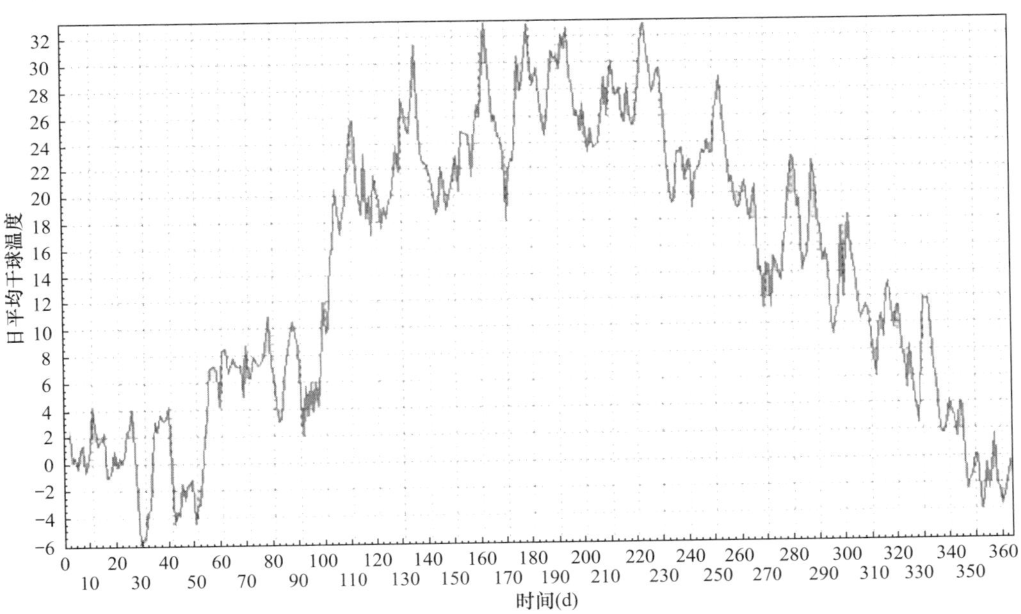

图 3　烟台地区日平均干球温度（℃/d）

游泳馆室内设计参数参见表 2。

游泳馆室内设计参数　　　　表 2

泳池水面面积（m^2）	1050	游泳池池水恒温温度	26℃
儿童池水面面积（m^2）	180	儿童池池水恒温温度	28℃
池厅面积（m^2）	2800	池厅高度（m）	4.5
池厅空气温度（℃）	28	池厅相对湿度	65%

本工程中采用 HDY-SMAD 空调负荷计算及能耗分析软件进行全年动态负荷的模拟计算，为后续的设计工作提供更为准确的数据。在全年动态负荷计算中，根据房间功能特性按照公共建筑节能标准对“人员”“新风”“照明”和“设备”进行分项设置，以“人员”“新风”为例进行说明，如图 4、图 5 所示。

2.2　模拟计算结果分析

通过模拟计算得到结果如图 6～图 9 所示。

分析图 6～图 9 可得出以下结论：①季节性能耗曲线分布图的变化趋势与全年能耗曲线分布图变化趋势相一致；②空调设计最大冷负荷约为 429kW，最大热负荷约为 472kW，最大湿负荷 334kg/h；③建筑物供冷和供热在 80%～100%、60%～80%、40%～60%、20%～40%、

0～20%负荷下的时间分别占总时间百分比约为 2.5%、12.5%、24%、23%和 38%。

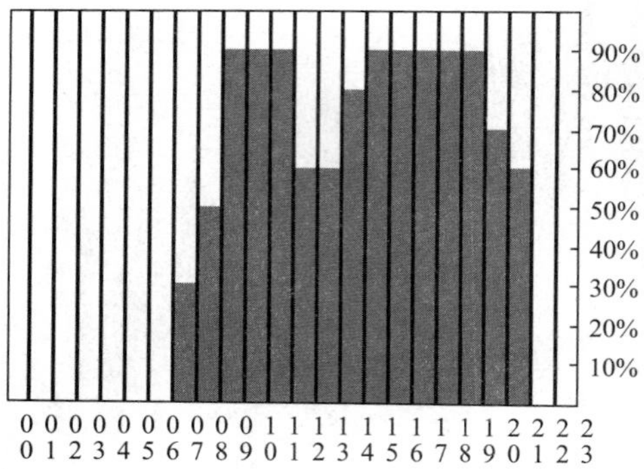

图 4 “人员”日时间表

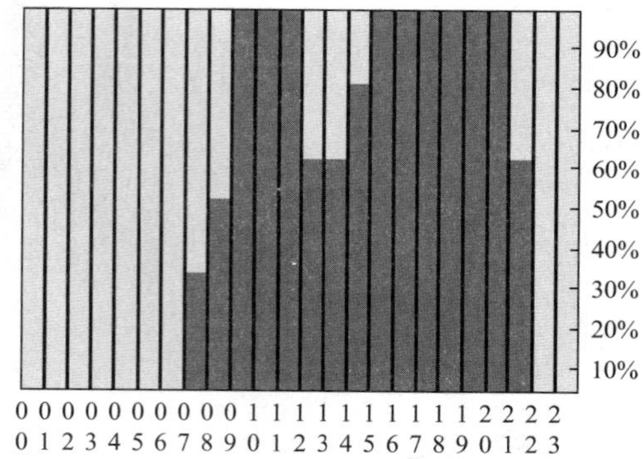

图 5 “新风”日时间表

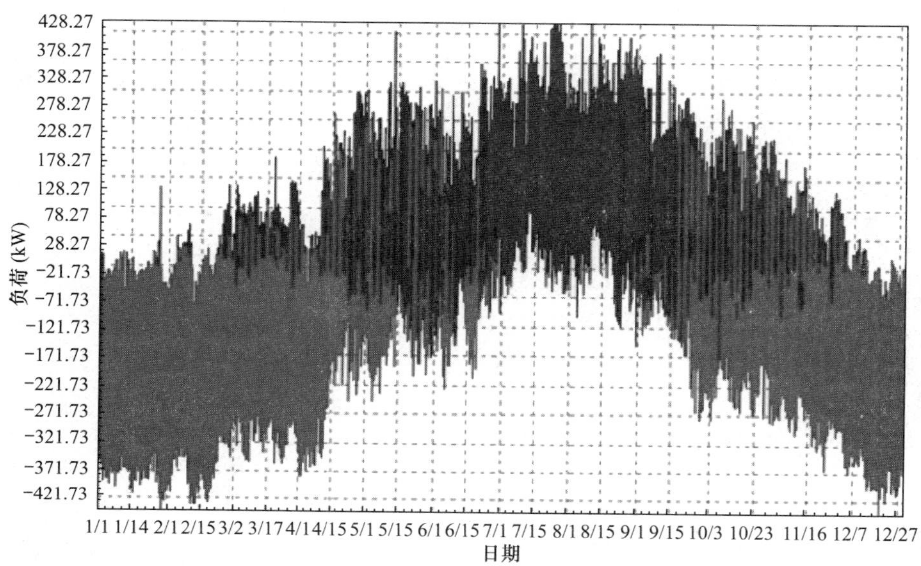

图 6 全年能耗曲线分布图

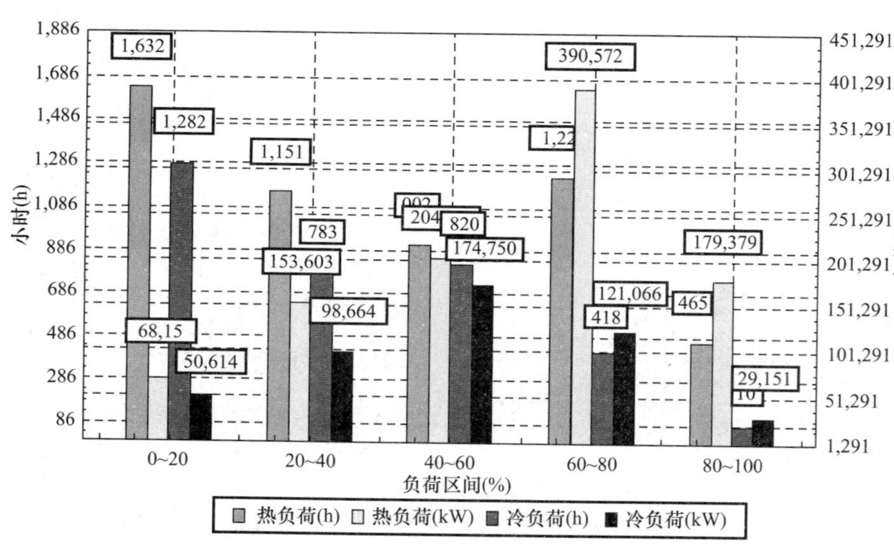

图 7 全年负荷频率分布图

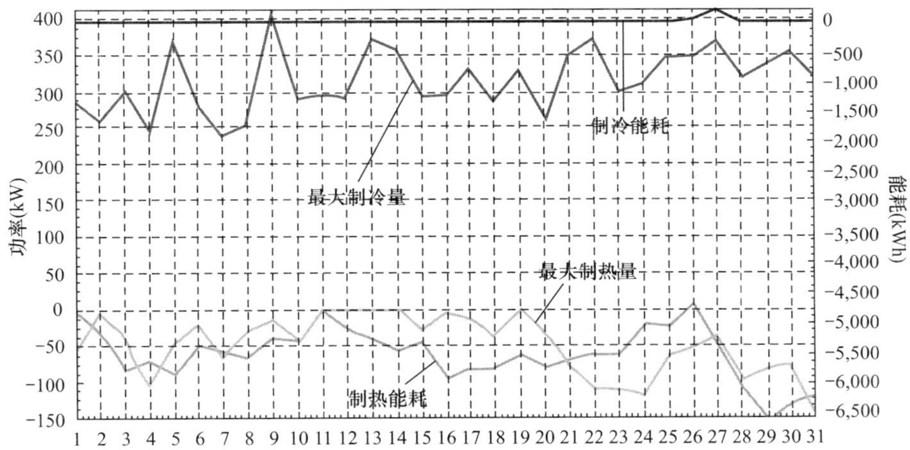

图 8　季节性能耗曲线图——制冷季节

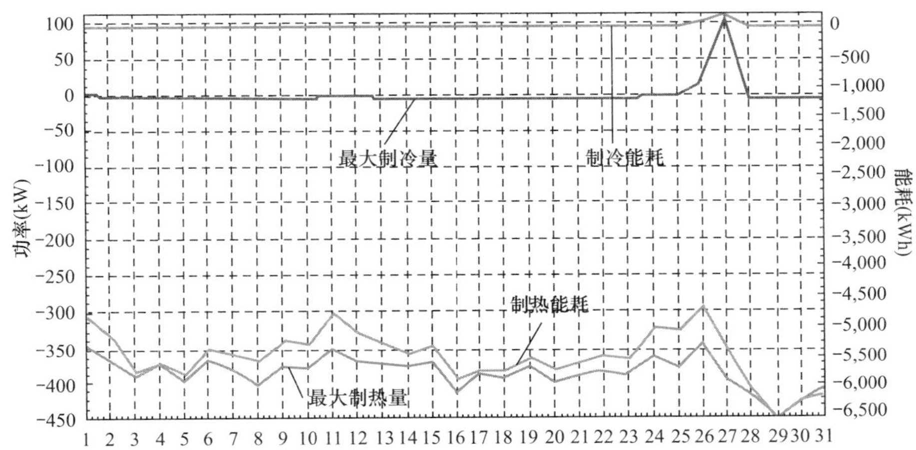

图 9　季节性能耗曲线图——制热季节

3　空调系统设计方案

3.1　本项目采用的空调系统介绍

本项目泳池馆采用过一次回风的全空气系统，冷热源为“三集一体”功能热泵机组（除湿、池水加热及空气调节）2 台，位于 4 层设备层空调专用机房内，室外机位于设备层空调机房外，辅助热源为风冷热泵。经热泵机组处理过的空气由竖向风管送至 1 层泳池，通过泳池上方周围设置的单层百叶风口送至空调区域，为防止玻璃内表面结露，送风口沿围护结构四周均匀布置，回风口分散布置在泳池上方。

工艺流程如图 10 所示。

（1）游泳池回风与室外新风经混合后，经过蒸发器被冷却除湿，其显热与潜热被蒸发器中的低压低温液态制冷剂吸收，制冷剂变为低压高温气态制冷剂，经压缩机压缩后变为高压高温气态制冷剂，经电磁阀控制优先进入空气再热冷凝器 1 加热空气，当热量有剩余时，再进入池水加热冷凝器 2 加热池水，当超过池水设定温度时，系统将控制电磁阀将余下的制冷剂送入室外辅助风冷冷凝器。回收的热量优先用来维持泳池空间的温度，其次用来给池水加热，最后将剩余的热量送至辅助冷凝器，大大减小了冷凝器的配置[1]。

此外，为提高泳池区域人员的热舒适性，本工程在泳池区采用空调与辐射供暖结合的方式，用加热地面的方式来提高室内的地表温度，减少人员的不舒适感，热源由超低温模块式空气源热泵机组提供参数为 45℃/40℃的热水。

（2）泳池恒温除湿热泵系统的运行模式

1）降温除湿模式：泳池恒温除湿热泵机组通过吸收室内泳池空气中的热量实现室内环境除湿，同时室外冷凝器把冷凝废热排放到室外，实现独立降温除湿运行。

2）舒适除湿模式：泳池恒温除湿热泵机组通过吸收室内泳池空气中的热量实现室内环境除湿，同时把除湿回收的热量用来加热除湿后的空气，提高送风温度，保证了室内的舒适度。

3）泳池恒温＋除湿模式：泳池恒温除湿热泵机组通过吸收室内泳池空气中的热量实现室内环境除湿，同时把除湿回收的热量用来加热泳池池水，并维持水温恒定，达到最佳节能效果。

4）通风模式：当室外环境温度和湿度接近设计要求时，开启通风模式，最终使室内达到舒适效果，并节省可观的运行费用。

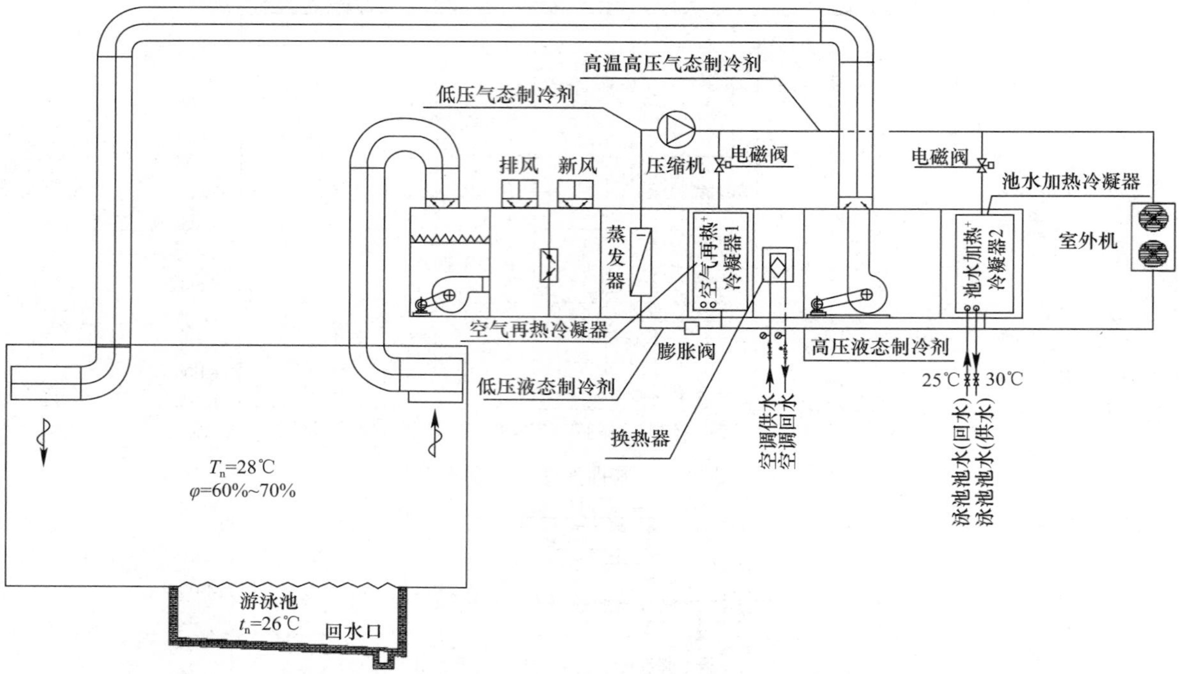

图 10　游泳馆“三集一体”空调工艺流程图

3.2　“三集一体”热泵机组选型计算

3.2.1　游泳池通风量计算

（1）循环风量计算 $Q1$：

游泳馆换气次数选 $5h^{-1}$

$$Q1 = AHN = 12600 \times 5 = 63000\text{m}^3/\text{h}$$

循环风量 $Q1=63000\text{m}^3/\text{h}$

（2）循环回风量 $Q2$：

$$Q2 = Q1 = 63000\text{m}^3/\text{h}$$

（3）循环新风量 $Q3$：

室内游泳池空间人均新风量按 $30\text{m}^3/\text{h}$ 取，总新风量为

$Q3 = 20n = 30 \times 244$ 人

$= 7320\text{m}^3/\text{h}$（泳池区人员密度按 5m^2/人计算）

3.2.2　除湿量计算[2]

泳池区蒸发量：

$$L_w = (0.0174v_f + 0.0229)(p_{q_b} - p_q)F_{池水}760/B$$

其中：L_w——泳池水面蒸发量，kg/h；

v_f——泳池水面上的风速，取 v_f=0.2m/s；

p_{q_b}——与池水温度相等时的饱和空气水蒸气分压力取 p_{q_b} = 25.2mmHg（1mmHg = 133.85Pa）（26℃/100%）；

p_q——与池子室内空气相等的空气水蒸气分压力取 p_q=18.4mmHg（28℃，65%）

$F_{池水}$——室内泳池水面面积，$F_{池}=1230\text{m}^2$；

B——当地大气压力，取 1000mbar，756mmHg；

代入公式计算得：L_w=221.8kg/h（28℃，65%）。

3.2.3　池边的散湿量计算

$$L_{w2} = 0.0171 \times (t_{w_干} - t_{w_湿}) \times F_{池} \times n$$

其中：L_{w2}——散湿量，kg/h；

$t_{w_干}$——室内空调计算干球温度，28℃；

$t_{w_湿}$——室内空调计算湿球温度，22.87℃；

$F_{池}$——池边面积，m^2；

n——润湿系数，取 0.4；

代入公式计算得：L_{w2} = 0.0171 ×（28 − 22.87）×（2800−1050−170）×0.5=55.44kg/h。

3.2.4　人体散湿量计算

$$L_人 = n'ng = 27.6\text{kg/h}$$

其中：$L_人$——人体散湿总量，kg/h；

n'——群集系数，取 0.92；

g——单位人体散湿量，取 123g/(h・人)。

3.2.5　夏季新风湿负荷计算

$$L_新 = (d_{w_1} - d_n)Q_新\,\rho = (21.4 - 15.4) \times 7320 \times 1.2/1000 = 52.7\text{kg/h}$$

其中：$L_新$——夏季新风湿负荷，kg/h；

d_{w_1}——夏季室外空气含湿量，为 21.4g/kg；

d_n——室内空气含湿量，为 15.4g/kg；

ρ——夏季空气密度，取 1.2kg/m^3（室外 31.1℃，相对湿度 75%）。

综上，系统所需的除湿量：$L_总 = L_w + L_{w2} + L_人 + L_新$ = 221.8+55.44+27.6+52.7=357.5kg/h。

3.3　热泵机组校核计算及辅助配置

（1）根据计算得，池厅夏季冷负荷为 429kW，冬季供暖负荷为472kW。

冷负荷校核：两台热泵机组的总制冷量为462kW，两台机组表冷器总制冷量为290kW（由热泵提供7/12℃冷水），满足夏季冷负荷需求。

热负荷校核：两台热泵机组的总制热量为616kW，两台机组表冷器的制热量为548kW（由热泵提供45/40℃热水），满足冬季供暖热负荷的需求。

由于所有除湿热泵产品均以湿度为主控制点位，空间湿度满足使用要求后，压缩机不做功，无热回收产出。因此，本项目在池厅范围设置低温热水地板辐射供暖辅助冬季泳池供暖，并提高池厅地面的热舒适性。

（2）通风量校核：两台机组通风量为68000m^3/h，池厅体积为2800×4.5＝12600m^3，则换气次数＝68000÷12600＝5.39h^{-1}，满足规范换气次数4～6h^{-1}的要求。

根据以上的计算结果，该项目配置2台热泵机组BDP-180M4＋F表冷器＋室外机，可同时满足除湿、冬季采暖及空间新风的要求，选用的除湿热泵机组参数如表3所示。

除湿热泵机组参数　　表3

设备名称	型号规格及主要技术参数	数量	位置
“三集一体”除湿热泵	BDP-18M4＋F 除湿量：184kg/h，总热回收量：308kW 制冷量：231W；通风量：34000m^3/h 制冷剂类型：R407C 表冷器热水加热量：274kW；冷水制冷量：145kW（热水：45/40℃，冷水：7/12℃） （以上参数均基于标准工况：气温28℃，相对湿度65%，水温26℃）	2套	室内机位于4层设备层空调机房内，室外机位于相应机房外

3.4 除湿热泵机组节能性分析

根据冬季室内外状态参数，查焓湿图可知室内空气露点温度下的比焓h_L＝55.7kJ/kg；送风状态点的空气比焓h_0＝72.5kJ/kg（新风、回风混合状态点的焓值，取新风量为8000m^3/h），除湿量为357.5kg/h，空调送风量为34000m^3/h，若不采用热回收机组，冬季总耗热量为

$$Q=G(h_0-h_L)=2\times[34000\text{m}^3/\text{h}\times(72.5-55.7)\text{kJ/kg}\times1.2\text{kg/m}^3]/3600=426\text{kW}$$

已选机组总热回收量为308kW，即相同除湿量的前提下，该项目采用的“三集一体”热泵机组节能率约为72%，节能性较好。

4 空调系统运行

由于对池水消毒杀菌等形成的酸性物质长期悬浮于空气中，须保证池内具有一定负压，人员新风量及通风换气次数同时也要满足要求。

过渡季节，当室外空气状态满足室内空气设计要求时，机组直接处于全新风运行模式，新风量为排风量的80%。

夏季，当室外空气状态无法满足室内空气设计要求时，机组处于除湿运行模式，当检测的回风温度长时间高于设定温度时，空调进水管阀门开启，冷水进入机组使混合后空气温度下降。

冬季，室外环境温度较低，当热泵无法完全维持室温恒温时，需要依靠辅助加热器来补充热负荷[3]。

此外，冬季为防止幕墙结露，在室内设露点传感器，传感器均匀布置在外围护结构内表面以探测结露风险，当池厅的相对湿度接近露点时，自动开启加热通风系统。

5 总结

当下，能源资源短缺，节能观念已深入人心。采用“三集一体”热泵机组，简化了泳池空调系统的设备配置，其智能化的运行模式便于管理人员操作，在提供了一个舒适的室内环境的同时，大量回收除湿系统的热量用于泳池内的恒温及泳池热水的加热，同时其智能新风功能可引入最佳的室外新风来保持室内空气新鲜及温湿度恒定，从而实现最大限度的节能。

参考文献

[1] 许烨，王健．基于三集一体热泵的某室内恒温泳池全年能耗分析［J］．节能工程与经济，2018（2）：57．

[2] 鲍梁，撒世忠．三集一体热泵空调在室内游泳池中的应用［J］．制冷与空调，2011，25（3）：310～311．

[3] 李乐．“三集一体”热泵在某游泳池中的应用［J］．建筑热能通风空调，2011（30）：61．

某会所游泳池暖通设计探讨

中国建筑西北设计研究院有限公司　黄　惠☆　邵　莹

摘　要　游泳池采用三集一体除湿热泵技术的设计方法。本文通过工程实例，介绍游泳池空调热湿负荷计算、热泵机组工作原理及选型、暖通专业的相关系统设计。

关键词　除湿热泵　节能　游泳池　系统原理　通风除湿

0　引言

近年来，随着人民生活水平的提高，越来越多的宾馆、小区会所和健身中心设置了室内非标准游泳池。因游泳池室内处于高温高湿环境，其为排除余热余湿产生的耗能比普通空调大很多，且对防结露和通风换气的要求更高。本文就某采用三集一体除湿热泵机组的游泳池空调设计谈一些个人体会，便于共同探讨。

室内非标准游泳馆的功能及设计特点：保证一年四季都能游泳。室内环境在保持卫生的同时保证人员舒适度；必须通风换气（池水中杀菌用的液氯产生的氯气对人体形成危害）；夏季排除湿负荷较大（池水大量蒸发）；冬季供热负荷较大（防止围护结构内表面结露，不使游泳者因低温而不适）；冬季供暖以热风供暖及辐射供暖相结合方式最好；热回收利用。

1　工程概况

西安市某地下室会所，设有 20m×10m 游泳池、健身房、休息室、办公等功能房间。其中游泳馆部分面积 380m^2，泳池水体积 315m^3，游泳池水表面积 192m^2。主要为私人会员提供健身、游泳锻炼场所。本项目的暖通设计包含空调、供暖、通风及防排烟设计等内容。

2　空调、通风及泳池加热的相关计算

游泳池的计算是空调通风设计的前提，需要进行室内参数确定、空调冷热负荷计算、散湿量计算、室内最小通风量计算以及泳池日常运行加热量等多项计算，以达到保障室内温湿度并合理进行设备选型的目的。

2.1　室内参数的确定

游泳池室内参数的确定比常规场所复杂，除了水温之外，尚应考虑池水蒸发、建筑能耗、防结露、热源舒适性等因素（见表1）。

游泳池室内参数的确定　　表1

参数名称	数值	确定原则
水温	(28±1)℃	水温与泳池的类型以及人员在水中的停留时间和运动量有关。考虑到该泳池为会员健身锻炼时使用，人员活动量较大且不会进行长时间的浸泡，故水温不宜取太高
室内空气设计温度	(29±2)℃	在室内相对湿度一定的情况下，若空气温度低于水温，水面的蒸发会加剧，耗热量和排除余湿的风量就越多，人员出水面后寒冷的感觉会加强，故空气温度必须高于水温
相对湿度	65%±2%	在干球温度一定的情况下，室内的相对湿度降低，池边人员的舒适感会提高，围护结构的结露可能性降低，但池水的蒸发会加剧，使得除湿风量和水池加热量增加，能耗加大，而池内人员出水面后，相对湿度越低，蒸发越快，寒冷感越强。若相对湿度过高，则室内空气含湿量增大，会使露点温度提高，易产生结露现象
空气流速	0.2～0.3m/s	室内空气流速会影响池水的蒸发量，若风速过高，人员上岸后会有吹风感，冷感加剧；若流速过小，气流组织难以实现

2.2　空调负荷计算

（1）游泳池的空调冷负荷除了考虑常规的围护结构、人员、灯光照明、设备、新风等因素外，其水蒸气蒸发带入空气中的湿负荷是不容忽视的因素，占总冷负荷的40%～50%。常规冷负荷的计算方法采用专业软件，散湿量的计算按本文2.3节进行。

（2）由于该泳池为会员健身锻炼时使用，人员一般不会太多，故新风量标准按 20～30m^3/h 的上限，取 30m^3/(人·h)。

2.3　散湿量计算

散湿量计算主要包含池水的散湿量 W_1、池边的散湿量 W_2、人员的散湿量 W_3 以及新风散湿量 W_4 四部分，其中人体的热湿负荷只计算池边休息人员与工作人员的湿负荷，而在水中游泳的人体散发的湿负荷，隐含在游泳池散失量的潜热负荷中，不另作计算。

☆　黄惠，女，高级工程师。通讯地址：西安市文景路98号西北设计研究院机电六所，Email：582535334@qq.com。

(1) 泳池池水表面的散湿量 W_1

$$W_1 = C(p_2 - p_1)F \times (760/B)$$

式中 W_1——泳池池水表面的散湿量，kg/h；

C——蒸发系数，[kg/(mmHg·m²·h)]

p_2——水表面的饱和水蒸气分压力，mmHg；

p_1——水表面空气的水蒸气分压力，mmHg；

F——水表面积，m²；

760——标准大气压，mmHg；

B——当地的大气压，mmHg。

上式中，蒸发系数 $C=(0.0174\times v_f+0.0229)$，其中 v_f 为水表面的空气流速，一般室内泳池取 0.2～0.3m/s，室外泳池取 2～3m/s；0.0229 为 28℃水温下，水的扩散系数。

$$W_1 = (0.0174\times 0.2 + 0.0229)\times(25.2 - 17.0) \times 185\times(760/743.8) = 40.89\text{kg/h}$$

(2) 泳池边湿润地面的散湿量 W_2

$$W_2 = 0.0174(t_g - t_s)F\eta$$

式中 W_2——泳池边湿润地面的散湿量，kg/h；

t_g——室内空调计算干球温度，℃，取 29℃；

t_s——室内空调计算湿球温度，℃，取 23.5℃；

η——湿润系数，对应使用条件不同，取 0.2～0.4，按 0.3 计算；

F——池边湿润面积。池体长加宽乘 2 乘 1m 宽。

$$W_2 = 0.0174\times(29-23.5)\times(20+9.6) \times 2\times 1\times 0.3 = 1.7\text{kg/h}$$

(3) 人体的散湿量 W_3

$$W_3 = 0.001nQn_1$$

式中 W_3——人员的散湿量，kg/h；

n——人数，按人员密度 6m²/人；

n_1——群集系数，取 0.96；

Q——单位人员散湿量，按 120g/(h·人) 计算。

$$W_3 = 0.001\times 185\div 6\times 120\times 0.96 = 3.55\text{kg/h}$$

(4) 新风的散湿量 W_4

$$W_4 = M\rho(d_w - d_n)$$

式中 W_4——新风的散湿量，kg/h；

M——新风量，取 2500m³/h；

d_w——夏季室外空气含湿量，西安市取 17.78g/kg；

d_n——室内空气含湿量，取 15.6g/kg；

ρ——空气密度，取 1.16kg/m³。

$$W_4 = 2500\times 1.16\times(17.78-15.6)\times 0.001 = 6.322\text{kg/h}$$

(5) 夏季游泳池的总散湿量 (kg/h)

$$W = W_1 + W_2 + W_3 + W_4 = 52.462\text{kg/h}$$

2.4 过渡季室内最小通风量 L

最小通风量为保证围护结构不产生结露的风量，其计算值不应小于房间的换气次数 2～4h⁻¹。

$$L = W/(d_n - d)$$

式中 L——最小通风量，kg/h；

d——送风点含湿量，取 10.11g/kg（根据现实过渡季节干球温度 23℃，相对湿度 50%～55% 取值）

d_n——室内空气含湿量，取 15.6g/kg；

$$L = 52.462\div(15.6-10.11)\times 1000 = 9556\text{kg/h}$$

2.5 泳池日常运行所需的加热量 Q_S

为维持泳池日常运行，需补充的热量分为以下三部分：

(1) 泳池水面蒸发损失的热量 Q_Z (kW)

$$Q_Z = \gamma W_1 = \gamma C(p_2 - p_1)F(761/B)$$

式中 Q_Z——泳池水面蒸发热损失，kW；

γ——28℃池水温度下饱和蒸汽的蒸发汽化潜热，取 581.87kcal/kg；

W_1——泳池池水表面的散湿量，上式已知，为 40.89kg/h。

$$Q_Z = 581.87\times 1.163\times 40.89\div 1000 = 27.66\text{kW}$$

(2) 泳池及管道热损失 Q_Y

沿程热损失包含池水表面、池底、池壁、管道及设备的传导热损失，可按泳池水面蒸发损失量 Q_Z 的 15%～20%取值。

$$Q_Y = Q_Z 20\% = 27.66\times 0.2 = 5.532\text{kW}$$

(3) 补充水加热所需热量 Q_J

$$Q_J = 1.163\rho q_b(t_r - t_b)/(1000t)$$

式中 Q_J——补充水加热所需热量，kW；

ρ——水的密度，为 1000kg/m³；

q_b——泳池每天的补充水量，m³（硅藻土过滤精度高，取泳池容积的 2%；砂缸过滤取泳池容积的 5%～10%；私人泳池取泳池容积的 3%），泳池水体积为 315m³；

t_r——游泳池池水温度，取 28℃；

t_b——游泳池补充水温度，按当地自来水温度，取 5℃；

t——每天加热时间，取 8h。

$$Q_J = 1.163\times 1000\times 315\times 0.03 \times(28-5)/(8\times 1000) = 31.60\text{kW}$$

(4) 泳池正常运行所需的耗热总量 Q_S (kW)

$$Q_S = Q_Z + Q_Y + Q_J = 27.66 + 5.532 + 31.60 = 64.792\text{kW}$$

3 空调系统设计

3.1 冷热源选择

游泳池的计算总冷负荷为 92.9kW，总湿负荷为 52.4kg/h，通过焓湿图计算，空调总送风量为 12140m³/h。因会所为独立经营场所，且使用时间与其他功能房间不一致，结合泳池空调的特点，选用一台泳池专用三集一体除湿热泵机组，同时具备泳池空气除湿、泳池水加热、室内空气制冷（供热）三种功能。机组设有排风热回收装置，对室外新风进行预处理（见图 1）。设备参数如表 2 所示。

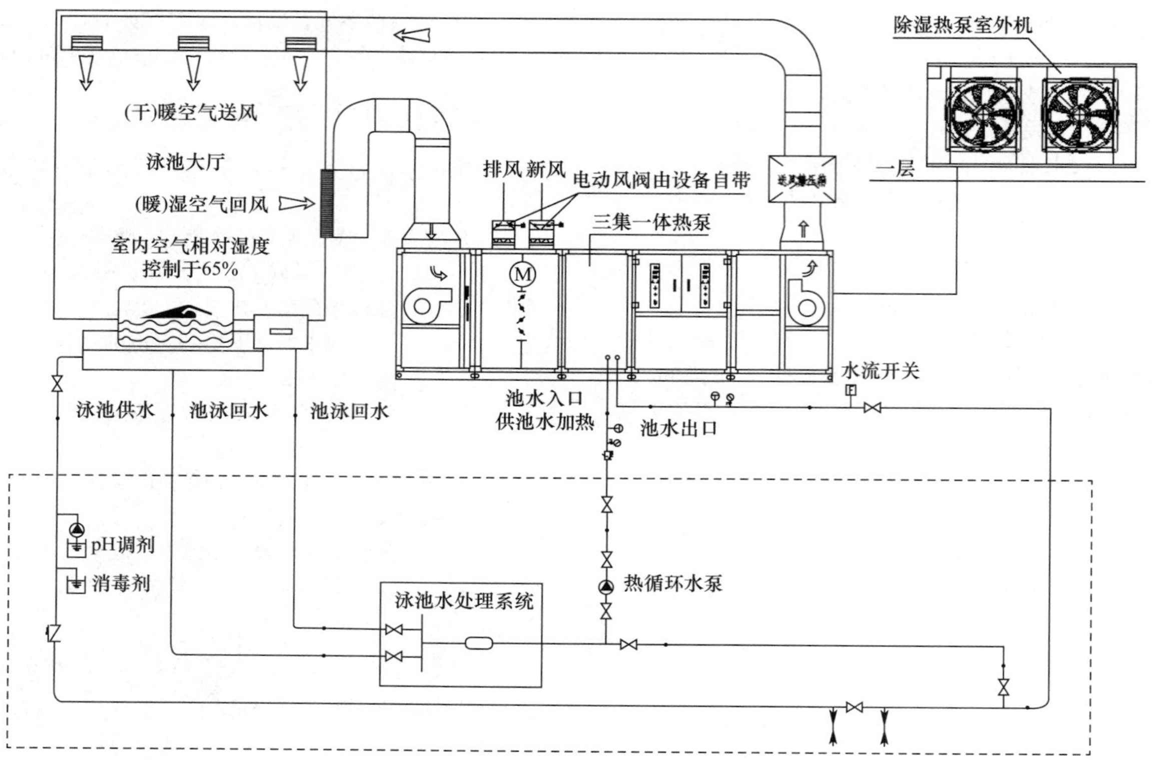

图 1　除湿热泵工艺流程图

设备参数表　　表 2

风量（m^3/h）	制冷量（kW）	制热量（kW）	除湿量（29℃，65%）（kg）
12500	126.9	96.6	61.0
压缩机功率（kW）	风机功率（kW）	风机压头（Pa）	名义/实际工况能效系数
10.4×2	5.5×2	450	4.6/4.0
室外机风机功率（kW）		热泵水流量（m^3/h）	
2.65×2		18.7	

3.2　风道设计

（1）送回风主风道风速取 6～8m/s，支管风速取 3～4m/s。

（2）送风管的布置，需根据池厅的现状、风量和除湿要求，结合室内高度，避免出现死风区，保持送风均匀；回风管及回风口可以集中布置。送回风管均设置消声装置。

（3）风口设计：由于泳池净高为 4.9m，为保证送风气流，尤其是冬季热风气流的送风效果，送风口采用自动感温可变风向的散流器，可根据冬夏送风温度的不同，改变射流形状，以达到末端风速 0.2～0.3m/s 的要求。

（4）风管材料：由于游泳池内空气为含氯热湿空气，故不能采用传统的镀锌钢板加保温的方式制作风管。可采用无机玻璃钢或酚醛复合材料。本项目的空调送、回、新、排风管均采用不燃型酚醛双面彩钢复合风管，板材厚度 20mm，导热系数为 0.021W/(m·℃)。

4　游泳池其他系统设计

4.1　围护结构防结露设计

（1）为防止冬季或过渡季节围护结构不结露，必须使内表面温度高于室内空气的露点温度 1～2℃。

（2）游泳池的围护结构传热系数远低于普通建筑，其保温材料宜采用水蒸气渗透阻小、不吸水或憎水材料。优先选用聚苯板或玻璃面板。

（3）保温层应采用外墙外保温方式。

（4）隔汽层宜选用水蒸气渗透阻值大的聚氨酯防水涂料，一般 1～1.5mm 厚刷两道。

4.2　池水恒温系统的设计

（1）根据本文 2.5 节的计算，泳池在正常运行时总耗热量为 66.163kW，小于热泵的供热量，故池水日常恒温完全可以通过热泵提供的回收热量来维持。

（2）池水初次加热耗能较大，需采用现有高温热源（本项目配有 120℃/70℃热水）和除湿热泵机组运行来并联完成，既节能又能满足快速加热的需求。

4.3　地板辐射供暖系统的设计

本项目游泳池周边地面采用低温地板辐射供暖系统，冬季与热风系统结合，既能保证游泳池不使用时的值班温度，又能让高大空间内活动人员的舒适度得以保证。热媒采用 50℃/40℃的低温热水，与会所的健身、淋浴、休息区共用系统。

4.4 消防设计

该泳池位于地下室内，泳池内设置有独立的机械排烟系统，对应设置机械补风机，机械补风系统的送风管道与空调送风管共用。同时，空调送回风管、排烟管上均设置防火阀。

5 结论

本项目采用配备新排风全热回收装置的三集一体除湿热泵机组，将室内热湿空气的热量重新转移到空气和池水中，实现了能源的再生循环，对降低运行能耗、提高室内舒适度，起到了相当有效的作用。

本项目投入使用以来，与传统的加热通风除湿系统相比，每年节省了约20%的能源及费用；室内环境良好，无滴水或墙面发霉现象；机组的全自动控制安全可靠，能根据季节转换调整模式，为运行管理提供了便利。

参考文献

[1] 陆耀庆. 实用供热空调设计手册 [M]. 2版. 北京：中国建筑工业出版社，2008.
[2] 魏文宇，丁高. 游泳馆空调设计 [M]. 北京：机械工业出版社，2004.

论文集

通风、防排烟、净化技术

风管系统中隔声毡的施工工艺研究与优化

上海市安装工程集团有限公司　梁　雄☆　汤　毅　沈慧华

摘　要　隔声毡作为一种新型的建筑材料，目前被运用于声学和降噪要求高的建筑中。而隔声毡的施工工艺如果不合理，会大大影响管道的消声性能，且如果隔声毡在安装或后期的运用中存在脱落的现象，往往会导致大量的返工。本文以上海音乐学院歌剧院为背景工程，对隔声毡在施工工艺结合实际教训，在上海交响乐团迁建工程的工艺基础上有所优化，同时对粘结胶水和环境对隔声毡粘结性能的影响作了比较分析。

关键词　风管　隔声毡　牢固性

0　引言

隔声毡作为一种新颖的建筑材料，由于其面密度较大，自身不易产生振动，贴附在薄钢板风管上可有效阻止风管管壁的振动，从而对风管起到良好的减振降噪效果。在上海交响乐团迁建工作中，我司首次在风管系统中运用了隔声毡，并证实了其对管道内消除噪声有一定的效果[1,2]。但当时由于对其施工的工艺正在探索阶段，而且工期紧张，未形成一套合理的技术体系来约束隔声毡的施工，从而导致隔声毡没有发挥出应有的隔声效果。为此，在上音歌剧院施工过程中，借助课题 AZ2018-02《高水准剧院机电降噪及声学测试技术研究》的基金支持，对隔声毡的施工方法进行优化研究，同时对隔声毡作了粘贴度试验，分析各类胶水及环境对施工的影响，供类似工程参考。

本项目位于上海音乐学院内，总建筑面积为 32536.02m^2，其中地下建筑面积为 17546.64m^2，地上建筑面积为 14989.38m^2，本项目地下 3 层，地上 5 层。根据建设要求，参考表 1，部分区域的声学要求为 NR17（NC12），对比国内各类同类建筑，目前最高的声学要求为 NR20（NC15），且越低要求越严格，施工难度越大[1]。因此在机电安装的各个专业实施过程中，必须严格参照设计的要求进行，同时作为有一定经验的大型机电承包商，应对以往的施工材料和技术工艺进行一定的优化，以确保项目顺利得到验收，为此，在隔声毡的施工过程中，也需要进行一定的研究。

本工程各区域最高噪声　　　表 1

区域或房间	噪声标准（*NR*）	区域或房间	噪声标准（*NR*）
管弦乐排演厅	17	歌舞排演室	25
歌剧厅	20	办公及会议室	40
其他区域（休息室、候场厅、展厅等）	40		

注：$L_A = NR + 5 = NC + 10$[3]（L_A 为声压级，单位 dB）

1　隔声毡施工工艺的优化及粘结性能研究

1.1　隔声毡施工工艺优化

本项目中，首先对于隔声毡的材料验收应严格，供货方必须出具合格的检测证明，确保隔声毡任意测试频率下的消声量应达到 10dB(A) 以上，如图 1 所示。在上海交响乐团迁建项目中，隔声毡在贴附后和应用过程中，一直存在脱落的现象，影响了系统的降噪效果。后期经过研究分析，造成此类现象的原因在于空调风管贴完隔声毡后仍需粘贴离心玻璃保温棉，而隔声毡在贴附过程中，与风管本体的粘结性能无法很好保证（如果施工过程中，隔声毡

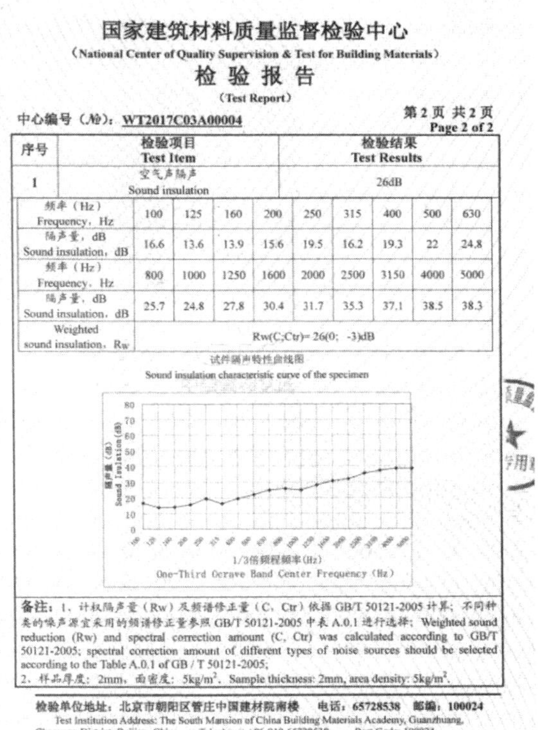
国家建筑材料质量监督检验中心
（National Center of Quality Supervision & Test for Building Materials）
检 验 报 告
（Test Report）
中心编号（№）：WT2017C03A00004　　第 2 页 共 2 页 Page 2 of 2

序号	检验项目 Test Item	检验结果 Test Results
1	空气声隔声 Sound insulation	26dB

频率（Hz）Frequency，Hz	100	125	160	200	250	315	400	500	630
隔声量，dB Sound insulation，dB	16.6	13.6	13.9	15.6	19.5	16.2	19.3	22	24.8
频率（Hz）Frequency，Hz	800	1000	1250	1600	2000	2500	3150	4000	5000
隔声量，dB Sound insulation，dB	25.7	24.8	27.8	30.4	31.7	35.3	37.1	38.5	38.3
Weighted sound insulation，Rw	Rw(C;Ctr)= 26(0; -3)dB								

试件隔声特性曲线图
Sound insulation characteristic curve of the specimen

备注：1、计权隔声量（Rw）及频谱修正量（C、Ctr）依据 GB/T 50121-2005 计算；不同种类的噪声源宜采用的频谱修正量参照 GB/T 50121-2005 中表 A.0.1 进行选择；Weighted sound reduction (Rw) and spectral correction amount (C, Ctr) was calculated according to GB/T 50121-2005; spectral correction amount of different types of noise sources should be selected according to the Table A.0.1 of GB / T 50121-2005;
2、样品厚度：2mm，面密度：5kg/m^2。Sample thickness: 2mm, area density: 5kg/m^2.

检验单位地址：北京市朝阳区管庄中国建材院南楼　电话：65728538　邮编：100024
Test Institution Address: The South Mansion of China Building Materials Academy, Guanzhuang, Chaoyang District, Beijing, China　Telephone: +86-010-65728538　Post Code: 100024

图 1　隔声毡检测报告

☆　梁雄，男，高级工程师。通讯地址：上海市塘沽路 390 号，Email：liangxiong@siegd.cn。

与风管本体之间存在细微的空隙，其粘结性能就会受到很大影响）；其次，保温棉与隔声毡之间如单纯使用保温钉固定的方式，保温钉无法钉在风管本体上，同时保温钉无法很好的兼顾保温层和隔声层，所以相比保温钉直接贴附在风管外部，更容易脱落，经过咨询及研究，得出以下一套比较科学的方法使得此问题得到解决。

本次得出的解决方法是：在隔声毡外侧使用 30mm 厚的镀锌铁皮包裹，不仅能起到加固隔声毡的作用，而且能将保温钉粘贴到此铁皮上，从而解决了保温棉无法粘贴的问题，如图 2 所示。

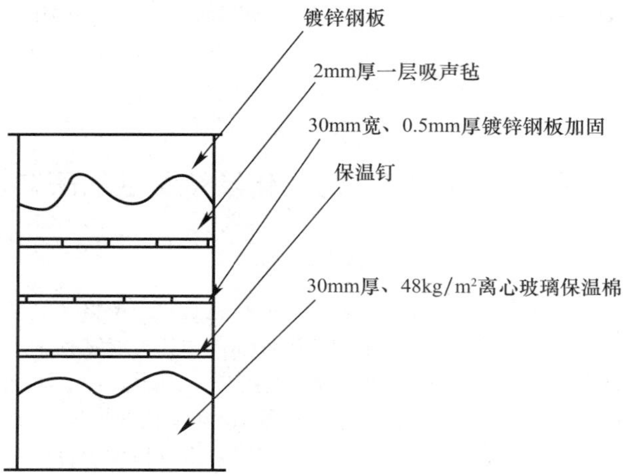

图 2　隔声毡施工工艺的优化

隔声毡的施工流程依次为：清理风管表面灰尘——隔声毡下料——隔声毡满刷胶水——风管表面满刷胶水——贴隔声毡——使用刮刀将隔声毡内气泡挤出并压平——使用木榔头将剩余不平整处敲平——将边角上多余的隔声毡割除——使用 30mm 厚镀锌钢条加固——清理隔声毡表面灰尘并放置在阴凉处。图 3 为本项目隔声毡在施工工艺上与上海交响乐团项目施工中的区别。

施工的具体步骤为

（1）将风管本体制作成型后，检查其内外表面有无污染、划伤、高低不平等质量缺陷，在漏风量检测合格后，放置于干净、通风良好的场所备用。

（2）将隔声层和保温层贴附在风管本体上，以隔声层为例，先将风管本体抬升至 0.5m 左右，清除风管本体表面上的灰尘，将隔声毡按照风管本体的尺寸进行裁剪后，在风管本体上满涂专用胶水，10min 内粘贴隔声毡；随后将贴完隔声毡的风管至于干净的通风处 24h 以上，最后附上保温材料。其中，隔声毡的裁剪必须至少两人配合完成，粘贴必须至少三人配合完成。具体裁剪时，一人负责固定靠尺，一人负责沿靠尺裁剪；粘贴时两人在相对的方向将裁剪下的隔声毡慢慢铺平，另一人在后面 0.5m 左右用靠尺轻刮或木槌轻敲以排除隔声毡与风管本体间的气泡。

（3）将保温钉和加固条按照风管的规格固定在风管上，并检查制作完成的风管，储存至通风良好的干燥环境下备用。

(*a*)

(*b*)

图 3　隔声毡贴附过程中的优化

（*a*）本项目隔声毡做法；（*b*）上海交响乐团项目隔声毡做法

1.2　隔声毡粘结性能研究

隔声毡粘贴过程中，胶水自身的性能也是影响最终粘贴牢固性的关键因素，因此，本次研究在隔声毡施工工艺优化的基础上，对胶水的选择及施工环境对粘结牢固性的影响做了研究，旨在区分不同性能参数的胶水以及在不同湿度环境下操作对粘结力的影响。试验方法是在隔声毡贴附后镀锌钢条未包裹前，在隔声毡表面按等面积原则粘上挂钩，挂钩上悬挂一定质量的砖块，在房间内静置一定的时间，观察其脱落情况并作出对比，若 48h 内没有发生脱落，则表明胶水合格，同时隔声毡的施工符合要求，接着再进行镀锌钢条的包裹，以形成另一道加固。

（1）胶水性能对粘结牢固度的影响

本次试验选用的三款胶水基本参数如表 2 所示，其中，胶水 1 的价格较便宜，胶水 3 的价格最高，比胶水 2 的价格高出 30%，是胶水 1 价格的 2.5 倍。

不同胶水的性能对比　　　表 2

胶水种类	粘合材料类型	胶水类型	剪切强度（MPa）	黏度
胶水 1	橡胶类等	环氧树脂粘结类	12	20
胶水 2	橡胶类等	聚乙烯醇胶	14	40
胶水 3	塑料金属类等	聚合物结构胶	15	35

每种胶水均贴附5节不同规格的风管，试验在隔声毡贴附48h后进行，以保证胶水的充分贴合以及胶水中有机物的充分挥发。试验前先检查隔声毡的贴附质量，确保其表面无可观察到的鼓起、褶皱、划伤等缺陷。试验过程中，48h内5节风管中的任意一节隔声毡表面如出现上述质量缺陷，则可认为外界重量对胶水的贴附力造成破坏，试验结束。

试验结果如图4所示，在相同质量的物体悬挂于同一规格风管的相同位置上时，使用胶水1的风管49min后就发生隔声毡翘起，如图4（*a*）所示，而胶水2和胶水3在48h内并没有发生明显的质量缺陷。

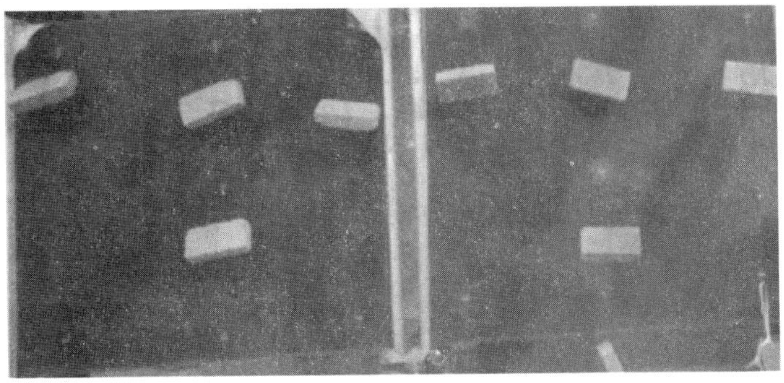

(*a*)

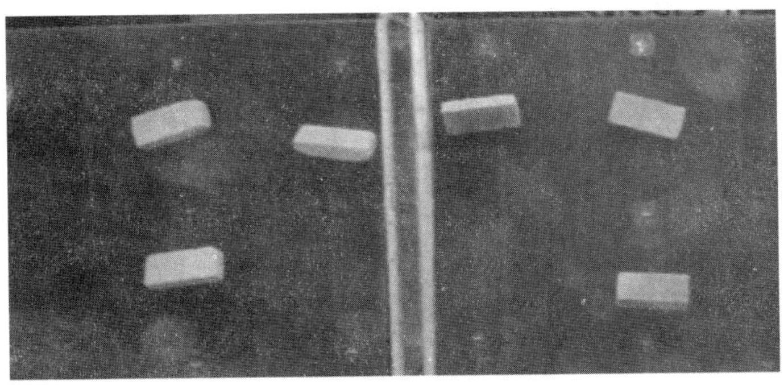

(*b*)

(*c*)

图4　不同种类胶水的粘结牢固性试验

（*a*）胶水1在试验周期内边角发生翘起；（*b*）胶水2在试验周期内没发生明显质量问题；（*c*）胶水3在试验周期内没发生明显质量问题

（2）室内环境对粘结牢固度的影响

在上海交响乐团迁建工程施工过程中，后期隔声毡脱落的关键原因，可能是由于隔声毡堆放在地下仓库，同时隔声毡的贴附工作因为施工空间的影响而在地下进行，造成了隔声毡长期处于比较潮湿的环境中，影响了贴附的牢固性。本工程后期也对此展开了针对性的试验，具体为隔声毡的储存和贴附分别在地上干燥环境和地下潮湿环境下进行，试验方法同上述方法，结果如图5所示。

对比图4（*b*）和图5（*b*），可见环境湿度对隔声毡会产生一定的影响，具体表现为同样使用胶水2进行隔声毡的粘贴，地上环境的试验效果优于地下环境；而对比图4（*a*）和图5（*a*），在使用胶水1的情况下，甚至出现了隔声毡的大面积脱落及试验重物掉落的情况。而胶水3由于其性能较好，在地下环境的试验过程中，没有发生明显的质量问题。

上述试验说明胶水1不适合风管隔声毡的施工，因此在项目进展过程中，应该对此予以重视，切勿盲目以减少施工成本为目的而使用性能太差的材料，从而导致后期的隔声毡脱落。本次试验结果表明，隔声毡的贴附宜在室外干燥通风良好的环境下进行，如此可使用经济性较好的胶水 2，如隔声毡的贴附必须在地下进行时，则推荐使用胶水 3。

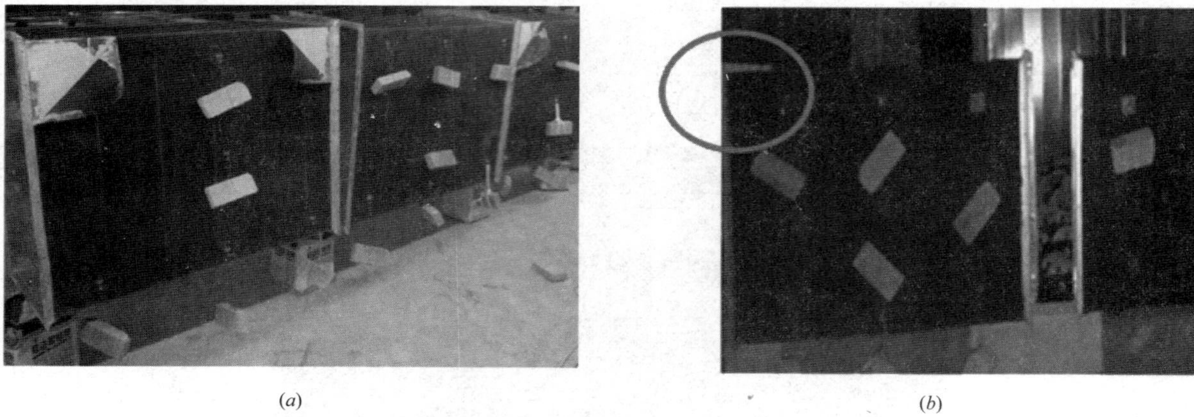

图 5　环境对隔声毡粘结力的影响

(a) 使用胶水 1、地下环境施工，隔声毡大面积脱落，砖块掉落；(b) 使用胶水 2、地下环境施工，隔声毡边角产生鼓泡；(c) 使用胶水 3，地下环境对粘结力影响不大

2　结论

本文以上音歌剧院为背景工程，对隔声毡的施工工艺进行了优化，并对隔声毡在不同种类胶水、不同环境下进行施工进行了粘结牢固性试验，得到了以下结论。

(1) 风管隔声毡镀锌钢条外包的形式能很好加强隔声毡与风管本体的连接性能，解决隔声毡脱落的问题。

(2) 对比三种胶水对风管本体的粘结牢固性，地上试验中显示胶水 2 和胶水 3 都满足试验要求，而经过经济性比较，证实了胶水 2 最适合运用于通风与管道工程中。

(3) 隔声毡粘贴过程中，环境湿度是影响牢固性的关键因素之一，因此一定要在通风良好且湿度满足要求的地上进行隔声毡粘贴。

参考文献

[1]　陈晓文，汤毅，卢佳华，等. 音乐剧场空调系统安装工程中降噪措施的实施 [J]. 制冷与空调，2014 (11)：85-88.
[2]　汤毅. 世界级高水准音乐厅的空调系统消声研究与示范 [J]. 安装，2017 (1)：45-48.
[3]　宣明. 北京国际俱乐部饭店改造工程空调设计综述 [J]. 制冷，2011 (1)：45-50.

公共建筑节能设计中外窗自然通风设计指标的简化与应用

福建省建筑科学研究院有限责任公司，福建省绿色建筑技术重点实验室　胡达明☆　李晓宇　林伟建　吴　柱

摘　要　从公共建筑节能设计中外窗自然通风设计指标计算繁琐的问题入手，研究了有效通风换气面积与通风开口面积在建筑节能设计中存在的差异，提出了采用通风开口面积替代有效通风换气面积的观点，并给出了在不降低节能设计要求的条件下简化外窗通风设计的方法，为编制公共建筑节能设计地方标准提供了参考。

关键词　建筑节能　自然通风　外窗　有效通风换气面积　通风开口面积　公共建筑

0　引言

自然通风是无能耗的通风方式，合理的自然通风不仅可以改善室内空气质量，也可以节能并改善室内热环境[1]。建筑外窗的通风开口，是影响建筑自然通风效果的关键因素[2~6]。《公共建筑节能设计标准》GB 50189—2015 已于 2015 年 10 月起实施，该标准为国家工程建设标准，适用于新建、扩建和改建的公共建筑节能设计，是我国建筑行业最重要的设计标准之一[7]，在该标准中明确提出了“有效通风换气面积”这一指标和要求，以加强建筑自然通风设计。但是，在实际建筑节能设计时，有效通风换气面积的设计计算过程较为繁琐，是否存在更加简便易行的其他设计方法，或在各地编制公共建筑节能设计的地方标准时，是否有可以进一步改进的地方，是值得商榷的问题。

1　有效通风换气面积的提出

公共建筑室内人员密度一般较大，建筑室内空气流动，特别是自然、新鲜空气的流动，是保证建筑室内空气质量符合国家有关标准的关键。无论在北方地区还是在南方地区，在春、秋季节和冬、夏季节的某些时段普遍有开窗加强房间通风的习惯，这也是节能和提高室内热舒适性的重要手段。外窗的开启面积过小会严重影响建筑室内的自然通风效果，室外气象条件下，可以通过开启外窗通风来获得热舒适性和良好的室内空气品质[8]。故《公共建筑节能设计标准》GB 50189—2015 提出了“有效通风换气面积”这一概念，即有效通风换气面积应为开启扇面积和窗开启后的空气流通界面面积的较小值。控制“有效通风换气面积”是公共建筑节能设计中重要的自然通风措施。

在实际工程节能设计时，外窗的开启面积是比较容易确定的，通常情况下开启面积可由施工图设计文件的门窗大样图中的门窗开启扇大小来确定；但由于有效通风换气面积还需考虑窗开启后的空气流通界面面积，这就使得设计工作变得繁琐。以上悬窗为例（见图 1），活动扇面积可按式（1）计算，空气流通界面面积为两侧三角形面积与底面矩形面积之和，按式（2）计算。根据计算结果，有效通风换气面积应取活动扇面积和窗开启后的空气流通界面面积的较小值。

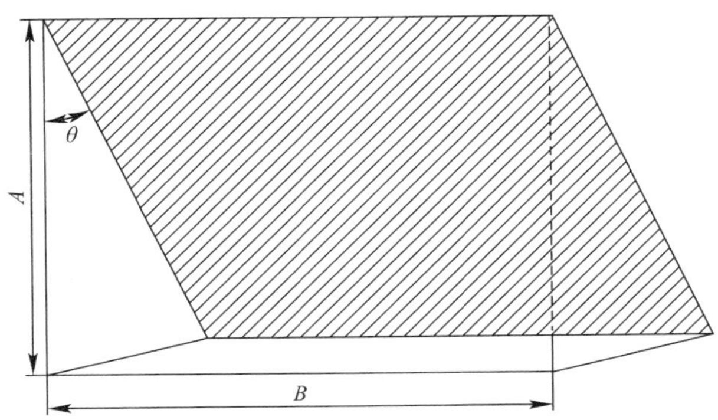

图 1　有效通风换气面积计算示意图

$$S_1 = AB \tag{1}$$

$$S_2 = A^2\sin\theta + 2AB\sin\frac{\theta}{2} \tag{2}$$

式中　S_1——活动扇面积，m²；

S_2——空气流通界面面积，m²；

A——活动扇高度，m；

B——活动扇宽度，m；

θ——活动扇开启角度（°）。

因此，除推拉窗外，以平开、旋转等形式打开的外窗，均需要依据开启扇的外形尺寸和开启角度进行空气流通界面面积的计算才能确定有效通风换气面积。此外，由于建筑设计中采用的外窗大小和开启形式往往不是唯一的，施工图设计文件的门窗表中十几种或几十种外窗是很常见的，这就需要对这些外窗的有效通风换气面积进行逐一计算，对设计人员来说，无疑是比较繁琐的。

2　外窗自然通风设计指标的比较分析

2.1　通风开口面积及其特点

在《夏热冬暖地区居住建筑节能设计标准》JGJ 75—2012 第 4.0.13 条中提出的通风设计指标为“通风开口面

☆　胡达明，男，副所长，高级工程师。通讯地址：福建省福州高新区创业路 8 号万福中心 3 号楼 1607 号，Email：hoodaming@163.com。

积”，即当活动扇开启角度大于或等于45°时，通风开口面积应为开启面积；当活动扇开启角度小于45°时，通风开口面积应为开启面积的1/2[9]。由于该方法没有涉及空气流通界面面积的计算，而是在开启角度方面进行了限制或修正，从而使得通风开口面积的确定趋于简便。从多年夏热冬暖地区建筑节能设计的实践来看，该方法也是较为简单易行的。

2.2 有效通风换气面积与通风开口面积的比较

依据“通风开口面积”和“有效通风换气面积”的物理意义，二者的区别和联系如下：

（1）当外窗为推拉窗时，有效通风换气面积与通风开口面积在数值上是相等的，均等于开启面积。

（2）当外窗开启扇为平开或旋转方式开启且开启角度大于或等于45°时，有效通风换气面积与通风开口面积在数值上是相等的，均等于开启面积。

（3）当开启扇的开启角度大于或等于45°时，有效通风换气面积有可能是开启扇面积，也可能是空气流通界面面积；通风开口面积等于开启面积。

（4）当开启扇的开启角度小于45°时，有效通风换气面积有可能是开启扇面积，也可能是空气流通界面面积；通风开口面积等于开启面积的1/2。

因此，这对以上第（1）、（2）种情况，是比较简单的，有效通风换气面积与通风开口面积只有表述方式存在差异，其本质是一致的；对于第（3）、（4）种情况，需针对不同的外窗开启扇尺寸和开启角度进行计算及比较分析。因此，以扇宽1000mm，高度分别为500mm，800mm，1000mm，1200mm，1500mm，1800mm，2000mm，2500mm的外上悬扇为例，开启角度分别取60°、45°、30°、15°，分别计算其有效通风换气面积与通风开口面积。

当开启角度大于或等于45°时（见图2）：有效通风换气面积应为开启扇面积和窗开启后的空气流通界面面积的较小值，经图2分析，显然不同尺寸、不同开启角度的开启扇的空气流通界面面积均大于开启面积，故在这种条件下有效通风换气面积应为开启面积；开启角度大于或等于45°时，通风开口面积应为开启面积。所以可以确定：当开启角度大于或等于45°时，有效通风换气面积与通风开口面积在数值上是相等的，也均等于开启面积。

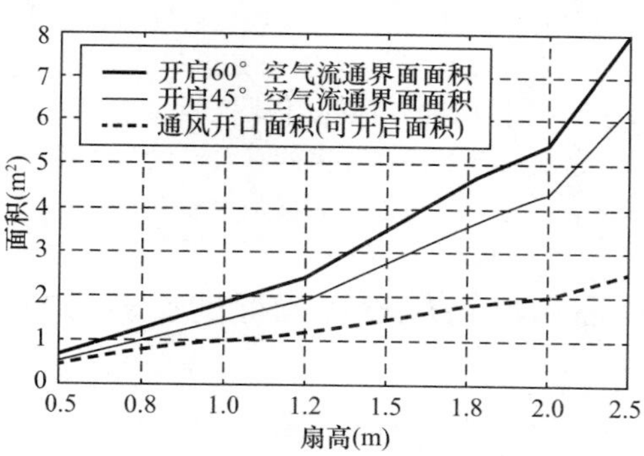

图2 开启角度大于或等于45°时的差异

当开启扇的开启角度小于45°时（见图3）：通风开口面积应为开启面积的1/2；绝大多数情况下，空气流通界面面积和开启面积（即2倍通风开口面积）均大于通风开口面积，仅在开启角度较小且扇高不大的情况下空气流通界面面积与通风开口面积数值接近。可以认为在这种条件下有效通风换气面积要大于通风开口面积。

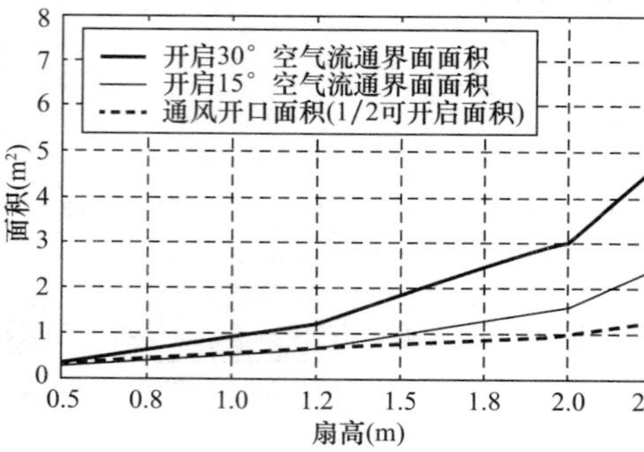

图3 开启角度小于45°时的差异

综上所述，在公共建筑节能设计中，作为外窗自然通风的主要措施，在大多数情况下，有效通风换气面积与通风开口面积在数值上是相等的，仅在开启扇的开启角度小于45°时，有效通风换气面积要大于通风开口面积。所以采用通风开口面积来替代有效通风换气面积是可行的。

（1）上悬窗与平开窗等以旋转方式开启的外窗的差异仅在于前者以水平轴旋转的方式开启，后者以垂直轴的方式开启，但是两者的有效通风换气面积计算原理是一样的。因此，虽然上述计算分析以上悬窗为例，其结论同样适用于平开窗等其他以旋转方式开启的外窗。

（2）总体来说，以通风开口面积作为外窗自然通风的设计指标比采用有效通风换气面积更加严格、更加保守，若在公共建筑节能设计中使用该指标，将有利于加强建筑自然通风和建筑节能。

（3）通风开口面积作为自然通风的设计指标，从《夏热冬暖地区居住建筑节能设计标准》JGJ 75—2012颁布实施以来，在夏热冬暖地区已经实施多年，其方法简单易行，避免了大量的计算，具备较好的可操作性。也正因如此，福建省颁布实施的《福建省公共建筑节能设计标准》DBJ 13-305-2019中采用了通风开口面积这一指标。

3 外窗自然通风的简化设计

在建筑设计中，建筑师不可避免地会用到推拉窗、折叠推拉窗、平开窗、悬窗、立转窗，甚至推拉下悬窗、内开内倒窗等各式各样的外窗。不同外窗的通风设计，对于建筑师来说，最简单的设计方式莫过于能给出列表式或菜单式指标，直接进行选用，即可进一步简化设计。

虽然外窗类型多种多样，但关于通风设计指标，只需对开启方式进行分析归类，分别给出各种窗对应的设计要求。总体来说外窗的开启方式不外乎推拉、平开、旋转这三种或这三种方式的组合形式。不同类型的外窗的通风开口面积可按如下原则确定：

（1）对于采用单侧推拉开启方式的活动扇（典型形式见图4），通风开口面积应为活动扇面积。

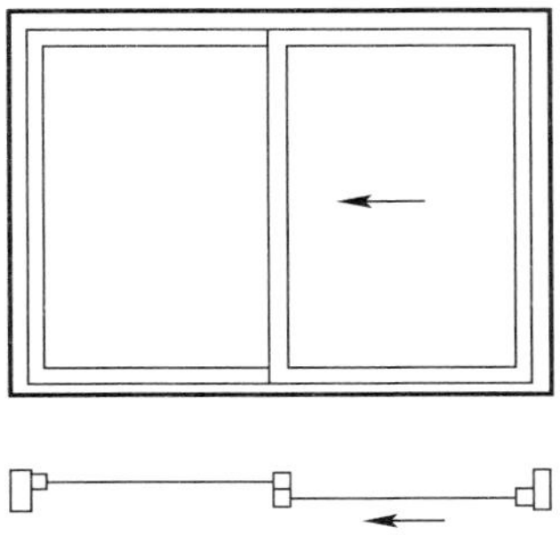

图 4　单侧推拉开启方式示意图

（2）对于采用双侧推拉开启方式的活动扇（典型形式见图 5），通风开口面积应为活动扇面积的一半。

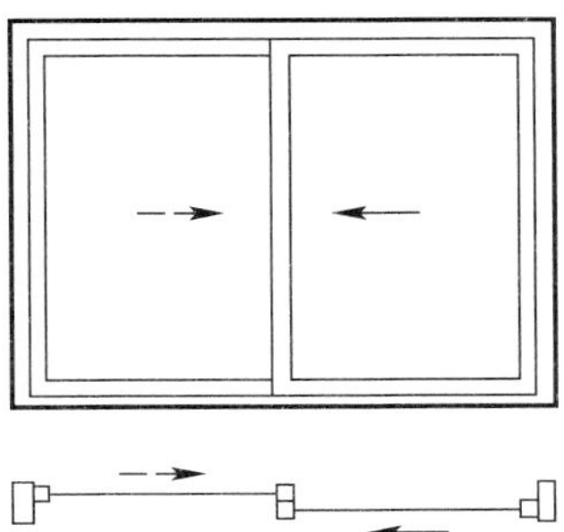

图 5　双侧推拉开启方式示意图

（3）对于采用折叠推拉开启方式的活动扇（典型形式见图 6），通风开口面积应为活动扇面积。

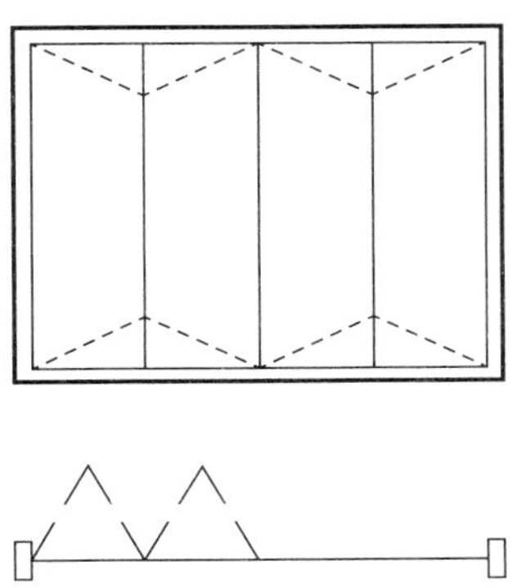

图 6　折叠推拉开启方式示意图

（4）对于平开、旋转开启方式的窗，常见的有平开窗、悬窗、立转窗等（典型形式见图 7、图 8、图 9），这种情况下应依据活动扇开启角度来判定开启面积。

（5）除上述几种情况外，还可能遇到一些特殊情况，在确定通风开口面积时应取最大通风开口面积（即当需要进行自然通风时，外窗所能提供的最大通风能力）：

1）如推拉下悬窗（见图 10），其开启方式既有旋转，又有推拉。如果按单侧推拉开启方式考虑，通风开口面积应为活动扇面积，若按旋转开启方式，由于开启角度小于 45°，则通风开口面积应为活动扇面积的 50%。这种情况下，通风开口面积应取最大通风开口面积，即活动扇面积。

2）如内平开下悬窗（见图 11），通常也称为内开内倒窗，其开启方式既有旋转，又有平开。如果按平开开启方式考虑，通风开口面积应为活动扇面积（平开开启角度大于 45°），若按旋转开启方式，由于开启角度小于 45°，则通风开口面积应为活动扇面积的 50%。这种情况下，通风开口面积应取最大通风开口面积，即活动扇面积。

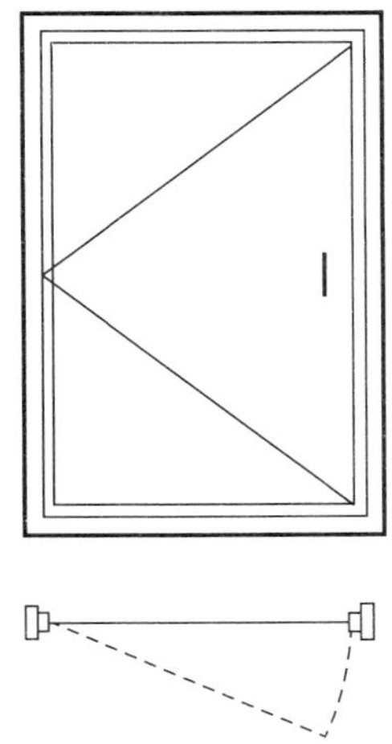

图 7　平开开启方式示意图

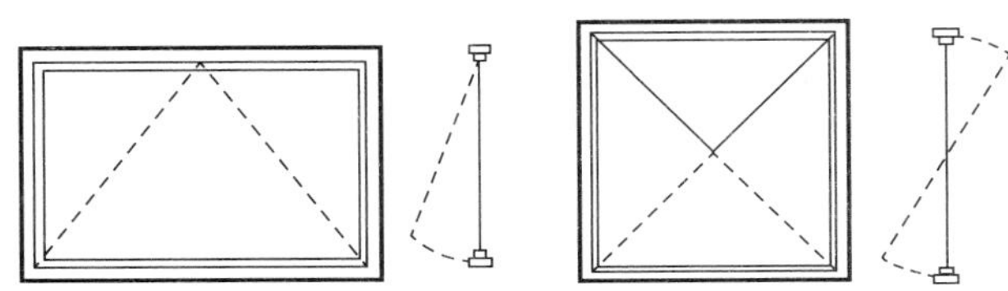

(*a*)　　(*b*)

图 8　悬窗开启方式示意图

（*a*）上悬；（*b*）中悬

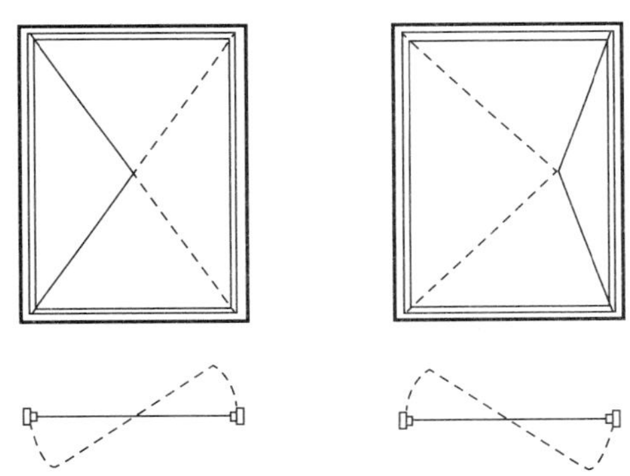

(*a*)　　(*b*)

图 9　立转窗开启方式示意图

（*a*）中轴立转；（*b*）偏心轴立转

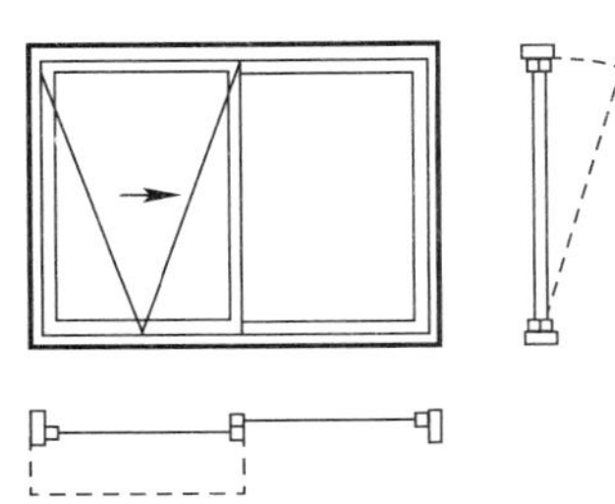

图 10　推拉下悬窗开启方式示意图

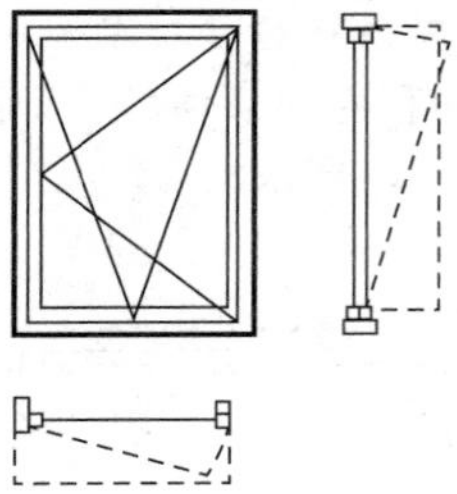

图 11　平开下悬窗开启方式示意图

此外，在计算通风开口面积时，为了简化设计，可不考虑外窗型材对通风开口面积的影响，如：对于不带固定扇的对开推拉窗，通风开口面积可按整窗面积的 50%计；对于不带固定扇的平开窗，当活动扇开启角度大于或等于 45°时，通风开口面积可按整窗面积计。

通过上述分析，为了进一步简化设计，结果归类总结后，建筑外窗通风开口面积可直接按表 1 的规定执行。

通风开口面积的确定　　　　表 1

活动扇开启方式		通风开口面积
推拉	单侧推拉	应为活动扇面积
	双侧推拉	应为活动扇面积的 50%
	折叠推拉	应为活动扇面积
平开、旋转	活动扇开启角度大于或等于 45°	应为活动扇面积
	活动扇开启角度小于 45°	应为活动扇面积的 50%

注：本表已经写入《福建省公共建筑节能设计标准》DBJ 13-305-2019。

4　结论

建筑外窗的自然通风设计是公共建筑节能设计的重要内容，在公共建筑节能设计中采用通风开口面积替代公共建筑节能设计中的有效通风换气面积，可以在不降低建筑节能要求的条件下较大限度简化节能设计，兼具较好的可操作性，同时也是福建省等其他各省市在符合国家节能设计标准要求的前提下编制公共建筑节能设计地方标准的可行措施。

参考文献

[1] 陈晓扬，仲德崑．被动节能自然通风策略 [J]．建筑学报，2011 (9)：34-37.

[2] Tobias Schulze，Ursula Eicker．Controlled natural ventilation for energy efficient buildings [J]．Energy and Buildings，2013，56 (7)：221-232.

[3] 谢勇．基于 CFD 的大空间建筑自然通风优化设计 [D]．广州：华南理工大学，2012.

[4] 郑浩，童艳，王昶舜，等．高大空间建筑上部开口驱动自然通风应用潜力 [J]．暖通空调，2017，47 (9)：125-130.

[5] 陈湛．绿色建筑中协同作用的自然通风设计 [J]．工业建筑，2016，46 (12)：26-30.

[6] 胡蜜，亢燕铭，杨秀峰．开口面积对自然置换通风影响的实验研究 [J]．建筑热能通风空调，2014，33 (1)：17-20.

[7] 徐伟，邹瑜，陈曦国家标准《公共建筑节能设计标准》GB 50189—2015 [J]．建设科技，2014 (16)：39-45.

[8] 中国建筑科学研究院．公共建筑节能设计标准．GB 50189—2015 [S]．北京：中国建筑工业出版社，2015.

[9] 中国建筑科学研究院，广东省建筑科学研究院．夏热冬暖地区居住建筑节能设计标准．JGJ 75—2012 [S]．北京：中国建筑工业出版社，2012.

窗户形式对开放式办公建筑自然通风的影响研究①

中国建筑西北设计研究院有限公司　周　敏　杨春方
西安建筑科技大学　吴宇贤☆　谢雨辰　王晶轩

摘　要　通过 Airpak 计算流体模拟软件，建立推拉窗、内平开窗、外开上悬窗三种开窗方式的自然通风物理模型，并加入不同室外风速这一变量，以室内速度、空气龄作为通风的评价指标，对室内通风效果进行模拟分析，并给出了在不同风速下选用窗户开启方式的建议。
关键词　Airpak　窗户形式　室内风速　空气龄　自然通风

0　引言

自然通风作为建筑节能的重要措施之一，既可以显著改善室内环境质量和提高舒适度，还可以有效降低建筑能源消耗，减少建筑的初始投资和运行费用[1-3]。研究表明，与采用机械通风的办公室相比，采用自然通风的办公室每年大约节省的冷却能量为 14～41kWh/m²[4]，具有相当大的自然通风节能潜力。

对于办公建筑，通风效果不仅受室内外温差、太阳辐射、风速和风向等环境因素的影响，还与建筑窗户开窗面积大小、窗户形式等有着密切关系[5]。本文利用 Airpak 软件，对推拉窗、内平开窗、外开上悬窗三种窗户形式的室内通风效果进行数值模拟。采用室内风速、空气龄作为评价指标，对三类窗户形式在不同室外条件下的通风效果进行分析，为室内窗户形式的选取提供参考。

1　建筑概况

研究对象为西安某开放式办公建筑，办公建筑长宽高分别为 30m、30m、40m，内部核心筒，长宽分别为 5m、5m，办公区域围绕着核心筒。该建筑共 10 层，层高为 4m，吊顶高度为 3m，面积为 8800m²，窗户四周均匀分布在外墙上。每片开启扇面积为 0.6m×1.3m，窗台高度为 0.9m，东、西、南、北外墙分别有 18 片可开启的窗扇。建筑有效通风面积占外墙面积的 11.7%，符合《公共建筑节能设计标准》GB 50189—2015 的要求。办公建筑平面图及立面图见图 1 和图 2。

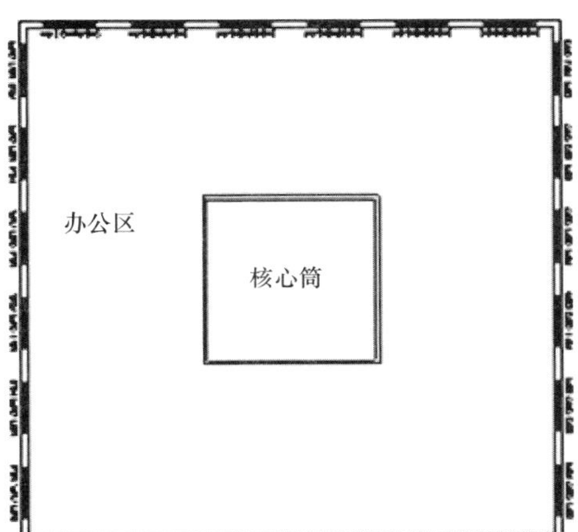

图 1　建筑平面图

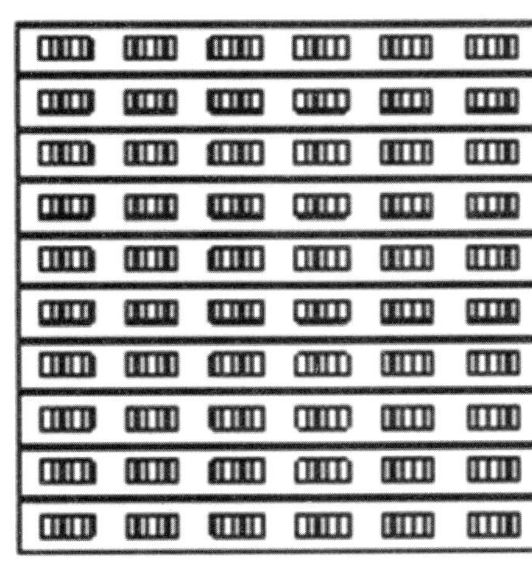
图 2　建筑立面图

2　模型与边界

2.1　建模及网格划分

选择第五层作为模拟对象，按照平面图实际尺寸，利用 Airpak 软件建立三维模型，生成精细六面体网格，对窗户进行局部加密，提高网格质量，一共有 116770 个网格。模型及网格见图 3 和图 4。

2.2　边界条件的设定

西安过渡季节主导风向为东北风，因此东外窗和北外

☆　吴宇贤，通讯地址：陕西省西安市未央区文景路中段 98 号，Email：1193736163@qq.com。
①　陕西省重点科技创新团队计划项目（项目编号：2016KCT-22），超高层建筑窗户特性及应用研究（项目编号：LSKF-2019），“十三·五”国家重点研究计划（项目编号：2018YFC0704506）

图 3　建筑模型

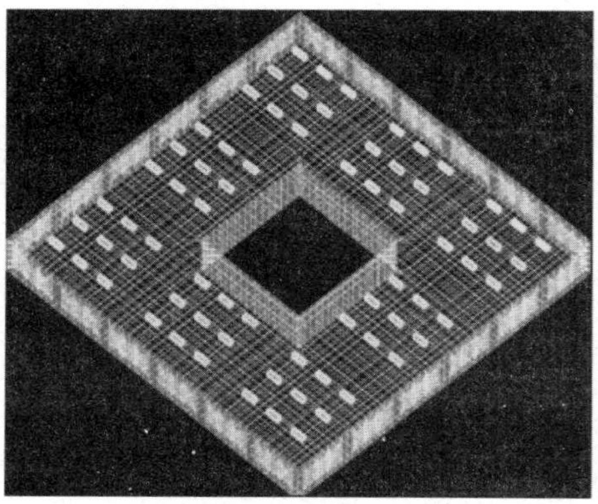

图 4　模型网格

窗的边界条件设为速度入口，并且假定自然风在房间内充分发展，南外窗和西外窗设为自由出流，地面、屋顶和外墙设置为 wall。室内空气流动一般属于不可压缩气体，低速湍流[6-7]，在流场变量计算时采用 SIMPLE 算法和标准 K-ε 双方程湍流模型，连续性方程、动量方程、K 方程和 ε 方程如下：

连续性方程：

$$\frac{\partial \rho}{\partial t} + \nabla \cdot (\rho u) = 0$$

动量方程：

$$\frac{\partial}{\partial t}(\rho u_i) + \frac{\partial}{\partial x_i}(\rho u_i u_j) = -\frac{\partial p}{\partial t} + \frac{\partial \tau_{ij}}{\partial x_i} + F_i$$

K 方程：

$$\frac{\partial(\rho K)}{\partial_t} + \frac{\partial(\rho K u_i)}{\partial x_i} = \frac{\partial}{\partial x_j}\left[\left(\mu + \frac{\mu_t}{\sigma_k}\right)\frac{\partial k}{\partial x_j}\right] + S_k - \rho\varepsilon$$

ε 方程：

$$\frac{\partial(\rho\varepsilon)}{\partial_t} + \frac{\partial(\rho\varepsilon u_i)}{\partial x_i} = \frac{\partial}{\partial x_j}\left[\left(\mu + \frac{\mu_t}{\sigma_\varepsilon}\right)\frac{\partial \varepsilon}{\partial x_j}\right] + C_{1\varepsilon}\frac{\varepsilon}{K} + S_k - C_{2\varepsilon}\rho\frac{\varepsilon^2}{K}$$

离散格式设置为：压力和动量为二阶迎风格式，K 和 ε 设置为一阶迎风格式；松弛因子保持默认值；为了得到更高的精度，将流动方程的收敛原则取 1×10^{-4}，湍流动能 K 和湍流耗散率 ε 的收敛原则取 1×10^{-2}。

2.3　参数设置

室外风速分别取 1.4m/s、2.2m/s，模拟计算在不同室外风速条件下，窗户形式对自然通风的影响。推拉窗、内平开窗、上悬窗的开启扇均全部开启，三种窗户形式开启扇面积总和相等，其中外开上悬窗的开启角度为 15°。具体工况见表 1。

工况统计表　　表 1

工况	风速（m/s）	窗户形式
工况一	1.4	推拉窗
工况二	2.2	推拉窗
工况三	1.4	内平开窗
工况四	2.2	内平开窗
工况五	1.4	外开上悬窗
工况六	2.2	外开上悬窗

3　模拟结果分析

以坐姿头部位置的高度作为分析截面，即室内高度 z=1.2m 处，来反映办公室内的通风状况，评价指标有两个：(1) 室内风速，绝大数人可以接受的工作区处的舒适风速为 0.2～0.5m/s[8-9]。因此将室内风速低于 0.2m/s 的区域定义为静风区，该风速不会对人体热舒适产生影响；将室内风速介于 0.2～0.5m/s 的区域定义为中风区，该风速对人体热舒适会产生一定影响；将室内风速大于 0.5m/s 的区域定义为高风区，对人体热舒适会产生有较大影响[9]。(2) 空气龄作为室内健康通风的评价指标，空气龄在 300s 内[10]时室内的通风效果较好。

3.1　室内风速分析

由图 5～10 的风速云图可见，采用推拉窗时室内平面风速分别为 0.43m/s、0.66m/s。采用内平开窗时室内平面风速分别为 0.39m/s、0.55m/s。采用外开上悬窗时，室内平面风速分别为 0.18m/s、0.33m/s。采用推拉窗时的室内平均风速最大，上悬窗时室内平均风速最小，内平开窗时室内平均风速居中，随着室外风速由 1.4m/s 增加至 2.2m/s 时，三种窗户形式的室内平均风速增加了 50%。也说明了室外风速和窗户形式会影响室内的气流组织。

通过 Ansys 软件处理速度云图，得到 z=1.2m 处不同风速范围所占面积与室内面积的比值，见图 11 和图 12。

由图 11 和图 12 可见，当室外风速为 1.4m/s 时，平开窗室内中风区占比约 50%，室内通风效果最佳。当室外风速为 2.2m/s 时，上悬窗室内中风区占约 34%，室内通风效果较好。

从室内风速分布均匀度的角度分析，室外风速无论是 1.4m/s 还是 2.2m/s 时，室内高风区占比约 50%，虽然采取推拉窗通风量大，但对靠近迎风面窗户附近的工作人员产生吹风感，导致舒适度下降。

当采用内平开窗时，因为气流经过内平开窗时处于平行流动状态，但是气流进入室内后，开启扇对气流进行阻挡，在一定程度上引导了气流组织，也减小室内的风速。但是，内平开窗对 1.4m/s 风速的阻挡有明显的效果，而对 2.2m/s 风速的阻挡效果不大。

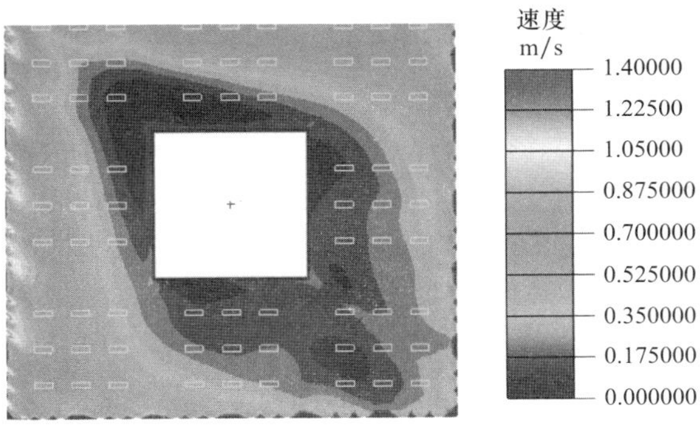

图 5　工况一速度云图

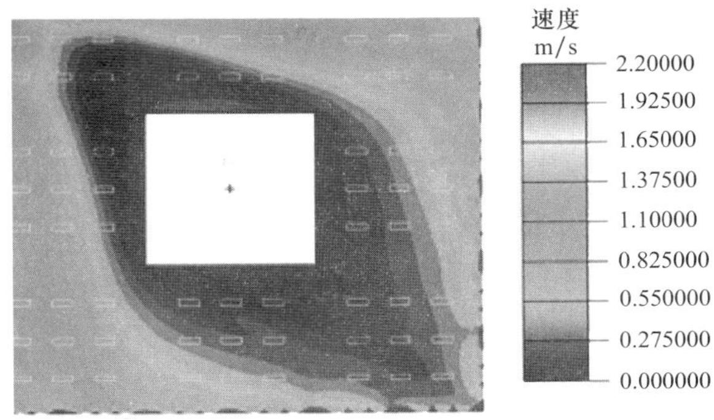

图 6　工况二速度云图

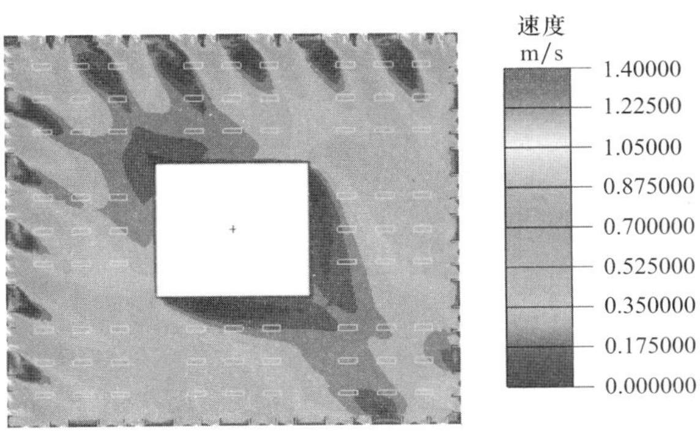

图 7　工况三速度云图

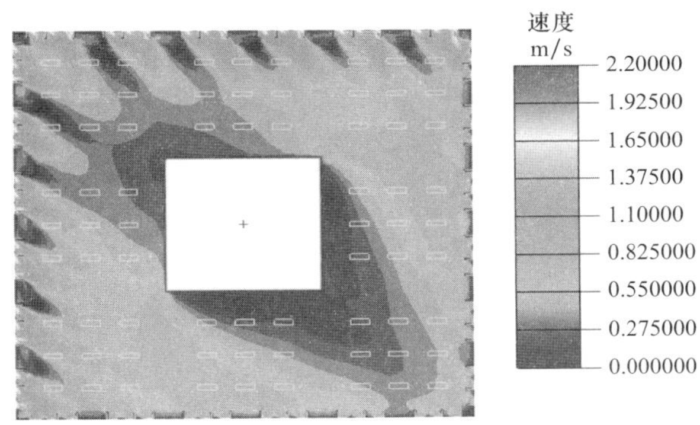

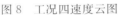

图 8　工况四速度云图

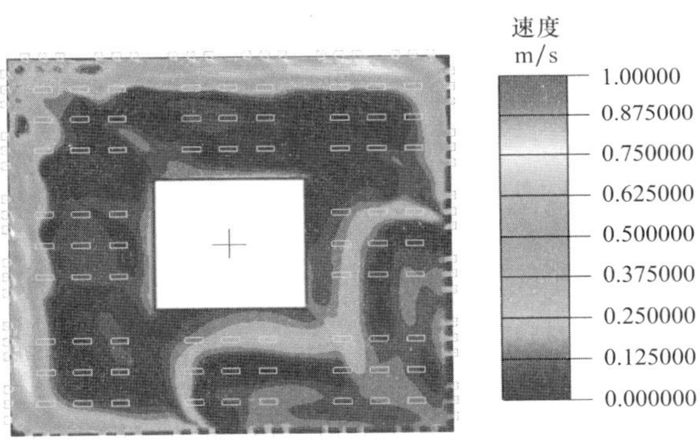

图 9　工况五速度云图

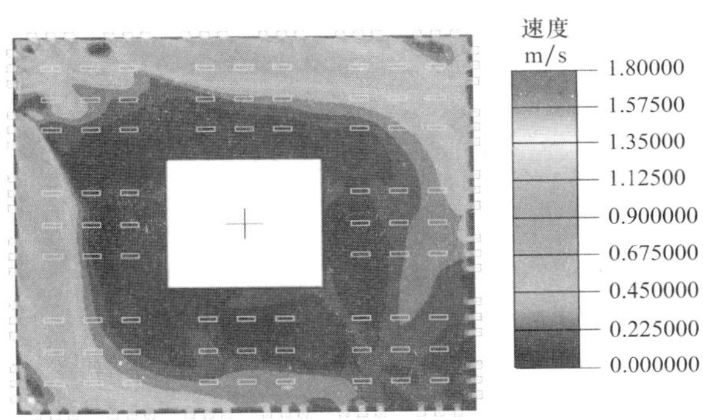

图 10　工况六速度云图

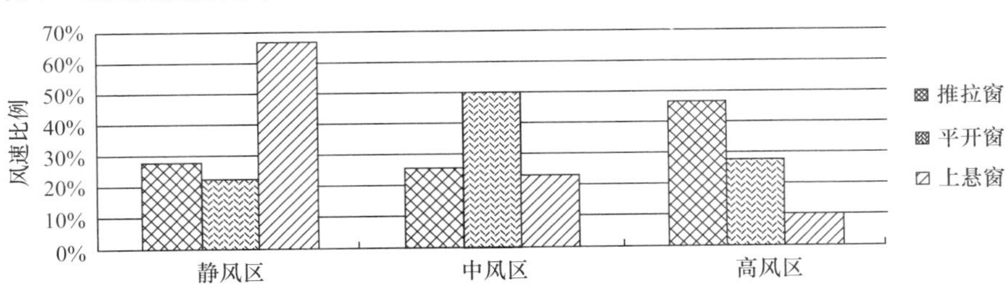

图 11　室外风速为 1.4m/s 时的室内风速面积比

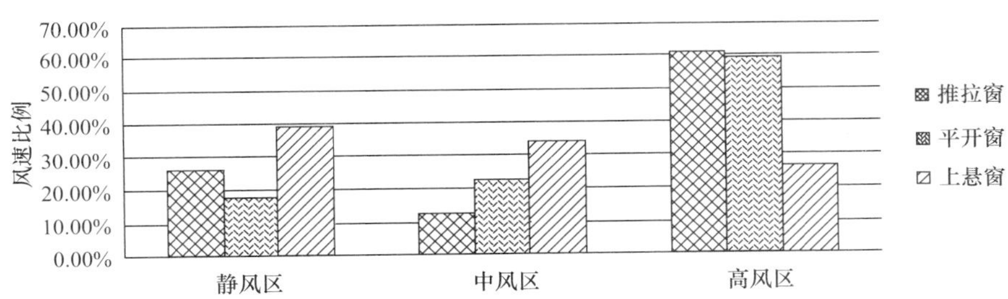

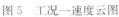

图 12　室外风速为 2.2m/s 时的室内风速面积比

当采用外开上悬窗时，由于外开上悬窗窗扇的阻挡作用，使下部气流向室内上部倾斜，室内气流分布不均匀，同时气流流经外开上悬窗后无论是速度还是气流方向都会发生了改变，风速要明显低于其他的窗户形式。随着室外风速的增大，室内中风区的面积也增大，室内的通风得到了改善。

3.2 室内空气龄分析

空气龄越小代表室内的空气越新鲜，从云图可以发现，推拉窗、内平开窗、外开上悬窗三种窗户形式对室内空气龄的分布规律没有很显著的区别（见图 13～图 18），均呈现着在迎风面处的工作区空气龄小，背风面处的工作区空气龄大的分布规律。

由图 13～图 18 的空气龄云图可以看出，室外风速无论在 1.4m/s 还是 2.2m/s，室外气流流经推拉窗和内开窗时，气流没有受到约束，直接进入室内，得到了充分发展，空气龄分布在 300s 以下，空气逗留室内时间比较短，空气较新鲜，只靠单纯的窗户自然通风基本上可以满足室内人员的需求。在不同风速下，采用外开上悬窗时室内空气龄最大值分别为 322s、255.6s。当室外风速为 1.4m/s 时，背风面局部区域空气龄大于 300s，空气在室内逗留的时间较长，室内环境较差，仅仅依赖自然通风难以满足；室外风速增加至 2.2m/s 时，室内空气龄得到了改善。

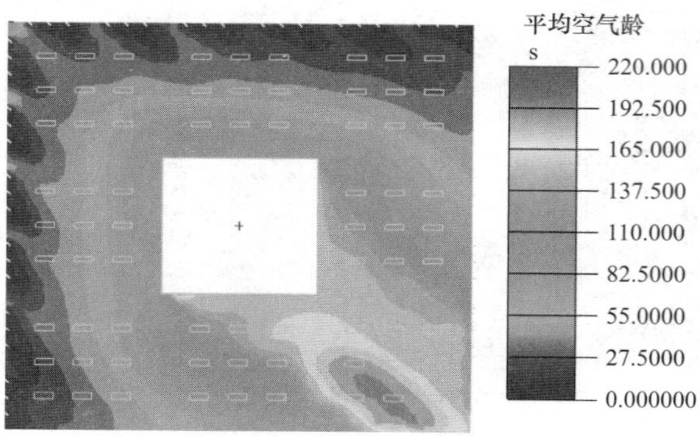

图 13　工况一空气龄云图

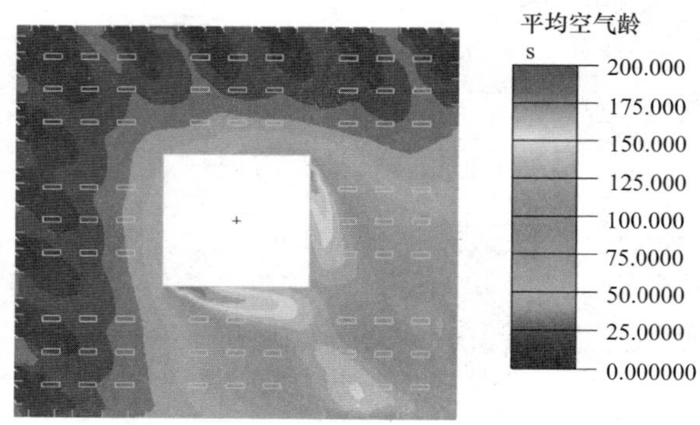

图 14　工况二空气龄云图

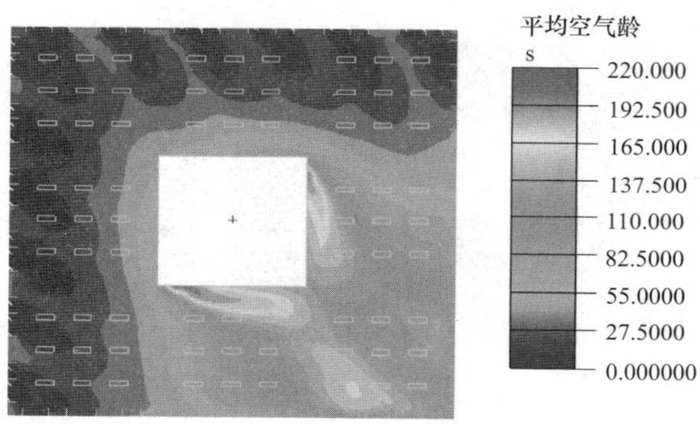

图 15　工况三空气龄云图

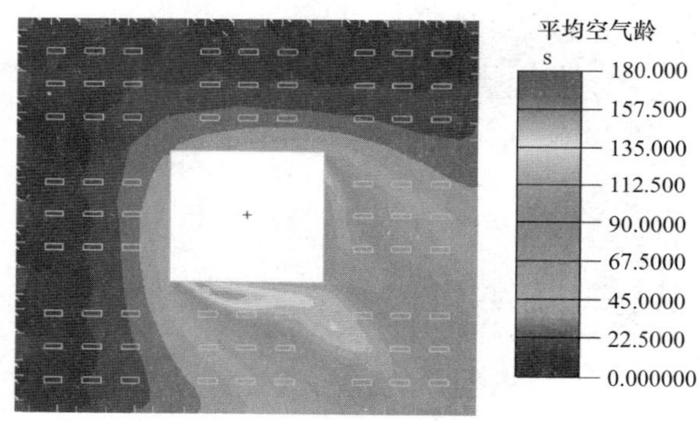

图 16　工况四空气龄云图

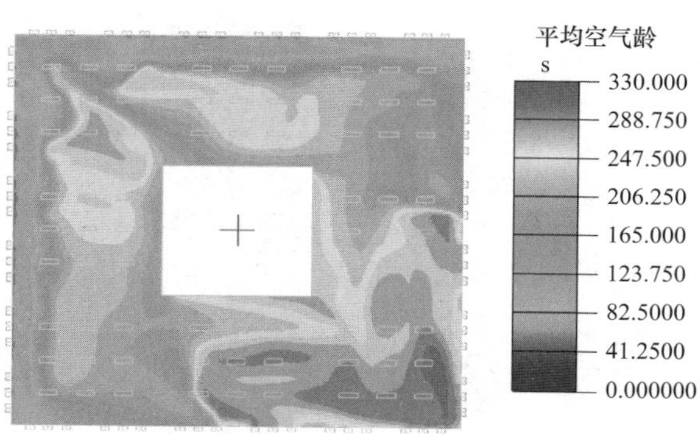

图 17　工况五空气龄云图

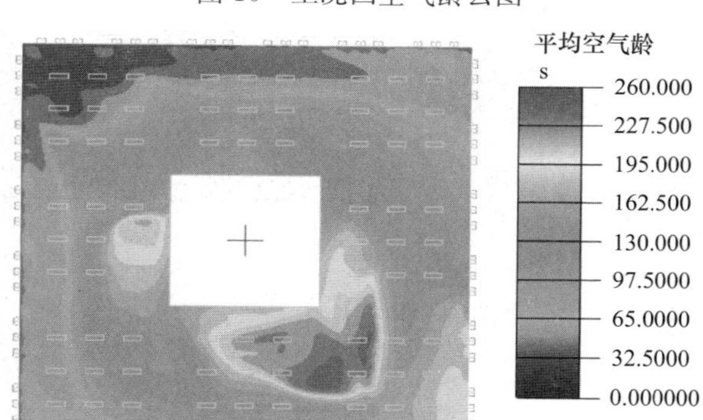

图 18　工况六空气龄云图

4 结论

通过对不同风速和不同窗户形式下的室内自然通风进行了模拟对比分析，得到以下结论：

（1）推拉窗容易造成室内局部风场不均匀；内平开窗的窗扇能引导气流，使室内气流达到均匀稳定；外开上悬窗使气流向上偏移，使得室内气流速度明显小于其他开窗方式。

(2) 当室外风速为 1.4m/s 时，内平开窗通风效果最好，室内中风区的面积比例为 50.3%，空气龄也符合要求，当常年室外风速接近 1.4m/s 时，建议采用内平开窗。

(3) 当室外风速为 2.2m/s 时，采用推拉窗和内平开窗时，空气龄虽然符合要求，但是室内高风区面积占比都超过了 50%，对气流阻挡没有显著效果；采用外开上悬窗时，气流流经窗户，开启扇会对气流进行有效的阻挡，能达到减小室内风速的目的，当常年室外风速接近 2.2m/s 时，建议采用上悬窗。

参考文献

[1] 翟永超，张宇峰，孟庆林，等. 湿热环境下空气流动对人体热舒适的影响（2）：可控气流 [J]. 暖通空调，2014 (1)：47-51.

[2] 李娜，林豹. 办公建筑自然通风与空调相结合运行的节能分析 [J]. 制冷，2010，29 (3)：72-76.

[3] 周超斌，王志强，吴尘，等. 重庆地区高层住宅双窗设计及自然通风实测分析 [J]. 暖通空调，2014 (9)：24-29.

[4] Wong N H，Huang B. Comparative study of the indoor air quality of naturally ventilated and air-conditioned bedrooms of residential buildings in Singapore [J]. Building& Environment，2004，39 (9)：1115-1123.

[5] 龙从勇，罗行，黄晨. 自然通风作用下生态建筑热环境测试与数值模拟 [J]. 发电与空调，2007，28 (6)：12-14.

[6] 孟庆林. 万科建筑研究中心大厅自然通风分析 [J]. 暖通空调，2007，37 (8)：154-157.

[7] 陶文铨. 数值传热学 [M]. 西安：西安交通大学出版社 2001.

[8] 黄晨. 建筑环境学 [M]. 北京：机械工业出版社，2005.

[9] 黄琳瑜，廖航進，赵彬，等. 开窗位置对室内风环境的影响 [J]. 山西建筑，2014，40 (5)：192-194.

[10] 张华玲，周甜甜. 低碳建筑在方案阶段的自然通风模拟设计 [J]. 工业建筑，2012，42 (2)：1-4.

排烟系统排烟量计算探讨

中信建筑设计研究总院有限公司　张再鹏☆　雷建平　陈焰华

摘　要　本文分析了高大空间排烟量的计算规律，并验算了烟层平均温度与环境温度的差值，指出针对轴对称型烟羽流模型，高大空间的排烟量可以直接选取《建筑防烟排烟系统技术标准》GB 51251—2017 表 4.6.3 中的数据，且均满足温差要求。针对不同类型建筑给出两种挡烟垂壁深度设置方案，并给出单个排烟口最大排烟量与净高的对应关系，设置方案兼顾建设成本和设计成本。

关键词　排烟系统　高大空间　挡烟垂壁　排烟口　最大排烟量

0　引言

《建筑防烟排烟系统技术标准》GB 51251—2017（以下简称《标准》）自 2018 年 8 月 1 日实施后，排烟系统的风量及排烟口数量计算[1]需要采用专业软件针对项目具体情况进行详细计算，需要输入的参数多，参数之间相互关联，一旦个别参数输入有误，会引起连锁错误。而且《标准》刚刚实施，设计师对排烟系统计算结果对其他专业的影响可能认识不足，项目施工图设计阶段再进行计算，可能对建筑方案造成颠覆性的影响。排烟系统计算工作量大，容易出错，因此有必要进行计算总结，发现和归纳其内在规律，指导设计工作。本文主要就高大空间的排烟量计算、挡烟垂壁深度设置原则及排烟口数量等问题进行计算分析，归纳出一些技术要点和相关数据，以减轻排烟系统的计算工作量。

1　高大空间（净高＞6m）的排烟量计算

依据《标准》的相关公式进行高大空间的排烟量计算，过程如下：

当 $Z>Z_1$ 时：

$$\begin{aligned}V&=M_pT/\rho_0T_0=M_p(T_0+\Delta T)/\rho_0T_0\\&=M_p(T_0+KQ_C/M_pc_p)/\rho_0T_0\\&=(M_pT_0+KQ_C/c_p)/\rho_0T_0=\frac{M_p}{\rho_0}+\frac{0.7KQ}{c_p\rho_0T_0}\\&=\frac{0.071\times0.7^{1/3}Q^{1/3}Z^{5/3}}{\rho_0}+\frac{0.0018\times0.7Q}{\rho_0}+\frac{0.7KQ}{c_p\rho_0T_0}\\&=0.052534Q^{1/3}Z^{5/3}+0.00105Q+0.00197KQ\end{aligned}\tag{1}$$

当 $Z\leqslant Z_1$ 时：

$$V=\frac{M_p}{\rho_0}+\frac{0.7KQ}{c_p\rho_0T_0}=\frac{0.032\times0.7^{3/5}Q^{3/5}Z}{\rho_0}+\frac{0.7KQ}{c_p\rho_0T_0}=0.021529Q^{3/5}Z+0.00197KQ\tag{2}$$

式中　V——计算排烟量，m^3/s；

Q——热释放速率，kW；

Q_c——热释放速率的对流部分，一般取值为 $Q_c=0.7Q$kW；

Z——燃料面到烟层底部的高度，m，燃料厚度通常按 0m 考虑；

Z_1——火焰极限高度，m；

M_p——烟羽流质量流量，kg/s；

T——烟层的平均热力学温度，K；

ρ_0——环境温度下的气体密度，kg/m^3，通常 $T_0=293.15$K，$\rho_0=1.2kg/m^3$；

T_0——环境的热力学温度，K；

ΔT——烟层平均温度与环境温度的差，K；

K——烟气中对流放热量因子。当采用机械排烟时，取 $K=1.0$；当采用自然排烟时，取 $K=0.5$。

公式推导结果表明：V 只与 Q、Z、K 相关，与其他变量无关，Z 越大，则 V 越大。经计算，Z 在 3.8～8.1m 区间范围内，《标准》中式（4.6.11-1）的计算结果基本比式（4.6.11-2）的计算结果略大，且最多不超过 7.73%。当 Z 取值 4.85m 左右时，式（4.6.11-1）的计算结果比式（4.6.11-2）的计算结果略小，且最小不超过万分之 0.02。式（4.6.11-1）和式（4.6.11-2）的计算结果详见图 1。工程应用中基本可以忽略计算误差，直接以式（4.6.11-1）的计算结果作为计算依据，计算结果基本不比标准要求的数值小。

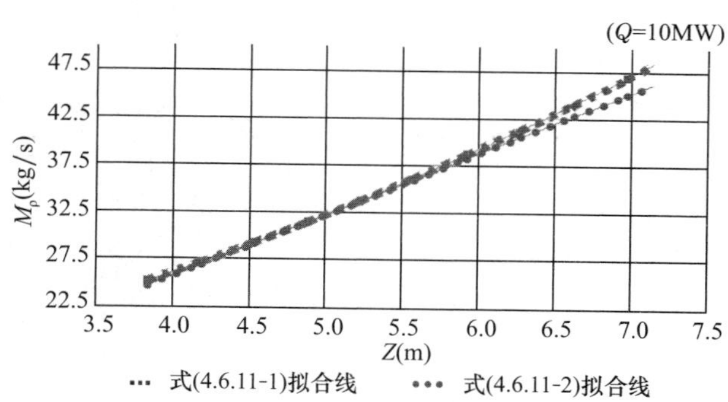

图 1　M_p 计算结果

同时，燃料高度按 0m 考虑，取 $K=1.0$，取 $Z=0.9H$（H 指净高），根据式（1）计算的各类型建筑的排

☆　张再鹏，男，硕士，建科院副总工程师，高级工程师。通讯地址：湖北省武汉市江岸区四唯路 8 号，Email：550217660@qq.com。

烟量计算结果详见表 1。计算结果与《标准》表 4.6.3 的结果完全一致。因此，表 4.6.3 要求的排烟量为最大值，计算排烟量不会超过该表给出的排烟量。同时，可以通过适当增加挡烟垂壁的高度，从而减小 Z 的取值，确保计算结果不超过限定值。本结论适用于轴对称型烟羽流模型，不适用于其他模型。考虑到高大空间的楼板开口部位均设有挡烟垂壁，且其窗口与阳台洞口常在储烟仓之下，因此实际工程中通常按轴对称型烟羽流模型进行计算。

各类型建筑的排烟量 （单位：$\times 10^4 m^3/h$） **表 1**

H(m)	Z(m)	办公		商店		厂房、其他公建		仓库	
		无喷淋	有喷淋	无喷淋	无喷淋	无喷淋	有喷淋	无喷淋	有喷淋
6	5.4	12.24	5.23	17.61	7.80	14.99	6.99	30.12	9.34
7	6.3	13.91	6.28	19.63	9.12	16.83	8.23	32.78	10.80
8	7.2	15.75	7.44	21.81	10.58	18.85	9.61	35.43	12.41
9	8.1	17.75	8.70	24.18	12.17	21.06	11.10	38.52	14.16

2 ΔT 验算

《标准》第 4.6.8 条指出，当 $\Delta T<15$℃时，烟气基本失去浮力，会在空中滞留或沉降，无论是机械排烟还是自然排烟，都难以有效地将烟气排到室外。解决措施：减小 Z 值，限制最大排烟量 V_{max1}（V_{max1} 指保证 $\Delta T\geqslant 15$℃对应的最大排烟量），保证可以有效地将烟气排到室外。即在保证清晰高度的前提下，通过加大挡烟垂壁的深度，并降低排烟量才能满足温差要求。因此，ΔT 成为限制最大排烟量的指标。

依据《标准》的相关公式进行高大空间 ΔT 的计算，过程如下：

$$\Delta T = KQ_C/M_\rho c_p$$
$$= \frac{0.7KQ}{(0.071\times 0.7^{1/3}Q^{1/3}Z^{5/3}+0.0018\times 0.7Q)c_p}$$
$$= \frac{K}{(0.071\times 0.7^{-2/3}Q^{-2/3}Z^{5/3}+0.0018)c_p}$$
$$= \frac{K}{0.090959Q^{-2/3}Z^{5/3}+0.001818} \quad (3)$$

公式推导结果表明：ΔT 只与 Q、Z、K 相关，与其他变量无关，Z 越大，ΔT 越小。根据《标准》中式（4.6.11-1）计算的 M_ρ 值大于式（4.6.11-2）计算的值，直接采用式（4.6.11-1）的计算值作为 ΔT 的计算依据时，其计算结果偏小，以偏小的数据作为 ΔT 数值时，可以提前预警，从而保证 V_{max1} 计算值不会超过实际限值。

根据式（1）反推出 Z_{max}的计算公式如下：

$$Z_{max} = \left[\left(\frac{K}{0.090959\Delta T}-\frac{0.001818}{0.090959}\right)Q^{2/3}\right]^{3/5}$$
$$= \left[\left(\frac{K}{1.364385}-0.019987\right)Q^{2/3}\right]^{3/5} \quad (4)$$

式中　Z_{max}——保证 $\Delta T\geqslant 15$℃对应的最大 Z 值，m。

根据式（2）计算的各类型建筑的 Z_{max} 限值详见表 2。可以看出，各类型建筑的 Z_{max} 限值均大于表 1 中的 Z 取值，按表 1 的数据作为计算排烟量，均满足 $\Delta T\geqslant 15$℃的要求。

Z_{max}限值 **表 2**

建筑类型	喷淋	热释放速率 Q(MW)	Z_{max}(m)	
			K=1	K=0.5
办公	无	6	26.49	17.18
	有	1.5	15.21	9.87
商业、展厅	无	10	32.50	21.08
	有	3	20.08	13.02
其他公共场合	无	8	29.72	19.28
	有	2.5	18.66	12.11
车库	无	3	20.08	13.02
	有	1.5	15.21	9.87
厂房	无	8	29.72	19.28
	有	2.5	18.66	12.11
仓库	无	20	42.88	27.81
	有	4	22.52	14.61

3 高大空间（净高＞9m）的排烟量计算

高大空间净高＞9m 时，计算排烟量按实际层高计算，并与《标准》表 4.6.3 进行比较，取其较大值作为计算排烟量。考虑到净高＞9m 时可不设置挡烟垂壁，计算排烟量时，可取 Z＝最小清晰高度，并验证 ΔT 值。经过计算，净高在 9～65m 之间时，计算结果不超过《标准》表 4.6.3 的限值，且 $Z\leqslant 8.1$m，小于 Z_{max}限值。因此对于净高≤65m 的高大空间，可以直接选取《标准》表 4.6.3 中的数据，且均满足 $\Delta T\geqslant 15$℃的要求。当净高＞65m，即 $Z>8.1$m 时，不能按表 4.6.3 直接取值。

4 挡烟垂壁深度及单个排烟口最大排烟量 V_{max} 计算

4.1 最大排烟量 V_{max} 与挡烟垂壁深度、净高、建筑层高的关系

净高是指排烟口底部距建筑地面的高度，燃料高度按 0m 考虑，则 $H=Z+d_b$。净高与建筑层高或吊顶高度的

关系详见图2。当采用密闭吊顶，且风口安装在吊顶上时，净高指吊顶距建筑地面的高度；当采用开孔吊顶时，净高与吊顶无关联，建筑层高＝净高＋排烟口和土建构造的高度，通常建筑层高＝H＋0.4m。

挡烟垂壁深度指排烟口底部距离挡烟垂壁底部的高度，为了控制挡烟垂壁成本，宜按挡烟垂壁底部与烟层底部同标高设计，此时挡烟垂壁深度＝d_b。

《标准》第4.6.14条指出，如果单个排烟口排烟量过大，则会在烟层底部撕开一个“洞”，使新鲜的冷空气卷吸进去，从而降低实际排烟量，因此需要规定每个排烟口的最高临界排烟量。同理，推导结果表明：V_{max}只与Q、Z、γ、d_b相关，与其他变量无关，Z越小，V_{max}越大，d_b越大，V_{max}越大。解决措施：通过增加挡烟垂壁深度，加大d_b的同时，减小Z，从而减少排烟口数量。对于建筑层高或者净高H较小的场合，V_{max}值往往很小，需要设置多个排烟口才能满足排烟要求。甚至层高太小时，连基本的使用需求也无法满足。下文将给出两种典型建筑的挡烟垂壁设置方案，并给出对应的V_{max}与H的关系，以期简化计算工作。

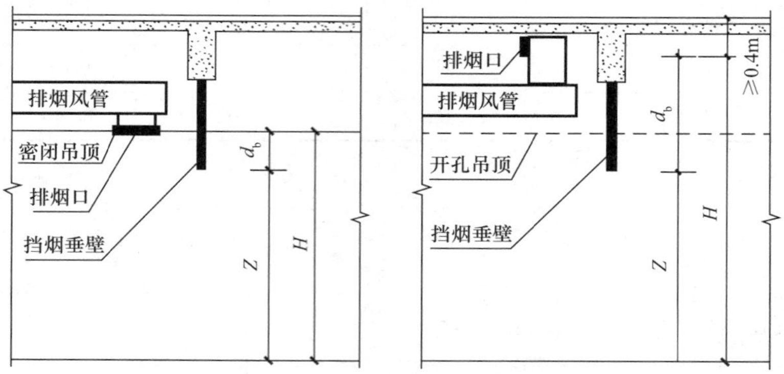

图2 净高H示意图

4.2 汽车库挡烟垂壁深度设置

为了降低挡烟垂壁的建设成本，宜在保证汽车正常行驶的条件下尽量采用固定挡烟垂壁，对于微型车、小型车，最小净高为2.2m，因此Z取值一般不宜<2.2m，汽车库挡烟垂壁深度设置方案如下：

（1）当H≤3m时，取Z=2.2m，则d_b=H−2.2（m）。

（2）当H>3m时，取d_b=0.8m，则Z=H−0.8（m）。

取γ=1，有喷淋汽车库的V_{max}与H的关系详见表3。由于汽车库通常设有多个排烟口，采用深度较浅的挡烟垂壁，可以满足排烟要求。需要关注层高较小的场合，板底到建筑地面的净高小于2.95m的建筑，采用固定挡烟垂壁的方案不满足排烟要求，只能采用活动挡烟垂壁方案。

汽车库V_{max}与H的关系　　表3

H(m)	V_{max}(m^3/h)	H(m)	V_{max}(m^3/h)	H(m)	V_{max}(m^3/h)
8	3501	3.5	6781	2.95	6424
7	3917	3.4	6944	2.9	5406
6	4451	3.3	7081	2.85	4492
5	5162	3.2	7227	2.8	3677
4.55	5611	3.1	7383	2.75	2958
4	6144	3.0	7549	2.7	2331

4.3 其他建筑挡烟垂壁深度设置

Z取值一般不宜<2m，其他建筑的挡烟垂壁深度设置方案如下：

（1）当H≤4m时，取Z=2m，则d_b=H−2。

（2）当4m<H≤6m时，取d_b=2m，则Z=H−2m。

（3）当6m<H≤9m时，取d_b=3.8m，则Z=H−3.8m。

取γ=1，其他建筑的V_{max}与H的关系详见表4，可以直接根据净高及热释放速率查出单个排烟口最大排烟量，简化了计算流程。同时根据表4，可以总结出以下规律：

（1）即使取γ=0.5，H在3.4～9m区间的各类建筑，其V_{max}值均大于《标准》表4.6.3的限值，可以按一个排烟口设计。

（2）对有喷淋系统，不同排烟口数量下的最小净高或建筑层高详见表5。办公建筑的吊顶高度不宜小于3.05m，可设计1个排烟口（γ取1）或2个排烟口（γ取0.5），走道吊顶高度不宜小于2.85m，且布置3个排烟口，或采用开孔吊顶形式，层高不小于3.25m。

其他建筑V_{max}与H的关系　　表4

Q(MW) / V_{max}(m^3/h) / H(m)	1.5	2.5	3	4	6	8	10	20
9	218891	252275	264836	285217	314791	337451	352852	405320
8	253850	289825	303090	324284	354486	375480	392617	450999
7	302116	340884	353544	374482	406115	430167	449799	516684

续表

Q(MW) / V_{max}(m^3/h) / H(m)	1.5	2.5	3	4	6	8	10	20
6.1	363035	402085	417017	441715	479027	507397	530554	609447
6	52702	60024	62710	66984	72998	77321	80850	92872
5	63096	70752	73379	77725	84291	89283	93357	107240
4	78237	86653	89871	95193	103235	109348	114339	131341
3.5	38112	42212	43780	46372	50290	53268	55699	63981
3.4	32074	35524	36844	39026	42322	44829	46875	53845
3.35	29287	32437	33642	35634	38644	40933	42801	49165
3.3	26650	29517	30613	32426	35165	37247	38947	44739
3.25	24161	26760	27754	29397	31880	33769	35310	40560
3.2	21817	24164	25061	26545	28787	30492	31884	36625
3.15	19615	21725	22531	23866	25882	27415	28666	32928
3.1	17552	19440	20162	21356	23160	24531	25651	29465
3.05	15625	17305	17948	19011	20617	21838	22835	26230
3	13831	15318	15887	16828	18249	19330	20212	23218
2.95	12166	13475	13975	14803	16053	17004	17780	20424
2.9	10628	11771	12208	12931	14023	14854	15532	17842
2.85	9213	10204	10583	11209	12156	12876	13464	15466
2.8	7917	8769	9094	9633	10447	11065	11570	13291
2.75	6737	7462	7739	8198	8890	9417	9846	11310
2.7	5670	6280	6513	6899	7482	7925	8286	9519
2.65	4711	5218	5412	5732	6216	6584	6885	7909
2.6	3757	4272	4430	4693	5089	5390	5636	6474
2.55	3103	3436	3564	3775	4094	4337	4534	5209
2.5	2445	2708	2808	2975	3226	3417	3573	4104

有喷淋建筑最小净高 H_{min}（m） **表 5**

排烟口数量（个）	1	2	3	4	5	6	7
办公	3.05/3.4	2.8/3.05	2.7/2.9	2.6/2.8	2.55/2.75	2.5/2.7	2.5/2.65
走道	3/3.3	2.75/3	2.65/2.85	2.6/2.75	2.55/2.7	2.5/2.65	2.5/2.6
商店	3/3.3	2.75/3	2.65/2.85	2.6/2.75	2.55/2.7	2.5/2.65	2.5/2.6
其他	3/3.35	2.8/3	2.65/2.85	2.6/2.8	2.55/2.7	2.5/2.65	2.5/2.65
汽车库	3.05/3.4	2.8/3.05	2.7/2.9	2.6/2.8	2.55/2.75	2.5/2.7	2.5/2.65
厂房	3/3.35	2.8/3	2.65/2.85	2.6/2.8	2.55/2.7	2.5/2.65	2.5/2.65
仓库	3/3.3	2.75/3	2.65/2.85	2.55/2.75	2.55/2.7	2.5/2.65	2.5/2.6

注：1. 采用开孔吊顶系统时，建筑层高应在密闭吊顶净高的基础上增加 0.4m。
2. 表中斜线左边的数据对应 γ 取 1，斜线右边的数据对应 γ 取 0.5。

5 结论

（1）针对轴对称型烟羽流模型，高大空间（≤65m）的排烟量可以直接选取《标准》表 4.6.3 中的数据，且均满足 $\Delta T \geqslant 15$℃的要求。

（2）标准化挡烟垂壁设置方案，可以简化计算过程，减少工作量。本文针对不同类型建筑给出两种挡烟垂壁深度设置方案，并给出单个排烟口最大排烟量与净高的对应关系，设置方案兼顾建设成本和设计成本。

参考文献

[1] 公安部四川消防研究所. 建筑防烟排烟系统技术标准. GB 51251—2017 [S]. 北京：中国计划出版社，2017.

延长气田天然气净化厂实验室暖通空调系统设计

中石化石油工程设计有限公司　宋荣英☆

摘　要　本文针对已建成的延439天然气净化厂实验室项目，分析介绍了变风量通风柜排风系统、全面排风与新风补风的差压控制系统、硫化氢净化系统等自动化、智能化的实验室暖通空调系统设计。

关键词　实验室　通风柜　新风　差压控制　废气净化

0　引言

为响应国家“西部大开发”、贯彻落实“中部崛起”的重大举措，并有利于优化能源结构、改善大气环境、实现社会经济可持续发展的目标，近年来，延长石油集团公司相继兴建了延128、延439、延899等天然气集输工程。天然气集输生产过程原料气中的硫化氢具有易燃、易爆、有毒及腐蚀等特性，因此，需要对原料气、过程气以及处理后的净化气进行质量监控，还要对相关生产水、脱盐水水质、脱硫剂、硫磺产品等进行质量监控。净化厂实验室主要负责原料天然气、净化天然气、固体硫磺、MDEA、三甘醇、污水等样品的检测和控制分析。传统的靠手动上下拉窗调节面风速的定风量实验通风系统由于操作费时、费力及繁琐导致排风柜面风速过大或过小，出现污染物逸出、室内空气污染严重等问题，且传统的实验室通风系统没有新风补风系统，冬夏季室内温度严重不达标，实验人员长期在危险、恶劣的环境中工作，影响实验人员的身体健康甚至生命。

本文针对已建成的延439天然气净化厂实验室项目，分析介绍了变风量通风柜排风系统、全面排风新风补风的差压控制系统、硫化氢净化系统等自动化、智能化的实验室暖通空调系统设计，为今后类似的工程提供参考和借鉴。

1　工程概况

1.1　延长气田气象参数

延长气田延439井区位于延安市志丹县，地处黄土塬、梁、峁地貌的地层岩性以风积黄土为主，主要为黄土状土，具湿陷性。供暖室外计算温度为−10.3℃，夏季空调室外计算干球温度为32.4℃，冬季通风室外计算温度为−5.5℃，夏季通风室外计算温度为28.1℃。

1.2　实验室规模

天然气处理厂实验室属于化学实验室，为单层建筑，建筑面积为599.8m²，高度为4.8m。该实验室共有各类型通风柜13台、万向排气罩14组、通风试剂柜14个、固定式排气罩2个。

1.3　室内设计参数

冬季供暖室内计算温度：库房、化学试剂间、液体硫磺留样间、安全器材室为8℃；更衣室为22℃；其他房间均为18℃。

夏季空调室内温度：值班室及各实验室等房间均为26℃。

2　实验室供暖、空调及全面通风设计

2.1　负荷计算

该实验室建设在天然气处理厂内，天然气处理厂内主要是工业建筑，均采用散热器集中供暖，因此实验室冬季也采用集中热水供暖，热水供回水接自净化厂内的锅炉房，夏季则采用分体式空调器制冷。冬季散热器供暖热负荷为29.9kW，新风热负荷为100kW；夏季空调冷负荷为34.4kW，新风热负荷为189kW。

2.2　通风系统设计

（1）实验室各房间名称及房间的有害物治理方式及措施见表1

实验室各房间有害物治理方式及措施　　表1

序号	通风房间名称	有害物名称	治理方式及措施	换气次数（h^{-1}）
1	自控、配电室	余热	轴流风机全面排风	按余热量计算
2	气分析室	甲烷、H_2S、甲醇	通风柜＋万向集气罩＋通风试剂柜	全面排风：7
3	水质分析室	甲醇、少量H_2S、少量HCL、有机试剂挥发物	通风柜＋万向集气罩＋通风试剂柜	全面排风：7

☆　宋荣英，通讯地址：山东省东营市东营区济南路49号，Email：wyfdc@126.com。

续表

序号	通风房间名称	有害物名称	治理方式及措施	换气次数（h^{-1}）
4	脱硫剂分析室	胺液挥发物	通风柜＋万向集气罩＋通风试剂柜	全面排风：7
5	样品室	甲烷、H_2S、甲醇	通风试剂柜	
6	溶液配制室	少量 HCL、氨水	通风柜＋通风试剂柜	全面排风：7
7	硫磺分析室	硫磺、CS_2、有机试剂挥发物	通风柜＋万向集气罩＋通风试剂柜	全面排风：7
8	化学试剂间	有机试剂挥发物	通风试剂柜	
9	高温室	CO_2、SO_2	固定排气罩＋轴流风机全面排风	全面排风：12
10	废液间	甲醇	通风柜＋轴流风机全面排风	全面排风：12
11	气瓶间	氢气	铝制屋顶自然通风器	12
12	液体硫磺留样间	胺液挥发物	防爆轴流风机全面排风	12

（2）实验室全面通风系统

全面通风是对整个房间进行通风换气，按照《石油化工中心化验室设计规范》SH/3103-2009 的要求，实验室的全面通风换气次数不少于 $7h^{-1}$。废液间及高温室采用轴流风机全面排风；液体硫磺留样间内排出的气体为胺液挥发物，具有爆炸性，因此，采用防爆钢制轴流风机全面排风；氢气瓶间属于半开敞式建筑，采用铝制屋顶自然通风器自然通风。由于实验室的通风柜、万向排气罩等局部排风量也来自同一实验室，其局部排风量也应计入全面排风量中，经计算，设置通风柜的实验室白天工作时的局部排风量满足全面通风换气的最低要求，夜间可按 $2h^{-1}$ 换气次数开启排风机，实现值班通风要求，因此，房间内不再设置全面轴流排风机，仅通风柜、通风试剂柜、万向排气罩及固定排气罩等局部排风即可满足全面排风的要求。

3 实验室局部通风设计

实验室主要的局部通风设备有：通风柜、通风试剂柜、万向排气罩及固定排气罩。通风柜用于捕捉、密封及转移实验有害气体，防止其逸出到实验室内，是实验室中重要的安全设备之一；可以使它的使用者以及实验室其他人员远离化学试剂和其他有害物质的侵害；是水、电、气、通风一体化设备，内装多功能电源插座，便于实验过程中使用其他电气设备，采用快开阀，方便实验过程中用水，前挡板为可上下移动玻璃门，顶部连接排风管道，可将实验过程中的有毒有害气体顺利排出，工作面底部装有不锈钢水槽，可将消毒液、实验残留物从排水槽排出，保护实验环境安全、可靠。万向排气罩适用于液相色谱、气相色谱或废气量不大且没有高温的实验，固定排气罩主要适用于原子吸收仪等涉及高温且需要局部通风的大型精密仪器。

（1）送、排风设备的选择计算

各实验通风设备的通风量按表 2 选择

通风设备的通风量　　表 2

序号	通风设备	通风量（m^3/h）
1	台式通风柜　1200×850×2350	1200
2	台式通风柜　1500×850×2350	1500
3	台式通风柜　1800×850×2350	1800
4	万向排气罩	250
5	固定排气罩	500
6	通风试剂柜	150

该天然气处理厂实验室各房间的通风设施见表 3。

各房间通风设施　　表 3

序号	实验室	通风柜		万向集气罩（个）	通风试剂柜（个）
		规格形式	数量（个）		
1	气分析室	1.5m 台式	2（1.1m 厚）	2	1（0.65m 厚）
		1.2m 台式	1		
2	水质分析室	1.5m 台式	2	6	1
3	脱硫剂分析室	1.5m 台式	3	2	1
4	硫磺分析室	1.5m 台式	3	4	1
5	样品室	—	—	—	4
6	溶液配制室	1.5m 台式	1	—	1
7	化学试剂间	—	—	—	6
8	高温室	—	—	2（固定式）	—
9	废液间	1.2m 台式	1	—	—

根据各实验室的通风设备数量计算出各实验室的总排风量约为 $25000m^3/h$，保持室内负压值为－10～－5Pa，计算出新风空调机组的补风量为 $20000m^3/h$，根据计算出的送、排风量选择出各实验室的排风、净化及新风补风设备。

（2）风量调节阀的选择

实验室通风系统的首要目标是保证操作人员的安全，通风柜的面风速过高会导致扰流和涡流，影响实验操作，面风速过低有害气体会逸出。控制通风柜的面风速就成了实验室通风系统的关键点，通风柜的排风调节阀有文丘里阀和普通调节蝶阀两种。文丘里变风量调节阀结合了机械的、压力无关的调节器与高速的气流控制器，具有不受风管压力变化影响、风量控制范围宽、反应迅速、调节精确等特点。而电动调节阀则不如文丘里阀反应速度快，调节精度也稍差。但是由于本工程的实验室规模不算很大，投资受限，因此排风调节阀选用了电动调节阀，而且采取了管道静压的方式进行稳压，能够满足实验室的使用要求。通风试剂柜及万向排气罩等则采用了手动定风量调节阀稳定风量。

（3）实验室局部通风系统

为保证实验室内的压差恒定，局部通风系统由实验室补风系统及实验室排风系统组成。采用冷暖型屋顶新风空调机组处理过的室外新风为实验室内补风。屋顶新风空调机组空气处理段的功能段包括：进风段（含粗效过滤）、表冷段、热水加热段、风机段并且自带防冻保护装置，冬季采用集中供暖热水加热新风，夏季采用屋顶空调供冷为新风降温。由于延长地区冬季室外温度较低，冬季热水盘管易冻裂，因此要求新风机组自带防冻保护功能。

通常情况下，实验室相对于走廊以及非实验区应保持－10～－5Pa的负压值，实验室的压力控制采用压差控制法，通过房间压差传感器测量室内与走廊的压差，与设定的压差比较后，控制器根据偏差调节送、排风量，以达到要求的压差值。经过处理的新风经送风管道送到各实验室内，每个房间的新风送风支管上均安装了变风量调节风阀，根据房间压差传感器测量的压差，通过电动变风量蝶阀自动控制各实验室的补风量。

该实验室的通风柜柜体是优质镀锌钢板，环氧树脂喷涂，视窗采用了防爆玻璃并安装视窗安全高度限位器。通风柜的操作面吸入风速设定为0.4～0.6m/s，通风柜的排风经排风管汇集后，通过设于屋面的低噪声柜式离心风机箱排出室外。通风柜的排风由电动变风量蝶阀控制排风量，万向排气罩及固定排气罩则由定风量蝶阀控制排风量，然后由屋顶或室内的排风机（箱）排出室外。为便于控制及避免不同的有害气体混合后产生爆炸或其他危害，每个实验室的排风系统独立设置。对于气分析室，由于实验气体中H_2S含量相对较高，为达到H_2S排放标准，排出的废气经过废气净化装置进行净化处理后，再由屋顶的排风机箱排出室外，其他不需处理的废气则通过锥形风帽直接排至室外。考虑到H_2S气体属于易燃易爆气体，气分析室及废液室的排风系统的电动蝶阀及排风机都采用了防爆型，通风柜内的照明灯及其他用电设备也相应采用了防爆型。

由于实验室排除的有害气体具有腐蚀性，排风管道选用了无机玻璃钢风管，风机也全部采用了防腐型风机。

4　实验室通风系统的监测与控制

通风柜局部排风系统的离心风机采用管道静压变频控制，通风柜采用面风速控制。通风柜的面风速控制系统根据设置值持续地监测面风速，并通过调整风量以恒定风速设定值。通风柜排风系统的电气控制系统主要包括快速控制器、柜门传感器、数字型控制器、流量传感器、管道静压传感器、控制面板、控制线路等；其控制面板应设于通风柜上，主要包括电源、照明开关控制按钮，安全状态报警及信号指示灯，面风速显示，紧急清洗按钮等。

实验室通风自动控制系统是实现通风设备末端的变风量和面风速恒定以及节能运行的保障，该工程采用了变频＋变风量控制系统，该自动控制系统包括冷暖型屋顶新风空调机组、新风处理段、排风机、废气净化装置等设备的变频控制、自动监控，通风柜的面风速控制、房间压差控制及实验室送、排风的控制系统。新风处理机组的控制主要包括启、停控制，送风温度控制及送入实验室的风量控制。通风柜的面风速控制系统则包括风速传感器及红外线探测器，风速传感器测得的面风速通过传感器与事先设定好的风速值相比较，根据设定值持续地监测面风速，并通过调整风量调节阀以恒定风速；红外探测器则感应是否有人操作，有人时，排风量自动变大，面风速控制在0.5m/s，无人操作时，排风量自动减少，面风速控制在0.3m/s。屋面主排风管也设有变频控制系统，主风管的风压传感器将测到的变风量和设定好的风速值相比较，通过控制箱的计算与调配来控制变频器的输出，以调节风机电机的转速来达到风量调节目的。房间压差控制系统则根据设定值持续地监测压差、流量差、温度，通过调整房间新风量来恒定压差并保证最小换风次数。实验室的新风处理机组应迟于排风机5～10s启动，停止时应早于排风机5～10s。每个房间的新风及排风支管上均安装变风量蝶阀，根据室内的风压变化情况自动调节新风量。通过这种自动控制方式能够自动调节风量，控制效果好，能够实现节能运行并且延长风机系统寿命及提高风机运行质量。

5　结语

实验室通风空调系统由于其特殊性，设计时应根据不同的实验特点、针对不同的实验样品采取不同的处理方式以达到同样的目的，为实验室的工作人员提供舒适、卫生、健康的工作环境。本工程由于投资所限，变风量调节阀采用了电动蝶阀，虽然能够满足实验要求，但在控制精度方面有所欠缺，如果条件允许，应采用文丘里阀控制风量，能够更精准的控制通风柜面风速、室内压差等。在今后的实验室通风空调系统设计中应采用自动化、智能化的实验室通风系统，既可提高实验室的控制精度，又能够在保证实验室通风效果的基础上最大限度节能，延长使用寿命。

集中式等截面公共排气道系统公用烟道尺寸优化研究①

国家住宅与居住环境工程技术研究中心，中国建筑设计研究院有限公司
张　哲　朱安博　周　敏☆　杨鹏辉　高　彬

摘　要　本文旨在通过等比例试验研究和数值模拟研究，探寻合理的数值模拟方法，并在保证排烟效果的前提下，优化公用烟道尺寸，以提升住宅厨房空间的使用效率。试验研究在东莞超高层足尺实验塔（总高度为 122.9m）中进行，选取空气作为实验工质，公用烟道尺寸为 550mm×450mm，分别测试 40%和 60%两种开机率下 4 种工况的系统性能；利用试验结果对 Fluent 模型进行修正和优化，并模拟分析公用烟道尺寸分别为 450mm×550mm、550mm×400mm、460mm×400mm 和 430mm×300mm 下的系统性能（参考国标图集《住宅排气道（一）》16J916-1）。研究结果表明：公用烟道长宽比（$a:b$）为 1.22 时，各楼层排风量与烟道布置方向和开机率基本无关；60%均匀开机模式下，高层排风量与公用烟道长宽比和布置方向有关；公用烟道尺寸从 550mm×450mm 降低到 430mm×300mm，各工况排风量降低 42%～51%，其中烟道尺寸为 460mm×400mm 时各工况排风量基本维持在标准范围内（300～500m³/h）。综上所述，本试验系统所采用的公用烟道尺寸可优化为 460mm×400mm，节约面积可达 25%。

关键词　公共排气道系统　集中式　足尺试验　尺寸优化

0　引言

在人们一天的日常生活中，70%以上的时间是在室内度过的，而对于城市人口，甚至一天中 90%的时间都身处室内[1]，室内空气污染已经潜移默化地影响到人们的健康，成为人类健康生活的隐形杀手[2]。在高层住宅建筑中，厨房烹饪产生的油烟是室内空气污染物的主要来源之一，厨房产生的有害物种类繁多、浓度及毒性较大[3-4]。据相关文献显示，厨房内空气污染程度甚至比室外高 2～5 倍[5]。因此，高效的厨房排烟系统能提高厨房室内空气品质、改善居民的生活环境、削弱因烹饪活动带来的健康危害。为了改善厨房排烟系统排烟能力，现有研究使用试验和模拟相结合的方法对传统式排烟系统进行了大量研究：研究发现了传统式高层住宅排气系统底层住户排烟量不达标、系统排烟不平衡等问题是由系统流动阻力过大产生的[4]；研究分析了油烟机的逃逸机理[6]、厨房内烟气流动特性[7]、传统式排烟系统设计方法及其对室内环境的影响[8]；进行模拟研究时可忽略热压以及漏风量的影响[9-10]。

集中式系统是在系统顶部设置动力装置的一种系统[1]。集中式系统的公用烟道内部呈负压，消除了倒灌和排气不畅的隐患[4]。在研究方面，现有研究主要针对传统式系统，缺乏针对集中式系统的研究。本次集中式等截面公共排气道系统公用烟道尺寸优化研究主要在参考传统式系统模拟研究方法的基础上，对集中式系统进行了足尺试验和系统模拟优化。旨在探讨在保证排烟效果的前提下，是否可以缩小公用烟道尺寸，提升厨房空间使用效率。

1　足尺试验塔测试

1.1　集中式系统

试验在国家住宅工程中心——万科建研中心超高层足尺试验塔上进行。本次试验系统为集中式（负压式）系统，共 33 层，每层层高为 3m。集中式系统在屋顶上设置主机，在各层的厨房内安装没有动力的终端机，并且安装动力分配阀和防火阀。楼顶主机根据开机率和开机楼层数调节自身开机频率大小，并控制各开机楼层动力分配阀开启角度，从而对各开机楼层排风量大小进行统一调控。厨房内的油烟等污染物经终端机排至处于负压状态的公用烟道，由系统顶部的排风机排至室外。集中式排风系统示意图如图 1 所示。

集中式系统公用烟道尺寸为 550mm×450mm，排风管直径为 150mm。在各层布置 2 个测点：测点 1 位于公用烟道中部，距地高度 1500mm；测点 2 位于油烟机的排风管直管段中部（距地高度 2200mm），距离排风管转弯处和防火阀 400mm。测点布置示意图如图 2 所示。

本次试验在 40%和 60%开机率下对集中式系统 4 种工况进行测试，各工况楼顶主机频率均为 50Hz。当上层用户排风时产生的风压会对低层产生阻力，从而使得底层排风量较低。为了使上下层均匀排烟，下层动力分配阀开启角度应大于上层，具体开机情况及阀门开启角度（按照厂家安装要求）如表 1 所示。

☆　周敏，工学硕士，助理研究员。通讯地址：北京市西城区车公庄大街 19 号，Email：zhoum@cadg.cn。

①　资助项目："十三五"国家重点研发计划课题——健康厨房排烟排气系统性能测试评价标准研究（2017YFF0206603-01）。

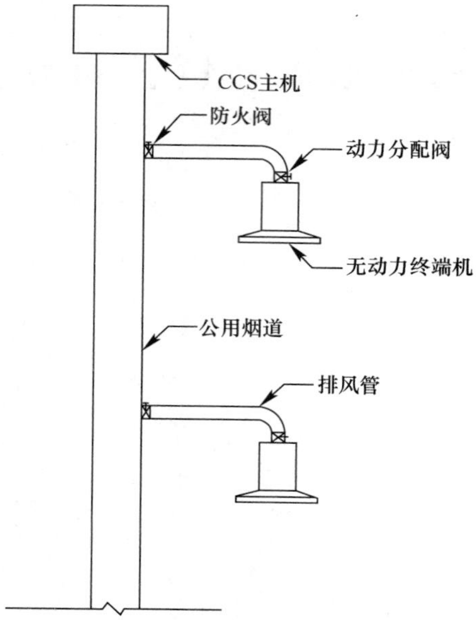

图 1　集中式排风系统示意图

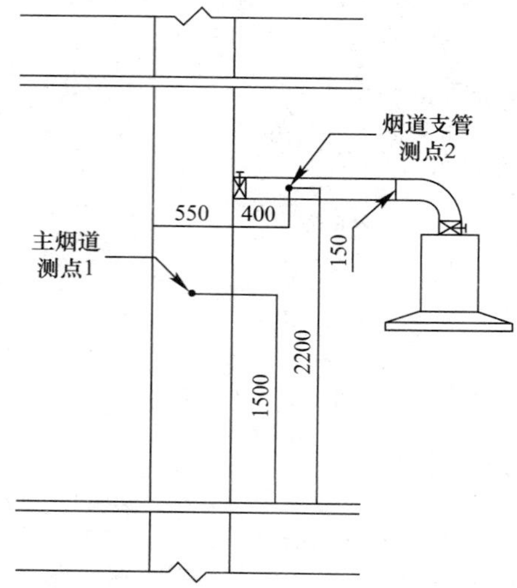

图 2　测点布置示意图

集中式排烟系统开机情况及阀门开启角度表　　**表 1**

楼层	工况编号（开机率）							
	1（40%）		2（40%）		3（60%）		4（60%）	
1	√	90°	√	90°	√	90°	√	90°
2	√	85°			√	85°		
3	√	85°			√	85°	√	85°
4	√	80°	√	85°	√	80°	√	85°
5	√	75°			√	75°		
6	√	75°			√	75°	√	80°
7	√	70°	√	80°	√	70°		
8	√	65°			√	65°	√	75°
9	√	60°	√	75°	√	60°	√	70°
10	√	60°			√	60°		
11	√	55°			√	55°	√	65°
12	√	50°	√	75°	√	50°		
13	√	50°			√	50°	√	65°
14			√	70°	√	50°	√	60°
15					√	50°		
16					√	50°	√	55°
17			√	65°	√	50°		
18					√	50°	√	50°
19					√	50°		
20			√	60°	√	50°	√	50°
21							√	50°
22			√	55°				
23							√	50°
24								
25			√	50°			√	50°
26							√	50°
27			√	50°				
28							√	50°
29								
30			√	50°			√	50°
31							√	50°
32								
33			√	50°			√	50°

注："√"表示该层处于开机状态。

本次试验的集中式系统选用额定有效风量为 500m³/h 的无动力终端机，并配有动力分配阀。每层支管设有防火阀。楼顶主机额定风量为 6000m³/h、额定风压为 500Pa、额定功率为 2.4kW。

使用气体微压差传感器（风压传感器）对压力进行测量，压力范围为±500Pa、精度为±0.25%F.S.。使用风速变送器对风速进行测量，测速范围为 0～1m/s、0～2m/s、0～10m/s、0～20m/s 可选，精度为±3%。

1.2 试验步骤

按照表 1 设置各系统工况，并检查风压传感器及风速变送器灵敏且无误后，开启系统。待系统运行稳定后对每种工况下各测点的风速和压力进行测量。每种工况进行 3 次平行试验，试验结果的差值需小于 10%，否则重新测试。最终结果取 3 次试验平均值。

2 集中式系统公用烟道尺寸优化模拟

2.1 模型的建立

按照公用烟道尺寸 $a\times b=550\text{mm}\times 450\text{mm}$、排烟支管直径 $d=150\text{mm}$、距地高度 $h=2200\text{mm}$、管长（测点到公用烟道距离）$l=400\text{mm}$、层高 $H=3000\text{mm}$（共计 33 层），对集中式系统进行建模。建模与网格划分详见图 3。

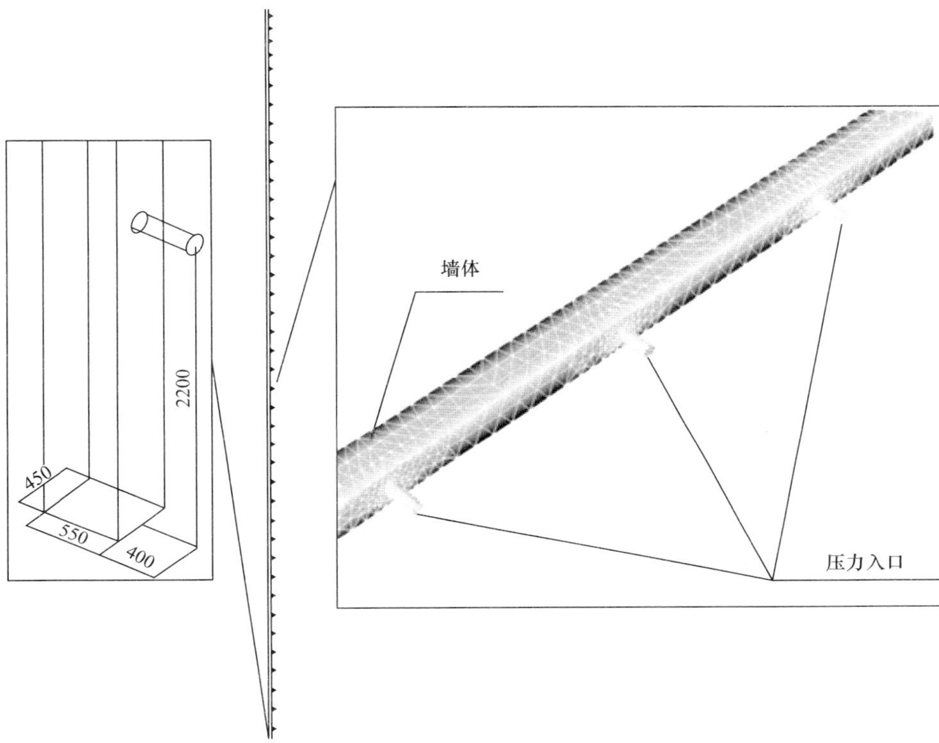

图 3　建模与网格划分

2.2 控制方程

由于烟道排出的烟气温度与室外空气温度温差不明显[9]，烟气物理性参数与空气相近，故热压的作用不大，即模拟时可以不考虑热压作用，将烟气简化成空气进行处理[10]；尽管排烟系统实际运行时存在一定的漏风量，但具体漏风量很难确定，模拟一般忽略漏风影响，当用户停止运行时，可视漏风量为零[10]。此外，本次试验以室外空气作为流体介质，忽略热压差异，可关闭能量方程。其余控制方程如下所示：

（1）连续性方程：

$$\frac{\partial u_i}{\partial x_i}=0 \tag{1}$$

（2）动量方程：

$$\rho\frac{\partial}{\partial x_j}(u_i u_j)=-\frac{\partial p}{\partial x_i}+\mu\frac{\partial}{\partial x_j}\left(\frac{\partial u_i}{\partial x_j}+\frac{\partial u_j}{\partial x_i}\right)+\rho g_i \tag{2}$$

（3）K 方程：

$$\frac{\partial(\rho\kappa)}{\partial t}+\frac{\partial(\rho\kappa u_i)}{\partial x_i}=\frac{\partial}{\partial x_j}\left[\left(\mu+\frac{\mu_t}{\sigma_\kappa}\right)\frac{\partial\kappa}{\partial x_j}\right]+G_\kappa+G_b-\rho\varepsilon-Y_M+S_\kappa \tag{3}$$

（4）ε 方程：

$$\frac{\partial(\rho\varepsilon)}{\partial t}+\frac{\partial(\rho\varepsilon u_i)}{\partial x_i}=\frac{\partial}{\partial x_j}\left[\left(\mu+\frac{\mu_t}{\sigma_\varepsilon}\right)\frac{\partial\varepsilon}{\partial x_j}\right]+C_{l\varepsilon}\frac{\varepsilon}{K}(G_\kappa+C_{3\varepsilon}G_b)-C_{2\varepsilon}\rho\frac{\varepsilon^2}{K}+S_\varepsilon \tag{4}$$

式中　κ——湍流脉动动能，J；

ε——湍流脉动动能的耗散率，%；

G_κ——由层流速度梯度而产生的湍流动能，J；

G_b——由浮力而产生的湍流动能，J；

Y_M——在可压缩湍流中，过度扩散产生的波动。

2.3 边界条件

对于可压缩流体，支管进风口采用压力入口边界条件。尽管楼顶设有风机进行排风，但对于烟道管段而言内部气流仍是靠压差驱动，故顶层出口采用压力出口边界条件。各层压力入口边界条件与出口处压力出口边界条件中压力值由实验数据得出。管道壁面采用墙面边界条件，管道粗糙度可忽略不计。

3 研究结果与分析

3.1 修正模拟结果

对 4 个工况下的模拟结果进行修正，经过反复对比不同修正系数下的修正情况后发现：修正系数取 0.70～0.80 时对模拟结果的修正较为准确。本次模拟 4 个工况修正系数分别取 0.74、0.80、0.77 和 0.80。

试验数据与模拟修正后数据对比如图 4 所示。由图 4（*a*）和（*b*）可知，40%开机率时，修正后的模拟结果与试验结果最大误差为 14.5%，平均误差均在 5%左右（工况 1：4.7%；工况 2：5.1%）。由图 4（*c*）和（*d*）可知，60%开机率时，修正后的模拟结果与试验结果最大误差为 12.2%，平均误差在 6%以内（工况 3：5.6%；工况 4：5.3%）。即该修正系数对模拟结果的修正基本正确。

3.2 公用烟道布置方向优化

在以上公用烟道为 550mm×450mm 的模拟基础上，将烟道尺寸改为 450mm×550mm 并进行模拟，模拟结果如图 5 所示。公用烟道尺寸改变后各层排风量提升率基本在±5%范围内。可视为烟道尺寸为 550mm×450mm（*a*∶*b*=1.22）时，公用烟道布置方向对排风管排风量基本无影响。

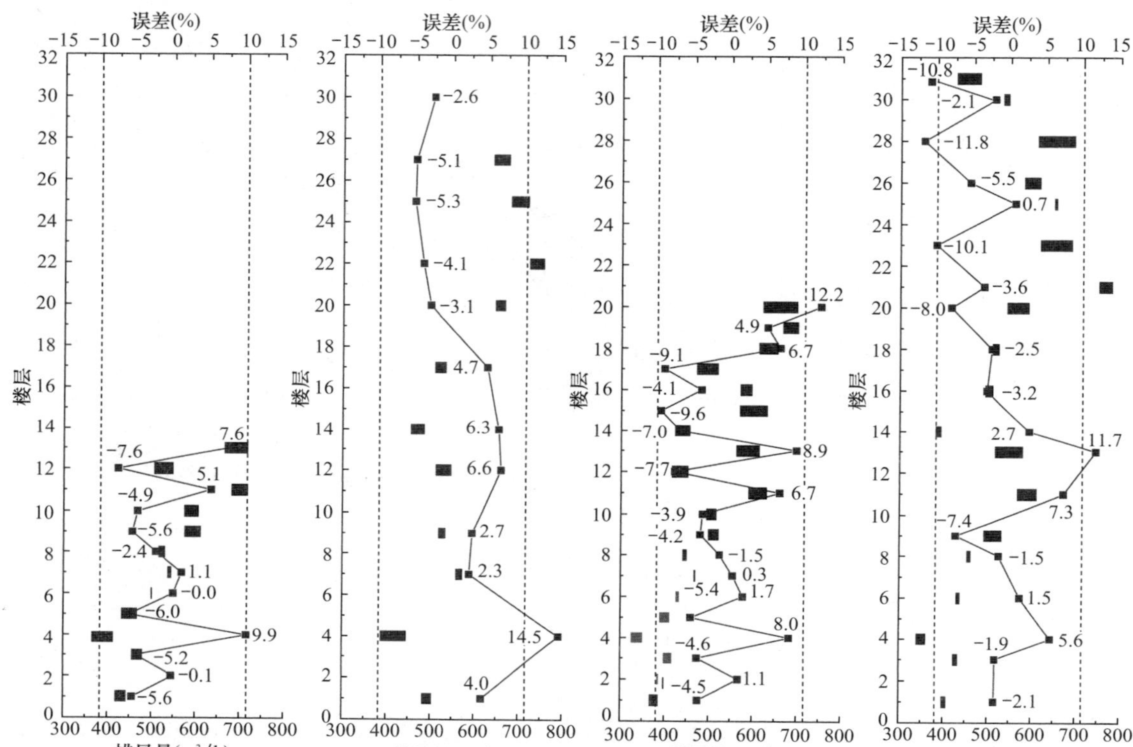

图 4 试验与模拟修正数据对比图

（*a*）工况 1 40%-不均匀开机；（*b*）工况 2 40%-均匀开机；（*c*）工况 3 60%-不均匀开机；（*d*）工况 4 60%-均匀开机

对于工况 4（60%均匀开机）进行排风管位置优化模拟，其结果如图 6 所示。其中图 6（*a*）的公用烟道为 550mm×450mm 和 450mm×550mm，后者对前者排风量的提升率在−16.6%（31 层）～3.6%（8 层）不等。图 6（*b*）的公用烟道为 550mm×400mm 和 400mm×550mm，后者对前者排风量的提升率在−13.9%(30 层)～3.5%(8 层）不等。图 6（*c*）的公用烟道为 460mm×400mm 和 400mm×460mm，后者对前者排风量的提升率在−7.2%(23 层）～9.8%(31 层）不等。前 3 种情况除个别测点外，各楼层排烟量的提升率基本处在±5%范围内。图 6（*d*）的公用烟道为 430mm×300mm 和 300mm×430mm，后者对前者排风量的提升率在−13.8%(31 层）～7.3%(20 层）不等，仅 20 层以下的提升率在±5%范围内。另外，在图 6 所示的四种不同情况中，排风管布置在公用烟道长边侧与布置在短边侧相比，20 层以上的提升率大多为负值，即排风量降低；而 20 层以下的提升率大多为正值，即排风量升高。各情况平均提升率分别为−0.7%、−0.5%、0.4%和−0.8%。

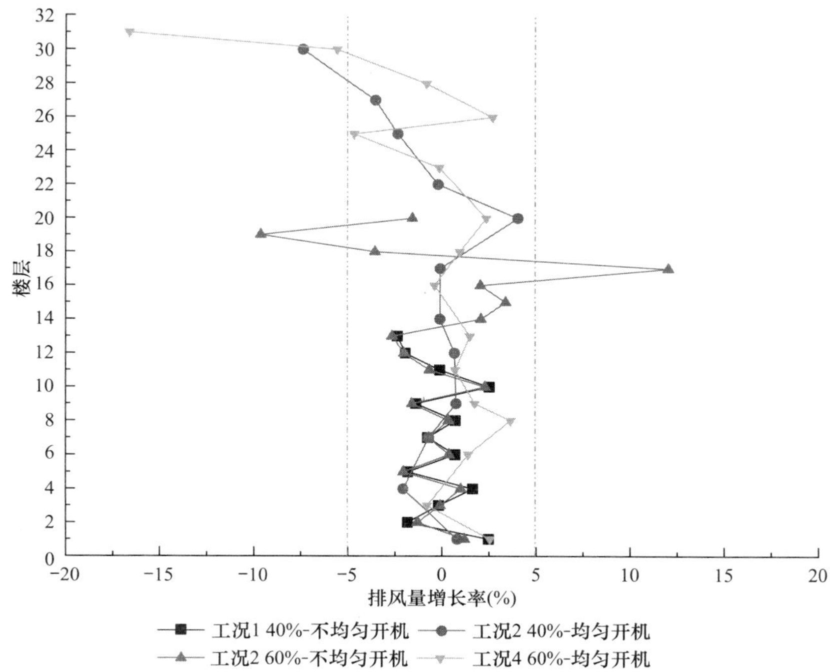

图 5　排风管位置优化对比图一

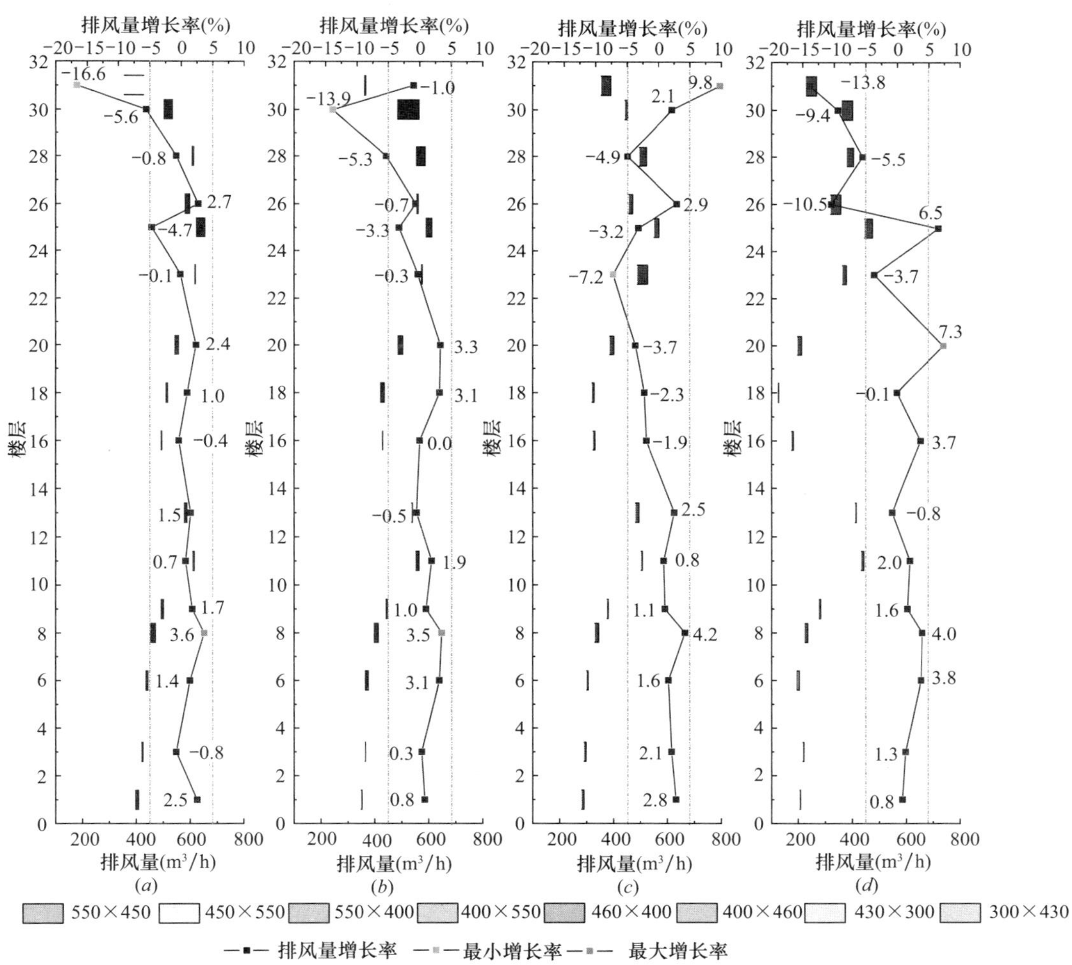

图 6　排风管位置优化对比图二

(*a*) 500×450—450×550（*a*∶*b*=1.22）；(*b*) 550×400—400×550（*a*∶*b*=1.38）；(*c*) 460×400—400×460（*a*∶*b*=1.15）；(*d*) 430×300—300—430（*a*∶*b*=1.43）

因此，对于60%均匀开机模式，当公用烟道的长宽比（$a:b$）小于1.4时，公用烟道布置方向对排风量基本没影响。当公用烟道的长宽比大于1.4，排风管布置在公用烟道长边侧与布置在短边侧相比，高层的排风量降低，低层的排风量略有升高。即公用烟道长宽比大于1.4时，若想降低高层排风量，小幅度提升低层排风量，可以将排风管布置在长边侧。

3.3 公用烟道尺寸优化

排除异常数据以后，4个工况下四种公用烟道尺寸的排风情况对比图如图7所示。随着公用烟道截面积增大，各层排风量有所升高。其中，当公用烟道管型为430×300时，各工况排风量平均值分别为273m³/h、329m³/h、247m³/h和260m³/h，底层最小排烟量均低于100m³/h，各工况数据难以达到最低标准（300m³/h）；当公用烟道管型为460×400时，各工况排风量平均值分别为399m³/h、457m³/h、380m³/h和365m³/h，数据基本处在标准范围内（300～500m³/h）；当公用烟道管型为550×400时，各工况排风量平均值分别为474m³/h、529m³/h、454m³/h和433m³/h，数据基本处在标准范围内（300～500m³/h）；当公用烟道管型为550×450时，各工况排风量平均值分别为527m³/h、573m³/h、506m³/h和520m³/h，高层最大排烟量均高于700m³/h，各工况部分数据超过最高标准（500m³/h）30%。比较而言，460×400的管型各工况排烟量基本能达到排烟标准，且烟道截面积相对较小。尽管460×400管型（工况4）存在200m³/h（4层）和112m³/h（14层）的低风量情况，但是该楼层的动力分配阀并没有开启到最大，调整阀门角度或可改善排风。综上所述，在保证各层排烟性能的前提下，本试验系统所采用的公用烟道尺寸可优化为460mm×400mm，节约面积达25%。

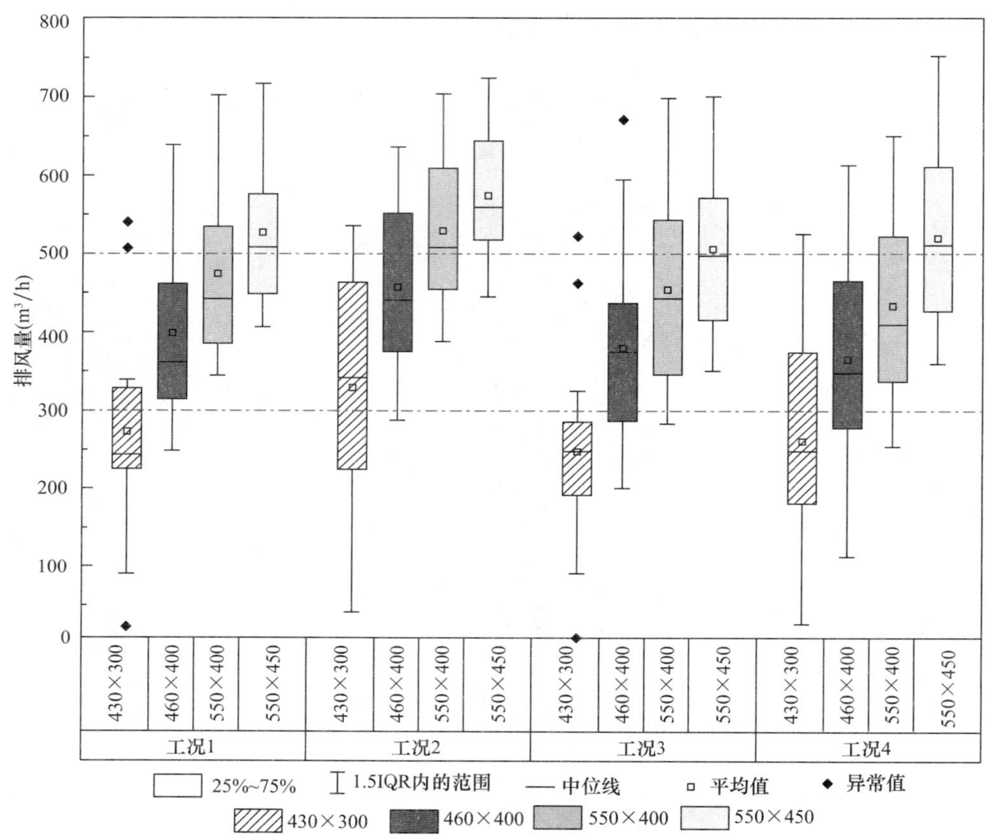

图7 公用烟道尺寸优化对比图

4 结论

用试验的方法检测公共排气道系统排烟情况有一定的局限性：虽然准确性高，但费时费力。用模拟的方法虽然快捷简便，但工程实际与模拟条件仍有一定不同。故对于公用烟道排风的模拟仍需基于试验：以试验结果确定模拟初始边界条件，并确定模拟结果修正系数，保证模拟方法的准确性和对实际工程的指导性。本文通过试验和模拟结合的方法，得到如下结论：

（1）对集中式公共排气系统的模拟可以进行模型简化，无需对阀门进行建模，只需建立支管（圆柱）与主管（方形）模型。

（2）对集中式公共排气系统的模拟可以忽略热压（关闭能量方程）和管道摩擦阻力。由于忽略热压和摩擦阻力带来的模拟结果偏高，可采用0.7～0.8的修正系数进行修正，修正后的最大误差不超过15%，平均误差不超过10%。

(3) 公用烟道尺寸从 550mm×450mm 改为 450mm×550mm 后，4 种工况下各层排风量的提升率基本在±5%范围内，4 种工况下提升率平均值在-1%~0%范围内。长宽比（$a:b$）为 1.22 的公用烟道布置方向对排风量基本无影响。

(4) 60%均匀开机模式下，公用烟道长宽比（$a:b$）小于 1.4 时，各楼层排烟量的提升率基本处在±5%范围内，公用烟道布置方向对排风量基本无影响。公用烟道长宽比大于 1.4 时，若想降低高层排风量，小幅度提升低层排风量，可以将排风管布置在公用烟道长边侧。

(5) 公用烟道截面积变小，各层排风量降低。本次试验的集中式等截面公共排气道系统的公用烟道在保证各层排烟性能的前提下，最优尺寸为 460mm×400mm，节约面积可达 25%。

本文的集中式公共烟道尺寸优化研究基于厂家提供的动力分配阀角度进行试验与模拟，然而分配阀开启角度大小会直接影响到每层的排烟量，更加的合适开启角度需要再行探讨；本文的优化模拟也未考虑风机阻力变化对系统的影响。后续可针对此两点进行更加深入的研究。

参考文献

[1] 周金辉. 住宅厨房排烟量的确定及烟道形式对烟气流动影响 [D]. 西安：西安建筑科技大学，2014.

[2] 邵治民. 高层住宅厨房集中排气系统的模拟研究 [D]. 西安：西安建筑科技大学，2010.

[3] 张颖，赵彬，李先庭. 室内颗粒物的来源和特点研究 [J]. 暖通空调，2005，5 (9)：30-36.

[4] 陈青青. 高层住宅厨房集中排烟系统的模拟与优化研究 [D]. 西安：西安建筑科技大学，2013.

[5] 杨开明. 住宅厨房的环境污染及其通风排烟措施 [J]. 四川工业学院学报，2001，20 (4)：39-41.

[6] 王星，刘小民，席光. 带吸油烟机厨房内热环境评价的数值分析 [J]. 西安交通大学学报，2013，47 (3)：120-125.

[7] 朱培根，朱明亮，蔡浩. 住宅厨房油烟浓度的数值模拟和实测 [J]. 解放军理工大学学报：自然科学版，2006，7：153-156.

[8] 王希星. 高层住宅厨房集中排烟气系统设计方法研究 [D]. 上海：同济大学，2006.

[9] 王海超. 高层住宅厨房集中排烟气道系统导流构件实验与模拟研究 [D]. 西安：西安建筑科技大学，2014.

[10] 辛月琪，徐文华，郝宁克. 厨房集中排烟道用止逆阀性能的实验研究 [J]. 制冷空调与电力机械，2005，26 (101)：21-24.

[11] 王福军. 计算流体动力学分析——CFD 软件原理与应用 [M]. 北京：清华大学出版社，2004.

排烟系统计算过程参数设置探讨

威海市建筑设计院有限公司　黄荣选☆

摘　要　介绍《建筑防烟排烟系统技术标准》排烟系统的计算方法，结合实际工程对阶梯地面的放映厅排烟系统采用自然排烟和机械排烟进行计算。在此基础上，分析不同高度挡烟垂壁对排烟系统计算结果的影响，并对排烟系统设计中的清晰高度、排烟量、排烟口的计算提出了一些设计建议，希望能给设计师同行一定的参考。

关键词　排烟计算　烟羽流质量流量　排烟量　排烟口

0　引言

《建筑防烟排烟系统技术标准》GB 51251—2017（以下简称规范[1]）在排烟系统设计中首次提出了“清晰高度”的概念，并明确了原有排烟系统中储烟仓、烟羽流的计算，提高了防烟分区划分的标准，强调了不同功能空间热释放率的不同，并给出了具体的烟羽流质量流量计算公式，同时也对机械排烟中排烟口最大排烟量进行了限制。原有的排烟设计理念已不能满足规范对排烟系统的要求。

规范要求空间净高大于 6m 的场所，如中庭、剧场、报告厅等，应根据场所功能确定热释放速率，并逐步计算排烟量。作者在审图过程中发现，存在设计人不能正确计算排烟量以及单个排烟口最大允许排烟量，以及对清晰高度的理解欠缺的情况。本文就具体工程的排烟系统设计进行讨论，并对其中的概念进行明确。

1　计算理论

根据建筑空间场所的不同形式，规范中对于排烟量计算提出了轴对称型烟羽流、阳台溢出型烟羽流、窗口型烟羽流三种不同形式，并对不同形式的烟羽流质量流量计算给出了公式。阳台溢出型烟羽流、窗口型烟羽流的计算一般适用于中庭下侧的联通空间、剧场或影院中多层挑台的下侧等，情况较为复杂。本文旨在对规范中所提及的概念进行明确，仅对通用性较强的单层空间所形成的轴对称型烟羽流进行探讨。

（1）轴对称型烟羽流的质量流量计算公式如下[1]：

当 $Z > Z_1$ 时，

$$M_\rho = 0.071 Q_c^{\frac{1}{3}} Z^{\frac{5}{3}} + 0.0018 Q_c \tag{1}$$

当 $Z \leqslant Z_1$ 时，

$$M_\rho = 0.032 Q_c^{\frac{3}{5}} Z \tag{2}$$

$$Z_1 = 0.166 Q_c^{\frac{2}{5}} \tag{3}$$

式中：Q_c——热释放速率的对流部分，一般取值为 $Q_c = 0.7Q$kW；

Z——燃料面到烟层底部的高度，m；

Z_1——火焰极限高度，m；

M_ρ——烟羽流质量流量，kg/s。

在烟羽流质量流量的计算公式中，需要明确热释放速率 Q，该值可通过规范中表 4.6.7 查取；燃料面根据场所中燃烧物情况确定，一般可取 0～1m；烟层底部高度需根据排烟设计过程中清晰高度对储烟仓厚度的设置确定。

（2）根据式（2）计算的烟羽流质量，通过下列公式可计算出防烟分区的排烟量[1]：

$$V = M_\rho T / \rho_0 T_0 \tag{4}$$

$$T = T_0 + \Delta T \tag{5}$$

式中：V——排烟量，m^3/s；

ρ_0——环境温度下的气体密度，kg/m^3；

T——烟层的平均热力学温度，K；

T_0——环境的热力学温度，K；

ΔT——烟层平均温度与环境温度的差。

通常情况下，环境温度取 20℃，该温度下的气体密度可近似取值为 $1.2kg/m^3$。

烟层平均温度与环境温度的差 ΔT 通过下列公式计算：

$$\Delta T = K Q_c / M_\rho c_p \tag{6}$$

式中：K——烟气中对流放热量因子。当采用机械排烟时，取 $K = 1.0$；当采用自然排烟时，取 $K = 0.5$；

c_p——空气的定压比热，一般取 $c_p = 1.01$ [kJ/(kg·K)]。

规范中强调了“当储烟仓的烟层与周围空气温差小于 15℃时，应通过降低排烟口的位置等措施重新调整排烟设计。”[1] 实际过程中应关注该值，及时调整储烟仓高度。

（3）对单个排烟口的最大允许排烟量 V_{max} 提供计算公式如下[1]：

$$V_{max} = 4.16 \gamma d_b^{\frac{5}{2}} \left(\frac{T - T_0}{T_0}\right)^{\frac{1}{2}} \tag{7}$$

式中：V_{max}——排烟口最大允许排烟量，m^3/s；

γ——排烟位置系数；当风口中心点到最近墙体的距离≥2 倍的排烟口当量直径时，γ 取 1.0；当风口中心点到最近墙体的距离<2

☆　黄荣选，副总工，工程师。通讯地址：威海市光明路 90 号，Email：h_rongxuan@qq.com。

倍的排烟口当量直径时，γ 取 0.5；当吸入口位于墙体上时，γ 取 0.5。

d_b——排烟系统吸入口最低点之下的烟气层厚度，m；

T——烟层的平均热力学温度，K；

T_0——环境的热力学温度，K。

在对单个排烟口的最大允许排烟量计算中，要求明确排烟口的具体位置系数 γ，可根据排烟口的情况确定；排烟系统吸入口最低点之下的烟气层厚度 d_b 可根据排烟口的具体位置与储烟仓底部高度计算确定；烟层的平均热力学温度 T 及环境的热力学温度见公式（5）及公式（6）。

（4）大于 3m 的区域，其最小清晰高度按下式计算：

$$H_q = 1.6 + 0.1H' \quad (8)$$

式中：H_q——最小清晰高度，m；

H'——对于单层空间，取排烟空间的建筑净高度，m；对于多层空间，取最高疏散楼层的层高，m。

规范中要求“储烟仓底部距地面的高度应大于安全疏散所需的最小清晰高度。”[1]

在上述排烟系统计算中，首先应确定场所功能类别，根据场所的净高、储烟仓的厚度，计算场所排烟的烟羽流质量流量，进而确定防烟分区的排烟量；当排烟口高度确定后，储烟仓的厚度设置直接决定了烟气层的厚度，进而影响了单个排烟口的最大允许排烟量；储烟仓厚度的设置又与排烟场所的净高、清晰高度有关。

2 项目案例

本文通过上述计算公式对阶梯地面的放映厅排烟进行计算研究探讨。

某总建筑面积为 11375m² 多层综合楼，顶层设置小型放映厅一处，跨越两层空间，面积约为 255m²，净高为 9.6m，整栋建筑设置喷淋。放映厅设置阶梯型座位，首排自地面布置，最后排座位距离放映厅地面 2.8m。其剖面示意见图 1。

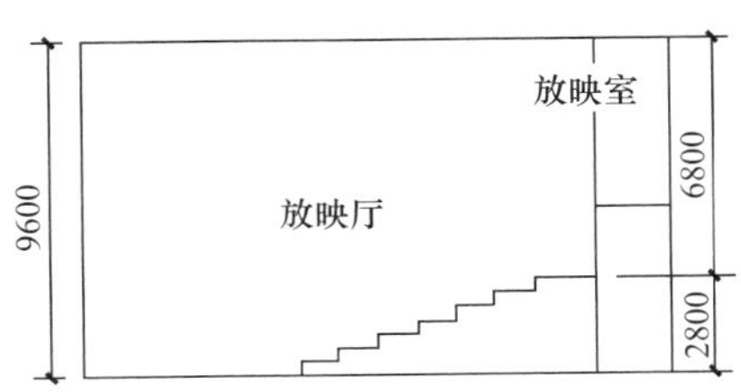

图 1 放映厅剖面示意图

该放映厅面积超 100m²，应考虑排烟设施，可考虑自然排烟或机械排烟。由于场所净高大于 6m，其排烟量应根据计算确定。

（1）最小清晰高度

根据公式（8）计算：

$$H_q = 1.6 + 0.1H' = 1.6 + 0.96 = 2.56\text{m}$$

规范中仅提出了单层空间清晰高度与房间净高的关系以及多层空间最高疏散层的层高，对地面标高不一致的单层场所未提及。如按公式计算直接应用，其后排地面高度已在储烟仓之内，无法满足后排人员疏散安全，如图 2 所示。

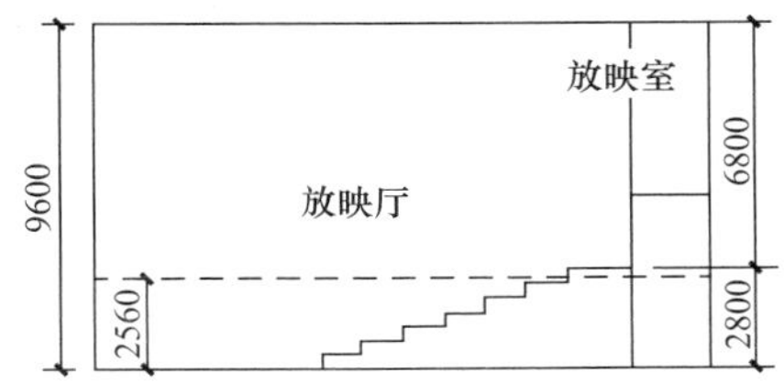

图 2 清晰高度示意图 1

根据规范的清晰高度概念，此类建筑最小清晰高度应保证最不利位置（最后排）人员疏散的清晰高度，根据公式（8）计算：

$$H_q = 1.6 + 0.68 = 2.28\text{m}$$

该位置距离地面高度为 2.8m，清晰高度必须满足 5.08m(2.28m+2.8m)，如图 3 所示。

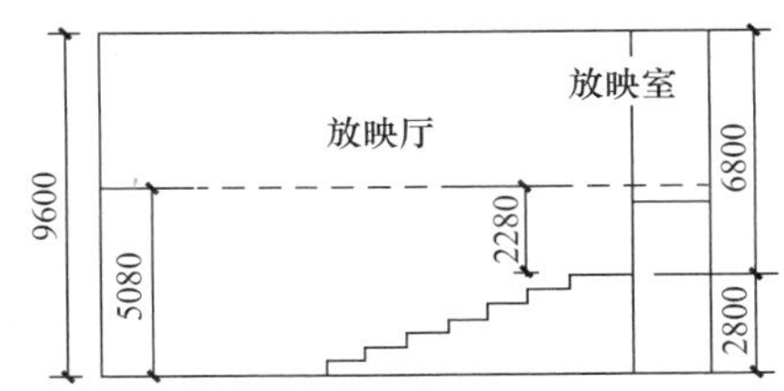

图 3 清晰高度示意图 2

（2）储烟仓厚度

根据规范要求，“当采用自然排烟方式时，储烟仓的厚度不应小于空间净高的 20%，且不应小于 500mm；当采用机械排烟方式时，不应小于空间净高的 10%，且不应小于 500mm。同时储烟仓底部距地面的高度应大于安全疏散所需的最小清晰高度。”[1]

该场所储烟仓厚度可考虑 4.5m，储烟仓底部高度为 5.1m，大于清晰高度 5.08m。满足空间净高自然排烟 20%及机械排烟 10%的标准。

（3）烟羽流计算

根据建筑实际功能，放映厅建筑类别定义为“其他公共场所”，其热释放速率 Q 为 2.5MW，其对流部分为 1.75MW。根据公式（3）计算确定火焰极限高度：

$$Z_1 = 0.166 \times 1750^{\frac{2}{5}} = 3.3\text{m}$$

取燃料面高度为 0.5m，燃料面到烟层底部的高度 Z 为 4.6m，进而根据公式（1）计算烟羽流质量：

$$M_p = 0.071 \times 1750^{\frac{1}{3}} \times 4.6^{\frac{5}{3}} + 0.0018 \times 1750 = 14.04\text{kg/s}$$

在烟羽流计算中，实际选取的燃料面到烟层底部的高度 Z 为放映厅地面位置火灾所产生的烟羽流质量。如考虑最后排座位位置 0.5m 高燃料面，其到烟层底部的高度 Z(1.8m) 将小于火焰极限高度 Z_1(3.3m)，其烟羽流质量应按公式（2）计算，得到烟羽流质量流量为 5.08kg/s。考虑房间排烟最不利工况，应采用场所地面计算烟羽流质量流量。

（4）烟层平均温度与环境温度的差计算

如采用自然排烟，对流放热量因子 $K=0.5$，根据公式（6）计算温差：

$$\Delta T = 0.5 \times 1750/14.04 \times 1.01 = 61.7\text{K}$$

如采用机械排烟，对流放热量因子 $K=1$，根据公式（6）计算温差：

$$\Delta T = 1 \times 1750/14.04 \times 1.01 = 123.4\text{K}$$

采用自然排烟和机械排烟，烟层平均温度与环境温度的差 ΔT 均大于15℃，满足规范要求。

（5）排烟量计算

如采用自然排烟，根据公式（4）及公式（5）可得到：

$$V = 3600 \times 14.04 \times (293.15 + 61.7)/(1.2 \times 293.15) = 50985\text{m}^3/\text{h}$$

如采用机械排烟，根据公式（4）及公式（5）可得到：

$$V = 3600 \times 14.04 \times (293.15 + 123.4)/1.2 \times 293.15 = 59850\text{m}^3/\text{h}$$

比较规范表4.6.3，均小于表格要求的最低数值111000m³/h，因此该场所排烟量确定为111000m³/h。

（6）排烟口的设置

根据规范中表4.6.3，如采用自然排烟，侧窗口部风速应为0.74m/s，当采用顶开窗排烟时，其风速可按侧窗口部风速的1.4倍计。[1]

由于该场所不允许顶部开窗，根据排烟量计算自然排烟窗有效面积为41.7m²。

如采用机械排烟，单个风口最大排烟量根据公式（7）计算，考虑风口靠边布置，其中心距离最近墙体<2，γ 取0.5：

$$V_{\max} = 4.16 \times 0.5 \times 4.5^{\frac{5}{2}} \left(\frac{123.4}{293.15}\right)^{\frac{1}{2}} = 208702\text{m}^3/\text{h}$$

由于排烟系统吸入口最低点之下的烟气层厚度较大，单个排烟口排烟量远大于场所排烟量，其排烟口排烟量不受限制，根据排烟口排烟风速小于10m/s确定排烟风口规格即可。

（7）固定窗的设置

该空间为放映场所，但建筑面积小于1000m²，无需设置固定窗。

3 结果分析

上述案例中，为了简化计算过程，储烟仓厚度接近最小清晰高度，但实际工程中，如出现场所内需划分防烟分区的情况，将造成挡烟垂壁伸出吊顶较高（4.5m），增加了挡烟垂壁设置的难度和工程造价。

储烟仓厚度在满足最小储烟仓厚度以及最小清晰高度之间即可。储烟仓厚度对具体的排烟实际是否有利，通过分析排烟计算中的公式来进行研究。

代换公式（4）中的变量，形成下列公式：

$$V = M_\rho(T_0 + KQ_c/M_\rho c_p)/\rho_0 T_0 = (M_\rho T_0 + KQ_c/c_p)/\rho_0 T_0 \tag{9}$$

该公式中，烟气中对流放热量因子 K 仅与自然排烟或机械排烟的排烟形式有关，Q_c、T_0、C_p、ρ_0 在确定的建筑场所内均为定值，排烟量主要取决于烟羽流质量流量 M_ρ。

分析公式（1）、公式（2）发现，烟羽流质量流量 M_ρ 仅与燃料面到烟层底部的高度有关。

通过公式不难发现，排烟计算量随着燃料面到烟层底部的高度增加而加大。

在建筑场所功能类别确定的情况下，以“其他公共场所”为例，计算不同燃料面到烟层底部的高度与烟羽流质量流量、自然排烟量、机械排烟量的关系。

“其他公共场所”热释放速率为2.5MW，火焰极限高度 Z_1 为3.3m。表1列举了不同燃料面到烟层底部的高度与烟羽流质量流量、自然排烟量、机械排烟量的计算结果。

不同燃料面到烟层底部的高度的烟羽流质量流量、自然排烟量、机械排烟量　　表1

燃料面到烟层底部高度（m）	0.3	1.3	2.3	3.3	4.3	5.3	6.3	7.3	8.3	9.3
烟羽流质量流量（kg/s）	0.8	3.7	6.5	9.3	12.9	16.9	21.5	26.7	32.3	38.3
自然排烟量（m³/s）	3.3	5.7	8.1	10.4	13.4	16.8	20.6	24.9	29.5	34.6
机械排烟量（m³/s）	6.0	8.3	10.7	13.1	16.0	19.4	23.2	27.5	32.2	37.2

根据表1计算结果可以发现，在同建筑功能的场所下，烟羽流质量流量、自然排烟量、机械排烟量确实随着不同燃料面到烟层底部的高度增加而加大。

从图4中不难看出，随着燃料面到烟层底部的高度数值的不断增大，烟量增加幅度越来越快。

实际工程中，由于吊顶高度有限，排烟量的增加将引起排烟管道、排烟风口等排烟设施的增大，势必影响综合管线的排布和设计难度。在满足最小清晰高度的情况下，加大储烟仓厚度，减少燃料面到烟层底部高度，可以有效降低排烟计算量，从而减少排烟风管以及排烟风口的规格，便于吊顶内的管线设计。

另外分析公式（7）也可以看到，单个排烟口最大允许排烟量与排烟系统吸入口最低点之下的烟气层厚度有直接关系。吊顶下储烟仓厚度越大，单个排烟口允许的最大排烟量越大，单个防烟分区所需设置的排烟口个数就越少。

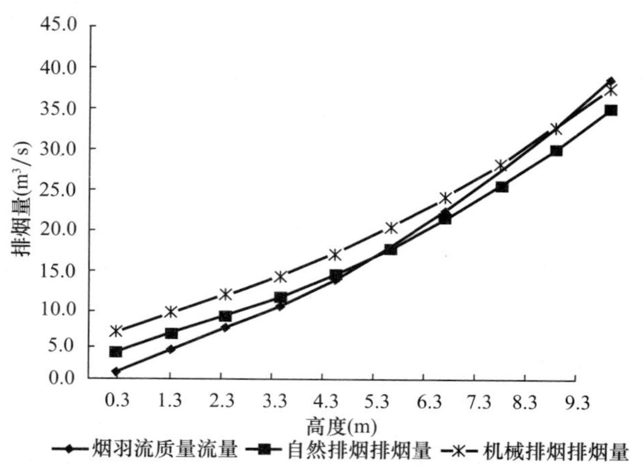

图4　燃料面到烟层底部高度与烟量关系

4 结语

在实际的工程设计过程中，对不同建筑类别的场所，应根据场所室内净高进行准确的分析，调整挡烟垂壁高度以调整储烟仓厚度，进而调整合理的排烟计算量。在采取机械排烟时，同时应计算单个排烟最大允许排烟量，合理设置排烟口个数，满足规范要求及实际使用要求。

（1）房间净高对于排烟量没有直接关系，仅与最小清晰高度有关。对于地面不在同一标高的阶梯地面空间，不应直接利用房间净高确定最小清晰高度。应按标高较高人员区域的最小清晰高度确定整个房间的最小清晰高度。

（2）在不需要设置挡烟垂壁的空间内，应尽量加大储烟仓厚度，以减少排烟量；同时尽量提高排烟口高度，增加单个排烟口排烟量，减少实际空间排烟口数量。

（3）排烟口应尽量设置在开阔区域，以满足排烟风口中心点到最近墙体的距离不小于 2 倍排烟口的当量直径，提高单个排烟口排烟量。

参考文献

[1] 公安部四川消防研究所. 建筑防烟排烟系统技术标准. GB 51251—2017 [9]. 北京：中国设计出版社，2017.

某学校图书馆中庭排烟系统设计

福建省建筑设计研究院有限公司　罗林生☆

摘　要　本文介绍了某学校图书馆中庭排烟系统的设计情况，并就设计过程遇到的一些问题，提出了解决方案，经过严格计算复核，证明这些解决方案行之有效。

关键词　中庭　排烟系统　防烟分区　烟羽流　清晰高度　补风系统

0　引言

国家标准《建筑防排烟系统技术标准》GB 51251—2017（以下简称《防排烟技术标准》）[1]已于2018年8月1日起正式实施，作为我国首部独立颁布的建筑防排烟系统专业技术标准，对防排烟设计提出了新的设计理念和方法，对设计人员在进行防排烟系统设计时提出了更高、更加严格的要求。本文介绍了某学校图书馆中庭排烟系统设计时出现的一些新的问题，以及针对这些问题提出的解决方案，并经过严格计算复核，证明这些解决方案行之有效。

1　工程概况

本工程为泉州市某学校新建的图书综合大楼，总建筑面积24174m²，建筑高度34.8m，地下1层，地上8层，为二类高层民用建筑。本文所述中庭贯穿大楼2～8层，直通至屋顶，屋顶中庭上空设斜坡玻璃顶棚，中庭区域剖面图见图1。

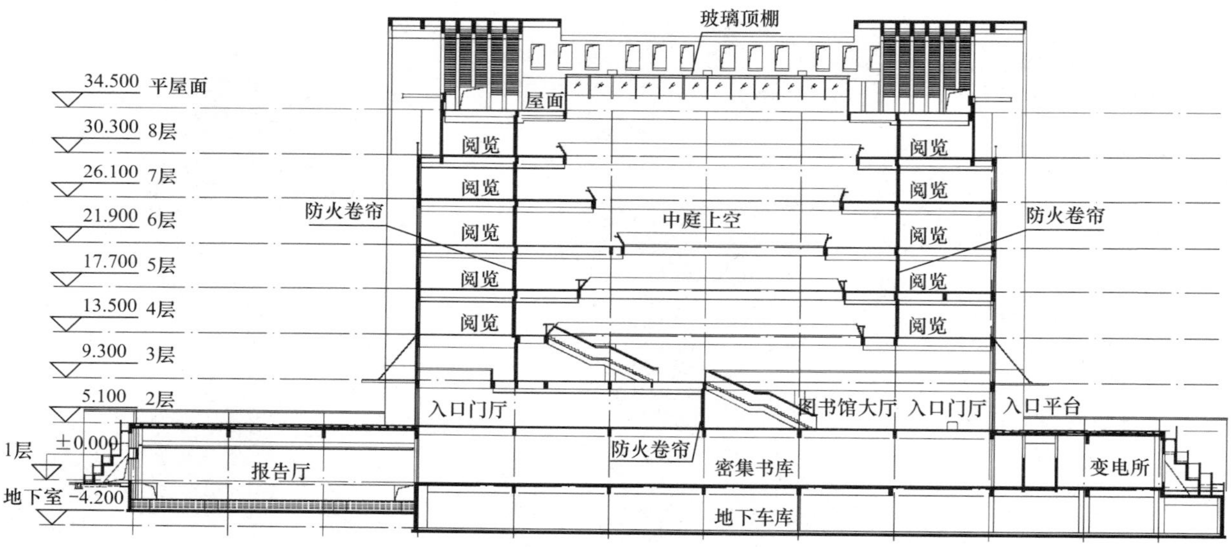

图1　中庭剖面图

中庭2层为入口门厅，通过防火卷帘与其他区域分割开；中庭与3层为同一防火分区，通过梁底设置的400mm高挡烟垂壁与阅览室分隔开来（阅览室吊顶为格栅吊顶，通透率大于25%）；中庭4～8层均通过防火卷帘与阅览室分隔开来，建筑专业为了空间造型效果，各层中庭挑空区域大小各不相同，具体可见图1，而各层防火卷帘位置统一在柱边位置，造成中庭内各层均形成回字形走道，中庭内回字形走道均通过四个角上设置的防火门疏散，具体平面可见图2，其他楼层的平面与图2一致，仅各层水平方向楼板出挑长度不同。中庭位于大楼内区，不满足自然排烟条件，采用机械排烟系统。

2　排烟系统设计

2.1　防烟分区的划分

首先是室内净高的确认。由于中庭玻璃顶棚为斜坡顶棚，对于斜坡顶棚室内净高如何确定，没有相关标准规范，

☆　罗林生，男，工程师。通讯地址：福建省福州市鼓楼区通湖路188号福建省建筑设计研究院有限公司，Email：286476499@qq.com。

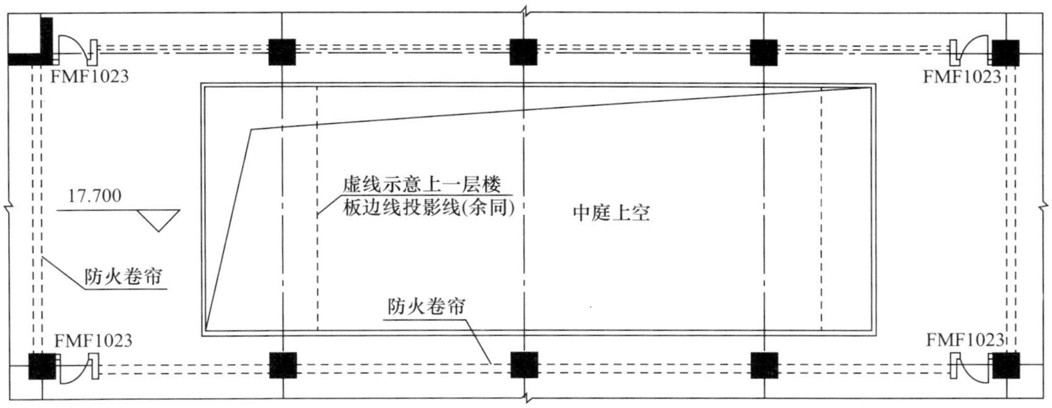

图 2　5 层中庭区域平面图

且福建省内也没有相关规定和要求，故本工程参照浙江省消防总队和浙江省住房和城乡建设厅发布的文件《〈浙江省消防技术规范难点问题操作技术指南〉建筑防烟排烟系统补充技术要求》，当排烟窗（口）设置于侧墙时，建筑空间净高为檐口（或顶棚）最低点距地面的高度，中庭净高为 30.3m，中庭面积为 510m^2，根据《防排烟技术标准》第 4.2.4 条，该中庭划分为一个防烟分区。

2.2　中庭排烟量的确定

本工程中庭周围场所均设有排烟系统，中庭周围场所防烟分区中最大排烟量为 22500m^3/h，中庭排烟量应按周围场所防烟分区中最大排烟量的 2 倍数值计算，且不应小于 107000m^3/h，故中庭排烟量为 107000m^3/h。

2.3　中庭清晰高度确定和排烟口安装高度及位置的确定

最小清晰高度应按下式计算[1]：

$$H_q = 1.6 + 0.1H' \tag{1}$$

式中　H_q——最小清晰高度，m；

H'——对于单层空间，取排烟空间的建筑净高度；对于多层空间，取最高疏散楼层的层高，m。

8 层净高为 4.1m，最小清晰高度为 2.01m，距离中庭 2 层最低处高度为 27.21m，储烟仓厚度为 3.09m。

同时校核烟层平均温度，烟层平均温度与环境温度的差应按下式计算[1]：

$$\Delta T = KQ_c/(M_p c_p) \tag{2}$$

式中　ΔT——烟层平均温度与环境温度的差值，K；

Q_c——热释放速率的对流部分，一般取值为 $Q_c = 0.7Q$，kW，参照《防排烟技术标准》第 4.6.5 条条文解释，中庭火灾热释放速率为 4MW；

c_p——空气的比定压热容，一般取 $C_p = 1.01$kJ/(kg·K)；

K——烟气中对流放热量因子，中庭采用机械排烟，K 取 1；

M_p——烟羽流质量流量，kg/s。

中庭烟羽流按照轴对称型烟羽流考虑，烟羽流质量流量 M_p 按下式计算[1]：

当 $Z > Z_1$ 时，$M_p = 0.071Q_c^{1/3}Z^{5/3} + 0.0018Q_c$　(3)

当 $Z \leqslant Z_1$ 时，$M_p = 0.032Q_c^{3/5}Z$　(4)

$Z_1 = 0.166Q_c^{2/5}$　(5)

式中　Z——燃料面到烟层底部的高度，m，燃料面距地面高度取 1m，Z 值取 26.21m；

Z_1——火焰极限高度，m。

最终计算结果如表 1 所示。

中庭排烟计算结果 1　　表 1

热释放速率（MW）	Q_c(kW)	Z_1(m)	室内净高（m）	Z(m)	M_p(kg/s)	ΔT(K)
4	2800	3.97	30.3	26.21	236.5	11.7

根据表 1 的计算结果，储烟仓的烟层与周围空气温差小于 15℃，不满足《防排烟技术标准》第 4.6.8 条的规定，需要通过降低排烟口的位置等措施重新调整排烟设计[1]。为了确定排烟口安装高度，经反复计算，储烟仓的烟层与周围空气温差为 15℃时，Z 为 22.5m，计算结果见表 2。

中庭排烟计算结果 2　　表 2

热释放速率（MW）	Q_c(kW)	Z_1(m)	室内净高（m）	Z(m)	M_p(kg/s)	ΔT(K)
4	2800	3.97	30.3	22.5	184.5	15.03

Z 为 22.5m 高度在距 7 层楼板 2.5m 高处，排烟口需设置在 7 层楼板 2.5m 高处以下。为满足防烟分区内与排烟口的水平距离要求，在中庭三个角上共设置了 3 套排烟系统，排烟风机设置在屋面排烟机房内，通过排烟井道接至 7 层侧墙多叶排烟口，多叶排烟口大小为 1250×(1250+250)，排烟口顶标高在 7 层楼板 2.5m 高处，排烟口需设置在储烟仓内，故烟层底部标高应在 7 层楼板 1.25m 高处以下，具体设计如图 3 所示。

该方案会导致 7 层和 8 层走道湮没在储烟仓内，保证不了该处最小清晰高度，对人员疏散造成严重威胁。故需重新调整设计方案，经与建筑专业协商，7，8 层防火卷帘位置调整，使卷帘贴近中庭挑板边沿，同时设置栏杆，保证 7，8 层防火卷帘内没有人员及可燃物进入。具体设计见图 4。

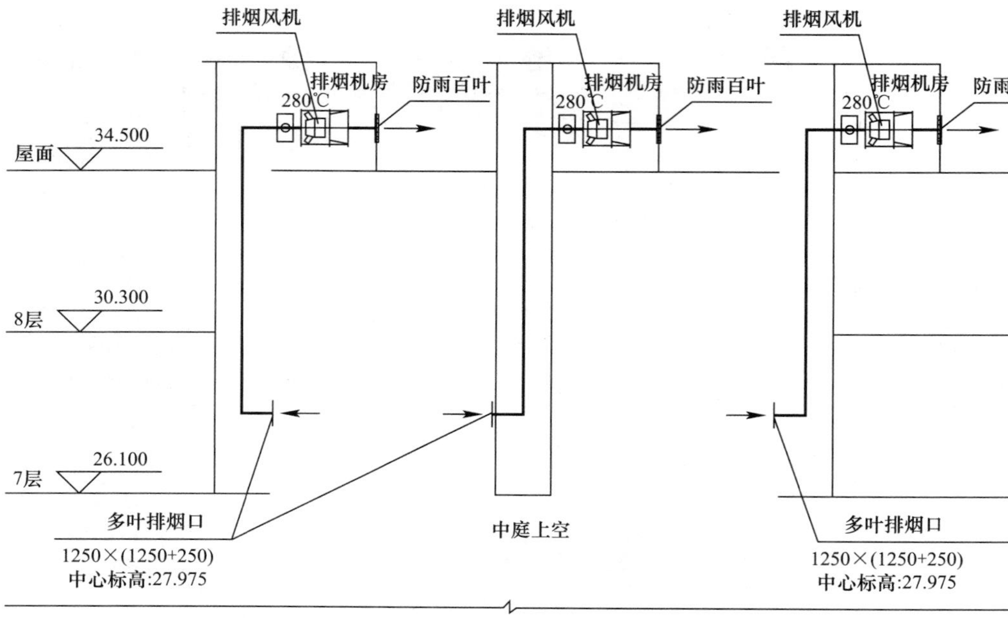

图3　中庭排烟系统原理图

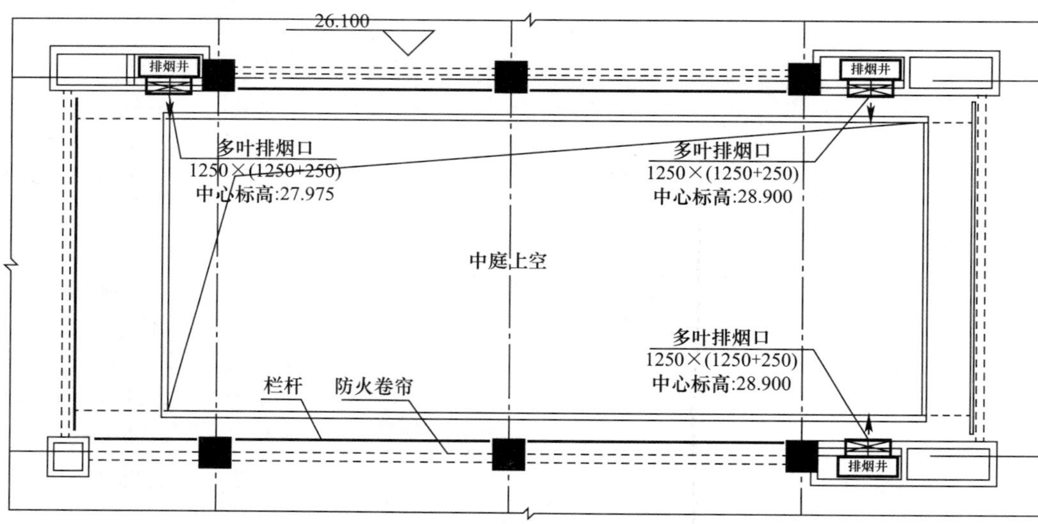

图4　7层中庭排烟平面图

为了保证排烟系统吸入口最低点之下烟气层厚度，同时保证6层最小清晰高度要求，6层最小清晰高度为2.01m，烟层底部标高设定为6层楼板2.05m高处，故排烟系统吸入口最低点之下烟气层厚度为4.025m，Z为17.85m，储烟仓的烟层与周围空气温差为21.8℃，具体计算结果见表3。

中庭排烟计算结果3　　　　表3

热释放速率（MW）	Q_c(kW)	Z_1(m)	室内净高（m）	Z(m)	M_ρ(kg/s)	ΔT(K)
4	2800	3.97	30.3	17.85	127	21.8

2.4　单个排烟口最大允许排烟量的计算

单个排烟口的最大允许排烟量V_{max}按下式计算[1]：

$$V_{max} = 4.16\gamma d_b^{5/2}(\Delta T/T_0)^{1/2} \quad (6)$$

式中　γ——排烟位置系数，当吸入口位于墙体上时，γ取0.5；

d_b——排烟系统吸入口最低点之下烟气层厚度，$d_b=4.025$m；

ΔT——烟层与周围空气温差，ΔT为21.8℃；

T_0——环境的热力学温度，K。

经计算$V_{max}=66369m^3/h$，中庭设有3个排烟口，每个排烟口排烟量为$35667m^3/h$，满足单个排烟口最大允许排烟量的要求。

2.5　补风系统设计

中庭补风通过2层入口门厅处设置的$11.34m^2$的门洞自然补风，补风量为排烟量的50%，即补风量为$53500m^3/h$，自然补风口风速不大于3m/s，则自然补风口计算面积不小于$2.98m^2$，满足《防排烟技术标准》要求。

3 结论与体会

（1）排烟系统设计时，首先需要根据防排烟技术标准要求合理设计防烟分区。

（2）对于多个楼层组成的高大空间，最小清晰高度为最上层计算得到的最小清晰高度。

（3）注意储烟仓的烟层与周围空气温差，合理设置排烟口高度。

（4）保证排烟系统吸入口最低点之下烟气层厚度，满足单个排烟口最大允许排烟量的要求。

（5）利用位于防烟分区底部自然补风口补风，利于形成理想的气流组织，迅速排除烟气，对人员疏散形成有利条件。

参考文献

[1] 公安部四川消防研究所. 建筑防排烟系统技术标准. GB 51251—2017 [S]. 北京：中国计划出版社，2017.

人民防空医疗救护工程空调通风系统有关问题的探讨

福州市建筑设计院　郑嘉耀☆

摘　要　本文介绍了人防医疗救护工程的空调系统、防护通风要求及设计要点；以某人防救护站为例，放大人员滤毒新风系统容量，同时满足了人员滤毒新风量、最小防毒通道及分类厅通风换气次数的要求，避免了分类厅独立滤毒系统设置，简化了系统。

关键词　人防医疗救护工程　防护通风　空调系统

0　引言

人民防空医疗救护工程指的是战时对伤员独立进行早期救治工作的人防工程，根据规模由小到大分为人防救护站、人防急救医院和人防中心医院[1]。

人防医疗工程应设计满足战时使用的供暖通风与空调系统，能确保战时的工程防护要求，并应满足战时医护人员及伤患的空气温湿度及卫生标准。

1　人防医疗救护工程应满足的防护通风要求及设计要点

人防医疗工程根据其战时功能和防护要求划分染毒区（包括扩散室、密闭通道、第一防毒通道、除尘室、滤毒室、室外机防护室、移动电站和固定电站的发电机房等）、第一密闭区（包括分类急救部和通往清洁区的第二防毒通道、洗消间）和第二密闭区（即清洁区，包括医技部、手术部、护理单元、保障用房等）[1]。

人防医疗工程与较常设计的人员掩蔽单元一样需满足清洁式通风、滤毒式通风及隔绝防护时的内循环通风三种通风方式，但在新风量、隔绝时间、超压排风、防护及防化等方面略有不同，详见表1。

人员掩蔽单元与医疗救护工程的防护通风系统的区别　　表1

功能	清洁式新风量 [m^3/(h·人)]	滤毒式新风量 [m^3/(h·人)]	最小防毒通道换气次数 (h^{-1})	隔绝防护时间 (h)
二等人员掩蔽单元	5	2	40	3
一等人员掩蔽单元	10	3	50	6
防空专业队人员掩蔽工程	10	5	50	6
医疗救护工程	15～20	5～7	最小防毒通道>50 分类厅>40	6

结合表1，可发现医疗救护工程的防化级别为乙级，根据文献［2］的要求，除满足常规二等人员掩蔽单元的防护通风要求外，还应满足如下要求：（1）防化级别为甲、乙级的工程应采用手、电动密闭阀门；（2）防化级别为甲、乙级的工程应设空气放射性监测和空气染毒监测；（3）防化级别为乙级的工程应设置毒剂报警器；（4）最小防毒通道换气次数>$50h^{-1}$，分类厅换气次数>$40h^{-1}$。

这其中特别需要注意的有两点：

一是仅在人防医疗救护工程中存在的分类厅。根据文献［1］，当滤毒通风时，医疗救护工程采用全工程超压排风，工程内清洁区的超压值大于50Pa，除满足第一防毒通道通风换气次数不小于$50h^{-1}$外，第一密闭区分类厅的通风换气次数不小于$40h^{-1}$。

以笔者设计的某人防救护站工程为例：人防救护站单元面积1474m^2，人防单元有效面积930m^2，床位15床，人数（含伤员）140人。（1）人员滤毒通风量为980m^3/h；（2）第一防毒通道体积为45m^3，所需最小滤毒通风量为2250m^3/h；（3）分类厅的体积则为171m^3，所需最小滤毒通风量为6840m^3/h。这里会发现分类厅滤毒通风量是远大于滤毒式新风量需求的。为满足分类厅滤毒通风换气次数的要求，存在两种做法：（1）在第一密闭区设置独立的分类厅滤毒室，单独为分类厅进行换气，如图1所示；（2）加大人员滤毒新风系统容量，以同时满足人员滤毒新风量、最小防毒通道及分类厅换气次数的要求。在笔者设计的人防救助站工程中，为满足人防救护站基本的功能需求，各房间设置都已极尽压缩，已无多余面积空间配置约30～40m^2的分类厅滤毒室。因此，笔者放大了人员滤毒新风系统容量，加大至7000m^3/h，战时清洁式进风与滤毒式进风分设风机，同时满足了人员滤毒新风量、最小防毒通道及分类厅换气次数的要求，如图2所示。

二是毒剂报警器的设计，报警器的设置是为了实现对染毒空气快速报警响应，连锁开启相应的电动密闭阀门，让整个人防通风系统从清洁式通风切换到滤毒式通风工况，响应时间要求分别为：对沙林毒气不大于5s，对维埃克斯毒气不大于10s，对芥子毒气不大于20s。毒剂报警器的探头设置分为两种：（1）穿廊进风时，毒剂报警器的两个探头分别设在进风口前两侧的穿廊壁龛内；（2）竖

☆　郑嘉耀，男，工学硕士，高级工程师。通讯地址：福州市晋安区福新东路185-1号福州市建筑设计院，Email：martinzjy@163.com。

井进风时，探头设在每个进风竖井的壁龛内或支架上。另外该探头到进风防爆波活门的距离，应满足

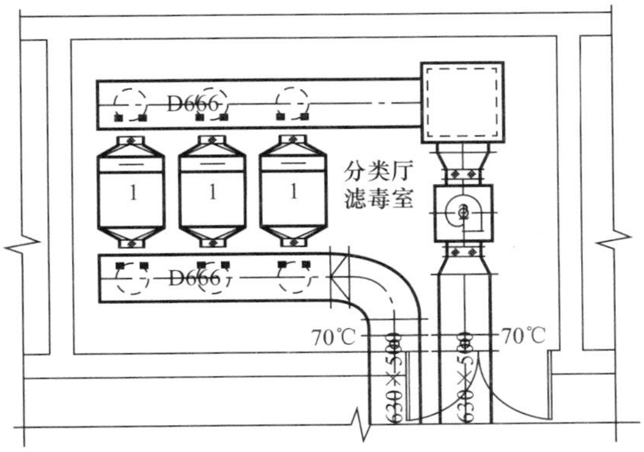

图 1　分类厅滤毒室示意图

1—RFP-1000 型过滤吸收器 7 台；
2—分类厅滤毒离心送风机（7000m³/h）

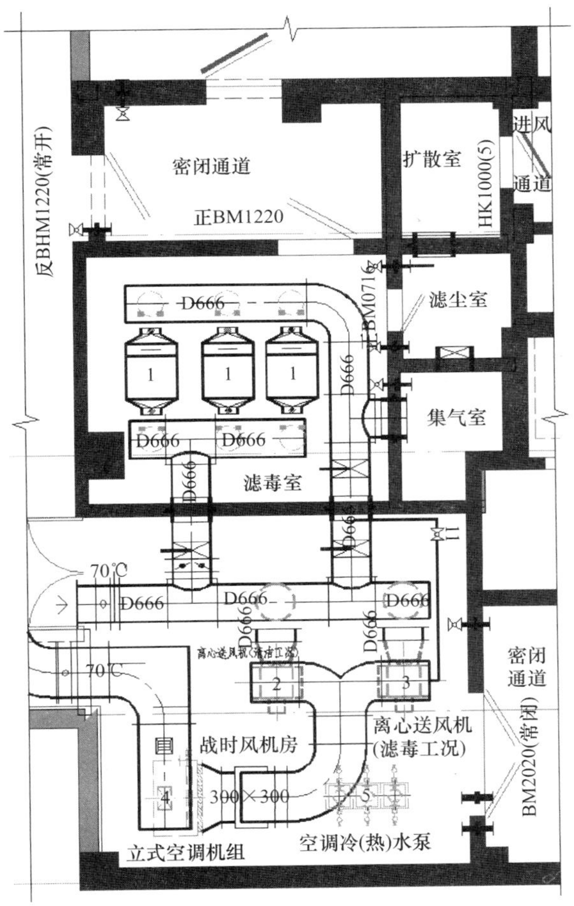

图 2　人防进风口部示意图

1—RFF-1000 型过滤吸收器（7 台）；2—清洁式离心送风机（4200m³/h）；3—滤毒式离心送风机（7000m³/h）；4—空调冷（热）水泵；5—立式空调机组

$$L \geqslant (5+\zeta)v_a \tag{1}$$

式中　L——探头到防爆波活门的距离，m；

ζ——电动密闭阀门自动关闭所需的时间，s；

v_a——清洁区通风时穿廊内的平均风速，或竖井风道的平均风速，m/s。

当 L 不能满足式（1）要求时，需满足下式的要求：

$$L \geqslant [(5+\zeta)-1/v_1]\cdot v_a \tag{2}$$

式中　L——防爆波活门到清洁通风管上第一道密闭阀门的距离，m；

v_1——清洁通风管道内的平均风速，m/s。

在此，笔者以某设计实例加以说明。战时竖井进风，毒剂报警探头设置在竖井内，清洁式通风时井道风速为 0.58m/s，双连杆型手电动两用阀门自动关闭时间为 1.2s（计算仍按实际关闭时间取 5～10s），清洁通风管道内风速为 4.13m/s，则探头距离进风防爆波活门的距离：

根据式（1），$L \geqslant 5.8$m；

根据式（2），$L \geqslant 5.66$m。

由计算结果可见，采用式（1）或式（2）的差别并不大，而 5.8m 以上的距离在常规设计中是较难实现的。在此笔者给出如下设计方案：（1）加大进风井道尺寸或采用穿廊进风的方式，将清洁式通风式的进风风速控制在 0.5m/s 或更低；（2）采用双连杆型手电动两用阀门，其自动关闭时间为 1.2s，优于 D940J-0.5 型手电动两用阀门的 3.6s（当管径≥500 时），在理论上尽量缩短密闭阀门的关闭时间，算式中笔者依然按实际关闭时间取 5s；（3）让竖井与防爆波活门之间保持一定的距离，设计成进风通道的形式，以满足探头与防爆波活门之间的距离，如图 3 所示。

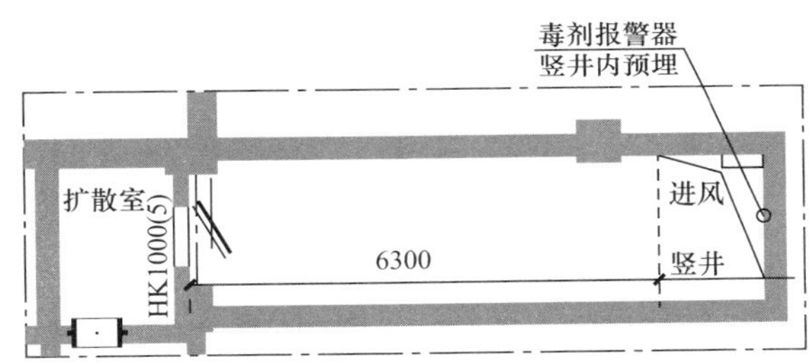

图 3　人防进风竖井示意图

2　人防医疗救护工程空调系统设计

以笔者设计的某人防救护站为例，介绍下医疗救护工程空调系统设计中的部分要点。

首先，参照文献［1］～［3］，确定人防救护站空调室内设计参数，详见表 2。

各医疗用房的空调室内设计参数及噪声控制指标　　表 2

房间名称	夏季温度（℃）	夏季相对湿度（%）	冬季（℃）	冬季相对湿度（%）	新风量［m³/（h・人）］	噪声（NR 曲线）
病房	25～27	45～65	18～26	30～65	30	≤50
手术、急救观察、重症室	20～24	50～60	18～20	30～60	12h⁻¹	≤45
其他房间	24～28	≤70	16～22	≥30	20	≤50

人防救护站空调计算逐时总冷负荷为 129.7kW、湿负荷为 72.8kg/h，计算总热负荷为 36.2kW（设计考虑了同时使用系数等修正因素）。

根据工程特性，医疗救护站采用两台模块式风冷热泵冷/热水机组（总制冷量 132kW，制热量 128kW）作为空调冷/热源。基于战时安全运行的考虑，将空调冷热源设置于室外机防护室内，室外机防护室为染毒区，具体做法如图 4 所示。

人防医疗工程暖通空调设计的要点在于满足人防防护通风的前提下，将其与空调通风系统结合起来。笔者在该项目中，针对战时清洁式进风与滤毒式进风分设风机，可根据实际情况在清洁和滤毒工况中切换，将安全的室外新风引入新风空调机组，再分别送至各空调区域，满足人防救护站内医护及伤员的空调及卫生标准，详见图 5、图 6。

3 结语

人防医疗工程的供暖通风与空调设计，须确保战时防护要求，并应满足战时医护人员、伤员在治疗与生活中对空气环境的要求[1]。笔者针对人防救护站规模较小的情况，放大人员滤毒新风系统容量，同时满足人员滤毒新风量、最小防毒通道及分类厅通风换气次数的要求，避免了分类厅独立滤毒系统设置，简化了系统。针对战时清洁式进风与滤毒式进风分设风机，根据实际情况在清洁和滤毒工况中切换，将安全的室外新风引入新风空调机组，再分别送至各空调区域，达到了战时防护通风及空调新风系统相结合的设计要求。

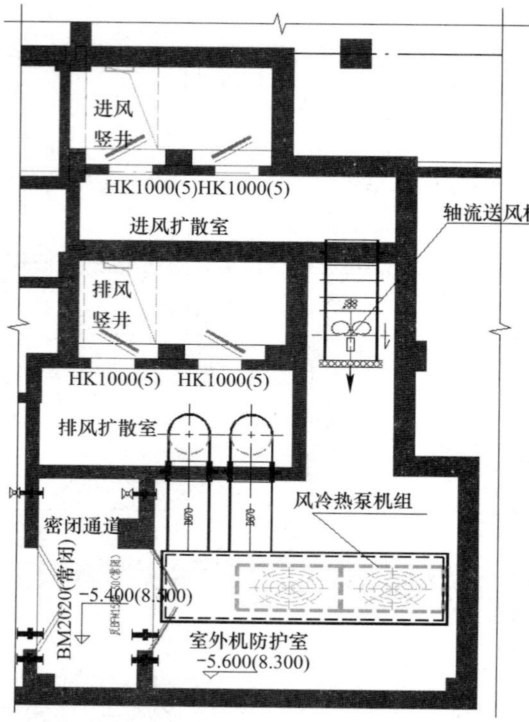

图 4 室外机防护室示意图

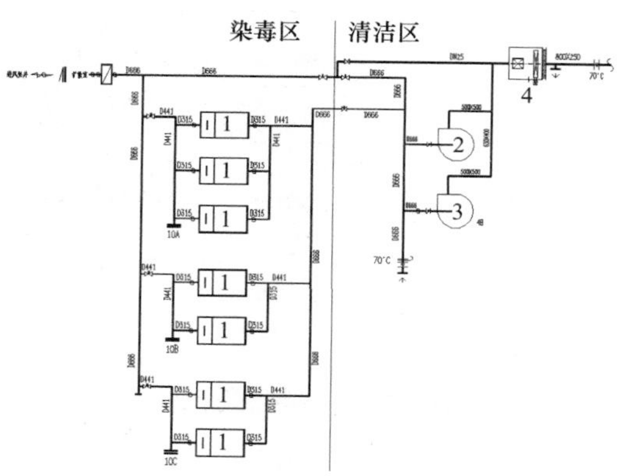

图 5 人防救护站战时人防进风系统原理图

1—RFF-1000 型过滤吸收器（7 台）；2—清洁式离心送机（4200m³/h）；3—滤毒式离心送风机（7000m³/h）；4—立式空调机组

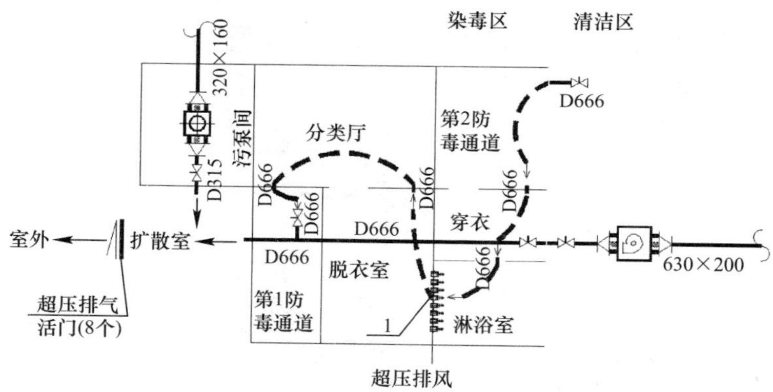

图 6 人防救护站战时人防排风系统原理图

参考文献

[1] 中国建筑标准设计研究院. 人民防空医疗救护工程设计标准. RFJ 005—2011 [S]. 北京：中国计划出版社，2012.

[2] 防化研究院第一研究所. 人民防空工程防化设计规范. RFJ 013—2010 [S]. 2010.

[3] 中国建筑标准设计研究院. 防空地下室设计手册——暖通、给水排水、电气分册 [R]. 2005.

火锅餐厅地排风系统优化研究

中国建筑设计研究院有限公司　祝秀娟☆　王志刚　侯昱晟　张祎琦
新派（上海）餐饮管理有限公司　白文敬

1　研究背景

随着人们生活水平日益提高以及餐饮业内众多品牌竞争的加剧，餐饮企业如何在当今复杂、多元化的市场中保持优势地位，是一个值得深思的问题。顾客就餐不再是对菜肴这单一因素进行评价，而是对餐饮的服务尤其是就餐环境等方面有了更新、更高的需求。同时，对餐厅管理者而言，如何加强管理、合理降低运营成本（水、电费，燃气成本）同样是餐厅健康稳定发展的另一重要因素。这导致餐饮企业在项目选址、装饰装修、室内空气环境等有了更高的要求。此外，为达到更高、更优良的就餐环境与用餐体验，后期运营维护成本也将大幅度增加。

对于火锅餐饮，基于食物加工与就餐同时进行的特殊形式，在食物加工过程中会向室内逸散大量含有食物尤其是底料异味的水蒸气，这些逸散物对室内空气质量有很大影响，尤其是气味不仅影响到顾客的嗅觉，更容易沾染到顾客的衣物上，在离开餐厅后仍然经久不散，这严重影响顾客的就餐体验。

针对上述问题，开展了对火锅餐厅排风形式的研究，通过本次研究，优化排风系统形式，提高了餐厅就餐体验的同时极大地促进了节能减排。

2　火锅餐厅排风形式

2.1　全面排风系统

火锅餐饮店的排风形式有多种，但传统的火锅老店，餐厅采用全面上排风方式，为节约运行成本通常采用新风热回收系统，即全面排风系统与新风进行热交换后排出室外，新风通过与排风热交换后送入餐厅内，可回收一部分排风能量，从而降低运行成本。

但该方案没有针对性地对火锅产生的热、湿气流进行有效控制与排除，导致排风量大且实际效果不佳。

2.2　侧吸下排式排风系统（俗称地排风系统）

为进一步降低火锅店内存在的就餐异味，为顾客营造更加良好的就餐环境，目前很多火锅餐厅采用锅边侧吸式下排风系统。这种方式能较好地控制火锅热、湿气流浮升及扩散，缩短热湿气流流经路径，尽快排出室外，该方式较全面排风系统有较好的提升效果，同时能够有效抑制火锅气味扩散到顾客周边。

尽管该方案可有效控制“污染源”逸散，但地排风系统风量过大，同时因干管敷设于地板垫层内，受垫层空间限制，排风管路尺寸受限且存在内衬支撑，由此导致管路内风速较高、系统阻力增大。较大的排风量使得室内新风量增大，空调能耗居高不下，餐厅运行费用有逐年上涨趋势。

2.3　排风系统存在的问题

通过对现有排风系统形式及末端排风部件的分析，归纳总结出以下主要问题：

（1）火锅店全面排风系统及末端局部排风系统排风量取值缺乏实验数据支撑；

（2）现有地排风系统管路阻力较大，漏风情况严重，风机能耗较高；

（3）末端排风组件复杂，连接点较多，存在较多漏风问题；

（4）末端排风组件几何特性复杂多变，空间较小，排风路由不畅、阻力较大。

调研发现，由于上述问题，餐厅管理人员为实现良好的就餐环境，一方面不断加大排风量，从而导致新风补风量加大，空调负荷急剧增大，能耗极高；另一方面为降低运行费用，人为减少新风开启时间甚至关闭新风系统，导致餐厅室内负压过大，门洞风速极高，外门启闭困难等。

鉴于此，急需优化现有排风系统及末端组件，在保证室内空气质量的同时有效降低排风量，从而降低新风量，降低室内空调负荷及新风负荷，达到节能降耗、降低运行费用的目的。

3　地排风系统测试与分析

为维持餐饮区域室内环境质量，某火锅餐厅根据自身长期运行情况，在缺乏理论研究及实际测试的情况下，根据人的感观及风速影响确定每桌排风量为 $630m^3/h$，但随着运行时间的增加，排风效果及室内空气质量下降明显。

笔者针对该火锅餐厅进行了详细系统分析及测试，餐厅布局如图1所示，根据室内空间布局，该餐厅共有地排

☆ 祝秀娟，女，硕士。通讯地址：北京市西城区车公庄大街19号，Email：zhux j@cadg. cn。

风系统 13（DPF-1～13）套，每套系统分担 6～10 桌。按原标准餐厅总排风量为 67000m³/h，换气次数为 $23h^{-1}$，设计补风量为排风量的 80%，餐厅为 24h 运营模式。

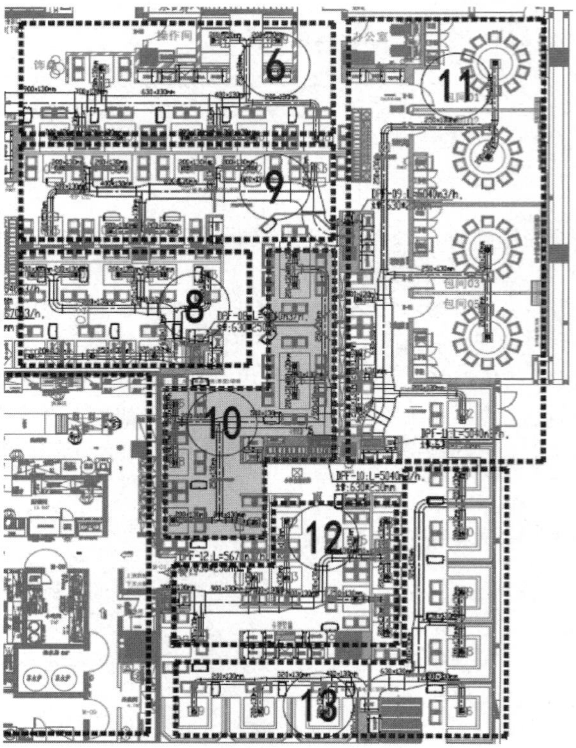

图 1　餐厅地排风系统划分示意图

分析中选取具有代表性的地排风系统 DPF-10 进行研究，该系统负责桌号为 111、116～122 共 8 桌的排风，按原设计标准排风机选型为：排风量 5040m³/h，风压 800Pa，功率 3kW。

地排风系统排风口部件基本构成如图 2 所示，由风圈、抽风箱体、过滤箱体、过滤箱盖、过滤器（网）5 部分组成，为方便卫生清洁，每一组件之间均为硬性搭接，无任何防漏风处理。排风路由如图 2 中箭头线所示，由风圈上的小孔吸入，经由火锅、电磁炉及抽风箱体之间的狭小通路进入过滤箱体后接入垫层内的排风管路，汇集后经主立管接至屋面。

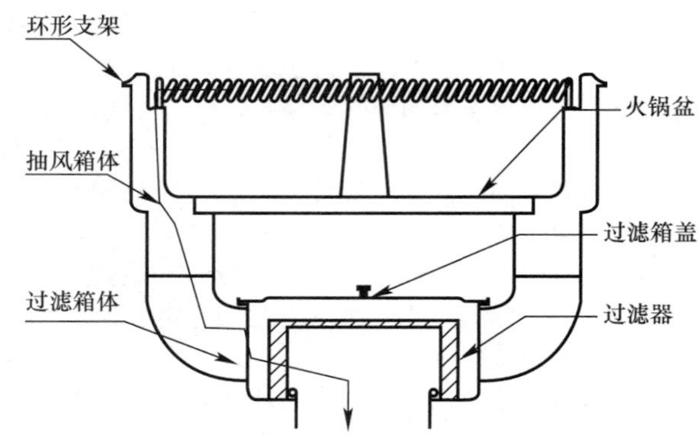

图 2　排风口部件构成及排风路由示意图

根据上述系统情况，对 DPF-10 设计工况阻力进行计算，得系统阻力损失约 945Pa，详见表 1。

DPF-10 设计工况阻力计算表　　**表 1**

序号	风量（m³/h）	管宽（mm）	管高（mm）	管长（m）	v(m/s)	R(Pa/m)	Δp_y(Pa)	ξ	动压（Pa）	Δp_j(Pa)	$\Delta p_y+\Delta p_j$(Pa)
A-B	630	250	130	4.6	5.4	3.9	17.9	1.5	17.4	26.1	44.0
B-C	1890	500	130	4.6	8.1	10.6	48.8	1.5	39.1	58.7	107.5
C-D	2520	630	130	1.1	8.5	6.9	7.6	1	43.8	43.8	51.4
D-E	3780	630	130	1.4	12.8	9.1	12.7	1	98.6	98.6	111.4
E-F	4410	800	130	2.7	11.8	7.4	20.0	0.3	83.2	25.0	45.0
F-G	5040	900	130	1.9	12.0	7.5	14.3	0.3	85.9	25.8	40.0
G-H	5040	630	250	5	8.9	2.4	12	1.5	47.4	71.1	83.1
H-风机出口	5040	500	320	7.2	8.8	2.1	15.1	7	45.9	321.6	336.7
排风末端											126.3
小计											945.4

由于排风末端构造复杂，很难进行准确的阻力计算，表 1 中排风末端阻力值为模拟数值。

同时对该系统进行现场实测（见图 3），发现实际排风量远小于设计值。

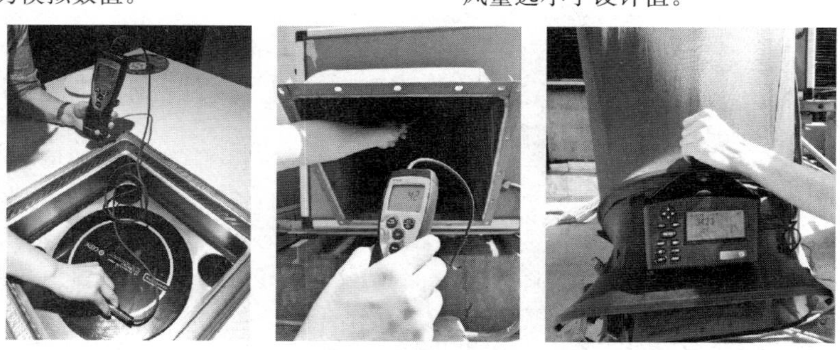

图 3　现场测试

分析发现，出现实际排风量小于设计值的主要原因有两方面：一是末端排风组件漏风情况严重，无效排入系统的风量较大；二是受垫层内风管尺寸及内衬支撑影响，系统阻力较大，出现风机曲线与实际管路曲线不匹配现象。

4 地排风系统末端优化

根据前文分析及实测结果，结合项目实际情况，优先对地排风系统末端排风组件进行了优化。根据排风末端各组件尺寸，通过 ANSYS SCDM 软件建立等比例模型，并将模型导入 ICEM CFD 中划分网格，模型网格数为 5983540 个，可以满足计算精度要求。通过模拟，确定各部分组件速度矢量图及静压分布云图，明确优化方向，图 4 所示为排风末端组件各部分静压分布云图。

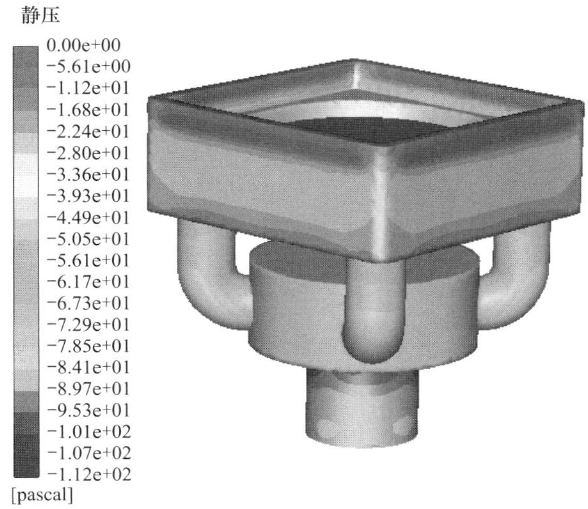

图 4 排风末端静压分布云图

根据前面的分析及测试结果，提出两个优化方案，即从不同角度和方向进行优化。一是针对排风末端组件多、漏风大的情况，在满足排除异味主要功能外还兼顾卫生保洁等实际功能要求的前提下，把组件从气流组织角度进行一体化优化，以减少漏风、降低系统阻力损失；二是优化排风方式，即把周边排风优化为中间排风，同时进行相应排风末端组件的优化设计。经实际模型测试及理论分析比较，采纳了改变排风方式的优化方案。改变排风方式后不但提高了排风效果，还大大降低了排风量。

通过优化将原设计每桌排风量 630m^3/h 降低至每桌排风量 210m^3/h，且排风效果优于原设计，通过烟雾测试（见图 5），可清晰地看出排风效果，在原设计排风末端工况下，尽管风量较大但仍然有外溢现象；采用中间排风的优化方案后，尽管风量只有原设计工况的 1/3，但排除效果非常好，无外溢现象。同时模拟就餐工况进行实测（见图 6），通过测试可看出排风效果优于原设计。

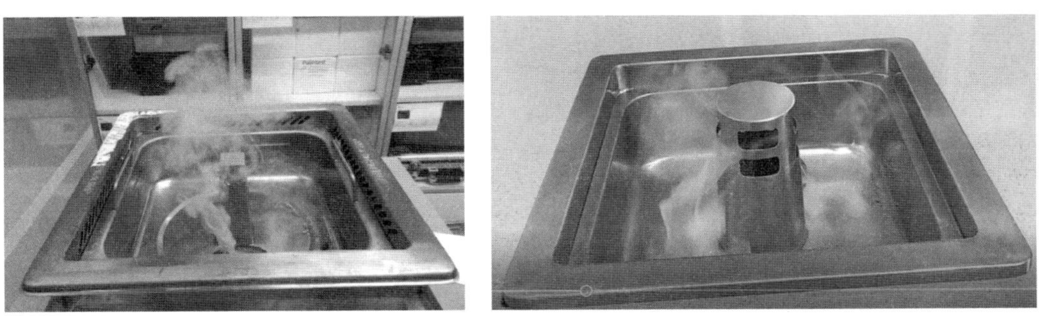

图 5 烟雾测试对比

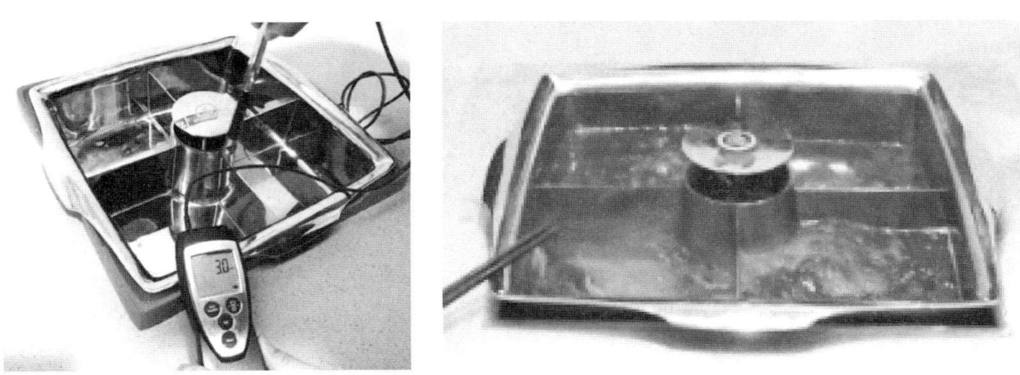

图 6 模拟就餐测试

5 节能潜力分析

为满足餐厅 24h 营业的要求，该餐厅室内采用多联机+新风系统，多联机冷负荷按 370W/m²，新风按排风的 80%选取，新风负荷指标约 310W/m²，总空调负荷约为 680W/m²。通过优化排风系统降低了排风量，同时也降低了新风量。

餐厅区域按原设计排风量由 630m³/h 降至 300m³/h（考虑足够余量），保守估算以 100 桌，每天运行 12h 计，则新风系统每天节省电量如下：

$$
\begin{aligned}
Q_x &= G(h_w - h_n) = (630 - 300) \times 0.8 \times 100 \times 1.2 \\
&\quad \times (84.8 - 55.8) \times 12/5/3600 \\
&= 255.2\text{kWh}
\end{aligned}
$$

按电费 1 元/kWh 计算，餐厅每天至少节约运行费用 255 元。

通过对地排风末端组件的优化，在不改变餐厅整体效果的前提下，对提高餐厅室内环境质量、减少火锅异味逸散效果明显，且通过优化使餐厅运行能耗降低显著。

论文集

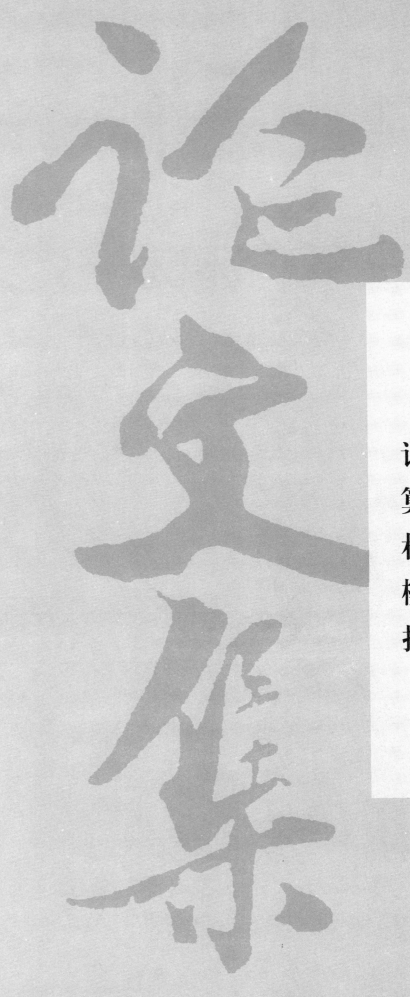

计算机模拟

暖通专业基于 Autodesk 平台铁路站房 BIM 正向设计应用

中铁第一勘察设计院集团有限公司　刘瑞光☆

摘　要　现阶段的 BIM 正向设计研究主要集中在民建领域土建专业，对铁路行业暖通专业鲜有研究。本文依托格库铁路若羌站，基于 Autodesk 平台进行暖通专业 BIM 正向设计研究。通过建立暖通专业结构树对专业模型构建进行划分并赋予 IFD 编码，并利用带有各种属性信息的模型构建开展 BIM 正向设计，利用构建编码实现工程量的统计及属性信息的有效传递，利用 BIM 模型实现二维施工图的生成，同时总结了现阶段暖通专业 BIM 正向设计存在的问题，可为类似项目提供参考。

关键词　暖通专业　BIM　正向设计　铁路站房　工程量统计

1　概述

BIM 技术的诸多优点以及目前政策的导向、国家 BIM 标准体系和铁路 BIM 标准体系的相继编制，给 BIM 技术的发展带来了极大的利好。现阶段 BIM 技术在设计阶段的应用多是通过施工图进行翻模，优化设计图纸，这种应用方式虽然能在一定程度上提升设计质量，但额外增加的工作量使得此种应用方式很难大范围推广[1~9]。为了解决此问题，必须从源头上改变设计阶段的 BIM 应用方式，由“BIM 翻模”转变为“BIM 正向设计”，即在项目设计的各个阶段均采用 BIM 相关软件完成，设计完成后利用 BIM 模型实现出图、算量等应用，并可将 BIM 模型信息传递至施工及运维单位。

暖通专业作为铁路站房中设备及管线最多的设备专业，能否实现 BIM 正向设计将直接影响到整个工程项目 BIM 正向设计的实现程度，且能为其他设备专业提供借鉴和参考。本文以格库铁路若羌站站房 BIM 试点项目（铁路总公司 BIM 试点项目）为依托开展暖通专业 BIM 正向设计研究，该站房暖通专业包含了供暖、通风、空调等相关设计内容，设计内容全面具有代表性。

2　专业模型构建编码的应用

2.1　专业结构树的划分

目前我国中小型铁路旅客站房的现状是：站房功能复杂性越来越高，这就需要对铁路工程信息进行全寿命周期的管理。合理有效的工程系统结构分解是构建中小型铁路旅客站房全寿命周期结构体系的前提，对项目的管理也起到至关重要的作用，这也是我国未来中小型铁路旅客站房信息化发展的需求。为了实现这一目标，我院首次提出了“结构树”的概念，即本专业针对专业所有设计内容建立的满足始自专业终到最小构件单元的多层级树状结构。该“结构树”符合专业设计习惯，能够方便查找定位构件，图 1 为暖通专业结构树的划分。

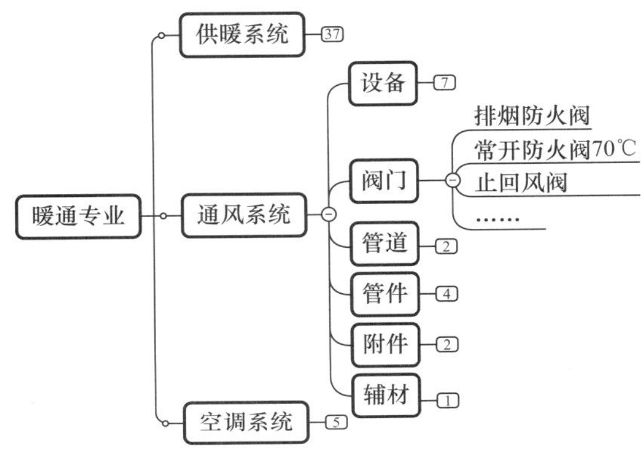

图 1　暖通专业结构树划分图

2.2　模型构建编码的添加

构建编码的核心功能在于实现工程实体的分类、检索、信息传递[10~12]。依据《建筑信息模型分类和编码标准》等标准针对模型构建输入两项编码参数：①分项编码，即描述模型类型所属的分项工程，如供暖工程、通风工程、空调工程等，一般用单个编码便可表示；②类型编码，即通过元素、建筑产品、行为等两个或多个编码组合的形式，精确地表示某一模型类型，通过类型编码可统计工程量，即类型编码应与各专业提交的工程数量表相对应。

在 Revit 软件中利用“项目参数”功能对暖通的最小设计单元进行 IFD 编码添加，如对“机房专用空调室外机”进行编码添加。

（1）添加编码参数

在“管理”选项卡“设置”面板中打开“项目参数”，为所有类型添加名为“分项编码”和“类型编码”的参数，如图 2 所示。

（2）编码信息的添加

根据房屋工程数量要求，为相应的模型构件类型添加编码信息，打开类型属性对话框，在标识数据栏下的“分项编码”和“类型编码”中输入对应编码数据（编码数据查询《建筑信息模型分类和编码标准》附表），如图 3 所示。

☆　刘瑞光，男，工程师。通讯地址：陕西省西安市西影路 2 号。Email：245019304@qq.com。

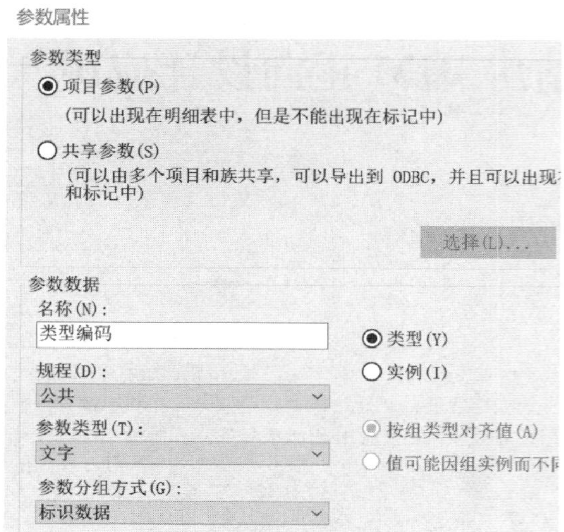

图 2　设置 IFD 编码参数

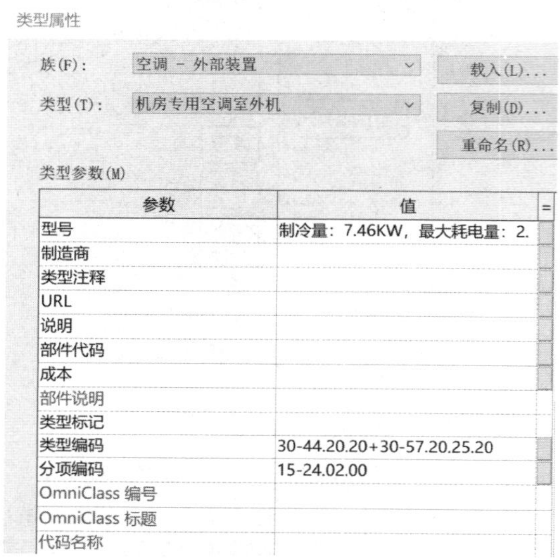

图 3　添加 IFD 编码

3　BIM 设计流程

本项目基于 Autodesk 平台开展，采用“文件链接”的协同方式在各专业间开展协同工作。依据传统设计流程，结合 BIM 设计特点，根据设计时序确定中小型旅客站房的暖通专业 BIM 设计流程，如图 4 所示。

4　实施 BIM 正向设计

4.1　建立暖通专业 BIM 模型

通过编制《中小型铁路旅客站房 BIM 正向设计统一技术要求》，对暖通专业建模要点、建模深度及命名规则等做了统一规定，设计人员依据此规定及相关设计规范开展 BIM 设计。表 1 对暖通专业 BIM 模型提资内容及深度要求作了统一规定。

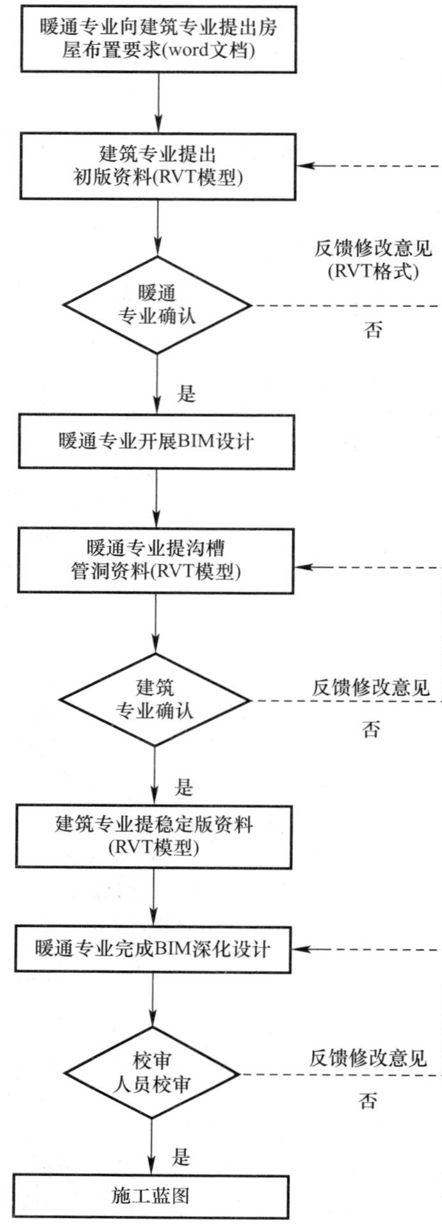

图 4　暖通专业 BIM 正向设计流程

暖通专业 BIM 模型提资内容及深度要求　表 1

信息类别	内容	深度
模型信息	管沟资料	供暖管沟、给排水管沟、消防管沟、明沟、集水坑等管沟的尺寸、标高及位置
	设备资料	设备基础、设备荷载，应包含平面位置、尺寸大小、轴线定位
	孔洞资料	侧墙留洞、楼板留洞、屋面留洞及防水，应包含平面位置、尺寸大小、轴线定位
说明信息	提资说明	大型设备运输通道、屋面设备检修
	装修隐蔽	配合装修专业提出设备及管线的隐蔽要求

4.2 提出暖通专业沟槽管洞资料

在提出沟槽管洞资料之前，对 Autodesk 平台下提资方式进行了探讨，如表 2 所示。

暖通专业 BIM 设计提土建资料方案比选　　表 2

提资方式	模型线＋文字注释	创建实际管沟模型
方案说明	与 CAD 条件下提资方式基本一致	暖通专业建好管沟模型，土建专业根据需要提取模型的属性信息
特点	工作量相对较少，信息化程度低	信息化程度高，但现阶段暖通专业创建的管沟 BIM 模型不可被土建专业直接利用
评判标准结论	采用	可行性，综合效率不采用

经比选，最终确定资料的反馈形式为在建筑模型上用模型线加二维注释方式反馈，如图 5 所示。

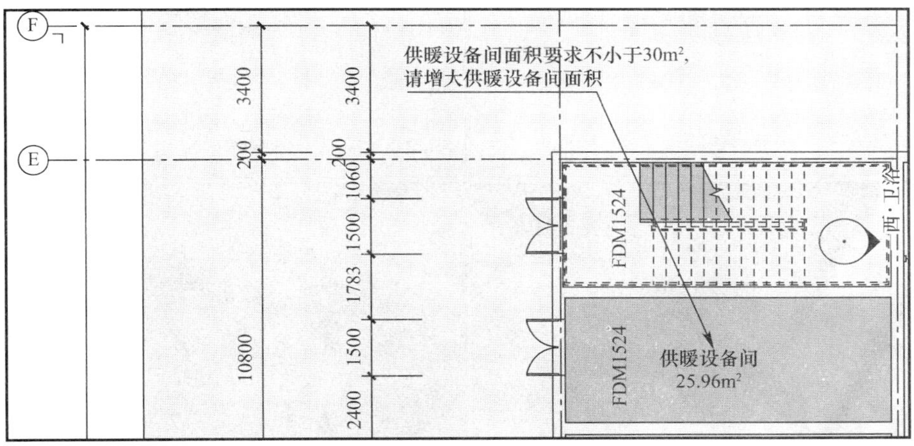

图 5　暖通专业接收建筑专业资料反馈意见图

4.3 暖通专业深化设计模型

暖通专业完成专业模型创建后，对专业模型进行尺寸标注、管径标注，添加文字说明等，以满足施工图出图要求，如图 6 所示。

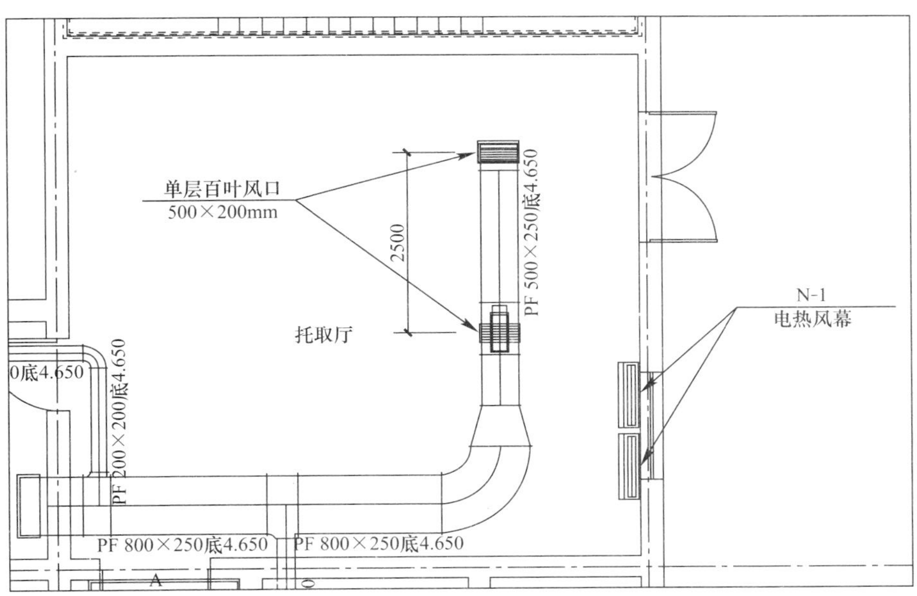

图 6　通风系统平面布置图深化设计

4.4 碰撞检测

本项目基于 Navisworks 软件对土建模型和暖通专业模型作碰撞检测，检测出土建专业构件与暖通专业构件碰撞 38 处，根据碰撞检测结果，导出碰撞报告，碰撞报告中可以查看碰撞构件的位置、图层、ID 号等，如图 7 所示，设计人员根据碰撞报告修改相应的模型构建直至零碰撞。

4.5 工程量统计

创建设备材料表是通过视图工具栏下的“明细表/数量”设定必要的字段参数是由系统自动生成的。暖通施工图中的设备表一般包括“族”“型号”“系统名称”“类型”“合计”等内容，通过添加“字段”完成，完成后可生成暖通专业设备明细表，设置过程和设备表样式分别如图 8 和图 9 所示。

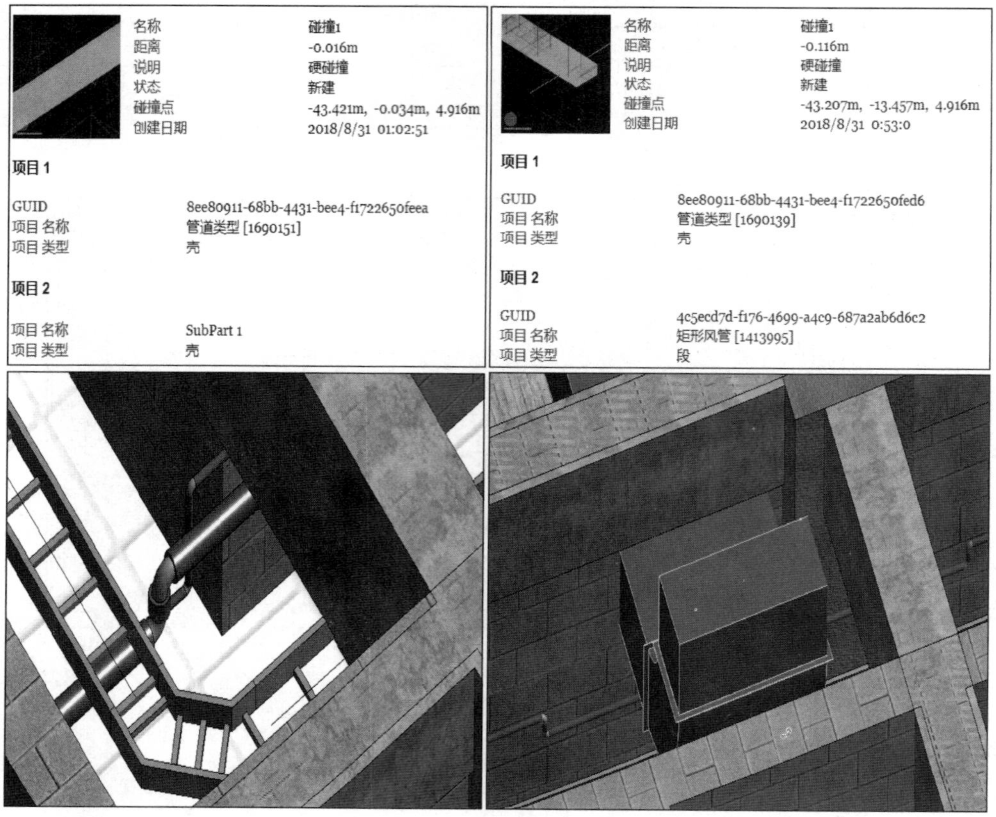

图 7　碰撞报告

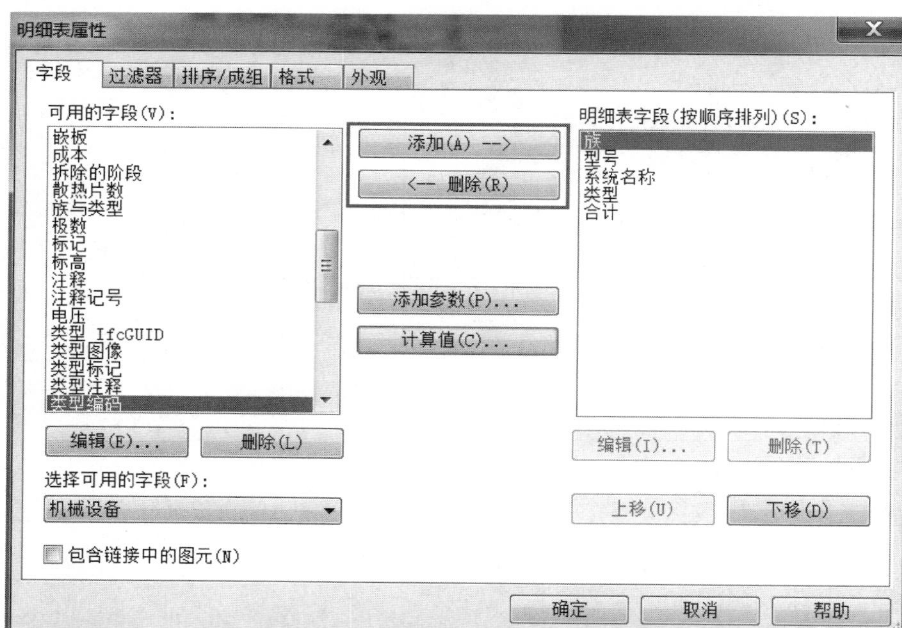

图 8　暖通专业设备统计添加“字段”

类型	型号	类型编码	合计
低噪声轴流风机	风量：9576m^3/h,全压：499Pa,功率：2.2kW,电压：220V	30-43.10.10.15	2
分集水器	管径：DN32,铜制	30-42.10.15	8
大门电热风幕	风量：1800m^3/h,功率：180W,电加热功率：14kW,电压：380V	30-42.30.40+15-32.10.20	8
机房专用空调室内机	制冷量：7.46kW,最大耗电：2.7kW	30-44.20.20+30-57.20.25.30	11
机房专用空调室外机	制冷量：7.46kW,最大耗电：2.7kW	30-44.20.20+30-57.20.25.20	12
电暖器	制热量：2.0kW,电压：220V,功率：2.0kW	30-42.10.15	10
离心式屋顶风机	风量：4000m^3/h,风压：200Pa,功率：0.8kW电压：220V,质量：75kg	30-43.10.10.50+30-43.10.10.	4
通风器	风量：480m^3/h,功率：28W,电压：220V	30-13.40.23	11

图 9　暖通专业设备表生成示例

材料表的创建，也是通过视图工具栏下的“明细表/数量”设定必要的字段参数由系统自动生成，如图 10 所示。

材质	管径	类型编码	长度
内外热镀锌钢管	15	30-32.10.10.30	3.268
内外热镀锌钢管	20	30-32.10.10.30	206.946
内外热镀锌钢管	25	30-32.10.10.30	227.982
内外热镀锌钢管	32	30-32.10.10.30	125.613
内外热镀锌钢管	40	30-32.10.10.30	63.383
内外热镀锌钢管	40	30-32.10.10.30+30-03.70.30	116.903
内外热镀锌钢管	50	30-32.10.10.30	327.49
内外热镀锌钢管	80	30-32.10.10.30	49.79

图 10　暖通专业材料明细表生成示例

4.6　图纸生成

设计人员应用 Revit 软件进行专业模型建立的过程即是专业设计的过程，设计完成后生成施工图纸。

4.7　校审

本次采用 Revit 软件开展设计，设计完成后将 Rvt 模型导出为 Dwg 格式文件完成内部校审。

5　结论及展望

5.1　结论

（1）对于能够采用 Revit 软件直接生成的图纸优先采用 Revit 软件，不能生成的采用 CAD 软件，图纸输出完成后进行了统计，如表 3 所示。

暖通专业各类型图纸出图方式统计表　表 3

图名	出图软件	
	Revit	AutoCAD
封面	√	
设计说明	√	
设备表		√
材料表		√
通风平面图	√	
空调平面图	√	
多联机空调系统图		√
供暖平面图		√
供暖系统图		√
地板辐射供暖平面图		√
屋面设备布置平面图	√	
地板辐射供暖系统图		√

（2）通过 BIM 模型构建 IFD 编码的应用，BIM 信息模型可以在工程项目各参与方间进行有效传递，为工程项目实现信息化管理奠定基础。

（3）首次对暖通专业 BIM 模型提资内容及深度要求进行了规定；首次提出了暖通专业“结构树”划分的概念，可为其他 BIM 项目应用提供参考。

（4）对本次暖通专业 BIM 正向设计存在的问题进行了总结：

① 暖通专业系统图无法生成：Revit 软件在完成平面图绘制后，可自动生成三维视图，但自动生成的三维视图为正等轴侧图，且无法进行图例转化和出图标注，如图 11 所示。

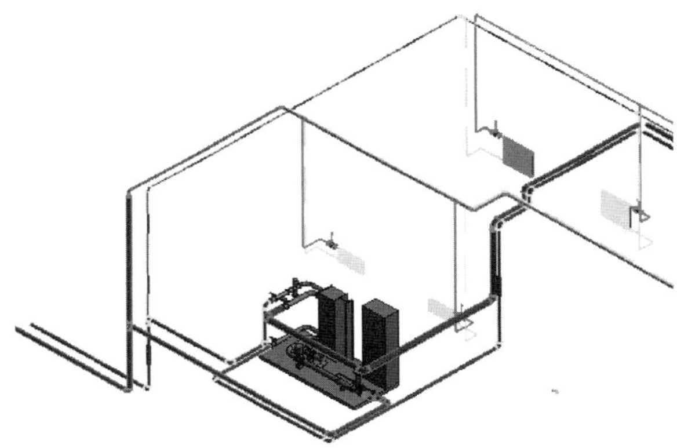

图 11　Revit 中自动生成的供暖系统轴侧图

② 校审体系不适应：本次采用 Revit 软件开展设计，但校审文件仍要求为 CAD 文件，Revit 导出的 CAD 文件需要进行图面整理及二次编辑后才符合送审条件，而修改校审意见又需要在 Revit 中完成，这就导致设计人员在送复核、所审、处审过程中每次都需处理图面，浪费大量时间，急需制定一套适用于 BIM 平台的审核系统。

5.2　展望

希望随着铁路行业 BIM 标准的编制和实施应用，各设计单位的 BIM 设计也日趋标准及规范，现阶段文件校审体系不匹配等问题都会迎刃而解。同时，希望通过 BIM 模型构建编码的应用，将 BIM 模型作为纽带，在工程项目的各参与方之间进行有效传递，为实现 BIM 技术在工程项目全寿命周期的应用奠定基础。

参考文献

[1]　魏州泉. 铁路行业 BIM 技术应用难点分析及对策建议 [J]. 铁路技术创新，2015（3）：14-16.

[2] 王浩. BIM技术在铁路工程设计应用中的现状及前景分析[J]. 工程建设与设计，2015，(12)：94-96.
[3] 马少雄，李昌宁，刘争耀，等. BIM技术在西安动车段项目深化设计中的应用[J]. 铁道标准设计，2016，60（10）：149-152.
[4] 刘彦明，李志彪. BIM技术在铁路设计中的推广应用[J]. 铁路技术创新，2015（3）：51-54.
[5] 韩秀辉，袁峰，罗世辉，等. BIM在铁路设计中的应用探讨[J]. 铁道标准设计，2016，60（8）：17-20.
[6] 逯宗田. 铁路设计应用BIM的思考[J]. 铁道标准设计，2013，57（6）：140-143.
[7] 闹加才让. BIM技术在铁路机务段设计中的应用[J]. 铁道标准设计，2019，63（4）：1-6.
[8] 段熙宾. 大型铁路工程BIM设计的探索及实现[J]. 铁道标准设计，2015，59（7）：124-127.
[9] 徐博. 基于BIM技术的铁路工程正向设计方法研究[J]. 铁道标准设计，2017，61（4）：35-39.
[10] 杨长辉. 铁路四电工程设计信息模型分类与编码研究[J]. 铁道标准设计，2015，59（8）：160-163.
[11] 中国铁路BIM联盟. 铁路工程信息模型分类和编码标准（1.0版）[R]. 2015.
[12] 中国建筑标准设计研究院有限公司. 建筑信息模型分类和编码标准. GB/T 51269—2017. [S]. 北京：中国建筑工业出版社，2017.

某地铁车站多模式轨顶风道协同排烟效果模拟研究

中铁第四勘察设计院集团有限公司　刘宇圣☆

摘　要　地铁火灾易造成严重的财产损失和人员伤亡，车站排烟系统是地铁防火设计必不可少的部分。本文研究了站台火灾时开启排热风机，借助轨顶风道侧排烟阀对站台协同排烟的多种模式，通过 Fluent 软件模拟了各个模式的效果及可行性，并提出了进一步的改进建议。
关键词　地铁站台　火灾排烟　轨顶风道　侧排烟阀　数值模拟

0　引言

地铁车站是一个内部狭长、相对密闭的地下空间，而车站的站台层更具有人员密度大、逃生通道少、出口距离长的特点。当站台发生火灾时，产生的热量和烟气难以被及时排除，人员仅能通过数量有限的楼扶梯疏散，火灾易造成严重的财产损失和人员伤亡[1]。地铁火灾案例统计表明，78.9%以上死亡原因是吸入有毒的烟气所致，火灾中烟气成为乘客的致命物质[2,3]。地铁火灾防排烟系统设计为地铁防火设计中必不可少的环节，它能将车站或区间隧道内的火灾烟气有效控制住，以保证人员有安全疏散的通道和时间[4]。

1　工程概况

武汉市某地铁车站为换乘站，采用通道换乘方案，其中一条线的车站为地下 2 层单柱岛式，地下 1 层为站厅层，地下 2 层为站台层。该部分车站总建筑面积为 38604m²，站台宽为 12m，有效站台长度为 180.9m，站厅层高为 4.9m，站台层高为 4.7m。如图 1 所示，本站共设有 5 组从站厅至站台的楼扶梯，站台火灾时，为满足《地铁设计规范》[5]关于烟气阻挡风速的要求，排烟系统需提供更大的排烟量。此外，本站为地铁线路终点站，站后设置折返线，折返线一端的隧道风机房距站台约 450m，减弱了隧道风机对站台区域的作用效果。

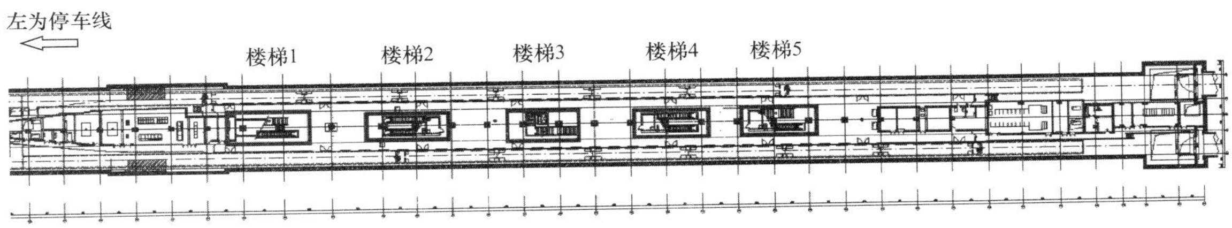

图 1　车站地下二层站台公共区平面图

地铁火灾时，两层间的楼扶梯既是人员逃生路径又是烟气蔓延通道，防止烟气侵入该区域对人员安全疏散有重要意义[6]。根据《地铁设计规范》[5]的要求，车站站台发生火灾时，应保证站厅到站台的楼梯和扶梯口处具有能够有效阻止烟气向上蔓延的气流，且向下气流不应小于 1.5m/s。经计算，为保证楼梯口处的阻挡风速，仅依靠车站公共区排烟系统的排烟量是远不够的，还必须借助其他辅助手段进行排烟。

常规的站台排烟模式为：开启隧道风机和排热风机，同时开启车站端部屏蔽门的首尾滑动门，将烟气从站台抽出。而根据运营安全的需要，烟气应尽量避免进入轨行区。此外，在站台火灾时，需要安排专门的工作人员在开启的屏蔽门处设置栏杆，防止乘客或工作人员因烟气阻挡视线跌入轨行区，而这会延误工作人员在火灾中的逃生时间。因此，通过开启屏蔽门进行协同排烟的模式存在诸多缺陷。

本文研究的排烟模式为：在轨顶风道靠公共区的侧壁安装常闭电动排烟阀，在火灾时开启排烟阀，利用车站两端设置的排热风机，实现对车站站台层公共区的协同排烟。本站的轨顶侧风阀尺寸为 2m×0.8m，风阀位于屏蔽门上方，在车站两端设置 8 个，在中部设置 4 个，总计 12 个，如图 2 所示。

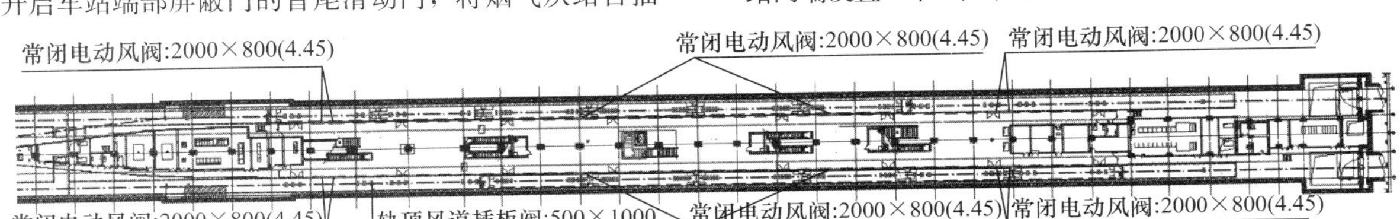

图 2　车站站台层轨顶风道风阀布置平面图

☆　刘宇圣，男，助理工程师。通讯地址：武汉市武昌区和平大道 745 号，Email：hitlys@163.com。

本文将通过 Fluent 软件模拟各排烟模式的效果及可行性，通过开关车站公共区送风机，改变隧道风机开启数量及轨顶风道插板阀开度等条件，比较不同排烟模式下的排烟效果，以研究排烟模式的可行性并进行改进。排烟模式的评价指标为：（1）需保证通过站台楼扶梯口部形成向下不小于 1.5m/s 的风速，满足消防疏散要求；（2）为保证轨行区列车内乘客的安全，应尽量将站台火灾产生的烟气控制在轨顶风道内，不进入轨行区。

2 建模参数选取

本次建模的尺寸与车站平面图一致，站厅层及站台层高为 4.9m，中板厚为 0.3m。在车站两侧区间各建立 500m 长的区间隧道，隧道的内径设为 4.8m。按照站台火灾的大系统排烟运行模式，在站厅层建立大系统送风管的模型，在站台层建立大系统排烟管的模型。建立好的模型剖面（不含站厅层公共区）如图 3 所示，将模型划分为四面体非结构化网格。

模拟的边界条件设定为：区间隧道、站厅出口处设为自由压力出口。隧道风机和大系统送风机按各排烟模式分别设为排风机或自由压力出口，排热和排烟风机处设为排风机。根据本站的设计方案，每台排热风机的风量为 $50m^3/s$，隧道风机风量为 $60m^3/s$，站厅大系统送风量为 $90250m^3/h$，站台大系统排烟量为 $76900m^3/h$。经测试后将排热风机的风压设为 400Pa，隧道风机风压设为 480Pa，大系统排烟风机风压设为 800Pa，大系统送风机设为速度入口，换算的入口速度为 16.5m/s。

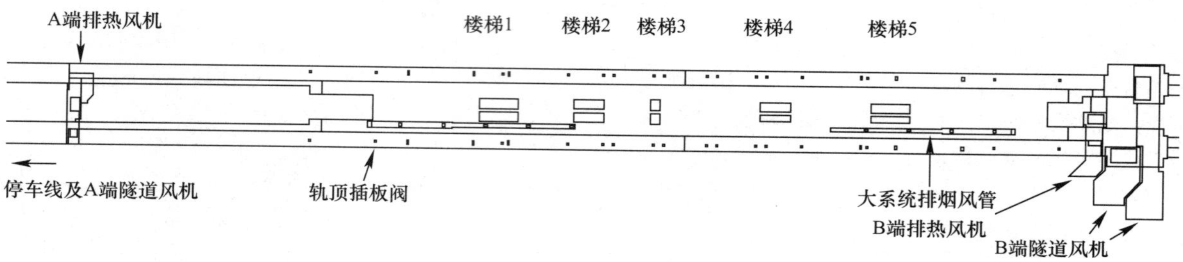

图 3 车站站台层模型示意图

其他的边界都设定为壁面，区间隧道处壁面的粗糙高度定为 0.01m，其余壁面都设为光滑壁面，粗糙高度为 0m。模拟选用标准 K-ε 模型和 SIMPLEC 算法，各工况下的模拟过程中，计算都很快达到了收敛。

3 多模式轨顶风道协同排烟效果模拟研究

本节针对站台火灾的事故工况，以同时开启大系统排烟风机及排热风机的模式作为基础，通过开启隧道风机、开启站厅大系统补风、调整轨顶风道插板阀，提出了 4 种排烟模式，如表 1 所示。对不同排烟模式下的流场进行研究，观察楼梯口处的风速和轨顶风道漏烟的情况，研究不同排烟措施对站台排烟的效果。

各排烟模式说明　　表 1

模式	说明
模式一	开启大系统排烟风机及排热风机
模式二	开启大系统排烟风机及排热风机，开启站厅大系统补风
模式三	开启大系统排烟风机及排热风机，开启 2 台隧道风机
模式四	开启大系统排烟风机及排热风机，开启 2 台隧道风机，调整插板阀

3.1 排烟模式一：只开启大系统排烟风机及排热风机

排烟模式一站台层高度为 4.2m 平面处的速度矢量图如图 4 所示（上侧风管为站厅层补风管投影，下侧风管为站台层排烟管），可以看出：

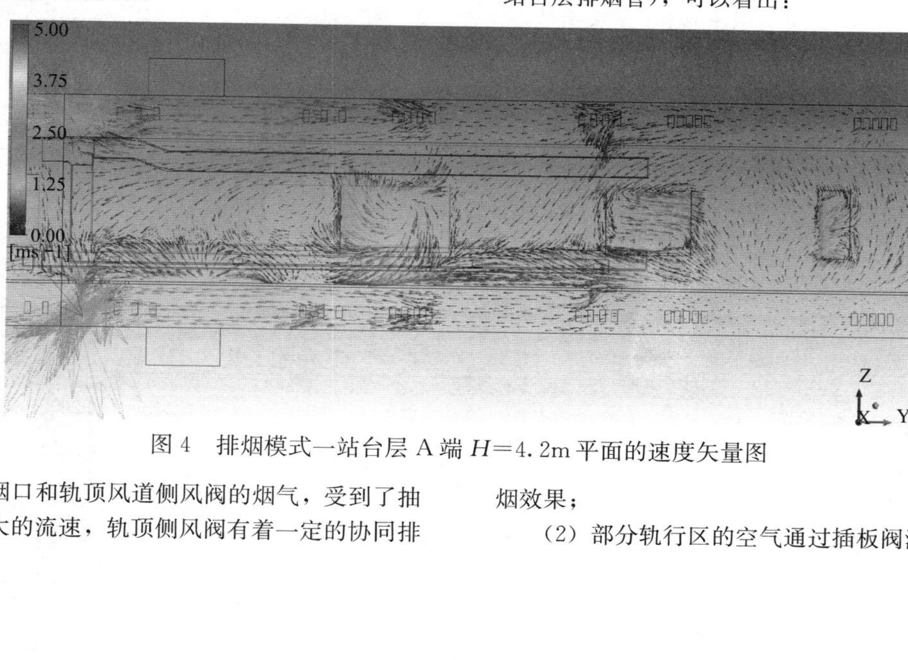

图 4 排烟模式一站台层 A 端 H=4.2m 平面的速度矢量图

（1）靠近排烟口和轨顶风道侧风阀的烟气，受到了抽吸作用，具有较大的流速，轨顶侧风阀有着一定的协同排烟效果；

（2）部分轨行区的空气通过插板阀流动到了轨顶风道

内，这部分风量不能服务于站台排烟；

（3）从楼梯口流入的空气为站台层补风的唯一来源，楼梯口处也有较大的风速。模拟的空气流动方向与排烟设计的理想效果相一致。

楼梯口和插板阀口部风速如图5所示，可以看出：

（1）楼梯口处平均风速在1m/s左右，只有一台楼梯达到了1.5m/s的要求；

图5　排烟模式一楼梯口、轨顶风道插板阀处的纵向速度矢量图

（2）通过轨顶风道底部插板阀的气流分布非常不均匀，靠近站台两端处流速很大，而中部流速很小；

（3）空气流动方向与要求一致，楼梯口处的气流方向都向下，插板阀处的气流方向都向上，防止了被侧部电动排烟阀抽入轨顶风道的烟气漏至轨行区，达到了安全要求。

经计算，2台排热风机额定100m³/s的总风量全部用于站台排烟时，楼梯口风速将大于1.5m/s。模拟得出的流量如表2所示，区间隧道及活塞风井处共有73m³/s的风量，这部分风量为排热风机抽吸轨行区空气的总风量，剩下27m³/s的风量用于承担站台公共区的排烟，这正是楼梯口风速不达标的原因。而开启隧道风机能够与排热风机产生竞争效应，减少排热风机抽吸轨行区的风量，提高协同排烟效果。

排烟模式一各平面流量统计　　　表2

位置	排热风机	排烟风机	区间隧道	活塞风井	站厅出入口
流量（m³/s）	101	43	56	17	69

3.2　排烟模式二：增开站厅大系统送风机进行补风

在排烟模式一的基础上，为使楼梯口风速达到1.5m/s以上，在排烟模式二的模拟中补充开启大系统送风机，对站厅进行补风，使楼梯口两侧有更大的压差，从而产生更高的风速。

模拟所得速度矢量图如图6所示，可以看出：

图6　排烟模式二楼梯口、插板阀处的纵向速度矢量图

（1）站厅补风会提高风口附近楼梯口处的风速，而在站台中部最不利点处的楼梯处，风速几乎不变。可认为在补风口处具有一定速度的气流直接吹向了楼梯口，因此对离风口较远的区域影响很小，是一种讨巧的方式，治标不治本。同时站厅补风容易带来气流组织的混乱，导致楼梯口的流速及流向分布不均。

（2）开启站厅补风后，轨顶风道处有部分空气通过插板阀流向了轨行区，产生了不理想的漏烟现象。

3.3 排烟模式三：增开 2 台隧道风机

如 3.1 节所述，在排烟模式一的基础上增开隧道风机，对轨行区进行排风，能够增强排热风机的协同排烟效果。考虑到大系统补风后轨顶风道容易出现漏烟的情况，而隧道风机的风量更大作用更明显，因此只开启 4 台隧道风机中的 2 台，左右线错开开启，作为排烟模式三。这 2 台风机分别位于 A、B 端，通过开启活塞风道间的联通阀，两端的 1 台隧道风机能同时对 2 条线路轨行区进行排风。

模拟结果如图 7 和表 3 所示，可以看出：开启 2 台隧道风机后，各个楼梯口处的风速都出现了较大程度的提升，基本达到了 1.5m/s 以上的要求。但是轨顶风道处也出现了较明显的漏烟现象，在已模拟的三种排烟模式中，轨顶风道插板阀处的空气都有着较大的流速，占据了排热风机的排风量。

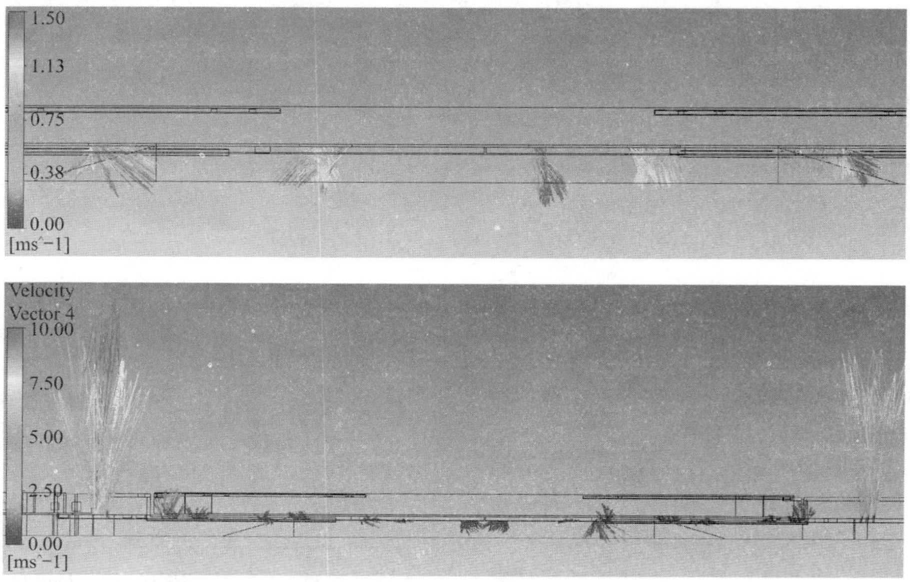

图 7 排烟模式三楼梯口、插板阀处的纵向速度矢量图

排烟模式三各平面流量统计　　　表 3

位置	排热风机	排烟风机	区间隧道	隧道风机	站厅出入口
流量（m^3/s）	100	43	167	124	101

3.4 排烟模式四：增开 2 台隧道风机，调整插板阀

从前文可以推测，调整插板阀的数量和面积大小，既能够增强排热风机对中部轨顶风道的作用，避免漏烟的发生，也能够减少无效排风量，增大侧风阀处的协同排烟量。另外，靠近车站两端的轨顶插板阀处流速较大，为提高排烟效果，减轻漏烟现象，应该着重减少端部处插板阀的面积。

据计算，为保证正常运营时轨顶风道的排热效果，插板阀总面积最小可调整至 3.5m²。调整前后插板阀的对比如图 8 所示，图中方框部分为调整前模式三的插板阀分布，插板阀尺寸为 0.5m×1m，上部对应位置为模式四的插板阀分布，蓝色插板阀尺寸仍为 0.5m×1m，绿色插板阀尺寸则调整为 0.5m×0.5m。

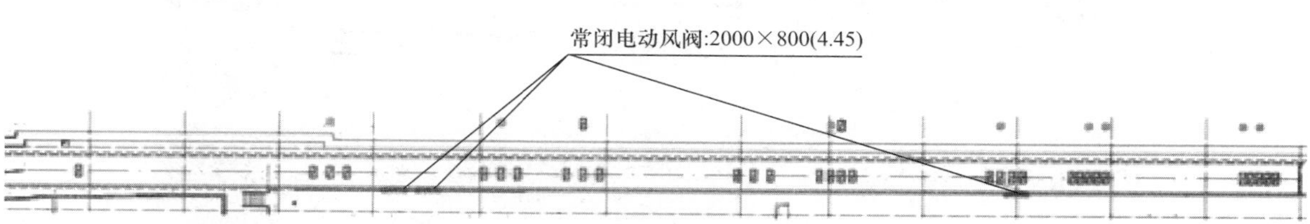

图 8 排烟模式三、四轨顶风道插板阀分布对比图

在调整插板阀之后，同样在 A、B 端各开启一台隧道风机，打开旁通风阀进行排烟模式四的模拟，结果如图 9 所示，可以看出：

（1）在调整插板阀之后，轨顶风道插板阀处的气流要更加均匀规律，漏烟现象得到了解决；

（2）各个楼梯口处的风速较调整插板阀之前要更大，达到了 1.5m/s 以上的要求。

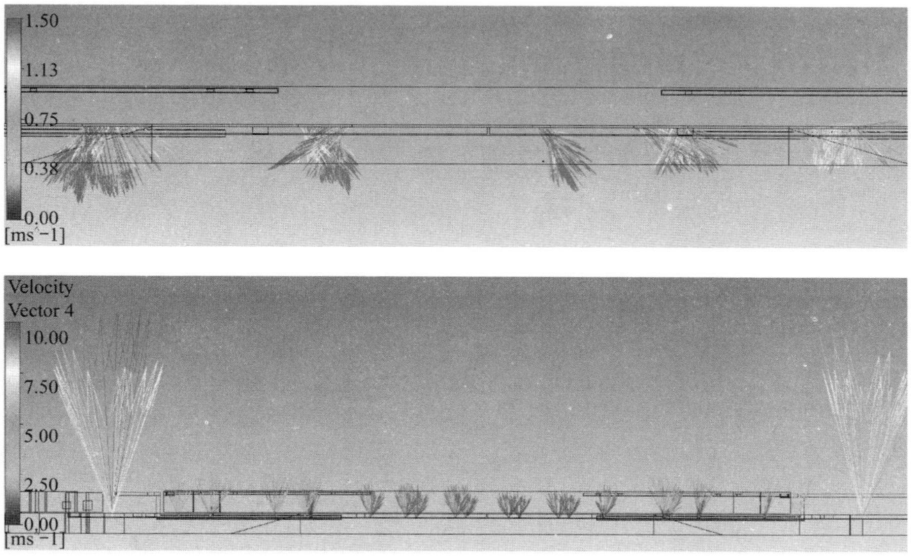

图 9　排烟模式四楼梯口、插板阀处纵向速度矢量图

模拟流量如表 4 所示，可以得出：在减少插板阀的数量和面积后，站台排烟量达到了 117m^3/s，相比排烟模式三增加了 16m^3/s。通过调整在轨顶侧风阀前靠近车站端部的插板阀，侧风阀处的协同排烟量更大了，通过楼梯向站台补风的风量也提高了，这带来了楼梯口风速的增大，满足了排烟要求。

排烟模式四各平面流量统计　　表 4

位置	排热风机	排烟风机	区间隧道	隧道风机	站厅出入口
流量 (m^3/s)	101	43	151	124	117

3.5　四种排烟模式效果对比

根据本文的模拟结果，各排烟模式效果对比如表 5 所示。可以得出：借助轨顶风道侧风阀，开启排热风机进行协同排烟时，为满足排烟要求，车站隧道风机也需同时开启。而为了避免漏烟现象，建议每端隧道风机只开 1 台，同时调整轨顶风道底部插板阀的开度，以实现满意的排烟效果。

各排烟模式效果对比　　表 5

评价指标	排烟模式一	排烟模式二	排烟模式三	排烟模式四
楼梯口风速	不满足	不满足	满足	满足
插板阀漏烟	不满足	不满足	不满足	满足

4　结论

（1）站台火灾时，通过在轨顶风道侧壁开启的风阀，开启排热风机具有协同排烟效果，但需同时开启隧道风机才能满足楼梯风速要求。

（2）站台火灾时，车站站厅补风对楼梯口风速的提升效果较小，而且有着将风井排出的烟气吸回车站内的风险，火灾时建议采取自然补风。

（3）站台火灾时，开启隧道风机能够明显提升楼梯口处的风速，但也容易导致轨顶风道产生漏烟现象，推荐站台火灾时只开 2 台隧道风机。

（4）当开启隧道风机时，为防止漏烟的情况发生，需要对插板阀进行调整。结果表明调整后的排烟模式楼梯口处风速达标，也不会出现漏烟，具有较好的排烟效果。

参考文献

［1］　篮杰. 地铁车站火灾情况下“吸穿效应”对机械排烟效率的影响分析［J］. 城市轨道交通研究，2019（4）：35-38.

［2］　张学魁，李思成. 地铁防排烟及人员疏散模式探讨［J］. 武警学院学报，2004，20（1）：31-33.

［3］　常磊，史聪玲，涂旭炜. 地铁岛式车站火灾排烟模式的计算与验证［J］. 消防科学与技术，2010，29（8）：664-667.

［4］　杨英霞，陈超，屈璐. 关于地铁列车火灾人员疏散问题的几点讨论［J］. 中国安全科学学报，2006，16（9）：45-50.

［5］　北京城建设计研究总院有限责任公司. 地铁设计规范. GB 50157—2013［S］. 北京：中国建筑工业出版社，2013.

［6］　纪杰. 地铁站火灾烟气流动及通风控制模式研究［D］. 合肥：中国科学技术大学，2008.

基于绿色 BIM 技术的建筑能耗分析发展现状

浙江大学建筑设计研究院有限公司　曹益坚☆　余俊祥　高克文　吴美娴

摘　要　总结并分析设计阶段与运行阶段基于绿色 BIM 技术的能耗分析应用现状，对 BIM 软件与能耗分析软件的数据传递接口形式进行比较研究，介绍国内外绿色 BIM 技术与评估认证的结合实例，为绿色 BIM 技术的进一步发展与应用提供参考。

关键词　建筑信息模型　绿色建筑　绿色 BIM　能耗分析　数据传递　评估认证

0　引言

绿色建筑旨在建筑全寿命周期内最大限度地节约资源，践行可持续发展的设计理念。当前我国的绿色建筑推广工作稳步推进，2015 年全国绿色建筑累计 5.5 亿 m^2。建筑信息模型（building information modeling，BIM）作为一种技术理念，自 2002 年引入工程建设行业，已历经十余年的发展，其通过共享建筑各方面的数据信息，在建筑全寿命周期内为使用者提供可靠的决策依据。绿色建筑与 BIM 虽然是独立发展起来的，但两者具有显著的协同潜力。绿色建筑与 BIM 相结合形成了绿色 BIM 的概念，麦格劳-希尔建筑信息公司将其定义为：旨在从项目层面实现可持续性并/或提高建筑能效目标的 BIM 工具的使用[1]。

“十三五”规划期间，我国对绿色建筑与建筑节能工作提出了更高的要求。绿色建筑的设计有赖于掌握与建筑性能相关的数据信息，BIM 工具相比于传统设计工具，可以让使用者获取足够的数据信息，更好地了解设计变更所带来的建筑性能上的变化[2]。通过采用绿色 BIM 技术，在建筑全寿命周期内进行能耗分析与性能评估，对进一步提高绿色建筑的能源使用效率、全面实现节能减排具有重要意义。

本文对设计及运行阶段基于绿色 BIM 的能耗分析发展现状进行了归纳总结，针对 BIM 软件与能耗分析软件的数据传递接口形式进行了比较研究，并结合国内外实例对基于绿色 BIM 技术的评估认证进行了简要介绍。

1　设计阶段基于绿色 BIM 的能耗分析

对于绿色建筑来说，如果早期设计阶段不考虑将设计与能耗分析过程相结合，没有整体地了解建筑的能耗特点，那么意味着前期难以及时地对设计过程进行针对性优化调整，也就不能最大程度地改进早期设计方案[3]，同时也将影响建筑全寿命周期的成本造价[4,5]。

过去 50 多年，建筑工业领域已经开发出不同的能耗模拟分析软件，如 BLAST、EnergyPlus、eQUEST、TRACE、DOE-2、IES、Ecotect 等[6]。文献［7］从交互操作性、用户友好程度、可用输入、可用输出等方面比较分析了美国市场上 12 种主要的能耗模拟分析软件。不同的能耗模拟软件在形式功能、系统模型假设以及适用条件上不尽相同，且各个能耗模拟软件建模的复杂性与高成本严重限制其充分挖掘能耗分析的潜力，而基于 BIM 的能耗模拟可利用 BIM 工具的优势建模能力创建更加复杂的模型，而且自动化程度较高，无需在能耗模拟软件中重复创建模型。另外，基于 BIM 的可持续性分析结果相比于传统方法也更加快捷准确，基本解决了节能分析过程中数据流失、信息歧义与不一致的问题。

过去几年，国内在方案设计阶段应用 BIM 模型进行能耗分析的例子屡见不鲜。文献［8］从建筑的规划和设计出发，通过采用 BIM 技术在建筑方案阶段辅助节能设计，并以某法院法庭用房进行基于 BIM 模型的能耗分析实践研究。文献［9］以国内南方某工程为例介绍了设计初期基于对项目进行绿色一体化设计。文献［10］以某城市规划展示馆为例在设计阶段结合 BIM 模型对项目进行绿色一体化设计。文献［11］在设计阶段应用 BIM 技术创建建筑能耗模拟信息模型，并以某住宅建筑为例进行实践研究，同时比较分析了传统能耗模拟流程与基于 BIM 技术的能耗模拟流程之间的区别。

上述文献所应用的基于 BIM 技术的能耗模拟分析主要集中在早期概念设计阶段，这个阶段的能耗分析着力于评估建筑选址与朝向、建筑体形以及建筑围护结构的影响，而且概念设计阶段更多关注的是定性分析而非定量分析。针对设计阶段不同时期的能耗分析，英国屋宇工程学会提出了两种方式：（1）早期概念设计应用简化模拟工具，施工图设计应用精细模拟工具；（2）在设计所有时期均使用同一个精细模拟工具。两种方式都有各自的拥趸。文献［12］建议不同设计阶段不同的模拟范围应用多种模拟软件。文献［13］则指出使用同一能耗模型贯穿整个设计过程有利于避免产生设计错误。笔者倾向于后者，对于绿色建筑从业者来说，更加关注的是建筑全寿命周期的节能减排分析，精细化的模型在施工图设计阶段、节能评估阶段、施工阶段以及后期运营维护阶段均可发挥重要作用，无需重新再建模。而且精细化模型建模过程也鼓励了各个专业的参与，多学科协作平台可在一定程度上避免产生设计错误。

☆　曹益坚，男，助理工程师。通讯地址：杭州市西湖区浙江大学建筑设计研究院，Email：cyj2018@foxmail.com。

2 运行阶段基于绿色 BIM 的能耗分析

与发达国家相比，我国从 2008 年才开始逐步推广绿色建筑，绿色建筑发展水平和质量仍不高，而且多数停留在设计阶段。事实上，运行维护阶段的能耗在建筑全寿命周期节能里占相当大的比例，这个阶段的碳排放量占建筑全生命周期的 1/3 左右，其成本在建筑全寿命周期里也占比最大，通常是初投资的 3 倍左右[4]。绿色建筑运行能效表现与可持续设计目标的一致性逐渐成为绿色建筑实践过程中的一项最大挑战。

在运行阶段，BIM 作为建筑信息集中管理中心的优势依然得以充分发挥，研究表明，BIM 可作为运行阶段管理建筑能耗的有效工具，其应用包括：(1) 分析冷热负荷需求；(2) 加强自然采光措施，减少照明用电负荷以及相应的热负荷；(3) 优化设备以降低能耗[14]。对于开发商，通过 BIM 技术可以帮助他们实现建筑的高效运行，为客户降低运行成本，提高可持续效益；对于物业部门，BIM 技术有助于提高建筑运行效率，提高客服质量，降低运行风险及减少资源浪费，提高安全性能[15,16]。

运行阶段的能耗分析与设计阶段的有所不同，这个阶段更关注模型信息与实际用能情况的一致性，对模型信息输入的全面性和准确性要求更高。为解决这一问题，文献［17］提出直接采用运行实测数据，尤其是有关用户使用行为的数据，作为模型输入修正调整能耗分析模型。通过使用 BIM 技术，可以实现运行实测数据与可视化建筑能耗模型的实时连接。文献［18］将 Revit 中创建的暖通空调 BIM 模型转成 Energy Plus 环境下的兼容模式，比较实时监测数据与能耗模式，采用一种遗传优化算法调整暖通空调模型，并通过能耗分析最终提出暖通系统性能最优化的送风温度控制策略。文献［19］提出的基于 BIM 技术的实时能耗模型将能耗监测平台数据与 BIM 模型以一种数据通信链路的方式相结合。如图 1 所示，软件系统包括接口软件和实时电气库两部分，接口软件用以连接 BIM 模型和实时能耗监测平台，程序通过串行端口以及 USB 接口等和实时能耗平台进行数据通信。接收能耗平台数据之后，接口软件将更新最新的能耗数据文件，BIM 模型利用数据文件分析实时耗能率。BIM 模型不仅可以实现与能耗数据平台的实时互动，而且可以跟踪特定区域、特定房间的能耗历史使用数据，通过分析历史使用数据预测用户的用能行为，为节约用能预算奠定基础[20]。

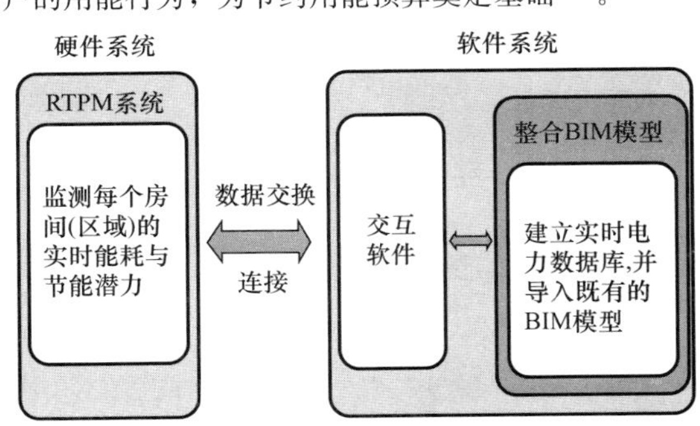

图 1 实时 BIM 模型

3 BIM 软件与能耗分析软件的数据传递

BIM 应用相对于传统设计过程的一个重要优势是打破各个专业领域的相对孤立，促进了建筑全寿命周期里各专业间的合作，而提高 BIM 软件和建筑能耗模拟软件间的交互操作性有利于支持和加强专业间的合作环境，目前，已经有一些研究对软件间的数据传递方式进行了探索。

文献［7］分析比较了用于 BIM 模型数据输入到能耗模拟分析软件的不同接口文件格式，结果表明，gbXML 格式更加适用于早期设计阶段的能耗分析。文献［21］以武汉市某办公建筑为研究对象，采用 gbXML 数据格式将 Revit 与 Ecotect 相结合，建立了空调逐时负荷的 BP 神经网络预测模型。文献［22］研究发现，尽管直接采用 BIM 模型可以简化建模过程，得到结果也更加快捷，但是由于 gbXML 数据传递中信息的丢失，导致基于 BIM 模型的能耗模拟结果与精细模型模拟的结果有所差别，因此需要仔细核查转化模型是否与原模型一致。此外，通过比较分析参照模拟结果与基于 BIM 模型的模拟结果发现，暖通空调系统的特征信息对于模拟结果的准确性起着非常重要的作用，因此在模拟分析输入时，需要提供更为详细的暖通空调系统信息。

文献［23］采用 IFC 数据作为建筑特征信息源，在数据传递过程中，采取有效措施如利用 IFC 解析器或将其他有效信息进行编码以保留 BIM 中更多有价值的信息。文献［24］提出一种应用于早期设计阶段的基于 BIM 技术的多学科传热分析过程，该过程将 IFC 文件用于 BIM 软件与能耗分析软件间的数据交换，用户还可根据需求决定 IFC 文件的输出类型：当传热分析中构件厚度可忽略时，选择输出简化文件格式，不可忽略时，选择输出细化文件格式。文献［25］使用 IFC 数据格式作为半自动化建筑能耗分析的数据输入，IFC 文件需满足用于能耗模拟软件的标准 MVD（模型视图定义），并且应用模型检查工具保证数据的准确。

此外，一些建筑能耗模拟软件也针对现有 BIM 软件平台（如 Revit、ArchiCAD 以及 Sketchup）积极开发插件应用，实时反馈以调整基于 BIM 平台的建筑设计，如 Revit MEP 2012 可以利用其中的能量分析模块对早期设计阶段建筑体量模型进行能耗分析，用户可通过互联网提交分析请求进行能耗模拟。

如文献［7，21-25］所述，当前建筑模拟软件和 BIM 软件交互操作的数据模式主要有 gbXML 和 IFC 两种。gbXML 格式的文件是以空间为基础的模型，利用 gbXML 可直接将 BIM 平台中创建的模型连带与之相关的信息如传热系数等传递到能耗分析软件中，但在数据传递过程中，房间的围护结构等都是以“面”的形式进行简化表达，没有厚度也没有构件的细节，因此在传递过程中容易造成信息丢失。IFC 数据模式是由 IAI（国际互操作联盟）开发的一种 BIM 数据标准，它是为了建立一种标准且广泛的数据模式，用于建筑专业与设备专业间的流程提升与信息共享。如今已经有越来越多的建筑行业相关产品提供了 IFC 标准的数据交换接口，使得多专业的设计、管理的一体化整合成为现实。IFC 数据模式不仅包括了可见的建筑元素（比如梁、柱、吊顶等），也包括抽象的概念（比如计划、组织、造价等），因此，IFC 还可以在建筑运行阶段进行设备管理。

4 基于绿色 BIM 的评估认证

发达国家自 1990 年开始相继开发了适应地区气候特点的绿色建筑评估体系，为决策者和设计者提供技术依据，对推动全球绿色建筑发展起到了重要作用，表 1 是国外绿色建筑评估体系的简介。

国外绿色建筑评估体系简介[26]　　表 1

国家名称	评估体系名称	体系拥有者	相关参考网站
美国	LEED	USGBC	www. usgbc. org/LEED
英国	BREEAM	BRE	www. breeam. com
日本	CASBEE	日本可持续建筑协会	www. ibec. or,jp/CASBEE
澳大利亚	NABERS	DEH	www. deh. gov. au
加拿大	BREEAM/Green	ECD	www. breeamcanada. ca
	Leaf		
丹麦	BEAT	SBI	www. by-og-byg. dk
法国	Escale	CSTB	www. cstb. fr
芬兰	LCA House	VIT	www. vtt. fi/rte/esitteeet
意大利	Protocollo	ITACA	www. itaca. org
挪威	Ecoprofile	NBI	www. byggforsk. no
荷兰	Eco-Quantum	SBR	www. ecoquantum. nl
瑞典	Eco-effect	KTH	www. infra. kth. se/BBA
		Infrastructure &Planning	
德国	Build-It	IKP-Stuttgrat University	www. ikpgabi. uni-stuttgart. de

其中，美国 LEED 评价体系的影响较大，经过多年发展已广泛应用于世界各国，我国于 2006 年发布的《绿色建筑评价标准》就是参考了其编制标准。但当前国内外的评估标准在使用过程中主要采用的是后评估方式，后评估的滞后性使设计者容易错失方案优化的最佳时机[27]。此外，建筑设计过程中各专业间将产生大量的碎片化信息，在信息传递过程中如果缺少独立的中心信息源，将会导致信息交流过程效率低而成本高。根据麦格劳-希尔建筑信息公司的调研，76%的使用者认为绿色 BIM 的实践将会带动越来越多的工程将 BIM 数据应用于评估认证[1]，而美国绿色建筑委员会也表明，LEED 体系的发展将会更加重视 BIM 应用于项目评估的优势，市场的需求将最终推动 BIM 应用于绿色建筑节能评估认证的自动化进程。如果将 BIM 作为中心信息源参与到项目各专业的协同作业中，不仅可以有效地促进各专业的信息交流，而且有利于建筑全寿命周期的评估数据的存取（包括建筑材料、几何结构、设备运行等），这些信息的集成管理是整个节能分析的基础，可为建筑节能各项指标分析提供基本依据。

文献［28］构建了基于 BIM 的可持续分析与 LEED 认证得分之间的关系，并通过实例分析基于 BIM 的 LEED 认证的可行性。文献［29～32］将 BIM 工具与不同的评估体系整合，分析 BIM 工具对不同评估认证的优势作用。文献［33］在早期设计阶段将 BIM 工具与能耗分析、成本概算、LEED 认证集成，初步完成了“设计—分析—评估认证”的流程自动化。

分析调研结果，当前绿色建筑节能评估领域的 BIM 应用大体可分为两类：一类是在设计过程中分别应用 BIM 工具和评估标准优化设计方案，BIM 应用与节能评估并不是完全集成[28,33～35]；另一类则是将评估标准集成到 BIM 工具平台中实现自动一体化设计[36～38]。因为在以评估认证为目标的绿色建筑设计过程中，并不是所有的建筑师和工程师都熟悉评估标准具体的得分细节，虽然参考标准可以有所帮助，但如果能将认证得分信息与 BIM 软件平台集成，将更好地解决上述问题，项目信息数据不断更新的过程中，评估得分情况同时更新。图 2 即为文献［36］介绍的 LEED-Revit 一体化集成应用模板。

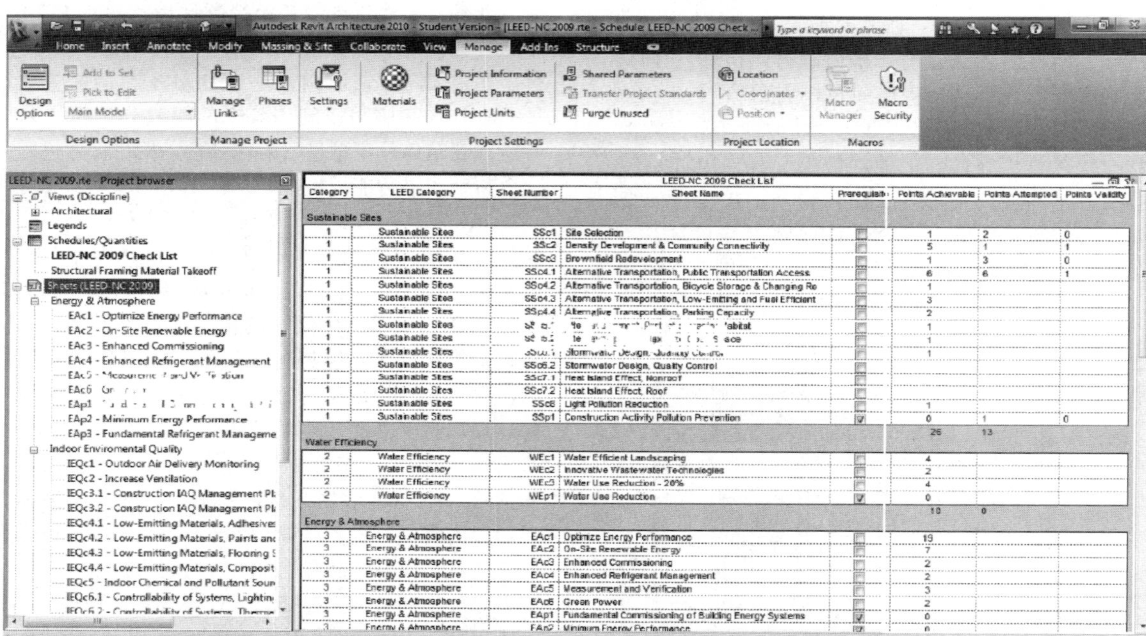

图 2　LEED-Revit 一体化集成应用模板

计算机模拟

文献［36］以美国LEED评价标准作为研究对象，通过编制LEED评价标准的数据要求，对BIM-LEED集成应用模型进行差距分析，选择Revit作为BIM的核心建模工具，初步建立了LEED-Revit应用模型。该应用模型还可用来进行LEED项目认证管理，简化了包括文件生成、收集与提交的认证过程。文献［37］在清华大学DeST软件开发研究的基础上，初步实现了一套基于gbXML标准的模型数据转换机制，完成了软件的BIM能力提升，并提出DeST住宅采暖空调能耗评估专用版本。文献［38］提出了绿色BIM模板（green BIM template，GBT）——一个从BIM模型中自动提取所需信息用于G-SEED评估的平台，通过使用该平台，使用者可以快速查询目标信息并且确认评估分数及等级。此外；还规定了用于G-SEED评价的BIM模型的精细程度，当模型达到AIA（美国建筑师协会）所规定的模型发展程度（level of development，LOD）300以上时，方可用于进行G-SEED评估。

5 总结与展望

（1）当前基于绿色BIM技术的能耗分析多用于建筑前期概念设计阶段，且应用简化模型较多，能耗模型输入中往往缺少暖通空调系统信息、用户使用时间计划等重要数据，因此模拟结果的准确性大打折扣。事实上，在设计阶段也应充分考虑应用精细化模型，此外，对运行管理阶段的用能分析应予以足够重视，拓展运行阶段BIM技术与楼宇自动化控制技术的结合深度，促使整个系统及各种设备实现最优运行，真正做到全寿命周期内的节能减排。

（2）数据是BIM技术的核心价值，在BIM软件与能耗分析软件数据传递过程中，保持交互数据的一致性是当前软件发展与协作流程优化的一个重要难点，数据传递不完备就不能完全发挥出BIM技术的优势。此外，BIM应用软件API（应用程序编程接口）的开放程度也亟待解决，由于不同项目的独特性，软件使用者希望个性化定制应用程序以满足他们在不同阶段操作模型信息的需求。

（3）通过借鉴国外基于BIM技术的评估认证流程，充分考虑将我国的《绿色建筑评价标准》与BIM软件相结合，进一步推动评估认证流程的自动化，建立设计、能耗分析与评估认证的集成化管理平台。

（4）基于绿色BIM技术的能量分析虽然便捷直观，但不能描述用能过程中的不可逆损失，难以对系统的不合理用能情况进行量化评估。随着BIM技术与用能评价体系的进一步发展，BIM与用能分析的结合深度将大大地拓展，将能耗分析延伸至㶲分析，把传统节能分析过程与㶲分析过程相结合或将成为绿色BIM技术应用的一个重要发展方向。

参考文献

［1］ Construction M H，B Green，smart market report. Water use in buildings：Achieving business performance benefits through efficiency［R］. 2010.

［2］ Krygiel E，Nies B. Green BIM. successful sustainable design with building information modeling［M］. Wiley Technology Pub，2008.

［3］ Schlueter A，F. Thesseling，Building information model based energy/exergy performance assessment in early design stages［J］. Automation in Construction，2009，18（2）：153-163.

［4］ Dahl P，et al. Evaluating design-build-operate-maintain delivery as a tool for sustainability in construction research congress：2005.

［5］ Lam K P，et al.，SEMPER-II：An internet-based multi-domain building performance simulation environment for early design support［J］. Automation in Construction，2004，13（5）：651-663.

［6］ Crawley D B，et al. Contrasting the capabilities of building energy performance simulation programs［J］. Building & Environment，2008，43（43）：661-673.

［7］ Reeves T J，Olbina S，Issa R R A. Guidelines for using building information modeling（BIM）for environmental analysis of high-performance buildings. in international conference on computing in civil engineering. 2014.

［8］ 梁波. 基于BIM技术的建筑能耗分析在设计初期的应用研究［D］. 重庆：重庆大学，2014.

［9］ 刘晓燕，王凯. 基于BIM的建筑性能化分析实践——绿色节能分析为例［J］. 土木建筑工程信息技术，2015，7（1）：14-19.

［10］ 李延钊，林超楠. 基于BIM技术的绿色建筑设计方法——以南宁市城市规划展示馆为例［J］. 暖通空调，2012，42（10）：50-53.

［11］ 首灵丽. 基于BIM技术的建筑能耗模拟分析与传统建筑能耗分析对比研究［D］. 重庆：重庆大学，2013.

［12］ Hemsath T. Conceptual energy modeling for architecture，planning and design：Impact of using building performance simulation in early design stages［C］//13th Conference of International Building Performance Simulation Association. 2013.

［13］ Morbitzer C，et al.，Integration of building simulation into the design process of an architecture practice［J］. Molecular & Cellular Biology，1998，18（2）：1115-1124.

［14］ Wong J K W，Zhou J. Enhancing environmental sustainability over building life cycles through green BIM：A review［J］. Automation in Construction，2015，57：156-165.

［15］ Innovation C C，C. C. Innovation，Adopting BIM for facilities adopting BIM for facilities management：Solutions for managing the sydney opera house. Crc for Construction Innovation，2007.

［16］ Motawa I，Almarshad A. A knowledge-based BIM system for building maintenance［J］. Automation in Construction，2013，29：173-182.

［17］ Ryan E M，Sanquist T F. Validation of building energy modeling tools under idealized and realistic conditions［J］. Energy & Buildings，2012，47（3）：375-382.

［18］ Jung D K，et al.，Optimization of energy consumption using BIM-based building energy performance analysis［J］. Applied Mechanics & Materials，2013，281：649-652.

［19］ Alahmad M，et al. Real time power monitoring & integration with BIM［C］// IECON 2010-36th Annual Conference on IEEE Industrial Electronics Society，2010.

［20］ Becerikgerber B，et al.，Aplication areas and data requirements for BIM-enabled facilities management [J]. Journal of Construction Engineering & Management, 2012, 138 (3): 431-442.

[21] 刘欢. 基于BIM模型及BP神经网络的空调负荷预测[D]. 武汉：华中科技大学，2014.

[22] Kim S, Woo J H. Analysis of the differences in energy simulation results between Building Information Modeling (BIM) -based simulation method and the detailed simulation method [C] // Proceedings-Winter Simulation Conference. 2011.

[23] Kulahcioglu T, Dang J, Toklu C. A 3D analyzer for BIM-enabled life cycle assessment of the whole process of construction [J]. Hvac & R Research, 2012, 18 (1): 283-293.

[24] Welle B, Haymaker J, Rogers Z. ThermalOpt: A methodology for automated BIM-based multidisciplinary thermal simulation for use in optimization environments [J]. Building Simulation, 2011, 4 (4): 293-313.

[25] O'Donnell J, et al., Transforming BIM to BEM: Generation of building geometry for the NASA ames sustainability Base BIM. Simulation Research Group, 2013.

[26] 张伟. 国内外绿色建筑评估体系比较研究[D]. 长沙：湖南大学，2011.

[27] 侯博，李蒙，姜利夏. 浅析BIM技术在建筑节能设计评估中的应用[J]. 建筑节能，2014，(12)：38-41.

[28] Azhar S, et al., Building information modeling for sustainable design and LEED®: rating analysis [J]. Automation in Construction, 2011, 20 (2): 217-224.

[29] Gandhi S, Jupp J. BIM and Australian green star building certification [J]. Computing in Civil and Building Engineering, 2014, 1: 275-282.

[30] Solla M, et al., Investigation on the potential of integrating BIM into green building assessment tools. 2006.

[31] Gandhi S, Jupp J. BIM and Australian green star building certification [C] // International Conference on Computing in Civil and Building Engineering. 2014.

[32] Wong K W, KuanK L. Implementing 'BEAM Plus' for BIM-based sustainability analysis [J]. Automation in Construction, 2014, 44: 163-175.

[33] Jalaei F, Jrade A, Integrating BIM with green building certification system, energy analysis, and cost estimating tools to conceptually design sustainable buildings [J]. Electronic Journal of Information Technology in Construction, 2014, 19 (5): 140-149.

[34] 张泽鑫. 基于BIM的绿色住宅设计——以LEED认证为目标. 天津：河北工业大学，2013.

[35] 张海华. 基于BIM技术的建筑环境性能分析与评估[D]. 武汉：武汉理工大学，2014.

[36] Wu W. Integrating building information modeling and green building certification: The BIM-LEED application model development [J]. Dissertations & Theses-Gradworks, 2010: 182.

[37] 孙红三，吴如宏，燕达. 建筑能耗模拟软件的BIM数据接口开发与应用[J]. 建筑科学，2013. 29 (12).

[38] Jun H, et al. A study on the BIM application of green building certification system [J]. Journal of Asian Architecture & Building Engineering, 2015, 14 (1): 9-16.

南沙国际邮轮码头航站楼大厅气流组织 CFD 模拟

广东省建筑设计研究院　陈　武☆　巫宇诚　浦　至

摘　要　介绍了南沙国际邮轮码头航站楼大厅全空气空调系统的设计，并通过 CFD 技术分析其温度场和速度场，针对存在的问题，对全空气空调室内气流组织进行调整和优化，航站楼大厅热环境明显改善。

关键词　高大空间　气流组织　CFD 模拟　航站楼

0　引言

对于高大空间空调系统的气流组织设计，主要研究手段是将气流数值分析和模型相结合，气流数值分析可利用相关的内扰因素、边界条件和初始条件进行分析，能全面地反映室内的气流分布情况，从而确定最优的气流组织方案[1,2]。本文针对南沙国际邮轮码头航站楼大厅，利用 CFD 软件对其温度场和速度场进行数值模拟，并根据模拟结果对全空气空调系统设计方案进行调整优化。

1　项目概况及气流组织分析方法简介

1.1　项目概况

本项目位于广州市南沙区，为一级港口客运站，是集口岸服务、交通保障、商业、旅游和办公等为一体的大型综合体。

航站楼出境联检大厅，包括出发通道、海关检疫查验区、旅客等候大厅、出境检疫、等候大厅等功能区，为本次 CFD 气流组织模拟的研究对象。出境联检大厅建筑面积为 8564.3m²，层高为 11.35m。如图 1、图 2 所示。

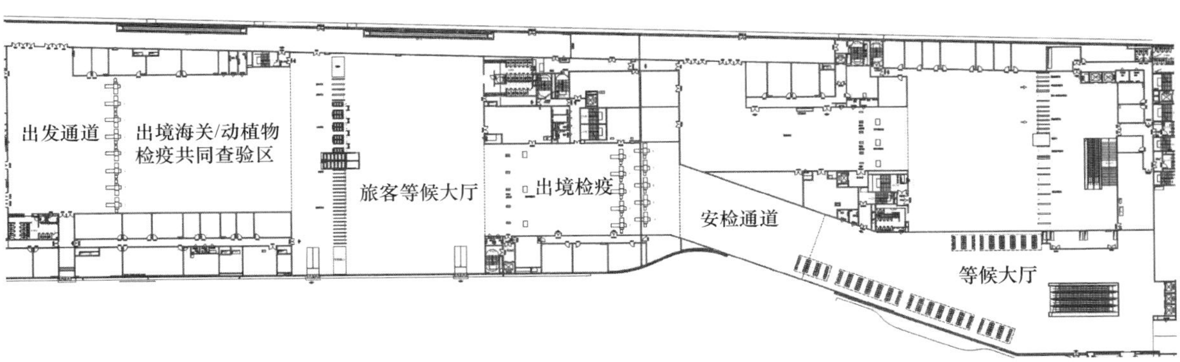

图 1　2 层出境联检大厅平面图

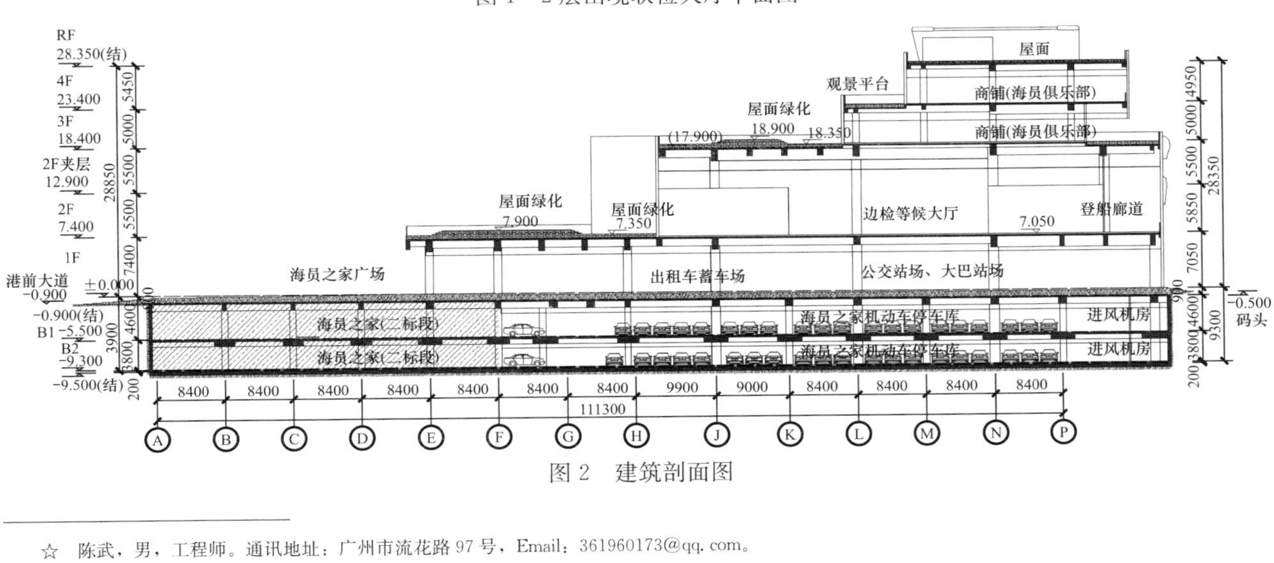

图 2　建筑剖面图

☆　陈武，男，工程师。通讯地址：广州市流花路 97 号，Email：361960173@qq.com。

1.2 气流组织分析方法的确定

计算流体动力学（computational fluid dynamics，CFD）是通过计算机数值计算和图像显示，对包含有流体流动和热传导等相关物理现象的系统所做的分析。CFD 可以看做是在流体基本方程（质量守恒方程、动量守恒方程、能量守恒方程）控制下对流动的数值模拟。通过数值模拟，可以得到复杂流场内各个位置的基本物理量（如速度、压力、温度、浓度等）分布，以及这些物理量随时间的变化情况[3]。

2 空调方式及 CFD 模拟结果分析

出发通道、海关检疫查验区、旅客等候大厅、出境检疫、等候大厅等大空间区域采用低速全空气空调系统，送回风形式为上送上回。此类区域的空调风系统设置为该项目的特点及难点。本文通过利用 CFD 技术对此区域进行模拟分析，以评价该全空气空调系统并进行优化。

2.1 空调方式

出境联检大厅室内设计参数见表 1。出境联检大厅空调总冷负荷为 2013.91kW，总送风量为 372000m³/h。根据各功能区域的负荷计算及末端设备选型，出境联检大厅全空气系统初期空调方案见表 2。各区域送风口的参数如表 3 所示。出境联检大厅风口平面布置图如图 3 所示。

室内设计参数　　表 1

功能	夏季设计参数		人员密度 (m^2/人)	风速 (m/s)	新风量 [m^3/(h·人)]	噪声标准 dB(A)
	干球温度（℃）	相对湿度（%）				
出境联检大厅	26	≤65	3	≤0.3	20	≤55

各区域空调参数　　表 2

功能	风量 (m^3/h)	数量（台）	送风口形式	数量（个）	回风口形式	数量（个）
出发通道	33000	1	双层百叶	28	单层百叶	2
共同查验区	40000	2	双层百叶	77	单层百叶	4
旅客等候大厅	33000	3	双层百叶	101	单层百叶	6
出境检疫	40000	1	双层百叶	34	单层百叶	2
安检通道	40000	1	双层百叶	37	单层百叶	2
等候大厅	40000	2	双层百叶	74	单层百叶	4

各区域送风口的参数　　表 3

功能	风口风量 (m^3/h)	风口风速 (m/s)	温度（℃）
出发通道	1178	2.56	16
海关检共同查验区	1142	2.48	16
旅客等候大厅	970	2.75	16
出境检疫	1176	2.55	16
安检通道	1081	3.06	16
等候大厅	1379	2.99	16

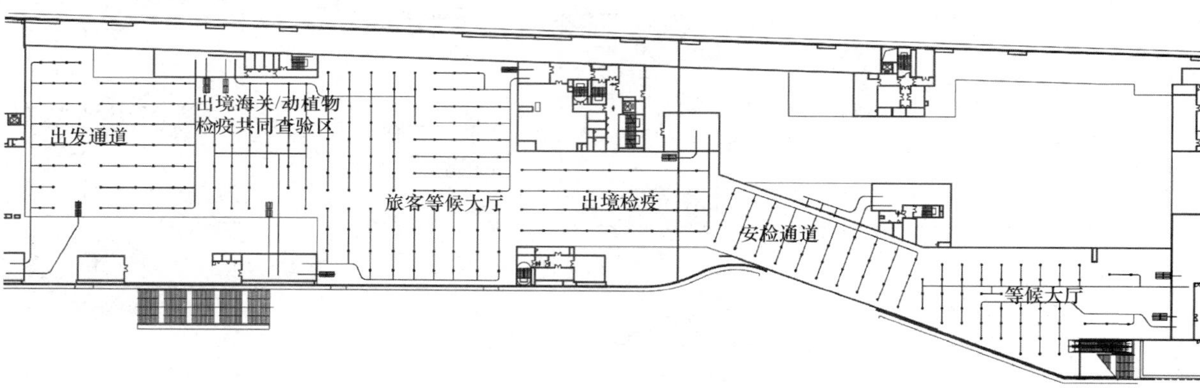

图 3　风口布置平面图

2.2 模型的建立、网格的划分以及边界条件的设定

本文采用 Fluent Airpak 3.0 对联检大厅温度场、速度场进行 CFD 模拟，基于标准 K-ε 模型进行仿真计算。该工程航站楼 2 层出境联检大厅体积较大，各功能区相连通，中间不分隔，由于该建筑物外形独特，建立模型和生成网格比较困难，因此，对出境联检大厅作适当改造和简化，简化后模型如图 4 所示。

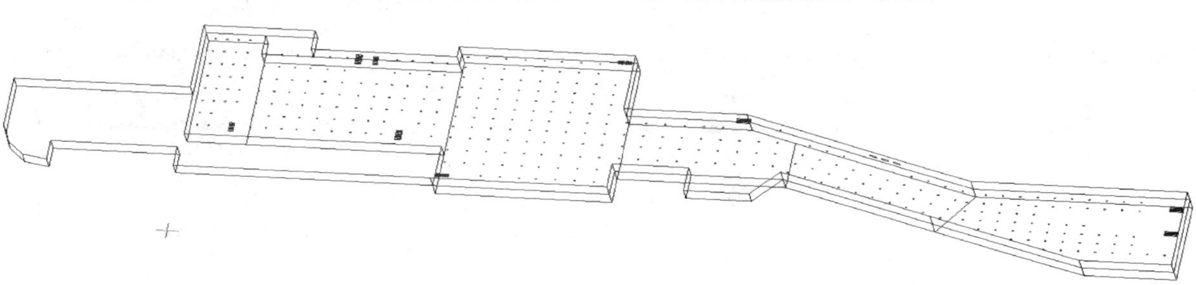

图 4　2 层出境联检大厅简化模型

采用六面体网格对计算区域进行网格划分，并对空调区内网格进行局部加密，经加密后生成混合六面体网格参数：六面体数量为3005824；节点数为3184633。

边界条件设置如下：

（1）视出境联检大厅与空调房间之间的墙体为绝热墙体；

（2）将照明负荷均匀布置于出境联检大厅顶部；

（3）将人员散热、设备散热等负荷均匀布置于地面；

（4）外围护结构热流边界参数根据空调负荷计算结果设置；

（5）送风口边界类型为速度边界，风口速度根据各区域空调参数计算得到，回风口边界类型为自由出流。

在计算设置中，动量方程和压力方程均采用二阶迎风离散格式，能量、湍流动能、湍流耗散率等方程采用一阶迎风离散格式。设定压力、密度、质量力、动量、能量亚松弛因子最优值分别为0.3、1.0、1.0、0.7、1.0。

对连续性方程、各方向速度、湍流动能方程以及耗散率ε方程的收敛标准设定为0.001，能量方程的收敛标准设定为1×10^{-6}。

2.3 数值模拟结果及分析

考虑到游客的活动范围，本文采取了1.5m高度处作为参考高度，对室内环境进行评价，1.5m高度处数值模拟计算结果见表4、表5。

出境联检大厅数值模拟温度场　　表4

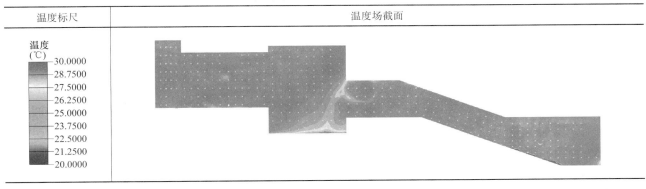

温度标尺	温度场截面
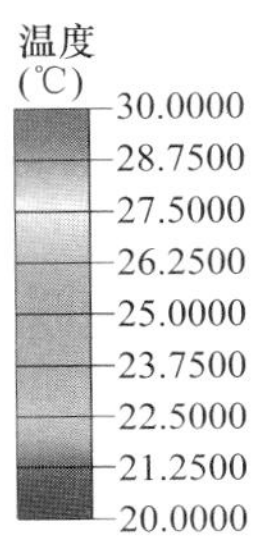	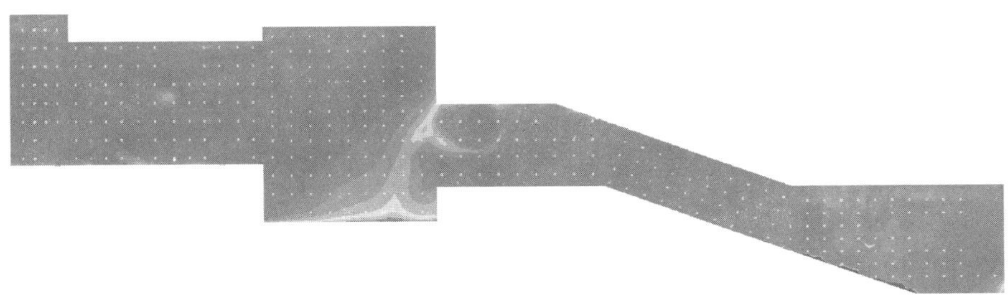

出境联检大厅数值模拟速度场　　表5

速度标尺	速度场截面
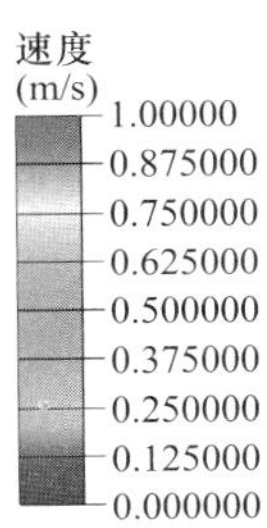	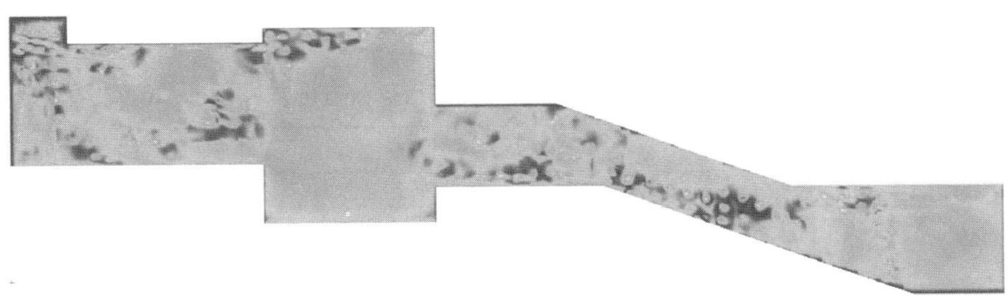

由模拟结果可知大厅平均温度为26.3℃，平均风速为0.296m/s。但在旅客等候大厅和出境检疫交接处，1.5m高度处部分区域温度达27.5℃甚至30℃，出现了局部热点。考虑到此处为人行密集区域，对室内活动人员的热舒适感有较大影响，不满足设计要求。进一步分析发现，该区域图中下侧的外围护结构为玻璃幕墙，传热系数较大，导致玻璃幕墙侧空调负荷相对较大。同时，由于空调系统送风量均匀布置，无法有效消除玻璃幕墙侧负荷，导致等候大厅和出境检疫交接区域局部温度过高。

3 优化调整

3.1 风量分配调整

通过对以上模拟结果分析可知，旅客等候大厅部分区域温度偏高，未达设计要求，需对原设计方案进行改进。改进方案见表6。其中风量为36000m³/h的空调机组负担旅客等候大厅靠幕墙一侧的区域。数值模拟计算结果见表7、表8。

旅客等候大厅风量分配调整表　　表6

功能	风量（m³/h）	数量（台）	送风口形式	数量（个）	回风口形式	数量（个）
旅客等候大厅	36000	1	双层百叶	101	单层百叶	6
	31500	2				

由表7、表8可知，通过调整各机组风量，旅客等候大厅和出境检疫交接区域的局部热点得到了有效消除，热环境得到一定改善，但仍存在局部温度过高的情况，系统仍存在进一步调整改善的空间。

出境联检大厅数值模拟温度场（优化一） 表 7

温度标尺	温度场截面
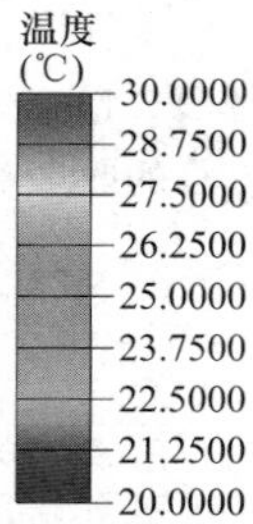	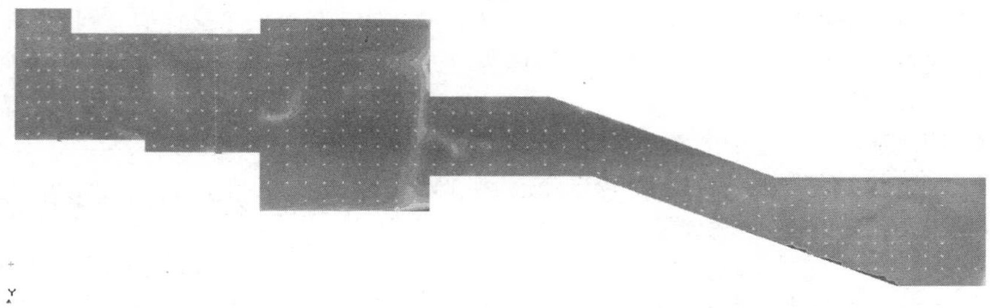

出境联检大厅数值模拟速度场（优化一） 表 8

速度标尺	速度场截面
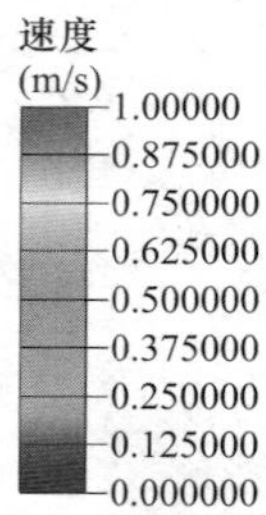	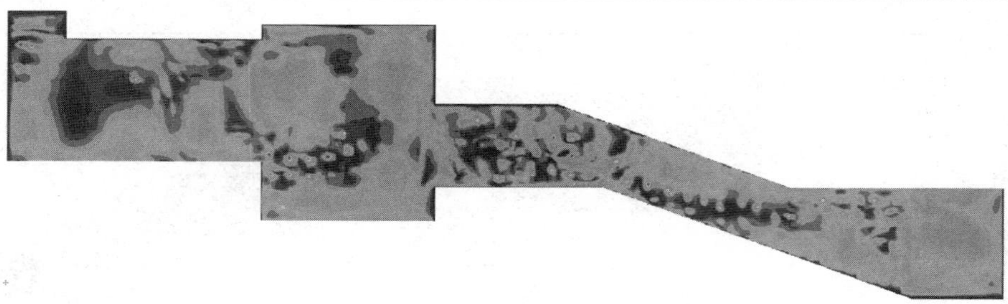

3.2 送风口布置调整

通过风量分配的调整，旅客等候大厅和出境检疫交接区域得到了有效消除，但仍未满足设计需求。因此，在风量分配调整方案的基础上，对各空调送风口布置进行调整。

（1）旅客等候大厅靠幕墙侧的风口间距由原来的 5m 调整为 4.5m，同时，非幕墙侧风口间距由原来的 4m 调整为 4.5m，风口数量不变。

（2）旅客等候大厅靠幕墙侧空调风柜负担的空调面积比原来减少 70m²。

数值模拟计算结果见表 9、表 10。

出境联检大厅数值模拟温度场（优化二） 表 9

温度标尺	温度场截面
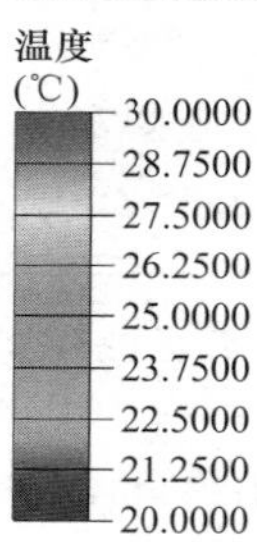	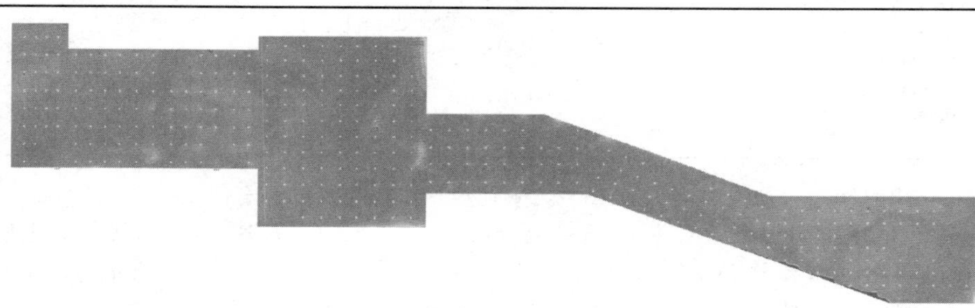

出境联检大厅数值模拟速度场（优化二） 表 10

速度标尺	速度场截面
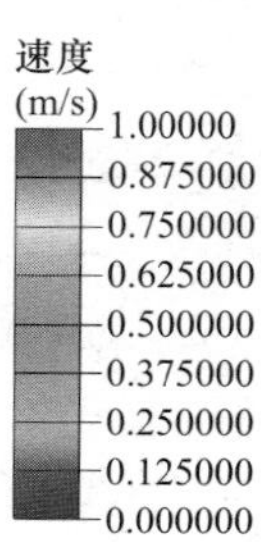	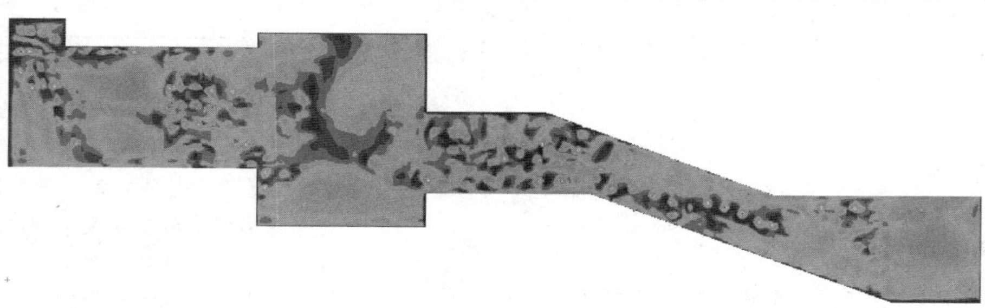

通过模拟结果可知，通过对风量分配及送风口布置调整，出境联检大厅温度整体在26℃左右，平均风速为0.272m/s，局部热点区情况得到了有效消除，调整后的方案满足设计及使用需求。

4 结论

在本项目的设计研究过程中，利用CFD软件对航站楼出境联检大厅的室内热环境进行了模拟，并通过模拟结果对空调系统进行优化，分析发现：

（1）对于9.5m净高的大空间区域空调系统，通过CFD模拟验证，上送上回的气流组织形式可满足设计要求。

（2）较大传热系数的外围护结构容易导致高大空间内局部过热的情况。

（3）对大空间区域的空调系统，通过合理分配空调系统风量及布置系统末端，可有效消除外区围护结构对室内环境造成的局部过热情况。

参考文献

[1] 谭良才，陈沛霖．高大空间恒温气流组织设计方法研究[J]．暖通空调，2002，32（2）：1-4.

[2] 胡定科，荣先成，罗勇．大空间建筑室内气流组织数值模拟与舒适性分析[J]．暖通空调，2006，36（5）：12-16.

[3] 王福军．计算流体动力学分析[M]．北京：清华大学出版社，2004.

基于数值模拟计算的地源热泵系统精细化设计

北京市勘察设计研究院有限公司　魏俊辉☆　褚　赛　刘启明　申雪云　鲍　超

摘　要　本文以北京市朝阳区某办公建筑群项目为例，利用 DeST 软件以及 GLD 软件对项目进行精细化设计，在保证室内舒适度的前提下，实现了初投资的降低，并避免了土壤的冷、热堆积，保证了系统能够长期稳定、高效运行。

关键词　DeST　全年负荷逐时动态　GLD　地源热泵　复合系统

0　引言

近年来，由于能源的紧缺以及环保要求的提高，对建筑物的供暖空调方式提出了新的要求，是否节能、环保已经成为衡量一个空调系统是否为最佳系统的重要依据。但是，如果一贯追求节能和环保，势必会带来系统的初投资较大。所以，设计一个空调系统应同时兼顾以上各种因素，整个系统既节能、环保，初投资和后期运行费用又最为合理。

随着人们对新的能源、新的节能技术手段的认可度提升，地源热泵技术的发展速度很快。地源热泵系统是一种利用浅层地能进行供热、制冷的环保可再生能源利用系统[1]，其利用地下土壤巨大的蓄热、蓄冷能力，冬季把热量从地下土壤转移到建筑物内，夏季把建筑物内热量转移到地下，再通过空调末端设备实现房间空气调节，一个年度形成一个冷热循环系统，实现环保再生、节能减排的功能。随着世界能源危机和环境污染问题的日益严重，该技术得到了越来越多的关注和应用。

但是，在地源热泵的工程应用中有很多失败的案例，主要有以下几点问题[2]。

(1) 在地源热泵应用前，未对地源热泵系统的打井区域进行地质勘察，特别是打井区域地质层存在花岗岩或者流沙层，直接导致初投资过大，工程建设被迫终止。

(2) 在冬、夏季空调负荷不平衡地区，完全使用地埋管地源热泵，未考虑地埋管周围换热区域岩土的全年热平衡，导致埋管周围岩土温度逐年升高或降低，地源热泵系统效率下降。

(3) 空调负荷计算以及地下环路设计是地源热泵系统设计中最为关键的两个阶段，然而在这两个工程设计阶段，相关设计人员设计过于粗放：

1) 随着人们对建筑负荷计算方面的不断深入研究，发现建筑负荷计算结果偏大是造成暖通空调系统设备选型不合理及建筑能耗偏大的主要原因。目前，暖通空调设计人员多数以冷负荷估算值进行计算，此方法简单快捷，但是为了避免设计冷量不足，一般取值都会偏大很多，这样造成的后果就是机组设备选型过大，浪费资金，机组也长期处于低负荷运行区间，运行效率降低。

2) 延米换热量法是目前国内地源热泵工程领域常用的地埋管换热系统设计方法，该方法以岩土热响应试验获得的延米换热量为基础，简便快捷的计算地埋管管长[3]。但由于地层结构及其热物性千差万别，影响延米换热量的因素繁多，采用延米换热量法设计导致后期运行失败的案例时有发生。在其换热最恶劣的阶段，可能直接导致地源热泵机组的停机保护。

地源热泵是优缺点并存的一项技术，在工程的应用中一定要具体分析，确保这项节能的绿色技术真正发挥其节能的优点。当下计算机技术广泛应用，带动了软件发展及工程进步，为工程建设行业增加了新型辅助设备。借助软件、硬件技术的融合，实现了三维模型平台的搭建以及数据的模拟，为地源热泵系统的精细化设计打下了良好基础，充分实现对地源热泵系统的优化设计，达到节能的最终目的。本文以北京市朝阳区某办公建筑群项目为例，利用 DeST 软件以及 GLD 软件对项目进行精细化设计，在保证室内舒适度的前提下，实现了初投资的降低，并避免了土壤的冷热堆积，保证了系统能够长期稳定、高效运行。

1　工程概况

该项目总建筑面积为 4.70 万 m^2，经济技术指标如表 1 所示，拟打造成为绿色三星兼 LEED 铂金认证兼 WELL 金奖认证项目。

项目经济技术指标　　表 1

建筑名称	地上建筑层数/地下建筑层数	建筑面积（m^2）
1 号办公	5/2	15430
2 号办公	5/2	15840
3 号办公	5/2	15680

采用全年逐时负荷动态模拟软件 DeST 对建筑进行三维建模，计算全年 8760h 的逐时动态负荷，并对冷热负荷进行分析以及削峰处理，确保峰值负荷出现在人员作息不为 0 的时刻，以在不降低室内温度品质的前提下降低设备

☆　魏俊辉，女，工学学士，高级工程师。通讯地址：北京市海淀区羊坊店路 15 号，Email：wei_jun_hui@126.com。

选型，达到降低初投资及节能减排的效果。

根据北京地区的气候特点以及建筑的使用功能，确定本项目供冷季时间为5月15日至9月15日，共4个月，供暖季时间为11月15日至来年3月15日，共4个月。计算该项目制冷季向地下的累计排热量和供暖季从地下的累计取热量，根据该项目的负荷特点，采用冷却塔作为辅助冷源，系统夏季运行工况下，冷却塔与地埋换热孔并联轮换运行，可有效缓解地下热堆积现象。

将处理过的逐时动态负荷以及设备参数、土壤热物性参数等输入地下环路设计软件GLD中，计算出地源热泵复合系统在寿命周期内稳定运行的有效埋管长度。

2 负荷模拟计算

2.1 计算模型

根据相关的建筑图纸，在DeST中建立三维拓扑图形，如图1～图3所示。

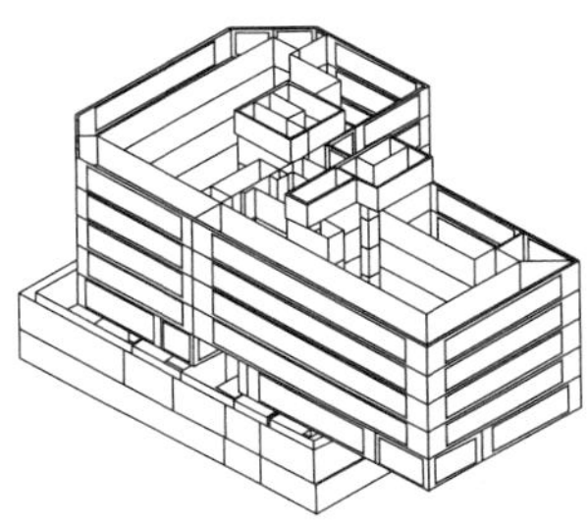

图1 1号楼DeST模型

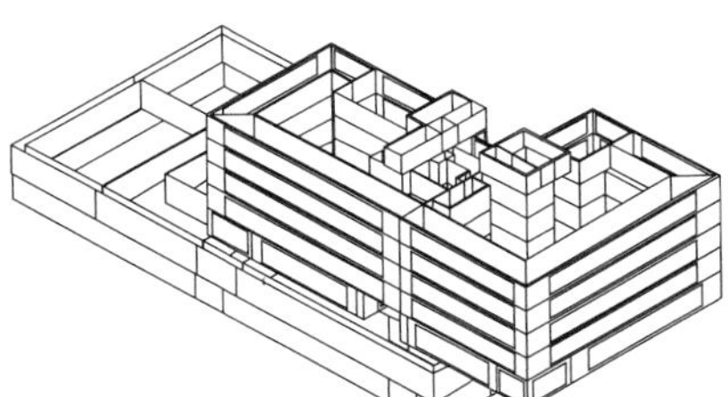

图2 2号楼DeST模型

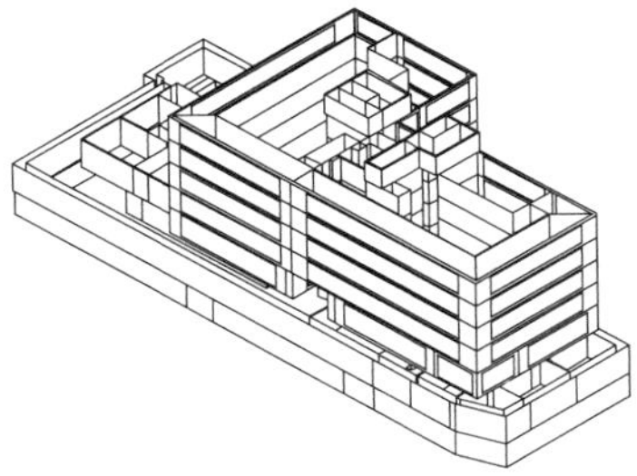

图3 3号楼DeST模型

2.2 计算结果

将建筑的地理位置、围护结构类型以及热工参数、房间功能、室内设计参数、室内热扰参数、全年热扰及空调系统作息模式等输入模型，在DeST软件中进行全年负荷逐时动态计算，建筑全年逐时冷热负荷如图4～图6所示。

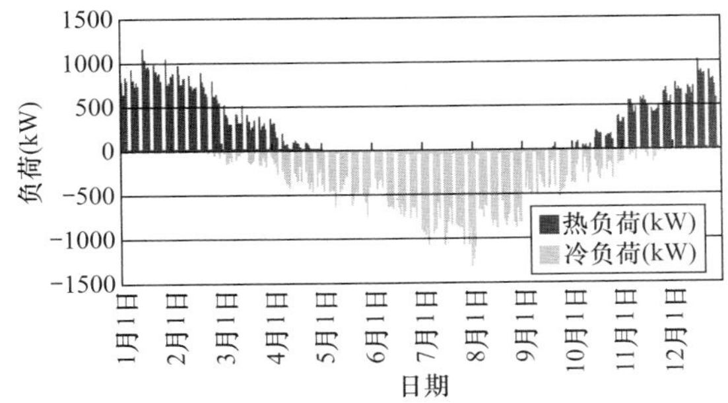

图4 1号楼全年动态负荷分布图

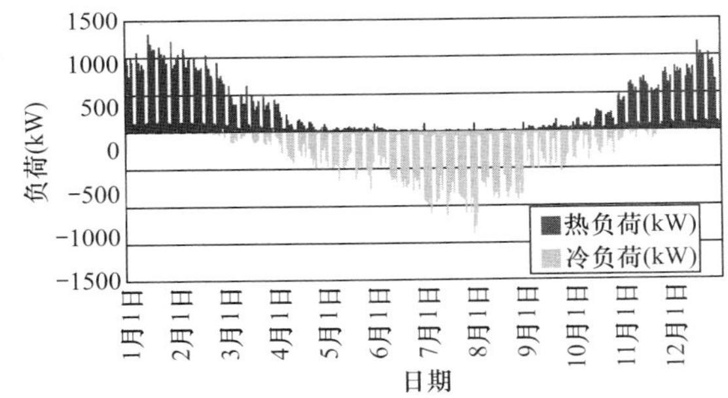

图5 2号楼全年动态负荷分布图

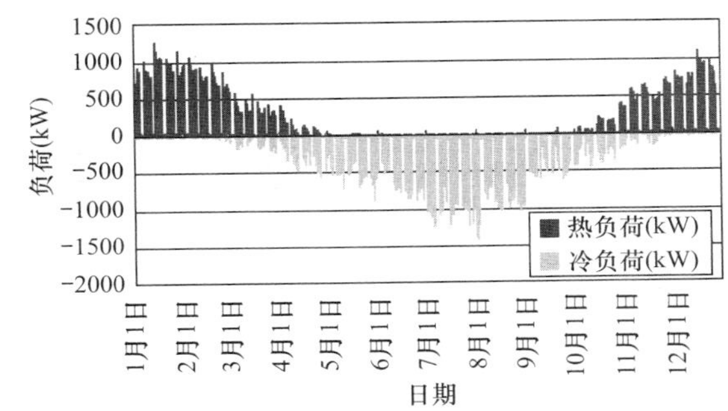

图6 3号楼全年动态负荷分布图

建筑空调系统制冷、供暖天数长短以及具体日期的确定，对建筑空调季冷、热负荷峰值及冷、热负荷累计量具有较大影响。根据北京地区的气候特点以及建筑的使用功能，确定本项目供冷季时间为5月15日至9月15日，共计4个月，供暖季时间为11月15日至来年3月15日，共计4个月，其余时间为过渡季，无需制冷及供暖。因此，本项目制冷季、供暖季动态负荷分布如图7～图9所示。

由1号楼制冷季、供暖季动态负荷分布计算出该楼制冷季峰值冷负荷为1301.91kW，累计冷负荷为577355.35kWh；该楼供暖季峰值热负荷为1169.32kW，累计热负荷为501896.57kWh。

由2号楼制冷季、供暖季动态负荷分布计算出该楼制冷季峰值冷负荷为1396.73kW，累计冷负荷为630190.23kWh；该楼供暖季峰值热负荷为1324.77kW，累计热负荷为644126.35kWh。

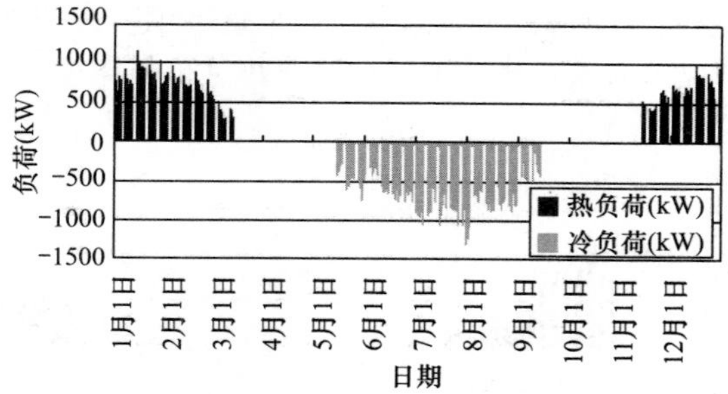

图 7　1 号楼制冷季、供暖季动态负荷分布图

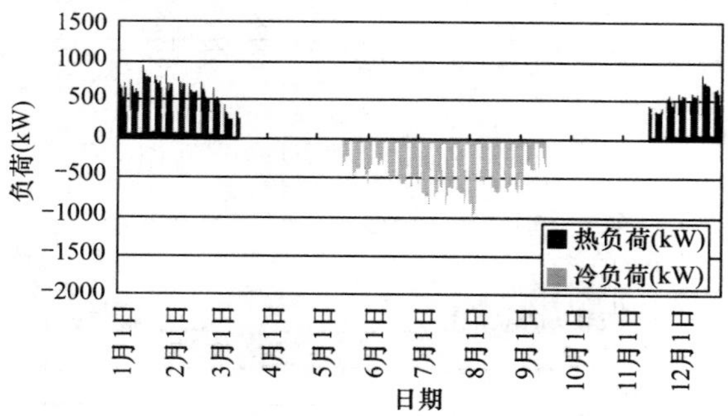

图 8　2 号楼制冷季、供暖季动态负荷分布图

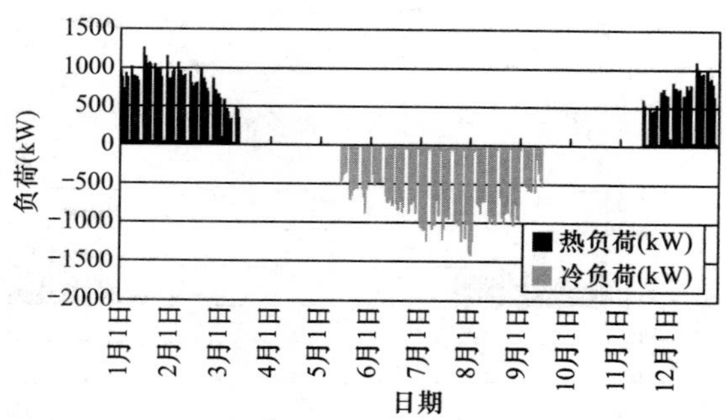

图 9　3 号楼制冷季、供暖季动态负荷分布图

由 3 号楼制冷季、供暖季动态负荷分布计算出该楼制冷季峰值冷负荷为 1411.70kW，累计冷负荷为 695696.51kWh；该楼供暖季峰值热负荷为 1274.56kW，累计热负荷为 553832.88kWh。

三栋建筑的制冷季峰值冷负荷之和为 4110.34kW，累计冷负荷之和为 1903242.09kWh。供暖季峰值热负荷之和为 3768.65kW，累计热负荷之和为 1699855.80kWh。

2.3　结果分析

2.3.1　负荷逐时叠加

由于 1 号、2 号、3 号楼建筑的窗墙面积比、太阳得热系数以及室内热扰等参数的微小差别，导致三栋建筑的全年峰值负荷以及每一天的峰值负荷都不出现在同一时刻。同时考虑三栋建筑彼此相连，距离较近。因此，拟设计三栋建筑共用一个冷热源机房，分别将冷、热负荷的模拟数据进行逐时叠加，不仅减少了设备的数量，同时降低了设备的装机容量，提高了设备满负荷运行率以及运行效率；不仅降低了系统的初投资，同时降低了系统的运行费用。将逐时冷、热负荷叠加后，制冷季、供暖季总动态负荷分布如图 10 所示。

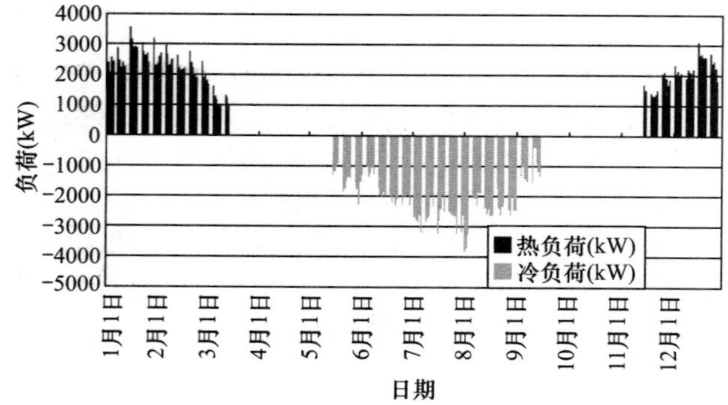

图 10　制冷季、供暖季总动态负荷分布图

由逐时叠加后的制冷季、供暖季总动态负荷分布计算出该项目制冷季峰值冷负荷为 3819.27kW，相比于三栋建筑冷负荷之和降低了 7%；供暖季峰值热负荷为 3494.29kW，相比于将三栋建筑热负荷之和降低了 7.3%。因此，经过逐时叠加处理，制冷装机容量降低了 7%，制热装机容量降低了 7.3%。

2.3.2　负荷削峰处理

对项目制冷季、供暖季动态负荷进行分析，将数据分析如下。

（1）本项目使用功能为办公，工作时间为 9：00～18：00，考虑到舒适度及人员加班等因素，设定系统作息时间为 8：00～20：00，停机后的室内余温能够满足至 22：00 以前的工作人员的舒适度。由于此种人员及系统作息设置，峰值会出现在早晨 6：00～7：00、七点左右，这和实际运行情况并不相符，因此，系统装机容量应取系统作息不等于 0 情况下的峰值负荷。

（2）对制冷季的动态负荷按照区间段划分，如表 2、表 3 以及图 11、图 12 所示。

制冷季动态负荷区间划分表　　表 2

负荷区间	0～25%	25%～50%	50%～90%	90%～95%	95%～100%	合计
小时数（h）	2146	403	423	5	2	2979
时间占比	73.87%	13.87%	14.56%	0.17%	0.07%	100.00%

供暖季动态负荷区间划分表　　表 3

负荷区间	0～25%	25%～50%	50%～90%	90%～95%	95%～100%	合计
小时数（h）	2102	556	246	0	1	2905
时间占比	72.36%	19.14%	8.47%	0.00%	0.03%	100.00%

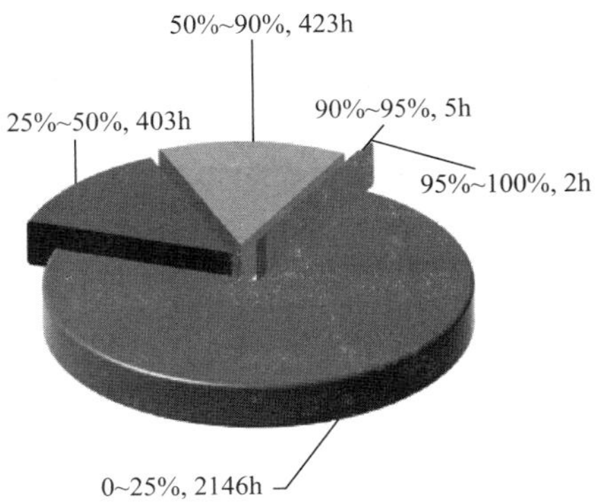

图 11　制冷季动态负荷区间划分图

对全年的动态负荷按照区间段划分后，可以看出冷、热负荷均较为分散，其中：

制冷季处于 95%～100%负荷区间段的时间只有 2h，占全年制冷时间的 0.07%，处于 90%～95%负荷区间段的时间只有 5h，占全年制冷时间的 0.17%。

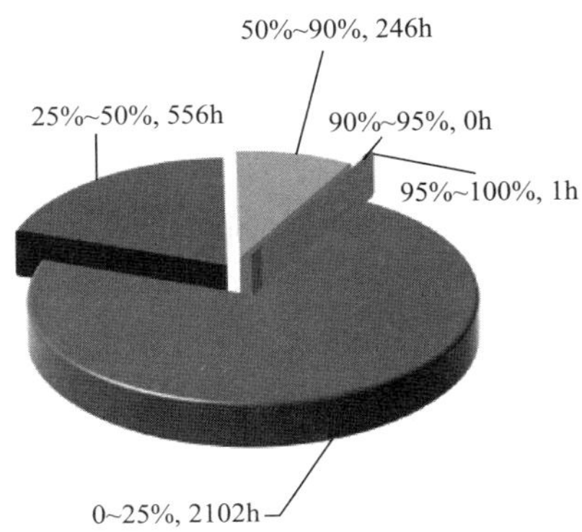

图 12　供暖季动态负荷区间划分图

供暖季处于 95%～100%负荷区间段的时间只有 2h，占全年制冷时间的 0.03%，处于 90%～95%负荷区间段的时间为 0h。

根据以上对制冷季、供暖季动态负荷分析结果，选取系统作息不等于 0 的 8 月 2 日 15：00 的冷负荷 3558.78kW 作为该系统的制冷装机容量，负荷不满足率仅为 0.07%，对室内舒适度没有影响，装机容量进一步降低约 7%。选取系统作息不等于 0 的 1 月 29 日 8：00 的热负荷 3143.82kW 作为该系统的制热装机容量，负荷不满足率仅为 0.03%，对室内舒适度没有影响，装机容量进一步降低约 10%。

通过以上负荷逐时叠加以及负荷削峰处理，确定系统制冷装机容量为 3558.78kW，负荷不满足率仅为 0.07%，对室内舒适度没有影响，装机容量降低约 13.42%。确定系统制热装机容量为 3143.83kW，负荷不满足率仅为 0.03%，对室内舒适度没有影响，装机容量降低约 16.58%。

3　地源热泵系统优化设计

3.1　岩土体热物性参数

根据区域地质资料，项目场地位于温榆河冲积平原的下部地带，第四系沉积厚度约 300～400m，沉积物颗粒较细，以粉质黏土、黏土、细砂、中砂和砂砾石为主。

根据本项目岩土热响应试验报告，取得工程场地岩土热物性参数如下：

（1）地面下测试孔深度范围内地层原始温度为 15.6℃；

（2）综合导热系数为 1.74W/m·K；

（3）综合热扩散率为 0.060m^2/d。

3.2　计算软件

地下环路设计软件（ground loop design，GLD）是一种模块化的地源热泵系统地下环路设计专业软件（见图 13），由美国加利福尼亚州 Gaia Geothermal 公司设计、开发，由明尼苏达州 Thermal Dynamics 公司分销并提供专业技术支持。

本文主要应用 GLD 软件中平均块负荷模块和竖直井孔系统设计模块。平均块负荷模块允许用户输入制冷季/供暖季峰值负荷及各月累计负荷，计算得制冷/供暖工况下全年等效全负荷日。根据系统设计地源热泵机组参数，作为垂直井孔系统设计的基础。

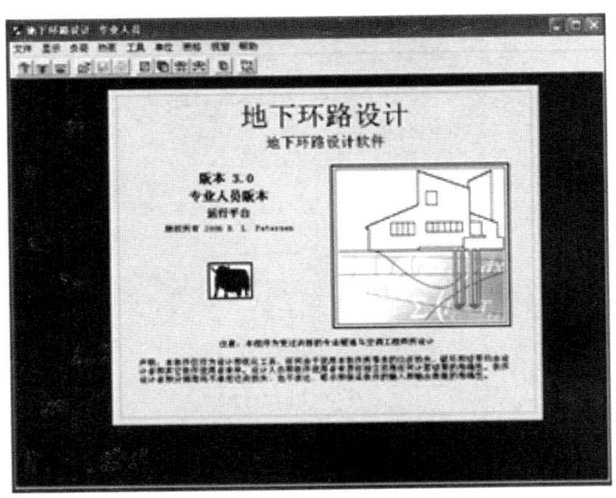

图 13　GLD 软件设计界面

软件根据完整输入参数进行计算，获得钻孔全长、井孔数、井孔深度、进水温度和出水温度等结果。用户可随时修改参数进行重新计算，实时获得结果。

3.3　方案选择

3.3.1　单一地源热泵系统

本项目峰值冷负荷为 3819.27kW，峰值热负荷为 3494.29kW，冷热负荷相差不大。因此，初步判断全部采用地源热泵系统承担冬季热负荷以及夏季冷负荷，而无需增加辅助能源进行制冷、制热。

因此，按照冷热负荷较大值进行设备选型后，将相关参数输入地下环路设计软件进行地源热泵地埋管系统设计。

1. 当量小时计算

输入制冷季/供暖季峰值负荷及各月累计负荷，计算出制冷季/供暖季全负荷小时数，如图 14、图 15 所示。

2. 块负荷模块转换

将制冷季/供暖季峰值负荷及各月累计负荷导入平均块负荷模块，并在此模块中输入在设计温度和流量下的热泵参数，如：热泵制冷/热量、制冷/热功率、机组 *COP*/*EER* 值等，如图 16 所示。

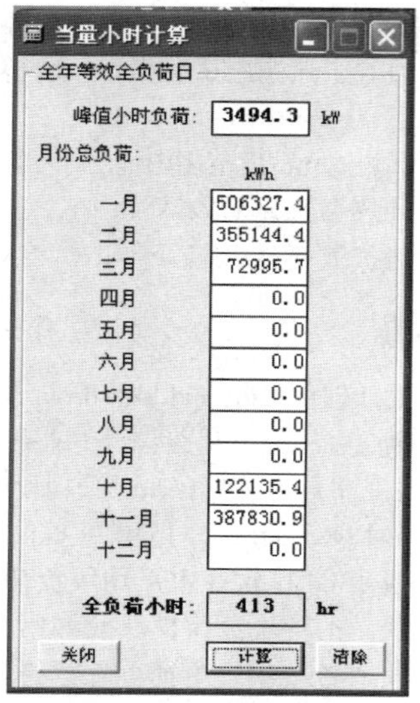

图 14　供暖季峰值负荷输入界面

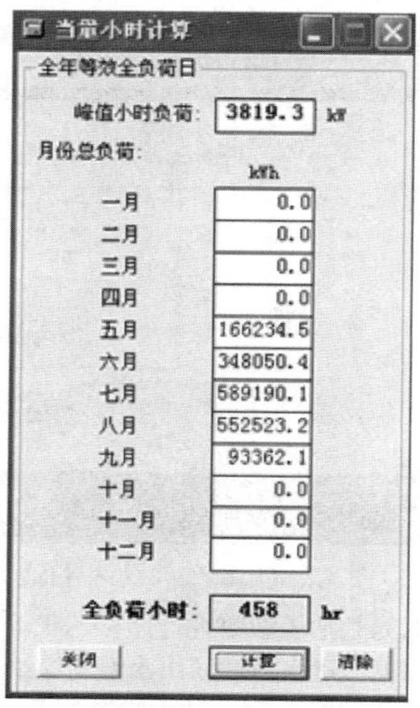

图 15　制冷季峰值负荷输入界面

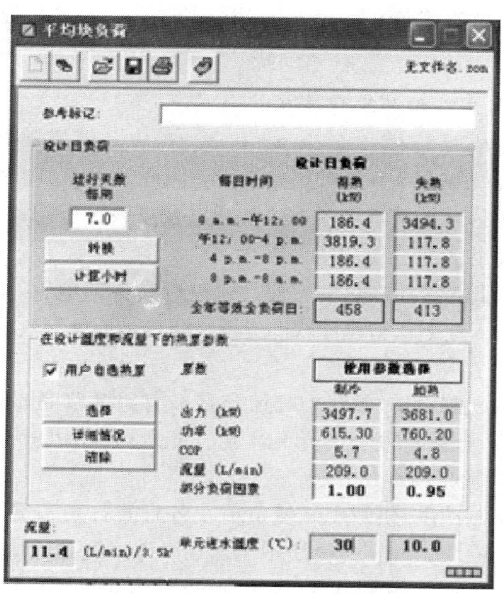

图 16　平均块负荷模块界面

3. 井孔计算

依次将流体参数、土壤参数、U 形管参数、布孔型式等信息输入软件，进行井孔计算，如图 17 所示。

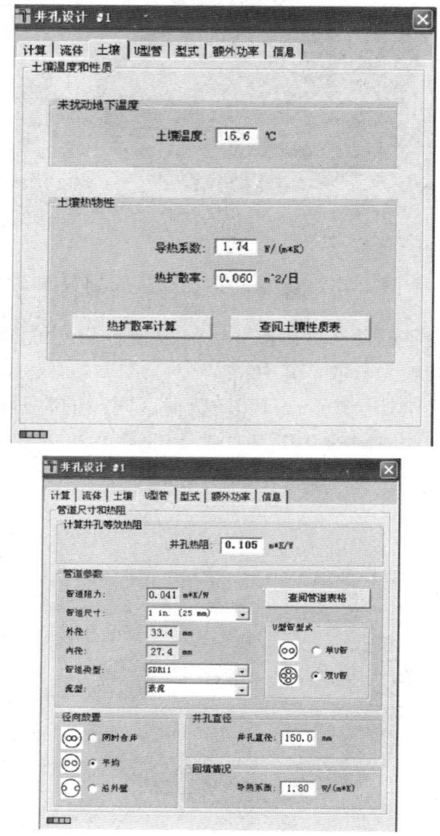

图 17　土壤参数设置界面

4. 计算结果（见图 18）

经过地下环路设计软件（GLD）耦合计算，双 U 形井孔全长为 71601.8m，孔深为 150m，井孔数量为 476 个。系统运行 10 年井群区域内土壤温度升高 1.5℃，制冷季单元出水温度为 35℃，供暖季单元出水温度为 6.3℃。

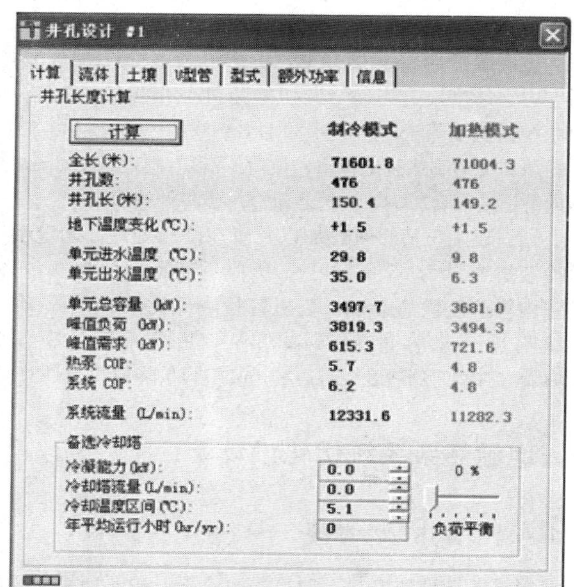

图 18　井孔设计结果显示界面

5. 结果分析

1）制冷季单元出水温度为35℃，高于规范[4]规定值33℃。有规范显示[5]，机组性能系数*COP*随冷却水进水温度增大而减小，当蒸发温度一定时，冷凝温度每增加1℃，压缩机单位制冷量的耗功率约增加3%～4%。当单元出水温度为35℃时，机组*COP*将下降6%～8%。

2）系统运行10年井群区域内土壤温度升高1.5℃，在地源热泵系统全寿命周期内，井群区域内土壤温度将升高3～4℃，将造成井群区域内土壤的热堆积现象。根据GLD软件模拟，初始地温每升高1℃，地埋管散热能力约下降5%～8%，在地源热泵系统全寿命周期内，地埋管散热能力将下降15%～30%。

3.3.2 地源热泵复合系统

为了解决地下冷热量失衡以达到系统稳定高效运行的目的，需增加冷却塔系统辅助地埋管进行散热。夏季运行工况下，冷却塔与地埋换热孔并联使用。当监测地埋孔回水温度较高时，关闭地埋孔换热环路，切换至冷却塔开，地埋换热孔与冷却塔的轮换使用可有效缓解地下热堆积。

1. 系统原理图（见图19）

（2）地源热泵地埋管系统设计

将流体参数、累计负荷、峰值负荷、埋管形式、埋管

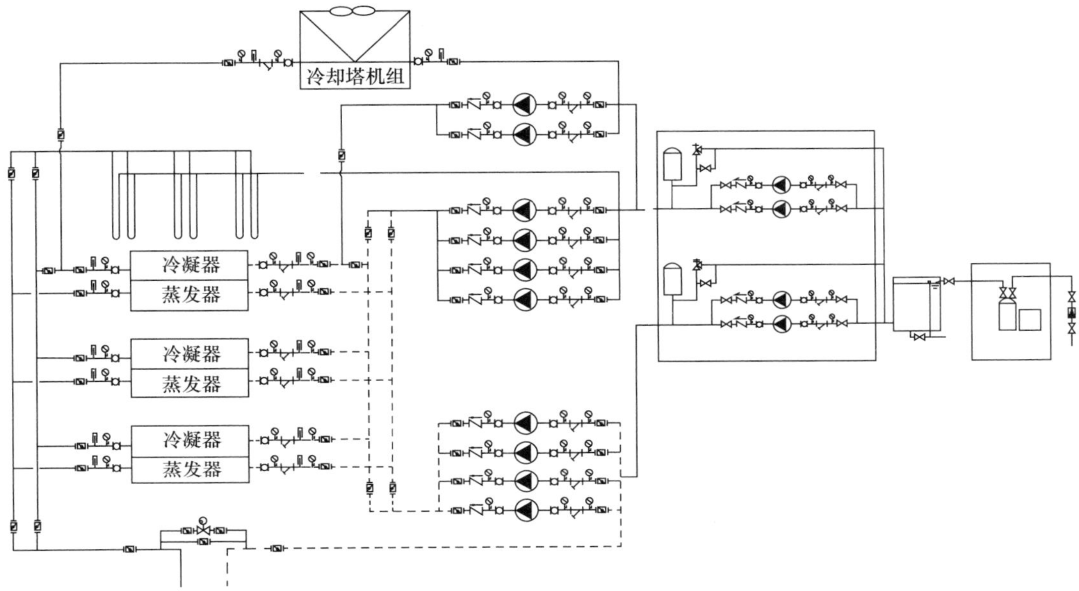

图19 地源热泵复合系统原理图

深度以及设备参数等输入GLD软件模拟计算可知（见图20），双U形井孔全长为71601.8m，孔深为150m，

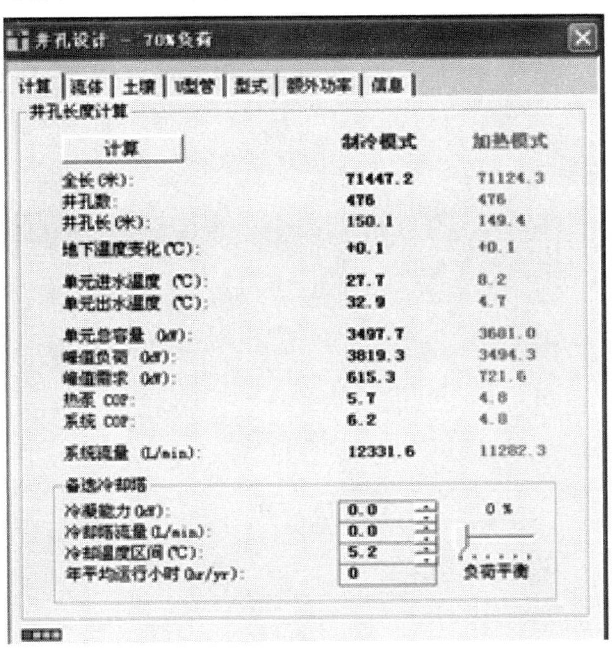

图20 井孔设计结果显示界面

井孔数量为476个。冷却塔承担70%的冷负荷时，制冷季单元出水温度为32.9℃，低于规范[4]的规定值（33℃），系统运行10年井群区域内土壤温度仅升高0.1℃，系统能够稳定高效运行。

4 结论

本文以北京市朝阳区某办公建筑群项目为例，利用建筑逐时动态负荷模拟软件（DeST）以及地下环路设计软件（GLD）软件对项目进行精细化设计。

对项目1号、2号、3号建筑的负荷逐时叠加处理后，该项目制冷季峰值冷负荷为3819.27kW，相比于三栋建筑冷负荷之和降低了7%；供暖季峰值热负荷为3494.29kW，相比于将三栋建筑热负荷之和降低了7.3%。

通过对分栋建筑逐时冷、热负荷进行逐时叠加以及负荷削峰处理，确定系统制冷装机容量为3558.78kW，负荷不满足率仅为0.07%，对室内舒适度没有影响，装机容量降低约13.42%。确定系统制热装机容量为3143.83kW，负荷不满足率仅为0.03%，对室内舒适度没有影响，装机容量降低约16.58%.

本项目若采用单一地源热泵系统，经过地下环路设计

软件（GLD）的模拟计算，制冷季单元出水温度为35℃，高于规范[4]规定值33℃，机组*COP*将下降6%～8%。在地源热泵系统全寿命周期内，井群区域内土壤温度将升高3～4℃，将造成井群区域内土壤的热堆积现象，地埋管散热能力将下降15%～30%。

为了解决地下冷热量失衡以达到系统稳定高效运行的目的，需增加冷却塔系统辅助地埋管进行散热。夏季运行工况下，冷却塔与地埋换热孔并联使用。当监测地埋孔回水温度较高时，关闭地埋孔换热环路，切换至冷却塔开，地埋换热孔与冷却塔的轮换使用可有效缓解地下热堆积。将流体参数、累计负荷、峰值负荷、埋管型式、经过地下环路设计软件（GLD）的模拟计算，双U形井孔全长为71601.8m，孔深为150m，井孔数量为476个。冷却塔承担30%的冷负荷时，制冷季单元出水温度为32.9℃，低于规范[4]规定值33℃，系统运行10年井群区域内土壤温度仅升高0.1℃，系统能够稳定高效运行。

参考文献

[1] Zeng H Y, Diao N R, Fang Z H. Efficiency of vertical geothermal heat exchanger in the ground source heat pump system [J]. Journal of Thermal Science, 2003, 12 (1): 77-81.

[2] 徐伟. 对地源热泵应用的几点思考 [J]. 工程与建设, 2009, 23 (3): 308.

[3] 田慧峰，曹伟武. 地埋管长度计算中关键参数的计算方法研究 [J]. 土木建筑与环境工程, 2009, 31 (1): 110-113.

[4] 中国建筑科学研究院. 地源热泵系统工程技术规范. GB 50366—2005 [S].（2009年版）北京：中国建筑工业出版社, 2006.

[5] 中国建筑科学研究院. 民用建筑供暖通风与空气调节设计规范. GB 50766—2012 [S]. 北京：中国建筑工业出版社, 2012.

基于 BIM 的某异型建筑空调设计

中建八局第二建设有限公司设计研究院　赵　鹏☆　王　京　章明友

摘　要　本文论述了在异型建筑中，通过 BIM 技术进行空调设计应用。通过 CFD 模拟，实现了进行空调通风方案的平衡分析、模拟计算，辅助确定空调通风方案。通过 BIM 三维正向设计，实现了利用传统二维设计无法实现的设计表达，实现了机房正向设计和管线综合排布，从而达到了优化设计质量、提高设计效率、提升设计品质的效果。

关键词　BIM　异型建筑　CFD 模拟　三维正向设计　管线综合　空调设计

0　引言

“黄海之眼”为 EPC 项目，建筑、结构造型复杂，对通风空调专业的设计、施工带来的挑战。本项目采用全专业、全过程的 BIM 应用，从传统二维设计到三维 BIM 参数化模型设计，使得研究对象的形态变得可以被量化，更接近真实的建造对象。应用 BIM 技术之后，设计过程中的直观性和各专业的有效协同得以呈现。在施工图设计中，应用 BIM 设计实现了通风空调的三维设计和有效的表达，突破了异型建筑暖通设计的难点。

1　项目概况

“黄海之眼”项目位于山东省日照市万平口景区出海口，整体造型为玻璃全覆盖的彩虹形筒状结构，内部为三段式扶梯、楼梯组合，桥体最高处设置向两侧延伸、半径为 9m 的半圆形观景平台，可供游人休闲驻足（见图 1、图 2）。本项目使用功能为商业、设备用房和桥，分为南北两个地块，总建筑面积为 4505.01m²（其中南侧商业总建筑面积为 2197.72m²，北侧商业总建筑面积为 2307.29m²），桥身跨度为 177m，高度为 70.728m。桥体的垂直截面为椭圆形，长径为 18m，短径为 13.5m。顶部设有空中走廊（542m²）及观景平台（约 400m²；总计顶部平台约 942m²）。

图 1　项目效果图

2　通风空调设计方案

2.1　设计理念

根据《民用建筑供热通风与空气调节设计规范》GB 50736—2012，结合本项目为海滨度假区观光构筑物、人员逗留时间平均在 20min 左右的实际情况。本项目桥体外围护结构为全玻璃幕墙，只需考虑制冷即可，室内环境控制拟以自然通风为主，极端天气辅以空调系统。日照市夏季通风室外计算温度为 27.7℃，低于室内环境极限设计温度 30℃，并且本项目靠近海边，自然通风条件极好，又根据项目维护结构全玻璃幕的特点，室内很容易形成“烟囱效应”，增强自然通风效果[1]。

☆　赵鹏，男，工学学士，助理工程师，暖通设计师。通讯地址：济南市历下区文化东路中建文化广场 C 座 3 楼，Email：zhaopeng189@163.com。

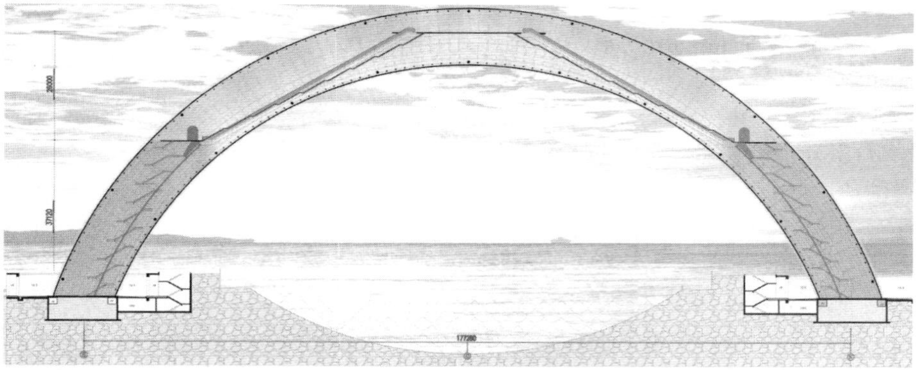

图 2　项目构造图

2.2　设计方案

在桥体上下各开 3 排电动窗约 884m²，平时开启电动窗自然通风，当自然通风效果不明显时，开启设置在桥体两侧的新风机组（不开制冷主机），强化自然通风效果。在大桥两侧入口处及大桥顶部观光平台内侧设置自动测温装置，监测典型部位室内温度，遇极端天气室内温度超过30℃时，自动打开空调系统制冷维持室温。

2.3　冷热源

（1）桥体空调通过地下室空调机房的直流式双冷源新风机组（每侧两台 40000m³/h），经出入口周边地面喷口从底部向桥体送干冷空气制冷。

（2）大桥底部地下商业采用变制冷剂流量多联空调系统的风管机为商业制冷或供热。

（3）大桥顶部观光平台设置 4 台 10 匹分体柜式空调制冷。

3　空调效果模拟

为保证室内环境舒适性，本项目利用 BIM 技术，采用计算流体动力学（CFD）分析方法，评估玻璃桥内的温湿度、气流组织的合理性以及评估观光游客的舒适性。利用 BIM 模型导入 Autodesk CFD 分析软件，对通风方案、空调方案进行平衡分析与模拟计算，对通风空调方案的效果进行评估，改善室内风环境，并提出满足设计的指导意见，帮助设计师制定出针对性的设计方案及策略，验证通风空调方案的可行性。根据建筑专业提供的模型建立本次模拟试验的计算模型并划分网格，模型及网格图如图 3、图 4 所示，下文将以此进行模拟计算。

图 3　计算模型

3.1　自然通风模拟

在桥体上下各开 3 排电动窗约 884m²，平时开启电动窗自然通风（见图 5）。

《民用建筑供暖通风与空气调节设计规范》GB 50736—2012 中给出的日照市自然通风设计温度是 27.7℃，本项目的设计目标是考察自然通风是否可在一定程度上替代空调，因此，对室外自然通风温度为 30℃时进行了室内温度模拟。

本项目人员活动方式主要为站姿，取距楼板 1.5m（站姿头部高度）平面高度进行分析。此次对项目典型位置进行分析，其中位置 1 为北侧入口，位置 2 为北侧转换平台，位置 3 为中央平台，位置 4 为南侧转换平台，位置 5 为南侧入口。

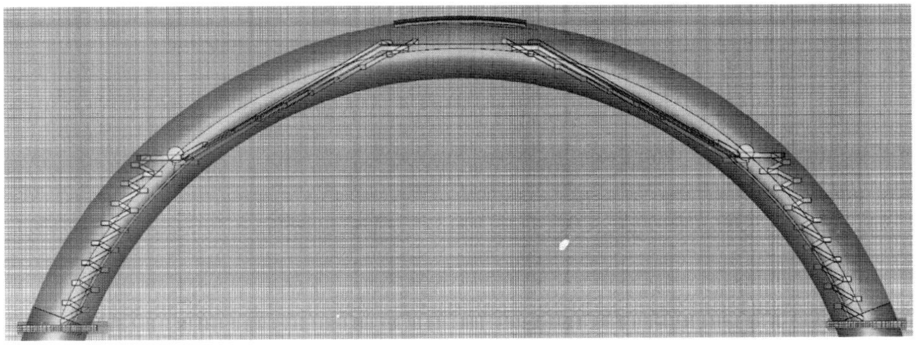

图 4　网格划分示意图

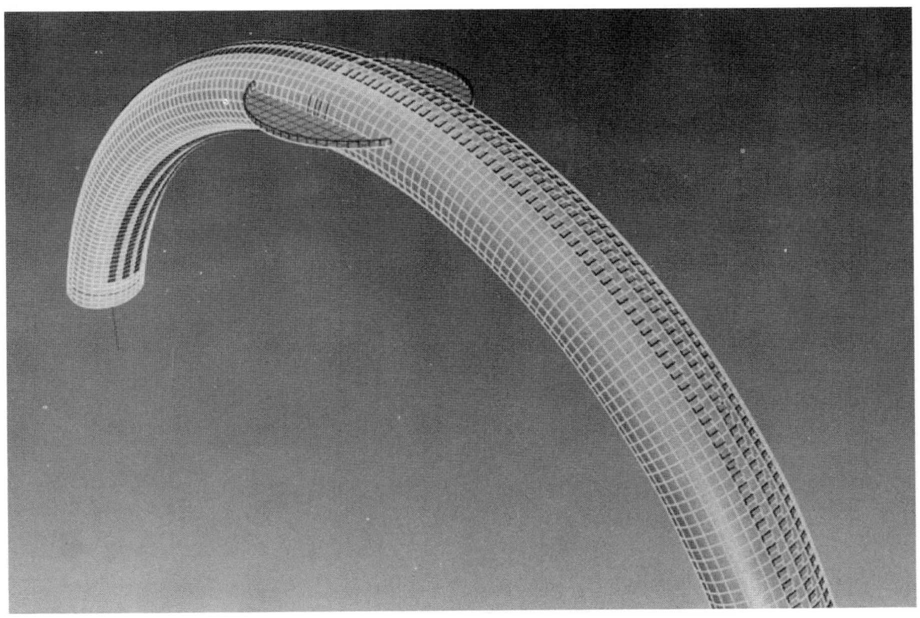

图 5　自然开窗位置示意图

由图 6、图 7 可见，室外通风计算温度按 30℃时，在自然通风工况下：

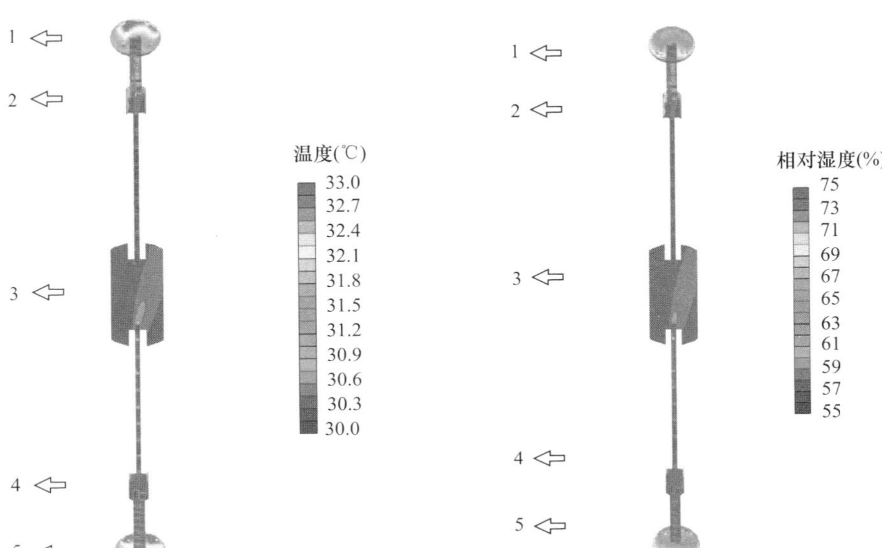

图 6　整体温度、相对湿度计算结果（编号 1～5 为典型位置）

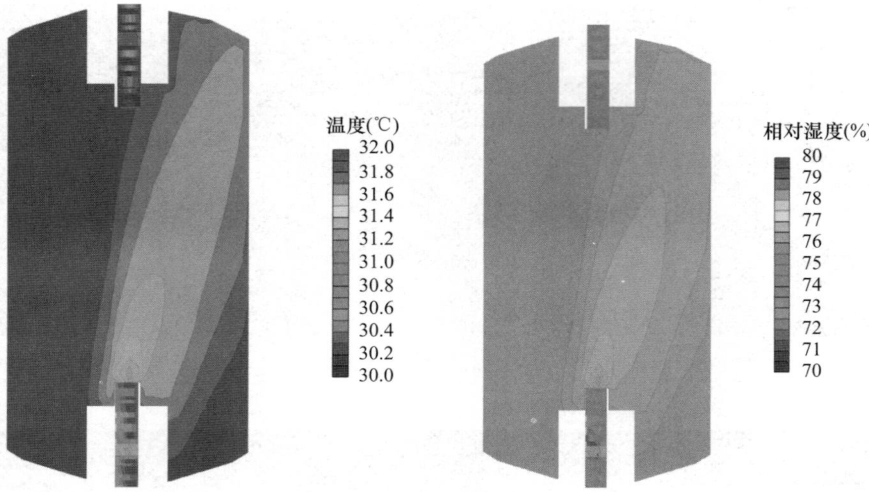

图 7　典型位置 3（中央平台）温度、湿度计算结果

（1）除入口处之外的其他大多数典型位置，人行区域的温度基本在 30～31℃之间，室内相对室外的温升基本在 1.5℃以内，温度舒适性较好；相对湿度多维持在 75%左右，与室外设计值基本一致。

（2）南北入口处由于地势较低且与开窗位置距离较远，因此温湿度与其他区域有所不同。南北入口处人行区域的温度基本在 31～33℃之间，室内相对室外的温升基本在 1～3℃；相对湿度多维持在 60%～65%左右。

3.2　夏季空调模拟

由图 8、图 9 可见：

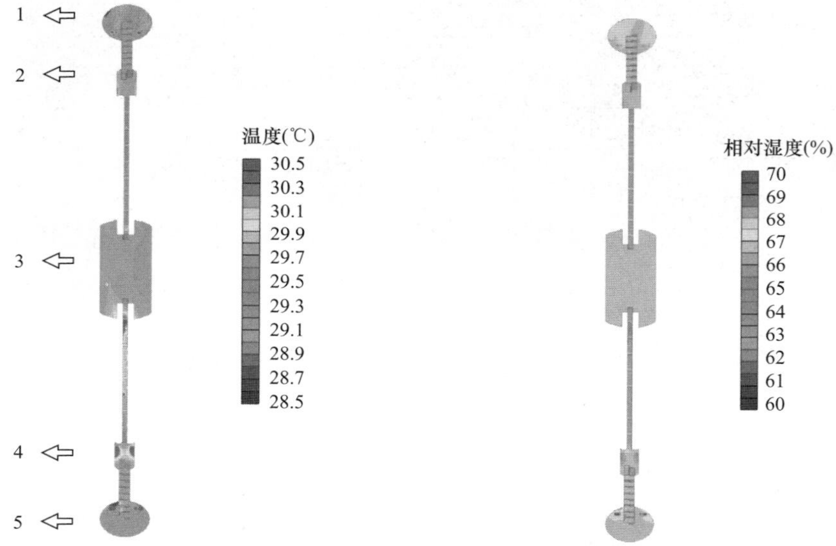

图 8　整体温度、相对湿度计算结果（编号 1～5 为典型位置）

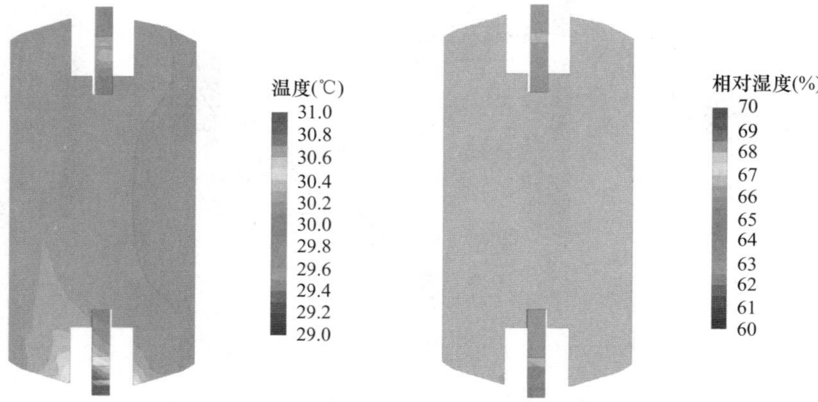

图 9　典型位置 3（中央平台）温度、相对湿度计算结果

（1）在室内外热湿环境达到稳态后，室内温度基本在29.5℃左右，转换平台局部达到了30℃以上；转换平台处局部温度之所以较高的原因在于目前提供的模型中，轿厢式电梯的位置在最高点（接近转换平台的高度），这就造成了模拟试验时轿厢式电梯对于周边气流传输有一定的遮挡作用，且轿厢式电梯、自动扶梯的散热也会导致转换平台处的温度有一定增高。在项目实际运维过程中，轿厢式电梯的位置是上下移动的，因为实际运维时温度差异应该不会这么明显。

（2）因室内温度分布比自然通风状态时均匀，所以在湿度环境达到稳态后其分布也相对较为均匀，基本处于64%～68%之间。

4 机电三维设计

本项目为异型建筑，造型复杂，机电专业布置空间有限，机电专业设计需充分结合建筑造型和特点进行布置。传统的二维设计无法精确表达出各个设计细节，同时，需设计多个剖面去表达一个异型空间，花费大量的精力与时间。因此，本项目利用BIM三维协同平台直接在三维环境下设计，带来设计效率和设计质量的提升，同时结合项目的造型，对复杂节点进行参数化、精细化设计，从而提高设计质量[3]。

（1）通过协同平台各专业互相提资，相较二维设计，直观可视化的表现建筑空间、结构梁柱、机电各专业的机房、机电路由等，强化了各专业间的信息沟通，有效避免了冲突。

（2）特殊造型的风口布置，桥体两侧入口位置，根据建筑布局，最多只能设44个DN400的喷口，相较于二维设计，空调风口的布置能够更好地拟合弧形空间，达到与建筑造型的充分结合见图10。

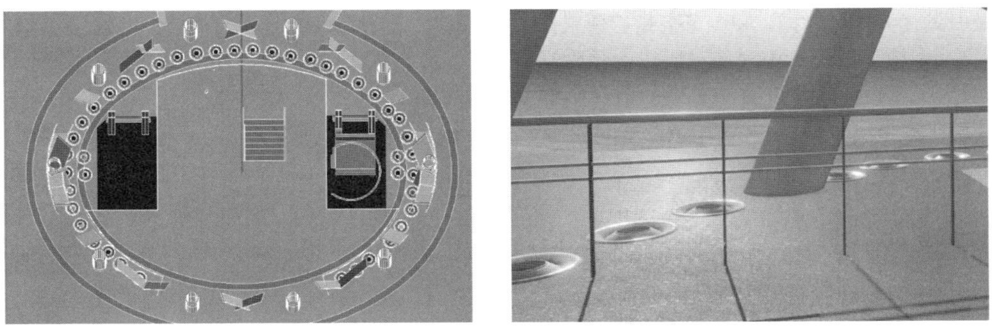

图10 弧形商业风口布置

（3）顶部空调冷凝水管、步行梯顶部平台消火栓管线的设计表达（见图11）。顶部观光平台处设置的空调外机产生的冷凝水管需有序排放，同时步行梯顶部平台设置消火栓系统。本设计中结合建筑造型，通过BIM参数化设计，在整个弧形大桥的扶梯下方根据扶梯的造型敷设消防和空调管道，实现了管线的布置，提升了整体的空间设计和美感。在二维设计中，仅通过平面很难去表达此位置的管线路由，建筑专业提供的剖面位置也较难与机电专业的要求完全贴合，因此，通过三维设计有效实现了此位置空调和消防管线的设计表达，更加方便施工人员理解设计思路和意图（见图11）。

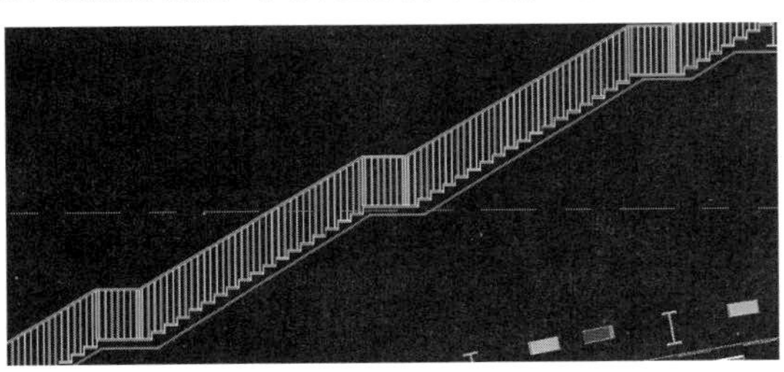

图11 冷凝水管扶梯下方安装

5 机房三维设计与出图

利用BIM技术对机房进行正向设计，优化了设计质量，提升了设计效率，有效避免了碰撞，有助于后期提高施工效率，缩短施工工期，节约成本。基于BIM的三维设计对于空间利用优势明显（见图12），对二维设计易忽视的点进行精细化设计，提高质量。同时，对传统二维设计无法表达的地方进行了三维表达。

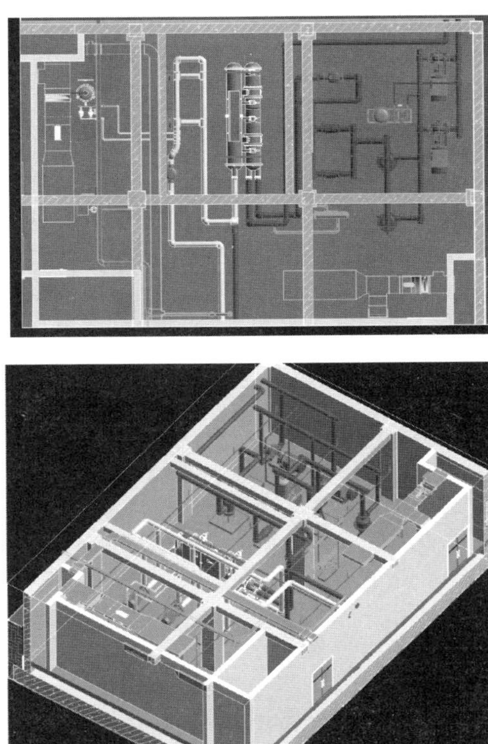

图11 制冷机房三维设计

6 管线综合

对于本项目这类异型建筑，传统二维机电专业的设计存在盲点，复杂区域较难发现与建筑结构及其机电专业间的冲突。在本项目中，底部商业为弧形空间，造型复杂且空间相当有限，需要机电专业充分利用空间，通过三维设计和模拟，可以直观地看出建筑的内部空间，充分利用建筑空间。在设计初期，将施工图设计阶段工作前移，对走廊等管线密集处位置进行管线综合，预估及分配吊顶空间。各专业完成三维模型后，首先通过 BIM 可视化特点发现直观易发觉的冲突问题，及时解决。其次利用 BIM 软件的管线碰撞校核功能，在 BIM 3D 模型平台上，整合水暖电各个专业，一起进行冲突检查，依据冲突逐一修正各个碰撞点，从而实现了管线零碰撞。

相较于传统二维工作模式中各专业独立设计，本次设计在设计阶段及时发现并避免碰撞，减少了大量后期工作量。通过 BIM 技术在施工图设计中对施工阶段的预先规划，按照施工建设的需求对模型进行中整理、拆分、深化，满足了优化施工方案排布要求（见图 13）。

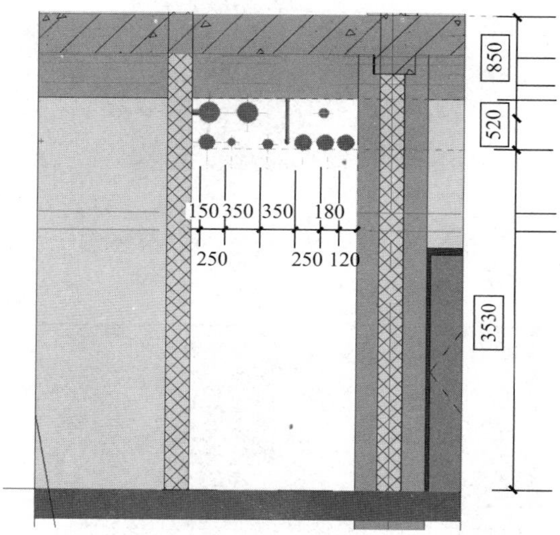

图 13　走廊管线综合排布

7 结语

“黄海之眼”作为异型复杂的 EPC 项目，作为工程总承包单位的设计方，设计质量的高低是决定项目成败的关键，本项目在设计阶段进行 BIM 应用，解决了设计的难点，方便了后期施工，提高了整个项目的效率。

参考文献

[1] 王文卉，杨奇．“烟囱效应”在建筑中的应用探索［J］．山西建筑，2013，39（26）：170-172.

[2] 张瑞，刘昶，冯泽．基于 BIM 的城市轨道交通地下车站装配式高效制冷机房应用［J］．暖通空调，2018，48（1）：99-103.

[3] 颜皞．暖通空调设计中 BIM 技术的应用探析［J］．建筑设计，2016，17：47.

[4] 张吕伟．REVIT 在脱水机房三维设计中应用探索［J］．土木建筑工程信息技术，2012，4（2）：95-98.

太阳辐射对室内热环境的影响特性分析

福建工程学院建筑新能源与节能重点实验室　戴贵龙☆　夏雨婷　陈雪淇

摘　要　为掌握太阳辐射作用下室内气流组织的热工性能，建立了建筑围护结构与太阳运动轨迹模型，采用蒙特卡洛射线踪迹法（MCRTM），模拟获得室内壁面的太阳直射与散射热流密度分布数据。在此基础上，结合CFD数值模拟技术，对太阳辐射作用下室内热环境特性进行模拟分析，相关结论为室内热环境的研究发展提供技术支持。

关键词　气流组织　太阳辐射　蒙特卡洛法　实验测量

0　引言

太阳辐射（包括直射和散射）是影响室内热环境的重要因素之一。一方面太阳辐射通过加热不透明围护结构，通过围护结构导热、对流换热将热量传递给室内空气；另一方面太阳辐射直接穿过玻璃进入室内，引起室内局部升温，影响室内热舒适性[1,2]。

目前，室内热舒适性研究以气流组织为主，包括送风温度、速度、位置和风口形式等。赵运超等[3]采用CFD数值模拟的方法，对某住宅卧室内的壁挂式空调器运行时在各种安装条件下的室内气流组织进行数值模拟，得出了适宜的空调送风角度、送风速度等参数。王一丁等[4]对不同送风速度下空调房间的速度场、温度场进行三维数值模拟，对比分析不同送风速度对气流组织的影响。祝百如等[5]对常用的四种通风方式进行数值模拟及综合比较，得出置换通风使室内空气品质较好的结论。钟武等[6]模拟了夏季分体落地式空调器来制冷的办公室的气流组织，给出了室内速度场和温度场的分布情况。

归纳分析相关文献资料发现，房间气流组织研究成果中对太阳辐射传热模型考虑不足，部分文献即使指出考虑了太阳辐射，但未清晰地体现在结果中。由于太阳辐射模型属辐射外热源传热性质，与室内气流组织的CFD模拟方法存在较大的理论与技术差异。

为明确太阳辐射模型的研究方法及其影响规律，本文以安装壁挂式空调的小型会议室为研究对象，在采用MCRTM模拟获得太阳辐射数据信息的基础上，采用CFD技术研究太阳辐射与空气强制对流耦合作用下室内热环境特性，为室内热舒适性研究提供参考依据。

1　物理数学模型

1.1　物理模型

本文研究对象为位于福州的某会议室，房间尺寸为9m×3.6m×3.7m(L×W×H)，建筑面积约为50m²，如图1所示。东墙有一个壁挂式空调，简化为一个长方体（长×宽×高：0.8m×0.3m×0.5m），其送风口和回风口简化为一矩形开口（0.8m×0.5m）；玻璃窗户位于南墙上，宽×高＝2.4m×2.0m，下底边高度为1.0m。窗户为单层结构，普通玻璃；相邻都为相同类型的房间；室内有2名工作人员，按照开会时人员的平均高度把其简化为一个长方体模型（长×宽×高：0.65m×0.4m×1.2m）。

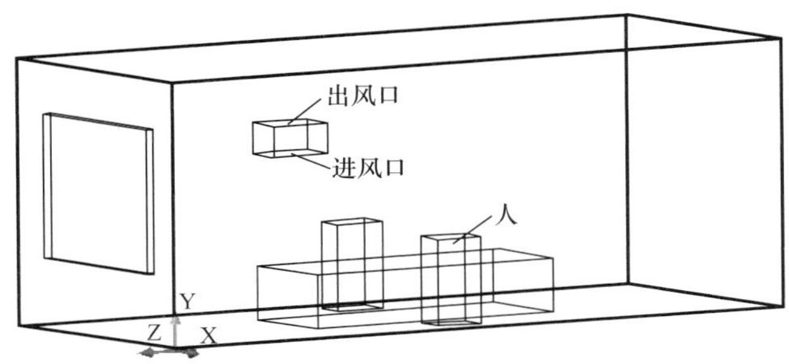

图1　简化后模型结构示意图

1.2　网格划分

本文运用ICEM进行划分网格，研究模型采用结构化网格，因为所研究的流场具有不规则性、复杂性，在进行划分网格时，要对变化梯度大的送风口、回风口、人员进行网格细化，同时还对人体、墙壁进行了边界层的划分，这样不仅使结果更加精确，而且能更好地观察这些区域的情况。经过网格独立性验证，本物理模型最经济的网格数为3909606，最大网格尺寸不超过0.2m，其中人员和送回风口的网格尺度不超过0.05m，网格质量均在0.95以上，其中边界层第一层网格高度通过Y^+值计算为0.004m，以1.2的增长率，共5层。

1.3　边界条件设置

（1）壁面边界：通过建立太阳运动轨迹模型，基于几何光学理论，采用蒙特卡洛射线踪迹法（MCRT），模拟获得在福州夏至日15：00空调房间6个表面的太阳辐射热流密度分布（假设各表面为漫射灰体，发射率为0.6），如图2所示。

☆　戴贵龙，男，博士，副教授，硕士生导师。通讯地址：福建省福州市大学新区学园路33号自强楼312室，Email:173251077@qq.com。

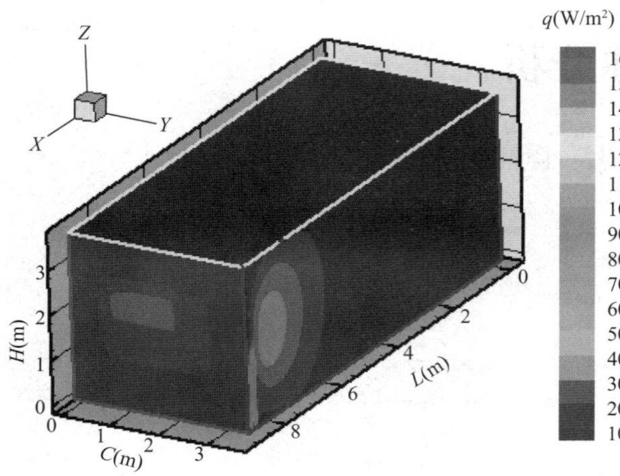

图 2　空调房间墙壁太阳热流负荷立体示意图

采用 MCRT 模拟获得室内壁面热流密度分布过程可简述为：首先，建立太阳运动轨道模型，获得太阳辐射的动态方向特性，并建立室内墙壁与窗户等围护结构几何模型。其次，采用随机概率模型发射一定数量太阳光束（一般为 10^7～10^9 根），跟踪光束穿过玻璃，及其与室内墙壁相交时辐射特性，包括被玻璃反射、吸收或透射，被墙壁吸收或漫反射。若被玻璃反射或被墙壁吸收（记录吸收位置），则对该光线的跟踪结束。最后，当所有光线跟踪完毕，统计每个位置吸收的光线数量，通过计算，获得壁面太阳辐射热流密度数据。MCRT 详细计算过程见文献［7］。

对墙壁表面的太阳热流密度分布离散数据进行整理、拟合分析，得到空调房间 6 个表面的太阳热流密度分布函数，再利用 UDF（用户自定义函数）导入各个壁面，如表 1 所示。

房间内物体几何参数　　　　表 1

墙壁	表达式	备注
南墙	0.8m＜y＜2.1m，2.0m＜z＜3.0m，q_S＝18W/m²	窗户左上区域
	0.6m＜y＜3.0m，1.0m＜z＜2.0m，q_S＝12W/m²	窗户下侧区域
	2.1m＜y＜3.0m，2.0m＜z＜3.0m，q_S＝12W/m²	窗户右上区域
北墙	q_S＝2.5W/m²	离南窗较远
东墙	8.6m＜x＜8.8m，0.0m＜z＜2.0m，q_S＝120W/m²	直射热流
	$q_S=50e^{\{[-(x-8)2-(y-2)2]/7\}}$	散射热流
西墙	$q_S=40e^{\{[-(x-8)2-(y-2)2]/7\}}$	散射热流
地板	8.6m＜x＜8.8m，2.0m＜y＜3.0m，q_s＝120W/m²	直射热流
	$q_S=20e^{\{[-(x-8)2-(y-2)2]/7\}}$	散射热流
天花板	$q_S=20e^{\{[-(x-8)2-(y-2)2]/7\}}$	散射热流

（2）人员散热：静坐的人散热按 26℃时静坐情况下成年男子散热量取值，人体散热量按 138W/人计算，为 42.78W/m²。

（3）空调设定：空调出风口送风温度为 20℃，送风速度为 2m/s，送风角度为 45°，为保证室内进出流量一致，空调回风口采用 velocity-inlet 条件。

空调房间温度波动较小且空气流动较慢，满足 Boussinesq 假设；室内空气为常物性，气密性较好，不考虑漏风影响；在送风口处出风速度、温度等参数均匀。湍流计算模型采用了标准 K-ε 湍流模型与 SIMPLE 算法，其余项的处理采用二阶迎风格式，设置残差控制器将能量和辐射方程的收敛精度控制在 10^{-6}，其他的设置在 10^{-3}。

1.4　CFD 模型的验证试验

本次试验的目的在于精准测量办公室内温度和速度的实际情况，与数值模拟值进行对比，从而验证计算模型的正确性。

根据福州市夏季晴热高温的气候特点，选取 5 月 28～30 日 15：00 左右进行数据测量，空调设定温度为制冷模式的 20℃，风速设定为中风速，风速约为 2.5m/s，风口朝向下方 45°吹风。据会议室的房间特点、布局情况和不同分区之间的不同功能，选取合适的测量点，对于集中坐在会议桌开会的人们，测量该点高度方向上 0.5m 和 1.2m 处的温度、风速值。这是因为静坐状态人体的头部（约 1.2m）与脚踝处（约 0.5m）对温度和风速比较敏感，如果能保障头部和脚部热舒适性良好，气流分布较均匀，也就能基本满足人体对室内热舒适的要求。

根据房间的空间结构及座椅摆放位置等现场条件，在高度方向上，测点标高依次为 0.5m、1.2m，测点布置图见图 3。其中带星号的测点为人体脚踝高度（0.5m）与人体站立状态时头部高度（1.65m），带圆圈的测点测量高度为人体脚踝高度（0.5m）与人体静坐状态时头部高度（1.2m）。每个测点均代表两个测量高度，在整个空间中总共需要测量 30 个点。参与实验的主要测试仪器如表 2 所示。

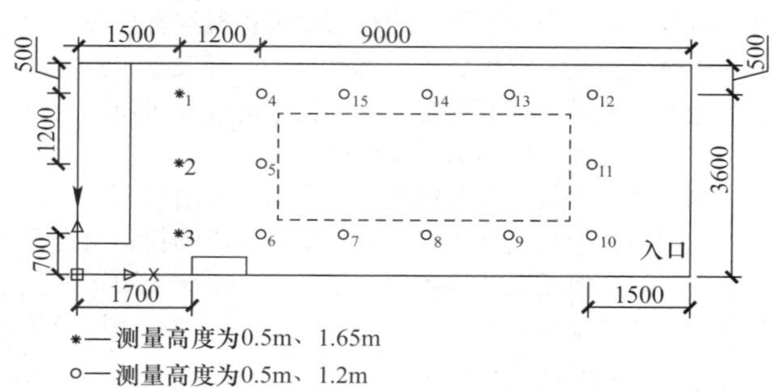

图 3　温度、速度测点布置图

参与实验的主要测试仪器　　　　表 2

仪器名称	测量参数	测量范围	仪器精度
testo 425 精密型热线风速仪	温度	－20～70℃	±0.5℃（0-60℃），±0.7℃（其他）
	风速	0～20m/s	±(0.03m/s±5%测量值)
福禄克红外测温仪	温度	－30～500℃	读数的±1.5℃或±1.5%，取较大值

经仿真计算，选取距地 0.5m 高度平面的温度场进行分析，通过对比监测点的实测均值与模拟值，从而确定仿真计算结果是否符合实际的分布。图 4 为会议室内温度实测值与模拟值的对比结果。

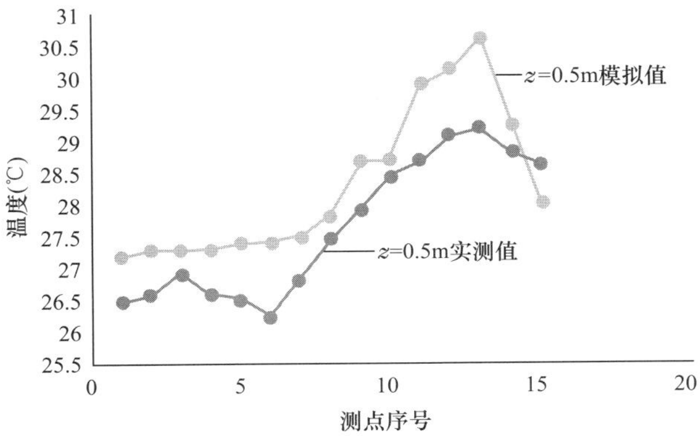

图 4　$z=0.5$m 温度实测值与模拟值的对比

由图 4 可以看出，实测值与数值模拟值的曲线方向基本一致，温度值偏差大部分在 1～1.5℃以内，由于在测量时人员的走动、设备的稳定性和门窗的封闭性等因素的影响，实测值普遍低于模拟值，个别点差异较大。

2　结果分析

通过 Fluent 计算，得出加入壁面热流量 UDF 后的房间壁面温度分布云图，如图 5 所示。从图中可以看出，由于太阳的直射和散射作用，靠近南侧窗边的墙壁温度较大，对室内的气流温度有一定的影响。温度结果与太阳热流分布（见图 2）比较匹配，验证了 UDF 的可靠性。

图 5　房间壁面温度分布云图

2.1　速度场分析

由于送风温度较低、密度较大，当气流由出口 45°送出后由于存在重力的作用及送风口朝向的影响，送风气流会朝着重力的方向逐渐下沉扩散，气流速度不断衰减。后受到桌椅、人体与墙的阻挡形成涡流，逐渐向人体后方的位置扩散流动。

由截面 $z=1.2$m 及 $x=4.5$m 的速度分布云图可看出（见图 6），送风气流在下降过程中与室内空气不断混合，向四周进行扩散，但有一部分气流受到了墙壁的阻挡，改变风向形成了一部分向上运动的气流，流速达到 1.1m/s，这使地面的灰尘及有害物向空中扩散，非常不利于人体健康，并且这股气流在人体的后方形成，对人体的舒适性也造成影响。在人体周围的大部分风速均小于 0.3m/s，吹风感不强烈，满足人体夏季吹风感的舒适度要求[8]。

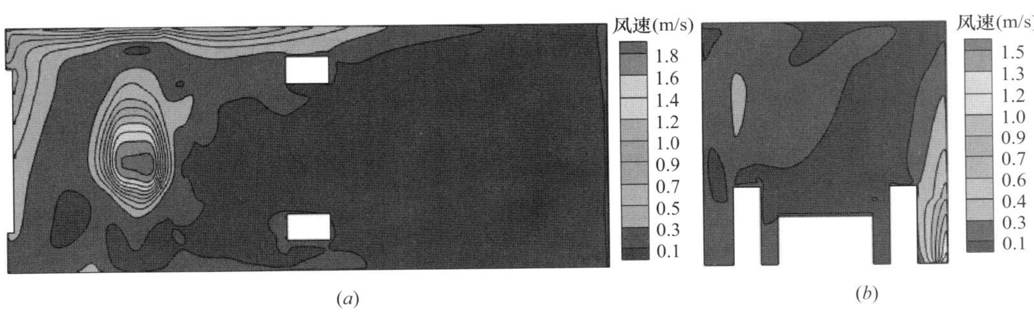

(a)　(b)

图 6　速度截面分布云图

(a) $z=1.2$m 截面速度分布云图；(b) $x=4.5$m 截面速度分布云图

2.2　温度场分析

由于在墙面上利用 UDF 添加了太阳热流量，从图 7 所示的截面 $z=1.2$m 处的温度分布云图可以看出，温度对室内环境的影响更为直观与精确。在东墙区域，由于太阳辐射的影响，温度明显高于其他区域，但在室内人员活动区温度分布较为均匀，处于 20～24℃之间，符合夏季空调设计温度要求。在截面 $x=4.5$m 处的温度分布云图中，位于图右侧的人员，由于冷气流处于上方的影响，人体产生的热气流无法上升，使得人体头部温度较低，脚部温度高，造成人体的舒适性低。

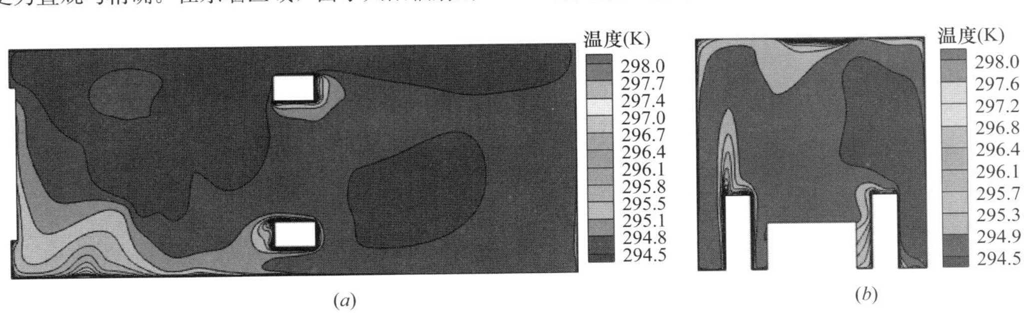

(a)　(b)

图 7　温度截面分布云图

(a) $z=1.2$m 截面温度分布云图；(b) $x=4.5$m 截面温度分布云图

3 结论

本文采用MCRTM和CFD模拟技术和实验测量，研究分析太阳辐射作用下室内热环境特性。通过研究，得到以下主要结论：

（1）采用MCRTM获得太阳辐射外热源输入参数，结合CFD模拟研究太阳辐射作用下室内热环境特性在技术上可行的。

（2）由于壁挂式空调的出风形式是射流出风，会造成局部区域的温度与速度明显区别于其他地方，在安装时应当合理利用气流组织，调节人体周围区域的温度、风速，能够提高舒适度和节省能耗。

（3）在温度分布上，本模型大部分区域基本上可以满足人体舒适性的要求，保证室内人员有较高的工作效率。在风速方面，通过调小空调风速也可以保证在室内人员附近也有较为适宜的速度分布。

参考文献

[1] 刘富伟．论述暖通空调系统的节能措施［J］．建材与装饰，2018（5）：210-211.

[2] 罗继杰．能源与能效——绿色设计中暖通空调专业如何用能、用好能［J］．暖通空调，2014，44（1）：1-5，129.

[3] 赵运超，朱萌萌，刘小生，等．家用壁挂式空调器室内气流组织数值模拟分析［J］．广西大学学报（自然科学版），2014，39（4）：948-954.

[4] 王一丁，孙三祥，刘改静．不同送风速度下空调房间的气流组织数值模拟［J］．建筑节能，2017，45（5）：25-28.

[5] 祝百茹．空调办公室内气流组织和空气品质评价的数值模拟研究［D］．阜新：辽宁工程技术大学，2009.

[6] 钟武．夏季办公室空调房间气流组织的数值模拟［J］．制冷与空调，2011，25（3），304-308.

[7] 谈和平，夏新林，刘林华，等．红外辐射特性与传输的数值计算—计算辐射学［M］．哈尔滨：哈尔滨工业大学出版社，2006.

[8] 中国建筑科学研究院．民用建筑供暖通风与空气调节设计规范．GB 50736—2012［S］．北京：中国建筑工业出版社，2012.

蒸发冷却通风下的病房室内空气品质模拟与评价

福建工程学院　蒋小强[☆]　李兴友
成都恒睿信息技术有限公司　何　强
澳蓝（福建）实业有限公司　何华明

摘　要　为了探讨蒸发冷却技术在病房的应用，本文以某地区病房为研究对象，对夏季蒸发冷却送风下病房室内的空气品质进行了模拟分析。通过采用 *PMV*、*PPD*、空气和病人呼出空气的 *LAQI*、平均辐射温度和操作温度为指标，分析了该地 5～9 月份月平均气候参数下病房的室内空气品质；设计了三因素水平正交试验，对送风参数影响 *PMV* 的规律拟合了公式，可由此判断蒸发冷却技术在病房的适用性。

关键词　蒸发冷却　病房　空气品质　评价

0　引言

病房是一种特殊功能的建筑，其室内空气品质的好坏将直接影响病人、医生和护理人员的身心健康。病房与常规民用建筑相比，对新风及新风量的要求更高。民用建筑如办公室、住宅一般没有污染源或者污染程度较轻，采用自然通风基本可以解决新风需求问题；而医院病房，由于病人特别是潜在带有传染疾病的病人，会成为污染源，室内不仅仅要维持一定的正压，还要及时将污染物排出，否则可能影响医生和护理人员的健康。然而，当前的病房多数采用自然通风方式，排出污染物的效率极其有限。解决这一问题最有效的方式是设置集中空调，在夏天既可以降温和又可以通风排出污染物。然而，安装集中空调不仅初投资高，而且运行能耗大。

蒸发冷却是一种利用自然冷源、节能环保的冷却通风技术，可实现室内的全新风模式。本文拟用蒸发冷却通风来解决病房降温和排出污染物的问题，以某城市气候特征为例，探讨了蒸发冷却通风下室内空气品质及其评价指标。

1　建筑模型

病房主要由病人、医生、医疗设备和照明设备组成，其中病人是污染源。利用 CFD 构建了某病房的建筑模型，如图 1 所示。

图 1 所示的病房建筑模型，只设置一个送风口位于顶棚上，排风口有两个，分别位于病房内顶棚上，另外一个位于卫生间顶棚上。

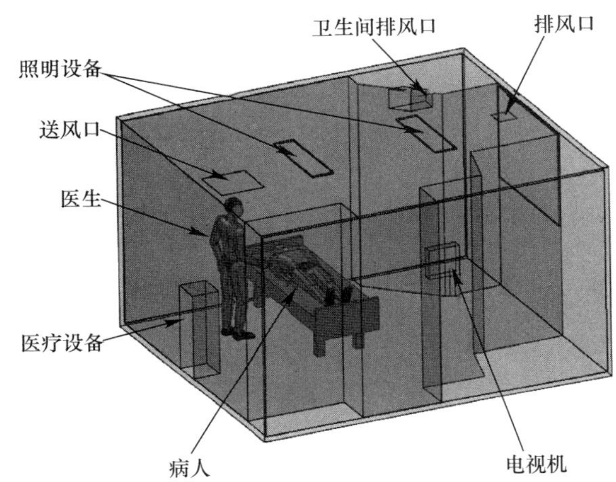

图 1　病房的建筑模型

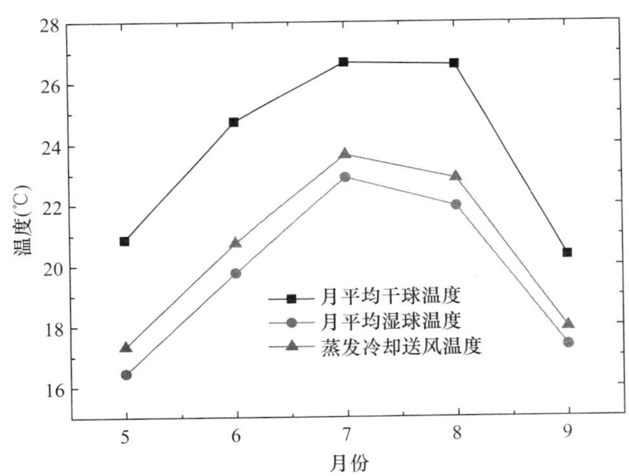

图 2　某城市 5～9 月份平均温度数据

2　蒸发冷却送风温度的确定

蒸发冷却技术适于在我国西北地区应用，因此本文以该地区某城市为例。根据某城市地区气候特点，可以认为制冷季主要是 5～9 月份。根据有关气候资料可以得到该城市 5～9 月份的平均干球温度和湿球温度，如图 2 所示。

图 2 中也给出了蒸发冷却送风温度，该温度利用式（1）计算得到，假定蒸发冷却效率为 80%。

$$t_s = t_{od} - 0.8(t_{od} - t_{ow}) \tag{1}$$

式中　t_s——蒸发冷却送风温度，℃；

t_{od} 和 t_{ow}——分别为月平均室外干球温度和月平均湿球温度，℃。

☆　蒋小强，博士，副教授。通讯地址：福建省福州市大学新区学府南路 33 号，Email：jxqiang2007@163.com。

3 室内空气评价指标

3.1 平均热感觉指数 *PMV*(Predicted Mean Vote)

平均热感觉指数是以人体热平衡的基本方程式以及心理生理学主观热感觉的等级为出发点，考虑了人体热舒适感诸多有关因素的全面评价指标。其计算公式如下：

$$
\begin{aligned}
PMV = & [0.303\exp(-0.036M)+0.0275]\cdot\{M-W \\
& -3.05[5.733-0.007(M-W)-p_a] \\
& -0.42(M-W-58.2)-0.0173M(5.867 \\
& -pa)-0.0014M(34-t_a)-3.96\times 10 f_{cl} \\
& [(t_{cl}+273)-(+273)]-f_{cl}h_c(t_{cl}-t_a)\}
\end{aligned} \quad (2)
$$

式中 M——人体能量代谢率，决定于人体的活动量大小，W/m^2；

W——人体所做的机械功，W/m^2；

C——人体外表面向周围环境通过对流形式散发的热量，W/m^2；

R——人体外表面向周围通过辐射形式散发的热量，W/m^2；

E——汗液蒸发和呼出的水蒸气所带走的热量，W/m^2；

S——人体蓄热率，W/m^2；

t_{cl}——衣服外表面温度，℃；

t_a——人体周围空气温度，℃；

p_a——人体周围水蒸气分压力，kPa；

h_c——对流换热系数，$W/(m^2\cdot K)$；

f_{cl}——服装的面积系数。

PMV 指标是引入反映人体热平衡偏离程度的人体热负荷 *TL* 而得出的，其理论依据是当人体处于稳态的热环境下，人体的热负荷越大，人体偏离热舒适的状态就越远。即人体热负荷正值越大，人就觉得越热；负值越大，人就觉得越冷。*PMV* 指数表明群体对于（+3～−3）7 个等级热感觉投票的平均指数（见表 1）。

PMV 指标分度 **表 1**

热感觉	热	暖	微暖	适中	微凉	凉	冷
PMV 值	+3	+2	+1	0	−1	−2	−3

PMV 指标代表了同一环境下绝大多数人的感觉，所以可以用来评价一个热环境舒适与否，但是人与人之间存在个体差异，因此 *PMV* 指标并不一定能够代表所有个人的感觉。

3.2 预测不满意百分比 *PDD*(Predicted Percentage of Dissatisfied)

PPD 为预计处于热环境中的群体对于热环境不满意的投票平均值，主要预测群体中感觉过暖或过凉（+3，+2，−2 和−3）的人的百分数。

3.3 污染物逃逸效率 *CRE*(Contaminant Removal Effectiveness)

CRE 是描述在通风过程中去除整个空间污染物的效率。该值高于 1 说明通风效率高，该值低于 1 说明通风效率差。

3.4 当地空气品质 *LAQI*(Local Air Quality Index)

LAQI 也是反映通风效率的一个指标，它表示通风系统从局部清除污染空气的效率。

3.5 平均辐射温度

平均辐射温度是指环境四周表面对人体辐射作用的平均温度。人体与围护结构内表面的辐射热交换取决于各表面的温度及人与表面间的相对位置关系。实际环境中围护结构的内表面温度各不相同也不均匀，如冬季窗玻璃的内表面温度比内墙壁表面低得多。人与窗的距离及相互之间的方向直接影响人体的热损失。因此辐射温度的平均值是假定人作为黑体在一均匀的黑色内表面的空间内产生的热损失与在真实的内表面温度不均匀的环境的热损失相等时的温度。其数值可由各表面温度及人与表面位置关系的角系数确定或用黑球温度计测。

3.6 操作温度

操作温度亦称"计算温度"，是根据人体与环境的干热交换（即以辐射和对流方式进行的热交换）公式推导出的温度参数。它假设人处于一个温度均匀的外壳中，人在其中通过辐射和对流方式进行与在实际环境中等量的干热交换。这个假设外壳中的均匀温度称为操作温度。

4 结果及讨论

根据图 1 所示的物理模型，对蒸发冷却通风下的病房室内空气品质进行模拟。在模拟过程中，假设病房四周为绝热状态，即认为病房在建筑物内区，墙面无热交换。

4.1 不同月份平均温度下的 *PMV* 值

根据某城市 5～9 月份的平均温度，对图 1 所示的病房建筑模型进行模拟计算，可以得到不同情况下的 *PMV* 值分布云图。其中，5 月份和 7 月份（年平均温度最高）的 *PMV* 值分布见图 3 和图 4 所示。。

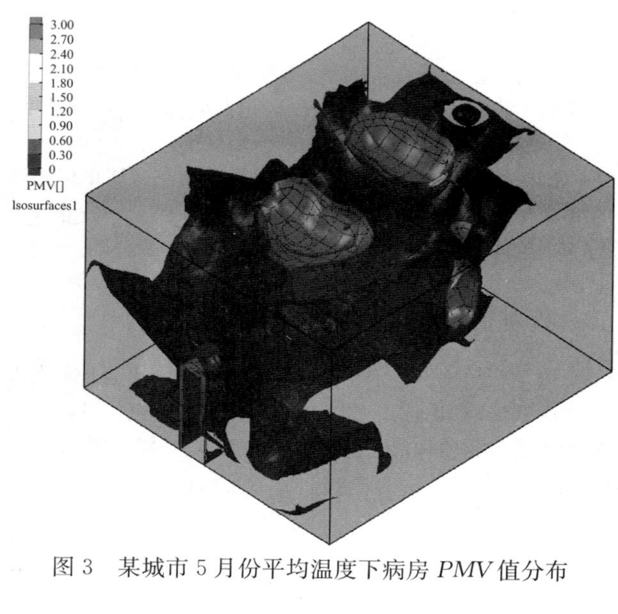

图 3 某城市 5 月份平均温度下病房 *PMV* 值分布

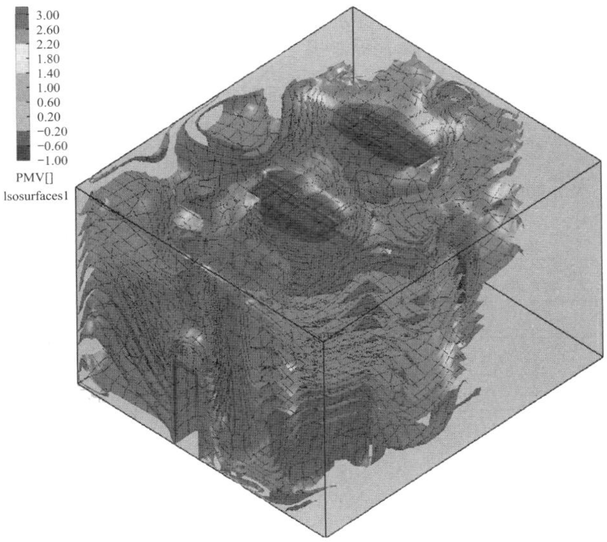

图 4　某城市 7 月份平均温度下病房 *PMV* 值分布

由图 3 可知，在 5 月份平均温度下，病房中病人以及医生所处位置的 *PMV* 值都在 0.5 左右，房间其他区域 *PMV* 值都处于 0～1 之间，这说明此时室内空气品质非常好。图 4 反映的是某城市 7 月份平均温度下的病房室内空气品质，病人以及医生所处位置 *PMV* 值在 1.5 左右，说明此时温度略高，其他区域特别是照明设备处，*PMV* 接近 3，说明这些区域温度偏高。

4.2　不同温度下对 *PMV* 和 *PPD* 的影响

图 3 和图 4 定性地反映了某城市平均温度对室内空气品质主要指标 *PMV* 的影响。为了更好地量化比较 *PMV* 值的变化，本文对室内平均 *PMV* 值进行了计算，结果如图 5 所示。

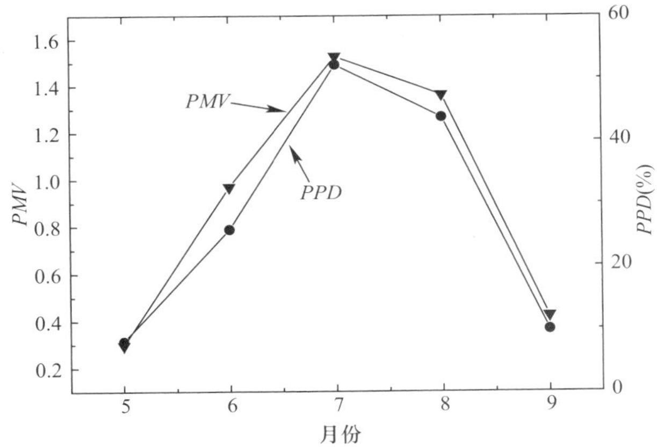

图 5　不同月份的 *PMV* 和 *PPD* 值

由图 5 可知，*PMV* 值在 5 月份时最低，此时空气品质最好，随着温度的升高，*PMV* 值变大，表示室内空气逐渐偏热。但对于某城市最热月来说，*PMV* 值在 1.5 左右，基本能满足空调要求。*PPD* 的变化趋势和 *PMV* 值基本一致。值得注意的是，在 7 月份时，*PPD* 值达到了 52.16%，即不满意率达 52.16%，此时对于病人而言，已经有较大不适感了。

病人呼出的空气可视为污染源，探讨污染源的分布及流动情况，对于改善室内空气品质具有重要的影响。病人呼出气体的体积分布如图 6 所示（设病人呼出气体的体积流量为 0.2L/s）。不同月份下 *LAQI* 指标值如图 7 所示，这些值是位于离地面高度为 1m 左右（病人平躺时口的高度）的水平面的 *LAQI* 值。

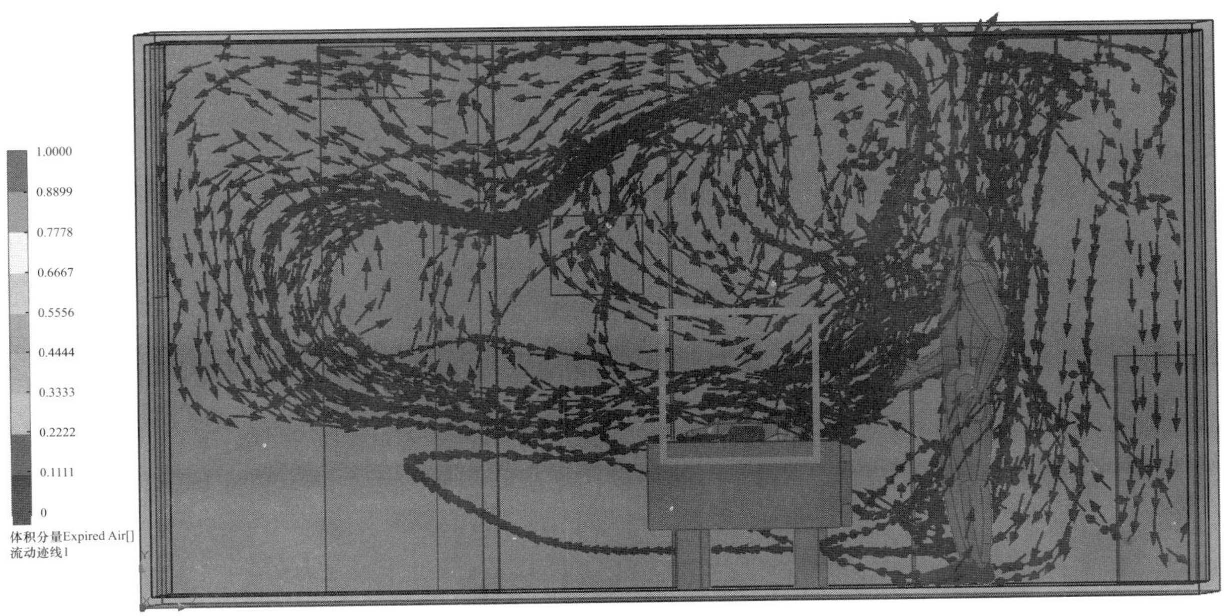

图 6　病人呼出气体的体积浓度分布

设病人呼出气体的浓度为 1，排风口的呼气气体的浓度为 0。通过模拟计算，可以得到图 7 所示离地面 1m 高左右空气的 *LAQI* 指标值较为接近，但病人呼出空气的 *LAQI* 指标值，先下降后上升。

室内平均辐射温度和操作温度也将影响室内空气品质。不同月份时，某城市地区病房室内平均辐射温度和操作温度值如图 8 所示。

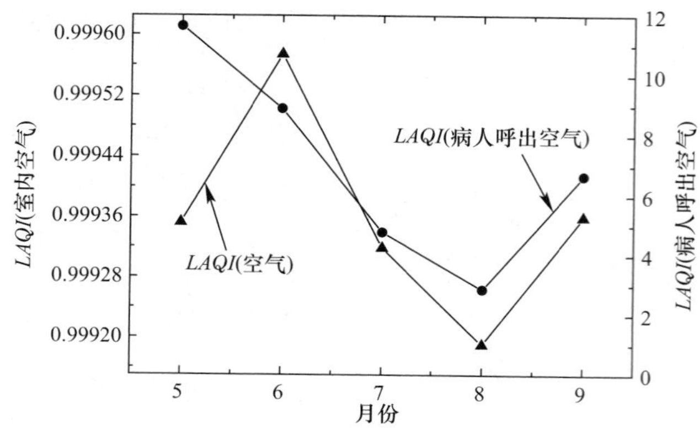

图 7　不同月份的 *LAQI*（室内空气和病人呼吸出空气）

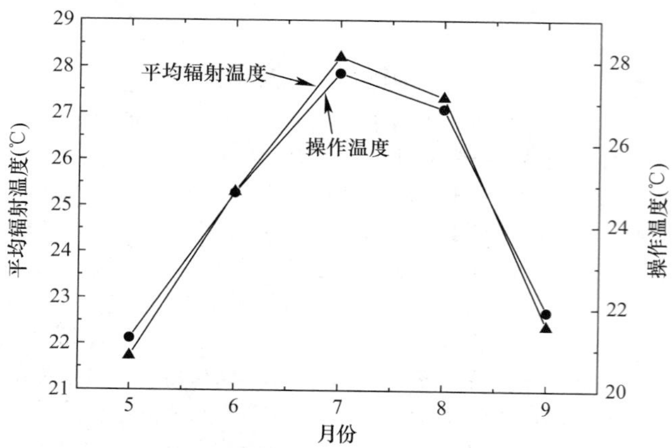

图 8　不同月份下的平均辐射温度和操作温度

图 8 所示的平均辐射温度和操作温度较为接近，且变化趋势基本一致。在夏季，平均辐射温度和操作温度越低，越有利于降低空调负荷。

4.3　*PMV* 在不同送风参数下的影响规律

前文的分析得到了某城市在月平均温度下病房的 *PMV* 值变化情况，但无法反映在具体某一天或者某一时刻，较为极端的气候条件下，蒸发冷气机是否适用的问题。

为了进一步分析蒸发冷却技术的适用问题，下文探讨了在不同送风参数，包括不同的送风温度、送风湿度和送风风量对 *PMV* 值的影响。通过设计三因素三水平正交试验，得到了影响参数的重要程度和关联公式，便于判断在不同室外参数下 *PMV* 值的高低。

4.3.1　试验设计

为了快速准确地得到送风温度、送风湿度和送风风量三个参数对室内 *PMV* 值的影响，设计了三因素三水平的试验表格，如表 2 所示。

三因素三水平编码　　表 2

编码	风量（m^3/h）	温度（℃）	相对湿度（%）
1	0.06	16	40
2	0.08	20	55
3	0.1	24	70

表 2 中送风参数及其范围主要是根据蒸发冷却机组在较为极端气候条件下所能提供的参数确定。

4.3.2　试验结果

根据表 2 所示的参数和模拟条件，得到的计算结果如表 3 所示。

送风参数对 *PMV* 值的影响　　表 3

序号	风量（m^3/h）	温度（℃）	相对湿度（%）	*PMV* 值
1	1(0.06)	1(16)	1(40)	0.164
2	2(0.08)	2(20)	2(55)	0.666
3	3(0.1)	3(24)	3(70)	1.384
4	1(0.06)	2(20)	3(70)	1.011
5	2(0.08)	3(24)	1(40)	1.352
6	3(0.1)	1(16)	2(55)	−0.173
7	1(0.06)	3(24)	2(55)	1.70
8	2(0.08)	1(16)	3(70)	−0.002
9	3(0.1)	2(20)	1(40)	0.499
k1	0.958	−0.004	0.672	
k2	0.672	0.725	0.731	
k3	0.570	1.479	0.798	
R	0.388	1.475	0.126	

从表 3 可以看出，*R* 值最大的是 1.475，即对 *PMV* 值影响最大的是温度，其次是风量，最后才是相对湿度。为了量化分析不同参数的 *PMV* 值，根据上述试验结果进行多元拟合，可得到式（2）：

$$Y = -2.4267 - 9.7083X_1 + 0.1853X_2 + 0.0042X_3 \quad (3)$$

式中　Y——*PMV* 值；

X_1——送风风量，m^3/h；

X_1——送风温度，℃；

X_3——送风的相对湿度，%。

拟合方式（3）的 R^2 值为 0.992，这说明式（3）具有较高的精度。

根据不同气候条件下某时刻蒸发冷气机的送风参数，即可根据 *PMV* 值判断此时刻可否使用蒸发冷却技术。考虑病房对舒适度要求较高，建议当室内 *PMV* 值高于 1 或小于 −1 时，不宜用蒸发冷却技术。以某城市 7 月 31 日 17：00 的天气条件为例，此时室外干球温度为 37.9℃，相对湿度为 41%。在此参数下蒸发冷却机组的送风温度可近似取为 28.46℃，相对湿度为 84.6%，由式（3）可知，病房 *PMV* 值达 2.43，不宜用蒸发冷却技术。

5　结论

以 *PMV*、*PPD*、空气和病人呼出空气的 *LAQI*、平均辐射温度和操作温度为指标，对某城市制冷季节病房室内空气品质进行模拟，并通过设计正交试验，得到了送风参数，包括送风风量、送风温度和相对湿度对 *PMV* 值的影响规律，可以得到以下结论：

（1）对于某城市地区而言，5～9 月份 *PMV* 值在 0～1 之间，这意味着大部分时间采用蒸发冷却技术能够满足室内舒适度要求。

（2）在送风参数中，对 *PMV* 值影响最大的是送风温度，其次是送风风量，最后是相对湿度。这意味着，在满足室内气流组织要求的前提下，应尽量加大送风风量以保证室内空气品质。

（3）根据送风参数影响 *PMV* 值的经验方程，可以判断部分时间下蒸发冷却通风技术是否适用。

参考文献

[1] Lin Z，Chow TT，Tsang CF，et al. Stratum ventilation—A potential solution to elevated indoor temperatures [J]. Building and Environment，2009，44 (11)：2256-2569.

[2] Tian L，Lin，Z，Liu J，et al. The impact of temperature on mean local air age and thermal comfort in a stratum ventilation office [J]. Building and Environment，2011，46 (2)：156-178.

[3] 姚军，荣煜. 不同回风口位置对层状通风办公室内环境的影响 [J]. 洁净与空调技术，2015 (1)：7-13.

管式间接蒸发冷却器性能分析及数值方法

兰州交通大学　李　睿☆　周文和

摘　要　管式间接蒸发冷却技术节能环保的机理研究有待深入，而数值技术省时省力，但针对管式间接蒸发冷却空调研究的数值方法有待完善。通过对兰州地区管式间接蒸发冷却空调实验测试数据的验证，本文得到了较为合理的三维全尺寸数值模型和方法，并以此对兰州地区管式间接蒸发冷却空调的性能进行数值模拟和分析。结果表明，结构参数、介质参数等众因素对空调器的性能均有较大影响。

关键词　蒸发冷却　管式间接蒸发冷却器　数值方法　测试

0　引言

管式间接蒸发冷却空调以水蒸发吸热制冷，对空气进行等湿降温，仅有风机和水泵耗能，节能环保，尤其适合新疆、甘肃等干湿球温度差较大区域。经过多年的研究和应用，管式间接蒸发冷却技术取得了较大发展。鱼剑琳[1]等人通过实验，得到了管式间接蒸发冷却器空气和水膜流动雷诺数与舍伍德数的关系式；许旺发借鉴 Braun 的方法[2]，得到了不同循环水流量、入口空气流速条件下，喷淋水、空气的传质系数以及在空气侧阻力降的关系式[3]；黄翔[4]等人通过对部分管式间接蒸发冷却空调工程的测试，发现其制冷和节能效果显著；Camargao 采用工程测试数据对数值模拟方法和结果进行了验证[5]。可以看出，采用三维全尺寸数值方法，对管式间接蒸发冷却空调性能进行研究的成果不多，尤其针对兰州地区工况条件。

本文拟基于守恒方程、标准 K-ε 模型和 DPM 模型，使用 SIMPLE 算法，在实验数据的基础上，得到管式间接蒸发冷却空调三维全尺寸数值模型和方法。

1　管式间接蒸发冷却空调及测试

图 1 所示为常用管式间接蒸发冷却空调，循环水自上向下喷淋，在换热管外壁形成一层均匀水膜，并通过与管外自下向上的二次空气进行热湿交换而得到冷却，从而冷却横管内的一次空气。本文中所研究的管式间接蒸发冷却空调换热器由 38 行交叉排列的 780 根椭圆管组成[6]，其中奇数行 21 根管，偶数行 20 根管，管长 1.5m，管间距为 30mm，椭圆管长轴 0.025m，短轴 0.02m，为强化管内空气传热，椭圆管内插螺旋扰流丝[7]，一次空气迎风尺寸为 1.18m × 0.69m，二次空气迎风尺寸为 1.5m × 0.69m。

本文测试数据取自 2014 年 7 月 24 日至 9 月 9 日，测试时间为每日 8：00～20：00，共 12h。这期间，每 0.5h 对测试数据进行一次读数。图 2 为 8 月 14 日管式间蒸发冷却空调机组一次出口空气干球温度、冷却效率随时间的变化情况。从图 2 可以看出，8 月 14 日一次出口空气干球最高温度为 24℃，最低温度为 21.6℃，最高冷却效率为 41.3%，最低冷却效率为 20.5%，平均冷却效率为 32.8%。从图 2 可以看出，随着空气温度的升高，冷却效率也在变大，在 14：30 时空调机组的冷却效率达到了一天当中的最大值。在 18：00 之后，虽然空气温度在升高，但是由于空调机组运行时间过长，循环水的水温升高，导致冷却效率的下降。

图 1　管式间接蒸发冷却空调

图 3 为测试期间管式间蒸发冷却空调机组最高、最低及平均冷却效率的变化情况。从图 3 可以看出，在 7 月 24 日至 9 月 9 日这个测试周期内，由于室外温度的降低，空调机组的冷却效率总体呈下降趋势。其中最高冷却效率出现在 8 月 19 日为 44.2%；测试期间内最高冷却效率的平均值为 41.7%，最低冷却效率出现在 9 月 9 日为 19.5%，测试期间内最低冷却效率的平均值为 21.1%。测试期间内平均冷却效率为 33.2%。

☆　李睿，男，在读硕士研究生。通讯地址：甘肃省兰州市安宁区安宁西路 88 号兰州交通大学，Email：1713019055@qq.com。

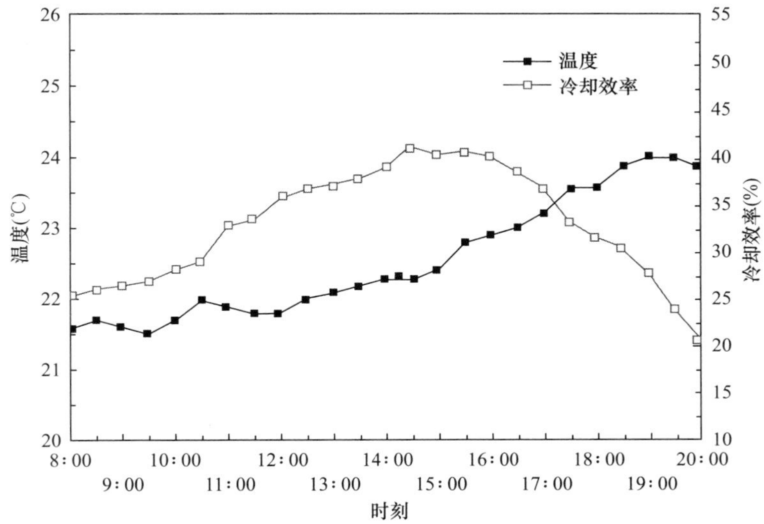

图 2　一次出口空气干球温度、冷却效率

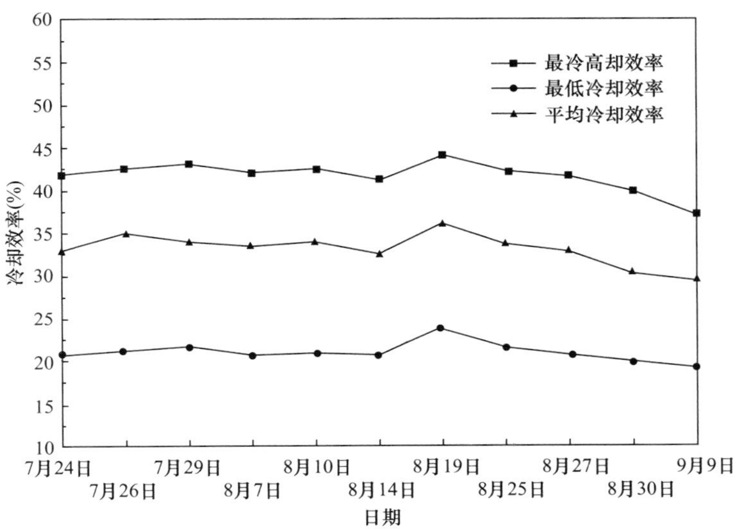

图 3　最高、最低及平均冷却效率

2　数值模型及方法

2.1　物理模型

考虑对称性及计算机资源的占用，管式间接蒸发冷却器数值模拟物理模型如图 4 所示，采用与椭圆管相似的圆管对其进行模拟，以交叉排列的 95 根圆管，其中奇数行 10 根管，偶数行 9 根管，管长为 1.5m，管径为 0.025m，横向、纵向管间距均为 0.03m，一次空气迎风尺寸为 0.52m×0.465m，二次空气迎风尺寸为 1.5m×0.465m。

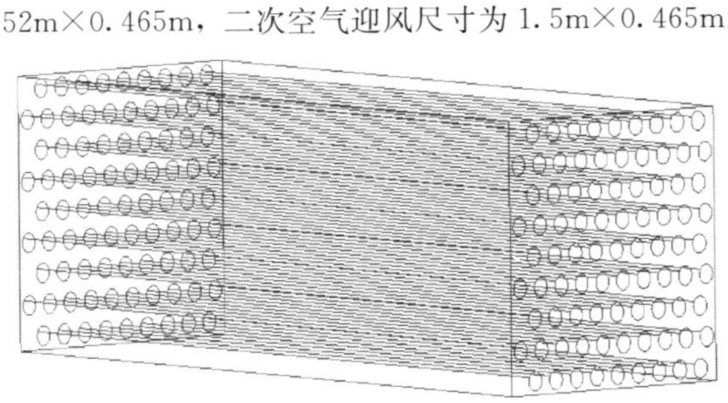
图 4　物理模型

2.2　数值模型

三维全尺寸数值方法能够较真实地展现间接蒸发冷却空调的传热传质过程，结果更加可靠。为简化计算，对模型传热传质过程进行如下简化：(1) 忽略间接蒸发冷却空调与外部空气的热量交换；(2) 流体为不可压缩流体；(3) 忽略黏性耗散、热辐射的影响；(4) 忽略水膜蒸发损失的质量，同时忽略水膜厚度及热阻；(5) 二次空气与水膜接触换热时，忽略界面质交换阻力；(6) 一、二次空气进口压力恒定，速度均匀分布。数值模拟基于质量守恒定律、动量守恒定律、能量守恒定律、标准 K-ε 模型进行，其通用形式可表示成式 (1)。

$$\frac{\partial(\rho\phi)}{\partial t}+\mathrm{div}(\rho U\phi)=\mathrm{div}(\Gamma_{\phi}\mathrm{grad}\phi)+S_{\phi} \tag{1}$$

式中　ρ——微元体的密度，kg/m^3；

Γ_{ϕ}——扩散系数；

S_{ϕ}——源项；

ϕ——通用变量，可以代表 x 方向速度 u，m/s；y

方向速度 v，m/s；z 方向速度 w，m/s；

t——时间，s。

2.3 数值模拟方法

为保持粗网格条件下的守恒性，采用有限体积法和SIMPLE算法，以交错网格为基准；同时采用DPM模型模拟水滴的流动；选择的是基于压力的求解器，首先通过动量方程求解速度场，继而通过重新推导连续方程得到压力速度耦合方法。

对于三维模型，方程可离散成以下形式：

$$a_p T_p^{n+1} = a_E T_E^{n+1} + a_W T_W^{n+1} + a_N T_N^{n+1} + a_S T_S^{n+1} + a_T T_T^{n+1} + a_B T_B^{n+1} + b \tag{2}$$

式中 $a_E = \dfrac{V_y V_z}{\delta x_e/\lambda_e}, a_W = \dfrac{V_y V_z}{\delta x_w/\lambda_w}, a_N = \dfrac{V_x V_z}{\delta y_n/\lambda_n}, a_S = \dfrac{V_x V_z}{\delta y_s/\lambda_s},$

$$a_T = \frac{V_x V_y}{\delta z_t/\lambda_t}, a_B = \frac{V_x V_y}{\delta z_b/\lambda_b}, b = \left(\frac{\rho_p c_p T_p^n}{Vt} + S_p\right) V_x V_y V_z$$

式中，λ——导热系数，W/(m·℃)；

c——比热容，J/(kg·℃)；

T——温度，℃；

a——各点间导热阻力的倒数，W/℃；

S_p——源项随时间项 T 变化的曲线在 P 点的斜率。

2.4 网格独立性及有效性验证

2.4.1 网格独立性验证

本文分别采用网格数为370万、770万、1270万三套网格，对物理模型进行了数值计算，以验证管式间接蒸发冷却器物理模型离散网格的独立性。计算收敛以表1设定残差为判据。计算工况为：进口空气干球温度为31.3℃，湿球温度为20.1℃，一次空气风速为2.8m/s，二次空气风速为4m/s。

判别各方程残差是否收敛的标准　　表1

连续性	x 方向的速度	y 方向的速度	z 方向的速度	能量	湍流动能	湍流耗散率
10^{-3}	10^{-3}	10^{-3}	10^{-3}	10^{-7}	10^{-3}	10^{-3}

网格考核结果如表2所示，根据网格独立性的验证结果，采用370万的网格数来建立模型。

网格数的考核　　表2

网格数	370万	770万	1270万
出口温度	27.5℃	27.5℃	27.5℃
温降	3.8℃	3.8℃	3.8℃
冷却效率	34.0%	34.0%	34.0%

2.4.2 数值模拟方法有效性验证

为了验证数值模型和方法的有效性，本文将模拟得到的一次空气出口温度与实验测得的数值进行对比分析，结果如表3所示。

一次出口空气干球温度的测试值与模拟值比较　　表3

一次风进口空气干球温度（℃）	一次风出口空气干球温度测试值（℃）	一次风出口空气干球温度模拟值（℃）	误差绝对值（℃）
24.7	21.8	22.0	0.2
25.0	22.0	22.3	0.3
25.4	22.1	22.5	0.4
25.8	22.3	22.7	0.4
26.3	22.4	22.9	0.5
26.9	22.8	23.1	0.3

从表3可以看出，一次空气出口干球温度测试值最大为22.8℃、最小为21.8℃，一次空气出口干球温度模拟值最大为23.1℃、最小为22.0℃。一次空气出口干球温度测试值与模拟值相差的绝对值在0.2～0.5℃之间，其中相对误差最大值、最小值分别为0.9%、2.2%，均小于10%，一次空气出口干球温度模拟值与测试值基本相符。

此外，本文将数值计算的管式间接蒸发冷却空调冷却效率与实验测试值进行了对比分析，结果如图5所示，两者变化趋势相同，数值计算最高冷却效率为39.6%、最低冷却效率为29.4%、平均冷却效率为33.2%。实验测试的最高冷却效率为42.7%、最低冷却效率为31.9%、平均冷却效率为36.9%。

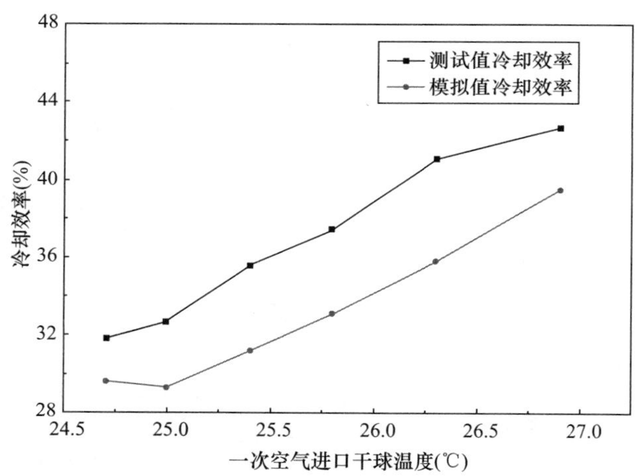

图5　冷却效率的数值计算与测试值对比

3 数值计算和分析

3.1 一次空气入口参数对冷却效率的影响

一、二次空气进口干球温度为31.3℃，湿球温度为20.1℃，换热管管径为0.025m，管长为1.5m，横向、纵向管间距均为0.03m，二次空气为4m/s，如图6所示，一次空气流速为4.5m/s时，冷却效率最大。随着一次空气流速的增加，一次空气的流量与流速衰减逐渐不足以影响其换热，从而加强了冷却效率；但随着一次空气流速的持续增加，其流速过快，而管道长度仅为 1.5m，一次空气通过管道时间较短，换热效率降低，从而降低了其冷却效率。

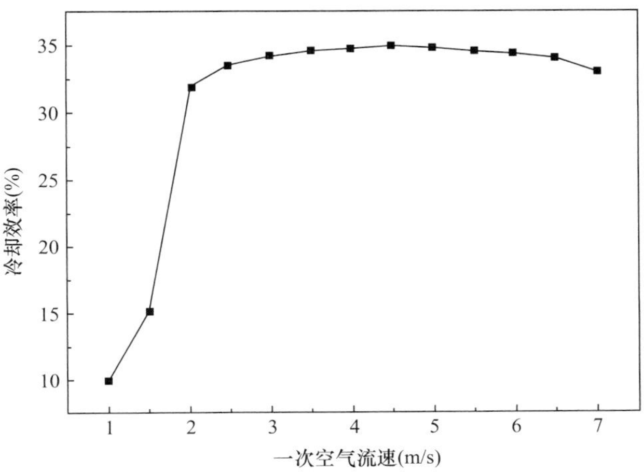

图 6　一次空气流速对冷却效率的影响

二次空气进口干球温度为 31.3℃，湿球温度为 20.1℃，换热管管径为 0.025m，管长为 1.5m，横向、纵向管间距为 0.03m，一次空气流速为 4.5m/s，二次空气流速为 4m/s，如图 7 所示，一次空气进口干球温度为 28℃时，冷却效率最大。随着一次空气温度的升高，此时水膜蒸发吸热的能力充足，一次空气的温降程度大于干湿球温度的差值变大的程度，所以其冷却效率增加；但随着一次空气温度的持续增加，水膜蒸发吸热的能力有限，因此一次空气的温降变化不会持续增大，而干湿球温度的差值继续增大，所以造成了其冷却效率的降低。

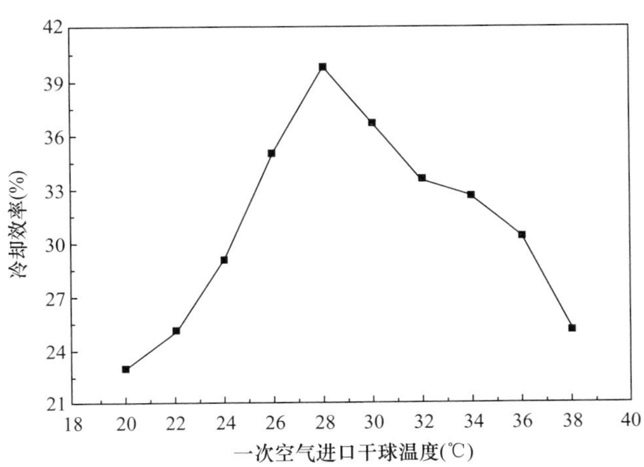

图 7　一次空气进口干球温度对冷却效率的影响

3.2　二次空气流速对冷却效率的影响

一、二次空气进口干球温度为 31.3℃，湿球温度为 20.1℃，换热管管径为 0.025m，管长为 1.5m，横向、纵向管间距为 0.03m，一次空气流速为 4.5m/s，如图 8 所示，二次空气流速为 1.5m/s 时，冷却效率最大。随着二次空气流速的增加，加快了二次空气与水膜的质交换，加强了水膜的蒸发吸热效果，使一次空气出口温度更低，增强了冷却效率；但随着二次空气流速的持续增加，二次空气通过管式间接蒸发冷却器的时间过短，使水膜蒸发吸热的效果减弱，降低了冷却效率。

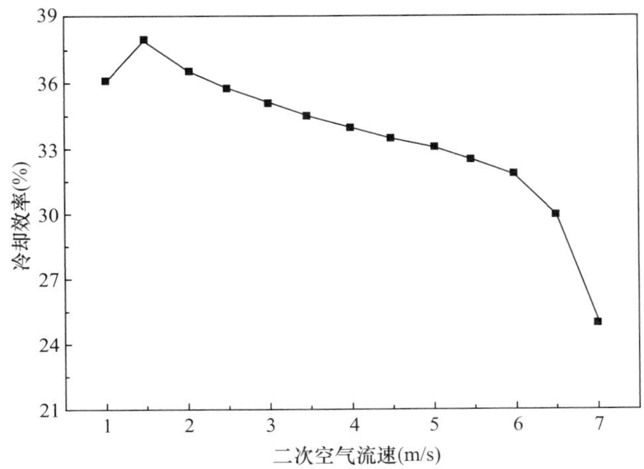

图 8　二次空气流速对冷却效率的影响

3.3　管间距对冷却效率的影响

一、二次空气进口干球温度为 31.3℃，湿球温度为 20.1℃，换热管管径为 0.025m，管长为 1.5m，一次空气流速为 4.5m/s，二次空气流速为 1.5m/s，纵向管间距为 0.03m，如图 9 所示，横向管间距为 0.03m 时，冷却效率最大。

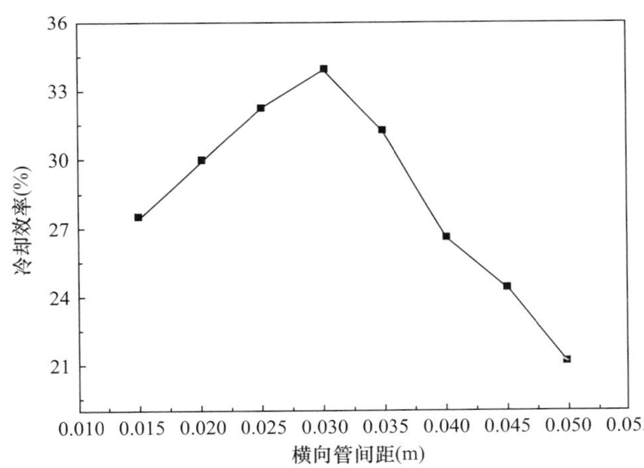

图 9　横向管间距对冷却效率的影响

一、二次空气进口干球温度为 31.3℃，湿球温度为 20.1℃，换热管管径为 0.025m，管长为 1.5m，一次空气流速为 4.5m/s，二次空气流速为 1.5m/s，横向管间距为 0.03m，如图 10 所示，纵向管间距为 0.03m 时，冷却效率最大。随着管间距的增加，二次空气通过管外时间更长，使水膜与二次空气能较为充分的接触，加强了水膜的蒸发吸热效果，增强了冷却效率；但随着管间距的增大，使水膜不能均匀分布在管径上，从而减弱了水膜的蒸发吸热效果，降低了冷却效率。

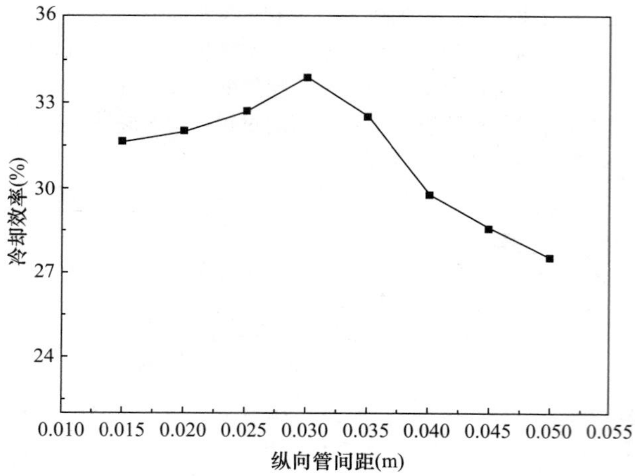

图 10　纵向管间距对冷却效率的影响

3.4　管径对冷却效率的影响

一、二次空气进口干球温度为 31.3℃，湿球温度为 20.1℃，管长为 1.5m，横向、纵向管间距为 0.03m，一次空气流速为 4.5m/s，二次空气流速为 1.5m/s，如图 11 所示，换热管管径为 0.2m 时，冷却效率最大。随着管径的增加，减小了一次空气的流动阻力，流量与流速衰减的程度逐渐减小，不足以影响其换热，从而增加了冷却效率；但随着管径的增大，使水膜不能均匀分布在管径上，从而减弱了水膜的蒸发吸热效果，降低了冷却效率。

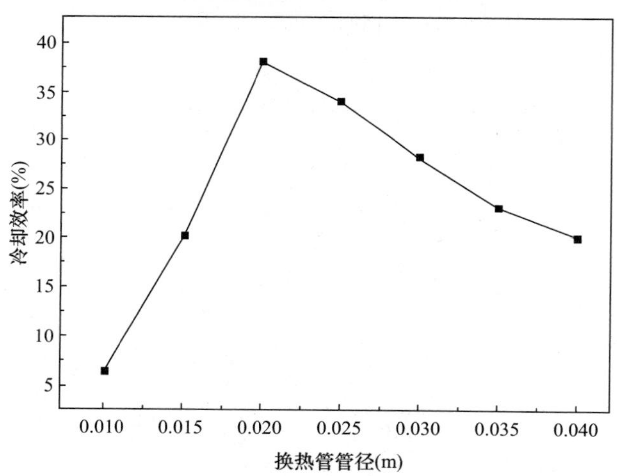

图 11　管径对冷却效率的影响

4　结论

本文基于守恒方程、标准 K-ε 模型和 DPM 模型，使用 SIMPLE 算法，在实验数据的基础上，得到了管式间接蒸发冷却空调三维全尺寸数值模型和方法，并以此对兰州地区管式间接蒸发冷却器的性能进行了数值计算和分析。结论如下：

（1）管式间接蒸发冷却空调三维全尺寸数值模型和方法可靠、有效。

（2）本文计算条件下，一次空气进口干球温度为 28℃，一次空气流速为 4.5m/s，二次空气流速为 1.5m/s，横向管间距为 0.03m，纵向管间距为 0.03m，换热管管径为 0.02m 时，冷却效率最佳。

参考文献

[1]　鱼剑琳，金立文，曹琦等．管式间接蒸发冷却器水平单管外对流传质的实验研究［J］．西安交通大学学报，1993，33（3）：68-71.

[2]　Braun J E，klein S A，Mitchell W J．Effectiveness models for cooling towers and cooling coils．ASHRAE Transaction，1989，95（2）：164-174.

[3]　许旺发，张旭．基于湿球温度的板式蒸发空冷器传递模型分析［J］．同济大学学报（自然科学版），2007，35（6）：797-800.

[4]　王兴兴，黄翔，邱佳，等．不同间接蒸发冷却器工程试验分析及应用探讨［J］．制冷与空调，2015，15（7）：92-97.

[5]　José Rui Camargoa，Carlos Daniel Ebinumab，José Luz Silveira．Experimental performance of a direct evaporative cooler operating during summer in a Brazilian city［J］．International Journal of Refrigeration，2005，28（7）：1124-1132.

[6]　孟祥春．管内插入螺旋丝强化气体传热的研究［J］．化工装备技术，1991，12（5）：8-13.

[7]　嵇伏耀，黄翔，狄育慧，塑料椭圆管式间接蒸发冷却器的研究［J］．流体机械，2003，（s1）：305-309.

空调负荷模拟对地埋管地源热泵系统设计的启示
——以大连某门诊办公楼为例

大连城建设计研究院有限公司　刘美薇☆　李志勇

摘　要　随着时代发展与节能减排的大力实施，地埋管地源热泵系统在许多工程中应用，但实际应用中存在诸多问题，运行效果也难以达到预期。本文分析其原因，明确了设计阶段全年能耗模拟计算环节的必要性；以寒冷地区某地埋管地源热泵工程为例，详细介绍了全年能耗模拟的计算过程，并进行结果分析；针对寒冷地区地埋管地源热泵系统的特点，辅助冷热源的选取等进行总结，为业内人士提供工程设计参考。
关键词　地埋管地源热泵　寒冷地区　仿真模拟　工程设计

0　引言

自地埋管地源热泵技术提出后，随着时代的发展此项技术日趋成熟。地埋管地源热泵系统作为可持续发展的“绿色装置”，在我国大力推进节能减排的背景下，有着广阔的应用空间，不少项目都选用地埋管地源热泵作为冷热源。虽然该技术有诸多优势，但投入使用后难以达到预期效果。

通过多方走访调研，发现其原因主要有：

(1) 设计者、使用者对设计计算的忽视，项目中普遍缺少全年负荷计算和岩土热响应试验，难以判断土壤是否真正达到了冷热平衡。

(2) 设备厂家在设计环节介入过多，有的设计者仅简单地按照每延米换热量来指导设计，有的设计部门仅参与图纸后期的审核和整理工作，中间重要环节的缺失直接导致设计不合理。

(3) 寒冷地区，土壤冷热不平衡现象的长期、普遍存在，有效的辅助调峰措施的缺失，不但导致机组效率逐年下降，而且严重破坏土壤微生物环境。

对于新建、改建、扩建公共建筑，空调冷热源的确定在方案阶段就应该重点研究其可行性和经济性。在应用土壤源热泵技术的过程中，设计从业者在严格执行国家规范的同时，应重视并落实对全年能耗的模拟计算。

本文通过介绍我院设计完成并投入使用的某工程案例，详细叙述了地埋管地源热泵技术在设计过程中。对全年能耗的模拟计算，并进行了分析总结。

1　工程概况

该门诊办公楼位于大连市，地上4层，建筑高度16.90m，总建筑面积约4000m²。全年采用集中空调系统，空调形式为风机盘管加新风系统。图1为门诊办公楼整体效果图。

项目地处郊区，周边无市政管网。对工程现场勘查并方案论证后，首选地埋管地源热泵系统。并委托相关机构对本项目进行了岩土热响应试验。设计阶段，通过对各常用模拟软件在能耗模拟、建筑设计、空调系统模拟、计算精度、软件界面、亲和度、兼容性等方面的综合比较[1]，选用了 DeST 和 TRNSYS 软件分别进行全年能耗模拟计算。

图1　门诊办公楼整体效果图

2　边界条件

将工程主要边界条件设定如下：

(1) 表1为室内设计参数，室外设计参数选用大连地区全年气象逐时参数。

室内设计参数　　　　**表1**

房间功能	温度(℃)		相对湿度(%)		新风量	噪声[dB(A)]
	夏季	冬季	夏季	冬季		
病房	26	20	60	—	$2h^{-1}$	35
办公	26	20	60	—	30m³/(h·p)	40
走廊	28	16	60	—	10m³/(h·p)	50
卫生间	28	16	60	—	$2h^{-1}$	50
门诊大厅	28	16	60	—	—	50

(2) 建筑为南北向，各朝向围护结构参数相同。外围护结构热工参数按照建筑节能计算取值，具体列于表2。

热工设计参数　　　　**表2**

围护结构名称	传热系数[W/(m²·K)]	围护结构名称	传热系数[W/(m²·K)]
屋面	0.4	供暖与非供暖房间隔墙	1.54
外墙	0.45	外窗	2.5

☆　刘美薇，女，硕士，中级工程师。通讯地址：大连市西岗区民运街23号嘉江大厦3楼，Email：m373085878@qq.com。

（3）室内人员密度和新风需求、照明密度的选定、室内发热设备的选定，结合软件预设与工程实际情况确定。

（4）全年空调运行周期确定为：夏季工况：5 月 1 日至 10 月 1 日；冬季工况：11 月 1 日至次年 4 月 1 日。其他时段为过渡季。

3 建模仿真

3.1 DeST 建模仿真

根据前述预定设置条件和建筑平立剖图纸，在 DeST 平台上进行建模，模型展示见图 2，全年能耗模拟结果详见表 3。

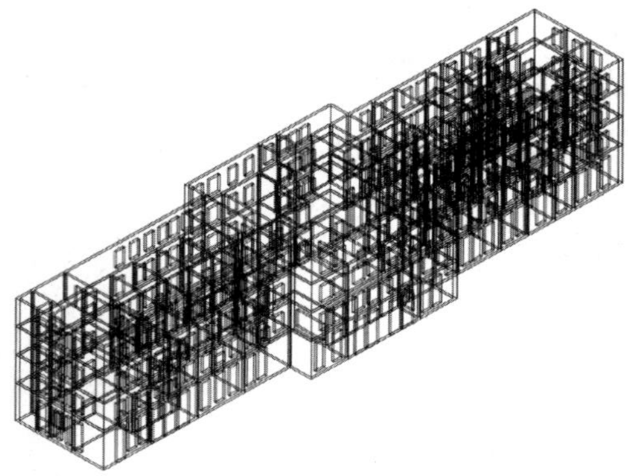

图 2 门诊办公楼整体模型

DeST 全年能耗模拟统计表 表 3

项目	全年最大热负荷（kW）	全年最大冷负荷（kW）	全年累计热负荷（kWh）	全年累计冷负荷（kWh）	全年最大热负荷指标（W/m^2）	全年最大冷负荷指标（W/m^2）	全年累计热、冷负荷比（kW/kW）
门诊办公楼	382.95	369.16	485804.81	362540.90	98.40	94.86	1.34

3.2 TRNSYS 建模仿真

同时，用 TRNSYS 仿真模拟软件进行建筑模型建模，在 TRNBuild 软件平台上搭建建筑模型。基于计算速度与结果准确性的考虑，设置 1h 为运行步长。模拟结果和参数设置如图 3 和图 4 所示。

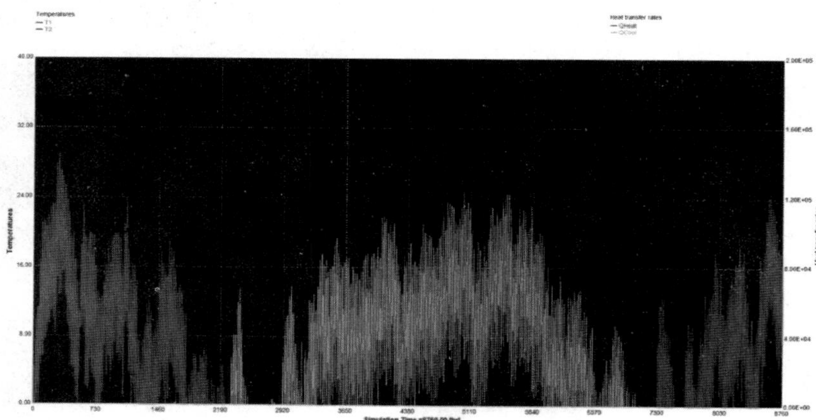

图 3 TRNSYS 全年能耗模拟结果图示

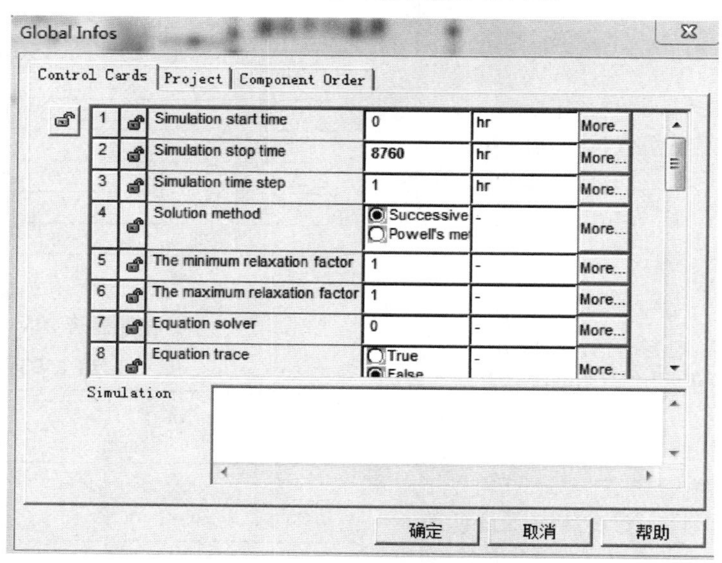

图 4 TRNSYS 能耗模拟实验参数设置表

与 DeST 软件模拟结果比较，将二者的运行结果列于表 4。经比较，热负荷计算结果两者相近，全年最大热负荷值相差 5%，全年累计热负荷值相差 2%；冷负荷计算结果相差较大，全年最大冷负荷值相差 15%，全年累计冷负荷值相差 26%。

模拟计算软件对于采用地埋管地源热泵系统作为冷热源的建筑，或其他对冷热负荷匹配度有要求的建筑能够提供一种计算手段，能够实现冷热负荷的定性分析。对于复杂的建筑，建议采用至少两种软件同时进行计算对比，计算结果更加贴合实际。

门诊办公楼全年能耗统计表 **表 4**

软件类型	全年最大热负荷（kW）	全年最大冷负荷（kW）	全年累计热负荷（kWh）	全年累计冷负荷（kWh）	全年最大热负荷指标（W/m²）	全年最大冷负荷指标（W/m²）	全年累计热、冷负荷比（kW/kW）
DeST	382.95	369.16	485804.81	362540.90	98.40	94.86	1.34
TRNSYS	403.02	425.58	493397.80	397092.45	103.60	109.4	1.24

4 仿真结果分析

（1）寒冷地区属于年均冷热负荷非平衡地区，从计算结果来看，全年累计冷负荷低于全年累计热负荷，两者相差约 30%，说明了系统的地埋管换热器与土壤间存在吸、放热量不平衡的问题[2]。

（2）研究表明，这种不平衡如果长期存在，会形成冷热堆积效应，致使土壤温度逐年升高或下降，一方面导致系统工作状况恶化[3]，另一方面影响埋管区局部生态环境，严重的将引发微生物灭亡[4]。

（3）国内外相关研究机构及学者进行了大量的探讨，其解决方案为增加辅助加热（冷却）系统。对于寒冷地区，需要增设全年空调系统辅助冷热源，其形式有很多种，可选用天然气、生物质锅炉等辅助冷热源形式，及辅助冷却塔、冰蓄冷技术等辅助冷源形式。方案阶段需进行经济可行性分析，合理设置辅助冷热源比例，并辅以完备的自控系统，以达到最优化的方案。这是辅助冷热源耦合系统的设计难点，也是控制策略及实际运行的难点。

5 结语

地埋管地源热泵系统有广阔的应用和发展前景。设计院应该能够承担更多的相关设计、审核和指导工作。国内外目前在能耗模拟方面涌现出不少成熟的软件，从适用性、精确性和便捷性出发，首选 DeST 和 TRNSYS 进行全年能耗模拟计算。

寒冷地区因为其全年室外气象参数的特点，总供热负荷高于总供冷负荷具有普遍意义。针对不同使用功能、各空调系统作息制度的差异，冷热负荷不平衡率呈现出一定的差异性。设计时需要根据建筑特点建立模型，不能盲目套用。另外，辅助冷热源的选择也需要设计人员结合模拟计算结果，合理调配辅助冷热源负担的比例及辅以自控设施来实现。

参考文献

[1] 朱丹丹，燕达，王闯，等. 建筑能耗模拟软件对比：DeST、EnergyPlus and DOE-2 [J]. 建筑科学，2012，28（2）：213-222.

[2] 舒海文，端木琳，华蓉蓉，等. 寒冷地区土壤源热泵冷热源系统设计方案研究 [J]. 太阳能学报，2008，29（11）：1375-1379.

[3] 徐伟. 地源热泵技术手册 [M]. 北京：中国建筑工业出版社，2011.

[4] 盛连喜，冯江，王娓，等. 环境生物学导论 [M]. 北京：高等教育出版社，2009.

兰州某高大空间夏季气流组织设计

兰州交通大学　韩晓菲☆　周文和
甘肃省建筑设计研究院　赵立新　包　欣　郑　璐

摘　要　本文以兰州某高大空间为例，利用数值模拟技术辅助高大空间空调气流组织设计，将透明天窗太阳辐射吸收和透射分别处理为屋面热流和内部热源的方法，可为高大空间建筑的气流组织设计和研究提供借鉴。
关键词　高大空间　空调设计　气流组织　数值模拟

0　引言

随着社会经济的发展和人们生活水平的提高，形态各异的高大空间公共建筑不断涌现，其不可复制的差异化造型及其内部的高大空间为暖通空调系统及气流组织的合理设计提出了巨大挑战。而流体动力学计算机模拟技术（Computer Fluid Dynamics，CFD）省时省力，如果数值模型和方法合理可靠，可有效用于前期设计方案的比选和优化，为合理设计提供参考依据[1,2]。

目前国内外学者对高大空间从理论分析、数值模拟及实验论证等方面的研究日渐丰富[3~16]，但利用模拟技术辅助结构复杂建筑工程设计的案例相对较少。本文运用CFD软件根据室外气象条件及设计规范对儿童游乐馆气流组织设计方案进行设计及模拟分析，得出夏季最不利气候条件下空调气流组织的模拟结果，为类似工程提供参考和借鉴。

1　工程概况

兰州地区某儿童馆建筑局部地下1层，主要功能为建筑配套设备用房，地上1层，局部2层，其三维视图如图1所示。建筑总面积约为9412m^2，高度约为20m。馆内平面纵向为183.9m，横向为111.1m，高为19m，屋顶天窗由18块30m×3m的矩形采光板组成，材质为碳酸聚氨酯采光板。儿童游乐馆室内馆主要配置室内部分游乐场馆及游乐设施（包括互动射击馆、4D影院、脱口秀小剧场、互动科技馆等）。

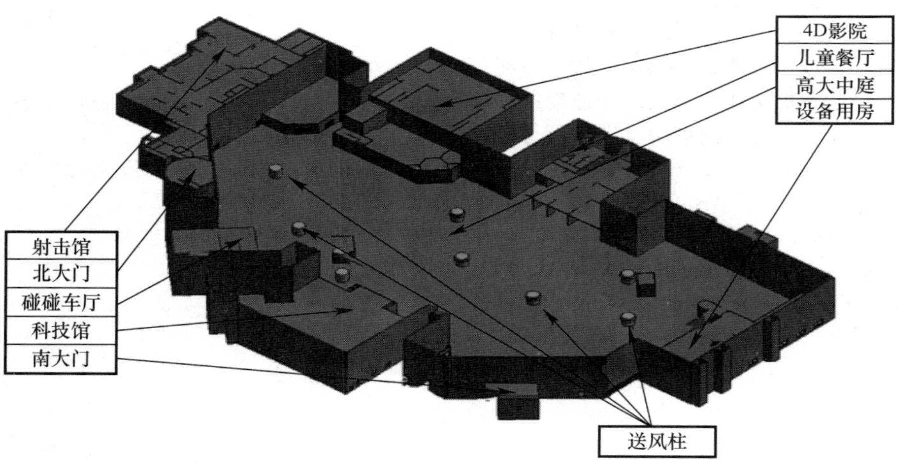

图1　儿童游乐馆三维视图

儿童游乐馆巨大的空间和复杂的结构，以及大面积的围护结构，使其内部热环境受到多种内外因素的影响，尤其来自天窗的外界干扰（太阳辐射）更为显著，气流组织设计难于合理，以致出现气流死区、局部温度过高或过低等问题。针对高大空间建筑暖通空调系统及气流组织设计经常面临的此类问题，本文运用计算流体动力学（CFD）模拟技术对兰州某儿童游乐馆夏季工况空调气流组织进行数值分析，优化和验证设计方案，为类似工程提供方法借鉴。

2　空调系统设计

本文利用CFD辅助空调系统设计的流程如图2所示。

☆　韩晓菲，硕士研究生。通讯地址：甘肃省兰州市安宁区安宁西路88号兰州交通大学，Email：819758245@qq.com。

首先，分析儿童游乐馆建筑概况及其特点，根据气象参数及相关标准和规范，制定若干空调系统初步方案。其次，利用ICEM软件建立场馆物理模型并划分网格，并在FLUENT软件中设置空调系统初步方案的相应参数，进行模拟计算，迭代至满足精度要求，输出温度、风速云图，观察云图并依据相关规范判断气流组织是否合理，若不合理，则修改设计方案并重新模拟计算，直至满足规范及人体热舒适需求。

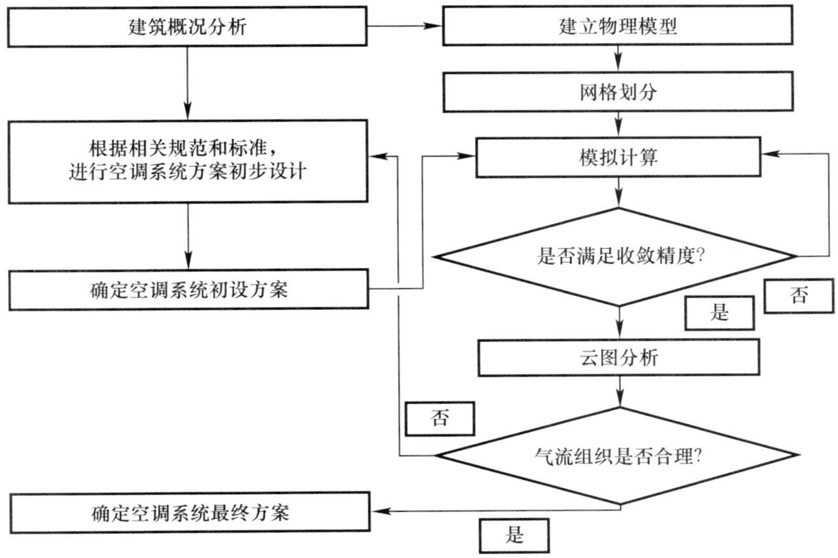

图2 CFD辅助空调系统设计流程图

2.1 设计计算参数

兰州属于寒冷地区，室外计算参数：夏季空调室外计算干球温度31.2℃，夏季空调室外计算湿球温度20.1℃，夏季通风室外计算温度26.5℃。夏季室内设计参数见表1。

夏季空调室内设计参数表　　表1

房间名称	温度（℃）	相对湿度（%）	新风量标准[m³/(h·人)]	噪声标准[dB(A)]
室内场馆	26	≤60	20	≤45
互动科技馆	26	≤60	30	≤45
射击馆	26	≤50	30	≤50
4D影院	26	≤55	20	≤45
脱口秀厅	26	≤55	20	≤45

2.2 空调系统

建筑空间高度大于或等于10m且体积大于10000m³时，宜采用分层空气调节系统。与全室空调方式相比，分层空调夏季可节省冷量30%左右[17]。结合国内相似展厅的空调设计方案，本工程采用分层空调设计。空调风系统采用一次回风全空气低速空调系统，空调机组采用组合式空调机组，空调水系统采用一级泵变流量（机组变流量）机械循环系统。

2.3 负荷计算

夏季分层空调冷负荷的计算，在进行设计时可采用经验系数法，即对分层空调建筑物按全室空调方法进行冷负荷计算，再乘以经验系数a，通常$a=0.5\sim0.85$[18]。本工程采用鸿业负荷计算软件8.0进行儿童馆夏季冷负荷计算。经计算夏季儿童馆空调冷负荷值为185kW，冷负荷面积指标为150W/m²，其中室内高大空间空调冷负荷值为138kW，其组成及各项占比如图3所示。

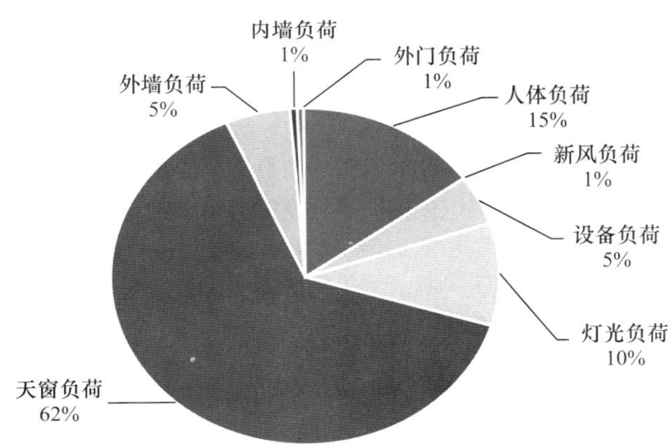

图3 儿童游乐馆高大中庭夏季冷负荷组成及占比图

2.4 气流组织设计

由于儿童游乐馆面积较大，馆内纵向较长，横向不对称，结合室内游乐设施及装饰，采用圆柱蘑菇形送风柱送风，风口选用方向可调式球形喷口，排风采用格栅百叶回风口。

通过对国内相关高大空间气流组织的研究，本工程采用邹月琴提出的计算方法[19]。其中，球形喷口射流计算采用大空间多股平行吹出的非等温射流计算公式。阿基米德数 Ar、射流落差 y、喷口直径 d_0、喷口送风速度 v_0 分别采用如下计算公式：

$$Ar = \frac{g\Delta t d_0}{v_0^2 T} \tag{1}$$

$$\frac{y}{d_0} = \frac{x}{d_0}\tan\alpha + 0.812Ar^{1.158}\left(\frac{x}{d_0\cos\alpha}\right)^{2.5} \tag{2}$$

$$d_0 = 0.064\left(\frac{T}{\Delta t_0}\right)^{0.615} x^{-0.302} y^{0.687} v_x^{1.23} \tag{3}$$

$$v_0 = 4.295\left(\frac{T}{\Delta t_0}\right)^{-0.591} x^{1.124} y^{-0.533} v_x^{-0.182} \tag{4}$$

式中 y——射流落差，m；

α——送风角度，°；

d_0——喷口直径，m；

x——射流轴心任一点至风口的水平距离，m；

Ar——送风射流的阿基米得数；

v_0——喷口送风速度，m/s；

Δt——送风温差，℃；

T——空调区空气热力学温度，K；

g——自由落体力加速度，m/s^2；

v_x——射流末端轴心速度，m/s。

通过对射流落差、射流轴心衰减速度等参数校核，得出不同送风高度、送风射程及送风速度等参数组合的若干空调气流组织方案。依据建筑内部形状，近似均匀布置 9 个蘑菇形送风柱及 9 个格栅百叶回风口。送风口沿送风柱顶端蘑菇周侧均匀布置。送风高度可选范围为 4～5m，不同分层高度方案设置不同数量球形喷口。

3 儿童游乐馆气流组织模拟

由于儿童游乐馆室内温度梯度变化大，室内热环境极易受到外部气候干扰。且儿童为本工程主要活动人员群体，若只根据标准规范确定气流组织方案，则室内人员热舒适难以保证。因此，本工程采用数值模拟对上述若干空调方案进行气流组织模拟。通过模拟结果对比，得出送风高度为 4m 时，室内气流组织情况最为合理可行。该方案空调系统布置如图 4 所示，送风口详图如图 5 所示。相关空调参数设置见表 2。

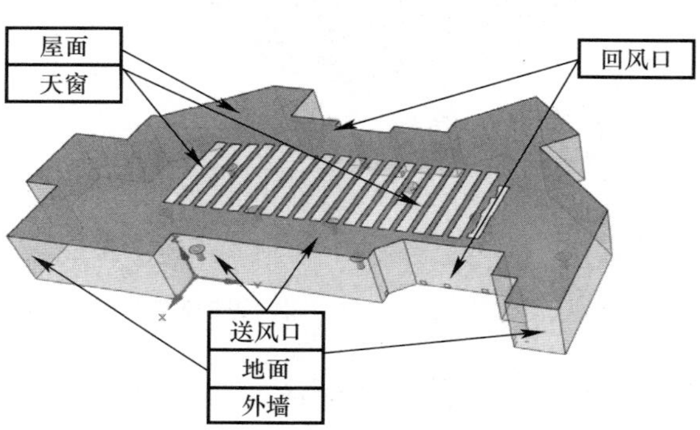

图 4 空调系统布置示意图图

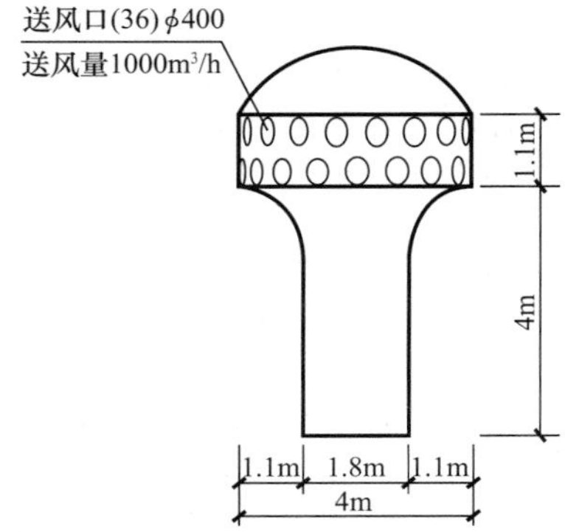

图 5 送风口详图

建筑及空调参数表 表 2

	数量	规格	备注
地面		$9412m^2$	材质：地砖
屋面		$7792m^2$	材质：水泥砂浆
天窗	18 个	矩形采光板：30m×3m	间距 1.5m；材质：碳酸聚氨酯采光板
外墙		$13580m^2$	材质：300 厚加气混凝土砌块
送风柱	9 个	上部圆柱体：底面直径 4m，高 1.1m；下部圆柱体：底面直径 1.8m，高 4m	近似均匀布置的蘑菇型送风柱
送风口	36 个	球形喷口：Φ400；单个风口风量：$1000m^3/h$	球形喷口沿蘑菇顶盖侧面环形均匀布置
排风口	9 个	1.5m×1.5m：4 个，距地面 0.3m 1.5m×2m：5 个，距地面 0.3m	位于侧墙下部

3.1 物理模型及网格划分

以送风高度 4m 的空调方案为例，阐述数值模拟的方法和步骤。选取儿童游乐馆内部空间为计算区域，去除了主体空间以外的部分，并对部分局部复杂区域进行了简化，以节省计算机资源。建模和网格划分采用 ICEM 软件，在屋面天窗及送、回风口等参量变化剧烈处进行了网格局部加密处理。以单个风口为例，进行网格数量分别为 8000 个、190000 个、297000 个、1710000 个的网格独立性验证，对纵向中心面均匀选取的 8 个测点进行风速对比，最终选用数量为 297000 个的网格，即整体取 1，局部取 0.1 的网格尺寸。整体模型的网格如图 7 所示，网格数量总计约 156 万个。

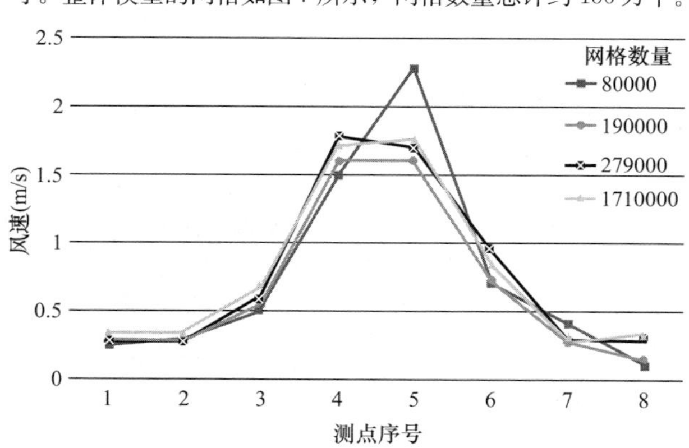

图 6 儿童馆网格划分示意图

图 7　儿童馆网格划分示意图

3.2　数值模型及边界条件

模型求解时，进行如下假设：(1) 气流视作不可压缩流体且符合 Boussinesq 假设；(2) 空气流动为准稳态的湍流流动，忽略固体壁面间的热辐射；(3) 假设空气的湍流粘性具有各向同性。

对于采用机械通风的大空间建筑，内部流动通常为自然对流和强迫对流并存的混合湍流流动。由于标准 K-ε 模型具有性能经济、稳定可靠、计算精度较高、适用范围较广等优点，对于完全湍流状态下的气流流动能够取得较好的模拟效果等特点，得到工程领域的普遍青睐。本文数值模型方程包括连续性方程、动量方程和能量方程，以及标准 K-ε 模型，其中 K 为湍动能，ε 指黏性耗散率。

$$\frac{\partial u_i}{\partial x_i}=0 \tag{5}$$

$$\frac{\partial(\rho\mu_i\mu_j)}{\partial x_i}=\frac{\partial p}{\partial x_i}+\frac{\partial\tau_{ij}}{\partial x_j}+\rho g_i+F_i \tag{6}$$

$$\frac{\partial(\rho u_i h)}{\partial x_i}=\frac{\partial(k+k_t)}{\partial x_i}\frac{\partial T}{\partial x_i}+S_h \tag{7}$$

式中　u_i——速度分量；

ρ——流体密度；

p——静压；

τ_{ij}——黏性力张量；

ρg_i——方向的体积力；

F_i——由热源、污染源等引起的源项；

k——分子导热率；

k_t——湍流扩散引起的导热率，$k_t=c_p\mu_t/Pr_t$；

Sh——体积热源。

初设儿童游乐馆送风口采用速度边界条件，排风口采用压力边界条件；地面、不透明屋顶和外墙内壁面设为常热流无滑移界面；忽略馆内内围护结构对气流组织的影响；考虑投射到大面积屋顶透明采光部分（天窗）碳酸聚氨酯采光板（透光率取为 85%）的太阳辐射具有吸收和投射两种作用形式，及地面对天窗透射太阳辐射的反射率和吸收率[17]，将太阳投射辐射得热按照图 4 所示方式进行处理。具体边界条件设置如表 3 所示。

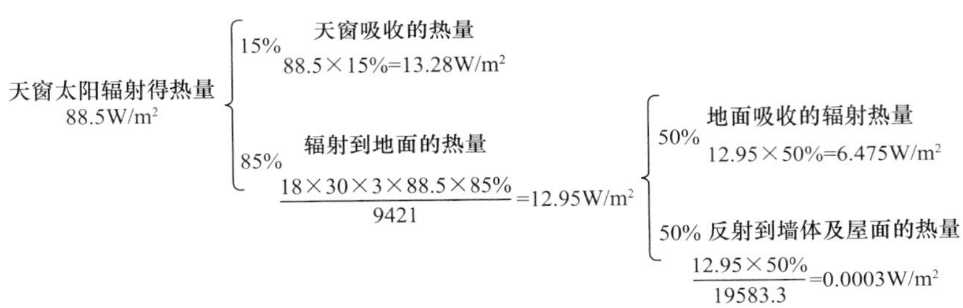

图 8　天窗太阳辐射的处理

边界条件的设置　　表 3

边界名称	模拟边界条件设定
送风口	速度边界，送风速度和温度分别为 6.7m/s 和 16℃
排风口	压力边界
不透明屋顶	常热流 2.5W/m²
天窗	投射太阳辐射总折合 88.5W/m²，屋顶吸收 13.28W/m² 设为常热流
外墙	常热流 2.6W/m²
地面	常热流 22.4W/m²，包含地面传热、人员及设备散热折算

4　结果及分析

根据上述空调气流组织方案和边界条件，利用 ANSYSFluent19.0 软件对儿童游乐馆的气流组织进行了模拟计算。考虑成人活动区域主要分布在净高 1.5m 范围，儿童主要分布在净高 0.7m 范围，因此，将高度 1.5m 和 0.7m 平面处的温度场和速度场计算结果分别输出为图 9～图 13，以揭示儿童空调馆气流组织特性。

图 9 和图 10 分别为 1.5m 和 0.7m 高度截面的速度分布云图。可以看出，1.5m 高截面的速度分布较均匀，约 80%的区域速度分布于 0.2m/s 以下，处于送风射流主轴较近处风速较高，约 0.4～0.6m/s；同样，0.7m 高截面的速度分布较均匀，约 75%的区域速度分布于 0.2m/s 以下，距离送风射流主轴较近处风速较高，约 0.4～0.6m/s；并且随着高度降低，气流速度合理衰减，不同高度截面，流场形态整体变化不大。总体来说，初设方案馆内速度分布较均匀，除风口射流主轴附近风速较高，会对人体产生一定吹风感外，其他区域的风速均在 0.2m/s 以下，满足国家规范[18] 的相关要求及空调气流组织初设目的。

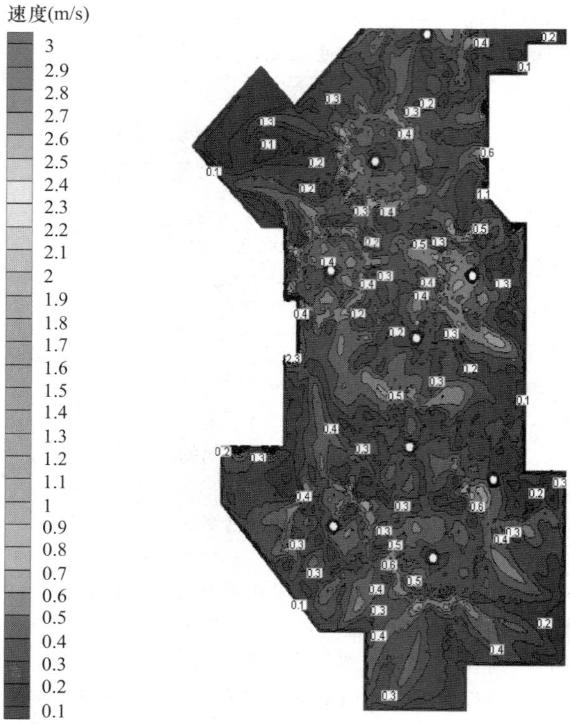

图 9　1.5m 高度截面速度分布云图

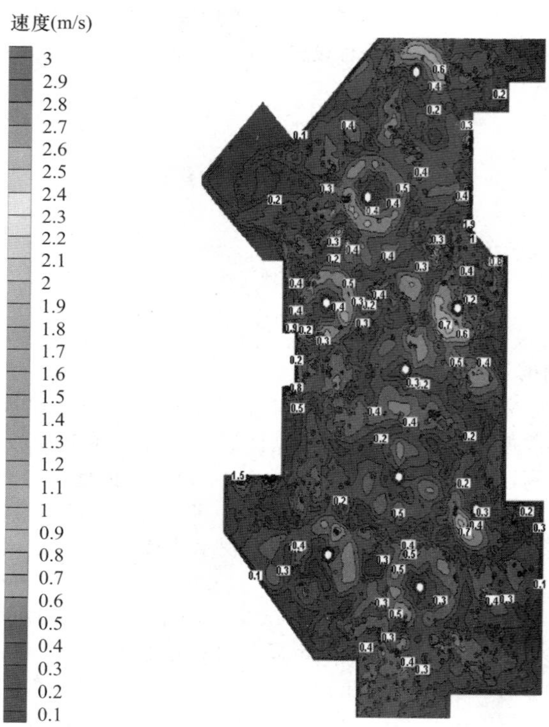

图 10　0.7m 高度截面速度分布云图

图 11 和图 12 分别为 1.5m 和 0.7m 高度截面的温度分布，反映截面区域内温度分布情况，单位基于热力学温度。可以看出，1.5m 高度截面的温度分布较均匀，约 90%的区域温度分布在 23℃以下，约 6%的区域温度分布在 26℃左右，约 4%的区域温度高达 30℃；同样，0.7m 高度截面的温度分布较均匀，约 85%的区域温度分布在 23℃以下，约 8%的区域温度分布在 26℃左右，约有 7%的局部区域温度分布高达 30℃；并且随着高度降低，由于气流速度降低，气流温度略有增高。总体来说，空调气流组织初设方案馆内温度分布较均匀，且约 93%以上的人员活动区域温度分布于 26℃以下，能够达到设计预期，基本满足室内环境热舒适的要求。约 7%的局部区域温度偏高，出现局部高温现象的原因是由于这些区域远离送风口，且气流循环不很通畅所致，此现象可以通过设置局部空调系统进行解决。

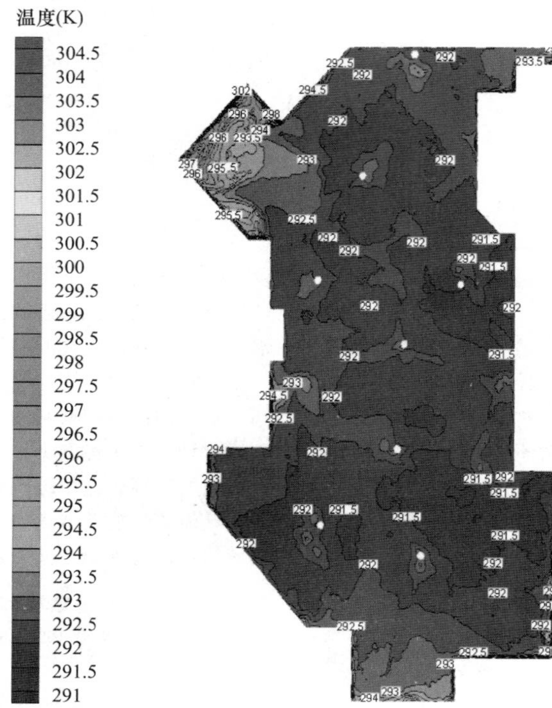

图 11　1.5m 高度截面温度分布云图

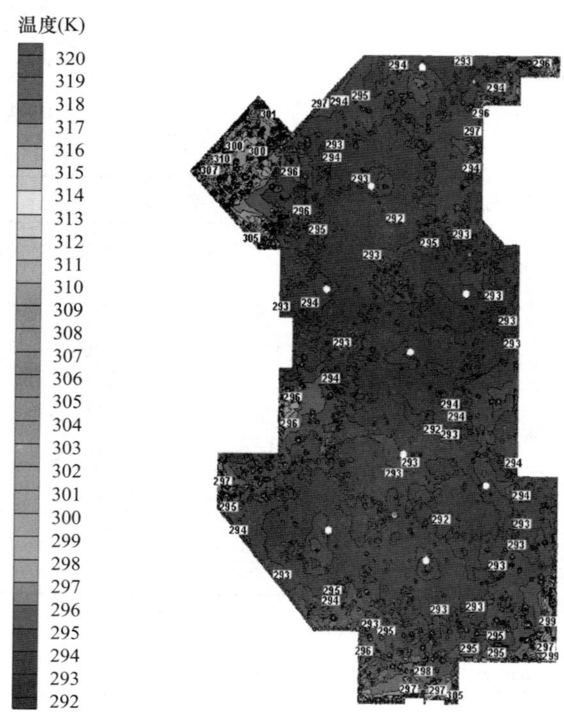

图 12　0.7m 高度截面温度分布云图

速度矢量云图以速度矢量反映空气的流动状况，不仅可显示速度大小，亦可生动直观地反映速度变化方向。图 13 所示为模拟地面的速度矢量云图，每个送风柱周围形成的白色圆圈形象地示意了每个送风柱的送风区域和半径。可以看出，圆圈内外侧的速度矢量方向相反，圈外矢量方向背离圆心，圈内则指向圆心，送风半径约为 13m；在风口较为集中的区域，由于相邻送风柱送风气流的重叠掺混，速度矢量分布混乱，难以形成较为规则的圆圈。图 14 所示为空调气流组织初设送风区域示意图，圆圈示意为蘑菇形送风柱的地面设计送风区域和送风半径，约 15m。由速度矢量云图可知，模拟送风区域与气流组织初设送风区域形状相似，但前者半径相比略小于后者，原因可能来自于空调气流组织设计理论较简化。

图 13　地面速度矢量云图

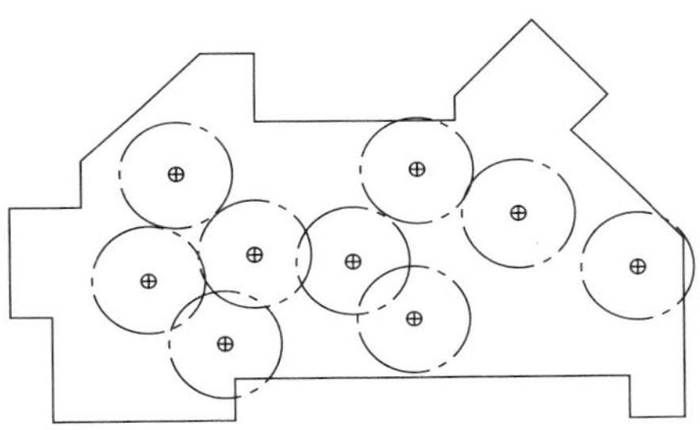

图 14　设计送风 CAD 图

通过以上分析可以看出，虽然空调气流组织初设方案送风区域和半径略小于预期，但人员活动区域范围内的温度和速度较均匀，且能够满足设计规范要求和初设预期，说明儿童馆夏季工况空调气流组织初设方案基本合理、可行。

5　结论

差异化造型及其内部的高大空间使得暖通空调系统及气流组织的合理设计面临巨大挑战。本文总结了高大空间空调气流组织设计的一般方法，即根据气象参数、规范标准，设计得出相关参数范围及若干可行方案，利用 CFD 模拟技术辅助，得到了兰州某儿童游乐馆夏季工况空调气流组织较优的设计方案，并得出以下结论：

（1）通过 1.5m 和 0.7m 两个高度截面速度和温度的云图分析，以及地面速度矢量图和送风柱送风范围的比对，说明气流组织设计方案基本合理，部分区域应设置局部空调。

（2）本文利用 CFD 计算机模拟技术对高大空间空调气流组织设计方案进行了验证和优化的方法，尤其透明围护结构太阳辐射的处理方法，可为类似工程项目提供方法借鉴。

参考文献

[1]　陈露，郝学军，任毅．高大空间建筑不同送风形式气流组织研究［J］．北京建筑工程学院学报，2010，26（4）：25-28．
[2]　Hunt G R，Cooper P，Linden P F．Thermal stratification produced by plumes and jets in enclosed spaces［J］．Building & Environment，2001，36（7）：871-882．
[3]　陈雷，任荣．不同分层高度下的空调室内热环境实测分析［J］．制冷与空调（四川），2010（2）：68-70．
[4]　朱柏山，赵蕾，陈岗锋，等．某圆柱形高大空间分层空调气流组织数值研究［J］．建筑热能通风空调，2010，29（6）：101-104．
[5]　蔡宁，黄晨．大空间建筑分层空调冷负荷计算模型研究［J］．南京工程学院学报（自然科学版），2017，15（3）：37-42．
[6]　石利军，闵晓丹．航站楼分层空调负荷计算的经验系数取值研究［J］．制冷与空调，2013，13（3）：81-84．
[7]　Liang C，Shao X，Li X．Energy saving potential of heat removal using natural cooling water in the top zone of buildings with large interior spaces［J］．Building and Environment，2017，124：323-335．
[8]　郑中平．高大空间工业厂房空调气流组织 CFD 分析［J］．洁净与空调技术，2015（3）：33-38．
[9]　徐子龙，狄育慧．候车大厅气流组织 CFD 模拟及误差分析［J］．洁净与空调术，2014（2）：11-14．
[10]　孙燕．高大中庭空调气流组织的数值模拟研究［D］．济南：山东建筑大学，2013：5-6．
[11]　郦超．酒店中庭空调气流组织的计算研究及优化研究［D］．成都：西南大学，2014：9-10．
[12]　张欢，杨紫维，由世俊，等．某建筑中庭气流组织的数值

模拟［J］．暖通空调，2014，(44)(11)：75-80.
［13］ Wang W，Chen J，Huang G，et al. Energy efficient HVAC control for an IPS-enabled large space in commercial buildings through dynamic spatial occupancy distribution［J］. Applied Energy，2017：S0306261917308139.
［14］ Hussain S，Oosthuizen P H，Kalendar A. Evaluation of various turbulence models for the prediction of the airflow and temperature distributions in atria［J］. Energy & Buildings，2011，43(1)：18-28.
［15］ Hussain S，Oosthuizen P H. Validation of numerical modeling of conditions in an atrium space with a hybrid ventilation system［J］. Building & Environment，2012，52(6)：152-161.
［16］ 潘冬梅，徐象国，王怡琳，等．高大空间气流组织模拟——文献综述［J］．暖通空调，2018，48(1)：131-138.
［17］ 中华人民共和国住房和城乡建设部．公共建筑节能设计标准：GB 50189—2015［S］．北京：中国建筑工业出版社，2015：6-7.
［18］ 陆耀庆．实用供热空调设计手册［M］．2版．北京：中国建筑工业出版社，2008.
［19］ 邹月琴，王师白，彭荣，等．分层空调气流组织计算方法的研究［J］．暖通空调，1983，13(2)：3-8，21.

节能

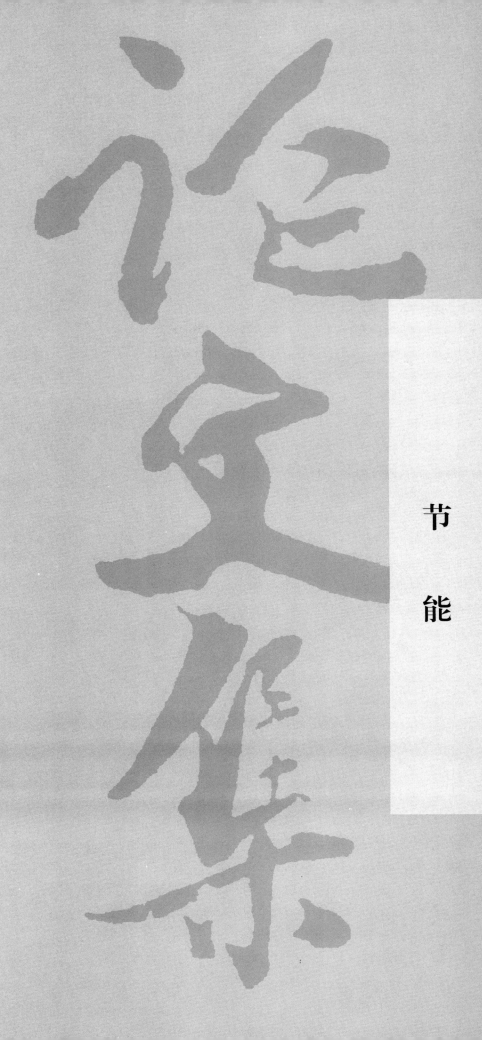

新标准实施下福建省绿色建筑暖通工程验收增项分析

福建省建筑科学研究院有限责任公司，福建省绿色建筑重点实验室　林凌翔☆　皮魁升

摘　要　本文主要分析了按照《福建省绿色建筑工程验收标准》DBJ 13-298-2018 中暖通空调子分部工程进行暖通空调验收，对比按照《通风与空调工程施工质量验收规范》GB 50243—2016、《建筑节能工程施工质量验收规范》GB 50411—2007 进行验收；探寻绿色建筑验收中的暖通空调子分部工程验收与传统暖通空调分部工程验收和节能子分部工程验收相融合的方法。从而在满足相关标准要求的前提下，简化绿色建筑验收中的暖通空调子分部工程验收，避免重项验收、重复检测，提高效率。

关键词　绿色建筑　暖通空调工程　分部工程验收　增项分析

0　引言

福建省住房和城乡建设厅于 2018 年 12 月发布了由福建省建筑科学研究院有限责任公司等单位主编的《福建省绿色建筑工程验收标准》DBJ13-298-2018（以下简称“《绿建验收标准》”）。福州市、厦门市自 2019 年 6 月 1 日起执行该标准，其他设区市、平潭综合实验区自 2019 年 12 月 1 日起执行[1]。在此之前，福建省暖通空调工程验收主要依照《通风与空调工程施工质量验收规范》GB 50243—2016（以下简称“《暖通验收规范》”）和《建筑节能工程施工质量验收规范》GB 50411—2007（以下简称“《节能验收规范》”）两本标准。本文主要针对绿色建筑分部工程中的暖通空调子分部工程，比较分析依照新的《绿建验收标准》与依照《暖通验收规范》《节能验收规范》进行验收；探寻暖通空调工程绿色建筑验收与传统暖通分部工程验收和节能子分部工程验收相融合的方法。

1　标准架构

《绿建验收标准》共分为 10 章及 3 个附录，其中第 8 章暖通空调共分为 3 节，第 8.1 节一般规定、第 8.2 节主控项目及第 8.3 节一般项目。其中，主控项目应全部合格，共设 2 条；一般项目为非强制查验项，若在绿建设计时有涉及的得分项，则验收时需要进行查验，一般项目共设 8 条。各条文设置及与《福建省绿色建筑设计标准》DBJ 13-197-2017（以下简称“《绿建设计标准》”）条文对应关系如表 1 所示。

《绿建验收标准》暖通空调子分部工程验收条文设置[1]　　表 1

序号	章	节	条文号	验收项目	《绿建设计标准》对应条文
1	暖通空调	主控项目	8.2.1	暖通空调系统、主要设备选型	第 7.2.14 条、第 8.1.1 条、第 8.1.2 条、第 8.1.3 条、第 8.1.4 条、第 8.2.1 条、第 8.2.2 条、第 8.2.3 条、第 8.2.4 条、第 8.2.5 条、第 8.3.1 条、第 8.3.2 条、第 8.3.3 条、第 8.3.6 条、第 8.4.1 条、第 8.4.2 条、第 8.4.3 条、第 8.4.6 条
2			8.2.2	单机和系统的运转和调试	第 8.1.5 条、第 8.3.4 条
3		一般项目	8.3.1	降低过渡季节通风、空调与供暖系统能耗的技术措施	第 8.2.6 条
4			8.3.2	空调系统分区	第 8.2.7 条
5			8.3.3	集中空调与供暖系统的控制与监测系统	第 8.2.10 条、第 8.2.11 条、第 8.3.5 条
6			8.3.4	空调蓄能系统	第 8.4.4 条
7			8.3.5	空气净化处理措施	第 8.4.7 条
8			8.3.6	空调供暖系统末端装置	第 8.2.8 条
9			8.3.7	卫生间、餐厅、地下车库等区域的排风措施	第 8.2.9 条
10			8.3.8	住宅建筑通风系统	第 8.4.5 条

☆　林凌翔，男，工程师。通讯地址：福建省福州市创业路 8 号万福中心 1609 室，Email：370854831@qq.com。

2 增项对比

2.1 《绿建验收标准》与《暖通验收规范》条文对比分析

(1)《绿建验收标准》第 8.2.1 条、第 8.3.3 条和第 8.3.7 条条文已写明“通风与空调分部工程已验收合格则视为满足”[1]，因此，若绿建工程暖通空调子分部工程已按《暖通验收规范》进行验收，并验收合格，则上述 3 条可不再进行绿色建筑验收，直接采信暖通分部工程验收结果。

(2)《绿建验收标准》第 8.2.2 条与《暖通验收规范》第 11 章系统调试验收内容相似，均包含有设备单机试运转、系统联合试运转及调试的验收内容。两本标准也均对系统联合试运转及调试检测项目进行了要求，不同的是《绿建验收标准》增加了室内温度、湿度、风速的检测项目，且在抽样数量和允许偏差值上有差别。两本标准联合试运转及调试检测项目与允许偏差值对比如表 2 所示。

联合试运转及调试检测项目与允许偏差值对比[1,2] 表 2

序号	检测项目	《绿建验收标准》		《暖通验收规范》	
		抽样数量	允许偏差值	抽样数量	允许偏差值
1	室内温度、湿度、风速	按照采暖空调系统分区抽检，当系统形式不同时，每种系统形式均应检测；相同系统形式应按系统数量的 20% 进行抽检，同一个系统检测数量不应少于总房间数量的 10%	冬季不得低于设计计算温度 2℃，且不应高于 1℃；夏季不得低于设计计算温度 2℃，且不应低于 1℃ 相对湿度：≤10% 风速：≤20%	—	—
2	新风量	按新风系统数量的 20% 抽检，不同风量的新风系统不应少于 1 个	与设计值一致	按Ⅰ方案	0～+10%
3	通风与空调系统的总风量	按风管系统数量的 10% 抽检，且不得少于 1 个系统	≤10%	按Ⅰ方案	−5%～+10%
4	各风口的风量	按风管系统数量的 10% 抽检，且不得少于 1 个系统	≤15%	按Ⅱ方案	≤15%
5	空调机组的水流量	按系统数量的 10% 抽检，且不得少于 1 个系统	≤20%	按Ⅱ方案	定流量系统≤15% 变流量系统≤10%
6	空调系统冷、热水及冷却水总流量	全数检查	≤10%	全数检查	≤10%

(3)《绿建验收标准》第 8.3.1 条、第 8.3.2 条、第 8.3.6 条均为增加验收项目，均需要对照暖通施工图等材料现场进行核查。特别说明，当工程采用分体空调，且建筑可随时开窗通风时，这 3 条默认验收合格。

(4)《绿建验收标准》第 8.3.4 条主要针对采用空调蓄能系统的工程，该条与《暖通验收规范》中第 9.2.8 条、第 9.3.17 条、第 11.2.6 条、第 11.3.4 条验收内容相似。不同的是设置蓄能系统作为绿建设计评分项，《绿建验收标准》对蓄能系统提供的冷量（热量）或对谷电的利用程度还有进一步的要求。因此，绿建验收时还需核查运行记录、运行分析报告等复核计算蓄能装置提供或蓄存的冷（热）量比例。建议利用暖通分部工程验收时测得的数据进行蓄能系统提供或蓄存的冷（热）量比例计算报告的编制。且《绿建验收标准》第 8.3.4 条与《暖通验收规范》中第 9.2.8 条、第 9.3.17 条在系统抽样数量上有差别，在绿色建筑暖通空调子分部验收时还需增加查验数量。

(5)《绿建验收标准》第 8.3.5 条中空调机组、新风机组空气净化处理措施验收要求，与《暖通验收规范》中第 6.3.12 条、第 7.2.6 条、第 7.2.8 条、第 7.3.5 条、第 7.3.7 条等条款要求相似，在抽样数量上有区别。但《绿建验收标准》增加了独立式的空气净化器的验收内容，因此，实际绿色建筑暖通空调子分部工程验收中，还需要按抽样数量要求核实空气净化器的配置情况及其实际功能。

(6)《绿建验收标准》第 8.3.8 条主要针对采用户式新风系统的居住建筑，为增加验收项目。需要注意的是，非全装修户（套）型现场需核查户式新风系统的管道、孔洞的预留情况[1]。

2.2 《绿建验收标准》与《节能验收规范》条文对比分析

(1)《绿建验收标准》第 8.2.1 条的验收要求已包含于《节能验收规范》第 10 章和第 11 章的验收要求之中，因此该条可直接采信节能子分部工程验收结果。

(2)《绿建验收标准》第 8.2.2 条验收要求与《节能验收规范》第 10.2.14 条、第 11.2.11 条和第 14.2.2 条相似，均包含有设备单机试运转、系统联合试运转及调试的验收内容。两本标准也均对系统联合试运转及调试检测项目进行了要求，不同的是，《绿建验收标准》增加了湿度、风速的检测项目，且新风量的检测在抽样数量和允许偏差值上有差别。两本标准联合试运转及调试检测项目与允许偏差值对比如表 3 所示。

联合试运转及调试检测项目与允许偏差值对比[1,3] **表 3**

序号	检测项目	《绿建验收标准》		《暖通验收规范》	
		抽样数量	允许偏差值	抽样数量	允许偏差值
1	室内温度、湿度、风速	按照采暖空调系统分区抽检，当系统形式不同时，每种系统形式均应检测；相同系统形式应按系统数量的20%进行抽检，同一个系统检测数量不应少于总房间数量的10%	冬季不得低于设计计算温度2℃，且不应高于1℃；夏季不得低于设计计算温度2℃，且不应低于1℃ 湿度：≤10% 风速：≤20%	居住建筑每户抽测卧室或起居室1间，其他建筑按房间总数抽测10%	冬季不得低于设计计算温度2℃，且不应高于1℃；夏季不得高于设计计算温度2℃，且不应低于1℃
2	新风量	按新风系统数量的20%抽检，不同风量的新风系统不应少于1个	与设计值一致	按风管系统数量抽查10%，且不得少于1个系统	≤10%
3	通风与空调系统的总风量	按风管系统数量的10%抽检，且不得少于1个系统	≤10%	按风管系统数量抽查10%，且不得少于1个系统	≤10%
4	各风口的风量	按风管系统数量的10%抽检，且不得少于1个系统	≤15%	按风管系统数量抽查10%，且不得少于1个系统	≤15%
5	空调机组的水流量	按系统数量的10%抽检，且不得少于1个系统	≤20%	按系统数量抽查10%，且不得少于1个系统	≤20%
6	空调系统冷、热水及冷却水总流量	全数检查	≤10%	全数检查	≤10%

（3）《绿建验收标准》第8.3.1条、第8.3.6条均为增加验收项目，均需要对照暖通施工图等材料，现场进行核查。特别说明，当工程采用分体空调，且建筑可随时开窗通风时，这2条默认验收合格。

（4）《绿建验收标准》第8.3.2条、第8.3.7条验收内容与《节能验收规范》第10.2.3条基本一致，因此，可直接采信节能子分部工程验收结果。

（5）《绿建验收标准》第8.3.3条验收内容与《节能验收规范》第13.2.3条、第13.2.4条和第13.2.5条基本一致，因此，该条可直接采信节能子分部工程验收结果。

（6）《绿建验收标准》第8.3.4条主要针对采用空调蓄能系统的工程，而《节能验收规范》未设置专门针对空调蓄能系统的验收内容。因此在绿色建筑暖通空调子分部工程验收时，还需单独对空调蓄能系统按《绿建验收标准》要求进行验收。

（7）《绿建验收标准》第8.3.5条为增加验收项目，绿色建筑暖通空调子分部工程验收时，需要对照暖通设计图纸，核查主要设备的质量证明文件，现场核查空气处理机组中的中效过滤段、空气净化器、带空气净化功能的新风换气系统等空气净化处理措施的落实情况[1]。

（8）《绿建验收标准》第8.3.8条主要针对采用户式新风系统的居住建筑，为增加验收项目。需要注意的是，非全装修户（套）型现场需核查户式新风系统的管道、孔洞的预留情况[1]。

3 增项汇总

通过上述分析，对比暖通分部工程验收与节能子分部工程验收，暖通工程绿色建筑验收需要增加验收的项目如表4所示。

暖通工程绿色建筑工程验收需增加验收项目[1] **表 4**

序号	增加验收项目	条文号	检查方法	检查数量
1	室内湿度、风速、新风量检测	8.2.2	核查供暖、通风与空调系统检测调试报告	全数检查
2	降低过渡季节暖通空调系统能耗的技术措施	8.3.1	对照暖通设计图纸，全空气系统复核新风机组进风口及新风管尺寸、新风调节阀设置与设计文件的一致性；非全空气系统核查相关暖通空调设备节能运行措施	全数检查
3	蓄能装置提供或蓄存的冷（热）量比例	8.3.4	核查运行记录、运行分析报告、蓄能装置提供或蓄存的冷（热）量比例计算报告等	全数检查
4	空气净化处理措施	8.3.5	对照暖通设计图纸，核查主要设备的质量证明文件，现场核查空气处理机组中的中效过滤段、空气净化器、带空气净化功能的新风换气系统等空气净化处理措施的落实情况	公共建筑中的空气处理机组按总数量的10%进行抽查，但不得少于1台；公共建筑中的空气净化器按各类主要房间数量的5%进行抽查，但均不得少于1间；住宅建筑中的空气净化器、新风换气系统按各户（套）型数量的5%进行抽查，但均不得少于1户（套）

续表

序号	增加验收项目	条文号	检查方法	检查数量
5	空调供暖系统末端装置应可独立调节	8.3.6	对照暖通设计图纸，核查空调系统调试记录及试运转记录，现场核查末端控制装置的安装情况及有效性	按各类空调系统末端装置安装房间数量的5%抽查，但各类别均不得少于1间
6	住宅建筑通风系统的设置	8.3.8	对照暖通设计图纸，全装修户（套）型现场核查户式新风系统的安装情况，非全装修户（套）型现场核查户式新风系统的管道、孔洞的预留情况	按户（套）型总数量的5%抽查，但均不得少于1户

4 结语

本文通过《绿建验收标准》《暖通验收规范》和《节能验收规范》条文对比分析，得到了绿色建筑暖通空调子分部工程验收较传统暖通分部工程验收和节能子分部工程验收增加的验收项目。从而在满足相关标准要求的前提下，为简化绿色建筑暖通空调子分部工程验收提供了思路，避免重项验收、重复检测，提高了效率。

参考文献

[1] 福建省建筑科学研究院. 福建省绿色建筑工程验收标准. DB J13-298-2018 [S], 2018.

[2] 上海市安装工程集团有限公司. 通风与空调工程施工质量验收规范. GB 50243—2016 [S]. 北京：中国计划出版社，2017.

[3] 中国建筑科学研究院. 建筑节能工程施工质量验收规范. GB 50411—2007 [S]. 北京：中国建筑工业出版社，2007.

法国开发署武汉市既有公共建筑节能改造示范工程综述

中信建筑设计研究总院有限公司　王　凡☆　吴伯谦
长飞光纤潜江有限公司　李丙永
武汉市城市建设利用外资项目管理办公室　谢志敏

摘　要　本文系统地介绍了利用法国开发署贷款资金对武汉市既有公共建筑节能改造项目的情况，阐述了既有公共建筑节能改造的一般方式和内容；以建筑物的能源审计为基础，对建筑物围护结构、空调系统、输配电系统、照明系统，生活热水系统等进行诊断，找出能耗薄弱环节，挖掘节能潜力；针对不同使用功能建筑的能耗特点、结构形式、使用功能提出合适的节能改造技术措施；目前本项目已经基本完成，达到了预期改造目标，取得了较好的社会效益和节能效益。
关键词　既有公共建筑　能源审计　基准能耗　节能改造　节能率　回收期

1　项目概况

法国政府专用资金，法国开发署（以下简称法开署）贷款对武汉市既有公共建筑进行节能改造示范工程（以下简称法开署项目），起始于国家“十二五”时期，是武汉市建设“两型”社会的重要举措，被纳入中法湖北省建筑节能改造合作的框架。2012 年 5 月在获得法国开发署 2000 万欧元低息贷款后，在武汉市既有公共建筑节能改造工作领导小组直接领导下，本项目正式启动。

1.1　资金来源

本项目资金来源情况如图 1 所示。

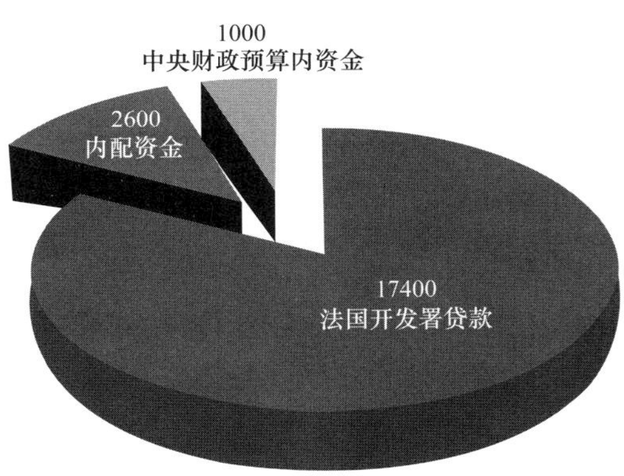

图 1　本项目资金来源情况

1.2　改造内容

（1）25 座典型建筑或者院区的节能改造示范工程。

（2）37 栋大型公共建筑的分项计量系统安装。

（3）法开署项目能耗动态监测系统平台建设。

（4）武汉市既有公共建筑规模化节能改造机制及实施策略的课题研究。

项目启动后，通过对目标建筑的能源审计，评估其节能改造潜力，根据统计，改造项目分为学校、医院、公共机关、文化娱乐四大类，各建筑的面积及能耗指标一览表如表 1 所示。

各建筑的面积及能耗指标　　表 1

序号	项目类别	项目名称	建筑面积（m²）	能耗指标（折合标准煤）[kg/(m²·a)]
1	国家公共机关	武汉市财政局	14422	36.62
2		人大办公楼	13100	19.06
3		政协办公楼	12842	20.5
4		房产交易大厦	41568	22.28
5		农业局	9224	9.88
6		教育局	6385	20.24
7		环保局	15311	15.9
8		交管局车管所	23587	9.3
9		城管局	10800	14.67
10		公安局	49686	20.47
11		物价局	6771	7.27
12		水务局	2752	10.84
13		审计局	14500	6.01
14		建管大楼	5800	17.99
15		硚口区政府	39586	13.97
16		蔡甸国税局	7993	4.81
17		洪山国税局	13888	7.36
18	医疗建筑	市中心医院	90122	24.08
19		武汉市三医院	57384	25.77
20		医疗救治中心	43637	30.66
21		市中医院	28000	31.28
22		古田卫生服务中心	5000	5.74
23	高等院校	江汉大学图书馆	30850	15.34
24		武汉商学院	320000	6.23
25		武汉城市职业学院	310000	3.24
26		建委中专	26200	2.27
27		软件学院	322749	2.98
28		市财政学校	5827	12.2
29	文化娱乐	武汉市图书馆	32975	29.01
30		武汉剧院	8480	5.96
31		市杂技厅	10000	16.95
32		少儿图书馆	4182	11.98

☆　王凡，男，通讯地址：湖北省武汉市江岸区四唯路 8 号，Email：2590517711@qq.com。

2 武汉市既有公共建筑能耗状况分析

武汉地处长江中下游，属于典型的夏热冬冷地区，也是我国中部重要的枢纽城市。近几年，武汉市加大了对国家机关和大型公共建筑的能源审计力度，2007～2011 年，武汉市开始全面统计与能源审计国家机关办公建筑和大型公共建筑，根据审计结果，按建筑使用功能不同，分别统计数据，初步形成了武汉市既有公共建筑数据库（见表 2 和表 3）。

武汉市公共建筑基本信息汇总　　表 2

建筑类型	总计面积（万 m^2）
武汉市公共机构	4346.5
写字楼	65.7
商场建筑（3000m^2 以上）	227.7
宾馆建筑（星级）	103.4
文化场馆建筑	30.9
科研教育（高校）建筑	588.1
医疗卫生建筑（不含武汉市市属医院）	64.4
其他建筑	14.7
总计	5441.4

武汉市公共机构基本信息汇总　　表 3

指标名称	合计	国家机关	事业单位						团体组织
			教育	科技	文化	卫生	体育	其他	
机构数量（个）	2450	804	1055	24	57	111	7	337	55
建筑面积（万 m^2）	4346.4	3001.6	985.0	11.0	14.17	57.49	20.83	250.13	6.21
用能人数（个）	1270539	160624	957344	806	5813	52162	349	92369	1072

经过对国家机关办公建筑、医院建筑、学校建筑及文化场馆建筑的调研及初步能源审计情况分析，发现在建筑运行中建筑设计、能源管理和设备运行存在能源浪费的问题，具体分析如下：

2.1 围护结构

（1）本示范工程中，有 24 个项目的外墙为砖混结构和框架结构，墙体多为混凝土砖块、煤灰砖、青砖、黏土砖，建筑屋面多为钢筋混凝土屋面，未采取保温隔热措施，传热系数无法满足《公共建筑节能设计标准》GB 50189—2005 的限值要求。

（2）很多建筑的外窗玻璃为普通单层透明玻璃或者一般染色玻璃，传热系数较大，基本无遮阳措施；窗框多为普通铝合金窗框，未采取断热措施；外窗平均传热系数在 3.7～6.1W/(m^2·K) 之间，隔热保温性能差，导致冷（热）量损失大，使建筑能耗偏高。只有少数建筑采用中空玻璃，勉强能达到《公共建筑节能设计标准》GB 50189—2005 的限值要求。

2.2 供暖通风空调系统

（1）室内温度设置不一，很多建筑存在随意提高室内温度要求的现象，如夏天设置空调温度低于 26℃，冬天高于 20℃。

（2）新风系统缺少自控系统，无热回收装置。

（3）大部分风系统、水系统定流量运行，输送系统能效比高于标准规定。

（4）冷热源主机使用年限较长，能效比偏低。

（5）智能化水平较低，有些老旧建筑基本无智能控制系统。

（6）部分采用分体空调的建筑，设备老化，能效比很低，平均不到 2.4。

（7）以溴化锂主机作为冷热源的建筑，其系统效率在 0.91～1.13 之间，低于国家标准的最低限值。

（8）以风冷热泵为冷热源的建筑，能效比在 1.32～2.41 之间，低于现行节能标准的要求。

2.3 照明及供配电系统

（1）变压器设备老化，未安装无功率补偿设施。

（2）由于使用功能的变化和用电设备的增加，很多建筑的变压器容量不足；

（3）照明灯具老旧，光效较低，大部分建筑主要采用 T10 日光灯、T8 日光灯和电感镇流器组合及筒灯等，甚至有部分楼宇仍采用白炽灯，灯具类型老旧，光效较低。

（4）照明系统没有设置智能化控制措施。

2.4 热水供应系统

（1）学校和办公建筑采用的电开水器未采用相关的节能控制措施，全天候不间断烧水现象普遍存在，“隔夜水”，“千沸水”既影响健康，又不节能。

（2）在安装了电开水器的办公建筑中，不少办公室同时采用了电热水壶，造成了能耗的浪费。

（3）医院建筑的生活热水需求比较集中，存在的主要问题是供热设备老化，热效率偏低，管道保温较差，导致热损失严重，一般没有采用可再生能源，因此升级改造空间较大。

2.5 设备运行及使用

（1）冷水机组运行策略不合理，普遍存在“大马拉小车”的现象。

（2）空调冷温水、冷却水管道上未安装合适的水处理设备，冷却塔及水管结垢现象严重，污垢热阻导致冷水机组蒸发器和冷凝器传热系数下降，机组性能系数降低。

（3）过渡季节，负责空调系统的变压器未关闭，空载运行，用电线路老化。

3 节能改造技术路线图

法开署项目是针对大型公共建筑进行以节能为目的的

改造，必须执行国家有关政策方针，首先必须对改造的项目遴选，识别出面积较大、具备改造条件、有强烈改造愿望的建筑，并进行能源审计，作为进行节能改造的原始资料。能源审计的依据是《国家机关办公建筑和大型公共建筑节能审计导则》。根据审计结果，对用能单位的能源利用状况进行定量分析，对能源利用效率、能耗水平、能源实物消耗等进行审计、测试、诊断和评价，评估各系统的节能潜力及改造风险。

能源审计主要包括以下几个方面：围护结构、通风空调系统、照明及供配电系统、生活热水系统、室内设备等，医院建筑还包括大型医疗设备。通过能源审计，评估确定能耗基准线；采用现场抽查部分系统或者检查设备参数方法判断用能设备的运行状况。

制定合理的技术方案——综合分析以上数据，找出节能潜力较大的用能环节，提出可行的节能改造措施（见图 2）。

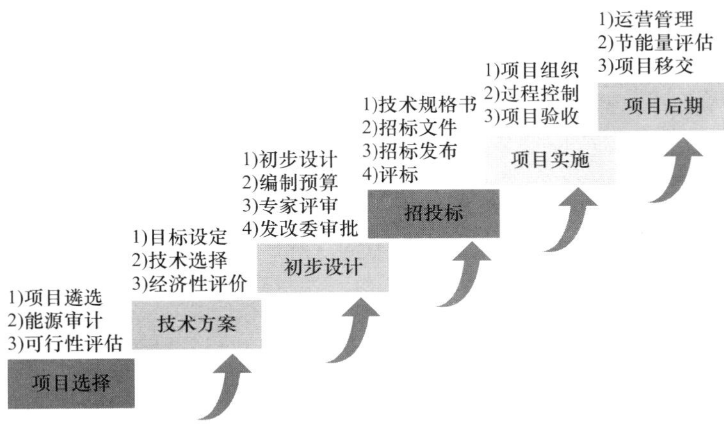

图 2　既有建筑节能改造项目管理流程

4　公共建筑节能改造实用技术应用

节能改造，就是利用一定的技术措施和方法，在考虑建筑物所在地区的气候条件的基础上，采取对围护结构的保温隔热、遮阳措施，选用高效能设备，使用可再生能源等技术，使建筑物的能耗指标下降到建筑节能设计标准的指标范围内，降低维持建筑物基本功能所需的能耗。针对本项目中不同类型建筑物的用能特点和实际需求，考虑武汉市的气候特点和用能习惯，本项目采用了以下节能改造技术措施：

4.1　围护结构改造

（1）外墙保温技术（武汉市第三人民医院）

墙体外保温是在主体墙结构外侧，在粘接材料的作用下，固定一层保温材料，并在保温材料的外侧抹砂浆或做其他保护装饰。适用于主体结构为实心砖墙的墙体外保温改造作法很多，通常的构造作法有以下几种：聚苯板外保温（粘接式）、岩棉板外保温（挂装式）、聚氨酯外保温（喷涂式）及聚苯颗粒外保温（抹灰式）。由于增加内保温会影响到医院的正常运营，一般多采取外保温，常见的外保温做法如图 3 所示。

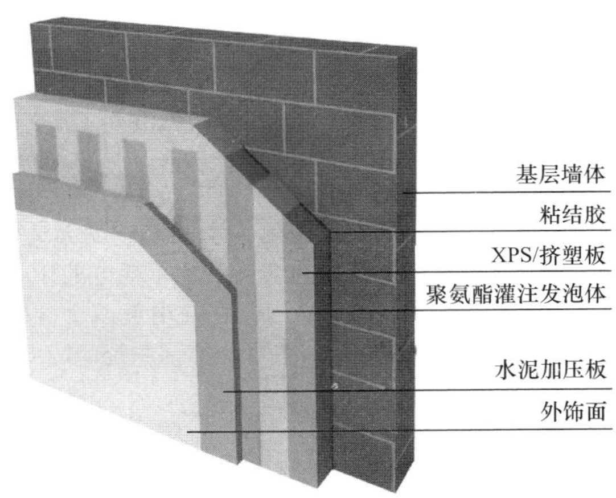

图 3　复合面板外墙外保温系统做法

（2）更换节能窗（武汉市第三人民医院、武汉市中心医院等）

门窗节能的关键是在满足其使用功能的前提下，选择平开窗替代推拉窗，减小缝隙的冷风渗透；用铝合金断热型材窗框代替普通窗框，降低通过窗框的传热；用 Low-E 中空玻璃替代普通单玻，可有效反射太阳能波段的热辐射，同时也明显降低了玻璃的传热系数；使窗户具有高强度、高气密性、优异的隔热、隔声性能。

（3）有效的遮阳措施（武汉市政协等）

东西向窗户，采用有效的遮阳措施，如增设窗帘、窗户上贴膜、设置双层内置百叶的玻璃窗等，可在夏季有效反射部分太阳辐射热量，降低室内得热量，冬季又不影响自然采光。

4.2　供暖通风与空调系统改造

（1）冷热源系统节能改造和提升

1）设备效率提升

更换老旧冷水机组、热泵机组、低效率锅炉设备、低效水泵和冷却塔等，可有效提高设备效率。目前最新的磁悬浮离心式冷水机组额定效率可达 6.3，*IPLV* 可达 10 以上；冷凝热水锅炉可将烟气中水蒸气冷凝成水，利用冷凝热预热热水，额定效率可达 105%；将低效水泵、冷却塔更换为新水泵、新冷却塔，同样可降低配电功率，提高设备效率，达到节能的目的。

2）制冷制热设备增加在线清洗装置，实时清除污垢，提高换热效率

水中的成垢离子由于蒸发浓缩极易沉积在传热表面形成致密的水垢，降低集中空调系统和锅炉的换热效率。在线清洗装置能实时清洗管道内壁，避免水垢形成，强化传热，提高空调系统的效率，降低冷热源的耗能，达到节能的目的。根据《民用建筑供暖通风与空气调节设计规范》GB 50736—2012 中的数据，冷却水温度每降低 1℃，冷水机组的效率提高 3%～4%，该装置应用在冷却水系统后，可将系统冷凝温度降低 1.5～2℃，节能效果相当可观。在线清洗装置不会对设备寿命有很大影响，安装方便、操作简单、效果明显。

3）气候补偿装置

冬季特别是在供暖期的前期和临近结束期以及每天的午后时间，室外温度在绝大多数时间均高于设计值，如果锅炉的供水温度不变，室内换热设备换热面积不变，室外温度上升，室内温度一定会超出设计温度。气候补偿系统能根据室外温度的变化及用户设定的不同时间对室内温度的要求，按照设定曲线通过调节电动阀的开度来改变热源交换的流量，求出恰当的供水温度进行自动控制，实现供热系统供水温度—室外温度的自动气候补偿，避免产生室温过高/低而造成能源浪费。

（2）水输配系统节能技术

1）变频技术

由于空调负荷大部分时间处于部分负荷下，冷水泵可根据供回水之间的温差和压差，通过变频技术调节转速来保证冷水按需分配，既可避免大流量小温差现象，又可节省输送能耗。根据统计，采用集中空调系统的办公、酒店、商场建筑的冷水泵耗电占空调系统总耗电的 10%～12%，采用变频技术后，水泵比改造前电耗减少 30%～45%，因此保守估计，变频技术可让空调系统节能 3%～5%。

2）储能变负荷技术

普通的一级泵系统低负荷运行时，冷水机组的效率较低，且冷却泵、冷水泵、冷却塔都一直满负荷工作，综合能效比低。储能变负荷调节系统相当于在系统中设置了一个缓冲器，冷水机组总是工作在高效的区间，不必担心输出的冷量是否与末端需求负荷一致，当末端需求低于冷水机组的输出时，多余的冷量被储存在储能罐内，适当的时候系统会自动关闭主机和一级冷水泵、冷却塔、冷却水泵，仅靠储能罐和二级泵维持系统的运行。理论上，此时空调系统可在满负荷的 5%～10%的负荷下稳定运行。即使不考虑主机在不同负荷下的能效比差异，仅考虑节省主机停止运行的时间段内一级冷水泵、冷却塔、冷却水泵的耗能，节能量也十分可观。

3）水力平衡技术

根据实测及调查，目前供热空调系统普遍存在不同程度的水力失调现象，水系统缺少必要的平衡措施，末端流量分配不均，同样的末端配置，距离冷热源较远的末端流量低于设定值，靠近冷热源的流量超标。运行人员为了让最不利末端达到额定流量，简单地采用多开水泵的方式来增大系统流量，在满足最不利末端的流量的同时，让其余末端流量超标；水系统长期处于大流量、小温差工况，水输送系数不能达标，造成能耗浪费。

在改造项目中，不太可能对水系统进行大规模整改，在无法改变系统形式和管径的前提下，通过测量和调试，在阻力较小、流量明显超标的支路上设置平衡阀，限制支路的流量；拆除较远支路上的阻力部件如过滤器、截止阀，安装阻力较小的蝶阀，让各支路的流量尽可能趋近需求值。当各支路的流量均限制在设定值附近、末端均设置电动二通阀或者比例积分电动调节阀时，水泵可以一对一运行在高效率区间。

（3）末端设备节能改造技术

1）末端设备集中控制系统

对于末端设备比较分散的建筑（如办公室、医院病房等），不能依靠人员自觉做到人走关空调，必须通过技术手段，如设置控制器，集中管理设备的启停。对医院病房，集中控制可统一设置参数和开启时间，降低患者干预和误操作，减少运维成本和能耗；对办公建筑，可在下班时提前 10min 关闭所有风机盘管，加班人员晚饭后手动打开的末端，10 点钟再次关闭，杜绝忘记关闭的末端无效运行。

2）有效利用室外新风

大型商场、会议室多采用全空气系统且多处于内区，热负荷小、冷负荷大，需要空调的时间段相对较长。按全新风设计新风管道，可最大限度利用全新风运行模式，减少制冷机开启时间，有利于节能。新风经济运行的方法是通过新回风焓值来判断。只要室外空气焓值小于室内空气焓值，就进入新风经济运行模式。

3）设置热回收装置

除医院外，室内外温差较大且有集中排风的场合，都可以设置热回收装置。目前热回收装置的显热和潜热的热回收效率均在 60%以上，正常使用回收期在 3～5 年。设置热回收系统可以回收排风能量，减少空调负荷，节省运行费用，还可以降低冷热源装机容量，节省初投资，在节省能耗同时加大室内新风量，提高室内空气品质，对减能减排有相当重要的意义。

4.3 照明与供配电系统

（1）优先更换国家明令禁止的用电产品，尽量使用节能灯具，并根据区域的使用特征，分回路设置必要的自控措施。

（2）当既有建筑中变压器不能满足国家限定值时，在投资回收期，满足规范要求许可年限的情况下，更换变压器。

（3）提高供电品质，设置高压电抗滤波、调压及电容补偿装置，滤除高次谐波，调整三相平衡，提高功率因素。

4.4 生活热水系统

医院和学校类建筑均存在生活热水的需求，以往多采用锅炉供热，有的情况下还有用电加热，普遍存在能源浪费的现象。本工程通过采用太阳能＋空气源热泵制备生活

热水的技术，提高了生活热水的制备效率，使热水供应更加安全可靠，并节约了大量的能源。初步统计，按标准煤计算，生活热水系统改造的单项节能率可达30%～50%。

本项目中部分建筑主要节能改造技术汇总如表4所示。

本项目主要节能改造技术汇总表　　表4

序号	项目名称	围护结构	空调供暖通风系统	照明系统	供配电系统	其他
1	武汉市财政局	无	更换2层和5层空调机组变频装置，并通过BA系统对风机进行变风量变频控制； 将18层和23层屋面的冷水泵改为变水量的变频控制系统； 将风冷热泵模块机改为风冷热泵螺杆机组，对原有设备进行更换和改造； 设置DDC控制系统，对全楼空调通风系统进行集中监控	不改变灯具数量和位置，更换灯管和节能灯，灯具要求三基色	一台630kVA变压器更换及相应低压母线更换； 增设能耗分项计量系统	4台电梯更换
2	武汉市政协办公楼	外窗贴膜	风冷冷凝器的喷雾节能改造； 冷热水循环泵的变频改造； 每层水系统干管加装开关型电动阀； 空调冷源系统的优化控制改造	不改变灯具数量和位置，更换节能灯具	增设能耗分项计量系统	无
3	武汉市城市职业学院	无	对使用年限超过8年及以上的分体空调进行更换，更换采取2级及以上节能产品	不改变灯具数量和位置，更换节能灯具。对教室灯具控制系统进行调整修正	增设能耗分项计量系统	太阳能热水＋太阳能路灯
4	武汉市财政学校	无	报告厅：空调冷水主机和电锅炉进行更换； 对应输送系统进行改造； 体育馆：空调系统改造； BA系统改造	不改变灯具数量和位置，更换节能灯具	增设能耗分项计量系统	无
5	武汉市中心医院（市二医院）	外窗更换	更换损坏的风冷热泵机组； 更换高效冷凝锅炉及磁悬浮冷水机组； 空调水系统水力平衡修正； 完善楼宇设备自控系统	不改变灯具数量和位置，更换节能灯具，灯具要求三基色	增设能耗分项计量系统	开水器更换
6	武汉市三医院	外窗更换 外墙改造	更换高效冷热源机组； 采用储能变负荷调节系统，优化输配系统，降低输配能耗； 空调水系统水力平衡重新修正； 空调末端设置温控装置	不改变灯具数量和位置，更换节能灯具，灯具要求三基色	增设能耗分项计量系统	生活热水系统改造
7	武汉图书馆	更换外窗以及安装门斗	更换空调循环水泵； 部分空调回风管路拆除； 更换6～13层空调机组； 设置DDC控制系统，对全楼空调通风系统进行集中监控	室内外照明系统更换灯管和节能灯 增加混合技术感应器，灯具照度自动调节	增设能耗分项计量系统	无

5　改造后节能效益分析

根据可行性研究报告提供的统计数据，本项目遴选的建筑改造方案节能率最高的可达49%，医院类项目的节能率普遍在20%左右，具体各栋建筑的节能效益如表5所示。

法开署节能改造项目效益汇总表　　表5

序号	项目名称	基准能耗万（kWh）	年节能量（万kWh）	节能率（%）	备注
1	武汉市财政局	156.5	40	24.54	
2	武汉市图书馆	294.7	114.04	36.3	
3	人大办公楼	17701	18.17	22.48	
4	政协办公楼	87.4	13.67	18.2	
5	房产交易大厦	239.9＋柴油106t	45.26＋柴油106t	28.68	

续表

序号	项目名称	基准能耗万（kWh）	年节能量（万 kWh）	节能率（%）	备注
6	农业局	78.7	22.81	28.25	
7	教育局	76.98	8.95	39.2	有柴油
8	环保局	182.15	33.93	18.46	有天然气
9	交管局车管所	178.36	59.3	33	
10	城管局	128.9	15.88	12.27	
11	公安局	710.2	38.42	5.39	
12	物价局	40.08	12.42	30.95	
13	水务局	39.62	4.26	10.7	
14	审计局	70.85	4.6	6.5	
15	建管大楼	28.78	3.74	12.89	有天然气
16	硚口区政府	242.9	14.97	6.16	
17	蔡甸国税局	31.28	1.33	4.23	
18	洪山国税局	83.1	3.49	4.19	
19	市中心医院	1234.4	205.35	21.85	有燃气
20	武汉市三医院	636.4	71.2	21.5	有燃气
21	医疗救治中心	546.32	137.48	33.18	其中含燃气折算为 kWh
22	市中医院	712.64	234.99	32.97	
23	古田卫生服务中心	22.94	23.34	17.48	
24	江汉大学图书馆	221＋柴油 104t	53.11	10.3	有柴油
25	武汉商学院	496.85	90.02	15.13	含燃气
26	武汉城市职业学院	593.8	65.04	10.95	
27	建委中专	55.62	28.35	49	
28	软件学院	783	218.95	27.96	
29	市杂技厅	137.94	13.73	9.95	
30	少儿图书馆	40.76	5.14	11.91	
31	武汉剧院	41.1	8.05	19.6	
32	市财政学校	53.37	26.71	42.24	

6 节能改造经济性分析

年节能费用最高的前三名是：市中心医院、武汉市三医院、武汉城市职业学院，这三个项目都对空调冷热源进行了改造，其中武汉市三医院和市中心医院对围护结构进行了提升。单位面积改造费用前三名是武汉市财政局、市杂技厅、市教育局，单位面积改造成本超过 300 元/m²。投资回收期最短的项目分别是水务局、建管大楼、硚口区政府，其改造措施均属于轻改造，未对建筑物围护结构、冷热源等进行改造（见表 6）。

法开署项目节能改造经济数据汇总表 表 6

序号	项目名称	建筑面积（m²）	初投资（万元）	单位面积造价（元/m²）	年节能费用（万元）	投资回收期（年）
1	武汉市财政局	14422	644.0	446.5	53.1	12.1
2	武汉市图书馆	32975	653.9	198.3	104.1	6.3
3	人大办公楼	13100	142.8	109.0	18.6	7.7
4	政协办公楼	12842	139.1	108.3	15.0	9.3
5	房产交易大厦	41568	698.8	168.1	90.8	7.7
6	农业局	9224	225.9	244.9	33.5	6.7
7	教育局	6385	211.8	331.8	31.0	6.8
8	环保局	15311	443.6	289.7	57.8	7.7
9	交管局车管所	23587	236.3	100.2	36.3	6.5
10	城管局	10800	114.2	105.8	14.3	8.0
11	公安局	49686	266.9	53.7	58.6	4.6

续表

序号	项目名称	建筑面积（m^2）	初投资（万元）	单位面积造价（元/m^2）	年节能费用（万元）	投资回收期（年）
12	物价局	6771	53.9	79.7	7.1	7.6
13	水务局	2752	57.0	207.2	21.0	2.7
14	审计局	14500	55.8	38.5	6.8	8.2
15	建管大楼	5800	46.6	80.3	15.3	3.0
16	硚口区政府	39586	116.7	29.5	33.7	3.5
17	蔡甸国税局	7993	136.3	170.5	13.6	10.0
18	洪山国税局	13888	99.3	71.5	16.9	5.9
19	市中心医院	90122	1574.8	174.7	220.7	7.1
20	武汉市三医院	57384	1515.9	264.2	202.1	7.5
21	医疗救治中心	43637	927.8	212.6	92.3	10.1
22	市中医院	28000	502.2	179.4	88.4	5.7
23	古田卫生服务中心	5000	57.5	115.0	4.4	13.2
24	江汉大学图书馆	30850	358.0	116.0	13.8	26.0
25	武汉商学院	320000	455.7	14.2	63.7	7.2
26	武汉城市职业学院	310000	930.0	30.0	142.0	6.5
27	建委中专	26200	141.3	53.9	11.1	12.7
28	软件学院	322749	1455.7	45.1	129.8	11.2
29	市杂技厅	10000	395.6	395.6	19.7	20.1
30	少儿图书馆	4182	71.5	171.0	13.7	5.2
31	武汉剧院	8480	39.0	46.0	4.9	8.0
32	市财政学校	5827	65.3	112.1	6.3	10.4

7 结论和思考

（1）既有建筑的节能减排和能效提升工作应该得到全社会足够的重视，它给人们生活带来的改变意义重大。虽然目前既有建筑的节能改造工作艰巨而且复杂，但是应该认识到这个市场是客观存在的，并且会不断扩大和变化。如果将改善人民生活质量和政府节能减排的目标有机统一，必将推动经济发展，形成改善生态环境的良性循环模式。所以，政府、各行各业都应该了解既有建筑的节能改造途径，积极参与其中。

（2）既有建筑节能改造的难点在两端，即基准能耗的建立和改造后的节能效果的评估。目前缺少这方面的专业人才和标准规范，指导节能改造工作科学、有序地开展。

（3）应该结合地域和气候特点，以及不同的用能形式，对现有各种成熟的节能技术经行梳理，形成技术推广目录，明确各种节能技术的可操作性、适用性及经济性，解决盲目堆砌技术的问题。

（4）节能改造技术的应用必须具有针对性，既要考虑节能率，也要兼顾投资回收期，应重视轻改造，在经过技术经济性比较、确定可行的条件下，可以进行重改造。进行重改造之前，必须提前判断改造施工对建筑物日常运营、结构安全及人员工作环境的影响，并采取必要的措施，将影响减小到可接受的范围内。

（5）合同能源管理方式适合于节能改造工程，但是在我国推广的困难很大，主要是由于政策法规不健全，建筑物基础数据缺失严重，碳排放交易未全面展开等。节能公司主要以节省运行费用为主要目标，利润率较低时，有降低使用标准的现象发生，造成使用单位的抵触情绪，对此应该建立有效的约束机制。

参考文献

[1] 中国建筑科学研究院. 公共建筑节能改造技术规范. JGJ 176—2009 [S]. 北京：中国建筑工业出版社，2009.

[2] 胡仰耆，杨国荣. 医院用能和节能 [J]. 暖通空调，2009，39（4）：1-4.

[3] 吴伯谦，王凡，杨峰. 储能变负荷调节系统在既有医院建筑节能改造中的应用 [J]. 暖通空调，2015，45（增刊）：113.

[4] 法国开发署贷款武汉市既有公共建筑节能改造示范工程可行性研究调整报告 [R].（华太咨字（2014）09010 号）.

[5] 王琼，蔡觉先. 气候补偿器的调节性能分析 [J]. 山西建筑，1998. 34：170-171.

[6] 卜维平. 水力平衡技术在管网改造中的应用及节能效益 [J]. 暖通空调，2006，B07：14-15.

[7] 中国标准化研究院等. 公共机构能源审计技术导则. GB/T 31342—2014 [S]. 北京：中国标准出版社，2015.

冷凝热回收助力医院建筑节能减排

雅克设计有限公司　李宜浩☆　符腾仁

摘　要　医院建筑中，尤其是其采用净化空调系统的区域，空调系统需要常年运行，而且需要同时对空气处理机组供冷供热，再加上常年的生活热水需求，使其成为公共建筑中耗能大户中的重灾区。医院建筑大量的能源消耗不仅增加了运营成本，还加大了病员的经济负担，更不利于社会、经济的可持续发展。医院建筑因其巨大的耗能造成的污染物排放造成了严重的环境污染，因此，有必要对医院的节能减排做专题研究。本文通过实际项目案例介绍如何最大限度做好空调废热回收实现医院建筑节能减排的方法。

关键词　露点空气再热　生活热水制备　热源　空调冷凝热回收　医院建筑

0　引言

现行净化空调系统空气处理过程采用的露点空气再热，绝大部分为电加热，一些更早期建设的手术部仍在采用蒸汽加热；近些年新设计医院项目生活热水的制备方式大部分采用空气源热泵辅助真空管太阳能热水器，早期的项目采用燃气锅炉，更早期建设的热水加热热源采用燃煤锅炉生产的蒸汽加热。

净化空调空气处理过程采用电加热的露点空气再热方式，消耗了大量的电力；制取生活热水的空气源热泵辅助太阳能热水器投资高、维护成本高，阴雨天空气源热泵制取热水仍需消耗大量电力。能不能用净化空调空气源热泵生产冷水时产生的冷凝热，作为空气处理过程露点空气再热热量及生活热水所需热量，以降低电力消耗，以下工程做了有益的尝试。

1　工程概况

海南省琼海市妇幼保健院新院区妇幼保健综合楼项目（见图1）总建筑面积23628.17m²，总床位数200张、地上9层，地下1层。其中，手术部设在4层，包括5间手术室（净化级别：1间Ⅱ级、4间Ⅲ级）及其附房（净化级别按Ⅳ级），净化空调系统区域建筑面积为1385m²；新生儿重症监护（净化级别按Ⅳ级）设在6层，床位数30张，净化空调系统区域总建筑面积为750m²。

图1　海南省琼海市妇幼保健院新建妇幼保健综合楼项目效果图

2　净化空调空气处理过程

（1）手术室空气处理过程：依据《医院洁净手术部建筑技术规范》GB 50333—2013第8.1.6条：“当整个洁净手术部设集中新风冷热处理设施时，新风处理机组应在供冷季节将新风处理到不大于要求的室内空气状态点的焓值。”Ⅲ级手术室空气处理过程的焓湿图见图2。

☆　李宜浩，男，高级工程师，注册公用设备工程师，暖通设计总师。通讯地址：海南省海口市龙华区玉沙路19号城中城A座二楼雅克设计有限公司，Email：2293143881@qq.com。

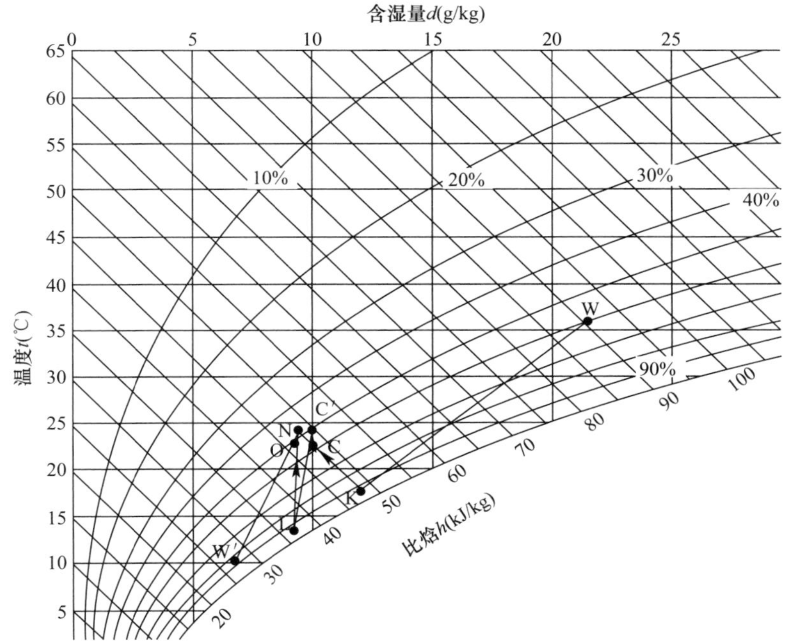

图 2　Ⅲ级手术室空气处理过程焓湿图

手术室空气处理过程状态点描述如图 3 所示。

（2）检验科、病理科新风直流空气处理过程的焓湿图如图 4 所示。

检验科、病理科新风直流空气处理过程状态点描述如图 5 所示。

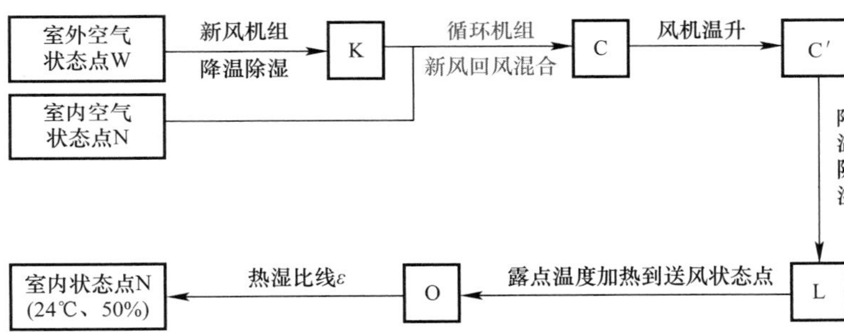

图 3　手术室空气处理过程状态点描述

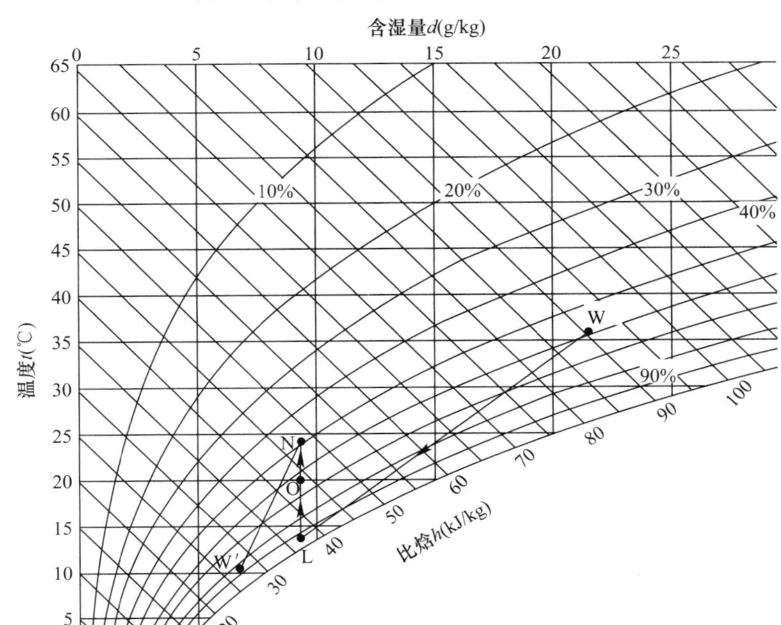

图 4　检验科、病理科新风直流空气处理过程焓湿图

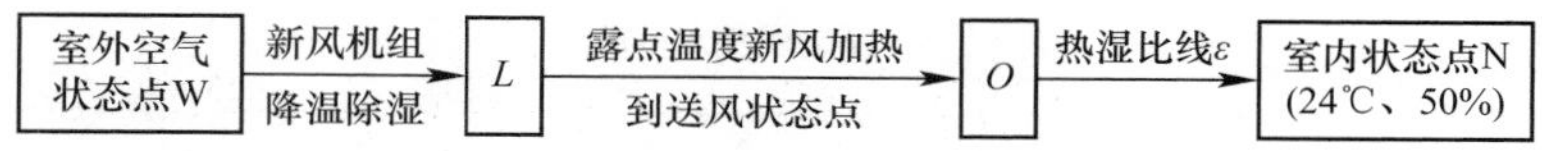

图 5　新风直流空气处理过程状态点描述

（3）本项目净化空调处理系统冷负荷、再热负荷见表 1。

净化空调处理系统冷负荷、再热负荷统计表　　表 1

机组类型	编号	服务对象	风量（m^3/h）	机组冷负荷（kW）	机组再热负荷（kW）	再热负荷比例（%）
循环风机组	AHU-401	OR.1：Ⅲ级正负压切换手术室	4500	19.36	14.03	
循环风机组	AHU-402	OR.2：Ⅱ级手术室	5000	21.23	15.58	
循环风机组	AHU-403	OR.3、4、5：Ⅲ级手术室	7500	30.58	15.58	
循环风机组	AHU-404	附房及洁净走廊：Ⅳ级区域	7000	28.71	23.38	
循环风机组	AHU-601	NICU：Ⅳ级区域	10000	39.93	31.17	
新风机组	PAU-301	生化免疫区	5000	89.17	11.00	
新风机组	PAU-302	扩增、分析	2500	44.58	5.50	
新风机组	PAU-303	微生物	2500	44.58	5.50	
新风机组	PAU-304	病理科	7000	124.83	15.40	
新风机组	PAU-401	手术部循环机组	7900	111.92	0.00	
合计				554.89	137.14	24.71

（4）净化空调露点空气再热传统电加热方式电力消耗量见表 2。

露点空气再热传统电加热方式电力消耗量计算表　　表 2

系统再热负荷（kW）	年夏季工况运行天数（d/年）	每天运行时数（h/d）	平均负荷率（%）	年耗电量（万 kWh/年）	电费单价（元/kWh）	运行费用（万元/年）
137.14	300	24	43.19	42.65	1.00	42.65

注：净化区平均负荷率计算取值，按白天取总负荷的 80%，夜间取新风负荷的 30%。

（5）传统方式需为露点空气再热配备电力设备的初投资见表 3。

传统净化空调再加热方式配备电力设备的初投资　　表 3

分项名称	工程量		综合单价		综合合价（万元）
	（kVA）	（m^2）	（元/kVA）	（元/m^2）	
高压配电、变压器、低压配电设备	199.19		1250.00		24.90
市政高压电力接入费	199.19		1800.00		35.85
变配电房间面积		45.00		2500.00	11.25
合计					72.00

注：变配电设备容量按加热效率 90%、功率因数 90%、负载率 85%取值。

（6）本项目的解决方案：采用带有冷凝热回收功能的空气源热泵机组，制取供回水温度为 7℃/12℃的冷水。同时，通过回收冷凝热提供免费的供/回水温度为 45℃/40℃的空调热水，不仅可以节电 42.65 万 kWh/年，同时节省电力设备初投资 72.00 万元。项目选用四管制多功能冷热水机组，参数及台数如表 4 所示。

某品牌螺杆式空气源热泵机组技术参数　　表 4

同时供冷供热性能（kW）		输入功率（kW）	台数（台）	制冷能效比（%）	制热能效比（%）	综合能效比 *TER*
制冷量	制热量					
315.5	399.6	89.5	2	3.53	4.46	7.99

空气源热泵四管制冷热水机组工作原理：当需冷量和需热量均为 100%时，机组无需从大气获取或释放热量，此时空气源冷凝器处于关闭状态，如图 6 所示。

当需冷量多、需热量少时，冷凝热散热由水源冷凝器散热与空气源冷凝器散热共同实现。对于本项目夏季净化空调空气处理而言，机组运行总是处在“需冷量多、需热量少”的工况，如图 7 所示。

当需热量多而需冷量少时，冷凝热部分来自水源蒸发器空调回水热量，部分来自空气源冷凝器从大气中吸热，机组具有自热平衡能力，如图 8 所示。

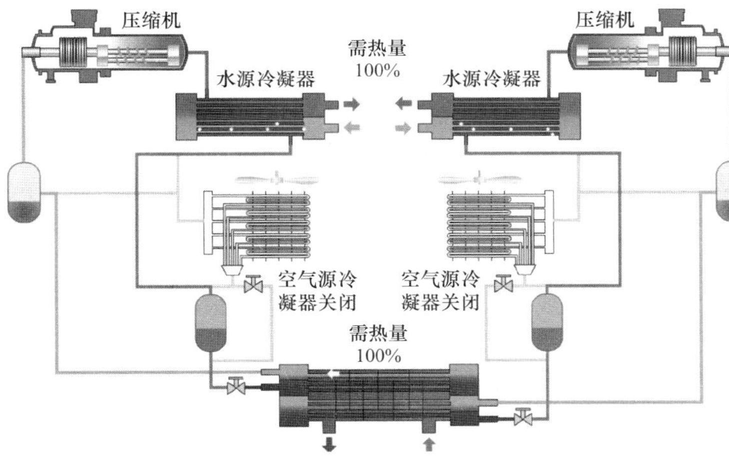

图 6　需冷量和需热量均为 100%时四管制机组工作原理图

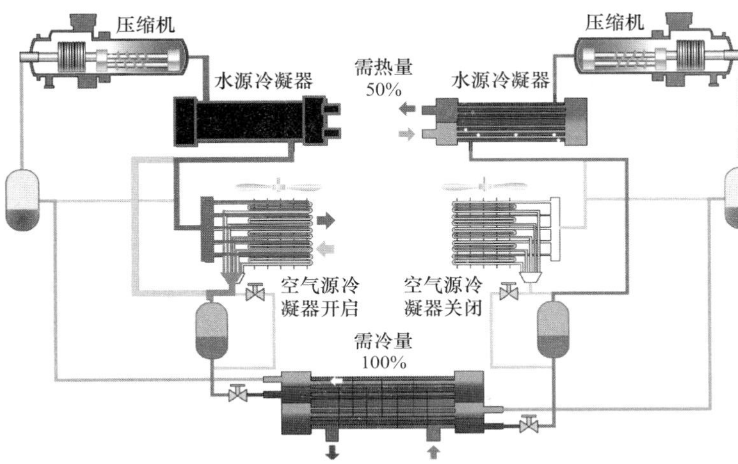

图 7　需冷量大于需热量时四管制机组工作原理图

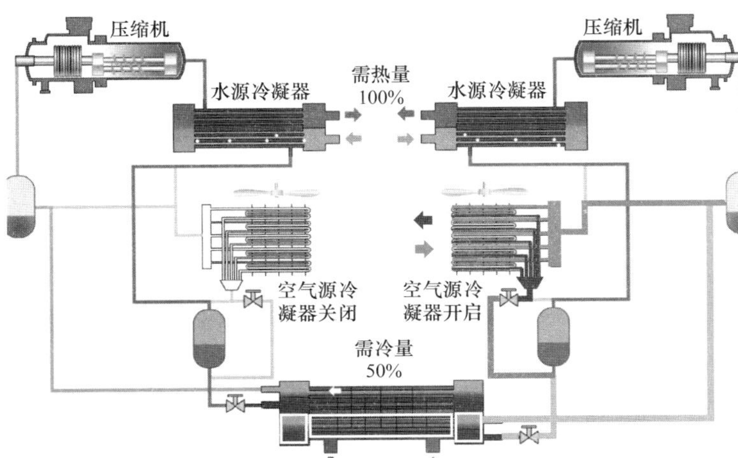

图 8　需冷量小于需热量时四管制机组工作原理图

(7) 空气源四管制冷热水机组冷凝热富余量计算见表 5。

空气源四管制冷热水机组冷凝热富余量　　　　**表 5**

制热量（kW）	台数（台）	机组冷凝热产量（kW）	空气处理露点加热需热量（kW）	机组冷凝热富余量（kW）	夏季空调负荷率（%）	夏季冷凝热每日富余量（kWh）
399.6	2	799.2	137.14	662.06	43.19	6862.65

3 生活热水制备方案比较

(1) 生活热水用水量计算见表 6。

生活热水用水量计算 **表 6**

建筑名称	用水名称	数量				用水定额			最高日用水量 (m^3/d)	使用时间 (h)	小时变化系数 (%)	最大小时用水量 (m^3/h)
		(人)	(次)	(床)	(%)	[L/(人·班)]	[L/(人·次)]	[L/(人·床)]				
门诊部分	医务人员	200				130			26	8	150	4.88
	门诊		600				13		7.8	8	120	1.17
病房部分	病床			200				200	40	24	200	3.33
未预见水量					10				7.38	24	200	0.62
合计									81.18	24	200	10

(2) 生活热水耗热量计算见表 7。

生活热水耗热量计算 **表 7**

建筑名称	最大小时用水量 (m^3/h)	热水温度 (℃)	自来水温度 (℃)	最大小时耗热量 (kW)	最高日需热量 (kWh/d)
门诊部分	4.88	60	22	215.10	
	1.17	60	22	185.84	
病房部分	3.33	60	22	529.47	
未预见水量	0.62	60	22	97.69	
合计	10			1028.1	3581.84

(3) 传统空气源热泵辅助太阳能热水器初投资见表 8。

传统空气源热泵辅助太阳能热水器初投资 **表 8**

真空管集热器面积 (m^2/台)	集热器台数 (台)	集热器总面积 (m^2)	集热器单价 (元/m)	集热器投资 (万元)	空气源热泵规格型号			空气源热泵台数 (台)	空气源热泵单价 (元/台)	空气源热泵投资 (万元)	总投资 (万元)
					单台制热量 (kW/台)	单台配电功率 (kW/台)	制热能效比				
6.58	81.00	532.98	2000.00	106.60	42.00	9.00	4.67	8	1.50	12	118.60

注：空气源热泵台数，按工作时间 12h/d 确定。

(4) 夏季工况空气源热泵制取热水运行费用见表 9。

夏季工况空气源热泵制取热水运行费用 **表 9**

最高日需热量 (kWh/d)	年夏季工况运行天数 (d)	生活热水需热量 (万 kWh/夏季)	全年太阳能保证率 f(%)	夏季工况运行期间太阳能保证率 (%)	空气源热泵制热量 (万 kWh/夏季)	制热能效比	耗电量 (万 kWh)	电费单价 (元/kWh)	年运行费用 (万元/年)
3581.84	300.00	107.46	45	65	37.61	4.67	8.06	1.00	8.06

注：全年太阳能保证率 f 取值：《全国民用建筑工程设计技术措施（2009） 给水排水》附录 F-2，该市全年太阳能保证率 40%～50%。

(5) 生活热水制备在本项目的解决方案：由表 6、表 5 可知，本项目生活热水最高日需热量为 3581.84kWh/d，小于净化空调系统夏季冷凝热富余量（6862.65kWh/d）。因此，富裕冷凝热足够制取每日的生活热水。依据《综合医院建筑设计规范》GB 51039—2014 第 6.4.5 条："为防治军团菌的滋生，生活热水系统的水加热器出水温度不应低于 60℃，系统回水温度不应低于 50℃"。由于为净化空调系统提供冷热水的四管制冷热水机组，热水的经济运行供/回水温度为 45℃/40℃，不能满足《综合医院建筑设计规范》对于医院供回水温度的要求，同时生活热水的水量消耗也无法满足空调热水恒流量循环的要求。因此，生活热水的制备需单设小型水源热泵机提取 45℃/40℃空调循环热水中的冷凝热，用于制取供/回水温度为 60℃/50℃的生活热水。三个完全独立的水系统构成六管制多功能冷热水机组，分别供给净化空调冷水（供/回水温度 7℃/12℃）、净化空调热水（供/回水温度 45℃/40℃）、生活热水（供/回水温度 60℃/50℃）。工作原理：在原四管制热泵机水冷冷凝器上串接小型水源热泵机即该小型水源热泵机作为空调热水系统的一个负荷末端，吸取空调热水中的冷凝热制取满足供水温度为 60℃的生活热水（见图 9）。

串接小型水源热泵机热力过程压焓图见图 10。

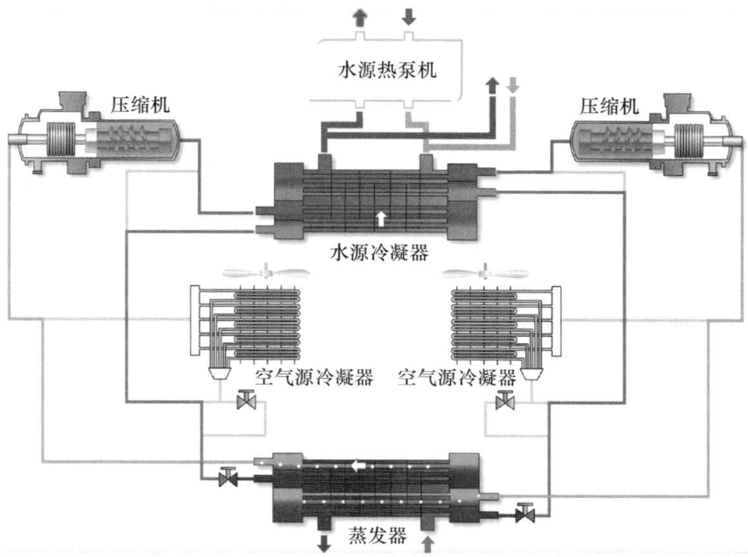

图 9 六管制多功能冷热水机组工作原理图

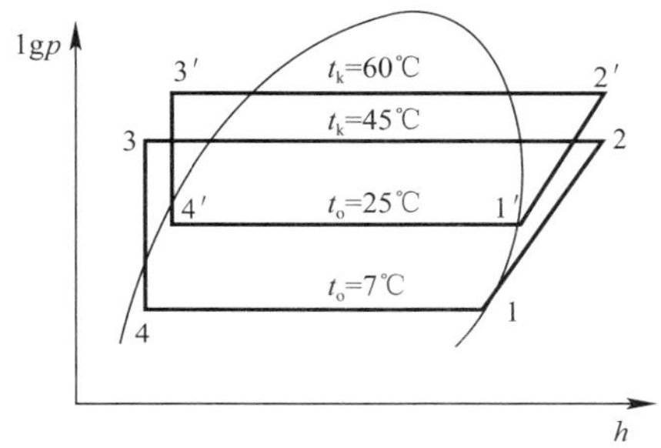

图 10 串接小型水源热泵机热力过程压焓图（1′—2′—3′—4′）

（6）本项目采用六管制多功能冷热水机组，制取空调冷水、空调热水和供给 60℃ 的生活热水。六管制多功能冷热水机组选型及综合能效比计算见表 10。

（7）六管制多功能冷热水机组夏季工况运行制取生活热水运行费用计算见表 11。

（8）生活热水制备方案初投资、运行费用比较见表 12。

六管制冷热水机组综合能效比 **表 10**

制冷量（kW/台）	制热量（kW/台）	输入功率（kW/台）	水源热泵蒸发器进水温度 45℃，冷凝器热水出水温度 60℃，制热量修正系数		实际制热量（kW/台）	实际输入功率（kW/台）	台数（台）	制冷能效比	制热能效比	综合能效比
			制热量工况系数	输入功率工况系数						
348.00	443.00	101.00	1.10	0.68	489.07	68.68	2.00	3.45	7.12	10.57

六管制冷热水机组夏季工况制取生活热水运行费用 **表 11**

最高日需热量（kWh/d）	年夏季工况运行天数（d/年）	夏季工况运行期间生活热水需热量（万 kWh/夏季）	制热能效比	耗电量（万 kWh/夏季）	电费单价（元/kWh）	年运行费用（万元/年）
3581.84	300.00	107.46	10.57	10.17	1.00	10.17

生活热水制备方案比较 **表 12**

方案	初投资（万元）			夏季工况运行耗电（万 kWh/年）
	太阳能集热器	热泵	合计	
传统——空气源热泵辅助真空管太阳能热水器	106.60	12	118.60	8.06
本项目——六管制多功能冷热水机组	0	9	9	10.17

注：六管制多功能冷热水机组初投资为制取生活热水串接小型水源热泵机组按 2 台、每台配电功率 15kW 计取的初投资。

4 经济效益、环保效益汇总

（1）初投资汇总见表13。

初投资汇总　　　　表13

设计方案	初投资(万元)			初投资节省(万元)
	净化空调露点空气加热	生活热水制备	合计	
传统——净化空调露点空气加热采用电加热、生活热水采用空气源热泵辅助真空管太阳能热水器	72.00	118.60	190.60	
本项目——六管制多功能冷热水机组冷凝废热利用	0	9	9	181.60

本项目所采用的净化空调冷热源方案、生活热水制备方案，节省总投资181.60万元。

（2）运行费用汇总见表14。

运行费用汇总　　　　表14

设计方案	运行费用			节省运行费用(万元/夏季)
	净化空调露点空气加热（万元/年）	生活热水制备（万元/夏季）	合计（万元/夏季）	
传统——净化空调露点空气再热采用电加热、生活热水采用空气源热泵辅助真空管太阳能热水器	42.65	8.06	50.71	
本项目——六管制多功能冷热水机组冷凝废热利用	0	10.17	10.17	40.54

本项目所采用的净化空调冷热源方案、生活热水制备方案，节省运行费用40.54万元/年。

（3）耗电量汇总见表15。

耗电量汇总　　　　表15

设计方案	耗电量/(万kWh/夏季)			节电量(万kWh/夏季)
	净化空调露点空气加热	生活热水制备	合计	
传统——净化空调露点空气加热采用电加热、生活热水采用空气源热泵辅助真空管太阳能热水器	42.65	8.06	50.71	
本项目——六管制多功能冷热水机组冷凝废热利用	0.00	10.17	10.17	40.54

本项目所采用的净化空调冷热源方案、生活热水制备方案，节电40.54万kWh/年。

（4）节能减排汇总见表16。

节能减排汇总　　　　表16

分项名称	污染物指标		年节省电(万kWh/年)	污染物减排量(万kg/年)
	kg/(kWh)	g/(kWh)		
消耗标准煤	0.36		40.54	14.59
产生烟尘	17.52		40.54	710.19
产生CO_2	0.96		40.54	38.91
产生SO_2		64.38	40.54	2.61
产生NO_x(g)		31.74	40.54	1.29

本项目所采用的净化空调冷热源方案、生活热水制备方案，节约标准煤145.90t/年，减少其他污染物排放见表15。

5 结语

医院净化空调系统区域，空调运行需要很高的冷负荷，同时向大气排放出更多的冷凝废热。同时，现行净化空调空气处理露点再热、生活热水制备又消耗了大量的电力。因此，摒弃传统习惯作法、打通专业技术壁垒，利用现代科技手段把制冷产生的冷凝废热用作空气处理露点再热和生活热水加热热源，可以产生良好的经济效益、社会效益和环保效益。该废热利用综合技术一套设备解决三项功能需求，使得琼海市妇幼保健院新建妇幼保健综合楼机电系统配置大大简化、初投资大大节省、运行费用大大节省，运行将更加可靠，自动化程度将更高，也将显著降低操作人员的劳动强度，值得在行业内大力推广。

参考文献

[1] 李宜浩. 江苏省人民医院ICU病房净化空调设计[J]. 通风除尘，1996，4：21-23.

[2] 李宜浩. 人工辅助生殖研究中心手术部净化空调设计[J]. 暖通空调，2002，32（6）：67-70.

夏热冬冷地区建筑能源科学利用的技术路径研究

中信建筑设计研究总院有限公司　陈焰华☆

摘　要　本文通过对建筑能源特性及夏热冬冷地区气候特点的研究，提出了夏热冬冷地区建筑能源科学合理利用的技术路径，既要坚持集中与分散相结合的多元化的城市建筑能源发展路线，又要推进可再生能源与常规能源的综合高效利用，实现城市建筑能源利用的低碳化和可持续发展。

关键词　夏热冬冷　建筑能源　可再生能源　技术路径

0　引言

夏热冬冷地区是指最冷月平均温度高于0℃但低于或等于10℃，日平均温度低于或等于5℃的天数为0～89d；最热月平均温度高于25℃但低于或等于30℃，日平均温度高于或等于25℃的天数为40～109d的建筑热工设计分区[1]。其气候特点是夏季高温湿热、冬季低温湿冷，全年相对湿度较大。如武汉、上海是典型的夏热冬冷地区，为维持室内舒适的室内环境，全年需要供冷和供暖的时间长达半年以上，其全年室外空气温湿度参数如图1～图4所示。

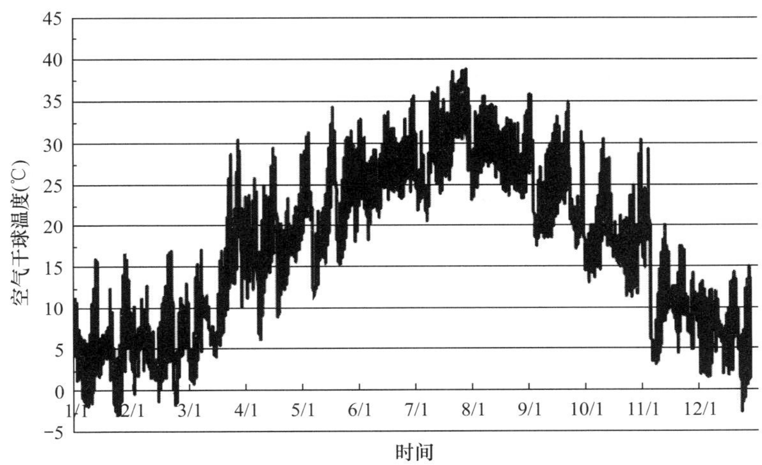

图1　武汉地区全年室外空气温度

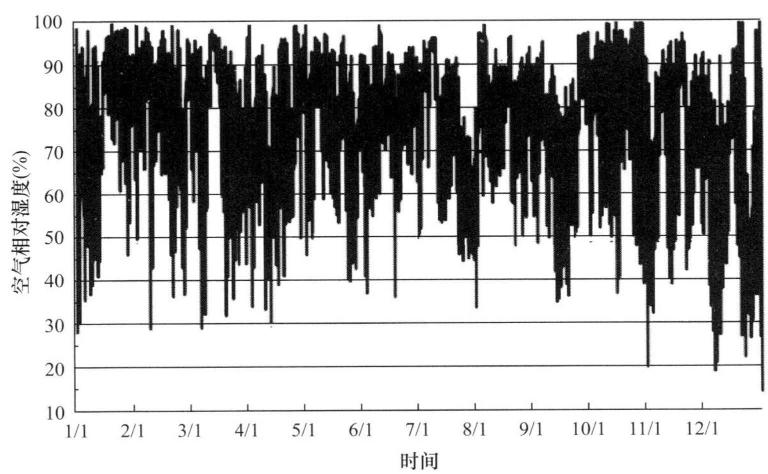

图2　武汉地区全年室外空气湿度

☆　陈焰华，男，副总工程师，正高职高级工程师。通讯地址：湖北省武汉市江岸区四唯路8号，Email：2359961810@qq.com。

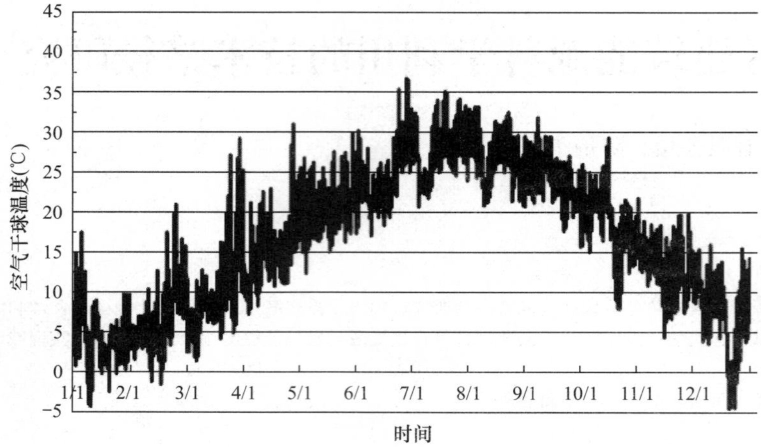

图 3　上海地区全年室外空气温度

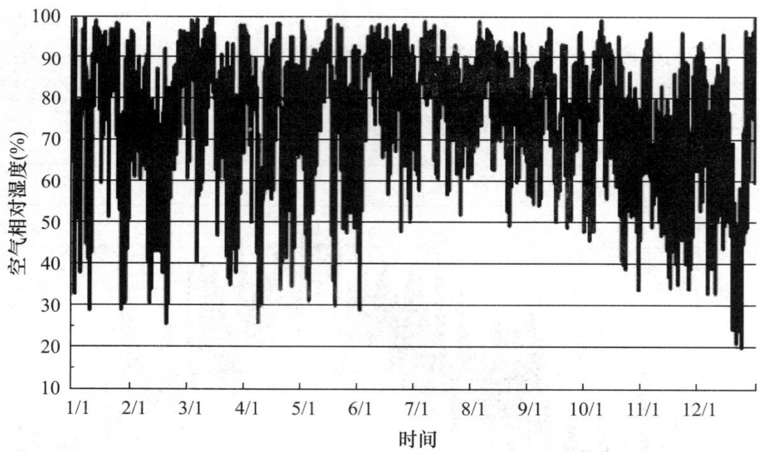

图 4　上海地区全年室外空气湿度

随着经济的快速发展和人们对美好生活的向往，建筑供冷供热和生活热水供应的需求越来越大，但究竟采用何种技术路径和能源供应方式来满足这种快速增长的需求，无论是政府管理部门还是暖通空调行业的研究和准备都是远远不够的，更别说从城市可持续发展和城市能源高效综合利用的高度和视野来进行高屋建瓴的整体规划和顶层设计了。这就导致了建筑供冷供热领域发展方向不清、技术路径不明、各种供冷供热技术形式和设备任由市场盲目发展的混乱现状，节能减排、可再生能源建筑应用和建筑能源综合利用的技术路线很难在建筑工程设计和建设过程中得到落实与执行。如何在对建筑能源特性及各个气候区特点深入研究的基础上，梳理和提出适合当地资源能源禀赋和供应现状的建筑能源科学合理利用的技术路径就尤显迫切和重要。

1　建筑能源特性及可再生能源应用

随着城市建设规模的扩大和高质量发展的推进，建筑工程项目也往大规模、多功能方向发展，特别是城市综合体往往集合了商业、餐饮、酒店、写字楼、文体娱乐及公寓、住宅等多种功能，建筑冷热负荷需求大、种类多（如冷、热、给水、热水、燃气、电力等），但使用时间和对冷热负荷品质的要求又有着极大的差异，这种多功能、多种类的资源能源需求和不同冷热负荷品质的需求，是很难采用一种冷热源或能源供应方式来解决的。

从能源供应种类来说，供电的保证性和结构性的价格调整可能性及幅度均会比较小，且是适应性最广泛的高品位能源，无论是采用冷水机组还是热泵机组供冷，电力都是首选。但使用传统的供热方式只有选择锅炉，锅炉使用化石能源（煤、石油、天然气）且一次能源利用效率低，对环境的影响也较大，无论是污染物的排放还是温室空气体的排放。因此，大规模、多功能的建筑供冷供热方式的选择其实重点应是在对项目资源条件和能源供应状况深入研究后对供热方式的选择，除酒店、医院等生活热水需求较大、要求较高的建筑功能以外，应优先和尽量选择各类热泵技术来解决建筑物的供冷供热问题。

从供热供冷技术来说，每一种技术都依赖于有效的能源供应方式和有着一定的技术应用范围及适宜的技术特性，应在对项目资源条件、能源供应状况和建筑物冷热负荷特性深入研究分析的基础上来选择和耦合相适宜的供冷供热技术方案。比如，夏热冬冷地区的气候特点决定了其公共建筑单位面积的供冷负荷和连续的供冷时间要大于单位面积的供热负荷和连续的供热时间（见图5），采用地源热泵系统供冷供热时，就可以按照冬季的供热负荷来选择热泵机组，夏季高出的供冷负荷可以采用常规的冷却塔散热的冷水机组进行复合，既满足建筑物供冷供热需求，又能够合理降低工程造价。通过适宜的多种供冷供热方式复合来实现最大限度的可再生能源利用及建筑能源综合利用的高效性。再比如，地源热泵与水蓄冷、冰蓄冷或热源塔技术的组合和复合应用；大规模、多功能城市综合体可再生能源与常规能源，高电压冷水机组或热泵机组，调峰或高保障度的热水锅炉的组合等。选择的原则是建筑能源的安全性、保障度、中长期各种能源价格的均衡配置及使用的稳定性、可持续性。比较的因素则有各种技术方式技术特性的有效发挥、系统组合的灵活性、可调节性及可操作性、系统的一次投资及运行的高能效。

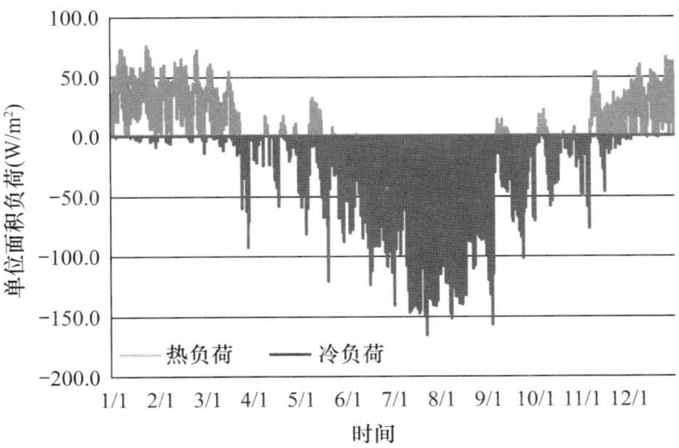

图5　夏热冬冷某地区办公建筑全年逐时负荷

夏热冬冷地区之所以能够大力推广可再生能源在建筑中的应用，这其实是由建筑能源的特性所决定的。建筑能源无论是从供冷还是供热的需求来看，其所要求的能源品位都是不高的。供冷时除了降温，对南方地区来说还需要除湿。

供冷时，东南地区因为相对湿度大，需要降低制冷时的供水温度，而西北地区则可以根据气候条件适当调高供水温度，甚至利用蒸发式空调或直接利用干空气能带走室内的余热余湿负荷，达到降温除湿的目的。从这个角度上来说，在保持相同室内温湿度条件下，西北地区供冷时其能耗要小于东南地区。而供暖则相反，西北地区室外温度相对较低，且低温持续时间较长，其供暖负荷和能耗就肯定会大于东南地区。在建筑物普遍执行节能标准的情况下，北方连续供暖其维持室内合适温度所需求的供热量和供暖热水温度都不会太高，采用散热器供暖时其供/回水温度按规范要求在75℃/50℃[2]，采用空调末端其供/回水温度为60℃/45℃，采用辐射供暖时供/回水温度在45℃/35℃即可。室外热力管网在智能控制的情况下可以通过气候补偿器的设置，根据室外温度的变化情况来实时调节管网的供水温度和温差，实现最大限度的能源节约。

如上文所述，传统的供暖方式只能通过城市热网或区域锅炉房来进行供热，锅炉只能通过化石能源（煤、石油、天然气）的燃烧来产生热量，环保的限制燃煤锅炉已被替换和拆除，由于安全性和价格等因素，燃油锅炉已很少使用，多使用清洁和高品位的天然气。天然气虽相对清洁，但毕竟还是有污染物的排放，冬季供暖高峰时往往供应不足且其价格上调的可能要远大于电力。从能源利用的角度来看，天然气属于化石能源具有不可再生性，最主要的是高品位的天然气若仅用于本就要求温度不高的建筑供暖，其高能低用并造成大量的能源浪费就是极为不值或不当的。锅炉燃烧时其炉膛温度高达1000℃以上，而建筑物供暖即使温度要求最高的散热器也就75℃/50℃，另外几百度的温度就无谓地被锅炉烟囱排放掉了。本身天然气锅炉的设置在城市主城区人员密集的区域一直是困扰建筑师和暖通工程师的问题，燃气安全性、泄爆、疏散、事故通风、进风排气、烟囱的设置和烟气的排放，任何一个问题都不是那么容易解决的。

回到建筑能源的需求和特性，实际上可以很清晰地看到，热泵就能够很好地满足其要求，供冷可以根据需要提供相应的冷水温度，供热时标准型的热泵机组（供/回水温度45℃/40℃）能够满足建筑物大部分的需求，特殊情况下（散热器、大空间建筑等）可以采用高温型热泵机组来满足其需求。各类热泵的全年一次能源利用率高达1.21～1.45，而锅炉仅为0.6～0.8。热泵的特性就是利用少量的电能将不能直接利用的低品位、低温能源转移提升为可利用的相对高品位、高温能源，能够满足建筑物的供热需求。而且空气、水体、岩土体、废热等低品位、低温能源都是可以再生和变废为宝的无尽宝藏，因此说以热泵为代表的可再生能源利用是由建筑能源的特性所决定的。在武汉等夏热冬冷地区采用热泵能够满足建筑物供热需求的地区，应大力推广采用各类热泵技术，减少化石能源的消耗，减少污染物和温室气体的排放。“十一五”，“十二五”期间，国家大力支持和发展以太阳能、风能为主的可再生能源，太阳能发电、风电等替代的是燃煤电厂排放的污染物，而各类热泵供暖替代的是供暖锅炉的燃煤和直燃的散煤燃烧所产生的污染物。根据《锅炉大气污染排放标准》GB 13271—2014[3]，燃煤锅炉二氧化硫、氮氧化物和粉尘排放标准分别为400mg/m³、400mg/m³、80mg/m³，而燃煤电厂锅炉执行《火电厂大气污染物排放标准》GB 13223—2011[4]，二氧化硫、氮氧化物和粉尘排放标准分别为100mg/m³、100mg/m³、30mg/m³。供暖锅炉二氧化硫、氮氧化物和粉尘排放分别是电厂锅炉的4倍、4倍和2.5倍。据测算，1t散煤直燃的污染物排放量则是1t工业燃煤经集中减排后污染物排放量的十几倍。由此可见，发展各类热泵等可再生能源利用对于大气污染治理的意义将更加突出。

2　夏热冬冷地区建筑能源科学合理利用的技术路径

从建筑能源特性和夏热冬冷气候条件、资源禀赋、能源供应及利用现状来看，可以清晰地梳理出建筑能源科学合理利用的技术路径。一是，应该依据城市总体规划和城乡建设发展规划，充分利用资源禀赋，坚持集中与分散相结合的多元化的城市建筑能源发展路线；二是采用先进、可靠的技术，以节约能源和提高能源综合利用效率为前提，与可再生能源利用和绿色建筑规划衔接和协调，实现城市建筑能源利用的低碳化和可持续发展。

在此前提下，提出夏热冬冷地区建筑能源科学合理利用的技术路径：

（1）基于夏热冬冷地区的气候条件和建筑能源需求特性，建筑供热应与建筑供冷一起考虑，在满足需求的前提下提高建筑能源的利用效率和使用经济性。

（2）依据工业生产的需要合理进行新建热电联产电厂的布局，并与现有热电厂统筹考虑、统一规划、分期实施，利用热电联产电厂余热实现周边地区建筑的集中供热、供冷。

（3）集中供热管网覆盖的商务区、城市综合体、工业园区、大学城等建筑冷热负荷密度大、建筑冷热负荷需求稳定的区域，优先利用热网的蒸汽（高温热水）或可再生能源热源点建设多能互补区域能源站，为周边建筑供热供冷，提高城市综合服务功能，提高集中供热供冷系统的综合利用效益。

（4）集中供热管网未覆盖的商务区、城市综合体、工业园区、大学城等建筑冷热负荷密度大、建筑冷热负荷需求稳定的区域，应积极发展可再生能源与常规能源复合利用或天然气冷热电三联产等分布式区域能源系统，实现能源的合理和梯级利用，提高能源综合利用效率。

（5）其他区域应依据资源条件使用利用浅层和中深层地热能、空气能、太阳能等可再生能源的各类热泵（水地源热泵、中深层地热能、热源塔热泵、空气源热泵、燃气热泵、太阳能等）技术进行供热供冷。因资源条件受限或确需通过锅炉供热才能满足使用要求时，否则不应采用锅炉供热。

（6）除建筑供冷供热需求外，生活热水需求量也越来越大，18层以下的居住建筑和宾馆、医院等有稳定热水需求的公共建筑，可再生能源热水系统使用比例应达到100%[5]。居住建筑应采用太阳能热水或空气源热泵热水系统供应生活热水，不应采用电热水器制取生活热水。

从城市发展和建筑能源利用历程来看，大型公共建筑的能源需求和能源消耗都远高于居住建筑和一般公共建筑，也正因为其冷热负荷需求密度大、要求高，大家就习惯于采用传统的冷水机组加锅炉的冷热源供应方式来解决其供热供冷问题，造成能源利用效率低和对环境影响大的痼疾。国家建筑节能减排战略的推进和绿色建筑发展的路径表明，建筑是城市的重要组成，从一个区域视角将它们变得更智能和互联互通可以为整个城市和社会带来真正的价值。资源共享、能效提升、能源综合利用、可再生能源使用、供需冲击的适应性和互补性是区域内各个建筑联合必然会带来的益处。随着城市化进程的加快和城市建设的发展，城市范围内的供热和供冷需求正稳步增长，智能区域能源系统解决方案可以比传统能源利用方式更好地使用一次能源流和更具成本效益地整合可再生能源资源进入供热和供冷领域，绿色低碳社区将在可持续能源系统革命中起着重要的抓手作用。

由于城市形式的多样性和复杂性，以实现区域能源相关目标为目的的能源规划和能源利用就必须建立在城市建筑能源利用顶层设计和整体性、综合性的基础上，包含评估、协调和整合各方需求、利益及对能源供应种类、利用形式与相关技术的比较剖析和深入研究，这也就是夏热冬冷地区建筑能源发展和可再生能源建筑应用需要研究的主要问题，也是夏热冬冷地区建筑能源科学合理利用技术路径选择需要解决的主要问题。

3 工程应用案例

位于武汉的国家网络安全人才与创新基地一期工程区域能源规划，就充分地利用区域水系（径河）的自然能源和数据中心的余热来实现区域能源综合利用和可再生能源建筑应用。

该项目总建筑面积150万m^2，集中能源站供冷供热总建筑面积为882651m^2，考虑基地建筑使用功能和供冷供热需求后，最终确定基地总冷负荷为58.8MW，总热负荷为33.4MW。基地北面规划建设3栋大型数据中心和4栋中型数据中心，合计装设21000台机柜。预计2019年年底2000台机柜投产，可提供约4.8MW的余热，以后每年新增约3000台机柜，每年可新增约7.2MW的余热。待21000台机柜全部投产，各机柜的发热量达到峰值后，最大可供余热达到100MW[6]。可以看到，数据中心的发热量大，供应稳定，热源品位高，是空调和生活热水系统优质的热源来源，因此规划基地的热源主要由数据中心的余热提供（见图6）。

该工程能源综合利用方案在对场地资源条件和入驻建筑使用要求深入分析和研究的基础上，充分利用径河所蕴藏的不能正常使用的低品位自然能源，在夏季辅助冷却塔为制冷系统运行时降温。冬季利用数据中心18℃的本来需要排放到大气的余热作为热源，通过热泵机组提升温度后为空调系统供热和供应生活热水。同时，热泵机组可提供12℃的中温冷水，为数据中心提供免费冷源。该合作方式是一种双赢的能源利用方式，真正实现了能源的综合利用。

工程设计实践和建筑能源利用经验表明，单个建筑的能源利用方式和利用效率都没法和区域能源综合利用方式和能源利用效率相比。从能源需求角度来说，使用功能多样、建筑面积较大的建筑综合体或区域范畴内各单体建筑的能源需求一定是多样和互补的，且存在极大的可充分利用的不同时使用系数或高峰用能负荷的错位或平衡，既区域用能负荷绝不是各单体高峰用能负荷的简单叠加。如上述基地集中能源站供应总建筑面积为882651m^2，考虑建筑使用功能、使用时间和对供冷供热负荷进行叠加分析后，最终确定其总冷负荷为58.8MW，总热负荷为33.4MW，约为单体计算负荷总量的75%。

因此，应首先从区域和综合利用的角度来分析、梳理具体项目资源能源的品类需求，如水、电、气或供冷、供热及生活热水的需求，然后基于不同时段对各种资源能源的实际需要量并结合当地资源禀赋、能源供应状态和价格来建构多能互补的综合能源供应方式和体系，实现按需供给。在此情形下，区域能源的综合利用就能够因地制宜地与可再生能源利用相结合，实现区域能源供应的清洁、高效、低碳、安全，实现各种能源的平衡、互补和发挥其综合效益。

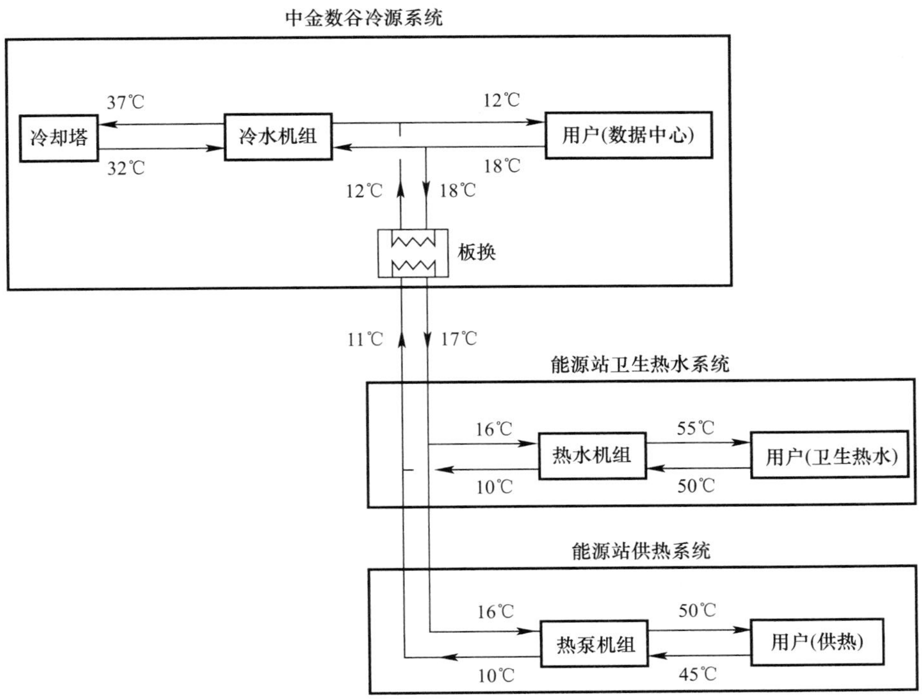

图 6　余热利用示意图

参考文献

［1］　中国建筑科学研究院．民用建筑热工设计规范．GB 50176—2016［S］．北京：中国建筑工业出版社，2016.

［2］　中国建筑科学研究院．民用建筑供暖通风与空气调节设计规范．GB 50736—2012［S］．北京：中国建筑工业出版社，2012.

［3］　天津市环境保护科学研究院，中国环境科学研究院．锅炉大气污染排放标准．GB 13271—2014［S］．北京：中国环境科学出版社，2014.

［4］　中国环境科学研究院，国电环境保护研究院．火电厂大气污染物排放标准．GB 13223—2011［S］．北京：中国环境科学出版社，2011.

［5］　武汉市城乡建设委员会．市城建委关于进一步加强可再生能源建筑规模应用和管理的通知（武城建〔2013〕139 号）［Z］．2013.

［6］　中信建筑设计研究总院有限公司．国家网络安全人才与创新基地一期工程区域能源规划［R］．2018.

基于自然能源的生态城区建筑能源综合利用

中信建筑设计研究总院有限公司　於仲义☆　陈焰华　雷建平　金碧辉　汤小亮

摘　要　基于中法生态示范城自然资源禀赋条件分布情况，结合生态城发展定位和上位规定，提出了建筑能源使用以各类热泵、太阳能建筑应用为重点，整体推进，规模化应用的基本原则。针对建筑群负荷分布密集的特点，给出了天然气冷热电三联产、地表水地源热泵集中供冷供热和浅层地热能利用技术方案，并进行了可再生能源在建筑中利用的效益分析。

关键词　自然资源　地热能　天然气三联产　效益分析

1　生态城基本情况

中法生态示范城位于武汉市西部，北抵汉江、南至马鞍山及后官湖生态绿楔、西达凤凰山产业园、东接三环线，总面积约 39km²，拟建总建筑面积约为 1300 万 m²。生态城区的区位及交通优势独特、生态环境优美、文化底蕴深厚、产业基础雄厚、法资企业和法籍人员高度密集。高铁、城铁、高速、环线、地铁、快速路等综合交通设施连通区内外，可实现武汉三镇和武汉城市圈的快速直达；生态环境优美，临汉江、后官湖，内含什湖和马鞍山；邻近武汉经济技术开发区、武汉临空港经济技术开发区，产业依托优势明显。

结合“创新、协调、绿色、开放、共享”五大上位发展理念，中法武汉生态示范城将建设成为国际绿色低碳型生态新城的中国示范区、中国新型城镇化低碳发展的典范、产城融合发展的生态保护示范区、中法绿色低碳技术合作与交流的平台[1]。依据生态城的发展定位，能源利用将以“绿色低碳、环境友好”为理念，综合发挥各种能源优势，实现能源综合高效利用。

2　生态城区自然能源条件

2.1　太阳能资源

生态城区所在地年太阳总辐照量在 3200～4800MJ/m² 之间，年日照总时数为 1100～2000h，太阳总辐射主要集中在 7、8 月份，为 930～1100MJ/m²，占全年总辐照量的 25%左右，日照充足，均集中于春、夏、秋三季，年平均气温为 16.5℃，具有明显的温光同季的特点。

2.2　地热能资源

生态示范城地处江汉平原向鄂南丘陵延伸的过渡地带，地势低，中部高，向东倾斜。北有汉水逶迤西来，南有长江浩瀚东去，东荆河自西向东横切全境，构成三面环水之势。全区内岩土体导热性能较好，可钻性强，成本低，大部分区域岩土体可作为蓄热体，适宜用于地埋管地源热泵系统。依据武汉地质工程勘察院《武汉市浅层地温能调查评价》报告，预测中法生态城浅层岩土体可利用资源量为 1.95×10^{13}kJ，折合标准煤 111 万 t；地表水可利用资源量为 2.72×10^{11}kJ，折合标准煤 1.55 万 t；地下水资源相对缺乏，断续分布，富水性不均匀，不适宜采用地下水地源热泵技术[2]。

由于生态城区位于龙阳湖—王家店倒转背斜西段，上部基岩为良好的热储盖层；下部有奥陶、寒武系灰岩，岩溶地下水较发育，是潜在地热储层；加之区内舵落口断层、蔡甸断层、独山—新添铺断层、肖家咀—石头咀断层等沟通深部热源，具备深层地热资源赋存条件。

2.3　污水资源

蔡甸污水处理厂已有 5 万 m³/d 的处理能力，近期规划建设 10 万 m³/d 处理规模，其中 5 万 m³/d 为再生水生产工艺；附近黄金口污水处理厂可提供 1.5 万 m³/d 的集中污水处理规模，污水集中可利用资源丰富，如图 1 所示。

3　建筑能源综合利用

3.1　建筑能源利用基本原则

通过中法生态示范城建筑功能布局和资源条件分析，结合武汉市建筑能源综合利用经验，本区域建筑能源使用以各类热泵、太阳能建筑一体化应用为重点，以重点区域和集中连片应用为载体，整体推进，规模化应用，其基本原则如下：

(1) 居住建筑生活热水供应：采用太阳能热水系统供应生活热水，屋顶面积受限时，可按户安装壁挂式集热器太阳能热水系统，下部楼层（一般六层以下）太阳能辐射被遮挡时，设置空气源热泵热水器供应生活热水，不应采用电热水器、燃气热水器制取生活热水。

居住建筑供冷供暖：采用分体式热泵空调器，燃气壁挂炉供暖和供应生活热水；高档居住建筑可采用户式空调系统（空气源热泵、多联机空调系统）供冷供热，具备资

☆　於仲义，男，博士，建科院副总工程师，正高职高级工程师。通讯地址：湖北省武汉市江岸区四唯路 8 号，Email：15327197712@189.cn。

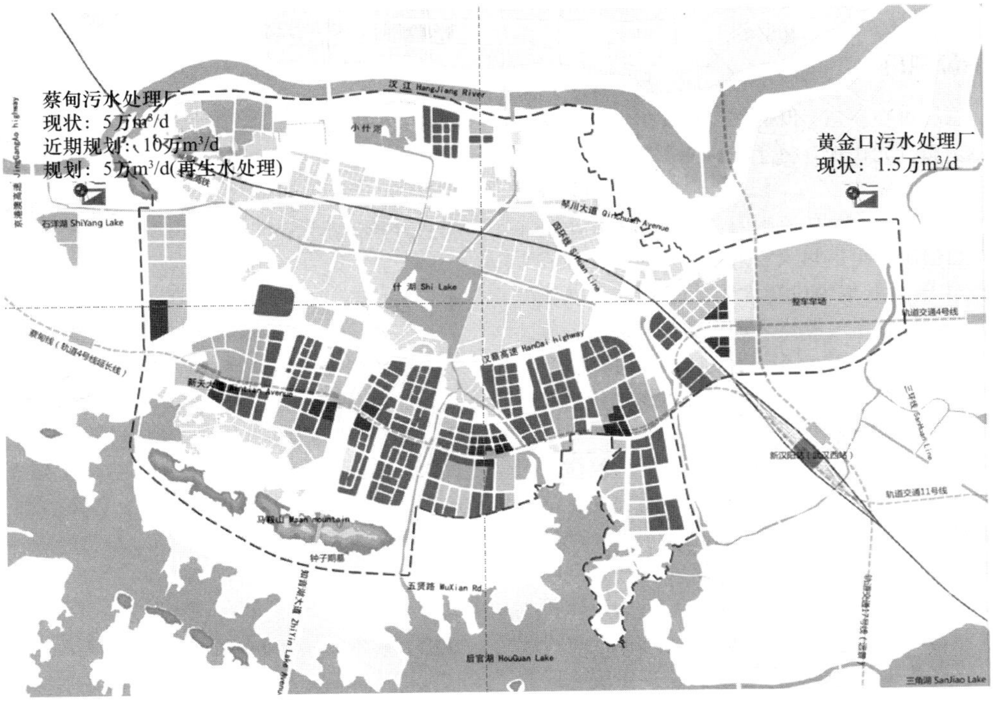

图 1 生态城污水处理厂分布

源条件和技术经济合理时可采用地源热泵、燃气热泵集中供冷供热，不应采用锅炉供热。

(2) 开发强度大、公共建筑集中建设区域，建筑供冷供热需求大、负荷密度高，统一建设分布式能源站，分布式能源站采取特许经营模式，区域内覆盖的建筑物通过能源站集中进行供冷供热，不应自行设置能源供应系统。

(3) 政府办公建筑、财政投资和公益性公共建筑应采用可再生能源（地源热泵、空气源热泵、多联机、热源塔等空调系统）辅以燃气热泵供冷供热，如市民文化活动中心、新媒体文化中心、体育中心、规划展示馆、两湖书院、行政办公中心、中法文化中心和农业可持续发展研究中心等。

(4) 其他公共建筑应优先采用可再生能源（地源热泵、空气源热泵、多联机、热源塔等空调系统）辅以燃气热泵供冷供热，如资源条件受限或确需通过锅炉供热才能满足使用要求时，否则不应采用锅炉供热。

(5) 依据生态区内中深层地热资源勘探和评估，统一规划集中利用。

3.2 能源综合利用设施

3.2.1 天然气冷热电三联产能源站

马鞍山社区周边均是待开发的重点区域，分布着中等强度开发地块、行政办公用地等，具有负荷集中、分布紧凑的特点，基本在天然气冷热电三联产能源站 2.0km 范围内，利用天然气作为驱动燃料建设冷热电三联产系统满足该区域建筑物供电、供冷和供热需求。

在经济服务半径 2.0km 范围内，总峰值冷负荷为 198.1MW，总峰值热负荷为 95.8MW。考虑冷热负荷同时使用情况，同时使用系数为 0.5，设计冷负荷为 99MW，设计热负荷为 48MW。根据中法生态示范城建设时序，分为 2 个阶段建设。第一阶段选用 5 台燃气内燃机发电机组（额定发电功率 4.4MW），一对一配置 5 台燃气热水型溴化锂吸收式热泵机组（无补燃，制冷量 3.9MW，制热量 3.9MW），一对一配置 5 台燃机配套缸套水换热机组，6 台离心式冷水机组（4 台制冷量为 6.3MW，2 台制冷量为 3.2MW），同时两个蓄冷罐（有效体积为 5000m^3）和一个蓄热罐（有效体积为 800m^3）。第二阶段新增 5 台燃气内燃机发电机组，一对一配置 5 台燃气热水型溴化锂吸收式冷热水机组（无补燃，制冷量 3.9MW，制热量 3.9MW），一对一配置 5 台燃机配套缸套水换热机组，5 台离心式冷水机组（4 台制冷量为 6.3MW，1 台制冷量为 3.2MW）。

3.2.2 污水源热泵能源站

依据蔡甸污水处理厂再生水回用管道敷设和再生水资源条件，在新天大道西侧设置再生水源热泵能源站，建设为能源综合利用示范区，利用再生水通过热泵主机提供冷热水。

考虑到蔡甸污水处理厂远期 5 万 m^3/h 规模的再生水处理工艺，生产的再生水用来满足中法生态示范城生活杂用水，包括房屋冲厕、浇洒绿地、冲洗道路和一般工业冷却水等用水要求，需要敷设管道引至集中建设区，在合适的位置设置再生水源热泵能源站进行供冷供热和生活热水。处理后的中水（尾水）夏季平均温度基本在 28.2℃ 以下，冬季平均温度基本在 8.7℃ 以上，利用热泵主机进行供冷供热的资源条件较好，可设置集中的污水源热泵能源站为周边建筑物提供冷热水。蔡甸污水处理厂再生水处理能力 5 万 t/d，按照温度升高或降低 5℃ 计算，若全部应用污水源热泵可提供冷热量 5.0MJ，可节省供暖用煤

1.1万t左右。

3.3 可再生能源利用

太阳能光伏系统可在新建、既有的工业建筑、文体建筑等建筑物的屋顶布置光伏板，每年一次能源替代量达到1.51万t折合标准煤。

对于建筑楼层数在1～18层范围内，采用在屋顶上集中布置太阳能集热器满足生活热水需求。当建筑楼层数在18层以上时，仅在屋顶上集中设置太阳能集热器无法满足生活热水需求，可结合空气源热泵热水器或高楼层壁挂式太阳能集热器制取生活热水。在居住建筑、康体建筑、医疗建筑等建筑物上设置的太阳能热水系统可供热量折算为标准煤为1.28万t。

对于政府办公建筑、政府投资和公益性公共建筑应积极采用地源热泵系统供冷供热，诸如规划区的市民文化活动中心、新媒体文化中心、体育中心、规划展示馆、两湖书院、行政办公中心、中法文化中心和农业可持续发展研究中心等应采用地埋管地源热泵技术。利用后官湖水体作为地源热泵系统热源，在夏季采取冷却塔作为辅助散热设备可实现制冷，在冬季采用冰源热泵系统可实现供暖，周边商业建筑供冷供热需求。地埋管地源热泵利用岩土体浅层地热能资源的一次能源替代量折合标准煤为1.19万t。

3.4 社会经济效益

中法生态示范城按现有武汉市建筑节能控制指标和建筑能源利用技术，建筑总能耗需求为28.6万tce。通过建筑节能措施和低碳能源技术，分别减少能耗11.4万t标准煤和5.08万t标准煤，共减少42.8万t二氧化碳排放量，并减少水资源消耗和生态破坏。

4 结语

中法生态示范城通过构建安全、稳定、经济、清洁、高效、可持续的建筑能源供应体系，推动能源的梯级利用，大力发展可再生能源，最大限度地降低常规能源消耗，加强能源高效利用，促进常规能源与可再生能源多种能源形式优化组合，很大程度上节约能源，减少碳排放量，实现生态城的“资源节约”与“环境友好”建设。

参考文献

[1] 武汉市国土资源和规划局，中法武汉生态示范城管委会. 中法武汉生态示范城总体规划 [R].

[2] 武汉地质工程勘察院，武汉市建筑节能办公室. 武汉市浅层地温能建筑应用资源分区与评估 [R].

节能

节能技术在大型半导体厂房动力系统的设计与应用

世源科技工程有限公司　张　阳☆
中国建筑西北设计研究院有限公司　冯思舟

摘　要　为充分降低半导体厂房动力系统能耗，本文以西安地区某半导体厂房动力系统设计为例，阐述了大温差技术、10kV 高压技术、全变频技术、制冷机及空压机热回收技术、冷却塔自由冷却等技术在实践中的应用方式。介绍了项目动力系统配置方案，分析了热回收系统运行成本。
关键词　半导体厂房　大温差　10kV 高压　变频　热回收　自由冷却　节能设计

0　引言

2017 年，中国集成电路产业销售规模为 5411.3 亿元，占全球半导体市场规模的 19.4%，占全球集成电路市场规模的 26.4%[1]。我国作为全球上最大的半导体芯片消费市场，长期以来严重依赖进口，贸易逆差持续扩大。为了摆脱当前进口依赖的状况，2014 年，我国成立国家集成电路产业投资基金；2018 年，财政部发布《关于集成电路生产企业有关企业所得税政策》，减免税收，以促进集成电路行业发展。可以预计，今后将会有数千亿元资金注入到半导体产业中，我国半导体项目建设将迎来黄金年代。半导体厂房作为高能耗建筑，水、电、气用量巨大，从厂房动力设计的角度，在保证生产工艺需求平稳可靠的同时，如何降低成本、节约能源也值得探讨。本文以西安地区某半导体厂为例，就节能技术在大型半导体厂房动力系统中的设计与应用进行探讨。

1　项目概况

本项目位于西安市，建筑面积约 20 万 m^2。预计总投资 110 亿元。设计新建 300mm（12 英寸）硅片材料生产线，依据生产功用，主要分为生产主厂房、拉晶厂房、综合动力站及其他辅助建筑。

依据《工业建筑供暖通风与空气调节设计规范》GB 50019—2015[2]，西安地区室外设计参数如下：

大气压力：夏季 959.8hPa，冬季 979.1hPa；

室外空调计算干球温度：夏季 35℃，冬季−5.7℃；

室外空调计算湿球温度：夏季 25.8℃，冬季室外计算相对湿度：66%；

室外通风计算干球温度：夏季 30.6℃，冬季−0.1℃。

本项目各系统负荷需求汇总如表 1 所示。

冷（热）负荷需求汇总表　　**表 1**

建筑	生产阶段	低温冷负荷（5℃/11℃）（kW）		中温冷负荷（12℃/18℃）（kW）					热水负荷（36℃/26℃）（kW）		
		洁净区空调 MAU	办公支持区空调 AHU	洁净区空调 DCC	洁净区空调 MAU	办公支持区、变电室空调 AHU	PCW、UPW	真空、空压	全厂空调 MAU	办公区、支持区、变电室空调 AHU	PCW、UPW
1 号主厂房	50K	1400	3550	1200	4550	1450	395	45	1950	2600	
	300K	1075		4160	3400		1702		1380		
	500K	1575		3190	4930		1304		2090		
2 号拉晶厂	50K	420	1850	1700	1480	650	1381		730	1000	
	300K	40		850	120		6628		60		
	500K	70		950	250		7495		130		
3 号动力站	50K	555				650	377	118	455		4650
	300K						754				4271
	500K						754				4271
其他建筑	50K	798				40			1156		
合计		5933	5400	12050	14730	2790	20788	163	7951	3600	13191

注：AHU（air handling unit）——空气处理机组；MAU（make-up air unit）——全新风空调机组；DCC（dry cooling coil）——干盘管系统；PCW（process cooling water）——工艺冷却水系统；UPW（ultra-pure water）——纯水系统

☆　张阳，男，工程师。通讯地址：北京市海淀区西四环北路 160 号玲珑天地大厦 C 座，Email：zhangyang@ceedi.cn。

2 主要设备配置

本设计由低温冷水系统（含对应冷却水系统）、中温冷水系统（含对应冷却水系统）、热水系统、自由冷却换热系统及空压机冷却水系统组成。

2.1 低温冷水系统

低温冷水主要为厂内洁净室新风机组 MAU 的二级表冷段、一般空调系统 AHU（服务库房、办公房间、化学品供应间）的表冷段等空调设备提供冷源。

系统工作时间：夏季；

系统水温：冷水供/回水温度 5℃/11℃；

冷却水供/回水温度 30℃/36℃。

主要设备配置：3 台制冷量为 1600Rt 的低温离心式水冷冷水机组（两用一备），3 台冷水一级泵及 3 台冷却水泵，5 台冷却塔及 2 组低温冷水二级泵（1 组为 1 号建筑服务，共 3 台；另 1 组为其他建筑服务，共 3 台）。

输配系统采用二级泵变流量设计，可根据末端负荷量调节冷水供水量。

2.2 中温冷水系统

中温冷水主要为厂内新风机组（MAU）、干盘管（DCC）、电气房间空调、建筑内区空调等空调设备及工艺冷却水系统（PCW）、工艺真空机组、纯水制备、压缩空气设备、部分工艺设备等提供冷源。

系统工作时间：全年；

系统水温：冷水供/回水温度 12℃/18℃；

冷却水供/回水温度 30℃/36℃。

主要设备配置：3 台制冷量为 2800Rt 的中温离心式水冷冷水机组，2 台制冷量为 2600Rt 的中温带热回收离心式水冷冷水机组，5 台冷水一级泵及 5 台冷却水泵，14 台冷却塔及 2 组中温冷水二级泵（1 组为 1 号建筑服务，3 用 1 备；另 1 组为其他建筑服务，3 用 1 备）。

输配系统采用二级泵变流量设计，可根据末端负荷量调节冷水供水量。

2.3 热水系统

热水主要为厂内新风机组（MAU）、风机盘管等空调设备及 PCW、纯水制备设备提供热源。

系统工作时间：全年；

系统水温：热水供/回水温度 36℃/26℃。

主要设备配置：热水系统由 3 套热源系统及 2 组二次泵输送系统组成。热源系统包括：（1）空压热回收系统，该系统由 2 台 1300kW 板换换热器及 2 台空压热回收水泵组成；（2）制冷机热回收系统，该系统由 2 台热回收量为 10591kW 的中温带热回收离心式水冷冷水机组及与其配套的热回收泵组成；（3）真空热水锅炉系统，该系统包括 2 台 4200kW 燃气真空热水锅炉、2 台热水循环泵组成。热水二次泵共有 2 组，1 组为 1 号建筑服务，2 用 1 备；另 1 组为 2 号建筑服务，2 用 1 备。

输配系统采用二级泵变流量设计，可根据末端负荷量调节热水供水量。3 套热源系统优先回收空压机组热能，其次回收冷机热能，以真空热水锅炉作为补充热能。

2.4 自由冷却换热系统

自由冷却系统主要为 1 号及 2 号建筑 PCW 系统预冷提供冷源。

系统工作时间：过渡季节和冬季，室外湿球温度≤12℃时；

系统水温：冷却水供/回水温度 16℃/22℃。

主要设备配置：3 台自由冷却水泵、低温冷水系统对应的冷却塔及综合动力站内的原水池。

2.5 空压机冷却水系统

本系统为空压机提供冷却水。

系统工作时间：全年；

系统水温：空压冷却水供/回水温度 32℃/38℃。

主要设备配置：屋面冷却塔（共 14 台，与中温冷水系统共用），3 台空压机冷却水泵（2 用 1 备）。

冷却水经屋面冷却塔冷却后，由空压机冷却水泵输送至空压机，为空压机冷却降温，出空压机后根据需求一部分与热水换热，回收空压机废热，多余部分上冷却塔散热。

3 主要节能技术应用分析

半导体厂房是以完成生产任务为目标的建筑物，动力系统作为辅助工艺的重要部分，其能耗巨大。本项目采取了以下节能措施。

3.1 冷水、冷却水大温差运行+降低冷却水温度

在国内的空调设计中，冷水机组冷水的额定供/回水温度一般设计为 7℃/12℃，冷却水为 32℃/37℃，温差为 5℃。本项目设计 6℃供回水温差，其供/回水温度分别为低温冷水 5℃/11℃、中温冷水 12℃/18℃、冷却水 30℃/36℃。

大温差系统的特点是在保持冷水机组供冷能力不变的基础上，增大供回水温差，减少输配系统水流量。由于厂区面积大，冷水管路输送距离较长，一、二级泵累计扬程在 48m 左右。输配系统流量的减小，可明显降低冷水泵及管路系统的初投资，同时冷水泵功耗也随之减小，项目运行费用降低[3]。

西安地区夏季空气调节室外计算湿球温度为 25.8℃[2]，考虑 4℃降温裕度，确定冷却塔出水温度 30℃，冷却塔进水温度 36℃。经测算，以 2000Rt 冷水机组为例，相对于标准工况，冷却塔能耗增加约 13%，冷却水泵能耗减少约 26%，冷却水系统总能耗约减少 13%。

同时降低冷却水进出口温度，可大幅提高制冷机制冷效率，降低能耗。依据《工业建筑节能设计统一标准》[4]，当水冷离心机＞2110kW 时，额定制冷量的性能系数 $COP \geqslant 5.7$、综合部分负荷性能系数 $IPLV \geqslant 5.95$。在当前系统设计条件下，冷却水供/回水温度为 30℃/36℃，本项目各冷水机组的实际性能参数如表 2 所示。

各冷水机组性能系数　　表 2

设备制冷量（Rt）	1600（变频）	1600（定频）	2600（热回收）	2800
制冷性能系数 *COP*	6.062	5.912	6.132	6.199
综合部分负荷性能系数 *IPLV*	8.086	6.368	7.589	7.115

注：各冷机指标均换算为国标工况下的指标。

由表 2 可以看出，降低冷却水温度，额定制冷性能系数 *COP* 至少高出节能标准 3.7%，综合部分负荷性能系数 *IPLV* 至少高出节能标准 7%。

3.2　10kV 离心冷水机组

冷水机组供电采用 10kV 高压供电。同 380V 供电相比，采用 10kV 高压供电可节省制冷机组供电电源变压器、相关设备及材料，并且节省变压器室空间（见图 1）。10kV 高压供电在机组启动时，启动电流小，对电网的冲击较小；在机组运行时，运行电流小，节省电能。同时，降低启动和运行电流，也可降低用电设备和电缆的规格；减少线路的压降和损失。综上，采用 10kV 高压供电，预计可为用户节省配电投资 30%左右[5]。

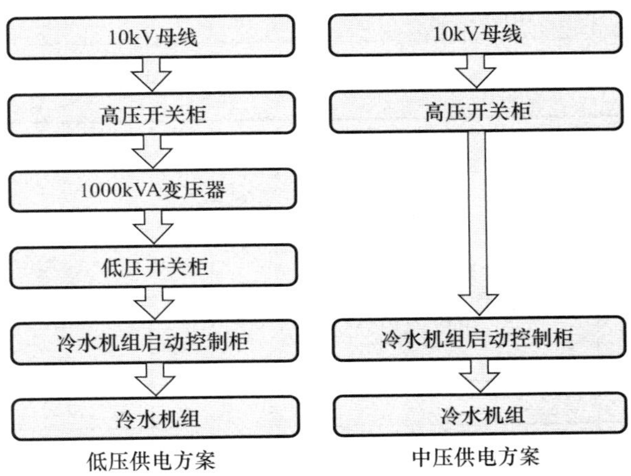

图 1　0.4kV 供电及 10kV 供电的电气简图

3.3　全变频系统

本项目采用冷水机组、冷水一级泵、冷水二级泵及冷却水泵全变频系统。

（1）冷水机组变频。电子厂房全年运行，制冷机组长期处于部分负荷运行的工况。由表 2 可知，相同制冷量条件下，变频机组比定频机组的 *COP* 和 *IPLV* 值高，能耗更低。由图 2 可知，变频离心机在部分负荷下 *COP* 最高，且随着冷却水温度的降低，制冷效率大幅提高。本项目采用变频离心机，配合上述 30℃/36℃的冷却水温度，可有效节约运行费用。

（2）冷水泵变频。冷水二级泵可依据末端负荷状况，调整水泵频率，维持经济运行。冷水一级泵配置变频器，通过检测盈亏管中水流流向，调整水泵频率，维持冷水一、二级环路水流量相匹配，避免出现“倒流”现象。

（3）冷却水泵变频。采用变频的冷却水泵，随制冷机组需求调整冷却水供水量，降低水泵输送能耗和冷却塔风扇的能耗。

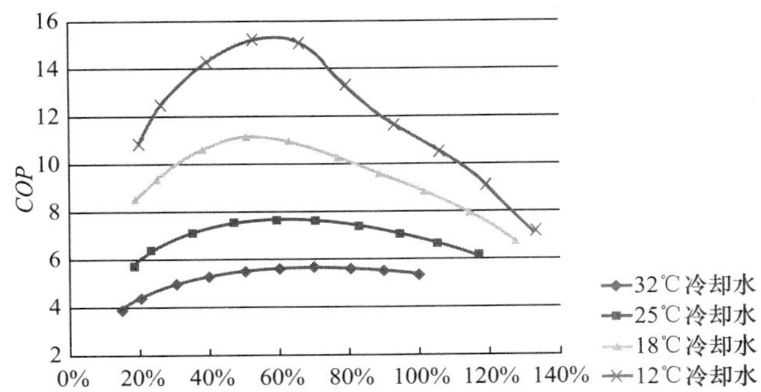

图 2　不同冷却水温度下变频离心机效率 *COP* 变化

3.4　冷水机组及空压机组热回收供热

该厂房中温冷水机组及压缩空气机组均为全年运行。

两台 2800Rt 配有双冷凝器的中温热回收冷水机组共可提供 21182kW 的 36℃/26℃ 热水，占总热负荷的 85.6%；7 台 425kW 的压缩空气机，可产生 38℃/32℃的热排水，考虑 80%的回收率，通过板式换热器，可提供 2380kW 的 36℃/26℃热水，占总热负荷的 9.6%。因此通过热回收系统，共计可满足 95.2%的制热需求。当冬季最冷月热回收制备量不足以满足使用需求时，可开启备用的两台 4200kW 的天然气锅炉，直接为厂房提供热水。

3.5　冷却塔及原水池自由冷却

在过渡季节和冬季，低温冷水机组全部停运，当室外湿球温度≤12℃时，系统进入自然冷却模式，利用低温冷水系统的冷却塔，制备≤16℃的冷却水，供给 2 号建筑 PCW（工艺冷却水）预冷使用，可减少中温冷机负荷。自然冷却系统开启后，根据 PCW（工艺冷却水）回水管温度，控制自然冷却水泵运行频率，使其温度值≮20℃。该系统不新增冷却塔，充分利用现有冷却塔冷却能力。

综合动力站内的原水池储水量为 8250m^3，全年有 300 天以上水温均≤15℃。利用水池内的低温水为 1 号建筑 PCW 系统预冷。原水池水量大、温度低，利用水池自身的蓄冷量，可进一步减少制冷机能耗。

此外，本项目动力系统还采用能源计量监控、加/减机组台数逻辑优化、中低温冷水机组互为备用等节能措施，受限于篇幅不再详细介绍。

4　采用节能技术的经济核算

按照传统设计方案，当同时具有冷、热负荷时，通常采用单冷冷水机组＋锅炉的系统形式。表 3 为假设本项目采用中温单冷冷水机组＋锅炉时主要设备年运行费用。

传统方法采用中温单冷冷水机组＋锅炉时，系统除提供中温冷水机组、中温冷水泵及热水泵运行的电费外，尚需为中温冷却水泵、中温系统冷却塔、锅炉鼓风机供电，并且还需为锅炉燃烧提供天然气。而采用中温热回收机组，系统运行费用只包括中温冷水机组、中温冷水泵及热水泵运行的电费，减少了中温冷却水泵、中温系统冷却塔、锅炉鼓风机的运行电费。

在系统初投资方面，热回收机组比单冷机组单价高，但采用热回收系统可减少锅炉台数，综合来看初投资可降低。在系统运行方面，对比表3及表4中数据，当采用热回收系统时，每年可减少电费68万元，同时可节约$2.8\times 10^7 m^3$天然气，综合共计降低运行费用2446万元。由此，在西安地区使用中温热回收机组，在冬季保证正常运行的同时，经济效益显著。

采用中温单冷冷水机组+锅炉时主要设备年运行费用 **表3**

月份 天数	11月 30	12月 31	1月 31	2月 28	3月 31	4月 30	5月 16
中温单冷机组（台）	1	2	2	2	2	2	1
负荷率（%）	80	80	80	80	80	60	80
COP	8.71	8.91	8.91	8.91	8.71	7.78	7.74
锅炉制热量（kW）	12371	19794	24742	24742	24742	19794	12371
制冷机功耗（kW）	840	1642	1642	1642	1680	1411	945
冷水泵功耗（kW）	60	120	120	120	120	90	60
冷却水泵功耗（kW）	148	296	296	296	296	222	148
冷却塔风扇功耗（kW）	74	148	148	148	148	111	74
热水泵功耗（kW）	60	120	120	120	120	90	60
锅炉鼓风机功耗（kW）	42	67	84	84	84	67	42
天然气消耗量（m^3/h）	1296	2074	2592	5184	2592	2074	1296
电费（万元）	46	93	93	84	95	75	27
天然气费用（万元）	107	355	444	801	444	172	57
总运行费用（万元）	153	447	537	885	538	246	84
	2891						

注：1. 天然气热值统一按照8000kcal/m^3计。

2. 所有机组每天运行时间按照24h考虑；电价按0.52元/kWh，天然气价格按2.3元/m^3计。

表4为采用中温热回收系统时主要设备年运行费用。

采用中温热回收系统时主要设备年运行费用 **表4**

月份 天数	11月 30	12月 31	1月 31	2月 28	3月 31	4月 30	5月 16
中温热回收机组（台）	1	2	2	2	2	2	1
负荷率（%）	80	80	80	80	80	60	80
COP	7.79	7.79	7.79	7.79	7.79	7.63	7.63
制冷机功耗（kW）	939	1877	1877	1877	1877	1437	958
冷水泵功耗（kW）	69	138	138	138	138	103	69
热水泵功耗（kW）	60	120	120	120	120	90	60
电费（万元）	40	83	83	75	83	61	22
总运行费用（万元）	445						

5 结语

随着暖通动力行业的长足进步，有诸多新兴技术出现。在半导体行业中有关动力系统节能运用的相关文献较少，本文就半导体行业动力系统设计中可能应用的大温差技术、10kV高压技术、全变频技术、制冷机及空压机热回收技术、冷却塔自由冷却等技术的运用做出说明。但是新技术的使用需建立在有针对性的计算后得出，诸如在降低空调冷却水水温时，需要注意对比冷却塔能耗的增幅是否会超过冷却水泵和水管路减少的能耗；采用高压变频机组时，全压启动对电网冲击较大，当制冷机频繁启停时，需校验是否满足全压启动的条件；制冷机热回收系统需要建立在冬季有稳定冷负荷，且建筑所需热水温度相对较低的前提下；在单台冷水机组制冷量2000Rt以上时，并非所有主机厂家都掌握高压变频离心机的制造技术，因此在方案制定阶段还需要考虑由此带来的招投标问题。设计人员需结合实际能耗及地区特点，选用适宜的方案。

参考文献

[1] 闵钢．中国集成电路产业的基本情况分析［J］．集成电路应用，2018（11）：5-8.

[2] 中国恩菲工程技术有限公司．工业建筑供暖通风与空气调

节设计规范. GB 50019—2015 [S]. 北京：中国计划出版社，2015.
[3] 衡光琳，韩林俊. 冷水大温差运行的适应性研究 [J]. 制冷空调与电力机械，2009，30 (129)：5-11.
[4] 中国冶金建设协会. 工业建筑节能设计统一标准. GB 51245—2017 [S]. 北京：中国计划出版社，2017.
[5] 卢佳，金帅. 大型数据中心 10kV 冷水机组配电整体方案 [J]，建筑电气，2015 (5)：19-24.
[6] 任华华，赵丽华. 热回收在工厂动力系统中的应用 [J]. 洁净与空调技术，2006 (4)：55-58.

低温余热利用及经济性分析

中国市政工程西北设计研究院有限公司　王　磊☆　陈　亮

摘　要　因城市供热系统及末端设备对供暖热媒回水的温度要求，将不能被传统供热系统直接消纳，但有可利用价值的热能视为余热。通过供热方案及技术形式的特殊设置，可将余热进行有效利用。

关键词　余热利用　驱动热源　供热方案对比　经济性分析

1　背景

陕西省某市已建成 $2\times DN1200$ 的长输供热管道，满足城区现状供热面积的供热需求。长输管线回水设计温度为65℃，实际运行参数为55℃，设计流量为10000m³/h，如能将回水温度再降低1℃，则可增加23万m²的供热面积，余热可利用价值突出。

该市近期新增500万m²供热面积，考虑利用高温热源（如蒸汽、燃气）作为驱动热源，从55℃的低温回水中提取热量，制取供热所需热源，将长输干线的热量利用更大化。

2　系统原理

该工程利用长输干线回水管的55℃低温热水，进行余热再利用。采用吸收式溴化锂热泵机组，用高温的驱动热源Q2，驱动低温热源Q1，制取供热所需中温热源Q3（见图1）。

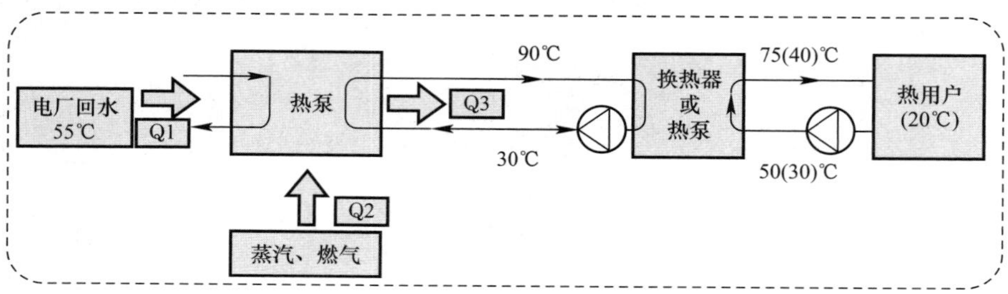

图1　系统流程图

通过热泵制出90℃的热水，供给小区换热站，经换热降温至30℃后，进入热泵。

小区换热站通过板式换热器或热泵，从90℃/30℃的低温热水中置换出75℃/50（40/30）℃的热水，供给热用户端散热器（或低温热水地板辐射），满足供暖的需求。

直接使用天然气作为直燃热源，或者新建蒸汽煤粉热源厂进行驱动。

新建汽水隔压换热站一座，将热源厂生产的蒸汽置换成热媒参数为120℃/60℃的热水，与城区已有的一级供热管网参数（120℃/60℃）相匹配。余热站生产的90℃/30℃的热水在特定条件下可与以上管网相互连通。

3　建设方案

（1）新建余热站一座，将长输干线的余热再利用。

（2）以蒸汽作为驱动热源时，需新建驱动热源锅炉，建设规模为2×100t/h的蒸汽煤粉锅炉。

（3）新建250MW余热站至供热区域各热力站的一级供热管网，热媒参数90℃/30℃。

（4）新建或改建既有热力站，使回水温度降低至30℃，并满足末端供热用户室温要求。

（5）配套建设余热站至用户的一级供热管网。

3.1　余热站

长输干线回水管道运行温度为55℃，热用户端供热的房间温度为20℃，该热源为大于20℃的低品位热源。可通过新建的余热站实现余热水的再利用。城区新增约500万m²的供热面积，可通过余热再利用实现该区域的供热需求。

采用蒸汽（天然气）作为驱动热源，用1份高温的驱动热源，驱动0.7（0.6）份的低温热源，制取1.7（1.6）份供热所需中温热源，$COP=1.7$（1.6）（见图2）。本工程所需热负荷为250MW，所需驱动热负荷为140MW，可从长输干线回水中提取的热负荷为110MW。

3.2　热源厂

结合城市当前对区域内大型锅炉燃料形式的相关规定和要求，选用高效煤粉锅炉作为该项目热源。

☆　王磊，大学本科，工程师。通讯地址：甘肃省兰州市城关区定西路459号，Email：173458343@qq.com。

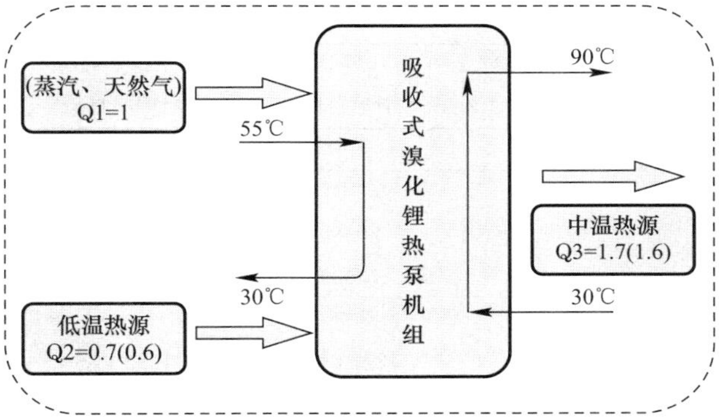

图 2 蒸汽型吸收式热泵流程图

(1) 锅炉作为吸收式热泵机组的驱动热源时，保证吸收式热泵机组正常运行的驱动热媒必须为蒸汽，使用高温蒸汽从低温热水中提取中温热源，将长输干线回水温度再次降低。此时蒸汽参数为 0.1～0.8MPa。

(2) 由于采用热水作为供热介质，具有热能利用率高、调节方便、供热稳定性好等优点，因此吸收式热泵机组处理之后供给城区换热站的热媒确定为低温热水，热水供/回水温度为 90℃/30℃；

根据负荷，建设蒸汽煤粉锅炉作为驱动能源时，锅炉总装机容量为 140MW。选用 2 台蒸汽煤粉锅炉，单台锅炉额定蒸发量 Q=100t/h，p_n=1.6MPa，设计热效率为 90%。

热水供热系统工艺流程如图 3 所示。

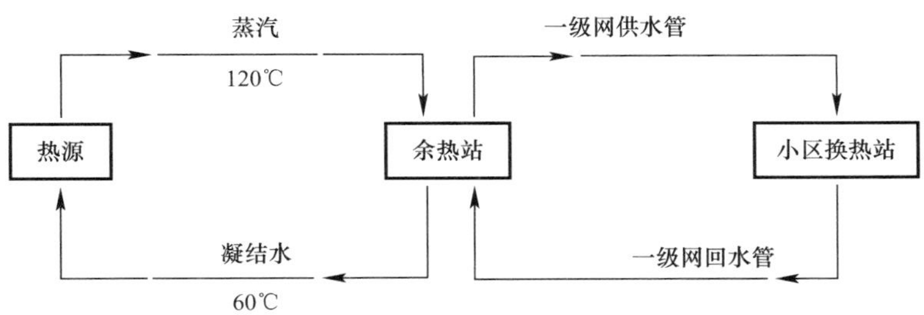

图 3 热水供热系统工艺流程

4 方案对比

4.1 工程内容及投资估算

通过表 1 的建设内容对比可知，两种驱动热源情况下，余热站建设内容及用地面积相当；蒸汽驱动需新建驱动热源，用地面积增加较大。但驱动热源可在城区长输干线系统出现事故时作为应急热源来使用，配套汽水换热站，与城区的供热管网系统相匹配。

蒸汽、燃气驱动系统的建设内容　　表 1

	建设内容	蒸汽驱动	燃气驱动
建设规模	煤粉蒸汽锅炉房	2×100t/h	无
	余热站	250MW	250MW
	城区热力站（暂按 10 万 m² 一座）	50	50
	配套的供热管网（折算）	2×3km，DN800	2×3km，DN800
用地面积		28.7 亩	12.3 亩

通过表 2 的投资对比，相比燃气驱动，蒸汽驱动时，增加煤粉蒸汽锅炉房和汽水换热站的投资，工程总投资较大。

蒸汽、燃气驱动系统的投资对比（单位：万元）

表 2

项目	蒸汽驱动	燃气驱动
煤粉蒸汽锅炉房	12000	无
汽水隔压换热站	4000	无
余热站	5000	5000
城区热力站	5000	5000
供热管网（考虑穿铁路、高速）	3000	3000
建设总投资	25000	13000
项目总投资	26250	13650

4.2 与其他供热形式对比

与其他供热形式的经济性对比如表 3 所示。

4.3 方案对比

(1) 建设投资：天然气驱动＜煤粉锅炉房直供＜天然气锅炉房直供≈新建煤粉锅炉房驱动。

集中供热形式的经济性对比　　表 3

序号	指标名称	单位	蒸汽热源驱动	燃气驱动	360t/h 煤粉蒸汽锅炉直供	250MW 燃气锅炉房直供
1	年购热量	GJ	887264	887264	—	—
2	年耗电量	万 kWh	331.3	331.3	331.3	331.3
3	年耗水量	t	420640	420640	420640	420640
4	年耗煤量	t	67823	—	121116	—

续表

序号	指标名称	单位	蒸汽热源驱动	燃气驱动	360t/h煤粉蒸汽锅炉直供	250MW燃气锅炉房直供
5	年耗天然气量	m^3	—	30441052	—	69184210
一	投资					
1	项目总投资	万元	26250	13650	20580	25725
2	建设投资	万元	25000	13000	19600	24500
二	成本					
1	年均总成本	万元	11312.37	11188.14	12218.03	16920.86
2	年均经营成本	万元	9969.11	10473.75	11155.04	15587.91
3	单位供热面积总成本	万元/m^2	22.62	22.38	24.44	33.84
4	单位供热面积经营成本	万元/m^2	19.94	20.95	22.31	31.18
三	收入及利润					
1	年均营业收入	万元	14500.00	14500.00	14500.00	14500.00
2	年均利润总额	万元	2542.39	2727.88	1748.74	−2570.54
3	年均净利润	万元	2161.03	2318.69	1486.43	−2570.54
4	供热价格	元/m^2	29	29	29	29
5	热量电厂出厂价格	元/GJ	34.4	34.4	—	—
四	财务分析指标					
1	项目财务内部收益率（税后）	万元	11.78%	20.55%	10.53%	−34.55%
2	项目财务净现值（税后）	万元	16636.92	22510.66	10609.96	−33734.99
3	项目投资回收期（税后）	年	8.7	5.9	9.4	—
4	资本金财务内部收益率	%	37.15	71.98	32.89	−50.73
5	总投资收益率	%	10.00	19.57	8.76	−9.11
6	资本金净利润率	%	39.38	77.88	33.75	−48.03

注：供热面积500万m^2，供热负荷250MW，年耗热量2366037.8GJ，劳动定员60人。天然气单价按2元/m^3，水价按2.8元/t，电价按0.7元/kWh计算。

（2）年均供热成本：天然气驱动＜新建煤粉锅炉房驱动＜煤粉锅炉房直供＜天然气锅炉房直供。

（3）投资回收期：天然气驱动＜新建煤粉锅炉房驱动＜煤粉锅炉房直供＜天然气锅炉房直供。

（4）新建煤粉蒸汽锅炉房时，可配套新建汽水隔压换热站作为应急热源，可与长输干线独立运行。

（5）使用天然气锅炉房直供，单价为2元/m^3时，利润为负；单价为1.6元/m^3时，开始盈利。

通过四种供热形式的对比可知，燃气驱动型吸收式热泵方案的工程投资最低，投资回收期最短，经济性最好，建议优先选用燃气驱动方案。

5 结论

（1）热泵提取长输干线回水热量供热的模式在技术和经济上是可行的，相较传统的城区热源厂供热模式，经济优势明显，有利于提高供热单位效益；将既有的长输干线温差拉大，可增加可观的供热面积。

（2）热泵技术方案可选用的驱动热源主要为蒸汽、天然气，通过经济性对比，并结合工程实例可知，天然气驱动方案最佳。

参考文献

[1] 陆耀庆. 实用供热空调设计手册［M］. 2版. 北京：中国建筑工程出版社，2008.

[2] 撒卫华. 溴化锂第一类吸收式热泵的研究及应用［J］. 洁净与空调技术，2010（2）：21-24.

[3] 北京市煤气热力工程设计院有限公司. 城镇供热管网设计规范. CJJ 34—2010［S］. 北京：中国建筑工业出版社，2010.

其他

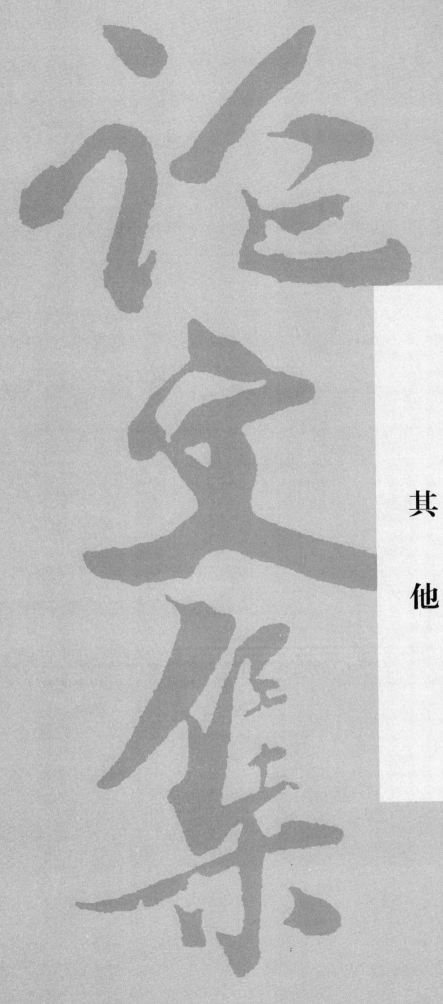

《暖通空调系统的检测与监控》设计探讨

同方泰德国际科技（北京）有限公司　赵晓宇☆　金久炘　苗占胜
中国建筑标准设计研究院有限公司　张　兢

摘　要　介绍了国家建筑标准设计《暖通空调系统的检测和监控》的编制定位、适用范围和主要特点，概括了冷热源系统、水系统和通风空调系统三个分册的主要内容。从实际项目设计角度举例说明了如何从图集中选用相关内容或进行修改。并对目前工程中遇到的主要问题进行了分析与探讨。

关键词　图集　冷热源系统　水系统　通风空调系统　检测与监控　设计

0　引言

2013年，工程建设标准设计专家委员会在全国设计院走访调研中发现，暖通设计师对国家标准《民用建筑供暖通风与空气调节设计规范》GB 50736—2012[1]第9章“检测与监控”的设计内容和深度等有很大困惑，因此，提请并获批列入了住房和城乡建设部“2014年国家建筑标准设计编制工作计划”。国家建筑标准设计图集《暖通空调系统的检测与监控》由同方泰德国际科技（北京）有限公司和中国建筑标准设计研究院有限公司共同编制。

1　图集编制思路

国标图集《暖通空调系统的检测与监控》为新编系列图集，按照冷热源以及输配到末端的顺序进行编制和分册，与实际工程中设备布置的物理空间基本对应，既符合国家标准《公共建筑节能设计标准》GB 50189—2015[2]的章节划分，又方便设计师参考选用。图集共分3册，第1册：18K801《暖通空调系统的检测与监控（冷热源系统分册）》（以下简称“冷热源系统分册”）；第2册：18K802《暖通空调系统的检测与监控（水系统分册）》（以下简称“水系统分册”）；第3册：17K803《暖通空调系统的检测与监控（通风空调系统分册）》（以下简称“通风空调系统分册”）。本系列图集属于设计指导类。

1.1　图集的适用范围

考虑到与设计规范配合使用，本系列图集的适用范围是新建、改造和扩建的民用建筑中的暖通空调系统，其中，冷热源系统分册不包含燃煤锅炉房和市政热力的热源部分，通风空调系统分册不包含消防防排烟系统和对环境温湿度、洁净度和压差等有特殊要求的工艺性通风空调系统。当其他建筑中暖通空调系统的内容和形式与本系列图集一致时，可参考相关内容。

1.2　图集的定位

本系列图集用以指导暖通工程师能根据系统设计提出不同的监控要求，帮助电气工程师更好地了解暖通系统的功能需求，便于后续工程设计及自控软件编程工作的开展。可供从事工程设计的暖通工程师和楼控工程师使用，同时也可供建设、施工、监理及验收人员参考。

1.3　图集编制方法

图集内容采用多元化的模式编制，对于技术原则和功能选用等要求采用文字说明；对于监测功能、安全保护功能和自控调节策略等采用归纳列表；对于主要设备和系统的监控原理和仪表安装要求等采用图示方法；编制深度满足专业间配合和互提资料要求。虽然“主要设备和系统的监控原理图”中设计内容与实际工程选用设备的规格无直接关系，但与设备和系统的形式紧密关联，因此，在这部分的图示中没有采用典型工程的设计实例，只是结合不同设备和系统形式的特点进行分类。

2　图集主要内容

本系列图集各分册的主要内容包括目录、编制说明、通用监控要求、自控原理、仪表选用与安装调试和运行以及附录等部分。但在水系统分册中不含“仪表选用与安装、调试和运行”的内容，详见冷热源系统分册。

“通用监控要求”部分给出了检测与监控的设置原则和应具备的功能，对常用监测点的参数要求、范围和精度，安全保护功能涉及的信息点、触发条件和功能操作都进行了归纳列表。在冷热源系统分册中，由于安全保护功能与具体主机设备及其自带控制单元相关，因此在“自控原理”部分按类别分别描述。

“自控原理”部分给出了控制方式和控制要求的设计要点，并针对典型设备及系统分别给出了监控原理图和自控调节策略说明。需要说明的是，冷热源和水系统的监控通常都由统一的机房群控系统来完成，在冷热源系统分册中，自控调节策略的重点在于说明冷却水侧和冷水侧主要设备如循环水泵、电动阀、冷却塔等与冷水机组之间的连锁关系以及冷水机组开启台数和供水温度设定值的控制要求；而水系统分册则重点说明水阀开度调节和水泵台数及

☆　赵晓宇，女，工学博士，教授级高级工程师。通讯地址：北京市海淀区王庄路1号清华同方科技广场A座22层，Email:zhaoxiaoyu@thtf.com.cn。

频率的调节策略。

“仪表选用与安装、调试和运行”部分给出了常用传感器和控制阀的选用要求和安装示意。“施工调试说明”给出了施工安装的注意事项，以及监控系统与被控暖通设备联合调试的要求，其中，通风空调系统分册中还补充了风量平衡调试方法的具体步骤，水量平衡调试也可以参考。“运行维护说明”是根据建筑全寿命期理念对施工图设计的补充，对维护保养内容、故障处理、运行记录备份、自控程序优化等提出了要求。

“附录”部分主要给出了暖通、电气、自控专业配合时的工作界面划分和功能要求等说明，水阀口径速查表，风阀扭矩估算表，控制器箱和监控系统网络架构示意图等内容，方便暖通工程师设计参考。其中，大口径蝶阀（*DN*50～*DN*600）和小口径球阀（*DN*15～*DN*100）的口径估算表分设在冷热源和通风空调系统分册。

从本系列图集各分册的内容编排可以看出，各分册内容既相对独立又有引用关联。

3 图集选用举例

以一个 3000～5000m² 规模的小型办公建筑为例。该办公建筑采用风冷热泵机组作为冷热源设备，一级泵工频运行的二管制水系统，新风加风机盘管作为末端设备。如何参考本系列图集选用适当的监控系统？

从冷热源系统分册（18K801）的第 19 页“自控原理索引表”可以查到：冷热源机房中，L-4 为风冷热泵机组、水泵与主机独立并联、一级泵工频形式。

当设计系统形式与图集系统形式相符时，则可直接选用冷热源系统分册（18K801）第 65 页的“监控原理图”和第 66 页的“自控调节策略说明”，但补水定压装置类型应根据系统设计，在水系统分册（18K802）的第 23 页至第 25 页选择对应的“监控原理图”和“自控调节策略说明”。

假如由于安装空间、管路布置和运行管理等原因，管路布置采用了水泵与热泵主机一一对应连接，则应参照水系统分册（18K802）的第 44 页、第 45 页的 LD-2 冷水系统，对 L-4 的“监控原理图”和“自控调节策略说明”做局部修改：删除冷热源机房中的冷/热水电动阀；冷/热水循环泵启停及台数、冷/热水旁通电动阀开度的控制要求参见 LD-2 的冷水循环泵启停和冷水旁通电动阀开度的控制要求；而风冷热泵机组的台数和冷/热水供水温度设定值的控制要求不变。

同样的，若采用一级泵变频水系统，则需要参照水系统分册（18K802）的第 46 页、第 47 页的 LD-3 冷水系统进行修改。一级泵变频水系统的控制要点在该分册“自控原理”部分的第 13 页第 2.5 条有详细说明，对冷机、冷机侧电动隔断阀、用户侧水路控制阀和总供回水管之间旁通阀等均有不同的要求；而且由于冷机可以在一定范围内变流量运行，所以水系统分册中变水量系统的图示均为水泵和主机独立并联式。实际工程中，若采用一一对应式，则需要参考图集相关内容进行修改。需要提醒注意的是：从节能运行角度分析，多台变频水泵的台数和频率综合调节可以根据管路特性和（不同台数）水泵性能曲线簇得到效率最佳点，这样更有利于节能，而水泵台数与冷机对应或者多台泵全开同步调频的经验做法无法达到最优。

新风机组和风机盘管部分根据通风空调系统分册（17K803）选用。新风机组是按照功能段的组成进行分类图示的，其自控调节策略说明按照被控对象——风机、风阀、水阀、加湿阀等给出，根据实际项目的设计情况在该分册的第 30 页至第 41 页的 X-1～X-6 中进行选用即可。冷热型（二管制）风机盘管有就地和联网控制两种，实际项目中出于投资考虑，可选用就地控制型，如果有集中监视、启停（档位）控制、室温设定值限制等要求，可选用联网控制型。如果办公建筑的多处新风和排风集中起来进行热回收处理，还需要参照通风空调系统分册第 28 页选用“固定新风量集中新排风系统”或第 29 页选用“可调新风量集中新排风系统”。

4 问题探讨

在实际项目中，冷热源机房通常设置群控系统作为楼控系统中相对独立的操作分站（水系统往往包含在机房群控系统中），通风空调系统的监控也是楼控系统中相对独立的子系统，两个子系统之间的信息交互由数据通信实现，具体方式属于楼控系统的网络架构设计内容，不包含在本系列图集中。因此，实际工程中在对系统综合考虑方面经常会遇到以下问题，值得深入分析与探讨。

4.1 机电一体化设备的监控问题

暖通空调系统中有大量机电一体化的设备，如冷机、变频水泵、换热机组以及组合式空调机组等，自带控制单元可以自动调节设备出力，供电就可以使用，是否需要再设置监控系统、如设置应该如何处理设备自带控制单元与监控系统的关系？

一般情况下，设备自带控制单元由于在生产制造时将传感器和执行器安装在内部，因此，对设备内部参数可以监测更全，控制调节也可根据特性参数进行。如果实际项目要求各设备就地自控即可，则设备自带控制单元可以满足。如组合式空调机组、换热机组等，在空调机房和换热站中可以自控运行，根据需要也可以设置显示屏将运行参数显示出来。如果建筑规模大、设备台数多，为减少运行维护工作量，需要集中监视和远程控制，则需要再设置监控系统。

在冷热源系统分册重点介绍了冷机、锅炉自带控制单元与监控系统相互配合完成监控功能的设计要求，而且“自控调节策略说明”也是在主机自带控制的基础上说明其他设备与主机之间连动、其他设备的台数控制和频率/开度调节的算法。设计选用时，可根据项目设计要求和图集内容复核设备的相关技术资料。需要提醒注意的是：

（1）冷水机组与监控系统的连接方式和通信内容需要在产品招标前明确提出，其中，通信接口类型和功能要求可以参考本分册第 98～101 页附录一“冷水机组相关专业配合说明”；通信的具体内容与冷机形式有关，电动压缩式冷水机组、风冷热泵和直燃型吸收式冷温水机组分别参见本分册第45页、第49页和第53页的“通信功能”表，不同厂商提供的“信息点”会有所不同，可超出表中所列的41项，表中“备注”栏“—”项目不做限定。

（2）风冷热泵机组安装在室外，考虑到可能不设置制冷机房，有些产品规格中也包含冷/热水循环泵（安装在机组内部空间），相应的自带控制单元也需选用带有连动水泵功能的，另外，也可加选多组热泵机组群控功能，即可实现机房群控功能。

（3）大型水源热泵机组供冷/供热工况的转换往往需要通过控制用户侧和水源侧管路上的电动阀实现，因此，其设备自带控制单元必须与监控系统通信方可获得相应信息，实现群控功能。

4.2 能耗监测与冷热量计量问题

随着节能要求不断提高，能耗监测和冷/热量计量等手段越来越受到重视。当前设计中，基本都对冷热源机房中设置冷/热量表计提出了要求，同时也有建筑用电分项计量要求，但是两者是否相互对应？能否达到计算出冷站综合能效比、冷机能效比、水泵耗电输冷/热比、风机单位风量耗电量的要求？

冷热源系统分册中对能耗计量和能耗统计分析的要求分别归纳列表，以便设计参考。目前，大型项目可以做到对于冷热源机房的总冷/热量和总电量的计量，但是能否达到每类设备甚至每台设备计量还需根据实际要求确定。

在通风空调系统分册中，给出了分户冷热量计量的示意。与供热计量系统类似，如果冷源机房侧设置了冷量和电量表具，在末端做的计量只要能反映出冷量分配即可，例如统计风机盘管的运行档位和运行时间、统计变风量末端的一次风量等，目前的末端装置控制器可以选到相应功能的产品。

需要注意的是：通风空调系统中通常在公共空间设置空调机组，风机盘管也需要与新风机组配合使用，因此，完整的冷热量分配应该包括空调机组、新风机组和末端装置。由于设备台数较多，在水系统设计时把空调机组、新风机组和风机盘管的管路分开，更方便设置楼层或立管的分支冷热量表具。需要暖通工程师根据能耗监测设置的目的认真核对从冷热源到空调末端的冷热量和电量计量要求。

4.3 无人值守自动运行问题

设置自动控制系统的初衷，是达到无人值守、自动运行的目标。而我国的实际工程中，冷热源机房往往是“只监不控”，由运行人员在监控界面上远程控制或者现场操作；通风空调系统通常可以自动运行调节，但每日的启停往往是由运行人员远程控制（或设定时间表自动控制）。冷热源分册中，主机启停的判断依据来源于通风空调系统的负荷需求，而通风空调系统中冷/热水阀开度调节算法中需要知道冷热源处于供冷还是供热工况，暖通空调系统应该怎么启动？

参照运行人员操作时考虑的因素——天气预报或室外温度和建筑使用时段及人流规律，应该根据对冷热负荷的预判来启动冷热源和空调系统（按节能要求可在有人时才启动），然后根据实际室温和回水温度、压力等反馈来控制设备台数和出力大小。所以，在实际自控中都要有对于初始启动阶段的专门算法，才能保证后续反馈调节等逻辑的正常实施。这部分软性算法的要求，在图集中无法表示。

暖通与楼控两者之间的信息交流是实现无人值守、自控运行的基础。图集尽可能将暖通设计师对楼控系统的要求表达出来，以便楼控工程师了解需求，然而本系列图集无法达到直接指导楼控编程的程度，还需要参考其他要求[3]。

5 结语

1）暖通空调系统的检测与监控是设计规范中的一项重要内容，标准图集的编制对设计内容和深度进行了图表示例和说明。

2）图集中选取了比较典型的暖通空调设备和系统，实际项目中，其他系统形式还需要设计师根据图集示例提出个性化要求。

3）实际工程设计中还会遇到图集中没有表示的内容，需要设计师对暖通空调系统完整考虑和项目要求统筹分析后解决。

最后，对本图集编制组成员表示衷心感谢，同时，对提出宝贵意见的审查组专家表示衷心感谢！

参考文献

[1] 中国建筑科学研究院．民用建筑供暖通风与空气调节设计规范．GB 50736—2012 [S]．北京：中国建筑工业出版社，2012.

[2] 中国建筑科学研究院．公共建筑节能设计标准．GB 50189—2015 [S]．北京：中国建筑工业出版社，2015.

[3] 同方股份有限公司．建筑设备监控系统工程技术规范．JGJ/T 34—2014 [S]．北京：中国建筑工业出版社，2014.

深圳市标准《公共建筑集中空调自控系统技术规程》编制说明

深圳市建筑科学研究院股份有限公司　吴大农　卢　振☆

摘　要　针对当前空调自控系统节能优化控制功能不完善，造成集中空调运行能效低等问题，开展深圳市《公共建筑集中空调自控系统技术规程》的编制工作；规程对中央空调控制系统建设全过程提出了相关技术要求，采用模块化的思想进行控制功能设计，并对施工过程应具备的技术文件、系统的性能验收和具体指标进行了规定，将对集中空调自控系统的建设起到规范作用。

关键词　集中空调　自控系统　模块化设计　性能验收

0　引言

近年来，伴随社会经济的迅速发展，深圳市能源需求量呈现迅猛攀升的趋势，导致城市电力供应呈现出日益紧张的局面。根据全市建筑能耗统计结果，深圳市建筑电耗部分约占全社会总电耗的37%左右，且占社会总能耗的比例越来越大，是造成电力能源消耗增长的主要原因。

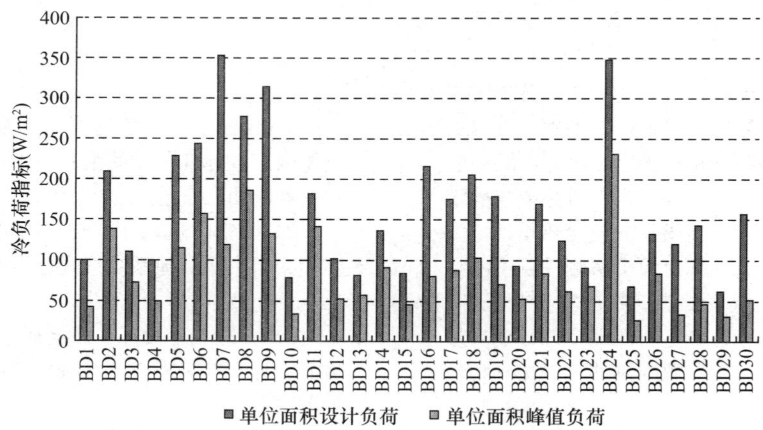

图1　集中空调系统调研结果

公共建筑存在着巨大的节能潜力，其中建筑用能系统和设备控制管理水平不高，是造成公共建筑能耗居高不下的关键原因。空调系统是公共建筑能源消耗最主要的系统，根据深圳市建筑科学研究院股份有限公司2009～2013年对深圳市公共建筑的能源审计数据，深圳市空调系统能耗约占公共建筑总能耗的40%～60%，能耗平均值达到了51.7kWh/(m²・a)，是公共建筑最重要的节能对象。通过对其中30栋建筑运行记录的调查，结果表明集中空调系统普遍存在"大马拉小车"的现象，100%样本公共建筑空调系统安装容量超出历年峰值负荷，1/3样本公共建筑空调系统安装容量超出历年峰值负荷的50%，1/3样本公共建筑空调冷水机组安装容量超出历年峰值负荷近100%[1]；空调系统的冷水机组节能控制能实际运行的比例为15%，水泵为20%，冷却塔为8%，空气处理机组为12%，新风机组为18%，风机盘管为30%。可见，提高空调系统运行能效水平是降低公共建筑能耗水平的关键措施。

造成空调系统运行能效偏低的原因主要为三方面，一是国家、行业相关标准在这方面的缺失；二是空调专业与智能控制专业的技术能力不足和衔接不够；三是空调系统缺乏调试依据与调试标准。基于以上原因，编制深圳市《公共建筑中央空调控制系统技术规程》，开展对中央空调控制系统建设全过程的研究，提出空调控制系统设计、施工、验收和运行的技术指引，对中央空调自控系统建设全过程进行规范，填补中央空调控制系统的技术标准空白，这将为提高公共建筑空调系统运行能效水平、降低公共建筑实际运行能耗、促进建筑领域节能减排起到极为重要的作用。

根据目前公共建筑集中空调自控系统现状和存在的问题，由深圳市建筑科学研究院股份有限公司和深圳市制冷学会牵头，会同行业内的13家相关单位一起，向深圳市主管单位深圳市住房和建设局提出申请并得到了批准，承担了《公共建筑中央空调控制系统技术规程》的编制任务。

☆　卢振，男，博士，高级工程师。通讯地址：深圳市福田区上梅林梅坳三路29号，Email：Luzhen@ibrcn.com。

1 目前的研究现状

1.1 研究现状

在空调节能控制系统方面，研究人员已经开展了大量的研究工作。在空调系统局部环境的节能控制方面，如变风量系统风机转速的优化控制、空调机组利用新风冷源的经济运行模式、冷冻机蒸发器侧冷冻水实行变流量运行控制等有很多研究成果，并在一些工程实践中得到了应用。在空调系统的整体优化控制方面，部分研究者研究提出了冷冻机、冷却塔、空调末端、被控房间的全套模型，形成一个庞大的系统，希望通过一些非线性优化算法，对整个系统进行全面的实时在线非线性优化控制[2-6]。

20 世纪 90 年代起，国内开始了以节能为主要目标的空调系统控制调节研究与工程实践，以及民用建筑的空调控制与节能工程，水平与国外基本相同[4]。90 年代后期，国外产品基本占据国内市场，而这些系统基本没有能够实现优化的节能控制，多数仅能进行参数测量和设备远程启停。目前，我国大型公共建筑总的节能调控效果仍然十分低下，由于控制策略不合理、传感器及执行器易损坏故障等问题，使得楼宇自控系统（building automatic system，BA 系统）闲置不用或者只测不控的现象比比皆是。

1.2 标准现状

公共建筑的 BA 系统是楼宇智能化系统中的一个子系统，在实际工程建设中，需要遵循智能化系统相关规范的规定。目前国家和行业智能化相关标准如下：

（1）《智能建筑工程施工规范》GB 50606；

（2）《智能建筑工程质量验收规范》GB 50339；

（3）《建筑设备监控系统工程技术规范》JGJ/T 334；

（4）《智能建筑设计标准》GB 50314；

（5）《中央空调水系统节能控制装置技术规范》GB/T 26759。

除上述标准规范外，楼宇控制系统的建设也要遵循建筑电气的相关规范，具体如下：

（1）《民用建筑电气设计规范》JGJ/T 16；

（2）《低压配电设计规范》GB 50054；

（3）《建筑电气工程施工质量验收规范》GB 50303；

（4）《电气装置安装工程低压电器施工及验收规范》GB 50254；

（5）《电气装置安装工程电缆线路施工及验收规范》GB 50168；

（6）《建筑电气安装工程施工质量验收规范》GB 50303。

1.3 工程现状

在工程实施层面，工程建设过程和工程发包等因素也是造成集中空调 BA 系统实际效果不佳的主要原因。具体表现在：

（1）设计过程。集中空调系统的设计人员对 BA 系统的理解不够深入，需要系统集成商进行深化设计，但是对深化设计没有提出具体要求，在功能上只提出常用的控制功能，在性能上基本没有要求。

（2）施工过程。由于设计和施工均是由系统集成商承担，而空调系统运行控制策略的优化需要投入大量专业人员对项目使用特性和设备性能进行研究，出于工程费用和利益的因素，集成商只会按照合同要求完成项目，不会深入考虑系统的优化和节能等问题。

（3）调试过程。由于空调系统和智能化系统一般是由两个承包商分别完成，都不是对最终结果负责，同时存在着沟通和协调问题，最终造成系统达不到设计要求，无法发挥预期作用，只能完成简单的功能。

（4）验收阶段。只进行功能验收，系统功能实现就通过验收，没有对性能提出要求，也没有相应的验收指标。

2 编制原则

基于上述问题，提出制定深圳市《公共建筑集中空调自控系统技术规程》这一技术标准，针对工程项目建设全过程提出相应的技术要求、技术成果和参数指标。在编制过程中，编制组遵照标准的编制要求，制定了如下的编制原则。

2.1 协调一致原则

规程内容应符合国家现行的方针、政策，适当考虑建设和科学技术发展的需要，应与行业发展技术水平相协调，促进技术进步和行业技术升级。

2.2 适用性原则

技术指标的确定，以已有的集中空调控制系统实践经验为基础，基于主流成熟的技术，充分利用现有设备和资源，体现适用和实效，具有很强的可操作性、先进性和可实施性。

2.3 模块化设计原则

规程编制适用对象为设计单位、集成商、施工单位、设备厂家以及运行维护单位等。针对典型系统给出具体的控制要求和策略，模块化的控制原理和流程，可操作的、易用的技术指标和验收标准，便于建设行业各单位使用。

3 主要章节和架构

本标准的主要内容是：总则、术语、基本规定、基本控制功能设计、智能控制功能设计、自控系统的施工、自控系统的调试和验收、自控系统的运行和维护与标准的使用。

3.1 设计的要求

为方便广大工程设计人员使用，又不增加过多的工作量，在设计阶段编制组提出模块化的思想，针对核心的设备或系统进行功能设计，功能设计采用菜单化的形式由设计人员根据系统要求直接选择。基本控制功能的模块划分如表 1 所示。

基本控制功能 **表 1**

序号	系统		设备
1	冷热源系统	冷机	水冷机组、风冷机组、磁悬浮冷水机组、变频冷水机组、太阳能光伏机组、溴化锂冷水机组
2		热泵	水源热泵、空气源热泵、蒸发冷凝热泵
3		蓄冷系统	基载冷机、双工况冷机、蓄冰装置、蓄水装置、乙二醇泵、板换
4	水系统		一级泵、二级泵、多级泵、一次泵、二次泵、多次泵
5	风系统		新风（无冷源）、送风、回风、排风
6	冷却塔		开式冷却塔、闭式冷却塔
7	末端系统		新风机组、空气处理机组、风机盘管、变风量末端 Box、冷辐射末端、冷梁、溶液除湿空调、恒温恒湿空调

智能控制功能是以系统为模块单位划分的，如表 2 所示，其表头表示冷机＋输配系统或输配＋末端系统的排列组合，形成各种系统形式。根据不同的系统形式配置不同的控制功能。以系统的智能化控制功能为例，给出了菜单式的控制功能设计模式，设计人员根据要求可直接选出，如有特殊要求也可另行增加。

智能控制功能 **表 2**

序号	功能类型	智能控制功能	水冷冷水机组						风冷热回收机组	水冷热回收机组	空气源热泵机组	地源热泵机组	直接膨胀式冷机	冰蓄冷装置	水蓄冷装置
			一级泵系统	二级泵系统	多级泵系统	一次泵系统	二次泵系统	多次泵系统	各级泵或各次泵系统						
1	控制功能	冷热源站组合优化控制	●	●	●	●	●	●	●	●	●	●	●	●	●
2		蒸发器出水温度优化控制	●	●	●	●	●	●	●	●	●	●	/	○	○
3		冷凝器进水温度优化控制	●	/	/	●	○	/	●	●	●	●	/	/	/
4		冷冻水泵变频压差优化控制	△	●	●	△	●	●	△	△	△	△	/	●	●

注：●应具备；△宜具备；○可具备；/不适用。

3.2 施工和验收的要求

（1）施工的要求

规程在施工阶段强调了施工人员对设计的理解，而不仅是简单地按图施工。技术文件中增加了控制功能表，并理解控制功能意图，这有利于保证后期系统的控制效果。同时，系统调试前要求集中空调系统必须进行水系统和风系统的平衡调试，并要求自控系统调试应配合供冷季进行。

（2）验收的要求

在验收阶段，规程明确提出“自控系统完工后在正常功能验收的基础上还应进行性能验收”，并要求实现节能或提高能效 20%的具体指标。对冷热源站提出了电冷源综合制冷性能系数 *SCOP*、冷水全年总供回水温差、冷却水全年总供回水温差和水系统循环泵的耗电输冷（热）比 4 个具体验收指标。

对末端系统的验收提出了室内温度、湿度、新风量、噪声、风速、压力等应满足设计要求，不应存在冷热不均现象，不同末端系统之间不应存在气流无组织流动等验收指标要求。

3.3 运行和维护的要求

在系统的运行维护阶段，首先要求了“集中空调自控系统应经调试和第三方承担的性能验收后方可正式投入运行”，从而保证系统投入运行时能够达到良好的运行状态。其次，对仪器、仪表、传感器、执行器、控制柜和人机界面等运行和维护工作提出了维护内容和周期。

3.4 标准的使用

由于本规程在原有的工程建设标准的基础上增加了额外的要求，涉及设计单位、集成商、施工单位、设备厂家以及运行维护单位等，因此对规程的使用进行了进一步的说明和规定，提出了各阶段应具备的相应成果，最终验收时所有成果包括：

（1）基本控制功能设计和智能控制设计功能表；

（2）自控系统控制功能策略流程图；

（3）设计说明节能篇节能运行策略和算法描述；

（4）控制功能调试和试运行记录；

（5）自控系统性能验收结论。

并且要求集中空调自控系统的性能验收应由合格的第三方专业机构承担，并出具验收报告，以及集中空调控制的性能验收费用应在系统建设预算中列支。

4 结论

本标准的主要创新点如下：

（1）集中空调自控系统的功能设计采用模块化的思想和菜单式设计方法，简化设计工作。

为了简化设计工作量，同时又能够帮助设计人员在设计时提出明确、恰当的控制功能，本标准采用模块化的思想和菜单式设计方法进行控制功能设计。将控制功能分为基本控制功能和智能控制功能。在简化设计工作的同时，既能够满足控制功能要求，又考虑了优化的控制目标，达到高效节能的目的。

（2）对集中空调自控系统的设计深度、设计文件和冷热源系统节能运行策略提出了要求。

为避免自控系统集成商由于能力不同而引起的质量问题，对控制功能设计文件应具备的控制功能的描述、控制算法的表达和控制策略等都给出的明确的要求，便于自控系统集成商实施，从而实现明确的、良好的控制效果。

（3）集中空调自控系统的性能验收和全流程管理。

在中央空调控制系统正常流程的基础上，提出了性能验收的环节，并提出了相应的 *SCOP*、输配系统耗电输冷（热）比和节能率等概念作为验收控制指标，可以使集中空调自控系统真正以性能效果为导向，而不是以功能为导向，以最终达到提升能效、节约能源的目的。

参考文献

[1] 深圳市建筑科学研究院股份有限公司. 深圳市大型公共建筑节能改造技术体系研究报告 [R]，2012.

[2] 潘云钢. 我国暖通空调自动控制系统的现状与发展 [J]. 暖通空调，2012，42（11）：1-8.

[3] 叶大法，俞春尧. 常用空调节能方式与控制 [J]. 暖通空调，2012，42（11）：9-14.

[4] 苏夺. 常用空调水系统的控制方法 [J]. 暖通空调，2012，42（11）：20-24.

[5] 董春桥. 建筑自动化发展现状及趋势 [J]. 建筑电气，2012，30（8）：43-47.

[6] 张吉礼，赵天怡，陈永攀. 大型公建空调系统节能控制研究进展 [J]. 建筑热能通风空调，2011，30（3）：1-14.

热水系统精细化参数设计对能源及设备选型的影响分析①

西安建筑科技大学　李振涛☆　王晶轩
中国建筑西北设计研究院　周　敏　杨春方

摘　要　通过对西安某公寓生活热水系统的用水量、用水规律及用热能耗的测试，得出实际热水系统人均用水定额为38～56L/(人·d)之间，测试结果低于《建筑给水排水设计规范》中的设计参数。基于实际测试结果，对不同热源类型设计供热量、蓄热水箱容积进行设备选型计算。结果表明，与传统参数设计相比，采用精细化参数设计能有效降低热水系统供热量和设备投资，对集中供应生活热水系统的设计提供参考依据。

关键词　生活热水　用水规律　人均用水定额　公寓　精细化参数设计

0　引言

随着社会经济的发展，建筑能耗逐年上升，目前建筑能耗约占到社会总能耗的30%～40%[1]。而作为建筑能耗的重要组成部分，生活热水的能耗已经位居第二位[2]，对生活热水节能设计十分必要。

生活热水的能耗节省途径很多，而源头节能[3]是关键。目前，生活热水设计依据《建筑给水排水设计规范》GB 50015—2003（2009年版）[4]（以下简称《规范》）中人均用水定额进行设计。实际运行中，人均用水定额[5-7]往往比规范定额要小，这样容易造成设计耗热量指标及设备选型偏大。本文以西安某公寓（以下简称公寓）作为测试对象，测试人均用水量及日热水用量小时变化曲线，并以此为基础分析其对设计供热量、设计耗热量及蓄热水箱体积的影响。分析结果为生活热水的节能设计提供参考。

1　热水系统测试

1.1　公寓概况

公寓建成于2008年，建筑面积达5万m^2，共分6个单元，分高区和低区两部分，住户共有308户。生活热水热源方式为：冬季为市政供热，过渡季和夏季采用空气源热泵和太阳能联合供热。

1.2　测试方案

自11月29日至12月13日对该公寓生活热水系统进行为期两周的连续测试，系统原理及测点布置如图1所示。在补水管上布置流量和温度测点、在用户供水管上布置温度测点。流量测试采用外部夹装式超声波流量计，每半小时记录一次数据；温度测试采用温度自记仪，每15min记录一次数据。

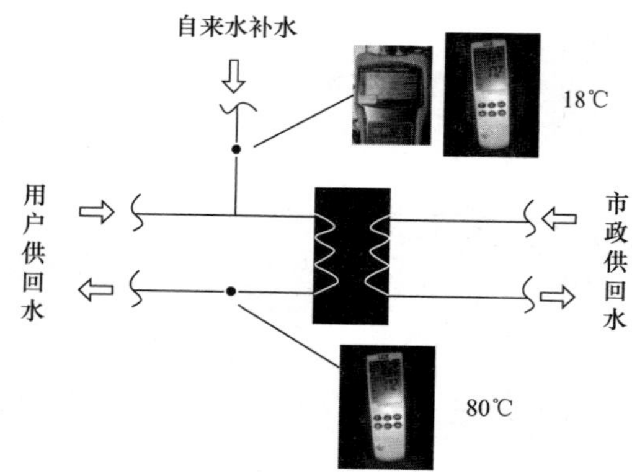

图1　公寓现场测点布置示意图

2　测试结果

2.1　温度测试结果

温度测试结果如图2所示，由图可知，生活热水供水温度平均为78℃，高于《规范》要求的60℃；冷水温度平均温度为18℃，与《规范》推荐的参考设计值（15℃）相差3℃。

2.2　流量测试结果

流量测试结果如图3所示，分周内和周末两种测试工况，曲线为各点小时热水用量，阴影面积为累计全天用水量。

如图3所示，周内用水峰值比周末约高41%。周内日用水总量比周末约低13%。

周内用水变化规律为：7：00～9：00，20：00～22：30出现2个高峰，早高峰约为晚高峰的60%。"周内"平均日用水量为15.9m^3，日用水小时变化系数为3.2。

☆　李振涛，男，硕士研究生。通讯地址：西安市未央区文景路中段98号，Email：2861740255@qq.com。

①　项目课题来源：陕西省重点科技创新团队计划项目（项目编号：2016KCT-22），"十三五"国家重点研发计划（项目编号：2018YFC0704506）。

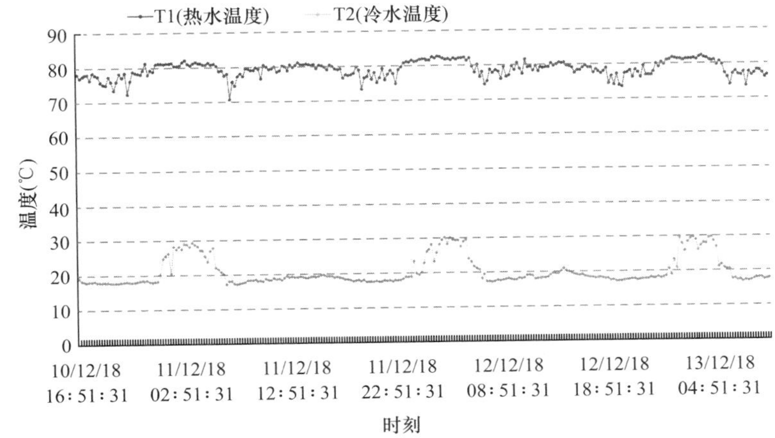

图 2 公寓冷热水温度变化趋势

周末用水变化规律为：8：00～12：00，19：00～23：30 出现 3 个高峰，早高峰约为晚高峰的 70%。"周末"平均日用水量为 18.3m³，日用水小时变化系数为 2.6。

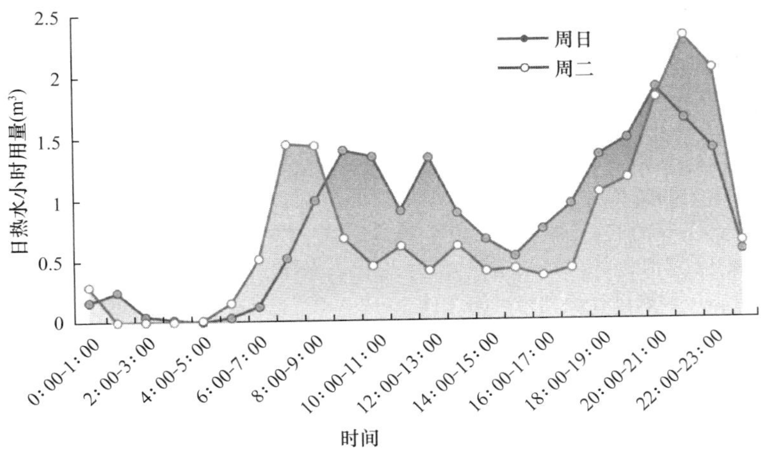

图 3 周内和周末日热水用量小时变化曲线图

3 人均用水定额及设备选型

3.1 人均用水定额

表 1 给出了公寓用水总量、用水单位数及测试期间每日的人均用水量。从表中可以看出，公寓的人均用水量在 38～56L/(人·d) 之间，小于《规范》第 5.1.1 条中有集中热水供应和沐浴设备的住宅人均用水定额［60～100L/(人·d)］。

公寓实际人均用水定额求取　　表 1

日期	公寓总用水量(t)	员工总用水量(t)	住户总用水量(t)	实际人数(人)	人均用水[L/(人·d)]
11 月 29 日	16	0.8	15	320	46.9
11 月 30 日	13	0.8	12	320	37.5
12 月 1 日	16	0.8	15	320	46.9
12 月 2 日	19	0.8	18	320	56.3
12 月 3 日	16	0.8	15	320	46.9
12 月 4 日	17	0.8	16	320	50.0
12 月 5 日	18	0.8	17	320	53.1
12 月 6 日	17	0.8	16	320	50.0
12 月 7 日	16	0.8	15	320	46.9
12 月 8 日	19	0.8	18	320	56.3
12 月 9 日	19	0.8	18	320	56.3
12 月 10 日	16	0.8	15	320	46.9
12 月 11 日	14	0.8	13	320	40.6
12 月 12 日	16	0.8	15	320	46.9

3.2 精细化设计与传统设计对能耗及设备选型的影响

3.2.1 热泵设备设备选型

对于全日制供应热水的宿舍（Ⅰ、Ⅱ类）、住宅、别墅、酒店、养老院、医院、办公室等，按照《规范》第

5.3.1-1条的要求，系统的设计小时耗热量计算公式如式（1）[4,8]；以热泵机组为例，按照《规范》第5.4.2B条的要求，机组设计小时供热量和蓄热水箱计算公式如式（2）和式（3）[4]：

$$Q_h = K_h \frac{mq_r C(t_r - t_l)\rho_r}{T} \tag{1}$$

$$Q_g = k_1 \frac{mq_r C(t_r - t_l)\rho_r}{T_1} \tag{2}$$

$$V_r = k_2 \frac{(Q_h - Q_g)T_2}{\eta(t_r - t_l)C\rho_r} \tag{3}$$

式中 Q_h——设计小时耗热量，kJ/h；

C——水的比热容，取4.2kJ/(kg·℃)；

m——热水使用人数，人；

t_r——热水供应温度,℃；

t_l——热水补水温度,℃；

q_r——人均用水定额，L/(人·d)；

ρ_r——热水密度，kg/L；

T——每日使用时间，h；

K_h——小时变化系数，取3；

Q_g——设计小时供热量，kJ/h；

T_1——用水时长，取16h；

k_1——安全系数，取1.05～1.1；

η——有效贮热容积系数，取0.8；

V_r——贮热水箱总容积，m^3；

T_2——设计小时耗热量持续时间，h；

k_2——安全系数，取1.1～1.2。

根据传统参数设计和精细化参数设计得到公寓的设计小时耗热量、设计小时供热量和贮热水箱体积分别如表2、表3和表4所示。

公寓设计小时耗热量计算比较　　表2

参数选取	人均用水定额[L/(人·d)]	冷水温度(℃)	热水温度(℃)	用水时间(h)	用水人数(人)	设计小时耗热量(kJ/h)
传统	80	15	60	24	320	604800
精细化	50	18	60	18	320	470400

公寓设计小时供热量计算比较　　表3

参数选取	人均用水定额[L/(人·d)]	冷水温度(℃)	热水温度(℃)	用水时间(h)	用水人数(人)	设计小时供热量(kJ/h)
传统	80	15	60	16	320	332640
精细化	50	18	60	16	320	194040

公寓贮热水箱容积计算比较　　表4

参数选取	设计小时供热量（kJ/h)	设计小时耗热量（kJ/h)	冷水温度(℃)	热水温度(℃)	用水时间(h)	贮热水箱容积(m^3)
传统	332640	604800	15	60	3	6.48
精细化	194040	470400	18	60	3	7.05

如表2、表3、表4所示，经计算按照传统设计得到的热泵小时供热量为332640kJ/h（92kW）、贮热水箱容积为7.05m^3；按照精细化设计得到的热泵小时供热量为194040kJ/h（54kW）、贮热水箱容积为6.48m^3。传统参数设计比精细化设计机组供热量多了71%、水箱少了8%。

3.2.2　太阳能加热设备选型

以太阳能机组为例，按照《规范》第5.4.2A条的要求，直接加热供水系统的集热器总面积、贮热水箱容积可按式（4）和式（5）[4]计算：

$$A_{jz} = \frac{mq_r C(t_r - t_l)\rho_r f}{J_t \eta_j (1-\eta_l)} \tag{4}$$

$$V_{rx} = q_{rjd} \cdot A_{jz} \tag{5}$$

式中 A_{jz}——直接加热集热器总面积，m^2；

J_t——集热器采光面年平均日太阳辐射量[9]，kJ/(m^2·d)；

η_j——集热器年平均集热效率，经验值45%～50%；

η_l——贮热水箱和管路的热损失，15%～30%；

f——太阳能保证率，取30%～80%；

V_{rx}——贮热水箱总容积，m^3；

q_r——集热器单位采光面积平均每日产热水量，取70L/(m^2·d)。

根据传统参数设计和精细化参数设计得到公寓的集热器总面积和贮热水箱容积，如表5所示。

公寓设计小时供热量计算比较　　表5

参数选取	日用水量(m^3/d)	冷水温度(℃)	热水温度(℃)	太阳辐射量[kJ/(m^2·d)]	集热器总面积(m^2)	贮热水箱容积(m^3)
传统	25.6	15	60	6451	252	17.64
精细化	16	18	60	6451	147	10.29

如表6所示，经计算按照传统设计得到的集热器总面积为252m^2、贮热水箱容积为17.64m^3；按照精细化设计得到的集热器总面积为147m^2、贮热水箱容积为10.29m^3。传统参数设计比精细化设计机组集热器面积多了71%、水箱多了71%。

4　结论

（1）公寓“周内”和“周末”具有不同的用水规律。周内日用水量峰值高于周末；但周末日用水总量高于周内。周内日用水小时变化系数大于周末。

（2）公寓的实际测试结果表明，人均日用水量在38～56L/(人·d）之间，小于《规范》人均用水定额［60～100L/(人·d)］。

（3）公寓按照传统参数设计比精细化设计热泵机组供热量多了71%、水箱少了8%；公寓按照传统参数设计比精细化设计太阳能集热器面积多了71%、水箱多了71%。

参考文献

[1]　段理华.风冷螺杆热回收机组应用及经济性分析［J].铁道标准设计，2008（1）：122-124

[2]　DOE-EERE. 2003 Buildings Energy Databook［M]. Washington DC. 2003.

[3] 李辉. 浅谈建筑如何从设计源头控制成本 [J]. 建材与装饰, 2018 (30): 208.
[4] 上海现代建筑设计(集团)有限公司. 建筑给水排水设计规范: GB 50015—2003 (2009 版) [S]. 北京: 中国计划出版社, 2010.
[5] 常金秋. Ⅲ类学生宿舍用水特征分析 [J]. 上海应用技术学院学报(自然科学版), 2013, 13 (3): 245-248.
[6] Singh H., Muetze A., Eames P C. Factors influencing the uptake of heat pump technology by the UK domestic sector [J]. Renewable Energy, 2010, 35: 873-878
[7] 李军. 太阳能热水系统冷水计算温度取值的讨论 [J]. 给水排水, 2011, 37 (2): 76-82
[8] 段梦庆, 卢军, 田志勇. 学生宿舍热水用水规律及空气源热泵热水系统设计分析 [J]. 给水排水, 2012, 38 (11): 169-172
[9] 刘耀武, 严祥安, 闫江波, 等. 光伏发电系统中陕西省太阳辐射量分析 [J]. 纺织高校基础科学学报, 2018, 31 (2): 211-216.
[10] Min J, Hausfather Z, Lin Q F. A high-resolution statistical model of residential energy end use characteristics for the United States [J]. J. Ind. Ecol, 2010, 14: 791-807.
[11] 杨柳, 陈静, 张少良, 等. 典型学生公寓生活热水用水定额研究 [J]. 给水排水, 2014 (7): 157-161
[12] Liu X, Lau S, Li H. Optimization and analysis of a multi-functional heat pump system with air source and gray water source in heating mode [J]. Energy Build, 2014, 69: 1-13.

地下隧道恒温空间的动态响应特性研究

同济大学　吴　超☆　霍镜涛　赵文萱　叶　蔚　张　旭

摘　要　由于前沿科学研究的需要，出现了一些特殊的高精度恒温室，此类恒温室往往具有空间大、内外扰量多等特点，主要依靠冷水带走大部分内热源和调节空调送风来保证实验室房间的恒温精度。本文主要通过数值模拟的方法，研究了某个大科学装置项目中不同送风方式下气流组织的温度响应特性及不同送风温度对恒温区域的动态响应特性，得到了最优的气流分布模式以及最优控制点的位置，为之后地下恒温空间的高精度控制方案提供可靠的基础。研究结果表明：下送风气流组织的抗干扰能力比侧送风更强；位于恒温区域中间且等于设计温度的控制点的延迟时间系数和系统时间常数均比常规的出风口中心控制点小，故选择等于设计温度的控制点可使系统反应较快、灵敏度较高，有利于实现恒温空间的高精度控制。

关键词　动态响应特性　数值分析　恒温室　气流组织优化

0　引言

随着前沿科学技术的发展，部分大科学装置运行时需要高精度的恒温环境，恒温环境的温度波动控制为 0.1～0.2℃之内，而这类特殊的高精度恒温室往往具有空间大、内外扰量多[1-2]等特点，主要依靠冷水带走大科学装置的大部分内热源和调节空调送风来保证运行环境的恒温精度[3-4]。常规的舒适性空调室的环境温度波动为 1～2℃，因为空调室内热源较小且内外扰量少，所以采用通常的 HVAC 系统就能基本实现环境控制要求[5]。而对于大科学装置高精度的环境要求，单一固定的 HVAC 系统是无法满足 0.1～0.2℃（每 15min 内的平均温度波动）的温度波动条件的。

要想得到高精度的恒温环境，一个可能的解决方法是制定一套高精度恒温空调系统的控制策略。首先，由于大科学装置运行环境中存在扰量多、空间大及温度调节过程惯性大的特点，故提出了一种分区控制方法，并通过数值模拟分析得到最合理的气流分布模式[6-9]。其次，在最优的气流组织方案基础上，为了实现精确的对环境进行调节控制，需确定最优控制点的位置及恒温空调系统的动态响应特性参数[10-13]（时间延迟系数、时间常数、比例系数）。最后，通过对动态响应特性参数进行仿真寻优，提高控制的控制精度、稳定性和鲁棒性，开发出一种新的智能控制系统，实现恒温环境的高精度控制。

本文采用 K-ε 湍流模型，对一个典型的流—固耦合传热系统进行了数值模拟分析。该数值模拟重点研究了某个大科学装置项目气流组织方案的优化、控制点位置的选择以及恒温空调系统的动态响应特性。

1　方法

1.1　CFD 模拟

本大科学装置由多条隧道和 5 个竖井构成，隧道内部直径为 5.9m，总长度为 3.1km，其中需高精度控制区域长 270m。由于温度调节过程具有大惯性的特点，故将高精度控制区域按照隧道纵向方向划分为 40 个区域，每个区域长 6.7m。每个区域的中间位置是风箱，左右位置是发热电缆，下部位置是实验设备，如图 1 所示。实验设备运行时的发热量依靠配套的冷冻水仪器带走并维持设备表面温度 25℃。

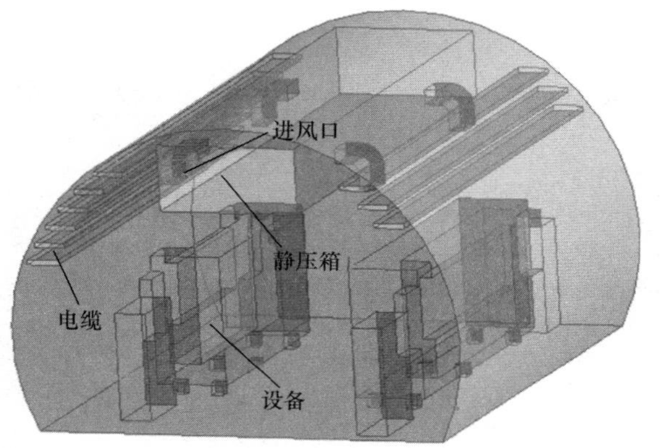

图 1　大科学装置的 CFD 模型

详细的 CFD 方法设置如下：网格划分（125 万个单元，具有独立性检查）；采用 K-ε 湍流模型（标准壁面函数）、Boussinesq 假设、COUPLE 算法及离散方法等；具体边界条件如表 1 所示。

边界条件　　表 1

边界区域	类型	具体参数
进风口	速度入口	速度 1.84m/s，温度 21℃，方向与地面平行或垂直
出风口	压力出口	
电缆散热	墙壁	第二类边界条件，热流密度 35.8W/m^2
设备散热	墙壁	温度 25℃
其他表面	墙壁	绝热边界条件

1.2　评价方法

通过内热源发生波动时设备周围温度的变化量来评价

其他

☆　吴超，男，博士研究生。通讯地址：上海市嘉定区曹安公路 4800 号，Email：1610297@tongji.edu.cn。

不同送风方式下气流组织的抗干扰能力。此外，通过对比不同控制点的时间延迟系数τ、时间常数T以及特征比τ/T来确定最优控制点的位置。

2 结果和讨论

2.1 不同送风方式下气流组织的温度响应特性

通过8个案例研究了不同送风方式下（侧送风和下送风）气流组织的温度响应特性，其中，侧送风的4个案例电缆散热量波动分别为+4%、+3.7%、-3.7%及-4%，下送风的4个案例电缆散热量波动分别为+6.2%、+6%、-6%及-6.2%，温度响应特性如图2和图3所示。在这8个案例中，温度监测点位置于实验设备中间，如图4所示。当电缆散热量发生波动时，监测点的温度也会随之发生改变。由图5可知，当温度监测点的平均温度波动在±0.1℃以内时，侧送风的电缆散热量波动可达3.7%，而下送风的电缆散热量波动可达6%。因此，下送风方式下气流组织的抗干扰能力更强。

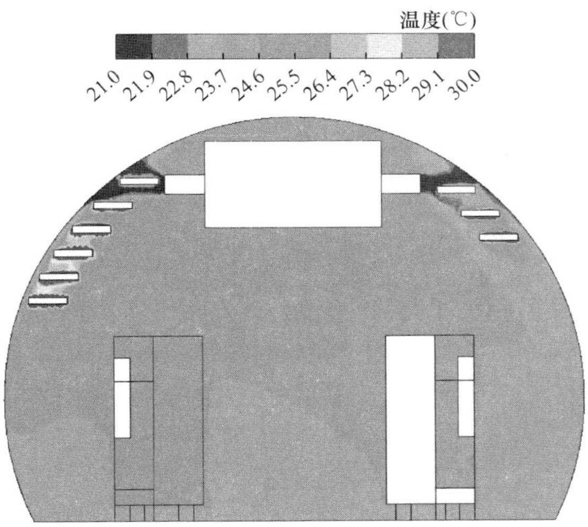

图2 侧送风的温度云图

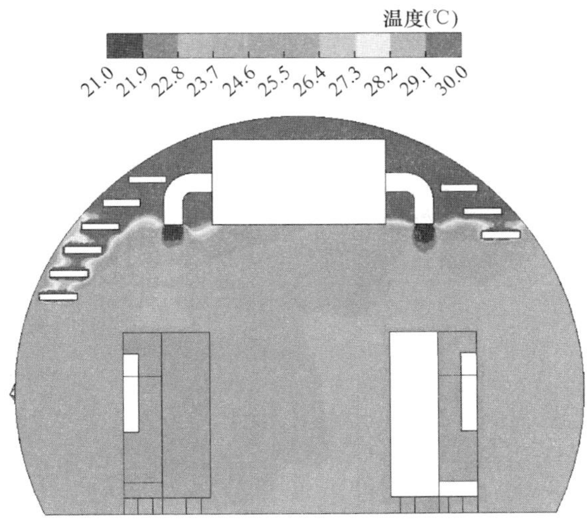

图3 下送风的温度云图

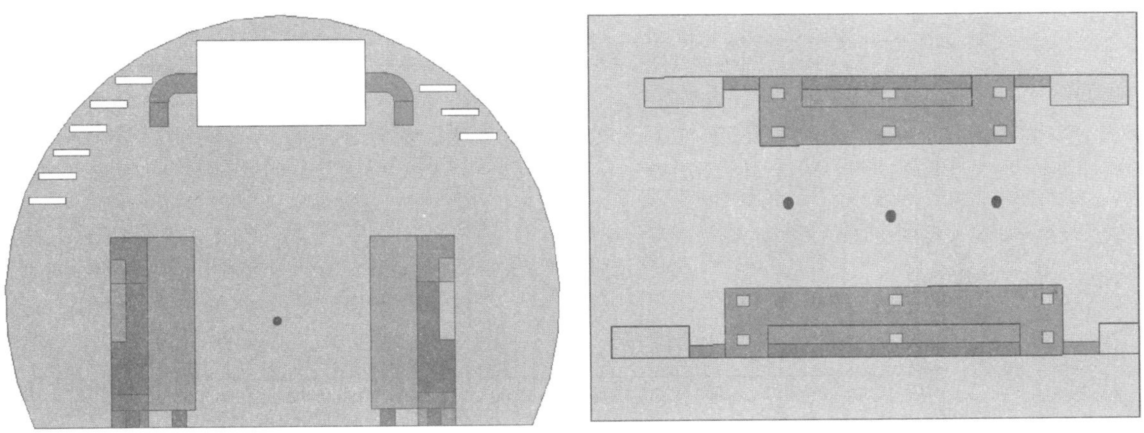

图4 不同送风方式下的温度监测点位置

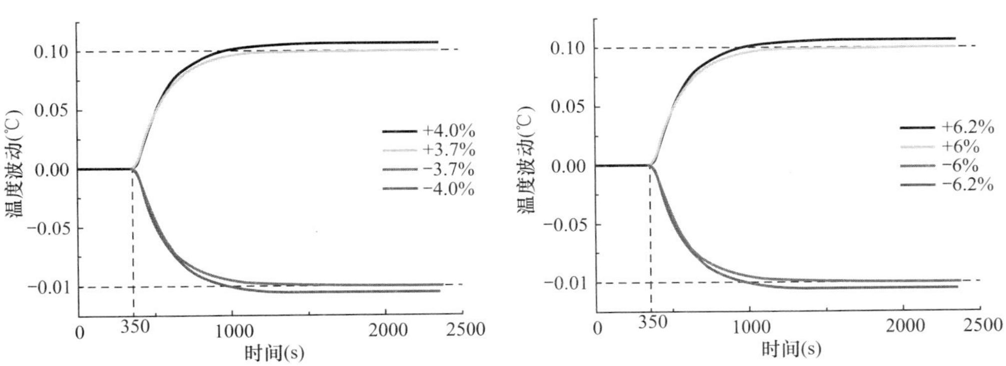

图5 侧送风（左）和下送风（右）方式下的温度波动

2.2 不同送风温度对恒温区域的动态响应特性

在下送风方式下，让整个空间达到稳定的状态，然后保持热源参数不变，将送风温度从 21℃提高到 25℃，等待又达到一个新的稳定状态后，再次将送风温度降低到 21℃，从而观察整个过程中恒温区域的温度动态响应特性。其中，温度监测点 A 位于恒温区域中间且该处温度为设计温度 25℃，温度监测点 B 位于出风口的中心，如图 6 所示。送风温度的变化趋势如图 7 所示。通过数值模拟计算得到的控制点的温度变化情况如图 8 所示。从图 8 中得到的下送风方式下恒温区的温度动态响应特性详细参数如表 2 所示。

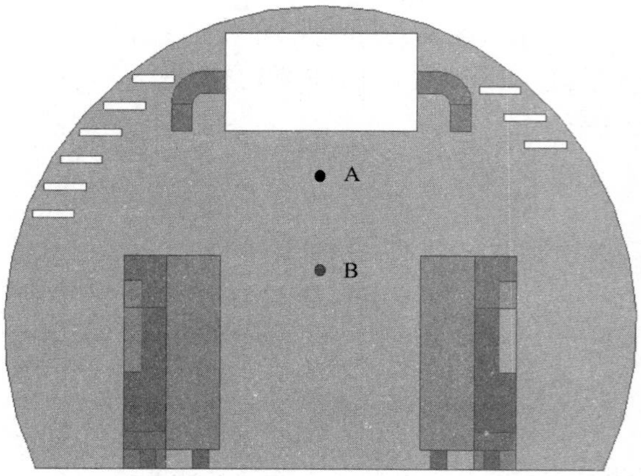

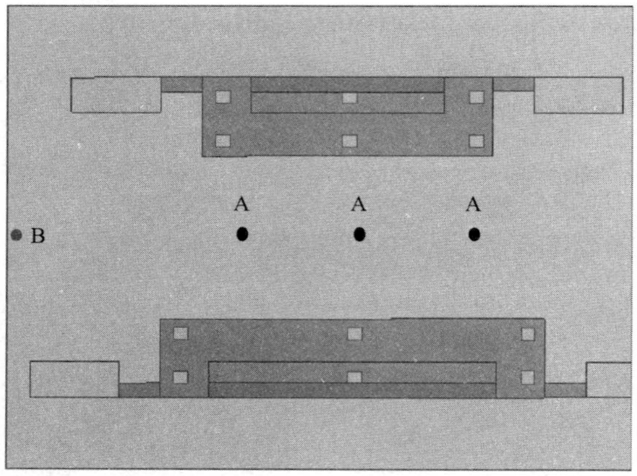

图 6 监测点 A 和 B 的位置

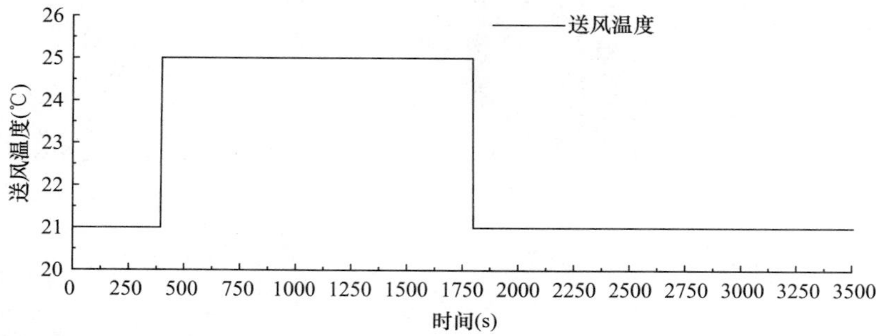

图 7 送风温度随时间的变化趋势

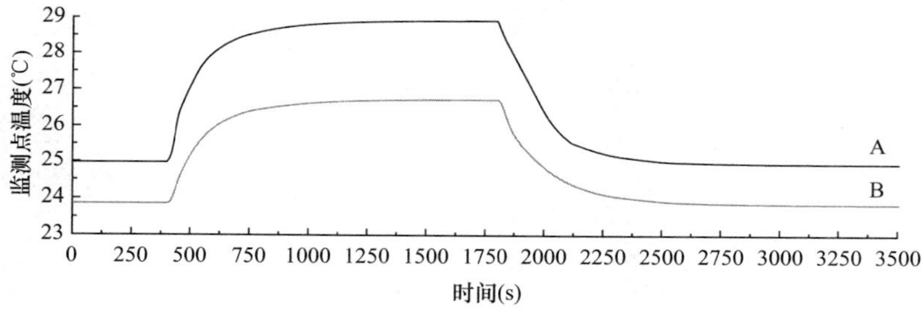

图 8 监测点温度的动态响应特性

下送风方式下恒温区域的温度动态响应特性参数

表 2

动态响应特性参数	时间延迟系数 τ(s)	时间常数 T(s)	比例系数 τ/T
监测点 A	10	135	0.074
监测点 B	15	155	0.097

2.3 最优控制点的位置

根据表 2 内各特性参数的结果可知，监测点 A 的时间延迟系数和时间常数均比监测点 B 短。因此监测点 A 的动态响应特性优于监测点 B。

3 结论

初步探讨了某一大科学装置工程项目中气流组织的优化方案、控制点的选择以及恒温空调系统的动态响应特性。得到的主要结论如下：

（1）在该大科学装置工程项目中，下送风方式下的气流组织比侧送风方式具有更强的抗干扰能力。

（2）监测点 A 的时间延迟系数和时间常数均小于监

测点B。当整个系统处于恒温控制下时，选择监测点A会使系统反应较快，灵敏度较高。

参考文献

[1] Teng L，Lou S R. Air-conditioning design of a high precision and constant temperature and humidity laboratory [J]. Heating Ventilating & Air Conditioning，2002，32 (3)，55-56.

[2] Tan L C，Chen P L：Design method of air distribution of constant temperature air conditioning systems in high and large spaces [J]. Heating Ventilating & Air Conditioning，2002，32 (2)，1-4.

[3] Li Y B，Zhou W，Li P F，et al. Temperature homogeneity control of greenhouse based on CFD simulation model [J]. Transactions of the Chinese Society for Agricultural Machinery，2012，43 (4)，156—161.

[4] Majdoubi H，et al. Airflow and microclimate patterns in a one-hectare canary type green-house：An experimental and CFD assisted study [J]. Agricultural and Forest Meteorology，2009，149 (6-7)，1050-1062.

[5] Bennisa N.，et al. Greenhouse climate modelling and robust control [J]. Computers and Electronics in Agriculture，2008，61 (2)，96-107.

[6] Bartzanas T，et al. Numerical simulation of the airflow and temperature distribution in a tunnel greenhouse equipped with insect proof screen in the openings [J]. Computers and Electronics in Agriculture，2002，34 (1-3)，207-221.

[7] Cheng X H，et al. Numerical prediction and CFD modeling of relative humidity and tem-perature for greenhouse-crops system [J]. Transactions of the Chinese Society for Agricultural Machinery，2011，42 (2)，173-179.

[8] Hao F L，et al. 3-D Steady simulation of temperature pattern inside single plastic greenhouse using CFD [J]. Transactions of the Chinese Society for Agricultural Machinery，2012，43 (12)，222-228.

[9] Li J，et al. Modeling and simulation of test greenhouse temperature system [J]. Journal of System Simulation，2008，20 (7)，1869-1875.

[10] Liu C Z. Modeling and applications of dynamic characteristics in combustion system of hypersonic high temperature tunnel [J]. China Aerodynamics Research and Development Center，2016.

[11] Lu Y. Study on the heating process and dynamic response of intermittent cooled room with tubes-embedded building envelope cooling system [D]. Changan University，2017.

[12] Li Y B，et al. Multi-index GA optimal control of greenhouse temperature based on CFD model [J]. Transactions of the Chinese Society for Agricultural Machinery，2013，44 (3)，186-191.

[13] Zhu Y. Experiment research on the dynamic thermal performance of Low-e glass curtain wall and its indoor environment [D]. Dalian University of Technology，2017.

暖通空调系统调试技术在大型商业建筑中的实践浅析

湖北中城科绿色建筑研究院　孙金金☆　杨菊菊　陈桂营

摘　要　本文分析了当前大型商业建筑暖通空调系统施工运行中存在的普遍问题，结合多个大型商业综合体项目的调试经验，总结了暖通空调系统调试工作的步骤及注意的要点，为今后从事同类型项目实践提供参考。

关键词　调试　暖通空调　商业建筑

0　引言

当前，大型商业综合体如雨后春笋般涌现，由于建筑体量大、工期紧，调试工作不到位，实际投入运营后，暖通空调系统存在大量的问题，无法发挥其应有的功能，导致租户投诉，后期不得不花更多的人力和资金进行整改，不仅影响商业的正常运营，也给物业管理团队带来了较大的整改工作。笔者结合自身参与大型商业综合商业体项目暖通空调系统调试的实践，总结了暖通空调系统调试的准备工作、调试步骤以及关注的要点。

1　暖通空调系统存在的问题

根据实际调试的项目，暖通空调系统存在的问题包括设计问题、施工质量问题以及设备自身质量问题三大类，其中施工质量问题最大，占比达到95%以上。这里总结常见主要问题。

1.1　空调风系统

对于大型综合商业体，商业前场公区部分一般采用集中式全空气系统，空调箱设置在每层的空调机房或者设置在地下一层和屋顶层。空调风系统出现的常见问题如下：

（1）空调末端送风阀未开启

调试过程中，经常会出现末端送风口无风量的情形，主要原因是空调送风口的风阀关闭。出现这种状况的原因一方面有施工人员的工作不到位，未按照施工要求开启风阀或者派人自查；另外一些原因是交叉施工，风阀被人为关闭。

（2）空调箱回风阀未开启或者回风口面积过小

回风阀未开启或者回风口面积过小，导致的直接后果就是空调箱总送风量不足，而且回风管段风阀处有刺耳的噪声。造成回风阀关闭的原因有安装后未开启也未检查，也有交叉施工人为关闭的。造成回风口面积过小的原因是装修时为了造型的美观而未考虑回风效果，这种情况下一般需要暖通专业工程师与装修设计工程师进行有效沟通，在满足回风口总面积的条件下来设计装修造型。

（3）空调箱新风取风百叶未开启或者开启面积过小

这种情况出现导致的直接后果是没有新风量或者新风量不足。大型商业建筑围护结构大部分采用幕墙形式，新风的取风百叶必然需要安装在幕墙上，需要幕墙开孔。实际施工过程中，由于暖通专业与幕墙专业未有效沟通，会出现幕墙未开孔的情形，这样也就没有新风进风口，无处取风。另外，幕墙上安装的取风百叶采用成型产品，实际过流面积小于设计的取风尺寸，这样会导致新风的取风面积不足，从而导致新风量不足。

（4）风不平衡问题

由于未对末端送风口的调节阀进行有效调节，导致部分送风口风量大、部分送风口风量小，造成空调风系统风不平衡问题。解决此类问题的有效措施就是进行调试，确保风系统达到最大限度的平衡，满足设计风量和风速的要求。

（5）风管安装质量问题

风管安装质量问题最容易出现空调箱出口处的软接头扭曲、破损，法兰连接处未有效密封，导致空调箱出风处漏风严重。

（6）电气质量问题

电气类问题包括空调箱电源线接线错误，无法正常启动，配电箱热继保护电流过小，启动频繁跳闸，空调箱的控制电源未安装在相应的空调机房，操作不方便等。

1.2　空调水系统

大型商业综合体水系统一般比较庞大，除了供应商业裙房部分，还要供应塔楼办公部分，因此整个水系统环路较长，运行压力高，施工质量不到位，就会出现问题。对于商业部分，空调水系统服务的对象主要包括两部分：一部分是商业公区的空调箱；一部分是商业租户内的风机盘管，一般采用多路立管进行分区供水。空调水系统出现的主要问题如下所述：

（1）空调冷水不平衡问题

空调冷水系统不平衡是空调水系统出现的最普遍的问题，一方面由于空调水系统比较庞大，普遍采用异程式系统，虽然在水平干管上安装了静态平衡阀，但由于机电总包方无专业的调试团队，此项工作并未有效实施，因此水系统容易出现不平衡的问题。另一方面，施工过程中，部

☆　孙金金，男。通讯地址：湖北省武汉市乔口区京汉大道508号，Email：641521640@qq.com。

分需要安装静态平衡阀的管段采用蝶阀进行替代，无法进行平衡调试。此外，由于商业综合体投入运营时，其塔楼部分还处于施工阶段，导致整个空调水系统只有部分可以进行调试，无法满足整体调试一步到位的需求。虽然在此阶段进行了初调试，待到塔楼投入运营时，整个空调水系统又需重新调试。

（2）空调冷却水不平衡问题

在冷却水系统中，会出现部分冷却塔供水量大、部分冷却塔供水量小的现象，会对冷却水的冷却效果产生影响，进而影响冷机的制冷效果。出现此类问题的原因是未对冷却水系统进行有效调试即投入运营。

（3）空调供回水管或者冷热水管反接问题

空调供回水管反接导致的结果就是空调供冷量不足，室内温度降不下来。出现此类问题的主要原因是施工组织不到位，未对具体施工人员进行有效交底，施工过程中管理人员也未有效进行施工质量检查。此类问题的出现，对于后期整改工作量较大，应力求避免。对于冷热水管反接，也应加强施工组织管理，避免出现此类问题。

（4）空调水泵问题

空调水泵包括冷水泵和冷却水泵，常见的问题包括水泵流量不足、扬程不足、水泵反转等问题，出现这些问题的原因包括水泵本身质量问题、施工中电气线路三相线接反、水泵阀门未完全开启等。

2 调试准备工作

调试是极为重要的一项工作，是将暖通空调设备由施工后的静止状态转变为运行状态，实现暖通空调系统设计目标的重要手段。在实施该工作前，准备工作也十分重要，具体来说主要有以下几方面的内容。

2.1 调试表格的准备

调试表格是记录调试工作的重要工具，一般来说，暖通空调系统调试主要包括以下几个表格：

（1）设备状态表格

主要记录所有需要调试的设备，包括设备名称、楼层、位置、设备编号、数量、主要参数、所属系统、服务区域、调试状态（包括设备是否安装完成，接线是否完成，是否具备调试条件，单机试运行是否完成，单机调试是否完成，系统调试是否完成等）。本调试表格可以帮助调试工程师或者项目负责人实时掌握整个空调系统、子系统、分区域设备的调试进度情况，便于后续调试工作进度的安排。

（2）总风量和风量平衡测试记录表格

总风量测试记录表格主要用于空调箱、新风机组等总风量测试用，包括设备名称、楼层、位置、设备编号、设计总风量、测试方法、风管或风口尺寸、风口面积折算系数、测点值、实测风量值、是否正常、备注等内容。该表格可以帮助调试工程师记录每台空调箱或者新风机组测试的测试调试结果，相关问题也在该表格中一目了然。

风量平衡测试表格主要用于空调箱的风平衡调试，包括风口编号、风口尺寸、风口面积折算系数、测点值、实测风量值、设计风量值、是否正常、其他问题等。该调试表格可以记录空调箱单个风口风量调试结果及存在的问题。

（3）水泵调试记录表

该表格主要用于冷水泵、冷却水泵、热水循环水泵单机和组合泵调试用，包括水泵编号、名称、位置、调试时间、水泵/铭牌参数（包括品牌、流量、扬程、转速、电压、电流、功率）、实测参数（电流、进水压力、出水压力、流量）、是否正常、备注等。

（4）水平衡调试记录表格

该表格主要根据设计的水系统图，记录实际平衡阀的位置、数量、设计流量、设计管径，然后根据平衡阀厂家的专用软件来计算需要的 K_v 值及转动的圈数。在现场实际调试过程中，需要记录每个平衡阀管段的实际流量值和平衡阀前后的压力值，在流量值偏离设计值时，通过调节平衡阀的阻力值，使实际流量值达到设计要求。

（5）其他调试用表格

包括冷机单机运行状态记录表格、冷却塔风机单机调试表格、冷机能效以及冷站整体能效记录表格等，可以根据实际调试的需要，单独制作。表格内容应做到记录参数齐全，不遗漏，不重复，便于使用者使用。

2.2 调试工具的准备

暖通空调系统主要包括空调风系统、水系统，涉及的测试参数主要有风量、风温、过滤器压差、风管或风口尺寸、水流量、水温、水管压力、电机电流、电压、有功功率、转速等。因此需要准备的测试工具有风速仪、风量罩、毕托管、微压差计、卷尺、超声波流量计、红外点温枪、探针式测温仪、钳形功率表、转速计、电能质量分析仪等，具体参数要求详见《公共建筑节能检测标准》JGJ/T 177—2009 附录A[1]。在开始调试工作前，应将测试用设备准备好，并检查其使用状态是否正常，包括电源、电池电量、标识、参数显示等。

2.3 调试团队的建立

建立完善的调试团队是调试工作顺利进行的保证。调试团队一般可以由单个的调试专家或者独立的第三方调试顾问公司来担当，总包、分包、设备供应商、物业单位、监理单位应有相应的配合人员。调试团队应向组员明确整个调试项目的调试方案，包括调试工作的流程步骤、各专业调试的内容及要点、专业工程师的职责、整体的调试计划、相关方的配合要求等。调试团队应定期向业主汇报工作进展、存在的问题及需要协调解决的问题。

3 调试步骤及要点

3.1 空调风系统

空调风系统调试主要包括空调风系统安装状态确认、单机调试以及系统调试等三个步骤，对于每个步骤的实施要点概述如下：

（1）设备安装状态确认

空调风系统安装包括空调箱、风管、风阀、进风口、送风口、电气控制箱的安装等。在开始调试前，应确认这些安装工作的进展及完成情况，并做好记录。一般来说，只有完成所有安装工作，确认设备通电无问题后，才可进行调试工作。空调风系统安装完成是保证单机调试的前置条件，在现场开始这项工作中，机电总包单位、空调风系统分包单位、强电分包单位以及调试顾问单位应紧密配合。首先空调风分包单位应向机电总包单位提供空调箱、风管、风阀等安装进展情况，强电分包单位提供配电控制箱及接线完成情况，然后由机电总包单位自查确认，相关状态情况提交机电调试顾问单位，开始后续调试工作。

（2）单机调试

考虑到现场实际空调系统施工进度安排、精装修配合等问题，调试工作无法等到所有安装工作完成才开始，这时需要对于调试空调风系统的前置条件可做出相应的调整，如空调箱安装到位、风管安装完成、进风口和送风口开口完成、电气控制箱安装完成，在临时通电情况下，即可进行单机调试。风阀未安装可直接通过临时风管连接方式代替，风口未安装可用临时百叶风口或者不需要风口的状态进行测试。单机调试过程中，相关责任方应按时到场，明确各自的任务内容。调试过程中出现的问题，调试顾问应做好记录，并汇总给业主单位，责成总包单位进行整改。

（3）风平衡调试

风平衡调试主要是针对空调末端各个风口风量进行测试调整，达到设计目标的过程，也是空调风系统调试工作最重要和最难的一步。一般来说，如果等到空调风系统安装全部完成，也就是精装工程吊顶工作完成后再进行这项工作，则会给调试工作带来很大的麻烦。主要原因是吊顶空间有限，里面除了风管还有其他诸如水管、强弱电桥架等，而精装为了装饰美观，预留的检修口较小，距离调节风阀较远，人从吊顶里操作调节风阀的空间有限，难度较大。风平衡调试需要多次调节风阀开度才能达到一个比较好的调节效果，因此在实际调试过程中，应尽早介入风平衡调试工作。一般应在精装龙骨安装完成、风口定位完成、吊顶封板前进行风平衡调试。这就需要调试团队做好周密的计划，并与精装队伍做好沟通协调，确保风平衡调试达到最佳效果。对于一字形风管两边伸出的送风支管风口，依据流体力学静压复得理论，在风口尺寸相同以及风阀全开的情形下，一般最远端风量较大，近端风量较小，因此在初始调试时可以先关小远端风阀开度，可以起到事半功倍的效果。

3.2 空调水系统

空调水系统调试主要包括空调水系统安装状态确认、单机调试以及系统调试三个步骤，对于每个步骤的实施要点概述如下。

（1）调试前置条件确认

在进行单机调试前，应对调试的前置条件进行确认。对于空调水系统，其单机调试的前置条件包括以下几方面的内容：

1）系统设备、管网、阀门等全部应安装完成；重点检查电动阀、平衡阀的安装情况。

2）管网试压、冲洗完成，无跑冒滴漏现象；在水系统试压冲洗前，应考虑整个水系统运行后的试压冲洗方案，对于大型的空调水系统，一般采用分区分段试压冲洗，因此在实际施工中，应在水路隔离处增加管道盲板，便于试压冲洗工作的顺利进行。在试压冲洗过程中，应检查管路以及管道连接件是否漏水，对于漏水点应查找原因，及时进行修补，确保整个水路系统在工作压力下不会漏水。

3）对系统安装及管道试压过程中的临时固定物应全部拆除。如隔离设备的管道盲板，软接头、伸缩节的临时支撑，安装设备的临时固定物等均应全部拆除。

4）设备供电到位，主回路及控制回路各项性能指标（绝缘、相序、电压、容量、标识等）符合调试要求，达到接线正确、供电可靠、控制灵敏；一般来说，现场如暂时无正式电供应，对于功率较小的水泵、冷却塔风扇、空调箱等可以采用临时电进行单机调试。

5）对水量平衡数据的系统图/单线图，各楼层、区域平衡阀后以及空调箱，新风机等设计工况下流量标识清楚；应对水量平衡数据的正确性进行核实，检查对应的管径是否合理。

（2）单机调试

空调水系统单机调试包括冷机、冷却塔、冷水泵、冷却水泵的调试。具体调试内容如下所述：

1）冷机单机调试一般需要冷机供应商配合，按照正确的开机顺序运行后，核实冷机运行中相关参数是否准确，如冷水供回水温度、蒸发器冷媒压力、冷凝器冷媒压力、排气温度、油槽油温、油槽压力。

2）冷却塔单机调试主要查看冷却塔风机运行是否正常，冷却塔布水是否均匀，气流组织是否合理等。

3）冷水/冷却水泵单机调试主要查看单泵/组合泵流量、扬程、运行电流等参数是否正常。

（3）水平衡调试

在水平衡调试前，应进行平衡前的检查，主要包括以下内容：

1）所有水泵已完成单机调试及调校。

2）所有系统水阀已在全开位置（除常闭阀门外）。

3）水系统已完成试压冲洗工作。

4）检查更换所有水过滤器滤网。

5）系统已将余气排清。

6）各流量测试点管道保温拆除，便于超声波流量计的安装测量。

7）末端设备温控装置安装完毕，设定温度使电磁阀/电动阀处于完全开启状态。

公共区冷水系统的调试：

1）关闭供回水管道之间的自力压差平衡阀。

2）单台逐台启动水泵并根据出水压力作出调较（用出水方向之闸阀），测量每台水泵单台运行时的水流量，直至运行参数达至设计数值，记录所有电气参数并标定水泵出水阀门。

3）同时开启两台水泵，将总管水流量调至设计数值（方法同一次水系统）后再对各支管平衡阀进行调校至设计水流量。

4）对各支管最不利环路的末端设备作出平衡后再对其他该支管设备作平衡及记录。

5）设置进行调校系统的支路平衡阀门，使水流量满足系统设计要求后，记录所有数据，最后对平衡阀做出标定。

4 结语

随着大量商业建筑的投入运行以及后续出现的问题，越来越多的开发商认识到调试工作对于确保建筑投入正常运行的重要性。某些大型开发商一方面在项目开发阶段就聘请专业的调试顾问公司来指导实施整个项目的调试工作，确保后期建筑的正常开业和运行；另一方面加快建立企业的建筑机电施工质量标准，并组建专业的机电质量检查团队，加强施工质量检查监督。建筑主管部门和建筑学/协会也认识到建筑机电系统调试工作的重要性，已于2017年成立了建筑调试技术联盟，并且着手编制相关的技术标准，以此来推动建筑调试工作的标准化和规范化。暖通空调系统作为大型商业综合体中最复杂、最关键的系统，需要按照一套完整的调试步骤和流程去完成调试工作，确保系统后期的正常运行。本文所总结的关于暖通空调系统调试步骤和流程要点，希望能给同行以借鉴和参考，以此共同推进建筑调试工作的标准化和流程化，将调试工作能落到实处，切实保证空调系统设计目标的真正实现。

参考文献

[1] 中国建筑科学研究院. 公共建筑节能检测标准. JGJ/T 177—2009 [S]. 北京：中国建筑工业出版社，2010.

福建省教育建筑用能特征与能耗定额研究

福建省建研工程顾问有限公司　张慈枝☆　林跃东　李锴荣

摘　要　基于监测平台的实测数据样本，以教育建筑为例，对教学楼、学院、学生宿舍等各类型教育建筑进行用能分布、用能特征、建筑能耗影响因素等方面分析，摸清建筑能耗的现状，掌握各类建筑用能规律。进一步，运用统计分析方法，制定各类教育建筑的能耗定额，科学地反映建筑实际用能水平和合理用能期望水平的能耗基准指标，建立教育建筑能耗评价体系，为推动公共建筑实行量化管理及节能改造提供参考依据。

关键词　教育建筑　用能指标　能耗定额　统计分析

1　研究背景

近年来，国家机关办公建筑和大型公共建筑高耗能的问题日益突出，开展公共建筑节能监管和能耗研究是建筑节能工作的重点。我国积极推进公共建筑能耗动态监测平台建设，中央财政于 2007 年支持北京、天津、深圳三个城市率先建立动态监测平台，在取得示范经验后，上海市、湖北省、吉林省等省市公共建筑能耗动态监测平台于 2012 年陆续列入国家示范项目[1]。截至 2012 年底，全国累计完成公共建筑能耗统计 4 万余栋、能源审计 9675 栋、能耗公示 8342 栋，对 3860 余栋建筑进行了能耗动态监测，为建筑能耗大数据研究和能耗定额的制定提供了基本数据[2]。

为了有效提高公共建筑能源利用效率，我国相继出台能源定价机制和公共建筑能耗定额制度。2008 年，住房和城乡建设部与财政部在"关于加强国家机关办公建筑和大型公共建筑节能管理工作的实施意见"中指出，对全国重点城市重点建筑能耗进行实时监测，并对用能标准、能耗定额和超定额加价、节能服务等制度进行研究制定，促使公共建筑提高节能运行管理水平，培育建筑节能服务市场[3]。目前，国内大型城市诸如北京、上海、重庆等已经开展建筑能耗基准研究，并在一定程度上建立了公共建筑能耗限额标准。我国建筑数目庞大，种类较多，差异较大，而公共建筑能耗所占比重呈现出快速增加趋势。因此，制定出适应建筑能耗现状的能耗定额标准，可切实提高公共建筑用能管理水平和能源使用效率。

2　国内外研究现状

国外在 20 世纪 80 年代末开始进行建筑能耗数据研究，能耗管理系统大都比较成熟，上传的数据类别也远多于一般的能耗监测系统，其应用功能也远远超出建筑能耗监测系统的统计和分析，更关注用能系统级和设备级的深度能效分析，以及用能系统的能耗诊断和优化控制策略。同时，国外也已经确定了相对成熟的建筑能耗基准评价方法，其中北美地区、亚太地区、欧洲地区分别有十七种、四种、三种网络在线的能耗基准评价工具。美国建立的 ENERGY STAR Benchmarking Tools，给出了美国各类型建筑的能耗基准确定方法，以实际数据为基础，并考虑影响能耗的相关因素，最终通过拟合能耗与实际能耗的比较分析出某建筑的建筑能耗基准。英国政府颁布了办公建筑能耗限额标准，该标准将办公建筑按照有无自然通风和空调系统情况分为 4 类，根据大量统计数据制定出 2 个基准，然后采用相关系数法计算被测建筑各项影响因子占标准建筑的比例，从而确定建筑的能耗限额。

我国对建筑能耗大数据研究应用起步较晚。2010 年，清华大学建筑节能研究中心给出了北京地区四类公共建筑的能耗指标限值及甲乙两类能耗指标的计算方法[4]。康一亭利用北京市 30 栋办公建筑连续 12 个月的能耗统计数据和建筑基本信息以及设备运行等参数，建立了能耗强度 EUI 与建筑影响因子之间的多元线性回归方程，进而确定了能耗基准和能耗定额[5]。曹勇分别采用德国与美国的能耗基准确定方法，针对北京地区办公建筑空调系统能耗进行定额确定研究[6]。

从总体来看，我国公共建筑能耗监测平台种类繁多，应用区域广泛，但是也存在系统良莠不齐、稳定性和实用性较差的现状，大多数系统在监测过程中存在数据缺失、数据异常等问题，系统本身不具备能耗分析能力，导致大量的数据只能停留在数据库中。因此，本文基于福建省某公共建筑能耗监测平台，进行以教育建筑为例的典型公共建筑的实际能耗数据分析及能耗定额研究，实现对建筑用能有效量化管理。

3　教育建筑用能特征分析

3.1　教育建筑分类样本统计

根据 2019 年 1 月国管局印发的《公共机构能耗定额标准编制和应用指南（试行）》，教育类机构可按高等教育、中等教育、初等教育、学前教育、其他教育等进行划分，同时，高等教育还可细分为综合、理工、财经等。此

☆　张慈枝，硕士，助理工程师。通讯地址：福州高新区创业路 8 号万福中心 3 号楼，Email：826251362@qq.com。

外，根据不同类建筑能耗显著性的原则，可分为教学楼、学生宿舍、行政办公、科研楼、图书馆、场馆等10种类型。

公共建筑能耗定额指标是以一个完整的日历年或者连续12个日历月的累积能耗计，需进一步筛选数据样本。据省级平台接入教育建筑情况，共计55栋在线监测楼宇从2018年7月至今连续10个日历月能耗数据稳定有效，对建筑信息按上述分类统计情况如表1所示。

教育建筑样本分类统计表　　表1

二级分类	数量（单位）	教学楼	学院	学生宿舍	行政办公	科研实验楼	图书馆	场馆	食堂	合计
高等教育	总面积（万 m^2）	14.64	13.41	3.04	6.35	11.41	7.28	1.18	2.21	59.52
	楼宇数量（栋）	12	16	5	7	9	2	3	2	56
	占总面积比例（%）	24.6	22.5	5.1	10.7	19.2	12.2	2	3.7	100
	占总栋数比例（%）	21.4	28.6	8.9	12.5	16.1	3.6	5.3	3.6	100
备注	中等教育、初等教育、学前教育、其他教育建筑能耗数据样本为0栋									

如图1所示，在监测高等教育建筑中，教学楼、学院、科研实验楼建筑面积较大，分别占总建筑面积比例的24.6%、22.5%和19.2%。这三类建筑占高等教育建筑总栋数的比例也较大，分别为21.4%、28.6%和16.1%，是高等教育建筑中较为普遍使用的建筑类型。

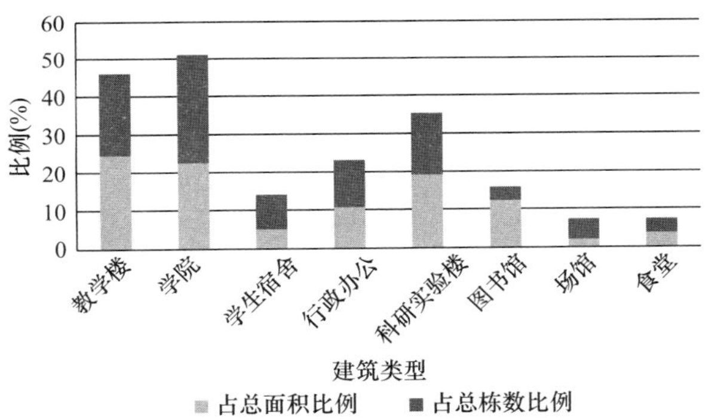

图1　各类高等教育建筑面积和数量比例分布

进行建筑能耗数据预处理可以提高数据的质量，为了进一步分析教育建筑用电指标真实水平情况，本文采用常见数据预处理方法包含以下几种：数据清理、数据集成和数据转换、数据规约，以及使用最可靠的填充缺失值方法来估算缺失值，获得连续12个日历月的累积能耗，再作教育建筑用能特征和定额分析。

3.2　各类教育建筑用能特征分析

（1）单位面积能耗指标分析

对监测56栋高等教育建筑进行编号区分，将教学楼建筑编号为1～12，学院建筑编号为13～28，学生宿舍建筑编号为29～33，行政办公楼建筑编号为34～40，科研实验楼建筑编号为41～49，图书馆建筑编号为50、51，场馆建筑编号为52～54，食堂建筑编号为55、56，汇总能耗数据得到各栋建筑单位面积能耗如图2所示。

由图3可知，单位面积平均能耗最高的是食堂建筑，可达143.1kWh/(m^2・a)，科研实验楼建筑单位面积平均能耗最低，为25.6kWh/(m^2・a)，两种类型建筑能耗水平相差超过5倍。对于同种类型的不同建筑间的标准差越大，说明能耗差异越显著。显然，行政办公楼类建筑的离散程度最大，其不同建筑间的能耗差异远大于其他类型建筑，学院建筑和食堂建筑分别居二，三排名。

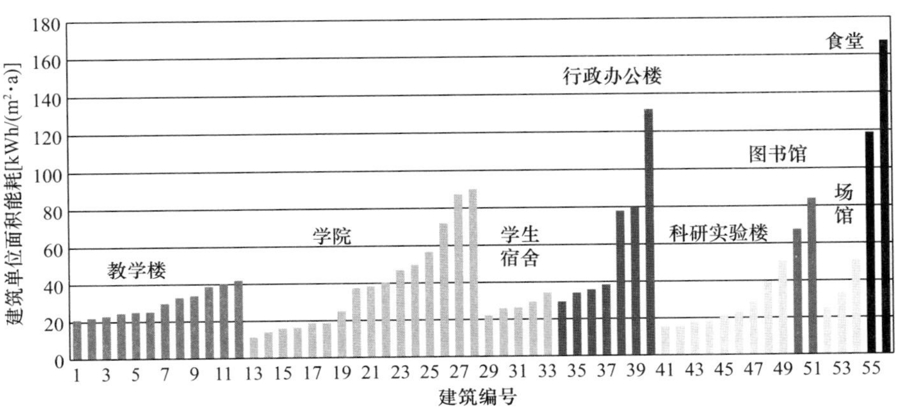

图2　各类高等教育建筑单位面积能耗对比

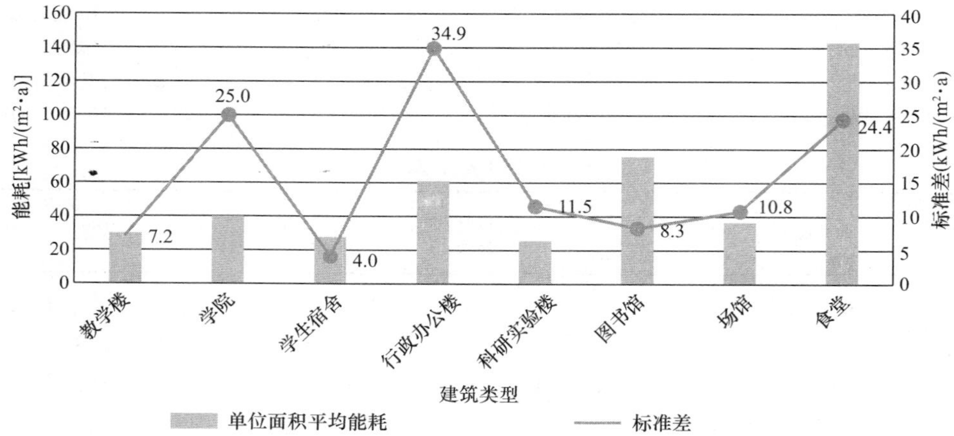

图 3　各类高等教育建筑单位面积平均能耗及离散程度

（2）分项能耗分析

建筑用电负荷用途分为 4 个分项，包括照明插座用电、空调系统用电、动力系统用电和特殊用电。从图 4 分项能耗构成来分析，各类型教育建筑的动力系统教学楼和学生宿舍都以照明插座用电为主，占总用电量比例分别高达 63.2%和 76.9%；行政办公楼和图书馆以照明插座和空调系统用电为主，占总用电量比例分别高达 90.6%和 84.6%，其中空调系统用电占比为 45.8%和 37.0%；场馆和食堂主要能耗是特殊系统用电，占比高达 77.9%和 70.4%；学院和科研实验楼则是以照明插座和特殊系统为主要能耗，占比高达 86.1%和 77.7%，其中特殊系统用电占比为 44.3%和 36.8%。

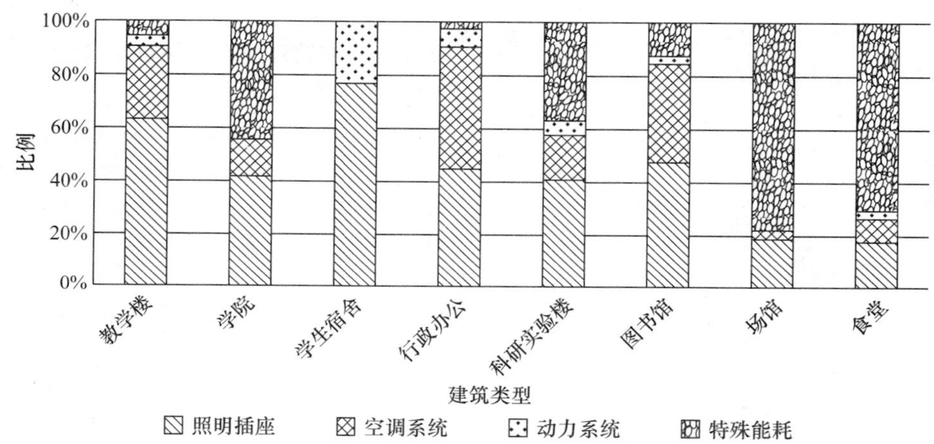

图 4　各类高等教育建筑分项能耗构成

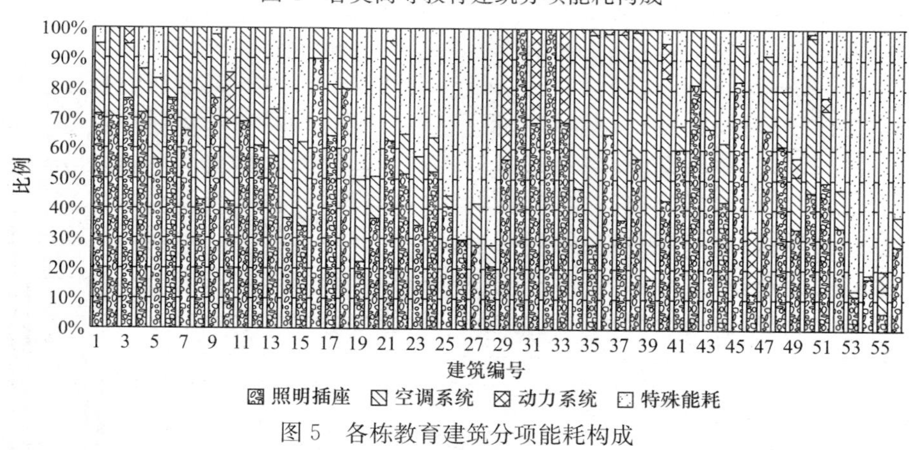

图 5　各栋教育建筑分项能耗构成

根据各栋教育建筑分项能耗，可以分析得出高等教育建筑的用能特点。

（1）教学楼建筑

以往教学楼在夏季多采用风扇制冷，本次统计监测的 12 栋教学楼建筑均设置了空调，由于部分教学楼的照明插座用电包括无独立回路供电的分体空调设备，造成照明插座用电量占比很大，只有两栋教学楼有动力系统用电，设置有电梯。

（2）学院建筑

学院因学科不同而设置类型相对繁杂，可能具备教学、办公、实验等多重功能，设备存在的差异均对能耗差异有重要影响。本次统计中，学院建筑共16栋，占建筑总面积的22.5%，部分学院特殊系统用电占比很大，主要原因是大部分学院独立设有网络中心，配备有大量的网络信息设备，全年不间断运行，设备功率高，运行时间长，导致能耗较高，计算机及信息工程类学院更为显著。由于实验设备从插座引接，化学、材料、生物、环境工程类学院同样存在照明插座的能耗偏高现象。

（3）学生宿舍建筑

学生宿舍通常为多人集体居住的形式，用能人数相对固定且易于统计。本次统计了5栋学生宿舍，数量过少，且夏季均采用风扇制冷，不具有设有空调系统的学生宿舍能耗特征。学生宿舍没有特殊系统，仅有照明插座和动力系统用电，能耗主要集中在照明、个人设备及生活热水，个人行为对能耗的影响巨大，可采用单位面积和人均能耗的指标进行评价。

（4）行政办公楼建筑

行政办公楼建筑的办公时间较为固定，具备办公、会务、接待以及储存档案等功能，人员流动性较大，能耗主要集中在照明、空调和办公设备上，因此照明插座和空调系统用电占比很大，动力系统的设备少，仅设有电梯，能耗占比很低，没有特殊系统能耗。

（5）科研实验楼建筑

本次统计9栋科研实验楼，占建筑总面积的19.2%，大部分照明插座的能耗占比最高，这是因为实验楼的实验设备和分体空调均从插座引接，导致照明插座的能耗偏高。科研实验楼使用时间不固定，人员流动性较大，而且个人对室内实验和办公设备能耗的影响较大，采用单位面积指标进行评价更具合理性。

（6）图书馆建筑

本次统计了2栋图书馆，建筑面积占统计建筑总面积的12.2%，作为全校师生进行阅读自习、资料查阅、学习交流的公共场所，具有开放时段长、利用率高、环境品质要求高的特点。图书馆能耗主要集中在照明、空调以及少量的办公设备上，空调系统多采用集中式全空气系统，能耗强度相对比较高。

（7）场馆建筑和食堂建筑

本次统计了3栋场馆和2栋食堂，分别占建筑总面积的2%和3.7%。这两种类型的特殊系统能耗占比很高，这是因为场馆的游泳池和健身场所用电均需计入，而食堂的厨房餐厅用能属于特殊能耗。

4 四分位法确定能耗基准线

公共建筑能耗定额从统计定额和技术定额两个方面进行研究。统计定额是基于一定样本公共建筑的用电数据，通过运用统计方法制定公共建筑的能耗定额，是对整个地区的用电水平进行研究，服务于政府主管部门，提供最主要的管理考核能耗指标。技术定额服务于建筑管理者和节能技术人员，提供分项能耗定额指标，为节能改造或运行提供依据。但是，目前监测的教育建筑分项计量部分存在楼宇用电支路无法拆分、分项归类计算有误等问题，暂不进行技术定额分析。

常用于建筑能耗评价的指标有单位面积能耗限额和人均能耗限额指标，考虑到教育建筑使用的因素较为复杂和多样，建筑实际使用人数难以核定，采用人均能耗限额指标不具有可操作性。因此，本次分析高等教育建筑的能耗指标形式采用单位面积能耗指标，与现有的建筑能耗统计、审计制度相结合，可操作性强。经监测整理56栋高等教育建筑的能耗数据样本，利用SPSS统计分析软件，计算出中位数、平均值以及上下四分位点，如表2所示。

教育建筑电耗统计量 ［单位：kWh/(m²·a)］ **表2**

项目	教学楼	学院	学生宿舍	行政办公楼	科研实验楼	图书馆	场馆	食堂
中位值	27.5	38.0	26.3	37.0	21.0	75.7	33.3	143.1
平均值	29.9	39.9	27.6	49.2	25.5	75.7	36.5	143.1
最大值	42.0	90.3	34.2	80.0	50.8	83.9	51.0	167.5
最小值	21.1	11.3	22.1	29.3	15.2	67.4	25.2	118.7
上四分位	23.4	17.0	24.1	32.9	16.6	67.4	25.2	118.7
下四分位	37.5	55.1	31.8	78.4	34.2	80.6	47.5	157.7

如表3所示，给出了各类教育建筑的能耗分布累计概率。对于公共建筑用电统计定额来说，建筑能耗定额水平的合理选取是保证建筑能耗定额合理性的核心，取值过小会导致建筑能耗定额标准实施难度大，不具有可操作性，取值过大则达不到制定建筑能耗定额的预期效果。因此，合理的确定定额水平是定额标准具有科学性与可操作性的重要前提。结合国内外研究经验和文献材料，将累计概率在0.75～0.90之间对应的水平作为用能定额指标较为合理，除了图书馆馆、场馆、食堂三类建筑外，本文确定教育建筑的能耗约束值取累积概率为0.85附近的能耗值，各类型教育建筑单位面积电耗指标约束值见表4。

各类教育建筑的能耗分布累计概率 **表3**

累计概率	教学楼	学院	学生宿舍	行政办公楼	科研实验楼	图书馆	场馆	食堂
	对应单位面积电耗值［单位：kWh/(m²·a)］							
0.10	21.4	13.1	22.1	29.3	15.2	67.4	25.2	118.7
0.20	22.6	16.1	22.9	32.2	15.6	67.4	25.2	118.7

续表

累计概率	教学楼	学院	学生宿舍	行政办公楼	科研实验楼	图书馆	场馆	食堂
	对应单位面积电耗值［单位：kWh/(m^2·a)］							
0.30	24.4	18.7	25.2	34.3	17.6	67.4	26.8	118.7
0.40	25.2	23.8	26.1	35.4	18.4	70.7	30.0	128.5
0.50	27.5	38.0	26.3	37.0	21.0	75.7	33.3	143.4
0.60	32.3	41.6	28.2	46.2	23.0	80.6	40.4	157.7
0.70	34.3	49.5	30.4	73.9	28.9		47.5	
0.80	39.3	65.9	33.2	79.1	39.4			
0.85	40.4	78.9	33.7	80.0	45.1			

各类型教育建筑单位面积电耗指标约束值 **表 4**

项目	教学楼	学院	学生宿舍	行政办公	科研实验楼	图书馆	场馆	食堂
单位面积电耗［kWh/(m^2·a)］	40	79	34	80	45	80	48	158
备注	学生宿舍电耗指标适用于不含空调的学生宿舍							

5 结论

通过本文的研究，一方面，对教学楼、学院、学生宿舍等各类型教育建筑进行用能分布、用能特征、建筑能耗影响因素等方面分析，摸清建筑能耗的现状，掌握各类建筑用能规律，为建筑能耗定额提供数据支持；另一方面，通过运用统计分析方法，制定各类教育建筑的能耗定额，科学地反映建筑实际用能水平和合理用能期望水平的能耗基准指标，实现对建筑用能量化管理，从而有力的规范我省对教育建筑运行阶段的节能监管。

参考文献

［1］ 曹敏. 公共建筑能耗监测系统的设计与实现［D］. 成都：电子科技大学，2018.

［2］ 王鑫. 公共建筑用能分项计量综合关键技术研究［D］. 北京：清华大学，2010.

［3］ 孙恒. 公共建筑能耗监测系统的研究与应用［D］. 长春：吉林建筑大学，2015.

［4］ 牛慧. 山东省公共建筑能耗限额研究［D］. 济南：山东建筑大学，2015.

［5］ 贾媛. 西安市公共建筑能耗定额技术方法研究［D］. 西安：西安建筑科技大学，2016.

［6］ 康一亭. 公共建筑能耗基准评价方法研究［D］. 成都：西华大学，2012.

［7］ 曹勇，魏峥，刘辉，等. 德国 VDI3807 标准对我国能耗定额的启示［J］. 建设科技，2011，(22)：78-81.

某大科学装置地下隧道高精度空调扰量及温度响应研究①

同济大学 霍镜涛 张 旭☆ 吴 超

摘 要 某大科学装置地下隧道高精度空调扰量多且温度精度要求高，本文运用CFD数值模拟方法，分析各扰量单独作用下隧道内空气温度波动幅度及动态响应特性，得到单扰量作用时满足隧道内温度精度要求的各扰量波动范围。其中，隧道壁面传热量的变化对温度稳定性影响较小。

关键词 高精度空调 隧道 扰量 温度响应

0 引言

恒温空调是一种工艺性空调，主要用于将室内的温度、气流速度及洁净度等控制在高精度范围内，以满足工业生产、科学研究等特殊场合对室内环境的要求[1-3]。

一般恒温室按允许室温波动值（恒温精度）分为三种：①一般精度恒温室≥±1℃；②高精度恒温室±0.1～±0.5℃；③超高精度恒温室<±0.1℃[4]。对于高精度和超高精度的恒温室而言，一般具有热源简单、内外扰动源少且扰量微小的特点[5]。本文研究对象为上海市某大科学装置地下高精度空调隧道，隧道中大科学装置对温度十分敏感，必须保证其附近温度波动范围在±0.1℃范围内，否则装置将不能正常工作。与一般的高精度恒温室不同，该隧道中扰量因素较多，如空调送风温度、空调送风风量、实验装置表面温度的波动、工艺电缆发热量及隧道围护结构传热量等都会对温度的稳定性造成影响。本文使用CFD数值计算方法对隧道温度场进行模拟计算，分析单扰量作用时隧道内温度响应特性，并确定各扰量波动范围。

1 工程概况

本文研究对象为上海市某地下高精度空调隧道，隧道顶埋深为38m，长为270m，直径为5.9m。根据实测数据[6]，该深度下岩土温度全年基本保持一致，约为18℃。而实验装置温度工作范围为25～30℃，设计选用25℃作为隧道内环境温度，高于隧道周围岩土温度，因此隧道内空气将通过隧道壁面持续向隧道周围岩土散发热量。经过模拟计算可得设计温度下隧道壁面传热量约为0.5W/m²。

根据工艺要求，隧道内空气温度并不需要严格均匀分布，由于实验装置上装有精密仪器（精密仪器所处位置见图1），此仪器对温度敏感性很高，因此需控制此仪器附近空气温度波动不能超过±0.1℃。隧道顶部两侧有工艺电缆贴墙布置。运行时，由于实验装置及电缆的存在，隧道内会产生大量的热量，实验装置产生的热量全部由工艺冷却水带走；工艺电缆发热量为80kW，全部由空调系统带走。隧道内空调方案：隧道上方吊装空调风管，风管两侧布置送风口进行送风，隧道两侧布置回风口。

由于风管尺寸受限，整个隧道空间最大送风量为60000m³/h，每个送风口风量为375m³/h。根据送风温度计算公式：

$$Q = c_p m \Delta t = c_p \rho V \Delta t / 3600 \tag{1}$$

式中，Q——工艺电缆发热量，W；

c_p——空气比热容，J/(kg·℃)；

ρ——空气密度，kg/m³；

V——送风风量，m³/h；

Δt——送风温差，℃。

经计算可以得到最小送风与环境温差为4℃，即送风温度最大为21℃。

2 模型建立及边界条件的确定

本文采用ANSYS系列软件进行建模、划分网格及模拟计算。由于隧道总长与送风口大小差距悬殊，若整体建模网格数量庞大。为优化网格数目、减少计算时间，笔者根据送风口周期性布置特点，取6.7m长隧道作为单元段，建立其计算模型，模型示意图见图1。通过单元段合理性验证，该简化方法得到的温度波动情况与整体建模一致。

隧道模型长为6.7m，上方悬挂1.8m×0.9m的送风管道。管道侧面对称布置4个送风口，同侧风口间距为3.35m，风口大小为0.2m×0.5m。隧道两侧上方布置有工艺电缆，且两侧电缆数量不同，隧道下方为科学实验装置。

送风口边界条件设置为velocity-inlet，送风速度为1.3m/s，送风温度为21℃；隧道横截面一侧边界条件设置为symmetry，另一侧设置为pressure-outlet。单元段内工艺电缆总发热量为1985W，近似简化电缆表面恒定发热量为35.8W/m²；实验装置表面温度设为25℃；隧道壁面向外散热量为0.5W/m²。计算求解采用分离式求解器，压力速度耦合采用SIMPLE算法，Second order upwind格式离散，RNG k-ε 模型，各流动项残差均小于10^{-6}。

☆ 张旭，男，博士，教授。通讯地址：上海市同济大学机械与能源工程学院，Email：zhangxu-hvac@tongji.edu.cn。

① 基金项目：国家自然科学基金（No.51678418）。

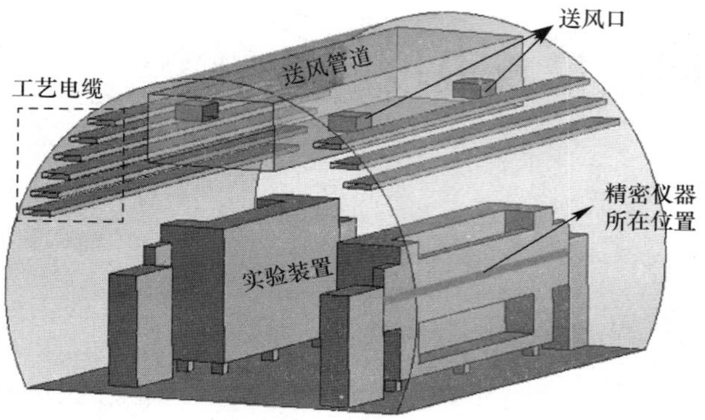

图 1　隧道单元段模型示意图

3　计算结果及分析

为了检测精密仪器附近空气温度波动情况，在隧道两侧各布置三个温度监测点，温度监测点编号及位置如图 2 所示，每个监测点距离精密仪器均为 0.1m，距离地面均为 1.5m。

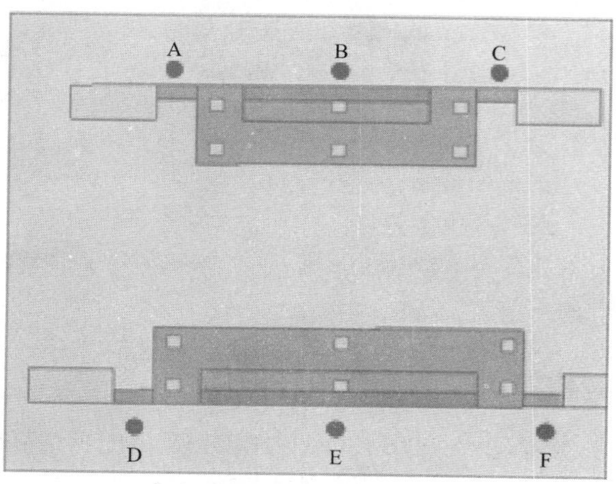

图 2　监测点布置位置示意图

3.1　工艺电缆发热量 Q_{wire} 波动时的温度响应分析

实验装置在运行时，电压和电流的波动会导致工艺电缆的发热量的波动。当工艺电缆发热量改变，各监测点温度随之改变。设计电缆发热变化量 ΔQ_{wire} 为 +4.2%、+3.7%、+3.2%，−3.5%、−3.9%、−4.5%，对应监测点温度变化量 Δt_i（i=A、B、C、D、E、F）如图 3 所示。

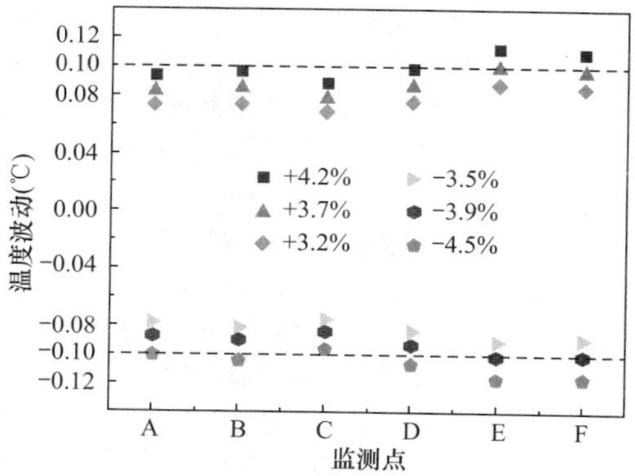

图 3　ΔQ_{wire} 各取值下监测点的温度波动幅度

分析图 3 可以得到，当工艺电缆发热量波动时，各监测点温度波动幅度不同。同一电缆发热变化量下，D、E、F 点处的温度波动幅度比 A、B、C 点处的温度波动幅度略大，且 E 点的温度波动幅度最大，如 $\Delta Q_{wire}=-4.5\%$，各监测点温度波动幅度变化大小依次是：$\Delta t_E > \Delta t_F > \Delta t_D > \Delta t_B > \Delta t_A > \Delta t_C$。对于同一监测点，电缆发热量波动幅度越大，监测点温度波动幅度越大。

选取波动幅度最大值点 E 点作为研究对象，在环境温度稳定 500s 后改变工艺电缆发热量，其温度动态响应情况如图 4 所示。

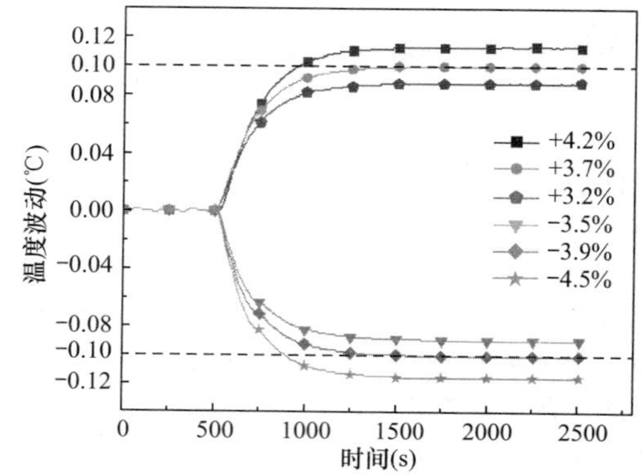

图 4　ΔQ_{wire} 各取值下 E 点温度动态响应情况

分析图 4 可以得到，在改变电缆发热量后，监测点温度变化速率由大变小，而后逐渐趋于平稳，在改变电缆发热量约 1000s 后，温度波动幅度达到最大值。为满足 ±0.1℃精度的要求，工艺电缆发热量波动范围需控制在 −3.9%～+3.7%之间。

3.2　实验装置表面温度 t_{sf} 波动时的温度响应分析

实验装置运行时，其散发出的热量全部由工艺冷却水带走，因此，实验装置表面的温度会受到工艺冷却水温度波动的影响。当实验装置表面温度发生变化时，各监测点温度随之改变。设计实验装置表面温度变化量 Δt_{sf} 为 +0.32℃、+0.27℃、+0.23℃、−0.22℃、−0.27℃、−0.32℃，对应监测点温度变化量如图 5 所示。

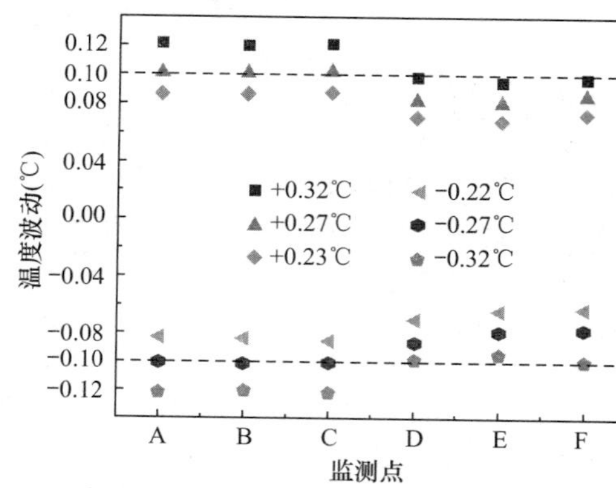

图 5　Δt_{sf} 各取值下各监测点温度波动幅度

分析图 5 可以得到，当实验装置表面温度发生变化时，各监测点温度波动幅度不同。同一实验装置表面温度变化量下，A、B、C 点处的温度波动幅度比 D、E、F 点处的温度波动幅度略大，A、B、C 三点的温度波动幅度基本相等。对于同一监测点，实验装置表面温度波动幅度越大，监测点温度波动幅度越大。

选取 B 点作为研究对象，在环境温度稳定 500s 后改变实验装置表面温度，其温度动态响应情况如图 6 所示。

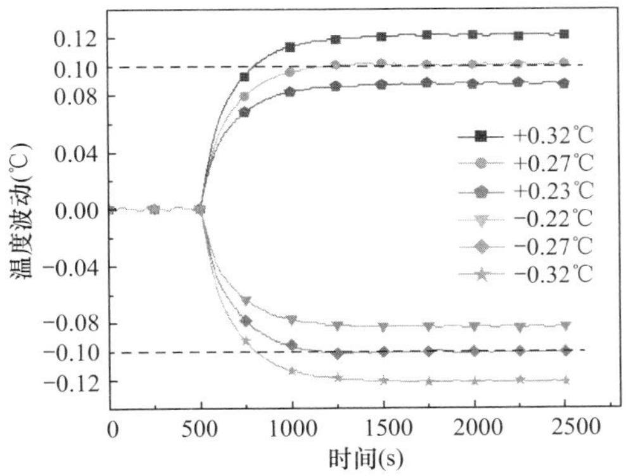

图 6　Δt_{sf}各取值下 B 点温度动态响应情况

分析图 6 可以得到，在改变实验装置表面温度后，监测点温度变化速率由大变小，而后逐渐趋于平稳，在改变电缆发热量约 1000s 后，温度波动幅度达到最大值。为满足±0.1℃精度的要求，实验装置表面温度波动应控制在−0.27～+0.27℃之间。

3.3　空调送风温度 t_{in}波动时的温度响应分析

实验装置运行时，空调送风温度受电加热器电流、电压及空调冷冻水温度等的影响，当空调送风温度发生改变时，各监测点温度随之改变。设计空调送风温度变化量 Δt_{in}为+0.17℃、+0.15℃、+0.13℃、−0.13℃、−0.15℃、−0.17℃，对应监测点温度变化量如图 5 所示。

分析图 7 可以得到，当空调送风温度发生变化时，各监测点温度波动幅度不同。同一空调送风温度变化量下，D、E、F 点处的温度波动幅度比 A、B、C 点处的温度波动幅度略大，且 E 点的温度波动幅度最大。对于同一监测点，空调送风温度波动幅度越大，监测点温度波动幅度越大。

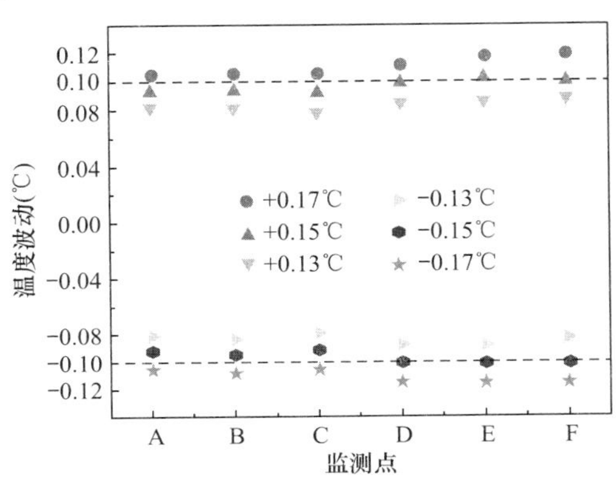

图 7　Δt_{in}各取值下各监测点温度波动幅度

选取波动幅度最大值点 E 点作为研究对象，在环境温度稳定 500s 后改变空调送风温度，其温度动态响应情况如图 8 所示。

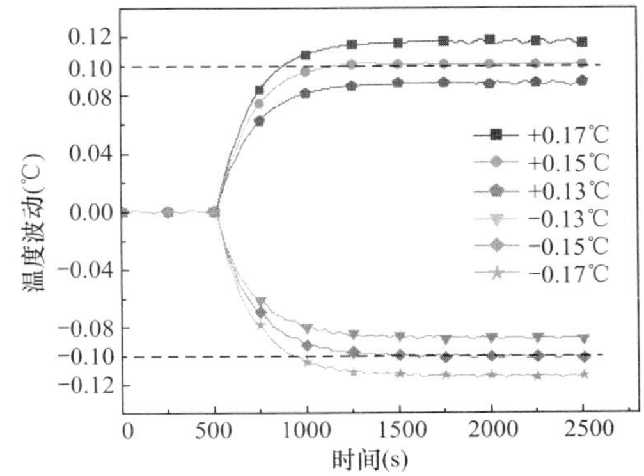

图 8　Δt_{in}各取值下 E 点温度动态响应情况

分析图 8 可以得到，在改变空调送风温度后，监测点温度变化速率由大变小，而后逐渐趋于平稳，在改变空调送风温度约 1000s 后，温度波动幅度达到最大值。为满足±0.1℃精度的要求，空调送风温度波动应控制在−0.15～+0.15℃之间。

3.4　空调送风量 V_{in}波动时的温度响应分析

空调送风量受风机稳定性、管道系统阻力等的影响，当空调送风量改变时，各监测点温度随之改变。设计空调送风量变化量 ΔV_{in}为+3.7%、+3.3%、+2.9%、−2.7%、−3.1%、−3.5%，对应监测点温度变化量如图 9 所示。

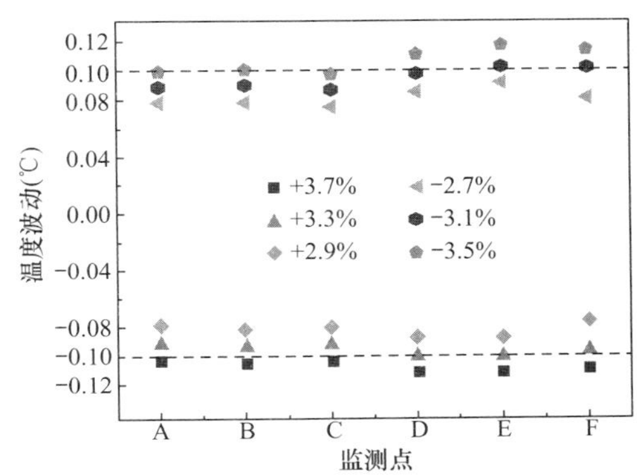

图 9　ΔV_{in}各取值下各监测点温度波动幅度

分析图 9 可以得到，当空调送风量发生变化时，各监测点温度波动幅度不同。同一空调送风变化量下，D、E、F 点处的温度波动幅度比 A、B、C 点处的温度波动幅度略大，且 E 点的温度波动幅度最大。对于同一监测点，空调送风量波动幅度越大，监测点温度波动幅度越大。

选取波动幅度最大值点 E 点作为研究对象，在环境温度稳定 500s 后改变空调送风量，其温度动态响应情况如图 10 所示。

分析图 10 可以得到，在改变空调送风量后，监测点温度变化速率由大变小，而后逐渐趋于平稳，在改变空调送风量约 1000s 后，温度波动幅度达到最大值。为满足±0.1℃精度的要求，空调送风量波动应控制在−3.1%～+3.3%之间。

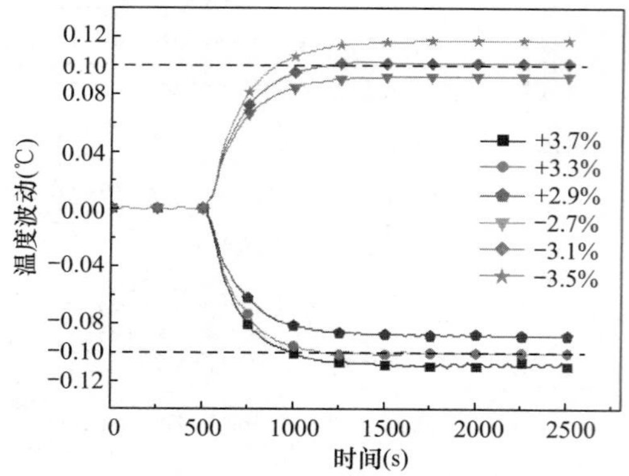

图 10　ΔV_{in}各取值下 E 点温度动态响应情况

3.5　隧道壁面传热量变化时的温度响应分析

由于地下建筑围护结构的传热是一个非稳态的过程，随着时间的推移，隧道外岩土温度逐渐上升，空气通过壁面向外传递的热量将逐渐变小[7]。本文通过减小散热量来研究隧道壁面传热量变化对精密仪器附近空气温度稳定性的影响。

图 11 为当减小 50%的隧道壁面传热量后，各监测点的温度波动幅度情况。

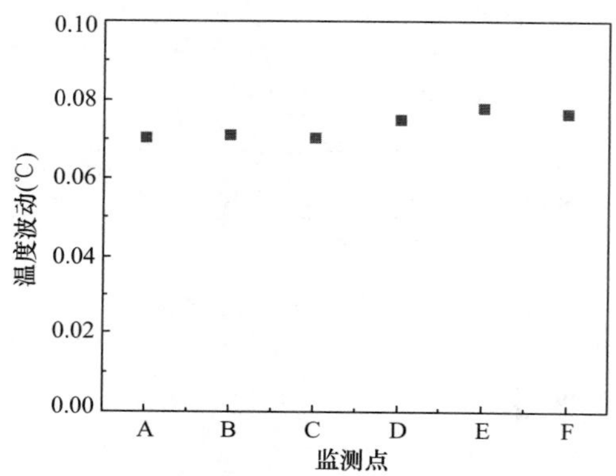

图 11　壁面传热量减小后各监测点温度波动幅度

由图 11 可知，隧道壁面传热量减小 50%后，各监测点的温度波动幅度小于 0.1℃。根据前文分析可知，隧道壁面传热量变化量越大，各监测点温度波动幅度越大。由于模拟工况下隧道传热量瞬时减小 50%，远大于实际工况下隧道传热量的逐时变化量。因此可以认为隧道壁面传热量的变化对精密仪器附近空气温度稳定性的影响较小。

4　结论

本文采用 CFD 数值模拟方法，对上海市某地下高精度空调隧道进行单扰量作用分析，得出以下结论：

（1）单扰量作用时，不同监测点的温度波动幅度有所不同。

（2）单扰量作用时，为满足精密仪器附近空气温度±0.1℃的精度要求，各扰量波动控制范围：工艺电缆发热量波动范围为−3.9%～+3.7%；实验装置表面温度波动范围为−0.27～+0.27℃；空调送风温度波动范围为−0.15～+0.15℃；空调送风量波动范围为−3.1%～+3.3%。

（3）隧道壁面传热量的变化对精密仪器附近空气温度稳定性影响较小。

参考文献

[1]　周祖毅，郑敏．恒温恒湿类空调工程的节能设计［J］．工程建设与设计，2000，(1)：28-32.
[2]　贾俊理，涂光备，娄承芝，等．高精度恒温恒湿洁净室的控制设计［J］．制冷学报，1999，(4)：55-58.
[3]　关耀奇，邓奕．机械精密加工中的温度影响与控制［J］．湘潭机电高等专科学校学报，2000，(2)：35-38.
[4]　电子工业部第十设计研究院．空气调节设计手册［M］．北京：中国建筑工业出版社，2005.
[5]　邹月琴，许钟麟，郎四维．恒温恒湿、净化空调技术及建筑节能技术研究综述［J］．建筑科学，1996，(2)：45-52.
[6]　魏静．上海地区地源热泵系统对地质环境热影响的模拟分析［J］．暖通空调，2015，45，(2)：102-106.
[7]　彭梦珑，黄敬远，丁力行，等．深埋地下建筑岩壁耦合传热过程的动态计算［J］．建筑科学，2007，(6)：37-40.

福州市某公共建筑综合节能改造与后评估

福建省建筑科学研究院有限责任公司，福建省绿色建筑技术重点实验室　杨淑波☆

摘　要　以福州市某机关办公建筑为例，通过节能诊断挖掘节能潜力并确定基准能耗；结合项目实际情况对空调系统、照明系统、分项计量系统等进行综合节能改造；改造后通过对能源消费账单和能效分析验证改造效果，项目综合节能率为 27.6%，为福州市公共建筑节能改造提供借鉴，具有很好的示范意义。

关键词　节能改造　公共建筑　高效运行策略　节能率

0　引言

资料显示，建筑业能耗占全社会总能耗的 30%[1]，而既有建筑的能耗占全部建筑能耗的六成以上，因此在关注新建建筑节能指标的同时还应将更多的目光投注在既有建筑上[2]。2011 年，住房城乡建设部、财政部印发《关于进一步推进公共建筑节能工作的通知》（财建［2011］207 号），正式启动公共建筑节能改造，并确定以天津、重庆、深圳、上海为第一批重点城市开展公共建筑节能改造试点工作。2015 年，福建省福州市和厦门市被批准为第二批国家公共建筑节能改造示范城市，2019 年 3 月福州市和厦门市分别通过节能改造示范城市验收，完成改造面积为 223.9 万 m^2 和 303.9 万 m^2，改造建筑类型为办公楼、医院、学校、宾馆、商场等。本文以福州市某大型机关办公建筑综合节能改造为例，从节能诊断、改造方案编制、施工过程、节能效果验证等方面进行了全面分析，为后续类似建筑节能改造提供了一定的经验借鉴。

1　项目概况

该项目位于福建省福州市，为国家机关办公建筑，是福建省第三批节能改造示范项目，要求改造后综合节能率不低于 20%。建筑面积约 4 万 m^2。大楼于 2002 年竣工投入使用，采用现浇钢筋混凝土框架结构。建筑地下 2 层，地上 28 层，高度为 98.4m，地下 1 层和地下 2 层主要功能为车库及设备用房，地上 1～28 层主要功能为办公室、会议室、数据机房等，建筑基本信息详见表 1。

建筑物基本信息表　　表 1

建筑名称	某机关办公楼	气候区	夏热冬暖地区
建筑面积（m^2）	40000	建筑层数	地下 2 层，地上 28 层
结构形式	框架	建筑高度（m）	98.4
使用人数（人）	604	年工作时间（d）	250
运行时间	6 月 1 日至 9 月 30 日运行时间为 8：00～18：00；10 月 1 日至次年 5 月 30 日运行时间为 8：00～17：30		

2　建筑节能诊断

为了更好地挖掘建筑节能潜力，改造前根据《福建省既有公共建筑节能改造技术规程》DBJ/T13-159-2012，对办公楼进行建筑节能诊断，结合建筑能耗、图纸资料调查、设备系统现场调查和检测结果，分析建筑物及其用能设备存在的问题，综合评估建筑节能潜力，本文着重介绍空调、照明、能耗分项计量等易于实施、改造潜力较大的系统，其余系统不再赘述。

2.1　空调系统

办公楼空调系统主要采用水冷式空调系统，系统已经使用 14 年，配置 2 台离心式冷水机组，单台制冷量 1582kW，功率 311kW；配置 3 台定频冷水泵（单台输入功率 45kW）和 3 台定频冷却泵（单台输入功率 75kW）；配置 4 台定频冷却塔，单台功率为 7.5kW；空调系统末端为风机盘管加新风形式。空调系统未安装自动控制系统，仅采用手动控制方式启停，于每年 5～11 月开机运行，平时运行 1 台主机。通过现场诊断，空调系统主要存在的问题如下：

（1）根据现场调查情况，本项目 2 台水冷离心式空调机组使用年限达 14 年，其能效比下降幅度较大，耗电量增加；由于空调机组技术经过十多年的快速发展，现阶段空调机组性能参数已大幅提高。因此，建议对水冷离心式空调机组进行改造，以降低运行能耗。

（2）办公楼水冷式空调系统未安装自动化控制系统，仅通过人工控制方式对主机、水泵设备进行启停等简单操作。由于人工操作存在滞后性和局限性，在建筑负荷发生变化时，操作人员无法及时调整设备运行工况，且受操作人员的技能水平影响因素较大，难以及时保证室内的舒适性和节能效果。

（3）办公楼水冷式空调系统，冷水泵、冷却泵目前为定频运行，水泵运行台数无法根据负荷变化进行调整，而且冷却泵功率配置较大，能耗较高。

2.2　照明系统

（1）照明光源主要为 T8 荧光灯、T5 荧光灯、节能

☆　杨淑波，男，工程师。通讯地址：福建省建筑科学研究院有限责任公司，Email：451665911@qq.com。

灯等传统光源，节能潜力大。

（2）走廊、楼梯间灯具采用手按式开关，不能根据光线变化和人员活动情况自动启闭灯具。

（3）根据现场对照度值和功率密度检测结果，60%抽测房间照度值不合格；主要功能房间功率密度值符合标准要求。

2.3 分项能耗计量系统

建筑水冷机组、风冷机组、冷水泵、冷却泵、照明与插座等已进行用电分项计量，但物业未进行抄表，原有的电能表不具备数据远传功能，不能实现数据在线传输和实时监测功能，无法及时了解各系统能耗情况并进行有效的能源管理。

2.4 建筑能耗分析

本项目于2017年进行立项诊断，因此选取2016年能耗数据进行分析，2016年扣除数据机房等特殊能耗后，建筑年耗电量为1647866kWh，选取2016年作为能耗基准年，因此改造前项目基准年能耗为1647866kWh。通过建筑能耗分析，项目基准年能耗指标如表2所示，分项能耗占比（扣除特殊能耗）如表3所示，分项能耗饼图如图1所示。

基准年能耗指标　　表2

能耗指标	单位面积能（kWh/m^2）	人均能耗（kWh/人）
结果	41	5687
备注	项目总人数为604人，建筑面积为39675m^2	

分项能耗情况　　表3

项目	耗电量（kWh）	占比（%）
空调系统	798108	48.43
照明系统	381534	23.15
综合服务系统	190000	11.53
其他能耗	278224	16.88
基准年能耗	1647866	100.00
备注	其他能耗包括电脑、打印机等未统计能耗	

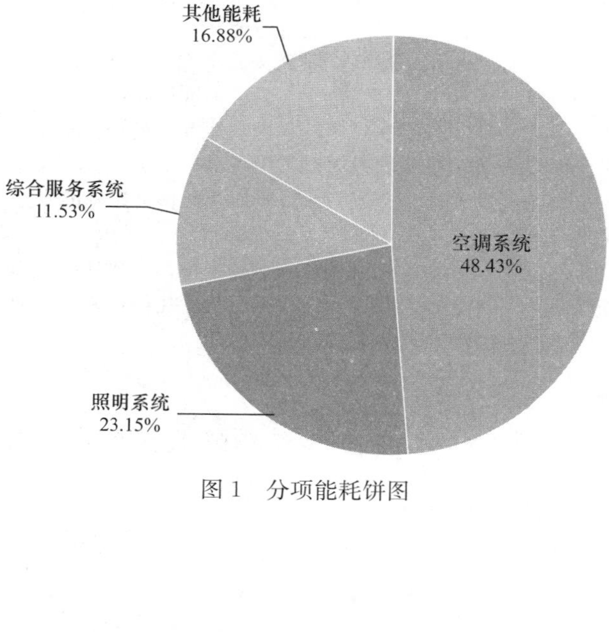

图1　分项能耗饼图

3 改造方案

根据项目节能诊断情况和业主需求，主要改造内容为照明系统、空调系统、自动控制系统、建筑能耗分项计量与监测系统；另外新增供暖系统，以提高冬季室内舒适度，相关系统详细改造内容如下：

3.1 供暖及空调系统

（1）主机更换。考虑到水冷磁悬浮变频离心式冷水机组可靠性高、部分负荷能效比高、便于调节等特点，并结合实际空调负荷情况、现场设备的安装条件和投资情况，本次水冷空调机组节能改造方案为：保留1台离心式冷水机组，并更换1台水冷磁悬浮变频离心式冷水机组（三压缩机），机组制冷量1583kW，功率261kW，*IPLV*为12。根据本项目水冷空调机组运行记录，原2台空调机组全年仅运行1台，因此，改造后将磁悬浮机组做为主运行机组，离心式机组留作备用。

（2）水泵更换和变频改造。经过系统校核，原系统配置冷却水泵流量过大，与冷水机组制冷量不匹配；办公楼水冷式空调系统更换1台水冷磁悬浮变频离心式机组后，机组冷却水流量为340m^3/h，而原系统冷却泵额定流量为520m^3/h，功率为75kW，与新主机运行工况严重不匹配，因此需同时对冷却泵进行配套更换。本次冷却泵改造方案为：保留1台冷却泵与备用主机配套使用，更换2台冷却泵与磁悬浮主机配套运行，流量为340m^3/h，功率为45kW，冷水泵和冷却泵增加一对一变频控制。

（3）增设自动控制系统。在对水冷空调系统进行优化控制的基础上，通过系统监测、科学运行，进一步节省能耗、减少人工投入，并完善对以上各系统的运行管理。自控系统分三级控制，控制系统通过对主机、水泵、冷却塔、系统管路调节阀进行控制，调整系统各应用工况的运行模式，在满足空调系统末端需求的前提下，使整个系统达到最经济的运行状态。

冷水机组的能耗占空调系统能耗的50%左右[3]，冷水机组的节能运行是空调系统节能中最重要的部分。近年来通过对福建省水冷空调系统进行诊断和调研发现，冷水机组多数在非高效区运行，没有完全发挥冷水机组高效区的性能优势，造成了极大的能源浪费。而冷水机组的高效运行策略可以将冷水机组的性能发挥到最大化，其节能效果是十分显著的。

本项目多年运行记录显示，最大运行负荷约为1500kW，因此可以依据此数据作为负荷预测依据，本项目原离心式机组仅有一个压缩机且无法变频运行，改造后的磁悬浮机组有三台压缩机而且能够无级变频运行，因此为实现主机精细化节能运行创造了条件。根据空调系统室内夏季冷负荷、水冷磁悬浮变频离心式冷水机组全负荷性能参数及曲线等编制空调主机高效运行策略，详见表4。为了保证冷水机组在满足空调系统使用要求的同时在高效区运行，“冷水机组高效运行策略表”的编制应满足如下要求：1）主机运行台数转换后比转换前能耗小；2）主机运行台数转换时制冷量与室内冷负荷的差值不超过5%～7.5%。

水冷磁悬浮变频离心式冷水机组高效运行策略表 **表 4**

序号	总冷量相对值（%）	室内负荷（kW）	1 号压缩机		2 号压缩机		3 号压缩机		运行冷量合计（kW）	运行冷量与室内负荷差值（kW）	运行功率（kW）	检验功率（kW）	检验冷量（kW）
			运行状态（%）	冷量（kW）	运行状态（%）	冷量（kW）	运行状态（%）	冷量（kW）					
1	100	1583	100	528	100	528	100	528	1583	0	261.7	174.4	−528
2	95	1504	95	502	95	502	95	502	1504	0	243.3	174.4	−448
3	90	1425	90	475	90	475	90	475	1425	0	224.9	174.4	−368
4	85	1345	85	449	85	449	85	449	1345	0	203	174.4	−288
5	80	1266	80	422	80	422	80	422	1266	0	181	174.4	−208
6	75	1186	75	396	75	396	75	396	1186	0	163	174.4	−128
7	70	1108	70	370	70	370	70	370	1106	0	144.7	174.4	−48
8	65	1028	65	343	65	343	65	343	1028	0	131	162	−24
9	60	950	60	317	60	317	60	317	950	0	117.5	150	0
10	55	870	55	290	55	290	55	290	870	0	107	120	−26
11	50	792	50	264	50	264	50	264	792	0	96.2	108	0
12	45	712	45	238	45	238	45	238	714	2	85	96	28
13	40	633	40	211	40	211	40	211	633	0	76.8	78	1
14	35	553	55	290	55	290	—	—	580	27	72	78	0
15	30	475	45	238	45	238	—	—	476	1	56	87.2	1
16	25	395	40	211	40	211	—	—	422	27	52	54	27
17	20	317	30	158	30	158	—	—	316	−1	38	39	−1
18	15	237	30	238	—	—	—	—	238	1	28	28	—
19	10	158	30	158	—	—	—	—	158	0	19	19	0
20	5	79	15	79	—	—	—	—	79	0	10	10	0

（4）新增供暖系统。根据建筑节能诊断结果和业主要求，结合现有中央空调系统形式，在屋面增加空气源热泵供暖系统，以提高建筑冬季室内舒适度。空气源热泵供暖系统的屋面管道与水冷空调系统冷水管路连接至空调末端设备，因此不涉及大楼内部管路和末端设备改造，当建筑需要供暖时，通过阀门切换开启供暖。根据《民用建筑供暖通风与空气调节设计规范》GB 50736—2012，基于节能的原则，本项目供暖设计室内温度为18～20℃。大楼设计总供暖负荷为641kW，实际配置5台单台制热量为142kW的空气源热泵机组，供暖面积指标为30W/m²。

改造前、后机房如图2、图3所示。

图 2　改造前机房照片

图 3　改造后机房照片

3.2　照明系统

本项目改造前照明光源主要为荧光灯、节能灯和部分LED灯，本次改造把传统光源更换为高效LED光源，以降低照明系统的能耗，同时使办公楼照度和功率密度满足标准要求（见表5）。

照明系统改造方案 **表 5**

序号	原光源类型	数量（盏）	改造前功率（W）	改后功率（W）	同时使用系数	年运行时间（h）	改造前能耗（kWh）	改造后能耗（kWh）
1	T8（0.6m）荧光灯	1680	20	9	0.75	2500	63000	28350
2	T8（1.2m）荧光灯	548	40	15	0.75	2500	41100	15413
3	T5（1.2m）荧光灯	737	28	16	0.75	2500	38693	22110
4	T5（0.9m）荧光灯	17	21	10	0.75	2500	669	319

续表

序号	原光源类型	数量（盏）	改造前功率（W）	改后功率（W）	同时使用系数	年运行时间（h）	改造前能耗（kWh）	改造后能耗（kWh）
5	节能灯	1261	9	5	0.75	2500	21279	11822
6	节能灯	63	18	15	0.75	2500	2126	1772
7	金卤射灯	19	35	6	0.75	2500	1247	214
合计							168112	79999
节能量		88117kWh			单项节能率		52.4%	

3.3 能耗分项计量与检测系统

根据《福建省节能改造示范项目管理办法》要求，所有节能改造项目均需同步安装分项计量系统，本项目能耗分项计量系统安装 80 块智能电表，实现对总用电量、照明插座用电、空调用电、动力用电和特殊用电等进行计量，并利用新增自动控制系统进行用电监测、电耗统计分析以及数据上传，实现大楼能源监管和科学运行（见图 4、图 5）。

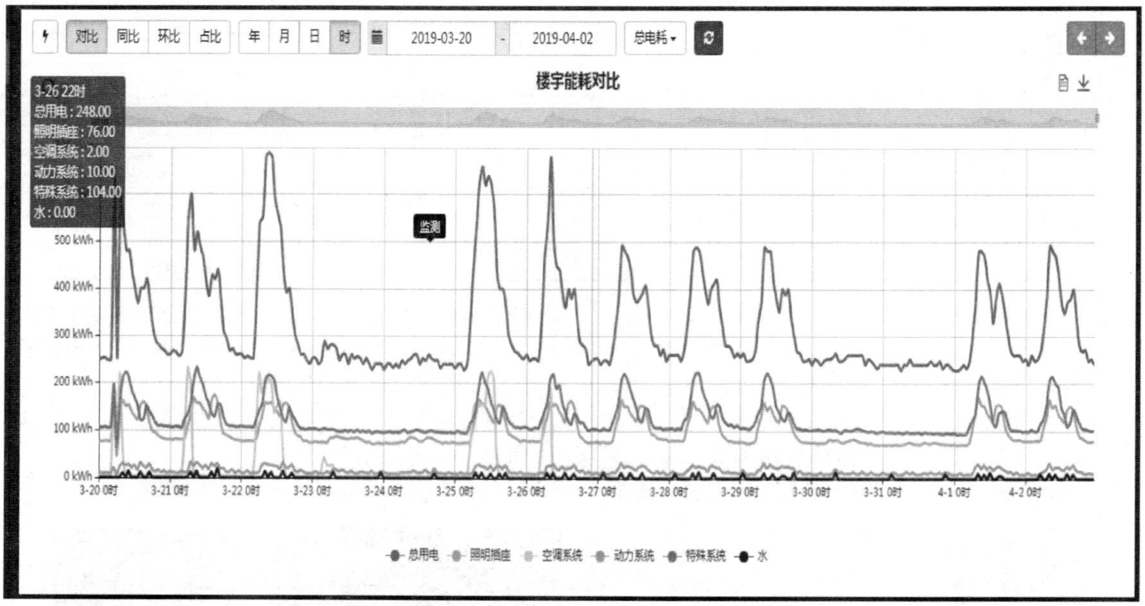

图 4　分项能耗监测系统界面

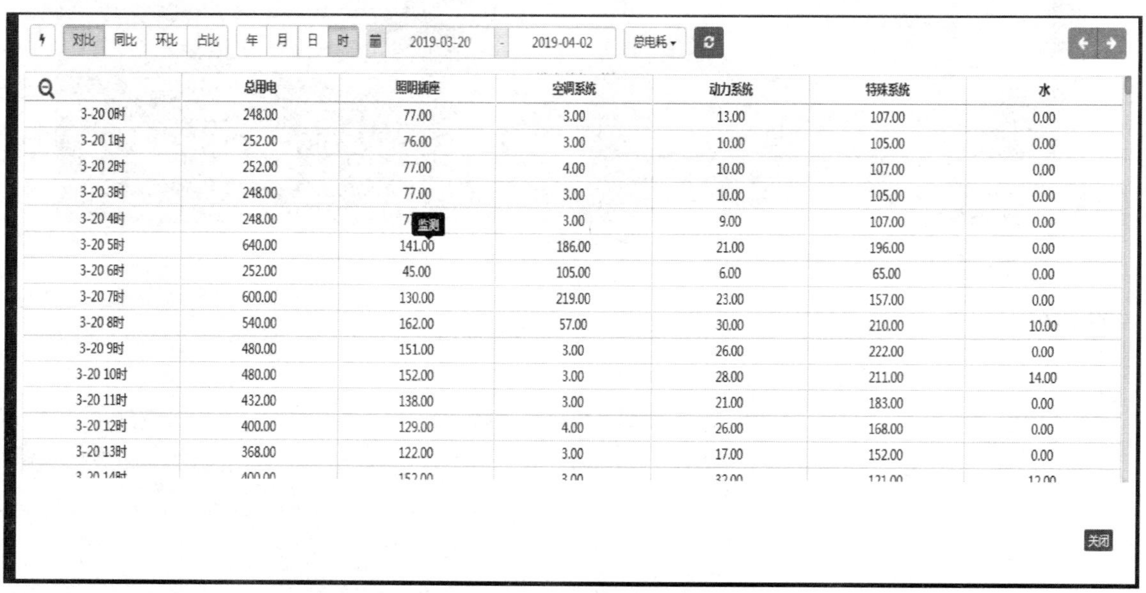

	总用电	照明插座	空调系统	动力系统	特殊系统	水
3-20 0时	248.00	77.00	3.00	13.00	107.00	0.00
3-20 1时	252.00	76.00	3.00	10.00	105.00	0.00
3-20 2时	252.00	77.00	4.00	10.00	107.00	0.00
3-20 3时	248.00	77.00	3.00	10.00	105.00	0.00
3-20 4时	248.00	[illegible]	3.00	9.00	107.00	0.00
3-20 5时	640.00	141.00	186.00	21.00	196.00	0.00
3-20 6时	252.00	45.00	105.00	6.00	65.00	0.00
3-20 7时	600.00	130.00	219.00	23.00	157.00	0.00
3-20 8时	540.00	162.00	57.00	30.00	210.00	10.00
3-20 9时	480.00	151.00	3.00	26.00	222.00	0.00
3-20 10时	480.00	152.00	3.00	28.00	211.00	14.00
3-20 11时	432.00	138.00	3.00	21.00	183.00	0.00
3-20 12时	400.00	129.00	4.00	26.00	168.00	0.00
3-20 13时	368.00	122.00	3.00	17.00	152.00	0.00

图 5　分项能耗监测系统数据

4 测评与节能效果分析

本项目于2018年8月竣工验收，其中空调系统于2018年5月20完成改造，并投入使用。用电计量数据显示，空调连续运行时间段2018年6～11月办公楼总能耗为1628557kWh；改造前2016年6～11月办公楼总能耗为2061301kWh。则改造后6～11月的项目总节能量为432744kWh，其中6～11月照明系统节能量为45820kWh，因此，空调系统年节能量为386924kWh，改造前空调系统年能耗798108kWh，因此空调单项节能率为48.5%，经测算照明系统年节能量为88117kWh，改造前照明系统年耗电量位381534kWh，因此照明单项节能率为52.4%。综上改造后项目整体年节能量为475041kWh，整体综合节能率为27.6%，减少二氧化碳排放364t（见表6）。目前项目已经连续运行一年，制冷效果和供暖效果均能满足使用要求而且达到了很好的节能效果。

综合节能评估表结果 **表6**

序号	分类	节能量（kWh）	节能量标准煤换算值（kg）	二氧化碳减排量（kg）	二氧化硫减排量（kg）	粉尘减排量（kg）	节能率（%）
1	照明系统	88117	27316	67471	546	273	5.1
2	空调系统	386924	119946	296268	2399	1199	22.5
3	合计	475041	147262	363739	2945	1472	27.6

5 总结与思考

（1）经过建筑能耗分析，结果显示本项目空调能耗和照明能耗占比分别为48.4%和23.1%，为后续挖掘节能潜力提供了有力的数据支持，因此改造前建筑能耗分析是节能改造项目的重要分析手段。

（2）本项目照明系统改造前后单项节能率为52.4%，由于照明灯具改造可实施性强、节能效果显著，可以作为改造首选内容。

（3）通过更换磁悬浮机组、增加智能控制系统、更换水泵、增加水泵变频等综合改造措施，本项目空调系统单项节能率为48.5%。由于空调系统能耗占建筑总能耗比重较大，因此空调系统节能改造应该是既有公共建筑节能改造的重点内容。

（4）公共建筑节能改造不应降低舒适度，改造后照度、功率密度、室内温湿度等相关标准应满足现行国家标准《公共建筑节能设计标准》。

参考文献

[1] 郑晓卫，上海某办公建筑节能改造及效果评估［J］. 建筑节能，2016，44：101-105.

[2] 喻圻亮，夏热冬暖地区节能改造工程实践与能效评估［J］. 山西建筑，2010，36（22）：252-253.

[3] 甘莉斯. 冷水机组冷凝器污垢热阻在线检测方法研究［D］. 北京：北京工业大学，2010.

天空辐射致冷的实验研究①

集美大学　徐　婷　陶求华☆　黄　宁　杨静华　鲁广龙　王姝雨

摘　要　本文分析了辐射致冷的可行性，为后续实验提供了有效的实验数据。首先，根据热力学定律从理论上推导出致冷平衡温度，分析了辐射致冷的可行性。其次，搭建了辐射致冷装置，在厦门一个晴朗无云的夜晚进行实验，获得了本实验的最大致冷温差6.0℃。因此辐射致冷作为一种不耗能或耗能少的被动式降温方式，可实现建筑物在夏季夜间降温。

关键词　辐射致冷　被动式降温　理论分析　实验测试

0　引言

能源是一个国家经济发展和保障国家安全的重要基础，当前人类利用的能源主要是煤、石油、天然气等化石能源，化石能源的储量有限且不可再生。而我国缺乏石油、天然气等优质能源，对外依存度高；可再生能源储量充沛，但开发程度不高。其中，建筑能耗总量呈现持续增长趋势，从2000年的2.88亿t标准煤，增长到2016年的8.99亿t标准煤，增长了约3倍，年均增长7.37%[1]。因此，在进一步优化能源消费结构、提高能源利用效率、大力发展可持续能源技术的同时，降低建筑能耗迫在眉睫。辐射致冷是将地表上物体的热能以8～13μm电磁波的形式排放到温度接近绝对零度的外部太空，从而实现自身冷却的辐射方式，是一种不消耗能源的被动式降温[2]。

胡名科等[3]制取了TPET复合表面并测试了其在白天与夜间的平衡温度，TPET复合表面需要在蓝钛涂层表面喷涂一层PET粉末，然后在恒温烘烤箱中烘烤使PET粉末形成薄膜并附着在蓝钛涂层表面。徐志魁[4]采用水热法，使用磁力搅拌子、高压反应釜、干燥箱、行星球磨机、手动涂布机等器材合成了多种亚磷酸盐晶体材料，制备了辐射制冷功能涂层。吕尧兵[5]通过米氏散射（Mie理论）计算出粒子的辐射特性，然后利用蒙特卡洛方法（Monte Carlo Method，MCM）求解微纳米粒子聚合物薄膜中的光路传输问题，在此基础之上，提出了具有良好辐射致冷效果的微纳米粒子聚合物薄膜。目前的实验研究表明辐射致冷具有可行性，但制备辐射致冷材料的过程比较复杂，所需实验器材较为昂贵，不利于大规模生产使用。

本实验旨在利用价廉易得的材料，通过较为简单的制备工艺，制备出成本低、便于推广使用的辐射致冷体。因此，本文首先分析了辐射致冷系统中辐射体与天空之间热量交换的计算方法，求出了辐射体所能达到的致冷平衡温度，从理论上验证了辐射致冷技术的可行性。其次，从红外光谱的特征性出发，采用红外光谱分析法，选择了符合本实验宗旨的辐射致冷材料。为了使具有良好辐射光谱选择性的物质更好地呈现出选择性，本文采用了红外辐射涂料法来制备辐射致冷体。为阻止外界热量进入致冷装置，在致冷空间周围加上绝热保温材料，在上方加“透明”盖板。通过在晴朗的夜晚进行实验，得出本实验致冷空间与环境能达到的最大温差。

1　辐射致冷的理论分析

根据热力学原理，存在温差的两个物体，能以辐射的形式进行热交换，最终使两物体的温度趋于相等。地球大气层外的宇宙空间的温度接近0K，高层大气的当量黑体温度也远低于地球地面温度，这是个天然的巨大冷源。把地面上不需要的热量以电磁波的形式向宇宙空间排放，可以在不耗能或少耗能的前提下达到致冷的目的。

如果把辐射体放在地面上，将通过太阳散射、与周围空气的导热和对流、大气辐射三种方式获得热量。夜间时，可以忽略太阳散射；在致冷空间周围加绝热保温材料可以阻止外界热量的传入，在其顶部加上“透明”盖板可以防止空气对流带入热量。因此，在整个辐射致冷系统中只需考虑辐射致冷体与天空之间的热量交换。辐射体热量交换示意图如图1所示。

热平衡状态下，辐射致冷体自身辐射的能量等于辐射体吸收的“透明”盖板发射的热量与大气的辐射热量之和，能量平衡方程[6]为：

$$Q_r = \alpha_r Q_c \varphi = \alpha'_r E_a \varphi' \quad (1)$$

式中　Q_r——辐射体的辐射量，W/m²；

Q_c——“透明盖板”的辐射量，W/m²；

E_a——大气的长波辐射强度，W/m²；

α_r——辐射体的吸收率，见本文2.1节；

φ——辐射体对“透明”盖板的角系数，可以认为辐射体与“透明”盖板是很接近的两块“无限大平板”，它们之间的角系数为1；

φ'——接受辐射的表面对天空的角系数，对于屋顶平面可取为1，对于垂直壁面可取为0.5；

α'_r——由“透明”盖板和辐射体组成的系统中，辐射

☆　陶求华，博士，副教授。通讯地址：厦门市集美区石鼓路9号机械与能源工程学院，Email：ttaojiangshui@163.com。

①　“国家自然科学基金资助项目（51508225）”，“福建省自然科学基金项目（2018J01486）”，“福建省教育厅资助项目（B16162，B18221）”资助。

体对来自天空的大气层辐射的有效吸收率，也即考虑了进入系统的辐射经“透明”盖板和辐射体的无穷次透射、反射和吸收后，辐射体的净吸收率，可采用式（2）求得：

$$\alpha'_r = \frac{\alpha_r \tau_c}{1-\alpha_c \rho_r} \tag{2}$$

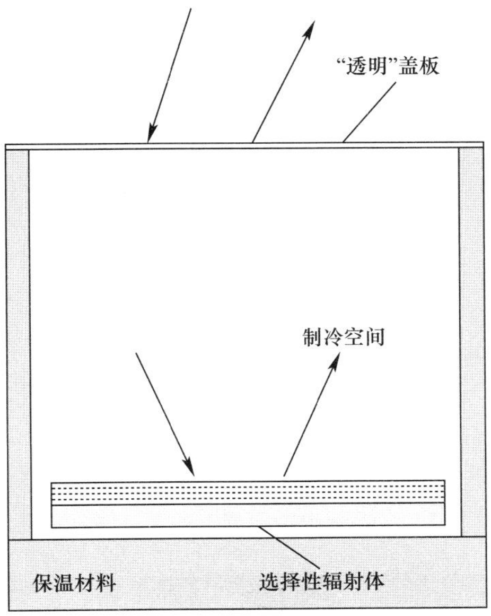

图 1　辐射致冷模型图

式中　τ_c——“透明”盖板透过率；

α_c——“透明”盖板的吸收率；

ρ_r——辐射体的反射率。

$$Q_r = \varepsilon_r C_b T_r^4 \tag{3}$$

式中　ε_r——辐射体在 8～13μm 波段内的发射率，见本文 2.1 节；

C_b——黑体的辐射常数，5.67×10^{-8}W/·(m^2·K^4)；

T_r——辐射体的表面温度，K。

$$Q_c = \varepsilon_c C_b T_c^4 \tag{4}$$

式中　ε_c——“透明盖板”的发射率，在热平衡状态下发射率等于吸收率，由于透明盖板的反射率很低，可以近似忽略，所以 $\varepsilon_c=1-\tau_c$；

τ_c——“透明盖板”的透射率；

T_c——“透明盖板”的温度，近似等于环境温度。

$$E_a = C_b \cdot \left(\frac{T_s}{100}\right)^4 \varphi \tag{5}$$

式中　T_s——天空当量温度，K，可借助天空当量辐射率 ε_s 求得：

$$\varepsilon_s = \left(\frac{T_s}{T_a}\right)^4 \tag{6}$$

式中　T_a——室外空气干球温度，K。

一般采用 Brunt 方程式计算晴空当量辐射率：

$$\varepsilon_s = 0.51 + 0.076\sqrt{e_a} \tag{7}$$

式中　e_a——空气中的水蒸气分压力，mmHg。

大气长波辐射计算式可改写为：

$$E_a = C_b \cdot \left(\frac{T_a}{100}\right)^4 (0.51+0.076\sqrt{e_a}) \tag{8}$$

天空当量温度为：

$$T_s = \sqrt[4]{0.51+0.076\sqrt{e_a}} \cdot T_a \tag{9}$$

将式（3）、式（4）、式（8）代入式（1），可求出晴天时辐射体所能达到的致冷平衡温度 T_r。

2　实验搭建

2.1　辐射致冷体材料的选择

辐射致冷系统有两种组成办法：“透明”盖板与选择性辐射体的组合以及具有选择性透过特性的盖板与黑体辐射体的组合。后者对盖板的透过选择性要求很高，难度很大，本实验采用前者。

理想的选择性辐射体，在 8～13μm 波段内辐射性能等同于黑体，此外的波段则是完全的反射体。通过美国国家标准技术研究院 NIST[7] 查得 $BaSO_4$ 具有良好的光谱选择特性，如图 2、图 3 所示。

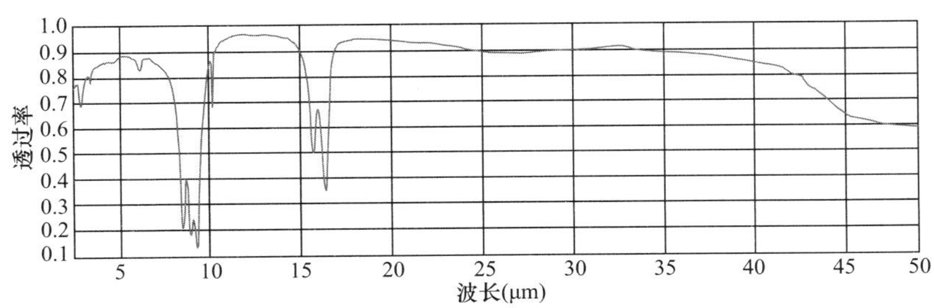

图 2　$BaSO_4$ 透过率随波长的变化

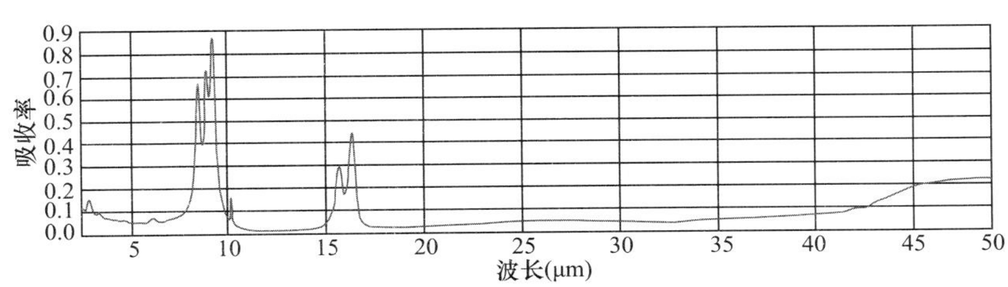

图 3　$BaSO_4$ 吸收率随波长的变化

辐射体在 8～13μm 波段内的发射率 ε_r，用平均发射率代替，其计算公式见式（10）

$$F_{b(\lambda_n\sim\lambda_i)T}=\sum_{i=1}^{n}\varepsilon\left(\frac{\lambda_i+\lambda_{i+1}}{2}\right)\cdot\left(F_{b(0\sim\lambda_{i+1})T}-F_{b(0\sim\lambda_i)T}\right) \quad (10)$$

式中 $F_{b(\lambda_n\sim\lambda_i)T}$——辐射体平均发射率；

λ——波长。

计算所用重要物性参数见表 1。

重要物性参数值 **表 1**

辐射体平均发射率 $F_{b(\lambda_n\sim\lambda_i)T}$	辐射吸收率 α_r	辐射体反射率 ρ_r	"透明"盖板发射率 ε_c	"透明"盖板透过率 τ_c	"透明"盖板吸收率 α_c
0.66	0.66	0.34	0.25	0.75	0.25

聚乙烯薄膜在波长 8～13μm 的透过率将近 90%，具有良好的透过性。聚苯乙烯泡沫板具有良好的绝热保温效果，可起到较好的隔热作用。因此分别以聚乙烯薄膜和聚苯乙烯泡沫板作为"透明"盖板和保温装置的材料。本实验中所用"透明"盖板有关物性参数见表 1。

2.2 辐射致冷体的制备

物质的光谱特性一般在一定条件下才能呈现出良好的选择性，为了使具有良好辐射光谱选择性的物质更好地呈现出选择性，本实验采用红外辐射涂料法来制备辐射致冷体。红外辐射涂料由辐射粉体基料与载体胶粘剂组成，辐射粉体基料是为了提高辐射性能，载体胶粘剂是为了使涂料紧密地与基板黏合。查阅 Sadtler IR 标准光谱图，发现醇酸树脂在 8～13μm 波段满足要求。本实验采用 $BaSO_4$ 粉作为辐射粉体基料，因此，将 $BaSO_4$ 和含有高浓度醇酸树脂的醇酸磁漆混合制成红外辐射涂料。为了使二者均匀混合，加入一定量的醇酸磁漆稀释剂。由于实验条件有限，故采用手工刷涂的方法将红外辐射涂料均匀刷涂在高抛光度、对一切波段具有很好反射性能的铝板上。

2.3 辐射致冷装置的搭建

辐射致冷装置（见图 1）由"透明"盖板、保温材料、选择性辐射致冷体组成，并共同构成致冷空间。根据物质的辐射特性，本实验选择厚度 0.03mm 的低密度聚乙烯薄膜作为"透明"盖板材料，选择聚苯乙烯泡沫板作为四周的绝热保温材料。将 80g $BaSO_4$ 和含有高浓度醇酸树脂的醇酸磁漆按照质量比 1∶1 复合制成红外辐射涂料，加入 30%醇酸磁漆稀释剂后均匀刷涂在高抛光、反射性能良好的铝板基材上。

致冷装置尺寸：520mm×520mm×190mm，致冷空间尺寸：500mm×500mm×110mm，铝板尺寸：400mm×400mm×10mm，四周聚苯乙烯泡沫板厚度为 10mm，底部厚度为 80mm。

实验器材：

（1）联仪 SH-XL 多路温度测试仪；

（2）K 型热电偶，温度范围：－100～1370℃，精度±0.5℃+0.6℃；

（3）HygroClip 2-S 探头，湿度范围：0～100%，温度范围：－40～+60℃，测量精度±1%（23℃时）±0.3℃；

（4）计算机终端。

致冷装置内部和环境温度测点布置如图 4 所示。

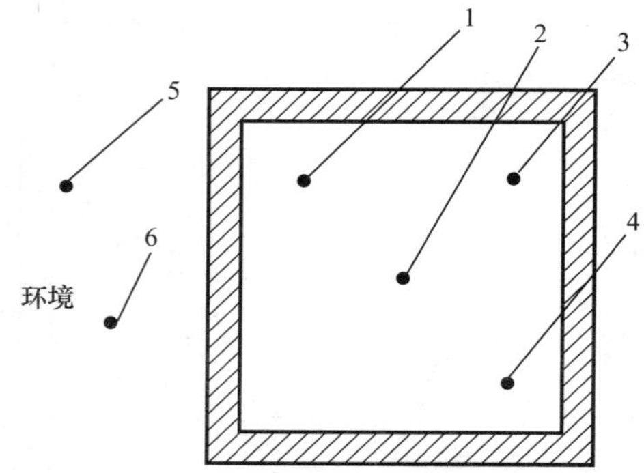

图 4　辐射致冷装置中温度测点分布

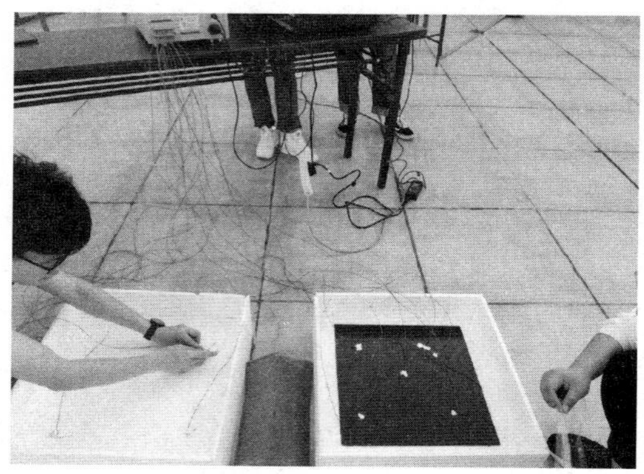

图 5　实验设备连接图

将辐射体均匀放置在致冷装置中间，按图 5 所示布置 K 型热电偶，所有热电偶统一外接联仪 SH-XL 多路温度测试仪及计算机终端，实现温度的自动实时测量与显示记录。于 2019 年 4 月 17 日 19：10～22：10 进行实验，每隔 10min 记录一次数据。

3 实验数据处理及结果分析

3.1 实验数据处理

本实验实际有效数据记录的开始时间为 2019 年 4 月 17 日 19：10，分别取致冷空间内的 4 个测点温度的平均值、地面中两个测点温度的平均值、硫酸钡铝板上 4 个测点温度的平均值作为致冷空间温度、地面温度、硫酸钡铝板温度，以 HygroClip 2-S 探头测得的温度值作为环境气温。致冷空间温度、地面温度、硫酸钡铝板温度及气温随时间的变化情况如图 6 所示。

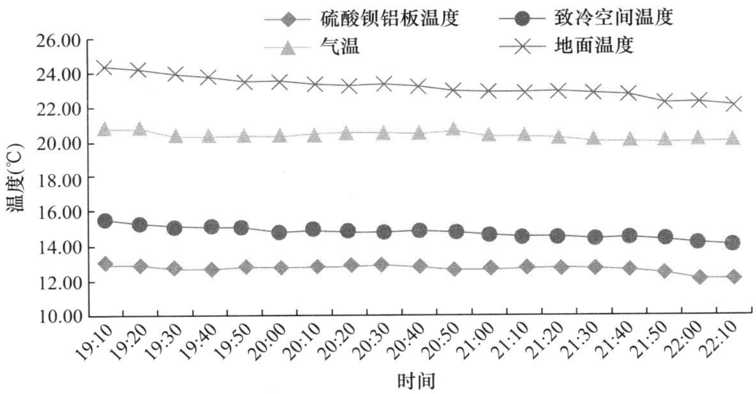

图 6 各部分温度随时间变化折线图

计算得出各个时刻致冷空间温度与气温之差，即致冷温差，绘制成折线图如图 7 所示。

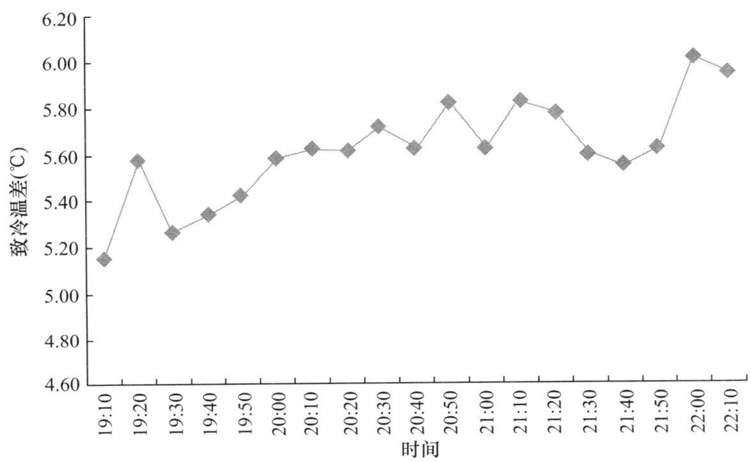

图 7 致冷温差随时间变化

从图 7 中可以看出，本实验中的辐射致冷空间与环境存在致冷温差，且随着时间的变化，致冷温差呈上升趋势，最大致冷温差为 6.0℃。

3.2 实验结果分析

本实验在测量过程中通过气象台实时天气预报以及 HygroClip 2-S 探头测量并记录了厦门在 2019 年 4 月 17 日 19：10～22：10 的相对湿度、干球温度、云量、风速的实时数值，测量间隔为 10min。具体数值如表 2 所示（其中，相对湿度和干球温度由 HygroClip 2-S 探头测得，云量及风速由文献［8］得到。）

相对湿度、干球温度、云量、风速的实时数值

表 2

时间	相对湿度 φ(%)	干球温度 t(℃)	云量（%）	风速 (km/h)
19：10	68.8	20.7	0	14
19：20	68.2	20.8	0	14
19：30	67.5	20.4	0	14
19：40	66.0	20.4	0	14
19：50	64.7	20.4	0	14

续表

时间	相对湿度 φ(%)	干球温度 t(℃)	云量（%）	风速 (km/h)
20：00	66.1	20.4	0	14
20：10	63.3	20.5	0	11
20：20	64.2	20.5	0	11
20：30	65.7	20.5	0	11
20：40	66.0	20.4	0	11
20：50	64.0	20.6	0	11
21：00	65.2	20.3	0	11
21：10	66.6	20.3	0	11
21：20	67.6	20.2	0	11
21：30	67.7	20.1	0	11
21：40	68.2	20.1	0	11
21：50	68.8	20.0	0	11
22：00	68.7	20.1	0	11
22：10	68.5	20.0	0	11

根据本文第 1 章辐射致冷的理论分析中的计算方法，可求得辐射体在热平衡状态下所能达到的平衡温度。其中，辐射体在 8～13μm 波段内的发射率，用平均发射率

代替。绘制计算求得的平衡温度与硫酸钡铝板实测温度随时间的变化，如图8所示。

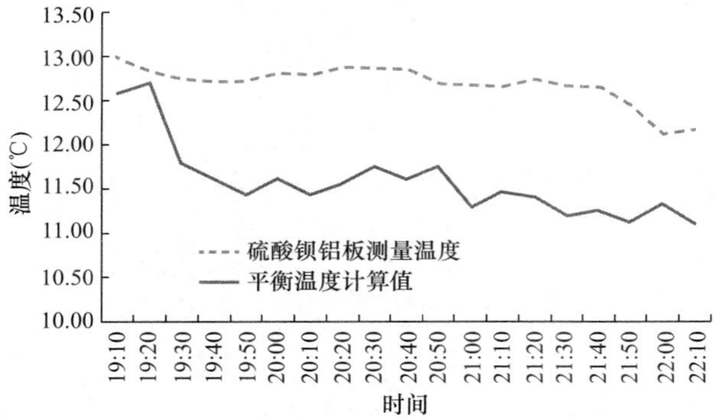

图8　辐射体平衡温度计算值与实测值随时间变化折线图

由图8可以看出，硫酸钡铝板实测温度值与计算求得的平衡温度值随时间变化趋势相似，随着时间的增加，辐射体的温度呈现降低趋势。但硫酸钡铝板实测温度值比计算求得的平衡温度值普遍较高，两者的最大差值为1.5℃，出现在21：30。分析出现差值的原因：

（1）辐射体由硫酸钡、醇酸磁漆、铝板组成，实际硫酸钡的发射率比计算值更低，且 $BaSO_4$ 在辐射致冷体中的含量不够高，计算过程未考虑加入醇酸磁漆稀释剂、铝板表面的实际反射性能较差等因素导致的辐射性能的削弱。

（2）实验装置所用的聚苯乙烯泡沫板厚度较薄，保温性能不够好；同时实验装置的密封性较差，外界热量会影响内部致冷空间，导致降温效果降低。

（3）辐射致冷系统的"透明"盖板为聚乙烯膜，其实际透过率较理论值更低。

（4）实验选用的仪表精度、灵敏度不够高，以及测量人员读数不及时等也会产生误差。

4　结论

本实验从理论和实验方面验证了辐射致冷的可行性，利用聚乙烯薄膜、聚苯乙烯泡沫板、硫酸钡与醇酸磁漆复合涂料搭建了辐射致冷实验装置，在厦门一个晴朗无云的夜晚进行了实验测定，得出了辐射致冷空间与环境的最大致冷温差为6.0℃，硫酸钡铝板实测温度值与计算求得的平衡温度值的最大差值为1.5℃。由于计算代入的硫酸钡发射率、聚乙烯薄膜透过率比实际值高、实验装置保温性及密封性较低等因素，辐射体实际温度比理论计算值更高。若进一步提高保温材料的密封性以及 $BaSO_4$ 在复合辐射材料中的含量等，有望得到更大的致冷温差。实验结果表明本实验制备的辐射致冷体具有一定的致冷效果，进一步证明了利用辐射致冷原理降低空调能耗的可行性，同时为后续的研究提供了有效的实验参考数据。

参考文献

[1]　中国建筑节能协会能耗统计专业委员会．中国建筑能耗研究报告2018［R］，2018.

[2]　葛新石，孙孝兰．辐射致冷及辐射体的光谱选择性对致冷效果的影响［J］．太阳能学报，1982，3（2）：10-18.

[3]　胡名科，裴刚，王其梁，季杰．太阳能集热和辐射制冷复合表面的研究［J］．工程热物理学报，2016，37（5）：1038-1046

[4]　徐志魁．亚磷酸镁晶体辐射制冷材料的研究［D］．广州：华南理工大学，2018.

[5]　吕尧兵．微纳米粒子聚合物薄膜的辐射制冷研究［D］．哈尔滨：哈尔滨工业大学，2018.

[6]　李英．复合材料辐射致冷的实验研究［D］．青岛：青岛理工大学，2009.

[7]　https://webbook.nist.gov/cgi/cbook.cgi?ID=B6004657&Units=SI&Mask=480.

[8]　https://www.ventusky.com/zh/xiamen.

暖通空调负荷计算和热工计算的气象参数若干问题研究

——中国气象数据网温湿度等相关数据整理心得

云南省建筑工程设计院　赵凌云☆　吴　青

摘　要　国家规范和其他相关资料为暖通空调负荷计算和热工计算提供气象数据的台站数量有限，中国气象数据网台站数量齐全，其开放的资料和数据可校核和判定城镇的建筑热工设计区属，为暖通空调负荷计算室外空气计算参数简化方法计算和参照选取方法提供数据和理论支撑。本文通过对中国气象数据网资料数据和相关规范的研究，整理出中国气象数据网对暖通空调设计和建筑热工设计的若干作用，文中亦提出现行国家规范几处值得商榷的地方，供设计同仁参考。

关键词　气象参数　暖通负荷计算　热工计算　室外空气计算参数　中国气象数据网

1　研究背景

根据民政部官方数据，截至 2019 年 4 月，全国 31 个省级行政区中（不包括港澳台地区）共有 2851 个县级行政区，673 个城市（包括直辖市、地级市和县级市）。《民用建筑供暖通风与空气调节设计规范》GB 50736—2012[1]附录 A 提供了 294 个台站的室外空气计算参数，文献［1］所给出的台站数量远远不及城市的实际数量，更无法覆盖全部县级行政区。

文献［1］规定，对于附录 A 未列入的城市，应按文献［1］第 4.1 节的规定进行计算确定，但限于工程实际情况，设计人员能获取到的基本观测数据不满足该章节的要求。文献［1］提出冬夏两季室外计算温度可按文献［1］附录 B 的简化方法确定。但简化方法所需的累年最冷月平均温度、累年最低日平均温度、累年最热月平均温度、累年极端最高温度等数据，设计人员也不易获取。且文献［1］要求室外计算参数的统计年份不得少于 10 年，更为设计人员获取数据加大难度，故实际工程项目中，当遇到文献［1］和其他资料无当地的计算参数时，设计人员一般采用参照其他地理和气候条件相似的邻近台站的计算参数。

文献［1］附录 A 提供的 294 个台站的室外空气计算参数是目前暖通空调负荷计算最权威的参考资料，《工业建筑供暖通风与空气调节设计规范》GB 50019—2015[2]相关内容和文献［1］一致。该资料是广大设计人员的首选，除了该资料外，还有以下两份相关资料也常用于暖通空调负荷计算：

（1）清华大学建筑技术科学系与中国气象局气象信息中心气象资料室于 2005 年合著的《中国建筑热环境分析专用气象数据集》[3]，2008 年《实用供热空调设计手册》（第二版）[4]摘录了该资料，获得了 270 个台站数据，统计年份为 1971～2003 年。在文献［1］实施以前，曾长时间作为暖通空调负荷计算的权威数据供设计人员使用。

（2）原冶金工业部北京有色冶金设计研究总院及《工业企业采暖通风和空气调节设计规范》TJ 19—75（已废止）管理组于 1979 年主编了《暖通空调气象资料集（增编一稿）》[5]增补统计了全国 954 个台站的室外空气计算参数，统计年份为 1951～1970 年，部分台站统计时长不足 20 年。该资料中台站数量虽多，但统计年份距今长达 50 年，随着温室效应对全球的影响，城镇的环境温度也在不断变化。另外，根据我国气象工作者对全国各地气象数据的研究分析结果显示：我国大部分地区在 20 世纪的 50、60 年代处于气温较低的时期，这个时间段刚好是该资料的统计年份。设计人员在使用该资料时应当慎重。

此外，还有两份相关资料：

（1）《民用建筑热工设计规范》GB 50176—2016[6]附录 A 提供了 354 个城镇气象站的热工设计区属及室外气象参数。笔者对比数据发现，该资料原始数据出自《建筑节能气象参数标准》JGJ/T 346—2014[7]。该资料是基于建筑热工设计计算的基础数据，虽有采暖室外计算温度等部分数据与暖通空调负荷计算相通，但不能满足暖通空调负荷计算的要求。文献［6］附录 A 和文献［1］附录 A 相对比，不难发现两本国家规范同一台站的某些相通数据是不一致的，笔者认为原因是两本规范的基础数据的选取和统计计算方法是不同的。

（2）日本筑波大学张晴原教授于 2004 年出版了《中国建筑用标准气象数据库》[8]，但该书数据并未在设计院中得到推广应用。

中国气象局 2015 年上线了中国气象数据网，目前该网站面向公众共享了包括地面、高空、气象卫星、天气雷达、数值天气预报等气象资料和数据服务，其中包括暖通空调负荷计算需要的部分基础数据，统计年份主要为 1981～2010 年，相比较文献［1］的 1971～2000 年更有现实价值。

笔者在研究中国气象数据网相关数据中发现，虽限于网站共享的数据不足以完全支撑暖通空调负荷计算，但可校核和判定城镇的建筑热工设计区属，整理得到文献［1］

☆　赵凌云，男，工程师。通讯地址：云南省经济技术开发区信息产业基地林溪路 188 号，Email：704878947@qq.com。

附录B的简化方法的基础数据。当无法直接选用当地气象数据时，为暖通空调负荷计算室外空气计算参数简化方法计算和参照选取方法提供数据和理论支撑，供设计同仁参考。

2 校核和判定城镇的建筑热工设计区属

笔者在研究中国气象数据网相关数据之前，先对文献［6］第4.1节和附录A作了学习和研究，发现附录A给出的全国主要城镇热工设计区属与文献［6］二级区划指标相对应，部分城镇会出现二级区划指标（采暖度日数*HDD*18、空调度日数*CDD*26）得出的热工设计区属与一级区划主要指标（最冷月平均温度 $t_{min\cdot m}$、最热月平均温度 $t_{max\cdot m}$）得出的热工设计区属不一致，如郑州、西宁、青岛等。究其原因，笔者认为，文献［6］修订时以“大区不动”的区划调整为原则，保留了一级区划的相关指标，该指标并无严谨的封闭逻辑关系，该指标和附录A给出的中国建筑气候区划图仅供设计人员参考。二级区划指标边界清晰（虽夏热冬冷AB区、夏热冬暖AB区并无注明*CDD*26≥10的要求，但并不影响城镇的热工设计区属判定），通过二级区划指标判定城镇的区属明确，便于规范的执行和管理。

笔者为中国气象数据网“个人实名”共享级别，并不能获取二级区划指标（*HDD*18、*CDD*26）的相关数据（或中国气象数据网目前并不能提供该数据），但可以获取一级区划主要指标（$t_{min\cdot m}$、$t_{max\cdot m}$）的相关数据，但由于基础数据的选取和统计计算方法不同等原因，该数据与文献［6］附录A并不完全一致。下面以北京（台站编号54511，寒冷地区）、上海（台站编号58367，夏热冬冷地区）、广州（台站编号59287，夏热冬暖地区）、昆明（台站编号56778，温和地区）4个代表城市的数据进行分析比较，得到图1。

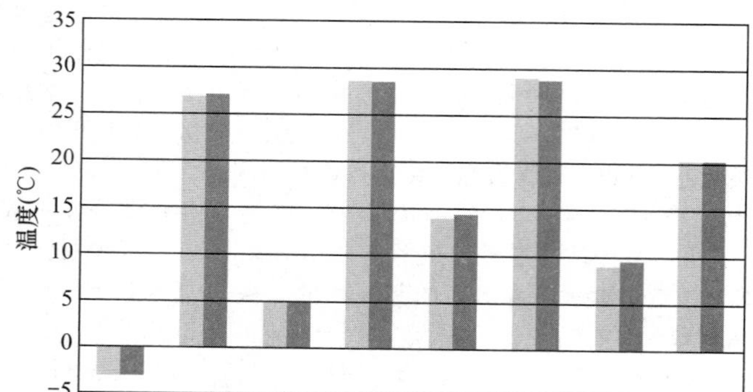

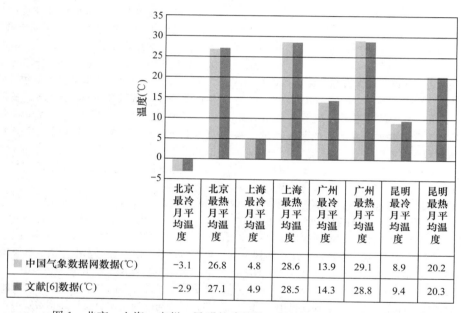

	北京最冷月平均温度	北京最热月平均温度	上海最冷月平均温度	上海最热月平均温度	广州最冷月平均温度	广州最热月平均温度	昆明最冷月平均温度	昆明最热月平均温度
中国气象数据网数据(℃)	−3.1	26.8	4.8	28.6	13.9	29.1	8.9	20.2
文献[6]数据(℃)	−2.9	27.1	4.9	28.5	14.3	28.8	9.4	20.3

图1 北京、上海、广州、昆明的建筑热工设计区属校核数据对比图

通过图表的数据分析，北京、上海、广州、昆明4个代表城市的 $t_{min\cdot m}$ 最大差值仅为0.5℃、$t_{max\cdot m}$ 最大差值仅为0.3℃，8组数据的平均差值仅为0.25℃，通过校核举例，校核城镇的建筑热工设计区属是可行的。当实际工程所在城镇不能在文献［6］附录A中查取时，可在中国气象数据网上查取相关数据进行热工设计区属的判定。

需要特别指出的是，中国气象数据网查取的广州的 $t_{max\cdot m}$ 为29.1℃，并不在夏热冬暖地区一级区划主要指标的判定区间，这也从侧面证实了一级区划指标的不严谨性。

3 室外空气计算温度简化方法应用

同样，以北京、上海、广州、昆明4个代表城市的数据进行分析比较，先查取冬夏两季室外计算温度简化方法计算所需的基础数据，得到表1。

北京、上海、广州、昆明的室外空气计算温度简化方法的基础数据　　表1

城市	北京	上海	广州	昆明
台站编号	54511	58367	59287	56778
累年最冷月平均温度（℃）	−7.5	2	10.6	3.5
累年最低日平均温度（℃）	−8	1.7	9.9	3.2
累年最热月平均温度（℃）	22.6	25.7	26	17.3
累年极端最高温度（℃）	41.9	40	39.1	31.3

按文献［1］附录B要求，根据以上查取的基础数据，计算供暖室外计算温度、冬季空气调节室外计算温度、夏季通风室外计算温度和夏季空气调节室外计算日平均温度，并与文献［1］附录A比较，得到图2。

通过图表的数据分析可知，这几组数据的差值远比校核城镇的建筑热工设计区属的数据大得多，究其原因，主要有以下两点：

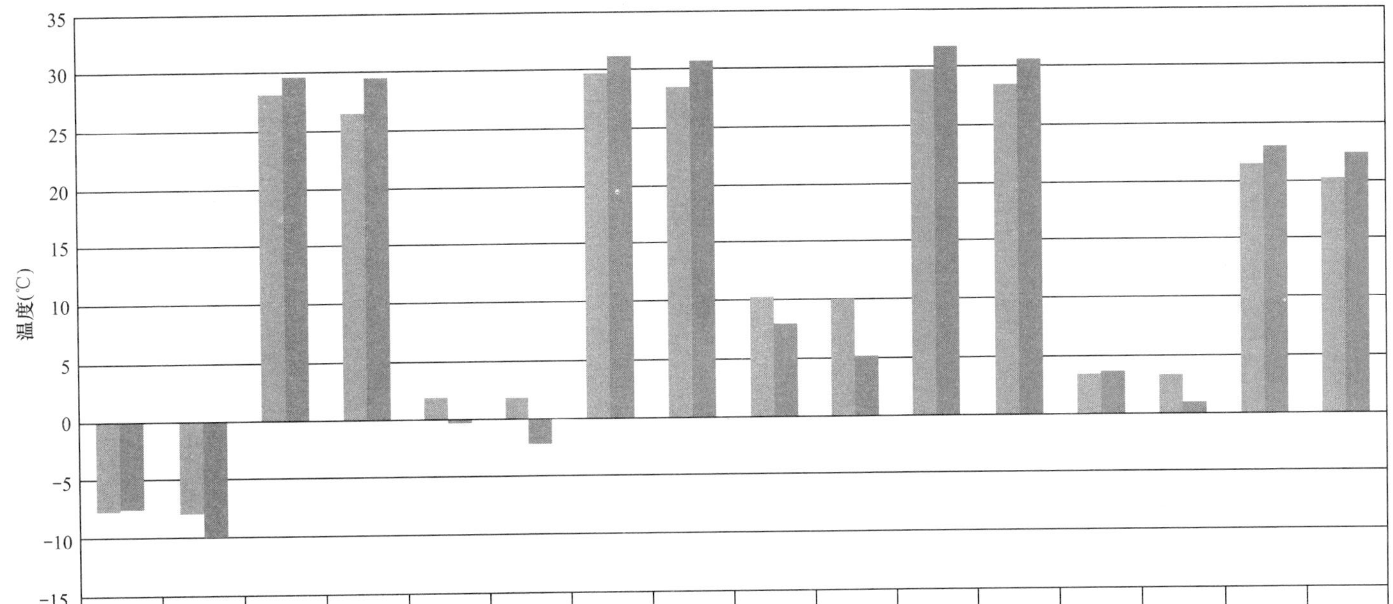

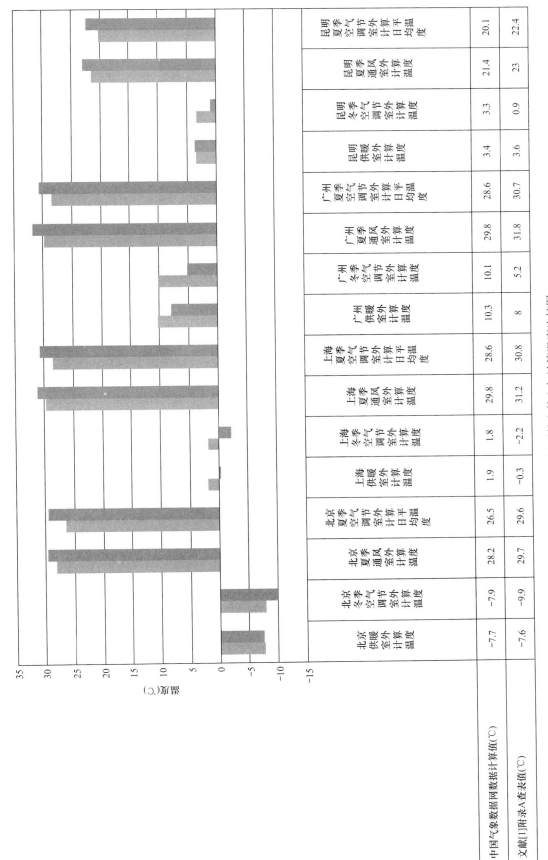

	北京供暖室外计算温度	北京冬季空气调节室外计算温度	北京夏季通风室外计算温度	北京夏季空气调节室外计算日平均温度	上海供暖室外计算温度	上海冬季空气调节室外计算温度	上海夏季通风室外计算温度	上海夏季空气调节室外计算日平均温度	广州供暖室外计算温度	广州冬季空气调节室外计算温度	广州夏季通风室外计算温度	广州夏季空气调节室外计算日平均温度	昆明供暖室外计算温度	昆明冬季空气调节室外计算温度	昆明夏季通风室外计算温度	昆明夏季空气调节室外计算日平均温度
中国气象数据网数据计算值(℃)	-7.7	-7.9	28.2	26.5	1.9	1.8	29.8	28.6	10.3	10.1	29.8	28.6	3.4	3.3	21.4	20.1
文献[1]附录A查表值(℃)	-7.6	-9.9	29.7	29.6	-0.3	-2.2	31.2	30.8	8	5.2	31.8	30.7	3.6	0.9	23	22.4

图 2　北京、上海、广州、昆明的室外空气计算温度比较图

(1) 简化方法采用公式计算，客观上本身就存在数值偏差，即便采用文献［1］编制附录A室外空气计算参数的原始数据进行计算，简化方法得到的数据与文献［1］附录A的数据也是有偏差的。

(2) 中国气象数据网统计年份主要为1981～2010年，与文献［1］的1971～2000年不一致。另外，由于诸多原因，数据的选取和统计计算方法也有可能不同。

客观上，文献［1］附录B给出的室外空气计算温度简化方法在实际工程中并不常见，主要原因是基础数据获取困难，但通过笔者研究，中国气象数据网是查取室外空气计算温度简化方法基础数据的一条有效途径。

需要特别指出的是，文献［1］附录B中夏季空气调节室外计算干球温度和夏季通风室外计算温度的公式一致，这明显是不对的，对比文献［4］的相关内容，或是夏季空气调节室外计算干球温度错了。

4 资料无气象参数城镇参考其他城镇方法研究

按照文献［1］的要求，对于未列入城市，其计算参数可参考就近或地理环境相近的城市确定。文献［6］提及可以按照行业标准《建筑气象参数标准》(JGJ 35—87)[9]中的规定，当建设地点与拟引用数据的气象台站水平距离在50km以内，海拔高度差在100m以内时可以直接引用。相对于文献［1］，文献［6］提出了更加具体的参照数据，具体参考城镇表格见文献［6］附录A.0.2。笔者认为，暖通空调负荷计算室外空气计算参数也适用该原则。但是地理影响气候因素复杂，除了距离和海拔因素，资料无气象参数城镇参考其他城镇时还要考虑纬度、地形地势、海陆分布等诸多因素。尤其是中国西南地区，城镇分布没有东部地区密集，城镇之间甚至城镇内部乡镇之间的海拔高差很大，气候受地形地势因数影响显著，以距离和海拔原则直接参考其他城镇的方法基本不可行。笔者认为，当遇到以上情况时，设计人员需要对目标城镇和参考城镇进行相关温湿度数据比较分析，为资料无气象参数城镇参考其他城镇提供科学的理论依据。

下面笔者以自己在云南省昭通市巧家县某工程经验，分析当资料无气象参数的城镇如何参考其他城镇。

(1) 笔者查阅文献［1］、文献［4］和文献［5］，均无巧家县的室外空气计算参数，同时查阅文献［6］，也无相关的热工设计区属及室外气象参数。

(2) 若不考虑热工设计区属，直接参考文献［1］中有室外空气计算参数、距离巧家较近的城镇，有昭通（台站编号56586）和西昌（台站编号56571）可选，笔者最初进行暖通空调复核计算时对巧家的气候不熟悉，便直接参考导致设计不合理，幸得前辈专家指点才得以更正。在此特别感谢昆明恒基建设工程项目施工图设计文件审查有限公司的臧广宇老师！

(3) 笔者查阅《云南省民用建筑节能设计标准》DBJ 53/T-39-2011[10]，该标准提出巧家为夏热冬暖地区，笔者通过中国气象数据网查取数据，得到巧家（台站编号：56673）的最冷月平均温度$t_{min \cdot m}$为12.4℃，最热月平均温度$t_{max \cdot m}$为26.4℃，按文献［6］一级区划主要指标也可判定巧家为夏热冬暖地区。

(4) 笔者查阅文献［10］，该标准提出云南省内的夏热冬暖地区城镇有10个，其中文献［1］中有室外空气计算参数的是景洪，文献［4］中有室外空气计算参数的是元江和勐腊。同时，分析周边四川、贵州两省，并无合适的城镇参考，因此若不考虑文献［5］相关数据时，参考城镇或只有这三个可选，考虑纬度因素，元江相比景洪和勐腊是更接近巧家气候的。考虑文献［5］相关数据并考虑纬度因素，云南省内的10个夏热冬暖地区城镇还有华坪和元谋可参考。查取中国气象数据网和文献［6］相关数据，对比巧家、元江、华坪和元谋的最冷月平均温度$t_{min \cdot m}$和最热月平均温度$t_{max \cdot m}$，得到表2。

巧家、元江、华坪、元谋数据对比 　　**表2**

城镇	巧家		元江		华坪		元谋	
台站编号	56673		56966		56664		—	
数据来源	中国气象数据网	文献［6］	中国气象数据网	文献［6］	中国气象数据网	文献［6］	中国气象数据网	文献［6］
$t_{min \cdot m}$(℃)	12.4	无	16.9	16.7	11.8	无	无	14.2
$t_{max \cdot m}$(℃)	26.4	无	28.5	28.2	24.3	无	无	25.0

中国气象数据网和文献［6］中只有一组数据时直接选取计算，元江有两组数据，取平均值计算。巧家数据与元江、华坪、元谋数据进行差值分析，得到表3。

巧家数据与元江、华坪、元谋数据差值对比

表3

对比城镇	巧家和元江	巧家和华坪	巧家和元谋
$\lvert \Delta t_{min \cdot m} \rvert$(℃)	4.4	0.6	1.8
$\lvert \Delta t_{max \cdot m} \rvert$(℃)	2.0	2.1	1.4

通过表格的数据分析，巧家参考元江、华坪、元谋三个城镇的室外空气计算参数是可行的。最冷月平均温度、最热月平均温度的数据和巧家最接近的城镇是华坪和元谋，但是这两个城镇的气象数据只能从文献［5］查取，相比较而言，元江从文献［4］获取的气象数据更有价值。

5 结语

笔者在研究中国气象数据网过程中，还有其他用途。如文献［1］第4.1.1条条文说明指出，随着我国经济发展，超高层建筑增多，高度不断增加，超高层建筑上部风速、温度等参数与地面相比有较大变化，应根据实际高度，对室外空气计算参数进行修正。如何修正？中国气象数据网也提供了高空资料的数据支撑，读者若感兴趣可自行研究，笔者在此不再赘述。

建筑热工设计即建筑节能设计，与暖通空调设计是相互关联、相辅相成的，一个城镇的热工设计区属直接影响暖通空调系统的选择形式，故笔者在研究中国气象数据网资料和数据的用途时，是把两者融合在一起考虑的。

通过本文论述，可以看出建筑热工设计和暖通空调设计两本主要的规范——文献［6］和文献［1］给出的城镇气象参数在基础数据的选取和统计计算方法上是不同的，以致同一个城镇的同一个参数，两本规范会出现不一致的情况，再加上中国气象数据网给出的第三组数据，为设计提供了目标城镇缺失数据时的多元性选择。

同时，在研究过程中笔者也发现国家规范和相关资料也有可能错漏和不严谨的地方。不足之处还请读者不吝赐教。

参考文献

［1］ 中国建筑科学研究院．民用建筑供暖通风与空气调节设计规范．GB 50736—2012［S］．北京：中国建筑工业出版社，2012．

［2］ 中国有色工程有限公司，中国恩菲工程技术有限公司．工业建筑供暖通风与空气调节设计规范．GB 50019—2015［S］．北京：中国计划出版社，2015．

［3］ 中国气象局气象信息中心气象资料室，清华大学建筑技术科学系．中国建筑热环境分析专用气象数据集［M］．北京：中国建筑工业出版社，2005．

［4］ 陆耀庆．实用供热空调设计手册［M］．第2版．北京：中国建筑工业出版社，2008．

［5］ 冶金工业部北京有色冶金设计研究总院，暖通规范管理组．暖通空调气象资料集（增编一稿）［M］．北京：北京市大兴县印刷厂，1979．

［6］ 中国建筑科学研究院．民用建筑热工设计规范．GB 50176—2016［S］．北京：中国建筑工业出版社，2017．

［7］ 中国建筑科学研究院．建筑节能气象参数标准．JGJ/T 346—2014［S］．北京：中国建筑工业出版社，2015

［8］ 张晴原．中国建筑用标准气象数据库［M］．北京：机械工业出版社，2004．

［9］ 中南地区建筑标准设计协作组办公室，国家气象局北京气象中心气候资料室．建筑气象参数标准．JGJ 35—87［S］．北京：中国建筑工业出版社，1987．

［10］ 云南省安泰建设工程施工图设计文件审查中心，云南省设计院．云南省民用建筑节能设计标准．DBJ 53/T-39-2011［S］．昆明：云南科技出版社，2015．

中深层地埋管换热器热影响半径的研究

山东建筑大学 贾林瑞☆ 杜甜甜 崔 萍 满 意 方肇洪
济南方新能源科技有限公司 方 亮

摘 要 在地源热泵系统工程应用过程中，热影响半径是重要的设计参数。本文利用数值模拟，分析了中深层套管式埋管换热器热影响半径随负荷强度、传热时间的变化趋势。经验证，热影响半径与负荷强度和运行时间成正相关。在取热负荷较低时，越深处热影响半径越大，取热负荷较高时则相反。研究热影响半径在不同工况下的取值，可防止热影响区交叉造成热干扰从而降低换热器的运行效率，此外，对地下热环境也具有一定的保护作用。

关键词 中深层地埋管换热器 热影响半径 数值模拟 地温梯度 套管式换热器

0 引言

中深层地源热泵系统研究的核心问题在于地埋管与周围土壤之间的传热，这是一个较复杂的传热问题，涉及岩土和换热器两个部分。现关于地埋管换热器的传热分析方法主要有解析解和数值解两种，由于数值解法将地温梯度考虑在内，更接近实际运行工况，在本文中采用数值解法。考虑到系统对管道强度及施工工艺等要求较高，采用性能更优的套管式换热器。

目前，方亮[1,2]等已用解析解法和数值解法分别建立了中深层埋管换热器的传热模型，并进行了理论和应用基础研究；Song X Z[3]学者研究了中深层地埋管换热器的运行参数优化和埋管周围温度场动态响应。目前，并未发现与中深层埋管换热器热影响半径研究相关的文献。

研究不同工况下的地埋管换热器热影响半径的大小，确定钻孔埋管群中钻孔之间的合理距离，可有效预防热影响区域交叉造成热干扰从而降低换热器的运行效率，此外，对地下热环境也具有一定的保护作用。研究成果对中深层地源热泵系统设计及实际应用具有一定参考价值。

1 套管式地埋管换热器的传热模型

采用套管式换热器，并以线热源理论为基础得到简化传热模型[4,5]，理论研究中为了简化计算过程，仅取单个换热钻孔为研究对象。地埋管换热器的传热过程是一个复杂的、无限大区域内的非稳态过程，实际计算较为复杂，因此假设：将地埋管换热器周围的岩土层看作一个或几个均匀介质的水平地层，忽略可能的地下水流动，忽略空气温度以及大地表面温度随季节的波动。

基于上述假设，该传热问题可近似看作轴对称的传热问题，岩土层的导热方程可写为

$$\frac{1}{\alpha}\frac{\partial t}{\partial \tau}=\frac{1}{r}\frac{\partial}{\partial r}\left(r\frac{\partial t}{\partial r}\right)+\frac{\partial^2 t}{\partial z^2} \tag{1}$$

式中 r——岩土层半径，m；

t——温度，℃；

τ——时间变量，s。

在任意深度处地层中的初始温度可以表达为

$$t(z)=t_a+\frac{q_g}{h_a}+\sum_{j=1}^{m-1}\frac{q_g}{\lambda_j}(H_j-H_{j-1})+\frac{q_g}{\lambda_m}(z-H_{m-1}) \tag{2}$$

式中 H_j——第 j 层地层底部的坐标；

H——地埋管换热器的深度；

z——相邻两节点间的轴向深度；

λ——岩土体导热系数；

t_a——地表以上的空气温度；

h_a——地表表面对流换热系数；

q_g——大地热流密度。

在钻孔周围岩土中的任意一点，可建立能量平衡方程：

$$\lambda\frac{(t_{m+1,n})^{p+1}-(t_{m,n})^{p+1}}{\Delta r\mu}\Delta z+\lambda\frac{(t_{m-1,n})^{p+1}-(t_{m,n})^{p+1}}{r\mu}\Delta z=\lambda\frac{(t_{m,n+1})^{p}-(t_{m,n-1})^{p}}{\Delta z\frac{1}{\Delta r\mu}}+\lambda\frac{(t_{m-1,n})^{p}-(t_{m,n})^{p}}{\Delta z\frac{1}{\Delta r\mu}} \tag{3}$$

$$\lambda\frac{(t_{m,n+1})^{p+1}-(t_{m,n-1})^{p+1}}{\Delta z\frac{1}{\Delta r\mu}}+\lambda\frac{(t_{m-1,n})^{p+1}-(t_{m,n})^{p+1}}{\Delta z\frac{1}{\Delta r\mu}}=\lambda\frac{(t_{m+1,n})^{p}-(t_{m,n})^{p}}{\Delta r\mu}\Delta z+\lambda\frac{(t_{m-1,n})^{p}-(t_{m,n})^{p}}{\Delta r\mu}\Delta z \tag{4}$$

式中 p——任意时刻，s；

μ——径向步长放大倍数；

z——埋深方向，m。

对于埋管周围岩土中任意节点（m，n），可得到该点任意时刻沿半径方向的向前、向后差分形式的 $(t_{m,n})^p$ 表达式以及埋深方向的向前、向后差分形式的 $(t_{m,n})^p$ 表达式。将节点的平衡方程列出后得到差分方程组，采用追赶法解方程组，即得到在不同时刻岩土的温度分布。

☆ 贾林瑞，男，在读研究生。通讯地址：山东省济南市山东建筑大学热能工程学院，Email：1872567642@qq.com。

2　中深层地埋管换热器传热性能及热影响半径分析

2.1　热影响半径的定义及参数选择

为了更清楚地描述不同取热状态下对埋管周围岩土体热环境的影响范围大小，现引入热影响半径（r^*）这一概念。在本次分析计算中，以无量纲温度 ϕ 等于 1%处的岩土半径作为热影响半径的标准值，其计算公式为

$$\phi = \frac{t_r^* - t_0}{t_0} \tag{5}$$

理论研究中为了简化计算过程，仅取单个换热钻孔为研究对象，并将钻孔周围的岩土看作一个均匀介质的水平地层，且忽略可能的地下水流动。钻孔直径 d_b 取 0.28m，钻孔深度为 2000m，地表温度设定为 10℃，钻孔内布置套管式换热器，截面图如图 1 所示，其余主要参数参见表 1。

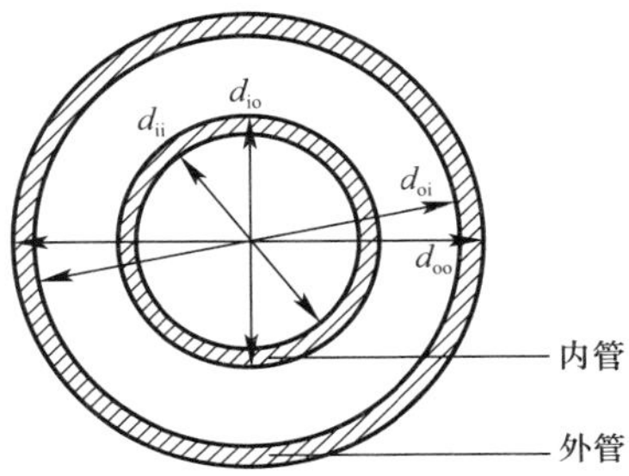

图 1　套管式换热器截面图

主要设计参数　　　　表 1

	导热系数［W/(m·K)］	体积比热容［kJ/(m³·K)］
内管（PE）	0.4	1200
外管（钢管）	41	3400
回填材料	2.5	2200

2.2　负荷强度对热影响半径的影响

先简单分析一下地埋管换热器可能造成的影响：系统运行时，地埋管从周围岩土取热，使周围岩土温度降低。当埋管换热器的取热负荷不同时，对周围岩土热环境的影响程度也会不同。取热负荷增加，循环水需要从周围的岩土层带走更多的热量，热影响半径也就会扩大。

由图 2 可以看到，在取热负荷较低时，r^* 沿深度方向增加，在取热负荷较高时，r^* 沿深度方向减小。产生这种现象的原因是，不同取热工况下，外管进水温度与埋管周围岩土温度的相对差值不同。在此模型中，进水温度是根据所设定的取热负荷 Q 计算所得，因此进水温度会随 Q 的不同而变化。当取热负荷 Q 较小时（如 150kW），不需要太大的换热温差，因此进水温度设定较高，在一定的深度范围内，当进水温度高于周围岩土的温度时，就会出现逆换热现象，即埋管向岩土传热；当取热负荷逐渐增大时（大于 250kW），随着外管进水温度降低，逆换热区深度也会减小，直至逆换热现象不再出现。逆换热区的深度会随负荷的增大而减小。

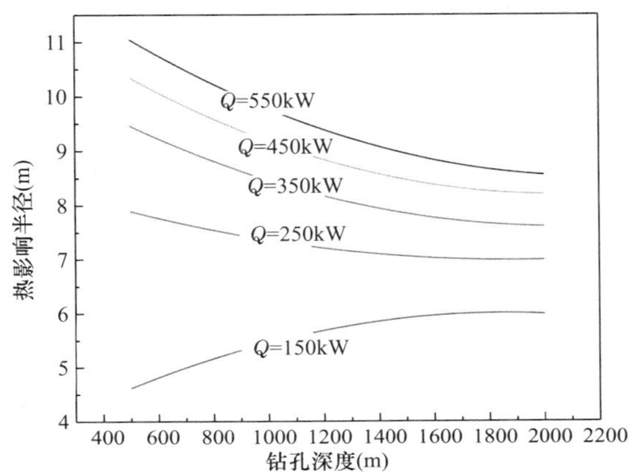

图 2　2880h（120d）时热影响半径 $r*$ 在不同工况下沿埋深方向的变化规律

2.3　运行时间对热影响半径的影响

运行时间也是影响 r^* 取值的一个重要因素。从图 3 可以看到，在 1000m 深不同半径处温度随时间的变化，其中 t_{r*} 为计算得出的热影响半径处的温度。在 1000m 深处，运行 10d 时，地埋管换热器的 r^* 为 2m；运行 40d 后，r^* 增大为 4m；持续运行 120d 之后，r^* 约为 5.5m；20 年后 r^* 扩大至 30m。

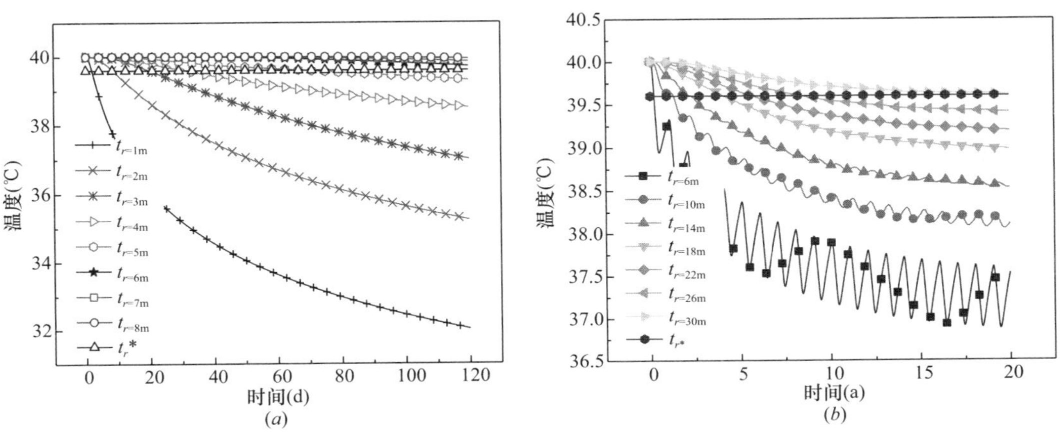

图 3　取热负荷为 150kW、纵深 1000m 处热影响半径随时间的变化规律

（a）1 个供暖季内 r^* 的变化规律；（b）20 个供暖季内 r^* 的变化规律

产生上述现象的原因是，随着运行时间的增加，周围岩土温度降低，r^* 覆盖范围内所提供的热量不足以满足埋管的换热指标，因此换热区域向外延伸以传导更多热量，则 r^* 扩大。

3 结论

本文对地源热泵系统中的中深层地埋管换热器热影响半径进行了理论研究。研究发现，热影响半径与负荷强度和运行时间成正相关。在取热负荷较低时，热影响半径最大值出现在深层岩土层内，在取热负荷较高时，热影响半径最大值出现在浅层岩土层内。

研究热影响半径在不同工况下的取值，确定钻孔与钻孔群间的适当间距，可防止热影响区交叉造成热干扰从而降低换热器的运行效率，此外，对地下热环境也具有一定的保护作用。

参考文献

[1] Fang L，Diao N R，Shao Z K，et al. A computationally efficient Numerical model for heat transfer simulation of deep borehole heat exchanger [J]. Energy & Buildings，2018，167：79-88.

[2] Fang L，Diao N R，Shao Z K，et al. Study on thermal resistance of coaxial tube boreholes in ground-coupled heat pump systems [J]. Procedia Engineering，2017，205：3735-3742.

[3] Song X Z，Wang G H，Shi Y，et al. Numerical analysis of heat extraction performance of a deep coaxial borehole heat exchanger geothermal system [J]. Energy，2017，164：1298-1310.

[4] 龚光彩，陈帆，苏欢，等. 套管式地埋管换热器设计计算方法 [J]. 科技导报，2013，31 (31)：53-56.

[5] 贯力，方肇洪. 高等传热学 [M]. 北京：高等教育出版社，2008：127-128.

板式热交换器表面颗粒物沉积规律的数值模拟

天津市建筑设计院　杨　红☆　罗丹吴　陈德玉

摘　要　热交换器作为新风换气机的关键部件，其性能的优劣直接影响新风换气机的热回收性能，本文通过 CFD 模拟的方法，研究室外颗粒物在换热器表面的自然沉积规律。结果表明，随着风量的增大，换热器的热交换效率随之下降，新、排风侧换热板面年积尘量随之增加；当增大板间距时，换热效率也会随之降低，板面的年积尘量则不断减少。本文通过模拟研究，掌握颗粒物在热交换器表面的沉积规律，为提高热交换器性能和结构改进提供理论基础，以优化新风换气机的过滤系统，改善室内空气品质并提高新风换气机的换热效率，为热回收新风换气机的结构设计设定提供一定参考依据。

关键词　板式换热器　颗粒物沉积　模拟研究

0　引言

新风换气机由于兼具净化空气和环保节能两大优势日益受到关注，其在改善室内空气品质的同时，通过回收排风的能量，利用余热对新风预处理，提高了建筑的用能效率。由于空气污染问题的加剧，颗粒物沉积对热交换器性能的影响也越来越受到研究者们的重视。他们从物理学和化学角度出发，对不同粒径颗粒的运动过程、粉尘污垢形成的机理以及表面积尘对换热效果的影响进行了理论分析[1-5]。通过前人的研究可以看出，当热交换器表面积尘量达到一定程度时，不仅造成换热器整体效能下降、能耗增加，还会在换热过程中造成交叉污染及室内空气品质问题，严重降低新风换气机的工作性能。本文通过数值模拟的方法，探究颗粒物在换热器表面的沉积规律以及板式热交换器表面积尘对其换热性能的影响，对于提升新风换气机的工作性能和延长其使用寿命有着重要意义。

1　数值模拟

本文主要采用 CFD 数值模拟的方法，对运行时长为一年的热交换器换热板面上颗粒物的沉积规律以及积尘对换热性能的影响进行了模拟研究。首先对板式热交换器的实际结构进行简化，利用 GAMBIT 前处理器建立物理模型，进行网格划分，然后对模型的边界条件及有关参数进行设置，最后利用 FLUENT 求解器进行迭代计算。

1.1　物理模型建立与网格的划分

图 1 是板式全热交换器单元结构示意图。在换热面的两侧分别为室外新风流道和室内排风流道，两侧空气在芯体不同流道内交叉流动，该芯体每两层板面构成一个空气流道，如此交叠形成相邻的若干个互不影响的新、排风通道。又考虑到此种热交换芯体的对称性和周期性，模拟选取了一层换热板和相邻新、排风流道的对称中心面构成的单元控制体作为计算区域。

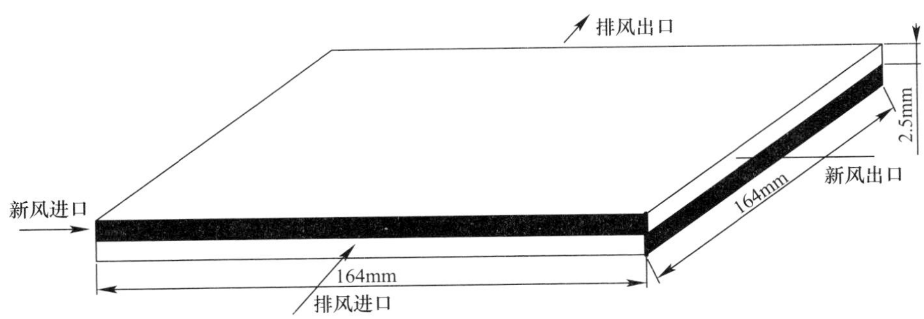

图 1　板式全热交换器结构示意图

显然，该单元结构是一个三维模型，对其采用了六面体（Hex）和 Map 类型进行网格的定义和划分，网格间距（interval size）在 0.3～0.5mm 之间。

1.2　流场的理论分析与数学模型

本研究认为气体是连续介质，颗粒物是与气体有滑移的、沿自身轨道运动的离散群，把离散相与连续相间的相互作用看作是某种介质的连续分布于两相流空间的物质源、动量源和能量源[6]。在本模拟中，连续相采用标准 k-ε 双方程模型，颗粒相和颗粒轨迹计算分别采用离散相模型（DPM）和随机轨道模型。考虑到气、固两相的相互影响，需要采用双向耦合的方法进行计算。即在气相连续

☆　杨红，女，正高级工程师。通讯地址：天津市河西区气象台路 95 号，Email：yhong2009@126.com。

性方程、动量方程和能量方程的基础上增加一个反映颗粒对气流影响的源项，确定颗粒在流场中的位置，然后计算颗粒和气流之间的质量、动量和能量传递[7]。图 2 表示两相之间的热量、质量与动量间的交换。

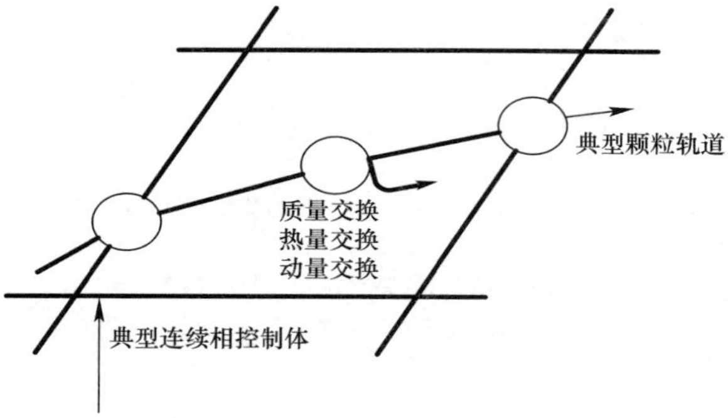

图 2　离散相与连续相之间的热量、质量与动量的交换

离散相与连续相耦合模型的控制方程为：

（1）动量交换

通过求解颗粒的动量变化得出空气传递给颗粒相的动量变化值：

$$F=\sum\left(\frac{18\beta\mu C_D Re}{\rho_p d_p^2 24}\ (u_p-u)\ +F_o\right)\dot{m}_p\Delta t \qquad (1)$$

式中　μ——流体黏度；

C_D——曳力系数；

$\dot{m}_p$——颗粒质量流率；

Δt——时间步长；

F_o——其他相间作用力。

（2）热量交换

在气固两相之间不发生化学作用的情况下，空气相传递给颗粒相的热量变化计算方法如下所示：

$$Q=\left[\frac{\dot{m}_p}{m_{p,0}}c_p\Delta T_p+\frac{\Delta m_p}{m_{p,0}}\left(-h_{fg}+h_{py}+\int_{T_r}^{T_p}c_{p,i}\,dT\right)\right]\dot{m}_{p,0} \qquad (2)$$

式中　$\dot{m}_p$——控制体内的颗粒平均质量，kg；

$m_{p,0}$——颗粒初始质量，kg；

c_p——颗粒比热容，J/(kg・K)；

ΔT_p——控制体内颗粒的温度变化，K；

Δm_p——控制体内颗粒的质量变化，kg；

h_{fg}——挥发分析出的潜热，J/kg；

h_{py}——挥发分析出时热解所需热量，J/kg；

$c_{p,i}$——析出挥发分的比热，J/(kg・K)；

T_p——离开控制体颗粒的温度，K；

T_r——焓所对应的参考温度，K；

$\dot{m}_{p,0}$——跟踪颗粒的初始质量流率，kg/s。

（3）质量交换

同理可计算得出空气相传递给颗粒相的质量变化值，其表达式如下：

$$M=\frac{\Delta m_p}{m_{p,0}}\dot{m}_{p,0} \qquad (3)$$

1.3　边界条件及模拟参数设置

（1）空气连续相

由于冬季为雾霾多发季，本研究主要就冬季工况进行了模拟。对于空气连续相，将送风入口边界条件设置为速度进口类型（velocity-inlet），温度为 278.15K；送风出口处的边界条件为压力出口类型（pressure-outlet）；排风入口边界条件为速度进口类型（velocity-inlet），温度为 294.15K；排风出口处的边界条件为压力出口类型（pressure-outlet）；各工况下的送、排风风速相等，以保持室内压强的稳定。忽略热交换器外壁与环境的传热，将其设为绝热壁面；换热器内的传热壁面设为流固耦合面（shadow）。

（2）颗粒物离散相

对于颗粒物离散相边界条件，入口边界（inlet）和出口边界（outlet）均设置为逃逸（escape）边界；传热壁面设置为捕集（trap）边界，其余壁面边界设置为反弹（reflect）边界，且恢复系数均为 1.0。分别在新、排风入口处设置了面射流源（surface），颗粒类型选择惯性颗粒（inert），颗粒密度为 2330kg/m^3，比热容为 840J/(kg・K)，导热系数为 1.68W/(m・K)。建立面喷射源后需要对颗粒的特性进行设置，其中颗粒速度与相应入口气流速度相等，颗粒温度与相应入口气流温度相等；室内环境下，颗粒质量浓度取 136.61 μg/m^3，颗粒喷射的总的颗粒质量流率取 0.462g/s；大气状态下，颗粒质量浓度取 493.38 μg/m^3，颗粒喷射的总的颗粒质量流率取 1.67g/s。

2　模拟计算结果及分析

2.1　模拟验证

为验证模拟结果的准确性，本研究还搭建了相应的实验台并在冬季开展了为期 3 个月的自然集尘实验，本文选取了颗粒物沉积分数的测试结果与模拟结果进行对比。其中，沉积分数的表达式为：

$$D=1-\frac{C_{出口}}{C_{进口}} \qquad (3)$$

式中　D——沉积分数；

$C_{进口}$——流体进口处的某颗粒物的浓度，μg/m^3；

$C_{出口}$——流体出口处的某颗粒物的浓度，μg/m^3。

由图 3 可知，通过对板间距为 2.5mm 的热交换器在 350m^3/h 风量下的模拟结果和实验数据的对比可以发现颗粒物沉积分数随颗粒物粒径的变化趋势一致，可以认为实验与模拟的沉积规律相吻合，模拟方案可行。

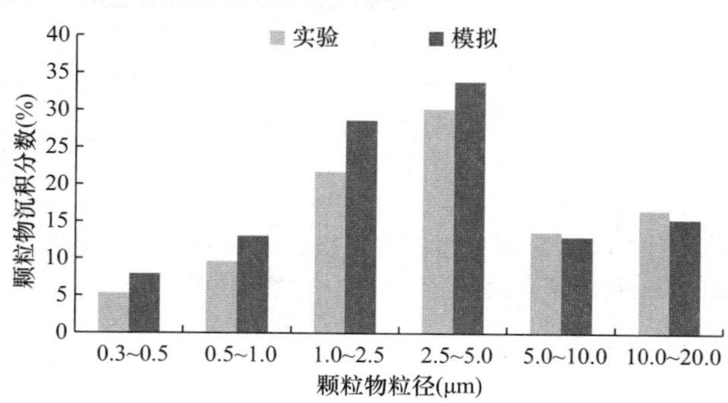

图 3　在 Q=350m^3/h 风量下，模拟和实验的不同粒径颗粒物的沉积分数对比

2.2 颗粒物沉积规律的模拟结果

从图4可以看出，当热交换器运行时间均为一年时，风量对热交换器换热板面颗粒物沉积量的影响基本呈线性关系，颗粒物沉积量与风量呈正相关，与板间距呈负相关，且随着板间距的增大，运行风量越大的热交换器对应的颗粒物沉积量下降幅度越大。这是由于提高进口风量相当于增大了颗粒物的质量流率，使得进入热交换器内的颗粒物增多，同时气流的紊流强度也增大，颗粒通过空气的紊流作用，其扩散到换热板的能力增强，造成换热板面两侧颗粒物的沉积量越来越大。但对于板间距相同的热交换器来说，风量越大，颗粒的惯性增大，其跟随性增大，相对沉积率就越低。当运行风量相同时，板间距越大，板间空气阻力越小，则颗粒物所受阻力减小，不易在换热板面沉积。且由于室外颗粒物浓度大部分时间都大于室内颗粒物浓度，则进入热交换器内的新风中含有颗粒物浓度则大于排风中所含有颗粒物浓度，因此新风侧换热板面颗粒物沉积量大于排风侧。

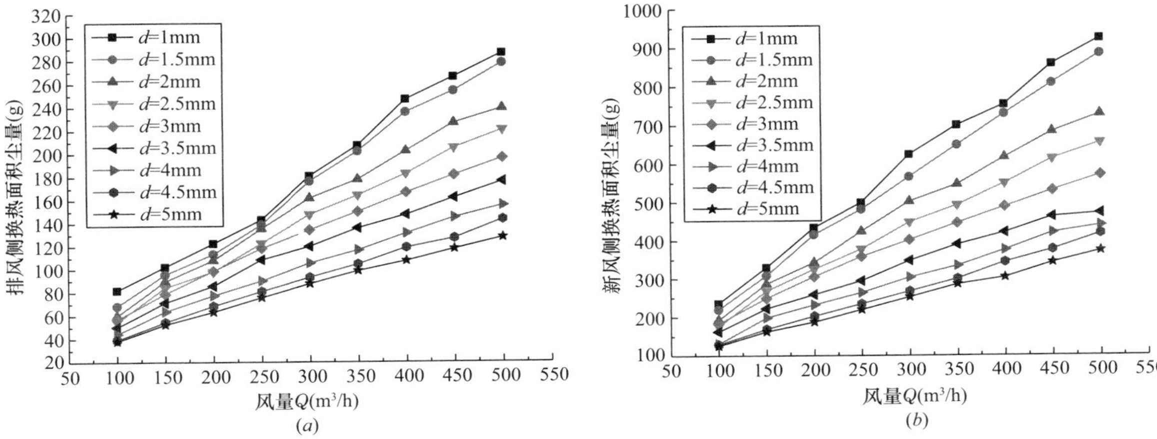

图4 颗粒沉积量与风量及板间距的关系

(a) 排风通道侧；(b) 新风通道侧

如图5所示，随着风量从100m³/h增加至500m³/h，未积尘时，热交换器的全热交换效率由66.7%下降至45.3%；积尘一年后，由51.6%下降至33.3%。由此可以看出，颗粒沉积对热交换器的换热是有影响的。随着换热板面积尘量的增加，换热板面的热阻随之增大，传热系数减小，从而使得热交换器的换热性能降低。换热效率随着换热板面积尘量的增加而减小，说明热交换器换热板面积尘影响了热交换器的热回收性能，降低了积尘单元的换热能力。图6表明，随着板间距从1mm变化到5mm，热交换器全热交换效率呈下降趋势。经计算，在未积尘工况下，全热交换效率由73.1%下降至39.7%，降幅为33.4%；积尘一年后，由71.8%下降至24.2%，降幅达到47.6%。这是由于板间距的增加使得通道内的空气流速降低，削弱了空气扰动对其紊流流态的影响，从而增大了贴附于板面的热边界层厚度，增加了主流空气与板面之间的传热热阻，造成热交换器传热量与换热效率的急剧下降。且对比积尘前后的换热效果，在板间距小于3mm时，随着板间距的增加，表面积尘对热交换器送风温度与换热效率的影响逐渐增强，大于3mm以后，由于板面颗粒物大量减少，表面污垢热阻可忽略不计，空气边界层传热热阻占主导地位影响换热器的传热效果。

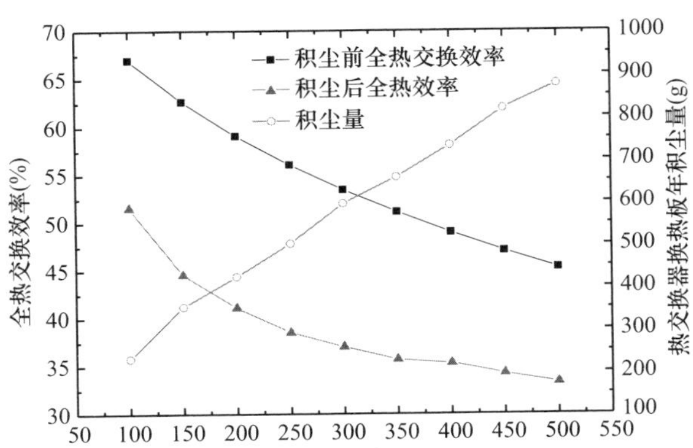

图5 全热交换效率随风量的变化

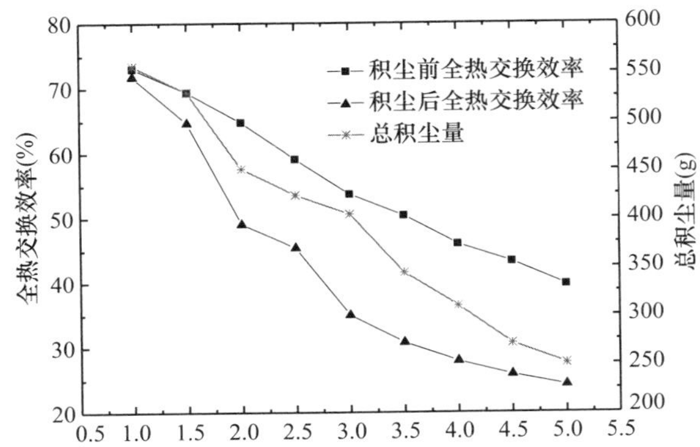

图6 全热交换效率随板间距的变化

3 结论

(1) 风量和板间距对热交换器换热板面颗粒物的沉积规律有显著影响，前者基本呈线性关系。新、排风侧换热板面年积尘量都随着风量的增大而增加，且新风侧大于排风侧，而板间距增大则会使得年积尘量减少，运行风量越大，板间距的变化对颗粒物在换热板的沉积影响越大。

（2）颗粒物在换热板面的沉积降低了积尘单元的换热能力。对于相同板间距的热交换器，运行一年后，随着风量的提高全热交换效率最大降幅为31.4%；在一定运行风量下，积尘一年后，板间距的增加使全热交换效率最大降幅为40.3%。

参考文献

［1］ Beal S K. Deposition of particles in turbulent flow on channel or pipe walls［J］. Sci. Eng. 197，40（1）：1-11.

［2］ Stergios G. Yiantsios，AnastasiosJ. Karabelas. Deposition of micron-sized particles on flat surface：effects of hydrodynamic and physicochemical conditions on particle attachment efficiency［J］. Chemical Engineering Science，2003，58（12）：3105-3113.

［3］ Marner W J. Progressing as-side fouling of heat-transfer surfaces［J］，Appl. Mech. Rev，1990，43（3）：35-66.

［4］ Jeffrey Alexander Siegel. Particulate fouling of HVAC heat exchangers［D］. The University of California，2002.

［5］ Muyshondt A，Nutter D，Gordon M. Investigation of a fin-and-tube surface as a contaminant sink［J］. ASHRAE IAQ 98，American Society for Heating Refrigeration and Air-ConditioningEngineers，Atlanta，GA，1998，207-211.

［6］ 张灿凤. 空调通风管道颗粒物沉降规律数值模拟研究［D］. 淮南：安徽理工大学，2013.

［7］ 胡大山. 粉尘在通风除尘管道内沉积行为的研究［D］. 武汉：武汉科技大学，2008.

“最后一公里”用储藏箱冷藏与保鲜技术①

南京工业大学　邱兰兰☆　王　瑜　刘金祥

摘　要　随着食品配送行业的快速发展，冷链作为食品储存保鲜的载体，受到了广泛关注。本文针对目前急需解决的“最后一公里”配送问题，在调研现有储藏箱类型和性能的基础上着重提出了应用半导体制冷提供冷量的储藏箱，并从冷端导冷方式、热端散热方式和多个半导体制冷片耦合等方面给出了提升制冷性能的方法。此外，针对储藏箱的另一重要特性食品保鲜，阐述了食品保鲜用辅助技术如电场辅助、磁场辅助、微冻液辅助等新兴保鲜技术的优点和局限性。

关键词　冷链　最后一公里　储藏箱半导体制冷　保鲜

0　引言

随着经济快速发展和居民生活水平的提高，人们对食品的要求已经从温饱型转向营养型和多样型，更加注重食品的安全和品质。冷链是以制冷技术为基础支撑，保证食品从产地到消费者的生产加工、储藏运输、物流配送、销售的低温流通系统。在食品品质安全备受关注的背景下，研究和发展食品冷链物流具有十分重要的意义。

随着我国经济的快速发展，对冷链物流的需求快速增长。然而，我国现阶段冷链物流资源短缺，造成大量的生鲜食品如蔬果、肉类、水产品等在非全程冷链的条件下存储、运输和销售，我国生鲜果蔬在采摘、存储、运输、销售等过程中损失惨重，高达25%～30%，而发达国家的损失率不高于5%[1]。更严重的是食品的营养成分流失，甚至腐烂变质，由此带来的食品安全问题也令人堪忧。“十二五”期间，国家发展改革委员会制定了《农产品冷链物流发展规划》。到了“十三五”期间，冷链物流仍然作为物流行业发展中的重中之重。国务院办公厅《关于加快发展冷链物流保障食品安全促进消费升级的意见》的出台保障了生鲜农产品和食品消费安全，推动了冷链物流技术的进一步发展[2]。

低温物流冷链包括食品预冷、低温储藏、运输和配送至消费者四个环节，如图1所示。各个环节中，需要始终维持低温环境，以保证食品的质量安全。

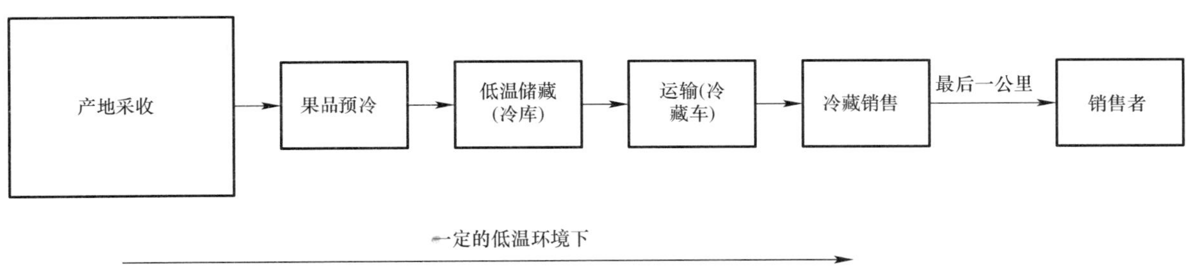

图1　冷链物流流程图

本文首先总结了“最后一公里”所面临的问题和已采用的技术。针对“最后一公里”用储藏箱，分析了蓄冷保温箱尤其是使用半导体制冷的蓄冷保温箱的工作原理及新的保鲜模式。本文可为冷链运输技术尤其是关于“最后一公里”新技术的发展提供参考。

1　应用半导体制冷的储藏箱

随着人们生活质量的提高，生鲜电商行业快速发展的同时，消费者对生鲜食品的安全性和新鲜程度要求也越来越高，高效低价的冷链物流是生鲜电商发展和控制成本的关键。其中，“最后一公里”物流配送是生鲜电商亟需研究解决的难题[3]。

随着国内生鲜电商的不断壮大，“最后一公里”存在的问题逐步显现，主要表现在：(1) 冷链运输比例较低，“伪冷链”现象存在。我国冷链物流基础薄弱，部分电商为节约成本，仅用干冰、冰块、保温箱等方式为产品保鲜，甚至直接使用泡沫箱在高温下运输。(2) 末端配送供给设备不足，冷链运输行业标准缺失。(3) 自营资金成本过高。目前常用的小型冷藏箱仅为泡沫箱体（见图2），对冷链生鲜食品保鲜不利，影响了人们获得的生鲜食品的口感，无法保证长时间的运输。

☆　邱兰兰，女，硕士研究生。通讯地址：江苏省南京市鼓楼区中山北路200号76号信箱，Email：15720600836@163.com。

①　国家自然科学基金（No. 51806096）、江苏省研究生科研与实践创新计划项目（SJCX18_0336）和江苏省高校自然科学基金（18KJB560007）资助。

图 2　常规泡沫箱体

应用相变材料的蓄冷保温箱作为生鲜电商冷链物流的专用保温箱，是目前解决“最后一公里”配送问题的主流方案。如图 3 所示，张秋玉等[4]将可装卸式蓄冷保温箱放置在 25℃实验室内，研究了平菇的冷链运输效果。结果表明：平菇在可拆卸式蓄冷保温箱贮藏 60h 后，其营养价值变化较小。则在 25℃环境温度下，可拆卸式蓄冷保温箱运输效果良好，具有较好的应用前景。王达等[5]以桃子为例，在真空绝热板和聚氨酯复合结构（VIP+PU）蓄冷保温箱内做试验，结果表明，桃子在 VIP+PU 蓄冷保温箱内 2d 的硬度下降率、失重率、可溶性固形物增加量分别为 1.2%、0.8%、0.2%，较适合长途运输。陈文朴等[6]通过试验验证了真空绝热板和聚氨酯复合结构蓄冷保温箱保冷效果优于聚氨酯蓄冷箱。

半导体制冷技术利用半导体材料热电能量转化特性进行制冷，具有无运动部件、体积小、无制冷剂、易于维护的优点[7]。与相变蓄冷相比，半导体制冷技术制冷迅速、体积小、安装方便、制冷量可调的优势[8]。赵福云等[9]通过试验表明半导体制冷片工作电压存在最佳工作区间，可有效节约能源且提高制冷效率。王倩[10]搭建了太阳能半导体制冷箱试验台，经过试验分析得：在环境温度一定时，太阳能辐射强度的增加，有助于提高半导体制冷量；当太阳能辐射强度达 600W/m^2 左右时，半导体制冷量增长趋势变缓。

(*a*)　　　　　　(*b*)

图 3　可装卸式蓄冷保温箱试验装置

（*a*）可装卸式蓄冷保温箱；（*b*）装载平菇后的实验装置

目前已有一些研究将半导体应用到储藏箱领域，如邹炽导[11]，吴星星[12]，王亚娟[13]等。笔者[14]也对应用半导体冷链储藏箱进行了实验研究，实验原理图如图 4 所示，半导体制冷储藏箱样机如图 5 所示。

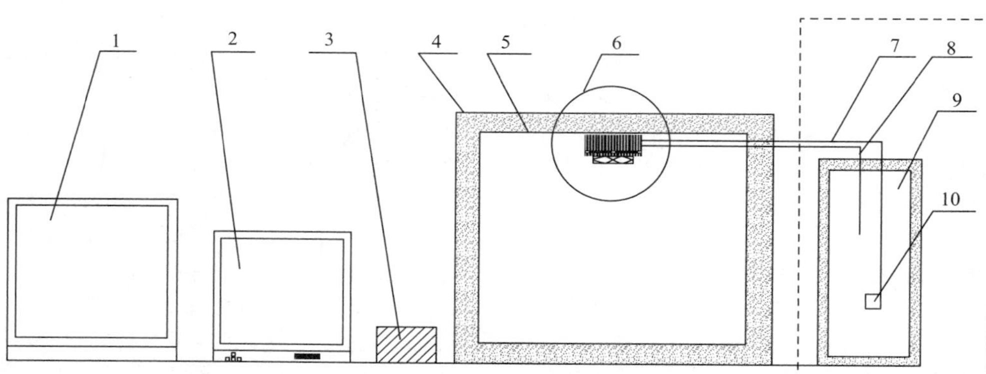

图 4　半导体制冷箱试验平台原理图

1—计算机；2—数据采集；3—开关电源；4—保温箱体；5—热反射膜；6—半导体制冷单元；7—进水管；8—出水管；9—保温水箱；10—潜水泵

图 5　半导体制冷储藏箱及保温水箱实物图

2　半导体制冷箱影响因素分析

半导体制冷量小，更适合于小批量果蔬短距离冷链配送。若将半导体制冷箱扩展到生鲜肉类和大批量配送领域，如何增强制冷量、提升制冷效果是急需研究的方向。提高半导体制冷技术关键在于新型半导体材料的开发和半导体制冷热端散热的改善。在半导体制冷片的物理结构已经确定的情况下，影响制冷效率的主要因素分别为热端散热方式、冷端导冷方式；应用于冷链储藏箱时还需考虑多个半导体制冷片的共同作用。

2.1　半导体材料对制冷特性的影响

热电材料（温差材料，thermoelectric materials）是利用其本身的载流子运动，实现电能及热能直接相互转换的一种功能材料，主要用于热电制冷和发电。热电材料的优值系数低是造成半导体制冷系数低的主要原因，因此提高半导体材料性能的根本途径是提高其优值系数。Kim 等[15]以 TiNiSn 为基底，在惰性气体保护氛围下，结合热压成型和粉末冶金技术，实现了超高热电性能合金材料的制造，使其具有 0.0045W/(m^2·K) 的功率因子（仅当温度为 670K 时），其热电优值高达 0.7～0.8，热电性能较为显著。Harman 等[16]研究发现在常温时，超晶格薄膜结构半导体制冷材料 $PbSe_{0.98}Te_{0.02}$/PbTe 的优值系数达到 1.6；Hiromichi[17]研究证实在常温时，二维电子气结构的材料 $SrTiO_3$ 做出的半导体制冷器的优值系数接近于 2.4；Xhaxhiu K 等[18]通过固态合成得到针状晶体 In_5Se_5Br 材料，塞贝克系数最大可达到 8900μv/K；Lin 等[19]将 Al_2O_3 纳米颗粒添加于 P 型 $Bi_{0.4}Sb_{1.6}Te_3$ 中，形成了 $Al_2O_3/Bi_{0.4}Sb_{1.6}Te_3$ 复合材料，当 Al_2O_3 纳米颗粒的添加量为 1% 和 3% 时，分别在 373 和 398K 达到了最大的热优值 1.22 和 1.21，高于纯 $Bi_{0.4}Sb_{1.6}Te_3$ 样品；2015 年，Zhang 等[20]将银纳米颗粒（AgNPs）分布于 Bi_2Te_3 材料基底中，抑制了 Bi_2Te_3 材的晶粒生长，同时形成了纳米沉淀物，获得最大的热优值 0.77；Kim 等[21]在 $Bi_{0.5}Sb_{1.5}Te_3$ 材料中添加过量的 Te，制造了 P 型 $Bi_{0.5}Sb_{1.5}Te_3$ 块体样品，获得最大的热优值 1.86。

2.2　热端散热方式对制冷性能的影响

半导体制冷技术的制冷量主要取决于冷热端温差，热端与冷端间的温差越小，制冷片制冷量越大。因此，热端散热效果对半导体制冷装备有重要影响[22,23]。张奕等[24]通过控制半导体冷藏箱冷端散热风机风速和水冷热端冷却水温度，证明了冷端对流增强可提高制冷量，降低水冷却温度，可显著提高制冷性能。张晓芳等[25]通过对比风冷、循环水和恒温水条件下半导体制冷小冰箱的制冷性能，证明水冷可以提高半导体制冷设备的制冷效率。王亚娟等[13]通过正交试验分析了水泵流量、散热风机风速、水箱容量对箱体降温所需时间、半导体制冷片能耗、制冷系统总能耗的影响，得出：半导体制冷果蔬配送箱散热参数最佳组合为水泵流量为 13cm^3/s，散热风机风速 4m/s，水箱 200mL。戴源德等[26]研制了一台热管散热型半导体制冷箱，通过试验表明：在最佳工况下，相对于风冷散热、水冷散热方式，热端采用热管散热可使系统获得更低制冷温度，且热端散热半导体制冷系统的制冷效果最佳。赵福云等[9]设计了一种半导体制冷箱，研究了半导体制冷片工作压力和冷热端散热风扇电压对半导体制冷片冷热端温度、制冷箱内部温度、制冷量及制冷系数的影响。结果表明：半导体制冷片在最佳工作电压运行时，制冷箱内温度达到最低；冷热端风扇电压在最佳工作区间运行时，制冷箱内部温度能降到最低。N. M. Khattab、G. Min 等[27,28]研究了在半导体的冷、热端用铝散热片散热，外加一个或多个风扇强化传热；J. G. Vian 等[29]研究了热电冰箱中半导体冷、热端的散热，在冷端利用毛细管热虹散冷，在热端使用自然风冷的两相热管散热；Astrain D 等[30]利用热虹吸管强化热端的散热，热阻比一般翅片换热器减少 36%，制冷系数提高 32%；Naphon[31]从直接液体冷却和间接液体冷却，不同结构矩形翅片散热器的液体冷却两方面来探究半导体制冷和液体冷却有机结合对 CPU 散热效果的影响，发现半导体制冷＋液体冷却的散热效果远比直接液体冷却更明显，同时矩形翅片散热器也通过增强扰流的方式影响着最终的散热效果。

热管是 20 世纪 60 年代发展起来的具有高导热性能的相变传热元件，可以将大量的热量通过很小的截面面积远距离地传输而无需外加功力[32]。热管具有较大的传热系数，可以将热量散发到环境中，热管散热器用于半导体制冷系统可以提升其制冷效率。刘小平等[33]通过对三种制冷功率的半导体制冷片在不同环境温度、不同风速条件下进行试验，分析其半导体制冷片冷端、热端和热管式散热器的温度随制冷功率、环境温度、风速的变化趋势。结果表明：半导体制冷功率小于 63W 时，可以通过调节进口空气的速度降低半导体制冷片冷端、热端和热管式散热器的温度；半导体制冷功率大于 63W 时，需要增加散热器的换热面积。赵阳[34]通过对半导体制冷箱冷热端传热性能进行研究，从翅片开孔率、翅片间距、热管布置位置、运行环境温度四个方面对比分析，结果表明：对于热管散热器，当翅片开孔率为 2%～3.5%、翅片间距为 5mm、热管叉排布置时，散热器的传热性能是最强的。甘志坚[35]对普通板式翅片散热翅器、普通热管散热器和平板热管散热器的热电制冷片热端传热进行了对比分析，实验结果表明热管散热器对半导体制冷片热端散热效果更好；平板热管散热器比普通热管散热器的热电制冷系统热端散热效果更好。

2.3 冷端导冷方式对制冷性能的影响

郑大宇等[36]采用增大冷端的对流换热面积和提高冷端的对流换热系数的方法来解决冷量传递问题，提高小型制冷装置的工作效率。毛佳妮等[37]采用数值分析与解析求解相结合的方法，研究发现当系统运行在较低工作电流区域时，增强冷端传冷强度对提高系统制冷性能的经济性较高。赵福云等[9]通过实验研究得出冷端换热采用风冷换热优于自然对流换热，同时箱体内温度分布更均匀。张奕等[24]通过实验研究冷端风扇电压对制冷箱制冷性能的影响，结果表明增加冷端风扇电压，有利于提高制冷性能。综上所述，增大冷端换热面积，同时冷端采用风冷换热且增加冷端风扇电压，是有效提升冷端制冷性能的手段。

2.4 多个半导体制冷片耦合特性对制冷性能的影响

因为单级半导体制冷量小，冷端温度较高，无法满足储藏箱内大量食品的制冷需求，因此需要将多级半导体制冷应用至储藏箱领域。在热电效应理论方面，Igor Volovichev[38]，I. N. Voloichev[39]分别对统一的单级半导体动态热电效应和统一的双级半导体动态效应进行了预测和研究，为热电效应的实际应用提供了基础。一级半导体制冷器由于半导体材料的限制，其冷热端温度差较大，而且当工作在最大温度差的情况下，制冷工况将改变，影响其制冷效率。多级半导体制冷则可很好地解决这一疑难，达到冷热端大温差的同时，仍能保持相对较高的制冷性能。Bulmange 等[40]设计了一种采用超晶格薄膜材料 Bi_2Te_3 和 Sb_2Te_3 的三级半导体制冷器，通过对各级电流的控制，可以达到 102K 的最大温差。毛佳妮等[41]基于第三类边界条件、以热串联电串联型两级热电堆为研究对象，提出了一种能反映多级热电堆端面介质环境扰动影响的新性能预测评价方法，该方法可以解决目前采用实测手段无法直接测得封装好的多级热电堆中间界面温度的难题。武卫东等[42]研究了不同工况下六级半导体制冷器冷端温度的变化规律，结果表明六级半导体制冷器与二级半导体制冷器的降温速率基本相同。

2.5 半导体制冷箱还存在的问题

在实际应用中，半导体制冷箱仍然存在一些问题，需进一步解决后才能更满足于冷链运输的需求：

(1) 半导体的制冷效率低，无法满足较多食品的储藏需求：在半导体制冷箱的实际运行中，由于半导体制冷片工作电压、冷热端对流换热强度等因素影响，使半导体制冷片不能达到理想制冷效果，从而影响到制冷箱的制冷性能[43,44]。近年来半导体制冷虽然得到了广泛应用，但半导体制冷效率依然低于压缩式制冷，这也是制约其进一步发展的原因之一[36]。半导体制冷片工作时，当热端采用风冷方式，只有及时有效地将热量散发到周围空气中，半导体制冷片才能有效工作[26,45]。

(2) 半导体材料未突破：当前半导体材料的研究受条件的限制还未突破，导致其制冷效率较低[46,47]。半导体制冷材料热电转换效率不高，目前高优值系数的材料很难取得突破，导致其制冷效率低[48]。目前世界上大多数半导体材料的无量纲值在 1 左右，还远小于由固体理论模型和较为实际的数据计算所得的上限 4，故对材料领域的研究仍有很长的路要走，这是半导体制冷技术能否取得突破的关键所在[49,50]。

3 冷藏箱保鲜技术研究

对于“最后一公里”配送，需要在确保低温环境的同时保证生鲜食品的鲜度，因此保鲜研究也成为目前冷链末端研究的热点。

3.1 电场对果蔬保鲜的影响

近年来，静电技术在食品工业中的应用研究悄然兴起，这主要得益于微能源、静电生物效应和电场等理论基础研究的发展。特定的高压静电场处理能显著地保持所处理果蔬的品质。赵良[51]在 3.8kV 高压静电场条件下贮藏罗非鱼片，结果表明：高压静电能够明显抑制罗非鱼片的腐败，有效减缓鱼片肌肉弹性、组织形态等感官器官品质的劣化。陈建荣[52]采用高压静电场处理鲜鱼，通过对比其细菌菌落数、pH 值和感官变化，研究其保鲜效果。结果表明：在 3℃保鲜环境下最佳处理条件为电压 25kV，时间 20min，鱼的保鲜期可延长 8 天；在 10℃保鲜环境下最佳处理条件为电压 25kV，时间 10min，鱼的保鲜期可延长 6 天。江耀庭等[53]利用高压静电场（极板电压为 176.8kV、278.8kV、443.4kV）处理鲜切青花菜，研究高压静电场对对鲜切青花菜的影响。结果表明：鲜切青花菜采用极板电压为 278.8kV、处理 20min 后，其感官品质、VC 含量、杀菌效果、蛋白质含量与呼吸强度综合参数较好。叶春苗[54]利用高压静电场（150kV、200kV、250kV）处理樱桃番茄，时间为 20min、40min、60min，然后置于 15℃条件贮藏，研究不同强度的高压静电场对樱桃番茄的保鲜效果。结果表明：高压静电场处理对樱桃番茄货架保鲜有一定的积极作用。将 VC 含量、抑制呼吸强度、保存 POD 酶活性综合考虑，在 20℃、相对湿度 80%的条件下，采用高压静电场强度 200kV 处理效果最好。

3.2 磁场对果蔬保鲜的影响

近年来，磁场对于贮藏性质方面的研究也取得了一定的进展，磁场已经被证明对延长多种果蔬的贮藏期有效果。我们生活的空间都是具有磁性和磁场的，生物体内含有大量的水，液态水中多个水分子通过氢键结合在一起，形成特定的链状或环状分子团簇，在这些分子链中可以发生质子传递。周子鹏等[55]通过对不同强度直流电磁场作用下水的冻结过程进行研究，发现磁场作用于水的过冷和结晶过程的机理主要与水分子的氢键连接有关。直流电磁场能够降低水的最低不结晶温度，增大过冷度。对于去离子水，直流磁场会提高过冷度，延长过冷时间[56]。生物体内含有的金属离子，对细胞膜以及机体的其他生命活动都有一定的作用，磁场可以改变这些离子的运动状态，从而影响生物的生命活动。赵红霞等[57]通过试验研究了马铃薯在不同磁场强度下的冷冻过程，研究结果表明：马铃薯冷冻过程中，磁场促进了相变阶段，延缓了冻结阶段的进行；磁场会加快马铃薯的冷却降温过程。王鹏飞[58]对西葫芦细胞组织进行实验得出：在72Gs直流磁场强度下的西葫芦细胞冻结过程中，相变阶段持续时间缩短为对照组约50%的时间。相变时间的缩短可以减少果蔬细胞形成冰晶，从而有利于保持果蔬细胞的品质。鲜切莲藕切片经过1.2A/m的交变磁场处理后，与对照组相比，保险贮藏效果明显。1.2A/m的磁场能抑制多酚氧化酶活性，有效减缓藕切片氧化速度，延长其贮藏时间，更好保持其新鲜度[59]。磁场对鲤鱼不同冷冻阶段的影响规律不同。10.8G磁场强度下，鲤鱼经历相变阶段时间最短，仅为自然冷却的52.9%；弱磁场对相变阶段有显著的延缓作用，冻结阶段用时是自然冻结的175.3%[60]。在果蔬冷藏保鲜过程中，磁场表现出来的抑制冰晶生长的作用能够保护细胞膜不被破坏，有利于保持果蔬水分和营养成分，保持果蔬的新鲜度。

3.3 微冻液对保鲜的影响

微冻保鲜技术是近几年发展起来的一项新技术，它既不同于高温冷藏，也不同于低温冷冻。微冻技术运用低温技术和细胞低温冰结晶理论，采用微冻液对冻结保鲜的水产、肉类食品直接冻结保鲜的一种技术。微冻液快速冷冻技术是在低温下微冻液与物品直接或间接接触，在物品浸入液体后瞬间表层冻结，使物品快速通过最大冰晶生成带从而实现快速冷冻的加工技术[61]。王金鑫等[62]在室温条件下，结合正交试验对比食盐浓度、白糖浓度、白醋浓度等因素，得出：鲜切荸荠保鲜的复合保鲜液的最佳配方为80g/L食盐＋3g/L白糖＋100g/L白醋，浸泡时间为15min。和清水处理的鲜切荸荠相比，复合保鲜液的处理可有效延长鲜切荸荠储藏期6d以上。马晓斌[63]以脆肉鲩为研究原料，对比分析了不同冻结方式对脆肉鲩品质的影响。研结果表明，直接浸渍冻结和间接浸渍冻结降低的幅度比－18℃冻结小。经直接浸渍冻结和间接浸渍冻结的脆肉鲩的弹性、硬度、内聚性和咀嚼性下降程度明显小于－18℃冻结。程玉平等[64]对比了微冻液快速冷冻和常规冷冻处理猪背最长肌对加工调理猪肉饼品质的影响，结果表明，直微动液快速冷冻处理可有效改善调理猪肉饼的弹性、胶粘性、恢复力，但会降低其硬度。微动液快速冷冻原料猪肉可以提高猪肉饼产品的品质。邓敏等[65]探讨了浸渍冻结和传统空气鼓风冻结对草鱼块冻结品质的影响。试验结果表明浸渍冻结的样品盐溶性蛋白含量高于空气鼓风冻结，且汁液流失率和Ca^{2+}-ATPase酶活性降低率低于空气鼓风冻结，则浸渍冻结有助于鱼块品质的保持。

在浸渍式快速冻结过程还会出现冻结液渗入水产品中致使水产品水分流失，从而影响冻结产品的品质。再加上目前的冷冻液存在一定的缺陷，如，乙醇容易挥发，糖溶液的黏度过大，$CaCl_2$略有苦味等。为了克服这些问题，浸渍式快速冻结的冷冻液的优化将是浸渍快速冻结技术的发展的一个趋势。

3.4 超声冻结对保鲜的影响

近年来，超声辅助冻结的研究越来越广泛。Cheng Xinfeng等[66]通过草莓浸渍式冻结时加入超声辐射，研究结果表明合适的辐射温度和强度有利于控制易腐食品的成核过程。Xu Baoguo等[67]通过对有包装的胡萝卜采用超声浸渍式冻结，研究其内部水分分布及质量变化，结果表明超声辅助冻结能有效减少冻结时间，保证胡萝卜的质量。目前的研究表明超声对冻结过程有一定的影响，但其影响机理暂未确定。超声辅助冻结一般用于浸渍冻结过程中，所以其应用场合有一定限制；不同食品对应的最佳超声强度、频率和辐射温度还需更深入的研究。

3.5 压力冻结对保鲜的影响

在食品行业中，高压的辅助冻结保鲜较为广泛。高压辅助冻结和压力转化辅助冻结是两种较为常见的方式。Xu Zhiqiang等[68]通过在高压CO_2下冻结胡萝卜，得到了高质量的胡萝卜片。由于压力转换辅助冻结方式形成的冰晶更小更均匀，冻结时间较短，高压辅助冻结方式的研究更小一些[69]。但是高压冻结需要的设备投资更高，所以广泛的运用目前还有一些限制。此外，还需进一步研究如何迅速移除产生的高热量。表1为五种保鲜方式优缺点对比。

五种保鲜方式优缺点对比　　表1

保鲜方式	优点	缺点
电场保鲜	保持果蔬硬度，降低失水腐烂；高压静电场能耗低，卫生易于操作控制，使用期间维护费用低	目前的研究都是针对特定材料进行实验，静电场功效的适用范围具有一定局限性
磁场保鲜	保持果蔬硬度，降低失水腐烂；操作简便，经济实用，无毒无害，对果蔬和环境不残留、不污染	目前的研究都是针对特定材料进行实验，磁场随着时间和地域的不同存在较大差异具有一定局限性，无法达到针对所有食品的普适效果
微冻液保鲜	不需要额外的辅助设施，较为节能	微冻液渗入水产品中，易使水产品失水；微冻液中乙醇易挥发，$CaCl_2$略有苦味等
超声冻结保鲜	超声辅助冻结能有效减少冻结时间	一般用于浸渍冻结过程中，应用场合有一定限制
压力辅助冻结保鲜	高压下可产生更小更均匀的冰晶，有效阻止细胞破坏	设备需要承受高压，投资较高；会产生较高热量

4 结论

冷链技术是保障食品安全与质量的重要技术，针对目前冷链过程中最为忽视的“最后一公里”相关内容，本文重点介绍了半导体制冷储藏技术和电场磁场等保鲜方法，得到如下结论：

（1）与蓄冷保温箱相比，半导体制冷保温箱具有制冷迅速、体积小、制冷量可调的优势。对于解决“最后一公里”物流配送的难题，半导体制冷保温箱更具有可行性。

（2）可通过改善制冷片材料、热端散热方式、冷端导冷方式和通过多个半导体制冷片耦合方式提升用于储藏箱的半导体制冷片制冷性能，扩展配送距离。

（3）就现在的研究而言，各种冷链生鲜保鲜方法的适用范围和实际效果都具有一定局限性，还需更为精细的实验研究探索机理。

参考文献

[1] 李博. 生鲜电商行业发展研究［D］. 北京：中国社会科学院，2014.

[2] 国务院办公厅. 国务院办公厅关于加快发展冷链物流保障食品安全促进消费升级的意见，2017.

[3] 王林，赵宇，符晓洁. 生鲜电商“最后一公里”配送研究［J］. 物流技术，2016，35（6）：12-15+34.

[4] 张秋玉，臧润清，刘升，等. 可装卸式蓄冷保温箱冷链运输效果［J］. 制冷学报，2017，38（6）：105-110.

[5] 王达，吕平，贾连文，等. 不同隔热材料对桃子蓄冷保温运输效果及品质影响的研究［J］. 食品科技，2018，43（2）：58-63.

[6] 陈文朴，章学来，黄艳，等. 甲酸钠低温相变材料的研制及其在蓄冷箱中的应用［J］. 制冷学报，2017，38（1）：68-72.

[7] 曹旭，王宝田，李菊香. 半导体制冷热端热管式散热器的研究［J］. 南京工业大学学报（自然科学版），2015，37（5）：122-126.

[8] S ATassou，J S Lewis，Y T Ge，et al. A review of emerging technologies for food refrigeration applications［J］. Applied Thermal Engineering，2010，30：263-276.

[9] 赵福云，常菁菁，刘娣，等. 半导体制冷箱实验研究与性能分析［J］. 武汉大学学报（工学版），2016，49（3）：476-480.

[10] 王倩. 太阳能半导体制冷箱制冷性能分析［D］. 南京：南京师范大学，2011.

[11] 邹炽导，吕恩利，陆华忠，等. 半导体制冷式果蔬配送箱控制系统［J］. 食品与机械，2017，33（1）：128-132.

[12] 吴星星，郑同荣子. 半导体制冷技术在小型恒温箱的应用［J］. 科技创新与应用，2015，26：36.

[13] 王亚娟，赵俊宏，郭嘉明，等. 半导体制冷果蔬配送箱水冷散热参数优化试验研究［J］. 保鲜与加工，2017，17（3）：41-46.

[14] 邱兰兰，王瑜，王天翼，等. 应用半导体制冷的冷链用储藏箱性能实验与研究［C］//第十二届江苏省工程热物理会议学术论文集. 南京：江苏省工程热物理学会，2018.

[15] S W Kim，Y Kimura，Y Mishima. High temperature thermoelectric properties of TiNiSn-based half-Heusler compounds［J］. Intermetallics，2007，15（3）：349-356.

[16] T C Harman，P J Taylor，M P Walsh，et al. Quantum dot superlattice thermoelectric materials and devices［J］. Science，2002，297（5590）：2229-2232.

[17] H Ohta，S Kim，Y Mune，et al. Giant thermoelectric seebeck coefficient of a two-dimensional electron gas in $SrTiO_3$［J］. Nature Materials，2007，6（2）：129-134.

[18] K Xhaxhiu，C kVarnstrom，P Damlin，et al. Renewable energy in focus：In_5Se_5Br，a solid material with promising thermoelectric properties for industrial applications［J］. Materials Research Bulletin，2014，60：88-96.

[19] C K Lin，M S Chen，R T Huang，et al. Thermoelectric properties of Alumina-Doped $Bi_{0.4}Sb_{1.6}Te_3$ nanocomposites prepared through mechanical alloying and vacuum hot pressing［J］. Energies，2015，8（11）：12573-12583.

[20] Q Zhang，X Ai，L J Wang，et al. Improved thermoelectric performance of silver nanoparticles-dispersed Bi_2Te_3 composites deriving from hierarchical two-phased heterostructure［J］. Advanced Functional Materials，2015，25（6）：966-976.

[21] S I Kim，K H Lee，H A Mun，et al. Dense dislocation arrays embedded in grain boundaries for high-performance bulk thermoelectrics［J］. Science，2015，348（6230）：109-114.

[22] 陈林根，孟凡凯，戈延林，等. 半导体热电装置的热力学研究进展［J］. 机械工程学报，2013，49（24）：144-154.

[23] 宋健飞，刘斌，于晋泽，等. 半导体制冷装置测定食品过冷点及冰点的研究［J］. 保鲜与加工，2016，16（3）：92-96.

[24] 张奕，张小松，胡洪，等. 冷/热端散热对半导体冷藏箱性能的影响［J］. 江苏大学学报（自然科学版），2008，29（1）：43-46.

[25] 张晓芳. 水冷式半导体冰箱制冷性能的研究［D］. 湘潭：湘潭大学，2012.

[26] 戴源德，温鸿，于娜，等. 热管散热半导体制冷系统的实验研究［J］. 南昌大学学报（工科版），2013，35（1）：54-57.

[27] N M Khattab，E T Elshenawy. Optimal operation of thermoelectric cooler driven by solar thermoelectric generator［J］. Energy Conversion and Management，2006，47（4）：407-426.

[28] Y Z Pan，B H Lin，J C Chen，et al. Performance analysis and parametric optimal design of an irreversible multi-couple thermoelectric refrigerator under various operating conditions［J］. Applied Energy，2007，84（9）：882-892.

[29] D Astrain，J G Vian，J Albizua. Computational model for refrigerators based on Peltier effect application［J］. Applied Thermal Engineering，2005，25（17-18）：3149-3162.

[30] D Astrain，J GVian，M Dominguez. Increase of *COP* in the thermoelectric refrigeration by the optimization of heat dissipation［J］. Applied Thermal Engineering，2003，23（17）：2183-2200.

[31] P Naphon，S Wiriyasart. Liquid cooling in the mini-rectangular fin heat sink with and without thermoelectric for CPU［J］. International Communications in Heat and Mass Transfer，2009，36（2）：166-171.

[32] Y A Eldemerdash，M Marey，O A Dobre，et al. Fourth-order statistics for blind classification of spatial multiplexing

and alamouti space-time block code signals [J]. Ieee Transactions On Communications, 2013, 61 (6): 2420-2431.
[33] 刘小平，曹旭，李菊香. 半导体制冷热端热管式散热器的试验研究 [J]. 科技通报，2016，32 (7)：113-116+162.
[34] 赵阳. 基于自然对流热管散热器的半导体制冷箱传热特性分析与研究 [D]. 广州：华南理工大学，2015.
[35] 甘志坚. 基于平板型热管的半导体制冷片散热器设计及性能研究 [D]. 广州：广州大学，2016.
[36] 郑大宇，颜涛，刘卫党，等. 基于半导体制冷的小型制冷系统研究 [J]. 制冷与空调，2011，25 (5)：425-428.
[37] 毛佳妮，申丽梅，李爱博，等. 半导体制冷器制冷性能的综合影响因素探讨及其优化设计分析 [J]. 流体机械，2010，38 (7)：68-72+19.
[38] I N Volovichev. Dynamic thermoelectricity in uniform bipolar semiconductor [J]. Physica B-condensed Matter, 2016, 492: 70-76
[39] I. Volovichev. Dynamic thermopower in uniform unipolar semiconductor [J]. Journal of Applied Physics, 2016, 119 (9): 95712.
[40] G E Bulman, ESiivola, R Wiitala, et al. Three-stage thin-film superlattice thermoelectric multistage microcoolers with a ΔT max of 102 K [J]. Journal of Electronic Materials, 2009, 38 (7): 1510-1515.
[41] 毛佳妮，王世飞，江述帆，等. 第三类热边界条件下两级热电制冷器的性能评价及优化 [J]. 低温工程，2016，(2)：1-7.
[42] 武卫东，姜同玲，于子森. 六级半导体制冷器工作特性的实验研究 [J]. 制冷技术，2015，35 (1)：21-24.
[43] E SJeong. A new approach to optimize thermoelectric cooling modules [J]. Cryogenics, 2014, 59: 38-43.
[44] M HElsheikh, D A Shnawah, M F Sabri, et al. A review on thermoelectric renewable energy: principle parameters that affect their performance [J]. Renewable and Sustainable Energy Reviews, 2014, 30: 337-355.
[45] 李茂德，卢希红. 热电制冷过程中散热强度对制冷参数的影响分析 [J]. 同济大学学报（自然科学版），2002，(7)：811-813.
[46] 马广青. 基于热管散热器的半导体制冷箱冷热端传热特性研究 [D]. 广州：华南理工大学，2014.
[47] 卢菡涵，刘志奇，徐昌贵，等. 半导体制冷技术及其应用 [J]. 机械工程与自动化，2013，(4)：119-221.
[48] 唐亚林，徐志亮. 半导体制冷空调器设计的关键技术分析 [J]. 制冷与空调，2015，15 (7)：1-4+69.
[49] F J Disalvo. Thermoelectric cooling and power generation [J]. Energy, 1999, (285): 703-706
[50] 李海龙. 基于半导体制冷高精密恒温循环冷却系统实验研究 [D]. 南京：南京理工大学，2016.
[51] 赵良. 高压静电场对罗非鱼片品质的影响及作用机理研究 [D]. 上海：上海海洋大学，2016.
[52] 陈建荣. 高压静电场对鱼的保鲜研究 [J]. 现代食品科技，2012，28 (5)：499-501+498.
[53] 蒋耀庭，常秀莲，李磊. 高压静电场处理对鲜切青花菜保鲜的影响 [J]. 食品科学，2012，33 (12)：299-302.
[54] 叶春苗. 高压静电场对延长樱桃番茄货架保鲜期的影响 [J]. 天津农业科学，2017，23 (2)：84-86.
[55] 周子鹏，赵红霞，韩吉田. 直流磁场作用下水的过冷和结晶现 [J]. 化工学报，2012，63 (5)：1405-1408.
[56] 李文博. 弱磁场对去离子水及蔗糖溶液过冷过程的影响 [J]. 山东大学学报（工学报），2014，44 (5)：88-94.
[57] 赵红霞，张科，娄耀郑，等. 静磁场对马铃薯冷冻过程影响的实验研究 [C] //产业竞争力与创新驱动—2014 年山东省科协学术年会论文集. 淄博：山东省科学技术协会，2014.
[58] 王鹏飞，电磁场对细胞冻结特性的影响 [D]. 天津：天津商业大学，2015.
[59] 高梦祥，张长峰，吴光旭，等. 交变磁场对鲜切莲藕切片保鲜效果的影响 [J]. 食品科学，2008，29 (1)：322-324.
[60] 娄耀郑，赵红霞，李文博，等. 静磁场对鲤鱼冷冻过程影响的实验 [J]. 山东大学学报（工学报），2013，43 (6)：89-94.
[61] 谈永松，韩永苗. 微冻技术，提供优越的新型冰鲜禽产品 [J]. 国外畜牧学—猪与禽，2013，33 (6)：100-114.
[62] 王金鑫，杨福馨，司婉芳. 复合保鲜液对鲜切荸荠的保鲜效果 [J]. 食品与机械，2018：1-10.
[63] 马晓斌. 浸渍冻结对脆肉鲩品质影响的研究 [D]. 湛江：广州海洋大学，2015.
[64] 程玉平，康大成，张舒翔，等. 微冻液快速冷冻对猪背最长肌加工品质的影响 [J]. 南京农业大学学报，2017，40 (6)：1125-1130.
[65] 邓敏，朱志伟. 不同冻结方式对草鱼块品质特性的影响 [J]. 现代食品科技，2013，29 (1)：55-58+76.
[66] Cheng Xinfeng, Zhang Min, B Adhikarl, et al. Effect of ultrasound irradiation on some freezing parameters of ultrasound-assisted immersion freezing of strawberries [J]. International Journal of Refriger-ation, 2014, 44: 49-55.
[67] Xu Baoguo, Zhang Min, B Bhandari, et al. Effect of Ultrasound immersion freezing on the quality attributes and water distributions of wrapped red radish [J]. Food and Bioprocess Technology, 2015, 8 (6): 1366-1376.
[68] Xu Zhiqiang, Guo Yunhan, Ding Shenghua, et al. Freezing by immersion in liquid CO_2 at variable pressure [J]. Innovative Food Science and Emerging Technologies, 2014, 22: 167-174.
[69] P Fernández, L Otero, BGuignon, et al. High-pressure shift freezing versus high-pressure assisted freezing: effects on the microstructure of a food model [J]. Food Hydrocolloids, 2006, 20 (4): 510-522.

集中空调系统冷计量和计费方法的研究

同方泰德国际科技（北京）有限公司 贺延壮☆ 徐珍喜

摘 要 以建筑供热计量原理和方法为参考依据，采用安装计量表具和统计阀门有效开启时间进行冷量分摊的设计方案，以低成本的方式解决面积均摊法和时间计量法等目前冷计量方式中对不同介质之间冷量分配问题，并依据项目经验总结用冷计费方案，为推动供冷计量发展提供一种完整的集中空调系统冷计量和计费方法。

关键词 集中空调系统 冷量分摊 计量收费

0 引言

随着我国城镇化的高速发展和智能型办公建筑的逐渐普及，集中空调系统由于其空气处理量大、维护管理方便、运行可靠、节能高效等优点，成为供冷系统设计和使用的首选，但随之而来的就是其冷量的计量和收费问题。现有办公建筑的物业管理部门很多都采用大致估算成本后平均分摊的方式来对空调系统进行收费，即不考虑用户实际使用空调的时间，只关注空调设备类型或用户租用面积来分摊总费用。由此导致用户维权困难，同时也造成了能源浪费的问题。

2013年住房和城乡建设部在《时间法集中空调分户计量装置》[1]中简要给出了分户冷计量的分摊计算公式，但并未进行详细的方法介绍和讨论，且使用范围有限。随着建筑空调系统的不断发展，需要更加系统化的冷计量方法研究和应用推广。

1 供热计量回顾

建筑供热计量经过长期发展，现存大量国家标准和行业标准，计量方法种类繁多且讨论详细，可供集中空调系统冷量计量分摊设计参考。

住建部《供热计量技术规程》[2] JGT 173—2009对供热系统的设计做出了诸多规定，其中分户热计量部分第6.1.1条规定："公共建筑应在热力入口或热力站设置热量表，并以此作为热量结算点"，这一规定配合用户独立核算的用热比例，实现了计量表具加比例分摊的用户侧计量方法。

规程突破了原有规范单一的热计量计费方式，提出许多适合于我国国情的、适合于新建和既有建筑采暖供热改造的新的热计量方式，为设计和能源管理人员提供了更多选择方式，包括以下几种常用方法：

（1）通断时间面积法[3]

每户设置可自动通断控制室温的电动阀门，依据阀门通断时间与用户建筑面积，分摊建筑总供热量。

（2）户用热量表法[4]

适用于按户分环的室内供暖系统，通过各用户热入口的热量表，直接计量热量或测算用热比例，分摊建筑总供热量。

（3）流量温度法[5]

利用每个立管或分户独立系统与建筑热力入口流量比例不变的原理，结合现场测量的流量比例和各分支三通前后温差，分摊建筑总供热量。

（4）散热器热分配法

在用户各房间散热器加装热量分配计，用读数测算每组散热器的散热比例关系，对建筑总供热量进行分摊，得到每户用热量。

2 冷量计量方案

2.1 空调系统冷计量难点

空调系统按其使用介质种类不同可分为全空气系统、全水系统、空气-水系统和制冷剂系统。单一介质系统由于参与热交换的冷媒种类和换热形式单一，并且可以参考供热计量，其冷计量方法已有大量文献讨论分析，但空气-水系统中由于水系统部分和新风系统部分之间的冷量使用关系复杂，冷量计量还没有一个成熟系统的方法。

2.2 风机盘管加新风系统计量方案

由于条件限制采用空气-水系统共用立管的建筑，需要对每楼层的盘管（或辐射板）和新风的水路分别安装冷量表计算分摊比例，表具投资较高。采用独立管路的建筑可在一侧立管安装冷量表进行冷量分摊。冷量表如果在盘管侧安装，末端设备数目庞大且使用情况不同，计量过程繁复；在新风侧立管安装则存在每层实际使用风量不同导致楼层间分摊不均的情况。

由此对于新建建筑或改造项目，建议采用独立管路并且每层新风机组冷水入口加装冷量表的方式，以较低的成本进行准确分摊计量。系统设计示意图见图1，集中冷源（空调站房或区域能源站等）在建筑地下机房经过板式换热器将冷量供给该建筑，板式换热器后安装冷量表计量楼栋总用冷量。

☆ 贺延壮，男，工程师。通讯地址：北京市海淀区王庄路1号清华同方科技广场，Email：heyanzhuang@thtf.com.cn。

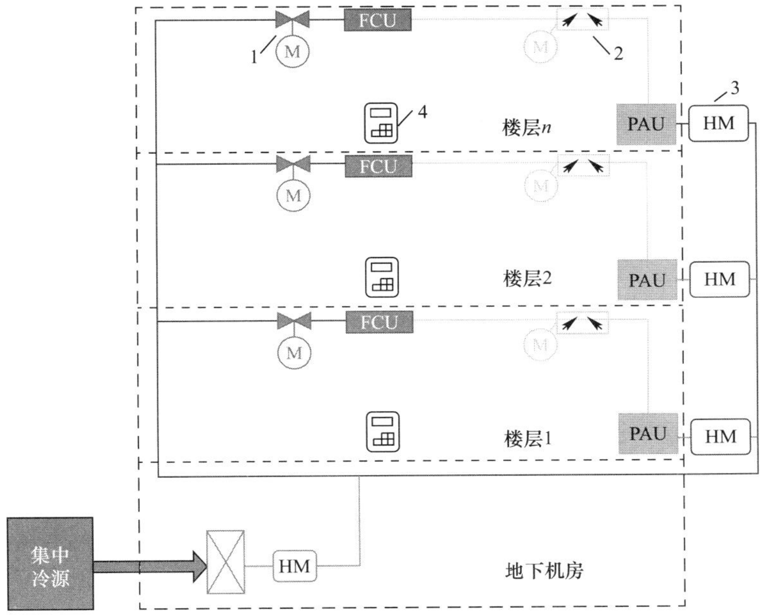

1 电动调节阀　2 电动风阀　3 冷量表　4 温控器

图 1　集中空调系统示意图

（1）风机盘管冷计量

通过采集风机盘管的运行参数，如水阀开关状态、运行档位和运行时间等，来计算用户使用的有效冷量（见表 1），即当且仅当盘管水阀和风机同时开启时，统计风机高中低速的开启时间，进而计算用户分摊的冷量：

$$Q_{FCU}=\sum_{i=1}^{n}W_i\times t_i \tag{1}$$

式中　Q_{FCU}——某用户分摊风机盘管部分用冷量，kWh；

W_i——盘管某挡位下的额定供冷量，kW；

t_i——与 W_i 对应的挡位的累计运行时间，min；

i——某风速挡位；

n——挡位总数。

采用以上计量方式的优点是能够控制阀门通断，在用户预缴账户欠费后，可以自动切断水阀并锁定面板，方便物业部门管理。

某品牌盘管各型号各挡位标准供冷量　**表 1**

项目		FCU001	FCU002	FCU003	FCU004	FCU005	FCU006	FCU007	FCU008	FCU009
供冷量（kW）	高速	2.062	2.976	4.018	4.750	5.920	7.908	9.496	10.970	14.360
	中速	1.835	2.649	3.576	4.228	5.269	7.038	8.451	9.763	12.780
	低速	1.691	2.440	3.295	3.895	4.854	6.485	7.787	8.995	11.775

（2）新风系统冷计量

理论上新风机组的用冷量一般采用空气焓差法计算，即新风处理前后的焓差乘以新风量和运行时间。但在实际工程中，湿度和风量的测量结果不够准确，且前期投资成本较高，所以采用楼层新风机组加装冷量表的方式计量用冷量。

由于新风机组要向其管辖区域内的所有用户供应新风，原则上讲只要开启，其辖区内的用户都能得到新风，因此其耗冷量应由该区域内所有租户共同承担，无论对应的风机盘管是否开启。租户通过新风机组消耗的冷量可以按照租户实得新风量占该机组额定送风量的比例分摊计算，实际操作中可简化为用送风口个数比例替代风量比例：

$$Q_{PAU}=Q_i\times\frac{G_i}{\sum G_i}=Q_i\times\frac{n_i}{\sum n_i} \tag{2}$$

式中　Q_{PAU}——某用户分摊新风系统部分用冷量，kWh；

Q_i——用户所在区域的新风机组冷量表数值，kWh；

G_i——用户新风量，m^3/h；

n_i——用户送风口个数。

对于空气-水系统来说，将各新风机组冷量表相加可得新风系统总用冷量，并与楼栋总冷量表做差可得盘管部分总用冷量，按照上述方法实现对空调两系统耗冷量的分摊和用户间用冷量的分摊。

2.3　其他空调冷量计量分摊讨论

除参照建筑供热计量方法外，其他空调系统也可按照其介质类型参照以上风机盘管-新风系统冷计量方案。全空气系统冷计量可参考新风系统计量方法，全水系统可参考风机盘管计量方法，制冷剂系统可参考空气-水系统计量方法，并进行适当修正。

3　冷量计费分析

3.1　冷量计费价格组成

集中空调系统在运行过程中产生的费用主要包括以下

两部分。

（1）初始成本[6]：包括空调系统的设备初投资、安装调试费、场地占用费、税金与利息等，初始成本不随用冷量增减而变动，需按使用年限折旧方法分摊到用户租期内。

（2）运行成本[7]：根据费用是否随空调系统的制冷量而变化分为两部分，即能源费用（如水费、电费、燃料费等）的随变部分和维护费用（物料、工具、设备定检等）、管理费用（薪酬、技术支持等）、污水处理及环保费用等的固定部分。

3.2 冷量计费方法讨论

初始成本按固定资产折旧时常用的年限平均法将折旧额分摊到使用寿命周期内：

$$a=\frac{M_0\times(1-b)}{N} \tag{3}$$

式中 a——集中空调系统每年折旧费，元；

M_0——系统初始投资成本，元；

b——净残值率；

N——预定使用寿命，年。

对于租赁型办公建筑，由于不同用户实际租用面积不同，合理分摊方式应为按照使用面积分摊该楼栋空调系统的初始成本：

$$C=\frac{a}{A_0\times T_0}=\frac{M_0\times(1-b)}{A_0\times T_0\times N} \tag{4}$$

式中 C——用户在单位面积单位时间内分摊的初始成本，元/(m^2·d)；

A_0——楼栋出租面积，m^2；

T_0——系统当年运行时间，d。

运行成本将两部分进行计算：

$$Y=\frac{Y_1+E}{Q_M} \tag{5}$$

式中 Y——用户使用单位冷量需分摊的运行成本，元/kWh；

Y_1——固定运行成本，元；

E——设备运行能耗费用，元；

Q_M——供冷周期内楼栋总冷量，kWh。

3.3 用户实际分摊费用

用户分摊的初始成本为

$$M_1=C\times A_i\times T_i=\frac{A_iT_i}{A_0T_0}\times\frac{M_0\times(1-b)}{N} \tag{6}$$

式中 A_i——用户租用面积，m^2；

T_i——用户供冷周期内实际使用时间，d。

用户分摊的风机盘管冷量成本为

$$M_2=Y\times Q_{FCU}=(Y_1+E)\times\frac{Q_{FCU}}{Q_M} \tag{7}$$

用户分摊的新风系统冷量成本为

$$M_3=Y\times Q_{PAU}=(Y_1+E)\times\frac{Q_{PAU}}{Q_M} \tag{8}$$

对于用户用冷产生的实际冷量可以按照上述讨论方式进行计费，但制冷用冷过程中发生的电费需要单独讨论。制冷设备用电量已计入运行成本中；对于末端设备来说，风机盘管用电量一般与办公和照明设备一起采用单独电表，用户按使用量缴纳电费；新风机组由于安装在每层的机房中，产生电费可以统计到运行成本中，对于单层多用户的情况来说，也可以按送风口数分摊。

用户分摊的新风系统电量成本为

$$M_4=E_i\times\frac{n_i}{\sum n_i} \tag{9}$$

式中，E_i——某用户对应新风机组耗电量。

该用户分摊的总费用为

$$M=M_1+M_2+M_3+M_4 \tag{10}$$

4 结论

（1）冷量计量方案的探索和设计参考了供热计量的方法和经验，并针对各类空调系统的特点进行了方法拓展与理论修正。

（2）针对空气-水双介质集中空调系统中存在的冷量计量收费难题，本文提出建筑安装计量表具和统计阀门有效开启时间进行分摊的设计方案，以较低成本的方式进行更为精准的系统冷量计量。

（3）考虑用户用冷权益问题，本文提出一种从建设到使用、从冷源到末端的全过程集中空调系统冷计量和计费方法，有利于冷计量的发展和推广。

参考文献

[1] 广东艾科技术股份有限公司，等．时间法集中空调分户计量装置．GB/T 29580—2013 [S]．北京：中国标准出版社，2013.

[2] 中国建筑科学研究院．供热计量技术规程．JGJ 173—2009 [S]．北京：中国标准出版社，2009.

[3] 中国建筑科学研究院．通断时间面积法热计量装置技术条件．JG/T 379—2012 [S]．北京：中国标准出版社，2012.

[4] 刘兰斌，江亿，付林．对基于分栋热计量的末端通断调节与热分摊技术的探讨 [J]．暖通空调，2007，37 (9)：70-73.

[5] 哈尔滨工业大学．温度法热计量分摊装置．JG/T 362—2012 [S]．北京：中国标准出版社，2012.

[6] 姚晔，胡益雄．空调建筑原始冷量价格分析 [J]．建筑热能通风空调，2001，20 (4)：22-24.

[7] 董涛，龙惟定，李晓洲．新型冷计量收费装置开发及计费策略分析 [J]．暖通空调，2006，36 (6)：47-51.

基于 2^k 析因设计的露点冷却器多因素影响分析

集美大学　王玉刚☆　裴秀英
建盟设计集团　赵丽宁

摘　要　露点冷却器湿球效率的影响因素较多，且各因素影响程度不同。选取空气温度、空气含湿量、空气流速、二次空气流量比、通道间距和通道长度 6 个因素，首先利用数值计算方法，获得了 6 个影响因素分别取低水平值和高水平值时的露点冷却器湿球效率；然后利用 2^k 析因设计方法对 6 个影响因素进行了分析，筛选出了对湿球效率有显著影响的主效应和交互作用，确定了这些主效应和交互作用对湿球效率的影响程度，为露点冷却器的优化设计起到了指示作用。
关键词　露点冷却器　2^k 析因设计　多因素分析　回归模型　模型检验

0　引言

蒸发冷却空调系统利用水的蒸发来吸收空气中的热量，是一种能耗较低并且环境友好的空调技术[1]，近些年来得到了人们越来越多的关注，尤其是间接蒸发冷却（IEC）技术，其可使空气获得冷却的同时保持其含湿量不变[2]。传统 IEC 的冷却能力受到空气湿球温度的限制，对空气的降温效果较为有限，因此限制了蒸发冷却技术的推广应用。

Maisotsenko 提出的 M 循环解决了传统 IEC 冷却能力受限问题%[3,4]，理论上可将空气温度降至其露点温度[5]，因此，利用 M 循环的间接蒸发冷却器又称为露点冷却器（DPC）。露点冷却器主要分为错流式和逆流式，由于逆流式露点冷却器具有更高的换热效率[6]，因此近年来得到了科研人员较多的关注[7-11]。人们利用数值模拟和实验方法，对露点冷却器的结构参数和运行参数对其冷却性能的影响进行了大量的研究。这些研究每次只能考虑一个参数对冷却性能的影响，所以不能直观地反映众多结构参数和运行参数对冷却器冷却性能的影响程度，也不能反映众多影响因素的交互作用效应对冷却性能的影响。而析因设计是从整体角度研究多个参数对系统性能的影响。

本文首先利用数值模拟方法获得冷却器在不同结构参数和运行参数组合时的湿球效率，然后利用 2^k 析因设计方法，分析不同结构参数和运行参数以及参数之间的交互作用对露点冷却器湿球效率的影响程度，此举对于优化逆流式露点冷却器的设计，以及提高其冷却性能将起到一定作用。

1　露点冷却器理论模型

逆流式露点冷却器示意图如图 1 所示，冷却器干通道空气在经过冷却后，一部分用于送风，另一部分通过换热板末端的小孔进入湿通道作为二次空气。干通道空气与湿通道空气之间呈逆向流动。

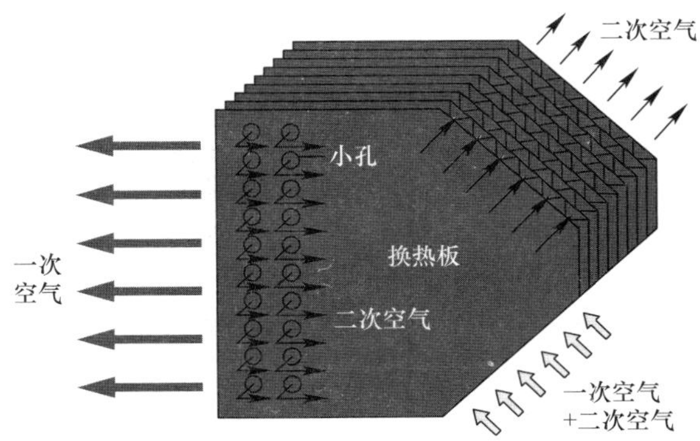

图 1　逆流式露点冷却器示意图

用于数值计算的微元体由干通道、换热板和湿通道构成，其内部传热传质如图 2 所示。通过建立并求解计算元的质量与能量平衡方程，即可获得冷却器的内部和出口温湿度分布状况。依据文献［12］，用于描述计算元内质量与能量平衡方程如下所示。

微元体内的能量平衡方程为：

$$dQ_w = dQ_p + dQ_s \tag{1}$$

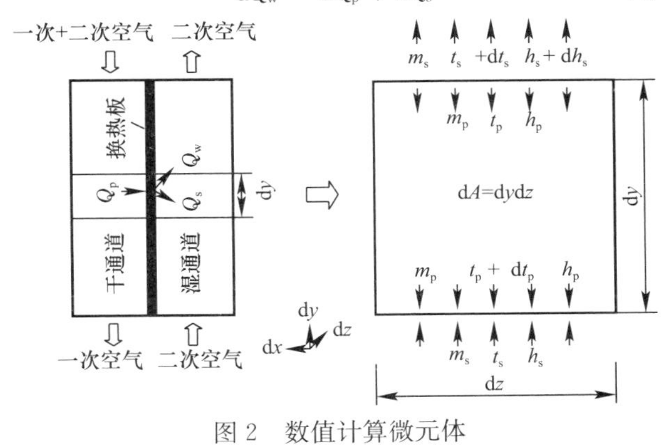

图 2　数值计算微元体

干通道侧的能量平衡方程为：

$$dQ_p = m_p dh_p = h_p(T_p - T_w)dA \tag{2}$$

湿通道侧的质量平衡方程为：

$$m_s d(w_s) = h_m(\rho_w - \rho_s)dA \tag{3}$$

湿通道侧的能量平衡由显热 dQ_{ss} 和潜热 dQ_{sl} 组成，因

☆　王玉刚，工学博士，讲师。通讯地址：福建省厦门市集美区石鼓路 9 号，Email：yugang0312@jmu. edu. cn。

此能量平衡方程为：

$$dQ_s = dQ_{ss} + dQ_{sl} = [h_s(T_w - T_s) + r_w h_m(w_w - w_s)]$$

$$A_s \frac{dz}{l_s} = m_s dh_s \tag{4}$$

空气进入通道时的努谢尔特数计算公式为[12]：

$$Nu = \frac{hl}{\lambda} = 1.86\left(\frac{RePr}{l/D_e}\right)^{1/3}\left(\frac{\eta}{\eta_w}\right)^{0.14} \tag{5}$$

假设式（5）中未充分发展段长度为 l_0，那么 l_0 的计算公式为[12]：

$$l_0/D_e = 0.05RePr \tag{6}$$

通道内充分发展流动的努谢尔特数为常数[12]：

$$Nu = 2.47 \tag{7}$$

湿通道空气与水膜之间的传质系数 h_m 计算公式为[12]：

$$h/h_m = \rho_s c_{ps} Le^{2/3} \tag{8}$$

湿球效率的计算公式为[13]：

$$\varepsilon_{wb} = \frac{T_{p1} - T_{p2}}{T_{p1} - T_{pwb1}} \times 100\% \tag{9}$$

通过有限元法将上述微分方程进行离散，然后利用工程方程求解器（EES）对离散后的方程进行迭代求解，即可获得每个微元体内的空气温湿度分布参数，以及冷却器出口处空气温湿度、冷却器湿球效率等参数。

2 露点冷却器湿球效率的回归模型

2.1 2^k 析因设计方法

析因设计是指在每次实验或每次重复中，多个因素的所有可能组合对响应变量的影响都被研究到。析因设计广泛应用于设计多因素的实验，可用于研究多因素对响应的联合效应[14]。2^k 析因设计是析因设计中很重要的一种情况，它只需要最少的实验次数就可以研究完全析因设计的 k 个因素。k 个因素每个仅有两个水平，这些水平可以是定量的，也可以是定性的。2^k 析因设计的第一步是估计因素效应，这将给出哪些因素和交互作用可能是重要的。然后形成模型，如果设计是重复的，则拟合全模型，如果没有重复，则用效应的正态概率图形成模型。形成模型后，需要利用残差分析来检验模型假设。如果模型严重偏离假定，就需要重新改进模型。本文使用模拟结果代替实验结果，因此仅有一次重复，所以没有误差的内在估计。无重复析因设计的分析方法是，假定某些高阶的交互作用可被忽略，并将它们的均方组合起来用于估计误差。无重复析因设计通常采用正态概率图检查每个效应及其交互作用对响应变量的影响。可被忽略的效应和交互作用是正态分布的，因此会大致落在图上的一条直线附近，而对响应变量有显著影响的效应和交互作用有非零均值，因此不会落在这一直线上。

2.2 湿球效率回归模型的推导

本文将露点冷却器湿球效率作为响应变量，将空气温度、空气含湿量、空气流速、二次空气流量比、通道间距和通道长度 6 个参数作为湿球效率的影响因素，两者之间的函数关系如式（10）所示。6 个参数的低水平和高水平取值如表 1 所示。6 个参数以及它们之间的交互作用共有 2^6（64）个效应，本文利用数值模拟计算得到了 64 个效应，这些效应是推导露点冷却器湿球效率回归模型的基本数据。

$$\varepsilon = f(T_{p1}, w_{p1}, v_d, \varphi, H, L) \tag{10}$$

其中，$\varphi = \dfrac{m_s}{m_p + m_s}$。

参数范围　　表 1

因素	参数	符号	单位	低水平	高水平
A	空气温度	T_{p1}	℃	25	45
B	空气含湿量	w_{p1}	kg/kg	0.005	0.02
C	空气流速	v_d	m/s	0.3	3
D	二次空气流量比	φ		0.1	0.9
E	通道间距	H	m	0.002	0.012
F	通道长度	L	m	0.3	3

根据 64 个效应数据，分别计算出这些效应对应的效果估计，然后将计算得到的效果估计输入 Minitab 软件，整理获得 64 个效应的正态概率图，如图 3 所示。从图中可以看出，6 个参数以及它们之间的交互作用对露点冷却器湿球效率的影响，图中远离直线的数据代表对湿球效率

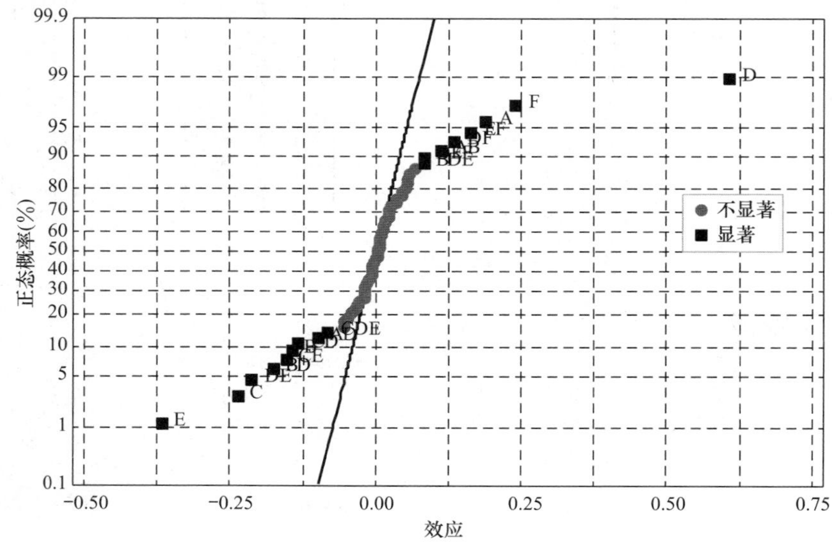

图 3　效应的正态概率图

有显著影响的参数和交互作用。在直线上和直线附近的数据代表对湿球效率没有显著影响的参数和交互作用。

根据 64 个效应数据，还可以计算得到这些效应对应的离差平方和以及总平方和，进而获得 6 个参数以及交互作用对露点冷却器湿球效率的贡献百分比。表 2 列出了对湿球效率有显著影响的参数和交互作用的贡献百分比。由图 3 和表 2 可以看出，6 个参数和一些低阶交互作用处于支配地位，其他高阶交互作用可以忽略。

有显著影响作用的参数和交互作用的贡献百分比 **表 2**

6 个主效应								
因素	A	B	C	D	E	F		
参数	T_{p1}	w_{p1}	v_d	φ	H	L		
贡献百分比（%）	3.85	2.34	6.16	39.91	14.75	6.15		
8 个二因素交互作用								
因素	AB	AD	BD	CD	CE	DE	DF	EF
参数	$T_{p1}\cdot w_{p1}$	$T_{p1}\cdot\varphi$	$w_{p1}\cdot\varphi$	$v_d\cdot\varphi$	$v_d\cdot H$	$\varphi\cdot H$	$\varphi\cdot L$	$H\cdot L$
贡献百分比（%）	1.36	1.13	3.43	1.97	2.64	5.00	1.92	2.85
3 个三因素交互作用								
因素	BDE	CDE	DEF					
参数	$w_{p1}\cdot\varphi\cdot H$	$v_d\cdot\varphi\cdot H$	$\varphi\cdot H\cdot L$					
贡献百分比（%）	0.70	0.76	0.70					

根据图 3 和表 2 中所示参数和交互作用，导出了逆流式露点冷却器湿球效率的一阶线性回归模型，如式（11）所示。

$$\varepsilon = 0.7661 + 0.0942T_{p1} - 0.0734w_{p1} - 0.1192v_d + 0.3033\varphi - 0.1844H + 0.1191L + 0.0561(T_{p1}\cdot w_{p1}) - 0.051(T_{p1}\cdot\varphi) - 0.089(w_{p1}\cdot\varphi) - 0.0675(v_d\cdot\varphi) - 0.078(v_d\cdot H) - 0.1074(\varphi\cdot H) + 0.0666(\varphi\cdot L) + 0.081(H\cdot L) + 0.0402(w_{p1}\cdot\varphi\cdot H) - 0.0417(v_d\cdot\varphi\cdot H) + 0.0402(\varphi\cdot H\cdot L) \qquad (11)$$

2.3 模型检验

式（11）所示的回归模型是在一定的假设条件下得到的，这些假设有可能使回归模型的计算结果产生错误，因此需要对这些假设进行检验，常见的一种检验方法是看残差是否为正态分布。残差指的是响应变量的观测值与预测值之间的差值，如果模型假设是正确的，那么响应变量的残差应该是正态分布的。冷却效率的数值模拟结果与式（11）所示模型的预测结果的残差正态概率图如图 4 所示，图上的点均落在了一条直线附近，这表明冷却效率的残差服从正态分布，说明表 2 所示参数是显著效应的论断是正确的，关于回归模型的假定是成立的。

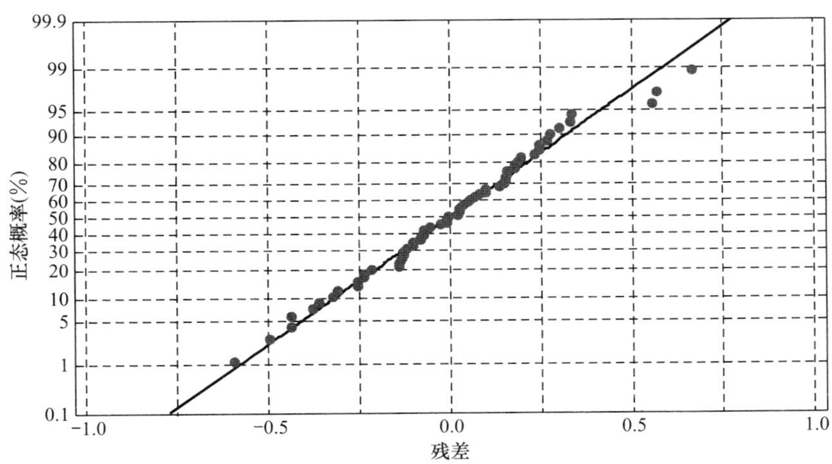

图 4　残差的正态概率图

3　结果与讨论

无重复析因设计的一些主效应和低阶的交互作用处于支配地位，而很多高阶交互作用可被忽略。从图 3 和表 2 中可以看出，6 个主效应和 8 个二因素交互作用对湿球效率预测模型的影响较大。主效应中对湿球效率影响最大的是二次空气流量比，其次是通道宽度，而空气的温度、含湿量、流速，以及通道长度的影响相对较小。

图 5 为 8 个二因素对湿球效率的交互作用。图 5（*a*）为 A（空气温度）与 B（空气含湿量）的交互作用，当 B 取高水平时，A 对湿球效率影响较大；当 B 取低水平、A 取高水平时，湿球效率达到最大值。图 5（*b*）为 A 与 D

（二次空气流量比）的交互作用，当D去低水平时，A对湿球效率影响较大；当A与D均取高水平时，湿球效率达到最大值。图5（c）为B与D的交互作用，当D取高水平时，B对湿球效率影响较大；当B取低水平、D取高水平时，湿球效率达到最大值。图5（d）为C（空气流速）与D的交互作用，C与D的交互作用对湿球效率的影响和B与D的交互作用相近。图5（e）为C与E（通道宽度）的交互作用，当E取高水平时，C对湿球效率影响较大；当C和E同时取低水平时，湿球效率达到最大值。图5（f）为D和E的交互作用，当E取低水平时，D对湿球效率影响较大；当D取高水平、E取低水平时，湿球效率达到最大值。图5（g）为D和F（通道长度）的交互作用，当F取高水平时，D对湿球效率影响较大；当D和F同时取高水平时，湿球效率达到最大值。图5（h）为E和F的交互作用，当F取低水平时，E对湿球效率影响较大；当E取低水平、F取高水平时，湿球效率达到最大值。

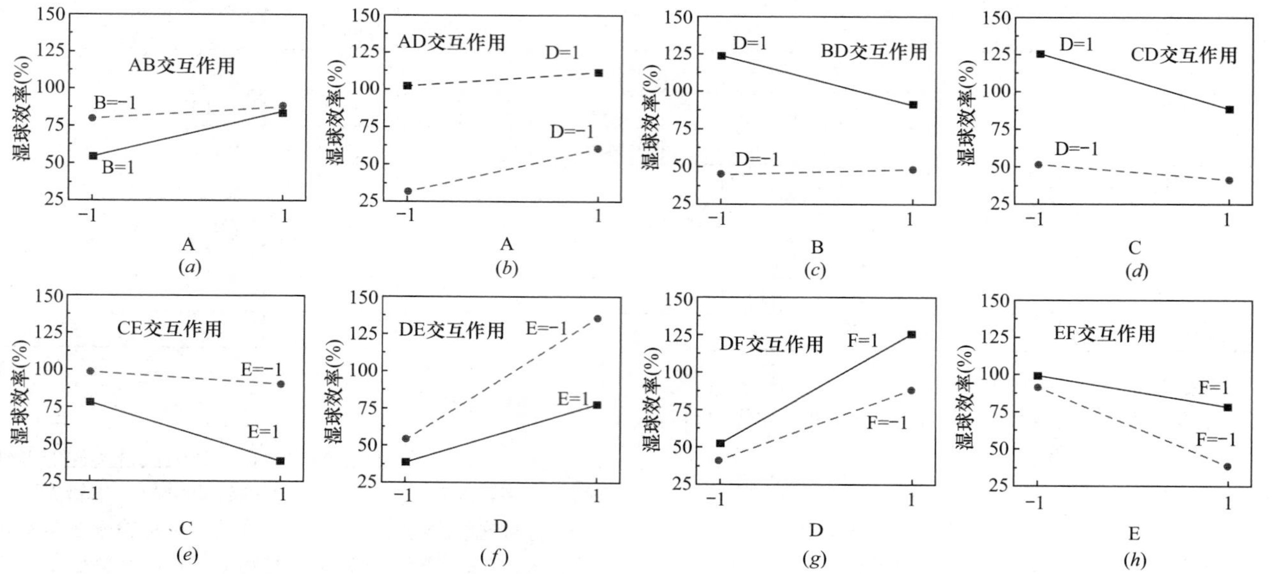

图5　8个二因素对湿球效率的交互作用

综上所述，当空气温度较高、空气含湿量较小、空气流速较低、二次空气流量比较大、通道宽度较小、通道长度较长时，露点冷却器的湿球效率会较高。

4　结论

（1）6个主效应均对湿球效率有显著影响，影响程度大小顺序为二次空气流量比、通道宽度、空气流速、通道长度、空气温度、空气含湿量。有显著影响的二因素交互作用为8个，三因素交互作用为3个。

（2）通过分析有显著影响的主效应和二因素交互作用对湿球效率的影响，获得了露点冷却器6个影响因素的优化方向。

符号说明

A——换热板面积，m^2；

c_p——定压比热，kJ/(kg·K)；

d——湿空气的含湿量，g/kg；

h——对流换热系数，W/(m^2·K)；

h_m——传质系数，kg/(m^2·s)；

h——湿空气的比焓，kJ/kg；

l——空气通道的长度，m；

m——空气的质量流量，kg/s；

r_w——水蒸气的汽化潜热，kJ/kg；

T——温度，℃；

D_e——流道的当量直径，m；

Q——显热制冷量，W；

Le——刘易斯数；

Nu——努谢尔特准则数；

Pr——普朗特准则数；

Re——雷诺准则数。

ρ——密度，kg/m^3；

λ——导热系数，W/(m·℃)；

η——冷却效率。

下角标

w——水；

p——一次空气；

s——二次空气；

wb——湿球温度；

dp——露点温度；

1——入口；

2——出口。

参考文献

［1］ B J Steven，P A Domanski，Review of alternative cooling technologies［J］. Appl. Therm. Eng，2014，64（1）：252-262.

［2］ Z Duan，C Zhan，X Zhang，et al. Alimohammadisagvand，A. Hasan，Indirect evaporative cooling：past，present and future potentials［J］. Renew. Sustain. Energy Rev，2012，16（9）：6823-6850.

［3］ Maisotsenko V，GillanLE，Heaton TL，et al. Method and

Plate Apparatus for Dew Point Evaporative Cooler [P]. F25D 17/06; F28C 1/00; F28D 5/00 ed. United States 2003.
[4] Idalex, The Maisotsenko Cycle—Conceptual. A Technical Concept View of the Maisotsenko cycle, 2003.
[5] Muhammad H, Mahmood A D Muhammad Sultan A D, et al. Overview of the maisotsenko cycle-a way towards dew point evaporative cooling [J]. Renewable and Sustainable Energy Reviews, 2016, 66: 537-555.
[6] Zhan C, Duan Z, Zhao X. Comparative study of the performance of the M-cycle counter-flow and cross-flow heat exchangers for indirect evaporative cooling- paving the path toward sustainable cooling of buildings [J]. Energy, 2011, 36: 6790-805.
[7] Bruno F. On-site experimental testing of a novel dew point evaporative cooler [J]. Energy Build, 2011, 43 (34): 75-83.
[8] Zhiyin Duan, Changhong Zhan, Xudong Zhao, et al. Experimental study of a counter-flow regenerative evaporative cooler [J]. Building and Environment, 2016, 104: 47-58.
[9] Demis Pandelidis, Sergey Anisimov, William M. Comparison study of the counter-flow regenerative evaporative heat exchangers with numerical methods [J]. Applied Thermal Engineering, 2015, 84: 211-224.
[10] J Lin, K Thu, T Bui, et al. Study on dew point evaporative cooling system with counter-flow configuration [J]. Energy Conversion and Management, 2016, 109: 153-165.
[11] Peng Xu, Ma Xiaoli, Thierno M O, et al. Numerical investigation of the energy performance of a guideless irregular heat and mass exchanger with corrugated heat transfer surface for dew point cooling [J]. Energy, 2016, 109: 803-817.
[12] 杨世铭，陶文铨. 传热学 [M]. 4 版. 北京：高等教育出版社，2006.
[13] 黄翔. 蒸发式空调理论与应用 [M]. 北京：中国建筑工业出版社，2010.
[14] Douglas C M. 实验设计与分析 [M]. 6 版. 傅珏生，等译. 北京：人民邮电出版社，2009.

兰州市特朗勃墙墙体结构优化分析

兰州交通大学　欧阳焕英☆　周文和　王蕴芝

摘　要　通过有机结合特朗勃墙系统，建筑能够利用太阳能有效降低房间供暖能耗。本文中，在兰州市搭建了一个特朗勃墙实验测试系统。通过实验方法研究了不同厚度的空气通道、不同集热涂层和不同窗墙比的特朗勃墙墙体对特朗勃墙集热性能的影响。结果表明，空气通道宽度为85～135mm时，特朗勃墙的集热性能较好；集热涂层为水溶性乳胶漆要好于溶剂型乳胶漆，窗墙比为7%时，采光和集热性的综合性能较好。从而为特朗勃墙的推广和应用提供了参考。

关键词　特朗勃墙　兰州市　窗墙比　集热效果

0　引言

我国的环境污染问题日趋严重，并且建筑能耗也在逐年增长，建筑能耗在社会终端能耗中占比较大，北方地区建筑冬季供暖能耗占比达到30%以上，传统化石能源消耗的同时对环境也造成了较大压力。特朗勃墙可使建筑有效集成太阳热能，降低建筑的供暖能耗，尤其适用于北方太阳能丰富的地区。

近年来，国内外学者对特朗勃墙做了很多研究。Marwa Dabaieh[1]和Ahmed Elbably通过使用灰色涂料代替典型的黑色涂料，以及15cm新型天然羊毛保温材料和两个3mm厚的羊毛窗帘与特朗勃墙结合，结果证明与普通的特朗勃墙相比，热负荷降低了94%，冷负荷降低了73%，每年可节省53631kWh，二氧化碳排放量减少144267kg。Guohui Gan[2]的研究表明特朗勃墙体通风量与蓄热墙温度、高度、宽度、厚度及太阳辐射照度等因素有关。2016年，Shuangping Duan[3]和Chengjun Jing等人通过集热板粘贴在集热墙上与集热板放于玻璃盖板和集热墙之间做对比，得出后者集热性能较好。2000年，叶宏[4]和葛新石采用一维热网络模型对多种结构的太阳房进行了动态模拟，研究了吸热面的热辐射性质、厚墙墙体材料的热物性、不同的透明覆盖以及在透明覆盖与厚墙之间增设金属吸热板等不同结构对太阳房热性能的影响，得出覆盖TIM要明显优于单层玻璃。2006年，陈滨[5]等人实验研究得出内置卷帘可以在冬季夜间减少空气间层内20%～40%的热损失并可提升特朗勃墙外表面温度。沈娇和李德英[6]采用Fluent二维稳态模拟，通过改变特朗勃墙通风口的尺寸，对室内温度场和速度场的分布进行了分析，证明合理选择特朗勃墙的几何特征参数，有利于提高特朗勃墙的蓄热性能。2012年，王斌[7]等人对集热蓄热墙墙体进行三维稳态模拟，分析了影响集热蓄热墙热性能的因素。纵观国内外研究现状，特朗勃墙的研究和成果较多，但大多局限于单一墙体性能和结构的实验和数值模拟研究，即通常不含窗户，与实际不符。对于特朗勃墙墙体结构，目前研究限于墙体厚度、墙体材料等影响因素，较少研究窗墙比以及墙体集热涂层对集热墙集热效果的影响。本文采用实验的方法研究特朗勃墙体的窗墙比和集热涂层等对墙体集热性能的影响。

1　系统工作原理及测试系统

实验台的搭建位于兰州，地处我国西北部（北纬36°03′、东经103°40′），市区海拔平均高度1518m，年均气温9.8℃，昼夜温差大，冬季供暖期长，年均降水量327mm，全年日照时数平均2424h，符合实验室搭建气候条件。

作为建筑外围护结构的特朗勃墙通常（自外向内）由外玻璃层、空气夹层、集热蓄热墙及其上设置的通风孔等组成，玻璃层与集热墙体之间形成空气通道，利用通道产生的烟囱效应，将室内冷空气带入通道，加热后再送入室内，以承担室内冷负荷，夜晚关闭通风口减少室内热量散失。

本次实验装置如图1所示，课题组拟依靠实验室的窗户搭建实验台，正南方向布置，特朗勃实体墙采用木工板替代，高2.4m，宽1.7m，空气层中间设置3个卡槽，依据前人的研究成果[7]，按照实验要求加工卡槽，使得集热墙与玻璃有不同间距（85mm，135mm，185mm），墙体两侧分别涂有吸热层（水溶性黑色乳胶漆涂料，太阳辐射吸收率为0.7和溶剂型黑色乳胶漆，太阳辐射吸收率为0.6），待测试完这两种工况，分别在集热墙几何中心按照人体工学要求开不同比例的窗户，具有不同的窗墙比（4%，7%，10%），本次实验针对以上工况，分别测试特朗勃墙玻璃幕墙内外太阳能强度、壁面温度，通风孔气流进出口温度、流速，木工板内外壁面温度等参数进行对比分析。

☆　欧阳焕英，男。通讯地址：北京市大兴区康庄路9号，Email：1254630933@qq.com。

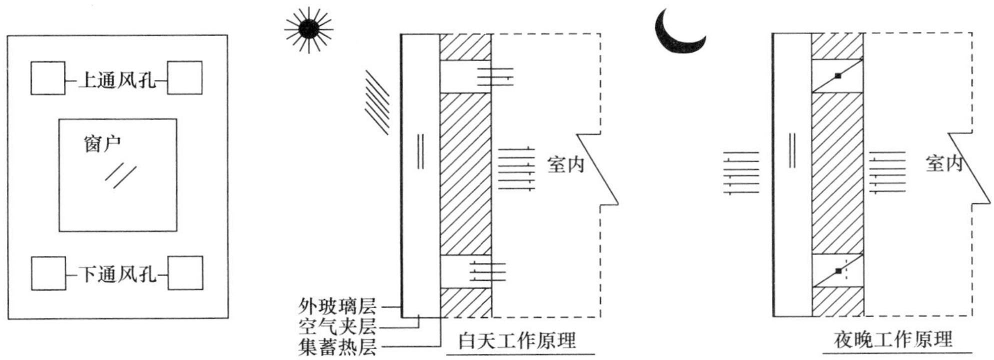

图 1　实验测试系统原理

2　实验测试

2.1　测试原理

本实验考虑因温差带来的浮升力对空气的作用，不考虑冷风渗透带来的影响，因此满足以下公式：

$$\rho_1 v_1 A_1 = \rho_2 v_2 A_2 \quad (1)$$

式中　ρ_1，ρ_2——分别为上下通风口相应温度下的空气密度，kg/m³；

v_1 和 v_2——分别为通过上下通风口的空气流量，m/s；

A_1 和 A_2——分别为上下通风口的孔径面积，m²。

在本次测试中，由空气层空气流动供给室内的热量满足如下公式：

$$Q_c = nA\rho c_p v(t_0 - t_i) \quad (2)$$

式中　n——通风口的数量，数量为 2 个；

A——通风口面积，m²；

ρ——通风口密度，kg/m³；

v——通风口在某个时刻的风速，m/s；

t_0，t_i——分别是在某一特定时间，空气从通风口流入室内使得温度和从室内流入通风口的温度，℃；

c_p——空气的定压比热容。

计算集热墙供给房间的导热量的公式如下：

$$Q_d = Aq \quad (3)$$

式中　A——集热墙的内表面积，m²；

q——某个时刻集热墙内表面的热流，W/m²。

系统总供热量是对流传热和导热产生热量的总和，总供热量 Q 计算公式如下：

$$Q = Q_c + Q_d \quad (4)$$

系统热效率的计算公式如下：

$$\eta = \frac{Q_c + Q_d}{Q_{sun}} \times 100\% \quad (5)$$

式中　Q_c——空气对流供热量，J；

Q_d——导热供热量，J；

Q_{sun}——太阳辐射热量，J。

2.2　测试仪器与测试方法

2.2.1　测试仪器

测试仪器如图 2 所示，不同窗户面积的集热墙如图 3 所示，其规格、数量及型号如表 1 和表 2 所示。

(a)

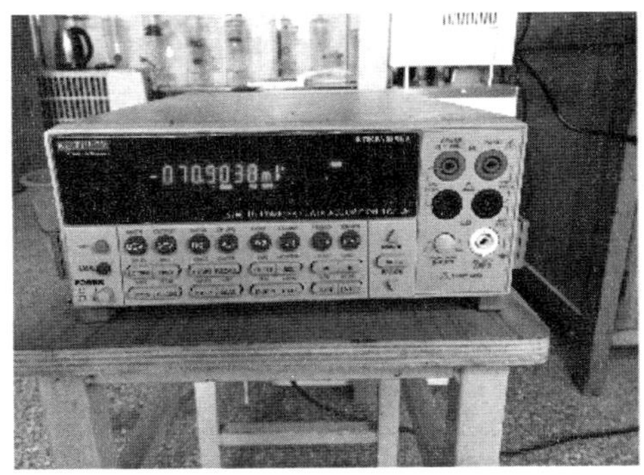

(b)

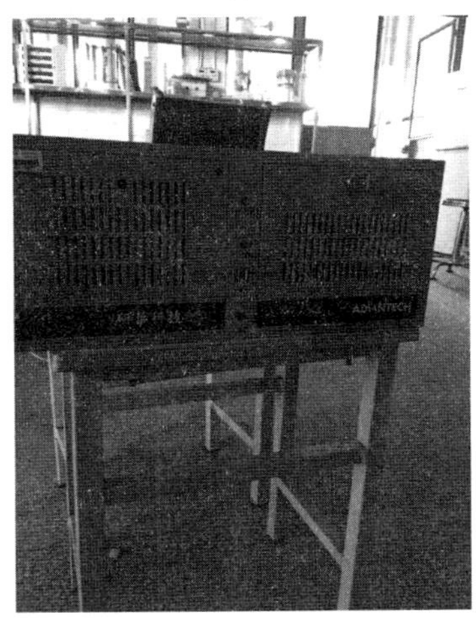

(c)

图 2　特朗勃墙测试系统（一）
(a) 测试和软件；(b) 数据采集仪；(c) 工控机

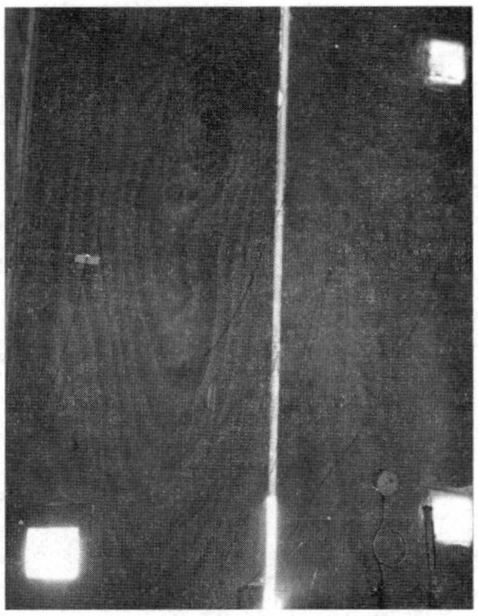

(*d*)

图 2　特朗勃墙测试系统（二）

（*d*）热电偶线与集热墙

(*a*)　(*b*)　(*c*)

图 3　不同窗户面积的集热墙

（*a*）窗墙比为 4%；（*b*）窗墙比为 7%；（*c*）窗墙比为 10%

测试主要仪器、规格及数量　表 1

仪器	规格	数量
温度计	0～50℃	1
K 型热电偶	3m	20
K 型热电偶	4m	4
秒表	—	1
钢尺	0～5m	1
通风口	0.14m×0.14m	4
电烙铁	—	1

测试的主要设备、型号及生产厂家　表 2

设备	型号	生产厂家
电子微风仪	EY3-2A	天津气象仪器厂
YINMA 电钻	YM6101	江苏聚之鹰机电工具有限公司
高智能电锯	M/Q-SLD-60	上海欧本星电动工具制造有限公司
Keithley 数据采集仪	2700	泰克科技（中国）有限公司
采集模块	7708	泰克科技（中国）有限公司
微型计算机	IPC-610	研华股份有限公司
ViewSonic 显示屏	Vs11754	优派显示设备国际贸易（上海）有限公司
先欧智能型低温恒温槽	XODC-0510	南京先欧仪器制造有限公司
总辐射表	TSP	北京博伦经纬科技发展有限公司
热流计	HF-1A	锦州阳光气象科技有限公司

2.2.2　测试方法

兰州地区供暖时间为每年 11 月 1 日到次年的 3 月 31 日。本文实验测试时间是从 2018 年 1 月 6 号开始的，到 1 月 14 号结束。中间天气不稳定，但是避开了下雪的极端天气。后期数据处理筛除了测试期间不稳定天气导致的异常数据。测试具体时间为每天 10：00～17：00，测试期间为无热源的自然状态，测试内容包括特朗勃墙玻璃幕墙内外太阳能强度、壁面温度，通风孔气流进出口温度、流速，木工板内外壁面温度等参数，测试中连接热电偶的温度采集仪具有自动记录功能，设置为每 10min 采集记录一次，通风孔风速为每 10min 记录一次，两者均求 1h 的平均值。实验测点布置如图 4 所示。

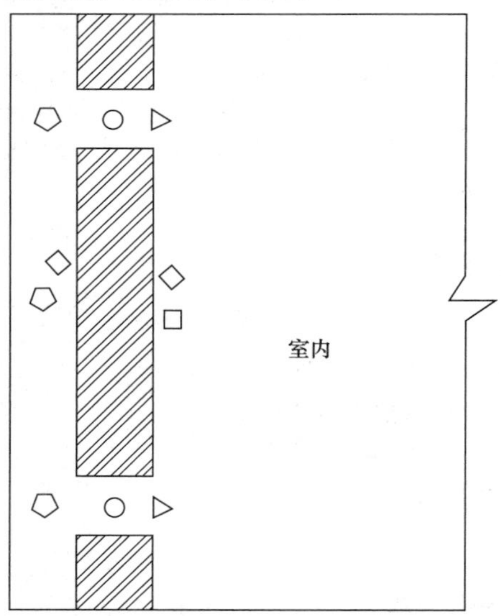

图 4　实验测点布置（一）

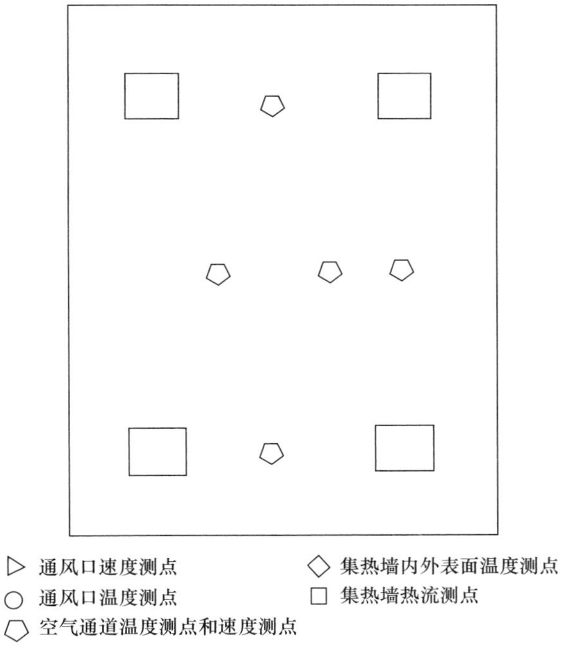

图 4 实验测点布置（二）

3 实验结果及分析

3.1 空气通道宽度及其影响

在图 5 中显示了空气通道宽度为 85mm、空气通道为 135mm 和空气通道为 185mm 的上通风口风速，从图中可以看出，随着太阳辐射强度先升后降的变化，通风口风速也随着先升高，后平稳降低。从图中可以看出，空气通道宽度为 85mm 的集热墙上风口风速高于空气通道宽度为 135mm 和 185mm 的集热墙上风口风速；空气通道为 185mm 的集热墙上风口风速低于空气通道为 135mm 的上风口风速；三种工况风速均在 14：00～15：00 达到最大，最小风速出现在 11：00。空气通道为 85mm、135mm 与 185mm 的集热墙上通风口温度比较见图 6。从图中可知，空气通道宽度为 85mm 的集热墙上风口温度与 135mm 和 185mm 的集热墙上风口温度近似相等；太阳辐射强度

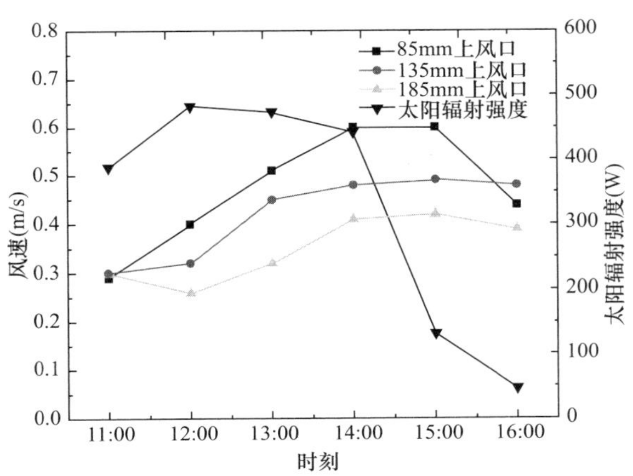

图 5 不同空气通道的集热墙通风口风速比较

在 12：00～13：00 最大，而通风口的最高温度出现在 14：00～15：00，分析为特朗勃墙系统延迟的影响。

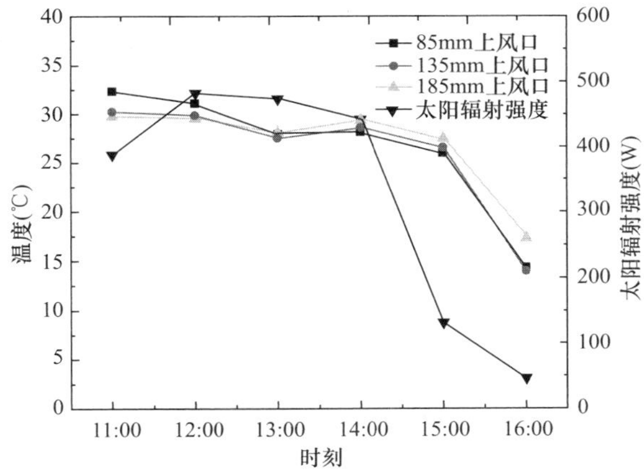

图 6 不同空气通道的集热墙通风口温度比较

特朗勃墙系统供热量的多少与该系统的集热效果的好坏相关。总供热量是对流供热和热传导供热的总和，从图 7 中可以得出，太阳辐射强度最高点出现在 12：00～13：00 之间，系统最大供热量出现在 14：00 左右，三种工况的最大总供热量分别为 447.23W、370.5W 和 321.96W。可明显看出空气通道宽度为 135mm 的特朗勃墙系统总供热量高于空气通道宽度为 185mm 的特朗勃墙系统，集热效果更好；空气通道宽度为 85mm 的特朗勃墙系统总供热量高于空气通道宽度为 185mm 的特朗勃墙系统，但和空气通道宽度为 135mm 的特朗勃墙系统总供热量近似相等。

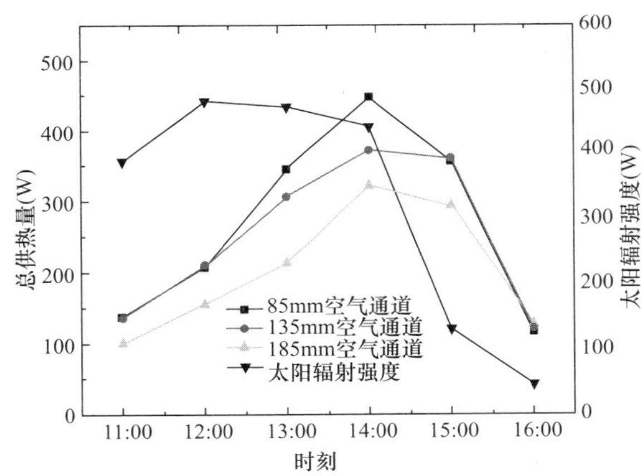

图 7 不同空气通道的集热墙总供热量比较

综上所述，空气通道宽度为 85mm 的集热墙集热效果好于空气通道宽度为 185mm 和 135mm 的集热墙，但相差不大，仅在 13：00～15：00 高于空气通道宽度为 135mm 的集热墙，在其他时刻两者总供热量近似相等。

3.2 不同集热涂层的特朗勃墙测试结果及分析

图 8 和图 9 所示是 1 月 9 日的测试数据，为集热墙涂层为水溶性黑色乳胶漆和溶剂型黑色乳胶漆的上通风口风速对比。从图中可知，集热涂层为水溶性黑色乳胶漆的集热墙上通风口风速大于集热涂层为溶剂型黑色乳胶漆的集

热墙上风口风速，风速在13：00最大，与太阳辐射强度变化基本相符；在11：00～14：00期间，前者集热墙下风口风速高于溶剂型乳胶漆的集热墙下风口风速，在15：00后者下风口风速高于前者，在16：00两者风速差最大，水溶性黑色乳胶漆的集热墙下风口风速高于溶剂型黑色乳胶漆的集热墙下风口风速。如图9所示，由两种不同集热层的温度对比图可知，附有水溶性乳胶漆涂层的集热墙上风口温度略高于附有溶剂型涂层的集热墙上风口温度；下风口温度也略高于后者的集热墙下风口温度；上风口温度在12：00～13：00最高，下风口温度则从11：00开始缓慢降低；太阳辐射强度在中午12：00最大。

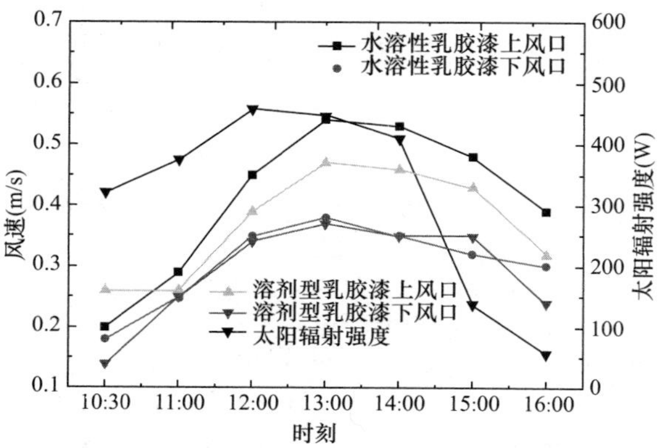

图8　不同集热涂层的集热墙通风口风速比较图

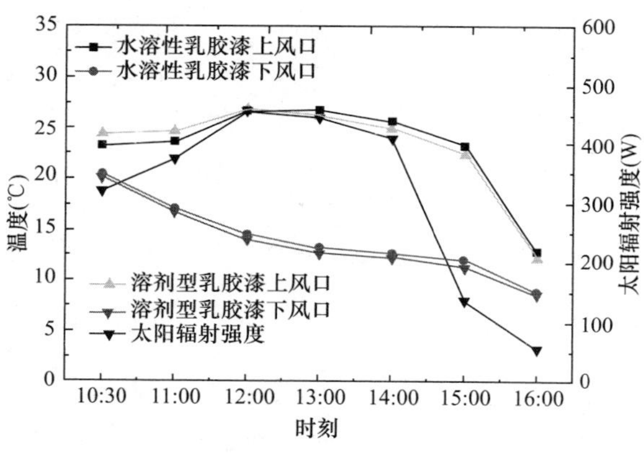

图9　不同集热涂层的集热墙通风口温度比较

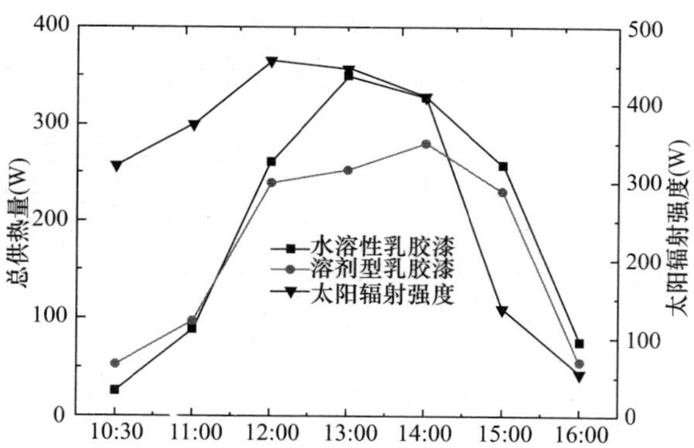

图10　不同集热涂层的集热墙总供热量比较图

图10所示为水溶性黑色乳胶漆集热涂层和溶剂型黑色油漆集热涂层的集热墙的总供热量比较图。从图中可以明显看出，附有水溶性黑色乳胶漆集热涂层集热墙的总供热量明显高于附有溶剂型黑色乳胶漆集热涂层的集热墙的总供热量；两种集热涂层的集热墙的总供热量随着太阳辐射强度升高降低而变大变小；前者的集热墙在13：00总供热量最大，为349.9W左右，在14：00时，附有溶剂型黑色乳胶漆集热涂层的集热墙总供热量达到最大，为280.2W。所以集热墙的集热涂层选用水溶性黑色乳胶漆的集热性能高一些。

3.3　不同窗户面积尺寸的特朗勃墙测试结果及分析

图11所示为窗墙比为4%、7%和10%的集热墙上通风口风速对比图。从图中可知，三种工况下的上风口风速随着太阳辐射的增减而变大变小，在中午13：00太阳辐射强度最大，同时上风口风速也最大，风速最低和太阳辐射强度最小都出现在下午16：00。7%窗墙比的集热墙上风口风速略高于4%和10%面积窗墙比的集热墙上风口风速，10%窗墙比的集热墙上风口的风速略高于4%窗墙比的集热墙上风口的风速；在12：00～14：30之间，4%窗墙比的集热墙下风口风速小于10%窗墙比的集热墙下风口风速，在15：30之后4%窗墙比的集热墙下风口风速与10%窗墙比的集热墙下风口风速近似相等。图12所示为三种工况下的上风口温度比较图。由图中可知，4%窗墙比的集热墙上风口温度高于7%和10%窗墙比的集热墙上风口温度，但4%窗墙比的集热墙上风口温度与7%窗

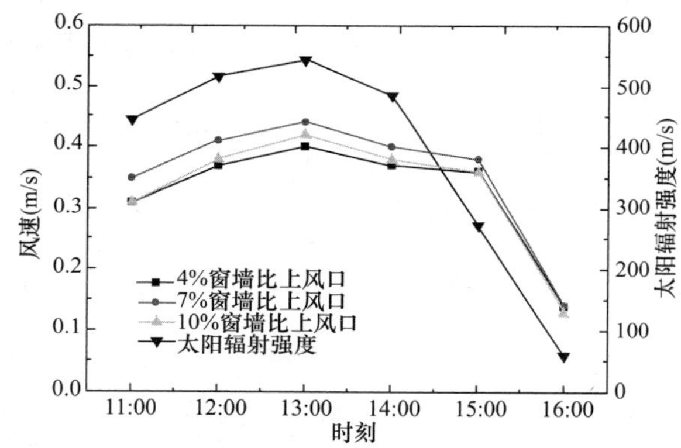

图11　不同窗墙比的集热墙通风口风速比较图

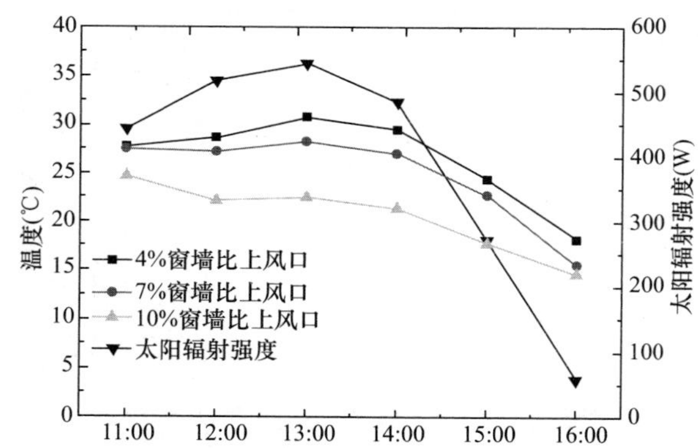

图12　不同窗墙比的集热墙通风口温度比较

墙比的集热墙上风口温度相差很小。4%和7%窗墙比的集热墙上风口温度最高点在13：00左右，10%窗墙比的集热墙上风口温度最高出现在11：00，三种工况上风口温度最低都在16：00。

图13所示为三种工况下的集热墙总供热量。从图中可以明显看出4%和7%窗墙比的集热墙总供热量要高于10%窗墙比的集热墙总供热量，但4%和7%窗墙比集热墙的总供热量近似相等；总供热量随太阳辐射强度的升高或降低而变大或变小，在13：00，太阳辐射强度最大，这时三种工况的总供热量也最大，分别为314.93W、294.63W和179.08W，在16：00三种工况下的集热墙总供热量最小。

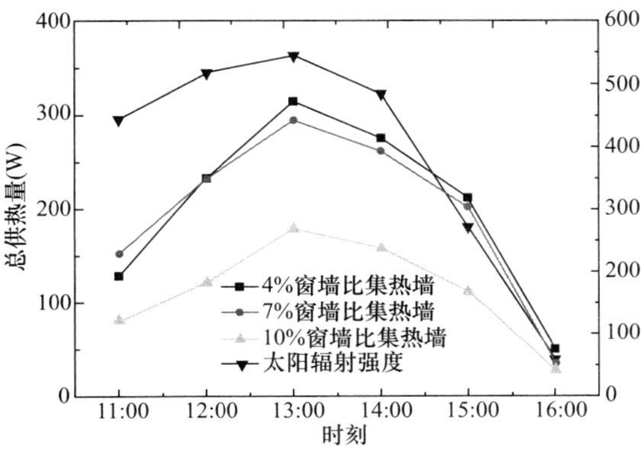

图13　不同窗墙比的集热墙总供热量图

综上可知，窗墙比为4%和窗墙比为7%的集热墙总供热量远大于窗墙比为10%的集热墙，而窗墙比为4%与窗墙比为7%的集热墙总供热量相差很小。是由于太阳落山后，房间开始向外散热，窗墙比大的导致热量散失更多。如果窗户设置卷帘，可减轻此现象的程度。采光效果可以有效减少开灯时间，节省的电能不能小觑，同时光照到房间，使人的舒适感更好。所以本文实验中的太阳房建筑的窗户面积宜采用7%窗墙比的特朗勃墙。

4　兰州地区特朗勃墙节能效益分析

特朗勃墙建筑的节能效益分析依据以下公式：

（1）太阳房围护结构耗热量 Q_1' 计算[8]：

$$Q_1' = \sum KF(t_n - t_w)(1 + x_{ch} + x_f) \tag{6}$$

式中　K——围护结构传热系数，W/(m² · ℃)；

F——围护结构面积，m²；

t_n——室内计算温度，℃；

t_w——室外实测温度，℃；

x_{ch}——朝向修正率，%；

x_f——风力附加率，%，$x_f \geqslant 0$。

（2）太阳房冷风渗透耗热量 Q_2' 计算[8]：

$$Q_2' = 0.278 n_k V_n c_p \rho_w (t_n - t_w) \tag{7}$$

式中　n_k——房间的换气次数，取 $n_k = 0.5\text{h}^{-1}$；

V_n——房间内部的体积，$V_n = 62.424\text{m}^3$；

c_p——冷空气的定压比热，取 $c_p = 1008\text{kJ/(kg} \cdot ℃)$；

ρ_w——供暖室外计算温度下的空气密度，取 $\rho_w = 1.30\text{kg/m}^3$。

（3）太阳房净负荷 Q_{net}：

$$Q_{net} = Q_1' + Q_2' \tag{8}$$

（4）太阳房所需辅助热量 Q_s：

$$Q_s = Q_{net} - Q_{dq} \tag{9}$$

式中　Q_{dq}——太阳房全天平均得热量，W。

Q_{dq} 主要由式（2）、式（3）和测试得来。

（5）太阳房节能率 ESF：

$$ESF = 1 - Q_s / Q_{net} \tag{10}$$

基于本文特朗勃墙建筑模型，地面面积为18.36m²，南外墙面积为11.34m²，南外窗面积为0.86m²，北外墙面积为10.14m²，西外墙面积为17.34m²，北门面积为2.10m²。在1月19日13：00，室外空气温度为−7.9℃，供暖室内计算温度为18℃，兰州市供暖室外计算温度为−8.8℃，太阳辐射热流为916W/m²。室内温度约为0℃。经计算，太阳房净负荷为702W，单位面积耗热量为41W/m²，太阳房在1月19日一天内室内供热量为384.66W，所需辅助热量为317.34W，单位面积供热量为20.95W/m²，节能率为51%，节省能耗约为343.98W，如果供暖天数按150天计算，一年供暖期可节省能耗2.81kJ/m²。如果大面积采用特朗勃墙建筑，其节能效果显著。

5　结论

（1）从兰州市特朗勃墙实验结果可知，空气通道宽度在85～135mm之间时室内供热量较高；特朗勃墙集热涂层选择水溶性黑色乳胶漆在经济型和集热性能上要好于溶剂型黑色乳胶漆；综合通风口向室内供热量与室内采光，特朗勃墙窗户面积选择7%的窗墙比效果最好，进一步验证了本文模拟的准确性。

（2）将本文特朗勃墙模型应用于兰州地区，特朗勃墙式太阳房在一年的供暖期内可节约供暖热量约2.81kJ/m²。

参考文献

[1] Dabaieh M，Elbably A. Ventilated Trombe wall as a passive solar heating and cooling retrofitting approach; a low-tech design for off-grid settlements in semi-arid climates [J]. Solar Energy，2015，122：820-833.

[2] Gan G. A parametric study of Trombe walls for passive cooling of buildings [J]. Energy and Buildings，1998，27（1）：37-43.

[3] Duan S，Jing C，Zhao Z. Energy and exergy analysis of different Trombe walls [J]. Energy & Buildings，2016，126：517-523.

[4] 叶宏，葛新石. 几种集热-贮热墙式太阳房的动态模拟及热性能比较 [J]. 太阳能学报，2000（4）：349-357.

[5] 陈滨，孟世荣，陈会娟，等. 被动式太阳能集热蓄热墙对室内湿度调节作用的研究 [J]. 暖通空调，2006，36（3）：42-46.

[6] 沈娇. 特郎勃墙式太阳房的室内环境模拟分析//2009年全国节能与绿色建筑空调技术研讨会暨北京暖通空调专业委员会第三届学术年会论文集 [C]，2009.

[7] 王斌. 集热蓄热墙传热过程及优化设计研究 [D]. 西安：

西安建筑科技大学，2012.
[8] 贺平，孙刚. 供热工程 [M]. 北京：中国建筑工业出版社，2009：23+30-32.

备注：夏季系统运行如图 14 所示：玻璃幕墙上方开通风口并且特朗勃墙上通风口关闭，通过空气层把室内热量带到室外。它的效率如何并未进行详细的研究

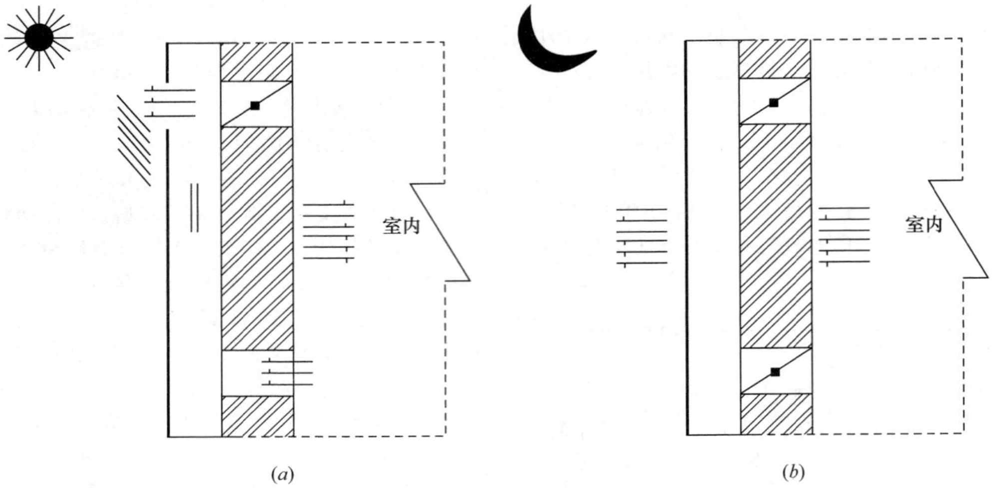

图 14 夏季工作原理
（a）白天工作原理；（b）夜晚工作原理

其他

特朗勃墙通风孔性能强化研究

兰州交通大学　王蕴芝☆　周文和　欧阳焕英
兰州交通大学铁道车辆热工教育部重点实验室　周文和

摘　要　被动式太阳房是一种充分利用太阳能资源的建筑形式，节能效果显著。本文采用实验的方法对通风孔进行优化研究。实验在兰州地区进行，搭建实验台测试了通风孔大小、形状、位置、倾角变化时玻璃幕墙内外太阳能强度、通风孔气流进出口温度和流速等参数，并进行了数据分析，得出变化规律。实验结果表明：通风孔面积为集热墙面积的1.5%时，供热率最大；通风孔形状为圆形时供热率高于方形；其倾角为30°时供热效果最佳；上、下通风孔中心距增加时会使供热率增大，但过大的距离会使室内温度下降，应选择合适中心距离。
关键词　被动式太阳房　特朗勃墙　通风孔

0　引言

特朗勃墙式太阳能建筑得到了广泛关注和研究，Ben R[1]等采用模拟方法对被动式太阳房空气夹层的流动进行研究，对特朗勃墙的对流供热与导热供热情况进行了分析说明。Gan[2]等对太阳辐射强度与集热蓄热墙体的各个影响参数进行研究，例如高度、厚度、宽度，证明了它们对特朗勃墙体的空气流量有一定影响。Awbi[3]等通过模拟计算研究了集热蓄热墙空气层的流动过程与传热。李元哲[4]等对集热墙结构参数进行优化，例如通风孔面积大小、墙体厚度与空气通道厚度等参数，最终总结出适用于被动式太阳房的相关优化参数。王婷婷[5]用集热蓄热屋顶取代了普通屋顶，使得太阳房有更高的集热效率，对其屋顶的倾角、保温性能与通风孔空气流量进行了研究，最终确立了此种建筑方式的太阳房结构。以特朗勃墙为外围护结构的建筑室内热环境与特朗勃墙集蓄热及放热过程相互影响、相互耦合，不可分割，但是，现有研究多集中于独立特朗勃墙及其部件的热过程，少有学者进行影响墙体部件设置内容的研究。同时，作为特朗勃墙关键部件的通风孔面积、形状、设置倾角等因素关乎其热工性能和室内热环境的优劣，但现有研究少有涉及通风孔形状、设置倾角等因素的影响。作为建筑外围护结构的重要部件，特朗勃墙通风孔气流进出室内环境时，与室内热环境相互影响[6-8]，本文搭建特朗勃墙通风孔性能测试实验台，对不同面积、形状、倾角以及中心距通风孔条件下的特朗勃墙进行实验研究，综合得出通风孔各个参数的最佳设计值。

1　太阳房测试

1.1　特朗勃墙太阳房原理

图1所示为特朗勃墙工作原理图，其结构最外层为玻璃幕墙，与集热蓄热墙体之间为空气夹层，墙体上设置用于对流供热的通风孔。其与建筑室内热环境及其舒适性相互影响、相互耦合的物理过程比较复杂，涉及特朗勃墙各组成部分的结构和热工性能等因素，如外层玻璃的类型、空气夹层的厚度、集热蓄热墙的结构和热工性能、通风孔的设置、窗户的构造等，同时，这些因素也是特朗勃墙集热蓄热性能及效率的重要影响因素。

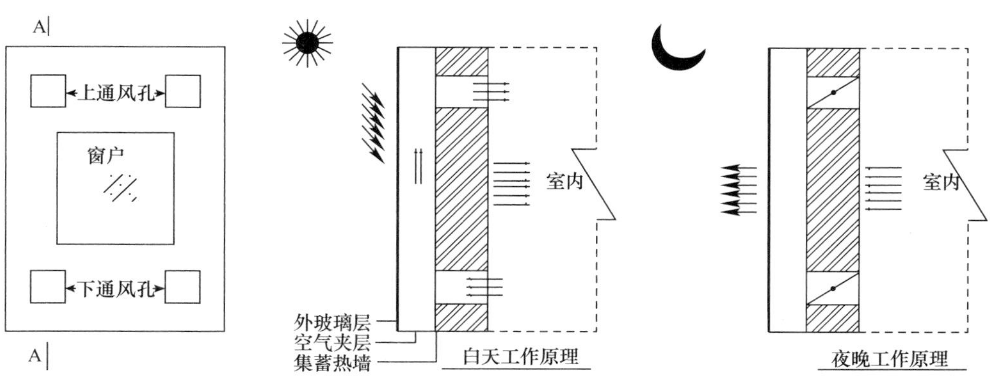

图1　特朗勃墙工作原理图

白天打开特朗勃墙的上下通风孔，太阳光透过玻璃幕墙照射在南向特朗勃墙上，墙体外表面涂有黑色吸热材

☆　王蕴芝，女，硕士研究生。通讯地址：甘肃省兰州市安宁区兰州交通大学环境与市政工程学院，Email：2505724335@qq.com。

料，可增加太阳光降低反射率，增强吸收效率。集热板吸收热量后使夹层内的空气温度升高，形成了空气的热压，使夹层内的空气进行自然循环，温度较高的空气密度减小向上流动，通过上通风孔流入室内，置换出室内温度较低的空气。集热板将太阳光能量吸收后以空气对流与墙体导热的形式向太阳房室内传递热量，使房间温度增高，夜间将上下通风孔关闭，减小空气通过对流引起的热损失[9-10]。夏季关闭上通风孔，开启下通风孔与玻璃幕墙的窗户，可有效排出室内热空气，降低室温。

1.2 实验系统

本文依托自然资源搭建试验台，对特朗博墙通风孔结构及其与墙体集蓄热性能的关系进行实验研究，揭示通风孔形状、倾角等因素对特朗博墙集蓄热性能的影响，为通风孔的设置提供借鉴。实验台位于兰州，实验装置如图 2 所示，兰州地处我国西北部（北纬 36°03′、东经 103°40′），市区海拔平均高度 1518m，年均气温 9.8℃，昼夜温差大，冬季供暖期长，年均降水量 327mm，全年日照时数平均 2424h。墙体正南方向布置，高 2.4m，宽 1.7m，向阳侧涂有吸热材料，其通风孔分别设置不同面积比（0.8%、1%、1.5%与 2%）、不同形状（圆形、方形）、不同倾角（15°、30°、45°）以及不同中心距（1.0m、1.4m、1.8m），实验加工了不同工况的铁皮风孔试件，嵌入特朗勃墙对实验条件进行更换。

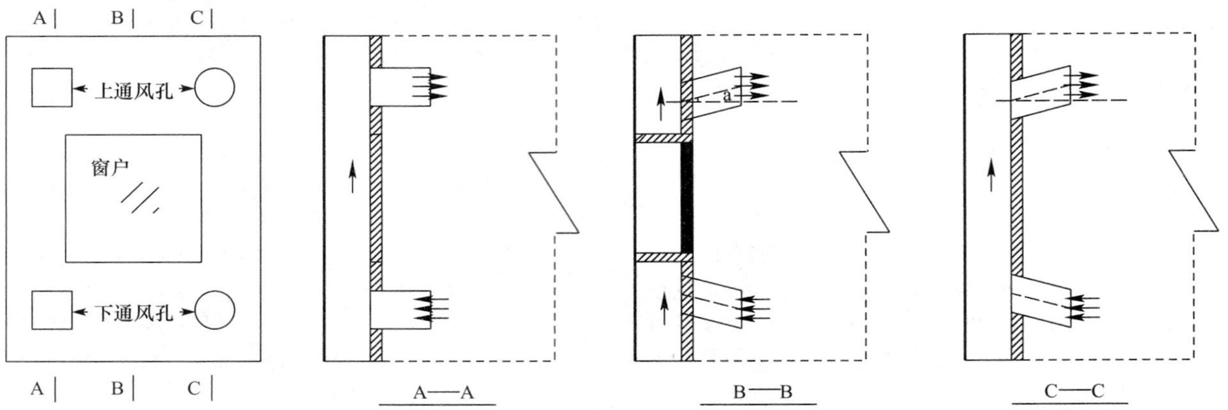

图 2　实验装置图

1.3 实验测试原理

本文实验模型中窗户与墙体之间的空气受太阳光热量增加温度升高，温度升高的空气在夹层中向上流动通过上通风孔流入室内，置换室内温度较低的空气。由于特朗勃墙上下通风孔的空气温度不同，所以本实验考虑因温差带来的浮升力对空气的作用，不考虑冷风渗透带来的影响，因此数学模型满足以下方程[11-13]：

$$\rho_1 v_1 A_1 = \rho_2 v_2 A_2 \tag{1}$$

式中　ρ_1，ρ_2——分别为上、下通风孔对应温度下的空气密度，kg/m^3；

v_1，v_2——分别为通过上、下通风孔的空气流速，m/s；

A_1，A_2——分别为上、下通风孔的孔口面积，m^2。

1.4 测试方法

本文需要研究集热墙的对流和导热特性，所以利用辐照仪、热电偶温度自动记录仪、采集仪、热线风速仪、热流计等测试仪器，分别测试特朗勃墙玻璃幕墙内外太阳能强度，通风孔气流进出口温度、流速等参数。具体实验测点布置示意图如图 3 所示。

在上、下通风孔口处各设置空气温度以及风速测点，在上、中、下空气夹层的中心位置各设置温度测点；在南向墙面上布置了太阳辐射测点。实验测试了该年中最冷的时期 12 月 24～26 日、1 月 1～5 日的实验数值。测试时间为全天中太阳辐射量较强的 9：30～17：30，测试期间无热源的自然状态。测试中连接热电偶的温度采集仪具有自动记录功能，设置为每 10min 采集记录一次，通风孔风速为每 10min 记录一次，两者均求 1h 的平均值。

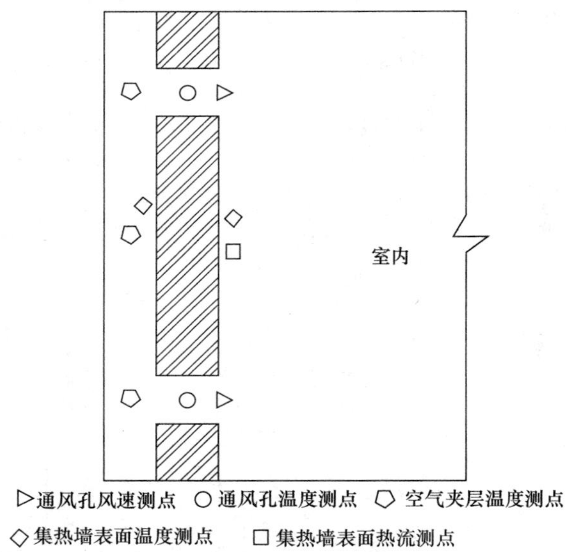

图 3　实验测点布置

2 数据分析

2.1 面积优化

以面积分别为集热墙 0.8%、1%、1.5%、2%的通风孔之间进行对比，在太阳辐射相同的情况下分析温度、风速以及供热量进行通风孔面积的优化。

如图 4 所示，太阳辐射强度先增大后减小，上、下通风孔的温度变化趋势与太阳辐射强度变化趋势保持接近。在图中可看到，在 12：30～15：30 期间，太阳辐射较强，上通风孔最高温度可达 30℃以上。改变通风孔面积大小时，0.8%面积比的通风孔风温最高，1%面积比的通风孔风温低于 0.8%，1.5%面积比的通风孔风温低于 0.8%与 1%，2%面积比的通风孔风温最低。可看出，虽然 0.8%面积比的通风孔平均温度最高，但 1.5%面积比的平均温差为工况中最高。

图 5 为各个工况的上通风孔风速对比图，图中可看出 1.5%面积比的上通风孔风速为工况中最大值，其平均风速可达到 0.53m/s，平均风速为 0.41m/s，0.8%与 2%面积比的通风孔风速较小。

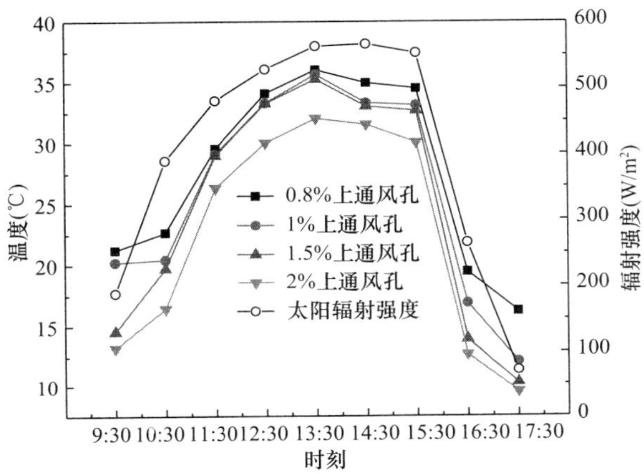

图 4　不同面积上通风孔温度对比

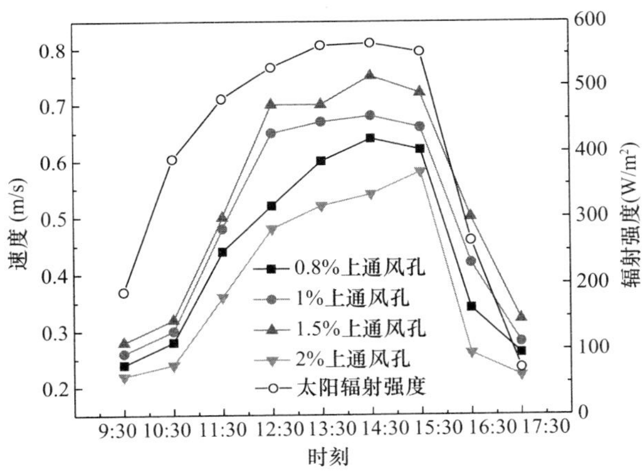

图 5　不同面积上通风孔速度对比

在特朗勃墙供热过程中，总供热量由对流传热与导热传热两部分组成，对流传热主要由通风孔完成，导热由特朗勃墙体部分进行。蓄热墙向室内对流供热量计算公式：

$$Q_c = nA\rho C_p v(t_o - t_i) \tag{2}$$

式中　n——通风孔个数，个数为 2；

A——通风孔面积，m^2；

ρ——空气密度，kg/m^3；

v——某时刻通风孔风速，m/s；

t_o、t_i——分别为某时刻从通风孔流入室内的以及从室内流入通风孔的空气温度，℃。

蓄热墙向室内导热供热量计算公式：

$$Q_d = Aq \tag{3}$$

式中　A——蓄热墙的内表面积，m^2；

q——某时刻蓄热墙内表面热流，W/m^2。

总供热量计算公式：

$$Q = Q_c + Q_d \tag{4}$$

因为特朗勃墙供热量在通风孔面积产生变化时会产生变化，所以应综合对比每平方米供热率的大小。图 6 为各个工况在 9：30～17：30 期间各项参数每平方米的供热率，由图可看出，四种工况中，各个时间段均为面积占墙体 1.5%的通风孔供热率达到最大值，2%面积比的供热率仅次于 1.5%，1%面积比的供热率较小，0.8%面积比的则为工况中供热率最小值。因此，可得出对于特朗勃墙来说，通风孔面积为集热墙面积的 1.5%为最优取值。

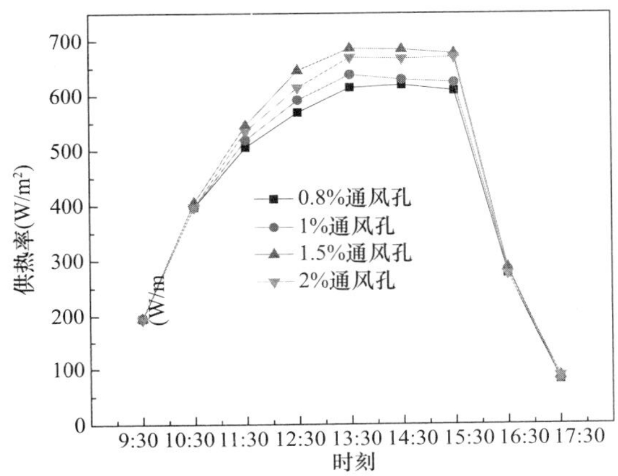

图 6　不同面积通风孔供热率规律

2.2　形状优化

考虑到通风孔的结构关乎气流阻力、进出口流速等，不同形状的通风孔可能会有不同的流动阻力和供热效果，因此进行圆形与方形通风孔的对比实验，实验时保证不同工况下通风孔面积大小相同并在同一高度。

图 7 所示为方形与圆形上、下风通风孔的进出风温度对比图。由图中可看出，圆形通风孔上风孔风温均大于方形通风孔，圆形下通风孔温度均小于方形通风孔。由此可知，圆形通风孔上下温差较大，方形通风孔温差较小，圆形通风孔空气流动效果较好。

图 8 为方形与圆形通风孔的风速比较图，其中，圆形通风孔上、下风速均大于方形通风孔，且圆形下通风孔风速高于方形上通风孔，证明圆形通风孔流动效果非常好，圆、方形通风孔平均风速分别为 0.22m/s、0.18m/s，说明圆形通风孔空气流动量较大。

图 9 为方形与圆形通风孔每平方米供热率的对比图。由图可看出，圆形通风孔供热率大于方形，几乎可达方形通风孔的一倍之多。以上综合分析可知，通风孔形状的选择对集热效率影响非常大，在通风孔形状对比实验下可知

圆形通风孔为更佳选择。

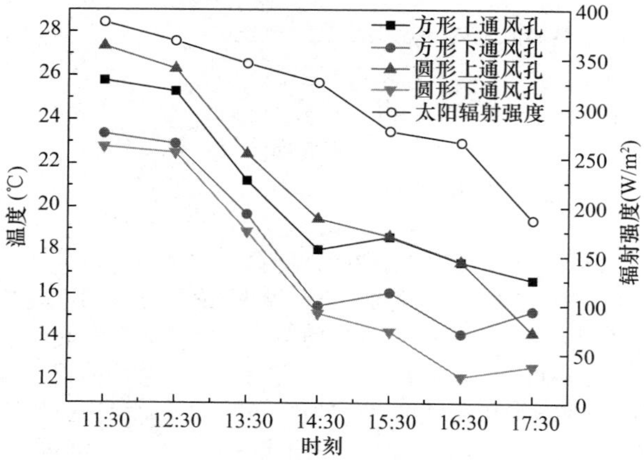

图 7　不同形状通风孔温度对比

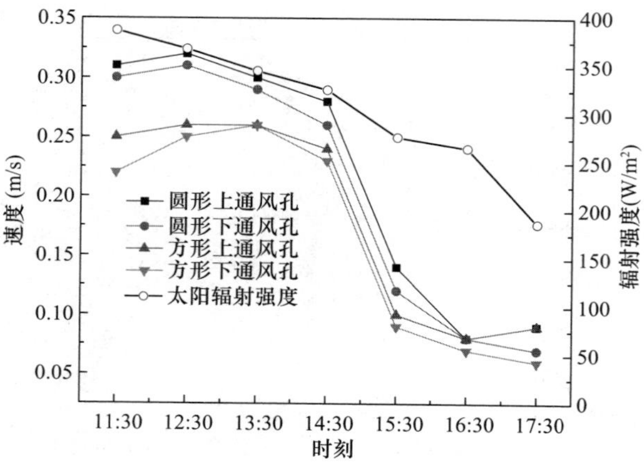

图 8　不同形状通风孔风速对比

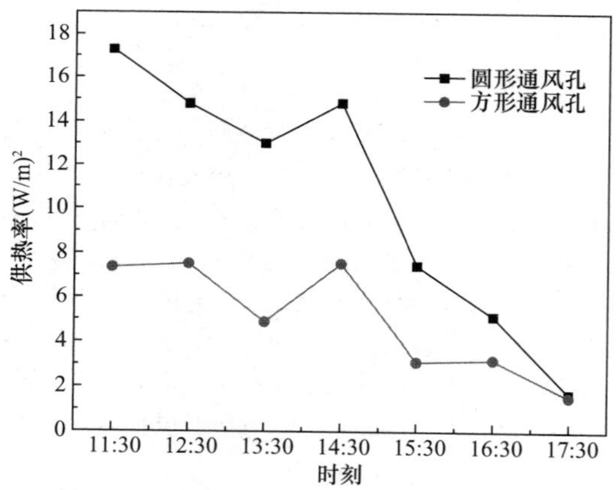

图 9　不同形状通风孔供热率对比

2.3　倾角优化

不同的倾角也会带来流动阻力的变化，因此，本节分别以 0°、15°、30°、45°倾角的通风孔进行实验研究。

由图 10 可看出，通风孔倾角越大，风温越高，但超过一定角度的倾角风温反而会下降，30°倾角上通风孔风温达到实验工况中风温最高值，平均风温对比于 0°倾角提高了 5.18℃，温度提高较明显。

但速度规律则与温度规律不同，如图 11 所示，随着通风孔倾角的增加，局部阻力减小从而使空气流速增加，但倾角的增加要限定在一定角度之内，否则空气流速反而会降低。本次实验可得出在倾角设置为 30°时，上通风孔空气风速达到各角度中最大，说明流动效果好。

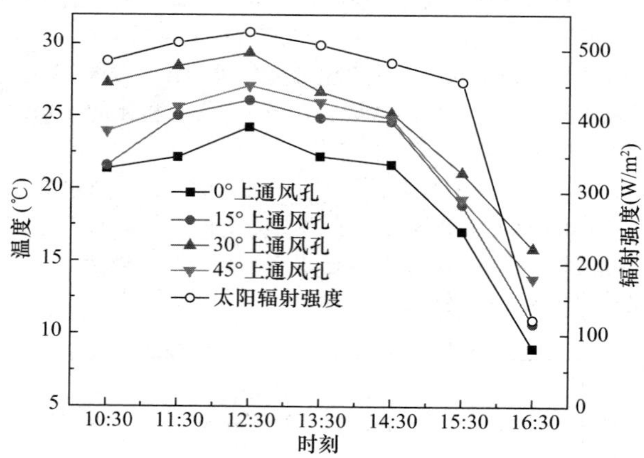

图 10　不同倾角上通风孔温度对比

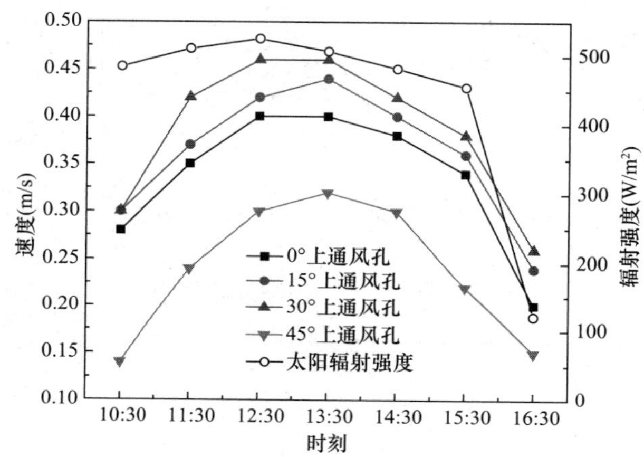

图 11　不同倾角上通风孔速度对比

图 12 为各个倾角的通风孔每平方米供热率之间的对比，图中所示为 30°倾角通风孔供热率最大，15°倾角次

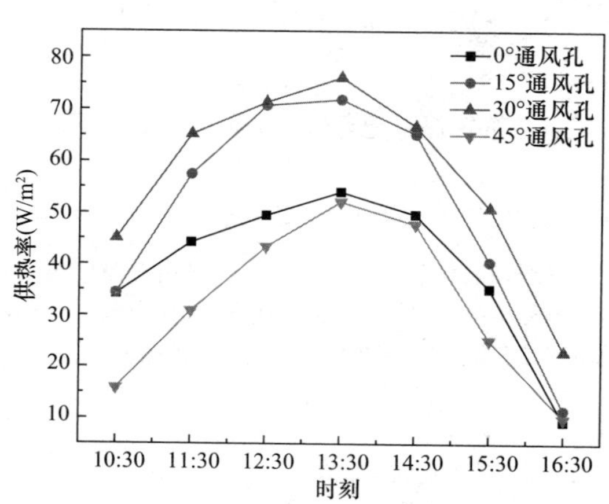

图 12　不同倾角通风孔供热率对比

之，但前两种都明显超出不设倾角的通风孔，45°倾角通风孔供热率低于0°，因此可得出结论，带倾角通风孔供热效果优于普通通风孔，但角度不宜超过一定值，30°倾角为角度中效果最佳值，角度过大反而会引起供热效率的下降。

2.4 中心距优化

通风孔上下中心距的不同会影响上、下孔口的进出风温度，从而导致温差的变化进而带来风速的不同，实验分别取中心距为1.0m、1.4m与1.8m进行对比分析。

由图13可知，随着通风孔中心距的增加，上风孔风温有明显的增加，在10：30～15：30太阳辐射较强时间段内，实验最大中心距上风孔风温平均高出1.0m约6℃，由于中心距增大，因此1.8m通风孔空气夹层中空气流动路程较长，风孔温度最高。

图14所示为各个参数的通风孔上风孔风速的对比，不同工况上风孔变化趋势与太阳辐射强度大致相同。最大中心距1.8m通风孔上、下孔风速均为工况中最大值，说明中心距越大，空气流动路径越长，循环流动越快，流动效果越佳。相对比1.4m与1.0m的实验值，1.8m中心距流动效果提升明显，风速效果好。

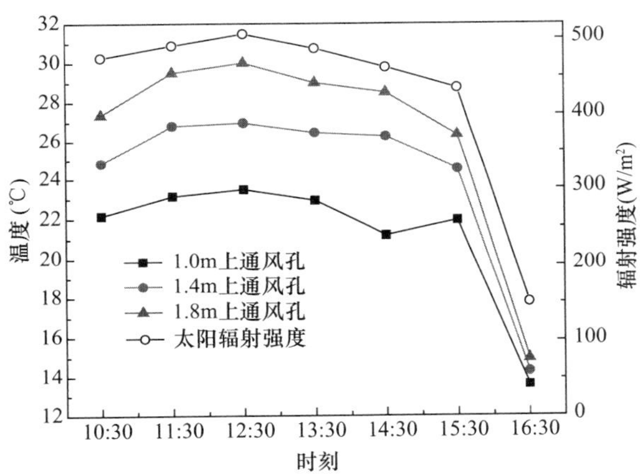

图13 不同中心距通风孔上风孔温度对比

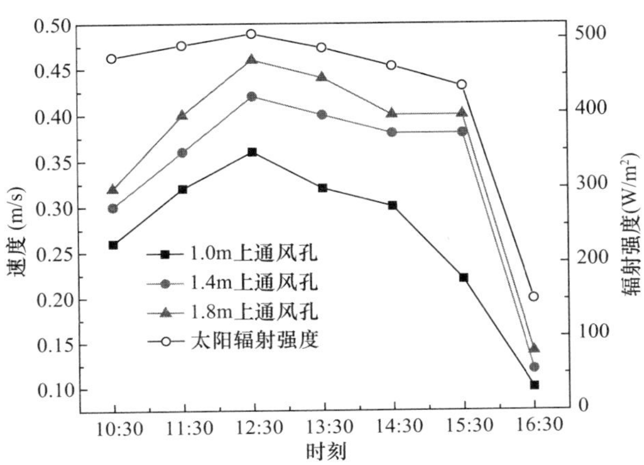

图14 不同中心距通风孔上风孔速度对比

图15所示为上下中心距不同的各个工况每平方米供热率在同一太阳辐射条件下的对比图，可以看出，随着通风孔中心距的增加，供热率程逐渐增大的趋势，因此，选择中心距时应尽量加大距离。

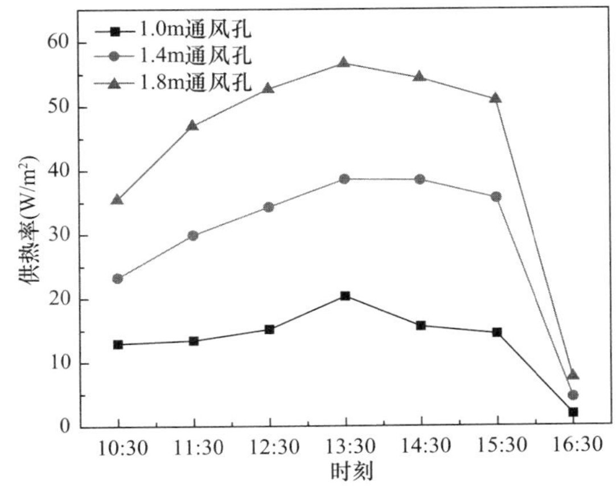

图15 不同中心距通风孔供热率对比

3 结论

本文通过实验分析了上下通风孔的温度、风速以及供热量等数据，得出以下结论：

（1）通风孔面积的大小对特朗勃墙的集热性有很大影响，当通风孔面积为集热蓄热墙的1.5%时，供热率达到最高值。

（2）通风孔形状的不同会影响空气的流动阻力，圆形通风孔的流动阻力较小，圆形通风孔可降低空气流动的局部阻力，供热效果优于方形通风孔。

（3）倾角的选取对特朗勃墙集热性能非常重要，角度的大小影响空气的流动阻力。实验结果表示当通风孔倾角为30°时，供热率最高。

（4）中心距的选择对通风孔供热量以及室内温度有着至关重要的作用，中心距越大，上、下通风孔温差越大，空气流速越快，供热效率越高。针对特朗勃墙体中心距对比的实验数据表明，应该尽量选择较大距离的中心距。

参考文献

[1] Ben R，Bilgen E. Natural convection and convection in Trombe wall system [J]. International Journal of Heat and Mass Transfer，1991，(34)：1237-1248.

[2] Gan G，Riffat S B. A numerical study of solar chimney for natural ventilation of building with heat recovery [J]. Applied Thermal Engineering，1998，18 (12)：1171-1187.

[3] Awbi H B，Gan G. Simulation of solar induced ventilation [C] //Proceedings of the Second World Renewable Energy Congress (WRECp92). U. K. 1992：2016-2030.

[4] 李元哲，狄洪发，吴宁雁. 被动式太阳房设计三要素的最优配比 [J]. 太阳能学报，1989，10 (3)：312-315.

[5] 王婷婷，刘艳峰，王登甲，等. 集热蓄热屋顶式太阳房热过程及优化设计 [J]. 太阳能学报，2016，37 (9)：2286-2291.

[6] Duffina R J，Knowles G. A Simple design method for the Trombe Wall [J]. Solarenergy，1985，34 (1)：69-72.

[7] 张健，周文和，丁世文. 被动式太阳房供暖实验研究 [J]. 太阳能学报，2007，28 (8)：861-864.
[8] 王登甲，刘艳峰，刘加平，等. 青藏高原地区 Trombe 墙式太阳房供暖性能测试分析 [J]. 太阳能学报，2013，34 (10)：1823-1828.
[9] 陈会娟，陈滨. 特朗贝墙体冬季集热性能的计算及预测 [J]. 建筑热能通风空调，2006，25 (2)：L-6.
[10] 高庆龙. 被动式太阳能建筑热工设计参数优化研究 [D]. 西安：西安建筑科技大学，2006.
[11] 刘艳峰，申志妍. 拉萨多层住宅太阳能热水采暖设计初探 [J]. 建筑节能，2008，(11)：1-4.
[12] Chen D T，Chaturvedi S K，Mohieldin T O. An approximate method for calculating laminar natural convective motion in a trombe-wall channel [J]. Energy，1994，19 (2)：259-268.
[13] 方贤德. 被动太阳房的通用模拟程序 [J]. 太阳能学报，1994，10 (4)：363-367.